Thieme

Zahnmedizinrecht

Von A wie Aufklärungsfehler bis Z wie Zahnarzthaftung

Tim Oehler

Georg Thieme Verlag
Stuttgart • New York

Anschrift

Oehler, Tim
Dipl. Jurist und Assessor
Advokaturbüro Oehler
Berningstr. 1a
49090 Osnabrück

Wichtiger Hinweis: Wie jede Wissenschaft ist die Medizin ständigen Entwicklungen unterworfen. Forschung und klinische Erfahrung erweitern unsere Erkenntnisse, insbesondere was Behandlung und medikamentöse Therapie anbelangt. Soweit in diesem Werk eine Dosierung oder eine Applikation erwähnt wird, darf der Leser zwar darauf vertrauen, dass Autoren, Herausgeber und Verlag große Sorgfalt darauf verwandt haben, dass diese Angabe **dem Wissensstand bei Fertigstellung des Werkes** entspricht.
Für Angaben über Dosierungsanweisungen und Applikationsformen kann vom Verlag jedoch keine Gewähr übernommen werden. **Jeder Benutzer ist angehalten,** durch sorgfältige Prüfung der Beipackzettel der verwendeten Präparate und gegebenenfalls nach Konsultation eines Spezialisten festzustellen, ob die dort gegebene Empfehlung für Dosierungen oder die Beachtung von Kontraindikationen gegenüber der Angabe in diesem Buch abweicht. Eine solche Prüfung ist besonders wichtig bei selten verwendeten Präparaten oder solchen, die neu auf den Markt gebracht worden sind. **Jede Dosierung oder Applikation erfolgt auf eigene Gefahr des Benutzers.** Autoren und Verlag appellieren an jeden Benutzer, ihm etwa auffallende Ungenauigkeiten dem Verlag mitzuteilen.

Impressum

Bibliografische Information
der Deutschen Nationalbibliothek

Die Deutsche Nationalbibliothek verzeichnet diese Publikation in der Deutschen National¬bibliografie; detaillierte bibliografische Daten sind im Internet über
http://dnb.d-nb.de abrufbar.

Rüdigerstraße 14
70469 Stuttgart
Deutschland
Telefon: +49/(0)711/8931-0
Unsere Homepage: www.thieme.de

Printed in Germany

Umschlaggestaltung: Thieme Verlagsgruppe
Umschlaggrafik: Martina Berge, Bad König unter Verwendung einer Abbildung von © Kzenon – Fotolia.com
Redaktion: Dr. Susanne Beyersdorf, Freiburg
Satz: medionet Publishing Services Ltd, Berlin
gesetzt aus Adobe Indesign CS5
Druck: Stürtz GmbH, Würzburg

ISBN 978-3-13-170941-7 1 2 3 4 5 6

Auch erhältlich als E-Book:
eISBN (PDF) 978-3-13-170951-6

Danksagung

Zu einem Buch als Endergebnis haben nicht nur der Autor, sondern auch immer andere erheblich beigetragen. Für diese wertvolle Arbeit möchte ich mich an dieser Stelle bedanken.

Mein herzlicher Dank gilt dem Georg Thieme Verlag und den Mitarbeitern des Verlags für die stets großartige und engagierte Zusammenarbeit, insbesondere Herrn Dr. Christian Urbanowicz als Programmplaner und Frau Dr. Daria Wojciukiewicz als Projektmanagerin. Auch danke ich für die Unterstützung meinen Eltern Gisela und Klaus, Torben, Imke und Omi Kreth.

Abkürzungsverzeichnis

a.A.	andere Ansicht
a.F.	alte Fassung
ABH	Alters-, Berufsunfähigkeits- und Hinterbliebenenversicherung
Abs.	Absatz
AEUV	Vertrag über die Arbeitsweise der Europäischen Union
AGB	Allgemeine Geschäftsbedingungen
AGBG	Gesetz zur Regelung des Rechts der Allgemeinen Geschäftsbedingungen
AMG	Arzneimittelgesetz
AN	Analyse
Anm.	Anmerkung
AppO	Approbationsordnung
ASO	Alterssicherungsordnung
Art.	Artikel
AZN	Allgemeiner Zahnärztlicher Notdienst
BAG	Bundesarbeitsgericht
BÄO	Bundesärzteordnung
BDSG	Bundesdatenschutzgesetz
BEB	Bundeseinheitliche Benennungsliste
BEEG	Bundeselterngeld- und Elternzeitgesetz
BEL	Bundeseinheitliches Leistungsverzeichnis für die gesetzlichen Krankenkassen
Bema-Z	Bewertungsmaßstab zahnärztlicher Leistungen
BerufsO für Ärzte	Berufsordnung für Ärzte
BFH	Bundesfinanzhof
BGB	Bürgerliches Gesetzbuch
BGH	Bundesgerichtshof
BMV-Ä	Bundesmantelvertrag Ärzte
BMV-Z	Bundesmantelvertrag-Zahnärzte
BO	Berufsordnung
BRAO	Bundesrechtsanwaltsordnung
bspw.	beispielsweise
BT	Bundestag
BVerfG	Bundesverfassungsgericht
bzgl.	bezüglich
bzw.	beziehungsweise
c.i.c.	culpa in contrahendo
CMD	kraniomandibuläre Dysfunktion
d.h.	das heißt
DH	Dentalhygienikerin
Drs.	Drucksache
DTV	Deutscher Tourismusverband
ebm	evidence-based medicine
EBM	Einheitlicher Bewertungsmaßstab
EGMR	Europäischer Gerichtshof für Menschenrechte
EGV	Vertrag zur Gründung der Europäischen Gemeinschaft
EKV-Z	Ersatzkassenvertrag-Zahnärzte
EMRK	Europäische Menschenrechtskonvention
el.	elektronisch
el. Vorab-F.	elektronische Vorabfassung
EStG	Einkommenssteuergesetz
EU	Europäische Union
EuGH	Europäischer Gerichtshof
ff.	folgende
GA	Gutachten
GbR	Gesellschaft bürgerlichen Rechts
gem.	gemäß
GG	Grundgesetz
ggf.	gegebenenfalls
Ggs.	Gegensatz
ggü.	gegenüber
GKV	Gesetzliche Krankenversicherung
GOÄ	Gebührenordnung für Ärzte
GOZ	Gebührenordnung für Zahnärzte
grds.	grundsätzlich
GWB	Gesetz gegen Wettbewerbsbeschränkungen
h	Stunden
HeilBG	Heilberufegesetz
HGB	Handelsgesetzbuch
HKP	Heil- und Kostenplan
h.M.	herrschende Meinung
HVM	Honorarverteilungsmaßstab der Kassen(zahn)ärztlichen Vereinigungen
i.H.v.	in Höhe von
InsO	Insolvenzordnung
i.S.d.	im Sinne des
i.S.v.	im Sinne von
i.V.m.	in Verbindung mit
LG	Landgericht
KÄV	Kassenärztliche Vereinigung
KG	Kammergericht
KSchG	Kündigungsschutzgesetz
KZV	Kassenzahnärztliche Vereinigung
KZVN	Kassenzahnärztliche Vereinigung Niedersachsen
Luft-BO	Betriebsordnung für Luftfahrtgerät
m.a.W.	mit anderen Worten
MBO	Musterberufsordnung
MietRVerbG	Gesetz zur Verbesserung des Mietrechts und zur Begrenzung des Mietanstiegs sowie zur Regelung von Ingenieur- und Architektenleistungen
MKG	Mund-Kiefer-Gesicht
MPG	Medizinproduktegesetz
MPBetreibV	Medizinprdoukte-Betreiberverordnung
MuSchG	Mutterschutzgesetz
m.w.N.	mit weiteren Nachweisen
N.	Nervus
n.F.	neue Fassung
Nr.	Nummer
NRW	Nordrhein-Westfalen
NRWHeilberG	Heilberufsgesetz NRW
OHG	Offene Handelsgesellschaft

OLG	Oberlandesgericht
p.a.	per anno
PAR	Parodontologie
PKV	Private Krankenversicherung
PV	Prüfvereinbarung
p.V.V.	positive Vertragsverletzung
Rn.	Randnummer
RPP	Rapid Progressive Parodontitis
Rspr.	Rechtsprechung
RVO	Reichsversicherungsordnung (jetzt in SGB V geregelt)
S.	Satz
SGB	Sozialgesetzbuch
sog.	sogenannt
StGB	Strafgesetzbuch
str.	strittig
u.a.	unter anderem
u.a.m.	und anderes mehr
usw.	und so weiter
UWG	Gesetz gegen den unlauteren Wettbewerb
v.a	vor allem
VerbrGKRL	Verbrauchsgüterrichtlinie
vgl.	vergleiche
Vorab-F.	Vorabfassung
VoWi	Verfahrensordnung für Wirtschaflichkeitsprüfungen
VwVfG	Verwaltungsverfahrensgesetz
WDdB	Wissenschaftlicher Dienst des deutschen Bundestages
ZÄASiO	Alterssicherungsordnung für Zahnärzte
ZÄPrO	Approbationsordnung für Zahnärzte
Zahnärzte-ZV	Zulassungsverordnung für Vertragszahnärzte
z.B.	zum Beispiel
ZE	Zahnersatz
ZFA	Zahnmedizinische Fachangestellte
ZHG	Gesetz über die Ausübung der Zahnheilkunde
ZMF	Zahnmedizinische Fachassistentin
ZMP	Zahnmedizinische Prophylaxeassistentin
ZPO	Zivilprozessordnung
ZwVbVO	Zweckentfremdungsverbotsverordnung

Inhaltsverzeichnis

Einführung

Das Buch ist adressiert an (Zahn)Ärzte und an Rechtskundige, die an der rechtlichen Einordnung (zahn)medizinischer Sachverhalte interessiert sind. Sie profitieren von der integrierten induktiven Darstellung, die eine ungezwungene und plastische Annäherung an dieses Rechtsgebiet ermöglicht.

Ebenso wendet es sich an Patienten. Für sie kann sich ein Glücksfund bei speziellen Fragen ergeben. Schlussfolgerungen sind an geeigneter Stelle nach einer Entscheidungsbesprechung auch an sie gerichtet.

Die einzelnen Kapitel gliedern sich in einen **Hintergrund** und abschließend eine typische gerichtliche Entscheidung. Der Hintergrund konkretisiert die juristische Seite in extenso und wurde abgestimmt auf die sich anschließende instruktive Entscheidung. Diese referiert den **Sachverhalt**, die **Entscheidungsgründe** und eine **Schlussfolgerung**.

Die Entscheidungspräsentation erfolgt strukturiert und überwiegend absolut vollständig, was eine angenehme Lektüre ermöglicht. Dort, wo die Modellentscheidung nur auf das Übliche und Notwendigste aufweisend ursprünglich reduziert war, wurde eine umfassendere Darstellung gewählt. Dies erleichtert gravierend den Zugang, und zwar v. a. für den Nichtfachmann.[1]

Innerhalb der Entscheidungsgründe heben sich die Zitate aus der gerichtlichen Entscheidung zur Kenntlichmachung durch eine *Kursivschrift* hervor. Sofern innerhalb der Zitate Hervorhebungen (**fett**) zu sehen sind, stammen diese vom Autor. Sie dienen der leichteren Erfassung beim wiederholten Nachschlagen.

Im Rahmen der Schlussfolgerungen wird der Leser teils mit geeigneten juristischen Handlungsdispositionen vertraut gemacht. Ihm werden Urteilsfolgerungen mitgegeben werden, mit denen er sich auf dem juristischen „Minenfeld" schadlos bewegen kann.

Teils folgt eine Rekapitulation bzw. kritische Auseinandersetzung, die sich der Rezipient nützlich machen kann für den persönlichen Fall.

Die Exklusivität des Buches resultiert daraus, dass die Illustration rechtlicher Probleme anhand exakt auf den Praxisalltag zugeschnittener Gerichtsentscheidungen erfolgt. Denn die ausgewählten und ausführlich präsentierten Entscheidungen involvierten den Zahnarzt direkt (als Kläger oder Beklagten) oder kardinal indirekt (z. B. Regressrisiko).

Gleiches gilt auch für die im Hintergrund zitierten Entscheidungen, bei denen solche mit zahnärztlichem Involvment klar dominieren.

Daraus ergibt sich die Option für den Leser, den eigenen Kasus eingehend zu überprüfen und eine Vertiefung anhand eben interessierender Judikatur vorzunehmen.

Anhand für die Zahnarztpraxis relevanter Entscheidungen soll beim Leser ein „legal situational awareness" (Rechtslagenbewusstsein) geweckt werden.

Zwar beurteilen die Gerichtsinstanzen jeweils grundsätzlich nur den ihnen konkret vorgetragenen Lebenssachverhalt. Jedoch haben die Entscheidungen trotzdem eine über den Einzelfall hinausgehende Bedeutung, da jeder Fall für sich einen Einfluss auf die aktuelle Rechtsprechung hat.

Ein entsprechendes übergeordnetes (juristisches) Bewusstsein zu effizieren, geht insofern mit der neuesten Forschung Hand in Hand, die ein „situational awareness" bei (Zahn)Medizinern schulen will, um ruinöse Arzthaftung zu vermeiden und Patientensicherheit zu gewährleisten.[2] Da sich der Zahnarzt häufig genug auf dünnem juristischen Eis bewegt, soll durch typische Beispiele ein entsprechendes Monitoring des Praxisalltags auf Rechtskonformität und einer forensischen Vertretung ermöglicht werden. Eine entsprechende Reflexion der mustergültigen Entscheidungen im Rechtsalltag ermöglicht es, der Faktensituation in der Zahnarztpraxis ein kritisches Rechtsbewusstsein gegenüberzustellen.

Mit diesem Buch kann der Zahnarzt den Schritt in die richtige Richtung machen, auch in Zahnarzthaftungsprozessen. Erinnert sei dabei an ein Graffito in Griechenland:

„Gestern standen wir noch am Abgrund. Heute sind wir einen Schritt weiter."

Fehlende juristische Überlegungen können im zahnärztlichen Bereich Geister hervorrufen können, die man nicht so schnell wieder loswird. Exemplarisch sei die Praxis-Homepage hervorgehoben, die oftmals nicht abmahnungssicher gestaltet ist wegen eines z. B. mangelhaften Impressums. Dazu reicht schlicht die fehlende Angabe, von wem die Berufsbezeichnung verliehen wurde. Nebenwirkung kann sein, dass sich der Konkurrent auf den Plan gerufen fühlt, den eigenen Kollegen mit einer kostenintensiven Abmahnung zu überziehen.

Im Ergebnis ist noch darauf hinzuweisen, dass die untersuchte Kongruenz der einzelnen Rechtsgebiete im Hinblick auf die Beurteilung zahnmedizinischer Sachverhalte nicht besteht. Daher kann z. B. von einer zivilrechtlichen Einschätzung nicht immer automatisch auf die sozialrechtliche oder verwaltungsrechtliche Entsprechung geschlossen werden. Indessen fällt nämlich die Rechtsanwendung durch unterschiedliche Gerichtszweige durchaus diametral aus.

▸ **Korrigenda.** (Druck)Fehler lassen sich nicht absolut ausschließen.

Wie sagte einst der deutsche Bundeskanzler Konrad Adenauer: „Man braucht nicht immer denselben Standpunkt zu vertreten, denn niemand kann einen daran hindern, klüger zu werden."

Sollten Sie einen Fehler entdecken, freut sich der Autor über einen Hinweis.

A Approbation

A. Hintergrund

I. Öffentlich-rechtliche Erlaubnis

1. Unbeschränkt und dauerhaft

Die Approbation gibt die allgemein öffentlich-rechtliche Erlaubnis zur dauernden, unbeschränkten Ausübung des (zahn)ärztlichen Heilberufes.[3] Neben den zugelassenen Vertrags(zahn)ärzten sind auch die (Zahn)Ärzte approbiert, die ausschließlich Privatpatienten außerhalb der gesetzlichen Krankenversicherung behandeln und ihre Leistung individuell beim jeweiligen Patienten liquidieren. Die zahnärztliche Approbation berechtigt zur Ausübung der Zahnheilkunde. Die Voraussetzungen für die Erteilung der Approbation als Zahnarzt sind unter anderem in §§ 59 ff. AppO für Zahnärzte (ZÄPrO)geregelt. Ein Anspruch auf Erteilung einer Approbation besteht auch dann, wenn die Gleichwertigkeit des Ausbildungsstandes einer außerhalb des Geltungsbereiches des ZHG abgeschlossenen Ausbildung nachgewiesen wird (vgl. u. a. § 2 Abs. 2 ZHG).

Von der Approbation zu unterscheiden ist die Zulassung als Vertrags(zahn)arzt.[4]

2. Limitiert (§§ 13, 1 Abs. 1 S. 3 ZHG)

a. Begriff

Nach § 13 ZHG kann eine vorübergehende (zeitlich beschränkte) Erlaubnis zur Ausübung der Zahnheilkunde erteilt werden. Dementsprechend ist mit einer Erlaubnis nach § 13 ZHG praktisch per gesetzlicher Definition und Umschreibung eine Berechtigung zu einer (nur) vorübergehenden, also zeitlich befristeten, Ausübung der Zahnheilkunde verbunden.

b. Begrenzungen

Für den dem § 13 ZHG vergleichbaren § 10 BÄO ist (ebenfalls) anerkannt, dass die Möglichkeit der Erteilung von vorübergehenden Erlaubnissen zeitlichen Begrenzungen unterliegt und dass eine **praktisch zeitlich unbegrenzte Erlaubnis zur vorübergehenden Ausübung** des ärztlichen Berufs über die in § 10 BÄO selbst genannten Zeitabschnitte hinaus **nicht** in Betracht kommt.[5] Wegen der Vergleichbarkeit der Bestimmungen und der Formulierung des § 13 ZHG nach dem Vorbild des § 10 BÄO muss dies in gleicher Weise bei einer Erlaubnis zur vorübergehenden Ausübung der Zahnheilkunde gelten.[6]

c. Ermessen

Der gesetzlich umschriebene Geltungsbereich und die kennzeichnenden Zeitkriterien einer Erlaubnis nach § 13 ZHG können nicht unterlaufen werden. Ein **Ermessen** steht der Erlaubnisbehörde insoweit nicht zu, sodass sich hinsichtlich der zeitlichen Wirkung einer solchen Erlaubnis auch keine „Ermessensreduzierung auf Null" ergeben kann. Die Ermessenseinräumung in der Bestimmung bezieht sich nur auf die Frage, **ob** eine Erlaubnis und ggf. mit welchen einschränkenden **Nebenbestimmungen** erteilt wird, nicht aber auf das für eine solche Erlaubnis entscheidende normativ fixierte Charakteristikum der Berechtigung zur vorübergehenden Ausübung der Zahnheilkunde.

Wenn eine Erlaubnis nach § 13 ZHG erteilt wird, ist ihr per se eine zeitlich befristete Tätigkeit als Zahnarzt immanent. Dieses Merkmal ist **nicht disponibel** in der Weise, dass eine Erlaubnis nach § 13 ZHG auf Dauer erteilt wird und von der zeitlichen Wirkung her praktisch einer Approbation gleichkommt.[7]

3. Grundrechte als Leistungsrechte

Im Einzelfall lassen sich aus Grundrechten auch Ansprüche des einzelnen Bürgers auf ein positives Tun des Staates herleiten. Die meisten Grundrechte sind von ihrer Formulierung und Funktion nicht als Anspruchsgrundlagen konzipiert, sondern die meisten Leistungsrechte ergeben sich erst im Wege der Auslegung der Freiheits- oder Gleichheitsrechte bzw. über einen Funktionswandel der Grundrechte.

Art. 12 GG wird von Rechtsprechung und Literatur häufig als eigene Anspruchsgrundlage herangezogen, z. B. beim Anspruch auf Unterlassung von berufsschädigenden Äußerungen.[8]

Als Schutzgewährrecht gebietet Art. 12 Abs. 1 GG auch Schutz vor der Bedrohung der Freiheit des Wettbewerbs („GWB"), unlauterem Wettbewerbsverhalten („UWG"), Missbrauch von Marktmacht und der einseitigen Ausnutzung von Verhandlungsmacht.[9]

Art. 12 Abs. 1 GG gewährt aber **keinen abstrakten Anspruch auf eine Approbation oder eine Erlaubnis.** Diesbezüglich dürfen daher Zulassungsvoraussetzungen festgelegt werden.[10]

4. Aufhebung

Ermächtigungsgrundlage für die Aufhebung der Approbation ist § 4 ZHG (bzw. § 5 Abs. 2 S. 1 BÄO), die wirksam – sprich: verfassungskonform[11] – ist. Vor dem Hintergrund des Verhältnismäßigkeitsgrundsatzes sind Unwürdigkeit und Unzuverlässigkeit verfassungskonform dahingehend auszulegen, dass an ihre Feststellung hohe Anforderungen zu stellen sind. Sind diese Voraussetzungen erfüllt, so ist der im Approbationsentzug liegende extreme Eingriff in die Berufsfreiheit sachlich gerechtfertigt. Einer zusätzlichen Auseinandersetzung mit individuellen Umständen (z.B. Alter des Betroffenen, Möglichkeiten anderweitige berufliche Betätigung, Zwang zur Praxisschließung, drohende Arbeitslosigkeit, Versorgungssituation der Familie usw.) bedarf es dann nicht mehr.[12]

a. Materielle Rechtmäßigkeitsvoraussetzungen: Ein Widerruf kommt vor allem dann in Betracht, wenn sich der Zahnarzt eines Verhaltens schuldig gemacht hat, aus dem sich seine Unwürdigkeit oder Unzuverlässigkeit zur Ausübung des zahnärztlichen Berufs ergibt (§4 Abs. 2 S. 1, §2 Abs. 1 Nr. 2 ZHG).
   aa. Sinn und Zweck des §2 ZHG ist auch der Schutz der Integrität der Zahnärzteschaft und des Vertrauens der Bevölkerung in diese. [13]
   bb. **Unwürdigkeit** liegt vor, wenn ein (Zahn)Arzt durch sein Verhalten nicht mehr das Ansehen und Vertrauen besitzt, dass für die Ausübung seines Berufes unabdingbar nötig ist. Allerdings muss der Approbationswiderruf wegen Unwürdigkeit in einem angemessenen Verhältnis zur Schwere des Eingriffs in die Berufsfreiheit stehen. Anlass für den Widerruf wegen Unwürdigkeit können daher nur gravierende Verfehlungen sein, die geeignet sind, das Vertrauen der Öffentlichkeit in den Berufsstand, bliebe das Verhalten für den Fortbestand der Approbation folgenlos, nachhaltig zu erschüttern.[14] Das schwere Fehlverhalten muss bei Würdigung aller Umstände die weitere Berufsausübung untragbar erscheinen lassen. Ein solch schwerwiegendes Fehlverhalten muss auch nicht allein die eigentliche Ausübung der Heilkunst betreffen, also die fachlich beanstandungsfreie Behandlung des Patienten. Sogar erhebliche Straftaten eines (Zahn)Arztes, die in keinerlei Zusammenhang mit seiner als solcher tadellos ausgeübten (zahn)ärztlichen Tätigkeit stehen, können zur Unwürdigkeit fuhren.[15] Bei der Frage der Würdigkeit kommt es allein darauf an, ob der Betreffende noch das zur Ausübung des Berufs erforderliche Ansehen und Vertrauen im Kollegenkreis und bei den Patienten besitzt.[16] Der Zahnarzt hat alles zu unterlassen, was das Ansehen des Berufsstandes gefährdet. Es kommt für den Tatbestand der Unwürdigkeit zur Ausübung des zahnärztlichen Berufs nicht darauf an, ob das Fehlverhalten des Zahnarztes in der Öffentlichkeit bekannt geworden ist.[17] Ein Zustrom neuer Patienten und gleich bleibende bzw. leicht gestiegene Umsätze trotz des Bekanntwerdens eines Sexualdelikts des Zahnarztes in der Umgebung der Praxis sind irrelevant.[18]

   Unwürdigkeit ist jedenfalls dann gegeben, wenn der (Zahn)Arzt vorsätzlich eine schwere, gemeingefährliche oder gemeinschädliche oder gegen die Person gerichtete, von der Allgemeinheit besonders missbilligte, ehrenrührige **Straftat** begangen hat. Eine solche Straftat muss nicht unmittelbar im Verhältnis des Arztes zu seinem Patienten angesiedelt sein. Erfasst werden vielmehr auch alle mit der eigentlichen ärztlichen Tätigkeit in nahem Zusammenhang stehenden Handlungen und ferner, abhängig von der Schwere des Delikts, auch Straftaten außerhalb des beruflichen Wirkungskreises, wenn sie zu einem Ansehens- und Vertrauensverlust führen, die den Betroffenen für den ärztlichen Beruf als auf absehbare Zeit untragbar erscheinen lässt.[19] Ein Zahnarzt, der eine Straftat gegenüber einer Minderjährigen begeht und deswegen bedingt zu einer Freiheitsstrafe von einem Jahr (auf Bewährung) verurteilt wird, ist unwürdig.[20]

   Auch bei gravierenden Verstößen gegen die **Berufspflichten** kann Unwürdigkeit vorliegen. Die Pflicht zur ordnungsgemäßen Abrechnung gegenüber der KZVN, den Krankenkassen, den Privat- und den Kassenpatienten (im Hinblick auf den Eigenanteil) gehört zu den wesentlichen Berufspflichten eines Zahnarztes. Sie folgt aus dem Wirtschaftlichkeitsgebot des § 12 SGB V. Der Zahnarzt muss bei Laborleistungen Einsparmöglichkeiten nutzen und darf bei Bezug von Auslandsleistungen nur die Abgabepreise des Exporteurs zuzüglich Versand- und Zusatzkosten als notwendige Kosten geltend machen. Zwischengewinne sind unzulässig. Namentlich liegt also ein gravierender Verstoß vor, wenn der Zahnarzt höhere Kosten belegt als angefallen sind (hier also Provisionen im Rahmen von Retrozessionen kassiert).[21]

   Bei Entscheidungen über den Widerruf einer Approbation dürfen die in einem rechtskräftigen Strafurteil oder auch Strafbefehl enthaltenen tatsächlichen und rechtlichen Feststellungen regelmäßig zur Grundlage einer behördlichen oder gerichtlichen Beurteilung der betroffenen Persönlichkeit gemacht werden.[22] Wird in einem Strafverfahren durch einen Zahnarzt ein **Sach**verhalt eingeräumt (der für die Unwürdigkeit relevant ist), dann kann dieser Sachverhalt ohne weitere eigenständige Ermittlungen in der Angelegenheit übernommen werden, wenn ein abweichender Geschehensablauf nicht zu erkennen ist.[23] Ein Abweichen von den Feststellungen in einer strafgerichtlichen Entscheidung kann ausnahmsweise dann geboten sein, wenn gewichtige Anhaltspunkte für deren Unrichtigkeit bestehen[24], namentlich weil Wiederaufnahmegründe gegeben sind, die maßgeblichen tatsächlichen Feststellungen des Strafgerichts erkennbar auf einem Irrtum beruhen oder die Approbationsbehörde ausnahmsweise in der Lage ist, eine für ihre Entscheidung erhebliche, aber strittige Tatsache besser als das Strafgericht aufzuklären.[25]

Nachträgliches Wohlverhalten bis zur behördlichen Entscheidung kann nicht dazu führen, die Würdigkeit dann wieder erlangt zu haben. Ebenso stehen straf- und zivilrechtliche „Sanktionen" nicht entgegen.[26]

Eine **Wiederholungsgefahr oder Prognoseentscheidung** in Bezug auf die ordnungsgemäße Erfüllung der Berufspflicht wird nicht vorausgesetzt.[27]

cc. **Unzuverlässigkeit** liegt vor, wenn ein (Zahn)Arzt nach dem Gesamteindruck seines Verhaltens nicht die Gewähr bietet, zukünftig seine beruflichen Pflichten als (Zahn)Arzt zu erfüllen. Es muss also die Möglichkeit und die Gefahr erneuten schwerwiegenden persönlichen Fehlverhaltens bestehen aufgrund einer umfassenden Würdigung des Gesamtverhaltens und der Gesamtpersönlichkeit des Betreffenden. Dabei handelt es sich um eine prognostische Bewertung, die zum einen vergangenes Verhalten und zum anderen zukünftig zu erwartendes Verhalten heranzieht. Es macht nur einen Teilbereich aus, ob mit der Begehung weiterer Straftaten gerechnet werden muss.[28]

Lässt sich ein (Zahn)Arzt Rückvergütungen im Sinne von „Kickback" gewähren, dann ist dies ein Indiz für weitere künftige Straftaten vergleichbarer oder anderer Art. Der Betroffene wird als unzuverlässig eingestuft. Vermeintliche „Kontrollmechanismen" (wie z.B. besondere Beobachtung durch die am Abrechnungssystem Beteiligten, eine Bewährungszeit aus dem Strafverfahren wegen der infrage stehenden Pflichtverletzungen) schließen diesen Eindruck nicht aus und vermindern ihn auch nicht. Auch ein Fehlverhalten, das strafrechtlich mit einer Bewährungsstrafe geahndet wurde, kann die Prognose rechtfertigen, der Betreffende werde seine beruflichen Pflichten künftig nicht ordnungsgemäß erfüllen.[29]

dd. Der Widerruf muss **verhältnismäßig** sein. Insofern prüft die neuere Rspr. auch bei an sich gebundenen Entscheidungen den Verhältnismäßigkeitsgrundsatz.[30]

Tendenziell wird die Verhältnismäßigkeit aber nur im Ausnahmefall gesondert geprüft. Die Rspr. stellt dies auch klar mit dem Hinweis, dass dann, wenn Unwürdigkeit zur Ausübung des zahnärztlichen Berufes vorliegen würde, der im Entzug der Approbation liegende, in jedem Fall sehr schwerwiegende Eingriff in die Berufsfreiheit sachlich gerechtfertigt sei, ohne dass es noch einer zusätzlichen Auseinandersetzung mit individuellen Umständen, wie z.B. mit dem Alter des Betroffenen oder den Möglichkeiten einer anderen beruflichen Tätigkeit bedürfe.[31]

Es verstößt nicht gegen die Rechtsanwendungsgleichheit (Art. 3 GG), wenn zwar eine Strafkammer nach Durchführung der Beweisaufnahme ausdrücklich erklärt, ein Berufsverbot nach § 70 StGB oder ein dem Berufsverbot gleich kommender Eingriff in die Berufsfreiheit sei nicht geboten, gleichwohl die Behörde die Approbation entzieht. Denn selbst das bewusste Absehen der Strafgerichte von der Verhängung eines Berufsverbotes als Maßregel der Besserung und Sicherung nach den Bestimmungen des Strafgesetzbuches schränkt die den Verwaltungsbehörden eingeräumte Befugnis zur Untersagung eines Berufs nicht ein.[32]

Ein Teilwiderruf der Approbation ist nicht möglich. Der Verhältnismäßigkeit wird Rechnung getragen, indem der Zahnarzt die Möglichkeit hat, einen Antrag auf Wiedererteilung der Approbation zu stellen.[33]

Sind sowohl „Unzuverlässigkeit" und „Unwürdigkeit" gegeben, dann muss sich ein Rechtsbehelf mit beiden Tatbeständen auseinandersetzen. Es reicht nicht, nur zu versuchen, die eine oder die andere Variante auszuräumen.[34]

b. **Maßgeblicher Zeitpunkt** für die Beurteilung der Widerrufsvoraussetzungen ist die Sach- und Rechtslage im Zeitpunkt des Abschlusses des Verwaltungsverfahrens.[35] Denn bei Anfechtungsklagen gegen statusentziehende Verwaltungsakte, wie den Widerruf der Approbation, gibt die Sach- und Rechtslage im Zeitpunkt der letzten Behördenentscheidung den Ausschlag.[36]

Die in einem rechtskräftigen Strafbefehl enthaltenen tatsächlichen und rechtlichen Feststellungen können regelmäßig zur Grundlage einer behördlichen oder gerichtlichen Entscheidung gemacht werden, die auch den Widerruf einer Approbation beinhaltet bzw. bestätigt. Dies gilt auch für Strafurteile, die im Strafverfahren auf der Grundlage einer Hauptverhandlung ergehen. Behörden und Gerichte können die Feststellungen eines rechtskräftigen Strafbefehls und eines rechtskräftigen Strafurteils der Beurteilung der Unwürdigkeit im berufsrechtlichen Sinne zugrunde legen, ohne die Beurteilung auf ihre vom betroffenen Zahnarzt bestrittene Richtigkeit selbst überprüfen zu müssen.[37]

Weder bestimmte Beweggründe des Betroffenen für die Annahme eines Strafurteils (kein Rechtsmittel) noch die Kenntnis des Betroffenen von den drohenden berufsrechtlichen Folgen sind Voraussetzung dafür, dass die Feststellungen eines Strafurteils zur Grundlage in einem Approbationswiderrufsverfahren gemacht werden können.[38]

Ein Abweichen von den Feststellungen einer rechtskräftigen strafgerichtlichen Entscheidung kann ausnahmsweise dann geboten sein, wenn gewichtige

Anhaltspunkte für deren Unrichtigkeit bestehen.[39] Dies ist z. B. dann der Fall, wenn strafprozessuale Wiederaufnahmegründe im Sinne von Rechtsnormen, die lediglich zugunsten des Angeklagten gegeben sind, vorliegen, die maßgeblichen tatsächlichen Feststellungen des Strafgerichts erkennbar auf einem Irrtum beruhen oder die Behörde oder die Verwaltungsgerichte ausnahmsweise in der Lage sind, eine für ihre Entscheidung erhebliche aber strittige Tatsache besser als das Strafgericht aufzuklären.[40] Der Betroffene muss nachprüfbare Umstände darlegen, die die Unrichtigkeit der im Strafurteil getroffenen Feststellungen belegen könnten.[41]

5. Wiedererteilung

Wie sich aus §7 a ZHG ergibt, kann ein Antrag auf Wiedererteilung der Approbation (ggf. nach einer Wohlverhaltensperiode) gestellt werden.

II. Arbeitsvertrag

Ein Arbeitsvertrag, der die Ausübung des ärztlichen Berufes zum Gegenstand hat, ist nach Sinn und Zweck der ärztlichen Zulassungsregeln nichtig, wenn dem Arbeitnehmer die erforderliche Erlaubnis bzw. Approbation fehlt.[42]

B. Die Entscheidung: Temporäre Ausübung des Zahnarztberufes trotz Ruhens der Approbation[43]

I. Sachverhalt

Dem Angeklagten wurden als deutscher Staatsangehöriger die Approbationen als Arzt und Zahnarzt zunächst einmal erteilt. Später ließ er sich in Belgien als Arzt nieder und verlegte auch seinen Wohnsitz dorthin. Niederlassung und Praxisführung meldete er in Deutschland ab. Vom Ort der belgischen Niederlassung aus erbrachte der Angeklagte Leistungen als Belegarzt in der von ihm gegründeten Wuppertaler Klinik.

„Wegen Unwürdigkeit und Unzuverlässigkeit im Rahmen der Berufsausübung" ordnete die zuständige Behörde das Ruhen der Approbation als Zahnarzt und Arzt an.

In Kenntnis des Ruhens seiner deutschen Approbation nahm der Angeklagte ab dem Spätsommer 2000 bis Juni 2002 in Deutschland an verschiedenen Patienten ärztliche bzw. zahnärztliche Behandlungen vor.

II. Entscheidungsgründe

A. Der Angeklagte machte sich nicht nach §13 BÄO strafbar.

Die Tätigkeit war gemäß §2 Abs. 3, §10 b Abs. 1 BÄO gestattet.

Er **benötigte** für die festgestellten Behandlungsmaßnahmen, die Gegenstand der Verurteilung sind, **keine deutsche Approbation.**

I. Dazu war er
- als Staatsangehöriger
- eines Mitgliedstaates der Europäischen Union, der zur Ausübung des ärztlichen Berufs in einem der übrigen Mitgliedstaaten der Europäischen Union (Belgien) berechtigt ist,
- als Dienstleistungserbringer i. S. d. Art. 50 des Vertrags zur Gründung der Europäischen Gemeinschaft (EGV)

befugt.

II. Seine Tätigkeit war als lediglich **vorübergehend** anzusehen.

Maßgeblich für die Annahme bloß vorübergehender Tätigkeit ist nach der Rechtsprechung des Europäischen Gerichtshofs nicht nur die Dauer der Leistung, sondern auch ihre Häufigkeit, regelmäßige Wiederkehr oder Kontinuität; selbst die Ausstattung des Dienstleistenden mit einer bestimmten Infrastruktur im Aufnahmemitgliedstaat schließt den vorübergehenden Charakter der Dienstleistung nicht notwendig aus.[44]

„...Untersuchungen und Behandlungen vorgenommen, die zum Teil nur kurze Zeit in Anspruch nahmen und vereinzelt nur deshalb in Deutschland stattfanden,..."

III. Der BGH kommt in einer schulmäßigen Prüfung zu dem Ergebnis, dass auch das **Ruhen der deutschen Approbation nicht die Befugnis** des Angeklagten berührt, als Arzt in Deutschland praktizierend tätig zu werden.

1. Der **Wortlaut** des §6 Abs. 3 BÄO legt zwar an sich ein bestimmtes Ergebnis nahe.
2. Die Auslegung fördert jedoch ein anderes Resultat zu Tage. Danach ergibt sich nicht, dass der Angeklagte für seine Tätigkeit überhaupt eine Approbation benötigt.

   §13 BÄO steht unter der Überschrift „Die Approbation".

   „Das durch §13 BÄO strafbewehrte Verbot, den ärztlichen Beruf auszuüben, wenn die Approbation ruht (§6 Abs. 3 BÄO), ist in der Bundesärzteordnung ***im II. Abschnitt („Die Approbation") geregelt.*** *Sein Gegenstand ist nach dem* ***Regelungszusammenhang*** *dementsprechend nur die ärztliche Tätigkeit, die aufgrund einer erteilten Approbation erbracht wird und dem Erbringer nicht aufgrund eines anderen Legitimationstatbestands erlaubt ist."*

§ 10 b BÄO steht dagegen unter der Überschrift „Erbringen von Dienstleistungen".
In diesem Abschnitt wird in keiner Weise eine Wechselbeziehung zwischen dem Ruhen einer deutschen Approbation und der Zulässigkeit der ärztlichen Tätigkeit auf anderer rechtlicher Grundlage als einer Approbation hergestellt, insbesondere wird nicht auf § 6 BÄO verwiesen.
*„Die **vorübergehende** ärztliche Tätigkeit im Sinne des § 2 Abs. 3 BÄO ist demgegenüber in der Bundesärzteordnung im IV. Abschnitt („Erbringung von Dienstleistungen") in § 10 b BÄO näher normiert. **Diese Vorschrift gestattet** den deutschen Behörden nicht, die Tätigkeit eines Arztes, der aufgrund seiner Approbation in einem anderen EU-Mitgliedstaat vorübergehend in Deutschland praktiziert, in eigener Zuständigkeit zu unterbinden, wenn sie feststellen, dass dieser seine ärztlichen Pflichten (vgl. § 10 b Abs. 3 Satz 1 BÄO) verletzt. Weder wird dort § 6 BÄO in Bezug genommen noch in sonstiger Weise ein Zusammenhang zwischen dem Ruhen einer eventuell vorhandenen deutschen Approbation und der Befugnis hergestellt, auf der Grundlage von § 2 Abs. 3, § 10 b Abs. 1 BÄO vorübergehend in Deutschland zu praktizieren."*

3. Der **Sinn und Zweck** von § 6 BÄO ergibt keine andere Auslegung.
   Schutzzweck ist es, in Situationen oder Eilfällen dem Arzt vorläufig den Beruf zu untersagen und damit den Schutz der Öffentlichkeit bzw. der ordnungsgemäßen Gesundheitsversorgung zu bezwecken.
   Dieser Zweck wird jedoch bei Ärzten, die auf der Grundlage von § 2 Abs. 3, § 10 b Abs. 1 BÄO vorübergehend in Deutschland praktizieren, über § 13 Abs. 3 S. 2 BÄO erreicht.
   „Allein der zufällige Umstand, dass er auch noch eine – für seine vorübergehende Tätigkeit im Inland nicht benötigte – deutsche Approbation besaß, kann daher weder die Auslegung der einschlägigen Vorschriften im Allgemeinen noch deren Anwendung im hier zu beurteilenden Sonderfall beeinflussen."

B. Der Angeklagte hat sich auch nicht gemäß § 18 Nr. 2 ZHG strafbar gemacht.

Auch im ZHG würde systematisch unterschieden zwischen der Gestattung der zahnärztlichen Tätigkeit aufgrund

- deutscher Approbation,
- europarechtlich gewährleistete Dienstleistungsfreiheit.

„*... dass letztgenannte Tätigkeit* [zahnärztliche Tätigkeit aufgrund europarechtlich gewährleisteter Dienstleistungsfreiheit, Anm. des Autors] *im III. Abschnitt des Zahnheilkundegesetzes unter der Überschrift „Sonderbestimmungen" in § 13 a ZHG eine dem § 10 b BÄO entsprechende eigenständige Durchnormierung erfährt. Demgegenüber stellt § 1 Abs. 1 ZHG ausdrücklich klar, dass eine **deutsche Approbation nur derjenige benötigt, der im Geltungsbereich des Zahnheilkundegesetzes die Zahnheilkunde „dauernd" ausüben will.**"*

C. Der Angeklagte hat sich wegen Körperverletzung strafbar gemacht.

Die jeweiligen tatbestandlichen Körperverletzungen waren mangels wirksamer Einwilligung nicht gerechtfertigt.

Fraglich war allein, ob die Einwilligung frei von rechtsgutbezogenen Willensmängeln war.

Das ist nur dann der Fall, wenn der Rechtsgutinhaber die Einwilligung in Kenntnis der Tragweite und Folgen des Eingriffs erteilt hat. Fehlvorstellungen über Begleitumstände (z. B. Kostenübernahme) sind dagegen unbeachtlich.

Zentrale Bedeutung für alle (zahn)ärztlichen Handlungen hat daher die Aufklärung des Patienten. Sie muss in der gebotenen Weise über den Eingriff, seinen Verlauf, seine Erfolgsaussichten, seine Risiken und mögliche Behandlungsalternativen informieren.

Im vorliegenden Fall bestand eine Aufklärungspflicht unabhängig von der Frage, ob sich der Angeklagte nach der Bundesärzteordnung bzw. den Zahnheilkundegesetz strafbar machte. Die Aufklärungspflicht hatte zum Inhalt, die Patienten darüber aufzuklären, dass die deutsche Approbation ruhte wegen Unwürdigkeit und Unzuverlässigkeit.[45]

III. Schlussfolgerung

Der Gesetzgeber hat eine spezifische berufsrechtliche Regelung nicht geschaffen, durch die es deutschen Behörden ermöglicht würde, einem Arzt oder Zahnarzt, der aufgrund der **europarechtlichen Dienstleistungsfreiheit** vorübergehend im Inland praktiziert, bei Verstoß gegen seine Berufspflichten die Tätigkeit in eigener Zuständigkeit zu untersagen und den Verstoß gegen dieses Berufsverbot strafrechtlich zu sanktionieren.

Die einzige Möglichkeit, auf eine Pflichtverletzung des vorübergehend in Deutschland praktizierenden Arztes zu reagieren, besteht in der unverzüglichen Unterrichtung der zuständigen Behörde des Herkunftsstaates des Arztes (§ 10 b Abs. 3 Satz 2 BÄO).

Es ist zwischen der zivilrechtlichen und der strafrechtlichen Aufklärungspflicht auszudifferenzieren:

- **Strafrecht**: Für eine wirksame Einwilligung in eine Körperverletzung (§ 223 StGB) ist unter anderem erforderlich, dass der Patient ordnungsgemäß aufgeklärt wurde über Eingriff, Verlauf, Erfolgsaussichten, Risiken und mögliche Behandlungsalternativen.
- **Zivilrecht**: Die zivilrechtliche Aufklärungspflicht setzt eine Aufklärung über die zuvor bezeichneten Elemente voraus, geht teilweise aber weiter als die strafrechtliche Aufklärungspflicht (z. B. Hinweise bezüglich der Kostenübernahme bei Behandlungsalternativen).

A Aufklärungsfehler

A. Hintergrund

I. Folgen fehlerhafter Aufklärung

1. Strafrechtlich

Der durch den Zahnarzt verwirklichte Tatbestand der Körperverletzung (§§ 223 ff. StGB) ist mangels wirksamer Einwilligung nicht gerechtfertigt, wenn die Aufklärung nicht so erfolgt ist, dass der Patient frei von rechtsgutbezogenen Willensmängeln einwilligen konnte.

2. Zivilrechtlich

Auch bei einem **bloßen Aufklärungsfehler** kann der Zahnarzt zum Schadensersatz verpflichtet sein, das heißt, wenn er bei im Übrigen ordnungsgemäßer Behandlung den Patienten nicht hinreichend aufgeklärt hat und deshalb der mit der Behandlung verbundene Eingriff in den Körper und/oder Gesundheit des Patienten nicht gerechtfertigt ist.[46]

Die Eingehung einer Honorarverpflichtung durch eine Verletzung der Pflicht zur Selbstbestimmungsaufklärung kann einen zurechenbaren Schaden darstellen. Dabei ist strittig, ob dann ein entsprechender Schadensersatzanspruch auf Honorarrückzahlung ausgelöst wird.[47]

Möglicherweise kommt auch ein vertraglicher Schadensersatzanspruch gemäß § 280 BGB in Betracht.

II. Informationspflichten/Aufklärungsinhalt

1. Informationspflichten in Bezug auf die Behandlung im weiten Sinne

a. Begriff und Abgrenzung

Zivilrechtlich ist die Informationspflicht in Bezug auf die Behandlung im weiten Sinne von der Aufklärungspflicht in Bezug auf den konkreten Eingriff abzugrenzen. Zu den Informationspflichten in Bezug auf die Behandlung im weiten Sinne (§ 630 c Abs. 2 BGB) gehören insbesondere die Diagnose(aufklärung), (therapeutische) Sicherungsaufklärung und die wirtschaftliche Informationspflicht (BT-Dts 17/10488, S. 21). Diese zivilrechtliche Unterscheidung zwischen Informationspflichten und Aufklärungspflichten wird auch hier zugrunde gelegt. Im Rahmen der Darstellung der Informationspflichten werden die vormals und weiterhin geltenden Begrifflichkeiten mitgeteilt, um eine Einordnung im Strafrecht zu ermöglichen.

b. Entbehrlichkeit

Ausnahmsweise kann die Informationspflicht aufgrund besonderer Umstände entbehrlich sein. Der Gesetzgeber führt mit der unaufschiebbaren Behandlung und dem Verzicht nur Regelbeispiele an. Der Katalog ist nicht abschließend. Eine **unaufschiebbare** Behandlung kann der Notfall sein. Bei einem **Notfall** drohen durch einen Aufschub Gefahren für das Leben oder für die Gesundheit des Patienten, so dass eine ordnungsgemäße Infomation des Patienten nicht mehr rechtzeitig erfolgen kann. Dagegen geht der Gesetzgeber davon aus, dass eine nicht medizinisch notwendige Behandlung aufschiebbar ist, also grds. die Informationspflicht nicht ausgelassen werden kann.

Der Behandelnde wird auch dann von der Informationspflicht dispensiert, wenn der Patiend ausdrücklich auf die Infomation **verzichtet**. Der Patient muss den Verzicht deutlich, klar und unmissverständlich geäußert haben. Weiterhin muss der Patient für einen wirksamen Verzicht, die Erforderlichkeit der Behandlung sowie deren Chancen und Risiken zutreffend erkannt haben. An die Wirksamkeit eines solchen Verzichts werden allerdings strenge Anforderungen gestellt.

Im Einzelfall sollen auch **erhebliche therapeutische Gründe** der Informationspflicht entgegenstehen können, soweit die begründete Gefahr besteht, dass der Patient infolge der Information sein Leben oder seine Gesundheit gefährdet. Ferner kann sich die Entbehrlichkeit daraus ergeben, dass der Patient über ausreichende Kenntnisse verfügt, um die Tragweite der Behandlung und deren Risiken beurteilen zu können (z. B. Arzt; Nichtmediziner mit entsprechenden Vorbehandlungen oder angemessenem Vorwissen) (BT-Drs 17/10488, S. 23). Die gesetzliche Formulierung wurde bewusst allgemein gehalten, um den notwendigen Spielraum für die Umstände im Einzelfall zu lassen (BT-Drs 17/10488, S. 54)

c. Diagnoseaufklärung

Der Patient muss im Wesentlichen über den Befund unterrichtet werden.[48] Hierzu gehört auch die Aufklärung über Grund und Anlass einer Maßnahme. Daher kommt es, wenn ein Eingriff zur Behebung eines vorangegangenen Kunstfehlers vorgenommen und dies gegenüber dem Patienten verschleiert wird, nicht darauf an, ob der zweite Eingriff objektiv notwendig war und lege artis durchgeführt wurde.[49]

Eine Wirtschaftlichkeitsprüfung, deren Fundament es ist, dass (allfällig) nicht indizierte Behandlungen abgerechnet wurden (vgl. § 106 Abs. 2 a Nr. 1 SGB V), impliziert den Vorwurf der nicht durch eine Einwilligung gerechtfertigten Körperverletzung. War die Behandlung nicht indiziert, hätte darüber aufgeklärt werden müssen. Ging der (Zahn)Arzt aber davon aus, dass die Behandlung indiziert ist, konnte konsequenterweise natürlich nicht darüber aufgeklärt werden, sodass es an einer Indikation fehlt. Fehlt es also an einer entsprechenden Aufklärung, liegt beim Patienten ein rechtsgutbezogener Willensmangel vor. An dieser Voraussetzung scheitert das Vorliegen einer wirksamen Einwilligung. Der (Zahn)Arzt steht in einer derart zuvor skizzierten Wirtschaftlichkeitsprüfung, die sich vorgeblich nichtindizierter Behandlungen annimmt, signifikant unter Druck. Die Honorarrückforderungen sind das eine, der „als Anlage" vorhandene relevante Vorwurf der Körperverletzung wird leicht übersehen.

d. Sicherungsaufklärung

Synonym wird auch von „therapeutischer Aufklärung", „therapeutischer Sicherungsaufklärung" und „Sicherungsaufklärung" gesprochen.[50]

Die therapeutische Aufklärung war bisher von der Risikoaufklärung aufgrund der Beweislastverteilung abzugrenzen. Die **Abgrenzung** stellt auf den Zweck der Aufklärung und nicht auf den Zeitpunkt, zu dem die Aufklärung zu erfolgen hat, ab.[51] Die durch das Patientenrechtegesetz eingefügten Vorschriften sehen diese Beweislastdifferenzierung nicht mehr vor.

Es geht um die ärztliche Beratung über ein therapierichtiges Verhalten zur Sicherstellung des Behandlungserfolges und zur Vermeidung möglicher Selbstgefährdungen des Patienten (BT-Drs 17/10488, S. 17). Regelmäßig muss auch über sicher oder wahrscheinlich eintretende Folgen aufgeklärt werden.[52]

Der Patient soll durch die Erteilung von Schutzhinweisen zur Mitwirkung an der Heilung und zur Vermeidung einer möglichen Selbstgefährdung angehalten werden.[53] Er muss also auch über das Risiko der Nichtbehandlung infolge von „Non-Compliance" ausreichend aufgeklärt werden. Ansonsten schließt nämlich die mangelnde Mitwirkung des Patienten einen Behandlungsfehler nicht aus.[54]

Der Umfang und die Intensität der erforderlichen therapeutischen Information und Beratung richten sich nach den Umständen des Einzelfalls und dienen der Sicherung des Heilungserfolgs. Der Patient soll auch nach der Therapie über alle Umstände informiert sein, die für sein eigenes therapiegerechtes Verhalten und zur Vermeidung einer möglichen Selbstgefährdung erforderlich sind. Die Medikation kann den Behandelnden dazu verpflichten, den Patienten über die einzunehmende Dosis, allfällige Unverträglichkeiten und Nebenfolgen zu informieren (BT-Drs 17/10488, S. 21).

Den Zahnarzt trifft eine **Risikoschutzpflicht** insofern, als er durch die Erteilung von Schutzhinweisen den Patienten zur Mitwirkung an der Heilung und zur Vermeidung einer möglichen Selbstgefährdung anhalten soll.[55] Grundsätzlich ist ein Zahnarzt nicht verpflichtet, seinem Patienten zu erklären, dass und wie er seine **Mundhygiene** zu betreiben hat. Von einem erwachsenen Patienten, dem nicht hinreichend deutlich ist, welche Maßnahmen für die richtige Mundhygiene erforderlich sind, wird erwartet, dass er die Eigeninitiative aufbringt, sich hierüber selbst Kenntnisse zu verschaffen. Es ist daher nur folgerichtig, dass es nicht Aufgabe eines Zahnarztes ist, der feststellt, dass sein Patient sich nicht ordentlich die Zähne putzt, diesen dazu anzuhalten. Etwas anderes kann allenfalls dann gelten, wenn der Patient (für den Zahnarzt erkennbar) nicht in der Lage ist, eigenverantwortlich zu handeln. In diesem Fall können sich besondere **Fürsorgepflichten** des Zahnarztes ergeben. Grundsätzlich kann aber bei einem Erwachsenen davon ausgegangen werden, dass er eigenverantwortlich handeln kann.[56] Unter die Risikoschutzpflicht fällt es, auf ein erhöhtes **Kariesrisiko** bei einer kieferorthopädischen Behandlung mit einer festen Zahnspange hinzuweisen.[57]

Die gebotene Aufklärung über die Notwendigkeit einer besonders sorgfältigen Zahnhygiene wegen des erhöhten Kariesrisikos bei der Behandlung mit einer **festen Spange** ist der therapeutischen Sicherheitsaufklärung zuzuordnen.[58]

Besteht der Verdacht einer **Nickelallergie**, wird diese abgeklärt und bestätigt sich, dann muss ein Zahnarzt einem Patienten eine Brücke ohne Nickelanteil empfehlen.[59]

Informiert der Zahnarzt den Patient über die weiteren Behandlungsmöglichkeiten und überweist ihn hiernach zur Implantatversorgung an den Kieferchirurgen, trifft diesen keine erneute umfassende therapeutische Aufklärungspflicht, wenn keinerlei Anhalt besteht, dass der Zahnarzt über die weiteren Optionen nicht hinreichend aufgeklärt hat.[60]

Der **Beweis** einer unterbliebenen oder unzureichenden Sicherheitsaufklärung oblag bisher dem Patienten. Lediglich dann, wenn der (Zahn)Arzt geltend macht, dass eine an sich gebotene, unstreitig unterbliebene Sicherheitsaufklärung aus bestimmten Gründen nicht notwendig gewesen sei und er sich somit auf einen Ausnahmetatbestand beruft, ist er für dessen Vorliegen darlegungs- und beweisbelastet.[61] Die Rechtslage kann sich mit dem Patientenrechtegesetz unterscheiden, da dieses dem Arzt den Nachweis der Aufklärung auferlegt. An der bisherigen Beweislastdifferenzierung dürfte nicht mehr festgehalten werden, wenn dem Arzt der Nachweis der Aufklärung aufgebürdet wird. Systematisch stehen die Vorschriften, die mit dem Patientenrechtegesetz eingefügt werden, im schuldrechtlichen Teil. Für das Deliktsrecht kommen sie nicht unmittelbar zur Anwendung. Erkenntnisse für den vertraglichen Bereich können nicht undifferenziert auf die deliktischen Vorschriften übertragen werden.

Auch bei der therapeutischen Aufklärung ist zwischen einfachen und groben Aufklärungsfehlern zu unterscheiden. Das Fehlen einer weiteren therapeutischen Aufklärung stellt sich nicht als schwerwiegendes Versäumnis dar, wenn eine Patientin zumindest ein- bis zweimal auf das Erfordernis einer Parodontosebehandlung hingewiesen worden ist und dadurch zumindest sensibilisiert und in die Eigenverantwortung genommen worden ist. Das Unterbleiben weiterer Hinweise stellt sich dann nicht als grober Fehler dar.[62]

e. Exkurs: Methodenaufklärung

Synonym zur Aufklärung über Art, Umfang und Durchführung des Eingriffs wird auch von „Verlaufsaufklärung"[63] bzw. „Eingriffsaufklärung"[64] gesprochen.

Aufzuklären ist über die Methoden der Behandlung, ggf. über Alternativen[65], auch über die Schmerzhaftigkeit des Eingriffs.

Aus dem **Grundsatz** der Therapiefreiheit folgt das Recht des Behandelnden, die konkrete Behandlungsmethode nach pflichtgemäßem Ermessen frei zu wählen.[66] Kommen **mehrere gleichermaßen medizinisch sinnvolle und indizierte** Behandlungsmethoden mit unterschiedlichen Risiken und Erfolgschancen (Heilungschancen) oder mit unterschiedlicher Eingriffsintensität (unterschiedlichen Belastungen) in Betracht, ist der Patient hierüber ungefragt zu belehren.[67] Es ist nicht über therapeutische Verfahren, die sich erst in der Erprobung befinden und damit noch nicht zum medizinischen Standard rechnen, ungefragt aufzuklären, selbst wenn sie als Behandlungsalternativen in Betracht kommen.[68]

Ist der Patient nach entsprechender Beratung festgelegt, so bedarf es keiner Alternativaufklärung mehr, wenn die entsprechende Wahl zugleich auch indiziert ist. Dies gilt insbesondere für die Alternative einer Versorgung mit herausnehmbarem Kombinationszahnersatz, wenn der Patient eine feste Prothese verlangt.[69]

Ein Zahnarzt ist z.B. seinem Patienten zur Aufklärung über gleichermaßen indizierte Behandlungsalternativen zur prothetischen Versorgung der Oberkieferbezahnung verpflichtet. Macht der Zahnarzt das nicht und legt der Patient dar, dass er bei ordnungsgemäßer Aufklärung eine prothetische Versorgung mittels Gaumenplatte abgelehnt hätte, entfällt der Vergütungsanspruch des Zahnarztes. Denn der Patient hat gegen den Zahnarzt einen Anspruch auf Befreiung von der Vergütungspflicht gem. §280 Abs. 1 BGB wegen p.V.V.[70]

Auch ist der Zahnarzt aufklärungspflichtig über Risiken/Alternativen bei Extraktion eines Weisheitszahns, Betäubungsspritzen und einen Materialwechsel bei Kronen.[71]

f. Exkurs: Risikoaufklärung

Die Aufklärung muss sich schließlich auch auf Risiken und mögliche Nebenfolgen erstrecken, mit denen bei der Art des Eingriffs zu rechnen ist,[72] z.B.

- bei der Anwendung nicht zugelassener Arzneimittel,
- bei der Anwendung riskanter Therapieformen,
- bei Anwendungen entgegen Verwendungs- oder Warnhinweisen des Herstellers,
- bei Risiken, die in der Person desjenigen liegen, der den Eingriff vornimmt (z.B. Hepatitisinfektion eines Operateurs).

Zunächst einmal soll der Patient über die mit der fehlerfreien medizinischen Behandlung allfällig verbundenen Risiken unterrichtet sein.[73]

Die Anwendung einer **Außenseitermethode**, **neuer Behandlungsmethoden** oder die Vornahme von Heilversuchen an Patienten mit neuen Medikamenten unterscheidet sich von herkömmlichen, bereits zum medizinischen Standard gehörenden Therapien vor allem dadurch, dass in besonderem Maße mit bisher unbekannten Risiken und Nebenwirkungen zu rechnen ist.[74]

Bei Anwendung einer **neuen medizinischen Behandlungsmethode** ist der Patient darauf hinzuweisen, dass unbekannte Risiken derzeit nicht auszuschließen sind.[75]

Die Anwendung einer sog. „**Außenseitermethode**" erfordert die Aufklärung über das Für und Wider dieser Methode. Einem Patienten müssen nicht nur die Risiken und die Gefahr eines Misserfolges des Eingriffs erläutert werden, sondern er ist auch darüber aufzuklären, dass der geplante Eingriff (noch) nicht medizinischer Standard ist und seine Wirksamkeit statistisch (noch) nicht abgesichert ist.[76]

Aufklärung über **extrem seltene** Risiken, die in der medizinischen Literatur nicht beschrieben sind und die der (Zahn)Arzt nicht kannte oder kennen musste, kann nicht verlangt werden.[77]

Es ist auch über **sehr seltene** Risiken aufzuklären, die im Falle ihrer Verwirklichung die Lebensführung schwer belasten und trotz ihrer Seltenheit für den Eingriff spezifisch, für den Laien aber überraschend sind.[78]

Hinsichtlich der Frage, ob über das Risiko einer dauerhaften Schädigung des **N. lingualis** aufzuklären ist, gehen die Meinungen auseinander. Nach Ansicht des OLG Köln ist über das Risiko einer dauerhaften Schädigung nicht aufzuklären, wenn dieses Risiko dem Eingriff (hier: Extraktion des Zahnes 36) nicht spezifisch anhaftet.[79] Anders sieht dies das OLG Koblenz. Über das Risiko einer dauerhaften Schädigung des N. lingualis durch eine Leitungsanästhesie zur Schmerzausschaltung sei aufzuklären.[80]

Das ohne jede ergänzende Erläuterung gebrauchte Schlagwort „Nervschädigung" im schriftlichen Aufklärungsbogen verdeutlicht nicht, dass insoweit auch ein dauerhaft verbleibender Schaden mit nicht mehr zu beseitigenden Sensibilitätsstörungen und sonstigen Beeinträchtigungen der im Kiefer verlaufenden Nerven eintreten kann.[81] Der Patient muss darüber aufgeklärt worden sein, dass die Nervschädigung zu dauerhaften Ausfällen und Beschwerden führen kann. Eine Lücke im Aufklärungsbogen kann durch die Zeugenaussage einer Zahnarzthelferin möglicherweise behoben werden, wenn diese das Aufklärungsgespräch führte bzw. begleitete.

Nach der (überwiegend zivilrechtlichen) Rechtsprechung ist auch auf **selten** auftretende, wenn auch „typische" Risiken, die z.B. nur etwa im Verhältnis 1:2000 aufzutreten pflegen oder gar 1:10.000–1:20.000, hinzuweisen.[82]

Es erscheint doch fraglich, ob man sich den durch Expertise ausgewiesenen Zahlen wirklich anschließen kann. Die rechtliche Anerkennung dürfte doch eher zu versagen sein, weil bei diesen Zahlen nicht begutachtet wird, in wie vielen Situationen Komplikationen nur deshalb auftraten, weil die behandelnden (Zahn)Ärzte ihren Sorgfaltspflichten nicht nachkamen. Dies geht dann zum Nachteil der (Zahn)Ärzte. Über angeblich häufiger auftretende Komplikationen kann nur deshalb aufzuklären sein, weil diese Komplikationen aufgrund von Behandlungsfehlern der Kollegen verursacht wurden. Tatsächlich handelt es sich dann nicht um ein Risiko, sondern um einen Behandlungsfehler. Würde man die vorgebliche statistische Probabilität von Komplikationen um Behandlungsfehler bereinigen, dann könnte z. B. ein sehr seltenes Risiko ein „downgrade" erfahren auf das Niveau „extrem seltenes Risiko" usw.

Der Beweis einer durchgeführten vollständigen Risikoaufklärung obliegt dem Zahnarzt.[83]

Ergibt die Parteianhörung zum Aufklärungsgespräch aufgrund der Befragung des Arztes plausibel eine hinreichende Information des Patienten, ist der Darstellung des beweisbelasteten Arztes zu folgen, wenn die Schilderung des Patienten demgegenüber signifikante Erinnerungsdefizite offenbart.[84]

g. Exkurs: Selbstbestimmungsaufklärung

Der Begriff Selbstbestimmungsaufklärung (gelegentlich Synonym: Eingriffsaufklärung) ist ein Oberbegriff, der die

- Diagnoseaufklärung,
- Methodenaufklärung (auch: Verlaufsaufklärung) und
- Risikoaufklärung

in sich vereint.

Sie soll die freie, selbstverantwortliche Entscheidung des Patienten in den ärztlichen Heileingriff ermöglichen. Davon unterschieden wird die Sicherungsaufklärung (therapeutische Aufklärung).

Aufklärungspflichtig im Rahmen der Selbstbestimmungsaufklärung sind Risiken, die der Behandlung typischerweise anhaften. Der Patient soll über die mit der fehlerfreien medizinischen Behandlung möglicherweise verbundenen Schädigungsrisiken unterrichtet sein.[85]

h. Wirtschaftliche Umstände

Die Aufklärung über wirtschaftliche Momente folgt aus § 630 c Abs. 3 BGB und § 242 BGB (Treu und Glauben). Es besteht keine wirtschaftliche Informationspflicht, die über § 630 c Abs. 3 BGB hinausgeht. Der Behandelnde muss den Patienten nicht umfassend wirtschaftlich beraten. Das wirtschaftliche Risiko der Behandlung soll nicht dem Behandelnden aufgebürdet werden. Der Patient ist gehalten, vorab bei der Versicherung eine vorherige Kostenzusage-/Übernahmebestätigung einzuholen. Wird gegen die wirtschaftliche Informationspflicht verstoßen, dann kann der Patient dem Anspruch des Behandelnden auf Bezahlung der Behandlungskosten den Pflichtenverstoß entgegenhalten. Den Patienten trifft die Beweislast für den Informationspflichtenverstoß (BT-Drs 17/10488, S. 22).

aa. Kostenübernahme durch GKV (Notwendigkeit einer Behandlungsmethode)[86]

Hat der Behandelnde positive Kenntnis von der Unsicherheit der Kostenübernahme durch einen Dritten oder liegen Umstände vor, aus denen sich hinreichende Anhaltspunkte dafür ergeben, dass eine vollständige Übernahme der Behandlungskosten durch einen Dritten nicht gesichert ist, so muss der Behandelnde die voraussichtliche Höhe der Behandlungskosten beziffern (BT-Drs 17/10488, S. 22).

Bei der Versorgung mit Zahnersatz muss dem Kassenpatienten durch eine qualifizierte Beratung des Zahnarztes klar werden, welche Leistungen im Vorfeld der Behandlung als Sachleistungen erbracht werden, in welchen Fällen er eine Kostenerstattung seitens der Krankenkasse in welcher Höhe zu erwarten hat und in welchen Fällen er die Aufwendungen selbst zu tragen hat. Bei Letzteren ist wiederum zu differenzieren zwischen Leistungen, bei denen er lediglich die Mehrkosten zu tragen hat, und solche Leistungen, bei denen er die vollen Kosten zu tragen hat, da die Gesamtleistung vom Gesetz als unwirtschaftlich angesehen wird.[87]

Über die in Betracht kommenden Möglichkeiten und die Mehrkosten ist insbesondere aufzuklären, wenn sich etwa zur Verbesserung des Tragekomforts einer kombinierten festen und herausnehmbaren Prothese zusätzliche Verbindungselemente empfehlen können.[88]

Der Zahnarzt ist gehalten, einen **Kassenpatienten** vor jeder einzelnen Maßnahme über eine **alternative und teurere** privatzahnärztliche Behandlung aufzuklären und ihn vor die Wahl zu stellen, ob er diese privat bezahlen will. Dies gilt auch für prophylaktische Maßnahmen. Über bewährte Diagnose- und Behandlungsmöglichkeiten, die nicht im gesetzlichen Leistungsprogramm enthalten sind und über die im Indikationsfall (soweit sie sinnvolle Ergänzung oder echte Behandlungsalternative zu einer im Leistungsprogramm enthaltenen Behandlung sind) gegebene kassenärztliche Behandlung hinaus in Betracht kommen, ist aufzuklären.

Der Erfahrungssatz, dass der Kassenpatient in der Regel das ihm zustehende Leistungsangebot seiner Krankenkasse nutzen will, rechtfertigt keine Einschränkungen der Aufklärungspflicht.[89] Es ist allein Sache des Patienten zu entscheiden, welche Versorgung er sich leisten kann oder will.[90]

Bietet eine **zahnprothetische Behandlungsalternative** (z. B. Teleskopprothese ggü. Modellgussprothese) höhere Erfolgschancen, so muss der Zahnarzt auch einen Kassenpatienten auf die Möglichkeit hinweisen, gegen Zahlung eines höheren Eigenanteils eine zahnprothetische Versorgung zu wählen, die über den für gesetzlich Versicherte als Regelversorgung vorgesehenen Standard hinausgeht. Es soll dabei jeglicher Lebenserfahrung widersprechen, dass ein Zahnarzt einen Patienten nicht zumindest auf die sich anbietende bessere Versorgungsmöglichkeit hinweist, sondern den Patienten kommentarlos sehenden Auges mit einer suboptimalen Prothese versorgt, bei der Beschwerden des Patienten und erneuter Nacharbeitungsbedarf vorauszusehen seien.[91]

bb. Kostenübernahme durch PKV[92]

Es liegt grundsätzlich im Verantwortungsbereich des privat versicherten Patienten selbst, Kenntnisse über den Inhalt und Umfang des mit der Krankenversicherung abgeschlossenen Versicherungsvertrages zu haben.[93] Hat der Behandelnde aber im Verhältnis zu einem privat krankenversicherten Patienten einen Informationsvorsprung (z.B. bei „individuellen Gesundheitsleistungen" (IGeL), dann kommt eine wirtschaftliche Informationspflicht in Betracht (BT-Drs 17/10488, S.22).

Desgleichen ergibt sich im Rahmen eines privaten Behandlungsverhältnisses für den Zahnarzt aus dem Grundsatz von Treu und Glauben die vertragliche Pflicht, den Patienten über für ihn **erhebliche wirtschaftliche** Umstände bei der Behandlung aufzuklären. Generell ist eine Aufklärung zur Ermöglichung wirtschaftlicher Dispositionen erforderlich, wenn für den (Zahn)Arzt oder den Krankenhausträger objektive Anhaltspunkte für die Notwendigkeit etwaiger wirtschaftlicher Dispositionen vorliegen, oder wenn er mit dieser Zweckrichtung um Aufklärung gebeten wird.[94]

Bei „**individuellen Gesundheitsleistungen**" (IGeL) handelt es sich um Leistungen der Vorsorge- und Service-Medizin, die von der Krankenversicherung nicht bezahlt werden, da sie nicht zum Leistungskatalog der gesetzlichen Krankenversicherung gehören bzw. nicht von den privaten Krankenversicherungen als medizinisch notwendig anerkannt sind. Wenn der Behandelnde die Unsicherheit der vollständigen Kostenübernahme durch die Krankenversicherung kennt oder sich aus den Umständen hinreichende Anhaltspunkte dafür ergeben, wovon der Gesetzgeber insbesondere bei den „individuellen Gesundheitsleistungen" regelmäßig ausgeht, so ist der Patient wirtschaftlich zu informieren (BT-Drs 17/10488, S.22).

Ein Vergütungsanspruch z.B. gegenüber einem Privatpatienten **entfällt**, wenn eine Behandlung **nicht medizinisch notwendig** war und der Privatpatient **nicht über die fehlende medizinische Notwendigkeit aufgeklärt** wurde.[95]

Dem Vergütungsanspruch des Zahnarztes für die erbrachte Leistung steht ein Schadensersatzanspruch des Patienten wegen schuldhafter Verletzung einer vertraglichen Aufklärungspflicht aus dem Behandlungsverhältnis entgegen (§280 BGB). Der Patient kann diesen **Schadensersatzanspruch dem Vergütungsanspruch entgegengehalten, ohne dass es einer Aufrechnung bedarf**. Der Schaden ist in der Weise zu ersetzen, dass der Zahnarzt keine Vergütung verlangen kann.[96]

Es können auch bei medizinisch notwendigen Maßnahmen Kostengesichtspunkte zu berücksichtigen sein, bspw. wenn **mehrere gleichwertige, aber kostenmäßig unterschiedliche Behandlungsalternativen** zur Verfügung stehen. Sind nach den Umständen begründete Zweifel gegeben, ob die private Krankenversicherung des Patienten die Kosten einer zahnärztlichen Behandlung erstatten wird, besteht die vertragliche Pflicht des Arztes, den Patienten darauf hinzuweisen und selbst entscheiden zu lassen, ob er das Risiko eingehen will, seine Behandlungskosten ganz oder teilweise aus eigenen Mitteln zu zahlen. Dies gilt erst recht bei Leistungen, die über das Maß des zahnmedizinisch Notwendigen hinausgehen, sog. **Verlangensleistungen** i.S.v. §1 Abs. 2 Satz 2 GOZ, bei denen die Kostenträger nicht zur Erstattung verpflichtet sind.[97]

Allein der allgemeine Hinweis im Heil- und Kostenplan, dass die **Berechnung der (zahn)ärztlichen Leistungen unabhängig von der Erstattungsfähigkeit** seitens der Krankenkasse bzw. Beihilfe erfolgt, ist für eine ordnungsgemäße Aufklärung gerade bei medizinisch nicht notwendigen Leistungen **nicht ausreichend**.[98]

Im Falle einer **prothetischen Behandlung** trifft den Zahnarzt auch eine **wirtschaftliche Beratungspflicht** als Nebenpflicht und **Schutzpflicht** des Beratungsvertrags. Der Zahnarzt muss sich dabei **grundsätzlich** aber nicht über die **Absicherung** des Patienten gegen Zahnbehandlungskosten von sich aus unterrichten bzw. die entsprechenden Kenntnisse verschaffen und auch nicht die Behandlung nach dieser Absicherung ausrichten oder dem Patienten entsprechende Hinweise erteilen. Hinsichtlich des jeweiligen Selbstbehalts des Patienten besteht allenfalls dann eine Hinweispflicht, wenn der Patient dem Zahnarzt die Einzelheiten seiner Versicherung und/oder der Beihilferegeln unterbreitet und eine auf diese Einzelheiten abgestimmte Beratung durch den Zahnarzt wünscht. **Ausnahmsweise** ist es denkbar, dass ein Zahnarzt seine Patienten auf Bedenken gegen die Erstattungsfähigkeit besonders kostspieliger Ausführungen von Zahnersatz hinweisen muss, wenn dem Zahnarzt diese Bedenken (abgesehen vom Einzelfall und dessen Versicherungsgestaltung) ohne Weiteres geläufig sind, während der Patient in diesen Fragen erkennbar nicht bewandert ist.[99]

cc. Steigerungssatz über 2,3

Ein Zahnarzt kann für eine zahnärztliche Behandlung Gebühren mit einem Steigerungssatz über 2,3 nur dann in Ansatz bringen, wenn er den Patienten im Rahmen seiner Nebenpflichten aus dem Behandlungsvertrag vor der Behandlung ausdrücklich darauf hingewiesen hat. Der Patient muss also im Vorfeld auf nicht zu erwartende Kostensteigerungen hingewiesen werden. Andernfalls gilt der Ansatz eines Faktors über dem Regelhöchstsatz als **stillschweigend ausgeschlossen**.[100] Etwas anderes gilt nur dann, wenn eine Erhöhung über den Regelhöchstsatz nicht vorhersehbar und sich gleichsam erst während der Behandlung ergeben hat.[101]

i. Weitere Umstände

Aufzuklären ist selbstverständlich z. B. auch darüber, dass wegen Unwürdigkeit und Unzuverlässigkeit das Ruhen der Approbation eines Arztes angeordnet wurde.[102]

j. Behandlungsfehler

Fragt der Patient den Behandelnden **ausdrücklich nach** allfälligen Behandlungsfehlern, so muss der Behandelnde wahrheitsgemäß antworten, auch wenn er dabei Gefahr läuft, nicht nur einen Behandlungsfehler von Dritten, sondern auch eigene Fehler offenbaren zu müssen. Dies gilt unabhängig davon, ob dem Patienten aus dem jeweiligen Behandlungsfehler künftig gesundheitliche Gefahren drohen oder nicht. Eine darüber hinausgehende Recherchepflicht des Behandelnden zur Abklärung möglicher, für ihn aber nicht erkennbarer Behandlungsfehler besteht nicht (BT-Drs 17/10488, S. 21). Der Behandelnde darf Tatsachen nicht unzutreffend darlegen oder verschweigen, wenn der Patient ihn konkret nach einem Behandlungsfehler fragt (BT-Drs 17/10488, S. 53). Fragt der Patient den Behandelnden **nicht ausdrücklich nach** etwaigen Behandlungsfehlern, so ist der Behandelnde in der Regel auch nicht verpflichtet, den Patienten unaufgefordert über einen Behandlungsfehler zu unterrichten, soweit keine gesundheitlichen Gefahren des Patienten bestehen. Den Behandelnden trifft lediglich die Pflicht zur gesundheitlichen Sorge des Patienten, nicht aber eine umfassende Fürsorgepflicht (BT-Drs 17/10488, S. 21). Die Formulierung „über diese" hat lediglich klarstellende Funktion. Es soll verdeutlicht werden, dass der Behandelnde lediglich über die erkennbaren Umstände zu informieren hat, die auf einen Behandlungsfehler hindeuten. Über diese fachliche Einschätzung hinaus werden Behandelnde nicht verpflichtet, auch eine juristische Wertung vorzunehmen (BT-Drs 17/11710 (el. Vorab-F. v. 28.11.2012), S. 38). Der Behandelnde ist verpflichtet, alles nach den Regeln der medizinischen Wissenschaft Angezeigte zur Behandlung des Patienten zu unternehmen und Gesundheitsrisiken von dem Patienten abzuwenden (BT-Drs 17/10488, S. 53).

2. Aufklärungspflicht in Bezug auf konkreten Eingriff

a. Entbehrlichkeit

Eine Aufklärung ist entbehrlich, wenn ein Eingriff keinen Aufschub duldet. Ein Eingriff duldet keinen Aufschub, wenn **durch einen Aufschub** Gefahren für das Leben oder für die Gesundheit des Patienten drohen, so dass eine ordentliche Aufklärung nicht mehr rechtzeitig erfolgen kann. Eine Aufklärung ist dann auch entbehrlich, soweit dem Eingriff erhebliche therapeutische Gründe der Aufklärung des Patienten entgegenstehen. Das ist dann der Fall, wenn **durch die Aufklärung** das Leben oder die Gesundheit des Patienten erheblich gefährdet wäre. Die Anforderungen an die therapeutischen Gründe sind sehr streng. Die Aufklärung kann also bei dem Risiko einer erheblichen (Selbst-)Gefährdung entbehrlich bzw. vom Umfang her einzuschränken sein. Einschränkung und Wegfall der Unterrichtung kommen aber nicht deshalb in Betracht, weil der Patient möglicherweise eine unvernünftige Entscheidung trifft. Auch der **Verzicht** auf eine konkrete Aufklärung ist wirksam, wenn der Patient ihn individuell und ohne Beeinflussung durch den Zahnarzt ernsthaft und freiwillig erklärt hat. Der Patient muss den Verzicht deutlich, klar und unmissverständlich äußern und die Erforderlichkeit des Eingriffs sowie dessen Chancen und Risiken zutreffend erkannt haben. An den Verzicht werden strenge Anforderungen gestellt (BT-Drs 17/10488, S. 22/25).

b. Inhalt

Zu den Inhalten der Aufklärungspflicht gehören die Methodenaufklärung und Risikoaufklärung. Insofern sei auf die zuvor schon erfolgte Darstellung verwiesen.

Allgemein gilt, dass sich die Art und Weise sowie Umfang und Intensität der Aufklärung nach der jeweiligen konkreten Behandlungssituation richten. Die Aufklärung soll nicht medizinisches Detailwissen vermitteln, sondern dem Patienten die Schwere und Tragweite des Eingriffs verdeutlichen (BT-Drs 17/10488, S. 24). Im Einzelfall kann es angezeigt sein, einen Patienten auch über objektive und wissenschaftlich belegte Aussagen zu Erkrankungen und deren Präventions-, Untersuchungs- und Behandlungsmöglichkeiten aufzuklären. Die Aufzählung ist nicht abschließend.

c. Formelle Anforderungen

Prinzipiell wird eine Aufklärung im Rahmen eines persönlichen Gesprächs erwartet, so dass die Aufklärung nicht auf einen lediglich formalen Merkposten innerhalb eines Aufklärungsbogens reduziert wird. Die Aufklärung kann in einfach gelagerten Fällen auch fernmündlich erfolgen. Lediglich ergänzend kann auf Unterlagen Bezug genommen werden, die der Einwilligende in Textform erhalten hat (BT-Drs 17/10488, S. 24).

d. Person des Aufklärenden

Primär hat derjenige, der die Maßnahme durchführt, selbst den Patienten aufzuklären. Die Aufklärung kann durch eine andere Person vorgenommen werden, wenn – so die ursprüngliche Formulierung in Rspr. und Gesetzesvorhaben – sie über die zur sachgerechten Aufklärung notwendige Befähigung und damit über die für die Durchführung der Maßnahme adäquate fachliche Qualifikation verfügt. Der Begriff „notwendige Befähigung" setzt eine entsprechende Qualifikation voraus und umfasst diese daher. Zum Beispiel muss der Arzt, der einen operativen Eingriff durchführt, nicht mit der Person des Aufklärenden identisch sein. Die aufklärende Person muss aber die notwendige Befähigung und Qualifikation zur Durchführung der Operation besitzen. Unter Umständen muss die Aufklärung für gesonderte Maßnahmen jeweils gesondert erfolgen: Der Operateur hat über die Risiken der Operation einschließlich des mit der Operation verbundenen Risikos und ein Anästhesist über die Risiken der Narkose aufzuklären (BT-Drs 17/10488, S. 24). Die jetzige Formulierung im Gesetz „notwendige Ausbildung" soll nunmehr klarstellen, dass die Aufklärung auch durch eine Person erfolgen darf, die aufgrund ihrer abgeschlossenen fachlichen Ausbildung die notwendige theoretische Befähigung zur Durchführung der vorgesehenen Maßnahme erworben hat, auch wenn sie noch nicht das Maß an praktischer Erfahrung aufweist, das für die eigenständige Durchführung der Maßnahme selbst unverzichtbar ist. Es kommt also auf die nötigen Kenntnisse an, um den Patienten umfassend über sämtliche für die Durchführung der Maßnahme wesentlichen Umstände aufzuklären (BT-Drs 17/11710 (el. Vorab-F. v. 28.11.2012), S. 39). Auch wenn das BGB die Übertragung auf eine andere Person zulässt, bleiben Zahnarztvorbehalte aus anderen Vorschriften weiterhin anwendbar (BT-Drs 17/10488, S. 21/41 f.).

Die Aufklärung ist eine delegationsfähige medizinische Behandlungsmaßnahme. Die Übertragung der Aufklärung auf eine andere Person als den eigentlich Behandelnden setzt voraus, dass der (Zahn)Arzt dies angeordnet hat, verantwortet, der Patient zustimmt und keine Vorschriften vorliegen, die die Delegation konkret ausschließen (BT-Drs 17/10488, S. 20 f.).

e. Zeitliche Anforderungen

Der Patient muss so rechtzeitig vor dem beabsichtigten Eingriff über dessen Erfolgsaussichten und Risiken aufgeklärt werden, dass er durch hinreichende Abwägung der für und gegen den Eingriff sprechenden Gründe seine Entscheidungsfreiheit und damit sein Selbstbestimmungsrecht in angemessener Weise wahren kann. Bei operativen Eingriffen wird es regelmäßig ausreichen, wenn die Aufklärung am Vortag des Eingriffs erfolgt.[103] Ist der Eingriff eilig, kann die Bedenkfrist im Einzelfall verkürzt sein, um einen Eingriff noch am gleichen Tage zuzulassen.[104] Liegt zwischen dem Beginn der Aufklärung und der Einleitung der Narkose nur eine halbe Stunde, wird grundsätzlich unterstellt, dass dem Patienten nicht ausreichend Zeit für seine Entscheidung eingeräumt wurde.[105] Es reicht nicht, wenn die Aufklärung erst so unmittelbar vor dem Eingriff erfolgt, dass der Patient unter dem Eindruck steht, sich nicht mehr aus einem bereits in Gang gesetzten Geschehensablauf lösen zu können (z. B. Aufklärung unmittelbar vor der Tür zum Operationssaal).[106] Ansonsten gilt, dass der Gesetzgeber es abgelehnt hat, bestimmte Fristen für die Zeit zwischen der Aufklärung und der Einwilligung pauschal festzulegen (BT-Drs 17/10488, S. 25)

f. Verständlichkeit

Die Anforderungen an die Verständlichkeit sind empfängerorientiert. Die Aufklärung darf in der Regel nicht in einer übermäßigen Fachsprache des Behandelnden erfolgen. Bei Patienten, die den Inhalt der Aufklärung nach ihrem körperlichen, geistigen oder seelischen Zustand nur schwer nachvollziehen können, muss die Aufklärung in **leichter** Sprache erfolgen und allfällig wiederholt werden. Bei Patienten, die nach eigenen Angaben oder nach der Überzeugung des Behandelnden der deutschen Sprache nicht hinreichend mächtig sind, hat die Aufklärung in einer Sprache zu erfolgen, die der Empfänger versteht. Gegebenenfalls ist eine sprachkundige Person oder ein **Dolmetscher** auf Kosten des Patienten hinzuzuziehen. Die Pflicht zur verständlichen Aufklärung gebietet im Regelfall auch eine möglichst **schonende** Aufklärung. Dies gilt insbesondere für medizinisch dringend notwendige Eingriffe, auf die der Patient möglichst behutsam vorbereitet werden soll. Dagegen muss der Patient bei kosmetischen Behandlungen, die nicht der Heilung eines körperlichen Leidens, sondern einem ästhetischen Bedürfnis dienen, umfassend darüber unterrichtet werden, welche Verbesserungen er günstigenfalls erwarten kann. Allfällige Risiken müssen deutlich und schonungslos vor Augen geführt werden, damit der Patient genau abwägen kann, ob er einen allfälligen Misserfolg der Maßnahme und etwaige Entstellungen oder gesundheitliche Beeinträchtigungen in Kauf nehmen will, selbst wenn diese auch nur entfernt als eine Folge der Maßnahmen in Betracht kommen (BT-Drs 17/10488, S. 25/38).

III. Prozessuale Spezialien

Dem Patienten obliegt nur die Beweislast für den Nachweis eines Verstoßes gegen die Informationspflicht (BT-Drs 17/10488, S. 22).

Bei Verletzung vertraglicher Aufklärungs- und Beratungspflicht trägt die **Beweislast** für den ursächlichen Zusammenhang zwischen der Vertragsverletzung und dem Schaden **grundsätzlich** der Geschädigte.

Sofern Aufklärungs-, Hinweis- und Beratungspflicht gerade dazu dienen, dem Vertragspartner ein bestimmtes Risiko bewusst zu machen und ihm Klarheit über die ins Auge gefassten Maßnahme zu verschaffen, trägt der Auskunftsgeber das Risiko der Unaufklärbarkeit. Ihn trifft also die Beweislast dafür, dass der Geschädigte sich bei vertragsgerechter Beratung nicht beratungsgemäß verhalten hätte, die Verletzung seiner Aufklärungspflicht also nicht schadensursächlich war.

Treu und Glauben (§ 242 BGB) kann eine gewisse (sekundäre) Darlegungslast rechtfertigen. Hintergrund ist es, dass es geboten sein kann, den besonderen Schwierigkeiten Rechnung zu tragen, die sich ergeben, wenn die darlegungs- und beweisbelastete Partei außerhalb des maßgeblichen Geschehensablaufs steht, die maßgebenden Tatsachen nicht näher kennt und den rechtserheblichen Sachverhalt von sich aus nicht ermitteln kann. Demgegenüber hat die andere Partei die erforderlichen Informationen oder kann sich diese leicht beschaffen kann (z.B. bei negativen Tatsachen). Die Gegenpartei hat dann die prozessuale **Pflicht, sich in zumutbarer Weise an der Aufklärung des Sachverhalts zu beteiligen**, darf sich also nicht auf bloßes Bestreiten zurückziehen. Dem Anspruchssteller bleibt der Nachweis, dass diese Gegendarstellung nicht zutrifft.[107] Im Hinblick auf die Verletzung der wirtschaftlichen Informationspflicht, für die der Patient die Darlegungs- und Beweislast trägt, dürfte sich der Zahnarzt zu beteiligen haben.

B. Die Entscheidung: Haftung trotz Behandlungsfehlerfreiheit[108]

I. Sachverhalt

Die Klägerin macht gegen den Beklagten als Zahnarzt Schadensersatzansprüche aufgrund fehlerhafter Behandlung und Aufklärung im Zusammenhang mit dem Einsatz sog. Veneers an den Oberkieferfrontzähnen geltend.

Sie schloss auf einen Behandlungsfehler aufgrund der Tatsache, dass die Veneers die Größe von Teilkronen erreicht hätten. Auch behauptete sie, dass der Zahnarzt zu viel abgeschliffen hätte bzw. zu dicke Veneers aufgebracht hätte. Medizinischer Standard sei auch deswegen nicht eingehalten worden, weil bis Dentin geschliffen worden wäre. Ferner sei die Risikoaufklärung unzureichend erfolgt.

Für eine zahnärztliche Nachbehandlung und die Einholung eines Privatgutachtens machte die Klägerin 177,12 Euro geltend.

Die Klägerin beantragte,

1. den Beklagten zu verurteilen, an die Klägerin ein Schmerzensgeld in angemessener Höhe, mindestens jedoch 8000,00 Euro nebst Zinsen hieraus seit Rechtshängigkeit in Höhe von 5 Prozentpunkten über dem Basiszinssatz zu zahlen,
2. festzustellen, dass der Beklagte verpflichtet ist, der Klägerin allen weiteren immateriellen Schaden zu ersetzen, der ihr aus der Behandlung durch den Beklagten bezüglich der Präparation ihrer vier Schneidezähne 12, 11, 21 und 22, beginnend mit dem 10.03.2008, zukünftig noch entstehen wird,
3. den Beklagten zu verurteilen, an die Klägerin 177,12 Euro nebst Zinsen in Höhe von 5 Prozentpunkten über dem Basiszinssatz seit Rechtshängigkeit zu zahlen.

II. Entscheidungsgründe

Das Oberlandesgericht änderte das Urteil des Landgerichts ab und gab der Klage statt.

A. Leistungsklage

I. Die Klägerin hat gegen den Beklagten einen Anspruch auf Schadensersatz aus §280 Abs. 1, 241 Abs. 2 BGB wegen positiver Vertragsverletzung.

1. Zwischen den Parteien bestand ein Schuldverhältnis angesichts des Behandlungsvertrags.
2. Der beklagte Zahnarzt verletzte auch seine Pflichten aus dem Behandlungsvertrag.
   a. **Behandlungsfehler.**
      aa. Der Beklagte hat nicht fehlerhaft **zu viel Zahnsubstanz** an den Frontzähnen vor Einbringen der Veneers **abgeschliffen.**
      Die Klägerin hat nicht den Beweis erbracht, dass der Beklagte zu viel abgeschliffen hat.
      „Zwar wurde an Teilen des Zahnes bis ins Dentin geschliffen. Diese Vorgehensweise liegt aber an der Anatomie des Zahnes und lässt nicht auf einen Behandlungsfehler rückschließen, da es sich um keilförmige Defekte am Zahnhals handelte, die jedenfalls auch bis ins Dentin hinein gingen. Zur Behebung dieser Defekte musste daher bis in das Dentin geschliffen werden. ***Erst, wenn bis in das Zahnmark geschliffen worden wäre, hätte es sich um ein behandlungsfehlerhaftes Vorgehen*** *gehandelt."*
      Ein Schleifen bis in das Zahnmark hinein konnte nicht festgestellt werden.
      bb. Ein Behandlungsfehler konnte auch nicht aus der **Größe der Veneers** hergeleitet werden.
      „So hat der Sachverständige bereits in der ersten Instanz überzeugend ausgeführt, dass sich aus der Tatsache, dass die Veneers die Größe von Teilkronen erreicht haben, nicht auf einen Fehler schließen lasse."
      Demnach waren die Veneers nicht zu groß.
   b. **Aufklärungsfehler.**
      Der Beklagte verletzte seine Aufklärungspflichten gegenüber der Klägerin.
      aa. Der Beklagte klärte die Klägerin nicht ausreichend über die Risiken auf, die mit einer Behandlung in Form des Einsetzens von Veneers verbunden sind.
      „Insbesondere hat der Beklagte die Klägerin nicht über das Risiko einer Pulpitis, d.h. einer Zahnmarkentzündung, in deren Folge auch eine Abszedierung auftreten kann, aufgeklärt."
      bb. Der Beklagte **hätte** die Klägerin aber diesbezüglich aufklären müssen.
      Die Reichweite der Aufklärungspflicht fasste der BGH[109] in seinem Urteil vom 22.12.2010 wie folgt zusammen:
      Die Wirksamkeit der Einwilligung setzt die Aufklärung über den **Verlauf des Eingriffs, seine Erfolgsaussichten, Risiken und mögliche Behandlungsalternativen mit wesentlich anderen Belastungen voraus**...Inhaltlich ist

der Patient über die Chancen und Risiken der Behandlung im „Großen und Ganzen" aufzuklären, ihm muss ein zutreffender Eindruck von der Schwere des Eingriffs und von der Art der Belastungen vermittelt werden, die für seine körperliche Integrität und seine Lebensführung auf ihn zukommen können. Eine solche „**Grundaufklärung**" hat regelmäßig auch einen Hinweis auf das **schwerste, möglicherweise in Betracht kommende Risiko** zu beinhalten; **eine exakte medizinische Beschreibung all dessen bedarf es jedoch nicht...Je weniger ein sofortiger Eingriff medizinisch geboten ist, umso ausführlicher und ein deutlicher ist der Patient, dem der Eingriff angeraten wird oder der ihn selbst wünscht, über die Erfolgsaussichten und etwaige schädliche Folgen zu informieren**...

Zum Kern der Patientenaufklärung über einen operativen Eingriff zählt insbesondere die **Erläuterung** des sicher oder regelmäßig eintretenden **postoperativen Zustands**. So kann etwa der Hinweis auf ein gegenüber dem Normalfall erhöhtes Wundinfektionsrisiko geboten sein. **Ausnahmsweise** ist auch über **schwerwiegende Risiken einer Folgebehandlung** zu informieren, die trotz kunstgerechter Operation nötig werden kann, weil sich eine mit dieser verbundene Komplikationsgefahr verwirklicht...Für die ärztliche Hinweispflicht kommt es entscheidend nicht nur auf einen bestimmten Grad der Komplikationsdichte, sondern maßgeblich auch darauf an, ob das **infrage stehende Risiko dem Eingriff spezifisch anhaftet** und bei seiner Verwirklichung die Lebensführung des Patienten besonders belastet. In solchen Fällen besteht zwischen einer ersten Operation und möglicherweise notwendig werdenden Folgebehandlungen ein enger Zusammenhang, der die **Aufklärung über die Risiken der späteren Therapie schon vor dem ersten Eingriff erfordert.**

Im Rahmen der primär dem Arzt überlassenen Therapiewahl ist ihm zwar die Anwendung einer nicht allgemein anerkannten Heilmethode...nicht untersagt. Zur Wirksamkeit der Einwilligung muss der Patient aber über die beabsichtigte Therapie aufgeklärt worden sein; neben der allgemeinen Aufklärung über das Für und Wider dieser Methoden ist **auch darüber zu informieren, dass der geplante Eingriff (noch) nicht medizinischer Standard ist und dass unbekannte Risiken derzeit nicht auszuschließen sind.**[110]

Im aktuellen Kasus wurde entschieden:

*„Über ein solches Risiko hätte der Beklagte allerdings nach den Kriterien, die der Bundesgerichtshof für die Risikoaufklärung entwickelt hat, aufklären müssen. Insoweit ist nämlich **auch über seltene Risiken aufzuklären, wo sie, wenn sie sich verwirklichen, die Lebensführung schwer belasten und trotz ihrer Seltenheit für den Eingriff spezifisch, für den Laien überraschend sind.***

*Der Sachverständige hat auf ausdrückliche Nachfrage des Senats erklärt, dass mit **jeder Beschleifung von Zähnen das typische und spezifische Risiko einer Pulpitis verbunden sei**...*

*Es sei aber typisch und spezifisch für das Beschleifen. Somit handelte es sich bei diesem Risiko auch um **keine absolute Rarität**, sodass es für die Entscheidung der Klägerin zur Durchführung der Behandlung ohne jede Bedeutung gewesen wäre. Dies gilt insbesondere deshalb, weil das Einsetzen der Veneers im Wesentlichen auch aus **kosmetischen Gründen** erfolgte; **aus medizinischen Gründen bestand nur eine relative und keineswegs irgendwie eilbedürftige Indikation für die Behandlung. Schon und gerade wegen des erheblichen kosmetischen Charakters der Behandlung sind nach der einschlägigen Rechtsprechung des Bundesgerichtshofs erhöhte Anforderungen an die Risikoaufklärung zu stellen."***

3. **Verwirklichung des aufklärungspflichtigen Risikos.** Ein Zurechnungszusammenhang besteht im Hinblick auf den **Schutzzweck der Aufklärungspflicht** jedenfalls dann, wenn sich **gerade das aufklärungspflichtige Risiko verwirklicht**, selbst wenn es zu weiteren schweren Folgen geführt hat, mit denen nicht ernsthaft zu rechnen war und die dem Patienten deshalb vorher nicht darzustellen waren. Wurde der Patient über das Risiko, das sich verwirklicht hat, gleich aus welchen Gründen, hinreichend aufgeklärt und hat er in Kenntnis dieses Risiko seine Einwilligung erteilt, entfällt die Haftung, auch wenn andere aufklärungspflichtige Risiken nicht erwähnt wurden.
   Hat sich ein nicht aufklärungspflichtiges Risiko verwirklicht, kommt es darauf an, ob der Patient die erforderliche Grundaufklärung erhalten hat, d. h. ein Hinweis auf das schwerste in Betracht kommende aufklärungsbedürftige Risiko, und er sich deshalb von der Schwere und Tragweite des Eingriffs eine hinreichende Vorstellung machen konnte; wurde sie durchgeführt, besteht kein Zurechnungszusammenhang, fehlt sie, ist er gegeben.[111]
   *„Der Sachverständige hat für den Senat überzeugend dargelegt, dass sich aus der Behandlung des Beklagten mit Veneers bzw. den vorbereitenden Einschleifmaßnahmen bei der Klägerin in der Folge...**eine solche Pulpitis entwickelt und sich daher das aufklärungsbedürftige Risiko in diesem Falle verwirklicht hat.***
   Zwar ist nicht mehr genau feststellbar, wann genau die Pulpitis entstanden ist. Am 03.05.2009 war die Pulpitis

*allerdings schon in eine Wurzelkanalentzündung übergegangen. Ferner hat der Sachverständige ausgeführt, **dass die dauerhafte, teils hochgradige thermische Empfindlichkeit der behandelten Frontzähne und die dann nachfolgenden Abszedierungen**, die im Mai 2009 und im Juni 2010 im Bereich des Zahnes 21 und im Juni 2010 im Bereich der Zähne 11 und 12 aufgetreten und von dem Zahnarzt Dr. Dr. M behandelt worden sind, als **Folgen der Pulpitis** zu bewerten sind. Ferner hat der Sachverständige ausgeführt, dass es medizinisch plausibel sei, dass es nach wie vor zu **Rötungen und Schwellungen im Bereich der behandelten Frontzähne** komme, insbesondere beispielsweise bei der Nahrungsaufnahme, wenn es zu einem schmerzhaften Kontakt der Nahrung mit den Zähnen kommt."*

4. **Materieller Schaden.**
   Der Klägerin entstanden Kosten für die **Nachbehandlung**, die angemessen waren und in der Höhe unbestritten.[112] Ferner entstandenen Kosten für die Einholung eines **Privatgutachtens**. Auch diese waren angemessen und in der Höhe unstrittig.
5. **Immaterieller Schaden.**
   Schmerzensgeld war unter den Voraussetzungen des §253 Abs. 2 BGB zuzusprechen.
   a. §253 Abs. 2 BGB ist **anwendbar**.
      Besteht gegen den Schädiger wegen Verletzung eines der Lebensgüter des §§253 Abs. 2 BGB ein vertraglicher Schadensersatzanspruch, umfasst seine Ersatzpflicht auch ein Schmerzensgeld. Gleichgültig ist, ob der Schädiger eine Haupt- oder Nebenpflicht (Schutzpflicht, Aufklärungspflicht) verletzt hat.[113]
   b. Der Beklagte **verletzte** auch die in Abs. 2 **genannten Rechtsgüter**, nämlich Körper und Gesundheit.
   c. Der Anspruch auf Schmerzensgeld entfiel auch nicht wegen eines un**bedeutenden Eingriffs**.
      Der vorsätzliche Täter schuldet wegen der Genugtuungsfunktion **auch** bei **unerheblichen** Beeinträchtigungen Schmerzensgeld. Im Privatrecht erfordert der Vorsatz aber Bewusstsein der Rechtswidrigkeit.[114]
      Das Wohlbefinden der Klägerin wurde hier nicht nur kurzfristig und unerheblich beeinträchtigt.
   d. Bei der Bemessung des Schmerzensgeldes sind folgende Faktoren zu berücksichtigen[115]:
      Im Hinblick auf die Person des Verletzten:
      - Ausmaß und Schwere der Verletzung und der Schmerzen,
      - Belastung/Beschwerden durch Operationen und Behandlungsmaßnahmen[116],
      - Unsicherheit über den weiteren Krankheitsverlauf und eine endgültige Heilung,
      - Verbleiben von dauernden Behinderungen oder Entstellungen (irreparable Körperverletzung, wenn gesunde Zähne beschliffen und überkront wurden)[117],
      - Nachbehandlung(en), die mit erheblichen körperlichen Unannehmlichkeiten und Schmerzen verbunden sind,
      - Unterziehung einer prothetische Neuversorgung,
      - Beeinträchtigung des Erscheinungsbildes („Schönheit"),
      - mindernd wirkt sich eine besondere Schadensanfälligkeit des Verletzten aus,
      - wirtschaftliche Verhältnisse des Geschädigten,
      - ein Gebiss ist nicht „kerngesund", sondern für das Alter bereits weit vorgeschädigt.[118]

      Im Hinblick auf die Person des Schädigers:
      - Vorsätzliches oder grob fahrlässiges Verhalten,
      - wirtschaftliche Verhältnisse des Schädigers. Eine Haftpflichtversicherung des Schädigers kann daher bei der Bemessung berücksichtigt werden,[119]
      - Verzögerung der Schadensregulierung durch den Schädiger oder seine Versicherung vor allem im Falle eines erkennbar begründeten Anspruchs,
      - Belastung durch langwierigen Rechtsstreit in Kenntnis der Zahlungsverpflichtung,
      - Verschweigen einer Fehldiagnose.

      Vorliegend sprachen für die Höhe des zugesprochenen Schmerzensgeldes:
      - Zweimal schmerzhafte Abszessbildungen,
      - daher erforderliche zahnärztliche Behandlungen,
      - eine dauerhafte thermische Empfindlichkeit der behandelten Frontzähne,
      - regelmäßig möglicherweise auftretende Rötungen und Schwellungen im Bereich dieser behandelten Zähne, z. B. bei der Nahrungsaufnahme, sodass die Klägerin gehalten ist, sich ihre Nahrung klein zu schneiden, um möglichst eine Kontaktaufnahme der Nahrung mit den von Zähnen zu vermeiden,
      - die Sorge der Klägerin, dass die behandelten Frontzähnen möglicherweise dauerhaft aufgrund der Pulpitis nicht zu erhalten sind.

      Nicht zu berücksichtigen war, dass es tatsächlich zu dem genannten Verluste Frontzähne kommen kann. Dieser nicht absehbare Verlust der Frontzähne ist dem Feststellungsausspruch vorzubehalten.

II. Ferner folgt der Schadensersatzanspruch der Klägerin aus §823 Abs. 1 BGB.

III. Die Nebenforderung bezüglich der Zinsen ergibt sich aus §§288, 291 BGB.

B. Feststellungsklage

I. Die Feststellungsklage ist zulässig.

1. Der Klageantrag ist zulässig, da er hinreichend bestimmte gestellt wurde.
2. Die Klage betrifft auch ein **Rechtsverhältnis**.
   Ein Rechtsverhältnis ist die aus einem bestimmten

Sachverhalt abgeleitete rechtliche Beziehung von Personen untereinander oder einer Person zu einem Gegenstand, ferner die aus einer solchen Beziehung – gegenwärtig oder zukünftig – zustehenden Rechtsfolgen.[120]
Dies ist vorliegend der Fall, da es um die rechtliche Beziehung der Parteien aus den durchgeführten streitgegenständlichen Behandlungen geht bzw. die aus etwaig fehlerhaften Behandlungen zukünftig entstehenden Rechtsfolgen.

3. Das Rechtsverhältnis ist auch **gegenwärtig**.
   Das Rechtsverhältnis muss grundsätzlich als gegenwärtig (letzte mündliche Verhandlung) bestehend/nicht bestehend behauptet sein. Ob es tatsächlich besteht/nicht besteht, ist eine Frage der Begründetheit der Klage. Gegenwärtig muss nur das Rechtsverhältnis sein, während die Rechtsfolgen aus ihm auch erst zukünftig entstehen können.
   Hinsichtlich eines vergangenen Rechtsverhältnisses ist eine Feststellungsklage zulässig, wenn sich aus der Klagebegründung gegenwärtige oder zukünftige Folgewirkungen ergeben.[121]
   Die Klägerin behauptet das fehlerhafte Rechtsverhältnis, wobei es irrelevant ist, dass es um (zukünftige) Rechtsfolgen geht.
4. Die Klägerin besitzt auch ein rechtliches Interesse an alsbaldiger Feststellung.
   Das Feststellungsinteresse besteht, wenn – was weit auszulegen ist –[122]
   - dem Recht oder der Rechtslage des Klägers eine gegenwärtige Gefahr der Unsicherheit droht,
   - für den Kläger ein Bedürfnis nach Klärung durch Feststellung besteht,
   - und das erstrebte Feststellungsurteil – trotz bloßer Feststellungswirkung – geeignet ist, die Unsicherheit und Gefährdung zu beseitigen.

   Das Feststellungsinteresse muss **alsbald** sein. Das ist dann der Fall, wenn es bereits jetzt oder für eine nicht ferne Zukunft besteht.[123]
   Es fehlt, wenn ein einfacherer oder geeigneter Weg zur Klärung und Regelung der Rechtslage zur Verfügung steht.[124]
   Das Feststellungsinteresse folgt bereits aus der drohenden Verjährung.[125] Auch angesichts dessen, dass ein Schaden durch die schädigende Handlung bereits eingetreten ist, genügt die bloße, auch nur entfernte Möglichkeit künftiger weiterer Folgeschäden. Das rechtliche Interesse besteht also auch für den Feststellungsantrag, der auf die Ersatzpflicht immaterieller Zukunftsschäden gerichtet ist.[126]
   Zum einen besteht die Möglichkeit künftiger weiterer Folgeschäden, zum anderen droht Verjährung.

II. Die Feststellungsklage ist begründet.
Der Klägerin steht gegen den Beklagten ein Anspruch auf Ersatz zukünftigen immateriellen Schadens zu.
Dieser Anspruch folgt aus § 280 Abs. 1, 241 Abs. 2 BGB und § 823 Abs. 1 BGB.
Für den Schadenseintritt spricht eine (hohe) Wahrscheinlichkeit.[127]
„Der Feststellungsantrag der Klägerin hinsichtlich weiterer, zum jetzigen Zeitpunkt noch nicht vorhersehbarer immaterieller Schäden ist deshalb begründet, weil nach den Ausführungen des Sachverständigen solche Schäden, beispielsweise der Verlust der Frontzähne, durchaus möglich sind."
Die Klägerin hat den Eintritt nicht mitverschuldet.

III. Schlussfolgerung

1. Dieses Urteil ist nur prima vista überraschend. Zwar wurde behandlungs**fehlerfrei** gearbeitet, jedoch führte die oftmals unterschätzte ordnungsgemäße Aufklärung zur Haftung. Zum Teil wird von einem „Hilfs-Haftungsgrund" gesprochen.
2. „Frappant" ist eher folgendes Risiko, das weder den meisten Zahnärzten noch Juristen klar ist. Auch eine Wirtschaftlichkeitsprüfung kann mittelbar „zielführend" im Hinblick auf strafrechtliche Konsequenzen und zivilrechtliche (Zahn)Arzthaftung sein.
   Zum Teil basieren Wirtschaftlichkeitsprüfungen auf dem Vorwurf, (vorgeblich) nicht indizierte Behandlungen (vgl. § 106 Abs. 2 a Nr. 1 SGB V) praktiziert zu haben. War aber die Behandlung nicht indiziert, war der Patient darüber aufzuklaren. Eine abgerechnete Behandlung setzt gerade eine indizierte Behandlung voraus, ansonsten verstößt sie gegen § 12 SGB V. Da aufgrund der Abrechnung davon auszugehen ist, dass auch der (Zahn)Arzt von einer medizinischen Indikation ausging, wird er den Patienten nicht über die fehlende Indikation aufgeklärt haben. Ferner darf grundsätzlich eine Behandlung, die nicht medizinisch indiziert ist, auch nicht durchgeführt werden. In der Konsequenz liegt eine rechtswidrige Körperverletzung. Zum einen war der Eingriff nicht medizinisch indiziert, zum anderen lag keine wirksame Aufklärung vor.[128] Diese ist rechtswidrig, und damit straf- und zivilrechtlich relevant.
   Diese strafrechtliche Relevanz gebietet es, schon im Rahmen der Wirtschaftlichkeitsprüfung entsprechende Beweisantritte vorzunehmen, aus denen sich ergibt, dass eine Behandlung vorlag, die durchaus indiziert war.
   Auch dürfte sich aus diesem Grunde jeder Vergleich im Rahmen einer Wirtschaftlichkeitsprüfung verbieten, der sich auf (angeblich) nicht indizierte Behandlungen bezieht. Es besteht die Gefahr, den Vergleich als „(Teil)Geständnis" zu sehen.
3. Für die Frage, ob vor dem ersten Eingriff (**Zeitpunkt**) über Art und Risiken einer allfällig erforderlichen **Nachbehandlung** zu **informieren** ist, kommt es auf Folgendes kumulativ an:

- Welche **Gefahr** haftete dem **Ersteingriff** spezifisch an?
- War die etwaige **Nachbehandlung** dieser Gefahr notwendigerweise mit einem schweren **Risiko** verbunden, dessen Realisierung die künftige Lebensführung des Patienten in besonders belastender Weise (z. B. Organverlust) beeinträchtigt hätte?
- Steht nur eine **alternativlose** Nachbehandlungsmöglichkeit zur Verfügung oder stehen zwar mehrere Nachbehandlungsmöglichkeiten zur Verfügung, **nicht** aber **ausreichend Zeit**, um mit dem Patienten ein die Frage der einzusetzenden Behandlungsmethode betreffendes Aufklärungsgespräch zu führen und ihn über die Wahl der Behandlungsalternativen entscheiden zu lassen.

4. Das Urteil des OLG geht nicht darauf ein, ob der rechtsgutbezogene Willensmangel nicht aufgrund einer hypothetischen Einwilligung unbeachtlich ist. Da dieser Einwand nicht von Amts wegen berücksichtigt wird, ist davon auszugehen, dass die Verteidigung sich darauf nicht gestützt hat. In (Zahn)Arzthaftungsprozessen, die darauf basieren, dass eine unzureichende Aufklärung vorliegt, sollte der Einwand der hypothetischen Einwilligung (unabhängig vom konkreten Fall) stets für die Verteidigungslinie anvisiert werden.

B Behandlungsfehler

A. Hintergrund

I. Behandlungsfehler

1. Begriff

Ein Behandlungsfehler liegt vor, wenn der Zahnarzt gegen seine Pflicht zur ordnungsgemäßen Behandlung des Patienten (einschließlich der therapeutischen Aufklärung) verstoßen hat.[129] Dabei ist der Begriff des Behandlungsfehlers nicht auf die eigentliche Behandlung des Patienten beschränkt, sondern erstreckt sich auch auf ein Verschulden bei der Übernahme oder Fortführung der Behandlung ohne die erforderliche Spezialerfahrung und Übung.[130] Sorgfaltsgebote können sich aus tatsächlicher ärztlicher Übung oder aus der Aufstellung durch den Richter ergeben. Bei der eigenen Aufstellung durch den nicht sachkundigen Richter ist, sofern es an einer tatsächlichen ärztlichen Übung fehlt, Zurückhaltung angezeigt. In letzterer Situation ist regelmäßig sachverständige Beratung des Richters geboten.[131]

Bei der Beurteilung von Behandlungsfehlervorwürfen ist das Scheinargument, der **Vertrags(zahn)arzt** schulde „nicht den Standard einer optimalen privatzahnärztlichen Versorgung" unbrauchbar.[132] Auch im Rahmen kassenwirtschaftlicher Überlegungen gilt die Beachtung der am **Erhaltungsgrundsatz** orientierten wissenschaftlichen Zahnheilkunde. Ein darunter liegender Qualitäts- und Sorgfaltsstandard ist weder begründbar noch inhaltlich bestimmbar. Auf Dauer am **wirtschaftlichsten** ist stets eine Versorgung, bei der die natürliche Zahnsubstanz möglichst langfristig erhalten bleibt und alle unumgänglichen prothetischen Maßnahmen sorgfältig und, um das Verlustrisiko gering zu halten, eingebettet in ein Präventions- und Prophylaxekonzept ausgeführt werden. Nur bei mehreren **gleichermaßen indizierten** kunstgerechten Behandlungsverfahren, die als Kassenbehandlung durchgeführt werden können, fordert das Wirtschaftlichkeitsgebot die Wahl des kostengünstigeren.[133] Es gibt keinen allgemeinen Erfahrungssatz, wonach eine seltene oder äußerst seltene Komplikation auf einen ärztlichen Fehler zurückgeht.[134]

2. Unterfälle

a. Befunderhebung und Diagnose

Ein Behandlungsfehler liegt vor, wenn eine Krankheit und die für sie kennzeichnenden Symptome zu Unrecht angenommen oder, obwohl erkennbar, nicht erkannt werden, und das diagnostische Vorgehen und/oder die Bewertung der durch diagnostische Hilfsmittel gewonnenen Ergebnisse für einen gewissenhaften (Zahn)Arzt nicht mehr vertretbar erscheinen.[135] Eine unzureichende Abklärung oder eine unzutreffende Beurteilung sind die Hauptgründe für einen Behandlungsfehler in diesem Stadium.

Medizinische Untersuchungen (z.B. Funktionsanalyse) sind nicht ausschließlich zu dem Zweck durchzuführen [oder wohl besser gesagt: dürfen nicht durchgeführt werden], um die **Beweissituation** des betroffenen Patienten in einem eventuellen späteren (Zahn)Arzthaftungsprozess zu verbessern.[136] Wie dies mit dem Dokumentationszweck der Beweissicherung (BT-Drs 17/10488, S.26) in Einklang zu bringen ist, ist nicht offensichtlich klar.

Im Rahmen von Anamnese, Untersuchung und Befunderhebung hat der Zahnarzt eine fehlerfreie Diagnose zu stellen und erforderlichenfalls die sachgerechte Behandlung einzuleiten.[137] Ein Irrtum in der Stellung einer **Diagnose** rechtfertigt nicht aus sich heraus den Schluss auf ein vorwerfbares ärztliches Verhalten. Denn Fehleinschätzungen sind in der medizinischen Praxis nicht ungewöhnlich, weil die Symptome einer Erkrankung oft nicht eindeutig sind. Liegt eine Ursache dafür nahe, kann das den Blick auf andere Umstände verstellen, ohne dass damit Fahrlässigkeiten einhergehen müssen. Ein haftungsrechtlich erhebliches Verschulden ist erst dann anzunehmen, wenn das diagnostisch gewonnene Ergebnis für einen gewissenhaften Arzt nicht mehr vertretbar erscheint.[138] Wird dem (Zahn)Arzt ein Diagnoseirrtum vorgeworfen, muss der Patient bei einem nicht offenkundigen Krankheitsbild beweisen, dass er dem (Zahn)Arzt die für eine richtige Diagnose maßgeblichen Symptome geschildert hat.[139]

Cave

Ad Exemplum

Eine Funktionsanalyse im Vorfeld einer umfassenden zahnmedizinischen Behandlung mit Zahnersatz ist nur bei Vorbestehen funktioneller Störungen und Erkrankungen wie etwa einer (gravierenden) CMD-Problematik erforderlich. Nur in diesen Fällen stellt sich das Unterlassen der Funktionsanalyse als Behandlungsfehler dar.[140]

b. Beratung und therapeutische Aufklärung[141]

Eine fehlerhafte Beratung und/oder therapeutische Aufklärung liegt vor wenn der (Zahn)Arzt seine Pflicht zur Beratung und Aufklärung des Patienten verletzt. Aufzuklären ist über die nach (zahn)ärztlicher Erkenntnis gebotenen Behandlungsmaßnahmen und ggf. über ihre Dringlichkeit. Auch ist über eine Nachbehandlung aufzuklären.

Die Aufklärungspflicht beinhaltet, dem Patienten eine Vorstellung von der Art und dem Schweregrad der in Betracht stehenden Behandlung sowie von den Belastungen und Risiken, denen er sich aussetzt, zu vermitteln.[142] Die mangelnde Mitwirkung des Patienten an einer medizinisch gebotenen Behandlung schließt einen Behandlungsfehler nicht aus, wenn der Patient über das Risiko der Nichtbehandlung nicht ausreichend aufgeklärt worden ist.[143]

c. Therapie

Behandelt der (Zahn)Arzt nicht entsprechend den Regeln der Kunst oder sieht er von einer medizinisch gebotenen Vorgehensweise ab, bedeutet dies eine Abweichung vom maßgeblichen (zahn)ärztlichen Standard und begründet einen Behandlungsfehler. Kann er die erforderliche Behandlung nicht selbst durchführen, muss er den Patienten, sofern möglich, an den entsprechenden Spezialisten überweisen.[144] Die Fehler lassen sich kategorisieren in Mängel im Rahmen der

- Erforderlichkeit (z. B. eine Behandlung ist nicht indiziert oder kontraindiziert),
- Methode,
- Vorbereitung (z. B. unsorgfältige Planung: keine Vorsorgemaßnahmen getroffen vor schmerzhaften und nichtgefahrlosen Eingriffen wegen zu erwartender Angst- oder ähnlicher Reaktionen unter Berücksichtigung der psychischen Veranlagung eines Patienten)[145],
- Durchführung, z. B. mangelhafte Überkronung[146],
- Nachsorge.

Cave

Verursacht die Behandlung eine besondere Gefahrensituation für den Patienten oder einen diesem nahe stehenden Dritten, muss der Arzt in geeigneter und zumutbarer Weise für deren Eindämmung sorgen, insbesondere durch posttherapeutische Sicherungsaufklärung nach Beendigung der Behandlung. So ist nach Sedierung bei Gefahr der Kfz-Benutzung eine diesbezügliche Überwachung erforderlich.
Der Patient ist auf die Notwendigkeit von Kontrolluntersuchungen hinzuweisen.[147]

Grundsätzlich stellt es keinen Behandlungsfehler dar, wenn ein (Zahn)Arzt zunächst eine konservative und im Verhältnis zu einer Operation risikoarme Behandlung empfiehlt, um erst nach deren Scheitern anders vorzugehen.[148]

Die Ausführung eines überflüssigen, nicht medizinisch indizierten Eingriffs ist ein Behandlungsfehler, z. B. die nichtindizierte Überkronung von Zähnen.[149] Es gibt drei zahnmedizinisch anerkannte Gründe für eine **Überkronung**:

- Ersatzkronen ersetzen verlorene Hartsubstanz, die durch konservierende Behandlung nicht mehr ergänzt werden kann.
- Schutzkronen schützen – insbesondere im kariesanfälligen Gebiss mit umfangreichen Zahnhalsdefekten – den Dentinkern gegen zerstörende Einflüsse aus der Mundhöhle, indem sie die organische Zahnsubstanz vollständig bedecken.
- Stütz- und Verankerungskronen sind die Mittel, mit denen Brückenzahnersatz und partielle Prothesen am Restgebiss befestigt werden, sog. Brückenanker.

d. Organisationsfehler[150]

Auch Organisationsfehler sind Behandlungsfehler. Organisationsverschulden liegt vor, wenn der erforderliche medizinische Standard nicht sichergestellt ist, z. B.:

- Die Nichtauffindbarkeit von Krankenunterlagen ist ein Organisationsmangel: über den Verbleib muss jederzeit Klarheit bestehen.[151]
- Die mangelnde Sicherstellung der Vornahme verlässlicher Kontrolluntersuchungen und ihrer Dokumentation ist jedenfalls ein Organisationsmangel.[152]

3. Ad exemplum

- Abschleifen der unteren Frontalzähne ohne ausnahmsweise Notwendigkeit,[153]
- fehlende funktionelle Befunderhebung vor beabsichtigter restaurativer Therapie,
- fehlender Hinweis auf erhöhtes Kariesrisiko bei Zahnspange,
- Korrektur eigener, vorhergehender Behandlungsfehler,[154]
- eigene Behandlungsfehler (z. B. Aufbissmängel durch zu frühe Festeingliederung von Zahnersatz) berechtigen nicht zu Eingriffen an unbeteiligten Zähnen oder Kronen. In der Zahnheilkunde ist anerkannt, dass der Aufbiss beider Kiefer zu stimmen hat. Andernfalls ist der Zahnersatz zu erneuern.
- **Zahnextraktion:**
  - Vorschnelle Verneinung der Erhaltungswürdigkeit von Zähnen (eines Jugendlichen),[155]

Cave

- In der Zahnmedizin gilt der Erhaltungsgrundsatz: Eine Zahnextraktion ist erst als letzte Behandlungsmöglichkeit indiziert, wenn konservierende chirurgische und prophylaktische Behandlungen zu keiner Besserung geführt haben oder wenn – ausnahmsweise – ein hoffnungsloser Fall vorliegt, in dem Zähne von vornherein nicht zu erhalten sind oder ihre Erhaltung im Hinblick auf den Allgemeinbefund, den erweiterten Lokalbefund und die lokale Situation sinnlos ist. Das Ziehen erhaltungswürdiger Zähne ist demgegenüber behandlungsfehlerhaft. Auch bei mäßigem Lockerungsgrad besteht die Extraktionsindikation nicht, solange Zähne noch über Jahre hinweg beschwerdefrei im Mund belassen werden können.[156]

- Die Effektivität von Herdentfernungen durch Wurzelspitzenresektion ist anerkannt. Regelmäßig handelt es sich hierbei um Maßnahmen, die der Zahnarzt durchführen muss, bevor gegebenenfalls in einem Spätstadium der Erkrankung die Extraktionsindikation gestellt werden kann.[157]

  - Reihenextraktion aller Zähne des Oberkiefers ohne Erhaltungsdiagnostik und Therapieversuche,[158]
  - fehlerhafte Kraftentfaltung bei Zahnextraktion mittels eines Hebelinstrumentes,[159]

Cave

Ein Hebelinstrument darf zur Zahnentfernung nur mit großer Vorsicht angewandt werden, wobei sich die Dosierung der Kraft im Einzelfall an den anatomischen Gegebenheiten orientieren muss. Hierzu ist eine Untersuchung des Kieferknochens und der Belastbarkeit der Nachbarzähne erforderlich. Führt der Extraktionsversuch entgegen der Erwartung in kurzer Zeit nicht zum Ziel, sind weitere Bemühungen zur Vermeidung schädlicher Folgewirkungen zu unterlassen und der Weg der operativen Zahnentfernung ist einzuschlagen.

  - Weisheitszahn.

Cave

- Extraktion eines Weisheitszahnes in toto aus dem Zahnfach, obwohl nach dem röntgenologischen Befund eine Schädigung des N. alveolaris inferior drohte, weil dieser im Wurzelbereich oder in Höhe der Wurzeln neben dem Zahnfach verläuft,[160]
- Kieferbruch bei Extraktion eines verlagerten Weisheitszahnes; fahrlässige Verletzung des N. lingualis, z. B. Ziehen des Weisheitszahnes ohne röntgenologische Untersuchung,[161]
- vor der Extraktion eines Weisheitszahnes keine Röntgenaufnahme des Zahnes sowie des knöchernen Umfeldes erstellt.[162]

- Endgültige **Zahnersatz**eingliederung:
  - Ohne vorherige Parodontosebehandlung,[163]

Cave

- Von der Pflicht zur vorrangigen Behandlung der Parodontose ist der Zahnarzt durch eine Weigerung des Patienten nur dann befreit, wenn er nachweist, dass er eindringlich auf die Behandlungsnotwendigkeit hingewiesen hat. Dies setzt voraus, dass er zuvor eine genaue Diagnose gestellt und den Parodontalstatus (Taschentiefe, Blutungsneigung des Zahnfleischs, Lockerungsgrad der Zähne usw.) erhoben hat.
- Eine im Prinzip indizierte Zahnextraktion mit anschließender Eingliederung von Zahnersatz ist kontraindiziert, wenn im übrigen Restgebiss die Parodontosetherapie und notwendige Prophylaxemaßnahmen unterbleiben.

  - mit Legierung trotz bekannter Allergie,[164]
  - mit unterlassener Kontrolle, ob Wurzelfüllmaterial in die Kieferhöhle gedrungen ist.[165]
- **Implantate**:
  - Ungenügende Untersuchung und Prüfung der Indikation,[166]

Cave

- Wenn auch implantologische Maßnahmen grundsätzlich die Möglichkeit bieten, abnehmbare Totalprothesen zu stabilisieren, so ist eine solche Behandlung neben einer ohnehin allgemein **strengen Indikationsstellung** nur dann vertretbar, wenn zuvor **sorgfältig die individuelle anatomische Situation** des Patienten untersucht und ermittelt wurde, eine **kritische Abwägung** der Erfolgsaussichten mit den durch einen Verlust des Implantats verbundenen erheblichen Folgen erfolgt ist und der behandelnde Arzt vor allem vor der Operation die **anderen Möglichkeiten** der Versorgung des Patienten mit einer funktionstüchtigen Prothese ohne Implantate in Betracht gezogen hat. Es ist also vor einer implantologischen Maßnahme die Indikation streng zu prüfen und sorgfältig die individuelle anatomische Situation des Patienten zu untersuchen, insbesondere ist zu prüfen, ob die geplante Maßnahme kontraindiziert sein kann.
- Der Zahnarzt muss sich selbst oder ggf. unter Hinzuziehung eines kompetenten Fachkollegen vergewissern, ob die geplante Operation kontraindiziert (Gegenanzeige) ist und kann sich nicht darauf berufen, dass ein anderer Zahnarzt den Patienten für eine implantologische Operation „freigegeben" habe. Er muss sich z. B. über das Ausmaß einer Diabetes-mellitus-Erkrankung selbst ein Bild verschaffen, weil eine Implantation bei schwankenden Blutzuckerwerten wegen des höheren Operations- und Infektionsrisikos kontraindiziert sein kann.

  - Unterlassen der röntgenologischen Überprüfung auf ordnungsgemäßen Sitz,[167]
  - misslungene Rehabilitierung des stomatognathen Systems des Patienten,[168]
  - erhebliche vermeidbare Mängel der Brücken,
  - schlecht abgestimmte Zahnbögen im Ober- und Unterkiefer,[169]
  - ist der Unterkiefer in Relation zum Oberkiefer stärker entwickelt und zumindest von einer „progenen Tendenz" zu sprechen, dann ist es angezeigt, von einer

Implantation abzusehen und den Patienten stattdessen (zur Vermeidung oder Milderung der umgekehrten Frontzahnverzahnung) mit herausnehmbaren Totalprothesen im Ober- und Unterkiefer zu versorgen,
   - überhängende Ränder der Teleskope, die eine mangelnde Reinigungsfähigkeit begründen.[170]
- **Überkronung**:
   - Nichtindizierte Überkronung (überflüssige Überkronung ohne zahnmedizinisch anerkannte Gründe),[171]
   - mangelhafte Überkronung,[172]
   - Freilegen beschliffener Zahnsubstanz bei Überkronung (grober Fehler),
   - Verdacht auf eine Nickelallergie wird nicht abgeklärt und trotzdem wird eine nickelhaltige Brücke verwendet[173] (schon aus Vorsorgegründen muss bei Verdacht einer Nickelallergie ein Zahnersatz mit Nickelanteil unterbleiben).
- **Zahnprothetische Versorgung**:[174]
   - Ein haftungsbegründender **Behandlungsfehler** kann – z. B. bei anfänglicher geringfügiger Beweglichkeit der Zahnprothese – nur angenommen werden, wenn dem Zahnarzt im Rahmen der Weiterbehandlung **Gelegenheit zur Vornahme von Korrekturen gegeben worden ist und ihm dabei eine Korrektur vorwerfbar nicht gelingt.**
   - Es **verstößt noch nicht gegen den Facharztstandard,** dass eine befriedigende prothetische Lösung nicht beim ersten Versuch gelingt. **Selbst das Misslingen eines Korrekturversuchs muss nicht behandlungsfehlerhaft sein.** Die prothetische Behandlung besteht zum Teil auch in einem „Vortasten" zu einer befriedigenden Lösung des bestehenden Problems. Dabei ist es regelmäßig sowohl von der Einwilligung des Patienten als auch vom Inhalt des konkreten Behandlungsvertrages gedeckt, dass der Zahnarzt Gelegenheit zur Behandlungsfortführung über den ersten Eingliederungstermin hinaus erhält.
   - Überflüssige zahnprothetische Oberkieferversorgung mittels einer Gaumenplatte, wenn auch eine teleskopierende, bügelfreie Brückenprothese medizinisch indiziert ist und darüber der Patient nicht aufgeklärt wurde.

4. Gegenbeispiele

- Die Verwendung eines Narkosemittels, das wissenschaftlich anerkannt ist, für bestimmte Narkosen vielfach verwendet wird und nur in außerordentlich seltenen Ausnahmefällen zu schädlichen Nebenerscheinungen führt (hier: Hautnekrose nach intravenöser Injektion von Thiogenal in den Handrücken), stellt jedenfalls dann, wenn kunstgerecht vorgegangen wird und Anhaltspunkte für Unverträglichkeit des Mittels nicht bestehen, keinen ärztlichen Kunstfehler dar.[175]
- Verwendung von Amalgam zur Zahnfüllung.[176]
- Spannungsschmerzen nach Eingliederung einer Prothese als solche indizieren noch nicht einen Behandlungsfehler.[177]
- Ist im (zahn)ärztlichen Notdienst der klinische Befund mit der gebotenen Sorgfalt erhoben worden und das gefertigte Röntgenbild scheinbar eindeutig, liegt kein haftungsrelevanter **Diagnose**irrtum darin, dass der Zahnarzt die Schmerzquelle bei zwei benachbarten Zähnen falsch zuordnet.[178]
- Ein zu Beweiserleichterungen führendes **Befunderhebungs**versäumnis kann nicht in der unterbliebenen Zahnuntersuchung mittels Sonde gesehen werden, wenn völlig ungewiss ist, ob dies die richtige Zuordnung ermöglicht hätte.[179]
- Wenn ein Zahnarzt ein Fremdlabor mit Reparaturarbeiten an einer (ca. 5 Jahre nach ihrer Eingliederung) locker gewordenen Brücke beauftragt hat, begründet der Umstand, dass die Brücke beim Aufbrennen der Keramik im Labor aus nichtnachvollziehbaren Gründen zerstört wurde, keine Behandlungsfehler des Zahnarztes, sondern allenfalls einen Nachbesserungsversuch.[180]
- Unterschreitet ein Kieferchirurg die Empfehlung des Herstellers eines Medizinprodukts zur Einheilzeit (hier: Cerasorb) geringfügig, indiziert das keinen ärztlichen Fehler, weil das konkrete klinische Bild maßgeblich ist. Belegt die darüber gefertigte Dokumentation, dass die medizinischen Vorraussetzungen für die Weiterbehandlung vorlagen, ist das ärztliche Vorgehen hinreichend legitimiert.[181]

II. Grober Behandlungsfehler

1. Begriff

Grob ist ein Diagnose-, Behandlungs- oder Organisationsfehler, wenn der (Zahn)Arzt eindeutig gegen bewährte (zahn)ärztliche Behandlungsregeln oder gesicherte medizinische Erkenntnisse verstoßen und einen Fehler begangen hat, der aus objektiver Sicht bei Anlegung des für einen Zahnarzt geltenden Ausbildungs- und Wissensmaßstabs, nicht nach dem Grad subjektiver Vorwerfbarkeit, nicht mehr verständlich und verantwortbar erscheint, weil er einem (Zahn)Arzt schlechterdings nicht unterlaufen darf,[182] das Verhalten des (Zahn)Arztes also eindeutig gegen gesicherte und bewährte medizinische Erkenntnisse und Erfahrungen verstieß.[183] An Wissen und Fähigkeiten darf nur das verlangt werden, was Erkenntnisstand der medizinischen Wissenschaft im Zeitpunkt der Behandlung ist.[184]

Die Beurteilung, ob die Voraussetzungen erfüllt sind, obliegt zwar dem Tatrichter; dessen wertende Entscheidung muss aber auf ausreichenden tatsächlichen Feststellungen beruhen, die sich auf die medizinische Bewertung des Behandlungsgeschehens durch den Sachverständigen stützen und auf dieser Grundlage die juristische Gewichtung des ärztlichen Vorgehens als grob behandlungsfehlerhaft zu tragen vermögen; es ist dem Tatrichter nicht gestattet, ohne entsprechende medizinische Darlegungen des Sachverständigen einen groben Behandlungsfehler aus eigener Wertung zu bejahen.[185]

2. Ad exemplum

- Unterlassen einer zweifelsfrei gebotenen Abklärung oder Befunderhebung bzw. Befundsicherung, soweit sie mit hinreichender Wahrscheinlichkeit zu einem reaktionspflichtigen Ergebnis geführt hätte, z. B.: zum Aufschluss über Behandlungsverlauf,[186]
- fehlerhafte Diagnose (= Bewertung) nur bei fundamental falscher Einschätzung eines Befundes, z. B. Nichterkennen einer schweren Erkrankung trotz eindeutiger Symptome,[187]
- Unterbleiben einer zweifelsfrei gebotenen Behandlung,[188]
- Verstoß gegen grundlegende Hygieneregeln (z. B. Mehrfachverwendung derselben Spritze bei hoch entwickelter Erkrankung).[189]

III. Prozessuale Spezialien

1. In genere: Allgemeine Grundsätze und Begriffe

a. Begriff: Beweislast[190]

Unter **objektiver Beweislast** versteht man das eine Partei treffende Risiko des Prozessverlustes wegen Nichterweislichkeit der ihr Klagebegehren tragenden Tatsachen. Die **subjektive Beweislast** ist die Obliegenheit zur Beibringung von Beweismitteln, die der Partei im Falle der Amtsermittlung erleichtert wird.

b. Beweislastregeln

Grundregel ist, dass jede Partei für die Tatsachen die Darlegungs- und Beweislast trägt, die für sie günstig sind. Konkret heißt dies: Wer eine Rechtsfolge für sich in Anspruch nimmt, hat die rechtsbegründenden und -erhaltenden Tatsachen vorzutragen und zu beweisen, sein Gegner die rechtshindernden, rechtsvernichtenden und rechtshemmenden (= Einreden im Sinne der ZPO).[191] Für die Beweislast sind generell die Vorschriften des materiellen Rechts **maßgebend.** Entweder enthält das materielle Recht

- ausdrückliche Beweislastregeln,
- oder aus der besonderen Formulierung einzelner Regelungen ergibt sich, dass für bestimmte Ausnahmen Beweislastverteilung abgewichen werden soll, die für den Normalfall besteht (z. B.: „es sei denn, dass.../ nicht/sofern nicht/jedoch nicht/ausgeschlossen").

Ausnahmsweise kann der Anspruchssteller auch negative Tatsachen zu beweisen haben.[192]

c. Beweislastumkehr

Beweislastumkehr liegt vor, wenn die Beweislast dem Gegner der **an sich** beweispflichtigen Partei aufgebürdet wird.[193]

d. Beweiserleichterungen

Ist in Entscheidungen oder in der Literatur von
- einem Anscheinsbeweis
- oder davon, dass an die Beweisführung der beweisbelasteten Partei keine „übertriebenen"[194], „überspannten" Anforderungen gestellt werden dürften

die Rede, dann meint dies nicht, dass
- sich das Gericht mit einem geringeren Grad an Überzeugung zufrieden geben darf,[195]
- oder es zu einer „Erleichterung der Beweislast" kommt,

sondern dass das Gericht fehlende konkrete Anhaltspunkte durch Erfahrungswerte ersetzen und hierauf seine volle Überzeugung stützen kann.[196] Erleichtert wird also lediglich die Beweisführungslast, d. h. die Anforderungen, die an die Beibringung von geeignetem Beweismaterial gestellt werden. Der Beweisführungslast entspricht auf der Station vorher (der Darlegungslast) die Substantiierungslast. Das Risiko die Aufklärbarkeit hat die beweisbelastete Partei weiterhin uneingeschränkt zu tragen. Auch tatsächliche Vermutungen haben grundsätzlich eine Erleichterung der Beweisführungslast zur Folge und nur singulär eine Beweislastumkehr.

e. Beweisvereitelung

Auch wenn der Anscheinsbeweis und die Vereitelung der Beweisführung und die Regeln dazu keine wirklichen Abweichungen von den Prinzipien der Beweislastverteilung darstellen, sondern Fragen der Beweiswürdigung, soll die Darstellung aus Kontextgründen trotzdem an dieser Stelle erfolgen.[197] Man versteht darunter, dass eine Partei dem beweisbelasteten Gegner die Beweisführung schuldhaft unmöglich macht oder erschwert, indem sie während des Prozesses oder vorher vorhandene Beweismittel vernichtet, vorenthält oder ihre Benutzung erschwert oder indem sie zumindest fahrlässig die Aufklärung eines bereits eingetretenen Schadensereignisses unterlässt, um dadurch die Entstehung eines Beweismittels zu verhindern, obwohl die spätere Notwendigkeit einer Beweisführung dem Aufklärungspflichtigen bereits erkennbar sein musste.[198] Das Verschulden an der Vernichtung eines Beweismittels darf also nicht auf die Vernichtung des Gegenstands, sondern muss auf die Vereitelung der Beweisfunktion des Gegenstands bezogen werden.[199] Das Festlegen der Grenze, jenseits derer die zurechenbare Nichterhaltung von Beweismitteln zur Beweislastumkehr führt, beruht auf einem **Billigkeitsurteil** des Tatrichters.[200]

2. En Detail: (Zahn)Arzthaftungsprozess

a. Grundsätze

In Haftungsfällen liegt das Hauptaugenmerk zum einen bei der Kardinalfrage, ob ein Behandlungsfehler vorliegt, und zum anderen bei der Frage, ob der Zurechnungszusammenhang gegeben ist. Das ändert sich grundsätzlich z. B. auch nicht dadurch, dass Gegenstand der Behandlung eine **Prothetikversorgung** ist. Klagt ein Patient wegen fehlerhafter zahnärztlicher Behandlung im Rahmen einer Prothetikversorgung auf Schadensersatz und Schmerzensgeld, so ist er dafür beweispflichtig, dass die Pflichtverletzung des behandelnden Zahnarztes zu dem bei ihm entstandenen Schaden geführt hat.[201] Ist die Prothese, die angeblich zu Spannungsschmerz und Zahnfleischentzündungen geführt habe, infolge von weiteren Behandlungen durch einen anderen Zahnarzt nicht mehr in der ursprünglichen Form vorhanden, so ist dieser Zahnersatz für die Beantwortung der Beweisfragen nur sehr eingeschränkt verwertbar, um eine Kausalität zwischen Behandlungsfehler und Beschwerden des Patienten festzustellen.[202] Aber auch für einen allfälligen **Behandlungsfehler durch Unterlassen** gilt, dass dem Patienten der Beweis obliegt, dass eine Behandlung durch Unterlassen gebotener Maßnahmen fehlerhaft gewesen ist.[203]

b. Regeln für die Ausnahmen

Die im Vertragsrecht normierten „Regeln für die Ausnahmen" entstammen der bisher (auch zum Deliktsrecht) ergangenen Rechtsprechung. Daher bestehen zwischen Vertragsrecht und Deliktsrecht Kommunalitäten. Zumindest diese werden im Folgenden dargestellt. Ansonsten gilt die wie bislang für das Deliktsrecht ergangene Rechtsprechung fort.

aa. Institut des voll beherrschbaren Risikos

(i). Grundsätze[204]

Die Regelung will dem besonderen Schutzbedürfnis des Patienten Rechnung tragen (BT-Drs 17/10488, S. 28). Das Institut des voll beherrschbaren Risikos meint, dass sich der Gesundheitsschaden des Patienten in einem Bereich ereignet hat, dessen Gefahren voll beherrscht werden konnten.[205] Eine Gefahr konnte voll beherrscht werden, wenn eine Gefahr bestand, deren Quelle festgestellt werden konnte und die deshalb objektiv beherrschbar war.[206] Es geht also um Gesundheitsschäden, die nicht aus der Patientensphäre (z. B. Risiken aus dem eigenen menschlichen Organismus) stammen und daher dem Patienten nicht zugerechnet werden können und auch nicht aus dem Kernbereich ärztlichen Handelns herrühren. Das verwirklichte Risiko stammte vielmehr aus einem Bereich, dessen Gefahren ärztlicherseits voll ausgeschlossen werden konnten und mussten. Die Behandlungsseite trägt die Beweislast für die Fehler- und Verschuldensfreiheit bei Risiken aus einem Gefahrenbereich, der vom Arzt voll beherrschbar war.[207] Exemplarisch ist der Hygienebereich zu nennen.[208] Ein voll beherrschbares Risiko liegt nicht vor, wenn sich in dem von dem Behandelnden dem Grunde nach voll beherrschbaren Gefahrenbereich ein Risiko verwirklicht hat, bei dem aber zugleich eine andere, ggf. unbekannte oder nicht zu erwartende Disposition des Patienten durchschlägt, die diesen für das verwirklichte Risiko anfällig macht und damit dem Behandelnden die volle Beherrschbarkeit des Risikobereichs entzieht.[209] Die Beweislast wird ausschließlich bzgl. der objektiven Pflichtverletzung, nicht aber bzgl. Kausalitätsfragen umgekehrt. Der (Zahn)Arzt kann die Vermutungsbasis angreifen oder den Beweis erbringen, dass eine Pflichtverletzung nicht vorliegt (BT-Drs 17/10488, S. 28).

(ii). Einsatz medizinisch-technischer Geräte

Ein Risiko, das von dem Träger der Klinik und dem dort tätigen Personal voll beherrscht werden kann, ist der Zustand der für das Behandlungsgeschehen benötigten Geräte und Materialien.[210] Obwohl es die zunehmende Technisierung der modernen Medizin mit sich bringt, dass der Arzt nicht mehr alle technischen Einzelheiten der ihm verfügbaren Geräte zu erfassen vermag, ist er aber andererseits nicht von der Pflicht befreit, sich mit der Funktionsweise insbesondere von Geräten, deren Einsatz für den Patienten vitale Bedeutung hat, wenigstens insoweit vertraut zu machen, wie dies einem naturwissenschaftlichen und technisch aufgeschlossenen Menschen möglich und zumutbar ist.[211]

(iii). Koordination und Organisation des Behandlungsgeschehens

Eine Fallgruppe des voll beherrschbaren Risikos ist die Organisation und Koordination des Behandlungsgeschehens. Die Beweislastumkehr kann daher auch den Nachweis eines objektiven Pflichtenverstoßes umfassen, wenn der Patient im Herrschafts- und Organisationsbereich des Schuldners zu Schaden gekommen ist (und die den Schuldner treffenden Vertragspflichten (auch) dahin gingen, den Gläubiger gerade vor solch einem Schaden zu bewahren.[212]

bb. Aufklärung und Einwilligung

Die Aufklärung des Patienten ist (auch unter Vertragsgesichtspunkten) keine bloße Nebenpflicht des Arztes, deren Verletzung der Patient, wenn er Ansprüche aus ihr herleitet, nach allgemeinen Grundsätzen zu beweisen hätte. Sie hängt vielmehr wie die Einwilligung des Patienten, die erst den ärztlichen Eingriff in die körperliche Integrität zulässig werden lässt und deren Voraussetzungen die Aufklärung schaffen soll, so eng mit der Behandlungspflicht des Arztes zusammen, dass dieser ebenso wie den Umstand, dass er überhaupt den Eingriff vorgenommen hat, auch die Erfüllung seiner Aufklärungspflicht nachweisen muss. Insoweit kommt der gesetzlichen Beweislastverteilung, die die Deliktshaftung demjenigen, der sich darauf beruft, die Beweislast für eine rechtfertigende Einwilligung auferlegt, allgemeine Bedeutung auch für die Aufklärung zu, zumal sich der Arzt am ehesten die Beweise für die erfolgte Aufklärung sichern kann.[213] Der Behandelnde kann sich durch allfällige Formulare bestätigen lassen, dass eine bestimmte Aufklärung in einem bestimmten Umfang erfolgt ist und dass der Patient in den Eingriff eingewilligt hat.[214] Der Behandelnde ist nicht verpflichtet, Gegenäußerungen des Patienten in die Patientenakte aufzunehmen (BT-Drs 17/10488, S.29). Hat sich gerade dasjenige Risiko verwirklicht, über das aufgeklärt werden musste und tatsächlich auch aufgeklärt worden ist, so spielt es grundsätzlich keine Rolle, ob bei der Aufklärung auch andere Risiken der Erwähnung bedurften. Vielmehr hat der Patient in Kenntnis des verwirklichten Risikos seine Einwilligung gegeben, so dass von daher aus dem Eingriff keine Haftung hergeleitet werden kann. Überlegungen dazu, ob der Patient die Zustimmung bei Hinweis auf ein anderes Risiko möglicherweise versagt hätte, sind notwendigerweise spekulativ und können deshalb nicht Grundlage für einen Schadensersatzanspruch sein.[215]

Die **hypothetische Einwilligung** meint die Situation, dass sich ein Patient auch bei ordnungsgemäßer Aufklärung über die Risiken des Eingriffs zu dem Eingriff entschlossen hätte.[216] Dieser beachtliche Einwand kann vom Arzt bzw. Krankenhausträger entgegengesetzt werden und ist auch von diesen zu erbringen. Es werden strenge Anforderungen gestellt. Gedankliche Voraussetzung ist stets die Hypothese einer ordnungsgemäßen, d. h. aber auch vollständigen Aufklärung.[217] Das Gericht kann sich nicht die Überzeugung von einer hypothetischen Einwilligung des Patienten aufgrund der Erwägung bilden, dass die große Mehrzahl der Patienten oder dass alle „verständigen Patienten“ so gehandelt haben würden. Zwar kann auf die Sicht des Patienten im Zusammenhang mit der Frage, wo die Pflicht des Arztes, den Patienten, ohne gefragt zu sein, auch über extrem seltene Risiken aufzuklären, ihre Grenze findet. Es geht jedoch nicht an, die Ursächlichkeit des Aufklärungsversäumnisses für den Einwilligungsentschluss mit der Begründung zu verneinen, dass sich aufgrund der Erfahrungen mit dem gesamten Patientengut ein Patient ebenfalls zur Behandlung (z.B. Operation) auch bei sachgemäßer Aufklärung entschlossen haben würde.[218]

cc. Dokumentation

Dokumentationspflichtig sind nur die für die (zahn)ärztliche Diagnose und Therapie wesentlichen Fakten. Die Dokumentation dient vor allem therapeutischen Belangen und richtet sich nicht danach, wie am besten Beweise für einen späteren (Zahn)Arzthaftungsprozess gesichert werden können. War es medizinisch geboten, den Patienten z.B. zu einem bestimmten **mitwirkenden** Verhalten zu bewegen, so sollten die Behandlungsunterlagen einen Hinweis darauf enthalten, dass dies geschehen ist.[219]

Ein **Dokumentationsmangel** liegt vor, wenn der (Zahn) Arzt seine (zahn)ärztliche Pflicht zur (medizinisch üblichen) Sicherung der Befunde und deren angemessene Dokumentation verletzt (und dadurch die Beweisführung des Patienten) vereitelt.[220] **Unzulänglichkeit oder Unrichtigkeit der (zahn)ärztlichen Dokumentation** über die für Diagnose und Therapie wesentlichen medizinischen Fakten[221] begründet die **Vermutung**, dass der (Zahn)Arzt die Maßnahmen, die nicht dokumentiert sind, auch nicht getroffen, also unterlassen hat.[222] Die Beweiserleichterung reicht grundsätzlich nur bis zu der Vermutung dass der Befund ein für den Behandelnden reaktionspflichtiges Ergebnis gebracht hätte (BT-Drs 17/10488, S.29f.). Die Indizwirkung der schriftlichen Einwilligungserklärung reicht bei insuffizienter Dokumentation nicht aus, den dem (Zahn) Arzt obliegenden Beweis einer ordnungsgemäßen Aufklärung ohne eine in Betracht kommende Parteivernehmung des (Zahn)Arztes als geführt anzusehen.[223] Unberührt bleibt aber die Pflicht des Patienten, darzulegen und allfällig zu beweisen, dass ein vom (Zahn)Arzt zu vertretender Fehler als Ursache des Schadens, der sich zugetragen hat, ernstlich in Betracht kommt.[224] Das Bestehen oder Nichtbestehen einer Dokumentationspflicht (hier: hinsichtlich eines erforderlichen Hinweises bzgl. Patientenmitwirkung) sagt nichts darüber aus, ob das Unterbleiben eines solchen Hinweises ein einfacher oder ein grober Behandlungsfehler ist.[225] Die gleichen Beweiserleichterungen treten ein, wenn der **Verbleib der Krankenunterlagen nicht aufklärbar** ist[226] (die Dokumentation fehlt vollständig) und dadurch die Aufklärung eines immerhin wahrscheinlichen Ursachenzusammenhangs zwischen Behandlungsfehler und Schaden erschwert.[227] Ein **Berufsanfänger** muss den Gang einer Operation genau aufzeichnen. Das Fehlen eines Operationsberichts über einen von einem Berufsanfänger selbstständig durchgeführten Eingriff erschwert die Beweissituation des geschädigten Patienten zusätzlich unbilligerweise, und zwar umso mehr, je schwieriger und risikoreicher ein solcher Eingriff ist.[228] Das Fehlen von Hinweisen auf eine eintragungspflichtige **Parodontitiserkrankung** und von Behandlungsvorschlägen (z.B. Empfehlung für eine Vorbehandlung) schneidet dem Zahnarzt aber nicht die Möglichkeit ab, anderweitig den Nachweis zu erbringen, dass eine entsprechende Aufklärung des Patienten gleichwohl erfolgt ist.[229] Dieser **Nachweis** kann z.B. durch einen Zeugen (z.B. Zahnarzthelferin) **geführt** werden. Nach Ablauf der Aufbewahrungsfrist:

- darf dem Arzt oder Krankenhaus aus dem Fehlen, der Unvollständigkeit oder der Mangelhaftigkeit der Krankenunterlagen aber auch juristisch kein Nachteil erwachsen,
- führen daher Dokumentationsversäumnisse nicht (mehr) zu Beweiserleichterungen des Patienten, sodass es bei seiner vollen Darlegungs- und Beweislast verbleibt.[230] Die zeitliche Grenze der Vermutung ist also dann erreicht, wenn das Zeitfenster für die Befunderhebungs- und Befundsicherungspflicht überschritten wurde.

dd. Fachliche Eignung und Befähigung

Die Übertragung einer selbstständig durchzuführenden Operation auf einen dafür nicht ausreichend qualifizierten Arzt stellt einen Behandlungsfehler im weiteren Sinne (Organisationsfehler) dar.[231] Der Behandelnde hat nicht die erforderliche Befähigung, soweit er nicht über die notwendige fachliche Qualifikation verfügt. Dies kommt vor allem bei Behandelnden in Betracht, die sich noch in der medizinischen Ausbildung befinden oder die als Berufsanfänger noch nicht über die notwendige Erfahrung verfügen.[232] Krankenhausträger und die (Zahn)Ärzte, die für die Einteilung des Operierenden bzw. Behandlers zuständig sind, tragen die **Beweislast** dafür, dass eine Gesundheitsschädigung nicht auf der mangelnden Qualifikation beruht, wenn die Gesundheit des Patienten bei einer Operation durch einen nicht ausreichend qualifizierten Assistenzarzt oder Berufsanfänger geschädigt wurde und der Einsatz dieses (Zahn)Arztes fehlerhaft war.[233] Bei chirurgischen Eingriffen, die von einem Berufsanfänger vorgenommen werden, muss immer ein Facharzt assistieren. Ist das nicht der Fall und führt die Operation zu Komplikationen für den Patienten, so besteht ein **Indiz** dafür, dass die unzureichende Qualifikation der Ärzte ursächlich dafür ist.[234]

ee. Institut des groben Behandlungsfehlers

Zunächst einmal ist erforderlich, dass dem Patienten der Beweis eines groben Behandlungsfehlers gelingt (BT-Drs 312/12, S. 43).

Steht ein grober Behandlungsfehler fest, der, auch zusammen mit anderen Ursachen, generell **geeignet** ist, einen Schaden der tatsächlich eingetretenen Art herbeizuführen, tritt Beweislastumkehr ein.[235] Nahelegen oder wahrscheinlich machen muss der Fehler den Schaden dagegen nicht.[236] Er führt also zu einer Beweiserleichterung für die **haftungsbegründende Kausalität** zwischen Behandlungsfehler und Gesundheitsschaden, wenn der Behandlungsfehler grundsätzlich zur Herbeiführung des Gesundheitsschadens geeignet ist.[237] War ein großer Verstoß gegen den ärztlichen Standard grundsätzlich geeignet, mehrere Gesundheitsschäden bekannter oder (noch) unbekannter Art zu verursachen, kommt eine Ausnahme vom Grundsatz der Beweislastumkehr bei grobem Behandlungsfehler regelmäßig nicht deshalb in Betracht, weil der eingetretene Gesundheitsschaden als mögliche Folge des groben Behandlungsfehlers zum maßgebenden Zeitpunkt noch nicht bekannt war (BGH, Urt. v. 19.06.2012 – VI ZR 77/11: Abgrenzung zu BGH, Urt. v. 16.01.1981 – VI ZR 38/80). Es verbleibt daher grundsätzlich bei einer Beweislastumkehr. Der BGH hat sich aber eine „Hintertür" bei der Formulierung seines Leitsatzes offen gelassen in Bezug auf Gesundheitsschäden (noch) unbekannter Art. Eine Verlagerung der Beweislast auf die Behandlungsseite ist nur ausnahmsweise ausgeschlossen, wenn ein haftungsbegründender Ursachenzusammenhang **äußerst unwahrscheinlich** ist. Gleiches galt bisher für den Fall, dass sich **nicht das Risiko verwirklicht** hat, dessen Nichtbeachtung den Fehler als grob erscheinen lässt, oder wenn der **Patient** durch sein Verhalten eine selbstständige Komponente gesetzt hat, die den Heilungserfolg vereitelt hat und dadurch in gleicher Weise wie der grobe Behandlungsfehler des Arztes dazu beigetragen hat, dass der Verlauf des Behandlungsgeschehens nicht mehr aufgeklärt werden kann. Das Vorliegen einer solchen Ausnahme hat allerdings die **Behandlungsseite zu beweisen**. Eine Unterteilung des Ursachenzusammenhangs in unmittelbare und mittelbare Ursachen ist dem Haftungsrecht fremd. Beim groben Behandlungsfehler **umfasst** die in Betracht stehende Umkehr der Beweislast den Beweis der Ursächlichkeit des Behandlungsfehlers für den haftungsbegründenden Primärschaden, der ohne die Beweislastumkehr dem Patienten nach § 286 ZPO obläge. Auf die haftungsausfüllende Kausalität, d. h. den Kausalzusammenhang zwischen körperlicher oder gesundheitlicher Primärschädigung und weiteren Gesundheitsschäden (Sekundärschaden) des Patienten wird die Beweislastumkehr nicht ausgedehnt, es sei denn, der sekundäre Gesundheitsschaden wäre typisch mit dem Primärschaden verbunden und die als grob zu bewertende Missachtung der ärztlichen Verhaltensregel sollte gerade auch solcherart Schädigungen vorbeugen. Eine Zerlegung des Kausalzusammenhangs in seine einzelnen logischen Bestandteile im Übrigen kommt nicht in Betracht.[238] Es wird dagegen nicht mehr vermutet, dass der Behandlungsfehler für die Verletzung des Lebens, des Körpers oder der Gesundheit ursächlich war, wenn jeglicher haftungsbegründender Ursachenzusammenhang im Einzelfall **äußerst unwahrscheinlich** ist. Dies soll z. B. dann der Fall sein, wenn sich eindeutig **nicht das Risiko verwirklicht** hat, dessen Nichtbeachtung den Fehler als grob erscheinen lässt oder wenn der Patient durch sein Verhalten eine **selbstständige Komponente** für den Heilungserfolg vereitelt hat und dadurch in gleicher Weise wie der grobe Behandlungsfehler dazu beigetragen hat, dass der Verlauf des Behandlungsgeschehens nicht mehr aufgeklärt werden kann (BT-Drs 17/10488, S. 31/43). Die **Beurteilung** eines Behandlungsfehlers als grob ist eine auf tatsächlichen Anhaltspunkten beruhende Wertung, die ohne ausreichende Grundlage in den medizinischen Darlegungen des Sachverständigen nicht getroffen werden kann.[239]

(i). Fundamentale Diagnosefehler

Ein Diagnoseirrtum liegt vor, wenn der Arzt erhobene oder sonst vorliegende Befunde falsch interpretiert und deshalb nicht die aus der berufsfachlichen Sicht seines Fachbereichs gebotenen (therapeutischen oder diagnostischen) Maßnahmen ergreift.[240] Ein Diagnosefehler darf nur unter engen Voraussetzungen mit dem groben Behandlungsfehler gleichgesetzt werden. Das ist dann der Fall, wenn eine Fehlinterpretation eines Befundes vorliegt, die aus objektiver Sicht nicht mehr verständlich erscheint und dem Behandelnden schlechterdings nicht unterlaufen darf. Dies ist insbesondere gegeben, wenn die Kenntnis der richtigen Diagnose grundlegend ist und schon bei einem Examenskandidaten erwartet werden kann, weil sie zu dem medizinischen Basiswissen eines Behandelnden derselben Fachrichtung gehört.[241] Es ist in Rechnung zu stellen, dass Irrtümer und Fehlinterpretationen bei der Stellung einer Diagnose in der Praxis häufig vorkommen und oft nicht einmal die Folge eines vorwerfbaren Versehens des Behandelnden sind. Der Behandelnde bleibt zwar verpflichtet, unter sorgfältigem Einsatz seines Fachwissens und seines Könnens das Risiko für den Patienten anzuwägem. Die Schwelle, von der ab ein Diagnoseirrtum als schwerer Verstoß gegen die Regeln der ärztlichen Kunst beurteilt wird, der dann zu einer Belastung mit dem Risiko der Unaufklärbarkeit des weiteren Ursachenverlaufs führen kann, wird aber hoch angesetzt (BT-Drs 17/10488, S. 31).

(ii). Unterlassen der erforderlichen therapeutischen Informationspflicht

Eine Verletzung der Pflicht zur Sicherungsaufklärung (therapeutische Aufklärung) liegt vor, wenn eine Verletzung der Pflicht zur ärztlichen Beratung über ein therapiegerechtes Verhalten zur Sicherstellung des Behandlungserfolges und zur Vermeidung möglicher Selbstgefährdungen des Patienten vorliegt.[242] Diese Pflichtverletzung, die als grober Behandlungsfehler zu werten ist, führt regelmäßig zu einer Umkehr der objektiven Beweislast für den ursächlichen Zusammenhang zwischen dem Behandlungsfehler und dem Gesundheitsschaden, wenn sie geeignet ist, den eingetretenen Schaden zu verursachen.[243] Steht fest, dass der (Zahn)Arzt dem Patienten durch rechtswidriges und fehlerhaftes ärztliches Handeln Schaden zugefügt hat, muss der Arzt beweisen, dass der Patient den gleichen Schaden bei rechtmäßigem und fehlerfreiem Handeln erlitten hätte.[244]

(iii). Grober Verstoß gegen die Befunderhebungs- und Beweissicherungspflicht

Ein **Befunderhebungsfehler** und Therapiefehler liegt vor, wenn die Erhebung medizinisch gebotener Befunde unterlassen wird.[245] Ein **grober** Befunderhebungsfehler liegt vor, wenn die Verkennung des Befunds und das Unterlassen der gebotenen Therapie völlig unverständlich sind.[246] Das Unterlassen der gebotenen Therapie ist im Falle der Nichterhebung medizinisch gebotener Befunde nicht Voraussetzung für die Annahme eines groben Behandlungsfehlers mit der Folge der Beweislastumkehr zugunsten des Patienten. Vielmehr reicht es für die Beweislastumkehr hinsichtlich des Ursachenzusammenhangs zwischen ärztlichem Fehler und Gesundheitsschaden aus, dass die Unterlassung einer aus medizinischer Sicht gebotenen Befunderhebung einen groben ärztlichen Fehler darstellt.[247]

(iv). Einfacher Befunderhebungs- oder Befundsicherungsfehler plus weitere Voraussetzung

Prinzipiell ist nicht darauf zu schließen, dass die unterlassene Befundauswertung für den Gesundheitsschaden des Patienten ursächlich ist.[248] Bei einem einfachen Befunderhebungsfehler kommt aber eine Beweislastumkehr für die Frage des Ursachenzusammenhangs mit dem tatsächlich eingetretenen Gesundheitsschaden dann in Betracht, wenn sich bei der gebotenen Abklärung der Symptome mit hinreichender Wahrscheinlichkeit ein so deutlicher und gravierender Befund ergeben hätte, dass sich dessen Verkennung als fundamental oder die Nichtreaktion auf ihn als grob fehlerhaft darstellen würde, und diese Fehler generell geeignet sind, den tatsächlich eingetretenen Gesundheitsschaden herbeizuführen.[249] Die Frage, ob die unterlassene Befunderhebung mit hinreichender Wahrscheinlichkeit ein reaktionspflichtiges Ergebnis erbracht hätte, ist von der Frage zu trennen, ob der Befunderhebungsfehler den eingetretenen Schaden verursacht hat. In diesem Rahmen ist also die hinreichende Wahrscheinlichkeit eines reaktionspflichtigen Befundergebnisses unabhängig von der Kausalitätsfrage zu beurteilen. Sie darf v. a. nicht mit der Begründung verneint werden, der Gesundheitsschaden könne auch infolge eines total anderen Kausalprozesses eingetreten sein.[250]

c. Beweisvereitelung

Eine Beweisvereitelung liegt nicht vor, wenn die streitgegenständliche prothetische Situation im Prozess mittlerweile verändert ist, aber ausreichende Sachverständigengutachten und (zahn)ärztliche Dokumentationen vorliegen und dem Patienten ein weiteres Zuwarten mit der Revision der Situation nicht zuzumuten war.[251]

B. Die Entscheidung: Standard bei „caries profunda"[252]

I. Sachverhalt

Am 18.7.2007 begab sich die Klägerin in zahnärztliche Behandlung der Beklagten. Im Bereich der Zähne 35–37 befand sich eine Brücke. Die Beklagte erstellte eine Röntgenaufnahme, entfernte später die Brücke und stellte am Zahn 37 eine „caries profunda" fest. Die Karies wurde am Brückenanker 37 entfernt. Dabei kam es zu einer Eröffnung der Pulpa. Die Beklagte wies die Klägerin darauf vor der Behandlung nicht hin, aber auf Spätfolgen und die Notwendigkeit, die Brücke im Bereich der Zähne 35–37 zu erneuern. Die Ursache für die Eröffnung der Pulpa wurde nicht dokumentiert. An Zahn 37 wurde ein Sensibilitätstest durchgeführt, auf den dieser Zahn positiv reagierte. Die Beklagte riet der Klägerin dazu, mit einer weiteren Behandlung 8–12 Wochen zu warten, um zu überprüfen, ob der Zahn „ruhig" bleibt. Am 20.7.2007 erfolgte ein weiterer Sensibilitätstest, der wiederum positiv ausfiel. Eine Wurzelbehandlung erfolgte nicht. Am 20.8.2007 verlief ein weiterer Vitalitätstest positiv. Der Zahn war nicht mehr (schmerz)empfindlich. Eine weitere Röntgenuntersuchung erfolgte nicht. Die Behandlung wurde am 31.10.2007 fortgesetzt. Es wurde eine Kronenaufbaufüllung im Bereich der Zähne 35 und 37 durchgeführt. Zu einer weiteren Röntgenuntersuchung kam es nicht. Der Zahn 37 war weiterhin positiv vital. Die Behandlung vom 16.2.2008 wurde durch die Kollegin H. durchgeführt. Es erfolgte eine Trepanation durch die Krone hindurch. Die Klägerin beantragte,

1. die Beklagte zu verurteilen, an die Klägerin ein angemessenes Schmerzensgeld, dessen Höhe in das Ermessen des Gerichts gestellt wird, zuzüglich Zinsen in Höhe von 5 Prozentpunkten p. a. über dem jeweiligen Basiszinssatz zu zahlen,
2. festzustellen, dass die Beklagte verpflichtet ist, der Klägerin alle materiellen und weiteren nichtvorhersehbaren immateriellen Schäden zu ersetzen, die der Klägerin durch die zahnärztliche Behandlung durch die Beklagte im Zeitraum vom 18.07.2007–20.02.2008 entstanden sind oder zukünftig entstehen werden, soweit die Ansprüche nicht auf Sozialversicherungsträger oder sonstige Dritte übergegangen sind bzw. übergehen.

II. Entscheidungsgründe

Das Landgericht wies die zulässige Klage als unbegründet ab.

A. Leistungsklage

I. Die Klägerin hat gegen die Beklagte nicht einen Anspruch auf Zahlung eines angemessenen Schmerzensgeldes aus §§ 280 Abs. 1, 241 Abs. 2, 249 ff., 253 BGB.

1. Zwischen den Parteien ist ein wirksames **Schuldverhältnis** zustande gekommen. Denn es wurde ein Behandlungsvertrag geschlossen.
2. Fraglich war, ob eine **Pflichtverletzung** vorliegt.
   a. **Behandlung vom 18.7.2007**
      aa. **Unzureichende Befunderhebung.**
      Ein Behandlungsfehler liegt vor, wenn eine Krankheit und die für sie kennzeichnenden Symptome zu Unrecht angenommen oder, obwohl erkennbar, nicht erkannt werden, und das diagnostische Vorgehen und/oder die Bewertung der (durch diagnostische Hilfsmittel) gewonnenen Ergebnisse für einen gewissenhaften Arzt nicht mehr vertretbar erscheinen.[253]
      Ausgehend von den vom Patienten genannten Beschwerden sind insoweit medizinisch gebotene Befunde für die Diagnose und gegebenenfalls ihre Überprüfung zu erheben und zu sichern, bei zweifelhafter Diagnose ist für weitere Abklärung zu sorgen.[254] Eine unzureichende Abklärung liegt vor, wenn eine gebotene Röntgenaufnahme unterlassen wurde.[255]
      Die notwendigen Untersuchungen wurden durch die Beklagte durchgeführt. Denn diese ließ eine Röntgenaufnahme anfertigen und führte einen Vitalitätstest durch. Die Abklärung war somit ausreichend und notwendige Untersuchungen wurden somit nicht unterlassen.
      bb. **Diagnosefehler.**
      Die gestellte Diagnose „caries profunda" am Pfeilerzahn 37 war zutreffend. Die Bewertung war daher nicht zu beanstanden.
      cc. **Erforderlichkeit der Kariesentfernung.**
      Die Ausführung eines überflüssigen, medizinisch nicht indizierten Eingriffs ist ein Behandlungsfehler.[256]
      Es bestand unmittelbarer Handlungsbedarf, sodass die Behandlung auch medizinisch indiziert war und nicht verfrüht.
      dd. **Erforderlichkeit der Überkappung.**
      Die Überkappung des Zahnes 37 war indiziert. *„Denn zum einen war der Zahn ausweislich der Vitalitätsprobe noch vital, zum anderen hatte die Klägerin in der Vergangenheit – wie sie im Rahmen ihrer persönlichen Anhörung schilderte – keinerlei Beschwerden mit diesem Zahn. Daher durfte die Beklagte – so der Sachverständige - von der Prognose ausgehen, dass sich der Zahn im weiteren Behandlungsverlauf erholen wird."*[257]
      ee. **Fehlerhafte Beratung/Unterlassen der gebotenen Behandlung: zu langes Abwarten.**
      Es war fachgerecht, der Klägerin zu raten, weiter zuzuwarten, da die Prognose nicht zu beanstanden war, dass sich der Zahn im weiteren Behandlungsverlauf erholen wird.
      ff. **Diagnosefehler: Übersehen der Zyste am Zahn 37.**
      „Der Sachverständige hat hierzu erläutert, dass eine Zyste auf dem Röntgenbild vom 18.07.2007 nicht zu erkennen war. Im Übrigen kann sie nach den Erläuterungen des Sachverständigen ***zu diesem Zeitpunkt auch nicht bestanden haben, da der Zahn ausweislich des Vitalitätstests noch vital war. Radikuläre Zysten entstehen allerdings nur an devitalen Zähnen."***
      gg. **Aufklärungsfehler.**
      „Die Kammer ist in Anlehnung an die Ausführungen des Sachverständigen zur zahnärztlichen Praxis der Auffassung, dass ***über das Risiko einer Pulpaeröffnung im Rahmen einer Kariesexkavation nicht aufzuklären ist.*** *Nach der Rechtsprechung des Bundesgerichtshofs ist ein Patient auch auf seltene und sogar extrem seltene Risi-*

ken hinzuweisen, die im Falle ihrer Verwirklichung die Lebensführung schwer belasten und trotz ihrer Seltenheit für den Eingriff spezifisch, für den Laien aber überraschend sind. ***Dass es sich bei der Eröffnung der Pulpa um ein der Kariesexkavation spezifisch anhaftendes Risiko handelt,*** *hat der Sachverständige in der mündlichen Verhandlung erläutert. Die Kammer ist jedoch der Auffassung,* ***dass der durchschnittliche Patient weiß, dass sich im Zahn ein Nerv befindet, der beim Bohren getroffen und verletzt werden kann.*** *Dies gilt insbesondere für solche Patienten, die sich – wie die Klägerin – mit akuten Zahnschmerzen beim Zahnarzt vorstellen, da in diesen Fällen in der Regel mehr exkaviert werden muss. Daher ist dem Sachverständigen aus seiner zahnärztlichen Praxis auch kein Zahnarzt bekannt, der über das Risiko einer Pulpaeröffnung aufklärt.* ***Das Risiko einer Pulpaeröffnung ist im Übrigen auch nicht mit dem Risiko einer Nervenschädigung im Rahmen einer Leitungsanästhesie, über das nach überwiegender Auffassung aufzuklären ist, vergleichbar.*** *Der Sachverständige hat hierzu erläutert, dass* ***nach einer Eröffnung der Pulpa sogar die Möglichkeit besteht, dass der Zahn vital bleibt. Andernfalls muss eine Versorgung im Rahmen einer Wurzelbehandlung erfolgen. Zwar geht damit ein Absterben des Zahnnervs einher, der Zahn als solcher kann jedoch erhalten bleiben. Diese Risiken sind deutlich geringer als das Risiko von Lähmungen nach einer durchgeführten Leitungsanästhesie.***"[258]

b. **Behandlung vom 20.7.2007.**
   Es lag weder eine unzureichende Befunderhebung vor, denn die unterlassene Röntgenuntersuchung war nicht geboten, noch wurden notwendige Behandlungen unterlassen, da ein weiteres Zuwarten vertretbar war.
c. **Behandlung vom 20.8.2007.**
   Eine Röntgenuntersuchung war nicht angezeigt, sodass das Unterlassen einer Röntgenaufnahme nicht zu beanstanden ist.
d. **Behandlung von ein 30.10.2007.**
   aa. **Erforderlichkeit der Kronenaufbaufüllung.**
   Die Kronenaufbaufüllung entsprach den Regeln der ärztlichen Kunst, da sie nicht zu früh erfolgte.
   bb. **Unterlassene Röntgenuntersuchung.**
   Die Befundung war weiterhin ausreichend, weil positive Vitalität vorlag. Eine weitere Röntgenuntersuchung war nicht geboten.
   cc. **Behandlung vom 16.2.2008.**
   Die Beweisaufnahme ergab, dass auch diese zahnärztliche Behandlung nicht zu beanstanden war.

3. **Rechtswidrigkeit.**
   Rein vorsorglich führt das Gericht aus, dass die Kariesexkavaktion auch aufgrund einer erklärten **Einwilligung** rechtmäßig war.
   Zum einen lag **kein rechtsgutbezogener Willensmangel** vor. Denn es war nicht – wie bereits ausgeführt – über das Risiko einer Pulpaeröffnung im Rahmen einer Kariesexkavation aufzuklären.
   Jedenfalls stand einem allfällig rechtsgutbezogenen Willensmangel der von der Beklagtenseite behauptete Einwand der **hypothetischen Einwilligung** entgegen (als Alternativerwägung).
   Die Anhörung der Klägerin ergab, dass sie auch in Kenntnis des Risikos einer Pulpa-Eröffnung der Beklagten Vertrauen geschenkt hätte und dem gegenüber einer Extraktion weniger intensiven Eingriff einer Kariesexkavation den Vorzug gegeben hätte.

II. Die Klägerin hat gegen die Beklagte nicht einen Anspruch auf Zahlung eines angemessenen Schmerzensgeldes aus §§ 823, 249 ff., 253 BGB. Die positiv vorgenommenen Eingriffe waren angesichts der rechtfertigenden erklärten Einwilligung zumindest nicht **rechtswidrig**.

B. Feststellungsklage

Die zulässige Feststellungsklage ist unbegründet. In Betreff der Schadensersatzansprüche aus §§ 280 Abs. 1, 241 Abs. 2 BGB, aus § 823 Abs. 1 BGB und aus § 823 Abs. 2 StGB waren jeweils die Entstehungstatbestände nicht gegeben.

III. Schlussfolgerung

1. Pro Kurand (Patient)

a. Wenn der Patient eine mangelhafte prothetische Versorgung geltend macht, dann kann er materielle und immaterielle Schadensersatzansprüche nur einklagen, wenn er zuvor dem Zahnarzt Gelegenheit gab, eine Nachbesserung vorzunehmen (sog. Vorrang der Nachbesserung bei mangelhafter prothetischer Versorgung).[259] Eingeschränkt wird dieses Erfordernis nur dadurch, dass die erneute Aufnahme der Behandlung zumutbar war.[260]
b. Zur Beweissicherung wegen zahnärztlicher Behandlungsfehler ist an das selbstständige Beweisverfahren (§§ 485 ff. ZPO) zu denken.
   Behandlungsfehler können in einen unerträglichen Zustand münden. Um nicht eine Beweisvereitelung aufgrund einer zeitnahen Behandlung und Behebung allfälliger Behandlungsfehler herbeizuführen, sollte vorher eine Beweismittelsicherung erfolgen. Ein Sachverständiger kann die entsprechenden Tatsachen dann im Rahmen des selbstständigen Beweisverfahrens feststellen. Schon hier sei aber auf die Restriktionen hingewiesen, die aber im Kapitel „selbstständiges Beweisverfahren" ausführlich dargestellt werden.

2. Pro Medikus (Zahnarzt)

Das Gericht ließ in seiner Entscheidung unterschwellig anklingen, dass die von der Klägerin eingeforderten Röntgenuntersuchungen nicht zum Nachteil von dieser unterlassen wurden. Röntgenuntersuchungen stellen aufgrund der Strahlenexposition des Patienten eine Körperverletzung (§223 StGB) dar. Aus diesem Grunde bedarf es einer sorgfältigen Abwägung und Dokumentation, warum eine bestimmte Röntgenuntersuchung (nicht) erfolgte. Die „Quadratur des Kreises" in Betreff der Röntgenuntersuchungen wird hier nicht übersehen, zur Sensibilisierung muss aber Folgendes zur Kenntnis genommen werden:

- Gebotene Röntgenuntersuchungen müssen erfolgen (ansonsten Körperverletzung durch Unterlassen respektive ein Behandlungsfehler aufgrund mangelnder Befundung),
- redundante Röntgenuntersuchungen sind zu unterlassen (andernfalls Körperverletzung durch aktives Tun, eben überflüssige Strahlenexposition).[261]

B Berufsunfähigkeit

A. Hintergrund

I. Altersversorgungswerk

1. Anspruch auf Rentengewährung

a. Anspruchsgrundlage

Die Alterssicherungsordnung (ASO) für Zahnärzte (ZÄASiO) sieht z.B. in Niedersachsen gemäß § 13 Abs. 1, Abs. 2 ZÄASiO (a.F.) bei Vorliegen der Voraussetzungen einen Anspruch auf Gewährung einer monatlichen Rente in Höhe der Altersrente gemäß § 12 ZÄASiO (a.F.) vor. Für den Folgezeitraum ab dem 1. Januar 2007 ist § 13 Abs. 2 S. 2 ASO durch § 17 Abs. 2 S. 2 der Satzung für die Alters-, Berufsunfähigkeit- und Hinterbliebenenversicherung (ABH) ersetzt worden.

b. Voraussetzungen

Nach § 13 Abs. 2 S. 1 ZÄASiO (a.F.) liegt völlige Berufsunfähigkeit infolge Krankheit, Unfall, körperlicher oder geistiger Schwächen nur dann vor, wenn das Mitglied dauernd nicht mehr in der Lage ist, eine zahnärztliche Tätigkeit nachhaltig auszuüben und diese auch nicht ausübt. Voraussetzung für die Gewährung der Berufsunfähigkeitsrente ist die Aufgabe der Praxis bzw. die Beendigung des Arbeitsvertrags. § 17 Abs. 2 S. 2 ABH (n.F.) verlangt die „Aufgabe der zahnärztlichen Tätigkeit". Damit hat sich aber die Rechtslage nicht geändert. Es kommt nunmehr nicht allein auf die tatsächliche Aufgabe der zahnärztlichen Tätigkeit an. Für den Erhalt einer Berufsunfähigkeitsrente ist auch weiterhin zusätzlich die rechtliche Aufgabe der Zahnarztpraxis erforderlich.[262]

aa. Zahnärztliche Tätigkeit

Der Begriff der zahnärztlichen Tätigkeit umfasst nicht nur die Arbeit des niedergelassenen Zahnarztes am Behandlungsstuhl, sondern auch die nicht kurative Tätigkeit – gegebenenfalls angestellt[263] – in Forschung und Lehre, im öffentlichen Gesundheitswesen oder als freiberuflicher ärztlicher Gutachter.[264] Die zahnärztliche Tätigkeit umfasst auch **Ausweichtätigkeiten**. Erwerbsmöglichkeiten, für welche die in der zahnärztlichen Ausbildung erworbenen Kenntnisse und Fähigkeiten notwendig sind, wie z.B. Tätigkeiten als Schulzahnarzt, als Praxisadministrator, als freiberuflicher zahnärztlicher Gutachter, als zahnärztlicher Berater im öffentlichen Gesundheitsdienst oder als Vertrauenszahnarzt bei einem Träger der Sozialversicherung.[265] Auf Ausweichtätigkeiten, für die zahnärztliche Kenntnisse und Fähigkeiten **lediglich günstig oder förderlich** sind, muss sich das Mitglied des Versorgungswerkes nicht verweisen lassen, weil es sich dabei nicht mehr um „zahnärztliche Tätigkeiten" handelt.[266]

bb. Aufgabe der Praxistätigkeit

Die „Aufgabe der Praxis" stellt das rechtliche und tatsächliche Korrelat zu der Nichtausübung der zahnärztlichen Tätigkeit dar.

(i). Arztpraxis

Unter „**Arztpraxis**" versteht man die Gesamtheit dessen, was die gegenständliche und personelle Grundlage der Tätigkeit des in freier Praxis tätigen (Zahn)Arztes bei der Erfüllung der ihm obliegenden Aufgaben bildet.[267] Die (Zahn)Arztpraxis ist Vermögensgegenstand und als solche – im Gegensatz zur Zulassung und zum Vertragsarztsitz – auch Gegenstand des Privatrechtsverkehrs und kann insbesondere durch Rechtsgeschäft (Unternehmenskauf) übertragen werden.[268]

(ii). Aufgabe

1. **Begriff der „Tätigkeitsaufgabe".**
   Für den Erhalt einer Berufsunfähigkeitsrente muss ein Mitglied seine Zahnarztpraxis nicht nur **tatsächlich**, sondern auch **rechtlich** aufgeben, darf sie also nicht mehr als eigene Zahnarztpraxis führen, und darf aus dieser keine nachhaltigen Einkünfte aus zahnärztlicher Tätigkeit beziehen.[269]
2. **Vertreter/Assistent.**
   Wer seine Praxis durch einen Vertreter fortführt, hat diese nicht „aufgegeben". Es mangelt also an einer solchen Aufgabe, wenn das selbstständig tätige Mitglied zwar nicht mehr persönlich zahnärztlich arbeitet, aber seine Einzelpraxis vorübergehend durch einen **Assistenten oder Vertreter** fortführt und die ärztlichen Leistungen dabei im Namen und auf Rechnung des Praxisinhabers erbracht werden.[270]
3. **Zulassungsverzicht.**
   Der **Verzicht auf die Zulassung** als Vertrags(zahn)arzt bedeutet noch nicht (zwangsläufig), dass der (Zahn)Arzt seine Praxis aufgegeben hat.
   Der (Zahn)Arzt hat die Praxis aber nicht zwingend erst dann aufgegeben, wenn die Voraussetzungen für die Zulassung nicht mehr vorliegen oder auf die Zulassung verzichtet wird.
   So kann ein Zahnarzt seine Praxis auch in der Weise rechtlich aufgeben, dass er sie als **Gesamtheit** oder – wenn eine Veräußerung insgesamt wegen einer Zulassungsbeschränkung nach § 103 SGB V **ohne vorherigen Verzicht auf die Zulassung** kaum Aussicht auf Erfolg hat – wesentliche **Betriebsgrundlagen**, etwa die für eine ordnungsgemäße Behandlung erforderlichen Einrichtungsgegenstände, **veräußert**.
   Der Umstand, dass ein Zahnarzt auf die Zulassung als Vertrags(zahn)arzt nicht verzichtet hat, kann im Einzelfall als Indiz zu werten sein, dass der

Vertrags(zahn)arzt seine Praxis noch nicht aufgegeben hat, etwa dann, wenn das Ausscheiden eines Zahnarztes aus einer Gemeinschaftspraxis, die von den übrigen Zahnärzten weitergeführt wird, in Rede steht.[271]

cc. Berufsunfähigkeit

Vorangestellt sei hier, dass hier der Begriff der Berufsunfähigkeit des Altersversorgungswerks der Zahnärztekammer Niedersachsen zu Grunde gelegt wird. Die Rechtsprechung kann nicht unreflektiert für andere Versorgungswerke übernommen werden, da diese ggf. einen abweichenden Begriff verwenden.[272] Ein Überblick und Hinweise auf die Rspr. in anderen Bundesländern wird am Ende dieses Abschnitts gegeben.

Die Rechtsprechung des Oberverwaltungsgerichts Lüneburg geht auf die Spruchpraxis des Bundessozialgerichts zur Gewährung von Berufsunfähigkeitsrenten in der gesetzlichen Rentenversicherung (nach dem bis zum Jahresende 2000 geltenden Recht, zuletzt §43 SGB VI a.F.) zurück.[273] Das Mitglied des Versorgungswerks ist nur dann berufsunfähig, wenn es wegen seines Gesundheitszustands nachhaltig einer zahnärztlichen Tätigkeit in dem zuvor beschriebenen Sinne nicht mehr nachgehen kann. Ist die Fähigkeit hierzu nur eingeschränkt, liegt nicht Berufsunfähigkeit vor.[274]

„**Dauernde**" Unfähigkeit liegt vor, wenn das Mitglied der Kammer ewig unfähig oder **für länger als ein Jahr** nicht mehr in der Lage ist, eine zahnärztliche Tätigkeit nachhaltig auszuüben.[275] Eine Eingrenzung hinsichtlich der Feststellung der Berufsunfähigkeit ergibt sich insoweit, als dass ein (Zahn)Arzt, der jahrzehntelang in eigener Praxis tätig war, nicht auf eine fachschriftstellerische Tätigkeit verwiesen werden darf.[276] Für die Beurteilung der Berufsunfähigkeit ist die Situation auf dem Arbeitsmarkt unerheblich. Der Maßstab für die Berufsunfähigkeit ergibt sich aus dem zahnärztlichen Berufsbild, also aus einem objektiven Kriterium; die Frage der subjektiven Vermittelbarkeit des Betroffenen auf dem Arbeitsmarkt kann für die Auslegung des Rechtsbegriffs der Berufsunfähigkeit nicht herangezogen werden.[277]

„**Nachhaltig**" bedeutet, dass das Mitglied des Altersversorgungswerks mit der ihm noch möglichen zahnärztlichen Tätigkeit tatsächlich nicht mehr eine den Lebensunterhalt gewährleistende Erwerbstätigkeit ausüben kann.[278] Es muss also in der Lage sein, sich kontinuierlich in einen festen und geplanten Arbeitsablauf einzubinden und eine existenzsichernde Erwerbstätigkeit in berechenbarer Weise auszuüben.[279] Von der Möglichkeit, durch eine kontinuierliche nachhaltige Tätigkeit die Existenz selbst zu sichern, kann nicht gesprochen werden, wenn auf kurze Phasen der Leistungsfähigkeit Schwächeperioden von nicht vorhersehbarer Dauer folgen und zu nicht planbaren Zeitpunkten auftauchen, sodass eine gleichmäßige, kontinuierliche und in diesem Sinne nachhaltige Erwerbstätigkeit selbst im schmalen Umfang nicht mehr möglich ist.[280]

„**Nachhaltig**" kann das Mitglied nicht anderweitig zahnärztlich im Rahmen einer Ausweichtätigkeit tätig werden, wenn die angeführten **Ausweichstellen**, insbesondere im öffentlichen Dienst, nicht existieren oder dem betroffenen Mitglied unter Berücksichtigung seiner jeweiligen Leistungseinschränkungen nicht grundsätzlich offen stehen. Das Restleistungsvermögen muss also noch dem Anforderungsprofil der in Betracht kommenden ärztlichen Stellenangebote entsprechen. Es kommt auf eine allfällig noch verbliebene Leistungsfähigkeit nicht an, wenn dem Versicherten der Arbeitsmarkt aufgrund seines Gesundheitszustands praktisch verschlossen ist und er deshalb eine zahnärztliche Tätigkeit nicht mehr „nachhaltig" ausüben kann. Für die Ausweichtätigkeit z.B. als Schulzahnarzt oder Gutachter muss das Mitglied des Versorgungswerkes in einem Maße belastbar sein, sodass es dem stetigen Termin- und Leistungsdruck und emotionalen Belastungen gewachsen ist. Es reicht also nicht, dass zwar (**theoretisch**) z.B. eine Gutachtertätigkeit ohne Patientenkontakte als Halbtagstätigkeit ohne Termindruck ausgeübt werden könnte, aber bezweifelt werden kann, dass es eine entsprechende Stelle auf dem Arbeitsmarkt gibt.[281] Nicht ausreichend ist, dass eine die Approbation voraussetzende Verweisungstätigkeit abstrakt vorhanden ist.[282]

Eine aktuelle Zusammenschau für **NRW** hat das VG Köln[283] im Rahmen einer Klage einer Zahnärztin vorgenommen. Dort ist ausschließlich das Risiko einer vollständigen Berufsunfähigkeit abgesichert. Die Gewährung einer Berufsunfähigkeitsrente setzt unabhängig von der zuletzt ausgeübten Form des zahnärztlichen Berufs voraus, dass das Mitglied den zahnärztlichen Beruf aus gesundheitlichen Gründen in keiner der zum Berufsbild gehörenden Weise (nicht durch Wahrnehmung kurativer, therapeutischer, diagnostischer und prophylaktischer Aufgaben) ausüben kann. Das Mitglied muss sich auf andere Tätigkeiten der Zahnheilkundeausübung (z.B. Tätigkeit als selbstständiger Gutachter, vergleichbare Tätigkeit bei Krankenkassen oder im öffentlichen Gesundheitswesen) verweisen lassen. Ob der Arbeitsmarkt ausreichende, den gesundheitlichen Einschränkungen des Mitglieds gerecht werdende Beschäftigungsmöglichkeiten bietet, ist irrelevant. Das Arbeitsmarktrisiko trägt das Mitglied. Von einer **Dauerhaftigkeit** der Berufsunfähigkeit kann dann nicht ausgegangen werden, wenn in einem überschaubaren Zeitraum begründete Heilungschancen gegeben sind. Das Vorhandensein von Heilungsmöglichkeiten beinhaltet für das Mitglied die Verpflichtung, zumutbare Therapiemaßnahmen wahrzunehmen. Werden zumutbare Therapiemaßnahmen nicht wahrgenommen, geht dies zu Lasten des Mitglieds und schließt die Berücksichtigung einer nicht austherapierten Erkrankung aus. Erfolgversprechend sind Therapieansätze, denen eine überwiegende Wahrscheinlichkeit einer Heilung oder deutlichen Besserung innewohnt, und solche Maßnahmen, die nur eine unterdurchschnittliche, aber nicht völlig unbedeutende Erfolgsprognose versprechen. Aus den ärztlichen Gutachten, Attesten oder Bescheinigungen muss sich ergeben, dass bei dem Mitglied ein körperliches Gebrechen oder eine Schwäche seiner körperlichen oder geistigen Kräfte vorliegt. Darüber hinaus müssen diese Stellungnahmen eine substantiierte Aussage darüber enthalten, welche der einzelnen Tätigkeiten des zahnärztlichen Berufs dem Mitglied infolge des festgestellten Defizits nicht mehr oder nur noch eingeschränkt zugemutet werden können.

2. Zinsanspruch

§291 BGB ist im öffentlichen Recht entsprechend **anwendbar**, wenn das einschlägige Fachgesetz keine gegenteilige Regelung enthält. Prozesszinsen können verlangt werden, wenn

- der Beklagte zur Zahlung eines Geldbetrags verurteilt wird
- oder der Beklagte zum Erlass eines Verwaltungsakts, der die Zahlungspflicht unmittelbar auslöst, verpflichtet worden ist und der Geldbetrag rechnerisch unzweifelhaft ermittelt werden kann.[284]

II. Private Berufsunfähigkeitsversicherung

1. Überblick: Maklervertrag

Wer einen Vertragsabschluss anstrebt (z.B. einen Versicherungsvertrag über eine Berufsunfähigkeitsversicherung), kann sich – aus welchen Gründen auch immer – eines Maklers bedienen, der bei der Suche nach einem geeigneten Vertragspartner behilflich sein soll.

2. Vertragsinhalt

Bei einem Maklervertrag einigen sich die Parteien dahingehend, dass der

- Makler berechtigt sein soll, dem Auftraggeber Gelegenheit zu geben, einen schuldrechtlichen Vertrag mit einem Dritten abzuschließen, den der Makler nachgewiesen oder vermittelt hat
- und der Auftraggeber eine Vergütung (Provision) zu zahlen hat, falls der Vertrag mit dem Dritten wirksam zu Stande kommt.
  Gemäß §653 BGB gilt der Maklerlohn als stillschweigend vereinbart, wenn die dem Makler übertragene Leistung den Umständen nach nur gegen eine Vergütung zu erwarten ist.

3. Einigungsverhalten

Die erforderliche Einigung über den Vertragsinhalt kann durch Angebot und Annahme, durch gemeinsame Erklärung oder sonstiges rechtlich erheblichen Verhalten erzielt werden (§§145 ff. BGB). Ein konkludenter Vertragsschluss kommt nur dann in Betracht, wenn das Verhalten der Parteien den eindeutigen Willen erkennen lässt, dass der eine Teil für den anderen zur Vermittlung von Verträgen eingeschaltet werden soll.[285]

4. Pflichten

Der Makler ist nicht zum Tätigwerden verpflichtet. Für den Auftraggeber gilt:

- Er muss die Provision erst dann zahlen, wenn er mit dem Dritten den vermittelten Vertrag abgeschlossen hat.
- Er ist nicht daran gehindert, eine ihm vom Makler nachgewiesene Gelegenheit zum Vertragsschluss abzulehnen, sodass er in seiner Entschließungs- und Abschlussfreiheit nicht beschränkt ist.[286] Der Auftraggeber darf sich grundsätzlich auch selbst um den Abschluss des Vertrags bemühen und auch andere Makler beauftragen.[287] Anders kann dies sein, wenn ein sog. Alleinauftrag (siehe oben) vereinbart wurde.

5. Pflichtverletzungen des Maklers

Ansprüche wegen Nichterfüllung der Leistungsverpflichtung (Unmöglichkeit, Verzug) kommen grundsätzlich nicht in Betracht, da für den Makler grundsätzlich keine Pflicht zum Tätigwerden besteht.

Schadensersatzansprüche aus §§280 Abs. 1, 241 Abs. 2 wegen p.V.V. kommen dagegen in Betracht, wenn der Makler nicht leistungsbezogene Nebenpflichten gemäß §241 Abs. 2 BGB (insbesondere die Pflicht zur umfassenden und wahrheitsgemäßen Information über alle für den Entschluss des Auftraggebers wesentlichen Punkte) verletzte.[288]

6. Beendigung des Maklervertrags

Der **unbefristete Maklervertrag** kann von beiden Parteien bis zum Abschluss des Hauptvertrags **jederzeit gekündigt** werden.[289] Die Kündigung des Auftraggebers wird auch Widerruf genannt. Hat der Makler während der Vertragsdauer seine Leistung bereits erbracht, so kann sich der Auftraggeber der Provisionspflicht nicht durch Kündigung entziehen, wenn er den Nachweis nach Vertragsende ausnutzt.[290] Der **befristete Maklervertrag** kann vorzeitig nur bei Vorliegen eines wichtigen Grundes durch Kündigung gemäß §314 BGB beendet werden.[291]

7. Inanspruchnahme der Berufsunfähigkeitsversicherung

In den Versicherungsbedingungen behalten sich die Versicherungen regelmäßig ein Rücktrittsrecht für den Fall vor, dass der Versicherungsnehmer unrichtige oder unvollständige Angaben auf die Frage nach Krankheiten, Gesundheitsstörungen oder Beschwerden macht. Der Umfang der Verpflichtung des Versicherungsnehmers zur Beantwortung der ihm vom Versicherer zwecks Risikoeinschätzung unterbreiteten Fragen bestimmt sich nach dem **eindeutigen Inhalt** der vom Versicherer verlangten Auskünfte; dieser kann **nicht erwarten**, dass der Versicherungsnehmer bei unklaren oder unvollständigen Fragen von sich aus ihm nachteilige, für den Versicherer aber sachdienliche Informationen mitteilt. Da sich **vereinzelte erhöhte Blutwerte** auch im Blutbild von organisch gesunden Menschen finden können und nicht selten eine vorübergehende und harmlose Erscheinung sind, der kein eigenständiger Krankheitswert zukommt und auch von Ärzten keine Bedeutung beigemessen wird, kann der Versicherer **nicht** erwarten, dass der Versicherungsnehmer **jeden** ihm bekannt gewordenen **erhöhten Blutwert** als Gesundheitsstörung auffasst und im Antragsformular angibt. Ein vereinzelter erhöhter Blutwert ist nur ein Parameter bei der Diagnose von Krankheiten und stellt für sich genommen noch keine Gesundheitsstörung dar. Eine **Gesundheitsstörung** liegt nach dem allgemeinen Sprachgebrauch erst bei der Diagnose einer Krankheit oder beim Auftreten von Beschwerden vor, die den Verdacht auf das Vorliegen einer behandlungsbedürftigen Krankheit begründen. Stellt der Versicherer bei Abschluss einer Berufsunfähigkeitsversicherung in einem Fragenkatalog zur Risikoeinschätzung nur **allgemeine Fragen** nach Krankheiten, Gesundheitsstörungen und Beschwerden, muss der Versicherungsnehmer einen einzelnen erhöhten Blutwert daher nur angeben, wenn dieser erhöhte Blutwert bereits für sich genommen den **sicheren Schluss** auf das Vorliegen einer behandlungsbedürftigen Krankheit zulässt und dem Versicherungsnehmer dieser Umstand **bekannt** ist oder wenn der Schluss auf das Vorliegen einer behandlungsbedürftigen Krankheit für den Versicherungsnehmer aufgrund der ihm bekannten Umstände – **auch** unter Berücksichtigung eines **Sonderwissens als (Zahn)Arzt** – **naheliegend** ist.[292] Eine Leistungspflicht kann auch dann bestehen bleiben, wenn nachgewiesen wird, dass die nicht oder nicht richtig angegebenen Umstände keinen Einfluss auf den Eintritt des Versicherungsfalls oder den Umfang der Versicherungsleistung haben.

B. Die Entscheidung: Miserable Betreuung durch den Versicherungsmakler[293]

I. Sachverhalt

Der Kläger ist selbstständiger Zahnarzt und unterhielt bei der W eine private Berufsunfähigkeitsversicherung. Die Berufsunfähigkeitsversicherung ist eine Risikoversicherung, die das Risiko, dass der Versicherungsnehmer berufsunfähig wird, mit einer monatlich zu zahlenden Berufsunfähigkeitsrente absichert. Wäre die Berufsunfähigkeit bedingungsgemäß eingetreten, hätte dies eine monatliche Berufsunfähigkeitsrente in Höhe von ca. 1300 Euro erbracht. Als unabhängiger Versicherungsmakler, was zwischen den Parteien streitig ist, bot der Beklagte als Ersatz für die Berufsunfähigkeitsversicherung eine sog. „Dread-Disease-Police" der „T"-Versicherung an. Bei letzterer handelt es sich um eine Absicherung gegen näher bezeichnete einzelne schwere Krankheiten. Auf Nachfrage des Klägers wurde diesem mitgeteilt, dass eine finanzielle Absicherung für den Fall des Eintritts bestimmter schwerer Krankheiten bestehe. Eine Berufsunfähigkeitsrente wegen Erkrankung der Wirbelsäule und des Geistes sei im Vertrag nicht versichert. Der Kläger behauptete, es sei ihm auf die Versicherung seiner Wirbelsäulenerkrankung angekommen. Er sei nicht darüber aufgeklärt worden, dass diese Krankheit in der „Dread-Disease-Police" ausgeklammert worden sei. Der Kläger erhob dann gegenüber dem Beklagten eine Feststellungsklage u.a. mit dem Inhalt, dass der Beklagte grundsätzlich verpflichtet sein soll, im Falle der Berufsunfähigkeit des Klägers Schadensersatz in Höhe der monatlichen Berufsunfähigkeitsrente zu zahlen.

II. Entscheidungsgründe

Das Oberlandesgericht gab dem Berufungsgesuch statt.

A. Ein Schadensersatzanspruch kam entgegen der Ansicht des Landgerichts gemäß §§ 280 Abs. 1, 241 Abs. 2 BGB in Betracht.

I. Das von § 280 Abs. 1 BGB vorausgesetzte Schuldverhältnis scheide nicht per se aus.

1. Der Annahme eines Versicherungsmaklervertrages stand nicht der Einwand des Beklagten entgegen, er sei **Versicherungsvertreter** gemäß § 92 HGB. Denn der Beklagte stand nicht in einem Vertragsverhältnis zu einer Versicherung.
2. Die Zurechnung des Vertrages scheitere auch nicht schon daran, dass der Beklagte von einer Fremdverpflichtung gemäß §§ 164 ff. ausgehe.
   a. Der gesetzliche Regelfall geht von einem Eigengeschäft aus.
   b. Für das Handeln **„im fremden Namen"** trägt der Beklagte die Darlegungs- und Beweislast.

Die Abgabe einer Willenserklärung im fremden Namen erfolgt in der Regel durch Wahrung des **Offenkundigkeitsprinzips**.
Nach dem Offenkundigkeitsprinzip muss der Vertreter seinen „Fremdwirkungswillen" äußern. Er muss mit seiner Erklärung zum Ausdruck bringen, dass nicht ihn, sondern einen anderen die Rechtsfolgen treffen sollen, die nach dem Inhalt der Erklärung eintreten sollen.
In **Ausnahme**fällen kann auf die Offenkundigkeit des Vertretungsverhältnisses **verzichtet** werden:
- Geschäft für den, den es angeht,
- Handeln unter fremdem Namen,
- unternehmensbezogene Geschäfte.
  - Nach der Auslegungsregel vom unternehmensbezogenen Handeln geht bei unternehmensbezogenen Geschäften der Wille der Beteiligten im Zweifel dahin, dass der Inhaber des Unternehmens Vertragspartei werden soll.[294]
    Voraussetzung ist, dass der Handelnde ein Auftreten für ein Unternehmen hinreichend deutlich macht. Der Unternehmensbezug kann sich z.B. ergeben aus dem Ort des Vertragsschlusses, Zusätzen im Zusammenhang mit der Unterschrift oder daraus, dass die Vertragsleistung für den Betrieb des Unternehmens bestimmt ist.[295]
  - Bestehen dagegen Zweifel an der Unternehmensbezogenheit, ist gemäß § 164 Abs. 2 BGB grundsätzlich von einem Eigengeschäft des Vertreters auszugehen.[296]
    „Dieser [Anm.: der Beklagte] hat bislang jedoch keinen Beweis dafür angeboten, dass er sich als Mitarbeiter der B GmbH vorgestellt oder eine entsprechende Visitenkarte vorgelegt hat. Aus den bisher vorliegenden Gesamtumständen dürfte sich dies wohl ebenfalls nicht ergeben. Dass der Beklagte erkennbar für die B GmbH gehandelt hat, ergibt sich nicht aus dem ***Handelsvertretervertrag****, da dieser dem Kläger* ***nicht vorlag****. Ob Herr X sich* ***als Mitarbeiter*** *der J* ***GmbH vorgestellt hat, dürfte unerheblich sein****, da nicht ersichtlich ist, weshalb dies etwas darüber aussagen soll, ob der Beklagte als selbstständiger Vermittler aufgetreten ist. Soweit der Beklagte anführt, dass das Antragsformular einen* ***Stempel*** *der O AG aufweise, hat der Kläger dem – bislang unbestritten – entgegengehalten, dass das Formular erst* ***nach Unterzeichnung*** *durch den Kläger und Eingang bei der O AG abgestempelt worden sei. Der Beklagte macht weiter geltend, dass das Antragsformular eine* ***Beraternummer*** *des Beklagten aufweise. Auch hieraus dürfte aber* ***weder eine Stellvertretung noch eine Unternehmensbezogenheit hinreichend erkennbar zutage treten.****"*
    Wird der Wille, im fremden Namen zu handeln, nicht hinreichend deutlich erklärt, so kommt gemäß § 164 Abs. 2 BGB „der Mangel des Willens, im eigenen Namen zu handeln, nicht in Betracht". Es liegt ein Eigengeschäft des Vertreters vor.

c. Im Hinblick auf die Pflichtenverletzung durch den Versicherungsmakler ermittelt das Oberlandesgericht einen umfangreichen **Pflichtenkatalog**.
„Bei der Frage der Pflichtverletzung nach § 280 Abs. 1 S. 1 BGB ist zu berücksichtigen, dass die Pflichten des Versicherungsmaklers weit gehen. Er ist treuhänderähnlicher Sachwalter des Versicherungsnehmers."
Der Versicherungsmakler schuldet eine umfassende Betreuung der Versicherungsinteressen des Versicherungsnehmers und eine dementsprechende Beratung. Er ist insbesondere bei Nachfragen zum Umfang des Versicherungsschutzes zu einer vollständigen und richtigen Auskunft und Beratung gehalten.[297]
Eine Pflichtverletzung liegt insbesondere vor, wenn der Vermittler dem Versicherungsnehmer, der denselben Versicherungsumfang wie bisher wünscht, eine nicht gleichwertige Versicherung vermittelt.[298]
„Selbst wenn der Versicherungsnehmer aber nicht ausdrücklich den Wunsch äußert, denselben Versicherungsumfang zu behalten, ist der Versicherungsmakler bei einem Wechsel zu einer Versicherung, die eine geringere Absicherung bietet, zur Aufklärung über den geringeren Schutz verpflichtet."
Die **Verletzung** der Pflichten war möglicherweise schon nach dem Vortrag des Beklagten gegeben.
„Sodann wird zu prüfen sein, ob sein Vorbringen erheblich ist oder ob sich schon aus seinem ***eigenen Vortrag*** *eine* ***Pflichtverletzung*** *ergibt und sich der Kläger diesen Vortrag (hilfsweise) zu Eigen macht. Der Beklagte hat selbst vorgetragen, er habe den Kläger darauf* ***hingewiesen, dass bei der T Versicherungsschutz für bestimmte schwere Erkrankungen, unter anderem chronische Rückenbeschwerden, gegeben sei. Eine solche Auskunft dürfte unrichtig sein, da chronische Rückenbeschwerden gerade nicht zu den in Anhang A der Versicherungsbedingungen genannten schweren Erkrankungen gehören****, sondern über die Zusatzoption „Rente vor Alter 60 ab 50%iger BU wegen chronischer Erkrankungen der Wirbelsäule oder des Geistes" gesondert versichert werden mussten."*

d. Eine Einschränkung oder ein Entfallen der Ersatzpflicht wegen **Mitverschuldens** gemäß § 254 Abs. 1 BGB prüfte das Gericht.

§254 Abs. 1 BGB setzt in der Person des Geschädigten voraus, dass

- der Geschädigte den haftungsbegründenden Tatbestand mit herbeigeführt hat,
- der Geschädigte in vorwerfbarer Weise gegen seine eigenen Interessen verstoßen hat – „Verschulden gegen sich selbst". Abzustellen ist auf die Außerachtlassung derjenigen Sorgfalt, die ein ordentlicher und verständiger Mensch zur Vermeidung eigenen Schadens anzuwenden pflegt.[299] Das Maß der zu beachtenden Verhaltensregeln kann durch gesetzliche Anordnungen mitbestimmt werden,
- eine Abwägung der beiderseitigen Verursachungsbeiträge ergibt, dass eine Inanspruchnahme des Anspruchsgegners nicht oder nur teilweise als gerechtfertigt erscheint.

Möglicherweise verstieß der Kläger gegen seine eigenen Interessen, als er nicht sorgfältig prüfte, dass das Kästchen „Rente vor Alter 60 ab 50%iger BU wegen chronischer Erkrankungen der Wirbelsäule oder des Geistes" nicht angekreuzt war.

„Indessen wird dabei zu beachten sein, dass sich ein Versicherungsnehmer, der einen Versicherungsmakler als Fachmann einschaltet, ***grundsätzlich darauf verlassen darf, dass dieser den Antrag entsprechend den Interessen des Versicherungsnehmers ausfüllt.*** *Ist nämlich die fachgerechte Beratung und Betreuung Inhalt einer Vertragspflicht, so kann sich der pflichtwidrig handelnde Vertragspartner in der Regel nicht darauf berufen, der ihm vertrauende Geschädigte habe seine Interessen selber schützen und insbesondere mit einer Pflichtverletzung rechnen müssen."*

e. Zu berücksichtigen wäre auch, dass der geschädigte Zahnarzt es unter Umständen unterlassen hat, den Schaden abzuwenden oder zu mindern (§254 Abs. 2 S. 1 BGB), was ebenfalls den Anspruch einschränken oder ausschließen könnte. Möglicherweise unterließ es der Kläger pflichtwidrig, den gewünschten Versicherungsschutzumfang nachträglich (sofern dies möglich war) zu erlangen.

Pflichteninhalt ist Folgendes:

- Wer von Schaden bedroht ist, ist verpflichtet, jede ihm mögliche und zumutbare Maßregel zu ergreifen, die den drohenden Schaden verhüten oder abschwächen kann.
- Wer vom Schaden betroffen ist, muss alles Zumutbare tun, was den Schaden mindern kann.[300]

„In diesem Falle käme in Betracht, dass als Schaden nur die Prämienmehrkosten geltend gemacht werden können."

III. Schlussfolgerung

Um dem Einwand des **Mitverschuldens** zu entgehen, ist Folgendes bei Versicherungsverträgen, die über Versicherungsmakler geschlossen werden, zu beachten:

- „**Monitoring**" der Versicherungsverträge, die über einen Versicherungsmakler abgeschlossen wurden: Wurden Deckungsschutzziele zeitlich und vom Umfang her erreicht? Verfehlte Deckungsschutzziele werden ansonsten (in praxi der häufigste Fall) erst bei Inanspruchnahme der Versicherung aufgedeckt.
- Bei verfehltem Deckungsschutz muss zunächst einmal **eigeninitiativ** versucht werden, diesen durch einen **anderweitigen** Vertrag zu erreichen. Allfällige Extrakosten (Prämienmehrkosten) können als Schaden gegenüber dem Versicherungsmakler exkutiert werden.
- Erst dann, wenn dieser Deckungsschutz nicht nachträglich erreicht werden kann, ist Feststellungsklage gegenüber dem Versicherungsmakler dahingehend zu erheben, dass festgestellt wird, dass dieser verpflichtet ist, als Schadensersatz den verfehlten Deckungsschutz (Differenz zwischen gewolltem Deckungsschutz und tatsächlichen Deckungsschutz) zu zahlen. Das schadensstiftende Ereignis ist im Antrag zu nennen. Hierfür muss die geltend gemachte Falschberatung bestimmt benannt werden.

C Compliance-Management

A. Hintergrund[301]

I. Überblick

Bei der Behandlung wird von dem „homo patiens“ (später Terminus „Patient“; Ggs. „homo curans“ als Helfer und Heiler), teilweise vermehrt, die Mitwirkung eingefordert. Diese kann u.a. in der Vereinbarung von Kontrollterminen des Patienten mit den Zahnarzthelferinnen innerhalb eines vorgegebenen Zeitfensters bestehen. Gegenständlich geht es um die Befolgung von Verhaltensanweisungen des (Zahn)Arztes im Rahmen der (zahn)medizinischen Behandlung.[302]

II. Mitwirkungspflicht, Obliegenheit (in genere)

Gläubiger und Schuldner sind verpflichtet, im Zusammenwirken die Voraussetzungen für die Durchführung des Vertrags zu schaffen und Erfüllungshindernisse zu beseitigen. Die **Mitwirkungspflicht** dient ebenso wie die Leistungstreuepflicht der Erreichung des Vertragszwecks und des Leistungserfolgs.[303] Eine **Obliegenheit** meint eine Verhaltensreglementierung, die es aus Eigennutz einzuhalten gilt, weil ein Ignorieren ansonsten Nachteile für die beschwerte Partei bedeutet. Eine Obliegenheitsverletzung löst daher grundsätzlich keine Schadensersatzansprüche aus. Eine Obliegenheit kann sich aber simultan als Vertragspflicht darstellen.

III. Tatsächliche und hypothetische Compliance

Compliance des Patienten ist

- die Mitwirkung des Patienten an vorgeschlagenen Maßnahmen[304]
- und das Unterlassen von Umständen, die die Behandlung stören.

Hypothetische Compliance liegt vor, wenn der Patient auf die vom beklagten Zahnarzt vorgetragene hypothetische Tatsache der „hypothetischen Non-Compliance“ erwidert, dass er sich sehr wohl mitwirkungskonform verhalten hätte.

IV. Tatsächliche und hypothetische Non-Compliance

Spiegelbildlich ist die **Non-Compliance**

- eine mangelnde Mitwirkung des Patienten im Sinne einer echten Unterlassung (z.B. Missachtung von Medikationsanweisungen, fehlende Mitwirkung bei Umsetzung eines systematischen dentalen Behandlungskonzepts[305])
- oder die aktive Herbeiführung von behandlungsstörenden Umständen durch den Patienten (z.B. Alkoholabusus bei Schwangerschaft).

Die **hypothetische Non-Compliance** meint, dass der Patient die Mitwirkung ohnehin verweigert hätte („hypothetische Weigerung“). Der Zurechnungszusammenhang entfällt, wenn

- ein (Zahn)Arzt behandlungsfehlerhaft es versäumte, eine mitwirkungspflichtige Anordnung zu treffen
- und es daraufhin zu einem Misserfolg der Behandlung oder einer Komplikation mit Schadensfolge kommt,
- der Patient aber ohnehin die Mitwirkung verweigert hätte.[306]

Den Patienten trifft die Darlegungs- und Beweislast, dass er tatsächlich mitgewirkt hätte. Dabei streitet eine Vermutung dafür, dass sich der Patient aufklärungsrichtig verhalten hätte, wenn:

- die Behandlungspflicht einen gezielten Rat zum Gegenstand hatte
- und ein aufklärungsrichtiges Verhalten nahe gelegen hätte,
- wenn dieser Rat erteilt worden wäre.[307]

V. Compliance als Obliegenheit

Die Befolgung (zahn)ärztlicher Anweisungen ist nicht eine erzwingbare Pflicht des Patienten. Es handelt sich lediglich um eine Obliegenheit. Die Nichtbefolgung der ärztlichen Anweisungen kann zu Rechtsnachteilen führen. Dem Patienten kann die Nichtbefolgung ärztlicher Anweisungen oder Empfehlungen nur dann als Obliegenheitsverletzung oder Mitverschulden angelastet werden, wenn er diese Anweisungen oder Empfehlungen auch verstanden hat.[308] Unter Umständen ist der (Zahn)Arzt berechtigt, gem. §627 Abs.2 S.2 BGB den Behandlungsvertrag zu kündigen, wenn der Patient die Einhaltung der (zahn)ärztlichen Anweisungen bewusst verweigert oder trotz mehrfacher Aufforderung nicht einhält.[309]

VI. Korrelativität: Behandlung und Mitwirkung; materiell-rechtliche und prozessuale Auswirkungen[310]

	Behandlung	Mitwirkung	Auswirkungen von Non-Compliance	Darlegungs- und Beweislast
Anamnese, Untersuchung und Befunderhebung	• fehlerfreie Diagnose stellen und allfällig sachgerechte Behandlung einleiten			
	• für die Diagnostik wichtige Parameter abfragen	• Symptomatik beschreiben		
	• Zweifel bezüglich Richtigkeit und Vollständigkeit von Auskünften verbalisieren; Drängen auf erforderliche Informationen u. Aufklärung, dass sachgerechte (Diagnose und) Behandlung ansonsten nicht möglich ist und Patient allfälligen Behandlungsfehler allein zu verantworten hat	• Auskünfte richtig und vollständig erteilen	• keine Haftung	
Aufklärung	• vollständige Vorstellung vermitteln von Art und Schweregrad der in Betracht stehenden Behandlung und Belastungen und Risiken, denen sich der Patient aussetzt	• Patient muss nachfragen, wenn sich die Unvollständigkeit der Information jedem Laien aufdrängen oder dem Patienten aufgrund seines Wissensstands klar sein muss		
	• Gelegenheit zur Nachfrage			
	• Absehen von Aufklärung	• Desinteresse des Patienten an Wissensvermittlung infolge von Aufklärung (unmissverständlicher Verzicht)	• bei rechtlich wirksamem Aufklärungsverzicht: ○ kein Behandlungsfehler (Aufklärung) ○ wirksame Einwilligung	
Behandlung	• obligate Empfehlungen erforderl. Maßnahmen • obligate Verordnungen erforderl. Maßnahmen • Hinweise an den Patienten bezüglich Bedeutung der Empfehlungen und der Behandlungsmaßnahmen (wenn Anhaltspunkte dafür, dass der Patient die Anordnungen nicht verstanden hat oder sie nicht befolgen wird) [Aufklärung über Bedeutung und Erforderlichkeit der Mitwirkung]; Einfordern von Therapietreue	• Patient muss nachfragen, wenn sich die Unvollständigkeit der Information jedem Laien aufdrängen oder dem Patienten aufgrund seines Wissensstands klar sein muss	• Mitverschulden des Patienten wg. mangelnder Nachfrage (wenn sich Unvollständigkeit ärztl. Information jedem Laien aufdrängen oder dem Patienten aufgrund persönlichen Wissens klar sein muss)	• **Behandlungsfehler**: Patient dafür, dass Arzt die Voraussetzungen für eine Mitwirkung (Aufklärung, Hinweise, Anordnungen) nicht geschaffen hat • Zurechnung: → Grundsatz • Patient dafür, dass erlittene Schäden auch bei entsprechender Mitwirkung eingetreten wären (wenn mangelnde Mitwirkung neben andersartigem Behandlungsfehlerschaden wirksam geworden)

	Behandlung	Mitwirkung	Auswirkungen von Non-Compliance	Darlegungs- und Beweislast
Behandlung *(Forts.)*				• Patient für **hypothetische Compliance**, wenn mangelnde Mitwirkung auf Behandlungsfehler des Arztes beruhte, dieser aber hypothetische Weigerung (Non-Compliance) einwendet[311] [Beweiserleichterung: tatsächl. Vermutung] • Patient für Zurechnung, wenn grober Behandlungsfehler und mangelnde Mitwirkung und letztere ca. gleichschwer wie Behandlungsfehler → Ausnahme: • grober Behandlungsfehler dergestalt, nicht die Mitwirkung des Patienten herbeigeführt zu haben
	• behandlungsrelevante Verhaltensanweisungen ggü. dem Patienten erteilen	• Beachtung von Verhaltensanweisungen, Aufnahme und empfehlungskonformer Abschluss einer Behandlung, z. B.: ◦ Medikation aufnehmen und nicht eigenmächtig aussetzen oder beenden	• ordnungsgemäße Aufklärung über (Erforderlichkeit, Bedeutung) der Mitwirkung? ◦ **erfolgte**: dann kein Behandlungsfehler (wenn obj. fehlerhafte/fehlgeschlagene/schädigende Behandlung verursacht durch fehlende Mitwirkung) ◦ **erfolgte nicht**: dann Behandlungsfehler, da diesbzgl. unzureichende Aufklärung	
Nachbehandlung	• Korrektur von Behandlungsfehlern	• sich zumutbaren Operationen zur Beseitigung eingetretener körperlicher Beeinträchtigungen unterziehen	• Verstoß gegen die Schadensminderungspflicht (§ 254 Abs. 2 BGB)	

Die mangelnde Mitwirkung des Patienten an einer medizinisch gebotenen Behandlung schließt einen **Behandlungsfehler** nicht aus, wenn der Patient über das Risiko der Nichtbehandlung nicht ausreichend aufgeklärt worden ist.[312] Das Bestehen oder Nichtbestehen einer Dokumentationspflicht hinsichtlich eines erforderlichen Hinweises bzgl. des Risikos der Nichtbehandlung infolge von Non-Compliance sagt nichts darüber aus, ob das Unterbleiben eines solchen Hinweises ein **einfacher** oder ein **grober** Behandlungsfehler ist.[313]

Voraussetzung für eine **Obliegenheitsverletzung** oder ein **Mitverschulden** des Patienten ist eine ordnungsgemäße therapeutische Aufklärung. Dem Patienten kann die Nichtbefolgung (zahn)ärztlicher Anweisungen oder Empfehlungen nur dann als Obliegenheitsverletzung oder Mitverschulden angelastet werden, wenn er diese Anweisungen oder Empfehlungen auch verstanden hat.[314]

Bestellt ein (Zahn)Arzt einen Patienten zu spät ein und erscheint der Patient nicht zu diesem verspäteten Termin, dann streitet keine **tatsächliche Vermutung** für die hypothetische Compliance des Patienten.[315]

Für einen Behandlungsfehler infolge unzureichender Aufklärung über das Risiko einer Nichtbehandlung wegen mangelnder Mitwirkung gelten **prozessual** keine Besonderheiten. Die mangelnde Aufklärung über die Erforderlichkeit einer weiteren Behandlung führt **nicht ohne Weiteres** zu einer Beweislastumkehr zugunsten des Patienten, wenn dessen mangelnde Mitwirkung auf dem Aufklärungsfehler über das Risiko von Non-Compliance beruht. Eine **Beweislastumkehr** ist wie auch sonst bei Behandlungsfehlern nur gerechtfertigt, wenn sich der bei der therapeutischen Aufklärung unterlaufene Pflichtenverstoß des Arztes als grober Behandlungsfehler darstellt.[316]

VII. Ad Exemplum

Mitwirkungspflichten des Patienten:[317]

- Hinweis auf zu beachtendes, dem Patienten bekanntes erhöhtes Behandlungsrisiko,
- Eingliederung von Zahnersatz,
  „Da die Eingliederung von Zahnersatz aber regelmäßig ein mehrstufiger Prozess ist, dem das Risiko anfänglicher Passungenauigkeiten und Beweglichkeiten immanent ist, ist der Patient grundsätzlich gehalten, bei weiteren Eingliederungsmaßnahmen einer Prothese ***mitzuwirken****.“*[318]
- mangelfreie Mundhygiene[319],
- Kieferorthopädie:
  - Pflege der Behandlungsgeräte,
  - Umgang mit den Behandlungsgeräten:
    - Weiterdrehen der Schrauben an aktiven Platten,
    - Kontrolle des Innenbogens des Headgears anhand einer Schablone.

VIII. Gegenbeispiele[320]

- Plötzliches Wegdrehen des Kopfes bei einer Injektion,
- Schluckbewegungen,
- Zungenbewegungen,
- Würgereflexe bei der Wurzelbehandlung,
- Verschlucken,
- Aspiration,
- Patient erscheint nicht zum vereinbarten Termin zur (Nach)Behandlung oder Kontrolle aus einem Umstand, den der Patient zu vertreten hat und der Patient wurde hinreichend über die Notwendigkeit einer weiteren Behandlung und die möglichen Folgen eines Ausbleibens aufgeklärt.

B. Die Entscheidung: Compliance-resistenter Patient[321]

I. Sachverhalt

Die Klägerin als Patientin begehrte von dem Beklagten als Zahnarzt Schadensersatz wegen eines Behandlungsfehlers. Sie litt an Diabetes mellitus und befand sich jahrelang in zahnärztlicher Behandlung des Beklagten. Sie verfügte über ein Bonusheft, das für die Zeit von 1991–1995 je eine zahnärztliche Untersuchung bestätigte. Sie behauptet, dass die Zahnfleischentzündung sich für sie unbemerkt entwickelt, der Beklagte die Parodontitis nicht rechtzeitig erkannt habe und die Sicherheitsaufklärung nicht erfolgt sei. Hilfsweise behauptet die Klägerin, dass die allfällige Sicherheitsaufklärung unzureichend erfolgt sei. Die Klägerin beantragt, den Beklagten zu verurteilen an die Klägerin Schadensersatz zu zahlen. Der Beklagte beantragt, die Klage abzuweisen. Der Beklagte behauptet, die Klägerin sei auf das Erfordernis einer Parodontosebehandlung mehrmals im Beisein seiner Zahnarzthelferin hingewiesen worden. Er behauptet ferner, die Klägerin habe es allein zu verantworten, dass nicht der Versuch unternommen wurde, der Krankheit durch gezielte Behandlungsmaßnahmen (insbesondere gesteigerte Mundhygiene) Einhalt zu gebieten. Darüber hinaus sei der Heilungserfolg der Parodontosebehandlung von vornherein aufgrund dessen fraglich gewesen, dass die Klägerin an Diabetes leide. Es lagen schon 1988 deutliche Mundhygienedefizite vor, die eine Parodontosebehandlung als fraglich erscheinen ließen.

II. Entscheidungsgründe

Das Landgericht wies die Klage ab und auch das Oberlandesgericht wies die Berufung der Klägerin zurück.

A. Der Klägerin steht gegen den Beklagten kein Anspruch auf Schadensersatz aus §280 Abs. 1, 249 ff., 253 BGB zu.

I. Zwischen den Parteien bestand ein **Schuldverhältnis**, wenn es wurde ein Behandlungsvertrag abgeschlossen.

II. Eine **Pflichtverletzung** lag nicht vor.

1. **Ordnungsgemäße Aufklärung.**
   a. **Fehlende Aufklärung (überhaupt) [„Ob"].**
      aa. Zwar spricht für die fehlende Aufklärung zunächst einmal eine tatsächliche Vermutung.
      Der Dokumentationsmangel führt zur Vermutung bis zum Beweis des Gegenteils durch den Arzt, dass die erforderliche ärztliche Maßnahme unterblieben ist und damit ein Behandlungsfehler vorliegt.
      Der Vermutungstatbestand lag vor. Denn der Beklagte dokumentierte (wenn überhaupt) nur unzureichend.
      Vermutungsfolge war, dass von einer unzureichenden Aufklärung auszugehen war.
      (i). Der Beklagte **bestritt** aber auch diese Vermutungsfolge und **behauptete**, die Klägerin aufgeklärt zu haben, und zwar auch ordnungsgemäß.
      (ii). Das Bestreiten des Beklagten und seine Behauptungen durften auch **berücksichtigt** werden.
      *„Wenngleich es sich für die Beklagten **empfohlen** hätte, die von ihnen festgestellte **Parodontitis** und die der Klägerin diesbezüglich gegebenen **Behandlungsvorschläge** über die in den Behandlungsunterlagen enthaltenen Hinweise für eine Parodontitiserkrankung und Empfehlungen für eine Vorbehandlung hinaus dort zweifelsfrei und eindeutig festzuhalten, stellt die Pflicht zur Eintragung **kein derartiges Muss** dar, dass bei Fehlen eines entsprechenden Eintrags den Beklagten damit der möglicherweise auch **anderweitig von ihnen zu erbringende Nachweis abgeschnitten wäre,** dass eine entsprechende Aufklärung der Klägerin gleichwohl erfolgt ist."*
      (iii). Tatsachenfeststellung.
      Der Beklagte hat nach Ansicht des Gerichts seine Behauptung, die Klägerin ordnungsgemäß aufgeklärt zu haben, erbracht. Dies ergab im Rahmen der Beweiswürdigung eine entsprechende Zeugenaussage. Zudem führte das Gericht aus:
      „Dies bedeutet indessen nicht, dass allein wegen des Fehlens der entsprechenden Dokumentation die Klägerin damit bereits den unwiderlegbaren Nachweis einer Verletzung der Pflicht zur Sicherheitsaufklärung erbracht hätte."
   b. **Unzureichende Aufklärung [„Wie"].**
      aa. Die Klägerin behauptete, unzureichend aufgeklärt worden zu sein.
      Hilfsvorbringen liegt vor, wenn der Kläger zur Stütze ein und desselben prozessualen Anspruchs entweder im Rahmen der einschlägigen Anspruchsgrundlage hilfsweise eine Sachverhaltsvariante vorträgt oder sich hilfsweise auf Tatsachen beruft, die eine andere Anspruchsgrundlage ausfüllen.[322]
      Ein solches Eventualvorbringen ist so lange möglich, wie nicht ein bewusster Verstoß gegen die Wahrheitspflicht (§138 Abs. 1 ZPO) vorliegt.[323]
      Hilfsargumentation war, dass selbst dann, wenn die Klägerin aufgeklärt worden sein sollte (primär ging die Klägerin aber eben nicht von einer Aufklärung aus), diese Aufklärung aber mindestens defizitär war.
      bb. Der Beklagte **bestritt** die Vermutungsfolge und legte den Aufklärungsinhalt dar.
      Das Bestreiten war daher auch **erheblich**. Hinsichtlich der Anforderungen an die erfolgte Aufklärung (Aufklärungsinhalt) spielt auch die Compliance (Mitwirkung) des Patienten eine Rolle.
      *„Die Klägerin **überspannt** zudem die **Anforderungen**, die an die ärztliche **Aufklärungspflicht** zu stellen sind…*
      *Der Fall der Klägerin zeichnet sich **nicht** durch eine solche **Schwere** des festgestellten **Befunds** aus, **dass**, wie es beispielsweise bei im Falle unterlassener Probeexzision sich auszubreiten drohender Krebserkrankungen erforderlich ist, **unverständlich wäre, sich ärztlicherseits mit wenigen, zum Teil auch nicht gesondert dokumentierten Hinweisen an den Patienten zufrieden zu geben und nicht eindringlich auf das Erfordernis ärztlicher Maßnahmen und die im Fall des Unterlassens drohenden erheblichen Risiken hinzuweisen.***
      *Im Fall der Klägerin ist **in diesem Zusammenhang** darüber hinaus zu berücksichtigen, dass es bei ihr **auch über längere Zeit an der erforderlichen** **Compliance** **fehlte** und aus ihrem jetzigen Verhalten keine Rückschlüsse darauf zu ziehen sind, wie sie sich während der Zeit, in der sie bei den Beklagten in Behandlung war, verhalten hat oder hätte."*
      Nach den Ausführungen des Gerichts ist die Compliance also relevant für:
      - den Umfang der Aufklärung
      - und die Erschütterung der tatsächlichen Vermutung aufklärungspflichtigen Verhaltens.[324]

cc. Tatsachenfeststellung.
Zunächst einmal war **nicht beweisbedürftig**, dass die Klägerin nicht ordnungsgemäß aufgeklärt wurde, denn dies wurde angesichts der mangelnden Dokumentation vermutet.
Beweisbedürftig waren vielmehr die konkreten **Tatsachen**, aus denen sich die **Erschütterung** der Vermutung ergab. Die diesbezügliche Beweislast traf den Beklagten.
Der Beklagte **erbrachte** den **Beweis**, die Klägerin ordnungsgemäß aufgeklärt zu haben. Nach Aussage der Zeugin wurde die Klägerin auf das Erfordernis einer Parodontosebehandlung zumindest ein- bis zweimal hingewiesen.

2. **Weitere Fehler.**
   a. **Diagnosefehler.**
      aa. Die Klägerin behauptete, dass der Beklagte die Parodontitis nicht erkannt habe.
      bb. Auch dies bestritt der Beklagte unter Darlegung der Umstände, die für eine Erschütterung sprechen.
      cc. Tatsachenfeststellung.
      Beweisbedürftig waren die konkreten Tatsachen, aus denen sich die *Erschütterung der Vermutung* ergab: dass der Beklagte nämlich die **Parodontitis erkannt** hatte.
      Für das Nichterkennen sprach nämlich nach Ansicht des Gerichts eine tatsächliche Vermutung.
      „Sieht man es im Fall der Klägerin als geboten an, das Erkennen einer Parodontitis und die in Folge der Klägerin zu deren Behandlung erteilten Ratschläge zu dokumentieren, wofür manches spricht, lässt sich daraus, dass es an einer entsprechenden eindeutigen Dokumentation fehlt, ***zunächst allenfalls darauf schließen, dass die Parodontitis entweder von den Beklagten nicht erkannt wurd****e…“*
      Das Ergebnis der Beweisaufnahme ergab jedoch, dass der Beklagte die Parodontitis erkannt hatte.
      Nach Aussage der Zeugin wurde die Klägerin auf das Erfordernis einer Parodontosebehandlung zumindest ein- bis zweimal hingewiesen.
   b. **Beratung und therapeutische Aufklärung.**
      aa. Die Klägerin behauptete, dass der Beklagte die Behandlungsbedürftigkeit der Parodontitis nicht mitgeteilt habe.
      bb. Auch dies bestritt der Beklagte unter Darlegung der Umstände, die für eine Erschütterung sprechen.
      cc. Tatsachenfeststellung.
      Auch hier waren vorrangig die konkreten Tatsachen beweisbedürftig, aus denen sich die Erschütterung der Vermutung ergab: die **Mitteilung der Behandlungsbedürftigkeit** der Parodontitis durch den Beklagten.
      Für das Fehlen des gebotenen Hinweises auf die Behandlungsbedürftigkeit sprach nämlich nach Gerichtsansicht wiederum eine tatsächliche Vermutung.
      „Sieht man es im Fall der Klägerin als geboten an, das Erkennen einer Parodontitis und die in Folge der Klägerin zu deren Behandlung erteilten Ratschläge zu dokumentieren, wofür manches spricht, lässt sich daraus, dass es an einer entsprechenden eindeutigen Dokumentation fehlt, zunächst allenfalls darauf schließen, dass… ***dies der Klägerin mit dem gebotenen Hinweis auf die Behandlungsbedürftigkeit nicht mitgeteilt wurde****.“*
      Nach dem Ergebnis der Beweisaufnahme hatte der Beklagte die Behandlungsbedürftigkeit mitgeteilt.
   c. **Therapiefehler.**
      aa. Die Klägerin behauptete eine Pflichtverletzung des Beklagten durch Unterlassen.
      bb. Der Beklagte bestritt dies.
      cc. Tatsachenfeststellung.
      Die Beweislast lag wiederum bei der Klägerin.
      „… ***obliegt****…der* ***Beweis****, dass eine Behandlung durch Unterlassen gebotener Maßnahmen fehlerhaft gewesen sei, zunächst dem Patienten.“*
      Das Ergebnis der Beweisaufnahme ergab nicht die Behauptung der Klägerin.
      Angesichts der mangelnden Compliance durch die Klägerin ergab sich vielmehr ein kontroverser Sachverhalt:
      „…und dass ***allein die Klägerin es zu verantworten*** *hat, dass nicht der Versuch unternommen wurde, der Krankheit durch gezielte Behandlungsmaßnahmen Einhalt zu gebieten.*
      …Schon der 1988 bei ihr dokumentierte Zustand ließ, wie es der Sachverständige bestätigte, deutlich auf ***Mundhygienedefizite*** *schließen, die eine* ***Parodontosebehandlung*** *ohnedies bereits als* ***fraglich*** *erscheinen lassen.*
      Daraus, dass die Klägerin über ein ***Bonusheft*** *verfügte, welches für die hier maßgebliche Zeit von 1991–1995 je eine zahnärztliche Untersuchung bestätigte, lässt sich ebenfalls nichts zu Gunsten der Klägerin folgern, da die darin bestätigte Untersuchung weder mit der Erstellung eines Parodontalstatus oder dergleichen zu verwechseln ist* ***noch über die Einsicht eines Patienten in das Erfordernis einer Zahnbehandlung oder dessen Bereitschaft, diese durchführen zu lassen, etwas aussagt.***
      …Es ist, wie der Sachverständige…erläutert hat, üblicherweise davon auszugehen, dass die fortschreitende Entzündung mit Zahnfleischschwellungen, Mundgeruch und Zahnfleischblu-

ten assoziiert ist, wie es auch die Karteieinträge dokumentieren. ***Der interessierte, betroffene Patient ist nicht unbeteiligter Dritter einer fortschreitenden Zahnfleischentzündung, er fragt nach und fordert Lösungen von seinem Zahnarzt.*** *Wenn dieser Patient nach 15 Jahren überraschend mit seiner Parodontalerkrankung konfrontiert würde,* ***könnte dies nur mit mangelnder Aufmerksamkeit seinen Zähnen und seinem Zahnfleisch gegenüber erklärt werden.*** *"*

III. Als Hilfsbegründung/Mehrfachbegründung führte das Gericht noch aus, dass jedenfalls der **Zurechnungszusammenhang** nicht gegeben sei. *„Damit bleibt die Klägerin beweispflichtig für den Ursachenzusammenhang zwischen Fehler und Schaden. Auch insoweit ist sie den erforderlichen Nachweis schuldig geblieben. Aus dem Gutachten des Sachverständigen Dr. Wa... ergibt sich mit ausreichender Sicherheit,* ***dass ein Heilungserfolg einer Parodontosebehandlung bei der Klägerin keinesfalls gesichert oder auch nur positiv zu erwarten gewesen wäre. Dies ergibt sich zum einen aus der schlechten Mundhygiene der Klägerin, für die mehrere Hinweise vorliegen,*** *als auch aus dem Umstand, dass die Klägerin an* ***Diabetes und damit einer Erkrankung litt, die den Heilungserfolg einer Parodontosebehandlung von vorne herein in Frage stellte."***

III. Schlussfolgerung

1. Resümee der Konsequenzen fehlenden Compliance-Verhaltens (in concreto):

Fehlendes Compliance-Verhalten des Patienten	Auswirkungen auf tatbestandliche Voraussetzungen	Bedeutung für den Zahnarzt
der Patient • weist deutliche Mundhygienedefizite auf • hat alltällig Zahnfleischschwellungen, Mundgeruch und Zahnfleischbluten • fragt nicht nach und fordert keine Lösungen, sondern ist unaufmerksam gegenüber z. B. seinen Zähnen und seinem Zahnfleisch	• Pflichtverletzung (hier: Therapiefehler wegen Unterlassung gebotener Maßnahmen) • wirksame Einwilligung ○ (P) rechtsgutbezogener Willensmangel wg. Irrtums über kunstgerechte Behandlung	• keine Pflichtverletzung bzgl. unterlassener Behandlungsversuche
• die erforderliche Compliance des Patienten fehlte über längere Zeit • und es ergeben sich keine Rückschlüsse, wie sich der Patient während der Zeit, in der er sich in der Behandlung des Zahnarztes befunden hat, verhalten hat oder verhalten hätte	• Zurechnung: ○ tatsächl. Vermutung „aufklärungsgerechten Verhaltens"	• die tatsächliche Vermutung greift nicht, da sie erschüttert ist

2. In Rekapitulation ist Folgendes durch den Zahnarzt zu **dokumentieren**:
   - Erkennen einer Parodontitis,
   - Hinweise an den Patienten bezüglich einer Parodontitiserkrankung,
   - Ratschläge ggü. dem Patienten zu dessen Behandlung, die in Folge erteilt wurden,
   - Empfehlungen für eine Vorbehandlung,
   - Behandlungsvorschläge.
3. Im **Zahnarzthaftungsprozess** ist als betroffener (Zahn)Arzt regulär Folgendes zu entgegnen:
   - Substantiiertes Ausräumen der Behandlungsfehler (ggf. Privatgutachten durch Kollegen einholen; das Gericht muss sich in einem Urteil damit auseinandersetzen[325]),
   - Vortrag fehlender Compliance (Mitwirkung) des Patienten,
   - Einwand rechtmäßigen Alternativverhaltens (wg. fehlender Compliance und/oder Vorerkrankungen), ggf. hypothetische Einwilligung,
   - Vorteilsausgleichung (z. B. Ohnehinkosten)[326],
   - Patient beachtete nicht das Wirtschaftlichkeitspostulat (§ 249 Abs. 2 BGB) im Hinblick auf Nachbehandlungsmaßnahmen[327],
   - Bestreiten der Tatsachen, die das Schmerzensgeld tragen.

D Dienstvertrag

I. Privatrecht

Die (zahn)ärztliche Behandlung hat, von wenigen Ausnahmen bei Zwangsbehandlung (z. B. von eingewiesenen Geisteskranken) abgesehen, privatrechtlichen Charakter.[328]

II. Abgrenzung: Dienstvertrag/Werkvertrag

1. Werkvertrag

a. Rechtsverhältnis: Zahnarzt – Patient

Der Behandlungsvertrag zwischen Zahnarzt und Patient kann grundsätzlich nicht als Werkvertrag gemäß §631 BGB subsumiert werden, denn es ist nicht ein Behandlungserfolg geschuldet. Wegen der Komplexität der Vorgänge im menschlichen Körper, die durch den Menschen kaum beherrschbar ist, kann ein Erfolg der Behandlung am lebenden Organismus im Allgemeinen nicht garantiert werden. Der Behandelnde wird daher lediglich zu einer fachgerechten Vornahme der Behandlung verpflichtet. Dies gilt in der Regel auch für Verträge über Behandlungen, die (wie bei einer Schönheitsoperation) einen kosmetischen Eingriff zum Gegenstand haben können (BT-Drs 17/10488, S. 17). Auch wenn die Behandlungsleistung des (Zahn)Arztes generell geeignet sein muss, den angestrebten Erfolg zu erreichen, schuldet er nicht den Erfolg seiner ärztlichen Bemühungen (OLG München, Urt. v. 1.2.2006 – 1 U 4756/05). Für die spezifisch zahnärztlichen Verrichtungen gelten ausschließlich die Vorschriften des Behandlungsvertrags. Dazu gehören auch die Fertigung und Einpassung von Zahnkronen, gleichgültig, ob sie im Zusammenhang mit einer zahnprothetischen Behandlung stehen oder nicht. Gerade das Einzementieren von Kronen ist, wenn dies im Zusammenhang mit dem Einsetzen von Brücken geschieht, eine typische Maßnahme zur Eingliederung des festsitzenden Zahnersatzes. Die Vorschriften des Werkvertragsrechts gelten nur insoweit, als es sich um die bloße technische Herstellung von Prothesen handelt.[329] Ist ein Zahnarzt mit der Herstellung eines Gebisses betraut, das nach der individuellen Situation des Patienten zu konzipieren und in Würdigung eben dieser Situation einzupassen ist, schuldet er eine Leistung, die nur bedingt objektivierbar ist und deshalb behandlungsvertraglich einzuordnen ist.[330] Soweit aber die Parteien im Einzelfall vereinbaren, dass ein Behandlungs- oder sonstiger medizinischer Erfolg geschuldet ist, gilt nicht Behandlungsvertragsrecht. Rechte und Pflichten der Vertragsparteien folgen aus dem Werkvertragsrecht. Dies gilt z. B. für eine zahnlabortechnische Arbeit. Es besteht demnach die (generelle) Möglichkeit, einen bestimmten Erfolg der Behandlung zu vereinbaren (BT-Drs 17/10488, S. 17/38).

b. Rechtsverhältnis: Zahnarzt – Zahntechniker

Dagegen ist der Vertrag über die technische Anfertigung der Prothese, insbesondere im Verhältnis Zahnarzt – Zahntechniker, ein Werkvertrag. §651 BGB gilt nicht.[331]

c. Kieferorthopädische Behandlung

Die kieferorthopädische Behandlung wird als Werkvertrag klassifiziert. „*...ein Behandlungsvertrag im Sinne eines Werkvertrages gem. §631 BGB zustande gekommen, der kieferorthopädische Leistungen des Beklagten beinhaltete zur Beseitigung des vom Beklagten diagnostizierten Befundes.*“[332]

2. Behandlungsvertrag

Regelmäßig kann die ärztliche Behandlung nicht dem Werkvertragsrecht unterstellt werden. Vielmehr handelt es sich um einen Behandlungsvertrag. Dieser ist eine spezielle Form des Dienstvertrags (BT-Drs 17/10488, S. 10/11/17/20/38).

a. Grundsätzlicher Vertragsinhalt

Der Behandlungsvertrag zeichnet sich dadurch aus, dass sich eine Vertragspartei zu der medizinischen Behandlung eines Patienten, also einer natürlichen Person, durch einen Behandelnden verpflichtet. Es kann sich um die Behandlung einer Krankheit oder eine Behandlung zu kosmetischen Zwecken handeln. Der Behandelnde schuldet lediglich „die Leistung der versprochenen Behandlung“. Behandlung ist die Heilbehandlung. Heilbehandlung umfasst Diagnose und Therapie. Die Therapie erfasst sämtliche Eingriffe und Behandlungen am menschlichen Körper eines Menschen, um Krankheiten, Leiden, Körperschäden, körperliche Beschwerden oder seelische Störungen nicht krankhafter Natur zu verhüten, zu erkennen, zu heilen oder zu lindern. **Behandelnde** sind v. a. (Zahn)Ärzte, psychologische Psychotherapeuten, Kinder- und Jugendpsychotherapeuten, die als vertragscharakteristische Leistung eine medizinische Behandlung zusagen. Der die Behandlung Zusagende und der die Behandlung tatsächlich Durchführende können identisch oder personenverschieden sein. Zusagender kann eine juristische Person (z. B. Gemeinschaftspraxis oder ein medizinisches Versorgungszentrum), die die Behandelnden bereitstellt, die die Behandlungsleistung als Erfüllungsgehilfen erbringen. Dies kommt außerdem bei Behandlungsverträgen mit Krankenhausträgern vor. **Patient** ist derjenige, der sich verpflichtet, eine Vergütung zu gewähren. Vertragscharakteristische Leistung ist die medizinische Behandlung von Patienten. Das Gesetz unterscheidet hinsichtlich der Vergütungspflicht nicht zwischen gesetzlich oder privat krankenversicherten Patienten (BT-Drs 17/10488, S. 18/25/37/52). Abgesehen von einem Kassenpatienten, der ausdrücklich die Behandlung als Privatpatient vereinbarte (z. B. wegen gewählter Kostenerstattung nach § 13 Abs. 2 SGB V).

Die geschuldete Leistungspflicht hat der Behandelnde dann **erfüllt**, wenn er die ihm übertragene Tätigkeit, wenn auch schlecht, ausgeführt hat. Der Vergütungsanspruch ist also weder von einer fehlerfreien Behandlung abhängig noch fällt er durch Behandlungsfehler weg. Weder aus §614 Satz 1 BGB noch GOÄ/GOZ lässt sich nach ihrem Normzweck herleiten, die Entstehung oder Fälligkeit eines Vergütungsanspruches sei abhängig von einer fehlerfreien Arbeit des Arztes.[333]

b. Kassenpatient

Nach allgemeiner Meinung kommt auch bei der Behandlung eines Kassenpatienten ein privat(zahn)ärztlicher Behandlungsvertrag zwischen (Zahn)Arzt und Patient zustande, aus dem der Zahnarzt die Leistung der fachgerechten Behandlung schuldet. Gleichwohl überlagert das Recht der gesetzlichen Krankenversicherung an dieser Stelle das Privatrecht mit der Folge, dass sich der ansonsten synallagmatische Behandlungsvertrag zwischen Arzt und Patienten in ein partiell einseitiges Vertragsverhältnis umwandelt. Während der Arzt weiterhin die Leistung der versprochenen Behandlung schuldet, entsteht regelmäßig keine Vergütungspflicht des gesetzlich versicherten Patienten für solche Behandlungen, die von der gesetzlichen Krankenversicherung erstattet werden und der Versicherte nicht Kostenerstattung gewählt hat (BT-Drs 17/10488, S. 18 f.).

Die Besonderheit des Behandlungsvertrags mit dem Kassenpatienten liegt allerdings darin, dass das „Vergütungsband" abgekoppelt ist. An die Stelle des Honoraranspruchs gegen den Patienten tritt der Vergütungsanspruch gegen die kassenzahnärztliche Vereinigung. Dies besagt, dass aus der kassenzahnärztlichen Behandlung ein Honoraranspruch gegen den Kassenpatienten nicht begründet ist. Ein Vergütungsanspruch gegen den Kassenpatienten entsteht nur dann, wenn ausdrücklich die Behandlung als Privatpatient vereinbart wurde.[334]

Ansonsten gilt, dass kein Raum für einen unmittelbaren Vergütungsanspruch des Arztes gegen seinen Patienten für solche Leistungen besteht, die von der gesetzlichen Krankenversicherung erstattet werden (BT-Drs 17/10488, S. 1).

c. Vertragsinhalt bei zahnprothetischer Behandlung/Zahnersatzanfertigung

Der Vertrag mit dem Zahnarzt auf **Heilbehandlung** oder **Verschönerung** des Gebisses ist in der Regel also ein Dienstvertrag, auch bei **zahnprothetischer Behandlung** durch Anfertigung und Einsetzen festsitzenden Zahnersatzes, auch wenn die Behandlung nur kosmetischen Zwecken dient.[335] Auch wenn eine Prothese hergestellt werden muss (was in der Regel ein Zahntechniker übernimmt), sind vorbereitende zahnärztliche Maßnahmen (z. B. Indikationsstellung, Erarbeitung eines Behandlungsplans, ggf. Entfernung vorhandener Zähne, Knochenaufbau, Zahnfleischbehandlung, Implantation u. a. m.) erforderlich und die Prothese muss nach Anpassungs- und Optimierungsarbeiten endgültig eingesetzt werden.[336] Es ist nicht der werkvertragliche Bereich betroffen, wenn Defizite in der spezifisch zahnärztlichen Planung und Gestaltung der neuen Versorgung geltend gemacht werden, z. B. Bisshöhe, fehlende Okklusion und die Größe der neu gestalteten Zähne (BGH, Urteil vom 29.03.2011 – VI ZR 133/10).

Ist im Rahmen des Vertrages auch eine **technische Anfertigung** (Herstellung) **des Zahnersatzes geschuldet**, dann hat der Zahnarzt für diese wegen ihres werkvertraglichen Charakters nach **werkvertraglichen** Gewährleistungsvorschriften einzustehen.[337] Ein (Zahn)Arzt verspricht regelmäßig nur die sachgerechte Behandlung des Kranken, also seine (zahn)ärztliche Tätigkeit, nicht aber den gewünschten Erfolg, die Heilung des Kranken. Obwohl der Patient wünscht, am Ende der Behandlung über den vereinbarten Zahnersatz beschwerdefrei verfügen zu können, verpflichtet sich der Zahnarzt daher, auch wenn er während seiner Behandlung Prothesen anfertigt oder anfertigen lässt, lediglich dazu, dass er die allgemein anerkannten Grundsätze der zahnärztlichen Wissenschaft beachten und geeignetes Material verwenden werde.[338]

III. Entstehung der Vergütung

Da es sich bei einem Vertrag zwischen (Zahn)Arzt und Patient um einen Dienstvertrag handelt, erlangt der Arzt seinen Honoraranspruch nach §611 Abs. 1 BGB nicht erst dann, wenn er erfolgreich tätig geworden ist, sondern er verdient – wie jeder Dienstverpflichtete – sein Honorar bereits durch sein Tätigwerden als solches.[339]

IV. Konkurrenzverhältnis

Zwischen den Regelungen des Behandlungsvertrags und des Deliktsrechts herrscht Idealkonkurrenz. Die deliktischen Ansprüche haben eine eigenständige Bedeutung, wenn für eine Behandlung kein Behandlungsvertrag vorliegt oder zwar ein Behandlungsvertrag vorliegt, der Geschädigte aber keine vertraglichen Ansprüche aus dem Behandlungsvertrag gegen denjenigen, der die Behandlung durchgeführt hat, geltend machen kann (BT-Drs 17/10488, S. 17 f.).

D Dokumentation

I. Zweck

Die Dokumentation soll vier Zwecke verfolgen. **Als erstes** geht es darum, durch die Aufzeichnung des Behandlungsgeschehens eine sachgerechte therapeutische Behandlung und Weiterbehandlung zu gewährleisten. Vorgenommene Untersuchungen und erzielte Ergebnisse sollen nicht in Vergessenheit geraten und verloren gehen (sog. **Therapiesicherung**).[340] An **zweiter Stelle** wird genannt, unnötige Doppeluntersuchungen zu vermeiden und die körperlichen Belastungen für den Patienten als auch die Behandlungskosten gering zu halten. Der Patient soll die Möglichkeit haben, einen anderen Behandelnden zu konsultieren und diesem die Anamnese umfassend und vollständig vorzutragen.[341] **Dritter** Dokumentationszweck soll die **Rechenschaftslegung** sein. Durch die Pflicht des Behandelnden, Rechenschaft über den Gang der Behandlung zu geben, soll erreicht werden, die Persönlichkeitsrechte des Patienten zu wahren.[342] **Viertens** wird die *„Funktion"* der faktischen Beweissicherung, für den Fall eines allfälligen Behandlungsfehlers, genannt.[343] Es ist inkonsistent, die körperlichen Belastungen für den Patienten möglichst gering halten zu wollen, einerseits, und eine faktische Beweissicherung für Arzthaftungsfälle anzustreben andererseits. Es ist damit zu rechnen, dass z.B. Röntgenaufnahmen allein zu Beweissicherungszwecken angefertigt werden. Die damit einhergehenden körperlichen Belastungen werden für den Patienten dann steigen. Der Zweck, körperliche Belastungen gering zu halten, steht dem Zweck der faktischen Beweissicherung diametral gegenüber. Es dürfte daher nicht im Interesse des Patienten sein, aufgrund einer angestrebten Beweissicherung die medizinische Indikation für z.B. Röntgenaufnahmen, CT-Aufnahmen durch eine juristische Indikation zu ersetzen. Darüber hinaus ist nicht offensichtlich die Vereinbarkeit einer Dokumentation zu Beweissicherungszwecken mit dem Strafrecht gegeben. Zum Beispiel stellen Röntgenaufnahmen eine Körperverletzung dar. Die bisherige Rechtsprechung ging davon aus, die Pflicht des Arztes oder Krankenhauses zur Dokumentation diene in erster Linie als notwendige Grundlage für die Sicherheit des Patienten bei der Behandlung. Sie ziele nicht auf eine Beweissicherung für den Haftungsprozess des Patienten und biete diesem bei ihrem Fehlen oder bei Dokumentationslücken keine eigene Anspruchsgrundlage für die ärztliche Haftung.[344] Daher muss auch weiterhin gelten, dass eine Dokumentation, die medizinisch nicht erforderlich ist, auch aus Rechtsgründen nicht geboten ist. Eine unterlassene Dokumentation kann nicht selbst Anspruchsgrundlage sein, sondern nur dazu führen, dass dem Patienten der durch die unterlassene Dokumentation erschwerte Beweis eines behaupteten Behandlungsfehlers erleichtert wird.[345]

II. Art und Weise

Patientenakten müssen vollständig und sorgfältig geführt werden.[346] Die Dokumentation ist fälschungssicher zu organisieren. Ursprüngliche Inhalte sollen nach einer Änderung oder Berichtigung weiterhin erkennbar sein.[347] Nachträgliche Änderungen und Ergänzungen von Eintragungen in die Patientenakte müssen den Zeitpunkt der Änderung und den Inhalt der Modifikation erkennen lassen. Hervorgehoben werden diese Anforderungen für die elektronisch geführte Patientenakten. Für diese bedarf es von vornherein geeigneter Software, um die erforderliche Revisionssicherheit der elektronischen Dokumentation zu gewährleisten. Sinn und Zweck der Revisionssicherheit ist es, dass man nach Abschluss einer Behandlung nachvollziehen können muss, wann welche Behandlungsschritte eingeleitet und dokumentiert worden sind.[348]

III. Inhalt

Inhaltlich sind in die Dokumentation die für die Behandlung wesentlichen Maßnahmen und deren Ergebnisse, die aus der fachlichen Sicht des Behandelnden für die Sicherstellung der derzeitigen oder einer künftigen Behandlung wesentlich sind bzw. sein können, aufzunehmen. Die gesetzliche Aufzählung ist nicht abschließend. Auch gehören Arztbriefe als Transferdokumente (Kommunikation zwischen zwei Ärzten und Auskunft über den Gesundheitszustand des Patienten) und elektronische Befundergebnisse (z.B. elektronische Röntgenaufnahmen; Videoaufnahmen) in die Dokumentation.[349] Gegenäußerungen müssen nicht in die Patientenakte aufgenommen werden.[350]

IV. Einsichtsanspruch

Der grundsätzliche **Anspruch** des Patienten gegenüber einem Arzt und Krankenhaus auf Einsicht in Krankenunterlagen, die einen Patienten betreffen, ist Ausfluss des Rechts auf informationelle Selbstbestimmung (Art. 1 Abs. 1 i.V.m. Art. 2 Abs. 1 GG).[351] Der Behandelte hat ein Interesse daran, zu erfahren, wie mit seiner Gesundheit umgegangen wurde, welche Daten sich dabei ergeben haben, und wie man die weitere Entwicklung einschätzt.[352] Im Rahmen eines allfälligen (Zahn)Arzthaftungsprozesses gebietet es der Grundsatz der Waffengleichheit, dass der (Zahn)Arzt dem Patienten Aufschluss über sein Vorgehen in dem Umfang gibt, indem dies ohne weiteres möglich und insoweit auch zumutbar ist, Beweise zu erbringen. Dieser Pflicht genügt der Arzt weitgehend durch Vorlage einer ordnungsgemäßen Dokumentation im Operationsbericht oder in der Patientenkartei, soweit sie im unmittelbaren Zusammenhang mit der Operation, Behandlung oder Krankenpflege im Falle eines spezifischen Pflegebedürfnisses erstellt ist.[353]

Der Einsichtsanspruch kann aus **therapeutischen Gründen** ausgeschlossen sein. Dies betrifft vor allem die Bereiche der Psychiatrie und Psychotherapie. Es wird nicht ausreichen, pauschal zu behaupten, therapeutische Bedenken stünden entgegen. Es müssen Besonderheiten des betroffenen Leidens und die Gefahr einer fehlerhaften Vorbereitung auf die Einzelheiten, die über die Vermittlung objektiver Befunde hinausgehen und die die psychischen Störungen und ihre medizinischen Bewertungen betreffen, entgegenstehen.[354] Schon die ursprüngliche Hürde für die Ablehnung der Einsichtnahme, nämlich das Bestehen „sonstiger erheblicher Gründe", hatte der Gesetzgeber bewusst hoch angesetzt.[355] Den Gesetzeswortlaut änderte man dahingehend, dass „sonstige erhebliche Rechte Dritter" nicht entgegenstehen dürften. Dabei hält der Gesetzgeber daran fest, dass der Ausschlussgrund für das Akteneinsichtsrecht eng gefasst wurde.[356] Ziel dieser Einschränkung ist der Schutz des Patienten vor Informationen über seine Person, die diesem erheblich schaden könnten. Dies soll insbesondere für die Fälle relevant sein, bei denen eine uneingeschränkte Einsichtnahme in die Dokumentation mit der Gefahr einer erheblichen gesundheitlichen (Selbst-)Schädigung des Patienten verbunden sein kann. Ansonsten gibt es bei einem gesundheitlich stabilen Patienten und einer unschädlichen Einsichtnahme keine Informationsgrenze.[357] Bei **Zweifeln**, ob der gesundheitliche Zustand des Patienten die Einsichtnahme in die Patientenakte zulässt, ohne dass eine **erhebliche** gesundheitliche Gefährdung des Patienten zu befürchten ist, darf die Einsichtnahme nicht per se verweigert werden. Es bedarf vielmehr einer Entscheidung im Einzelfall unter Abwägung aller für und gegen die Einsichtnahme sprechenden Umstände im Hinblick auf die Gesundheit des Patienten. Es soll dann in Betracht kommen, eine Einsichtnahme zu gewähren, die durch den Behandelnden unterstützt oder begleitet wird. Weiterhin wird auch genannt, eine dritte Person dem Patienten vermittelnd für die Einsichtnahme zur Verfügung zu stellen.[358] In den Aufzeichnungen können sich Informationen über die **Persönlichkeit des Behandelnden oder dritter Personen** befinden, die ihrerseits schutzwürdig sind, sodass sie den Anspruch auf Einsicht ausschließen.[359] Exemplarisch wird der Fall eines minderjährigen Patienten genannt, der eine Behandlung unter Einbeziehung seiner sorgeberechtigten Eltern durchführt. Sind sensible Informationen über die Eltern des Patienten und über deren Persönlichkeit in die Dokumentation des Behandlungsgeschehens eingeflossen oder ist im Einzelfall eine erhebliche Gesundheitsgefährdung des Patienten im Falle der Kenntnis dieser Information zu befürchten, kann es sachgerecht sein, dem Patienten die Einsichtnahme partiell zu verweigern. Auch hier bedarf es einer Einzelfallabwägung.[360] Niederschriften über persönliche Eindrücke oder subjektive Wahrnehmungen des Behandelnden betreffend die Person des Patienten sollen dem Patienten daher grundsätzlich offengelegt werden. Im Regelfall ist ein begründetes Interesse des Behandelnden an der Nichtoffenbarung seiner Aufzeichnungen nicht gegeben.[361] Für die Ablehnung einer Einsichtnahme ist erforderlich, dass eine Ablehnungsentscheidung getroffen wurde und diese gegenüber dem Patienten erläutert wird. Sinn und Zweck des Ablehnungserfordernisses ist, den Patienten in die Lage zu versetzen, den Grund der Ablehnung zumindest in seinen wesentlichen Zügen nachvollziehen zu können.[362] Die Anforderungen an den Begründungsinhalt und -umfang sehen also eine Angabe der Gesichtspunkte vor, die den Kern der Versagung ausmachen und entscheidend sind. Wurde keine Begründung mitgeteilt oder trägt die Begründung nicht einen Ablehnungsgrund, dann kann der Patient die Akteneinsicht gerichtlich einklagen. Der Anspruchsinhalt ist auf Einsichtnahme in die Originalpatientenakte gerichtet.[363] Der Gesetzgeber hat klargestellt, dass Patienten grundsätzlich Anspruch auf Einsicht in die vollständige Patientenakte haben. Aktenteile dürfen daher prinzipiell nicht vorenthalten werden.[364] Der Herausgabeanspruch der Patienten ist auf Abschriften von Patientenakten in Papierform und auf elektronische Dokumentationen gerichtet. Elektronische Abschriften können von einer in Textform erstellten Dokumentation und einer elektronischen Dokumentation und ggf. auch in Form maschinenlesbarer Datenkopien oder Dateien in elektronischer Form gefordert werden. Die Verpflichtung soll auch beinhalten können, dem Patienten die Kopie einer Filmaufnahme von einer Behandlungsmaßnahme des Patienten auszuhändigen. Als Beispiele für eine Kopie werden CD oder DVD angeführt.[365]

Der Ort der Einsichtnahme richtet sich nach § 811 BGB. Ein „wichtiger Grund" für die Einsichtnahme an einem anderen Ort als dem, wo sich die Unterlagen befinden, ist z. B. gegeben bei einer erheblichen Erkrankung des Patienten oder bei Umzug des Behandelnden.[366]

E Einwilligung

A. Hintergrund

I. Überblick

Strafrechtlich differenziert man zwischen der rechtfertigenden erklärten Einwilligung und der rechtfertigenden mutmaßlichen Einwilligung. Die hypothetische Einwilligung wird lokalisiert (nicht unstrittig) im Rahmen der erklärten Einwilligung zur Überwindung eines rechtsgutbezogenen Willensmangels als Rückausnahme. Das Einverständnis bzw. mutmaßliche Einverständnis ist von der Einwilligung zu unterscheiden.

II. Rechtfertigende erklärte Einwilligung

1. Voraussetzungen

a. Die Einwilligung in die Rechtsgutverletzung muss rechtlich zulässig sein. Sie ist nur bei solchen Tatbeständen zulässig, die ein Rechtsgut schützen, über das der Inhaber auch verfügen kann. Das Rechtsgut der körperlichen Integrität unterliegt der Disposition des Rechtsgutinhabers, was sich im Umkehrschluss aus §228 StGB ergibt.

b. Die Einwilligung muss vom Rechtsgutinhaber oder von einem zur Disposition über das Rechtsgut befugten Vertreter vor der Tat erteilt worden sein und zur Tatzeit noch fortbestehen. Als Einwilligung kann immer nur ein Verhalten in Betracht kommen, durch das der Träger eines Rechtsguts unmissverständlich kundtut, er wolle das Rechtsgut, im Falle des §223 StGB n.F. (§226a StGB a.F.) also die körperliche Unversehrtheit und Gesundheit, der Einwirkung eines bestimmten anderen preisgeben und insoweit auf Strafrechtsschutz verzichten. Die Einwilligung muss sich deshalb notwendig auf ein bevorstehendes in der Zukunft liegendes Verhalten eines anderen beziehen. Die Einwilligung kann sich nicht auf ein Verhalten beziehen, dass längst abgeschlossen vorliegt.[367] Ein Widerruf der Einwilligung kann nicht rückwirkend erfolgen, sondern hat nur Auswirkungen auf die Zukunft (BT-Drs 17/10488, S.55). Zivilrechtlich ist eine Einwilligung „eingeholt", wenn der Patient einwilligt (BT-Drs 17/10488, S.23).

c. Die Einwilligung muss nach außen kundgegeben, d.h. entweder ausdrücklich oder schlüssig erklärt worden sein.[368]

d. Der Rechtsgutträger muss einwilligungsfähig sein. Das ist dann der Fall, wenn der Rechtsgutträger nach seiner geistigen und sittlichen Reife im Stande ist, Bedeutung und Tragweite des gegen ihn gerichteten Eingriffs und des Verzichts auf den Schutz des Rechtsguts zu erkennen und sachgerecht zu beurteilen.[369]
Die Wirksamkeit der rechtfertigenden Einwilligung ist von den Kriterien zivilrechtlicher Geschäftsfähigkeit unabhängig und wird nur anhand natürlicher Einsichts- und Urteilsfähigkeit gemessen.[370] Grundsätzlich wird davon auszugehen sein, dass ein Volljähriger einwilligungsfähig ist (BT-Drs 17/10488, S.23). Diese Urteilsfähigkeit kann auch bei minderjährigen Jugendlichen vorhanden sein. Bei einem Minderjährigen kommt es auf die Umstände des Einzelfalls an, ob die Eltern als gesetzliche Vertreter, gegebenenfalls der Minderjährige allein oder auch der Minderjährige und seine Eltern gemeinsam einwilligen müssen. Die Einwilligungsfähigkeit eines Minderjährigen ist grundsätzlich dann gegeben, wenn der Minderjährige über die behandlungsspezifische natürliche Einsichtsfähigkeit verfügt (BT-Drs 17/10488, S. 23).
Im Einzelfall können Sonderregeln Mindestaltersgrenzen festschreiben, durch die die Vermutung zum Ausdruck gebracht wird, dass erst mit Erreichen der Altersstufe ausreichende Einsichts- und Urteilsfähigkeit gegeben sein kann.
Auch bei an sich einwilligungsfähigen Personen kann die Einsichtsfähigkeit im Einzelfall durch Geisteskrankheiten oder Bewusstseinsstörungen infolge von Rauschmittelgenuss ausgeschlossen sein. Dafür genügt eine nicht unerhebliche Beeinträchtigung. Schuldunfähig braucht der Einwilligende nicht zu sein.[371]
Die Einwilligungsunfähigkeit ist zivilrechtlich eine rechtshindernde Einwendung. Wer sich auf die Einwilligungsunfähigkeit beruft, muss sie beweisen.[372]
Integriert wurde nunmehr der Regelfall, dass minderjährige Patienten, die nicht oder nicht alleine in eine medizinische Behandlung einwilligen können, sowie einwilligungsunfähige volljährige Patienten über wesentliche Umstände der vorgesehenen Maßnahme in Kenntnis gesetzt werden. Sinn und Zweck dieser Regelung ist es, dass auch Einwilligungsunfähige grundsätzlich nicht über das Ob und Wie einer Behandlung nicht im Unklaren gelassen werden sollen. Vage gibt die Gesetzesbotschaft wieder, dass Art und Umfang der Erläuterung von den Umständen des Einzelfalls abhängen und sich nach dem Entwicklungsstand und den Verständnismöglichkeiten des Patienten richten. Der Einwilligung bedarf es auch hier nicht, wenn die Maßnahme unaufschiebbar ist, auf die Aufklärung verzichtet wurde oder es bei einem Patienten aufgrund seines Entwicklungsstandes bzw. seiner Verständnismöglichkeiten im Einzelfall ausgeschlossen ist, dass er die Erläuterungen in den wesentlichen Zügen aufnehmen kann. Für Letzteres werden als Beispiele Säuglinge oder Komapatienten geliefert. Die Gesetzesmotive weisen auch darauf hin, dass Erläuterungen nicht dem Wohl des Patienten zuwider laufen dürfen. Dabei geht der Gesetzgeber selbst davon aus,

dass die Erklärungen nur im Ausnahmefall im Widerspruch zum Wohl des Patienten stehen.[373] Im Regelfall hat also eine Aufklärung zu erfolgen.

e. Die Einwilligung muss ernstlich und frei von rechtsgutbezogenen Willensmängeln sein.[374] Unwirksam ist deshalb die durch Drohung, Täuschung und Irrtum beeinflusste Einwilligung.[375]
Eine Fehlvorstellung berührt aber die Wirksamkeit der Einwilligung nur dann, wenn sie rechtsgutbezogenen, d. h. wenn sich der Rechtsgutträger über Folgen, Bedeutung und Tragweite gerade im Hinblick auf das verletzte Rechtsgut nicht im Klaren ist.[376] Unbeachtlich sind dagegen Fehlvorstellungen über Begleitumstände des Eingriffs[377] (z. B. Kostenübernahme).
Ein beachtlicher Irrtum liegt z. B. vor, wenn der Patient bei einem nicht gänzlich ungefährlichen Eingriff den Behandelnden fälschlich für einen (Zahn)Arzt oder zugelassenen Heilkundigen hält.[378]
Der Gesichtspunkt rechtsgutbezogener Fehlvorstellungen wird vor allem im Zusammenhang mit (zahn) ärztlichen Eingriffen bedeutsam. Soweit es nämlich der (Zahn)Arzt unterlässt, den Patienten über Befunde, Methoden und Risiken der Behandlung aufzuklären, läuft er Gefahr, dass keine wirksame Einwilligung vorliegt und der spätere Eingriff rechtswidrig ist.
Zentrale Bedeutung für alle (zahn)ärztlichen Handlungen hat daher die Aufklärung des Patienten. Sie muss in der gebotenen Weise über den Eingriff, seinen Verlauf, seine Erfolgsaussichten, seine Risiken und mögliche Behandlungsalternativen informieren.[379]
Liegt ein rechtsgutbezogener Willensmangel vor, dann führt dies grundsätzlich zur Unwirksamkeit der Einwilligung. Die Rechtswidrigkeit kann aber entfallen, wenn der Patient bei wahrheitsgemäßer Aufklärung in die tatsächlich durchgeführte Operation eingewilligt hätte. Der nachgewiesene Aufklärungsmangel kann nur dann zur Strafbarkeit wegen Körperverletzung führen, wenn bei ordnungsgemäßer Aufklärung die Einwilligung unterblieben wäre. Dies ist dem (Zahn)Arzt nachzuweisen. Verbleiben Zweifel, so ist nach dem Grundsatz „in dubio pro reo" zugunsten des (Zahn)Arztes davon auszugehen, dass die Einwilligung auch bei ordnungsgemäßer Aufklärung erfolgt wäre[380] (**hypothetische Einwilligung**).
In einem Zahnarzthaftungsprozess kann der (Zahn) Arzt **behaupten**, dass der Patient sich auch bei ordnungsgemäßer Aufklärung zu der Operation entschlossen hätte.
Der Patient kann dem Einwand hypothetischer Einwilligung **entgegensetzen**, er hätte sich bei ordnungsgemäßer Aufklärung in einem Entscheidungskonflikt darüber befunden, ob er die Operation – wie tatsächlich durchgeführt – vornehmen lassen solle. Die Darlegung des Entscheidungskonflikts muss plausibel, also nachvollziehbar sein; darauf, wie sich der Patient entschieden haben würde, kommt es nicht an. Maßgebend ist allein die Situation des konkreten Patienten. An die **Substantiierungspflicht** zur Darlegung seines persönlichen Entscheidungskonflikts dürfen keine zu hohen Anforderungen gestellt werden. Eine Beurteilung der Plausibilität ist dem Gericht im Regelfall nur nach persönlicher Anhörung des Patienten möglich.[381]
Nicht erforderlich ist, dass der Patient weitergehende Ausführungen hinsichtlich seines Alternativverhaltens tätigt. Abzustellen ist auf die persönliche Entscheidungssituation dieses Patienten. Was aus ärztlicher Sicht sinnvoll und erforderlich gewesen wäre und wie ein „vernünftiger Patient" sich verhalten haben würde, ist deshalb grundsätzlich nicht entscheidend. Wäre eine Ablehnung der Behandlung aus medizinischer Sicht unvernünftig gewesen oder würde die Nichtbehandlung sogar gleichartige Risiken höherer Komplikationsdichte zur Folge gehabt haben, kann dies allenfalls bei der Wertung des Entscheidungskonflikts berücksichtigt werden. Der Einwand der hypothetischen Einwilligung wird nicht von Amts wegen berücksichtigt, sondern erst dann, wenn der Behandelnde sich auf diesen Einwand ausdrücklich beruft. An den Nachweis einer hypothetischen Einwilligung werden grundsätzlich strenge Anforderungen gestellt. Der Arzt wird mit der Beweislast für seine Behauptung, der Patient hätte bei ordnungsgemäßer Aufklärung in den Eingriff eingewilligt, belastet, wenn der Patient zur Überzeugung des Tatrichters plausibel macht, dass er, wären ihm rechtzeitig die Risiken der Operation verdeutlicht worden, vor einem echten Entscheidungskonflikt gestanden hätte (vgl. BT-Drs 17/10488, S. 29).

f. Die Einwilligung darf bei Verletzung der Körperintegrität zusätzlich auch nicht gegen die guten Sitten verstoßen (§ 228 StGB).
Die Sittenwidrigkeit, also der sozialethische Unwert der Tat, ist der Grund, die Befugnis des Rechtsgutträgers über sein Rechtsgut zu begrenzen. Diese Begrenzung darf aber nicht zu einer Bevormundung des Einzelnen führen, sondern dessen Grundrecht auf Handlungsfreiheit (Art. 2 Abs. 1 GG) mitberücksichtigen.
Bei der Bewertung als sittenwidrig kommt es nicht auf die Einwilligung, sondern auf die Tat selbst an.[382]
Ob die Tat als solche gegen allgemeingültige Wertmaßstäbe verstößt, muss konkret nach Art und Umfang des Eingriffs einerseits und der verfolgten Tat fehlen andererseits beurteilt werden. In einer Abwägung sind also die Intensität der Körperverletzung und das Maß der Sittenwidrigkeit des mit ihr verfolgten Zwecks gegenüberzustellen.
Als Richtschnur kann Folgendes angenommen werden: Je schwerer oder gefährlicher eine Körperverletzung ist, umso eher bedarf sie trotz der Einwilligung eines legitimierenden Zweckes.[383] Geringfügige oder in ihrem Ausmaß kontrollierbare Verletzungen bedürfen demgegenüber keines legitimierenden Zwecks

(z. B. Tätowierungen, Piercing, kampfbetonter Sport). Die Grenze zur Sittenwidrigkeit ist überschritten, wenn durch z. B. eine Injektion die Gefahr von Gesundheitsschäden heraufbeschworen wird.[384]

g. In subjektiver Hinsicht ist erforderlich, dass der Täter in Kenntnis und aufgrund der Einwilligung handelte.[385]

2. Rechtsfolge

Die Einwilligung stellt einen Rechtfertigungsgrund dar[386], sodass bei Vorliegen der Voraussetzungen die Rechtswidrigkeit der Handlung entfällt. Eine nicht eingeholte Einwilligung wird im Zivilrecht u. a. als Pflichtverletzung des § 280 BGB behandelt (BT-Drs 17/10488, S. 23).

III. Rechtfertigende mutmaßliche Einwilligung

Bei der rechtfertigenden Einwilligung handelt es sich um einen gewohnheitsrechtlich anerkannten Erlaubnissatz, der immer dann eingreift, wenn nach der Sachlage eine wirksame Einwilligung nicht eingeholt werden kann, nach den Umständen aber zu erwarten ist, dass der Rechtsgutträger seine Zustimmung erteilt hätte, weil der Rechtsguteingriff in seinem höherrangigen Interesse liegt (Prinzip der Geschäftsführung ohne Auftrag) oder weil er an der Rechtsguterhaltung kein Interesse hat (Prinzip des mangelnden Interesses).[387]

1. Voraussetzungen

Bis auf die Einwilligungserklärung selbst gelten bei der mutmaßlichen Einwilligung dieselben Maßstäbe wie bei der erklärten Einwilligung.[388]

a. Der Subsidiaritätsgrundsatz gegenüber der erklärten rechtfertigenden Einwilligung muss gewahrt sein.
   Ein erkennbar entgegenstehender Wille des Rechtsgutträgers – mag er bei objektiver Betrachtung auch unvernünftig sein – ist stets zu beachten und rechtfertigt ein davon abweichendes Verhalten jedenfalls nicht unter dem Gesichtspunkt der mutmaßlichen Einwilligung.[389] In solchen Fällen ist nur eine Rechtfertigung aus Notstand gemäß § 34 StGB möglich, sofern die Tat wegen Eingriffs in unantastbare Freiheitsrechte des Betroffenen nicht unangemessen ist.
   Weiterhin darf die Entscheidung des Betroffenen nicht rechtzeitig eingeholt werden können. Ist dies dagegen ohne größere Gefahr für den Betroffenen möglich, so muss grundsätzlich dessen Entscheidung abgewartet werden.
   Bei (zahn)ärztlichen Eingriffen muss abgewogen werden zwischen dem Selbstbestimmungsrecht des Patienten einerseits und medizinischer Notwendigkeit andererseits. Relevant wird diese Frage speziell bei Operationserweiterungen. Auf eine vorherige Befragung nach zwischenzeitlichem Abbruch der Operation kann in diesen Fällen (soweit der geäußerte Patientenwille nicht sowieso entgegensteht) verzichtet werden, wenn die Befragung zu einer Verzögerung des Eingriffs führen würde und die Verzögerung:
   - entweder ein lebensgefährliches Risiko für den Patienten begründen würde (**vitale Indikation**)
   - oder ernstlich zusätzliche erhebliche Komplikationen bedeuten würde, die ohne den weiteren Eingriff nicht eintreten würden (**akute Indikation**).[390]

   Eine vorherige Befragung des Rechtsgutträgers ist in aller Regel **entbehrlich**, wenn der Eingriff auf dem Prinzip des mangelnden Interesses beruht. Wer kein Interesse an der Erhaltung des betroffenen Rechtsguts hat, hat auch kein Interesse an vorheriger Befragung.[391]

b. Das verletzte Rechtsgut muss dispositionsfähig für den Dispositionsberechtigten sein.

c. Der Dispositionsberechtigte muss einwilligungsfähig sein. Abzustellen ist auf den mutmaßlichen Willen des Rechtsgutinhabers und bei seiner Einwilligungsunfähigkeit auf den mutmaßlichen Willen des gesetzlichen Vertreters.

d. Die Tat muss mit dem mutmaßlichen (hypothetischen) Willen des Berechtigten übereinstimmen. Die mutmaßliche Einwilligung ist auf den Zeitpunkt der Tat zu beziehen. Entscheidend ist ein Ex-ante-Maßstab. Kriterien sind in erster Linie:
   - die persönlichen Umstände,
   - die individuellen Interessen,
   - die Wünsche,
   - die Bedürfnisse,
   - die Wertvorstellungen
   - des Betroffenen.[392]

   (Lediglich) **Indizien** für die Ermittlung des hypothetischen Willens sind objektive Kriterien:[393]
   - die Beurteilung einer Maßnahme als gemeinhin vernünftig und normal sowie den Interessen eines verständigen Betroffenen üblicherweise entsprechend.

   Liegen keine Anhaltspunkte dafür vor, dass sich der Betroffene anders entschieden hätte, wird davon auszugehen sein, dass sein hypothetischer Wille mit dem übereinstimmt, was gemeinhin als normal und vernünftig angesehen wird.[394]

e. Die mutmaßliche Einwilligung darf nicht deshalb gesperrt sein, weil § 228 StGB eine erklärte Einwilligung unwirksam machen würde.

f. Die Handlung muss in der Absicht vorgenommen worden sein, im Sinne des Einwilligungsberechtigten zu handeln. Darüber hinaus wird eine gewissenhafte Prüfung der für den hypothetischen Willen des Rechtsgutträgers bedeutsamen Umstände durch den Täter verlangt.[395]

2. Rechtsfolge

Die mutmaßliche Einwilligung bildet einen eigenständigen Rechtfertigungsgrund und stellt nicht lediglich einen Unterfall rechtfertigenden Notstands dar.[396]

B. Die Entscheidung: Exzessive Zahnextraktion[397]

I. Sachverhalt

Die Patientin litt seit mehreren Jahren unter starken Kopfschmerzen, deren Ursache nicht ausfindig gemacht werden konnte. Gegenüber ihrem untersuchenden Arzt erklärte sie, sich alle plombierten Zähne ziehen lassen zu wollen. Dieser meinte, dies sei medizinisch nicht geboten. Er überwies sie aber trotzdem zu einem Zahnarzt, dem er den Vorgang erklärte. Auch dieser ging davon aus, dass die Zähne nicht kausal für die Kopfschmerzen sein könnten. Lediglich entfernt hielt er es für möglich, dass unbekannte psychosomatische Zusammenhänge nach einer Extraktion ein Abklingen der Kopfschmerzen auslösen könnten. Später erschien die Patientin erneut in der Praxis. Die untersuchende Assistentin sah keine Veranlassung zur Entfernung der Zähne. Daher wurde der Zahnarzt hinzugezogen. Infolge eines Missverständnisses glaubte der Zahnarzt, dass nicht nur die plombierten Zähne, sondern alle jetzt gezogen werden sollten. Dies geschah.

II. Entscheidungsgründe

Das Landgericht verurteilte den Zahnarzt wegen Körperverletzung (§223 StGB n.F.), gefährlicher Körperverletzung (gemäß §224 Abs. 1 Nr. 2 StGB n.F.) und schwerer Körperverletzung (§226 Abs. 1 Nr. 3 StGB n.F.).

A. Der BGH hielt lediglich die einfache Körperverletzung (§223 StGB).

I. Bei der Patientin handelte es sich als Tatopfer um eine andere Person.

II. Es lag auch eine **körperliche Misshandlung** vor.

1. **Körperliche Misshandlung.**
   Körperliche Misshandlung ist eine üble, unangemessene Behandlung, durch die das körperliche Wohlbefinden oder die körperliche Unversehrtheit nicht nur unerheblich beeinträchtigt wird.[398]
   Das **körperliche Wohlbefinden** ist der Zustand, der vor der Einwirkung vorhanden war.[399] Es ist regelmäßig bei allen Schmerzzuständen beeinträchtigt.
   Die **körperliche Unversehrtheit** ist beeinträchtigt, wenn es zu einem Substanzverlust, zu einem Ausfall oder einer Herabsetzung körperlicher Funktionen oder zu körperlichen Verunstaltungen gekommen ist.
   Ein Eingriff in die körperliche Unversehrtheit kann auch durch Strahlen (Gammastrahlen, **Röntgenstrahlen**) verursacht werden. Die einmalige, kurzzeitige oder nur gelegentlich wiederholte ordnungsgemäße Anwendung von Röntgenstrahlen reicht in der Regel nicht aus, anders aber, wenn die Zerstörung der Zellstrukturen durch Röntgenuntersuchungen die Gefahr des Eintritts von Langzeitschäden nicht nur unwesentlich erhöht.[400]
   Ob die durch die Einwirkung hervorgerufene Beeinträchtigung mehr als un**erheblich** war, beurteilt sich aus der Sicht eines objektiven Beobachters, wobei die Dauer und die Intensität der Einwirkung zu berücksichtigen sind.[401]
   Eine Behandlung ist **übel und unangemessen**, wenn sie sich gegen die Körperintegrität des Opfers richtet. Die Extraktion der Zähne führt zu Schmerzen und beeinträchtigt daher das körperliche Wohlbefinden. Ferner wirkte sich der Eingriff auf die körperliche Unversehrtheit aus, denn er führt zum Verlust der Zähne.
   Vorläufig war daher von einer körperlichen Misshandlung auszugehen.
2. **Ausgrenzung ärztlicher Heileingriffe.**
   Zu der Frage, ob ein ärztlicher Heileingriff tatbestandsmäßig ist, werden unterschiedliche Ansichten vertreten.
   a. Einigkeit besteht zunächst einmal insofern, dass derjenige, der, ohne zugelassener Heilkundiger zu sein, die Einwilligung von Patienten dadurch erschleicht, dass er sich unberechtigt als zugelassener Heilkundiger ausgibt, einen Angriff auf die körperliche Integrität durchführt, wenn er körperliche Eingriffe vornimmt, ohne dass es darauf ankommen kann, ob es ihm um Heilung oder Linderung geht.[402]
   b. Die **Literatur** vertritt überwiegend die Ansicht, dass der (zahn)**ärztliche Heileingriff** außerhalb des **Schutzzwecks** der Körperverletzungsdelikte liegt.
   Ein (zahn)ärztlicher Heileingriff in diesem Sinne ist eine in die Körperintegrität eingreifende Behandlung, die vorgenommen wird, um Krankheiten, Körperschäden, körperliche Beschwerden oder seelische Störungen zu verhüten, zu erkennen, zu heilen oder zu lindern.
      aa. Er muss **indiziert** sein, also nach den Erkenntnissen und den Erfahrungen der Heilkunde zur Erreichung eines der genannten (Heil)Zwecke angezeigt sein.
      Indiziert sind nicht nur die **unmittelbar** auf die Behebung des Leidens gerichteten Maßnahmen, sondern auch solche **vorbereitender** oder **nachbehandelnder** Art. Daher werden neben den eigentlich **therapeutischen** Eingriffen auch **diagnostische** (Blutentnahme, Röntgenaufnahme) oder **prophylaktische** Maßnahmen (wie z.B. Impfungen) erfasst. An der erforderlichen Heiltendenz fehlt es bei

überwiegend **experimentellen** Eingriffen oder **kosmetischen** Operationen, sofern sie nicht gleichzeitig einen Heilzweck verfolgen.
Die Indikation ist „unmittelbarer Bestandteil der Diagnostik".[403]
Die mangelnde medizinische Indikation nimmt dem Eingriff trotz ärztlicher Durchführung zwar den Charakter eines Heileingriffs. Doch schließt dies weder eine Rechtfertigung durch Einwilligung aus noch hat der Indikationsmangel ohne Weiteres die Unwirksamkeit der Einwilligung zur Folge.

bb. Er muss darüber hinaus **kunstgerecht** (lege artis) ausgeführt sein; bei seiner Vornahme muss also guter (zahn)ärztlicher Standard eingehalten worden sein.[404]
Im Zivilrecht wird vor allem mit Rücksicht auf Beweislastunterschiede noch weiter untergliedert zwischen „**Kunstfehlern**" im Sinne der Verletzung elementarer Grundsätze, „**Behandlungsfehlern**" im Sinne von Überschreitung der Ermessensgrenzen sowie „**Gerätefehlern**".
Die Lex artis ist zwar
- weder mit einer bestimmten „Schulmedizin" gleichzusetzen, da dies dem Grundsatz der Methodenfreiheit widerspräche,
- noch lassen sich die zu beachtenden Regeln auf einen einmal erreichten Standard festschreiben, da dies zu einer Blockierung jeder Fortentwicklung führen müsste.

Zumindest aber muss sich der (Zahn)Arzt zunächst jeweils an die Regeln halten, die bereits als hinreichend erprobt gelten. Daher wird erst dort, wo ihm die „Standardbehandlung" im Einzelfall als weniger erfolgversprechend oder gar schädlich erscheint, zu weniger erprobten Verfahren greifen bzw. umgekehrt nicht ohne entsprechendes Einverständnis des Patienten an bereits ernsthaft angefochtenen Verfahren festhalten dürfen. Zudem hängen die jeweiligen Anforderungen nicht zuletzt von den im Einzelfall verfügbaren Mitteln (gut ausgestattetes Krankenhaus oder Notfall auf dem Lande), von der Dringlichkeit des Eingriffs (Unfall oder bloße Vorsorge Maße) sowie nicht zuletzt von der Höhe des Risikos ab.
So kann insbesondere bei **Risikooperationen** ein Regelverstoß nicht schon darin erblickt werden, dass in Wahrnehmung einer letzten Rettungschance ein für den Normalfall unzulässiger Weg beschritten wird. Zur Lex artis ist auch die sog. „therapeutische Aufklärung" zu zählen. Dazu gehört insbesondere auch die Aufklärung über die verkehrstauglichkeitsmindernde Wirkung von Medikamenten. Im Übrigen gehört zur (zahn)ärztlichen Sorgfalt auch die Kontrolle der Einsatzfähigkeit von Geräten.
Ob der Eingriff medizinisch indiziert und lege artis durchgeführt wurde, ist nicht – entgegen einem weit verbreiteten Missverständnis unter Medizinern – rückschauend von den eingetretenen Folgen aus, sondern vorausschauend **ex ante** zu beurteilen, d. h. so, wie sich die Sachlage im Augenblick des Eingriffs und aufgrund der medizinischen Erfahrung darstellt. Liegen in diesem Zeitpunkt die Voraussetzungen für einen medizinisch gebotenen Eingriff vor, so wird er auch dann nicht zur Körperverletzung, wenn er misslingt und der Zustand des Patienten nicht nur nicht gebessert, sondern vielleicht sogar verschlechtert wird.
Behandlungsfehlerkasuistik:
- Diagnosefehler,
- Kontraindikation,
- Hilfskraftfehler,
- mangelnde Desinfektion,
- Injektionsfehler,
- fehlerhafte Planung,
- fehlerhafte Durchführung,
- unzulänglich qualifizierte und/oder mangelhaft überwachte Anfängeroperation,
- mangelnder Verweis auf die Spezialklinik oder Facharzt,
- postoperative Behandlungs- und Überwachungsmängel,
- verfrühte Entlassung.

c. Die **Rechtsprechung** sieht das anders. Danach ist auch der zu Heilzwecken kunstgerecht vorgenommene ärztliche Eingriff in die körperliche Integrität eine tatbestandsmäßige Körperverletzung. Es entfällt lediglich die Rechtswidrigkeit, wenn ein Rechtfertigungsgrund – insbesondere Einwilligung, aber auch mutmaßliche Einwilligung, Notwehr (§ 32 StGB) oder rechtfertigender Notstand (§ 34 StGB) – vorliegt (sog. Rechtfertigungslösung).

d. Der BGH musste im vorliegenden Fall keine Entscheidung treffen, da es sich nicht um einen Heileingriff handelte.
„*...denn jedenfalls* ***fehlt es an einem Heileingriff,*** *wenn eine Operation nicht – auch nicht aus Gründen der Vorsorge – ärztlich indiziert ist und der Arzt das weiß. So aber lag es im vorliegenden Fall. Die Extraktion der Zähne konnte* ***nach menschlichem Ermessen eine Heilung oder Besserung des Leidens der Zeugin P nicht bewirken.*** *Darüber war sich der Angeklagte im Klaren; die von ihm erwogene fernliegende Möglichkeit, dass aufgrund des Zusammenwirkens nicht vorhersehbarer Umstände eine Besserung eintrete, ändert daran nichts.*"

III. Gesundheitsschädigung. Eine Gesundheitsschädigung ist das Hervorrufen oder Steigern eines nicht völlig unerheblichen krankhaften Zustands.[405] **Krankhaft** (= pathologisch) ist jede vom vorherigen Zustand nachteilig abweichende Veränderung der körperlichen Verfassung. Auf Schmerzempfindungen kommt es auch hier nicht an. Unerheblich ist ferner, ob es später wieder zur Ausheilung kommt. Die Übertragung von Krankheiten zählt auch zu den Fällen der Gesundheitsschädigung, wobei die Krankheit selbst noch nicht zum Ausdruck gekommen sein muss. Der BGH sieht sogar in exzessiv häufigem Röntgen einer Person eine (gefährliche) Körperverletzung, auch wenn Veränderungen des Körpergewebes klinisch nicht sofort nachweisbar sind. Entscheidend sei, dass „die Zerstörung der Zellstrukturen durch Röntgenuntersuchungen...die Gefahr von Langzeitschäden nicht nur unwesentlich erhöht."[406] Ob eine Beeinträchtigung nicht völlig unerheblich ist, ist eine Frage der Sozialadäquanz. Für die Patientin war nachteilig, dass nunmehr im Kiefer keine Zähne mehr vorhanden waren. Die Erheblichkeit folgte daraus, dass sämtliche Kieferzähne nicht mehr vorhanden waren.

IV. Vorsatz. Der Zahnarzt handelte in Kenntnis der Umstände und damit vorsätzlich.

V. Rechtswidrigkeit. Die Körperverletzung war nicht aufgrund einer **Einwilligung** der Patienten gerechtfertigt. Zum einen fehlt es an der erforderlichen **Einwilligungsfähigkeit**. Für diese genügt die tatsächliche („natürliche") Einsichts- und **Urteilsfähigkeit**. Der Einwilligende muss Wesen, Bedeutung und Tragweite des fraglichen Eingriffs voll zu erfassen im Stande sein.[407]

*„Der Zeugin **fehlte** die zur Beurteilung der Zahnextraktionen erforderliche **Urteilskraft**. Ihr war nach Untersuchungen ihres behandelnden Arztes und des Angeklagten, später auch seines Assistenten, mehrfach versichert worden, dass nach ärztlichem Urteil ein Zusammenhang zwischen dem Zustand der Zähne und dem Leiden nicht bestehe. Gleichwohl hielt sie in laienhaftem Unverstand beharrlich an der von ihr selbst gestellten Diagnose fest. Ihre mangelnde Belehrbarkeit beruhte, wie dem Angeklagten klar war, auf Unkenntnis und einer seelischen Verfassung, die ein **verstandesmäßiges Abwägen der vorgebrachten medizinischen Argumente verhinderte**; unerheblich ist, dass sie ihren Entschluss nicht spontan gefasst haben mag."*

Die Einwilligung war zum anderen nicht **frei von rechtsgutbezogenen Willensmängeln**. Ein rechtsgutbezogener Irrtum liegt vor, wenn ein Indikationsmangel vorliegt, über den der Arzt nicht aufklärte.[408]

*„Daher deckte auch die erklärte Einwilligung in die Zahnextraktionen die tatsächlich vom Angeklagten durchgeführten Maßnahmen inhaltlich nicht ab. **Nach der Vorstellung der Zeugin handelte es sich um einen therapeutischen Eingriff, der zwar keine sicheren, aber immerhin nicht völlig fernliegende Heilungsaussichten bot.** Die Einwilligung war somit für einen Heileingriff erteilt. Das **Vorgehen** des Angeklagten stellt sich hingegen **nicht** als solcher dar. Dies begründet die Unwirksamkeit der erklärten Einwilligung. Dass der Angeklagte den Mangel der medizinischen Indikation nicht verschwiegen hat, ist rechtlich ohne Bedeutung. **Entscheidend ist allein, dass es ihm nicht gelungen ist, das Vorstellungsbild der Zeugin, mit welchen Mitteln auch immer, in Übereinstimmung zu einer realistischen medizinischen Beurteilung zu bringen. Allein dieser Umstand zwang ihn vor dem Recht bereits, von den Zahnextraktionen abzusehen.** Die Auffassung des Beschwerdeführers, **die nicht zu erschütternde Vorstellungswelt der Zeugin habe ihn von seinen Pflichten entbunden, verkennt – neben anderem – seine Stellung als Arzt.**"*

Die Patientin saß insofern einem Irrtum auf, als sie immer noch von einem therapeutischen Eingriff ausging, es sich tatsächlich aber nicht um einen Heileingriff handelte.

VI. Schuld. Der Zahnarzt befand sich in einem **Verbotsirrtum** gemäß § 17 StGB. Ein Verbotsirrtum liegt vor, wenn sich der Täter nicht darüber bewusst ist, dass er mit der von ihm begangenen spezifischen Rechtsgutverletzung gegen irgendeine, im Einzelnen nicht notwendigerweise klar vorgestellte gesetzliche Bestimmung des Strafrechts, des öffentlichen Rechts oder des Zivilrechts verstößt und Unrecht begeht.[409] Der Zahnarzt nahm an, dass sein Vorgehen erlaubt sei.

Der Verbotsirrtum war aber **vermeidbar**. Ein Verbotsirrtum ist dann vermeidbar, wenn dem Täter sein Vorhaben unter Berücksichtigung seiner Fähigkeiten und Kenntnisse hätte Anlass geben müssen, über dessen mögliche Rechtswidrigkeit nachzudenken oder sich zu erkundigen, und wenn er auf diesem Wege zur Unrechtseinsicht gekommen wäre.[410] Dem Zahnarzt war zuzumuten, sich rechtskundigen Rat zu holen, um auf diese Weise dafür sensibilisiert zu werden, dass eine etwaige Behandlung nicht erlaubt sei aufgrund einer unwirksamen Einwilligung.

B. Die Annahme einer gefährlichen Körperverletzung (§ 224 Abs. 1 Nr. 2 StGB) lehnte der BGH ab. Bei der zahnärztlichen Zange handelt es sich nicht um ein „gefährliches Werkzeug" gemäß § 224 Abs. 1 Nr. 2 StGB. **Gefährlich** ist ein Werkzeug, wenn es nach seiner objektiven Beschaffenheit und seiner Verwendungsweise im konkreten Fall geeignet ist, erhebliche Verletzungen herbeizuführen. Es muss sich dabei immer um Gegenstände handeln, die bei einem Angriff oder Kampf zu Angriffs- oder Verteidigungszwecken benutzt werden.[411]

*„Um einen solchen Gegenstand handelt es sich aber nur, wenn ihn der Täter bei einem Angriff oder Kampf zu Angriffs- oder Verteidigungszwecken benutzt. Diese Voraussetzungen hat der Bundesgerichtshof für das Skalpell des Chirurgen verneint. **Die zahnärztliche Zange** kann nicht anders beurteilt werden; dass der Angeklagte sie im vorliegenden Fall nicht zu einem Heileingriff benutzt hat, macht aus ihrem Einsatz noch keine Verwendung zu Angriffs- oder Kampfzwecken."*

Ein medizinisches Instrument in der Hand eines (Zahn) Arztes bei Vornahme eines ärztlichen Eingriffs erfüllt also diese Voraussetzungen nicht, gleichviel ob es sich um einen echten Heileingriff handelt oder ob eine fehlerhafte Einwilligung des Patienten vorliegt. Anders ist dies dagegen bei einem Täter, der ohne zugelassener Heilkundiger zu sein, sich unberechtigt als zugelassener Heilkundiger ausgibt und so die Einwilligung von Patienten erschlichen hat. Die bei solchen Eingriffen verwendeten Gegenstände (z.B. Spritzen) sind gefährliche Werkzeuge.[412]

C. Auch eine schwere Körperverletzung gemäß §226 Abs. 1 Nr. 3 StGB sah der BGH nicht. Eine **Entstellung** ist die ästhetische Verunstaltung der Gesamterscheinung.[413] **Dauernd** ist Entstellung, wenn sich ihr Ende im Voraus nicht bestimmen lässt.[414] „*...weil die durch die Zahnextraktionen bewirkte Entstellung der Zeugin beseitigt ist. Die Zeugin trägt jetzt Prothesen; dass die Hilfsmittel zur Wiederherstellung ihres äußeren Erscheinungsbilds nicht ausreichten, ist nicht festgestellt, liegt auch völlig fern.*“

III. Schlussfolgerung

1. Von dem Zahnarzt wird erwartet, den Patienten in Kenntnis
   - der vollständigen Tatsachen
   - und der zutreffenden medizinischen Bewertung
   - zu bringen (**Aufklärung**).

   Der Zahnarzt muss eine Behandlung ablehnen, die der Patient als medizinisch indiziert ansieht, die es tatsächlich aber nicht ist. In diesem Zusammenhang ist auf eine Entscheidung des OLG Hamm aufmerksam zu machen. Bei Zahnextraktionen ist zwischen Erhaltungsfähigkeit und Erhaltungswürdigkeit zu unterscheiden. Die Indikation liegt vor, wenn der Zahn nicht erhaltungsfähig ist. Die medizinische Indikation kann grundsätzlich nicht durch die Zustimmung oder den Wunsch des Patienten ersetzt werden.[415]
2. **Fehlermanagement.**
   Die „Fehlerkultur“ – das heißt die Verhinderung von Behandlungsfehlern und die Auseinandersetzung mit ihnen – nimmt einen hohen Stellenwert ein. (Beinahe)Fehler, v.a. die, die nicht durch den Patienten aufgedeckt werden, müssen analysiert und Strategien entwickelt werden, diese zukünftig zu vermeiden. Geschieht dies nicht, wird Sorglosigkeit erlernt. Die Theorie der „**erlernten Sorglosigkeit**“ besagt, dass die (Zahn)Ärzte nicht von der „Universität“ her sorglos sind, sondern diese durch bestimmte Lernerfahrungen erwerben. Diese werden katalogisiert. Herausgegriffen werden sollen hier die „individuellen Erfahrungen“ und der „unrealistische Optimismus“. Bei **individuellen Erfahrungen** entsteht Sorglosigkeit, wenn wiederholt gefährliches Verhalten ohne negative Konsequenzen blieb. **Unrealistischer Optimismus** liegt vor, wenn von standardisierten Behandlungsabläufen zur Vermeidung von Behandlungsfehlern abgewichen wird in dem Glauben, ein Behandlungsfehler werde nicht auftreten.

F Feststellungsklage

Zur Vermeidung der Verjährung künftiger materieller und immaterieller Schäden hinsichtlich der Behandlungsfehler ist eine Feststellungsklage nötig.

I. Begehren

Die Feststellungsklage kommt vor allem in Haftpflichtprozessen zum Zuge. Für den verletzten Kläger ist häufig noch nicht das Ausmaß von Folgeschäden genau abzusehen. Daher ist regelmäßig darüber zu entscheiden, inwieweit der Beklagte oder die Beklagten dem Verletzten gegenüber auf Ersatz der Folgeschäden haften, deren Umfang noch nicht exakt zu prognostizieren ist. Beispielhaft wird der Auszug aus einem Urteil des LG Magdeburg zitiert, in dem das Gericht durchscheinen ließ, welches Vorgehen und somit welcher Antrag zweckmäßig gewesen wäre:

„Die vom Beklagten geltend gemachte Aufrechnung mit Schmerzensgeld-, Schadensersatz- und Rückzahlungsansprüchen ist unbegründet. Denn ein Schaden ist dem Beklagten bisher nicht entstanden. Die sich aus einer Nachbehandlung bzw. Neuerstellung der Prothetik möglicherweise ergebenden Kosten, die der Sachverständige mit 8500,00 bis 10.500,00 € beziffert hat, sind dem Beklagten noch nicht entstanden, da eine Nachbehandlung bzw. Neuerstellung der Prothetik noch nicht durchgeführt wurde. ***Insofern wäre es sachgerecht gewesen, die Feststellung zu beantragen, dass dem Beklagten alle als Folge der fehlerhaften Behandlung in Zukunft entstehenden materiellen Schäden zu ersetzen sind.“***[416]

Es kann also beantragt werden, dass festgestellt wird, dass für die Mehrkosten einer neuerlichen Behandlung aufgrund des jetzigen Behandlungsfehlers gehaftet wird.

II. Substantiierung

- Schaden.
  Im Rahmen einer Feststellungsklage genügt eine summarische Darstellung der Wahrscheinlichkeit, die für ein rechtliches Interesse an der alsbaldigen Feststellung der Schadensersatzpflicht (§ 256 ZPO) erforderlich ist, dann, wenn der Eintritt wenigstens eines ersten Teilschadens entnommen werden kann.[417]

III. Rechtskraft

Die Rechtskraft eines Urteils steht einer neuen Klage entgegen, wenn der Streitgegenstand des neuen Prozesses mit dem des früheren Prozesses identisch ist.[418] Dieser Grundsatz wird in zeitlicher Hinsicht insofern eingeschränkt, als dass sich die klagende Partei auf Tatsachen berufen kann, die erst nach dem Schluss der mündlichen Verhandlung entstanden sind. Auch zählen zum Klagegrund nicht die Tatsachen, die im Vortrag des Klägers nicht einmal angedeutet sind, von seinem Standpunkt aus nicht vorgetragen werden mussten und bei natürlicher Anschauung nicht zu dem angesprochenen Lebenssachverhalt gehörten. Dies gilt erst recht, wenn die Tatsachen auch sachkundigen Personen objektiv (noch) nicht bekannt waren.[419] Wird eine auf einen zahnärztlichen Behandlungsfehler gestützte Schadensersatzklage eines Patienten abgewiesen, weil der behandelnde Zahnarzt nach gutachterlichen Ausführungen eines Sachverständigen hinsichtlich der Behandlung eines Unterkiefers nicht auf Schadensersatz und Schmerzensgeld haftet, so ist eine erneute Feststellungsklage hinsichtlich der Ersatzpflicht für zukünftige materielle und immaterielle Schäden aus der Behandlung des Unterkiefers zulässig.[420] Dieser weit gefasste Orientierungssatz in einer Rspr.-Datenbank bedarf zur Vermeidung von Missverständnissen insofern einer Konkretisierung, dass die abgewiesene Schadensersatzklage der Patientin einer Feststellungsklage deswegen nicht entgegenstand, weil die Klägerin eine (verdeckte) Teilklage erhoben hatte und sie sich in der späteren Feststellungsklage auf einen für die Bemessung des Schmerzensgeldes maßgebenden Umstand bezog, der erstinstanzlich nicht eingeführt worden war. Die verdeckte Teilklage bezüglich des Schmerzensgeldes ergab sich bereits daraus, dass die Klägerin eine Mindestvorstellung (Antrag auf Zahlung von mindestens... Euro) mitgeteilt hatte. Der erstinstanzlich durch die Klägerin neu eingeführte Umstand bestand darin, dass sie erstmals in der Feststellungsklage angab, einen erneuten (auch schmerzensgeldauslösenden) Leidensweg vor sich zu haben, resultierend daraus, dass eine völlige Neuversorgung notwendig sei. Während es also zuvor um Schadensersatz und Schmerzensgeld für die Vergangenheit ging, war späteres Sujet die Kostentragungspflicht für „zukünftige“ Schäden.

IV. Auswirkungen einer begründeten positiven Feststellungsklage für den Folgeprozess

Ein stattgebendes Urteil stellt das Rechtsverhältnis fest; gegen das Bestehen können in einem späteren Prozess keine Einwendungen vorgetragen werden, die schon zur Zeit der letzten mündlichen Verhandlung des Vorprozesses bestanden haben.[421] Es ist unerheblich, ob die Einwendungen vorgetragen, aber nicht berücksichtigt oder vom Beklagten nicht in den Prozess eingeführt worden sind.[422]

Zum Beispiel ist gegenüber einer festgestellten Schadensersatzpflicht der Einwand eines Mitverschuldens oder der Einwand einer Verletzung der Schadensminderungspflicht nicht mehr möglich.[423] Mit einem stattgebenden Urteil ist nur das Bestehen des Rechtsverhältnisses festgestellt worden, bei rechtskräftiger Feststellung einer Schadensersatzpflicht daher nur das Bestehen der Ersatzpflicht des Beklagten dem Grunde nach. Die Anspruchshöhe muss daher ggf. in einem neuen Prozess noch bewiesen werden; insoweit sind dann Einwendungen des Beklagten nicht ausgeschlossen.[424]

V. Widerklage

Auf eine Vergütungsklage eines Zahnarztes kann und wird gelegentlich mit einer Widerklage, die eine Feststellungsklage zum Gegenstand hat, reagiert. Der Patient sichert sich auf diese Weise den Ersatz zukünftiger materieller und immaterieller Schäden, die auf etwaige Behandlungsfehler zurückzuführen sind.[425]

F Freistellungsklage

I. Freistellung als Rechtsfolge

1. Grundsätzlich

Die Belastung mit einer Verbindlichkeit ist ein zu ersetzender Schaden und zwar auch dann, wenn der Belastete weder Vermögen noch Einkommen hat und daher nicht leistungsfähig ist.[426] Der Belastete hat gemäß § 249 Abs. 1 BGB einen Freihaltungsanspruch, der gemäß § 250 BGB in einen Geldanspruch übergehen kann. Für den Zahnarzthaftpflichtprozess bedeutet das Folgendes: Wenn z. B.

- eine Nachbehandlung durchgeführt wurde, aber die Kosten der Nachbehandlung noch nicht ausgeglichen wurden,
- ein Rechtsanwalt in Anspruch genommen wurde, aber die Anwaltskosten noch nicht bezahlt wurden,
- die Neuerstellung einer Prothetik bereits erfolgt ist, aber die Rechnung dafür noch nicht bezahlt wurde,

dann hat der Patient (noch) nicht einen Anspruch auf Ausgleichung der Kosten. Der Patient hat allfällig einen Anspruch auf Freistellung (Befreiung) von den Ansprüchen.

2. Ausnahme: § 250 BGB

Würde der Zahnarzt die **Erfüllung des Freistellungsanspruchs** ernsthaft und endgültig verweigern[427], so stünde dem Patienten ohne Weiteres ein Schadensersatzanspruch in Geld zu.

II. Aufrechnung, §§ 389 ff. BGB

Der Patient kann gegenüber einem Vergütungsanspruch als Hauptforderung des Zahnarztes nicht mit einem Schadensersatzanspruch für Kosten einer Nachbehandlung bzw. Neuerstellung einer Prothetik aufrechnen, wenn die Nachbehandlung bzw. Neuerstellung der Prothetik noch nicht durchgeführt wurde. Es fehlt bereits an einer Gegenforderung, weil der Patient in keiner Weise belastet ist. Er hat weder eine Zahlung veranlasst noch ist er mit einer Verbindlichkeit belastet. Insofern bleibt dem Patienten nur die Feststellungsklage, mit der er beantragt, dass dem Patienten alle als Folge der fehlerhaften Behandlung in Zukunft entstehenden materiellen Schäden zu ersetzen sind. In mehreren Urteilen deuten die Gerichte an, dass die Aufrechnung nicht durchgreift und vielmehr die Feststellungsklage das prozessuale Mittel der Wahl gewesen wäre:

„Vor der Durchführung der Nachbehandlung sind Kosten noch nicht entstanden, d. h. es ***fehlt (noch) an einer vermögenswirksamen Maßnahme****. Dies gilt insbesondere dann, wenn – wie hier – unter Berücksichtigung des bisherigen Verhaltens des Beklagten auch nicht ohne Weiteres davon ausgegangen werden kann, dass dieser die Durchführung der Nachbehandlung ernsthaft beabsichtigt.“*[428]

III. Prozessuale Spezialien

Der Patient muss sich gemäß § 308 Abs. 1 ZPO an dem Klagebegehren festhalten lassen. Dies ist in Verbindung mit dem lateinischen Rechtsspruch „ne eat iudex ultra petita partium“ (der Richter gehe nicht über die gestellten Anträge hinaus!) zu reflektieren. Das bedeutet aber nicht, dass der Richter den (Zahn)Arzt nicht zur Freistellung von den Verbindlichkeiten verurteilen kann, wenn der Patient auf Zahlung klagt. Die Freistellungsklage ist ein Minus gegenüber der Klage auf Zahlung. In der Rechtsprechung wird bejaht, dass die Freistellungsklage gegenüber der Zahlungsklage ein minus ist.[429] Maßgeblich ist, dass die Freistellungsklage qualitativ nicht von der Zahlungsklage abweicht. Zahlungsklage und Freistellungsklage sind auf Schadensersatz gerichtet, die Freistellungsklage geht nur nicht ganz so weit wie die auf Zahlung gerichtete Schadensersatzklage.

Anträge und statthafte Klageart müssen ausdifferenziert und sorgfältig ausgewählt werden:

- Leistungsklage auf Zahlung,
- Leistungsklage auf Freistellung,
- Feststellungsklage auf Feststellung des Bestehens des Rechtsverhältnisses.

G Garantie

A. Hintergrund

I. Zivilrecht

Das Eingehen auf die Garantie erfolgt, weil die Ablehnung werkvertraglicher Regelungen auf den Behandlungsvertrag des Zahnarztes nicht mehr apodiktisch erfolgt. Nach einer neueren differenzierenden Auffassung gelten trotz der Besonderheiten des Verhältnisses von Patient und Zahnarzt sowie der Eigenart der Dienst-/Werkleistung, dass die Maßnahmen in der Mundhöhle des Patienten vorzunehmen sind, auch insoweit die allgemeinen Regelungen zum Dienst- oder Werkvertrag, je nachdem, welcher Bereich der zahnärztlichen Tätigkeit durch den Mangel betroffen ist.[430] Nach einer schon zeitlich zuvor vertretenen Ansicht leistet der Zahnarzt dagegen (auch bei der prothetischen Versorgung seines Patienten) überwiegende Dienste zur Diagnostik von Zahn- und Zahnbetterkrankungen sowie Fehlstellungen sowie zu deren Behebung und Ausgleich, ohne (wie dies bei einem Werkvertrag der Fall wäre) eine Garantie für den Erfolg seiner Bemühungen übernehmen zu können. Das Gewährleistungsrecht des Werkvertrages komme nur in Betracht, soweit es um die technische Anfertigung bestimmter Teile des Zahnersatzes gehe.[431] Für den (Zahn)Arzt wird die Garantie im Praxisalltag relevant z.B. beim Kauf von Abrechnungssystemen.

1. Abgrenzung: Selbstständige/ unselbstständige Garantie

Weitverbreitet wird zwischen der selbstständigen und der unselbstständigen Garantie differenziert:[432]

a. Bei der selbstständigen Garantie steht der Garantiegeber für einen Erfolg ein, der über die Freiheit von Mängeln hinausgeht, insbesondere wird die verschuldensunabhängige (§276 Abs. 1 S. 1 BGB) Übernahme der Haftung für einen künftigen Schaden erfasst, der durch die Mängelhaftung nicht gedeckt wäre, z.B. einen unverschuldeten zufälligen Schaden.
   Es kommt ein zusätzlicher eigener Garantievertrag zu Stande (§311 BGB).[433]
b. Die unselbstständige Garantie ist die Erweiterung der gesetzlichen Haftung für Mängel durch eine Garantiefrist, in der z.B. auch für Mängel gehaftet wird, die nach Gefahrübergang auftreten. Folge ist, dass die gesetzlichen Gewährleistungsansprüche modifiziert werden.

2. Abgrenzung: Verkäufer-/ Unternehmer- vs. Herstellergarantien

Begrifflich lässt sich auch nach der Person des Garantiegebers zwischen der Unternehmer-, bzw. Verkäufergarantie und der Herstellergarantie unterscheiden.[434]

a. Die Garantie, die ein Hersteller oder ein Dritter abgibt, ist immer eine selbstständige Garantie, egal, ob für die Sachmängelfreiheit im Zeitpunkt des Gefahrübergangs, einen zusätzlichen Erfolg oder die Haltbarkeit der Sache eingestanden werden soll.
   Die Garantie eines Herstellers kann z.B. formularmäßig von der regelmäßigen Wartung in Vertragswerkstätten abhängig gemacht werden. Der Fahrzeughersteller hat ein legitimes Interesse daran, eine Kundenbindung an sein Vertragswerkstättennetz zu erreichen.[435]
b. Unternehmer-, Verkäufergarantie.
   aa. **Garantieerklärung.**
      Im Folgenden werden zunächst einmal allgemeingültige Interpretationshinweise bzgl. abgegebener Erklärungen referiert. Später wird dann auf Besonderheiten im Rahmen medizinrechtlicher Fragestellungen eingegangen.
      Es ist durch **Auslegung** festzustellen, ob jemand eine selbstständige oder eine unselbstständige Garantie übernehmen will. Eine Garantie kann nicht formularmäßig von der z.B. Wartung beim Verkäufer abhängig gemacht werden.[436] Der Garantierende muss in vertragsgemäß bindender Weise die Gewähr für die vereinbarte Beschaffenheit oder deren Dauer übernehmen und damit zu erkennen gegeben, dass er für alle Folgen des Fehlens einstehen wird.
      Der Inhalt ist nach §133, 157 BGB auszulegen. Das **Wort Garantie** muss nicht verwendet werden. Gleichbedeutende Begriffe sind möglich, z.B. **„voll einstehen"**, **„uneingeschränkte Gewährleistung"**; auch **„zusichern"** wird in der Regel genügen.[437] Nicht genügt eine bloße Beschreibung der Beschaffenheit oder eine Anpreisung, ebenso wenig eine allgemeine Qualitätseinstufung z.B. „hervorragend geeignet", „besser als". Einschlägig ist die Werbung dann, wenn sie sich auf die gekaufte Sache bezieht. Das ist vom Empfänger(Käufer-) Horizont aus zu beurteilen.[438]
      Hervorzuheben ist für die medizinrechtliche **Auslegung** des Verhaltens bzw. einer Erklärung eines (Zahn)Arztes, dass jedem medizinischen Laien bewusst ist, dass es keine risikofreie Operation gibt und er keine Garantie hat, dass Komplikationen, die ihm im Einzelnen nicht bekannt sind, ausbleiben.[439] In den maßgeblichen **objektiven Empfängerhorizont** eines Patienten sind daher

die Unwägbarkeiten der Funktionsweise des menschlichen Organismus mit einzubeziehen.[440] Offenbar missverstanden werden die in Urteilen zu Behandlungsfehlern angesprochenen **grundgesetzlichen Garantien**. Ihre Relevanz ist im Kontext der Aufklärung zu sehen, sodass hier nur ein kurzer **Exkurs** erfolgen soll.

Cave

Exkurs

Die grundgesetzlichen Garantien des Rechts des Menschen auf freie Entfaltung seiner **Persönlichkeit**[441], der **Menschenwürde** und der **körperlichen Unversehrtheit** (Art. 1, Art. 2 GG)[442] sind die Grundlagen der Pflicht des (Zahn)Arztes zur „Selbstbestimmungsaufklärung" des Patienten.[443] Dem Patienten ist durch den aufklärenden (Zahn)Arzt eine für die konkret anstehende Entscheidung in jeder Hinsicht ausreichende Wissensgrundlage zu schaffen.[444] Dadurch soll die Entscheidungsfreiheit des Patienten gewahrt werden, über die sich der (Zahn)Arzt nicht hinwegsetzen darf, damit der Patient wirksam in den Eingriff einwilligen kann.[445]

Eine **Aufklärung**, dass der erwartete und erhoffte **Erfolg der Operation nicht dauerhaft garantiert** werden kann, schuldet der (Zahn)Arzt in der Regel nicht, wenn das konkrete Problem dem Patienten als unmittelbare Operationsfolge bekannt war.[446]

In der logischen Konsequenz ist ein Patient aber dann hinreichend über die Chancen und Risiken eines Eingriffs aufgeklärt worden, wenn im Aufklärungsbogen **ausdrücklich** erwähnt ist, dass eine **Garantie** dafür, dass der gewünschte und geplante Behandlungserfolg erreicht wird, **nicht** gegeben werden kann. Denn damit ist dem Patienten hinreichend vor Augen geführt worden, dass der Behandlungserfolg auch nach der Behandlung unbefriedigend sein und die Behandlung auch misslingen kann.[447]

Auch mit dem Hinweis, „**Gesundheit könne nicht garantiert werden**", wird lediglich auf die fehlende Erfolgsgarantie des Dienstvertragsrechts[448] hingewiesen. Gibt der (Zahn)Arzt den Hinweis, eine Verbesserung könne nicht garantiert werden, dient dies den (Zahn)Ärzten lediglich dazu, den an sie gestellten Anforderungen an eine Aufklärung gerecht zu werden. Damit ein Patient ordnungsgemäß aufgeklärt wurde und daher frei entscheiden kann, ob er sich behandeln lassen will oder nicht, darf ihm **nicht der falsche Eindruck vermittelt** werden, er sei nach der Operation **garantiert beschwerdefrei**.[449]

Eine Äußerung, nach der einem Patienten zugesichert werde, er „werde von der Operation **nichts mitbekommen und keine Schmerzen spüren**", ist im Hinblick auf die Unwägbarkeiten der Funktionsweise des menschlichen Organismus nicht als eine Garantie zu verstehen. Es handelt sich also nicht um eine Garantie der Schmerzfreiheit.[450]

Nebenbei sei auf eine wettbewerbsrechtlich unzulässige Werbung in Gestalt eines „**Schutzbriefes**" für Patienten hingewiesen, der von diesen als eine Art Gütesiegel im Sinne einer Garantieerklärung aufgefasst werden kann oder sich in sonstiger Weise als mehrdeutig erweist.[451]

bb. **Selbstständige Garantie.**

Grundsätzlich will der Unternehmer/Verkäufer nur ausnahmsweise eine neue vertragliche Verpflichtung begründen. Im Zweifel will er gerade keine selbstständige Garantie mitgeben.

Eine selbstständige Verkäufergarantie liegt vor:

- Die Garantieerklärung bezieht sich auf gegenwärtige Eigenschaften der Kaufsache bzw. des Werkes und die Garantie bezieht sich auf Umstände, die über die Mängelfreiheit hinausreichen (es soll neben der vertragsgemäßen Erfüllung also ein zusätzlicher Erfolg geschuldet sein).

cc. **Unselbstständige Garantie.**

Im Zweifel ist von einer unselbstständigen Garantie auszugehen.

a. Der Unternehmer/Verkäufer sagt bei der **Haltbarkeitsgarantie** zu, dass das Werk/die Kaufsache über den Zeitpunkt des Gefahrübergangs **hinaus** sachmängelfrei bleibt. Bei einer Garantie des Unternehmers/Verkäufers handelt es sich im Zweifel um eine unselbstständige Garantie.[452]
b. Bei der **Beschaffenheitsgarantie** will der Unternehmer/Verkäufer dafür einstehen, dass das Werk/die Kaufsache eine bestimmte Beschaffenheit **im Zeitpunkt** des Gefahrübergangs hat.

II. Sozialrecht

1. Garantie und Vergütungsanspruch

Für die Entstehung des Anspruchs eines Vertrags(zahn)arztes auf Vergütung der von ihm erbrachten Leistungen ist Voraussetzung, dass der Vertrags(zahn)arzt bestätigt, dass er die abgerechneten Leistungen persönlich erbracht hat und die von ihm eingereichte Abrechnung sachlich richtig ist. Mit dieser Abgabe einer (ordnungsgemäßen) **Abrechnungs-Sammelerklärung garantiert** der Vertrags(zahn)arzt, dass die Angaben auf den von ihm eingereichten Behandlungsausweisen (bzw. Datenträgern) zutreffen. Das ist die sog. Garantiefunktion. Diese **Garantiewirkung entfällt**, wenn sich die Erklärung bereits wegen einer einzelnen abgerechneten, aber nicht oder nicht ordnungsgemäß erbrachten Leistung als falsch erweist und die falsche Angabe grob fahrlässig erfolgte. Vorsatz ist nicht erforderlich, genauso ist aber leichte

Fahrlässigkeit nicht ausreichend. Ein Fall **schlichten Versehens** des Vertrags(zahn)arztes oder des von ihm beauftragten Personals berührt die Garantiefunktion daher nicht. Liegt schlichtes Versehen vor, dann besteht lediglich eine Berechtigung zur rechnerischen und sachlichen Richtigstellung der Honorarabrechnung hinsichtlich dieser Abrechnungsfehler. Ist dagegen die Garantiewirkung entfallen, dann ist der Honorarbescheid rechtswidrig. Die KÄV/KZV ist mindestens berechtigt, wenn nicht sogar verpflichtet, den entsprechenden Honorarbescheid aufzuheben und das Honorar neu festzusetzen. Weitere Folge ist, dass den Vertrags(zahn)arzt die Beweislast für die vollständige und ordnungsgemäße Erbringung der abgerechneten Leistungen trifft und dass die KZV den unter Berücksichtigung dieser Beweislastregel verbleibenden Honoraranspruch zu schätzen hat.[453]

Im Hinblick auf die Vergütung ist noch anzumerken, dass den Leistungserbringern **nicht** ein bestimmtes **Beitragsaufkommen** oder jedenfalls das jeweilige Beitragsaufkommen **garantiert** ist. Es besteht kein Anspruch darauf, wenigstens einen Gewinn in der Höhe des (Brutto) Einkommens von **Krankenhausärzten** zu erzielen. Selbstständige Tätigkeit eröffnet die Möglichkeit zur Gewinnerzielung, garantiert sie aber nicht.[454] Auch wird nicht ein unbegrenztes **Wachstum**, auch in den ersten Jahren einer Zulassung, garantiert. In diesem Zusammenhang ist auf den Hinweis der Rspr. aufmerksam zu machen, dass die Vielzahl verschiedener zulässiger Vergütungsformen und Honorarbegrenzungsmaßnahmen dazu führt, dass allein die Garantie von Mindestpunktwerten eine annähernd gleichmäßige und leistungsproportionale Honorarverteilung nicht mehr gewährleisten kann. Eine Kassenärztliche Vereinigung ist verpflichtet, bei einem Auseinanderbrechen der durchschnittlichen Nettoerlöse der Fachgruppen von mehr als 15 % steuernd in eine auf einer Fachgruppentopfbildung beruhende Honorarverteilung einzugreifen.[455]

Der Gesetzgeber hat im Rahmen der ihm bei Vergütungsregelungen obliegenden Interessenabwägung, für einen verhältnismäßigen Ausgleich zwischen dem Begehren der Leistungserbringer nach hohen Vergütungen aus einem hohen Beitragsaufkommen und dem Anliegen möglichst geringer Belastung für die Beitragszahler Sorge zu tragen.[456] Unabhängig davon kann aber die KZV/KÄV gehalten sein, über einen gewissen Zeitraum eine im Grunde genommen wirtschaftlich arbeitende Praxis mit **Sonderzahlungen** zu **stützen**, soweit diese Praxis (z. B. wegen ihrer örtlichen Lage mit der Folge geringerer Fallzahlen) den Umsatz nicht erreichen kann, den durchschnittliche Praxen erzielen.[457]

2. Garantie und Wirtschaftlichkeitsprüfung

Auch die **Wirtschaftlichkeitsprüfung** im Sozialrecht geht davon aus, dass Voraussetzung für eine Regressfestsetzung nicht der fehlende Erfolg einer Behandlung, sondern die Unwirtschaftlichkeit der Leistung ist. Damit hat der Vertrags(zahn)arzt **keine Garantiehaftung** für einen bestimmten Erfolg seiner Behandlung zu übernehmen. Dies ist relevant z. B. bei kieferorthopädischen Behandlungen, die sich im Regelfall über mehrere Jahre erstrecken. Erst dann wird sich die Unwirtschaftlichkeit einer Behandlung feststellen lassen. Nach Ansicht des SG Marburg sei bei kieferorthopädischen Behandlungen für die Verjährung die Beendigung der Behandlung durch den Vertragszahnarzt maßgeblich. Eine Beendigung liegt vor, wenn der Vertragszahnarzt erklärt, dass die Behandlung abgeschlossen sei, oder wenn der gesetzlich Versicherte den Behandler wechselt.[458] Demgegenüber wird ansonsten vertreten, dass für den Beginn der Verjährung die Bekanntgabe des vorläufigen Honorarbescheids maßgeblich sei.[459]

3. Garantie und „sonstiger Schaden“

Das gleiche gilt für den sozialrechtlichen **Regress wegen eines „sonstigen Schadens“**. Dieser kann dem (Zahn)Arzt neben der sachlich-rechnerischen Berichtigung und Wirtschaftlichkeitsprüfung drohen. Darunter fallen die anderen durch die schuldhafte Verletzung vertrags(zahn)ärztlicher Pflichten verursachten Schäden, z. B. die Verletzung von Pflichten aus EKV-Z[460], der Verstoß gegen die Regeln der (zahn)ärztlichen Kunst und der Verstoß gegen die Pflicht, Leistungen persönlich zu erbringen.[461] Für jeden in Betracht kommenden Pflichtverstoß werden das Vorliegen des Pflichtverstoßes, Verschulden, Höhe des durch den Pflichtverstoß bedingten Schadens und der Lauf der Verjährungsfrist gesondert geprüft.[462] Ein Beispiel für einen sonstigen Schaden ist der mangelhafte Zahnersatz. Ist der Zahnersatz **völlig** unbrauchbar, ist das von der gesetzlichen Krankenkasse geleistete Honorar zurückzuzahlen.[463] Ist die Leistung **teilweise** brauchbar, dann sind die Nachbesserungskosten zu zahlen. Das sind die zur vertragsgerechten Versorgung erforderlich gewordenen Mehrkosten.[464] Weiterhin sind auch Mangelfolgeschäden zu ersetzen. Das sind die Zusatzkosten, die durch fehlerhafte Behandlung entstanden sind, aber keine Nachbesserungskosten sind.[465] Aber auch hier gilt für die Pflichtverletzung, dass der Vertrags(zahn)arzt **keine Garantiehaftung** für einen bestimmten Erfolg seiner (möglicherweise langwierigen) Behandlung übernimmt. Ein Anspruch auf Ersatz eines „sonstigen Schadens“ kann nur an die Verletzung einer konkreten Pflicht anknüpfen.[466]

Die Verjährungsfrist beträgt vier Jahre. Nach Ansicht des **SG Marburg** ist für die Verjährung bei einer kieferorthopädischen Behandlung die Beendigung der Behandlung durch den Vertragszahnarzt maßgeblich. Diese Beendigung liegt vor, wenn der Vertragszahnarzt erklärt, die Behandlung sei abgeschlossen, oder wenn der Patient den Behandler wechselt.[467] Dagegen geht das **LSG Niedersachsen** davon aus, dass die Verjährungsfrist [wie bei anderen Ansprüchen aus dem Bereich des Sozialrechts: § 45 Abs. 1 S. 1 SGB I/§§ 20 Abs. 1, § 27 Abs. 2 SGB IV/§ 50 Abs. 4, § 113 SGB X] erst mit dem Ablauf des Kalenderjahres beginnt, in dem der Anspruch entstanden ist.[468] Es soll darauf hingewiesen werden, dass der Fristbeginn im Hinblick auf den „Regress wegen eines sonstigen Schadens" von dem Fristbeginn bei Wirtschaftlichkeitsprüfungen abweicht. Im Rahmen von Wirtschaftlichkeitsprüfungen beginnt die Frist nicht mehr erst in entsprechender Anwendung des §§ 45 Abs. 1 SGB I mit Ende des Kalenderjahres, in dem der Abrechnungsbescheid erlassen wurde. Vielmehr wird darauf abgestellt, wann der vorläufige Honorarbescheid erlassen wurde.[469] Dieser unterschiedliche Fristbeginn bei Wirtschaftlichkeitsprüfungen einerseits und bei Regressen wegen eines sonstigen Schadens (im Rahmen einer kieferorthopädischen Behandlung) andererseits scheint hingenommen zu werden, obwohl dies die Rechtssicherheit in Bezug auf das verdiente Honorar beeinträchtigt. Denn wegen einer kieferorthopädischen Behandlung muss zwar vier Jahre nach Bekanntgabe des vorläufigen Honorarbescheids nicht mehr mit einer Wirtschaftlichkeitsprüfung, doch aber mit einem „Regress wegen eines sonstigen Schadens" gerechnet werden. Zum anderen überrascht dies zumindest deshalb, weil Wirtschaftlichkeitsprüfung und „sonstiger Schaden" jeweils als gemeinsames Regressmotiv aufweisen, dass dem Vertragszahnarzt unwirtschaftliches Verhalten vorgeworfen wird. Der Vertrags(zahn)arzt muss für den gemeinsamen Nenner „unwirtschaftliches Verhalten" bei kieferorthopädischen Behandlungen deutlich mehr als nur vier verstrichene Jahre nach Ergehen des Honorarbescheids einkalkulieren.

Hinsichtlich der Anspruchsvoraussetzungen bzgl. eines sonstigen Schadens stimmt die Rechtsprechung der Sozialgerichte mit denen der Zivilgerichte insofern überein, als dass das **Schuldverhältnis** zwischen Zahnarzt und gesetzlich Versichertem als Spezialfall eines Dienstvertrages (in Abgrenzung zum Werkvertrag[470]) gesehen wird. Voraussetzung für eine Regressfestsetzung ist – übereinstimmend mit dem Zivilrecht – nicht der fehlende Erfolg eines Vertragszahnarztes. Es besteht insofern auch **keine Garantiehaftung** für einen bestimmten Erfolg der Behandlung. Vielmehr geht es auch hier um die Unwirtschaftlichkeit einer Leistung.[471] Daher muss auch hier der Begriff der **Pflichtverletzung** verhaltensbezogen interpretiert werden, so wie es der BGH[472] im Zivilrecht macht. Die Pflichtverletzung kann nicht allein erfolgsbezogen gesehen werden. Denn dies würde der Natur des Behandlungsvertrags nicht gerecht, denn es handelt sich grundsätzlich noch um einen Dienstvertrag. Dem Dienstvertragsrecht ist aber die fehlende Erfolgsgarantie immanent. Ein Erfolg (z. B. mangelhafter Zahnersatz liegt vor, weil ein vollständig unbrauchbares Arbeitsergebnis gegeben und eine Nachbesserung nicht möglich ist oder die Nachbesserung ist dem gesetzlich Versicherten nicht zumutbar[473]) muss also einem pflichtverletzenden Verhalten zurechenbar sein. Als **Rechtsfolge** hat der Zahnarzt die Krankenkasse so zu stellen, wie sie stehen würde, wenn er seine vertraglichen Verpflichtungen ordnungsgemäß erfüllt hätte.[474]

B. Die Entscheidung: Dentale „Garantie"[475]

I. Sachverhalt

Der Kläger (K) ist Patient bei der zahnärztlichen Belegklinik der Beklagten (B). Die B gibt eine mehrseitige Werbebroschüre aus. In dieser heißt es unter anderem: *„Besser leben mit Biss" unter dem Punkt „Erfolge sichern" heißt: „Das hauseigene Recall-System erinnert Sie an Ihre Kontrolltermine, deren Einhaltung wichtig ist für unsere 7-jährige Gewährleistung auf Zahnersatz."* Im Dezember 2004 verbrachte die B vier Implantate in Ober- und Unterkiefer des K. Diese Implantate wurden im April 2005 freigelegt und die Suprakonstruktion gefertigt und eingepasst. Der Kläger nahm die Recall-Termine im Dezember 2005, Juni und Dezember 2006 und Mai 2007 wahr. Im Mai 2007 mussten drei Implantate entfernt werden. Der K beantragte u. a., die B zu verurteilen, den Oberkiefer des K nach Maßgabe ihres Behandlungs- und Investitionsplans vom 8.11.2004 für den Kläger kostenfrei mit einem Zahnimplantat zu versehen.

II. Entscheidungsgründe

Das Oberlandesgericht hob die Entscheidung des Landgerichtes auf und wies die Klage ab.

A. Der K hat gegen die B keinen Anspruch aus einem selbstständigen Garantievertrag gemäß §§ 311, 241 BGB.

I. Ein Garantievertrag wurde nicht ausdrücklich geschlossen.

II. Auch konkludent (schlüssig) wurde kein Garantievertrag geschlossen.

1. Die Äußerung (irgend)eines Zahnarztes,
   „...der Kläger müsse halbjährlich zu Kontrollterminen kommen, um seine „Gewährleistungsansprüche" zu erhalten, gibt nichts dafür her, ob zwischen den Parteien ein Garantievertrag geschlossen worden ist..."
   wirkt nicht für und gegen die B gemäß § 164 ff. BGB. Die tatbestandlichen Voraussetzungen einer Stellvertretung liegen nicht vor. Für eine Vertretungsmacht hatte der K nicht vorgetragen
2. Auch aus der Werbebroschüre ergibt sich kein selbstständiger Garantievertrag, da es sich um eine schlichte Werbeaussage handelt.

Eine andere Bewertung folgt auch nicht aus § 443 Abs. 1 BGB i.V.m. Art. 6 VerbrGKRL.

„…weil sowohl § 443 BGB als auch die Richtlinie ***ausschließlich Kaufverträge betreffen****. Anhaltspunkte dafür, dass der europäische und deutsche Gesetzgeber Art. 6 VerbrGKRL einen allgemeinen Rechtsgedanken zugemessen hätte, wonach die Regelung über den Wortlaut und die systematische Stellung hinaus für alle schuldrechtlichen Verträge – mithin auch für den vorliegenden Dienstvertrag – gelten soll, sind nicht ersichtlich.“*

III. Schlussfolgerung

1. **Leitsatz:** Weist eine Zahnklinik in einer Werbebroschüre auf „unsere 7-jährige Gewährleistung auf Zahnersatz“ hin, so ergibt sich hieraus allein kein selbstständiges Garantieversprechen.
2. Sollte eine selbstständige Garantie doch einmal eingeräumt werden, ist Folgendes zu beachten:
   Der Garantiegeber kann in der Garantie die Rechte des Garantienehmers (**Primärleistungsansprüche**) festlegen.
   Kommt der Garantiegeber den sich aus der Garantie ergebenden Verpflichtungen nicht nach, stehen dem Garantienehmer die Möglichkeiten des allgemeinen Schuldrechts zur Verfügung.
   Diese **Sekundäransprüche** kann der Garantiegeber nicht beeinflussen. Insbesondere steht dem Garantienehmer die Möglichkeit zu gemäß §§ 280 Abs. 1, Abs. 3, 281 Abs. 1 S. 1 BGB nach Fristablauf Schadensersatz statt der Leistung zu verlangen.
   Der Garantienehmer kann den Garantiegeber auch in Verzug setzen und den Verzugsschaden gemäß §§ 280 Abs. 1, Abs. 2, 286 BGB verlangen.
3. Die juristische Wirklichkeit wird durch das Wort präsentiert. Für den Nichtjuristen ist die Bedeutung einer Werbeaussage eine unsichere Größe, denn das, was er „eigentlich“ meint oder sagen will, kann aufgrund der rechtlichen Interpretation sich total verändern. Übrig bleibt dann im Nachgang nur noch „Fassungslosigkeit“.
   Fehler beim Advertising (und daher unlauterer Wettbewerb) können folgende Konsequenzen haben:
   - Abmahnung und einstweilige Verfügung,
   - Disziplinarverfahren,
   - Zulassungsentzug (z. B. Ausnutzen der (zahn)ärztlichen Stellung für betrügerische Werbung).

   Zur Vermeidung dieser Folgen ist eine Werbeaussage v. a. auf ihre Konformität mit dem Gesetz gegen den unlauteren Wettbewerb und im speziellen mit standesrechtlichen Vorgaben zu überprüfen.
   Aber nicht nur bei Unsicherheiten über die Bedeutung, sondern auch bei vermeintlich einfach gelagerten Fällen kann Rechtsrat einzuholen sein. Zum Beispiel ist die Bewerbung einer Behandlung in der Praxis mit einer Festpreisgarantie unzulässig. Denn diese Garantien sind auch bei anderen Zahnärzten Gesetzeslage.[476]
4. Neben der Gefahr einer Garantiezusage ist auf die Gefahr einer Erfolgszusage hinzuweisen.

G Gebühren

Unabhängig von der Art der bei niedergelassenen Ärzten bzw. Zahnärzten in Anspruch genommenen privat(zahn)ärztlichen Leistungen oder einer ggf. bestehenden privaten Zusatzversicherung finden die GOÄ und die GOZ dann Anwendung, wenn nicht durch Bundesgesetz etwas anderes vorgegeben ist oder durch bundesgesetzliche Rahmenbedingungen ausdrücklich zugelassene oder vorgeschriebene vertragliche Vergütungsbestimmungen etwas anderes bestimmen. In der Sache geht es also um privatzahnärztliches Gebührenrecht. Der private Behandlungsvertrag ist nach der GOZ zu liquidieren.[477]

A. Hintergrund

I. Modifikation der Gebührenordnung

1. Synopse der Allgemeinen Gebührenvorschriften: Bisherige Gebührenordnung und Erste Verordnung zur Änderung der Gebührenordnung

GOZ vom 22.10.1987, zuletzt geändert am 4.12.2001	Erste Verordnung zur Änderung der Gebührenordnung für Zahnärzte
§ 1 Anwendungsbereich	**§ 1 Anwendungsbereich**
(1) Die Vergütungen für die beruflichen Leistungen der Zahnärzte bestimmen sich nach dieser Verordnung, soweit nicht durch Bundesgesetz etwas anderes bestimmt ist.	(1) Die Vergütungen für die beruflichen Leistungen der Zahnärzte bestimmen sich nach dieser Verordnung, soweit nicht durch Bundesgesetz etwas anderes bestimmt ist.
(2) Vergütungen darf der Zahnarzt nur für Leistungen berechnen, die nach den Regeln der zahnärztlichen Kunst für eine zahnmedizinisch notwendige zahnärztliche Versorgung erforderlich sind. Leistungen, die über das Maß einer zahnmedizinisch notwendigen zahnärztlichen Versorgung hinausgehen, darf er nur berechnen, wenn sie auf Verlangen des Zahlungspflichtigen erbracht worden sind.	(2) Vergütungen darf der Zahnarzt nur für Leistungen berechnen, die nach den Regeln der zahnärztlichen Kunst für eine zahnmedizinisch notwendige zahnärztliche Versorgung erforderlich sind. Leistungen, die über das Maß einer zahnmedizinisch notwendigen zahnärztlichen Versorgung hinausgehen, darf er nur berechnen, wenn sie auf Verlangen des Zahlungspflichtigen erbracht worden sind.
§ 2 Abweichende Vereinbarung	**§ 2 Abweichende Vereinbarung**
(1) Durch Vereinbarung kann eine von dieser Verordnung abweichende Höhe der Vergütung festgelegt werden.	(1) Durch Vereinbarung zwischen Zahnarzt und Zahlungspflichtigem kann eine von dieser Verordnung abweichende **Gebührenhöhe** festgelegt werden. **Die Vereinbarung einer abweichenden Punktzahl (§ 5 Absatz 1 Satz 2) oder eines abweichenden Punktwertes** (§ 5 Absatz 1 Satz 3) ist nicht zulässig. Notfall- und akute Schmerzbehandlungen dürfen nicht von einer Vereinbarung nach Satz 1 abhängig gemacht werden.
(2) Eine Vereinbarung nach Absatz 1 zwischen Zahnarzt und Zahlungspflichtigem ist vor Erbringung der Leistung des Zahnarztes in einem Schriftstück zu treffen.	(2) Eine Vereinbarung nach Absatz 1 Satz 1 ist **nach persönlicher Absprache im Einzelfall** zwischen Zahnarzt und Zahlungspflichtigem vor Erbringung der Leistung des Zahnarztes **schriftlich** zu treffen.
Dieses muss die Feststellung enthalten, dass eine Erstattung der Vergütung durch Erstattungsstellen möglicherweise nicht in vollem Umfang gewährleistet ist. Weitere Erklärungen darf die Vereinbarung nicht enthalten. Der Zahnarzt hat dem Zahlungspflichtigen einen Abdruck der Vereinbarung auszuhändigen.	Dieses muss **neben der Nummer und der Bezeichnung der Leistung, dem vereinbarten Steigerungssatz und dem sich daraus ergebenden Betrag auch** die Feststellung enthalten, dass eine Erstattung der Vergütung durch Erstattungsstellen möglicherweise nicht in vollem Umfang gewährleistet ist. Weitere Erklärungen darf die Vereinbarung nicht enthalten. Der Zahnarzt hat dem Zahlungspflichtigen einen Abdruck der Vereinbarung auszuhändigen.
(3) Auf Verlangen des Zahlungspflichtigen können Leistungen im Sinne des § 1 Abs. 2 Satz 2, die weder im Gebührenverzeichnis (Anlage) noch im Gebührenverzeichnis der Gebührenordnung für Ärzte enthalten sind, und ihre Vergütung abweichend von dieser Verordnung in einem Heil- und Kostenplan schriftlich vereinbart werden.	**(3) Leistungen nach § 1 Absatz 2 Satz 2 und ihre Vergütung müssen in einem Heil- und Kostenplan schriftlich vereinbart werden.**

GOZ vom 22.10.1987, zuletzt geändert am 4.12.2001	Erste Verordnung zur Änderung der Gebührenordnung für Zahnärzte
Der Heil- und Kostenplan muss vor Erbringung der Leistung erstellt werden; er muss die einzelnen Leistungen und Vergütungen sowie die Feststellung enthalten, dass es sich um Leistungen auf Verlangen handelt und eine Erstattung möglicherweise nicht gewährleistet ist.	Der Heil- und Kostenplan muss vor Erbringung der Leistung erstellt werden; er muss die einzelnen Leistungen und Vergütungen sowie die Feststellung enthalten, dass es sich um Leistungen auf Verlangen handelt und eine Erstattung möglicherweise nicht gewährleistet ist.
§6 Abs. 2 bleibt unberührt.	§6 Abs. **1** bleibt unberührt. neu eingefügt: **(4) Bei vollstationären, teilstationären sowie vor- und nachstationären privatzahnärztlichen Leistungen ist eine Vereinbarung nach Abs. 1 Satz 1 nur für vom Wahlzahnarzt persönlich erbrachte Leistungen zulässig.**
§3 Vergütungen	**§3 Vergütungen**
Als Vergütungen stehen dem Zahnarzt Gebühren, Wegegeld und Ersatz von Auslagen zu.	Als Vergütungen stehen dem Zahnarzt Gebühren, **Entschädigungen** und Ersatz von Auslagen zu.
§4 Gebühren	**§4 Gebühren**
(1) Gebühren sind Vergütungen für die im Gebührenverzeichnis (Anlage) genannten zahnärztlichen Leistungen.	(1) Gebühren sind Vergütungen für die im Gebührenverzeichnis (Anlage **1**) genannten zahnärztlichen Leistungen.
(2) Der Zahnarzt kann Gebühren nur für selbstständige zahnärztliche Leistungen berechnen, die er selbst erbracht hat oder die unter seiner Aufsicht nach fachlicher Weisung erbracht wurden (eigene Leistungen).	(2) Der Zahnarzt kann Gebühren nur für selbstständige zahnärztliche Leistungen berechnen, die er selbst erbracht hat oder die unter seiner Aufsicht nach fachlicher Weisung erbracht wurden (eigene Leistungen).
Für eine Leistung, die Bestandteil oder eine besondere Ausführung einer anderen Leistung nach dem Gebührenverzeichnis ist, kann der Zahnarzt eine Gebühr nicht berechnen, wenn er für die andere Leistung eine Gebühr berechnet.	Für eine Leistung, die Bestandteil oder eine besondere Ausführung einer anderen Leistung nach dem Gebührenverzeichnis ist, kann der Zahnarzt eine Gebühr nicht berechnen, wenn er für die andere Leistung eine Gebühr berechnet. neu eingefügt: **Dies gilt auch für die zur Erbringung der im Gebührenverzeichnis aufgeführten operativen Leistungen methodisch notwendigen operativen Einzelschritte. Eine Leistung ist methodisch notwendiger Bestandteil einer anderen Leistung, wenn sie inhaltlich von der Leistungsbeschreibung der anderen Leistung (Zielleistung) umfasst und auch in deren Bewertung berücksichtigt worden ist.**
(3) Mit den Gebühren sind die Praxiskosten einschließlich der Kosten für Füllungsmaterial, für den Sprechstundenbedarf sowie für die Anwendung von Instrumenten und Apparaten abgegolten, soweit nicht im Gebührenverzeichnis etwas anderes bestimmt ist. Hat der Zahnarzt zahnärztliche Leistungen unter Inanspruchnahme Dritter, die nach dieser Verordnung selbst nicht liquidationsberechtigt sind, erbracht, so sind die hierdurch entstandenen Kosten ebenfalls mit der Gebühr abgegolten.	(3) Mit den Gebühren sind die Praxiskosten einschließlich der Kosten für Füllungsmaterial, für den Sprechstundenbedarf, für die Anwendung von Instrumenten und Apparaten **sowie für Lagerhaltung** abgegolten, soweit nicht im Gebührenverzeichnis etwas anderes bestimmt ist. Hat der Zahnarzt zahnärztliche Leistungen unter Inanspruchnahme Dritter, die nach dieser Verordnung selbst nicht liquidationsberechtigt sind, erbracht, so sind die hierdurch entstandenen Kosten ebenfalls mit der Gebühr abgegolten.
(4) Kosten, die nach Abs. 3 mit den Gebühren abgegolten sind, dürfen nicht gesondert berechnet werden. Eine Abtretung des Vergütungsanspruchs in Höhe solcher Kosten ist gegenüber dem Zahlungspflichtigen unwirksam.	(4) Kosten, die nach Abs. 3 mit den Gebühren abgegolten sind, dürfen nicht gesondert berechnet werden. Eine Abtretung des Vergütungsanspruchs in Höhe solcher Kosten ist gegenüber dem Zahlungspflichtigen unwirksam.
(5) Sollen Leistungen durch Dritte erbracht werden, die diese dem Zahlungspflichtigen unmittelbar berechnen, so hat der Zahnarzt ihn darüber zu unterrichten.	(5) Sollen Leistungen durch Dritte erbracht werden, die diese dem Zahlungspflichtigen unmittelbar berechnen, so hat der Zahnarzt ihn darüber zu unterrichten.
§5 Bemessung der Gebühren für Leistungen des Gebührenverzeichnisses	**§5 Bemessung der Gebühren für Leistungen des Gebührenverzeichnisses**
(1) Die Höhe der einzelnen Gebühr bemisst sich nach dem Einfachen bis Dreieinhalbfachen des Gebührensatzes. Gebührensatz ist der Betrag, der sich ergibt, wenn die Punktzahl der einzelnen Leistung des Gebührenverzeichnisses mit dem Punktwert vervielfacht wird. Der Punktwert beträgt 5,62421 Cent.	(1) Die Höhe der einzelnen Gebühr bemisst sich nach dem Einfachen bis Dreieinhalbfachen des Gebührensatzes. Gebührensatz ist der Betrag, der sich ergibt, wenn die Punktzahl der einzelnen Leistung des Gebührenverzeichnisses mit dem Punktwert vervielfacht wird. Der Punktwert beträgt 5,62421 Cent.

GOZ vom 22.10.1987, zuletzt geändert am 4.12.2001	Erste Verordnung zur Änderung der Gebührenordnung für Zahnärzte
Bei der Bemessung von Gebühren sind Bruchteile von Pfennigen auf volle Pfennigbeträge abzurunden.	Bei der Bemessung von Gebühren sind sich ergebende Bruchteile eines Cents unter 0,5 abzurunden und Bruchteile von 0,5 und mehr aufzurunden; die Rundung ist erst nach der Multiplikation mit dem Steigerungsfaktor nach Satz 1 vorzunehmen.
(2) Innerhalb des Gebührenrahmens sind die Gebühren unter Berücksichtigung der Schwierigkeit und des Zeitaufwandes der einzelnen Leistung sowie der Umstände bei der Ausführung nach billigem Ermessen zu bestimmen. Die Schwierigkeit der einzelnen Leistung kann auch durch die Schwierigkeit des Krankheitsfalles begründet sein. Bemessungskriterien, die bereits in der Leistungsbeschreibung berücksichtigt worden sind, haben hierbei außer Betracht zu bleiben.	(2) Innerhalb des Gebührenrahmens sind die Gebühren unter Berücksichtigung der Schwierigkeit und des Zeitaufwandes der einzelnen Leistung sowie der Umstände bei der Ausführung nach billigem Ermessen zu bestimmen. Die Schwierigkeit der einzelnen Leistung kann auch durch die Schwierigkeit des Krankheitsfalles begründet sein. Bemessungskriterien, die bereits in der Leistungsbeschreibung berücksichtigt worden sind, haben hierbei außer Betracht zu bleiben.
In der Regel darf eine Gebühr nur zwischen dem Einfachen und dem 2,3fachen des Gebührensatzes bemessen werden; ein Überschreiten des 2,3fachen des Gebührensatzes ist nur zulässig, wenn Besonderheiten der in Satz 1 genannten Bemessungskriterien dies rechtfertigen.	Der 2,3fache Gebührensatz bildet die nach Schwierigkeit und Zeitaufwand durchschnittliche Leistung ab; ein Überschreiten dieses Gebührensatzes ist nur zulässig, wenn Besonderheiten der in Satz 1 genannten Bemessungskriterien dies rechtfertigen; Leistungen mit unterdurchschnittlichem Schwierigkeitsgrad oder Zeitaufwand sind mit einem niedrigeren Gebührensatz zu berechnen.
§ 5a Bemessung der Gebühren bei Versicherten des Standardtarifes der privaten Krankenversicherung	Aufhebung
Für Leistungen, die in einem brancheneinheitlichen Standardtarif nach § 257 Abs. 2a des Fünften Buches Sozialgesetzbuch versichert sind, dürfen Gebühren nur bis zum 1,7fachen des Gebührensatzes nach § 5 Abs. 1 Satz 2 berechnet werden.	
§ 6 Gebühren für andere Leistungen	**§ 6 Gebühren für andere Leistungen**
(1) Erbringt der Zahnarzt Leistungen, die in den Abschnitten B I und II, C, D, E V und VI, J, L, M unter den Nummern 4113 und 4700, N sowie O des Gebührenverzeichnisses für ärztliche Leistungen – Anlage zur Gebührenordnung für Ärzte vom 12. November 1982 (BGBl. I S. 1522) – aufgeführt sind, sind die Vergütungen für diese Leistungen nach den Vorschriften der Gebührenordnung für Ärzte in der jeweils geltenden Fassung zu berechnen.	(1) Selbstständige zahnärztliche Leistungen, **die in das Gebührenverzeichnis nicht aufgenommen sind,** können entsprechend einer nach Art, Kosten- und Zeitaufwand gleichwertigen Leistung des Gebührenverzeichnisses **dieser Verordnung** berechnet werden. **Sofern auch eine nach Art, Kosten- und Zeitaufwand gleichwertige Leistung im Gebührenverzeichnis dieser Verordnung nicht enthalten ist, kann die selbstständige zahnärztliche Leistung entsprechend einer nach Art, Kosten- und Zeitaufwand gleichwertigen Leistung der in Absatz 2 genannten Leistungen des Gebührenverzeichnisses der Gebührenordnung für Ärzte berechnet werden.**
(2) Selbstständige zahnärztliche Leistungen, die erst nach Inkrafttreten dieser Gebührenordnung aufgrund wissenschaftlicher Erkenntnisse entwickelt werden, können entsprechend einer nach Art, Kosten- und Zeitaufwand gleichwertigen Leistung des Gebührenverzeichnisses für zahnärztliche Leistungen berechnet werden.	(2) Die Vergütungen sind nach den Vorschriften der Gebührenordnung für Ärzte zu berechnen, **soweit die Leistung nicht als selbstständige Leistung oder Teil einer anderen Leistung im Gebührenverzeichnis der Gebührenordnung für Zahnärzte enthalten ist und wenn die Leistungen, die der Zahnarzt erbringt, in den folgenden Abschnitten des Gebührenverzeichnisses der Gebührenordnung für Ärzte aufgeführt sind:** 1. **B I, B II, B III unter den Nummern 30, 31 und 34, B IV bis B VI,** 2. **C I unter den Nummern 200, 204, 210 und 211, C II, C III bis C VII, C VIII nur soweit eine zugrunde liegende ambulante operative Leistung berechnet wird,** 3. **E V und E VI,** 4. **J,** 5. **L I, L II unter den Nummern 2072 bis 2074, L III, L V unter den Nummern 2253 bis 2256 im Rahmen der Behandlung von Kieferbrüchen, L VI unter den Nummern 2321, 2355 und 2356 im Rahmen der Behandlung von Kieferbrüchen, L VII, L IX,** 6. **M unter den Nummern 3511, 3712, 3714, 3715, 4504, 4530, 4538, 4605, 4606 und 4715,** 7. **N unter der Nummer 4852 sowie** 8. **O.**

GOZ vom 22.10.1987, zuletzt geändert am 4.12.2001	Erste Verordnung zur Änderung der Gebührenordnung für Zahnärzte
§7 Gebührenordnung für Zahnärzte	**§7 Gebühren bei stationärer Behandlung**
Bei vollstationären, teilstationären sowie vor- und nachstationären privatzahnärztlichen Leistungen sind die nach dieser Verordnung berechneten Gebühren um 25 vom Hundert zu mindern. Abweichend davon beträgt die Minderung für Leistungen nach Satz 1 von Belegzahnärzten oder niedergelassenen anderen Zahnärzten 15 vom Hundert.	(1) Bei vollstationären, teilstationären sowie vor- und nachstationären privatzahnärztlichen Leistungen sind die nach dieser Verordnung berechneten Gebühren **einschließlich der darauf entfallenden Zuschläge** um 25 vom Hundert zu mindern. Abweichend davon beträgt die Minderung für Leistungen **und Zuschläge** nach Satz 1 von Belegzahnärzten oder niedergelassenen anderen Zahnärzten 15 vom Hundert. neu eingefügt: **Ausgenommen von dieser Minderungspflicht ist der Zuschlag nach Buchstabe J in Abschnitt B V des Gebührenverzeichnisses der Gebührenordnung für Ärzte.** **(2) Neben den nach Absatz 1 geminderten Gebühren darf der Zahnarzt Kosten nicht berechnen; die §§8 und 9 bleiben unberührt.**
§8 Wegegeld	**§8 Entschädigungen**
(1) Als Entschädigung für Besuche erhält der Zahnarzt Wegegeld; hierdurch sind Zeitversäumnisse und die durch den Besuch bedingten Mehrkosten abgegolten. Das Wegegeld umfasst Wegstreckenentschädigung und Aufwandsentschädigung.	**(1) Als Entschädigungen für Besuche erhält der Zahnarzt Wegegeld oder Reiseentschädigung; hierdurch sind Zeitversäumnisse und die durch den Besuch bedingten Mehrkosten abgegolten.**
(2) Die Wegstreckenentschädigung beträgt 1. bei Benutzung eines eigenen Kraftfahrzeuges 50 Deutsche Pfennige für jeden zurückgelegten Kilometer, 2. bei Benutzung anderer Verkehrsmittel die unter Berücksichtigung der Umstände angemessenen Fahrtkosten.	**(2) Der Zahnarzt kann für jeden Besuch ein Wegegeld berechnen. Das Wegegeld beträgt für einen Besuch innerhalb eines Radius um die Praxisstelle des Zahnarztes von** 1. **bis zu zwei Kilometern 4,30 Euro, bei Nacht (zwischen 20 und 8 Uhr) 8,60 Euro,** 2. **mehr als zwei Kilometern bis zu fünf Kilometern 8,00 Euro, bei Nacht 12,30 Euro,** 3. **mehr als fünf Kilometern bis zu zehn Kilometern 12,30 Euro, bei Nacht 18,40 Euro,** 4. **mehr als zehn Kilometern bis zu 25 Kilometern 18,40 Euro, bei Nacht 30,70 Euro.**
	Erfolgt der Besuch von der Wohnung des Zahnarztes aus, so tritt bei der Berechnung des Radius die Wohnung des Zahnarztes an die Stelle der Praxisstelle. Werden mehrere Patienten in derselben häuslichen Gemeinschaft oder in einem Heim, insbesondere in einem Alten- oder Pflegeheim besucht, darf der Zahnarzt das Wegegeld unabhängig von der Anzahl der besuchten Patienten und deren Versichertenstatus insgesamt nur einmal und nur anteilig berechnen.
(3) Die Aufwandsentschädigung beträgt für jeden zurückgelegten Kilometer 2,- Deutsche Mark, bei Nacht (zwischen 20 und 8 Uhr) 3,- Deutsche Mark. (4) Besucht der Zahnarzt auf einem Wege mehrere Patienten, darf er das Wegegeld insgesamt nur einmal und nur anteilig berechnen.	**(3) Bei Besuchen außerhalb eines Radius von 25 Kilometern um die Praxisstelle des Zahnarztes tritt an die Stelle des Wegegeldes eine Reiseentschädigung. Als Reiseentschädigung erhält der Zahnarzt** 1. **0,42 Euro für jeden zurückgelegten Kilometer, wenn er einen eigenen Kraftwagen benutzt, bei Benutzung anderer Verkehrsmittel die tatsächlichen Aufwendungen,** 2. **bei Abwesenheit bis zu acht Stunden 56,00 Euro, bei Abwesenheit von mehr als acht Stunden 112,50 Euro je Tag,** 3. **Ersatz der Kosten für notwendige Übernachtungen.** **Abs. 2 Satz 3 und 4 gilt entsprechend.**

GOZ vom 22.10.1987, zuletzt geändert am 4.12.2001	Erste Verordnung zur Änderung der Gebührenordnung für Zahnärzte
§ 9 Ersatz von Auslagen für zahntechnische Leistungen	**§ 9 Ersatz von Auslagen für zahntechnische Leistungen**
Neben den für die einzelnen zahnärztlichen Leistungen vorgesehenen Gebühren können als Auslagen die dem Zahnarzt tatsächlich entstandenen angemessenen Kosten für zahntechnische Leistungen berechnet werden, soweit diese Kosten nicht nach den Bestimmungen des Gebührenverzeichnisses mit den Gebühren abgegolten sind.	(1) Neben den für die einzelnen zahnärztlichen Leistungen vorgesehenen Gebühren können als Auslagen die dem Zahnarzt tatsächlich entstandenen angemessenen Kosten für zahntechnische Leistungen berechnet werden, soweit diese Kosten nicht nach den Bestimmungen des Gebührenverzeichnisses mit den Gebühren abgegolten sind. neu eingefügt: **(2) Der Zahnarzt hat dem Zahlungspflichtigen vor der Behandlung einen Kostenvoranschlag des gewerblichen oder des praxiseigenen Labors über die voraussichtlich entstehenden Kosten für zahntechnische Leistungen anzubieten und auf dessen Verlangen in Textform vorzulegen, sofern die Kosten insgesamt voraussichtlich einen Betrag von 1000 Euro überschreiten. Für Behandlungen, die auf der Grundlage eines Heil- und Kostenplans für einen Behandlungszeitraum von mehr als zwölf Monaten geplant werden, gilt Satz 1 nur, sofern voraussichtlich bereits innerhalb eines Zeitraums von sechs Monaten Kosten von mehr als 1000 Euro entstehen. Der Kostenvoranschlag muss die voraussichtlichen Gesamtkosten für zahntechnische Leistungen und die dabei verwendeten Materialien angeben. Art, Umfang und Ausführung der einzelnen Leistungen, Berechnungsgrundlage und Herstellungsort der zahntechnischen Leistungen sind dem Zahlungspflichtigen auf Verlangen näher zu erläutern. Ist eine Überschreitung der im Kostenvoranschlag genannten Kosten um mehr als 15 vom Hundert zu erwarten, hat der Zahnarzt den Zahlungspflichtigen hierüber unverzüglich in Textform zu unterrichten.**
§ 10 Fälligkeit und Abrechnung der Vergütung, Rechnung	**§ 10 Fälligkeit und Abrechnung der Vergütung, Rechnung**
(1) Die Vergütung wird fällig, wenn dem Zahlungspflichtigen eine dieser Verordnung entsprechende Rechnung erteilt worden ist.	(1) Die Vergütung wird fällig, wenn dem Zahlungspflichtigen eine dieser Verordnung entsprechende Rechnung **nach der Anlage 2** erteilt worden ist. **Künftige Änderungen der Anlage 2 werden durch das Bundesministerium für Gesundheit durch Bekanntmachung veröffentlicht.**
(2) Die Rechnung muss insbesondere enthalten: 1. das Datum der Erbringung der Leistung,	(2) Die Rechnung muss insbesondere enthalten: 1. das Datum der Erbringung der Leistung,
2. bei Gebühren die Nummer und die Bezeichnung der einzelnen berechneten Leistung einschließlich einer verständlichen Bezeichnung des behandelten Zahnes sowie den jeweiligen Betrag und den Steigerungssatz,	2. bei Gebühren die Nummer und die Bezeichnung der einzelnen berechneten Leistung einschließlich einer verständlichen Bezeichnung des behandelten Zahnes **und einer in der Leistungsbeschreibung oder einer Abrechnungsbestimmung gegebenenfalls genannten Mindestdauer** sowie den jeweiligen Betrag und den Steigerungssatz,
3. bei Gebühren für stationäre privatzahnärztliche Leistungen zusätzlich den Minderungsbetrag nach § 7,	3. bei Gebühren für **vollstationäre, teilstationäre sowie vor- und nachstationäre** privatzahnärztliche Leistungen zusätzlich den Minderungsbetrag nach § 7,
4. bei Wegegeld nach § 8 den Betrag und die Berechnung,	4. bei **Entschädigungen** nach § 8 den Betrag, **die Art der Entschädigung** und die Berechnung,
5. bei Ersatz von Auslagen nach § 9 den Betrag und die Art der einzelnen Auslage sowie Bezeichnung, Gewicht und Tagespreis verwendeter Legierungen,	5. bei Ersatz von Auslagen nach § 9 Art, Umfang und Ausführung der einzelnen Leistungen und deren Preise sowie die direkt zurechenbaren Materialien und deren Preise, insbesondere Bezeichnung, Gewicht und Tagespreis der verwendeten Legierungen,
6. bei nach dem Gebührenverzeichnis gesondert berechnungsfähigen Kosten Art, Menge und Preis verwendeter Materialien.	6. bei nach dem Gebührenverzeichnis gesondert berechnungsfähigen Kosten Art, Menge und Preis verwendeter Materialien.
(3) Überschreitet die berechnete Gebühr nach Abs. 2 Nr. 2 das 2,3fache des Gebührensatzes, ist dies schriftlich zu begründen.	(3) Überschreitet die berechnete Gebühr nach Abs. 2 Nummer 2 das 2,3fache des Gebührensatzes, **ist dies auf die einzelne Leistung bezogen für den Zahlungspflichtigen verständlich und nachvollziehbar** schriftlich zu begründen.

GOZ vom 22.10.1987, zuletzt geändert am 4.12.2001	Erste Verordnung zur Änderung der Gebührenordnung für Zahnärzte
Auf Verlangen ist die Begründung näher zu erläutern.	Auf Verlangen ist die Begründung näher zu erläutern. neu eingefügt: **Soweit im Fall einer abweichenden Vereinbarung nach §2 auch ohne die getroffene Vereinbarung ein Überschreiten der in Satz 1 genannten Steigerungssätze gerechtfertigt gewesen wäre, ist das Überschreiten auf Verlangen des Zahlungspflichtigen schriftlich zu begründen; die Sätze 1 und 2 gelten entsprechend.**
Die Bezeichnung der Leistung nach Abs. 2 Nr. 2 kann entfallen, wenn der Rechnung eine Zusammenstellung beigefügt ist, der die Bezeichnung für die abgerechnete Leistungsnummer entnommen werden kann. Bei Auslagen nach Absatz 2 Nr. 5 ist der Beleg oder ein sonstiger Nachweis beizufügen. Wurden zahntechnische Leistungen in Auftrag gegeben, ist eine den Erfordernissen des Abs. 2 Nr. 5 entsprechende Rechnung des Dentallabors beizufügen; insoweit genügt es, in der Rechnung des Zahnarztes den Gesamtbetrag für diese Leistungen anzugeben. Leistungen, die auf Verlangen erbracht worden sind (§1 Abs. 2 Satz 2 und §2 Abs. 3), sind als solche zu bezeichnen.	Die Bezeichnung der Leistung nach Abs. 2 Nr. 2 kann entfallen, wenn der Rechnung eine Zusammenstellung beigefügt ist, der die Bezeichnung für die abgerechnete Leistungsnummer entnommen werden kann. Bei Auslagen nach Abs. 2 Nr. 5 ist der Beleg oder ein sonstiger Nachweis beizufügen. Wurden zahntechnische Leistungen in Auftrag gegeben, ist eine den Erfordernissen des Abs. 2 Nr. 5 entsprechende Rechnung des Dentallabors beizufügen; insoweit genügt es, in der Rechnung des Zahnarztes den Gesamtbetrag für diese Leistungen anzugeben. Leistungen, die auf Verlangen erbracht worden sind (§1 Abs. 2 Satz 2 und §2 Abs. 3), sind als solche zu bezeichnen. Nr. 5 entsprechende Rechnung des Dentallabors beizufügen; insoweit genügt es, in der Rechnung des Zahnarztes den Gesamtbetrag für diese Leistungen anzugeben. Leistungen, die auf Verlangen erbracht worden sind (§1 Abs. 2 Satz 2 und §2 Abs. 3), sind als solche zu bezeichnen.
(4) Wird eine Leistung nach §6 Abs. 2 berechnet, ist die entsprechend bewertete Leistung für den Zahlungspflichtigen verständlich zu beschreiben und mit dem Hinweis „entsprechend" sowie der Nummer und der Bezeichnung der als gleichwertig erachteten Leistung zu versehen.	(4) Wird eine Leistung nach **§6 Abs. 1** berechnet, ist die entsprechend bewertete Leistung für den Zahlungspflichtigen verständlich zu beschreiben und mit dem Hinweis „entsprechend" sowie der Nummer und der Bezeichnung der als gleichwertig erachteten Leistung zu versehen.
(5) Durch Vereinbarung mit öffentlich-rechtlichen Kostenträgern kann eine von den Vorschriften der Abs. 1–4 abweichende Regelung getroffen werden.	(5) Durch Vereinbarung mit öffentlich-rechtlichen Kostenträgern kann eine von den Vorschriften der Absätze 1-4 abweichende Regelung getroffen werden. neu eingefügt: **(6) Die Übermittlung von Daten an einen Dritten zum Zwecke der Abrechnung ist nur zulässig, wenn der Betroffene gegenüber dem Zahnarzt in die Übermittlung der für die Abrechnung erforderlichen Daten schriftlich eingewilligt und den Zahnarzt insoweit schriftlich von seiner Schweigepflicht entbunden hat.**
§11 Berlin-Klausel	**§11 Übergangsvorschrift**
Diese Verordnung gilt nach §14 des Dritten Überleitungsgesetzes in Verbindung mit §21 Satz 2 des Gesetzes über die Ausübung der Zahnheilkunde in der durch das Gesetz vom 25. Februar 1983 (BGBl. I S. 187) geänderten Fassung auch im Land Berlin.	**Die Gebührenordnung für Zahnärzte in der vor dem...geltenden Fassung gilt weiter für** 1. Leistungen, die vor dem Inkrafttreten der Verordnung vom... erbracht worden sind, 2. vor dem Inkrafttreten der Verordnung vom...begonnene Leistungen nach den Nummern 215–222, 500–523 und 531–534 des Gebührenverzeichnisses der Gebührenverordnung für Zahnärzte in der vor dem...geltenden Fassung, wenn sie erst nach Inkrafttreten der Verordnung vom beendet werden, 3. Leistungen des Gebührenverzeichnisses der Gebührenordnung für Zahnärzte in der vor dem...geltenden Fassung, die aufgrund einer vor dem Inkrafttreten der Verordnung vom... geplanten und begonnenen kieferorthopädischen Behandlung bis zum Behandlungsabschluss, längstens jedoch bis zum Ablauf von vier Jahren nach Inkrafttreten dieser Verordnung, erbracht werden.

GOZ vom 22.10.1987, zuletzt geändert am 4.12.2001	Erste Verordnung zur Änderung der Gebührenordnung für Zahnärzte
§12 Inkrafttreten und Übergangsvorschrift	**§12 Überprüfung**
(1) Diese Verordnung tritt am 1. Januar 1988 in Kraft. (2) Die Gebührenordnung für Zahnärzte vom 18. März 1965 (BGBl. I S. 123) gilt weiter 1. für Leistungen, die vor Inkrafttreten dieser Verordnung erbracht worden sind, 2. für vor Inkrafttreten dieser Verordnung begonnene Leistungen nach den Nummern 15, 18, 20, 91–93, 96–98, 101–104, 119 und 120 des Gebührenverzeichnisses – Anlage zur Gebührenordnung für Zahnärzte vom 18. März 1965 –, die erst nach Inkrafttreten dieser Verordnung beendet werden.	Die Bundesregierung prüft die Auswirkungen der Neustrukturierung und -bewertung der Leistungen der Gebührenordnung für Zahnärzte. Sie berichtet dem Bundesrat bis spätestens Mitte des Jahres 2015 über das Ergebnis der Prüfung und die tragenden Gründe.

2. Explanation der Änderungen

1. §2 GOZ. Abweichende Vereinbarung

§2 Abs. 1 und Abs. 2 GOZ wurden der GOÄ angeglichen.[478] §2 Abs. 1 S. 3 GOZ ist eine Klarstellung zu den Grundsätzen der unterlassenen Hilfeleistung.[479] §2 Abs.2 S.1 GOZ führt nach der amtlichen Begründung nur eine Klärung herbei, indem die bisher ergangene Rechtsprechung in Gesetzestext umgesetzt wird. Zwar legt der Wortlaut mit der „persönlichen Absprache" nahe, dass ein Repräsentant einen derartigen Kontrakt nicht abschließen kann. Der Zahnarzt kann sich aber bei der Vereinbarung **vertreten** lassen. Es ist auch **nicht** zwingend, dass für **jede einzelne Leistung** Gebührensätze **ausgehandelt** werden. Die Vereinbarung ist schriftlich im Sinne von §126 BGB zu treffen.[480] §2 Abs. 3 S. 1 GOZ sieht nunmehr für **alle** Verlangensleistungen[481] vor, dass diese in einem Heil- und Kostenplan einschließlich der Vergütung schriftlich vereinbart werden. Eine bisherige Beschränkung entfällt. Die Vorschrift dient der Information, der Transparenz und dem Patientenschutz.[482] Mit §2 Abs. 4 GOZ soll dem Interesse an der persönlichen Leistungserbringung durch den Wahlzahnarzt im Rahmen einer wahlzahnärztlichen Vereinbarung Rechnung getragen werden. Die Vorschrift beinhaltet eine Anpassung an die GOÄ.[483]

2. §4 GOZ. Gebühren

§4 Abs. 2 S. 3, S. 4 GOZ will Doppelvergütungen vermeiden. Daher wird klargestellt und **legal definiert**, wann eine Leistung als **notwendiger Bestandteil** einer anderen Leistung anzusehen ist. Im Rahmen von §4 Abs. 3 S. 1 GOZ wurde die bisher ergangene Rechtsprechung[484] in Gesetzestext „gegossen", wonach die **Kosten für Lagerhaltung** grundsätzlich als Praxiskosten mit den Gebühren **abgegolten** sind.

3. §5 GOZ. Bemessung der Gebühren für Leistungen des Gebührenverzeichnisses

§5 Abs. 2 GOZ regelt auch weiterhin den **Schwellenwert** von 2,3. Dabei dürfte nunmehr vorrangig die **genetische Auslegung**[485] zu berücksichtigen sein.

> **Cave**
>
> Die historische Auslegung fragt insbesondere nach der geschichtlichen Entwicklung der Rechtsnorm. Hat sich die Norm z. B. aus einem bereits früher bestehenden Gesetz oder Rechtsgrundsatz entwickelt, so ist dieses zu berücksichtigen. Ein Unterfall der historischen Auslegung ist die sog. genetische Auslegung, die nach dem ursprünglichen Willen des Gesetzgebers bei Erlass des Gesetzes fragt. Die Interpretation einer Rechtsnorm soll nicht dem eindeutigen Willen des Gesetzgebers widersprechen. Dabei wird der Wille des Gesetzgebers in den Gesetzesmaterialien (z. B. den Parlamentsprotokollen) und den Motiven deutlich.

Der Gesetzgeber hat gesehen, dass bei einer ganzen Reihe häufig erbrachter Leistungen bisher deutlich über dem 2,3 fachen Satz abgerechnet wurde. Orientiert an diesem Problem wurde die Bewertung in Punkten bezüglich dieser Leistungen auf Vorschlag der Bundeszahnärztekammer angehoben. Im Gegenzug geht der Normsetzer davon aus, dass künftig durchschnittlich der 2,3 fache Gebührensatz berechnet wird.[486] Geht der Normsetzer also davon aus, dass die **Leistungen**, die **bisher** über dem 2,3-fachen Satz liegend abgerechnet wurden, nunmehr durch die **Anhebung** der Bewertung in **Punkten abgegolten** sind, dann können diese Leistungen zukünftig nicht mehr mit einem Faktor liquidiert werden, der über dem Schwellenwert liegt. Die Anforderungen an Schwierigkeiten und Aufwand für eine Rechtfertigung der Abrechnung über dem Schwellenwert dürften also im Vergleich zur bisherigen Situation zunehmen. Klargestellt wird, dass der 2,3-fache Gebührensatz **nicht schematisch** berechnet werden darf.

4. §6 GOZ. Gebühren für andere Leistungen

In §6 Abs. 1 S. 1 GOZ wurde als Rechtsfolge die **Analogbewertung** aufgenommen. Diese setzt voraus, dass:

- es sich um eine selbstständige zahnärztliche Leistung

- und keine besondere Ausführung oder Teilleistung einer bereits im Gebührenverzeichnis der GOZ enthaltenen Leistung

handelt.[487] In der Folge ist **vorrangig** eine nach Art, Kosten- und Zeitaufwand gleichwertige Leistung aus dem Gebührenverzeichnis der GOZ heranzuziehen. **Nachrangig** kommt eine Leistung aus den nach §6 Abs. 2 eröffneten Leistungen des Gebührenverzeichnisses der GOÄ infrage.

Die **berufsrechtliche (zahnärztliche) Zulässigkeit** ist der Leistungsberechnung nach der GOÄ vorgeschaltet. Der zulässige Zugriff auf eine Leistung aus dem Gebührenverzeichnis stellt **nicht** ein **Surrogat** dar. Demnach kann aus der Nennung eines (Unter)Abschnitts des Gebührenverzeichnisses nicht gefolgert werden, dass ein Zahnarzt alle in diesem (Unter)Abschnitt aufgeführten Leistungen berufsrechtlich erbringen und gebührenrechtlich berechnen darf. Für die Liquidation nach der GOÄ gilt also folgende Checkliste:

- Berufsrechtlich zulässige Leistung,
- Leistung ist nicht im Gebührenverzeichnis der GOZ enthalten,[488]
- ordnungsgemäße privatzahnärztliche Gebührenberechnung.

5. §7 GOZ. Gebühren bei stationärer Behandlung

§7 Abs.1 S.1, S. 2 GOZ entspricht §6a GOÄ und §7 Abs.2 GOZ wurde ebenfalls der GOÄ nachgebildet.

6. §9 GOZ. Ersatz von Auslagen für zahntechnische Leistungen

§9 GOZ erweitert die Informationspflichten für die Wirtschaft. Er hat als Telos, den Patienten die Möglichkeit zu geben, die in den Kostenvoranschlägen genannten Leistungen und Preise ggf. mit anderen Angeboten zu vergleichen.[489] §9 Abs.2 GOZ will die Transparenz über die Leistungen und Preise der zahntechnischen Leistungen erhöhen.[490] Die Textform in §9 Abs. 2 S. 1 GOZ meint §126 b BGB. Der Kostenvoranschlag ist nicht zu vergüten (§632 Abs. 3 BGB). §9 Abs.2 S.5 GOZ wurde **§650 Abs. 2 BGB** und der dazu ergangenen Rechtsprechung **nachgebildet**.[491] Das Pendant §650 Abs.2 BGB sieht eine Anzeigepflicht für den Fall vor, dass der Kostenvoranschlag überschritten wird. Es soll vor Übervorteilung geschützt werden. Im Hinblick auf §650 Abs. 2 BGB wird das Unterlassen der Anzeige als Pflichtverletzung gewertet. Dies bedeutet, dass das negative Interesse zu ersetzen ist, d.h., dass jemand so zu stellen ist, wie er bei rechtzeitiger Anzeige stünde.[492]

Ad extra sind die neuen Begründungspflichten zu erwähnen, die dann bestehen, wenn von einer der neuen Möglichkeiten zur Abweichung von bestehenden Abrechnungsbestimmungen Gebrauch gemacht wird.

- Zum Beispiel Vereinbarung von Mehrkosten bei der Verwendung besonderer Materialien im Rahmen von kieferorthopädischen Behandlungen, die über Standardmaterialien hinausgehen; die Begründungspflicht impliziert dann:
  - die Höhe der Kostendifferenz zwischen den Standardmaterialien und den nun vorgesehenen besonderen Materialien,
  - den Hinweis, dass die Krankenversicherung oder Beihilfe die Kosten möglicherweise nicht in vollem Umfang ersetzt,[493]
  - dies ist vor der Behandlung schriftlich zu vereinbaren.

7. §10 GOZ; Fälligkeit und Abrechnung der Vergütung; Rechnung

§10 Abs. 1 GOZ sieht nunmehr eine Rechnungserteilung nach Formular gemäß Anlage 2 vor.[494] §10 Abs. 2 GOZ entspricht §12 Abs. 2 GOÄ. §10 Abs. 3 GOZ ist angelehnt an §12 Abs. 3 GOÄ. Hinsichtlich der formellen Begründung in §12 Abs. 3 S. 1 GOZ wurden keine weitergehenden Begründungselemente eingeführt.[495] Es verbleibt damit bei der bisherigen Rechtsprechung.[496] §10 Abs. 6 GOZ trägt der Verschwiegenheitspflicht (§203 StGB) Rechnung. Betroffener ist der Patient (also derjenige, der nicht selbst Zahlungspflichtiger ist).[497]

II. Vergütung

Der Honoraranspruch ergibt sich aus §§630a, 630b, 612 BGB i.V.m. §1 GOÄ bzw. §1 GOZ[498], wenn die posterior dargestellten Voraussetzungen erfüllt sind.

1. Eo ipso muss zwischen Zahnarzt und Patient ein Dienstvertrag geschlossen worden sein.

2. Eine Einigung über die Vergütungshöhe muss erzielt worden sein.

a. Die Vergütungshöhe kann explizit vereinbart werden. Fehlt es daran, so ist die taxmäßige Vergütung (z.B. GOZ[499]) als vereinbart anzusehen (vgl. §612 Abs. 2 BGB).
   Die Dispositionsfreiheit in §2 Abs. 1 GOZ ist auf die „abweichende Höhe der Vergütung“ beschränkt; nur insoweit können die in den Vorschriften der GOZ enthaltenen Berechnungsregelungen grundsätzlich abbedungen werden. Die Zahlung eines pauschalen Honorars genügt diesen Anforderungen nicht.[500]
   Ferner ist denkbar, die Vergütungshöhe über eine ergänzende Vertragsauslegung (§§315, 316 BGB) zu erschließen.
b. Final kann auch auf die allgemeinen Regelungen in den §§315, 316 BGB zurückgegriffen werden.
   aa. §316 BGB ergänzt die Regelung des §315 BGB für den Fall, dass bei einem gegenseitigen Vertrag die Gegenleistung nicht bestimmt ist und keine Vereinbarung darüber vorliegt, wer die Gegenleistung bestimmen soll.

Die Voraussetzungen des Leistungsbestimmungsrechts gemäß §§315, 316 BGB sind:
- Gegenseitiger Vertrag.
- Die Leistung einer Partei ist nach Art und Umfang bestimmt, aber der Umfang der Gegenleistung ist nicht bestimmt.
- Es fehlt eine Einigung darüber, wenn die Gegenleistung bestimmen soll.
- Die Rechtsfolgen der §§315, 316 BGB sind:
- Das Bestimmungsrecht steht im Zweifel dem Gläubiger zu („demjenigen Teile..., welcher die Gegenleistung zu fordern hat").
- Die Leistungsbestimmung ist im Zweifel nach billigem Ermessen zu treffen.
  - Die Bestimmung nach **billigem Ermessen** gilt nur im Zweifel. Bei der Bestimmung sind die Interessen beider Parteien zu beachten. Es muss unter Berücksichtigung der Verkehrssitte und der Grundsätze von Treu und Glauben eine den wirtschaftlichen Verhältnissen angemessene Preisgestaltung vorgenommen werden. Ist ein Entgelt festzusetzen, so kommt es bei der Ausübung des billigen Ermessens auf den Wert der zu vergütenden Leistung an.[501]
  - Die Bestimmung kann daher auch das sog. **freie Ermessen** eines der Beteiligten sein, d. h., die Bestimmung soll erst bei offenbarer Unbilligkeit unverbindlich sein.[502]
  - Die Bestimmung kann einer Partei auch in der Weise überlassen werden, dass die bestimmungsberechtigte Partei nur ihre Interessen berücksichtigen darf und grundsätzlich nicht die Interessen des anderen berücksichtigen muss – sog. **freies Belieben**. Die Grenzen eines solchen Bestimmungsrechts liegen bei der Sittenwidrigkeit, beim Verbot des Rechtsmissbrauchs sowie bei offensichtlicher Unsachlichkeit.[503]

bb. Bei §5 Abs. 2 GOZ handelt es sich um eine Sonderregelung zu §315 BGB, bei der dem (Zahn)Arzt die für die Ausübung des Ermessens maßgebenden Gesichtspunkte vorgegeben sind.
Ein Zahnarzt muss einen Patienten vor der Behandlung explizit auf die Überschreitung der Regelbemessung hinweisen. Nur dann kann er die Überschreitung auch fakturieren. Im Vorfeld muss also ein Fingerzeig auf nicht zu erwartende Kostensteigerungen erfolgen. Andernfalls gilt der Ansatz eines Faktors über dem Regelhöchstsatz als **stillschweigend ausgeschlossen**.[504]
Etwas anderes gilt nur dann, wenn eine Erhöhung über den Regelhöchstsatz nicht vorhersagbar war und sich gleichsam erst während der Behandlung ergeben hat.[505]

Die Rechtsprechung gab in der Vergangenheit eine **Generallinie** aus, wann lediglich ein **Erreichen** des Schwellenwertes und wann ein **Überschreiten** des Schwellenwertes anzunehmen ist. Das Überschreiten des Schwellenwertes setze voraus, dass Besonderheiten gerade bei der Behandlung des betreffenden Patienten, **abweichend von der großen Mehrzahl** der Behandlungsfälle, aufgetreten seien. Dem Ausnahmecharakter des Überschreitens des Schwellenwertes widerspräche es, wenn schon eine vom (Zahn)Arzt allgemein oder häufig, jedenfalls nicht **nur bei einzelnen Patienten wegen in ihrer Person liegender Schwierigkeiten**, angewandte Verfahrensweise bei der Ausführung einer im Gebührenverzeichnis beschriebenen Leistung als eine das Überschreiten des Schwellenwertes rechtfertigende Besonderheit angesehen würde.[506]
Ein **„nur" erhöhter Aufwand** allein könne zwar dazu führen, dass der Zahnarzt berechtigterweise bis an die Grenze des 2,3-fachen gehen dürfe, rechtfertige jedoch noch keine Überschreitung des Schwellenwertes. Liegt der Aufwand nach alledem über dem Durchschnitt, so mag dies einen Ansatz bis hin zum Gebührenfaktor 2,3 rechtfertigen. Eine Überschreitung dieses Schwellenwertes jedoch ist **außergewöhnlichen** Einzelfällen vorbehalten, die von der Masse der Behandlungsfälle abweichen. Eine **„Schwierigkeit"** bedeute noch keinen besonders extremen Ausnahmefall, der ein Überschreiten des Schwellenwertes zulassen würde.[507]
Es stellt **keinen Fehlgebrauch des Ermessens** dar, wenn der (Zahn)Arzt persönlich-ärztliche und medizinisch-technische Leistungen durchschnittlicher Schwierigkeit mit dem jeweiligen Höchstsatz der Regelspanne, also dem 2,3fachen bzw. dem 1,8fachen des Gebührensatzes, abrechnet.[508]
Im Hinblick auf eine überhöhte Rechnung sei auf die Gefahr des Vorwurfs "Abrechnungsbetrug" hingewiesen.[509]
Das **Überschreiten des Schwellenwertes** ist nur unter folgenden Voraussetzungen gerechtfertigt:[510]

1. Herausragende Singularität (Eigenschaft oder Geschehen, was die Behandlung dieses Patienten von der Masse der anderen behandelten Patienten abweichen lässt),
2. gestaltete die Arbeit eminent diffiziler als bei der Mehrzahl von Fällen,
3. Kausalität zwischen 1. und 2.

Zum Nachweis des Überschreitens des Schwellenwertes sei wieder auf die sorgfältige Dokumentation hingewiesen.
In praxi wird bei Differenzen eine Stellungnahme der zuständigen Zahnärztekammer oder eines zahnärztlichen Sachverständigen eingeholt.

Die Beihilfestelle kann gegenüber beihilfeberechtigten Patienten die Anerkennung der Überschreitung des Schwellenwertes in einer Zahnarztrechnung rechtswidrig und schuldhaft versagen. Ist das der Fall und lässt sich daraufhin der den Antrag stellende Beamte wegen der bei ihm durch diese Entscheidung hervorgerufenen begründeten Zweifel an der Richtigkeit der Rechnungsstellung auf einen Zivilrechtsstreit mit dem behandelnden (Zahn)Arzt ein, so sind ihm die im Falle des Unterliegens die entstehenden Kosten zu ersetzen.[511]
Führt ein Beihilfeberechtigter einen Prozess vor dem Verwaltungsgericht und gelangt das Gericht allfällig zu der Auffassung, dass die Überschreitung des Schwellenwertes unberechtigt war, so steht damit rechtskräftig nur fest, dass kein Beihilfeanspruch besteht. Verweigert der (Zahn)Arzt die Rückzahlung des überzahlten Betrags, so muss der Antragssteller Klage vor dem Zivilgericht erheben. In diesem Prozess hat das Urteil des Verwaltungsgerichts keine Bindungswirkung.[512]
In dieser Situation ist der beihilfeberechtigte Patient divergierenden Entscheidungen ausgesetzt. Er kann vor dem Verwaltungsgericht unterliegen: Kein Beihilfeanspruch würde bedeuten, dass eben auch die Schwellenwertüberschreitung zu beanstanden war. Dadurch wird der Beamte motiviert, zivilrechtlich (eine bereicherungsrechtliche) Klage auf Rückzahlung der Überzahlung zu erheben. Da im Zivilprozess bei § 812 BGB Unklarheiten regelmäßig zu Lasten des Beihilfeberechtigten gehen, kann er hier dann aber unterliegen. Daher ist von diesem Vorgehen abzuraten.
Dagegen ist in der Rechtsprechung des Bundesverwaltungsgerichts anerkannt, dass die Beurteilung einer (zahn)ärztlichen Liquidation durch die Zivilgerichte die Angemessenheit der Aufwendungen im beihilferechtlichen Sinne präjudiziert.[513] Wenn der Beamte schon Klage gegenüber dem (Zahn) Arzt erhebt, sollte er dies von Anfang an machen. Auf diese Weise vermeidet er ein obiges juristisches „Überraschungsei", nämlich die Enttäuschung der Erwartung, vor dem Zivilgericht gegen den (Zahn)Arzt zu gewinnen, weil er vor dem Verwaltungsgericht gegen die Beihilfestelle unterlag. Verliert der Beamte gegen den (Zahn)Arzt den Prozess, dann kann er allfällig Erstattung der Kosten, die in dem Zivilprozess entstanden sind, und der Zinsen auf die noch offene Forderung des (Zahn)Arztes verlangen.[514]

3. Wirksamkeit: § 2 GOZ. Schon der **bisherige** § 2 Abs. 3 S. 1, S. 2 GOZ hatte den **Zweck**, den Betroffenen vor einer unüberlegten, leichtfertigen Verpflichtung zur Zahlung einer überhöhten Vergütung zu schützen. § 2 Abs. 3 GOZ dient also dem Schutz des Patienten. Der Regelung liegt der Gedanke zugrunde, dass sich der Patient frei entscheiden können soll, ob er die Leistung zu der vom (Zahn)Arzt verlangten Vergütung in Anspruch nehmen will, damit ihn keine unerwarteten finanziellen Konsequenzen treffen.[515]

Auch dem **geänderten** § 2 GOZ liegt nach der offiziellen Begründung dieses Motiv zu Grunde.[516] Eine **Leistung auf Verlangen** im Sinne des § 1 Abs. 2 S. 2 GOZ liegt unter anderem dann vor, wenn die PKV dem Patienten mitteilte, dass sie eine bestimmte zahnärztliche Leistung nicht erstatten will, der Patient aber in Kenntnis dieser Entscheidung gleichwohl die Leistungen durch den Zahnarzt an seinen Zähnen ausführen lässt.[517] Eine „Leistung auf Verlangen" im Sinne von § 2 Abs. 3 GOZ setzt voraus:

- Vereinbarung einer „Leistung auf Verlangen",
- Vereinbarung der Vergütung,
- schriftliche Fixierung in einem Heil- und Kostenplan:
  - einzelne Leistungen enthalten,
  - einzelne Vergütungen enthalten,
  - Feststellung, dass es sich um Leistungen auf Verlangen handelt,
  - Hinweis, dass eine Erstattung möglicherweise nicht gewährleistet ist.

Der Heil- und Kostenplan muss vor Erbringung der Leistung erstellt sein. Der Zahnarzt muss den Zahlungsverpflichteten zunächst über die (Nicht)Notwendigkeit der Leistung **aufgeklärt** haben, sodass dieser einwilligen kann.[518]

4. Nichtigkeit gemäß § 134 BGB. § 8 MBO der Zahnärzte ist kein Verbotsgesetz im Sinne von § 134 BGB.[519]

5. Nichtigkeit gemäß § 138 BGB.[520] Die Nichtigkeit einer Vergütungsvereinbarung kann sich aufgrund von Sittenwidrigkeit gemäß § 138 BGB ergeben. Relevant kann hier vor allen Dingen der Wuchertatbestand sein (§ 138 Abs. 2 BGB).

a. In objektiver Hinsicht (§ 138 Abs. 2 BGB, Wuchertatbestand) setzt diese Vorschrift voraus, dass ein auffälliges Missverhältnis zwischen Leistung und Gegenleistung besteht.
   Zur Ermittlung des Missverhältnisses ist vom Vergleich des objektiven Wertes der beiderseitigen Leistungen unter Zugrundelegung der beim Vertragsschluss bestehenden Verhältnisse auszugehen.[521] Die zahnärztliche Honorarvereinbarung ist immer dann angemessen, wenn die zahnärztliche Leistung medizinisch notwendig war.[522]
   Weiterhin ist Voraussetzung, dass eine Ausbeutungssituation (Zwangslage, Unerfahrenheit, mangelndes Urteilsvermögen, erhebliche Willensschwäche) vorliegt.
b. In subjektiver Hinsicht (§ 138 Abs. 2 BGB, Wuchertatbestand) ist ein „Ausbeuten" erforderlich. Es reicht aus, dass der Wucherer Kenntnis von dem auffälligen Missverhältnis und der Ausbeutungssituation hat und

sich diese Situation vorsätzlich zu Nutze macht. Nicht erforderlich ist eine besondere Ausbeutungsabsicht.[523]

6. Fälligkeit. Für die Fälligkeit der Vergütung ist Voraussetzung, dass die Leistung erbracht wurde (§§ 630b, 614) und die Rechnung den Anforderungen des § 10 GOZ entspricht.

a. Eine Leistung des Zahnarztes kann im Dienstleistungsrecht auch dadurch insgesamt unbrauchbar werden, dass eine objektiv nachbesserungsfähige Leistung durch die Vielzahl misslungener Nachbesserungsversuche unmöglich erscheint, weil weitere Nachbesserungen dem Patienten nicht mehr zumutbar sind. Das ist auch durch die Erklärung des (Zahn)Arztes indiziert, für den Patient nichts mehr tun zu können. Der Zahnarzt sieht die Behandlung dann aus seiner Sicht als abgeschlossen an: Er erbrachte die Leistung, soweit er sie erbringen konnte. Dies verwehrt es zugleich dem (Zahn)Arzt gem. § 242 BGB dem Patienten den Einwand entgegenzuhalten, der Nachbehandler hätte auf die Vorbehandlung aufbauen können. Zu berücksichtigen ist u. a., ob die Prothesen schon einmal völlig neu hergestellt wurden. Die Unbrauchbarkeit der zahnärztlichen Bemühungen führt zum Verlust des Vergütungsanspruchs.[524]
b. Eine Rechnung ist eine gegliederte Aufstellung über eine Entgeltforderung für eine Warenlieferung oder eine sonstige Leistung.[525]
   Sie muss, da sie dem Schuldner eine Überprüfung ermöglichen und für den Verbraucher einen besonderen Hinweis enthalten soll, schriftlich oder in einer anderen § 126 b BGB entsprechenden Weise erteilt werden, bedarf aber keiner Unterschrift.[526] Unter anderem geben weder BMV-Z noch GOZ einen Unterschriftenzwang her.
c. Die Rechnung ist grundsätzlich keine Fälligkeitsvoraussetzung. Ist dies ausnahmsweise doch der Fall (z. B. § 12 Abs. 2 GOÄ, § 10 GOZ), wird die Forderung mit Zugang der Rechnung fällig, zugleich beginnt der Lauf der 30-Tages-Frist.[527]
   Die Fälligkeit der Forderung setzt nicht voraus, dass die Rechnung – in den jeweils fraglichen Punkten – mit dem materiellen Gebührenrecht übereinstimmt.[528]
   Ein Zahnarzt kann nicht eine Abrechnung auf Basis eines Pauschalpreises fällig stellen (vgl. § 10 Abs. 1, 2 Nr. 2 GOZ).[529]
d. Nach § 12 Abs. 3 GOÄ (entspricht § 10 Abs. 3 GOZ) ist eine Begründung des (Zahn)Arztes nur erforderlich, wenn der Schwellenwert überschritten wird. Im Rahmen der Regelspanne ist also eine Begründung nicht erforderlich. Eine erforderliche Begründung ist bezogen auf die jeweilige Leistung abzugeben, wobei die Begründung nachvollziehbar und begreiflich sein soll. Nach dem Zweck der Pflicht zur schriftlichen Begründung, dem Patienten eine lediglich grobe Handhabe zur Einschätzung der Berechtigung des geltend gemachten Gebührenanspruchs zu geben, sind keine überzogenen Anforderungen an eine ausreichende Begründung zu stellen. Die Begründung muss aber geeignet sein, das Vorliegen solcher Umstände nachvollziehbar zu machen, die nach dem materiellen Gebührenrecht eine Überschreitung des Schwellenwertes rechtfertigen können. Einer ausführlichen ärztlichen Stellungnahme, deren Anfertigung möglicherweise mehr Zeit in Anspruch nimmt als die abzurechnende Behandlung, bedarf es allerdings nicht. In der Regel werde es vielmehr genügen, stichwortartig das Vorliegen von Umständen, die das Überschreiten des Schwellenwertes rechtfertigen können, nachvollziehbar zu machen.[530]
   Es kann nämlich nicht angehen, dass der (Zahn)Arzt für die Begründung der Schwellenwertüberschreitung mehr Zeit aufwenden muss als für die eigentliche Behandlung, zumal es sich oft nur um relativ geringe Beträge handelt. Ausführliche ärztliche Berichte oder gar Gutachten können nicht verlangt werden. Allerdings muss sich aus der gegebenen Begründung andererseits aber auch entnehmen lassen, weshalb bei dem Patienten eine von der Masse der behandelnden Fälle abweichende Besonderheit vorlag und insbesondere, worin denn diese Besonderheit bestand.[531]
   Ist also eine Begründung abzugeben, dann darf dies nicht dazu führen, dass die Begründung der Ermessensentscheidung für jede einzelne Leistungsposition einen Raum einnimmt, hinter dem der Aufwand für die ärztliche Leistung in den Hintergrund tritt. Erhebt ein Patient keine **substantiierten Einwände** gegen die Bewertung der (zahn)ärztlichen Leistung als durchschnittlich und ist er in der mündlichen Verhandlung säumig, besteht für das Gericht kein Anlass, hinsichtlich des ausgeübten Ermessens nähere Aufklärung zu verlangen.[532]
   En passant sei für **beihilfeberechtigte Patienten** bemerkt, dass regelmäßig Voraussetzung für den Beihilfeanspruch ist, dass die medizinische Notwendigkeit und Angemessenheit der erbrachten ärztlichen Leistungen belegt werden kann. Fehlt es in einer Rechnung an der Angabe der betreffenden Diagnose, dann kann dies im Gerichtsverfahren noch nachgeholt bzw. korrigiert werden. Denn eine solche Fehlerhaftigkeit einer (Zahn)Arztrechnung bleibt nach der Rechtsprechung (des Bundesverwaltungsgerichts) ohne Folgen für den Beihilfeanspruch, wenn die medizinische Notwendigkeit und Angemessenheit der erbrachten ärztlichen Leistung zu einem späteren Zeitpunkt festgestellt wird. Dies kann auch noch im verwaltungsgerichtlichen Verfahren geschehen. Zu beachten ist nämlich, dass zwar eine fällige Arztrechnung vorliegen muss, die aber auch nach den für Arztrechnungen maßgeblichen Vorschriften der Ge-

bührenordnung für Ärzte – GOÄ – **nicht die Diagnose enthalten** (vgl. §12 GOÄ) muss.[533]

e. Verlangensleistungen sind Leistungen, die über das Maß des zahnmedizinisch notwendigen hinausgehen (§1 Abs. 2 S. 2 GOZ), bei denen die Kostenträger nicht zur Erstattung verpflichtet sind. Nach §10 Abs. 3 S. 6 GOZ sind die auf Verlangen des Zahlungspflichtigen erbrachten Leistungen in der Rechnung als solche zu bezeichnen.

f. Eine Übereinstimmung der Rechnung mit dem materiellen Gebührenrecht wird nicht vorausgesetzt.[534] Der Fälligkeitseintritt wird also nicht durch eine richtige Abrechnung, sondern lediglich durch eine prüffähige Rechnung, die alle Kriterien des §10 GOZ enthält, ausgelöst.[535]

7. Einrede des §242 BGB. §242 BGB wird von Amts wegen berücksichtigt, so dass sich z.B. der Patient nicht auf §242 BGB berufen muss. Der Honorarforderung kann über §242 BGB nicht ein **Rechtsmissbrauch** dergestalt entgegen gehalten werden, dass sie **a posteriori** (z.B. 25 Monate) geltend gemacht wurde. Dem Arzt steht es grundsätzlich frei, wann er mit **Stellung der Rechnung** die Fälligkeitsvoraussetzungen für seine Honorarforderung schafft.[536] Dem Vergütungsanspruch steht die Einrede des §242 BGB entgegen, wenn der Patient nicht über die fehlende **medizinische Notwendigkeit** (§1 Abs. 2 GOZ) aufgeklärt wurde.[537] Daher setzt die Liquidation unter anderem voraus, dass es sich um eine Leistung handelt,

- die das Quantum der zahnmedizinisch notwendigen[538] zahnärztlichen Versorgung nicht überschreitet (§1 Abs. 2 S. 1 GOZ)
- oder (wenn das Maß des zahnmedizinisch Notwendigen überschritten wurde) die auf Verlangen des Patienten erbracht wurde (sog. „**Leistung auf Verlangen**", „**Verlangensleistung**" bzw. „**Wunschleistung**"[539]).

Der Vergütungsanspruch des Zahnarztes entfällt auch dann, wenn der Zahnarzt nicht seiner Verpflichtung nachgekommen ist, den Patienten über gleichermaßen indizierte **Behandlungsalternativen** zur prothetischen Versorgung der Oberkieferbezahnung aufzuklären, und der Patient darlegt, dass er bei ordnungsgemäßer Aufklärung eine prothetische Versorgung mittels Gaumenplatte abgelehnt hätte. Denn der Patient hat gemäß §280 Abs. 1 BGB wegen p.V.V. einen Schadensersatzanspruch, der auf Befreiung von der eingegangenen Honorarverpflichtung (Vergütungspflicht) gerichtet ist.[540] Der Patient kann dem Zahnarzt den Arglisteinwand entgegensetzen, wenn ihm Kosten auferlegt worden sind, für die nicht er, sondern seine Krankenkasse einstandspflichtig ist. Der Zahnarzt hat einen **Heil- und Kostenplan** inhaltlich so zu gestalten, dass alle von der gesetzlichen Krankenkasse zu vergütenden Leistungen erfasst sind. Hätte der Patient in diesem Fall deutlich geringere Eigenzahlungen geschuldet, steht ihm insoweit ein Leistungsverweigerungsrecht zu.[541]

8. Zinsen für die Vergütung. Als Information für Zinsen bezüglich des Vergütungsanspruches werden §§286, 288 BGB und §291 BGB erwähnt.

III. Auslagenersatz

1. Ein Anspruch auf Auslagenersatz kann sich bei Vorliegen der Voraussetzungen aus §9 GOZ i.V.m. §§669, 670 BGB rechtfertigen.

a. Die Vergütung für zahntechnische Leistungen bei Privatliquidation richtet sich nach §9 GOZ. Danach kann der Zahnarzt die angemessenen Kosten berechnen.
Die Meinungen gehen im Hinblick auf die Frage auseinander, nach welcher Liste sich bei Privatpatienten die Angemessenheit der in Abrechnung gestellten zahntechnischen Leistungen richtet.
Bei der BEB-Liste handelt es sich um die bundeseinheitliche Benennungsliste. Die BEL-Liste ist das bundeseinheitliche Verzeichnis der abrechnungsfähigen zahntechnischen Leistungen der gesetzlichen Krankenversicherung.
Nach einer Ansicht ist für die Abrechnung zahntechnischer Leistungen grundsätzlich auch die BEL-Liste heranzuziehen. Für ein Heranziehen der BEL-Liste spreche, dass nicht einzusehen sei, warum bei gleicher Laborleistung unterschiedliche Preise für Kassen- und Privatpatienten gerechtfertigt sein sollten. Wenn 90% aller zahntechnischen Leistungen nach der BEL-Liste abgerechnet werden, dann bedeute dies Verkehrsgeltung bei den beteiligten Kreisen. Die „Üblichkeit" der Vergütung ergebe sich daher aus der BEL-Liste, da es zur Ermittlung der Üblichkeit auf den Kreis aller Versicherten, also auch auf den Kreis der gesetzlich Krankenversicherten ankomme.
Dass für gleiche Leistungen eine unterschiedlich hohe Vergütung gezahlt werden soll, sei nur bei Vorliegen eines sachlichen Grundes nachvollziehbar. Die Differenzierung der Vergütung allein nach dem Versichertenstatus des Patienten sei kein sachlicher Grund. Ein solcher wäre exemplarisch dann zu bejahen, wenn die Heilbehandlung dieses Versichertenkreises weit umfangreicher ausfalle, also kein identischer Leistungsumfang bei privaten und gesetzlich Versicherten vorläge. Medizinisch notwendige Leistungen, die nicht identisch mit denjenigen der so genannten BEL-Liste seien, insbesondere weil sie qualitätsverbessernden Charakter hätten oder hinsichtlich der angewandten Mittel oder in zeitlicher Hinsicht einen höheren Leistungsstandard (Präzision, Passgenauigkeit usw.) darstellten, seien nach den hierfür üblichen, die BEL-Liste übersteigenden Preisen erstattungsfähig.[542]
Nach dieser Vista kann nur ausnahmsweise nach der BEB-Liste abgerechnet werden, z.B.:
  - eine medizinisch notwendige Leistung

- und kein identischer Leistungsumfang bei privat und gesetzlich Versicherten.

  Nach anderer Ansicht ist für die Liquidation die **BEB-Liste** anzuwenden. **Privatärztliche und kassen(zahn) ärztliche Leistungen könnten ohnehin nicht gleichgestellt werden.** Denn für den Kreis der in einer gesetzlichen Krankenversicherung Versicherten bestehe ein stringentes Wirtschaftlichkeitsgebot nach § 12 Abs.4 SGB V, welches auch und gerade im Zusammenhang mit prothetischen Versorgungen anzuwenden sei. Bei der Beurteilung der von Privatpatienten zu zahlenden angemessenen Vergütung im Sinne des § 9 GOZ hätten allgemeine wirtschaftliche Erwägungen aber keinen Platz und es komme allein auf die konkreten in Auftrag gegebenen Arbeiten und die hierfür angemessene Vergütung an.

  Ist im Heil- und Kostenplan angegeben, dass die Kosten für zahntechnische Leistungen nicht nach der BEL-Liste kalkuliert werden, dann wird damit hervorgehoben, dass kassenzahnärztliche Tarife für die zahntechnischen Leistungen bei dem (privat versicherten) Patienten keine Gültigkeit haben. Dementsprechend könne die BEB-Liste Anwendung finden.[543] Es kann daher nur angeraten werden, einen derartigen Hinweis im Heil- und Kostenplan anzubringen.

b. Im Hinblick auf die Leistungserbringung sei auf folgende Besonderheit hingewiesen: Bei der Planung und Einpassung von Prothesen soll – anders als bei einer bloßen technischen Anfertigung einer Prothese durch den Zahntechniker nach einem vorgegebenen Abdruck – bereits die Arbeitsleistung als solche die Vergütungspflicht auslösen, weil der Zahnarzt den Erfolg seiner Behandlung nur zum Teil selbst beeinflussen kann.[544]

c. Die Rechnungsstellung muss die §§ 9, 10 Abs. 2 Nr. 5 GOZ und Vorbemerkung A.3. zu Anlage Gebührenverzeichnis für zahnärztliche Leistungen berücksichtigen.

2. Einen Verzugsschaden kann der Zahnarzt nach §§ 280 Abs. 1, 2, 286 BGB geltend machen. Macht der Zahnarzt eine übersetzte Forderung geltend gemacht, weil er nach der BEB-Liste statt der BEL-Liste abrechnet, dann wird der Patient allfällig durch Mahnungen, die auf dieser Abrechnung beruhen, nicht in Verzug gesetzt. Dies führt dazu, dass als Verzugsschaden weder Inkassokosten noch Zinsen noch Rechtsanwaltskosten in einem späteren Prozess zugesprochen werden.[545] Nur mit einem Mahnbescheid kann sich der Patient – selbst bei übersetzter Abrechnung – in Verzug befinden.

IV. Prozessuale Spezialien

1. Im Rechtsstreit über die Zahlung des (zahn)ärztlichen Honorars obliegt dem (Zahn)Arzt die Beweislast nach den allgemeinen Regeln. Der Arzt hat somit die Erbringung der abgerechneten Leistungen sowie deren medizinische Notwendigkeit zu beweisen.

   Die für den (Zahn)Arzthaftungsprozess geltenden Beweiserleichterungen für die Behandlerseite finden wegen der grundsätzlich anderen Ausgangssituation im Honorarprozess des (Zahn)Arztes keine Anwendung. Der (Zahn)Arzt hat anders als der beklagte Patient daher die Möglichkeit, sein ärztliches Handeln in geeigneter Form u. a. (bildgebende Verfahren) zu dokumentieren; ihm stehen gewöhnlich Personen, wie etwa seine Arzthelferin, als Zeugen für die Richtigkeit seiner schriftlichen Aufzeichnungen zur Verfügung.

   Die schriftliche Dokumentation des (Zahn)Arztes auf der Patientenkartei kann zwar ein Indiz für das tatsächliche Tätigwerden des Arztes in dem abgerechneten Umfang darstellen. Seinen schriftlichen Aufzeichnungen allein kommt dabei – jedenfalls im Streitfall – kein **entscheidender** Beweis- oder Indizwert zu.[546] Dies gelte namentlich dann, wenn in einer Vielzahl von gerichtsbekannten Honorarprozessen des (Zahn)Arztes über den Umfang der von diesem erbrachten Leistungen gestritten wurde oder wird, und sich auch im konkreten Fall aus den Abrechnungen selbst auffällige Häufungen angeblicher Leistungen sowie offenkundige Unrichtigkeiten ergeben.[547] Die schriftlichen Aufzeichnungen des (Zahn)Arztes sind auch nicht als Privaturkunden im Sinne von § 416 ZPO zu werten, sondern unterliegen als "sonstige Privaturkunden" der freien Beweiswürdigung des Gerichts.[548]

   Für die Behandlungsdurchführung sollte u. a. Beweis angetreten, dass Behandlungstermine im Terminkalender festgehalten wurden.[549]

2. Im Prozess ist also substantiiertes Bestreiten durch den Patienten nötig bei einer konkreten Rechnungsstellung. In Einzelheiten gehende **konkrete Einwendungen zu einzelnen Rechnungspositionen** sind notwendig, um für den Zahnarzt Einlassungsfähigkeit und für das Gericht Prüffähigkeit zu ermöglichen. Ansonsten wird das Bestreiten der Rechnung(shöhe) als prozessual unerheblich eingestuft.[550]

B. Die Entscheidung: Honorarvereinbarung vor und während einer Behandlung[551]

I. Sachverhalt

Der Zahnarzt (K) stritt mit einem Privatpatienten (B) über die restliche Vergütung in Höhe von ca. 8.000 Euro für Material- und Laborkosten. Der K behandelte ausschließlich Privatpatienten. Der B begab sich erstmals im Frühjahr 1995 in die Behandlung des K. Am 6.9.1995 und 11.12.1996 trafen die Parteien eine Honorarvereinbarung, wobei der K einen Vordruck verwendete, den der B unterzeichnete. Danach sollten einzeln bezeichnete Leistungen des Gebührenverzeichnisses der GOZ nach wechselnden Faktoren im Rahmen zwischen dem 3,9- bis 8,2-fachen des Mindestsatzes der GOZ vergütet werden. Die Honorarvereinbarung enthielt unter anderem folgenden Text: *„Für die privatzahnärztliche Behandlung bei Herrn/Frau...werden mit Rücksicht auf den voraussichtlichen Zeitaufwand und auf den Praxisaufwand für die einzelnen besonders schwierigen und/oder besonders zeitaufwendigen Leistungen folgende Multiplikatoren des Gebührensatzes berechnet:...“* Es wurden handschriftlich Leistungsnummern des Gebührenverzeichnisses der GOZ eingetragen, wobei die Multiplikatoren unterschiedlich hoch waren. Danach folgt u. a. als weiterer vorgedruckter Text: *„Die Höhe der Gebühren richtet sich entsprechend §5 Abs.2 GOZ insbesondere nach der voraussichtlichen Schwierigkeit und dem voraussichtlichen Zeitaufwand der einzelnen Leistungen.“*

II. Entscheidungsgründe

Auch das Oberlandesgericht schützte die Klage. Der K hat einen Anspruch gegen den B auf Zahlung der Material- und Laborkosten i.H.v. 8000 Euro aus §9 GOZ in Verbindung mit §§669, 670 BGB.

I. Die Forderung war als angemessen im Sinne von §9 GOZ zu bewerten. Es **muss nicht entgegenstehen**, dass in Rechnung gestellte Vergütungen von Zahntechnikerleistungen **teilweise erheblich über den Sätzen** eines anderen Labors liegen. Entscheidend kann sein, dass ein **Zahnarzt** dem Zahntechniker einen **besonders hohen Grad an Präzision abverlangte** (was ein Sachverständiger in einem späteren Prozess bestätigen können muss). **Die damit an den Zahntechniker gestellten hohen Anforderungen wirken sich naturgemäß auf die Kostenberechnung aus**, weshalb die ggü. anderen Zahntechnikerlabors erhöhten Vergütungen verständlich werden. In diesem Zusammenhang kann auch zu berücksichtigen sein, dass allfällig die Höhe der Kosten annähernd genau in dem (einem Patienten) vor der prothetischen Behandlung ausgehändigten Heil- und Kostenplan genannt wird und ein Patient gerade wegen der Kostenhöhe zunächst weitere Erkundigungen einholt.[552]

„Die Frage der Angemessenheit bestimmt sich – außer nach den örtlichen Verhältnissen – insbesondere nach dem besonderen Aufwand, den der Zahnarzt im Einzelfall von dem beauftragten Zahntechniker verlangt. Dabei ist darauf abzustellen, welcher Preis nach der Schwierigkeit, dem Zeitaufwand und den an den Zahntechniker gestellten Anforderungen angemessen ist.“ Diese Voraussetzungen lagen hier vor, weil der Zahntechniker ein extrem überdurchschnittliches Resultat erzielte.

Es war auch nicht nach der BEL-Liste zu kalkulieren. Denn kassenzahnärztliche Tarife haben für zahntechnische Leistungen bei Privatversicherten keine Gültigkeit (str.). Zum anderen wurde in dem Heil- und Kostenplan auf die BEL-Liste abgestellt. Der K konkretisierte auch die Kosten der zahntechnischen Leistungen.

II. Die Klageforderung ist auch nicht durch Aufrechnung gemäß §387 BGB erloschen.

1. Es bestand nicht das für eine Aufrechnung vorausgesetzte Gegenseitigkeitsverhältnis.

2. Eine Gegenforderung stand dem B nicht zu. Das OLG erkannte nicht auf einen bereicherungsrechtlichen Anspruch aus §812 Abs. 1 S. 1 Alt. 1 BGB für B.

a. Für die geleistete Vergütung stand dem K auch ein Rechtsgrund zur Seite, nämlich ein Anspruch aus §§630a, 630b, 612 Abs. 2 BGB i.V.m. §2 GOZ.

aa. **Wirksamkeit der Gebührenvereinbarung vom 6.9.1995.**

(i) Die Vergütungsvereinbarung hielt auch einer Inhaltskontrolle gemäß §§305 ff. BGB (früher: §9 ff. AGBGB)stand, weil es sich nach Ansicht des OLG **nicht** um **allgemeine Geschäftsbedingungen** handelt.

Die Beweislast für das Vorliegen von Allgemeinen Geschäftsbedingungen trägt derjenige, der sich auf den Schutz des AGB-Rechts beruft. Dieser hat das Vorliegen von AGB darzutun und unter Beweis zu stellen.[553]

Vielmehr war es eine Individualvereinbarung, auf die die §§305 ff. keine Anwendung finden (§305 Abs. 1 S. 3 BGB).

„Soweit die Vertragsbedingungen zwischen den Parteien im Einzelnen ausgehandelt sind, sind die §§305 ff. BGB unanwendbar. ***Eine Überschreitung des Gebührenrahmens des §5 GOZ in AGB's wird nach ständiger Rechtsprechung des BGH aber grundsätzlich als ein Verstoß gegen §9 Abs.2 Nr.1 AGBG (jetzt: §307 I, II BGB) gesehen.*** *Ein Zahnarzt kann deshalb eine* ***Honorarvereinbarung*** *oberhalb des gesetzlich vorgesehenen Gebührenrahmens* ***nur in*** *Form einer vor der Leistungserbringung des Zahnarztes getroffenen* ***schriftlichen Individualabrede*** *treffen.“*

Nach der Rechtsprechung muss also eine Abweichung von der Höhe des Honorars nach §2 Abs. 2 GOZ individuell mit dem Patienten vereinbart werden. Eine vorformulierte, dem Patienten nur zur Unterschrift vorgelegte Honorarvereinbarung genügt diesen Anforderungen nicht.[554]

„Die Überschreitung des Honorarnamens der GOÄ oder GOZ ist unwirksam[555], insbesondere, wenn nur ein abweichender Rahmen bestimmt[556] und dem Arzt die Festsetzung des Honorars überlassen wird, anders wenn unter Umständen der Kunde den Multiplikator selbst bestimmt hat.“[557]

Die Bedingungen wurden zwischen den Parteien **ausgehandelt**.
„Aushandeln im Sinne des §§ 1 Abs. 1 AGBG (§ 305 Abs. 1 S. 3 BGB n. F., Anm. des Autors) bedeutet mehr als verhandeln. Es genügt nicht, dass das gestellte Formular dem Vertragspartner bekannt ist und nicht auf Bedenken stößt, dass der Inhalt lediglich erläutert oder erörtert wird und den Vorstellungen des Partners entspricht. Von einem Aushandeln in diesem Sinne kann vielmehr nur dann gesprochen werden, wenn der Verwender zunächst den in den Allgemeinen Geschäftsbedingungen enthaltenen „gesetzesfremden Kerngehalt", also die den wesentlichen Inhalt der gesetzlichen Regelung ändernden oder ergänzenden Bestimmungen inhaltlich ernsthaft zur Disposition stellt und dem Verhandlungspartner Gestaltungsfreiheit zur Wahrung eigener Interessen einräumt, mit zumindest der realen Möglichkeit, die inhaltliche Gestaltung der Vertragsbedingungen zu beeinflussen…in der Regel schlägt sich eine solche Bereitschaft auch in erkennbaren Änderungen des vorformulierten Textes nieder."[558]
Ein Aushandeln liegt daher regelmäßig vor, wenn
- die einzelne AGB-Bestimmung auf Veranlassung des Vertragspartners im Text tatsächlich abgeändert wurde
- oder ohne Abänderung des Textes,
  - dem Verbraucher dafür anderweitig Vorteile eingeräumt worden sind,
  - oder der Vertragspartner nach der Erörterung denkbarer Alternativen die einzelne AGB-Bestimmung bzw. die AGB insgesamt anerkannt hat, weil er sie für die Abwicklung dieses Vertrages für sachgerecht hält.[559] Der Verwender muss also ernsthaft zur Abänderung bereit sein.[560]

*„Für ein Aushandeln in diesem Sinne ist erforderlich, dass der Kläger den in der Vereinbarung enthaltenen gesetzesfremden Kerngehalt – **das Überschreiten des in § 5 GOZ enthaltenen Gebührenrahmens – ernsthaft zur Disposition gestellt** und der Beklagten eine Gestaltungsfreiheit zur Wahrung ihrer eigenen Interessen mit der realen Möglichkeit eingeräumt hat, die inhaltliche Ausgestaltung der Vertragsbedingungen beeinflussen zu können."*[561]
Für das Vorliegen einer Individualvereinbarung ist maßgebend, dass sie auf das individuelle Behandlungserfordernis des Patienten abgestimmt ist. Eine Individualvereinbarung i. S. des § 305 BGB (§ 1 AGBG a. F.) liegt regelmäßig vor, wenn sich die Honorarvereinbarung auf einen konkreten Heil- und Kostenplan bezieht.[562]

Diese Voraussetzungen liegen hier vor. Denn der K und der B besprachen die Frage der vertragsgemäßen Gebührenregelung im Einzelnen persönlich. Zunächst einmal wurden dem B ein Entwurf der beabsichtigten Vereinbarung und ein Merkblatt zum Lesen mit ins Wartezimmer gegeben. Später verhandelte man dann in einem nachfolgenden Gespräch über die Höhe der verschiedenen Multiplikatoren.

(ii) Die Vereinbarung genügt auch den Voraussetzungen des § 2 GOZ.
Die Vereinbarung enthielt die Feststellung, dass eine Erstattung der Vergütung durch Erstattungsstellen möglicherweise nicht in vollem Umfang gewährleistet ist.
Eine „weitere Erklärung" im Sinne des § 2 Abs. 2 S. 3 GOZ, die unzulässig wäre, enthält die Vereinbarung nicht.
Der wesentliche **Zweck** der Regelung des § 2 Abs. 2 S. 3 GOZ besteht darin, den Patienten vor einer unüberlegten, leichtfertigen Verpflichtung zur Zahlung einer überhöhten Vergütung zu schützen, weshalb die zu fordernde Klarheit es notwendig macht, dass in dem Schriftstück jedweder von der Tragweite der Abrechnungsvereinbarung ablenkender Zusatz unterbleibt. Eine Bestätigung, wonach ein Patient einen Abdruck der Vereinbarung erhalten habe, stellt keine in dieser Weise unzulässige Erklärung dar. Tabu ist also ein Zusatz, der sich mit der Frage der Gebührenhöhe befasst und Einfluss auf die Willensbildung des Patienten hat.[563]
„Deshalb sind Erklärungen, die ihn von der Tragweite der Vergütungsvereinbarung ablenken können, untersagt. Andererseits ist es nicht untersagt, Hinweise zu geben, die in unmittelbarem Zusammenhang mit der Regelung der Vergütungshöhe stehen oder in angemessener Weise über den Inhalt und die Folgen der Absprache aufklären sollen."[564]
Es sind eben gerade nicht von der Tragweite der Vergütungsvereinbarung gab, wenn der K lediglich erläutert, dass sich die unterschiedliche Höhe der Multiplikatoren des Gebührensatzes insbesondere an der Schwierigkeit und dem Zeitaufwand der Behandlung orientiert.

(iii) Für den B war auch erkennbar (§ 2 Abs. 2 GOZ), für welche Leistungen der vereinbarten Gebührensatz gelten sollte, denn die wesentlichen zahn(ärzt)lichen Leistungen wurden in der Vereinbarung unter Angabe der jeweiligen Gebühren aufgeführt.
„Anhand des auf der Umseite dieser Vereinbarung abgedruckten Gebührenverzeichnisses

war es der Beklagten somit möglich, der jeweiligen Gebührenziffer die dahinter stehende zahnärztliche Leistung zuzuordnen. Daraus ergibt sich, dass der Kläger – neben einer eingehenden Untersuchung als allgemeiner zahnärztlicher Leistung – als besonders schwierig und/oder besonders zeitaufwendig die Leistungen aus den Bereichen Konservierung, Chirurgie, Parodontalbehandlung und Prothetik in die Vereinbarung einbeziehen wollte."

(iv) Die Gebührenvereinbarung beeinträchtigte auch die Entschließungsfreiheit nicht unzumutbar.[565]

(v) Die Gebührenvereinbarung war auch nicht wegen Sittenwidrigkeit gemäß § 138 BGB unwirksam.
„Denn nach den Ausführungen des Sachverständigen Dr. T *ist festzustellen, dass sich angesichts des absolut ungewöhnlichen Material- und Zeiteinsatzes, der weit überdurchschnittlichen Sorgfalt und des in jedem Behandlungsschritt auf ein qualitätsvolles Ergebnis abzielenden Praxisaufwandes insbesondere auch vor dem Hintergrund des tatsächlich erzielten und in allen Belangen hochwertigen Therapieresultats, für jeden einzelnen vereinbarten Steigerungssatz Leistung und Gegenleistung in einem angemessenen Verhältnis bewegen.*"

bb. **Wirksamkeit der Gebührenvereinbarung vom 11.12.1996.**
Die Vereinbarung verstieß nicht gegen § 2 Abs. 2 S. 1 GOZ. Denn die Vereinbarung wurde „**vor Erbringung der Leistung des Zahnarztes**" getroffen.
Es ist darauf aufmerksam zu machen, dass eine Honorarvereinbarung im Laufe einer längeren Zahnbehandlung noch getroffen werden kann, ohne gegen § 2 Abs. 2 S. 1 GOZ zu verstoßen, wenn sie sich auf ein von den bisherigen zahnärztlichen Leistungen abgrenzbares Behandlungsgeschehen bezieht. Das ist insbesondere regelmäßig dann der Fall, wenn mit neuen prothetischen Leistungen begonnen werden soll.[566]
„Insoweit ist der Begriff der Leistung nicht mit dem der Behandlung gleichzusetzen, so dass eine Gebührenvereinbarung auch noch während einer bereits laufenden Behandlung für zukünftige Leistungen getroffen werden kann."[567]
Das OLG Celle[568] schränkt den **Wortlaut** von § 2 Abs. 2 S.1 GOZ und § 2 Abs. 3 S. 2 GOZ teleologisch ein.
Der **Zweck** dieser Regelungen besteht darin, den Betroffenen vor einer unüberlegten, leichtfertigen Verpflichtung zur Zahlung einer überhöhten Vergütung zu schützen. § 2 Abs. 3 GOZ dient also dem Schutz des Patienten. Der Regelung liegt der **Gedanke** zugrunde, dass sich der Patient frei entscheiden können soll, ob er die Leistung zu der vom Arzt verlangten Vergütung in Anspruch nehmen will, damit ihn keine unerwarteten finanziellen Konsequenzen treffen.
Auch wenn es mit dem Wortlaut des § 2 Abs. 3 Satz 2 GOZ vereinbar ist, dass ein Patient während einer laufenden Behandlung im Hinblick auf künftig zu erbringende Leistungen eine Vergütungsvereinbarung schließt, ist doch zu beachten, dass er insoweit in seiner Entschließungsfreiheit nicht unzumutbar beeinträchtigt werden darf. Daran ist z. B. zu denken, wenn
- dem Patienten nicht zugemutet werden kann, eine Honorarvereinbarung abzulehnen und deshalb einen anderen Arzt mit der Weiterbehandlung betrauen zu müssen
- oder wenn sich der Zahnarzt die Vereinbarung mit dem Patienten in Kenntnis von dessen beengter finanzieller Situation und in Kenntnis der Notwendigkeit der Zusage einer Kostenübernahme durch deren Versicherung erst nach Durchführung einer längeren (z. B. mehrstündigen) zahnärztlichen Behandlung unterschreiben ließ und sodann die kostenverursachende Behandlung begann, obwohl der Zahnarzt vernünftigerweise weder mit einer Kostenübernahme durch die Krankenversicherung noch mit einer Bezahlung durch die Beklagte rechnen durfte.[569]
  Der Patient hatte dann keine Gelegenheit, den Umfang der eigenen finanziellen Beteiligung an den Kosten zu klären. Diese muss ihm aber eingeräumt werden.

In concreto führte das OLG Celle[570] aus, dass die Entschließungsfreiheit eines zahnärztlichen Patienten unzumutbar beeinträchtigt ist, wenn ihm nach zweistündiger Behandlung in einer Behandlungspause Vergütungsvereinbarungen über sogenannte Verlangensleistungen in einem Gesamtumfang von knapp 40.000 Euro zur Unterschrift vorgelegt werden und der Zahnarzt unmittelbar nach der Unterzeichnung noch am selben Tage mit der kostenverursachenden Behandlung beginnt.

III. Schlussfolgerung

Risikofaktoren bzgl. des Abschlusses einer Individualvereinbarung:
- **Überrumpelung** des Patienten: Dem Patienten ist ein **Entwurf** der beabsichtigten Vereinbarung **vor** der Behandlung auszuhändigen (**während** einer laufenden Behandlung kann eine Gebührenvereinbarung für zukünftige Leistungen getroffen werden). Für die anschließende Lektüre im Wartezimmer ist dem Patienten ausreichend Zeit einzuräumen.
- **Diktat** der Gebühren: Auf die **Verhandlungsbereitschaft** hinsichtlich der Höhe der verschiedenen

Multiplikatoren in einem persönlichen Gespräch ist hinzuweisen. Die Höhe darf nicht „fundamentalistisch" gegenüber dem Patienten eingenommen werden. Der Patient muss die reale Möglichkeit haben, die inhaltliche Gestaltung der Vertragsbedingungen zu beeinflussen.

- Intransparenz:
  - **Leistungen**: Für den Patienten muss **transparent** sein, für welche Leistungen der vereinbarte Gebührensatz gelten soll. In dem Kontrakt sollte Folgendes gem. §2 GOZ spezifiziert werden (anderer Inhalt ist unzulässig!):
    - Wesentliche zahnärztliche Leistungen, die erbracht werden sollen,
    - Zuordnung der Gebührenziffern zu den wesentlichen Leistungen,
    - jeweils vereinbarter Steigerungssatz,
    - Feststellung, dass vollumfängliche Erstattung allfällig nicht gewährleistet ist,
    - Abdruck des Gebührenverzeichnisses auf der Rückseite (der Patient kann der jeweiligen Leistung die entsprechende Gebührenziffer zuordnen).
  - **Kostenübernahme** durch GKV: In einer Honorarvereinbarung muss mit einem **gesetzlich Versicherten** auch festgehalten werden, dass der Patient
    - eine privatärztliche Behandlung
    - und eine Privatliquidation der zahnärztlichen Leistungen
    - trotz bestehenden Versicherungsschutzes

ausdrücklich wünscht.[571]

Es ist nämlich zwischen einer Honorarvereinbarung im Sinne von §2 GOZ bzw. §2 GOÄ einerseits und einer, die inhaltlich den Wunsch des Patienten dokumentiert, auf eigene Kosten privatärztlich behandelt zu werden trotz bestehenden Versicherungsschutzes(§7 Abs. 7 EKV-Z bzw. §4 Abs. 5 d) BMV-Z) andererseits auszudifferenzieren. Hierauf ist vor dem Hintergrund einer Gerichtsentscheidung betont hinzuweisen, die einem Bereicherungsanspruch einer Versicherung gegenüber einem Arzt stattgab. Gegenstand war, dass aus der Honorarvereinbarung "nicht hinreichend klar hervorging, dass der Versicherte trotz des bestehenden Versicherungsschutzes im Rahmen der gesetzlichen Krankenversicherung ausdrücklich eine privatärztliche Behandlung wünsche. Vielmehr ist Gegenstand der streitgegenständlichen Honorarvereinbarung im Wesentlichen die Vereinbarung einer von den Bestimmungen des §5 GOÄ abweichenden Gebührenregelung gemäß §2 GOÄ. Demnach handelt es sich um eine Honorarvereinbarung im Sinne von §2 GOÄ. Als solche genügt sie jedoch aufgrund der unterschiedlichen Regelungszwecke nicht gleichzeitig den Anforderungen der §§18 Abs. 8 BMV-Ä, §21 Abs. 6 BMV-Ä/EKV." §4 Abs. 5 d) BMV-Z bzw. §7 Abs. 7 EKV-Z sind im zahnärztlichen Segment die maßgeblichen Vorschriften.

G Gemeinschaftspraxis

A. Hintergrund

I. Gesellschaftsrecht

1. Gesellschaft bürgerlichen Rechts (BGB-Gesellschaft)

Die Gesellschaft bürgerlichen Rechts (abgekürzt GbR) wird auch BGB-Gesellschaft genannt. Sie ist in den §§705 ff. BGB geregelt und die Grundform der Personengesellschaften.

Die Praxisrelevanz dieser Gesellschaftsform besteht vor allem für:

- kleingewerbliche Gesellschaften, die von der Eintragungsmöglichkeit nach §105 Abs. 2 HGB keinen Gebrauch gemacht haben,
- Vereinigungen von Angehörigen der freien Berufe, insbesondere (Zahn)Ärzten und Rechtsanwälten.

a. Entstehung durch Vertragsabschluss

Erforderlich ist ein Gesellschaftsvertrag, in dem mehrere Personen die Förderung eines gemeinsamen Zwecks vereinbaren.

aa. Abgrenzung: Gemeinschaftspraxis vs. Praxisgemeinschaft

Wenn sich (Zahn)Ärzte zur gemeinsamen Berufsausübung in einer gemeinsamen Praxis zusammengeschlossen haben, dann ist die Grenze der Praxisgemeinschaft zur Gemeinschaftspraxis in Parallele zu der Abgrenzung bei Rechtsanwälten abzustecken. Die Gemeinschaftspraxis (korrespondierend mit der Sozietät bei Rechtsanwälten) ist weitgehend als echte BGB-Gesellschaft einzuordnen, wenn nicht eine Partnerschaft nach dem Partnerschaftsgesetz vorliegt. Die Praxisgemeinschaft (korrespondierend mit der Bürogemeinschaft bei Rechtsanwälten) stellt grundsätzlich eine bloße BGB-Innengesellschaft dar.[572]

Die **Gemeinschaftspraxis** ist eine Kooperationsform unter (Zahn)Ärzten mit gleichen oder nah verwandten Fachgebieten (fachübergreifende Gemeinschaftspraxis) in gemeinsam genutzten Räumen mit gemeinsamer Praxiseinrichtung, gemeinsamer Karteiführung und Abrechnung sowie mit gemeinsamem Personal auf gemeinsame Rechnung. Die Gemeinschaftspraxis hat einen gemeinsamen Patientenstamm. Der Behandlungsvertrag kommt zwischen dem Patienten und allen (Zahn)Ärzten der Gemeinschaftspraxis zu Stande. Die (Zahn)Ärzte einer Gemeinschaftspraxis haften gegenüber den Patienten gesamtschuldnerisch auf Erfüllung des (Zahn)Arztvertrags, d.h., der Patient kann die (zahn)ärztliche Leistung von jedem (Zahn)Arzt der Gemeinschaftspraxis verlangen. Die Gemeinschaftspraxis kann als Gesellschaft bürgerlichen Rechts gemäß §§705 ff. BGB (Hauptfall) oder seit Inkrafttreten des Gesetzes über Partnerschaftsgesellschaften Angehöriger freier Berufe am 1.7.1995 in der Rechtsform der Partnerschaftsgesellschaft betrieben werden. Die Gründung einer Gemeinschaftspraxis bedarf der vorherigen Genehmigung durch den Zulassungsausschuss der (Zahn) Ärzte und Krankenkassen bei der jeweiligen kassen(zahn) ärztlichen Vereinigung (§33 Abs. 3 Ärzte-ZV; §33 Abs. 3 Zahnärzte-ZV). Die Genehmigung ist konstitutiv, da die Gemeinschaftspraxis gegenüber der Kassen(zahn)ärztlichen Vereinigung als Einheit auftritt und auch abrechnungstechnisch so behandelt wird.[573]

Bei der **Praxisgemeinschaft** als bloßer BGB-Innengesellschaft verpflichten sich die Gesellschafter zwar im Innenverhältnis zur Erreichung eines gemeinsamen Zwecks, aber nach dem Inhalt ihrer Vereinbarung nehmen sie nicht nach außen „als Gesellschaft" am Rechtsverkehr teil, also soll die Rechtsmacht, mit Wirkung für die Gesellschaft und damit im Ergebnis für alle Gesellschafter nach außen rechtsgeschäftlich zu handeln, entgegen §714 BGB, ausgeschlossen sein. Diese Innengesellschaft liegt z.B. dann vor, wenn die beteiligten (Zahn)Ärzte aus eigener Tätigkeit und für sich selbst Honorarumsätze erwirtschaften wollen, die Praxen aber rechnerisch und steuerlich getrennt bleiben, lediglich die Kosten für die Praxisorganisation, die rechtlich bei einem der (Zahn) Ärzte verbleiben sollen, nach einem bestimmten Schlüssel aufgeteilt werden und die beiden Parteien gegenüber den Patienten und gegenüber der KZV jeweils für sich auftreten.[574] Die Praxisgemeinschaft ist eine (zahn)ärztliche Kooperationsform unter (Zahn)Ärzten gleicher oder verschiedener Fachgebiete zwecks gemeinsamer Nutzung von Praxisräumen und/oder Praxiseinrichtungen und/ oder gemeinsamer Beschäftigung von Praxispersonal bei ansonsten selbstständiger Praxisführung. Jeder (Zahn) Arzt einer Praxisgemeinschaft hat seinen eigenen Patientenstamm und seine eigene Karteikartenführung. Die eigene Karteiführung ist Ausfluss der (zahn)ärztlichen Schweigepflicht (§203 StGB, §9 MBO). In einer Praxisgemeinschaft – anders als bei der Gemeinschaftspraxis – ist eine gemeinsame Dokumentation dergestalt, dass jeder (Zahn)Arzt Zugriff auf die Daten des jeweiligen anderen (Zahn)Arztes hat, mit diesen Normen unvereinbar. Im Gegensatz zur Gemeinschaftspraxis wird der Behandlungsvertrag des Patienten mit dem einzelnen (Zahn)Arzt der Praxisgemeinschaft und nicht mit der Praxisgemeinschaft geschlossen. Jeder (Zahn)Arzt einer Praxisgemeinschaft berechnet völlig getrennt von den anderen (Zahn) Ärzten der Praxisgemeinschaft mit der kassenärztlichen Vereinigung ab. Die kassen(zahn)ärztliche Vereinigung ist von der Bildung einer Praxisgemeinschaft zu unterrichten (§33 Abs. 1 Ärzte-ZV; §33 Abs. 1 Zahnärzte-ZV).[575] Folge ist, dass die Wirksamkeit des Praxisgemeinschaftsvertrages auch nicht von einer Genehmigung durch die

Kassen(zahn)ärztliche Vereinigung oder die Zulassungsgremien abhängig ist.

b. Außenverhältnis

aa. Vertretung der Gesellschaft

Bei einer Gemeinschaftspraxis muss die Kündigungserklärung durch alle (Zahn)Ärzte, die Gesellschafter sind, unterzeichnet werden. Als Variante können auch die abwesenden Gesellschafter vertreten werden, dabei muss aber ein Hinweis auf die Vertretung erfolgen. Ferner ist denkbar, dass in Vertretung der Gesellschaft gehandelt wird, so dass ein Alleinvertretungszusatz nötig ist.[576]

bb. Haftung der Gesellschaft

Ein Schaden ist jedenfalls gemäß §31 BGB analog einer Gemeinschaftspraxis als BGB-Gesellschaft zuzurechnen, wenn der Schaden in Ausübung der dem (Zahn)Arzt typischerweise zustehenden Verrichtungen verursacht wurde.[577]

cc. Haftung der Gesellschafter

Nach der mittlerweile herrschenden Akzessorietätstheorie haften die Gesellschafter einer BGB-Gesellschaft grundsätzlich gemäß §128 HGB analog.[578] Sie haften also als Gesamtschuldner kraft gesetzlicher Anordnung.[579] Relevante gesetzliche Anordnungen einer **Gesamtschuldentstehung** sind für die (Zahn)Arztpraxis:

- §613 a Abs. 2 BGB (Betriebsübergang, genauer: Praxisübergang),
- §840 Abs. 1 BGB (unerlaubte Handlung mehrerer, z.B. (Zahn)Arzthaftung),
- §128 AGB analog (persönliche Haftung der Gesellschafter einer BGB-Gesellschaft respektive Gemeinschaftspraxis).

Nach §421 S. 1 BGB muss bei der Gesamtschuld **jeder** Schuldner die **ganze** Leistung aus einem Schuldverhältnis erbringen. Beliebig kann der Gläubiger die Leistung von jedem der Schuldner ganz oder zum Teil fordern. Bis zur Bewirkung der ganzen Leistung bleibt jeder Gesamtschuldner verpflichtet (§421 S. 2 BGB). Wird von einem der Gesamtschuldner die ganze Leistung erbracht, so wirkt diese Erfüllung durch einen Gesamtschuldner auch für die übrigen Schuldner, §422 Abs. 1 S. 1 BGB. Insgesamt erhält der Gläubiger die Leistung also nur einmal. Ist ein Gesamtschuldner nicht liquide, dann genügt es trotzdem den Gläubigern, dass ein Schuldner vermögend ist, alles Weitere ist dann ein Problem des Innenausgleichs der Gesamtschuldner.

Der Innenausgleich unter den Gesamtschuldnern ergibt sich aus der im Innenverhältnis bestehenden Abrede oder aus Gesetz (§426 BGB). Davon zu unterscheiden ist, dass bei einer Gemeinschaftspraxis jeder (Zahn)Arzt nur für die eigenen Fehler passivlegitimiert ist.[580]

c. Auflösung

Gesetzliche Auflösungsgründe enthalten die §§723–728 BGB. Sie können durch vertragliche Bestimmungen ergänzt werden. Die Auflösung führt nicht zur Vollbeendigung, die Gesellschaft ist nach den §§729–735 BGB zu liquidieren.

aa. Kündigung gemäß §723 BGB

Die Kündigung hat

- die Auflösung der GbR, sofern nichts anderes vereinbart ist (§736 BGB),
- die Auseinandersetzung des Gesellschaftsvermögens

als Wirkung. Ist Gesellschaftsvermögen vorhanden (Regelfall), führt die Auflösung in der Regel nicht zur (Voll) Beendigung der GbR. Die gesamthänderische Gebundenheit des Gesellschaftsvermögens entfällt nicht kraft Gesetzes, sie bedarf der Lösung. Die den einzelnen Gesellschaftern aus diesem Vertrag zustehenden Werte sind ihnen, nach Abwicklung der Beziehungen der GbR zu Dritten, durch Einzelübertragung zuzuführen. Dies ist Aufgabe und Inhalt der Auseinandersetzung (§§730–735). Bis zu deren Abschluss besteht die GbR als Liquidationsgesellschaft fort. Gesellschaftszweck ist nunmehr die Auseinandersetzung. Die **Vertragspflichten** der Gesellschafter entfallen, soweit ihre Erfüllung zu diesem Zweck nicht mehr erforderlich ist. **Einzelansprüche** der GbR oder der Gesellschafter aus dem Gesellschaftsverhältnis können nur noch beschränkt geltend gemacht werden, andere auf Rückgewähr gesellschaftsrechtlicher Leistungen gerichteter Ansprüche scheiden daneben aus. **Erst mit Abschluss der Auseinandersetzung ist die GbR beendet.**[581]

(i). Kündigungserklärung

Die Voraussetzungen der ordentlichen Kündigung können die Gesellschafter grundsätzlich im Gesellschaftsvertrag selbst regeln.[582]

Im Gesellschaftsvertrag kann also auch **vereinbart** werden, dass eine (fristlose) Kündigung aus wichtigem Grund **schriftlich** zu begründen ist. Ist das der Fall, dann kann die Kündigung nur auf die Gründe gestützt werden, die auch im Kündigungsschreiben angegeben sind. Auf im Prozess **nachgeschobene** andere „wichtige Gründe" kommt es dagegen nicht an, wenn vereinbart wurde, dass der wichtige Grund schriftlich mitzuteilen ist.[583] Der (vereinbarten) **Angabe des „wichtigen Grundes"** wird im Allgemeinen Genüge getan, wenn das Kündigungsschreiben den Kündigungsgrund so bezeichnet, dass er identifiziert und von anderen Gründen unterschieden werden kann. Tatsachen, die nur der näheren Erläuterung, Ergänzung, Ausfüllung sowie dem Beweis des geltend gemachten Kündigungsgrundes dienen, können auf Verlangen grundsätzlich auch noch im Prozess nachgeschoben werden.[584] Genügt die Kündigungserklärung nicht den vereinbarten Anforderungen, so kann es trotzdem sein, dass eine Würdigung der Einzelfallumstände ergibt, dass das

Vertragsverhältnis beendet wurde. Zum einen ist an eine Umdeutung einer fristlosen Kündigung in eine fristgemäße Kündigung gemäß § 140 BGB zu denken. Zum anderen kann bei einer BGB-Gesellschaft eine (konkludente) einvernehmliche Vertragsaufhebung angenommen werden, wenn ein Gesellschafter seiner Arbeitsverpflichtung nicht mehr nachkommt und die Gesellschaft diese nicht einfordert bzw. darauf verzichtet, sofern der betreffende Gesellschafter (nur) eine nach seinem Honorarumsatz berechnete Gewinnbeteiligung erhält.[585]

(ii). Kündigungsgrund

▶ (1). **Gesellschaft auf unbestimmte Zeit.** Eine Gesellschaft auf unbestimmte Zeit liegt vor, wenn die Dauer nicht ausdrücklich und nicht stillschweigend festgelegt wurde.[586] Sie kann gemäß § 723 Abs. 1 S. 1 BGB jederzeit gekündigt werden. Ein Kündigungsgrund ist nicht Voraussetzung. Zeitliche Beschränkungen für das ordentliche Kündigungsrecht werden in gewissem Maße für zulässig erachtet. Die Vereinbarung einer Vertragsstrafe für den Fall der Kündigung ist dagegen eine unzulässige Beschränkung und gemäß § 723 Abs. 3 BGB nichtig. Es ist irrelevant, ob der vom Kündigenden zu zahlende Betrag direkt als Vertragsstrafe oder (indirekt) als Austritts- oder Abfindungsgeld bezeichnet wird.[587]

▶ (2). **Gesellschaft auf bestimmte Zeit.** Bestimmte Zeit bedeutet, dass die Gesellschafter für eine beschränkte Zeit ohne einseitige Beendigungsmöglichkeit an die GbR gebunden sind, d.h. die ordentliche Kündigung für diese Zeit ausgeschlossen ist, z.B.

- durch Zulassung der Kündigung erst zu einem bestimmten Termin,
- durch Zulassung der Kündigung erst nach Ablauf einer bestimmten Zeit,
- durch Vereinbarung einer Kündigungsfrist,
- bei einer auf unbestimmte Zeit eingegangenen GbR kann während bestimmter Zeit nach Treu und Glauben ohne wichtigen Grund nicht gekündigt werden.

Die Kündigung kann gemäß § 723 Abs. 1 S. 2 BGB

- erst nach Ablauf der Zeit erfolgen
- oder wenn ein wichtiger Grund vorliegt.
  - Ein **wichtiger Grund** liegt vor, wenn die Fortsetzung bis zur nächsten ordentlichen Beendigungsmöglichkeit dem Kündigenden unter Berücksichtigung aller Umstände nach Treu und Glauben nicht zuzumuten ist.[588]
  - § 723 Abs. 1 S. 3 BGB führt Regelbeispiele auf, die nicht abschließend sind.
  - Bezüglich des Regelbeispiels § 723 Abs. 1 S. 3 Nr. 2 BGB darf die Kündigung nicht gemäß § 723 Abs. 1 S. 5 BGB ausgeschlossen sein.

bb. Auseinandersetzung

Eine Gesellschaft ist nicht schon mit Eintritt eines Auflösungsgrundes, sondern erst mit der Auseinandersetzung bzw. Liquidation voll beendet.

(i). Grundsätzlich

Für das Auseinandersetzungsverfahren einer Gemeinschaftspraxis sind **grundsätzlich** gem.

- § 731 S. 1 BGB → die §§ 731–735 BGB,
- § 731 S. 2 BGB → die §§ 752 ff. BGB

maßgeblich.

(ii). Auseinandersetzung beim Ausscheiden eines Gesellschafters

▶ (1). **Abfindungsvereinbarung.**[589] Geregelt werden können insbesondere:

- die Art und Weise der Abfindung, z.B.:
  - Teilung der Sachwerte, auch dadurch, dass der ausscheidende Gesellschafter seine Mandanten (**Patienten**) mitnimmt,[590]
  - Beschränkung auf die Mitnahme seiner Klientel,[591]
- Höhe der Abfindung (z.B. Abfindung zum Buchwert nach der letzten Jahresbilanz; in diesem Fall ist die Abschichtungsbilanz entbehrlich).

Grundsätzlich ist eine Ausscheidens- und Abgeltungsvereinbarung, die den Abfindungsanspruch eines Gesellschafters im Wege der Zahlung eines bestimmten Betrages **pauschaliert**, nicht zu beanstanden. Eine derartige Regelung kann sich aber als Abfindungsbeschränkung auswirken und zur Sittenwidrigkeit führen, wenn z.B. die Abfindung vollständig ausgeschlossen ist oder der Liquiditätsabfluss auf mehrere Jahre hinausgeschoben wurde.[592] Eine Abfindungsregelung in einem Gesellschaftsvertrag ist gemäß § 723 Abs. 3 BGB **unwirksam**, wenn sie das Kündigungsrecht durch zu hohe Abfindungsbeträge unangemessen einschränkt. Für die Höhe eines Goodwill-Ausgleichs ist dann dasjenige maßgeblich, was die Parteien bei Kenntnis der Unwirksamkeit nach Treu und Glauben (§ 242 BGB) schon ursprünglich vereinbart hätten.[593] Eine Abfindungsvereinbarung kann auch nichtig sein, weil Konkurrentenschutz- und Abfindungsregelung ineinandergreifen und die Konkurrentenschutzklausel nichtig ist und sich die Nichtigkeit der Abfindungsvereinbarung als Folge der Nichtigkeit der Konkurrentenschutzklausel ergibt. Eine Konkurrentenschutzklausel ist unwirksam, wenn die räumlichen, inhaltlichen oder zeitlichen Grenzen des berechtigten Schutzinteresses des verbleibenden Gesellschafters überschritten werden und deshalb den Ausscheidenden unbillig benachteiligen, insbesondere ihn als potenziellen Wettbewerber ausscheiden. Die zeitliche Grenze bei Freiberuflern (z.B. Zahnärzten) ist bei zwei Jahren zu ziehen. In räumlicher Hinsicht bedarf das Interesse eines Zahnarztes an der Erhaltung seines wesentlichen Patientenstammes in der Zahnarztpraxis in einem Ortsteil es nicht, dass dem Ausscheidenden die Berufstätigkeit für die gesamte Stadt untersagt wird. Eine geltungserhaltende Reduktion einer Klausel ist nur dann möglich, wenn allein die zeitlichen Grenzen einer Klausel nicht gewahrt wurden.[594]

Wurde in einem Gesellschaftsvertrag einer Gemeinschaftspraxis vereinbart, dass das Abfindungsguthaben durch einen unabhängigen **Sachverständigen** zu ermitteln sei, dann ist das von dem Sachverständigen gefundene Ergebnis nicht absolutistisch hinzunehmen. Es unterliegt einer Ausübungskontrolle gemäß § 319 Abs. 1 S. 2 BGB. Das Gutachten ist dann unverbindlich, wenn es offenbar unrichtig ist. Eine derartige Unrichtigkeit liegt vor, wenn sich einem sachkundigen und unbefangenen Beobachter – sei es auch erst nach eingehender Prüfung – offensichtliche Fehler der Leistungsbestimmung aufdrängen, die das Gesamtergebnis verfälschen.[595]

Im Falle eines vereinbarten Wettbewerbsverbotes besteht ein Zahlungsanspruch auf Ersatz des Goodwills

- nicht, wenn das vereinbarte Wettbewerbsverbot unwirksam ist.
  - Dann darf jeder der Partner das von ihm zu seinen Patienten aufgebaute Vertrauensverhältnis in der Weise für sich wirtschaftlich nutzbar machen, dass er die (zahn)ärztliche Betreuung dieser Patienten auch nach der Auflösung der Gemeinschaft fortsetzt. Die starke Personengebundenheit der Patientenbetreuung lässt in diesem Fall keinen nachhaltig wirkenden Goodwill entstehen.
  - Dabei kommt es nicht entscheidend darauf an, ob sich diese Möglichkeit tatsächlich verwirklicht hat. Denn der Goodwill bezieht sich auf Ertragserwartungen und steht daher ohnehin unter der stets ungewissen Prämisse künftiger Realisierung.[596]

> **Cave**
>
> **Ad exemplum bzgl. eines unwirksamen Wettbewerbsverbots**
>
> Ein nachvertragliches Wettbewerbsverbot in dem Gesellschaftsvertrag über eine zahnärztliche Gemeinschaftspraxis ist völlig unangemessen und deshalb sittenwidrig (§ 138 BGB), wenn dieses dem ausscheidenden Gesellschafter verbietet, innerhalb von 3 Jahren eine eigene Praxis im Umkreis von 50 km zu eröffnen.[597] Dagegen ist ein räumlich auf 9 Kilometer und zeitlich auf 2 Jahre beschränktes Wettbewerbsverbot im Übertragungsvertrag einer Zahnarztpraxis verfassungsrechtlich unbedenklich. Zur (in diesem Zusammenhang interessierenden) Verwirkung einer allfälligen Vertragsstrafe führte das OLG noch aus: Ist als Vertragsstrafe für einen Verstoß gegen das Wettbewerbsverbot die Rückerstattung des gesamten Kaufpreises vereinbart, kann die Unangemessenheit dieser Klausel durch eine gerichtliche Herabsetzung der konkret verwirkten Strafe korrigiert werden.[598]

- nicht, wenn das vereinbarte Wettbewerbsverbot wirksam ist, aber der Anspruchssteller sich nicht an das Wettbewerbsverbot gehalten hat.
  - Der Anspruchssteller hat sich dann vereinbarungswidrig die Möglichkeit verschafft, seine ehemaligen Patienten der Gemeinschaftspraxis weiter zu behandeln. Ob und inwieweit sich diese Möglichkeit tatsächlich verwirklicht hat, spielt keine entscheidende Rolle. Entscheidend ist allein, dass der Partner des ausgeschiedenen Gesellschafters vor einer vertragswidrigen mithin illoyalen Verwertung der Erfolge der gemeinsamen Arbeit und vor einer **doppelten Inanspruchnahme** (nämlich einmal durch die Beteiligung an dem in die Zahlung des Abfindungsguthabens einbezogenen Goodwills und zum anderen durch die Mitnahme der Patienten) zu schützen ist.[599]
- dann, wenn das vereinbarte Wettbewerbsverbot wirksam ist und sich der Anspruchssteller auch daran gehalten hat.

▸ (2). **§ 738 Abs. 1 S. 2 BGB.** Der ausscheidende Gesellschafter hat beim Ausscheiden aus einer Personengesellschaft einen gesetzlichen Anspruch auf Abfindung gemäß § 738 Abs. 1 S. 2 BGB. Zur Anwendung kommt dieser Anspruch auch, wenn eine Abfindungsvereinbarung vorliegt, diese aber unwirksam ist.[600] Der Grundsatz, dass beim Ausscheiden eines Gesellschafters aus einer GbR eine Abrechnung stattfindet, die der Auseinandersetzung vergleichbar ist (§§ 738, 730 BGB), und zwar in Gestalt einer Abschichtungsbilanz, wobei die jeweiligen Forderungen im Regelfall als unselbstständige Rechnungsposten in die Abrechnung einzustellen sind und ein Zahlungsanspruch hinsichtlich nur des abschließenden Saldos besteht, findet keine Anwendung, wenn derjenige, der sich ein Guthaben ausrechnet, dessen Ermittlung in einer einfachen Auseinandersetzungsrechnung darlegen kann. Das kommt vor allem dann in Betracht, wenn:

- kein zu liquidierendes Gesellschaftsvermögen vorhanden ist
- oder es um die Verteilung der letzten Aktivposten geht
- oder der Betrag ohne weiteres feststeht.

Die Abrechnung kann dann durch **unmittelbare Geltendmachung** eines Zahlungsanspruchs stattfinden. Die Berechnung bedarf aber allfällig des Nachweises im Prozess.[601]

Zur Kalkulation des Abfindungsguthabens bedarf es (abgesehen von vorherigen Ausnahmen) der Überprüfung der vorläufigen Bilanz. Dazu hat der ausgeschiedene Gesellschafter einen **Anspruch auf Einsicht** gem. §§ 810, 242 BGB.[602] Der Anspruchsinhalt ist bei einer (zahn)ärztlichen Gemeinschaftspraxis modifiziert. Das Einsichtsrecht umfasst nur die Unterlagen aus der Zeit bis zum Ausscheiden des Gesellschafters. Erfasst wird dann aber das Recht auf Einsichtnahme in die Patientenkartei und die gespeicherten Daten[603] in den Praxisräumen (§811 BGB). Die (zahn)ärztliche Schweigepflicht und datenschutzrechtliche Probleme stehen nicht entgegen und können somit nicht eingewandt werden. Der ausgeschiedene Gesellschafter kann seinen Steuerberater zur Einsicht mitnehmen.[604]

Für die **Berechnung** des **gesetzlichen** Abfindungsanspruchs ist der Wert der als werbend fortgesetzten Gesellschaft maßgebend. Es wird der Wert des Gesamtunternehmens ermittelt und nach dem Gewinnverteilungsschlüssel auf die Gesellschafter verteilt. Der Unternehmenswert ergibt sich im Allgemeinen aus dem Ertragswert, d. h. dem Preis, der bei einem Verkauf des Unternehmens erzielt würde. Dies ist der gesamte tatsächliche Wert des lebenden Unternehmens, einschließlich der stillen Reserven und des Firmenwerts (**Goodwill**).[605] Für die Berechnung der Abfindungsansprüche sind die **Abschreibungen für Abnutzung** zu berücksichtigen. Es kommt nicht darauf an, ob der Gewinn nach §4 Abs. 3 EStG ermittelt oder bilanziert wurde. Dabei müssen die Abschreibungen gleichmäßig verteilt werden, wenn von der Gewichtung her eine gleichmäßige gemeinsame Nutzung des Anlagevermögens durch die Gesellschafter vorliegt. Wenn geringwertige Wirtschaftsgüter ausschließlich zu dem Sonderbetriebsvermögen eines Gesellschafters gehörten, hat er auch den über die Abschreibungen erfassten Wertverlust zu tragen. Nur über die Höhe der Abfindung können solche Gegenstände abgegolten werden.[606] Die [bei (Zahn)Ärzten regelmäßig anzunehmende] starke Personengebundenheit der Patientenbetreuung kann dazu führen, dass der Wert des Goodwill mit Null zu bemessen ist.[607]

Der Anspruch auf anteilige Erstattung des Goodwill ist grundsätzlich **erloschen**, wenn der ausscheidende Gesellschafter Patienten mitnimmt. Denn dies stellt ein hinreichendes Surrogat für die Beteiligung am Praxiswert dar. Aber dann, wenn der Gesellschaftsvertrag neben dem Anspruch auf Erstattung des Goodwill zusätzlich die Patientenmitnahme regelt, kann der ausscheidende Gesellschafter trotz Patientenmitnahme auch anteilige Erstattung des Goodwill verlangen. Das OLG Celle lehnte den Anspruch eines Zahnarztes wegen des Goodwill ab, der aus einer Gemeinschaftspraxis ausgeschieden war, ab. Dieser hatte in nicht übermäßig großer Entfernung zur ursprünglichen Gemeinschaftspraxis eine Zahnarztpraxis übernommen und fortgeführt (in einem kleinen Ort). Das sich die Möglichkeit der Weiterbehandlung früherer Patienten tatsächlich realisierte war nicht erforderlich.[608]

Dem Abfindungsanspruch kann ein **Zurückbehaltungsrecht** gemäß §273 BGB entgegenstehen. In Betracht kommt, dass der Anspruchssteller der von ihm geschuldeten Mitwirkung gemäß §§721, 730 BGB nicht nachgekommen ist. Diese Mitwirkung umfasst die Pflicht zur Auskunft, Rechnungslegung und insgesamt zur Mitwirkung an der Gewinnermittlung. Generell kann jede Seite verlangen, dass sich die andere Seite konstruktiv an einer Abrechnung bis hin zur Findung eines befriedigenden Ergebnisses beteiligt. Der Mitwirkungsanspruch wurde dann erfüllt, wenn es zu einer gemeinsamen Abrechnung gekommen ist. Entscheidend ist dabei nicht die Leistungshandlung, sondern der Leistungserfolg.[609]

Hinsichtlich der **verfahrensrechtlichen** Durchsetzung des Anspruchs auf Goodwill ist darauf hinzuweisen, dass dieser grundsätzlich nicht separat durchgesetzt werden kann. Er ist nämlich ein nicht selbstständiger Rechnungsposten in der Auseinandersetzungsrechnung. Er findet als Wertansatz in der Abschichtungsbilanz Eingang. Ausnahmsweise kann der Anspruch auf Erstattung des Goodwill gesondert als Einzelanspruch durchgesetzt werden, wenn er dem ausgeschiedenen Gesellschafter auf jeden Fall zusteht. Der Anspruch auf Zahlung des Goodwill-Betrags steht dem ausgeschiedenen Gesellschafter nicht auf jeden Fall zu, wenn:

- mit bestrittenen Gegenforderungen aufgerechnet wird
- oder die Möglichkeit besteht, dass der beanspruchte Goodwill-Betrag wegen Umständen, die später eingetreten sind, eine Korrektur nach unten erfahren kann.[610]

Ein **Leistungsanspruch** auf Erstattung des Goodwill, der wegen Fehlens einer Auseinandersetzungsrechnung unbegründet ist, kann in ein **Feststellungsbegehren** umgedeutet werden. Dieses Feststellungsbegehren hat dann zum Gegenstand, dass der Goodwill-Betrag, der nach den Grundsätzen des Gesellschaftsvertrags errechnet wurde, als unselbstständiger Posten in die Auseinandersetzungskalkulation einzustellen ist.[611]

Der Sachkunde eines allgemein auf dem Gebiet der Bewertung von (Zahn)Arztpraxen erfahrenen Sachverständigen steht seine geringere Erfahrung auf dem Gebiet der Bewertung von Spezialpraxen nicht entgegen, wenn davon ausgegangen werden kann, dass der Sachverständige die Besonderheiten der Spezialpraxis erkennen und hinreichend berücksichtigen wird.[612]

cc. Abwicklung einer zahnärztlichen Gemeinschaftspraxis nach einvernehmlicher Vertragsaufhebung

Bei einer BGB-Gesellschaft (Gemeinschaftspraxis) kann eine einvernehmliche konkludente Vertragsaufhebung angenommen werden, wenn ein Gesellschafter seiner Arbeitsverpflichtung nicht mehr nachkommt und die Gesellschaft diese nicht einfordert bzw. darauf verzichtet, sofern der betreffende Gesellschafter (nur) eine Gewinnbeteiligung erhält, die sich nach seinem Honorarumsatz berechnet. Auf eine im Gesellschaftsvertrag vereinbarte Schriftform kommt es dann nicht mehr an.[613] Einer besonderen Auseinandersetzungsbilanz bedarf es nicht, weil es um die Abwicklung nach der Vertragsaufhebung geht und nicht um die Folgen einer ordnungsgemäßen Kündigung.[614]

d. Modifikationen im Personenbestand der Gesellschaft

aa. Ausscheiden bzw. Ausschluss eines Gesellschafters

Wenn im Gesellschaftsvertrag einer (Zahn)Arztpraxis vereinbart ist, dass eine (fristlose) Kündigung aus wichtigem Grund schriftlich zu begründen ist, dann kann die Kündigung nur auf die Gründe gestützt werden, die auch im Kündigungsschreiben angegeben wurden. Ein Kündigungsschreiben muss den Kündigungsgrund so bezeichnen, dass er identifiziert und von anderen Gründen unterschieden werden kann. Hält ein Gesellschafter die Leistungsstatistik in Händen und macht er Abrechnungsbetrug als Kündigungsgrund geltend, dann wird von ihm konkreter Vortrag verlangt, weshalb allgemein oder in Bezug auf bestimmte Patienten die Abrechnung falsch ist. Auf im Prozess nachgeschobene andere „wichtige Gründe" und die Frage, ob diese allfällig in der Zusammenschau eine derartige Zerstörung des Vertrauensverhältnisses ergeben, kommt es nicht an.[615]

bb. Auswirkungen

Ein Wechsel im Mitgliederbestand einer BGB-Gesellschaft wirkt sich nicht auf den Fortbestand der Verträge aus, die mit der BGB-Gesellschaft geschlossen sind.[616]

2. BGB-Innengesellschaft[617]

Eine BGB-Innengesellschaft liegt vor:

- wenn die Gesellschafter sich vertraglich zusammengeschlossen haben, um einen gemeinsamen Zweck zu erreichen,
- und ein Partner tritt nach außen allein und im eigenen Namen auf,
- und im Innenverhältnis wird der Handelnde für gemeinsame Rechnung der Parteien und im Interesse der Innengesellschaft tätig.[618]

Grundsätzlich wird bei der BGB-Innengesellschaft kein Gesamthandvermögen gebildet. Dies ist aber rechtlich möglich, und zwar durch die Übertragung (z. B. eines Grundstücks) auf die Gesellschaft zu gesamthänderischem Eigentum.[619]

a. Entstehung

Es muss ein Gesellschaftsvertrag dergestalt geschlossen werden, dass mehrere Personen die Förderung eines gemeinsamen Zwecks vereinbaren. Eine Innengesellschaft kann auch dann angenommen werden, wenn sich ein Kieferchirurg und ein Zahnarzt zur kompletten und nicht eingeschränkten Zusammenarbeit in einer Gemeinschaftspraxis in der Weise zusammenschließen, dass jeder Partner unabhängig von den Möglichkeiten der Abrechnung eigenverantwortlich an jedem Patienten die erforderlichen Leistungen zu erbringen hat. Dass einer der Ärzte seine Leistungen nicht selbst gegenüber der kassen(zahn)ärztlichen Vereinigung abrechnen kann, ist dann irrelevant.[620]

Haben die Parteien vereinbart, dass der beabsichtigte Gesellschaftsvertrag beurkundet werden soll, dann ist **grundsätzlich** gemäß § 154 Abs. 2 BGB der Vertrag im Zweifel nicht geschlossen, bis die Beurkundung erfolgt ist. Denn Beurkundung im Sinne des § 154 Abs. 2 BGB ist auch die Schriftform gemäß §§ 126, 127 BGB. Im Gesellschaftsrecht kommt es jedoch **ausnahmsweise** zu einer Umkehrung der Auslegungsregeln des § 154 BGB, wenn die Gesellschaft in Vollzug gesetzt wurde vor abschließender Klärung des Vertragsinhalts (weil z. B. noch nicht über alle regelungsbedürftig angesehenen Punkte eine Einigung erzielt wurde oder die beabsichtigte Beurkundung des Vertrages noch nicht vorgenommen wurde). Namentlich liegt dies vor, wenn dem Vollzug einer Gesellschaft die Dokumentation eines Bindungswillens der Beteiligten entnommen werden kann. Dieses ist dann der Fall, wenn eine Einigung über zentrale Punkte (Gesellschaftszweck, Förderungspflicht der Beteiligten) vorliegt, damit eine u. U. nötige Vertragsergänzung überhaupt möglich ist. Wird also ein mündlich geschlossener Vertrag einverständlich durchgeführt, so wird „stillschweigend" die Schriftformabrede wieder aufgehoben, sodass § 154 Abs. 2 BGB nicht zum Zuge kommt. Das Gleiche gilt, wenn die Parteien mit der tatsächlichen Durchführung des Vertrages beginnen, obwohl sie sich in einem Punkt noch nicht geeinigt haben. Es lässt dann den Schluss auf den Willen der Parteien zu, zumindest einen **vorläufigen** (d. h. also im Zweifel jederzeit kündbaren) Vertrag abzuschließen. Grundsätzlich kommen dann auch die Grundsätze über die in Vollzug gesetzte fehlerhafte Gesellschaft zur Anwendung. Diese besagen, dass die Unwirksamkeitsfolgen aus den Gründen des Verkehrsschutzes für Dritte und des Bestandsschutzes für die Gesellschafter auf die Geltendmachung des Mangels ex-nunc beschränkt werden.[621] Haben sich die Parteien der Praxisgemeinschaft nicht über eine bestimmte Vertragsregelung (z. B. Abfindungsvereinbarung im Falle des Ausscheidens eines Gesellschafters) geeinigt, dann bedarf es keines Rückgriffs auf die Grundsätze über die fehlerhafte Gesellschaft, wenn die Parteien im Übrigen damit beginnen, den Vertrag durchzuführen, und sich die Einigungsstelle durch ergänzende Vertragsauslegung oder durch positives Gesetzesrecht füllen lässt. Es steht einer ergänzenden Vertragsauslegung entgegen, wenn sich die Parteien über eine Abfindungsregelung für den Fall des Ausscheidens eines Gesellschafters nicht geeinigt haben und eine entsprechende vertragliche Regelung als unzulässige Beschränkung des Kündigungsrechts eines Gesellschafters gemäß § 723 Abs. 3 BGB unwirksam wäre.[622]

b. Beendigung

Die Auseinandersetzung einer Innengesellschaft folgt grds. **mangels Gesellschaftsvermögens** (s.o.) nicht den Regelungen der §§730 ff. BGB. Die Innengesellschafter haben gegen den Vermögensinhaber einen schuldrechtlichen Auseinandersetzungsanspruch auf Abrechnung und Auszahlung ihres Abfindungsguthabens. Die Einzelansprüche aus dem Gesellschaftsverhältnis werden unselbstständige Rechnungsposten der Auseinandersetzungsrechnung und können daher grundsätzlich nicht mehr selbstständig geltend gemacht werden.[623] Eine **anderweitige Bestimmung** im Sinne des §722 BGB kann sich aus einer ergänzenden Vertragsauslegung ergeben. Leisten die Gesellschafter unterschiedlich hohe Beiträge oder überlassen sie den Beitragsumfang der tatsächlichen Vertragsabwicklung, dann kann darin ein Indiz für eine Regelung liegen, die vom Grundsatz der gleichen Gewinn- und Verlustbeteiligung (§722 BGB) abweicht. Daraus resultiert jedoch nicht, dass bei der Gewinnermittlung ein vollständiger Einnahmenbereich ausgespart werden kann.[624] Haben (Zahn)Ärzte einer Gemeinschaftspraxis im Rahmen einer Innengesellschaft eine vollständige und uneingeschränkte Zusammenarbeit und damit grundsätzlich eine gleiche (bzw. quotenmäßige) Gewinn- und Verlustbeteiligung vereinbart, so führt der Umstand, dass die Einlage eines der (Zahn)Ärzte nicht verwirklicht wurde, nicht dazu, dass dieser an den Einnahmen der Praxis aus kassen(zahn)ärztlichen Leistungen, die mangels seiner kassen(zahn)ärztlichen Zulassung von dem anderen (Zahn)Arzt gegenüber der kassen(zahn)ärztlichen Vereinigung abgerechnet wurden, bei der Ermittlung des Gewinns der Gesellschaft nicht zu beteiligen ist.[625]

II. Sozialrecht

Bei einer Gemeinschaftspraxis liegen rechtlich eine einheitliche Praxis und ein Vertrags(zahn)arztsitz vor. Die Mitglieder der Gemeinschaftspraxis werden rechtlich „wie ein (Zahn)Arzt" behandelt.[626]

1. Honoraransprüche

Beteiligtenfähigkeit ist die Fähigkeit, an einem Verwaltungsverfahren (§ 10 SGB X) oder einem Verfahren vor einem Sozialgericht (§70 SGG) als Rechtssubjekt beteiligt zu sein. Eine Gemeinschaftspraxis ist in vertrags(zahn) arztrechtlicher Hinsicht als fortbestehend anzusehen und nach §70 Nr. 1 SGG beteiligtenfähig, solange sie noch Pflichten aus ihrem Status zu erfüllen hat oder ihr hieraus noch Rechte zustehen.[627]

2. Aufrechnung

a. Überblick

Die Aufrechnung ist ein Gestaltungsgeschäft, mit dem durch einseitige Verfügung über eine eigene (Aktiv)Forderung die (Passiv)Forderung des Aufrechnungsgegners erfüllt und zugleich die eigene (Aktiv)Forderung im Wege der Selbsthilfe unmittelbar durchgesetzt wird. Voraussetzungen sind das Bestehen einer Aufrechnungslage, eine Aufrechnungserklärung und das Nichtvorliegen eines Aufrechnungsverbots.

b. Aufrechnungslage

Eine Kassenärztliche Vereinigung ist nicht befugt, Honoraransprüche einer neu gegründeten Gemeinschaftspraxis mit Forderungen zu verrechnen, die ihr gegen einen der Praxispartner aus dessen vorangegangener Tätigkeit als Einzelvertrags(zahn)arzt zustehen. Unstreitig erworbene Honorarteilhabeansprüche (§85 Abs. 4 Satz 1 SGB V) der Gemeinschaftspraxis sind ungeschmälert [durch Verrechnungen mit Forderungen der KZV gegen einen Gesellschafter aus dessen Tätigkeit als Einzelvertrags(zahn) arzt] zur Auszahlung zu bringen.[628]

Spezielle Normen des Vertrags(zahn)arztrechts enthalten keine Bestimmung, die es der KZV ausdrücklich gestatten würden, die bestehende Honorarforderung einer Gemeinschaftspraxis im Wege der Verrechnung bzw. Aufrechnung mit einer sich ausschließlich gegen einen der Praxispartner gerichteten Gegenforderung ganz oder teilweise zum Erlöschen zu bringen. Die Vorschrift des **§52 SGB I** ist ebenso wie die Aufrechnungsvorschrift in **§51 SGB I** auf Honorarzahlungen an Vertrags(zahn)ärzte auf der Grundlage von §85 Abs. 4 S 1 SGB V deshalb **nicht anwendbar**, weil solche Zahlungen keine Sozialleistungen darstellen, die dem Vertrags(zahn)arzt zur Verwirklichung seiner sozialen Rechte zukommen sollen.[629]

Altverbindlichkeiten werden nicht zur Verbindlichkeit der Gemeinschaftspraxis. Das **BSG** stützt sich dabei auf die **Entscheidung des BGH**[630] zur Haftung für Altschulden bei Gründung einer Anwaltssozietät. Im Leitsatz führte der BGH wie folgt aus:

„Schließt sich ein Rechtsanwalt mit einem bisher als Einzelanwalt tätigen anderen Rechtsanwalt zur gemeinsamen Berufsausübung in einer Sozietät in der Form einer Gesellschaft bürgerlichen Rechts zusammen, so haftet er nicht entsprechend §28 Abs. 1 S.1 iVm §128 S. 1 HGB für die im Betrieb des bisherigen Einzelanwalts begründeten Verbindlichkeiten."

In der BGH-Entscheidung wurde allerdings der **amtliche Leitsatz zu weit gefasst**. Der BGH negierte die Haftungserstreckung entsprechend §28 Abs. 1 S.1 i.V.m. §128 S. 1 HGB nur für solche Verbindlichkeiten, die sich aus **persönlich zu erbringenden Diensten** des bisherigen Einzelanwalts ergeben. Diese Dienste zeichnen sich dadurch aus, dass sie an eine bestimmte Person gebunden sind. Zu **sonstigen Altverbindlichkeiten** (z.B. Miete für Kanzleiräume, Löhne für das Büropersonal) wurde keine Stellung bezogen. Sollte diesbzgl. die Haftung §28 Abs. 1 S.1 i.V.m. §128 S. 1 HGB analog bejaht werden (aufgrund der Erwägungen zu §130 Abs. HGB), so ist zu erwarten, dass die Altschuldenhaftung des neu aufgenommenen Gesellschafters aus **Gründen des Vertrauensschutzes auf künftige Eintrittsfälle beschränkt wird.**[631]

3. Sicherungseinbehalt

Bei einer Gemeinschaftspraxis, die zum Zeitpunkt der Bescheiderteilung über den Sicherungseinbehalt bereits beendet war, reicht es, wenn dem Betroffenen Vertrags(zahn)arzt vor Erteilung des Bescheides das erforderliche rechtliche Gehör gewährt wurde. Das rechtliche Gehör muss nicht schon vor Einstellung der Tätigkeit der Gemeinschaftspraxis bzw. vor einem Wechsel im Bestand der Mitglieder gewährt werden.[632]

4. Wirtschaftlichkeitsprüfung

Eine „zahn(arzt)bezogene" Prüfung liegt auch dann vor, wenn nicht anhand der entsprechenden Karteikarten differenziert wird, welcher (Zahn)Arzt welche Leistungen abgerechnet hat. Denn ein bestimmtes unwirtschaftliches Verhalten ist nicht einem bestimmten Mitglied der Gemeinschaftspraxis zuzuordnen. Vielmehr muss sich ein beteiligter Vertrags(zahn)arzt das Abrechnungsverhalten eines anderen Vertrags(zahn)arztes aus der Gemeinschaftspraxis zurechnen lassen.[633]

B. Die Entscheidung: Gesamtschuldnerische Haftung einer Gemeinschaftspraxis[634]

I. Sachverhalt

Zunächst war der Zahnarzt B 1 allein tätig. Die Zahnärzte B 1 und B 2 schlossen am 2.3.2003 einen "Gemeinschaftspraxisvertrag". Unter §3 des Gemeinschaftspraxisvertrages wurde folgendes geregelt: „*Für alle nach dem 1. Mai 2003 entstehende Verbindlichkeiten haften beide Vertragspartner als Gesamtschuldner.*" Der B 1 beauftragte im Jahre 1993 mehrfach das Dentallabor D. Für Dentallaborleistungen beliefen sich mehrere Rechnungen vom April 2003 bis Juni 2003 auf insgesamt ca. 13.000 Euro. Das Dentallabor trat die Forderungen im Voraus gemäß eines Factoringvertrags an K ab.

II. Entscheidungsgründe

Das OLG schützte die Klage, der das Landgericht zuvor vollumfänglich stattgegeben hatte.

A. Gegen den B 1 besteht ein Werklohnanspruch gemäß §§631 Abs. 1, 398 BGB.

I. Bei dem Vertrag über Dentallaborleistungen handelt es sich um einen Werkvertrag im Sinne von §631 BGB.

II. Die Forderungen wurden auch durch Abtretung gemäß §398 BGB übertragen. Die geschlossene **Abtretungsvereinbarung** war unstreitig, zweifelhaft war lediglich ob die Abtretung nicht gemäß §134 BGB unwirksam ist.

1. Die Unwirksamkeit resultiert nicht aus **§203 Abs. 3 S. 2 StGB** (hier: zahnärztliche Schweigepflicht). Zwar handelt es sich bei §203 StGB um ein **Schutzgesetz.** Ein **Verstoß** liegt aber nicht vor.
   „*Insoweit nämlich sind selbständige Zahnlabore nicht als Gehilfen des sie beauftragenden Arztes anzusehen, selbst wenn sie unmittelbar mit dem Zahnarzt zusammenwirken. Andernfalls müssten sie dem Direktionsrecht des Arztes unterliegen und damit weisungsgebunden sein. Das ist aber bei freien Laboren gegenüber dem jeweils bestellenden Arzt zweifellos nicht der Fall ist. Die ausdrückliche Erwähnung der privatärztlichen Verrechnungsstellen in §203 Abs. 1 Nr. 6 StGB verdeutlicht denn auch eine bewusste Einschränkung des insoweitigen Täterkreises, dem Dentallabore als Werkunternehmer eben nicht unterfallen.*"
2. Ein Verstoß gegen **§5 BDSG** liegt ebenfalls nicht vor. Die jeweiligen Patienten erteilten dem Beklagten Zahnärzten eine Einwilligung im Sinne von §4 a Bundesdatenschutzgesetz.
   „*Ungeachtet dessen steht hier außer Frage, dass die jeweiligen Patientinnen und Patienten den beklagten Zahnärzten eine Einwilligung im Sinne von §4a BDSG dahingehend erteilt haben, ihre persönlichen Daten dem Dentallabor mitzuteilen, soweit dies im üblichen Umfang zur Auftragsdurchführung erforderlich sein würde. Eine solche Einwilligung umfasst regelmäßig auch eine Weitergabe der Daten durch das Labor im Zuge der Forderungsdurchsetzung, denn Vorausabtretungen von Forderungen an Abrechnungsfirmen sind gerade im Bereich ärztlicher Leistungen weit verbreitet.*"
   Die Unwirksamkeit der Abtretung folgt auch nicht aus einer unzureichenden Anzeige. Die Abtretung setzt nämlich keine Unterrichtung oder Mitwirkung des Schuldners voraus.[635]
3. Auch wenn es an dieser Stelle irrelevant ist, soll der Vollständigkeit halber erwähnt werden, dass es bei Zahnärzten, die sich eine Einverständniserklärung ihrer Patienten bzgl. Factoring erteilen lassen, keiner genauen Darstellung der Anspruchshöhe bedarf, da diese vor Behandlungsbeginn nicht genau bezifferbar ist.[636]

III. Eine **Vergütungsminderung** gemäß §§634 Nr. 3, 638, 636, 323 BGB kam nicht in Betracht. Der Vorrang der Nacherfüllung, der aus der Nummerierung in §634 folgt, wurde nicht eingehalten.

„Gerade Dentalarbeiten bedürfen aufgrund der äußerst geringen zulässigen Toleranzen regelmäßig mindestens einer Nachbesserung. Dies hat der Beklagte zu 1. selbst eingeräumt. Frühestens nach einem zweimaligen erfolglosen Nachbesserungsversuch wäre an ein Fehlschlagen im Sinne des §636 BGB zu denken gewesen. So hat etwa das OLG Koblenz[637] einen Vertrauensverlust bei zweimalig mangelhafter zahnprothetischer Arbeit eines Zahnlabors bejaht."

B. Gegen den B 2 besteht ein Anspruch auf Werklohnzahlung aus § 128 HGB analog.

„Soweit der Gesellschafter für die Verbindlichkeiten der GbR persönlich haftet, entspricht das Verhältnis zwischen den Verbindlichkeiten der GbR und der Haftung des Gesellschafters derjenigen bei der OHG. Das heißt, Vertragspartei wird allein die GbR. Hierfür haften die Gesellschafter akzessorisch per Gesetz, nämlich aus dem Rechtsgedanken des § 128 HGB. Die persönliche Haftung ist unbeschränkt, vergleiche § 128 S. 1 HGB, und durch bloße Vereinbarung der Gesellschafter untereinander nicht beschränkbar, vergleiche § 128 S. 2 HGB."

I. Eine GbR besteht zwischen den Beklagten. Die Beklagten schlossen einen Gesellschaftsvertrag, der mangels entgegenstehender Unwirksamkeitsgründe im Sinne der §§ 104 ff. BGB auch wirksam war, wobei Entstehungszeitpunkt das Nachaußentreten war.

„In Verbindung mit dem am 2.3.2003 geschlossenen Gesellschaftsvertrag ist folglich von einer Gesellschaft bürgerlichen Rechts (GbR) im Sinne der §§705 ff. BGB auszugehen. Schon in seinem Urteil vom 25. März 1986 hat der Bundesgerichtshof eine gesamtschuldnerische vertragliche Haftung der in einer Gemeinschaftspraxis tätigen Ärzte gleicher Fachrichtung jedenfalls für den Fall bejaht, dass die Ärzte – wie hier – nach außen als Gemeinschaftspraxis auftreten und weithin austauschbare Leistungen anbieten."

II. Die GbR konnte auch wirksam verpflichtet werden. Es handelt sich bei der GbR um ein **haftungsfähiges Rechtssubjekt**. Der GbR wurde Rechtsfähigkeit zuerkannt, sodass sie als solche berechtigt und verpflichtet wird.

„Durch das Gesamthandsprinzip wird die Gesellschaft im Sinne der Gesellschafter in ihrer Verbundenheit als ***handlungsfähige Gruppe*** *im Rechtsverkehr anerkannt. Sie nimmt eine Art Mittelstellung ein zwischen natürlichen und juristischen Personen. Wie die letztgenannten bildet sie eine besondere Personenvereinigung oder „Wirkungseinheit", ohne sich freilich so vollständig wie eine juristische Person gegenüber ihren Mitgliedern zu verselbstständigen.* ***Die GbR besitzt daher Rechtsfähigkeit und kann (vertreten durch ihre Gesellschafter) eigene Rechte und Pflichten begründen.***[638]

III. Die GbR ist auch **Vertragspartei** des Werkvertrages geworden. Es ist eine wirksame Stellvertretung durch B 1 erfolgt (§ 164 Abs. 1 BGB). Nach der nunmehr vorherrschenden Akzessorietätstheorie wird die Gesellschaft als solche vertreten und daher allein Vertragspartei. Die Gesellschafter haften dann aber für die vertraglichen Verbindlichkeiten der GbR akzessorisch – per Gesetz – analog § 128 HGB, ebenso wie OHG-Gesellschafter.

Die **Vertretungsmacht** des B 1 besteht im Außenverhältnis gemäß § 714 BGB. Die Vertretungsmacht im Außenverhältnis wird mit der Geschäftsführungsbefugnis im Innenverhältnis im Sinne von §709 BGB gleich geschaltet. **Grundsätzlich** besteht nach §709 BGB nur gemeinschaftliche Geschäftsführungsbefugnis. Jedoch sind die zuvor genannten Vorschriften **disponibel**, was auch konkludent unter den jeweiligen Gesellschaftern (z.B. durch Aufgabenverteilung) geschehen kann.

IV. Etwaige im Innenverhältnis vereinbarte Haftungsbeschränkungen schlagen nicht auf die Außenrechtsbeziehungen durch.

III. Schlussfolgerung

Die im Innenverhältnis gewollte und abgeschlossene Gesellschaftsform muss genauso nach außen hin transportiert werden.

Risiko: Die „allgemeinen Grundsätze über die Rechtsscheinhaftung" können eingreifen. Simplifiziert bedeuten diese, dass dem Betroffenen etwas (z.B. eine Willenserklärung, eine Gesellschafterstellung) zugerechnet wird, nur weil er einen Rechtsschein in zurechenbarer Weise setzte und ein Dritter diesbezüglich gutgläubig war.

Ad Exemplum: Liegt tatsächlich nicht eine Gemeinschaftspraxis vor, werden aber an einer gemeinsamen Stätte identische Logos (z.B. auf Briefköpfen, Praxisschildern usw.) benutzt, dann kann u.a. für Behandlungsfehler des Mitstreiters zu haften sein. Prekarität kann eine derartige Haftungssituation dadurch erlangen, dass eine Haftpflichtversicherung nicht über eine (Rechtsschein) „Gemeinschaftspraxis" informiert wurde und daher keine vollumfängliche Absicherung besteht. Fehlt bei angestellten (Zahn)Ärzten äußerlich (z.B. ggü. Patienten) ein Hinweis auf das Anstellungsverhältnis, obwohl diese namentlich auf Praxisschildern oder Briefköpfen erwähnt werden, dann erweckt dies den Anschein eines Sozienstatus. Sie haften wie „echte" Sozien. Ferner kann dies zu einer Unterdeckung im Falle eines Schadens führen, da der fiktive Sozius nicht den Versicherungsschutz eines Sozius vorzeigen kann.

I Indikation

A. Hintergrund[639]

Die Indikation (wörtlich: „Anzeige“) wurde schon im **19. Jahrhundert** definiert. Die Indikation ist danach „das durch den Verstand aufgefundene Vermittlungsglied zwischen der Krankheit und dem ihrer Heilung entsprechenden Verfahren des Arztes. Die Symptome der Krankheit sind das Anzeigende, die Heilmittel das Angezeigte, die Anzeige selbst steht zwischen beiden in der Mitte.“ Diese Definition erfuhr eine Erweiterung insofern, als dass man **heute** davon ausgeht, dass Behandlungsmaßnahmen im weitesten Sinne und auch Planung und Durchführung von Anamnese und Diagnostik einer Indikationsstellung bedürfen. Daher versteht man unter Indikation die intellektuellen Prozesse zwischen Wahrnehmung und Bewertung der Situation des Patienten einerseits und den daraus resultierenden ärztlichen Handlungsangeboten und -vorschlägen hinsichtlich weiterer Diagnostik und Therapie andererseits. Die Indikation setzt sich aus einer medizinischen und einer ärztlichen Indikation zusammen.

I. Medizinische Indikation

Die medizinische Indikation erweist sich überwiegend technischer und allgemeiner Natur. Sie ist der Teil der Indikationsstellung, der aus objektiv-fachlicher Sicht gewährleistet, dass eine diagnostische oder therapeutische Maßnahme sinnvoll und lege artis angeboten werden kann. Die medizinische Indikation wird wie folgt erarbeitet und begründet:

- Empirisch,
- final,
- kausal.

Die Indikation erfährt ihre **empirische Begründung**, indem die **Tatsachen** zuverlässig beschrieben werden, also die durch den (Zahn)Arzt wahrgenommene **Situation des Patienten** objektiviert wird. Die empirischen Daten werden nach medizinischen Regeln (durch das Anamnesegespräch und die Diagnostik) erhoben. Mittels dieser Daten wird dann eine Diagnose gestellt. Diese Diagnose weist dann die Richtung bezüglich indizierter weiterer Maßnahmen hinsichtlich weiterer Diagnostik und Therapie. Weil nicht immer eindeutig auf eine Diagnose geschlossen werden kann, müssen auch Entscheidungen über die weitere Behandlung ohne definitive Diagnosestellung getroffen werden.

Die Indikation wird **final** begründet, indem die **Zwecke und Ziele** der diagnostischen und therapeutischen Maßnahme, die angestrebt werden, angeführt werden. Die Ziele ärztlichen Handelns sind prinzipaliter:

- Leben zu erhalten,
- Gesundheit zu schützen
- oder Gesundheit wieder herzustellen.

Die medizinische Indikation für eine Behandlungsmaßnahme kann also immer dann gestellt werden, wenn die Maßnahme eines dieser Ziele zu erreichen **geeignet scheint**.

Die Indikation wird letztendlich auch **kausal begründet**. Dies bedeutet, dass die zu treffenden **Maßnahmen näher geprüft** werden. Ist die Maßnahme (Operation, Behandlung,...) überhaupt geeignet, das gesetzte Therapieziel auch zu erreichen? Die kausale Begründung erfolgt im optimalen Fall aufgrund klinisch kontrollierter Erfahrungen. Dies wird in dem Begriff der EbM (evidence-based medicine) zusammengefasst. EbM ist quasi die Grundlage der medizinischen Indikation.

Die medizinische Indikation ist nur dann gegeben, wenn alle drei Elemente vorliegen. Sie klärt die medizinisch-wissenschaftliche Verantwortbarkeit einer Diagnostik oder Therapie.

II. (Zahn)Ärztliche Indikation

Im Gegensatz zur medizinischen Indikation, die u.a. allgemeiner Art ist, umfasst die (zahn)ärztliche Indikation die Abwägungen und Überlegungen, die eine individuelle Indikation im vorliegenden Einzelfall rechtfertigen. Sie ist das Tor, durch das die Ethik Eingang findet in den überindividuell-rationalen Prozess (zahn)ärztlicher Entscheidungsprozesse. Erst durch den (zahn)ärztlichen Teil der Indikation wird diese zu einer „persönlichen Entscheidung“. Bei der (zahn)ärztlichen Indikation geht es also um die moralische Verantwortbarkeit einer Maßnahme.

III. Indikation in der Rechtswissenschaft[640]

Die Jurisprudenz legt in der **Regel** die medizinische Indikation zugrunde. Dies ist nur bei der strafrechtlichen Beurteilung des Schwangerschaftsabbruchs **anders**. Da dort die „gegenwärtigen und zukünftigen Lebensverhältnisse der Schwangeren“ berücksichtigt werden sollen, handelt es sich bei dieser Indikation ihrem Wesen nach um eine ärztliche Indikation. Die usuelle Begriffswahl ist also in diesem Fall irreführend.[641] Dies soll hier nur der Vollständigkeit halber erwähnt werden. Ein Eingriff ist **indiziert**, wenn der (zahn)ärztliche Heilauftrag die vorgesehene Maßnahme umfasst und gebietet.[642] Die Auswahl der nach Gesundheitszustand und Heilungsaussichten gebotenen oder wenigstens vertretbaren Behandlungsmaßnahmen wird nicht ex post, sondern ex ante beurteilt.[643] Die Beurteilung der Indikation „nach ärztlicher Erkenntnis“ muss objektiven Grundsätzen folgen; jedoch hat der Arzt einen gewissen eigenen Beurteilungsspielraum.[644] Bei **relativer Indikation** sind die (zahn)ärztlichen Maßnahmen angezeigt, aber nicht notwendig.[645]

IV. Abgrenzungen

1. Indikation und medizinische Notwendigkeit

Es ist zwischen Indikation und medizinischer Notwendigkeit zu differenzieren. Denn es handelt sich nicht um Synonyme. Deckungsgleichheit kann, muss aber nicht vorliegen. Die medizinische Indikation legt den Bereich der im Behandlungsfall überhaupt infrage kommenden Diagnose- und Therapiemöglichkeiten fest und grenzt die Heilbehandlung von sonstigen Leistungen (z. B. kosmetischen Leistungen) und kontraindizierten Behandlungen (der Behandlungsfehlerbereich) ab. Die medizinische Notwendigkeit ist ein rechtliches **Auswahlkriterium** innerhalb des Bereichs der medizinisch indizierten Behandlungen.[646]

2. Indikation und Heileingriff

Die Eingriffsindikation ist eine der Voraussetzungen, die erfüllt sein müssen, damit ein Heileingriff angenommen werden kann.

3. Indikation und Wirtschaftlichkeit

Das Wirtschaftlichkeitsgebot des § 12 SGB V setzt u. a. voraus, dass eine Leistung „notwendig“ ist. Die Notwendigkeit richtet sich nach der Indikation (§ 106 Abs. 2 a Nr. 1 SGB V), setzt diese also gleichsam begriffslogisch voraus.

Bei einem **Off-Label-Use** von Medikamenten soll eine Verordnung zulasten der gesetzlichen Krankenversicherung nicht erfolgen. Ein Off-Label-Use wurde bisher angenommen, wenn ein Arzneimittel zwar zum Verkehr zugelassen ist, sich die Zulassung aber nicht auf das Anwendungsgebiet erstreckt.[647] Es fehlt an der indikationsspezifischen Zulassung, kurz: an der **Indikation**. Dies führt zu Arzneikostenregressen wegen Unwirtschaftlichkeit, die bei Arzneikostenregressen entweder nur bejaht oder verneint werden kann.[648] Die Rspr. stellt nunmehr eine **Überdosierung** einem Off-Label-Use gleich.[649] Dies wird durch das SG Berlin kurz begründet unter Hinweis darauf, dass zur Zulassung nach dem AMG auch die Vorgabe der Dosierung gehört.[650] Das Gericht geht also in Folge des Zulassungsrechts von einem nicht trennbaren, engen Sachzusammenhang zwischen der konkreten medizinischen Indikation und der dabei angewandten Dosierung aus. Der Einsatz eines Arzneimittels abweichend vom Inhalt der Zulassung stelle einen Off-Label-Use dar. Für die Bewertung einer Überdosierung als Off-Label-Use lässt sich ins Feld führen, dass nicht durch eine extensive Behandlungspraxis unwirtschaftliche Arzneimittel bzw. Behandlungsmethoden der Wirtschaftlichkeitsprüfung entzogen werden sollen. Bedenken gegen die Rspr., die eine Überdosierung als Off-Label-Use einordnen, ergeben sich aber zum einen daraus, dass sich Dosierungsempfehlungen für den (Zahn)Arzt unbemerkt ändern können.

Die Relevanz für MKG-Chirurgen bedarf keiner näheren Erklärung, für den Zahnarzt ergibt sich diese u. a. vor dem Hintergrund einer (z. B. überdosierten) Lokalanästhesie. Ein Off-Label-Use soll nicht **per se** einen Behandlungsfehler darstellen. Er sei ebenso wie die Anwendung neuer Behandlungsmethoden zulässig, wenn er unter sorgfältiger Abwägung der Vor- und Nachteile des nicht zugelassenen Medikaments im Vergleich zu den zugelassenen Substanzen vertretbar sei und medizinisch-sachlich begründet erscheine.[651] Ein Behandlungsfehler könne aber aus einem **Aufklärungsfehler** herrühren. Es besteht eine Aufklärungspflicht, denn der Patient sei darüber aufzuklären, dass ein Medikament nicht (mehr) zugelassen sei.[652]

Eine weitere Behandlungsbarriere kann aber aus einer Desorientierung und der emotionalen Lage des Patienten über den Anwendungseinsatz resultieren. Vorwegzustellen ist, dass nach Ansicht des BGH ein (Zahn)Arzt eine nicht medizinisch indizierte Behandlung abzulehnen und den Patienten zu der richtigen Vorstellung, der fehlenden Indikation, zu bringen hat.[653] Allein die Zustimmung oder der Wunsch des Patienten kann eine fehlende medizinische Indikation nicht ersetzen[654], m.a.W., die fehlende medizinische Indikation kann nicht überwunden werden. Bei Medikamenten erfolgt die Registrierung eines Medikaments häufig für die Applikation, die im Vergleich zu anderen Anwendungen simpel ist. Zusätzlich lancieren die Unternehmen die Verabreichung bei anderen Krankheiten oder in einer anderen abgemessenen Menge. Ein Patient kann (in seiner Hoffnungslosigkeit) einem derartigen Marketing, mit dem lediglich der Absatz der Pharmawirtschaft erhöht werden soll, aufsitzen. Fehlt es an jeglichen greifbaren Anhaltspunkten für den Off-Label-Use, stellt sich dieser also eher als experimentell dar, und kommt dann noch eine psychische Ausnahmesituation des Patienten hinzu, die ein Handicap für dessen rationales Abwägen ist, dann kann sich alles andere als das Ablehnen des Off-Label-Use als Behandlungsfehler darstellen. Denn dem Patienten fehlt in Entsprechung der obigen BGH-Rspr. die Einwilligungsfähigkeit. Die ordnungsgemäße Aufklärung kann daran auch nichts ändern. Diese Ausführungen sind deswegen so wichtig, weil die zuvor skizzierte Situation angesichts des Internets, das durchaus als Plattform für verdecktes Pharmamarketing dienen kann (z. B. getarnte Teilnahme auf Patientenplattformen), und der typischen Situation des Off-Label-Use, es fehlt gerade an einem wirkungsvollen Präparat für das Krankheitsbild des Patienten, in praxi gehäuft auftreten dürfte. Der Hinweis des OLG Stuttgart, dass ein Off-Label-Use per se keinen Behandlungsfehler darstelle, ist in dieser Pauschalität daher nicht überzeugend. Dem (Zahn)Arzt ist daher anzuraten, bei einem Off-Label-Use fundierte Informationen (nicht von bezahlten Pharmareferenten) über den Einsatz des Medikaments einzuholen einerseits und die emotionale Verfassung des Patienten zu taxieren andererseits. Denn trotz ordnungsgemäßer Aufklärung kann sich der Off-Label-Use als Behandlungsfehler darstellen. Der Pharma-Lobbyismus gegenüber Patienten bringt insgesamt ein neues Spannungsfeld für (Zahn)Ärzte mit sich. Dieses Spannungsfeld besteht zwischen dem berechtigten Wunsch des Patienten und der nichtfundierten experimentellen Medikation beim Off-Label-Use, die der (Zahn)Arzt abzulehnen hat.

Für den Fall einer Aufklärungspflicht über einen Off-Label-Use im Sinne einer Nichtzulassung soll ausnahmsweise eine **Verletzung** der Aufklärungspflicht (bei Risikorealisierung) zu verneinen sein. Das sei dann der Fall, wenn sich im konkreten Fall ein Risiko verwirklicht habe, über das der Patient aufgeklärt wurde und welches er in Kauf genommen hat. Es ist irrelevant, ob der Patient über andere Risiken, die sich nicht verwirklicht haben, nicht aufgeklärt wurde.[655]

Der Interpretation einer Überdosierung als Off-Label-Use dürfte nicht zu folgen sein. Dies führt ansonsten bei Abstrahierung dazu, dass jede (minimale) Über(zahn)arztung entsprechend den Off-Label-Use-Grundsätzen zu bewerten wäre. Schon jede geringfügige, durch den (Zahn)Arzt nicht bemerkte, vom Hersteller geänderte Dosierungsempfehlung würde zu einem Behandlungsfehler führen, wenn der (Zahn)Arzt die frühere Dosierung praktiziert. In der Konsequenz würde es stets an der medizinischen Indikation und der nötigen Aufklärung fehlen, was sozialrechtlich zu Wirtschaftlichkeitsprüfungen, zivilrechtlich zu (Zahn)Arzthaftungsprozessen und strafrechtlich zu Verfahren wegen Körperverletzungen führt. Kommt es dann beim Off-Label-Use auch noch zu lebensgefährlichen oder gar tödlich verlaufenden Komplikationen, handelt es sich um eine gefährliche Körperverletzung gem. §224 Abs. 1 Nr. 5 StGB wegen einer das Leben gefährdenden Behandlung bzw. um fahrlässige Tötung (§222 StGB) bei tödlichem Verlauf.

V. Exemplum[656]

Für die **Indikation** von **Zahnextraktionen** ist zwischen der Erhaltungsfähigkeit und der Erhaltungswürdigkeit zu differenzieren. Eine Zahnextraktion ist indiziert, wenn der Zahn nicht **erhaltungsfähig** ist. Grundsätzlich kann die Zahnextraktion nicht durch die Zustimmung oder den Wunsch eines Patienten indiziert werden.[657] Der Versuch, einen parodontal stark beeinträchtigten, jedoch seit langer Zeit beschwerdefreien Zahn zu erhalten und in eine neue prothetische Versorgung einzubeziehen, ist zahnmedizinisch vertretbar, wenn die Vor- und Nachteile des Vorgehens und die Alternativen mit dem Patienten besprochen werden und dieser bereit ist, das Risiko einzugehen, dass zu einem späteren Zeitpunkt Beschwerden an diesem Zahn auftreten. Behauptet der Zahnarzt substantiiert, dass er ein solches Gespräch mit dem Patienten geführt hat, muss der für das Vorliegen eines Behandlungsfehlers beweispflichtige Patient diese Behauptung widerlegen.[658]

Im Hinblick auf die **Erhaltungswürdigkeit** ist als Entscheidungskriterium u.a. die Motivierbarkeit eines Patienten zur Mund- und Zahnhygiene abzuklären. Dabei ist der der Zahnarzt allfällig angehalten, es zumindest zu versuchen, das Verständnis eines (jugendlichen) Patienten zur Mund- und Zahnhygiene zu entwickeln. Grundsätzlich kann die Motivierbarkeit nicht aufgrund eines Behandlungstermins ausgeschlossen werden und die sofortige Extraktion durchgeführt werden.[659] Eine andere Vorgehensweise entspricht nicht gutem zahnärztlichem Standard, insbesondere wenn es sich um einen jugendlichen 16-jährigen Patienten handelt.[660]

Im Hinblick auf eine Aufklärung, die für eine wirksame Einwilligung seitens des Patienten erforderlich ist, gehen die Gerichte davon aus, dass eine Pflicht zur Aufklärung des Patienten über alternative Behandlungsmöglichkeiten (hier: zahnerhaltende Wurzelbehandlung statt Zahnextraktion) nur dann in Betracht kommt, wenn eine solche Behandlung im konkreten Fall nach den Regeln der Kunst überhaupt durchführbar war. Hierfür ist der Patient beweispflichtig. Bei einer akuten und schmerzhaften Entzündung im Wurzelspitzenbereich ist die Extraktion notwendig indiziert und das sog. „Mittel der Wahl“. Eine Aufklärung über eine Wurzelspitzenresektion als alternative Behandlungsmethode bedarf es daher nicht.[661] Begründet wird dies damit, dass sich ein Zahnarzt im Wege einer Dokumentation des Behandlungsverlaufs allein dadurch schützen könnte, dass der gezogene Zahn zu Beweiszwecken aufbewahrt bzw. bei der klinischen Inspektion Fotos angefertigt würden. Dies sei aber bei einem derartigen Routineeingriff nicht zumutbar.[662]

Für den **gesetzlich Versicherten** ist nur die **Zahnfüllung** medizinisch „indiziert“, die er verträgt. Daher kann im Einzelfall ein Anspruch auf Versorgung mit Goldinlays gegeben sein.[663]

Es ist noch auf einen rechtlichen Widerspruch über die Erhaltungsfähigkeit hinzuweisen. Während im Zivilrecht, die Erhaltungsfähigkeit erst dann nicht mehr gegeben ist, wenn konservierende Behandlungsalternativen zu keiner Besserung geführt haben,[664] also mindestens eine konservierende Behandlung versucht wurde, gilt im Sozialrecht nur eine eingeschränkte Erhaltungsfähigkeit im Rahmen von Wurzelbehandlungen. Backenzähne sollen grds. nicht endodontisch erhalten werden, es sei denn, mit den Backenzähnen ist eine besondere Funktion verbunden.[665] Diese Ausführungen des SG Aachen stellen gleichsam eine „Undercover-Rationierung“ für gesetzlich Versicherte dar. Der Widerspruch bringt den Zahnarzt in eine prekäre Situation. Zum einen fordert das Sozialrecht eine Extraktion ein, die medizinisch nicht indiziert ist. Der Zahnarzt muss also den Patienten über die mangelnde Indikation der Extraktion aufklären. Zum anderen wird dann auch noch vom Zahnarzt verlangt, den Patienten zu einer realistischen medizinischen Beurteilung bei mangelnder Indikation einer Extraktion zu bringen.[666] Dies kann nur bedeuten, dass der Zahnarzt, den Patienten dazu bringen muss, auf die Extraktion zu verzichten. Aber selbst wenn der Patient dies wünscht, darf der Zahnarzt angesichts der BGH-Rspr. diese nicht durchführen.

Der Zahnarzt müsste also den gesetzlich Versicherten dazu bringen, auf die Extraktion zu verzichten und die konservierende Behandlung privat zu finanzieren. Der gesetzlich Versicherte wird so seines Leistungsanspruchs „beraubt" bzw. erhält diesen faktisch gar nicht. Dieser faktische Ausschluss dürfte – vorsichtig ausgedrückt – nur schwer mit dem Leistungsanspruch des gesetzlich Versicherten zu vereinbaren sein. Gleichzeitig erhält dieser den Eindruck, der „Zahnarzt" ökonomisiere das Behandlungsverhältnis. Dies wiederum steht nicht mit der MBO im Einklang. Denn die (zahn)ärztliche Berufsausübung soll sich nicht an ökonomischen Erfolgskriterien, sondern an medizinischen Notwendigkeiten orientieren.[667]

B. Die Entscheidung: Nichtindizierte Überkronung von Zähnen[668]

I. Sachverhalt

Der Kläger ließ sich vom Beklagten zahnärztlich behandeln. Der Beklagte nahm eine umfassende zahnprothetische Versorgung von Ober- und Unterkiefer vor. Er verlangte ein Honorar von ca. 6400 Euro. Der Rechnungsbetrag wurde dem Kläger bis auf einen Eigenanteil von 1250 Euro erstattet. Der Kläger weigerte sich, den Eigenanteil zu bezahlen aufgrund mangelhafter Arbeiten, was er auf ein Sachverständigengutachten stützte. Später ließ sich der Kläger die mangelhaften Zahnprothesen durch einen anderen Zahnarzt ersetzen. Der Kläger forderte Schmerzensgeld für die durch die mangelhafte Behandlung verursachten Schmerzen. Ferner verlangte er den Differenzbetrag zwischen dem Eigenanteil an den Behandlungskosten des Beklagten und den (höheren) Behandlungskosten des anderen Zahnarztes. Im Wege der Widerklage verlangt der Beklagte den noch offen stehenden Rechnungsbetrag. Er stellte die Behandlungsfehler in Abrede.

II. Entscheidungsgründe

A. Klage

I. Der Kläger hat keinen Anspruch aus §§631 ff. BGB (Gewährleistungsrecht des Werkvertragsrechts). Es ist **nicht** ein **Werkvertrag**, sondern ein Dienstvertrag zu Stande gekommen.

*„Für die spezifisch zahnärztlichen Verrichtungen gelten ausschließlich die Vorschriften des Dienstvertrags. Dazu gehören auch die Fertigung und Einpassung von Zahnkronen, gleichgültig, ob sie im Zusammenhang mit einer zahnprothetischen Behandlung stehen oder nicht. Gerade das Einzementieren von Kronen ist, wenn dies im Zusammenhang mit dem Einsetzen von Brücken geschieht, eine typische Maßnahme zur Eingliederung des festsitzenden Zahnersatzes. Die Vorschriften der §§633 ff. BGB(*a.F., §§631 ff. n.F.*) gelten nur insoweit, als es sich um die technische Herstellung von Prothesen handelt."*

II. Der Kläger hat gegen den Beklagten einen Anspruch auf Schadensersatz aus §280 Abs. 1 BGB, 249 ff., 253 BGB.

1. Zwischen den Parteien besteht ein **Schuldverhältnis**, denn sie haben einen Dienstvertrag in Form eines Behandlungsvertrags abgeschlossen.
2. Der Beklagte verletzte auch seine **Pflichten**, denn sämtliche Kronen wiesen schwerwiegende Mängel auf und es wurden Zähne überkront, obwohl es keine Indikation gab. Insofern ging das Gericht von einem schwerwiegenden Behandlungsfehler aus.
   a. Diagnosefehler: Unzutreffende Indikation.
      aa. **Überkronung der Zähne 47, 44, 43.**
      „Im Wesentlichen gibt es ***drei zahnmedizinisch anerkannte Gründe*** *für eine* ***Überkronung:***
      (1.) Ersatzkronen ersetzen verlorene Hartsubstanz, die durch konservierende Behandlung nicht mehr ergänzt werden kann.
      (2.) Schutzkronen schützen – insbesondere im kariesanfälligen Gebiss mit umfangreichen Zahnhalsdefekten – den Dentinkern gegen zerstörende Einflüsse aus der Mundhöhle, indem sie die organische Zahnsubstanz vollständig bedecken.
      (3.) Stütz- und Verankerungskronen sind die Mittel, mit denen Brückenzahnersatz und partielle Prothesen am Restgebiß befestigt werden – sog. Brückenanker."
      Die Überkronung dieser Zähne war indiziert, da diese Zähne als Brückenanker dienen mussten.
      bb. **Überkronung der Zähne 41, 31, 32, 33 und 34.**
      Die Ausführung eines überflüssigen, medizinisch nicht indizierten Eingriffs ist ein Behandlungsfehler. Die Überkronung der Frontzähne im Unterkiefer war unnötig.
   b. **Ordnungsgemäßer Eingriff: Mangelfreie Überkronung.**
   Nicht eine einzige der vom Beklagten eingesetzten Kronen hatte einen vollständig exakten Randschluss.
   „Bei der Überkronung von Zähnen gilt allgemein als ***Grundsatz, dass die beschliffene Zahnsubstanz von der künstlichen Krone wieder abgedeckt werden muss****. Damit dies erreicht wird, muss mit einer erkennbaren Präparationsgrenze gearbeitet werden. Der* ***Kronenrand muss dann exakt mit der Präparationsgrenze abschließen. Exakt*** *heißt in diesem Zusammenhang, dass die* ***unvermeidbare Fuge zwischen Kronenrand und Präparations-***

grenze möglichst nicht breiter als 0,05 mm ist; 0,02–0,03 mm sind ideal, 0,08 mm sollten nicht überschritten werden.“

Exogene Faktoren, die aus der Sphäre des Klägers stammten, konnten ausgeschlossen werden.

„Entgegen der Ansicht des Beklagten ist es ausgeschlossen, dass die Mängel etwa auf Unfall, Schlag, Sturz oder eine Erkrankung des Klägers zurückzuführen sind.

Die von ihnen beschriebenen Fehler sind aber nach ihrer Art gerade ***typische Präparationsmängel und schließen eine nicht im zahnärztlichen Verantwortungsbereich gelegene Ursache mit Sicherheit aus.***

Die Mängel sind…auf eine unzureichende Abformung und Modellherstellung sowie auf herstellungs- und behandlungstechnische Nachlässigkeiten zurückzuführen.

Der Sachverständige Prof. Dr. M. hat dargelegt, aufgrund der vorliegenden Röntgenbefunde sei davon auszugehen, dass diese Zähne ***gesund*** *gewesen seien. Sie hätten wahrscheinlich infolge des fehlenden Zahns* ***lückig*** *gestanden. Die dadurch allenfalls bedingte ästhetische Einbuße hätte erfolgreich* ***kieferorthopädisch beseitigt*** *werden können.*

…fehlte hinsichtlich der Überkronung der Zähne 41, 31, 32, 33 und 34 jegliche Indikation. ***Eine derartige völlig überflüssige Maßnahme*** *die überdies nur zu einer unnötigen Kostenbelastung des Patienten und der Versichertengemeinschaft führt* ***muss als schuldhafte rechtswidrige Körperverletzung gewertet*** *werden.“*

c. **Absterben der Zähne 34 und 44.**

Das Absterben der Zähne 34 und 44 konnte auf einen Behandlungsfehler zurückgeführt werden (pflichtenverletzende Rechtsgutverletzung, vgl. § 241 Abs. 2 BGB: Rechtsgut ist auch der Körper).

Dafür spricht eine **tatsächliche Vermutung** (Beweis des ersten Anscheins).

Werden Zähne unsachgemäß beschliffen, weil sie zu stark beschliffen oder unsachgemäß präpariert werden, dann ist typische Folge dieses Schleiftraumas eine Pulpaschädigung und ein Absterben der Pulpae.

„Nach den Grundsätzen über den Beweis des ersten Anscheins ist davon auszugehen, dass das Absterben der Zähne 34 und 44 auf einen Behandlungsfehler des Beklagten zurückzuführen ist…

Nach Auffassung von Prof. Dr. H. liegt es deshalb nahe, das Absterben der Pulpae dieser beiden Zähne auf ein Schleiftrauma zurückzuführen, sei es, dass zu stark beschliffen oder sei es, dass unsachgemäß präpariert worden ist. Die Pulpaschädigung ist eine typische Folge unsachgemäßen Beschleifens.“

Der **Vermutungstatbestand** liegt vor. Die Zähne wurden unsachgemäß beschliffen.

Die **Vermutungsfolge** ist, dass das Absterben der Zähne auf diesen Behandlungsfehler zurückzuführen ist.

Die Vermutung wurde nicht **erschüttert**, denn andere Ursachen des Absterbens der Pulpae wurden nicht vorgetragen und kamen auch nicht ernsthaft in Betracht.

3. **Schaden.**

a. **Materieller Schaden.**

aa. Der Schaden des Klägers besteht in der Neuversorgung, der sich der Kläger unterziehen musste.

„Hätte der Beklagte insbesondere auf eine ordnungsgemäße Erstellung der Kronenrandschlüsse geachtet, so hätte der Kläger sich nicht der von dem Zahnarzt Dr. B. vorgenommenen und von den Sachverständigen für erforderlich gehaltenen Neuversorgung unterziehen müssen.“

Hinsichtlich des Umfangs führte das Gericht wie folgt aus:

„Der Beklagte hat daher im Wege des Schadenersatzes den Betrag zu erstatten, den der Zahnarzt Dr. B. dem Kläger als Eigenanteil (1498,22 Euro) in Rechnung gestellt hat. Nach der Rechnung des Zahnarztes Dr. B. belief sich die zahnärztliche Vergütung auf insgesamt 7491,11 Euro. Abzüglich des Krankenkassenanteils von 5992,89 Euro verblieb der Eigenanteil von 1498,22 Euro.“

bb. Dieser Betrag ist auch ersatzfähig im Sinne von § 249 Abs. 2 S. 1 BGB. Die **Erforderlichkeit** der Aufwendungen war zu bejahen.

„Es kann kein berechtigter Zweifel daran bestehen, dass der dem Kläger von Dr. B. in Rechnung gestellte Betrag zur Schadenbeseitigung erforderlich war. Dass dieser Betrag die vom Beklagten mit Rechnung vom…geforderte Vergütung von etwa 1000 Euro überstieg, kann ***seine Erklärung in der zwischenzeitlich eingetretenen allgemeinen Kostenentwicklung aber auch darin finden, dass aufgrund der unsachgemäßen Behandlung des Beklagten zusätzliche Maßnahmen erforderlich waren…“***

cc. Der Anspruch entfiel nicht und war auch nicht wegen Mitverschuldens zu kürzen (§ 254 BGB).

(i) Ein **Vorrang der Nacherfüllung** gemäß § 634 Nr. 1 BGB i.V.m. § 635 BGB besteht nicht. Denn es handelt sich nicht um einen Werkvertrag.[669]

(ii) Nachbehandlung.

Eine Nachbehandlung war nicht zumutbar. Im Rahmen der Schadensminderungspflicht muss derjenige, der vom Schaden betroffen ist, alles **Zumutbare** tun, was den Schaden mindern **kann**.[670]

„...weil die **Beseitigung der Mängel praktisch ausgeschlossen** war und **ohnehin auf eine Neuherstellung hinausgelaufen** wäre."
Eine Nachbehandlung kam auch nicht in Betracht.
„Außerdem hat der Beklagte **sämtliche gravierenden Mängel bestritten** und damit zu **erkennen gegeben, dass er nicht bereit gewesen wäre**, dem Kläger eine sachgerechte Behandlung zuteilwerden zu lassen."

b. **Immaterieller Schaden.**
   aa. § 253 Abs. 2 BGB ist **anwendbar**.
   Der Beklagte **verletzte** mit Körper bzw. Gesundheit eines der in § 253 Abs. 2 BGB genannten Rechtsgüter, wobei es sich nicht um einen unbedeutenden Eingriff handelte.
   bb. Bei der Bemessung des Schmerzensgeldes wurden folgende Faktoren berücksichtigt:
   Der Kläger hatte Beschwerden in Vergangenheit und Gegenwart.
   *„**Pulpa und Dentin enthalten sensible Nervenfasern; Traumatisierungen können heftige Schmerzen auslösen**...So ist dem Kläger insbesondere abzunehmen, dass er infolge der unzureichenden Kronenrandgestaltung, die teilweise die beschliffenen Flächen nicht abdeckte, **gerade an den Zähnen des Oberkiefers besonders schmerzempfindlich für kalte und heiße Speisen und Getränke war**."*
   Angesichts der irreparablen Körperverletzung war auch ein Mindestbetrag zuzusprechen.
   *„**Vor allem aber ist bei der Schmerzensgeldbemessung dem Umstand Rechnung zu tragen**, dass der Beklagte die **gesunden Zähne** 41, 31, 32, 33 und 34 beschliffen und überkront hat, ohne dass hierfür eine Notwendigkeit gegeben war. Gerade weil dem Beklagten insoweit der Vorwurf einer **irreparablen Körperverletzung** zu machen ist, ist das vom LG zuerkannte Schmerzensgeld als Mindestbetrag anzusehen."*
   Einzubeziehen war auch, dass das Schmerzensgeld eine Genugtuungsfunktion hat.
   „Hier ist auch dem Gedanken Rechnung zu tragen, dass der Schädiger dem Geschädigten Genugtuung schuldet für das, was er ihm angetan hat."
   Schlussendlich musste auch die erforderliche, mit Unannehmlichkeiten verbundene Nachbehandlung berücksichtigt werden.
   *„Schließlich kann auch nicht unberücksichtigt bleiben, dass der Kläger sich einer **prothetischen Neuversorgung unterziehen musste**, weil der vom Beklagten eingesetzte Zahnersatz vollständig erneuert werden musste, wie die Sachverständigen übereinstimmend ausgeführt haben. Die unzureichenden Randschlüsse begünstigten nämlich das Auftreten von Karies und von Parodontopathien. Dass die Entfernung des unzureichenden Zahnersatzes und die Neuversorgung trotz der heutigen Möglichkeiten einer Lokalanästhesie **mit erheblichen körperlichen Unannehmlichkeiten und auch Schmerzen verbunden sind**, bedarf keiner näheren Erörterung."*

III. Zugleich besteht gegen den Beklagten zu 2. ein deliktischer Schadensersatzanspruch aus § 823 BGB.

B. Widerklage

I. Die Widerklage ist **zulässig**.
II. Sie ist aber **unbegründet**.

1. Zwar ist der Vergütungsanspruch gemäß § 611 Abs. 1 BGB entstanden.
2. Der Anspruch war aber **nicht durchsetzbar**.
   Der Kläger (Widerbeklagter) konnte dem Beklagten (Widerkläger) den Einwand der unzulässigen Rechtsausübung (Rechtsmissbrauch) entgegenhalten.
   - Relevante Fallgruppen:
   - So darf der Beklagte (Widerkläger) nicht in die Leistung verlangen, die er aus einem anderen Rechtsgrund zurückzugewähren hätte (§ 242 BGB, Fallgruppe: „**dolo agit, qui petit, quod statim redditurus est**"). Unzulässig ist die Geltendmachung einer Forderung, wenn der Gläubiger das Geleistete als Schadensersatz gemäß § 812 BGB zurückerstatten müsste.[671]
   - Ferner kann sich die Unzulässigkeit der Geltendmachung hier aus der Fallgruppe „**Verletzung eigener Pflichten**" ergeben, da es sich um die Verletzung schwerer Pflichten handelt.
     Die Rechtsausübung kann unzulässig sein, wenn dem Berechtigten eine Verletzung eigener Pflichten zur Last fällt.
     - Es gibt aber **keinen allgemeinen Grundsatz**, dass nur derjenige Rechte geltend machen kann, der sich selbst rechtstreu verhalten hat. Rechtsverstöße begründen unter den im Gesetz vorgesehenen Voraussetzungen Schadensersatzansprüche und geben dem anderen Teil die Befugnis aus §§ 273, 320 BGB, führen aber nur ausnahmsweise zu einem Wegfall des Gläubigeranspruchs.
     - Nur in **besonders krass liegenden** Ausnahmefällen entfällt der Anspruch. Der Rechtsanwalt verliert seinen Honoraranspruch nur im Falle des Parteiverrats oder einer vergleichbaren schweren Pflichtverletzung. Auch der Vergütungsanspruch des Sachverständigen entfällt nur bei **besonders groben** Pflichtverletzungen. Das gilt ebenso für den (Zahn)Arzt.[672]
   - Berücksichtigung:
     - § 242 BGB wird im Prozess von Amts wegen **berücksichtigt**. Man muss sich also nicht erst auf § 242 BGB berufen, um dessen Rechtswirkungen auszulösen.[673]

a. Der haftungsbegründende Tatbestand der Schadensersatzansprüche aus §280 Abs. 1 BGB bzw. §823 Abs. 1 BGB bzw. §823 Abs. 2 BGB liegt vor.
b. Der von einem **Freistellungsanspruch** vorausgesetzte **Schaden**, nämlich das Bestehen einer Verbindlichkeit, war auch zu bejahen.
Ein Schaden liegt erst dann vor, wenn die Kosten, die sich aus einer Nachbehandlung ergeben, bereits entstanden sind, weil die Nachbehandlung bereits durchgeführt wurde.[674]
Der **Inhalt** des jeweiligen Schadensersatzanspruches sieht auch so aus, dass der Patient gemäß §249 Abs. 1 BGB so zu stellen wäre, als wäre die Belastung mit dem Teil der Verbindlichkeit (den der Patient nicht schuldet) nicht erfolgt.
„Die Rechtsfolge der (teilweisen) Befreiung von der Vergütungspflicht ergibt sich unmittelbar aus dem Inhalt des Schadenersatzanspruchs. Der Schaden des Patienten besteht darin, dass er für ein unbrauchbares Werk (allg.: eine im Ergebnis unbrauchbare ärztliche Behandlung[675]) eine Vergütung zahlen soll. Dieser Schaden ist in der Weise zu ersetzen, dass der Zahnarzt keine Vergütung verlangt."[676]
„Letztlich kann es aber keinen Unterschied machen, ob sich der Freistellungsanspruch auf §635 BGB (a.F.) gründet oder – wie hier – unter dem Gesichtspunkt der positiven Vertragsverletzung gerechtfertigt ist. Da die ärztliche Behandlung im vorliegenden Fall völlig fehlgeschlagen ist, kann die zwischen den Parteien streitige Frage, in welcher Höhe Dr. S. liquidationsberechtigt ist, auf sich beruhen; denn unter den gegebenen Umständen entfällt der Honoraranspruch in jedem Fall in vollem Umfang."[677]

III. Schlussfolgerung

1. Pro Medicus

Bestreitet der Zahnarzt Mängel, dann muss er sich folgender Dinge bewusst sein:

- Das Gegenteil des Bestreitens wäre ein Anerkenntnis. Dieses wird vermieden.
- Andererseits kann das Gericht das Bestreiten dahingehend werten, dass es sich um eine ernsthafte und endgültige Leistungsverweigerung handelt. Zwar werden an die Weigerung des Schuldners strenge **Anforderungen** gestellt. Ausreichend kann aber das hartnäckige Bestreiten der Pflichtverletzung sein.[678] Rechtlich **relevant** wird die Feststellung dieses Verhaltens für:
  - den Anspruch auf Schadensersatz statt der Leistung (§281 BGB): Die nach §281 Abs. 1 BGB grds. erforderliche Fristsetzung wird nach §281 Abs. 2 BGB damit entbehrlich.
  - Schadensabwendungs-/Schadensminderungspflicht (§254 Abs. 2 S. 1 BGB).
    - Mit der Leistungsverweigerung kann in einer Nachbehandlung nicht mehr eine zumutbare Möglichkeit für den Patienten gesehen werden, zur Schadensminderung beizutragen.

2. Pro Kurand

In der vorliegenden Entscheidung folgte in der Chronologie der Rechtsbehelfe auf die zuerst vom Zahnarzt eingelegte Berufung die Anschlussberufung des Patienten a posteriori. Dies ist vor folgendem Hintergrund zu verstehen: Der Patient hatte als Berufungsbeklagter das angegriffene Ersturteil auf seiner Habenseite. Es wurde aber notiert, dass auch der Berufungsbeklagte selbst Berufung einlegen kann, wenn er beschwert ist. Die **Anschlussberufung** (statt der Berufung) ist anzuraten, wenn der Berufungsbeklagte die eigene **Berufungsfrist** versäumt hat, aber die Anschließungsfrist (§524 Abs. 2 S. 2 ZPO) gewahrt ist. Sie ist auch dann interessant, wenn sie mit der alleinigen Absicht eingelegt wird, die **Klage zu erweitern oder Widerklage zu erheben**; denn eine Beschwer ist nicht erforderlich.[679] Der Nachteil besteht darin, dass die Anschlussberufung unwirksam wird, wenn die Berufung zurückgenommen wird (§524 Abs. 4 ZPO).

K Kündigung des Behandlungsvertrags durch den Zahnarzt

A. Hintergrund

I. Ordentliche Kündigung

Bei dem Behandlungsvertrag handelt es sich um eine spezielle Form des Dienstvertrags. Auch handelt es sich um einen (typischen) Dienstvertrag im Sinne des §627 Abs. 1 BGB. Es werden die dort vorausgesetzten „Dienste höherer Art" geschuldet, „die aufgrund besonderen Vertrauens übertragen zu werden pflegen." Beispiel: (Zahn) Arzt.[680] Dieser darf gemäß §627 BGB grundsätzlich jederzeit durch Zahnarzt und/oder Patient gekündigt werden.

II. Außerordentliche Kündigung

1. Die fristlose Kündigungsmöglichkeit gemäß §626 BGB wird dadurch nicht berührt.[681]
2. Bei bedachten schriftlichen Beleidigungen eines Patienten kann die Kündigung des Zahnarztes aus **wichtigem Grund** berechtigt sein.

Die Berechtigung einer Kündigung eines Behandlungsvertrags nach §626 BGB durch den Zahnarzt setzt nicht voraus, dass er quasi grundlos mit Beleidigungen überzogen wird. Auch in einem durch langwierige Einpassungsmaßnahmen belasteten Zahnarzt-Patienten-Verhältnis muss er nicht alle Anschuldigungen hinnehmen. Aus finanziellen Motiven das Wohl der Patienten zu vernachlässigen, ist mit der am schwersten wiegende Vorwurf, den man einem Arzt machen kann.[682]

B. Die Entscheidung: Zahnärztliche Zusage zu einer „Liftime"-Behandlung?[683]

I. Sachverhalt

Die Klägerin (K) begehrte von dem beklagten Zahnarzt (B) 8000 Euro Schmerzensgeld, weil dieser nach einer 7-jährigen Behandlungszeit den Arztbehandlungsvertrag gekündigt hatte. Die K litt an einer Schädigung ihres linken Kiefergelenks. Daher begab sie sich in Behandlung des B. Nach entsprechender Beratung fertigte dieser für die K eine Regulierungsschiene an. Die K musste die Schiene ab dem Zeitpunkt lebenslänglich tragen und alle 2–3 Monate kontrollieren lassen und ggf. justieren lassen.

II. Entscheidungsgründe

Das Kammergericht schützte die Klage nicht.

A. Ein vertraglicher Schadensersatzanspruch gemäß §§627 Abs. 2 S. 2, 253 Abs. 2 BGB bestand nicht.

I. Ein (typischer) Dienstvertrag im Sinne von §627 Abs. 1 BGB lag vor. Denn es wurden „Dienste höherer Art" geleistet, „die aufgrund besonderen Vertrauens gepflegt werden zu übertragen".

II. Die ordentliche Kündigungsmöglichkeit nach §627 BGB wurde im Ergebnis nicht ausgeschlossen.

1. Grundsätzlich kann die ordentliche Kündigungsmöglichkeit ausgeschlossen werden.
   Denn die **Abdingbarkeit** für Ausschluss und Beschränkung der Kündigung ist grundsätzlich zu bejahen, da §626 BGB anwendbar bleibt. Die Erklärung muss eindeutig, kann aber stillschweigend sein. Sie liegt noch nicht in der Vereinbarung einer bestimmten Vertragsdauer.[684]
2. Ein Schadensersatzanspruch wäre allerdings möglicherweise begründet, wenn der Beklagte der Klägerin eine lebenslange Behandlung zugesagt hätte.
   Nach Ansicht des Kammergerichts hatte der B nicht eine lebenslange Behandlung zugesagt, weil die Klägerin dies nicht vorgetragen hatte. Die Zusage einer lebenslänglichen Behandlung konnte auch nicht daraus hergeleitet werden, dass lediglich eine Schienentherapie eingeleitet wurde, die lebzeitig periodisch notwendige Anpassungsarbeiten erforderte.

III. Die demnach mögliche Kündigung durch den B erfolgte auch nicht **„zur Unzeit"**.

„...wenn die Kündigung zur „Unzeit" erfolgt ist, d. h., wenn sich der Dienstberechtigte (hier: Patient) die von ihm benötigten Dienste nicht (mehr) anderweitig beschaffen kann, was vor allem auch dann der Fall ist, wenn der Dienstverpflichtete (hier: Zahnarzt) hinsichtlich der betreffenden zahnärztlichen Behandlung eine Art „Monopolstellung" hat."

Der B hatte keine Monopolstellung inne, denn bei der Schienentherapie handelte es sich nicht um eine spezielle Behandlungsmaßnahme, die nur er allein durchführen konnte. Eine „Monopolstellung" konnte auch nicht daraus hergeleitet werden, dass etwaig andere behandelnde Zahnärzte vor eine gewisse Herausforderung gestellt würden. Das Gericht ließ die Frage offen, ob die Kündigung „zur Unzeit" nicht auch schon deswegen zu verneinen war, weil

„...sich die Frage stellt, ob die Klägerin mit einer zahnärztlichen Behandlung allein überhaupt zufriedenstellend ärztlich versorgt werden kann."

B. Ein deliktischer Schadensersatzanspruch aus § 823 Abs. 1 BGB wurde durch das Kammergericht nicht vertieft erörtert, war aber auch offensichtlich nicht nötig. Das **Unterlassen** der Behandlung war nicht tatbestandlich, weil es an einer **Rechtspflicht zum Handeln** fehlte. Wie bereits ausgeführt, erfolgte die Kündigung nicht zur Unzeit. Auch wurde keine Behandlungszusage getroffen.

III. Schlussfolgerung

1. Alternativkollegen

Bei einer Kündigung durch den behandelnden Zahnarzt ist sicherzustellen, dass der Patient die Dienste nach Zugang der Kündigung, sobald und soweit er sie benötigt, beschaffen kann. Es ist nicht notwendig, dass er diese in gleicher Güte und zu gleichen Bedingungen erhalten kann. Es sollte sichergestellt werden, dass auch lokal erreichbare Kollegen die begonnene Behandlung fortsetzen können.

2. Einschränkung von Behandlungszusagen

Eine Message während der Behandlung, die Spekulationen eröffnet bezüglich einer dauerhaften Behandlungsmöglichkeit sollte nur dann entäußert werden, sofern die Zukunft nicht völlig ungewiss ist.[685]

K Kündigung gegenüber einem Zahnarzthelfer

A. Hintergrund

I. Beendigungsmöglichkeiten

Ein Arbeitsverhältnis kann beendet werden durch u. a.
- Anfechtung (§§ 119 ff. BGB),
- Aufhebungsvertrag,
- Befristungsablauf (§§ 3, 14 ff. Teilzeitbefristungsgesetz),
- Eintritt einer auflösenden Bedingung,
- Kündigung (außerordentlich, ordentlich).

II. Ordentliche Kündigung

1. **Ordnungsgemäße Kündigungserklärung.**
   Eine ordnungsgemäße Kündigungserklärung setzt voraus, dass
   - begrifflich eine ordentliche Kündigung vorliegt,
   - die Kündigungserklärung ansonsten wirksam ist und
   - die Schriftform gemäß § 623 BGB eingehalten wurde. Grundsätzlich ist eine ordentliche Kündigung begründungsfrei, es gelten aber Schriftformanforderungen, die von Nichtfachleuten regelmäßig ignoriert bzw. nicht richtig interpretiert werden. Dies führt dann zur Unwirksamkeit.
     Ad exemplum die Entscheidung des Arbeitsgerichts Düsseldorf zur Kündigung einer Zahnarzthelferin:[686]
     - Eine Zahnarzthelferin erhielt einen Arbeitsvertrag, der durch beide in der Gemeinschaftspraxis tätigen Zahnärzte unterschrieben wurde. Ihr wurde gekündigt, wobei die Kündigung auf dem Briefkopf der Gemeinschaftspraxis erklärt wurde, nur aber durch einen Zahnarzt unterschrieben war.
       Das Arbeitsgericht hielt die Kündigung für unwirksam, weil die Schriftform nicht eingehalten wurde und führte aus:
       *„Für die Einhaltung der Schriftform ist es erforderlich, dass **alle Erklärenden** die schriftliche Willenserklärung **unterzeichnen…Unterzeichnet für eine Vertragspartei ein Vertreter** die Erklärung, muss dies in der Urkunde durch einen das **Vertretungsverhältnis anzeigenden Zusatz** hinreichend deutlich zum **Ausdruck** kommen. Unterschreibt für eine GbR nur ein Mitglied ohne einen Vertreterzusatz, so ist regelmäßig nicht auszuschließen, dass vorgesehen war, auch das andere Mitglied oder die anderen Mitglieder sollten die Urkunde unterschreiben und dass deren Unterschrift noch fehlt…*
       *Die Wahrung der gesetzlichen Schriftform setzt bei einer GbR danach voraus, dass die Urkunde **erkennen lässt**, dass die **Unterschrift der handelnden** Gesellschafter auch die **Erklärung des nicht unterzeichnenden Gesellschafters decken** soll, sie also auch in dessen Namen erfolgt ist…*
       *Der Wille zu einem Handeln in alleiniger Vertretung einer Gesellschaft bürgerlichen Rechts wird deutlich, wenn der Vertreter mit einem klar gefassten Vertretungszusatz unterzeichnet. So kann eine Unterschrift beispielsweise **„als alleiniger Vertreter der ABC GbR“** oder **„in Alleinvertretung für die ABC GbR"** erfolgen. Mit einer solchen Erklärung bringt der Vertreter zum Ausdruck, dass er die anderen Gesellschafter dem Dritten gegenüber allein vertritt.*
       …der Gemeinschaftspraxis beteiligten Ärzte eine Gesellschaft bürgerlichen Rechts bilden und als solche die Arbeitgeberstellung für das Arbeitsverhältnis der Parteien innehaben. Dies erscheint angesichts des mit einer Gemeinschaftspraxis typischerweise verfolgten gemeinsamen Zwecks der gemeinschaftlichen Nutzung der Sach- und Personalressourcen und des gemeinsamen Auftretens als Gemeinschaftspraxis im Arbeitsvertrag naheliegend.“
2. Sofern ein Betriebsrat vorhanden ist, muss dieser gemäß § 102 BetrVG ordnungsgemäß angehört werden.
3. Bestimmungen des besonderen Kündigungsschutzes können einer ordentlichen Kündigung entgegenstehen, ad exemplum:
   - § 9 MuSchG (Schwangerschaft),
     - Zur Wahrung der Mitteilungspflicht nach § 9 Abs. 1 MuSchG: Die Fristversäumnis ist unverschuldet, wenn die Zahnarzthelferin keine Kenntnis von der Schwangerschaft hat oder diese kennt bzw. innerhalb der 14-Tage-Frist von ihr erfährt, aber durch sonstige Umstände unverschuldet an der rechtzeitigen Mitteilung gehindert ist.[687]
     - Die Kündigung einer Zahnarzthelferin wegen zu erwartender Fehlzeiten infolge künstlicher Befruchtung ist nicht in entsprechender Anwendung von § 9 MuSchG unwirksam.[688]
     - Erwähnung verdient die Weiterzahlung von Arbeitsentgelt gem. § 11 Abs. 1 S. 1 MuSchG.[689]
   - § 18 BEEG (Elternzeit),
   - § 15 KSchG (Betriebsrat),
   - §§ 85,90 SGB IX (Schwerbehinderung).
4. Zu beachten ist auch der **allgemeine Kündigungsschutz** nach dem Kündigungsschutzgesetz. Das Kündigungsschutzgesetz muss nach §§ 1 Abs. 1, 23 Abs. 1 S. 2 KSchG **anwendbar** sein.[690] Eine ordentliche Kündigung kann **sozial gerechtfertigt** sein nach § 1 Abs. 2 KSchG, wenn sie durch:

- personenbedingte (z. B. fehlende fachliche oder persönliche Eignung, insbesondere unverschuldete Schlechtleistung[691], häufige Kurzerkrankungen[692], lang andauernde Erkrankung[693], dauerhafte Leistungsunfähigkeit[694], erhebliche krankheitsbedingte Leistungsminderung[695]),
- verhaltensbedingte (z. B. Arbeitsverweigerung[696], Schlechtleistungen trotz Leistungsmöglichkeit[697], private Telefongespräche auf Kosten des Arbeitgebers[698], unerlaubte Privatnutzung des Internets[699]),
- betriebsbedingte (z. B. Rationalisierung)

Gründe „bedingt ist".

Diese Gründe müssen dabei so gewichtig sein, dass die Kündigung unter Berücksichtigung des Verhältnismäßigkeitsprinzips nach einer umfassenden Interessenabwägung als billigenswert und angemessen erscheinen. Dabei ist zu berücksichtigen, dass das gesamte Kündigungsrecht nicht vergangenheits-, sondern zukunftsbezogen ist. Eine ordentliche Kündigung ist deshalb nicht schon deswegen gerechtfertigt, weil das Arbeitsverhältnis in der Vergangenheit gestört war. Erforderlich ist vielmehr, dass die Störungen auch in der Zukunft zu erwarten sind (sog. Prognoseprinzip) und dem Arbeitgeber deshalb die Fortsetzung des Arbeitsverhältnisses nicht zumutbar ist.[700]

Nach § 1 Abs. 2 S. 2, S. 3 KSchG kann eine Kündigung absolut sozialwidrig sein, wenn ein wirksamer Widerspruch des Betriebsrates vorliegt.

Last, but not least:

- Auch dann, wenn das Kündigungsschutzgesetz nicht anwendbar ist, darf eine Kündigung nicht nach §§ 138, 242 BGB unwirksam sein:
  - Die Kündigung einer Zahnarzthelferin ist nicht deswegen treuwidrig i.S.v. § 242 BGB, wenn diese Kündigung bei Geltung des KSchG wirksam gewesen wäre.[701]
  - Die Kündigung eines Zahnarztes ggü. einer Zahnarzthelferin wegen zu erwartender Fehlzeiten bei künstlicher Befruchtung verstößt nicht gegen §§ 138, 242 BGB[702]
- Die Kündigungsfrist nach § 642 BGB muss eingehalten worden sein.

Gemäß § 7 KSchG kommt trotz Vorliegen eines Unwirksamkeitsgrundes eine Heilung in Betracht, wenn die Klagefrist des §§ 4 KSchG versäumt wurde und nicht eine nachträgliche Zulassung nach § 5 KSchG erfolgte.

III. Außerordentliche Kündigung

Der Kündigungsgrund einer außerordentlichen Kündigung liegt vor, wenn ein „wichtiger Grund" gegeben ist. Für diesen müssen folgende Voraussetzungen gegeben sein:

- Schritt 1: Ein bestimmter Sachverhalt, der zu einer arbeitsvertraglichen Pflichtverletzung geführt hat, ist ohne die besonderen Umstände des Einzelfalls an sich geeignet, einen wichtigen Grund i.S.v. § 626 Abs. 1 BGB abzugeben; dieser Sachverhalt liegt im Zeitpunkt des Zugangs der Kündigungserklärung objektiv vor.
- Schritt 2: Die außerordentliche Kündigung ist nach einer Interessenabwägung unter Berücksichtigung aller Einzelfallumstände als gerechtfertigt anzusehen; dies ist dann der Fall, wenn die fristlose Kündigung die Ultima Ratio für den Kündigungsberechtigten war, d. h., mildere Mittel waren unzumutbar.[703]

Als Beispiel für einen wichtigen Grund ist zu nennen, wenn eine Zahnarzthelferin ihren Vorgesetzten und Kollegen vorwirft, mehrfach eine Falschaussage in anderen Gerichtsverfahren begangen zu haben.[704] In dem konkreten Rechtsstreit ging es um eine Zahnarzthelferin, die unsubstantiiert und nebulös behauptete, dass ein Zahnarzt ihr 500 Euro angeboten habe, und zwar in einer der vielen Klagen der Patienten gegen die Gemeinschaftspraxis, falls sie zugunsten der Praxis vor Gericht aussagen würde.

Ferner stellt es einen wichtigen Grund dar, dass eine Zahnarzthelferin wiederholt die ihr erteilten Weisungen zur rechtzeitigen Ausführung zahntechnischer Arbeiten nicht beachtet und die ihr übertragenen Aufgaben nicht fristgerecht erledigt.[705]

IV. Folgen einer Kündigung

Nach einer erfolgten Kündigung können Überstunden einer Zahnarzthelferin zu vergüten sein. Grundsätzlich hat der Arbeitnehmer, der die Vergütung von Überstunden fordert, im Einzelnen darzulegen, an welchen Tagen und zu welchen Tageszeiten er über die übliche Arbeitszeit hinaus gearbeitet hat. Dem Arbeitgeber obliegt es sodann, dem Vortrag substantiiert entgegenzutreten. Sofern ein konkreter Vortrag des Arbeitgebers erfolgt, ist es anschließend Sache des Arbeitnehmers, im Einzelnen Beweis für die geleisteten Stunden anzutreten. Die Darlegungslast ist zunächst einmal erfüllt, wenn der Arbeitnehmer im Einzelnen angibt, an welchen Tagen und zu welchen Tageszeiten er über die übliche Arbeitszeit hinaus gearbeitet hat. Der Anspruch des Arbeitnehmers auf Bezahlung von Überstunden setzt des Weiteren voraus, dass die Überstunden vom Arbeitgeber angeordnet, gebilligt oder geduldet wurden oder dass sie zur Erlangung der geschuldeten Arbeit notwendig waren.[706]

B. Die Entscheidung: Kündigungsfrist einer Zahnarzthelferin contra legem[707]

I. Sachverhalt

Die im Jahr 1979 geborene Klägerin (K) war seit dem 1. August 1995 bei der Beklagten (B) zunächst im Rahmen einer fast 3-jährigen Berufsausbildung und anschließend als Zahnarzthelferin tätig. Die Beklagte kündigte mit Schreiben vom 9.11.2007 das Arbeitsverhältnis fristlos, hilfsweise fristgerecht „zum nächstmöglichen Termin". Späterer Klagegegenstand war nur noch die ordentliche Kündigung. Die K machte geltend, dass die B die Kündigungsfrist nicht eingehalten habe. Dies habe dazu geführt, dass das Arbeitsverhältnis nicht schon am 31. Oktober 2007, sondern erst am 29. Februar 2008 geendet habe.

II. Entscheidungsgründe

Der Klage wurde stattgegeben.

Die Kündigung war allein schon deshalb unwirksam, weil die Kündigungsfrist nach §622 BGB nicht eingehalten wurde.

I. Bei der Berechnung der Kündigungsfrist war §622 Abs. 2 S. 2 BGB wegen Altersdiskriminierung nicht anzuwenden.

> **Cave**
>
> Fassung des §622 Abs. 2 S. 2 BGB im maßgeblichen Zeitpunkt: *„Bei der Berechnung der Beschäftigungsdauer werden Zeiten, die vor der Vollendung des 25. Lebensjahres des Arbeitnehmers liegen, nicht berücksichtigt."*

„Die Nichtanwendung von §622 Abs. 2 Satz 2 BGB beseitigt die mit der Regelung verbundene Altersdiskriminierung. Die Kündigungsfristenregelung des §622 Abs. 2 BGB ist nicht insgesamt unanwendbar. Es entfällt lediglich die in §622 Abs. 2 Satz 2 BGB enthaltene Einschränkung ihres Anwendungsbereichs. Dies führt mittelbar zu einer „Anpassung nach oben" und zur ausschließlichen Anwendung von §622 Abs. 2 Satz 1 BGB."

II. Die bei der vormaligen Inhaberin der Zahnarztpraxis zurückgelegten Beschäftigungszeiten waren auch zu berücksichtigen. Denn das Arbeitsverhältnis ging zum 1. Juli 2007 im Wege eines Betriebsübergangs auf die B über.

III. Auch die Zeiten der Berufsausbildung sind im Rahmen von §622 Abs. 2 S. 1 BGB zu berücksichtigen. *„Der Senat hat bereits entschieden, dass Zeiten der Berufsausbildung im Rahmen von §622 Abs. 2 Satz 1 BGB zu berücksichtigen sind, soweit die **Ausbildung nach Vollendung des 25. Lebensjahres** des Auszubildenden erfolgte…Die verlängerten Kündigungsfristen honorieren letztlich die Betriebs- bzw. Unternehmenstreue und sollen der damit typischerweise einhergehenden Verminderung der Flexibilität des Arbeitnehmers Rechnung tragen. Insoweit macht es keinen Unterschied, ob die Zeit im Betrieb bzw. Unternehmen in einem reinen Arbeitsverhältnis oder – sei es auch nur teilweise – in einem Ausbildungsverhältnis verbracht wurde. Diese Überlegungen treffen **gleichermaßen auf Zeiten zu, die ein Arbeitnehmer vor Vollendung seines 25. Lebensjahres** in einem Ausbildungsverhältnis zurückgelegt hat."*

III. Schlussfolgerung

1. **Schriftform:** Bei einer Gemeinschaftspraxis muss die Kündigungserklärung durch alle Zahnärzte, die Gesellschafter sind, unterzeichnet werden. Als Variante können auch die abwesenden Gesellschafter vertreten werden, dabei muss aber ein Hinweis auf die Vertretung erfolgen. Ferner ist denkbar, dass in Vertretung der Gesellschaft gehandelt wird, sodass ein Alleinvertretungszusatz nötig ist.
2. **Kündigungsfristenkalkulation:** Die Kündigungsfristen sind exakt zu berechnen:
   - Wurde die Praxis im Sinne eines Betriebsübergangs gemäß §613a BGB übernommen, dann sind auch vormalige Beschäftigungszeiten zu berücksichtigen.
   - Weiterhin ist §622 Abs. 2 S. 2 BGB europarechtswidrig und daher nicht anzuwenden.
   - Zeiten einer Berufsausbildung gelten auch als Arbeitsverhältnisbestand im Sinne von §622 BGB.
3. Beachtenswert ist auch der umgekehrte Fall, dass die Arbeitnehmerin selbst kündigt. Scheidet eine Zahnarzthelferin ohne Einhaltung der Kündigungsfrist aus und können daher wegen fehlender Personalkapazität Prophylaxebehandlungen nicht im vorgesehenen Umfang durchgeführt werden, so kann für den Einnahmeausfall kein Schadensersatz in Form von entgangenem Gewinn geltend gemacht werden. Es ist nämlich davon auszugehen, dass derartige Termine lediglich verschoben werden, nicht aber ausfallen.[708]

M Medizinische Notwendigkeit

A. Hintergrund

I. Begriffe

1. En passant soll der sozialrechtliche Terminus der „Notwendigkeit" (als negative Voraussetzung der Wirtschaftlichkeit, § 12 Abs. 1 S. 1, 2. Halbsatz, S. 2 SGB V) mit erörtert werden.[709]
   Eine **Leistung** ist **notwendig**, wenn sie nach Art und Ausmaß zur Zweckerzielung zwangsläufig, unentbehrlich oder unvermeidlich ist.[710]
   Die medizinische Notwendigkeit einer Krankenbehandlung gemäß § 27 Abs. 1 S. 1, S. 2 Nr. 1, Nr. 5 SGB V gilt grundsätzlich nur für solche Behandlungsmaßnahmen, die **unmittelbar** bei der eigentlichen Krankheit ansetzen. Daher ist die medizinische Notwendigkeit einer nur mittelbar zu Heilung oder Linderung bestimmten operativen Behandlungsmaßnahme grundsätzlich fraglich.
   Bei nur **mittelbarer** Beeinflussung einer Erkrankung sind Maßnahmen zur gezielten Krankheitsbekämpfung nicht mehr hinreichend von sonstigen wegen einer Krankheit notwendig werdenden Hilfen im Bereich der Lebensführung zu unterscheiden, für welche die Krankenversicherung nicht aufzukommen hat. Diese Behandlungsmaßnahmen, die nur mittelbar zu Heilung oder Linderung bestimmt sind, sind daher grundsätzlich nicht medizinisch notwendig.[711]
   Ein **Hilfsmittel** ist **notwendig**, wenn es eine wesentliche Kompensation erbringt, als Zweck der Erfüllung eines allgemeinen menschlichen Grundbedürfnisses dient und nicht eine triviale Leistung darstellt.[712]
2. Ein **Versicherungsfall** (Privatrecht) ist die medizinisch notwendige Heilbehandlung einer versicherten Person wegen Krankheit oder Unfallfolgen.[713]
   Was den Versicherungsfall ausmacht, wird zum einen durch die Bezeichnung eines die Behandlung auslösenden Ereignisses oder Zustands (Krankheit oder Unfallfolgen) ausgefüllt, zum anderen dadurch festgelegt, dass es sich bei der Behandlung um eine medizinisch notwendige Heilbehandlung handeln muss.[714] Nicht der Eintritt eines unter den Krankheitsbegriff fallenden Zustands oder ein Unfall allein begründet demgemäß den Anspruch auf Versicherungsleistungen.[715]
   Krankheit im Sinne der Bedingungen ist ein objektiv nach ärztlichem Urteil bestehender anomaler, regelwidriger Körper- oder Geisteszustand.[716]
   Als **Heilbehandlung** ist jegliche ärztliche Tätigkeit anzusehen, die durch die betreffende Krankheit verursacht worden ist, sofern die Leistung des (Zahn) Arztes von ihrer Art her in den Rahmen der medizinisch notwendigen Krankenpflege fällt und auf Heilung, Besserung oder auch Linderung der Krankheit abzielt. Dem ist eine (zahn)ärztliche Tätigkeit gleichzusetzen, die auf eine Verhinderung der Verschlimmerung einer Krankheit gerichtet ist. Dabei sind die Begriffe „(zahn)ärztliche Leistung" und „medizinische Krankenpflege" in einem weiten Sinne zu verstehen.[717] Für das Vorliegen einer Heilbehandlung kommt es nicht darauf an, ob die Durchführung einer Therapie geeignet ist, das Telos zu erreichen.[718]
   Zur „Behandlung" einer Krankheit gehört nicht nur die unmittelbare Heiltätigkeit, sondern auch schon die erste (zahn)ärztliche Untersuchung, die auf die Erkennung des Leidens abzielt, ohne Rücksicht darauf, ob sofort oder erst nach weiteren Untersuchungen eine endgültige oder richtige Diagnose gestellt und mit den eigentlichen Heilmaßnahmen begonnen worden ist.[719]
3. Die „medizinische Notwendigkeit" wird für den (Zahn)Arzt relevant, wenn es z. B. um die Frage der Unwirksamkeit einer Honorarvereinbarung wegen Unangemessenheit (§ 138 Abs. 2 BGB) geht.[720]
   Der Begriff der **medizinischen Notwendigkeit** einer Heilbehandlung[721] ist ein **objektiver**, vom Vertrag zwischen (Zahn)Arzt und Patient unabhängiger Maßstab. Insoweit hängt die Beurteilung nicht allein von der Auffassung des Versicherungsnehmers oder des ihn behandelnden (Zahn)Arztes ab, sondern von den objektiven medizinischen Befunden und Erkenntnissen im Zeitpunkt der Vornahme der Behandlung. Für die Beurteilung der medizinischen Notwendigkeit einer Heilbehandlung kommt es also nicht auf die Auffassung des Versicherungsnehmers und auch nicht allein auf die des behandelnden (Zahn)Arztes an.[722] Es genügt, dass es im Zeitpunkt der Vornahme der (zahn)ärztlichen Behandlung vertretbar war, sie als notwendig anzusehen.[723]
   Bei Beurteilung der medizinischen Notwendigkeit einer Heilbehandlung können demgemäß folgende **medizinische Erkenntnisse** berücksichtigt werden:
   - Solche, die in der medizinischen Wissenschaft – also im Bereich von Forschung und Lehre an wissenschaftlichen Hochschulen und Universitäten – eine Absicherung erfahren haben, dort als wissenschaftlich **gesichert oder anerkannt** angesehen werden (z. B. Dokumentation und Bewertung in der wissenschaftlichen Literatur),
   - aber auch solche, die sich im Bereich der sogenannten **alternativen Medizin** ergeben haben oder sich als das Ergebnis der Anwendung von sog. „**Außenseitermethoden**" darstellen.[724]

   „Objektiv medizinisch notwendig" ist zumindest das, was im Bereich der gesetzlichen Krankenversicherung als medizinisch notwendig gilt.[725]

Von der medizinischen Notwendigkeit einer Behandlung im Sinne der vorstehenden Ausführungen wird in genere dann **auszugehen sein**, wenn eine Behandlungsmethode zur Verfügung steht und angewandt worden ist, die **geeignet** (erfolgversprechend[726]) ist, die Krankheit zu heilen, zu lindern oder ihrer Verschlimmerung entgegenzuwirken. Steht diese Eignung nach medizinischen Erkenntnissen fest, steht **grundsätzlich auch die Eintrittspflicht** des Versicherers fest. Ob dies der Fall ist, wird nur anhand der in concreto maßgeblichen objektiven Gesichtspunkte mit Rücksicht auf die Besonderheiten der jeweiligen Erkrankung und der auf sie bezogenen Heilbehandlung bestimmt.[727]

Eine Behandlung hat sich als **geeignet erwiesen**, wenn bereits feststeht, dass sie im Sinne des **Behandlungsziels** auf das Krankheitsbild **einwirkt**.[728]

Medizinisch notwendig kann eine Behandlung aber auch dann sein, wenn ihr **Erfolg nicht sicher vorhersehbar** ist. Es genügt insoweit, wenn die medizinischen Befunde und Erkenntnisse es im Zeitpunkt der Behandlung **vertretbar** erscheinen lassen, die Behandlung als notwendig anzusehen.[729] Die gewählte Behandlungsmethode muss auf einem nach medizinischen Erkenntnissen nachvollziehbaren Ansatz beruhen, der die prognostizierte Wirkweise der Behandlung auf das angestrebte Behandlungsziel zu erklären vermag, diese Wirkweise sonach zumindest wahrscheinlich macht.[730]

Bei unheilbaren lebensbedrohlichen Erkrankungen kann es vertretbar sein, auch Behandlungsversuche als notwendig anzusehen, die mit **nicht nur ganz geringer Wahrscheinlichkeit** das Ziel erreichen und denen notwendigerweise Versuchscharakter adhäriert. Gerade bei einer unheilbaren Krankheit ist auch eine solche Heilbehandlung noch als notwendige Heilbehandlung anzusehen, der zwar Versuchscharakter anhaften mag, die aber jedenfalls – medizinisch begründbar – Aussicht auf Heilung oder Linderung verspricht.[731]

Demgemäß kommt es in dieser Situation **nicht** darauf an, ob die Behandlung zur Erreichung des vorgegebenen Behandlungsziels **tatsächlich geeignet** ist. In solchen Fällen ist die **objektive Vertretbarkeit** der Behandlung bereits dann zu bejahen, wenn die Behandlung nach medizinischen Erkenntnissen im Zeitpunkt ihrer Vornahme als **wahrscheinlich geeignet** angesehen werden konnte, auf eine Verhinderung der Verschlimmerung der Erkrankung oder zumindest auf ihre Verlangsamung hinzuwirken. Dabei ist jedenfalls bei schweren, lebensbedrohenden oder lebenszerstörenden Erkrankungen nicht zu postulieren, dass der Behandlungserfolg näher liegt als sein Ausbleiben. Es ist ausreichend, wenn die Behandlung mit nicht nur ganz geringer Erfolgsaussicht die Erreichung des Behandlungsziels als möglich erscheinen lässt.[732]

Je geringer also die Aussichten anerkannter Behandlungsmethoden sind, umso größer wird der Spielraum für alternative Vorgehensweisen.[733]

Liegt hingegen eine leichtere, insbesondere keine lebensbedrohende oder -zerstörende Krankheit vor, erweist sich die in Aussicht genommene Heilbehandlung also als nicht vital lebensnotwendig, und sind ihre Erfolgsaussichten in Abhängigkeit von bestimmten Voraussetzungen bereits umfangreich erforscht, so lässt erst ein **höherer Grad der Erfolgswahrscheinlichkeit** es als **vertretbar** erscheinen, die Maßnahme als versicherungsbedingungsgemäß notwendig anzusehen.[734]

Entscheidend für die Beantwortung der Frage nach der bedingungsgemäßen Notwendigkeit ist allein die **Prognose vor Beginn der Behandlung** (es kommt also auf den Zeitpunkt der Vornahme der (zahn)ärztlichen Behandlung an, also auf den Zeitpunkt, zu dem sich der behandelnde (Zahn)Arzt entschließt, eine bestimmte Behandlung durchzuführen und somit auch auf die objektiven Befunde und Erkenntnisse zu diesem Moment). Eine **Retrospektive** auf den konkreten Behandlungsverlauf kann die Frage der medizinischen Notwendigkeit einer Heilbehandlung nicht beantworten, denn damit wäre dem Versicherungsnehmer das Kostenrisiko für Behandlungsmaßnahmen aufgebürdet, die sich erst im Nachhinein als erfolglos erweisen.[735]

Die Beurteilung der ausreichenden Erfolgsaussicht hat grundsätzlich der Tatrichter vorzunehmen, der sich dazu regelmäßig sachverständiger Hilfe bedienen muss, um die Einschätzung des behandelnden (Zahn)Arztes zu überprüfen.[736]

Bei der Qualifikation als erfolgswahrscheinlich ist Folgendes heranzuziehen:[737]

- Die dokumentierte Erfolgswahrscheinlichkeit der Behandlungen in genere,
- die Resultate der Behandlungen in concreto (bei dem Versicherungsnehmer).
    - Eine Vielzahl vergeblicher Behandlungsversuche in der Vergangenheit kann die individuelle Erfolgsaussicht verringern.

      Die Generallinie für die Selektion unter diversen Behandlungsmethoden ist noch nicht abschließend geklärt.
- Bei **mehreren** in Betracht kommenden gleichwertigen **Behandlungsmethoden** muss sich aus der Sicht ex ante die Frage der Vertretbarkeit am möglichen **Behandlungserfolg** und den möglichen **Behandlungsgefahren** orientieren. Als **gleichwertig** sind danach zwei verschiedene Behandlungsmethoden anzusehen, wenn sie unter dem Aspekt des Behandlungserfolgs ungefähr gleich wirksam sind. Dabei können Vorteile der einen Methode durch Nachteile der anderen aufgewogen werden. Keine Bedeutung kommt inzwischen dem Umstand mehr

zu, ob die eine Behandlungsmethode kostengünstiger ist als die andere.[738] Danach ist davon auszugehen, dass Behandlungsresultat und Behandlungsrisiko absolute Priorität haben.

- Ob die Selektion bei verschiedenen Behandlungsoptionen, die gleich effektiv und riskant sind, anhand eines finanziellen Aspektes zu entscheiden ist, ist noch nicht abschließend geklärt. Die Ansichten gehen diesbezüglich auseinander. Die unterschiedlichen Perspektiven lassen sich prima vista auf handfeste ökonomische Interessen der privaten Krankenversicherung zurückführen, die nicht mehr Ausgaben generieren wollen. Indessen bestehen zudem Zielkonflikte zwischen einer (zukünftigen) Beitragsstabilität und dem Partizipationsinteresse des Versicherten an rasanten medizinischen Entwicklungen.
    - Nach einer Ansicht wird pauschaliert, dass Vertretbarkeit angenommen werden könnte, wenn die Heilbehandlung das zugrunde liegende Leiden diagnostisch hinreichend erfasst und eine ihm adäquate, geeignete Therapie anwendet. Wenn und soweit ein medizinischer Eingriff keinen dem Grundleiden adäquaten Nutzen hat, sei er nicht medizinisch notwendig.[739] Begründet wird dies mit früheren Ausführungen in einer Bundesgerichtshof-Entscheidung:[740]
    *„Abgesehen von der Möglichkeit des Versicherers, den Versicherungsschutz durch vertragliche Ausschlussklauseln zu begrenzen, wird in Fällen wiederholter stationärer Durchführung der Null-Diät jeweils sorgfältig zu prüfen sein, ob diese Maßnahme (wiederum) **eine geeignete und notwendige Heilbehandlung** im Sinne der AVB darstellt oder nicht."*
    Die Ansichtsrepräsentanten setzen also zusätzlich Notwendigkeit im Sinne von Erforderlichkeit voraus und geben der Erforderlichkeit folgenden Begriffsinhalt: „Es war vertretbar, die Behandlung als notwendig anzusehen".[741] Die Vertretbarkeit unter Kostenaspekten führe also dazu, dass eine Leistungspflicht – bei zwei medizinisch gleichwertigen, kostenmäßig aber um ein Vielfaches auseinander liegenden Möglichkeiten der Behandlung – nur für die kostengünstigere bestehe.
    - Andere lehnen es ab, in den Begriff der medizinischen Notwendigkeit ein allgemeines Wirtschaftlichkeitsgebot hineinzulesen. Nach langen Diskussionen sei ein allgemeines Wirtschaftlichkeitsgebot, welches inhaltlich dem § 12 SGB V entspreche („zweckmäßig, wirtschaftlich, ausreichend"), auch nicht in das reformierte VVG aufgenommen worden. § 192 Abs. 2 VVG sehe einen Ausschluss von Übermaßvergütungen nur dann vor, wenn ein auffälliges Missverhältnis zwischen der Heilbehandlung oder den erbrachten Leistungen und den berechneten Aufwendungen besteht.
    Dezidiert wird durch BGH und Literatur ausgeführt:
    „Nach herrschender Meinung in Rechtsprechung und Literatur muss die Heilbehandlung zusätzlich unter Kostenaspekten vertretbar sein... Diese Ansicht teilt der Senat nicht...Die Einbeziehung von Kostengesichtspunkten lässt sich § 1 Abs. 2 Satz 1 MB/ KK 76 im Wege der Auslegung nicht entnehmen..."medizinisch" bezieht sich gerade auf „notwendig". Dieser sprachliche Zusammenhang macht bei verständiger Lektüre deutlich, dass die Notwendigkeit einer Heilbehandlung allein aus medizinischer Sicht zu beurteilen ist."[742]
    „Das Wirtschaftlichkeitsgebot des §§ 12 SGB V kennt die GOZ nicht.... Das Maß der medizinischen Notwendigkeit ist aber in Fällen der Unwirtschaftlichkeit (z.B. bereits vorliegende verwertbare Röntgen- oder Laborbefunde) oder bei denen der konstruktiv-technische Aufwand über den objektiv notwendigen Rahmen hinausgeht, überschritten. Gleiches gilt bei ärztlich nicht indizierten kosmetischen Eingriffen, die ausschließlich aus ästhetischen Gründen veranlasst seien."[743]
    Für Notwendigkeit reicht ganz offensichtlich einzig und allein die Eignung, also exklusive Erforderlichkeit:
    „Notwendig, aber auch ausreichend dürfte sein, dass eine Heilbehandlung durchgeführt wird, die in irgendeiner Form geeignet ist, die Krankheit zu behandeln."[744]

Eine (ungebührliche) **Verzögerung** durch die Versicherung,

- die Behandlung als medizinisch notwendig anzusehen
- respektive sich bereit zu erklären, die Kosten zu übernehmen,

kann auch darin geschehen, jahrelang prozessieren zu müssen. Der daraufhin eingetretene Zeitablauf kann die zunächst vorliegende Erfolgswahrscheinlichkeit unter das nötige Maß an Probabilität drükken, das dringend nötig ist, damit „medizinische Notwendigkeit" vorliegt. Der Rechtsgedanke des § 162 Abs. 1 BGB kann nicht bemüht werden. Eine allfällig wider Treu und Glauben herbeigeführte Verzögerung kann nicht mangelnde Erfolgswahrscheinlichkeit kompensieren, denn der Grundsatz von Treu und Glauben (§ 242 BGB) kann nicht dazu führen, dass der Krankenversicherer die Kosten aussichtsloser Behandlungen tragen muss.[745]

Hinzu kommt, dass das private Versicherungsverhältnis in besonderem Maße durch den Grundsatz von Treu und Glauben geprägt ist. Der Versicherungs**nehmer** muss bei Inanspruchnahme besonders kostenträchtiger und nicht vital lebensnotwendiger Behandlungen in angemessener Weise Rücksicht auf den Versicherer und die Versichertengemeinschaft nehmen. Der Versicherer muss ganz unverhältnismäßige Kosten dafür nicht erstatten. Er wäre dann zur Kürzung der Leistungen gegenüber dem Versicherten gemäß § 242 BGB berechtigt. Der Bereich, in dem eine Leistungsfreiheit des Versicherers nach Treu und Glauben in Betracht zu ziehen ist, bleibt aber nach allem auf besondere Einzelfälle beschränkt.[746]

II. Relevanz

Für den Patienten kommt es auf die medizinische Notwendigkeit an, wenn es um die Erstattung im Rahmen der privaten Krankenversicherung geht. Denn die Leistungspflicht gegenüber dem Patienten ist an die medizinische Notwendigkeit gekoppelt. Dem Zahnarzt begegnet die an ihn gestellte Frage nach der „Notwendigkeit" im Rahmen der gesetzlichen Krankenversicherung: Sie ist Teil des Wirtschaftlichkeitsgebots.[747] Eine allfällig nicht vorhandene medizinische Notwendigkeit kann Folgen für den Vergütungsanspruch des Zahnarztes gegenüber seinem Patienten haben.

1. Vergütungsanspruch eines (Zahn)Arztes

a. Die medizinische Notwendigkeit kann Voraussetzung eines Vergütungsanspruchs gegenüber einem Privatpatienten sein, wenn der Privatpatient oder die PKV den Vergütungsanspruch von der medizinischen Notwendigkeit abhängig gemacht haben.[748]
   Dagegen kommt es auf die medizinische Notwendigkeit nicht an, wenn sich die PKV unabhängig von der Frage der medizinischen Notwendigkeit zur Übernahme der Kosten bereit erklärt hat. Der Patient kann sich im Nachhinein dann nicht mehr darauf berufen, dass die Leistungen nicht medizinisch notwendig waren, d. h. zur Herbeiführung des Ergebnisses aus medizinischer Sicht unter Berücksichtigung des möglichen Behandlungserfolges und der damit verbundenen Risiken nicht vertretbar.[749]
b. Ein Vergütungsanspruch z. B. gegenüber einem Privatpatienten entfällt, wenn eine Behandlung nicht medizinisch notwendig war und der Privatpatient nicht über die fehlende medizinische Notwendigkeit aufgeklärt wurde.[750]
   Dem Vergütungsanspruch des Zahnarztes für die erbrachte Leistung steht ein Schadensersatzanspruch des Patienten wegen schuldhafter Verletzung einer vertraglichen Aufklärungspflicht aus dem Behandlungsverhältnis entgegen (§ 280 BGB). Der Patient kann diesen Schadensersatzanspruch dem Vergütungsanspruch entgegengehalten, ohne dass es einer Aufrechnung bedarf. Der Schaden ist in der Weise zu ersetzen, dass der Zahnarzt keine Vergütung verlangen kann.

Der Zahnarzt muss über erhebliche wirtschaftliche Umstände bei der Behandlung informieren. Das ist vor allem dann angezeigt, wenn mehrere gleichwertige, aber kostenmäßig unterschiedliche Behandlungsalternativen zur Verfügung stehen. Er muss dann darauf hinweisen, dass die private Krankenversicherung eventuell die Kosten der zahnärztlichen Behandlung nicht erstatten wird. Der Patient muss dann vor die Wahl gestellt werden, ob er das Kostenrisiko eingehen will und gegebenenfalls selbst die Kosten trägt.[751]

2. Kostenerstattung der PKV ggü. Versichertem

Zwischen Versichertem und Versicherer bestehen häufig Streitigkeiten über den Umfang der Eintrittspflicht des Versicherers. Die Erstattung setzt grundsätzlich voraus:

- Versicherungsfall ist nicht vor Beginn des Versicherungsschutzes eingetreten:
  - Für die Frage, ob eine (zahn)ärztliche Leistung als „Beginn der Heilbehandlung" anzusehen ist, ist der richtige Bezugspunkt nicht der konkrete Auftrag des Patienten an den Arzt, sondern die (behandlungsbedürftige) Krankheit selbst. Danach gehört zur „Behandlung" einer Krankheit nicht nur die unmittelbare Heiltätigkeit, sondern auch schon die erste (zahn) ärztliche Untersuchung, die auf die Erkennung des Leidens abzielt, ohne Rücksicht darauf, ob sofort oder erst nach weiteren Untersuchungen eine endgültige oder richtige Diagnose gestellt und mit den eigentlichen Heilmaßnahmen begonnen worden ist.[752]

> **Cave**
>
> **Ad exemplum**
>
> Die medizinisch notwendige Heilbehandlung einer 6-jährigen Patientin erfasst nicht bereits den Befund des Zahnarztes, sondern beginnt erst mit der Erstdiagnose der Kieferorthopädin. In der ersten Phase des Wechselgebisses wird in derartigen Fällen zunächst das weitere Kiefergesichtswachstum abgewartet, um die Indikation zur kieferorthopädischen Behandlung später zweifelsfrei festlegen zu können.[753]

- Krankheit,
- Heilbehandlung,
- medizinische Notwendigkeit.

III. Prozessuale Spezialien

1. Selbstständiges Beweisverfahren

Ein selbstständiges Beweisverfahren als vorprozessuales Beweisverfahren über die medizinische Notwendigkeit ist unzulässig.[754]

2. Hauptsacheklage

a. Wurden Behandlungen noch nicht durchgeführt, dann wird der Streit zwischen Patient und Krankenversicherer über die medizinische Notwendigkeit einer vorgesehenen Behandlung vor Gericht im Rahmen einer Hauptsacheklage in Gestalt einer Feststellungsklage geklärt. Es wird die Feststellung der Erstattungsfähigkeit künftiger Heilbehandlungskosten begehrt. Die Klage geht auf Feststellung der Leistungspflicht des Krankenversicherers aufgrund der medizinischen Notwendigkeit.[755]
Die Zulässigkeit einer derartigen Feststellungsklage setzt u. a. ein gegenwärtiges Rechtsverhältnis voraus. Das ist der Fall, wenn das Begehren nicht nur auf künftige, mögliche, sondern auf bereits aktualisierte, ärztlich für notwendig erachtete, bevorstehende Behandlungen gerichtet ist.[756]
Ein gegenwärtiges Rechtsverhältnis ist durch den Versicherungsnehmer gebildet worden, wenn er vorgerichtlich spezifizierte Heil- und Kostenpläne über eine sehr konkrete Behandlungsmaßnahme bei der Versicherung einreichte und damit darlegte, dass die darin vorgeschlagene Behandlung aus (zahn)ärztlicher Sicht erforderlich ist.[757]
Außerdem muss ein Feststellungsinteresse dahingehend bestehen, dass durch ein Feststellungsurteil eine sachgemäße und erschöpfende Lösung des Streits über die Erstattungspflichten zu erwarten ist. Grundsätzlich besteht dies, wenn der Versicherungsnehmer die Klärung eines Kostenrisikos im Vorfeld der Behandlung beantwortet haben will.[758] Ein ursprüngliches Feststellungsinteresse entfällt während eines Rechtsstreits, wenn der Versicherer während des Rechtsstreits die Kostenübernahme zusagt.
Eine Feststellungsklage des Versicherungsnehmers, die auf die künftige Eintrittspflicht einer privaten Krankenversicherung gerichtet ist, ist unzulässig, wenn die medizinische Notwendigkeit der beabsichtigten Heilbehandlung und damit die grundsätzliche Eintrittspflicht des Versicherers unstreitig ist, und es lediglich um gebührenrechtliche Einwendungen gegen einzelne Positionen des Heil- und Kostenplans einer geplanten Zahnbehandlung geht.[759]

b. Sofern die Erstattung von Kosten für bereits durchgeführte Behandlungen begehrt wird, ist eine Leistungsklage auf Zahlung zu erheben.

B. Die Entscheidung: Redundante Interimsimplantate[760]

I. Sachverhalt

Die Klägerin war bei der Beklagten privat krankenversichert. Ihr behandelnder Zahnarzt Dr. S. führte eine umfangreiche zahnärztliche Behandlung mit einem Knochenaufbau nebst der Insertion von zehn Interimsimplantaten im Oberkiefer durch. Diese Behandlung wurde mit Rechnung des behandelnden Zahnarztes Dr. S. vom 8.6.2006 über 12.635,46 Euro sowie den Rechnungen des Dr. K. vom 29.6.2006 über 1673,84 Euro und vom 21.9.2006 über 5629,91 Euro abgerechnet. Die Beklagte erstattete auf die Rechnung des Dr. S. 4445,09 Euro und auf die beiden Rechnungen des Dr. K. 1299,60 Euro und 3408,17 Euro.

II. Entscheidungsgründe

Das Oberlandesgericht schützte die Klage überwiegend nicht. Die abgerechneten zahnärztlichen Leistungen seien überwiegend **nicht medizinisch notwendig.**

A. Medizinische Notwendigkeit der zehn Interimsimplantate

I. Der Sachverständige führt aus: „*...dabei zur streitigen Frage nach der Anzahl der medizinisch notwendigen Interimsimplantate deutlich gemacht, dass eine* ***verbindliche Festlegung der Anzahl dieser Implantate Schwierigkeiten bereite.*** *...Aus Sicht des Operateurs der Klägerin habe es angesichts der vorgefundenen Verhältnisse dann vertretbar sein können, mehr als sechs Implantate einzusetzen, wenn* ***die Knochenqualität der Klägerin in Abweichung von der Norm dies erfordert hätte. Aus dem Operationsprotokoll ergäben sich jedoch solche Angaben zur Knochenqualität nicht; vielmehr seien dort keine Besonderheiten zur Knochenqualität festgehalten.*** *Das vertikale Knochendefizit der Klägerin sei auch nicht besonders ausgedehnt.* ***Zwar sei grundsätzlich richtig, dass der Schutz des Augmentats vor basalem Druck grundsätzlich stärker sei, je mehr Implantate eingesetzt würden. Dieser Grundsatz könne jedoch nicht ad ultimo fortgesetzt werden.***“

II. Vor diesem Hintergrund war das Oberlandesgericht nur davon überzeugt, dass sechs der Interimsimplantate medizinisch notwendig waren.

1. Es war nicht **vertretbar**, im Zeitpunkt der Vornahme der Behandlung die Insertion von mehr als sechs Interimsimplantaten als notwendig anzusehen.
   „*Vertretbar ist die medizinische Notwendigkeit einer Heilbehandlung, wenn sie sowohl in begründeter und nachvollziehbarer wie wissenschaftlich fundierter Vorgehensweise das zugrunde liegende Leiden diagnostisch hinreichend erfasst und eine ihm adäquate, geeignete Therapie anwendet.*“

a. Eine Vertretbarkeit konnte nicht daraus hergeleitet werden, dass die Knochenqualität bei der Klägerin abweichend von der Norm so beschaffen war, dass nicht eine Anzahl von sechs Interimsimplantaten entsprechend der Anzahl der zuvor im implantatfähigen präsinusalen Bereich vorhanden gewesenen Zähne ausreichend zum Schutz des Augmentats gewesen wäre. Denn Anhaltspunkte bestanden dafür nicht.

b. Die Legitimation ergab sich auch nicht aus dem Umstand, dass grundsätzlich ein größerer Schutz des Augmentats erreicht wird, je mehr Implantate eingesetzt werden und den basalen Druck abfangen.
„Denn der Sachverständige hat hervorgehoben, dass dieser Grundsatz nicht ad ultimo weitergeführt werden könne, ***was nichts anderes bedeutet, als dass eine Übermaßbehandlung beginnt, wo die Adäquanz endet.*** *Wenn der Sachverständige weiter ausführt, das Risiko einer jeden Implantatbehandlung durch Mikrofrakturen und Durchblutungsschwierigkeiten, sei es auch bei Interimsimplantaten aufgrund deren Ausgestaltung grundsätzlich geringer als bei dauerhaften Implantaten, werde größer, je dichter Implantate beieinanderstünden,* ***ergibt sich daraus begriffsnotwendig die stete Erhöhung dieser Risiken bei steigender Anzahl der in einem Bereich eingebrachten Implantate.“***

c. Die Bundesgerichtshof-Rechtsprechung[761] stehe auch nicht entgegen.
Dieser habe neuerdings festgestellt, dass eine „medizinisch notwendige Heilbehandlung“ nicht bedeute, dass die Leistungspflicht auf die kostengünstigste Behandlung beschränkt sei. Das Kürzungsrecht bei Übermaßbehandlungen erstrecke sich nicht auf Übermaßvergütungen.
Die Anwendung dieser Entscheidung sei nicht gegeben, denn vorliegend gehe es um die logisch vorrangige Frage der „medizinischen Notwendigkeit“. Die Frage der Übermaßvergütung kommt erst zur Anwendung, nachdem erstere Frage bejaht wurde.

B. Medizinische Notwendigkeit der Verwendung von Edelmetall bei der provisorischen Versorgung

I. Der Sachverständige stellte Folgendes fest: *„Der Sachverständige hat eindeutig festgestellt, dass in der Person der Klägerin keine objektivierbaren Dispositionen erkennbar seien, derentwegen diese lediglich Edelmetalllegierungen im Rahmen der temporären Versorgung vertragen könne.“*

II. Demnach war die reine Verwendung von Edelmetalllegierungen (und die damit einhergehende Nichtverwendung von Nichtedelmetallen) nicht medizinisch notwendig. Denn eine behauptete Unverträglichkeit wurde nicht schlüssig dargelegt.

III. Schlussfolgerung

1. Zu akzentuieren ist, dass zwischen dem Text, der den Versicherungsfall beschreibt (u. a. medizinische Notwendigkeit voraussetzt), und dem Text, der eine Kürzung des Erstattungsanspruchs ermöglicht, auszudifferenzieren ist.
2. Ganz unverhältnismäßige Kosten, die für eine nicht vital lebensnotwendige Behandlung anfallen, muss die Versicherung nicht übernehmen und berechtigen diese also zur Erstattungskürzung. Dieses dürfte auf einen ganz ungewöhnlichen Fall beschränkt sein.
3. Der Patient ist darüber **zu informieren**, dass die Kosten allfällig nicht oder nicht vollständig getragen werden bei äquivalenten, aber unterschiedlich teuren Methoden.
   Dies ist vor allem deshalb angezeigt, weil die Gefahr besteht, dass der Patient den Zahnarzt regrediert, weil er von der Versicherung keine Erstattung erfährt.
   Der Modus procedendi des Patienten ist dann:
   - Klage (Leistung, Freistellung oder Feststellung) ggü. der Versicherung,
   - Einbezug des Zahnarztes in den Prozess ggü. der Versicherung,
     - zivilrechtlich: Streitverkündung[762],
   - Regress wg. des negativen Prozessausgangs ggü. dem Zahnarzt.

Streitverkündung: Folge der Streitverkündung ist die Interventionswirkung. Das rechtskräftige Urteil gilt im Verhältnis zwischen Hauptpartei (Patient) und Nebenintervenient (Zahnarzt) als richtig (§ 68 ZPO). Die Bindungswirkung in einem Folgeprozess umfasst weit über die Wirkungen der Rechtskraft hinausgehend auch alle tragenden tatsächlichen und rechtlichen Feststellungen und (inzidente) Entscheidungen zu präjudiziellen Rechtsverhältnissen. Mit anderen Worten: Bestand nach Ansicht des Gerichts keine medizinische Notwendigkeit, wird dies im Folgeprozess zwischen Zahnarzt und Patient irreversibel zugrunde gelegt.

M Mietrecht

A. Hintergrund

I. Mietvertrag

Der Mietvertrag ist ein gegenseitiger Vertrag, durch den sich der Vermieter zur Überlassung des Gebrauchs an einer Sache, der Mieter zur Entrichtung des vereinbarten Mietzinses verpflichtet (§535 BGB). Der Mieter hat gegen den Vermieter einen Erfüllungsanspruch auf vertragsgemäße Überlassung und Erhaltung aus §535 BGB.

II. Geschäftsraummietverhältnis

Geschäftsräume sind solche Räume, die nach dem Zweck des Vertrags zu geschäftlichen, insbesondere gewerblichen oder freiberuflichen (z. B. Zahnärzte, Ärzte) Zwecken angemietet werden. Das kann auch ein ganzes Gebäude mit Grundstück sein. Beispiel: Praxisräume.[763] Bei der Vermietung einheitlicher Räume an einen Freiberufler, sowohl für dessen Berufsausübung als auch zu Wohnzwecken, ist im Zweifel anzunehmen, dass die Vermietung in erster Linie zu gewerblichen Zwecken erfolgt.[764]

III. Bedingung

a. Grundsätzlich ist bei jedem Rechtsgeschäft eine Bedingung zulässig. Unzulässig ist eine Bedingung jedoch bei bestimmten Rechtsgeschäften, z. B.:
   - Bedingungsfeindlich sind in der Regel auch einseitige Rechtsgeschäfte, z. B. die Ausübung von Gestaltungsrechten (Anfechtung, Rücktritt, Kündigung). Für die Aufrechnungserklärung ist dies ausdrücklich in §388 S. 2 BGB geregelt.

b. Eine aufschiebende Bedingung wurde gemäß §158 Abs. 1 BGB vereinbart, wenn die Parteien wollen, dass die Rechtsfolgen der Erklärung erst mit dem Eintritt eines zukünftigen ungewissen Ereignisses eintreten sollen.[765] Eine aufschiebende Bedingung kann die Zulassung zum Vertrags(zahn)arzt sein.
   Eine auflösende Bedingung wurde vereinbart, wenn das Rechtsgeschäft bereits mit Abschluss wirksam werden soll, aber mit dem Eintritt eines ungewissen Ereignisses enden soll (§158 Abs. 2 BGB).

IV. Haftung des Vermieters für Sach- und Rechtsmängel

Die §§536 ff. BGB enthalten die Haftung des Vermieters für Sach- und Rechtsmängel. Ein Mangel im Sinne von §536 Absatz ein S. 1 BGB ist nur ein Sachmangel.

1. Sachmangel

Ein **Sachmangel** ist eine für den Mieter nachteilige Abweichung des tatsächlichen Zustands der Mietsache vom vertraglich vorausgesetzten Zustand der Mietsache, die die Tauglichkeit zu dem von den Vertragspartnern konkret vorausgesetzten vertragsgemäßen Gebrauch dadurch aufhebt oder (erheblich) mindert.[766] Als Mangel kann rostverschmutztes Leitungswasser aufgrund einer ungeeigneten Wasseraufbereitungsanlage oder verzinkten Wasseraufbereitungsanlage, die mangelnder Wartung unterlag, in Betracht kommen. In der Folge können Behandlungsgeräte der Zahnarztpraxis beschädigt werden. En passant ist ein daraus allfällig resultierender Verdienstausfallschaden zu erwähnen.[767]

Auch dann, wenn eine **zugesicherte Eigenschaft** fehlt, liegt ein Sachmangel vor.

Wird der Mietgegenstand im Gewerbemietvertrag bezeichnet mit „Gewerberäume von ca. 74,04 qm zzgl. 51 qm Kellerräume zum Betrieb einer Zahnarztpraxis“, so ist dies dahin auszulegen, dass die **Kellerräume** nicht nur zur Lagerung von gegen Feuchtigkeit unempfindlichen Gegenständen vermietet sind, sondern dass eine Nutzung als Lager, Werkstatt, Aufenthaltsraum, Büro und WC vertragsgemäß ist, wenn die Kellerräume zuvor durch den Vermieter entsprechend ausgebaut worden waren und bereits vom Vormieter im Rahmen des Betriebes einer Zahnarztpraxis in ähnlicher Weise genutzt worden sind. Aus der Formulierung z. B. *„§1 (1) des Mietvertrags, „Gewerberäume mit einer Mietfläche von ca. 74,04 qm zzgl. 51 qm Kellerräume zum Betrieb einer Zahnarztpraxis“*, ergibt sich zwar, dass die Kellerräume für den Betrieb einer Zahnarztpraxis bestimmt sind, nicht aber, in welchem Umfang und in welcher Art diese Nutzung zu erfolgen hat. Die Begleitumstände können ergeben, dass die Parteien von einer im Wesentlichen unveränderten Weiternutzung der Kellerräume durch einen Zahnarzt als Mieter ausgehen.[768]

Öffentlich-rechtliche Beschränkungen können einen Mangel darstellen.[769] Zu dem vertragsmäßigen Gebrauch geeigneten Zustand gehört auch das Fehlen öffentlich-rechtlicher Gebrauchshindernisse, soweit sie objekt-, nicht betriebsbezogen sind. Es stellt einen Mangel dar, wenn eine Mietsache zur Errichtung und Nutzung einer (Zahn)Arztpraxis vermietet wurde, die Vermietung aber gegen das **Zweckentfremdungsverbot zu anderen als Wohnzwecken** verstößt.[770]

Grundsätzlich muss die Tauglichkeit zum vertragsgemäßen Gebrauch **erheblich** gemindert sein. **Unerheblich** ist ein Fehler insbesondere, wenn er leicht erkennbar und schnell mit geringen Mitteln zu beseitigen ist, sodass die Geltendmachung einer Minderung gegen §242 BGB verstieße.[771] Ausnahmsweise steht auch eine nicht erhebliche Beeinträchtigung der Tauglichkeit einem Mangel gleich, wenn es sich um das Fehlen einer zugesicherten Eigenschaft handelt. Denn §536 Abs. 2 verweist nicht auf §536 Abs. 1 S. 3 BGB.[772]

2. Rechtsfolgen

a. Der Mieter hat gegen den Vermieter einen Anspruch auf Beseitigung des Mangels (§535 BGB).

b. Der Mietzins ist automatisch gemäß §536 BGB gemindert, wenn die Gebrauchstauglichkeit erheblich gemindert ist. Zu beachten sind allerdings die §§536b und c BGB, damit der Mieter das Minderungsrecht nicht verliert. Der BGH stellte aber insofern in einem Rechtsstreit einer Kinderarztpraxis mit einem Vermieter wegen einer Gebrauchsbeeinträchtigung wegen zu hoher Temperaturen klar, dass das Minderungsrecht des Mieters einen Mangel in dem betreffenden Monat voraussetzt. Wirkt sich in einem Gewerberaummietvertrag ein Mangel nur periodisch auf die Gebrauchstauglichkeit aus, ist der Mietzins auch nur in diesem Zeitraum kraft Gesetzes herabgesetzt. Während der Zeit, in der die Mietsache trotz Vorliegens eines Mangels uneingeschränkt vertragsgemäß nutzbar ist, scheidet eine Herabsetzung der Miete aus.[773]

   Wurde trotz Mangels die Miete schon gezahlt, so kann die überzahlte Miete unter den Voraussetzungen des §812 Abs. 1 BGB zurückgefordert werden. Dabei wird der auf den Quadratmeter der gesamten Nutzfläche entfallende Quadratmeterpreis ermittelt. Dieser Quadratmeterpreis wird multipliziert mit der betroffenen Nutzfläche.[774]

c. Das Zurückbehaltungsrecht aus §320 Abs. 1 BGB besteht bis zur Herstellung des vertragsgemäßen Zustands. Es hat die Funktion, auf den Vermieter Druck zur Erfüllung seiner vertraglichen Pflichten auszuüben.[775] Eine Gebrauchsbeeinträchtigung in früheren Monaten kann ein Zurückbehaltungsrecht gemäß §320 BGB für die Mietzahlung in späteren Monaten rechtfertigen. Das Zurückbehaltungsrecht ist ausgeschlossen:
   - durch den Mietvertrag, wenn der Mieter selbstständiger (Zahn)Arzt ist und in dem Mietvertrag der (Zahn) Arztpraxis geregelt ist, dass *„eine Aufrechnung und Zurückbehaltung des Mieters gegenüber Forderungen auf Mietzins und Nebenkosten nur mit unbestrittenen oder rechtskräftig festgestellten Forderungen zulässig ist“*. Eine derartige Regelung verstößt nicht gegen §307 BGB.[776]
   - wenn der Mieter dem Vermieter den Mangel nicht angezeigt hatte und der Mangel dem Vermieter auch sonst nicht bekannt war.[777]

d. Die Aufrechnung ist ein Gestaltungsgeschäft, mit dem durch einseitige Verfügung über eine eigene Forderung die Forderung des Aufrechnungsgegners erfüllt und zugleich die eigene Forderung im Wege der Selbsthilfe unmittelbar durchgesetzt wird.

   Die Zulässigkeit der Aufrechnung mit unbestrittenen Gegenforderungen darf nicht von der Anerkennung durch den Verwender (hier: Vermieter) abhängig gemacht werden. Es handelt sich um eine besonders schwere Verkürzung der Rechte, die auch im Geschäftsverkehr nicht hingenommen werden kann (§307 BGB).

   Der Bundesgerichtshof[778] befand folgende Klausel des Vermieters gegenüber seinem gewerblichen Mieter (hier: Zahnarzt) für unzulässig:

   „Der Mieter kann nur mit solchen Zahlungen aus dem Mietverhältnis aufrechnen oder die Zurückbehaltung erklären, die entweder rechtskräftig festgestellt sind oder zu denen die Vermieterin im Einzelfall jeweils ihre Zustimmung erklärt.“

e. Schadensersatzansprüche stehen dem Mieter unter den Voraussetzungen des §536 a BGB zu.[779]

f. Aus §543 Abs. 1 i.V.m. Abs. 2 Nr. 1 BGB folgt für den Mieter ein Recht zur außerordentlichen Kündigung.

V. Kündigung

Bei der Kündigung ist zwischen der ordentlichen Kündigung gemäß §580a Abs. 2 BGB und der außerordentlichen Kündigung gemäß §§578 Abs. 2, 569 BGB bei Geschäftsraummietverhältnissen zu unterscheiden. Ein Sonderfall bildet die außerordentliche Kündigung gemäß §580 BGB bei Tod des Mieters.

In Betreff auf das ordentliche Kündigungsrecht des Vermieters (§§578 Abs. 1, 580a Abs. 2 BGB) ist folgende Konstellation extrem relevant: Für das Geschäftsraummietverhältnis gelten auch die allgemeinen Vorschriften gemäß §535-548 BGB. In §542 BGB ist bestimmt, dass ein Mietverhältnis nach den gesetzlichen Vorschriften (also ordentlich) gekündigt werden kann, wenn die Mietzeit nicht bestimmt ist. Die Mietzeit ist gemäß §§578 Abs. 1, 550 S. 1 BGB dann nicht bestimmt, wenn der Mietvertrag für längere Zeit als ein Jahr nicht in schriftlicher Form geschlossen wird. Gewerberaummietverträge im Hinblick auf eine (Zahn)Arztpraxis werden regelmäßig für eine bestimmte Zeit eingegangen. Für die Zeit danach ist in den Mietverträgen häufig eine **Option zur Verlängerung** vorgesehen. Macht der Zahnarzt von dieser keinen Gebrauch, dann verlängert sich das Mietverhältnis auf unbestimmte Zeit und es kann der Vermieter dieses Mietverhältnis mit ordentlicher Frist kündigen, wenn das Mietverhältnis zu den bisherigen Bedingungen stillschweigend fortgesetzt wurde.[780] Eine vereinbarte Optionsabrede kann durch Zeitablauf hinfällig werden, wenn im Mietvertrag geregelt ist, dass die Option spätestens bis zum vereinbarten Datum ausgeübt werden muss.[781] Aus diesem Grunde muss also darauf geachtet werden, von einer Optionsverlängerung **just in time** Gebrauch zu machen.

VI. Mietsicherheit/Mietkaution

Häufig wird vereinbart, dass der Mieter dem Vermieter für die Erfüllung seiner Pflichten eine Sicherheit (Mietsicherheit, Mietkaution) zu leisten hat. Bei Geschäftsraummietverhältnissen ist die Höhe grundsätzlich nicht begrenzt. Anspruch auf Mietkaution hat der Vermieter nur, wenn es vereinbart ist.

1. Sie ist eine Sicherheitsleistung des Mieters für künftige Ansprüche des Vermieters aus dem Mietverhältnis und dessen Abwicklung, auch für die Nachforderung von Betriebskosten.
   Sie beruht auf einer **schuldrechtlichen Sicherungsabrede** (§311 Abs. 1 BGB), die von der Erbringung der vereinbarten Sicherheit zu unterscheiden ist.[782]
2. Bei Geschäftsräumen kann zwischen Mieter und Vermieter frei vereinbart werden, welche Grenze für die Mietsicherheit gilt und wie diese durch den Vermieter anzulegen ist. Zum Teil wird vertreten, dass die Barkaution auf einem Treuhandkonto anzulegen ist, wenn es an einer ausdrücklichen Abrede fehlt.[783]
3. Die **Nichtzahlung** der Kaution kann bei gewerblichen Mietverhältnissen die Kündigung gemäß §543 Abs. 1 S. 2 BGB schon vor Beginn des Mietverhältnisses begründen.
   Der Mieter hat in der Regel **kein Zurückbehaltungsrecht** an der Kaution wegen Mängeln der Mietsache oder behaupteter Forderungen und kann damit auch nicht gegen den Anspruch des Vermieters aufrechnen.
4. Der Vermieter kann die (vertragswidrig nicht gezahlte) Kaution oder die Erfüllung auch noch **nach Beendigung des Mietverhältnisses** verlangen, sofern er noch Ansprüche gegen den Mieter hat.[784]
   Die **Rückzahlungspflicht** bezüglich der Kaution entsteht erst nach Beendigung des Mietverhältnisses und einer angemessenen Abrechnungsfrist.[785] Die Länge der Frist beträgt in der Regel 3–6 Monate, bei Geschäftsräumen bis zu einem Jahr.[786] Der **Sicherungsvertrag** (auch Sicherungsabrede genannt) ist das schuldrechtliche Grundgeschäft der Mietkaution. Grundsätzlich ist davon auszugehen dass ein Sicherungsvertrag auch ohne ausdrückliche Regelung mindestens die Verpflichtung zum Inhalt hat, die Mietkaution bei endgültigem Wegfall des Sicherungszwecks zurückzuzahlen.[787]

VII. Zweckentfremdung von Wohnraum im Zusammenhang mit der Errichtung einer (Zahn)Arztpraxis

1. Öffentlich rechtliche Genehmigung, Ausgleichszahlung und Rechtsschutz

a. Es gibt Gemeinden, in denen die Versorgung mit Wohnraum zu angemessenen Bedingungen besonders gefährdet ist. Aus diesem Grunde befugt Art. 6 §1 MietRVerbG dazu, dass die Landesregierungen Rechtsverordnungen erlassen können, nach denen Wohnraum nur dann zweckentfremdet werden darf, wenn dies die zuständige Stelle genehmigte.
   Das Verbot der Wohnraumzweckentfremdung richtet sich an den Grundstückseigentümer und an den Mieter von Wohnraum.[788] Mit der Errichtung einer (Zahn) Arztpraxis kann daher eine Zweckentfremdung verbunden sein, die einer Genehmigung bedarf. Die Erteilung einer Zweckentfremdungsgenehmigung kann dann mit einer Zahlungsauflage zur Entrichtung einer Ausgleichszahlung verbunden werden.
   Zweckentfremdungsverbotsverordnungen treten außer Kraft, wenn sie ausdrücklich aufgehoben wurden oder wenn ein Ende der Mangellage auf dem Wohnungsmarkt insgesamt deutlich in Erscheinung getreten und das Zweckentfremdungsverbot daher offensichtlich entbehrlich geworden ist.[789]
b. Eine Zweckentfremdungsgenehmigung kann allfällig Ersatzwohnraum voraussetzen.[790]
   Das öffentliche Interesse darf die genehmigungspflichtige Zweckentfremdung der für die (Zahn)Arztpraxis genutzten Räume nicht ausschließen. Eine Zweckentfremdung im Zusammenhang mit der Einrichtung einer (Zahn)Arztpraxis dient in erster Linie privaten Interessen. Das insoweit hinzutretende öffentliche Interesse ist als ein in aller Regel gegenüber dem öffentlichen Interesse am Bestandsschutz von Wohnraum untergeordnetes Interesse anzusehen, welches der Ablehnung einer Zweckentfremdungsgenehmigung bzw. der Auferlegung einer Geldleistung nicht entgegensteht.[791]
   Die Wirksamkeit einer Zweckentfremdungsgenehmigung endet mit der Beendigung der genehmigten zweckfremden Nutzung. Ist eine Zweckentfremdungsgenehmigung antragsgemäß für den Betrieb einer (Zahn)Arztpraxis erteilt worden, dann ist in dieser Genehmigung nicht die abstrakte Wirkung der dauerhaften Entwidmung von Wohnraum zu sehen. Zieht ein (Zahn)Arzt aus den gemieteten Räumlichkeiten aus und gibt seine (Zahn)Arztpraxis auf, dann ist die im Einzelfall genehmigte anderweitige Benutzung und somit auch die Wirkung der Genehmigung beendet.[792]
c. Die Befugnis (Ermächtigungsgrundlage) den mietenden Zahnarzt, dem eine Zweckentfremdungsgenehmigung erteilt worden ist, zur Ausgleichszahlung

heranzuziehen, folgt unmittelbar aus dem Art. 6 § 1 MietRVerbG i.V.m. § 36 Abs. 2 Nr. 4 VwVfG. Dies gilt zumindest dann, wenn nicht der Vermieter, sondern der Mieter die Zweckentfremdungsgenehmigung beantragte und erhielt.[793]

Zweck dieser Ermächtigung ist, dass vorhandener Wohnraum im Hinblick auf eine ausreichende Versorgung der Bevölkerung möglichst erhalten bleiben soll.[794]

Voraussetzung ist zunächst einmal, dass die gemieteten Gewerberäume den entsprechenden Vorschriften unterfallen.[795] Ein allfällig (verordnungsspezifischer) gebundener Anspruch auf Erteilung einer Zweckentfremdungsgenehmigung (also ohne Beurteilungs- oder Ermessensspielraum) bedeutet nicht, dass die Genehmigung ohne Auflage zur Zahlung einer laufenden Ausgleichsabgabe zu erteilen wäre.[796] Die Erhebung der Ausgleichsabgabe für den Betrieb einer (Zahn)Arztpraxis ist wegen des zugleich verfolgten erwerbswirtschaftlichen Interesses auch dann rechtmäßig, wenn die Zweckentfremdung im Hinblick auf die (zahn)medizinische Versorgung der Bevölkerung im öffentlichen Interesse liegt.[797] Etwas anderes gelte nur dann, wenn mit dem öffentlichen Interesse der (zahn)medizinischen Versorgung der Bevölkerung, welches das Interesse an der Erhaltung des Wohnraumes erheblich überwiegen würde, nicht auch gleichzeitig ein privates erwerbswirtschaftliches Interesse verbunden wäre.[798]

Eine Zahlungsauflage, die an eine im Ermessen der Wohnungsbehörde stehende Wohnraumzweckentfremdungsgenehmigung anknüpft, ist mit höherrangigem Recht vereinbar.[799] Die Auferlegung von Geldleistungen im Sinne des Art. 6 MietRVerbG darf nicht zu fiskalischen Zwecken missbraucht werden. Diese Auferlegung scheidet z. B. aus, wenn die Zweckentfremdungsgenehmigung nicht nur im privaten, sondern auch im öffentlichen Interesse erteilt wird.[800]

d. Hinsichtlich der Zweckentfremdungsgenehmigung kann primär in Betracht kommen zu beantragen, dass für die Praxisnutzung der Räume eine Genehmigung nach dem Mietrechtsverbesserungsgesetz nicht erforderlich sei. Hilfsweise kann beantragt werden, dass unter Aufhebung der angefochtenen Bescheide die Verpflichtung ausgesprochen wird, die Zweckentfremdungsgenehmigung zu erteilen.[801]

   Die Zahlungsverpflichtung ist eine selbständig angreifbare Auflage zu der Zweckentfremdungsgenehmigung, die indes – als Nebenbestimmung – zur Genehmigung selbst in einem direkten Zusammenhang steht; es handelt sich nicht um eine von einer Zweckentfremdungsgenehmigung unabhängige, isolierte Zahlungspflicht.[802]

2. Zivilrechtliche Abwälzung

a. Die Abwälzung in allgemeinen Geschäftsbedingungen der nach der Zweckentfremdungsverbot-Verordnung zu zahlenden Ausgleichsabgabe auf den Gewerbemieter ist wirksam.[803]
b. Nimmt der Vermieter einen rechtswidrigen Leistungsbescheid auf Zahlung der Ausgleichsabgabe hin, ohne Widerspruch einzulegen und den Rechtsweg zu beschreiten, so ist er dem Mieter wegen positiver Vertragsverletzung zum Schadensersatz (§ 280 Abs. 1 BGB wegen p.V.V.) verpflichtet. Inzidenter ist im Rahmen dieses Schadensersatzanspruchs zu prüfen, ob die Zahlungsauflage öffentlich-rechtlich rechtmäßig erfolgte. Dieser Schadensersatzanspruch erstreckt sich auf alle unmittelbaren und mittelbaren Nachteile des schädigenden Unterlassens, nicht aber Folgeschäden. Der Mieter wäre so zu stellen, wie er bei erfolgreicher Rechtsmitteleinlegung stünde, und dürfte mit der Ausgleichsabgabe nicht belastet werden.[804]
c. Möglicherweise kommt auch ein Anspruch aus Verschulden bei den Vertragsverhandlungen (§ 280 Abs. 1 BGB wegen c.i.c.) in Betracht. Das wäre namentlich dann der Fall, wenn der Vermieter im Rahmen der Vertragsverhandlungen zugesagt hätte, dass die anvisierten Räumlichkeiten nicht dem Zweckentfremdungsverbot unterfielen und erst im Hinblick darauf sich der mietende (Zahn)Arzt entschließt, den Mietvertrag abzuschließen.

   Ein derartiger Anspruch kann darauf gerichtet sein, den Mieter so zu stellen, als sei die Zusage, dass ein Zweckentfremdungsverbot nicht bestehe, gültig. Der Schadensersatz bestünde dann in der Auflösung des Vertrags. Andererseits (bei Festhalten an dem Vertrag) wäre der geschädigte Mieter im Wege der Vertragsanpassung so zu behandeln, als wäre die erteilte Auskunft richtig.[805]

VIII. Prozessuale Spezialien

Für die sachliche Zuständigkeit der Gerichte bei Mischmietverhältnissen (Nutzung von Räumen als Praxisräume und privat) gilt die Generallinie, dass im Zweifel von einer gewerblichen Nutzung auszugehen ist.[806]

B. Die Entscheidung: Vertragszahnarztzulassung als Kondition eines Mietvertrags[807]

I. Sachverhalt

Der klagende Vermieter machte ausstehenden Mietzins bzw. Mietausfallschaden für Gewerberäume geltend, die ursprünglich zum Betrieb einer Zahnarztpraxis durch den beklagten Zahnarzt vorgesehen waren. Zu einer Nutzung kam es jedoch nicht mehr. Im Mietvertrag war u.a. geregelt worden, dass der Mietvertrag nur wirksam werden sollte, wenn bis zum 28.10.2006 die entsprechende vertragszahnärztliche Zulassung vorlag. Aufgrund der Schwangerschaft der Frau des Beklagten sah dieser von einer Vertragszahnarztzulassung ab. Auch war geregelt, dass der Vermieter vorleistungspflichtig sein sollte bezüglich der zukünftigen Gewerberäume. Der Zahnarzt als Mieter sollte die Mietkaution mit Abschluss des Mietvertrags entrichten.

II. Entscheidungsgründe

1. Der Kläger hatte gegen den Mieter keinen Anspruch auf Zahlung von Mietzins bis zum Zugang der fristlosen Kündigung aus §535 Abs. 2 BGB.
   a. Zwar wurde zwischen den Parteien ein **Gewerberaummietvertrag** vereinbart.
   b. Die Wirksamkeit des Vertrages ist nicht eingetreten gemäß § 158 Abs. 1 BGB.
      aa. Der Mietvertrag wurde unter der **aufschiebenden Bedingung** der vertragszahnärztlichen Zulassung des Beklagten für den Standort... geschlossen.
      „Die entsprechende Mietvertragsklausel ist dahingehend zu verstehen, dass der Mietvertrag gemäß § 158 Abs. 1 BGB nur wirksam werden sollte, wenn bis zum 28.10.2006 die entsprechende vertragszahnärztliche Zulassung der Beklagten vorlag."[808]
      bb. Diese Bedingung ist **nicht eingetreten**.
      cc. Es war auch **nicht** eine **Eintrittsfiktion** bezüglich der Bedingung „Vertragszahnarztzulassung" anzunehmen (gemäß §162 Abs. 1 BGB). Ob die Beeinflussung des Geschehensablaufes treuwidrig ist, ist aufgrund einer umfassenden Würdigung des Verhaltens der den Bedingungseintritt beeinflussenden Vertragspartei nach Anlass, Zweck und Beweggrund unter Berücksichtigung aller Umstände des Einzelfalls, insbesondere des Inhalts des Rechtsgeschäfts, festzustellen.[809] Diese Voraussetzungen lagen nicht vor.
      „Beruhte daher im Streitfall das Nichtbetreiben der Zulassung als Zahnarzt in P...darauf, dass sich die Beklagten wegen der ***unverhofften Schwangerschaft*** *der Beklagten zu 1. zu einer* ***Änderung ihrer Lebensplanung veranlasst*** *sahen, dürfte dies unter Berücksichtigung der Umstände des Einzelfalles* ***nicht als treuwidrig*** *anzusehen sein...*"
      dd. Als Mehrfachbegründung wurde die fehlende **Fälligkeit** des Mietzinsanspruchs angeführt. Fälligkeit bezeichnet den Zeitpunkt, von dem ab der Gläubiger die Leistung verlangen kann.[810] **Regelfall** ist die Vorleistungspflicht des Mieters zu Beginn des jeweilig vereinbarten Zeitabschnitts und Fälligkeit der Miete spätestens bis zum dritten Werktag (§556 b Abs. 1 in Verbindung mit §579 Abs. 2 BGB). Da nach §579 BGB der §556 b BGB für Räume gilt, gilt dieser insbesondere auch für Geschäftsräume.[811] Klagt der Vorleistungspflichtige, ohne die Vorleistung bereits bewirkt oder angeboten zu haben, ist die Klage mangels Fälligkeit des Anspruchs abzuweisen.[812]
   c. Hier war aber zunächst einmal der Anspruch des Mieters auf Vorleistung entstanden.
   „...das Landgericht die Klage zu Recht abgewiesen, da die Kläger ihrer Verpflichtung gemäß Abschn. H 1 des Mietvertrages, eine überarbeitete „Hülle" des Mietobjekts zur Verfügung zu stellen, nicht nachgekommen sind, indem sie die dort im Einzelnen aufgeführten Arbeiten nicht durchgeführt haben. Da die Parteien vereinbart hatten, dass ***die Kläger diese Arbeiten bis zum 30.06.2007*** *durchführen, während das Mietverhältnis erst am01.07.2007 beginnen sollte, bestand für die Kläger die Verpflichtung, die Mieträume vor dem 01.07.2007 in den gemäß Abschn. H 1 des Mietvertrages als vertragsgemäß vereinbarten Zustand zu versetzen. Dieser Verpflichtung sind die Kläger unstreitig nicht nachgekommen...*"
   Ausweislich der Terminierung der Bauarbeiten war der Kläger (Vermieter) vorleistungspflichtig. Dieser Vorleistungspflicht war er nicht nachgekommen.
   d. Der Anspruch auf Vorleistung war auch gegenüber dem klagenden Vermieter durchsetzbar. Der klagende Vermieter konnte seinen Verzug mit den Arbeiten nicht per Zurückbehaltungsrecht gemäß §273 BGB ausschließen. Der Kläger hatte diese Einrede bezüglich des **Anspruchs** auf die ausstehende Mietkaution, die nach dem Vertrag bei Vertragsschluss zu entrichten war, **nicht erhoben**.
   „Die Kläger haben dieses Zurückbehaltungsrecht jedoch nicht zu dem Zeitpunkt, als ihre Verpflichtung zur Vornahme der Arbeiten fällig geworden ist, ausgeübt. ***Sie haben insbesondere nicht die Beklagten zur Leistung der Mietsicherheit angemahnt oder erklärt, dass sie bis zur Leistung der Mietsicherheit die von ihnen geschuldeten Arbeiten nicht durchführen werden.***"
   e. Angesichts der nicht durchgeführten, vorleistungspflichtigen Arbeiten stand dem Beklagten darüber hinaus (als weitere Hilfsbegründung) ein **Zurückbehaltungsrecht** zu, was dieser einredeweise geltend machte.
   f. Auch hat sich der Beklagte nicht treuwidrig im Sinne von §242 BGB in Bezug auf die Vorleis-

tungspflicht des Klägers verhalten, sodass sich der Beklagte so behandeln lassen müsste, als sei der Kläger nicht vorleistungspflichtig.
„Die Beklagten handeln auch nicht treuwidrig, wenn sie sich zur Begründung der fehlenden Pflicht zur Zahlung des Mietzinses auf die nichtrechtzeitige Durchführung der Arbeiten berufen, ohne selbst die Mietsicherheit geleistet zu haben. Es steht nicht hinreichend fest, dass ***die Beklagten bei einer entsprechenden vorherigen außergerichtlichen Geltendmachung des Zurückbehaltungsrechts*** [durch den Kläger, Anm.] *die Mietsicherheit nicht* ***geleistet*** *hätten."*

2. Der Kläger hatte gegen den Vermieter auch keinen Schadensersatzanspruch wegen Zahlungsverzugs.
   a. Ein Anspruch auf Schadensersatz statt der Leistung gem. §§ 280 Abs. 1, 3, 281 BGB scheidet aus. Ein **fälliger durchsetzbarer** Anspruch bestand nicht, da der Kläger seiner Vorleistungspflicht nicht nachgekommen war.
   b. Ein Anspruch auf Ersatz der Verzögerungsschaden gem. §§ 280 Abs. 1, Abs. 2, 286 BGB war ebenfalls zu verneinen: Der ebenso vorausgesetzte fällige durchsetzbare Anspruch war nicht gegeben.
   c. Ein Anspruch aus § 280 Abs. 1 BGB scheidet aus. Verzögerungsschäden können nicht als unter § 280 Abs. 1 BGB (Schadensersatz neben der Leistung) fallende Schadenspositionen einbezogen werden.[813]

III. Schlussfolgerung

1. Revue über die Mängelhaftung

Der Mieter hat gemäß § 535 BGB einen **Beseitigungsanspruch**. Eine eigenmächtige Mängelbeseitigung und ein Anspruch für die dafür getätigten Aufwendungen ist unter den Voraussetzungen des § 536 a BGB möglich.

Gewährleistungsansprüche sind:

- § 536 BGB: **Minderung** kraft Gesetzes. Da eine Geltendmachung nicht erforderlich ist, kann die zu viel gezahlte Miete zurückgefordert werden.
- § 536 a BGB: **Schadensersatz** (kann zusätzlich zu § 536 BGB geltend gemacht werden bzgl. des weitergehenden Schadens).
- § 543 BGB: **Kündigung** (schließt Minderung oder Schadensersatz nicht aus).

2. Selbstständiges Beweisverfahren (§§ 485 ff. ZPO)

Das selbstständige Beweisverfahren ist zur Sicherung von Beweismitteln, deren Verlust droht, und zur Feststellung von Tatsachen durch Sachverständigengutachten von Bedeutung. In Mietrechtsangelegenheiten ist dieses Verfahren anzudenken, wenn es z. B. um die Feststellung des Zustandes der Mietsache (z. B. angemietete Praxisräume) geht, die zurückgegeben oder erst bezogen werden soll.

M Minderjährigenhaftungsbeschränkung

A. Hintergrund

I. Inhalt und Umfang der elterlichen Vertretungsmacht (§ 1629 Abs. 1 S. 1 BGB)

1. Anwendungsbereich

Die Vertretungsmacht bezieht sich auf Rechtsgeschäfte und geschäftsähnliche Handlungen, **Einwilligung in medizinische Maßnahmen**, Rechtsstreitigkeiten usw. Die gesetzliche Vertretung ist in der Regel eine **Befugnis**, keine Pflicht. Die Eltern sind nicht gezwungen, von ihrem Vertretungsrecht Gebrauch zu machen. Ob sie das Kind oder nur sich selbst verpflichten wollen, liegt bei ihnen; ggf. ist durch Auslegung zu ermitteln, ob sie im eigenen Namen oder im Namen des Kindes handeln. Das gilt insbesondere für die Inanspruchnahme eines (Zahn) Arztes bzw. Krankenhauses. Je nachdem, ob die Kosten im Rahmen des Leistungsprinzips von der gesetzlichen Krankenversicherung übernommen werden und damit die Bedürftigkeit ausgeschlossen ist oder die medizinische Versorgung des Kindes zur Unterhaltsverpflichtung der Eltern gehört, werden diese ihr Kind nur hinsichtlich der Einwilligung in die erforderlichen (zahn)arztlichen Eingriffe vertreten wollen bzw. darf von einer Eigenverpflichtung der Eltern ausgegangen werden, die dann den eigenen Behandlungsanspruch des Kindes ebenso wenig ausschließt wie Schadensersatzansprüche des Kindes.[814]

2. Gesamtvertretung (§ 1629 Abs. 1 S. 2 1. Hs.)

Die Gesamtvertretung bedeutet, dass Vater und Mutter im Umfang ihrer elterlichen Sorge nur gemeinsam vertretungsberechtigt sind. Der Gesamtvertretung wird jedoch auch genügt, wenn ein Elternteil allein auftritt, aber zugleich in Vertretung oder als Bote des anderen Teils handelt.[815] Eltern können sich in Sorgeangelegenheiten auch gegenseitig bevollmächtigen, und zwar sowohl bei Gesamtvertretung als auch bei alleiniger Sorge. Haben sich die Eltern in einer Sorgerechtsangelegenheit geeinigt oder ist einem von ihnen die Entscheidung vom Familiengericht übertragen worden, so kann der Elternteil die danach erforderliche Erklärung auch für den anderen Elternteil mit abgeben. Typischerweise kann daher der (Zahn)Arzt davon ausgehen, dass der mit dem Kind beim (Zahn)Arzt oder in einem Krankenhaus erscheinende Elternteil ermächtigt ist, für den Abwesenden die erforderliche Einwilligung in (zahn)ärztliche Heileingriffe nach Beratung durch den (Zahn)Arzt mitzuerteilen. Der (Zahn)Arzt darf in Grenzen auf eine solche Ermächtigung vertrauen, wenn ihm keine anderweitigen Umstände bekannt sind. In „Routinefällen" (z. B. Behandlung leichterer Erkrankungen oder Verletzungen) kann sich der (Zahn) Arzt auf die Ermächtigung des erschienen Teils zum Handeln für den anderen verlassen. In anderen Fällen [(zahn) ärztliche Eingriffe) schwerer Art mit nicht unbedeutenden Risiken] muss sich der (Zahn)Arzt vergewissern, ob der erschienene Elternteil die Ermächtigung des anderen hat und wie weit diese reicht. Auf eine wahrheitsgemäße Auskunft des erschienenen Elternteils kann, soweit Anhaltspunkte nicht entgegenstehen, vertraut werden.[816]

II. Kinderhaftung[817]

1. Solange das Kind **minderjährig** ist, haftet es aus sämtlichen Verbindlichkeiten, die es infolge der gesetzlichen Vertretung treffen, unbeschränkt.

2. Ab Volljährigkeit ist hinsichtlich der Haftung zu unterscheiden:

a. Bei der unbeschränkten Haftung bleibt es in folgenden Fällen:

- Ausgenommen von der Haftungsbeschränkung des § 1629 a BGB sind folgende Verbindlichkeiten aus Rechtsgeschäften:
  - Verbindlichkeiten, die allein der Befriedigung persönlicher Bedürfnisse des Minderjährigen dienten, weil ihm der Gegenwert unmittelbar zugute gekommen ist.
    - Begriff: In der Regel handelt es sich um Kleingeschäfte des täglichen Lebens und alterstypische Konsumgeschäfte.[818]
    - Nach einer Ansicht sind **aufwendige Diagnose- und Heilbehandlungen** Mehrbedarf im Rahmen der elterlichen Unterhaltspflicht; sie fallen nicht unter § 1629a Abs. 2 BGB[819]; nach anderer Ansicht ist dagegen die Möglichkeit der Haftungsbeschränkung nicht gegeben, wenn es sich um Verpflichtungen handelt, die **in zumutbarer Höhe** aus medizinischen Untersuchungen entstanden sind (z. B. eine Röntgenuntersuchung eines Kniegelenks in Höhe von 1000 Euro).[820]
  - Verbindlichkeiten, die zur Zeit der Minderjährigkeit aufgrund allein ihm zuzurechnender Umstände bzw. durch allein von ihm zu verantwortende Handlungen begründet wurden.
- Ausscheiden der Haftungsbeschränkung wegen der Natur der Sache.
  - Verpflichtungen, die der volljährig Gewordene nach Erreichung der Volljährigkeit selber eingegangen ist bzw. die ihm kraft einer von ihm selbst erteilten Vollmacht als eigen zuzurechnen sind.
  - Dritte, die sich für die Verbindlichkeiten des Minderjährigen schuldeintretend mitverpflichtet haben bzw. Sicherheit geleistet haben.

b. Minderjährige, die volljährig geworden sind, können durch Einrede ihre Haftung auf das bei Eintritt der Volljährigkeit vorhandene Vermögen beschränken. Dies hat zur Folge, dass das Neuvermögen der Haftung ggü. den Gläubigern entzogen wird.
Die Haftungsbeschränkung gilt für folgende Verbindlichkeiten:
- Verbindlichkeiten, die die Eltern im Rahmen ihrer gesetzlichen Vertretungsmacht oder sonstige vertretungsberechtigte Personen im Rahmen ihrer Vertretungsmacht durch Rechtsgeschäft oder eine sonstige Handlung mit Wirkung für das Kind begründet haben
- Verbindlichkeiten, die auf Rechtsgeschäften beruhen, die der Minderjährige nach §§ 107, 108 BGB oder § 111 BGB mit Zustimmung seiner Eltern vorgenommen hat.

B. Die Entscheidung: Limitierte Haftung einer minderjährigen Patientin[821]

I. Sachverhalt

Der Zahnarzt (K) behandelte die am 13.9.1987 geborene Patientin (B) in dem Zeitraum März 2000 bis Juni 2001 in seiner Praxis. Grund war die von dem K gestellte Diagnose eines Spaltkiefers. Die B war zum Zeitpunkt des Beginns und des Endes der Behandlung noch nicht volljährig. Den Behandlungsplan vom 12.05.2000 bezüglich der B unterzeichnete der Vater.

II. Entscheidungsgründe

Dem K steht gegen die B kein Anspruch auf Vergütung der von ihm vorgenommenen kieferorthopädischen Arbeiten gemäß § 631 BGB zu.

I. Ein Behandlungsvertrag im Sinne eines **Werkvertrags** ist gemäß § 631 BGB zustande gekommen.

1. *„...ein Behandlungsvertrag im Sinne eines Werkvertrags gem. § 631 BGB zustande gekommen, der kieferorthopädische Leistungen des Beklagten beinhaltete zur Beseitigung des vom Beklagten diagnostizierten Befunds."*
2. Der abgeschlossene Behandlungsvertrag wirkt für und gegen die B gemäß § 164 BGB.
   a. Der Vater gab eine eigene Willenserklärung im fremden Namen ab.
   „Es handelt sich nicht, wie die...meint, um ein Eigengeschäft des Vaters der...Der vom...gestellte Behandlungsplan bezieht sich eindeutig auf die Person der...."
   b. Die gesetzliche **Vertretungsmacht** folgt aus § 1629 BGB.
   Der erforderlichen Gesamtvertretung wurde auch genügt, denn der Vater wurde stillschweigend durch die Mutter zum Handeln ermächtigt, die bei dem ersten Verhandlungstermin auch zugegen war.

II. Die **Haftung** der B **beschränkt** sich auf den Bestand des Vermögens, das bei ihr bei Eintritt der Volljährigkeit vorhanden war (§ 1629a Abs. 1 S. 1 BGB).

1. Zum Eintritt der Volljährigkeit verfügte die B über kein Vermögen, das sie hätte einsetzen können, um die Rechnungen des K zu begleichen.
2. Die Haftungsreduzierung scheiterte auch nicht an § 1629a Abs. 2 BGB.
   Es handelte sich bei der kieferorthopädischen Behandlung nicht um ein Rechtsgeschäft, das allein der Befriedigung der persönlichen Bedürfnisse diente.
   „Nach Auffassung des Gerichts fallen aufwendige Heilbehandlungen jedoch nicht unter Abs. II. Es mag sein, dass ***notwendige medizinische Maßnahmen****, zu denen nach Auffassung des Gerichts auch das* ***Röntgen*** *eines Knies gehört und die vollständig von der* ***Krankenkasse vergütet*** *werden, in Übereinstimmung mit der Auffassung des Amtsgerichtes Norderstedt Verbindlichkeiten darstellen, die allein zur Befriedigung persönlicher Bedürfnisse eingegangen wurden.*
   Die ***Grenze*** *sollte nach Auffassung des Gerichts jedoch da gezogen werden, wo der* ***medizinische Mindestschutz überschritten wird und dann keine oder nur eine teilweise Vergütung durch die Krankenkasse erfolgt.*** *Bei der gegenständlichen kieferorthopädischen Behandlung handelt es sich um eine solche, die nur zum Teil oder gar nicht von der gesetzlichen Krankenkasse übernommen wird und daher nach Auffassung des Gerichts als eine* ***aufwendige und kostspielige*** *Heilbehandlung angesehen werden muss, für die § 1629a II BGB nicht zur Anwendung kommen kann."*

III. Schlussfolgerung

Es ist zwischen der Stellvertretung und der Haftungsbeschränkung zu differenzieren, vor allem bei medizinischen Maßnahmen, die die gesetzlichen Krankenversicherungen nicht oder nur teilweise ausgleichen.

1. **Stellvertretung: Eltern** geben eine Willenserklärung „im Namen des Kindes" ab und agieren somit als Stellvertreter im Sinne der §§ 164 ff. BGB:
   - wenn das Kind medizinische Maßnahmen beansprucht, die von der gesetzlichen Krankenversicherung nicht abgedeckt sind,
   - wenn die medizinische Versorgung nicht zur Unterhaltsverpflichtung der Eltern gehört.

   Rechtsfolge ist, dass einzig und allein das Kind berechtigt und verpflichtet wird aus dem Rechtsgeschäft.

Zur Prävention eines Forderungsausfalls wg. eines finanziellen „Flame-out“ eines Minderjährigen in den zuvor bezeichneten Situationen sollte in Erwägung gezogen werden, die Eltern zu einer abstrakten Haftung per Schriftform zu motivieren.

2. **Haftungsbeschränkung**: Per Einrede kann das **Kind** die Haftung beschränken.
   - Verbindlichkeiten, die die Eltern im Rahmen ihrer gesetzlichen Vertretungsmacht begründeten.
   - Sujet der Verbindlichkeit ist eine von der GKV nicht abgedeckte medizinische Maßnahme.

M Musterberufsordnung

A. Hintergrund

I. Musterberufsordnung

Die Musterberufsordnung ist eine vom Vorstand der Bundeszahnärztekammer beschlossene Berufsordnung, die regelmäßig von den Landeszahnärztekammern als Musterentwurf für den Erlass ihrer Berufsordnung herangezogen wird.

II. Berufsordnung

Bei der Berufsordnung handelt es sich um eine Satzung der Landeszahnärztekammer, die Regelungen darüber enthält, was ein Zahnarzt bei der Ausübung seines Berufs zu beachten hat und unter Vermeidung berufsgerichtlicher Sanktionen zu unterlassen hat. Die Heilberufs- und Kammergesetze ermächtigen die Zahnärztekammer zum Erlass einer Berufsordnung (z. B. Rheinland-Pfalz §§ 14 Abs. 4 Nr. 4, 23 HeilBG, Berlin § 4 a Abs. 1 S. 1 Berliner Kammergesetz). Zum Beispiel ist § 6 Abs. 1 Nr. 6 NRWHeilberG Ermächtigungsgrundlage für die Kammer, die notwendigen Maßnahmen zur Beseitigung berufsrechtswidriger Zustände zu treffen. Dabei können auch Verwaltungsakte, wie sich aus dem Nebensatz ergibt, erlassen werden.

III. Regelungen en detail

Im Detail werden die Vorschriften der Musterberufsordnung an Paradebeispielen erläutert, die in der Vergangenheit häufig Gegenstand gerichtlicher Differenzen waren.

1. § 2 MBO-Zahnärzte[822]

§ 2 Abs. 1 (persönlich, eigenverantwortlich und fachlich unabhängige in Diagnose- und Therapiefreiheit). Die Therapiefreiheit des Zahnarztes umfasst die Entscheidung über das „Ob" und das „Wie" einer Therapiedurchführung wie auch das Weigerungsrecht hinsichtlich solcher Methoden, die dem Gewissen des Arztes widersprechen.[823]

2. § 8 MBO-Zahnärzte

a. § 8 Abs. 2 (Kollegen-Verdrängungsverbot)

Das Verdrängen eines Kollegen durch Abgabe eines **zweiten Kostenvoranschlags** ist lediglich Folge eines grundsätzlich erwünschten Wettbewerbs und nur dann wettbewerbswidrig, wenn besondere Umstände hinzutreten, die die Unlauterkeit ergeben.[824] Unzulässig ist auch ein unlauteres **Lockvogelangebot**.[825] Ein Lockvogelangebot ist eine Methode, einen Patienten mit einem besonders günstigen, nichtkostendeckenden Angebot mit dem Ziel in die Praxis zu locken, ihm gegenüber weitere lukrative Leistungen zu erbringen und abzurechnen.

b. § 8 Abs. 5 (Vorteilsgewährung/-annahme/-versprechen für Patientenzuweisung)

Dieses Zuweisungsverbot hat den **Zweck** zu verhindern, dass sich Zahnärzte durch Vorteilsgewährung ungerechtfertigte Wettbewerbsvorteile gegenüber ihren Berufskollegen verschaffen. Ferner soll jede Art der Patientenvermittlung gegen Entgelt oder sonstige Vorteile, die ihren Grund nicht selbst in der Behandlung haben, verhindert werden.[826]

- Ein Zahnarzt verspricht oder gewährt nicht ein Entgelt als Provision für die Vermittlung von Patienten, wenn er mit dem Betreiber einer Internetplattform vereinbart, 20 % an den Betreiber bezüglich des Honorars zu zahlen, das der Zahnarzt von Patienten erhält.[827]
- Verträge zwischen einer Krankenkasse und einer Klinik im Rahmen des § 73 c SGB V, die als Abrechnungsmodalität vorsehen, dass der Patient eine zuzahlungsfreie Zahnersatzversorgung erhält (unter best. Bedingungen), stellen keinen Verstoß dar. Denn der Patient erhält den Vorteil.[828]

3. § 21 MBO-Zahnärzte (Information und Werbung)

a. Sinn und Zweck und Auslegungsgrundsätze

Das Werbeverbot ist Ausfluss des Rechtsguts der **Gesundheit der Bevölkerung** und will eine gesundheitspolitisch unerwünschte Kommerzialisierung des (Zahn)Arztberufes und eine **Verfälschung** des **zahnärztlichen Berufsbildes** verhindern.[829] Eine Verfälschung des zahnärztlichen Berufsbildes würde eintreten, wenn der Arzt die in der Wirtschaft üblichen Werbemethoden verwendet. Die ärztliche Berufsausübung soll sich nicht an ökonomischen Erfolgskriterien, sondern an medizinischen Notwendigkeiten orientieren.[830] Aus der Verwendung einer Werbemethode, wie sie in der gewerblichen Wirtschaft üblich ist, folgt noch nicht „per se" eine Berufswidrigkeit. Das ist nur dann der Fall, wenn die Werbung nicht sachangemessen und/oder nicht berufsbezogen ist.[831] Es darf Verhaltensweisen entgegengewirkt werden, die den Eindruck vermitteln, der (Zahn)Arzt stelle die Erzielung von Gewinn über das Wohl seiner Patienten und deren ordnungsgemäße Behandlung. In diesem Sinne soll der Patient darauf vertrauen können, dass sich der (Zahn)Arzt nicht von kommerziellen Interessen leiten lässt.[832]

Konkurrenzschutz und **Schutz vor Umsatzverlagerungen sind keine legitimen** Zwecke, die mittels Wettbewerbsverboten eine Einschränkung der Berufsausübungsfreiheit rechtfertigen können. Akquisition durch (Zahn)Ärzte als solche ist nicht berufswidrig. Der eigentliche Zweck der Werbung liegt nämlich darin, Kunden (hier Patienten) zu Lasten der Konkurrenz zu gewinnen. Aufmerksamkeit zu wecken, ist Sinn und Zweck der Werbung, mit der Patienten zu Lasten der Konkurrenz gewonnen werden sollen, was zulässig ist, wenn die Sachinformationen (z. B. Hinweis auf Tätigkeitsbereiche und Adresse) nicht in den Hintergrund treten.[833]

Die Werbung ist nach dem Gesamtkontext stets **grundrechtsfreundlich** auszulegen.[834] Staatliche Maßnahmen, die geschäftliche oder berufliche Werbung beschränken, sind Eingriffe in die Freiheit der Berufsausübung.[835] Die Beurteilung, ob das Gebot der Sachlichkeit gewahrt ist, muss an die Art der betroffenen Berufsausübung anknüpfen. Das Sachlichkeitsgebot verlangt dabei nicht, dass sich der werbende (Zahn)Arzt auf die Mitteilung nüchterner Fakten zu beschränken hat. Danach ist z. B. eine **„Sympathiewerbung“** zulässig, sofern durch sie nicht der Informationscharakter in den Hintergrund gedrängt wird. Schließlich ist bei der Beantwortung der Frage, welche Werbeformen als sachlich oder übertrieben bewertet werden, zu beachten, dass diese Beurteilung zeitbedingten Veränderungen unterliegt.[836] Die Berufswidrigkeit folgt nicht schon daraus, dass eine Berufsgruppe ihre Werbung anders als bisher **üblich** gestaltet. Dadurch werden geänderte Vorgehen nicht „per se“ berufswidrig. Vielmehr hat der einzelne Berufsangehörige es in der Hand, in welcher Weise er sich für die interessierte Öffentlichkeit darstellt, solange er sich in den durch schützende Gemeinwohlbelange gezogenen Schranken hält. Auch das Sachlichkeitsgebot verlangt nicht, sich auf die Mitteilung nüchterner Fakten zu beschränken.[837] Die Abgrenzung zwischen erlaubter sachlicher Information und verbotener berufswidriger Werbung erfolgt nicht generalisierend-abstrakt, sondern ist als **Einzelfallentscheidung** unter Berücksichtigung des Grundrechts der Berufsausübungsfreiheit auf der einen Seite und der Sicherung des Werbeverbots auf der anderen Seite aufgrund einer Abwägung im Rahmen des gesamten Lebensvorgangs, in dem die fragliche Werbemaßnahme ihre Wirkung entfaltet, vorzunehmen. Dabei ist auf den **Standpunkt der angesprochenen Verkehrskreise** und auf das **Leitbild eines durchschnittlich informierten und verständigen Verbrauchers** und nicht beispielsweise auf die Auffassung des jeweiligen Berufsstands abzustellen.[838]

Ein allfällig **generelles Werbeverbot** ist **verfassungskonform** dahin auszulegen, dass nur die berufswidrige Werbung unzulässig ist; dagegen muss für eine interessengerechte und sachangemessene Information, die keinen Irrtum erregt, im rechtlichen und geschäftlichen Verkehr Raum bleiben.[839]

b. §21 Abs. 1 S. 1, S. 2 MBO-Zahnärzte (sachliche Informationen u. berufswidrige Werbung)

aa. Singulär-Zahnarzt

Für den **Singulär-Zahnarzt gelten** folgende Überlegungen. Final werden die Spezialien für Kliniken und andere gewerbliche Unternehmen gesondert dargestellt. Die von der Berufsordnung aufgestellten Werbebeschränkungen dürfen auf keinen Fall dazu führen, dass das berechtigte Interesse der Patienten an interessengerechter und sachlich angemessener Information nicht befriedigt werden kann.[840] Für eine interessengerechte und sachangemessene Information, die keinen Irrtum erregt, muss im rechtlichen und geschäftlichen Verkehr Raum bleiben.[841] Jedoch muss dies in einer Art und Weise geschehen, dass Irreführungen und Verwechselungen sowie Unsicherheiten beim Patienten vermieden werden.[842] Berufswidrig ist insbesondere solche Werbung, die zu Irrtümern und damit zu einer Verunsicherung der Kranken führen würde, weil sie das Vertrauen in den Arztberuf untergraben und langfristig negative Rückwirkungen auf die medizinische Versorgung der Bevölkerung haben könnte.[843]

bb. §21 Abs. 1 S. 1 MBO-Zahnärzte (sachliche Informationen)

Eine der Form nach unsachliche Werbung ist insbesondere dann anzunehmen, wenn ihr Erscheinungsbild derart im Vordergrund steht, dass ihr Inhalt weit dahinter zurückbleibt.[844]

Interessengerechte und sachangemessene Informationen über (Zahn)Ärzte sind auch im **Internet** gestattet. Der einzelne (Zahn)Arzt darf das Internet im Hinblick auf seine Berufsausübungsfreiheit (Art. 12 Abs. 1 GG) zur Selbstdarstellung nutzen. Von den (Zahn)Ärzten eigenverantwortlich mitgeteilte Angaben über ihre **Tätigkeit und fachliche Qualifikation** können auch im Internet nicht generell verboten werden, sofern diese Angaben in sachlicher Form erfolgen und nicht irreführend sind. Dabei besteht auch ein sachlich begründetes Bedürfnis der Allgemeinheit, über solche **Spezialisierungen und weitere Tätigkeitsgebiete sowie Praxisausstattung (z. B. behindertengerechte Praxiseinrichtung, technische Ausstattung oder Einrichtung**[845]) informiert zu werden, was auch durch eine Datenbank geschehen kann.[846]

Cave

Ad exemplum

- Den Patienten sollen nur die Informationen durch Zahnärzte „zugemutet“ werden, die ihnen eine mögliche Hilfe bei deren Auswahl sein können, und dass dementsprechend Informationen, die diesbezüglich statt Klarheit Verunsicherung bewirken, unterbleiben sollen.[847]
- Es ist nicht zu beanstanden, wenn ein Zahnarzt, dem ein **Patient** einen von einem anderen Zahnarzt erstellten **Heil- und Kostenplan oder Kostenvoranschlag** mit der Bitte um Prüfung vorlegt, ob er die Behandlung nicht zu einem günstigeren Preis vornehmen kann, eine alternative Kostenberechnung vornimmt und, sofern sich der Patient daraufhin zu einem Zahnarztwechsel entschließt, auch seine Behandlung übernimmt.[848]
  Ein **alternativer Heil- und Kostenplan** stellt eine verbotene Werbung dar, wenn sich ein Zahnarzt – nachdem er von dritter Seite erfahren hat, dass bei einem Patienten eines Kollegen ein Behandlungsbedarf besteht – **von sich aus** an den Patienten mit dem Angebot wenden würde, ein günstigeres Angebot abzugeben.[849]
- Eine **Werbeanzeige** eines Zahnarztes für ästhetische Zahnheilkunde, Laserbehandlung und Implantologie, die unter der Berufsbezeichnung „Ästhetische und ganzheitliche Zahnmedizin“ im Wesentlichen aus einem optischen Gestaltungselement in Form eines leicht geöffneten Frauenmundes mit makellosen Zähnen und heftig roten Lippen besteht, überschreitet die Grenze zwischen angemessener Information und berufswidriger Werbung nicht.[850]

cc. §21 Abs. 1 S. 2, S. 3 MBO-Zahnärzte (berufswidrige Werbung)

§21 Abs. 1 S. 2 MBO-Zahnärzte regelt das Verbot berufswidriger Werbung. In §21 Abs. 1 S. 3 MBO-Zahnärzte werden Regelbeispiele („...insbesondere...“) angeführt. Die Aufzählung ist daher nicht abschließend.

Irreführend (**§21 Abs. 1 S. 2 MBO**) ist Werbung **unter Berücksichtigung wettbewerbsrechtlicher Auslegungskriterien**, wenn die entsprechenden Angaben den von ihnen angesprochenen Verkehrskreisen einen unrichtigen Eindruck vermitteln, wenn also unwahre oder verwirrende, zur Täuschung geeignete Angaben gemacht werden. Abzustellen ist dabei auf den Standpunkt eines durchschnittlich informierten und verständigen Patienten.[851] Eine Irreführung kann sich aus einer möglichen **Verwechslungsgefahr** einer Bezeichnung mit einer – nichtexistenten – anderen Bezeichnung ergeben, aber auch aus dem **Erscheinungsbild** der Bezeichnung insgesamt und ihrer **Wortkombination**.[852] Von dem (Zahn)Arzt wird lediglich verlangt, zutreffend auf seine Qualifikationen hinzuweisen. Irreführende Angaben sind nicht zulässig.[853] Als berufswidrig gilt u.a. das Führen von Zusätzen, die im Zusammenhang mit den geregelten Qualifikationsbezeichnungen und Titeln zu Irrtümern und damit zu einer Verunsicherung der Kranken/Patienten führen können, was das Vertrauen in den (Zahn)Arztberuf untergraben und langfristig negative Rückwirkungen auf die medizinische Versorgung der Bevölkerung haben könnte.[854]

Cave

Ad exemplum

- Ein Zahnarzt darf sich nicht schlechthin als **Arzt bezeichnen**; macht die **Gesamtschau** der **„Gelben Seiten“ im Internet** deutlich, dass es sich um eine Zahnarztpraxis handelt, liegt keine Irreführung vor, wenn in einer **Unterzeile** von einer „Ärztegemeinschaft“ die Rede ist.[855]
- Getarnte Werbung für einen Zahnarzt in einem redaktionell aufgemachten Beitrag eines Anzeigenblatts über eine Implantationsmethode.
  Ist in einer durch Werbeanzeigen finanzierten, kostenlos an Haushalte verteilten Zeitung neben einem redaktionell aufgemachten Beitrag über eine Zahnimplantationsmethode das Interview eines Zahnarztes abgedruckt, in dem dieser über diese auch von ihm angewandte Methode berichtet, handelt es sich um getarnte Werbung, wenn sich auf derselben Seite eine großformatige Werbeanzeige eines Vereins befindet, der insbesondere den interviewten Zahnarzt (als „Beratungsarzt“) für implantologische Eingriffe vermittelt. Dies gilt umso mehr, wenn es sich offensichtlich um ein fiktives Interview mit dem Zahnarzt handelt, und dieser den „redaktionellen Beitrag“ selbst formuliert hat, um in Verbindung mit dem Interview für sich und den Verein Werbung zu betreiben.[856]

Die Bezeichnung **„Notfallpraxis“** ist nicht wettbewerbswidrig, da der angesprochene Patientenkreis nicht davon ausgeht, dass eine Notfallpraxis 24 Stunden am Tag erreichbar ist, vielmehr ist es allgemein bekannt, dass Notdienste in der Regel nur zu bestimmten Zeiten erreichbar sind. Die tägliche Erreichbarkeit einer „Notfallpraxis“, also auch an Wochenenden und an Feiertagen, zwischen 8.00 und 22.00 Uhr entspricht daher völlig den Erwartungen der Patienten. Es besteht auch nicht die Gefahr, dass die angesprochenen Patienten den von dem Beklagten angebotenen Notdienst mit einem öffentlich-rechtlich organisierten Notdienst der Zahnärztekammer oder Kassenzahnärztlichen Vereinigung verwechseln könnten. In der Regel wird sich der Patient keine Gedanken über die private oder öffentlich-rechtliche Organisation machen. Insoweit liegt keine Irreführung vor.[857] Dagegen wird nach a.A. Evidenz hinsichtlich der Frage privat oder öffentlich-rechtlich organisiert gefordert.[858]

- Lässt sich ein Arzt (hier: ein Facharzt für Mund-, Kiefer- und Gesichtschirurgie „nur" mit der Zusatzausbildung „Plastische Operationen") nur mit **dem Namen, der Anschrift und der Rufnummer im Branchen-Telefonbuch „Gelbe Seiten" unter der Rubrik „Plastische und Ästhetische Chirurgie" eintragen**, soll nach einer Meinung dem angesprochenen, durchschnittlich informierten und situationsangemessen aufmerksamen Verbraucher mangels weiterer Konkretisierungen und mangels klarstellenden Hinweises über die Facharztausrichtung der unzutreffende Eindruck vermittelt werden, der inserierende Arzt sei Facharzt für Plastische und Ästhetische Chirurgie. Der Interessent oder Patient werde annehmen, dass das Schwerpunktgebiet des **Arztes allgemein die Plastische Chirurgie** ist, die in dieser Form aber eine eigene Qualifikation voraussetzt, über die dieser **nicht verfügt**. Eine derartige Eintragung sei irreführend.[859]
  *„Der maßgebliche Verbraucher, jedenfalls ein erheblicher Teil aus dem Kreis des angesprochenen Verkehrs, was ausreicht, nimmt **mangels weiterer Konkretisierungen und mangels klarstellendem Hinweis** über die Facharztausrichtung an, dass sich dahinter tatsächlich mit entsprechend umfangreicher Facharztausbildung eben auch ein solcher Facharzt verbirgt. Ihm wird **nicht einschränkend mitgeteilt und klargemacht, dass es sich abweichend hiervon „nur" um einen Facharzt für Mund-Kiefer-Gesichtschirurgie handelt, dessen Zusatzausbildung „Plastische Operationen" in Ergänzung hierzu die konstruktiven und rekonstruktiven plastischen operativen Eingriffe zur Wiederherstellung und Verbesserung der Form, Funktion und Ästhetik in der Kopf-Hals-Region beinhaltet.** Der Interessent oder Patient wird – auch unabhängig davon, ob sich die Fernsprechbücher konkret an den berufsrechtlichen Facharztqualifikationen orientieren oder nicht – annehmen, dass das Schwerpunktgebiet des Beklagten allgemein die Plastische Chirurgie ist, die in dieser Form aber eine eigene Qualifikation voraussetzt, über die der Beklagte nicht verfügt."*
  Dies wird auch anders gesehen.
  Angesichts der konkreten Gestaltung des Branchenfernsprechbuchs stellt es sich nicht als irreführend dar, wenn ein Arzt, der solche Operationen durchgeführt, aber nicht die entsprechende Facharztanerkennung besitzt, sich in der Rubrik „Arzt oder Ärztin für Plastische Chirurgie" eintragen lässt. Darin liegt auch kein Verstoß gegen die Berufsordnung.[860]
  *„Dem **Branchenfernsprechbuch** „Gelbe Seiten" kommt in der gegenwärtigen Gestaltung kein Erklärungswert dahingehend zu, dass ein Arzt, der sich unter einer nach einer Bezeichnung der Weiterbildungsordnung der Ärztekammer benannten **Rubrik** eintragen lässt, über die entsprechende **formale weiterbildungsrechtliche Qualifikation** verfügt.*
  *...Eine Verwechslungsgefahr mit den Qualifikationen nach der Weiterbildungsordnung der Ärztekammer besteht nicht...Dem Nutzer des Verzeichnisses wird darüber hinaus **nicht vermittelt, dass Ärzte bestimmte Voraussetzungen erfüllen müssten, um ihre Eintragung unter der jeweiligen Rubrik zu erreichen**...*
  *Bei dieser Sachlage wird ein Interessent, der das Verzeichnis auf der Suche nach einem Arzt mit einer gewissen Aufmerksamkeit durchgeht, ohne Weiteres annehmen, dass die Rubrik **sowohl Fachärzte** bzw. solche mit der entsprechenden, nach der Weiterbildungsordnung erlangten **Zusatzbezeichnung als auch** Ärzte umfasst, die lediglich ihren **Tätigkeitsschwerpunkt** auf dem betreffenden Gebiet haben, **ohne** zur **Führung** des betreffenden Facharzttitels oder der Zusatzbezeichnung **berechtigt** zu sein."*[861]
- Die **Werbung mit „Prof. h.c. (GCA)" oder „Prof." oder „Professor"** ist irreführend, wenn der entsprechende Arzt **nicht darlegt**, dass ihm die **Ehrenprofessur** für konkrete Leistungen auf dem Gebiet der Medizin **verliehen** worden ist.[862]
- Die Bezeichnung „**Spezialist für**...(hier: Kieferorthopädie)" in einem (zahn)medizinischen Gebiet **kann** sowohl aus der Sicht des diese Bezeichnung in Anspruch Nehmenden als auch aus der Sicht der Patienten eine interessengerechte und **sachangemessene** Information darstellen.
  Voraussetzung ist aber, dass ein gewisses Anforderungsprofil erfüllt ist. Da unter der Bezeichnung „Spezialist" ein Fachmann verstanden wird, der über besondere Erfahrungen in einem engeren (medizinischen) Bereich verfügt, muss dieser über **herausragende theoretische Kenntnisse und praktischen Erfahrungen** verfügen, die über diejenigen hinausgehen, die mit der Fachbezeichnung (z.B. Fachanwalt/Fachzahnarzt...) und ihren normativen Vorgaben verbunden werden.
  Erforderlich ist deshalb stets eine **langjährige** und **umfassende** Tätigkeit auf dem angegebenen Spezialgebiet mit diesbezüglichen Spezialkenntnissen theoretischer und praktischer Art. Die Tätigkeit muss bestimmte quantitative und qualitative Elemente aufweisen und danach einschätzbar sein. Aussagekräftiges Kriterium soll dabei insbesondere die bisherige zahlenmäßige Häufigkeit der (beworbenen) Tätigkeit sein. Ein „Spezialist" bringt auch regelmäßig zum Ausdruck, dass er bevorzugt, wenn nicht gar ausschließlich, einen Teilbereich des Vollberufs bearbeitet und dass er die Inanspruchnahme in anderen Bereichen des gesamten Tätigkeitsspektrums (hier also das Tagesgeschäft „normaler" zahnärztlicher Behandlungstätigkeiten außerhalb des angegebenen Bereichs der Spezialisierung) weitgehend abwehren will.[863]
- Der im Ausland erworbene akademische Grad „Master of Science" darf geführt werden, aber nicht die übersetzende Bezeichnung „**Zahnarzt für**...(hier:

Implantologie)", da sie eine Nähe und Vergleichbarkeit zum „Fachzahnarzt für..." suggeriert.[864] Das gleiche gilt für die Bezeichnung „Praxis für Zahnheilkunde und Implantologie".[865]

*„**Zwar kann der Hinweis eines Zahnarztes auf einen bestimmten Teilbereich des gesamten Spektrums zahnärztlicher Tätigkeit**, hier den der Implantologie, **eine im Interesse des Patienten sachangemessene Information sein**...Aber auch der Begriff „Zahnarzt für Implantologie", der formell in der Weiterbildungsordnung nicht vorgesehen ist, ist geeignet, Patienten zu verunsichern und zu verwirren, was unter diesem Begriff zu verstehen ist...Der Gemeinwohlbelang, der die Untersagung des Führens der Bezeichnung „Zahnarzt für Implantologie" rechtfertigt, besteht darin, dass der Öffentlichkeit, d.h. den Patienten, **nur die Informationen durch Zahnärzte „zugemutet" werden sollen, die ihnen eine mögliche Hilfe bei deren Auswahl sein können, und dass dementsprechend Informationen, die diesbezüglich statt Klarheit (weitere) Verunsicherung bewirken, unterbleiben sollen**...Im Hinblick auf Art. 12 I GG ist er **grundsätzlich zur Ankündigung (auch) im Ausland erworbener Qualifikationen** berechtigt."*[866]

*„Vor diesem Hintergrund ist daher eine mit einer entsprechenden Werbewirkung verbundene **Bezeichnung**, die – wie hier – dem Gesamtbegriff der Zahnheilkunde und der darin inkludierten Implantologie nicht Rechnung trägt und einen **Teilbereich** derselben **zusätzlich gesondert herausstellt**, als **irreführend** anzusehen."*[867]

Auf den akademischen Grad „Master of Science" als erworbene postgraduale Ausbildung hätte der Antragsteller hinweisen dürfen.

dd. Kliniken und andere gewerbliche Unternehmen

Für **Kliniken und vergleichbare gewerbliche Unternehmen** gelten, da diese infolge des höheren sachlichen und personellen Aufwands und der laufenden Betriebskosten durch Werbebeschränkungen typischerweise stärker belastet sind als die Gruppe niedergelassener Ärzte, nicht dieselben Werbebeschränkungen wie für die Ärzte selbst. Kliniken und vergleichbare Unternehmen dürfen daher in sachangemessener Weise für ihre eigenen – wenngleich durch die dort beschäftigten Ärzte erbrachten – Leistungen in sachangemessener Weise werben. **Verboten** ist lediglich eine berufswidrige Werbung. **Sachangemessen** ist eine Werbung dann, wenn sie einem berechtigten Informationsbedürfnis des Patienten entspricht.[868]

- Die **Hotelempfehlung** einer Klinik, die sich gerade auch um ortsfremde Patienten bemüht und um den Bedarf an geeigneten Übernachtungsmöglichkeiten weiß, ist zulässig.[869]
- § 30 GewO (Konzessionserfordernis für Privatkrankenanstalten).

Die genannte Vorschrift **bezweckt** unter anderem den **Schutz** von Patienten vor einer stationären Behandlung, bei der die medizinische Versorgung nicht ausreichend gewährleistet ist. Es handelt sich daher um keine bloße Ordnungsvorschrift, sondern um eine gesetzliche Vorschrift, die im Interesse von Marktteilnehmern – nämlich der Verbraucher – das Marktverhalten regelt.[870]

Eine Klinik darf auf ihrer Homepage **nicht** für Leistungen der Zahnheilkunde **werben** und diese anbieten, wenn ihr eine entsprechende gewerberechtliche Erlaubnis noch nicht erteilt wurde, da es sich insoweit um irreführende Werbung handelt. Dem steht nicht entgegen, dass in der Klinik ein approbierter Zahnarzt beschäftigt ist bzw. dieser jederzeit herangezogen werden kann.[871]

c. § 21 Abs. 1 S. 4 MBO-Zahnärzte (Zurechnung)

§ 21 Abs. S. 4 MBO-Zahnärzte regelt, dass berufswidrige Werbung von Dritten dem Zahnarzt zugerechnet wird. Weiterhin wird eine Rechtspflicht zum Handeln statuiert, nämlich, dass der Zahnarzt berufswidriger Werbung durch Dritte entgegenzuwirken hat und nicht untätig bleiben darf. Das Verbot der berufswidrigen Werbung umfasst dabei auch vom Arzt gestattete **Werbung durch Dritte**[872] (vgl. **§ 21 Abs. 1 S. 3 MBO**).

- Die vom Allgemeinen Zahnärztlichen Notdienst e.V. – AZN e.V. – veranlassten
  - Einträge in Telefonbüchern und in den Gelben Seiten, „Zahnärztlicher Notdienst ZPN (alle Kassen)", „Zahnärztlicher Notdienst (alle Kassen)", „Allgemeiner Zahnärztlicher Notdienst (alle Kassen)",
  - die Internetanzeigen und -auftritte, „Zahnärztlicher Notdienst ZPN (alle Kassen)", „Zahnärztlicher Notdienst AZN e.V. – alle Kassen –", „Akut-Zahnärztlicher Notdienst für Dortmund", „Allgemeiner Zahnärztlicher Notdienst AZN e.V."
  - und die Internetadressen „www.notzahnarzt24.de" und „www.zahnnotdienst-dortmund.de"

  stellen eine berufswidrige Werbung im Sinne des **§ 21 Abs. 1 Satz 4 BO** dar.[873]

  Denn aus ihnen geht nicht (eindeutig) hervor, dass der durch sie beworbene Notdienst privat organisiert ist. Vielmehr ist die in Rede stehende Werbung geeignet, bei dem durchschnittlich informierten, verständigen Patienten den – unzutreffenden – Eindruck zu erwecken, durch sie werde auf den gemeinsam von der Zahnärztekammer und der Kassenzahnärztlichen Vereinigung eingerichteten – und somit öffentlich-rechtlichen – zahnärztlichen Notfalldienst hingewiesen. In Wahrheit verweist sie jedoch auf einen privat organisierten zahnärztlichen Notfalldienst, durch den vorrangig der zahnärztliche Dienst des Antragstellers vermittelt wird.[874] Wenn das VG hier auf die fehlende Evidenz intuitu privat oder öffentlich-rechtlich organisiert abstellt, geht dies nicht Hand in Hand mit der zivilrechtlichen Rechtsprechung[875]. Für diese spielt dieser Aspekt keine Rolle.

d. §21 Abs. 4 MBO-Zahnärzte (sog. Fremdwerbungsverbot)

Die Fremdwerbung eines Arztes ist im Regelfall Ausdruck eines rein geschäftsmäßigen, am Gewinn orientierten Verhaltens und birgt daher die Gefahr in sich, das Vertrauen des Patienten in den (Zahn)Arztberuf zu untergraben und dadurch langfristig negative Rückwirkungen auf die medizinische Versorgung der Bevölkerung zu haben.[876]

- Ein niedergelassener Zahnarzt darf ein Logo verwenden, mit dem er schlagwortartig auf die Einhaltung geprüfter **Qualität**sstandards eines Franchise-Unternehmen hinweist und zugleich eine Internetadresse angibt, die nähere Informationen über die Standards und ihre Kontrolle enthält.[877]

e. §21 Abs. 5 MBO-Zahnärzte (Bezeichnungen)

Die Bezeichnung „**Zahnärztehaus**" selbst ist nicht schon berufswidrig. Hinzutreten muss auch hier vielmehr Irreführung oder sachliche Unangemessenheit. Werden mehrere Zahnärzte gemeinsam in einem Gebäude tätig und sind mit besonderen Spezialisierungen auch ausdifferenziert präsent, dann ist jedenfalls dies kein Verstoß gegen §21 Abs. 5 MBO und auch nicht berufswidrig i.S.d. Generalklausel berufswidriger Werbung. Die Verwendung der Bezeichnung „Zahnärztehaus in..." und der Internetadresse „www.zahnaerztehaus.de" ist zulässig.[878]

4. §27 MBO-Ärzte (erlaubte Information und berufswidrige Werbung)[879]

Diese Regelung **bezweckt** im Interesse der Marktteilnehmer, dass der Patientenschutz durch sachgerechte und angemessene Information gewährleistet und eine dem ärztlichen Selbstverständnis zuwiderlaufende Kommerzialisierung vermieden wird.[880] Relevant ist diese Regelung für die Zahnärzte, die doppelt approbiert sind.

B. Die Entscheidung: Zensierte Promotionaktionen[881]

I. Sachverhalt

Der Beschwerdeführer (B) ist Zahnarzt in einer zahnärztlichen Gemeinschaftspraxis. Er betreibt zugleich ein zahntechnisches Labor, eine Implantologie-GmbH und eine Verlagsgesellschaft, in einem als „A. D. Haus" bezeichneten Gebäude. Er ist alleiniger Geschäftsführer der vorgenannten Unternehmen. In einer Zeitungsanzeige bewarb der B zugleich sein Labor und seinen Verlag. Er pries die im Verlag erschienenen Bücher an, die als Sujet zahnheilkundliche Themen hatten (z.B.: „Implantate – was sie vorher wissen sollten", „Prophylaxe – die besten Zähne sind ihre eigenen", „Schöne Zähne gewinnen – Alles über Zahnästhetik"). Auf die namentliche Nennung aller in der Praxis tätigen Zahnärzte wurde in der Zeitungsanzeige verzichtet. Im Rahmen des Internetauftritts des A. D. Hauses befanden sich auf der Homepage der Gemeinschaftspraxis Bilder eines Volumentomografen (eine Abbildung des Tomografen und eines Ober- und Unterkiefers). Zu diesem Gerät wurden die Angaben gemacht, dass es sich um das einzige Gerät in einem weiteren Umkreis (westliches Ruhrgebiet, angrenzendes Münsterland und Sauerlandkreis) handele und dass es besonders strahlungsarm sei, nämlich eine um 80% geringere Strahlenbelastung als ein Computertomograf (CT) aufweise. Ferner wurde die Herstellerfirma des Tomografen erwähnt. Über die Internetseite der Gemeinschaftspraxis gelangte man mittels eines „Pop-up-Fensters" zum „Online-Shop" des A. D. Hauses, wo man die Literatur erwerben konnte. Ferner wurde auf der Internetseite des Verlags über einen Implantologenkongress in Las Vegas berichtet. Anlässlich der Ausstellung „Gesundheit in Unna" lagen am Stand des A. D.-Hauses Karten zur Mitnahme bereit. Es befand sich auf diesen Karten ein Hinweis auf eine Live-Verlosung. Als Verlosungsgegenstände wurden Zahnbürsten, Patientenratgeber, eine professionelle Zahnreinigung und ein Gutschein für ein „Bleaching" angepriesen. Die Verlosung selbst fand nicht mehr statt.

II. Entscheidungsgründe

A. Die zulässigen Verfassungsbeschwerden des B sind **begründet**, wenn durch die letztinstanzlichen Berufsgerichtsurteile Vorschriften des Grundgesetzes, insbesondere Grundrechte des B verletzt wurden; vgl. §95 Abs. 1 BVerfGG.

I. Das Grundrecht des B aus Art. 12 GG ist verletzt.

1. **Eingriffe in den Schutzbereich** dieses Grundrechts liegen durch die gegen den B erteilten Verweise und verhängten Geldbußen vor.
   „...denn sie sanktionieren ein ihm zuzurechnendes Verhalten, das darauf abzielte, neue Patienten zu gewinnen. Dies gilt auch für die zum Zwecke der Verlosung ausgelegten Karten, denn auch diese Maßnahme war nach objektiver Betrachtung darauf ausgerichtet, Patienten anzuwerben. Es handelt sich jeweils um Tätigkeiten, die mit der beruflichen Betätigung des Beschwerdeführers als Zahnarzt zusammenhängen und dieser dienen. Ein solches Verhalten ist vom Schutzbereich der Berufsausübungsfreiheit umfasst."
2. Die Eingriffe waren nicht **rechtmäßig**, weil die Urteile, gestützt auf die angegebenen Normen, nicht eine

verfassungsmäßige Konkretisierung des Gesetzesvorbehalts in Art. 12 GG darstellten.

a. Von der Verfassungsmäßigkeit der **Normen** der Berufsordnung ist auszugehen.

b. Die **Urteile** gegen den B sind nicht verfassungsmäßig.

aa. Das Bundesverfassungsgericht prüft nicht, ob das Gericht die Vorschriften richtig angewandt hat („Verletzung einfachen Rechts").

bb. Es liegt aber eine spezifische Verfassungsverletzung vor.
Eine spezifische Verfassungsverletzung liegt vor, wenn ein Anwendungsdefizit oder eine Grundrechtsfehleinschätzung vorliegt, eine willkürliche und objektiv nicht haltbaren Scheidung oder ein Verstoß gegen Justizgrundrechte gegeben ist.
Die „Fehleinschätzungen" ergeben sich hier daraus, dass im Rahmen der Verhältnismäßigkeitsprüfung der geforderte legitime Zweck in Gestalt eines entgegenstehenden Gemeinwohlbelangs nicht identifiziert werden konnte.

(i) Gesamtheit: Zeitungsanzeige und Internetauftritt.
Simultanwerbung für Labor und Verlag.
Die parallel erfolgende Werbung, die die einzelnen Bereiche klar voneinander trennt, stand nicht einem gegenläufigen Gemeinwohl gegenüber. Denn sowohl das Labor als auch der auf zahnärztliche Literatur spezialisierte Verlag weisen einen **unmittelbaren Bezug** zur zahnärztlichen Tätigkeit auf. Dass dadurch der **Blick auf die Patienten** verloren gehe, sei in keiner Weise ersichtlich.

(ii) Internetauftritt: Werbung für den digitalen Volumentomografen.
(1). Bilder.
Die Berufsfreiheit gewährleistet, auf die technische Ausstattung oder Einrichtung einer Praxis hinweisen zu dürfen.
„Insbesondere verlässt die Werbemaßnahme die Ebene der Sachlichkeit ***nicht*** *bereits dadurch, dass das Gerät im* ***Internet*** *in besonders hervorgehobener Weise, unter Verwendung von Bildern, dargestellt wird. Die Bilder (eine Abbildung des Tomografen und eines Ober- und Unterkiefers) stehen in einem* ***inhaltlichen Zusammenhang*** *mit der beworbenen Apparatur."*
(2). Beigefügter Text.
Die Angaben über die Einzigartigkeit in einem bestimmten geografischen Raum und über die geringe Strahlenbelastung sind für potenzielle Patienten durchaus von Interesse. Daher steht auch hier ein Gemeinwohlbelang nicht entgegen.
Auch die werbewirksame Formulierung steht nicht entgegen.
„Die Formulierung, der Tomograf biete „einzigartige Vorteile bei der Implantatdiagnostik", mag zwar zugespitzt sein. Dies ist für Werbung, deren Zweck es gerade ist, das Positive eines Produkts prägnant herauszustellen, jedoch typisch und macht die Präsentation noch nicht sachfremd."
(3). Erwähnung der Herstellerfirma des Tomografen.
Dieser Werbung steht der Gemeinwohlbelang in Gestalt der Gesundheitsinteressen der Patienten entgegen. Denn Fremdwerbung vermittelt den Anschein, der Zahnarzt werbe für die andere Firma, weil ihm dies finanzielle Vorteile bringe. Dieser Anschein ist geeignet, langfristig das Vertrauen in den Arztberuf zu untergraben.
„Zum einen ***genügt bereits der „böse Schein"****, um Zweifel an der ärztlichen Integrität zu wecken. Zum anderen ist zumindest im Hinblick* ***auf andere Zahnärzte****, die die Werbung in Augenschein nehmen, ein* ***Werbeeffekt*** *denkbar, der von Arzt und Hersteller durchaus einkalkuliert sein kann."*

(iii) Art und Weise der Werbung für den Verlag.
(1). Printmedium (Zeitungsanzeige).

a. Zulässiger Adressat.
Zum einen sprach der Gesamteindruck der Anzeige dafür, dass vorrangig Patienten gewonnen werden sollten.
Aber selbst dann, wenn Zahnarztkollegen in den Fokus genommen werden sein sollten, würde dies nicht entgegenstehen. Denn die beworbenen Veröffentlichungen stellen sich als medizinische Fachliteratur dar, sodass auch ein (**berufsbezogenes**) Interesse der Zahnarztkollegen vorhanden wäre. Denn diese können durchaus interessiert sein, über die Literatur informiert zu werden.

b. Bewerbung von Büchern.
„Vielmehr wird man der Anzeige, auch soweit sie die Bücher bewirbt, einen ***Informationswert*** *nicht absprechen können. So dürfte besonders bei denjenigen, die eine Zahnimplantation in Erwägung ziehen, angesichts des Umfangs des Eingriffs und der hierdurch anfallenden Kosten ein gesteigertes Informationsbedürfnis bestehen. An Patienten gerichtete Fachliteratur ist auch grundsätzlich* ***geeignet****, dieses* ***Informationsbedürfnis*** *zu*

***befriedigen** und über Nutzen und Risiken der Implantationsbehandlung aufzuklären. **An einer sachlich zutreffenden und dem Laien verständlichen Informationswerbung besteht ein Allgemeininteresse.**"*

c. Image- und Sympathiewerbung.
Es ist zulässig, dass durch die Werbung für den Verlag und die dort veröffentlichten Bücher bezweckt wird, die in der Praxis tätigen Zahnärzte als besonders sachkundig und spezialisiert erscheinen zu lassen (sog. Image- und Sympathiewerbung).

(2). Internet.

a. Verlinkung.
„Dass verschiedene Seiten im Rahmen eines Internetauftritts miteinander „verlinkt" sind, ist typisch für die dortigen Darstellungen. **Ein zulässiger Anknüpfungspunkt für eine mögliche Berufswidrigkeit ist diese Technik damit schon deswegen nicht, weil die Wahl des Mediums Internet es gerade nicht erlaubt, die Grenzen erlaubter Außendarstellung von freiberuflich Tätigen enger zu ziehen.**"

b. Bericht über den Implantologen-Kongress in Las Vegas.
Angesichts des Informationswertes, der auch von Allgemeininteresse ist, stand ein Gemeinwohlbelang nicht entgegen.

- Zeitungsanzeige ohne Namensnennung.
  Einerseits stand **kein Gemeinwohlbelang** entgegen, welches verlangt, dass Qualifikationen personenbezogen auszuweisen sind.
  Andererseits verfügte der Beschwerdeführer über ein **berechtigtes Interesse**, die Namen aus der Anzeige herauszuhalten. Eine derartige Anzeige kann bei einer größeren Anzahl von Zahnärzten unübersichtlich und überfrachtet wirken.
- Einstufung der (geplanten) Verlosungsaktion.
  Eine Marketingmaßnahme, die sich im Vergleich zum Bisherigen als unüblich darstellt, ist nicht „per se" berufswidrig.
  „Die Methode, eine Verlosung zu nutzen, um Aufmerksamkeit und Interesse zu wecken und hierdurch neue Patienten für eine Zahnarztpraxis zu gewinnen, ist als solche mithin noch nicht berufswidrig, denn Gemeinwohlbelange, die durch ein solches Vorgehen verletzt werden könnten, sind nicht ersichtlich."

(3). Art und Weise der Verlosungsdurchführung.

a. Gestaltung der Verlosungskarten.
Gegen die Schlichtheit der Verlosungskarten ist nichts einzuwenden.

b. Darbietungsart.
Die Karten wurden weder belästigend noch aufdrängend ausgelegt. Allgemeininteressen standen also nicht entgegen.

c. Verlosungsvorgang selbst.
Es gab keine Anhaltspunkte, dass die Verlosung selbst besonders aufdringlich durchgeführt werden sollte.

(4). Verlosungsgegenstände.

a. Zahnbürsten, Patientenratgeber u. professionelle Zahnreinigung.
Es war nicht anzunehmen, dass diese Verlosungsgegenstände Gemeinwohlinteressen beeinträchtigen können. Denn die Leistungen waren für die Gesundheit nützlich und nicht mit nennenswerten gesundheitlichen Risiken verbunden.

b. Gutschein fürs „Bleaching".
Hinsichtlich dieses Gutscheins wies das Bundesverfassungsgericht darauf hin, dass durch die PR-Maßnahme schutzwürdige Interessen betroffen sein können. Denn mit der verlosten Behandlung handelt es sich *„**nicht um einen geringfügigen** Eingriff in die körperliche Integrität. Die **Kostenfreiheit** kann insofern einen erheblichen Einfluss auf den Gewinner ausüben, als dass dieser von der gewonnenen Leistung, **ungeachtet möglicher gesundheitlicher Risiken** Gebrauch macht."*
Zu einer abschließenden Stellungnahme sah sich das Gericht nicht in der Lage, weil es an den erforderlichen Feststellungen bezüglich der Art des vorgesehenen Bleachings (externes oder internes Bleaching) und bezüglich der Gefahren, die mit der Anwendung der jeweiligen Methode verbunden sind, fehlte.

B. Ergebnis: Die Verfassungsbeschwerden hatten insgesamt überwiegend Erfolg, ausgenommen waren lediglich die Erwähnung des Namens der Herstellerfirma und das verloste „Bleaching".

III. Schlussfolgerung

1. Die juristischen Risiken und Nebenwirkungen einer „gut" gedachten Marketingmaßnahme sind beträchtlich. Dies hängt zum einen davon ab, welcher Gerichtszweig gerade befasst wird, zum anderen davon, in welchem obergerichtlichen Bezirk sich die Zahnarztpraxis gerade befindet. Einige Obergerichte tendieren zu einer extrem rigiden Rechtsprechung. Man sollte sich daher gerade mit der Rspr. des Obergerichts vertraut machen, in dessen Bezirk sich die Praxis befindet.
2. Die Resistenz von „Patienten" gegenüber „Null-acht-fünfzehn"-Werbemaßnahmen ist nicht von der Hand zu weisen. Um die Hauptaufmerksamkeit des umworbenen Patienten zu unterbrechen („cogitus interruptus") und auf die Nebenspur der Werbemaßnahme zu lenken, muss man die gewohnten, eingetretenen Pfade verlassen und zu innovativen PR-Maßnahmen greifen. Allerdings dürfte es auch kaum ausreichen, bloß eine Facebook-Seite einzurichten und mit einem „I-like"-Knopf zu versehen. Da dürfte die Reichweite klassischer Werbung überlegen sein. Dies hat auch das Bundesverfassungsgericht erkannt. Es folgt nicht der Absolutheit obergerichtlicher Rechtsprechung, die der Wirtschaft entlehnte Werbemaßnahmen strikt ablehnt und als berufswidrig qualifiziert. Letzteres ist nach Ansicht des Bundesverfassungsgerichts nur dann der Fall, wenn keine **Berufsbezogenheit** und/oder **Sachunangemessenheit** vorliegt.
3. Konsequenzen berufswidriger Werbung können sein:
   - Wettbewerbsrecht: Abmahnung oder einstweilige Verfügung (kostenintensiv: der Streitwert wird in praxi so kalkuliert, die Landgerichtszuständigkeit zu begründen; dann besteht Rechtsanwaltszwang vor Gericht),
   - Disziplinarmaßnahmen,
   - Zulassungsentzug (Ausnutzen der Stellung als Arzt für betrügerische Werbung).

N Nachbesserungsversuch

A. Hintergrund[882]

I. Der Behandlungsvertrag ist regelmäßig als Dienstvertrag einzuordnen.[883] Allerdings richtet sich die Haftung bei der technischen Anfertigung von Zahnersatz nach werkvertraglichen Gewährleistungsvorschriften.[884]

II. Die §§611 ff. BGB i.V.m. §630b im **Besonderen Teil des Schuldrechts**, die für die Leistung des Dienstverpflichteten maßgeblich sind, sehen anders als z.B. §§434 ff., 631 ff. BGB, keine (verschuldensunabhängigen) Gewährleistungsvorschriften vor, die Leistungsminderungsrechte enthalten.[885]

III. Auch im sonstigen Schuldrecht (Schuldrecht Allgemeiner Teil) des BGB wird die Schlechtleistung nach den Gewährleistungsvorschriften bzw. §280 Abs. 1 BGB behandelt, wobei letztere nur verschuldensabhängige Schadensersatzansprüche begründen.

IV. **Grundsätzlich** hat also der Zahnarzt im Fall der Schlechtleistung keine **Nacherfüllungspflicht** gegenüber dem Patienten. Gleichzeitig steht ihm also auch kein Nacherfüllungsrecht dergestalt zu, dass der Patient erst dann weitere Gewährleistungsansprüche geltend machen kann, wenn der Zahnarzt nicht ordnungsgemäß nacherfüllt hat.

„*Die Einordnung der zahnärztlichen Versorgung eines Patienten mit Zahnersatz als Dienstvertrag schließt ein* ***Recht des Zahnarztes auf Nachbesserung zur Vermeidung von Schadenersatzansprüchen grundsätzlich aus.***"[886]

Nachbesserungsrecht bzw. -pflicht gibt es allfällig bei der Eingliederung von Zahnersatz.

„*Da die Eingliederung von Zahnersatz aber regelmäßig ein mehrstufiger Prozess ist, dem das Risiko anfänglicher Passungenauigkeiten und Beweglichkeiten immanent ist, ist der Patient grundsätzlich gehalten, bei weiteren Eingliederungsmaßnahmen einer Prothese* ***mitzuwirken.***"[887]

„*Die allgemeinen Regelungen zum Dienst- oder Werkvertrag gelten auch für die zahnärztliche Tätigkeit, so dass die Beurteilung des Mangels einer prothetischen Versorgung dem werkvertraglichen Element mit der Folge zuzuordnen ist, dass die Nachbesserung §634 BGB unterfällt und Schadensersatz unter den Voraussetzungen des §281 BGB zu leisten ist.*"[888]

Das OLG Karlsruhe ordnet in der zuvor zitierten Entscheidung die Gestaltung der Interdentalzwischenräume dem werkvertraglichen Element der Prothetik zu. Daher geht es davon aus, dass die Beurteilung des Mangels und der Nachbesserung dem §634 BGB unterfällt und Schadensersatz unter den Voraussetzungen des §§281 BGB zu leisten ist.

Der Vollständigkeit halber soll darauf hingewiesen werden, dass aber der Patient trotz Nachbesserungsrecht des Zahnarztes aus keinem rechtlichen Gesichtspunkt gehalten sein kann, weitere Behandlungsversuche im Rahmen einer prothetischen Behandlung über sich ergehen zu lassen. Nach zwei gescheiterten Nachbesserungsversuchen kann sich der Zahnarzt seines Rechtes begeben haben.[889]

V. Ein Mangel liegt vor, wenn die erbrachten zahnärztlichen Leistungen vom geschuldeten Fach(zahn)arztstandard abweichen.[890]

B. Die Entscheidung: Vorrang der Nachbesserung bei zahnprothetischer Behandlung[891]

I. Sachverhalt

Ein Zahnarzt (K) schloss mit einem Patienten einen Vertrag über eine zahnprothetische Behandlung. Der K erbrachte die zahnärztlichen Leistungen und rechnete diese ordnungsgemäß ab. Später stellte sich u.a. die Brücke als mangelhaft heraus. Die Zahnprothese war geringfügig beweglich. Der Patient gab dem Zahnarzt keine Chance mehr zur Weiterbehandlung. Der Zahnarzt klagte den vollen Betrag ein. Der Patient machte im Prozess per Einrede geltend, der Zahnarzt sei zur Nachbesserung verpflichtet. Auch vertrat der Patient die Ansicht, ihm stünde ein Anspruch auf Vorschusszahlung wegen Selbstbeseitigung der Mängel zu.

II. Entscheidungsgründe

Das OLG schützte die Klage des Zahnarztes in vollem Umfang. Der Anspruch des Zahnarztes rechtfertigte sich aus §§630a, b, 612 BGB.

I. Zwischen Zahnarzt und Patient war ein Behandlungsvertrag geschlossen worden.

II. Die geschuldeten Leistungen hatte der Zahnarzt erbracht.

III. Auch hatte er eine ordnungsgemäße Abrechnung erteilt.

IV. Die Vergütungspflicht entfiel auch nicht nach §628 Abs. 1 S. 2 BGB. Zwar lag eine Kündigungserklärung vor, aber die erbrachte Zahnarztleistung war weder wertlos noch unbrauchbar. Auch war eine Wiedervorstellung zu einem neuerlichen Behandlungstermin (zur Nachbesserung) für den Patienten zumutbar, die aber nicht erfolgt ist. Der Zahnarzt verweigerte auch nicht ernsthaft und endgültig die Nachbesserung.[892]

V. Der Anspruch war auch durchsetzbar. Eine Einrede konnte der Patient nicht entgegenhalten. Es konnte dahinstehen, ob die Einrede in §320 BGB (der Nacherfüllungsanspruch als modifizierter Erfüllungsanspruch teilt das Schicksal von diesem) oder §273 BGB verortet wird. *„Denn* ***die abgerechneten Leistungen sind erbracht****. Nach der Eingliederung von Zahnersatz erforderlich werdende Nachbesserungen wären nicht kostenlos im Rahmen von Gewährleistungspflichten, sondern ebenfalls nur abrechenbar zu erbringen gewesen."*[893]

VI. Auch die erklärte Hilfsaufrechnung führte nicht zum Erlöschen der Vergütungsforderung. Ein Vorschussanspruch bzgl. der Mängelbeseitigungskosten in Eigenregie („Selbstvornahme") stand dem B nicht zu.

1. §637 Abs.3 BGB ist als Vorschrift des Werkvertragsrechts weder direkt noch analog (mangels planwidriger Regelungslücke) anzuwenden (wohl strittig).
2. Es gilt Dienstvertragsrecht.
   „Mängel einer zahnärztlichen Leistung begründen wegen ihres Rechtscharakters als dienstvertragliche Leistungen jedoch gerade ***keine Gewährleistungsansprüche****, auch* ***keinen Anspruch auf Mängelbeseitigung****. Eine* ***Klage auf Vorschusszahlung*** *zur Selbstvornahme der Mängelbeseitigung kommt mithin* ***nicht*** *in Betracht."*[894]

III. Schlussfolgerung

1. Pro Medicus

Der Zahnarzt hat grundsätzlich eine Korrekturgelegenheit bei einer zahnprothetischen Behandlung. Erst nach dieser Gelegenheit, ggf. mehreren, stellt sich heraus, ob ein Behandlungsfehler vorliegt (strittig).

2. Pro Kurand

a. Gegenüber einem Vergütungsanspruch kann ein Patient nicht per Einrede Gewährleistungsansprüche geltend machen. Das Behandlungsvertragsrecht sieht nicht Gewährleistungsansprüche vor.

b. Für die Aufrechnung des Patienten ggü. einer zahnprothetischen Behandlung ist Folgendes zu beachten:

   aa. Der **haftungsbegründende Tatbestand** liegt grds. nicht vor, solange dem Zahnarzt nicht Gelegenheit zur Nachbesserung gegeben wurde.
   Ein Behandlungsfehler und somit eine zurechenbare Pflichtverletzung stellt sich für den Patienten bei einer zahnprothetischen Versorgung nämlich erst dann heraus, wenn dem Zahnarzt grds. Korrekturgelegenheit gegeben wurde.

   bb. Der **haftungsausfüllende Tatbestand** einer Schadensersatzforderung (*materieller* Schadensersatz) ist nicht erfüllt solange:
   - eine Nachbehandlung durch einen anderen Zahnarzt nicht durchgeführt wurde,
   - eine Prothetik noch nicht erstellt wurde
   - oder noch keine entsprechende Rechnung für erfolgte Korrekturmaßnahmen an den Patienten adressiert wurde. Es fehlt dann am Schaden, der sich noch nicht einmal durch die Belastung einer Verbindlichkeit realisiert hat.

c. Zur Verjährungsvermeidung materieller und immaterieller Schadensersatzansprüche kann Feststellungsklage (ggf. als Widerklage auf eine Honorarklage) erhoben werden.

O Organisation

A. Hintergrund

I. Überblick und Begriff „Organisation“

Zum medizinischen Standard gehört auch die Organisation. Ihre exponierte Stellung zeigt sich in Akten, die sich separat mit ihrem rechtlichen Umgang befassen. Die juristische Würdigung findet auf zivilrechtlicher und vermehrt strafrechtlicher Ebene statt. Zivilrechtlich wird die Unternehmenshaftung für Mitarbeiterverhalten häufig durch den Vorwurf von Organisationsmängeln ausgelöst. Diese Vorhaltungen richten sich sowohl an das Unternehmen als auch an die Personen, die sich im Unternehmen für die Organisation der Ausgestaltung verantwortlich zeichnen. Die Entwicklung geht aber auch dahin, zivilrechtlich gewürdigte Vorgänge auch strafrechtlich zu beurteilen. In der Zusammenstellung bedeutet dies, dass im Falle eines Organisationsverschuldens nicht nur eine zivilrechtliche Haftung (u. a. §280, §823 BGB) im Raume steht, sondern auch eine strafrechtliche Ahndung für den Fall, dass jemandem strafbar (v. a. Fahrlässigkeitsdelikte) geschadet wurde. Prima vista ist der Begriff der „**Organisation**“ klar: Es geht um die innere Gliederung, das planmäßige Aufbauen respektive Einrichten.[895] Es besteht jedoch ein weites Verständnis dahingehend, nicht nur Personal(einsatz) und organisatorische Aspekte, sondern auch Hygiene, apparative Anforderungen, Medikamentenbereitstellung, Gerätesicherheit und Notfallstandards diesem Begriff zuzuordnen.[896] Beim **Personaleinsatz** geht es um Auswahl und Überwachung (Stichwort: unzureichend qualifizierter Anfänger). Der **organisatorische Aspekt** thematisiert die Planung der Arbeitsabläufe. Hier stehen dann die klare Regelung von Zuständigkeiten, die Festlegung von Kompetenzbereichen der Mitarbeiter und die Sicherstellung von Vertretungsregelungen für den Fall von Krankheit bzw. Urlaub im Vordergrund.[897]

II. Zivilrecht

1. Organisationspflichten

a. Verkehrssicherungspflicht: Spezialcasus Organisationspflicht

Die **Verkehrssicherungspflichten** (Verkehrspflichten) schreiben für konkrete Situationen und Gefahrenlagen bestimmte Verhaltensweisen vor. Werden sie verletzt, zieht dies eine Haftung nach den §§823 ff. BGB nach sich. Die Organisationspflichten stellen eine Untergruppe der Verkehrssicherungspflichten dar. Diese Organisationspflichten aus §823 BGB sind neben den aus §831 BGB herzuleitenden Pflichten zu erfüllen, fallen aber praktisch vielfach damit zusammen.[898]

b. Begriff: Organisationspflicht

Der Geschäftsherr hat durch geeignete Vorkehrungen und sachgerechte Organisation dafür zu sorgen, dass durch die Arbeitsabläufe seines Betriebs Dritte nicht geschädigt werden. Personal muss angeleitet und überwacht werden.[899] Ein (Zahn)Arzt hat dafür Sorge zu tragen, dass seine Patienten vor vermeidbaren Gefahren und Schäden geschützt werden, die sich im Zusammenhang mit der Behandlung ergeben. Daher muss der Praxisbetrieb so organisiert sein, dass unmittelbar vor, nach und während der Behandlung eine Gefährdung des Patienten ausgeschlossen ist. Die Behandlungsseite hat kurzum die Durchführung von Diagnostik und Therapie so zu organisieren, dass jede vermeidbare Gefährdung der Patienten ausgeschlossen ist.[900] Bei einer Übertragung der Verkehrssicherungspflicht **innerhalb einer Organisation** (juristische Person, Personengesellschaft usw.) müssen die **wesentlichen Entscheidungen** bei dem Geschäftsherrn oder dessen verfassungsgemäßen Vertreter verbleiben.[901] Auch ein Verstoß gegen die Organisationspflichten kann sich im Einzelfall als grober Fehler darstellen, wenn hierdurch wie bei groben (zahn)ärztlichen Fehlern das Spektrum der Schadensursachen derart verbreitert oder verschoben worden ist, dass dem Patienten billigerweise die Beweisführung nicht mehr zugemutet werden kann. Es besteht eine Pflicht zum Einschreiten gegen eine Praxis, durch welche ein (Zahn)Arzt Aufgaben delegiert, die die Kompetenz des untergeordneten, ausführenden Bereichs übersteigen.[902]

c. Qualifiziertes Personal

aa. Überblick

Die Verwendung nichtärztlichen Personals ist bei hoch entwickelten technischen Geräten (diese können regelmäßig nur durch ein Techniker kontrolliert werden) oder bei der Bereitstellung von Medikamenten, anderen Chemikalien und Geräten oftmals unumgänglich. Ein persönliches Tätigwerden ist dem (Zahn)Arzt aus Gründen der wirtschaftlichen Arbeitsteilung nicht zumutbar oder teilweise wegen der Grenzen seiner fachlichen Kenntnisse gar nicht möglich.[903] Aber auch bei einer zulässigen Übertragung der Verkehrssicherungspflicht muss sich der Übertragende vergewissern, dass der Übernehmende **bereit und in der Lage** ist, die Pflichten zu erfüllen, insoweit hat er je nach Art und Umfang der Gefahrenquelle **Prüfungs- und Hinweispflichten**. Die Verkehrssicherungspflicht verengt sich auf eine **Kontroll- und Überwachungspflicht**[904] (expressis verbis: §4 Abs. 1 S. 5 BMV-Z). Es muss also dafür gesorgt werden, dass der Dritte der Verkehrssicherungspflicht in gehöriger Weise nachkommt (ad exemplum: Delegation von Arbeiten an Zahnarzthelferin, Praxisvertreter). Reduziert heißt dies also: Der Geschäftsherr kann sich also entlasten, wenn er nachweist, dass der „Angestellte“ sorgfältig ausgewählt, angeleitet und überwacht wurde.[905]

bb. Auswahlpflicht

Eine Tätigkeit darf nur auf eine **Person** übertragen werden, die hierfür die gesetzlichen Voraussetzungen erfüllt und von der eine gefahrlose Durchführung erwartet werden kann (**ordnungsgemäße Auswahl**). Der Geschäftsherr muss sich von den **Fähigkeiten**, der **Eignung** und **Zuverlässigkeit** überzeugen.[906] Sind mit der Tätigkeit Gefahren verbunden, wie z. B. beim (Zahn)Arzt, müssen die Gehilfen nicht nur die nötige Sachkunde und das technische Geschick zur Ausübung ihres Berufes aufweisen, sondern auch die moralischen Eigenschaften, wie Charakterstärke, Besonnenheit, Verantwortungsgefühl, die sie vor leichtfertiger Gefährdung des Verkehrs und ihrer Mitmenschen bewahren.[907] Der Delegationsumfang richtet sich nach den Inhalten der vermittelten und geprüften Qualifikation:[908]

- Fortgebildete Zahnarzthelferin oder Zahnmedizinische Fachangestellte (ZFA) in Prophylaxe:
  - Ausbildungsbestandteile sind Inhalte der Karies-, Gingivitis- und Parodontalprophylaxe sowie Aspekte der Gruppen- und Individualprophylaxe.
- Fortbildung zur Zahnmedizinischen Prophylaxeassistentin (ZMP) oder Zahnmedizinischen Fachassistentin mit Schwerpunkt Prophylaxe (ZMF):
  - Gruppen- und individualprophylaktische Maßnahmen, die Maßnahmen der Gingivitisprophylaxe sowie die Prophylaxe der beginnenden Parodontitis (PAR) werden vermittelt. ZMF und ZMP können bei allen Maßnahmen der Prophylaxe eingesetzt werden, die auf ein leichtes und mittleres Erkrankungsniveau bezogen sind.
- Final: Dentalhygienikerin (DH).
  - Sie können auch bei schweren pathologischen Erkrankungen mit Taschentiefen von mehr als 6 mm intervenieren.

Bei der Prüfung muss der Geschäftsherr umso sorgfältiger sein, je verantwortungsvoller und schwieriger die Tätigkeit ist. Die Vorlage von Zeugnissen genügt nicht immer, erforderlich sind unter Umständen Erkundigungen bei den früheren Arbeitgebern. Eine Urteilsbildung kann auch aufgrund des bisherigen Verhaltens und des persönlichen Eindrucks zu erfolgen haben. Moralische Mängel, auch wenn sie mit der konkreten Tätigkeit nicht zusammenhängen, können zu einer besonders sorgfältigen Überwachung Anlass geben.[909] Auch eine Erprobung kann notwendig sein, mitunter sogar genügen.[910]

cc. Überwachungspflicht

Neben der Auswahlpflicht trifft den Geschäftsherrn auch eine **Überwachungspflicht/Aufsichtspflicht**. Die fachliche und charakterliche Zuverlässigkeit der Hilfskraft ist zu überwachen, und es ist zu gewährleisten, dass sie sich der mit ihrer Tätigkeit verbundenen hohen Verantwortung bewusst bleibt. Er hat fortgesetzt zu prüfen, ob der Gehilfe (noch) zu den Verrichtungen befähigt ist. Art und Ausmaß der Überwachung richten sich nach den Umständen des Einzelfalls, insbesondere nach der Gefährlichkeit der Tätigkeit, Persönlichkeit des Gehilfen (Alter, Vorbildung, Erfahrung) und der bisherigen Bewährung. Strenge Kontrollen sind bei besonderem Risiko erforderlich: Berufsanfänger; der Bestellte hat bereits früher Mängel gezeigt…Das Unterlassen eigener Tätigkeitsentfaltung kann einem (Zahn)Arzt nicht zum Verschulden gereichen, wenn er damit rechnen durfte, dass die delegationsfähige Tätigkeit bereits durch eine befähigte unzuverlässige Hilfskraft bereits geschehen ist.[911] In der **intraoperativen Phase** hat jeder (Zahn)Arzt denjenigen Gefahren zu begegnen, die in seinem Aufgabenbereich entstehen. Solange keine offensichtlichen Qualifikationsmängel oder Fehlleistungen erkennbar werden, darf sich der (Zahn)Arzt darauf verlassen, dass auch der Kollege des anderen Fachgebiets seine Aufgaben mit der gebotenen Sorgfalt erfüllt. Es besteht keine gegenseitige Überwachungspflicht. Die Grundsätze der horizontalen Aufgabenverteilung bleiben solange anwendbar, wie sich das Operationsgeschehen nicht drastisch verändert.[912] Allerdings muss den **spezifischen Gefahren einer Arbeitsteilung** entgegengewirkt werden, sodass es einer Koordination der beabsichtigten Maßnahmen bedarf, um zum Schutz des Patienten einer allfälligen Unverträglichkeit verschiedener von den Fachrichtungen eingesetzten Methoden oder Instrumente vorzubeugen. Die beteiligten (Zahn)Ärzte trifft die Pflicht, durch hinreichende gegenseitige Information und Abstimmung vermeidbare Risiken für den Patienten auszuschließen.[913] Wurde zulässigerweise eine Risikoaufklärung an eine untergeordnete Person übertragen, dann muss der (Zahn)Arzt darlegen können, welche organisatorischen Maßnahmen er ergriffen hat, um eine ordnungsgemäße Aufklärung sicherzustellen und zu kontrollieren.[914]

Diese Grundsätze, die für (Zahn)Ärzte aufgestellt wurden, die bei einer Operation/Behandlung präsent sind, werden erst recht für die zukünftige **Telemedizin** Geltung beanspruchen können.[915] Denn bei einer Distanzkooperation sind die Gefahren ungleich größer, weil der nicht präsente (Zahn)Arzt eben nur den über die Technik vermittelten Ausschnitt verfolgen kann. Prima vista nebensächliche Informationen können ihm fehlen, die sich dann aber später als relevant erweisen. Andererseits ist die Telemedizin ein Bereich, in dem die Medizin erst anfängt. Sofern es zu qualitätssteigernden Effekten kommt, dürfen daher die Haftungsmaßstäbe nicht überspannt werden.[916] Denn nicht jede Regulierung oder Standardisierung dient der Patientensicherheit. Regulierungen und Anforderungen an die Sorgfalt müssen einen Effekt auf die Sicherheit haben und dürfen nicht zu Friktionen oder Störungen führen.[917] Zu den High-Risk-Organisationen gehören die Luftfahrt, Atomindustrie und das Militär. Zur Fehlerprävention investiert man dort seit Jahrzehnten in die Human-Factor-Forschung. Die Übertragung der dort angewandten Forschungsergebnisse auf die Medizin ist Gegenstand zahlreicher Untersuchungen. Angesichts des dynamischen und unter Hochdruck stehenden Umfelds der Medizin wird eben diese auch zur High-Risk-Industrie gezählt.[918] Die Procedere-Übertragung auf die Medizin wird als Instrument betrachtet, ernsthafte Schwierigkeiten im nichttechnischen Bereich wie Kommunikation, Teamwork usw. zu verhindern.[919] Lassen sich aber so nichttechnische Probleme verhindern, dann sollte man dies als kleinster gemeinsamer Nenner für die Sorgfalt in der Telemedizin annehmen und anwenden, um Rechtsstreitigkeiten und daraus resultierende Schadensersatzanforderungen zu verhindern. Denn herrscht Streit darüber, welches Maß an Vorsicht zur Verhütung von Schäden bei der Behandlung notwendig ist, so hat der (Zahn)Arzt im Allgemeinen die größere Vorsicht zu beobachten, wenn er nicht fahrlässig handeln will. Gerade im (zahn)ärztlichen Beruf ist der Schutz des Patienten gegen durch Zwischenfälle bei der Behandlung drohende, vermeidbare Gefahren oberstes Gebot.[920] Zunächst einmal dürfte ein „**Briefing**" zwischen Tele(zahn)arzt und „Vor-Ort-(Zahn)Arzt" als Einweisung in den geplanten Verlauf der Behandlungsmaßnahmen zu erwarten sein, v.a. bei Behandlungsalternativen.[921] Es bedarf im Vorfeld auch der Klärung, wer die Behandlung führt.[922] Daneben wird der Tele(zahn)arzt Rückmeldungen über die Erledigung von Aufgaben einzufordern haben.[923] Inwiefern eine **two-challenge-rule** zu beachten ist, ist noch nicht klar. Diese geht davon aus, dass dann, wenn die Führungsperson zweimal aufgefordert wurde, zu (Patienten)Sicherheitsbedenken Stellung zu nehmen, aber keine Stellung bezog, das auffordernde Teammitglied die Führung übernimmt. Angesichts positiver Erfahrungen wird für eine Implementierung gesprochen.[924] Die Überwachungspflicht ist abzugrenzen von der allfällig erforderlichen „Leitung". Diese betrifft nur die Ausführung der Verrichtung.

dd. Leitungspflicht

Die **Leitungspflicht** betrifft die Aufsicht über die konkrete Verrichtung, nicht die allgemeine Leitung oder Überwachung des Geschäfts oder Betriebs. Je gefährlicher die Verrichtung ist, umso größer sind die Sorgfaltspflichten des Geschäftsherrn. Allfällig kann eine sorgfältige Unterweisung ausreichend sein. Auch allgemeine Dienstanweisungen können genügen. Neben der generellen Oberleitung des Arbeitseinsatzes kann die spezielle Überwachung auf der Arbeitsstelle erforderlich sein. Die Leitung kann unter Umständen auch einem anderen Angestellten übertragen werden, der dann seinerseits sorgfältig ausgewählt worden sein muss.[925] Dazu sei angemerkt, dass der Angestellte gehalten sein kann, während einer Behandlung einen weiteren (Zahn)Arzt hinzuziehen, wenn er an die Grenzen seiner (zahn)ärztlichen Möglichkeiten gerät.[926] Mitarbeiter sind daher zu animieren, ihre eigene Leistungsfähigkeiten zu überwachen und ihnen ist die Möglichkeit einzuräumen, sanktionsfrei sich an einen Vorgesetzten zu wenden, um einen behandlungsfehlerträchtigen Alleingang zu vermeiden.

d. Gerätesicherheit

Der Betrieb eines zahnärztlichen **Behandlungsstuhls** soll die gleichen Bewachungspflichten erfordern, die an einen Aufsteller einer Waschmaschine in einer Etagenwohnung gestellt werden. Denn der Betrieb des Behandlungsstuhls in einer Etagenwohnung sei durchaus – wenn der Betrieb aufsichtlos erfolge – mit Gefahren für das Eigentum von anderen Mitbewohnern des Hauses verbunden. Die Zuleitung, die ständig unter Druck stehe, berge das latente Risiko, dass diese Verbindung mit dem Wassernetz nicht mehr dem Wasserdruck standhalte und platze. Diese Gefahr sei für den Zahnarzt, der den Behandlungsstuhl nicht als Laie betreibe, durchaus erkennbar. Es spreche der Beweis des ersten Anscheins für eine Verletzung der Bewachungspflicht beim Betrieb der Munddusche des Zahnarztes/Mieters, wenn trotz Anwesenheit der Putzfrau unkontrolliert Wasser aus der Munddusche austrete und in die unteren Mieträume eindringe.[927] Es ist zu diskutieren, ob die Gefahr für einen Zahnarzt durchscheinend ist. (Zahn)Ärzten werden die Grenzen ihrer medizinisch fachlichen Kenntnisse im Umgang mit der Technik zugestanden. Ein Behandlungsstuhl gehört zum High-Tech-Segment und damit zu einem technischen Wissensgebiet. Ist der Behandlungsstuhl aber dann doch eher der Medizintechnik zuzuordnen, kann es durchaus sein, dass der Zahnarzt an die Grenzen seines medizinischen Verständnisses im Hinblick auf die technische Entwicklung eines Behandlungsstuhls stößt.

2. Organisationsfehler

Im „Healthcare"-Bereich werden Organisationsfehler, die sich auf die körperliche Integrität des Patienten auswirken, als Behandlungsfehler klassifiziert.[928]

3. Organisationsverschulden

Mit Organisationsverschulden ist die Haftung für die Verletzung von Organisationspflichten (u.a.) nach § 823 Abs. 1 BGB gemeint. Organisationsverschulden liegt vor, wenn der erforderliche medizinische Standard nicht sichergestellt ist:[929]

- Unzureichende Maßnahmen zur Sicherung der erforderlichen **Hygiene.**
- Die Nichtauffindbarkeit von **Krankenunterlagen** ist ein Organisationsmangel (über den Verbleib muss jederzeit Klarheit bestehen).

- Die mangelnde Sicherstellung der Vornahme verlässlicher **Kontrolluntersuchungen**[930] und ihrer **Dokumentation** ist ein Organisationsmangel.
  - Die verantwortlichen (Zahn)Ärzte trifft ein Organisationsverschulden, wenn sie mit einem Patienten, dessen Behandlung noch nicht abgeschlossen ist, bei der Entlassung keinen Termin für eine weitere Behandlung vereinbaren und ihn – nachdem sie aus dem Fernbleiben des Patienten schließen mussten, dass dieser ihren Belehrungen bzgl. der Notwendigkeit der Weiterbehandlung nicht die erforderliche Beachtung schenkte – später nicht zu einem neuen Termin laden.
- Der für die Behandlung Verantwortliche hat bei arbeitsteiligem Handeln Behandlungsabläufe sachgerecht zu **organisieren**.[931]
- Bestelltermin:
  - Wird ein Patient für einen bestimmten Termin bei einem (Zahn)Arzt einer Bestellpraxis einbestellt und hält der (Zahn)Arzt diesen Termin nicht ein, so trifft den (Zahn)Arzt die nebenvertragliche Organisationspflicht, den Patienten zu informieren, soweit die vereinbarte Behandlungszeit 30 min überschreitet.[932] Auch dann, wenn noch nicht ein (Zahn)Arztvertrag zustande gekommen ist, gilt dies. Vor allem ist dies bei Berufstätigen, insbesondere bei Freiberuflern zu bedenken. Wird die entsprechende Information unterlassen, dann stellt sich dies als Organisationsverschulden dar.[933] Ersatzfähig sind Verdienstausfall des Patienten und Fahrtkosten.[934]

4. Persönliche Leistung und delegationsfähige Verrichtungen

Gemäß § 613 BGB hat der Behandelnde die medizinische Behandlung grundsätzlich persönlich zu erbringen. Eine Ausnahme gilt dann, soweit im Behandlungsvertrag etwas anderes vereinbart wurde und die jeweilige Maßnahme auch delegationsfähig ist. Delegationsfähigkeit besteht grundsätzlich dann, wenn der Patient den Behandlungsvertrag z. B. mit einer juristischen Person (z. B. Krankenhausträger) abschließt, die ihrerseits (Zahn)Ärzte betraut, die bei ihr angestellt sind. Der (Zahn)Arztvorbehalt aus anderen Vorschriften z. B. § 15 Abs. 1 S. 2 SGB V wird nicht berührt.[935] Eine **persönliche Tätigkeitspflicht** des (Zahn)Arztes ergibt sich nicht bereits schon aus der Schwere der Gefahren, die eine unsachgemäße Ausführung mit sich bringen kann. Setzt allerdings die betreffende Tätigkeit gerade dem (Zahn)Arzt eigene Kenntnisse und Kunstfertigkeiten voraus, dann muss der (Zahn)Arzt sie unmittelbar selbst erbringen.[936] Ein Zahnarzt kann nicht die Frage der Legierung an das Labor delegieren, wenn ein Patient darauf besteht, dass bei der Fertigung einer Metallkeramikbrücke eine bestimmte Legierung verwendet wird, die er als die einzige aufgrund seiner Allergie von ihm vertragene Legierung bezeichnet. Trotz Ungeeignetheit der fraglichen Legierung darf der Zahnarzt die Legierung verwenden, ohne sich dem Vorwurf fehlerhaften Verhaltens auszusetzen. Dies gilt jedoch nur dann, wenn der (Zahn)Arzt den Patienten ausdrücklich auf die Ungeeignetheit der Legierung für die Brückenversorgung hingewiesen hat.[937] **Delegationsfähig** ist dagegen die Prüfung der rein mechanischen Funktionsfähigkeit eines verhältnismäßig einfachen Geräts.[938]

III. Strafrecht

Häufig bilden auch Pflichten, die für die zivilrechtliche Haftung verantwortlich sind, die Grundlage für die strafrechtliche Verantwortlichkeit. Andererseits dürfen die schadensersatzorientierten Haftungsprinzipien des Zivilrechts nicht unbesehen zur Bestimmung strafrechtlicher Verantwortlichkeit benutzt werden.[939]

1. Fahrlässigkeit

a. Fahrlässigkeitsbegriff

Fahrlässigkeit liegt vor, wenn das fragliche Verhalten nicht den Anforderungen entsprach, die ein besonnener und gewissenhafter Mensch in der Situation des Handelnden zu erfüllen hatte, und der individuelle Täter nach seinen Fähigkeiten in der Lage war, die durchschnittlichen Verhaltenserwartungen zu erfüllen.[940]

In einem ersten Schritt geht es also um die Frage, ob das Verhalten als **objektiv** sorgfaltswidrig angesiedelt werden kann, wobei die Möglichkeit des Erfolgseintritts objektiv vorhersehbar gewesen sein muss.[941] In einem zweiten Schritt wird bonitiert, ob der Einzelne nach seinen individuellen Fähigkeiten und seinem Wissen in der Lage war, die durchschnittlichen Verhaltensanforderungen (also nicht zu hohe Erwartungen, aber auch nicht zu tiefe Erwartungen) zu erfüllen.[942]

aa. Sorgfaltswidrigkeit: „Objektive Maßstabsperson"

Im Hinblick auf die **Sorgfaltswidrigkeit** wird der Sorgfaltsmaßstab dergestalt festgelegt, dass nach den Anforderungen gefragt wird, die ein besonnener und gewissenhafter Mensch aus dem Verkehrskreis des Täters in dessen sozialer Rolle bei einer Betrachtung der Gefahrenlage ex-ante zu erfüllen hat.[943] Der Täter muss also das Maß des erlaubten Risikos überschritten haben. Ob das gewisse Maß des Erlaubten überschritten wurde, beurteilt sich nach folgendem: Als relevanter Maßstab werden zunächst einmal Verhaltens-Sonderrechtsnormen, sonstige Regelwerke oder Verhaltensmaßstäbe angelegt, die in dem Verkehrskreis, dem der Täter zuzuordnen ist, oder für die übernommene Tätigkeit Geltung haben.[944] Subsidiär zur Anwendung kommt eine Herleitung der Sorgfaltsanforderungen, indem risikoerhöhende Umstände und Schadensdimension ins Kalkül eingestellt werden.

Die Sorgfaltserwartungen werden aufgestockt, je mehr das Risiko und die Gesamtsumme des Schadens (in qualitativer und/oder quantitativer Hinsicht) zunehmen.[945]

- Bei der **Delegation** von Aufgaben muss der Auswahl-, Überwachungs- und Instruktionspflicht[946] nachgekommen werden.
  Die Auswahlpflicht setzt eine Erkundigungspflicht voraus. Danach muss sich der Auftraggeber davon überzeugen, dass der in Aussicht Genommene zur Auftragsausführung rechtlich befugt und tatsächlich imstande ist.[947] Im Hinblick auf Arbeitnehmer bedeutet dies, dass diese bei ihrer Einstellung sorgfältig ausgewählt werden müssen und nur nach ihren allgemeinen Kenntnissen und Fähigkeiten eingesetzt werden dürfen. Tatsächlich imstande ist jemand zur Auftragsausführung, wenn er dazu körperlich und geistig in der Lage ist.[948]
  Hilfskräfte müssen genügend überwacht werden.[949]
- Die **Organisationspflicht** meint, dass derjenige, der einen Betriebsablauf oder eine Organisation leitet, in der arbeitsteilig rechtsgutgefährdende Handlungen vorgenommen werden, verpflichtet ist, dafür zu sorgen, dass nicht durch Zuständigkeits- oder Koordinationsmängel Schäden entstehen.[950] Ad exemplum:[951]
  - Erkennbare Mängel müssen durch besondere Anleitung und Überwachung ausgeglichen bzw. ungeeignete Personen von der Behandlung ferngehalten werden.[952]
  - Den Gefahren von Kommunikations- und Koordinationsmängeln, die sich aus der Zusammenarbeit mehrerer Personen ergeben, muss entgegengewirkt werden.[953]
  - Anweisungen müssen klar und verständlich (unter Umständen auch schriftlich) gegeben werden.[954]
  - Genaue Aufgabenverteilung.
  - Sonstige geeignete Maßnahmen (z. B. Eintragungen in der Patientenkartei) für das sachgemäße Ineinandergreifen der einzelnen Tätigkeiten.
  - Klare und abgrenzbare Verantwortungsbereiche aufgrund von Absprachen bzgl. Behandlung und Überwachung des Patienten nach einem operativen Eingriff im „Ruheraum" (z. B. zwischen Zahnarzt und Anästhesist).[955]

bb. Fahrlässigkeitsschuld: Subjektive Variablen

Der anzulegende Maßstab für die Fahrlässigkeitsschuld sieht vor, dass der Täter nach seinen persönlichen Fähigkeiten und Kenntnissen, gemäß dem Grad seiner Bildung, Intelligenz, sozialen Stellung und Lebenserfahrung im Stande gewesen sein muss, die objektive Sorgfaltspflicht zu erfüllen und den drohenden Schaden vorherzusehen.[956]

2. Fahrlässigkeitsformen

a. Unbewusst fahrlässig handelt, wer den Erfolg nicht voraussieht, sich aber der Gefahr und damit der Möglichkeit eines Schadens bewusst sein kann.[957]
b. Bewusst fahrlässig handelt, wer über die Gefährlichkeit seines Verhaltens und die Möglichkeit des Erfolgseintritts reflektiert, dann aber pflichtwidrig darauf hofft, dass dieser sich nicht realisieren werde.[958]
c. Leichtfertig handelt, wer sich über die klar erkannte Möglichkeit der Tatbestandsverwirklichung hinwegsetzt oder wer eine besonders ernst zu nehmende Pflicht verletzt.[959]

IV. Sozialrecht

1. Begriff: Höchstpersönliche Leistungen

Höchstpersönliche Leistungen sind stets solche, die der (Zahn)Arzt wegen ihrer Schwierigkeit, ihrer Gefährlichkeit für den Patienten oder wegen der Unvorhersehbarkeit etwaiger Reaktionen unter Einsatz seiner spezifischen Fachkenntnis und Erfahrung selbst erbringen muss. Dies sind insbesondere Anamnese, Indikationsstellung, Untersuchung des Patienten einschließlich invasiver diagnostischer Leistungen, Stellen der Diagnose, Aufklärung und Beratung des Patienten, Entscheidung über die Therapie und Durchführung invasiver Therapien einschließlich der Kernleistungen operativer Eingriffe.[960]

2. Delegationsfähige Leistungen

a. Grundsatz der „Höchstpersönlichkeit"

Der (Zahn)Arzt hat die Behandlung grds. selbst vorzunehmen (§ 15 Abs. 1 S. 2 SGB V).[961]

b. Ausnahme: Delegationsfähigkeit[962]

Das schließt nicht aus, einzelne ärztliche Leistungen im Rahmen des Zulässigen an andere Ärzte oder nichtärztliches medizinisches Fachpersonal zu delegieren. Als Information dienen § 1 Abs. 5 u. Abs. 6 ZHG. **Delegieren** bedeutet die Übertragung einer Arbeitsaufgabe von einer Person höherer Stellung auf eine eher untergeordnete Person. Es handelt sich um eine Form der vertikalen Arbeitsteilung. Die Regelzuständigkeit des Übertragenden bleibt aber neben der Weitergabe bestehen. Es handelt sich also um die konkrete abgegrenzte Beauftragung mit Einzelzuweisungen, also Übertragung einer definierten Handlungsverantwortung ohne jede Einschränkung in der Gesamt- und Führungsverantwortung des Übertragenden.[963] Die Delegationsfähigkeit weiterer Leistungen soll zukünftig geprüft werden.[964]

aa. (Zahn)ärztliche Mitarbeiter

Die Delegation an (zahn)ärztliche Mitarbeiter ist zulässig, wenn sich der delegierende (Zahn)Arzt von deren formaler Qualifikation nach Weiterbildungsrecht (insbesondere Fach(zahn)arztanerkennung) und ggf. einschlägigen vertrags(zahn)arztrechtlichen Vorgaben (z.B. Abrechnungsgenehmigung) überzeugt und bei der erstmaligen gemeinsamen Durchführung der Leistungen von der erforderlichen Qualität und Sorgfalt des anderen (Zahn) Arztes vergewissert hat.

bb. Nicht(zahn)ärztliche Mitarbeiter

Auf nicht(zahn)ärztliche Mitarbeiter, die über eine entsprechende Ausbildung in Fachberufen im Gesundheitswesen verfügen, dürfen nach Feststellung der Qualifikation und stichprobenhafter Überprüfung der Qualität der von ihnen erbrachten Leistungen vor allem technische Untersuchungen (z.B. Röntgen, Blutdruckmessung, Aufarbeitung histologischen Untersuchungsmaterials im Labor), Blutentnahmen, Injektionen und Infusionen sowie (unkomplizierte) Wundversorgungen übertragen werden.[965] Der (Zahn)Arzt muss die Anamnese, die Untersuchung, die Diagnose- und Indikationsstellung, die Überwachung nichtärztlichen Hilfspersonals sowie Eingriffe, die wegen ihrer Schwierigkeit, ihrer Gefährlichkeit oder der Unvorhersehbarkeit etwaiger Reaktionen (zahn)ärztliches Fachwissen voraussetzen, selbst vornehmen. Außerhalb des Kernbereichs (zahn)ärztlicher Tätigkeit darf er nicht(zahn)ärztliches Hilfspersonal einsetzen und ihm Leistungen übertragen (vgl. auch §§ 15 Abs. 1 Satz 2, 28 Abs. 1 Satz 2, 73 Abs. 2 Nr. 6 SGB V).[966]

Die Delegationsfähigkeit bzgl. der vorstehenden Tätigkeiten ergibt sich für Zahnärzte aus § 1 Abs. 5 ZHG. Die Aufzählung ist in § 1 Abs. 5 ZHG nicht abschließend, wie aus dem der Aufzählung vorangestellten Ausdruck „insbesondere" folgt. Allfällig weitere delegierbare Aufgaben müssen vom Schwierigkeitsgrad her und unter dem Gesichtspunkt einer eventuellen Gefährdung des Patienten vergleichbar sein. Bei chirurgischen Maßnahmen einschließlich der dazugehörenden Anästhesie handelt es sich um Maßnahmen, die nur vom Zahnarzt selbst ausgeführt werden dürfen. Dentalhygienikern ist es nicht erlaubt, solche Behandlungen vorzunehmen.[967]

Exemplifizierte Leistungen:

- Teileinfärbung, komplette Einfärbung, Demonstration der Beläge, Mundhygieneunterweisung, supragingivale professionelle Zahnreinigung mit verschiedenen Instrumenten (Gummikelch, Würstchen, Polierstreifen, Superfloss), subgingivale Entfernung der harten und weichen Zahnbeläge, Wurzeloberflächenglättung (soweit klinisch sichtbar und erreichbar), Feinreinigung mit Pulverstrahlgerät, Nachreinigung, Politur der Zahnflächen, Füllungspolituren, Fluoridierung, Vorbereitung zur Versiegelung, Ernährungsberatung, Speicheluntersuchungen, Taschenspülung, Nachkontrollen, Remotivation.[968]

Nicht delegationsfähig an nichtärztliche Kooperatoren sind die Leistungen, hinsichtlich derer die Ziffern des einheitlichen Bewertungsmaßstabs (EBM) von „Beratung", „Erörterung", „Abklärung" usw. sprechen.[969] Zu beachten ist auch 19 Abs. 2 und 3 MBO-Z[970] bzgl. der Delegationsfähigkeit, sodass auch auf das Ausbildungsprofil zu rekurrieren ist. Die Fortbildungsordnung ist so zu interpretieren, dass Ausbildungsinhalt nur solche Hilfsmaßnahmen sein können, die danach vom Angestellten nach dem ZHG auch ausgeübt werden dürfen.[971]

B. Die Entscheidung: Untauglichkeit eines Mitarbeiters mangels Qualifikation und mangelnde Hygiene[972]

I. Sachverhalt

Der Kläger ist Zahnarzt. Er führt in seiner Praxis die Aufbereitung von Medizinprodukten der Klasse kritisch-B (Medizinprodukte, die Haut oder Schleimhaut durchdringen und dabei in Kontakt mit Blut, inneren Geweben oder Organen kommen) durch. Er verwandte ein Reinigungs- und Desinfektionsgerät, für das es ein validiertes Verfahren nicht gibt. Gleiches gilt für das in der Zahnarztpraxis angewandte chemische Eintauchverfahren. Im Rahmen einer Inspektion bemängelte die Beklagte u.a., dass die Reinigungs- und Desinfektionsprozesse nicht validiert seien, die Reinigungs- und Desinfektionsgeräte nicht den anerkannten Regeln der Technik entsprechen würden und dass Mitarbeiter, die zum Teil mit der Aufbereitung befasst wären, nicht ausreichend qualifiziert wären. Die Beklagte gab dem Kläger auf, die angeführten Mängel zu beseitigen und forderte einen Maßnahmenkatalog ein. Während des gerichtlichen Verfahrens regte der Kläger an, die Veröffentlichung einer (von der Zahnärztekammer Westfalen-Lippe eingeholten) wissenschaftlichen Studie über einen Vergleich der Wirksamkeit maschineller und manueller Aufbereitungsverfahren abzuwarten.

II. Entscheidungsgründe

Die Klage hatte keinen Erfolg. Sie ist unbegründet. Der Bescheid erging rechtmäßig.

A. Verfügung betreffs nicht validierte Reinigungs- und Desinfektionsprozesse

I. **Rechtsgrundlage** ist §§ 26 Abs. 2, 28 Abs. 2 MPG.
II. Der Bescheid erging **formell rechtmäßig**.
III. Materielle Rechtmäßigkeit.

Der Kläger verstieß gegen §4 Abs. 2 MPBetreibV.

1. Gegenständlich war die Aufbereitung von bestimmungsgemäß keimarm bzw. steril zur Anwendung kommenden Medizinprodukten.
2. Die Aufbereitung fand nicht mit einem geeigneten **validierten** Verfahren statt.
   „Bei der Validierung handelt es sich um ein dokumentiertes und reproduzierbares Verfahren zum Erbringen, Aufzeichnen und Interpretieren der Ergebnisse, die für den Nachweis benötigt werden, dass ein Verfahren beständig Produkte liefert, die den vorgegebenen Zielen (insbesondere Sauberkeit, Keimarmut/Sterilität und Funktionalität) entsprechen."
   Weder für das Reinigungs- und Desinfektionsgerät noch für das chemische Eintauchverfahren gibt es ein validiertes Verfahren.
3. Es spricht auch nicht die **gesetzliche Vermutung** des §4 Abs. 2 S. 3 MPBetreibV für eine ordnungsgemäße Aufbereitung.
   Die gemeinsame **Empfehlung** der Kommission **für Krankenhaushygiene und Infektionsprävention** am Robert Koch-Institut und des Bundesinstitutes für Arzneimittel und Medizinprodukte zu den Anforderungen an die Hygiene bei der Aufbereitung von Medizinprodukten wird nicht beachtet.
   *„Auf die RKI-**Empfehlung „Infektionsprävention in der Zahnheilkunde – Anforderungen an die Hygiene"** kann hingegen **nicht abgestellt** werden, da die Medizinprodukte-Betreiberverordnung gerade nicht auf diese Empfehlung Bezug nimmt (obwohl dies spätestens mit der letzten Änderung der Verordnung hätte erfolgen können, wenn der Normgeber dies beabsichtigt hätte)."*
4. Es konnte auch nicht im **Einzelfall festgestellt** werden, dass die Aufbereitung ordnungsgemäß erfolgte. Auf die Studie der Zahnärztekammer musste nicht gewartet werden, denn zum einen würde es sich um eine „einsame" (vereinzelte) Studie handeln, zum anderen würde es sich nicht um ein validiertes Verfahren handeln.
5. Die vorausgesetzte drohende Gefahr im Sinne des §28 Abs. 2 S. 1 MPG lag vor.
   *„Denn der Verordnungsgeber **geht davon aus**, dass das erhebliche Gefährdungspotenzial von derartigen Medizinprodukten nur bei einer ordnungsgemäßen Aufbereitung mit validierten Verfahren hingenommen werden kann, weil bereits ein einmaliger Kontakt mit einem infektiösen Medizinprodukt zur Infektion führen und damit für den Patienten mit gravierenden Gesundheitsfolgen verbunden sein kann."*
6. Die Verfügung war auch hinreichend bestimmt. Dem steht nicht entgegen, dass offen gelassen wurde, in welcher Weise Abhilfe zu schaffen war.
7. Der Grundsatz der Verhältnismäßigkeit wurde gewahrt. Denn dem Kläger wurde überlassen, in welcher Art und Weise er Abhilfe schaffen will. Dies konnte z. B. geschehen durch die **Anschaffung eines neuen Reinigungs- und Desinfektionsgerätes**, durch eine **externe Aufbereitung** oder durch **Einstellung der Behandlungen**, die die geforderte Aufbereitung erforderlich machen.

B. Verfügung betreffs Nachweis über ausreichende Qualifizierung der Mitarbeiter

Die Verfügung fand ihre **Rechtsgrundlage** in §§26 Abs. 2, 28 Abs. 2 MPG und erging formell rechtmäßig. Eine Zahnarzthelferin, die mit der Aufbereitung der Medizinprodukte beauftragt war, wies nicht die erforderlichen **Sachkenntnisse** (§4 Abs. 1 MPBetreibV) für die Aufbereitung auf. *„Die beim Kläger angestellte Mitarbeiterin H ist ausgebildete Zahnarzthelferin. Die für diesen Ausbildungsgang geltende Zahnarzthelfer-Ausbildungsverordnung ist zum 1. August 2001 außer Kraft getreten und durch die Verordnung zum zahnmedizinischen Fachangestellten/zur zahnmedizinischen Fachangestellten ersetzt worden. Die im November 2001 im Bundesgesundheitsblatt (S. 1115) veröffentlichte und im Jahr 2002 in §4 Abs. 2 MPBetreibV aufgenommene **RKI-Empfehlung war folglich noch nicht Ausbildungsgegenstand der von Frau H absolvierten Zahnarzthelfer-Ausbildung**; die hiernach empfohlenen Aufbereitungsregeln sind ihr nicht schon während der Ausbildung vermittelt worden. Daher ist nicht belegt, inwieweit ihr die neuen Anforderungen an die Aufarbeitung von Medizinprodukten vermittelt wurden."*

Darüber hinaus verfügte die entsprechende Zahnarzthelferin auch nicht über die nach §2 Abs. 2 MPBetreibV geforderte **Erfahrung**. Wenn die Medizinprodukte in der Praxis nicht ordnungsgemäß durch ein validiertes Verfahren aufbereitet wurden, dann konnte diese Aufbereitung nicht als Vorbild dienen. Die praktischen Erfahrungen bezogen sich also auf eine rechtswidrige Aufbereitung, nicht aber auf eine rechtmäßige Aufbereitung. Ein derartiger Erfahrungsschatz ist aber nicht ausreichend. Daher musste auch nicht Beweis darüber erhoben werden, ob in Teambesprechungen eine den rechtlichen Vorgaben genügende Kenntnisvermittlung erfolgte.

III. Schlussfolgerung

1. Vorschriften, die die Übertragbarkeit eines Pensums einschränken, sind en masse vorhanden. Exemplarisch sollen hier genannt werden: Zahnheilkundegesetz, BMV-Z, §24 Röntgenverordnung, BEMA-Ziffern, §§15, 28 SGB V, Verordnung über die Berufsausbildung, usw.[973]
2. Bei der Delegation von Arbeiten ist stets ein Abgleich zwischen den (vergangenen) Ausbildungsgegenständen und den Arbeitsinhalten vorzunehmen.
   Eine Änderung der Ausbildungsverordnung ist stets zu analysieren, denn sie bedeutet regelmäßig einen gern übersehenen Zwang zur Fort- und Weiterbil-

dung von ausgelernten Mitarbeitern, die einer anderen Ausbildungsverordnung unterlagen. Letztere sind zur Aufarbeitung auf den Fortbildungsweg zu bringen.

P Praxis(anteil)wert

A. Hintergrund[974]

I. Bedeutung

Die korrekte Bewertung des Praxisanteils/der Praxis ist vor allem von herausragender Bedeutung:

- bei der Berechnung des Zugewinnausgleichs im Falle einer Scheidung, an der ein Zahnarzt beteiligt ist,
- bei der Veräußerung einer Zahnarztpraxis/eines Zahnarztpraxisanteils,
- bei der Auseinandersetzung einer Gemeinschaftspraxis.

II. Vereinbarte Beschaffenheit (§434 Abs. 1 S. 1 BGB)

Der Gesetzgeber hat den Begriff der Beschaffenheit nicht legal definiert. Der Begriff des Mangels wird mittelbar geregelt, indem der Gesetzgeber aufzeigte, wann eine Sache als mangelfrei gilt. Es ist nicht geregelt, ob der Begriff der Beschaffenheit:

- nur Eigenschaften umfasst, die der Kaufsache unmittelbar physisch und von gewisser Dauer anhaften,
- oder ob auch Umstände heranzuziehen sind, die außerhalb der Sache selbst liegen.

Vom Grundkonsens besteht Einigkeit darüber, dass zur Beschaffenheit Folgendes zählt:

- alle der Kaufsache unmittelbar physisch anhaftenden Merkmale,
  - Beispiel: Alter, Energieverbrauch, Gewicht, Größe, Herkunft,
- Eigenschaften:
  - Eigenschaften sind alle gegenwärtigen, rechtlichen, sozialen und wirtschaftlichen Beziehungen der Sache zur Umwelt von gewisser Dauer.[975]

Die Extension des Beschaffenheitsbegriffs wird von einem Teil der Literatur gefordert.[976] Danach gehören zum Beschaffenheitsbegriff sämtliche Angaben, die der Verkäufer in Bezug auf die Sache macht.

III. Ertrag/Umsatz als Beschaffenheit einer Sache

1. Meinungsstand

Ob die Angabe eines falschen Ertrags bzw. Umsatzes einer Sache einen Sachmangel begründet, ist problematisch. Relevant wird diese Frage vor allem beim Unternehmenskauf (Praxiskauf) und beim Kauf von Mietshäusern. Stellt man sich auf den Standpunkt, dass die Angabe eines falschen Ertrags keinen Sachmangel begründet[977], dann hätte dies zur Folge, dass die Mängelgewährleistungsrechte keine Anwendung finden. Ein Schadensersatzanspruch könnte sich dann nur aus §§280 Abs. 1, 311 Abs. 2 Nr. 1, 241 Abs. 2 (c.i.c.) ergeben.

Nach einer anderen Auffassung kann die Angabe eines falschen Ertrags, der sich über mehrere Jahre erstreckt, auch einen Sachmangel begründen. Denn wenn der Ertrag über mehrere Jahre angegeben wird, lässt dies Rückschlüsse auf die Ertragsfähigkeit der Sache zu und ist nicht nur von den Marktverhältnissen abhängig. Umsatz- und Ertragszahlen, die sich auf einen längeren Zeitraum erstrecken, lassen Rückschlüsse auf die gegenwärtige Ertragsfähigkeit des Unternehmens durchaus zu. Demnach liegt in der Angabe eines falschen Umsatzes ein Sachmangel, auch wenn er sich nur auf einen Monat bezieht.[978]

2. Praxis(anteil)wert

Der Praxisverkäufer muss bei der Umsatzangabe reflektieren, ob diese auch der Wirklichkeit entspricht. Vergangene Wirtschaftlichkeitsprüfungen und sachlich-rechnerische Berichtigungen dürfen nicht maskiert werden. Die Umsatzangaben müssen um Rückerstattungen revidiert werden. Daher ist die Frage, ob eine falsche Umsatzangabe einen Sachmangel darstellt, auch für den Praxis(ver)kauf nicht rein akademischer Natur.

IV. Abfindungsanspruch auf Ersatz des Goodwills

Bei der Kalkulation des Praxis(anteil)werts ist dem Goodwill Rechnung zu tragen. Bevor in die Goodwill-Ermittlung eingestiegen werden kann, muss vorgeschaltet überhaupt ein Anspruch bestehen. Das LG Dortmund hatte über einen im Gesellschaftsvertrag vereinbarten Abfindungsanspruch zu urteilen, wobei ein Wettbewerbsverbot vereinbart wurde, gegen das der Anspruchssteller verstoßen hatte. Das Gericht stellte dabei folgende (Alternativ)Erwägungen an:

Im Falle eines im Gesellschaftsvertrag vereinbarten Wettbewerbsverbots besteht ein Zahlungsanspruch auf **Ersatz des Goodwills**[979]

- nicht, wenn das vereinbarte Wettbewerbsverbot unwirksam ist.
  Dann darf jeder der Partner das von ihm zu seinen Patienten aufgebaute Vertrauensverhältnis in der Weise für sich wirtschaftlich nutzbar machen, dass er die ärztliche Betreuung dieser Patienten auch nach der Auflösung der Gemeinschaft fortsetzt. Die starke Personengebundenheit der Patientenbetreuung lässt in diesem Fall keinen nachhaltig wirkenden Goodwill entstehen.

Dabei kommt es nicht entscheidend darauf an, ob sich diese Möglichkeit tatsächlich verwirklicht hat. Denn der Goodwill bezieht sich auf Ertragserwartungen und steht daher ohnehin unter der stets ungewissen Prämisse künftiger Realisierung.[980]

- nicht, wenn das vereinbarte Wettbewerbsverbot wirksam ist, aber der Anspruchssteller sich nicht an das Wettbewerbsverbot gehalten hat.
  Der Anspruchssteller hat sich dann vereinbarungswidrig die Möglichkeit verschafft, seine ehemaligen Patienten der Gemeinschaftspraxis weiter zu behandeln. Ob und inwieweit sich diese Möglichkeit tatsächlich verwirklicht hat, spielt keine entscheidende Rolle. Entscheidend ist allein, dass der Partner des ausgeschiedenen Gesellschafters vor einer vertragswidrigen mithin illoyalen Verwertung der Erfolge der gemeinsamen Arbeit und vor einer **doppelten Inanspruchnahme** (nämlich einmal durch die Beteiligung an dem in die Zahlung des Abfindungsguthabens einbezogenen Goodwills und zum anderen durch die Mitnahme der Patienten) zu schützen ist.[981]
- dann, wenn das vereinbarte Wettbewerbsverbot wirksam ist und sich der Anspruchssteller auch daran gehalten hat.

B. Die Entscheidung: Kalkulation des Praxisanteilwertes im Zugewinnausgleich[982]

I. Sachverhalt

Der Antragsteller ist Zahnarzt und betrieb mit einem Kollegen eine Gemeinschaftspraxis. Er war mit der Antragsgegnerin verheiratet. Im September 2003 kam es zu einer rechtskräftigen Scheidung. Später stritt der Antragssteller mit der Antragsgegnerin über den Zugewinnausgleich. Kardinalfrage war in diesem Zusammenhang, wie der Praxisanteil des Antragstellers zu bewerten ist.

II. Entscheidungsgründe

Es war das Endvermögen nach § 1376 Abs. 2 BGB zu berechnen. Der Berechnung des Endvermögens wird der Wert zugrunde gelegt, den das vorhandene Vermögen zum Stichtag hat. Dabei ist auf den objektiven (Verkehrs) Wert des jeweiligen Vermögensgegenstands abzustellen.[983] Nach welcher Methode die Bewertung im Einzelnen zu erfolgen hat, regelt das Gesetz nicht. Sie sachverhaltsspezifisch auszuwählen und anzuwenden ist Sache des sachverständig beratenen Tatrichters. Seine Entscheidung kann vom Revisionsgericht nur darauf überprüft werden, ob sie gegen Denkgesetze und Erfahrungssätze verstößt oder sonst auf rechtsfehlerhaften Erwägungen beruht.[984]

A. Die (Verkehrs)Wertberechnung hat nicht **allein nach dem Umsatz** zu erfolgen. „*...weil der Umsatz keine sicheren Rückschlüsse auf die Gewinnerwartung und somit auch nicht auf den am Stichtag realisierbaren Wert zulässt...*"
B. Die (Verkehrs-) Wertberechnung einer freiberuflichen Praxis erfolgt auch nicht nach dem **reinen Ertragswertverfahren**. Beim reinen Ertragswertverfahren geht es um eine Ertragsprognose (die Erwartung künftigen Einkommens). „*...weil sich eine Ertragsprognose kaum von der Person des derzeitigen Inhabers trennen lässt und der Ertrag von ihm durch unternehmerische Entscheidungen beeinflusst werden kann...*"

C. Nach der **modifizierten Ertragswertmethode** ist die Kalkulation des Verkehrswerts vorzunehmen.[685] Sie orientiert sich an den durchschnittlichen Erträgen und setzt einen individuellen Unternehmerlohn des Inhabers ab. „*Deswegen ist die Bewertungsmethode auch darauf gerichtet, einen Wert der freiberuflichen Praxis zu ermitteln, der zum Bewertungsstichtag am Markt erzielbar ist. ...Der dem Zugewinnausgleich zugrunde zu legende objektive Wert der freiberuflichen Praxis oder Kanzlei beschränkt sich auf den am Stichtag vorhandenen Substanzwert und den im selben Zeitpunkt vorhandenen Goodwill des Unternehmens unter Abzug des Unternehmerlohns nach den individuellen Verhältnissen des Inhabers.*"

I. In die Wertermittlung fließt zunächst einmal der **Substanzwert/Liquidationswert** des Unternehmens ein. Der reine Substanzwert ist der Wert, der im Falle eines Praxisverkaufs auf den Rechtsnachfolger übergeht.[986] Dieser entspricht dem Wert der Vermögensgegenstände, die zum Unternehmen gehören.
II. Auch dem **Geschäftswert (Goodwill)** ist Rechnung zu tragen.
   Der Geschäftswert äußert sich darin, dass das Unternehmen im Verkehr höher eingeschätzt wird als es dem reinen Substanzwert der zum Unternehmen gehörenden Vermögensgegenstände entspricht.[987]
   1. Folgende Gesichtspunkte bestimmen den Goodwill:
      „*Der neben dem Substanzwert vorhandene Goodwill gründet sich auf immaterielle Faktoren wie **Standort, Art und Zusammensetzung der Mandanten/Patienten, Konkurrenzsituation und ähnlichen Faktoren**, soweit sie auf einen Nachfolger übertragbar sind; er hat somit in der Regel einen eigenen Marktwert. Mit dem Goodwill bezahlt der Käufer einer freiberuflichen Praxis die Chance, die Mandanten des bisherigen Praxisinhabers oder Teilhabers zu übernehmen und auf dem vorhandenen Bestand und der gegebenen Konkurrenzsituation aufbauen zu können.*"[988]
   2. In Anschlag sind dagegen beim Zugewinnausgleich nicht zu bringen:
      „*Daneben bemisst sich der Erfolg einer freiberuflichen Praxis allerdings auch durch **andere immaterielle Faktoren, wie Ruf und Ansehen des Pra-***

xisinhabers, die mit dessen Person verknüpft und deswegen grundsätzlich nicht übertragbar sind. Diese Faktoren können den Goodwill der Kanzlei oder Praxis jedenfalls im Zugewinnausgleich nicht bestimmen."[989]

3. Zu der **Bemessung** des Goodwill führte der Bundesgerichtshof wie folgt aus:
   „Im Hinblick darauf bestehen keine rechtlichen Bedenken, wenn sich der sachverständig beratene Tatrichter bei der Bemessung des Goodwills einer inhabergeführten Praxis im Wege einer modifizierten Ertragswertmethode an den durchschnittlichen Erträgen orientiert und davon einen Unternehmerlohn abgesetzt."[990]
   a. Zunächst einmal ist der durchschnittliche Rohgewinn von drei Jahren zu ermitteln.
      Auszugehen ist von den **durchschnittlichen Praxiseinnahmen** für drei Jahre.
      *„Die Bewertung erfordere eine Beurteilung der Entwicklung der Praxis in den letzten **drei Kalenderjahren** vor dem Kalenderjahr des Bewertungsfalls. Dabei sei ein signifikanter Anstieg oder ein signifikantes Abfallen des Jahresumsatzes zu berücksichtigen. Die Umsatzentwicklung des laufenden Jahres könne für die Beurteilung der Entwicklung der Praxis im Vergleich mit den Umsätzen der drei vergangenen Jahre von Bedeutung sein. Der ideelle Wert einer Arztpraxis könne **mit einem Drittel** des ermittelten durchschnittlichen Jahresumsatzes dieser Praxis angenommen werden."*[991]
      Dass davon lediglich 90 % als nachhaltig realisierbar **angesetzt** wurden, ist nicht zu beanstanden. Davon sind alle Kosten, Aufgaben und Abschreibung zu subtrahieren.
   b. Vom Goodwill ist ein **konkreter**, nicht ein abstrakter **Unternehmerlohn** abzusetzen.
      *„...der sich an den **individuellen** Verhältnissen des Inhabers orientiert...*
      *Auch für einen Erwerber kommt es bei der Wertermittlung wesentlich darauf an, mit welchem Einsatz der zugrunde gelegte Ertrag zu erzielen ist. Einer freiberuflichen Praxis, deren Ertrag mit einem **geringeren zeitlichen Aufwand** des Inhabers aufrechterhalten werden kann, kommt stets ein höherer Goodwill zu als einer Praxis mit gleichem Ertrag, die einen erheblich höheren Einsatz des Inhabers erfordert. Der Abzug eines **pauschal angesetzten** kalkulatorischen Unternehmerlohns würde das Maß des **individuellen** Einsatzes des Inhabers bei der Erzielung der Erträge hingegen **nicht im gebotenen Umfang berücksichtigen.***
      *Von dem für diese Praxis ermittelten durchschnittlichen Jahresumsatz sei ein kalkulatorischer Arztlohn für den Praxisinhaber (**Jahresgehalt eines Oberarztes** nach I b BAT, brutto, verheiratet, zwei Kinder, Endstufe, ohne Mehrarbeitsvergütung) in variabler Höhe, gemessen an entsprechenden Umsatzgrößen, abzusetzen."*[992]
   c. Vom Praxisrohgewinn sind auch latente Ertragssteuern abzusetzen.
      „Die stichtagsbezogene Bewertung einer Inhaberpraxis im Zugewinnausgleich setzt eine Verwertbarkeit der Praxis voraus. Deswegen sind bereits bei der stichtagsbezogenen Bewertung dieses Endvermögens latente Ertragssteuern abzusetzen, und zwar unabhängig davon, ob eine Veräußerung tatsächlich beabsichtigt ist.[993]
      ...verbundenen Auflösung der stillen Reserven dem Verkäufer wirtschaftlich nur der um die fraglichen Steuern verminderte Erlös verbleibt. Insoweit handelt es sich um unvermeidbare Veräußerungskosten.[994]
      Hinsichtlich der Ertragsteuern ist aus Rechtsgründen nicht zu beanstanden, dass diese im Wege der „Fünftelregelung" gemäß § 34 Abs. 1 EStG ermittelt wurden."[995]
   d. Der so errechnete Ertragswert ist dann mit einem Rentenbarwertfaktor multipliziert worden.
4. Die **Anwendbarkeit** der zuvor bezeichneten Bewertungsgrundsätze auf die Inhaberschaft oder Beteiligung an freiberuflichen Praxen hat der Bundesgerichtshof anerkannt.[996]
5. Eine tabellarische Aufstellung ergibt dann in concreto folgenden Kalkulationsmodus:

- **durchschnittl. Praxiseinnahmen 1996–1998**
  - 90 % davon als nachhaltig realisierbar
  - abzüglich Kosten, Ausgaben, AfA pp
- Zwischenergebnis: durchschnittl. Praxisrohgewinn 1996–1998
  - abzüglich. Ertragssteuern
  - abzüglich. Unternehmerlohn (2 Inhaber)
- Zwischenergebnis: Ertragswert
  - multipl. mit nachsch. Rentenbarwertfaktor
- Zwischenergebnis: Goodwill
  - zuzüglich. Substanzwert
- Zwischenergebnis: Praxiswert nach modifizierter Ertragswertmethode
  - davon ½ Anteil Antragssteller

Endergebnis:

III. Schlussfolgerung

1. Goodwill

Bei der Bestimmung des Goodwills (im Rahmen des Zugewinnausgleichs) sind die immateriellen Faktoren (Ruf und Ansehen des Praxisinhabers) nicht zu berücksichtigen. Geht es gerade einmal nicht um die Bestimmung des Praxiswerts im Rahmen einer Scheidung, dann kann es durchaus sein, dass sich das Image durchaus werterhöhend auswirkt. Der Bundesgerichtshof hat dies offen gelassen.

2. Kritik an modifizierter Ertragswertmethode

Die modifizierte Ertragswertmethode legt ⅓ der durchschnittlich in den letzten drei Jahren erwirtschafteten Praxiseinnahmen zugrunde. Bei Wirtschaftlichkeitsprüfungen kann ein Zahnarzt erst nach vier Jahren darauf vertrauen, dass ein Honorarbescheid nicht mehr gekürzt wird. Im Falle einer Scheidung innerhalb von 4 Jahren nach Praxisneugründung können die durchschnittlichen Praxiseinnahmen nicht automatisch zugrunde gelegt werden. Denn hier wurde noch nicht in Rechnung gestellt, dass die erwirtschafteten Beträge noch einer Kürzung unterliegen können (eben aufgrund einer Wirtschaftlichkeitsprüfung). Die Beträge des ersten Jahres können nach vier Jahren, die Beträge des zweiten Jahres nach fünf Jahren (gerechnet ab dem Zeitpunkt der Praxisgründung), die Beträge des dritten Jahres nach sechs Jahren noch gekürzt werden.

Q Qualitätssicherung

A. Hintergrund

I. Betriebswirtschaftlicher Benefit

1. Nur ein auf Dauer zufriedener Patient kann langfristig an eine Zahnarztpraxis gebunden werden. Andererseits muss die Qualitätssicherung auch aus dem Aspekt des „**Gesundheitstourismus**“ (**Patiententourismus**) gesehen werden. Es handelt sich dabei um gezielte grenzüberschreitende Reiseaktivitäten zur Erlangung spezieller (zahn)ärztlicher und therapeutischer Behandlungen. Dies hat in der Regel nichts mit Tourismus im Sinne von Freizeitgestaltung zu tun. Gesundheitstourismus wurde bekannt unter anderem durch Zahnarztbehandlungen in Polen. Die Initiative des Deutschen Tourismusverbands (DTV) „innovativer Gesundheitstourismus in Deutschland“ richtete den Blick auf die neuen Möglichkeiten in diesem Tourismussektor.[997]
   Persuasiv ist für den deutschen Patienten als „Homo oeconomicus“ dann nur noch eine exzellente Qualität, die ihn dann doch noch hält, eine Behandlung in Deutschland in Anspruch zu nehmen. Es zeigt sich, dass nicht nur rechtliche Erwartungen, sondern handfeste eigene ökonomische Interessen eine Qualitätssicherung bedingen. Dies gilt vor allem für (Zahn) Ärzte in Grenznähe zu Nachbarländern.
2. Die Besprechung erhobener Befunde und der therapeutischen Möglichkeiten sowie die Motivierung zu Zahnpflege und Prophylaxe schafft Vertrauen und stärkt die Bindung des Patienten zu „seinem Zahnarzt“, wenn gleich der ungeheure Zeitaufwand gerade auf diesem Gebiet nicht leistungsgerecht honoriert wird.[998]
3. Zur Lavierung des Distanzproblems, Wirtschaftlichkeit und eben auch zur Qualitätssicherung wird der Telemedizin zukünftig ein entscheidender Beitrag bescheinigt.
   Unter **Tele(zahn)medizin** wird die Bereitstellung bzw. Anwendung von (zahn)medizinischen Dienstleistungen mithilfe von Informations- und Kommunikationstechnologien für den Fall verstanden, dass bei (zahn)medizinischen Sachverhalten Patienten und Angehörige eines Gesundheitsberufs (etwa Ärzte, Zahnärzte) bzw. diese untereinander nicht am selben Ort sind. Es erfolgt die Übertragung (zahn) medizinischer Daten und Informationen für die Prävention, Diagnose, Behandlung und Weiterbetreuung von Patienten in Form von Text, Ton oder Bild oder in anderer Form.[999]
   Der Effekt der Telemedizin für Zahnärzte, Kieferorthopäden und MKG befindet sich derzeit in der Erforschung. Eine interessierte Verfolgung des diesbezüglichen Fortschritts kann sich als zukünftiger Standortvorteil herausstellen.

II. Konsolidierung der Qualitätssicherung

Die Kautel der (zahn)medizinischen Mindestqualität erfolgt juristisch mit unterschiedlichen Rechtsnormen. Diese sind im Qualitätsmanagement einer (Zahn)Arztpraxis zu implementieren. Daraus folgt die immense Bedeutung.

1. Zivilrecht

Die Qualitätssicherung wird zivilrechtlich zementiert, indem Verstöße gegen anerkannte Regeln der wissenschaftlichen Zahnheilkunde zur Haftung des Zahnarztes führen. Der Sorgfaltsmaßstab darf also nicht aufgeweicht oder herabgesetzt, sondern einzig und allein aus den anerkannten Regeln der wissenschaftlichen Zahnheilkunde hergeleitet werden. Auch das Wirtschaftlichkeitsgebot ändert daran nichts, denn dieses gibt für die Frage, ob die Regeln eingehalten wurden, inhaltlich nichts her. **Einen niedrigeren Standard im Vertragszahn(arzt)wesen soll es nicht geben.** Auch der Vertrags(zahn)arzt schulde den Standard einer optimalen privat zahnärztlichen Versorgung.[1000] Auch die abverlangten organisatorischen Sorgfaltspflichten in Bezug auf Planung, Koordination und Kontrolle der Abläufe stellen Qualitätssicherung dar.[1001]

2. Strafrecht

Fehlt es an Sonderregelungen, dann bestimmt sich strafrechtlich der Sorgfaltsstandard als Maßstab für allfällige Fahrlässigkeit anhand der Parameter Risiko- und Schadenshöhe. Daraus leiten sich auch die Qualitätsanforderungen für die Durchführung riskanter Handlungen ab. Diese müssen den üblichen Standards entsprechen, wobei damit Vorsorge-, Informations- und Kontrollpflichten Hand in Hand gehen. Müssen aber die Handlungen (zahn)ärztlichen Standards entsprechen, setzt dies logischerweise voraus, dass der (Zahn)Arzt auf der Höhe des heutigen Wissensstands sein muss. Dies kann nur durch Wissenssicherung geschehen. Wer nicht wissensmäßig à jour ist, dessen Behandlungen werden trotzdem an den höheren Medizinstandards gemessen. Denn ein (Zahn) Arzt ist verpflichtet, sich in dem Umfang fortzubilden, wie es zur Erhaltung und Entwicklung der zu seiner Berufsausübung erforderlichen Fachkenntnisse notwendig ist.[1002] Der strafrechtliche Fahrlässigkeitsbegriff betreibt also „verdeckte“ Qualitätssicherung.

3. Sozialrecht

§ 135 a SGB V legt die unmittelbare rechtliche Verpflichtung auf, die Qualität der erbrachten Leistungen nach dem jeweiligen Stand der wissenschaftlichen Erkenntnisse zu sichern und weiterzuentwickeln.[1003] Die Übernahme eines bestimmten Qualitätsmanagementsystems und eine Zertifizierung werden ausdrücklich nicht forciert. Es ist unbenommen, irgendein auf dem Markt angebotenes System einzuführen oder ein eigenes Konzept zu entwickeln.[1004] Qualitätssicherungsmaßnahmen können sein:

- die Besprechung von Behandlungsfällen mit maßgeblichen (z. B. professoralen) Kollegen und/oder eine besondere Aktivität im Rahmen einzelner Behandlungssysteme,[1005]
- Teammanagement in Bezug auf Delegation: Aufgabenziele und Tätigkeitseinsatzziele, Inhalte, Kompetenzen, Verantwortungsbereiche und Verantwortungsgrenzen horizontal und vertikal müssen klar und eindeutig bestimmt werden,[1006]
- Praxishygiene,
- arbeitstechnische Überwachung,
- sicherheitstechnische Überwachung,
- methodisch umfassende Organisation der Patienteninformation.

Systematisch handelt es sich bei der **Fortbildungspflicht** gem. § 95 d SGB V, die auch für Zahnärzte gilt, um eine Qualitätssicherungsmaßnahme. Die Qualitätssicherung wird aber nach der gesetzlichen Regelung erst durch den Nachweis erfüllt.[1007]

Die **Punktwertdegression** ist eine Punktwertminderung bei Überschreiten bestimmter Punktmengen, was zu Kürzungen des Honoraranspruchs des Vertragszahnarztes gemäß §§ 85 Abs. 4b ff. SGB V führt.[1008] Leistungen aus privat(zahn)ärztlicher Tätigkeit bleiben unberücksichtigt.[1009] Die Punktwertdegression soll **bezwecken**, beobachteten Fehlentwicklungen bei der Qualität der zahn(ärzt)lichen Versorgung entgegenzusteuern. Neben Tagesprofilen zur Ermittlung unwirtschaftlicher oder ungerechtfertigter Abrechnungen bietet der degressive Punktwert eine Möglichkeit, um im Sinne der Qualitätssicherung Praxen mit hohem Umsatz zu kontrollieren und zugleich Einsparungen zu erzielen. Qualitätseinbußen bei umsatzstarken Praxen würden so verringert, nämlich zurückgedrängt. Denn Qualitätsdefizite wurden in einen plausiblen Zusammenhang mit überdurchschnittlichen Umsätzen einzelner Praxen gebracht.[1010]

Die **Sozialgerichtsbarkeit** fordert Röntgenaufnahmen zur Qualitätssicherung ein: „Eine Wurzelfüllung erfordert drei Röntgenaufnahmen, nach Abschluss der Behandlung eine dritte zur Qualitätskontrolle bzw. -sicherung."[1011] „Grundsätzlich ist für die Erbringung einer zahnärztlichen Leistung der Vertragszahnarzt als Leistungserbringer nachweispflichtig... Ein Mittel für den Nachweis der Leistungserbringung sind... z. B. Röntgenbilder."[1012] Dies stimmt nicht mit der strafrechtlichen Judikatur überein. Ein (Zahn)Arzt würde sich wegen nicht erforderlicher Röntgenaufnahmen strafbar machen. Eine medizinisch nicht indizierte Röntgenaufnahme würde aufgrund der Strahlenexposition den Tatbestand der Körperverletzung mittels einer das Leben gefährdenden Behandlung (§ 224 Abs. 1 Nr. 5 StGB) erfüllen.[1013]

Ein derartig intensiver Eingriff[1014] in die Gesundheit der gesetzlich Versicherten dürfte auch nicht in den Vereinbarungen getroffen werden können. Die Intensität des Eingriffs, sollten die Versicherten in der Konsequenz zur Duldung derartiger Röntgenaufnahmen angehalten sein, ergibt sich auch aus der an § 224 StGB geknüpften Mindeststrafe. Ginge man auch von der Wirkung einer Vereinbarung aus, die nichtindizierte Kontrollröntgenaufnahmen vorsieht, wäre der gesetzlich Versicherte vorrangiger Adressat. Bei einer derartigen Grundrechtsrelevanz dürfte die Legitimation fehlen. Nicht nur strafrechtlich, sondern auch **zivilrechtlich** ist diese Forderung des Sozialgerichts zu beanstanden. Dokumentationspflichtig sind nur die für die (zahn)ärztliche Diagnose und Therapie wesentlichen Fakten. Auf scharfe Kritik stößt die Funktion der Dokumentation als Beweissicherung (BT-Drs 17/10488, S. 26). Die Dokumentation dient v. a. therapeutischen Belangen und richtet sich nicht danach, wie am besten Beweise für einen späteren Arzthaftungsprozess gesichert werden können.[1015] Nicht indizierte Maßnahmen stellen zivilrechtlich einen Behandlungsfehler dar.[1016] Die nicht erforderlichen Röntgenbilder würden daher einen Behandlungsfehler darstellen. Zum anderen kann mit dem Motiv der Qualitätssicherung nicht maskiert werden, dass es im Ergebnis nur um eine Beweissicherung im Rahmen von allfälligen Wirtschaftlichkeitsprüfungen oder Regressen wegen eines „sonstigen Schadens" geht. Aber auch für das Sozialrecht muss gelten, dass sich die Dokumentation nach therapeutischen Belangen richtet und nicht nach einer Beweisführung. Die Röntgenbilder[1017] selbst sind als überflüssig zu kritisieren. Liegt ein augenscheinlich behandlungsbedürftiger Befund vor, dann bedarf es vor der Behandlung keines **ersten** Röntgenbildes. Die Frage, ob eine Extraktion oder Zahnerhaltung zu erfolgen hat, stellt sich nämlich infolge des Grundsatzes der Erhaltungsfähigkeit gar nicht. Diese ist erst dann nicht mehr gegeben ist, wenn konservierende Behandlungsalternativen zu keiner Besserung geführt haben.[1018] Daher müssen zuerst zahnerhaltende Maßnahmen getroffen werden. Da die bildgebenden Instrumente einen viel besseren Einblick in den Zahn geben als ein Röntgenbild, dürften diese das **zweite** Röntgenbild überflüssig machen. Das dritte Röntgenbild, das nur zur Qualitätssicherung gefordert wird, ist schon strafrechtlich schädlich.

4. Heilberufe- bzw. Kammergesetze

Die Kammergesetze für Heilberufe bzw. Heilberufsgesetze der Länder regeln die Berufsausübung der Heilberufe. In diesen wiederum finden sich Ermächtigungsgrundlagen, die die Kammern dazu befugen, Berufsordnungen zu erlassen. Die Heilberufskammern, die u.a. die Qualitätssicherung im Gesundheitswesen zu fördern und für die Erhaltung eines hochstehenden Berufsstands zu sorgen haben (vgl. §6 Abs. 1 Nr. 5 HeilBerG NRW), sind berechtigt, zur Sicherung dieser Qualität z.B. gegen **berufswidrige Werbung** vorzugehen. Patienteninformation hat sachangemessen und nicht irreführend zu sein. Diesbezüglich entgegenstehenden Angaben von Zahnärzten soll begegnet werden, auch zur Vermeidung eines Nachahmungsdefekts. Sie soll generell unterbleiben.[1019] Auch dies ist Part der Qualitätssicherung. Die Qualitätssicherung machte auch die Weiterbildungsordnung erforderlich.[1020]

5. Bundesmantelvertrag-Zahnärzte

Auch im Bundesmantelvertrag-Zahnärzte (bzw. dessen Anhang) finden sich zahlreiche Vorschriften, die Vorgaben für einen Mindeststandard bzw. Kontrollmechanismen machen. Als Information sollen die folgenden Vorschriften angeführt werden:

- §4 Abs. 2 BMV-Z (Versorgung des gesetzlich Versicherten),
- §6 Abs. 7 S. 6 BMV-Z (Erklärung aller Mitglieder einer bezirksübergreifenden Berufsausübungsgemeinschaft, wonach sich alle Mitglieder den Rechtsnormen der gewählten KZV unterwerfen),
- §10 Abs. 3 BMV-Z (Übermittlung von versichertenbezogenen Daten zur Beurteilung u.a. der Qualität im Einzelfall),
- Präambel über das Gutachterverfahren für implantologische Leistungen.

B. Die Entscheidung: Kein Monopol der Kammer zur Qualitätsmanagement-zertifizierung[1021]

I. Sachverhalt

Die Kläger sind Zahnärzte und verwenden auf einem Zusatz zu ihrem Praxisschild den Schriftzug „geprüfte Qualitätsstandards" unter Angabe der Internet-Adresse „www.MacDent.de". Teilnehmende Zahnärzte müssen ein zertifiziertes Qualitätsmanagementsystem einführen und bestimmte Anforderungen im Bereich Fortbildung, Behandlungs- und Untersuchungsmethoden, Praxisführung, Garantieleistungen bei Zahnersatz und Schlichtungsverfahren erfüllen. Die Einhaltung der Standards wird jährlich durch Zahnärzte des Franchise-Unternehmens kontrolliert. Die Beklagte untersagte die Verwendung des Logos.

II. Entscheidungsgründe

Die Klage hatte Erfolg.

A. Die Klage war **zulässig**.

I. **Statthafte Klageart** war nunmehr die Fortsetzungsfeststellungsklage. Bei der Untersagungsverfügung handelt es sich um einen **Verwaltungsakt**, dessen Belastung für den Kläger weggefallen war (**Erledigung** des Verwaltungsakts).
„Dieses Logo wird aber seit der Namensänderung ohnehin nicht mehr eingesetzt. Das betrifft nicht nur das Franchise-Unternehmen, sondern auch die Kläger als Franchisenehmer...
Die für die Namensänderung gegebene Begründung des Unternehmens, man wolle sich von dem mit der Vorsilbe „Mac" assoziierten Billigimage absetzen, lässt keinen Zweifel daran, dass das alte Logo unabhängig vom Ausgang dieses Verfahrens nicht mehr eingesetzt werden soll."

II. Das **Fortsetzungsfeststellungsinteresse** ergibt sich aus der Wiederholungsgefahr. Denn die Beklagte begründete ihre damalige Untersagungsverfügung damit, dass das Logo keine Informationen transportiere und die Ankündigung geprüfter Qualitätsstandards irreführend sei. Damit droht bei Verwendung des neuen Logos wiederum eine Untersagung.

B. Die Klage war auch **begründet**. Die ursprüngliche Untersagungsverfügung war rechtswidrig und verletzte die Kläger in ihren Rechten.

I. **Ermächtigungsgrundlage** ist §6 Abs. 1 Nr. 6 HeilBG[1022] (Nordrhein-Westfalen).

II. Die **formelle Rechtmäßigkeit** unterlag keinen Bedenken.

III. Die Verfügung war aber **materiell rechtswidrig**.
Die Verfügung verstößt gegen Art. 12 GG.
1. Ein Eingriff in den Schutzbereich liegt vor.
„Staatliche Maßnahmen, die geschäftliche oder berufliche Werbung beschränken, sind Eingriffe in die Freiheit der Berufsausübung."
2. Dieser ist verfassungsrechtlich nicht gerechtfertigt.
Es handelt sich um einen Eingriff auf der ersten Stufe, für den erforderlich ist, dass vernünftige Erwägungen des Gemeinwohls ihn als zweckmäßig erscheinen lassen.
„In der höchstrichterlichen Rechtsprechung ist anerkannt, dass das Schutzgut der Volksgesundheit es rechtfertigt, den Ärzten Werbebeschränkungen aufzuerlegen. Sie können einer gesundheitspolitisch unerwünschten Kommerzialisierung des Arztberufs vorbeugen und eine Verfälschung des ärztlichen Berufsbildes verhindern. Berufswidrig ist insbesondere solche Werbung, die zu Irrtümern und damit zu einer Verunsicherung der Kranken führen würde, weil sie das Vertrauen in den Arzt-

beruf untergraben und langfristig negative Rückwirkungen auf die medizinische Versorgung der Bevölkerung haben könnte. Für interessengerechte und sachangemessene Informationen, die keinen Irrtum erregen, muss im rechtlichen und geschäftlichen Verkehr jedoch Raum bleiben."

Das Logo Mac-Dent vermittelte **sachliche Informationen.**

Dem steht nicht entgegen, dass für **weitere** Informationen auf die angegebene Internetadresse des Franchise-Unternehmens **verwiesen** wird.

„Die dortigen Informationen sind ein Teil der Werbung; sie stehen in einem gewollten Zusammenhang mit dem Logo und ***können deshalb bei der Beurteilung, ob die Werbung zu Irrtümern und einer Verunsicherung der Patienten führt, nicht ausgeblendet werden****. Das Herausstellen der Hauptinformation durch eine prägnante Kurzangabe oder ein Schlagwort, verbunden mit einem* ***Verweis auf leicht zugängliche weiterführende Informationen****, ist ein* ***probates Mittel, um über Umstände zu unterrichten****, die in ihrer Gesamtheit auf der ersten Kontaktebene – etwa dem Praxisschild – nicht dargestellt werden können. Gerade das Praxisschild hat weiterhin eine hohe Bedeutung für den Erstkontakt zum Patienten.*

Ein Verbot schlagwortartiger Hinweise auf Praxisbesonderheiten wie die Beachtung bestimmter Qualitätsstandards würde die Informationsmöglichkeiten erheblich einschränken, obwohl von ***dieser Art der Informationsdarbietung greifbare Gefahren für die Volksgesundheit nicht ausgehen.***

Gerade ***Hinweise auf die Einhaltung bestimmter Qualitätsanforderungen*** *bei Waren oder Dienstleistungen erfolgen verbreitet in Form von Logos und Gütesiegeln. Das gilt auch für* ***Hinweise auf Qualitätsmanagementsysteme und ihre Zertifizierung****. Diese Methode der Information ist den Verbrauchern bzw. Patienten geläufig."*

Die **schlagwortartige** Mitteilung steht auch nicht der Annahme entgegen, dass es sich um sachliche Informationen handelt.

„Ihm lässt sich die ***Aussage*** *entnehmen, dass die Zahnarztpraxis bestimmte, nicht näher bezeichnete Qualitätsstandards einhält und deren Einhaltung überprüfen lässt. Diese Angaben weisen darauf hin, dass die Zahnarztpraxis überhaupt eine Form der Qualitätssicherung betreibt, über deren nähere Ausgestaltung die Patienten sich bei Interesse genauer unterrichten können…*

Eine ***Herabsetzung anderer Zahnarztpraxen*** *ist damit* ***nicht*** *verbunden. Vielmehr wird eine für das Publikum nützliche Information geboten, deren Inhalt* ***nicht anpreisend oder marktschreierisch*** *ist."*

Eine Irreführung konnte auch nicht aus dem **Vorwurf** hergeleitet werden, dass es sich nur um **„Nepp-"Qualitätsstandards** handeln würde.

„Anhaltspunkte dafür, dass die angekündigten Standards in Wirklichkeit nicht beachtet würden, bestehen nicht.

…Die Standards, auf die die Kläger mit dem Logo verwiesen haben, konnten ohne Irreführung der Patienten als „Qualitätsstandards" bezeichnet werden.

Zahnärzte sind ***berufsrechtlich und, sofern sie im System der gesetzlichen Krankenversicherung Leistungen erbringen, auch sozialrechtlich zu Maßnahmen der Qualitätssicherung verpflichtet.*** *Es stellt deshalb für die Patienten eine nützliche Information dar, zu erfahren, in welcher Weise und in welchem Umfang ein Zahnarzt diese Verpflichtungen erfüllt.*

…Die von den Klägern beworbenen Standards sind ***in wesentlichen Teilen über das gesetzlich Geforderte hinausgegangen.*** *Schon deshalb ist ihre schlagwortartige Ankündigung als Qualitätsstandards berechtigt.*

Das betrifft zunächst die ***sechsjährige Qualitätsgarantie*** *auf Zahnersatz (statt nur zwei Jahre gemäß § 137 Abs. 4 Satz 3 SGB V), ein für die Zahnarztpraxis bindendes Schlichtungsverfahren sowie das Maß an einrichtungsinternem Qualitätsmanagement.*

Im Bereich ***Fortbildung*** *sind die Qualitätsstandards insofern über das gesetzlich Geforderte hinausgegangen.*

Die ***Behandlungs- und Untersuchungsstandards*** *der Kläger konnten gleichfalls als Qualitätsstandards bezeichnet werden,…sollen den Patienten im Rahmen der Erstuntersuchung und der Prophylaxebetreuung näher bezeichnete Beratungen und Untersuchungen angeboten werden, die* ***über die regelmäßigen Kassenleistungen hinausgehen,*** *wobei jeder Patient eine ausführliche Beratung über den Umfang der Kassenleistungen erhält. Der Unterschied besteht also im Wesentlichen darin, dass die Kläger die Behandlung* ***nicht an den Restriktionen des Wirtschaftlichkeitsgebotes*** *(§ 12 SGB V) ausrichten. Die offene Darstellung dieses von den Kassenrichtlinien abweichenden Behandlungskonzepts gegenüber dem Publikum kann keine Irrtümer aufkommen lassen. Insbesondere wird nicht die Erwartung geweckt, mit den geprüften Qualitätsstandards seien die Qualitätskriterien des Vertragsarztwesens gemeint."*

Eine Irreführung folgte auch nicht daraus, dass die Qualitätsstandards als **„geprüft"** angekündigt wurden.

„Die Ankündigung weist zutreffend darauf hin, dass die Einhaltung der Standards durch einen Dritten kontrolliert wird. Dass es sich dabei nicht um eine Kontrolle durch die Kassenärztliche Ver-

einigung, die Beklagte oder sonst eine öffentliche Stelle handelt, wird bereits durch den im Logo angegebenen Namen des Franchise-Unternehmens verdeutlicht, der ***weit davon entfernt ist, einen „amtlichen" Eindruck zu erwecken****.*
...Der ***Einwand der Beklagten, die zur Überprüfung eingesetzten Zahnärzte würden Qualitätsmängel möglicherweise nicht aufdecken****, weil sie in einer Vertragsbeziehung zu dem Franchise-Unternehmen stehen, ist eine* ***bloße Vermutung****, die durch nichts belegt ist und an der Interessenlage der an dem Franchisesystem teilnehmenden Zahnärzte vorbeigeht."*
Die Kammer hat **keine Ausschließlichkeitskompetenz** im Rahmen der Qualitätssicherung.
„Die Heilberufskammern haben nach §6 Abs. 1 Nr. 5 HeilberG NRW unter anderem die Aufgabe, die Qualitätssicherung im Gesundheitswesen zu fördern und zu betreiben – insbesondere Zertifizierungen vorzunehmen – und mit den Beteiligten abzustimmen. Daraus ergibt sich aber ***keine ausschließliche Kompetenz der Kammern, Maßnahmen zur Qualitätssicherung zu entwickeln und ihre Einführung zu überprüfen.*** *Ein solches Verständnis der Vorschrift kommt schon deshalb nicht in Betracht, weil es gegen Bundesrecht verstoßen würde. Den Ärzten ist im System der gesetzlichen Krankenkassen* ***gerade freigestellt, wie sie bestimmte Maßnahmen zur Qualitätssicherung umsetzen.*** *Wie erwähnt, steht es ihnen frei, ein einrichtungsinternes Qualitätsmanagement selbst zu entwickeln oder ein auf dem Markt angebotenes System eines öffentlichen oder privaten Anbieters zu übernehmen.* ***Soweit die Kammern eigene Systeme entwickeln, sind sie nur Anbieter neben anderen. Gleiches gilt für die Zertifizierung solcher Systeme; auch hier besteht nicht etwa ein Vorbehalt zugunsten öffentlich-rechtlicher Stellen und erst Recht kein Monopol der Heilberufskammern.*** *Zertifizierungen von Qualitätsmanagementsystemen dürfen auch von privatrechtlich organisierten Konformitätsbewertungsstellen vergeben werden."*
Die geforderte Überprüfbarkeit der Selbstangaben ist gegeben.
Dies kann geschehen, indem eine Dokumentation vorgelegt wird, die entsprechende Angaben über getroffene Qualitätsmaßnahmen enthält.
Es lag auch nicht ein Verstoß gegen das Heilmittelwerbegesetz vor.
Die verwendete Werbung ist auch rechtskonform in Bezug auf das Fremdwerbungsverbot (§21 Abs. 4 MBO).
„Es ist offensichtlich, dass die Kläger mit der Verwendung des Logos, das den Namen des Franchise-Unternehmens trägt, nicht für jenes Unternehmen werben wollen, sondern für die eigene Praxis. Der Name steht für ein bestimmtes Qualitätssicherungskonzept, über das die Patienten informiert werden sollen."

III. Schlussfolgerung

En passant sei bemerkt, dass das Praxisschild als Erstkontakt trotz der neuen Medien weiterhin extreme Relevanz hat. Dies hat auch das Bundesverwaltungsgericht in diesem Urteil herausgestellt. Die Bewerbung von Qualitätsstandards setzt voraus, dass die Einhaltung im Nachhinein auch belegbar ist. Praktizierte Qualitätssicherungsmaßnahmen sind zu dokumentieren.

R Retrozession

A. Hintergrund

I. Problemfeld

Der Begriff Retrozession stammt ursprünglich aus der Versicherungsbranche und meint die (Weiter)Rückversicherung eines Rückversicherers. Da ein Erstversicherer einem versicherungstechnischen Risiko ausgesetzt ist, besteht ein Bedarf nach Absicherung, nämlich der Rückversicherung. Da der Rückversicherer sogar seinerseits sich bei der Gefahrenübernahme mit gewissen Risiken konfrontiert sieht, sichert er sich seinerseits ab. Es sind also mindestens drei Wirtschaftssubjekte beteiligt. Eine derartige Konstellation gibt es auch in anderen Branchen, z.B. dem Finanzplatz oder dem Gesundheitswesen. Bei der Verfehlung von sog. Retrozessionen (auch genannt: Kickback-Zahlungen) geht es um die Rückvergütung bei Transaktionen bzw. Zuwendungen durch einen Drittanbieter an einen anderen Beteiligten, die dieser still und leise kassiert. Zumindest ein Glied der Kette weiß also von der Provision nichts.[1023] Das AG Bernau leitet den Begriff etwas sportlicher her und bestimmt ihn wie folgt: „Kickback“ bezeichne Bestechungs- oder Schmiergeldzahlungen, die auf dem Umweg über erhöhte Rechnungen oder Provisionsvereinbarungen an den Auftraggeber oder an von ihm begünstigte Dritte zurückfließen. Der Begriff des „Kickback“ ist kein eindeutig feststehender juristischer Terminus technicus. Es handle sich – wohl in Anlehnung an den Fußballsport – um eine Bezeichnung für ein Verhalten, bei dem der Empfänger einer geldwerten Leistung im Rahmen einer Geschäftsbeziehung einen Teil davon an einen Dritten „zurückspielt“, also eine „Rückvergütungsvereinbarung“.

Diese Retrozessionen sind in der Beteiligtenkonstellation regelmäßig nicht vorgesehen, weil sie zu überhöhten Preisen führen und schädlich sind: Sie schaffen Interessenkonflikte und falsche Anreize. Auch besteht die Gefahr, dass riskante bzw. schlechte (Be)Handlungen oder Geschäfte wegen der in Aussicht gestellten Kickback-Zahlungen getätigt werden. Die Mindestforderung ist daher vollständige Transparenz, wenn nicht gar das Weiterreichen der Retrozession oder das totale Unterbleiben des Rückflusses.

Die höchstens formal korrekten „Kickback-Zahlungen“ werden auch schon ohne Fachkenntnisse als Korruption[1024] gesehen. Die fachliche Strafuntersuchung bei Kickback-Geschäften, bei denen das Geld in die eigene Tasche fließt, erfolgt im Hinblick auf Betrug (§263 StGB), Untreue (§266 StGB) und neuerdings Bestechlichkeit und Bestechung im geschäftlichen Verkehr (§299 StGB). Grund ist der (systematische) Missbrauch der Vertrauensposition. En passant sei bemerkt, dass eine Rückforderung unter anderem über §§812 ff. BGB in Betracht kommt und auf zivilrechtlichem Weg eingeklagt werden kann. Im Sozialrecht ergibt sich die Erstattung aus §50 SGB X. In der (Zahn) Medizin wird standesgerechtes Verhalten vor dem Hintergrund der

- für Ärzte: §§44 Abs.5 BMV-Ä, §§30 bis 34 MBO-Ä bzw.
- für Zahnärzte: §15 MBO-ZÄ, "Erklärung über die Abrechnung von Material- und Laborkosten“ BMV-ZÄ; §9 Abs. 2 GZO[1025]

erwartet.

II. Strafrecht

1. Betrug (§263 StGB)

a. Struktur

1. Täuschung
2. Dadurch erregter oder unterhaltener Irrtum
3. Dadurch veranlasste unmittelbare vermögensmindernde Verfügung
4. Dadurch Vermögensschaden
5. Vorsatz
6. Stoffgleiche Eigen- oder Drittbereicherungsabsicht
7. Rechtswidrigkeit der erstrebten Bereicherung und diesbezüglicher Vorsatz
8. Rechtswidrigkeit
9. Schuld
10. Besonders schwerer Fall (§263 Abs. 3 S. 2, Abs. 4 StGB)
    - Gewerbsmäßigkeit
    - Bandenmäßigkeit
    - Vermögensverlust großen Ausmaßes
11. (ggf.) Antrag (§263 Abs. 4 i.V.m. §§247, 248a StGB)

b. En Detail

aa. Täuschung

Eine Täuschung ist die intellektuelle Einwirkung auf das Vorstellungsbild eines anderen, durch die eine unrichtige Vorstellung über Tatsachen erzeugt oder aufrechterhalten werden soll.[1026] Der **Erklärungswert** eines Verhaltens ergibt sich aus demjenigen, was **ausdrücklich** zum Gegenstand der Kommunikation gemacht wird, aber auch aus den Gesamtumständen der Situation. Dieser unausgesprochene Kommunikationsinhalt wird wesentlich durch den dem Erklärenden bekannten **Empfängerhorizont** und damit durch die ersichtlichen **Erwartungen** der Beteiligten bestimmt. Was jemand tatsächlich erwartet, wird ganz wesentlich auch durch die **Anschauungen** der jeweiligen Verkehrskreise und die in der Situation **relevanten rechtlichen Normen** geprägt. In aller Regel muss der Inhalt konkludenter Kommunikation deshalb auch unter Bezugnahme auf die **Verkehrsanschauung** und den rechtlichen Rahmen bestimmt werden, von denen ersichtlich die Erwartungen der Kommunikationspartner geprägt sind. Bei der Ermittlung des Erklärungswerts eines konkreten Verhaltens sind daher sowohl faktische als auch normative (wertende) Gesichtspunkte zu berücksichtigen. Ein rechtsgeschäftlich bedeutsames Verhalten ist daher entscheidend vor dem Hintergrund der konkreten Situation, des jeweiligen Geschäftstyps und den dabei typischen Pflichten- und Risikoverteilungen zwischen den Partnern zu interpretieren.[1027]

Die Täuschung kann ausdrücklich begangen werden (durch bewusst unwahre Behauptungen) oder konkludent, nämlich durch irreführendes Verhalten, das nach der Verkehrsanschauung als stillschweigende Erklärung zu verstehen ist. Davon ist auszugehen, wenn der Täter die Unwahrheit zwar nicht expressis verbis zum Ausdruck bringt, sie aber nach der Verkehrsanschauung durch sein Verhalten miterklärt.[1028] Man kann auch **stillschweigend miterklären, dass etwas nicht geschehen** ist (sog. Negativtatsache; z. B. etwas ist ohne unzulässige vorherige Preisabsprache zustande gekommen). Eine derartige konkludente Täuschung über eine Negativtatsache erfolgt vor allem dann, wenn der Vertragsgegenstand, den das kommunikative Verhalten als Sujet hat, in **erheblicher Weise vorsätzlich manipuliert** wurde.[1029] Ob eine konkludente/stillschweigende Miterklärung vorliegt, ist durch Auslegung zu ermitteln. Ein (Zahn)Arzt behauptet konkludent, dass seine Leistung unter die **Leistungsbeschreibung** der Gebührenordnungsnummer **fällt**, zu den **vertrags(zahn)ärztlichen Versorgungsleistungen gehört** und nach dem für sie geltenden **allgemeinen Bewertungsmaßstab** abgerechnet werden kann, wenn er als Vertrags(zahn)arzt im Rahmen des für ihn verbindlichen vertrags(zahn)ärztlichen Abrechnungssystems Einzelleistungen abrechnet. Trifft dies nicht zu, so wird die kassen(zahn)ärztliche Vereinigung über einen für dieses Abrechnungssystem maßgeblichen Umstand getäuscht. (Zahn)Ärztliche Maßnahmen, die nicht zweckmäßig und/oder nicht notwendig sind, dürfen nur außerhalb der vertrags(zahn)ärztlichen Gebührenordnungen unter Offenlegung der Besonderheiten des Einzelfalls abgerechnet werden. Der BGH hat insofern dezidiert festgestellt:[1030] *„Maßgeblich für die Abrechnung eines Kassen(zahn)arztes ist der vertraglich vereinbarte einheitliche Bewertungsmaßstab, der den Inhalt der abrechnungsfähigen (zahn)ärztlichen Leistungen bestimmt. Der mit der kassen(zahn)ärztlichen Vereinigung abrechnende (Zahn)Arzt darf ausschließlich nach diesem Bewertungsmaßstab und nur die dort aufgeführten Leistungen abrechnen. Diesen einheitlichen Bewertungsmaßstab vereinbaren die Vertragspartner des Bundesmantelvertrag-(Zahn)Ärzte durch den Bewertungsausschuss (§ 368 g IVRVO), der allein für die inhaltliche Bestimmung der kassen(zahn)ärztlichen abrechenbaren Leistungen sowie die Aufnahme neuer Heilmethoden zuständig ist.* ***Lehnt der Ausschuss eine Methode ausdrücklich als nicht zweckmäßig oder nicht wirtschaftlich ab, so darf der Kassen(zahn)arzt sie nicht abrechnen.***"

Wer nicht selbst erbrachte (zahn)ärztliche Leistungen als eigene hat abrechnen lassen, behauptet Abrechnungsberechtigung und zumindest konkludent, dass die Voraussetzungen der der Abrechnung zugrundeliegenden Rechtsvorschriften eingehalten wurden. Dies gilt nicht nur für Vertrags(zahn)ärzte, sondern ebenso für privatliquidierende (Zahn)Ärzte. Wer eine Leistung einfordert, bringt zugleich das Bestehen (u. a. die Abrechnungsfähigkeit der in Rechnung gestellten Leistungen) des zugrundeliegenden Anspruchs zum Ausdruck.[1031]

Nebenbei sei bemerkt, dass nach einer Ansicht ein Vertrags(zahn)arzt auch darüber täuschen kann, dass er von der Wirtschaftlichkeit seiner Leistungen und der Abrechnungsfähigkeit überzeugt war. Das soll dann der Fall sein, wenn der (Zahn)Arzt nicht überzeugt ist, wirtschaftlich gehandelt zu haben und er seine eigenen Bedenken nicht ausräumen kann, sondern ernsthaft die Abrechnungsfähigkeit bezweifelt. Denn es soll bei der Sammelerklärung am Quartalsende konkludent miterklärt werden, dass alle in Rechnung gestellten Leistungen nach der aktuellen Überzeugung abrechnungsfähig seien.[1032] Dem steht die Rspr. des BSG entgegen. Danach erklärt ein Vertrags(zahn)arzt, dass er die abgerechneten Leistungen persönlich erbracht hat und die von ihm eingereichte Abrechnung sachlich richtig ist.[1033] Das BSG sagt nicht, dass der Vertrags(zahn)arzt erklärt, er habe wirtschaftlich gearbeitet. Die Ansicht, der Vertrags(zahn)arzt erkläre Abrechnungsfähigkeit im Sinne von Wirtschaftlichkeit, begegnet Bedenken. Denn ein Vertrags(zahn)arzt wird bzgl. der Wirtschaftlichkeit seiner Leistungen stets Zweifeln ausgesetzt sein. Denn er kennt nicht die Statistiken, die für die Wirtschaftlichkeitsprüfung herangezogen werden. Diese Statistiken werden nicht publiziert. Die Statistiken sind aber gerade entscheidend. Denn die statistische Vergleichsprüfung ist nach ständiger Rspr. des BSG im Rahmen von Wirtschaftlichkeitsprüfungen das Prüfmittel der Wahl. Anhand einer Vergleichsgruppe wird das Behandlungsverhalten des Zahnarztes geprüft. Kennt der Zahnarzt aber die Statistiken nicht und kann gar nicht einschätzen, wie er im Vergleich zu seinen Kollegen behandelte, dann kann er sich auch gar nicht über die Abrechnungsfähigkeit miterklären. Ihm in dieser Situation abzuverlangen, im Zweifel auf die Abrechnung zu verzichten, müsste den Rat bedeuten, gar nicht abzurechnen und gratis zu behandeln. Das kann aber nicht gewollt sein.

bb. Dadurch erregter oder unterhaltener Irrtum

Durch die Täuschungshandlung muss ein Irrtum einer anderen Person erregt oder unterhalten werden. Ein **Irrtum** ist jeder Widerspruch zwischen einer (positiven) subjektiven Vorstellung und der Wirklichkeit, also eine psychologische Tatsache.[1034] Ein Irrtum kann in einer reflektierten Fehlvorstellung in voller Aufmerksamkeit bestehen. Ein entsprechender Irrtum kann aber auch dann erregt werden, wenn das Opfer in Form des **sachgedanklichen Mitbewusstseins** (Begleitwissen oder Bewusstsein am Rande) von der Ordnungsgemäßheit eines konkreten Geschäfts- oder Tatsachenkomplexes ausgeht, was tatsächlich nicht der Fall ist.[1035] Vor allem gleichförmige oder routinemäßige Geschäfte, bei denen Handlungen mit Vermögensbezug aufgrund von Umständen vorgenommen werden, die als selbstverständlich angesehen werden und deshalb nicht ins Wachbewusstsein dringen.

Es spielt für die Tatbestandsmäßigkeit keine Rolle, ob das Opfer **bei sorgfältiger Prüfung die Täuschung durch den Täter hätte erkennen können**, denn selbst gleichwertige Opfer werden durch das Strafrecht geschützt. Daher sind **Zweifel** so lange nicht geeignet, die Annahme eines tatbestandsmäßigen Irrtums infrage zu stellen, als das Opfer gleichwohl noch die Wahrheit der behaupteten Tatsache für möglich hält und deswegen die Vermögensverfügung trifft, also trotz seiner Zweifel, seien sie auch noch so erheblich, der List des Täters zum Opfer fällt.[1036] Ein Irrtum liegt nur dann nicht mehr vor, wenn dem Opfer der Wahrheitsgehalt der vorgespiegelten Tatsache gleichgültig ist und es die Vermögensverfügung unabhängig von ihrer Wahrheit trifft.

Ein Irrtum liegt nicht vor, wenn sich das Opfer **gar keine Vorstellungen** macht. Die diffus undifferenzierte **allgemeine Vorstellung**, es sei „alles in Ordnung“, begründet **grundsätzlich** keinen Irrtum. Das ist nur dann anders, wenn sich die Ordnungsgemäßheit auf einen konkreten Geschäfts- oder Tatsachenkomplex bezieht. Daher soll bei einem standardisierten, auf Massenerledigung angelegten **Abrechnungsverfahren** (hier: Kontrolle der Abrechnungen durch Mitarbeiter der kassenzahnärztlichen Vereinigung oder der Krankenkassen, die damit befasst sind) es nicht erforderlich sein, dass der jeweilige Mitarbeiter hinsichtlich jeder einzelnen geltend gemachten Position die positive Vorstellung hatte, sie sei der Höhe nach berechtigt; vielmehr **genüge** die stillschweigende Annahme, die ihm **vorliegende Abrechnung sei insgesamt „in Ordnung“**. Daher setzt ein Irrtum nicht voraus, dass tatsächlich eine Überprüfung der Abrechnungen im Einzelfall durchgeführt wurde. Zum Beispiel stichprobenartige Kontrollen sollen den Schluss auf eine selbstverständliche Erwartungshaltung des jeweiligen Mitarbeiters bei den nicht kontrollierten Vorgängen dahingehend nahe legen, dass die angesetzten Kosten auch tatsächlich angefallen seien.[1037]

cc. Dadurch veranlasste unmittelbare Vermögensverfügung

Die Kausalität ist nur dann gegeben, wenn zwischen dem Irrtum und der Vermögensverfügung ein Motivationszusammenhang besteht.[1038] Eine Vermögensverfügung ist jedes Tun oder Unterlassen, das unmittelbar zu einer Vermögensminderung geführt hat.[1039]

dd. Dadurch Vermögensschaden

Ein **Vermögensschaden** im Sinne von §263 StGB ist ein negativer Saldo zwischen dem Wert des Vermögens vor und nach der irrtumsbedingten Vermögensverfügung des Getäuschten.[1040] Ein **Betrug zum Nachteil der Krankenkasse** liegt vor, wenn

- wenn der Vertrags(zahn)arzt von ihm erbrachte Leistungen oder gemachte Aufwendungen unmittelbar gegenüber der kassen(zahn)ärztlichen Vereinigung abrechnet
- **und** sich die von der Krankenkasse an die jeweilige kassen(zahn)ärztliche Vereinigung zu zahlende Gesamtvergütung durch die unzutreffende Honorarzahlung erhöht.

Dagegen liegt ein **Betrug zum Nachteil der an der Honorarverteilung teilnehmenden Vertrags(zahn)ärzte** vor,

- wenn der Vertrags(zahn)arzt von ihm erbrachte Leistungen oder gemachte Aufwendungen unmittelbar gegenüber der kassen(zahn)ärztlichen Vereinigung abrechnet,
- **aber** die von den Krankenkassen zu entrichtende Gesamtvergütung betragsmäßig begrenzt ist.

Leistungen, die ein Vertragszahnarzt **ohne Kassenzulassung** erbringt, begründen gegenüber der KZV keinen Honoraranspruch, sodass die KZV durch die Auszahlung der nicht geschuldeten Honorare einen Vermögensschaden erlitten hat. Dabei spiele es keine Rolle, dass den Kassen infolge der Behandlung ihrer Patienten durch den Nichtvertragszahnarzt Aufwendungen in möglicherweise gleicher Höhe erspart geblieben sind, die ihnen durch die Behandlung durch einen anderen, bei der Kasse zugelassenen Arzt entstanden wären. Denn eine solche **Kompensation** finde bei der Schadensberechnung **nicht** statt. Es würde ein anderer hypothetischer Sachverhalt zugrunde gelegt, wobei offen bleiben müsste, ob ein anderer (Zahn) Arzt die gleiche Behandlungsweise gewählt hätte.[1041] Dies ist nicht vorgesehen.

Der 2. und 4. Strafsenat stellen den „Gefährdungsschaden“ bzw. eine „schadensgleiche Vermögensgefährdung“ einem Vermögensschaden gleich.[1042] Eine bloße **konkrete Gefährdung** stellt einen Vermögensschaden dar, wenn die Gefährdung nach wirtschaftlicher Betrachtungsweise bereits eine Verschlechterung der gegenwärtigen Vermögenslage bedeutet (m.a.W.: Der Wert des Vermögens ist bei wirtschaftlicher Betrachtung deshalb gemindert, weil der Eintritt einer endgültigen Vermögenseinbuße nahe gerückt ist). Die (täuschungsbedingte) Gefahr des endgültigen Verlustes eines Vermögensbestandteils muss zum Zeitpunkt der Verfügung so groß sein, dass sie schon jetzt eine Minderung des Gesamtvermögens zur Folge hat. Diese Voraussetzungen sind aber nicht erfüllt, wenn der Eintritt wirtschaftlicher Nachteile nicht einmal überwiegend wahrscheinlich ist, sondern von zukünftigen Ereignissen abhängt, die sich einer Einflussnahme trotz der Manipulationen immer noch in ganz wesentlichem Umfang entziehen.[1043] Anders sieht das der 1. Strafsenat. Eine Bejahung eines Vermögensschadens durch eine konkrete Gefährdung des Gesamtvermögens im Sinne eines „Gefährdungsschadens" bzw. einer „schadensgleichen Vermögensgefährdung" wird für entbehrlich gehalten.[1044]

ee. Vorsatz

Bei bedingtem Vorsatz wird der Feststellung des voluntativen Elements des Vorsatzes gerade im Rahmen von Wirtschaftsstrafsachen besonderes Gewicht eingeräumt. Die bloße Kenntnis von einer potenziellen Gefährdungslage reicht für die Annahme der subjektiven Tatseite des Vermögensschadens im Sinne des §263 StGB nicht aus. Vielmehr setzt der Betrugstatbestand mindestens eine schadensgleiche Vermögensgefährdung voraus. Hierauf muss sich auch der Vorsatz mit seinen kognitiven und voluntativen Bestandteilen beziehen. Dies setzt voraus, dass der Betroffene auch aus Sicht des Täuschenden **ernstlich mit wirtschaftlichen Nachteilen rechnet.** Dieses Erfordernis ist nicht erfüllt, wenn der Eintritt wirtschaftlicher Nachteile nicht einmal überwiegend wahrscheinlich ist, sondern von zukünftigen Ereignissen abhängt.[1045]

ff. Stoffgleiche Eigen- oder Drittbereicherungsabsicht

Absicht liegt vor, wenn der Täter vom Wissen her das Bewusstsein hat, dass der Erfolg möglicherweise eintreten kann, und im Hinblick auf den Willen es ihm auf den Vermögensvorteil ankommt. Voluntativ reicht es also aus, wenn der Vorteil auch nur als Mittel zu einem anderen Zweck (der daneben oder sogar in erster Linie verfolgt wird) erstrebt wird. Es ist nicht erforderlich, dass der Vermögensvorteil die eigentliche Triebfeder oder das in erster Linie erstrebte Ziel seines Handelns ist.[1046] **Stoffgleichheit** zwischen der Verfügung, die zur Vermögensminderung führt, und der erstrebten Bereicherung liegt vor, wenn der Vorteil und der Schaden auf derselben Vermögensverfügung beruhen und der Vorteil zulasten des geschädigten Vermögens geht.[1047] Der Vermögensvorteil kann beim Täter oder einem Dritten eintreten.

gg. Rechtswidrigkeit der erstrebten Bereicherung und diesbezüglicher Vorsatz

Der Vorsatz des Täters ist auf Erlangung eines rechtswidrigen Vorteils gerichtet, wenn der Vermögensvorteil (objektiv) rechtswidrig ist und der Täter dies auch weiß.[1048]

hh. Besonders schwerer Fall (§263 Abs. 3 S. 2, Abs. 4 StGB)

Ein Vermögenswert **„großen Ausmaßes"** im Sinne von §263 Abs. 3 S. 2 Nr. 2 1. Alt. StGB wird ab 50.000 Euro angenommen. Nach dem Gesetzeswortlaut ist ein **„Verlust"** eines solchen Vermögenswerts erforderlich; die bloße Gefährdung kann dem Verlust nicht ohne Überschreitung der Wortlautgrenze gleichgestellt werden.[1049]

ii. Versuch

Bei **unmittelbar** begangenem Abrechnungsbetrug befindet sich der Täter so lange im straflosen Vorbereitungsstadium, solange der Täter lediglich solche Täuschungshandlungen vornimmt, die weder nach der objektiven Sachlage noch nach seinen Vorstellungen unmittelbar darauf gerichtet sind, den Getäuschten zu der schädigenden Vermögensverfügung zu bestimmen.[1050] Exkursiv ist darauf aufmerksam zu machen, dass ein (Zahn)Arzt, der eine **Patientenakte manipuliert**, um einen tatsächlich nicht bestehenden Arzthaftungsanspruch abzuwehren, aber fälschlicherweise von einem solchen ausgeht, sich wegen versuchten Betrugs strafbar macht.[1051] Ein unmittelbares Ansetzen des **mittelbaren Täters** beim Abrechnungsbetrug liegt zwar regelmäßig dann vor, wenn der Täter seine Einwirkung auf den Tatmittler abgeschlossen hat. Dies setzt jedoch weiter voraus, dass der Tatmittler die Tathandlung nach den Vorstellungen des Täters im engen Zusammenhang mit dem Abschluss der Einwirkung vornehmen wird und das geschützte Rechtsgut damit bereits in diesem Zeitpunkt gefährdet ist. Soll dagegen der Tatmittler nach dem Willen des Hintermannes die tatbestandliche Angriffshandlung mit zeitlicher Verzögerung im Anschluss an noch ausstehende Vorbereitungshandlungen ins Werk setzen, beginnt der Versuch auch für den Hintermann erst mit dem unmittelbaren Ansetzen des Tatmittlers zur Tatbegehung.[1052]

Bei der **Mittäterschaft** treten alle Mittäter einheitlich in das Versuchsstadium ein, sobald einer von ihnen zur Verwirklichung des Tatbestands unmittelbar ansetzt und zwar unabhängig davon, ob einzelne von ihnen einen Tatbeitrag im Vorbereitungsstadium erbracht haben.

jj. Beteiligung

Verschreibt ein Vertrags(zahn)arzt zulasten der von ihm vertretenen Krankenkasse ein Medikament, das infolge einer ihm gewährten Rückvergütung („Kickback") um den Rabattanteil überteuert ist, und rechnet der gutgläubige Apotheker ein derart überteuertes Medikament später gegenüber den Kostenträgern ab, so tritt der vom Vertrags(zahn)arzt in mittelbarer Täterschaft begangene Betrug als mitbestrafte Nachtat hinter die durch Verschreibung des Medikaments verübte Untreue zurück.[1053]

2. Untreue (§266 StGB)

a. Struktur

1. Tathandlung
   - §266 Abs. 1 Alt. 1: Missbrauch
     a. Verfügungs- o. Verpflichtungsbefugnis bzgl. fremden Vermögens
     b. Befugnismissbrauch

- §266 Abs. 2 Alt. 2: Treubruch
  a. Vermögensbetreuungspflicht
  b. Handlung oder Unterlassen in Realwiderspruch zur Treuepflicht
2. Vermögensnachteil des zu betreuenden Vermögens durch den Missbrauch oder Treubruch
3. Vorsatz
4. Rechtswidrigkeit
5. Schuld
6. Besonders schwerer Fall (§266 Abs. 2 i.V.m. §263 Abs. 3 S. 2 StGB)
7. Antrag (§246 Abs. 2 i.V.m. §§247, 248a StGB)

b. En Detail

aa. Tathandlung

Die **Befugnis** ist die Rechtsmacht, in wirksamer Weise über Vermögensrechte eines anderen durch Übertragung, Aufhebung, Belastung oder Änderung zu verfügen oder ihn gegenüber Dritten wirksam zu solchen Verfügungen zu verpflichten. Es wird allein auf rechtsgeschäftliches Handeln in Anknüpfung an die zivilrechtliche Terminologie abgestellt. Umfasst wird auch die Befugnis, hoheitlich zu verfügen.[1054] Die Befugnis muss gerade im Hinblick auf Verfügungen oder Verpflichtungen des Vermögensinhabers gegenüber Dritten bestehen; eine rein tatsächliche Einwirkungsmacht reicht daher nicht aus.[1055] Die folgende Kaufvertragskonstruktion soll aufgegeben worden sein. Dem Vertrags(zahn)arzt wird durch das Gesetz eine **Verpflichtungsbefugnis gegenüber der gesetzlichen Krankenversicherung** eingeräumt (vgl. §72 Abs. 1 S. 1 i.V.m. §73 Abs. 2 Nr. 7 SGB V). Er kann also durch das **Ausstellen von Verordnungen**, die Krankenkassen zur Zahlung der verschriebenen Medikamente verpflichten. Bei Ausstellung einer Verordnung handle der Vertrags(zahn)arzt als Vertreter der Krankenkassen. Denn er konkretisiert anstelle der gesetzlichen Krankenkasse das Rahmenrecht der einzelnen Versicherten auf medizinische Versorgung.[1056] Bei der Verordnung von Arzneimitteln wird er als Vertreter der Krankenkasse tätig und gibt mit Wirkung für und gegen (§§164 ff. BGB) die Krankenkasse Willenserklärungen zum Abschluss eines Kaufvertrages über die verordneten Medikamente ab.[1057] Ein **Missbrauch** (§266 Abs. 1 Alt. 1 StGB) ist ein rechtsgeschäftliches Handeln im Außenverhältnis mit Wirkung für den Vermögensträger unter Überschreitung der Befugnis im Innenverhältnis.[1058] Ein Vertrags(zahn) arzt darf Leistungen, die jenseits der Bandbreite offener Wertungen nach den Regeln der (zahn)ärztlichen Kunst eindeutig **nicht notwendig, nicht ausreichend oder unzweckmäßig sind**, nicht verordnen (§§12 Abs. 1 S. 2, §70 Abs. 1 S. 2 SGB V). Demgemäß liegt ein Missbrauch der dem Vertrags(zahn)arzt von Gesetzes wegen eingeräumten Befugnis vor, wenn er ein Medikament zulasten der gesetzlichen Krankenkassen verschreibt, obwohl er weiß, dass die Leistung im Sinne des §12 Abs. 1 SGB V nicht bewirkt werden darf.[1059] Ein Missbrauch liegt auch dann vor, wenn zulasten der von dem Vertragszahnarzt vertretenden Krankenkassen ein Medikament verschrieben wird, das **infolge einer ihm gewährten Retrozession um den Discountanteil** übersetzt ist. Denn das Wirtschaftlichkeitsgebot wird verletzt.[1060]

Allein der Bezug einer Verpflichtung zu fremden Vermögensinteressen macht die Verpflichtung noch nicht zu einer **Vermögensbetreuungspflicht** (§266 Abs. 2 Alt. 2 StGB). Die Pflicht, einen Vertrag zu erfüllen, genügt ebenso wenig wie die allgemeine vertragliche Nebenpflicht (vgl. §241 Abs. 2, §242, §311 Abs. 2 BGB), auf die (Vermögens) Interessen des Partners Rücksicht zu nehmen. Der bloße Vertragsbruch steht nicht unter Strafe. Eine **Vermögensbetreuungspflicht** liegt vor, wenn den Täter eine inhaltlich besonders herausgehobene Pflicht zur Wahrnehmung fremder Vermögensinteressen trifft. Die Rechtsprechung entscheidet im Wege einer Gesamtbetrachtung, ob es sich bei den einer Person übertragenen Aufgaben um Angelegenheiten handelt, denen die Bedeutung der Wahrnehmung von Vermögensinteressen zukommt.[1061] Der Vertrags(zahn)arzt ist kraft Gesetzes verpflichtet, die Vermögensinteressen der Krankenkassen zu wahren, denn es ist ihm nach §12 Abs. 1 SGB V untersagt, nicht notwendige oder unwirtschaftliche Leistungen zu bewirken.[1062]

Trotz der Rechtsprechung zu den Korruptionsdelikten sollen die Erkenntnisse zur Untreue fortgelten.

Die **Pflichtwidrigkeit** ist auf die Fälle beschränkt, in denen es sich um klare und deutliche (evidente) Fälle pflichtwidrigen Handelns handelt.[1063]

bb. Vermögensnachteil des zu betreuenden Vermögens durch den Missbrauch oder Treubruch

Vermögensnachteil ist eine gegenwärtige Minderung des Gesamtvermögenswerts. Ob ein Vermögensschaden auch im Falle des Instituts der schadensgleichen Vermögensgefährdung bzw. des Gefährdungsschadens gegeben sein kann, wird unterschiedlich beurteilt. Ein **„Gefährdungsschaden"** bzw. eine **„schadensgleiche Vermögensgefährdung"** ist die nahe liegende Gefahr eines endgültigen Verlusts eines Vermögensteils. Der **1. Strafsenat** des BGH bestimmt den Schaden rein wirtschaftlich. Die Begriffe „schadensgleiche Vermögensgefährdung" bzw. „Gefährdungsschaden" seien überflüssig. Der **2. Strafsenat** des BGH hält für die Vollendung der Untreue am Institut der schadensgleichen konkreten Vermögensgefährdung fest.[1064] Das **BVerfG** hegt ggü. der Annahme eines Gefährdungsschadens keine Bedenken. Zu beachten sei aber, dass eigenständige Feststellungen zum Vorliegen eines Nachteils geboten seien. Abgesehen von einfach gelagerten und eindeutigen Fällen (z.B. ein ohne weiteres greifbarer Mindestschaden) sei der angenommene Nachteil der Höhe nach zu beziffern und die Ermittlung des Nachteils in wirtschaftlich nachvollziehbarer Weise in den Urteilsgründen darzulegen. Anerkannte Bewertungsverfahren und -maßstäbe seien zu berücksichtigen; soweit komplexe wirtschaftliche Analysen vorzunehmen seien, werde die Hinzuziehung eines Sachverständigen erforderlich sein. Die im Falle der hier vorzunehmenden Bewertung unvermeidlich verbleibenden Prognose- und Beurteilungsspielräume seien durch vorsichtige Schätzung auszufüllen. Im Zweifel müsse jedoch freigesprochen werden.[1065]

cc. Vorsatz

In den Fällen schadensgleicher Vermögensgefährdung verlangt der **2. Strafsenat** im Rahmen der Feststellungen zum subjektiven Tatbestand, dass der Täter die Realisierung der Gefahr eines konkreten Schadenseintritts billigend in Kauf genommen hat.[1066] Der bedingte Vorsatz eines Gefährdungsschadens setzt also nicht nur die **Kenntnis** des Täters von der konkreten Möglichkeit eines Schadenseintritts und die Inkaufnahme dieser konkreten Gefahr voraus, sondern darüber hinaus eine **Billigung der Realisierung** dieser Gefahr, sei es auch nur in der Form, dass der Täter sich mit dem Eintritt des ihm unerwünschten Erfolges abfindet.[1067] Diese Anforderungen werden gestellt, um eine Vorverlagerung der Tatbestandsvollendung in den Bereich des straflosen Versuchs zu vermeiden. Die Rechtsauffassung des **1. Strafsenats** geht dahin, dass der bedingte Vorsatz nicht auch die Billigung eines eventuellen Schadens umfassen müsse.[1068]

3. Erpressung (§ 253 StGB)

a. Struktur

1. Nötigungsmittel: Gewalt oder Drohung mit einem empfindlichen Übel
2. Nötigungsfolgen: dadurch Tun, Dulden oder Unterlassen des Opfers
3. Dadurch Vermögensnachteil beim Genötigten oder Dritten
4. Vorsatz
5. Absicht stoffgleicher (Eigen- oder Fremd-)Bereicherung
6. Objektive Rechtswidrigkeit der erstrebten Bereicherung und subjektiv diesbezüglicher Vorsatz
7. Verwerfliche Mittel-Zweck-Relation (§ 253 Abs. 2 StGB)
8. Schuld
9. Besonders schwerer Fall (§ 253 Abs. 4 StGB), Regelbeispiele: Gewerbsmäßigkeit oder bandenmäßige Erpressung

b. En Detail

aa. Nötigungsmittel: Gewalt oder Drohung mit einem empfindlichen Übel

Gewalt liegt vor, wenn der Täter durch körperliche Kraftentfaltung Zwang auf sein Opfer ausübt und dieser Zwang nicht lediglich psychisch wirkt, sondern körperlich empfunden wird. Es ist nicht erforderlich, dass die Kraftentfaltung des Täters eine bestimmte Intensität besitzt. Geringfügige körperliche Energie kann für die Annahme von Gewalt ausreichen. Zwang liegt vor, wenn die Auswirkungen körperlich empfunden werden, sie also zu physisch merkbaren Reaktionen führen.[1069] Inhalt der **Drohung** muss ein **empfindliches Übel**, also ein Nachteil von solcher Erheblichkeit sein, dass eine Ankündigung geeignet erscheint, den Bedrohten im Sinne des Täterverlangens zu motivieren. Diese (nicht nur faktische, sondern normative) Voraussetzung entfällt, wenn von dem Bedrohten in seiner Lage erwartet werden kann, dass er der Drohung in besonderer Selbstbehauptung standhält. Der Täter muss tatsächlich oder nach den Befürchtungen des Bedrohten Herr des Geschehens sein, die Herbeiführung oder Verhinderung des angekündigten Nachteils muss (tatsächlich oder scheinbar) in seiner Macht stehen.[1070]

Auch die Drohung mit einem Unterlassen kann ausreichend sein, falls es für den Bedrohten motivierende Kraft hat und aus dessen Sicht der Täter in dem Sinne Herr des Geschehens ist, dass Herbeiführung und Verhinderung des Nachteils (wenn auch nur scheinbar) in seiner Macht stehen.[1071] Eine Drohung mit einem empfindlichen Übel kann auch darin liegen, die **Vergabe eines Auftrags** von der Zahlung eines **Schmiergelds** abhängig zu machen. Dies soll vor allem dann in Betracht kommen, wenn die Schmiergeldforderung mit der Drohung verknüpft wird, bei Nichterfüllung werde eine **bestehende** Bindung vertragswidrig aufgekündigt. Gleiches gelte bei laufenden Geschäftsbeziehungen, auf deren Fortdauer der Adressat der Schmiergeldforderung **wirtschaftlich existenziell** angewiesen ist, wenn für den Fall der Weigerung der Schmiergeldzahlung der Abbruch angedroht wird. In diesem Fall einer wirtschaftlichen Notlage scheitert die Annahme einer Drohung mit einem empfindlichen Übel nicht daran, dass der Ankündigende rechtlich nicht dazu verpflichtet ist, die Geschäftsbeziehungen fortzusetzen. Wird dagegen ein **„Zusatzabruf"** von der Voraussetzung einer (erhöhten) Provision abhängig gemacht, dann liegt darin grundsätzlich keine Drohung. Vielmehr liegt darin die Gewährung einer Chance, sich eine wirtschaftliche Verbesserung zu „erkaufen". Eine tatbestandliche Drohung liegt jedoch dann nicht vor, wenn angekündigt wird, zum Nachteil eines Dritten abgeschlossene bzw. vorgesehene Geschäfte rückgängig zu machen.[1072]

bb. Nötigungsfolgen: Dadurch Tun, Dulden oder Unterlassen des Opfers

Nach der Erpressungskonzeption der Rechtsprechung genügt als Opferreaktion jedes Verhalten des Genötigten, welches dem Täter die Herbeiführung einer Vermögensminderung ermöglicht.

cc. Dadurch Vermögensnachteil beim Genötigten oder Dritten

Der Vermögensnachteil bei §253 StGB ist identisch mit dem Vermögensschaden beim Betrug (§263 StGB). Auf die dortigen Ausführungen in diesem Buch wird referenziert. Bei der Drohung mit dem Abbruch von Geschäftsbeziehungen für den Fall, dass Schmiergeldzahlungen nicht erfolgen, kann der Vermögensnachteil nicht isoliert in der Schmiergeldzahlung gesehen werden. Das, was dem Zahlenden für dessen Abrede als „Gegenleistung“ zugesagt wird und auch zufließt, ist bei der gebotenen wirtschaftlichen Gesamtbetrachtung mit zu berücksichtigen.[1073]

dd. Absicht stoffgleicher (Eigen- oder Fremd-) Bereicherung

Diese Bedingung ist identisch mit der Bereicherungsabsicht beim Betrug. Auf die dortigen Ausführungen wird referenziert.

ee. Objektive Rechtswidrigkeit der erstrebten Bereicherung und subjektiv diesbezüglicher Vorsatz

Die Rechtswidrigkeit der erstrebten Bereicherung entfällt, wenn sie objektiv oder subjektiv von der Vermögensordnung gedeckt ist.[1074]

ff. Verwerfliche Mittel-Zweck-Relation (§253 Abs. 2 StGB)

Die Verquickung von Mittel und Zweck muss nach allen bei der Wertung zu berücksichtigenden Umständen verwerflich sein. Dieses Erfordernis, das im Wege einer konkret-normativen Betrachtung zu prüfen ist, führt zur Ausscheidung der „Unterlassungsfälle“, in denen nur der Handlungsspielraum des Bedrohten erweitert, die Autonomie seiner Entschlüsse jedoch nicht in strafwürdiger Weise angetastet wird.[1075] Bei dem **Abverlangen von Schmiergeldzahlungen** ergibt sich die Verwerflichkeit der Mittel-Zweck-Beziehung daraus, dass der die Schmiergeldzahlung Fordernde seinem Gegenüber einen existenzgefährdenden Abbruch der Geschäftsbeziehungen angekündigt hat, um sich unter Missbrauch seiner Stellung auf Kosten seines Gegenübers zu bereichern.[1076]

4. Bestechlichkeit und Bestechung im geschäftlichen Verkehr (§299 StGB)

a. Struktur

1. Angestellter oder Beauftragter eines geschäftlichen Betriebs
2. Vorteil für sich/einen Dritten
3. Tathandlung: fordern, sich versprechen lassen oder annehmen
4. Bezugsverhalten:
   a. Bezug von Waren/gewerblichen Leistungen
   b. Wettbewerbsverhältnis zu anderen Anbietern
   c. Unlautere Bevorzugung eines anderen
5. Vorteil und Bezugsverhalten stehen in einem Gegenleistungsverhältnis
6. Vorsatz

b. En Detail

aa. Angestellter oder Beauftragter eines geschäftlichen Betriebs

Ein geschäftlicher Betrieb ist jede auf gewisse Dauer betriebene Tätigkeit im Wirtschaftsleben, die sich durch Austausch von Leistungen und Gegenleistungen vollzieht. Auch freiberufliche Betätigungen von **Ärzten, Zahnärzten**, Rechtsanwälten Steuerberatern, etc. sind Geschäftsbetriebe im Sinne des §299 StGB.[1077] **Angestellter** ist, wer in einem mindestens faktischen Dienstverhältnis zum Geschäftsherrn steht und dessen Weisungen unterworfen ist.[1078] **Beauftragter** ist, wer, ohne Angestellter zu sein, befugtermaßen für einen Geschäftsbetrieb tätig wird.[1079]

Der BHG hat neuerdings entschieden, dass Vertragsärzte nicht Beauftragte sind. Eine Aussicht der Rechtslehre will dagegen den Vertragsarzt als Beauftragten des geschäftlichen Betriebs der Krankenkasse ansehen.[1080] Diese Ansicht ist abzulehnen. Einig ist man sich, dass der Vertrags(zahn)arzt nicht Beauftragter einer privaten Krankenversicherung ist. Dies muss dann aber auch aufgrund der Vergleichbarkeit gesetzlich Versicherter mit privat Versicherten gelten. Prima vista scheint sich nicht die Komparabilität der Versicherten aufzudrängen. Diese ist aber latent vorhanden. Zwar gilt für gesetzlich Versicherte grundsätzlich das Sachleistungsprinzip. Das Kostenerstattungsprinzip ist aber gem. §§13, 14 SGB V auch möglich. Beim Kostenerstattungsprinzip bezahlt auch der gesetzlich Versicherte die vom (Zahn)Arzt gestellte Rechnung selbst und lässt sich dann von seiner gesetzlichen Krankenkasse den erstattungsfähigen Anteil erstatten. Dieses Kostenerstattungsprinzip der gesetzlichen Krankenversicherung ist identisch mit dem Procedere bei einer privaten Krankenversicherung. Besteht insoweit Identität zwischen den Verfahren der gesetzlichen Krankenversicherung und der privaten Krankenversicherung, dann überzeugt es nicht, den Vertrags(zahn)arzt (zumindest undifferenziert) als Beauftragten der gesetzlichen Krankenversicherung zu behandeln. Eine ausdifferenzierte Betrachtungsweise, der Vertrags(zahn)arzt habe beim Sachleistungsprinzip der gesetzlich Versicherten den Status als Beauftragter, diesen Status aber nicht beim Kostenerstattungsprinzip der gesetzlich Versicherten, kann auch nicht greifen. Die Gruppe der gesetzlich Versicherten ist homogen. Daher muss der Vertrags(zahn)arzt einheitlich als Nichtbeauftragter der gesetzlich Versicherten behandelt werden. Ansonsten käme es zu Zufallsergebnissen. Der Einordnung als Beauftragter muss auch entgegengehalten werden, dass es sonst noch zu weit tieferen faktischen Eingriffen in die Therapiefreiheit kommt, als dies jetzt schon der Fall ist. In Wirtschaftlichkeitsprüfungen, in denen die Krankenkassen als Beigeladene auftreten, ist der Eingriff die Therapiefreiheit dergestalt auszumachen, dass aus Kostengründen die Extraktion anstatt des Versuchs der Zahnerhaltung eingefordert wird.[1081] Dies steht aber dem Grundsatz der Zahnerhaltung entgegen.[1082] Dieser Grundsatz besagt, dass eine Zahnextraktion als letzte Behandlungsmöglichkeit indiziert ist, wenn konservierende Behandlungsalternativen zu keiner Besserung geführt haben.[1083] Dies setzt voraus, dass eine konservierende Behandlung versucht wurde. Einer weiteren Manipulation der Therapiefreiheit darf nicht Vorschub geleistet werden, indem (Zahn)Arzt und Krankenkasse über das Strafrecht konvergieren.

bb. Vorteil für sich/einen Dritten

Ein Vorteil ist alles, was die Lage des Empfängers irgendwie verbessert und auf das er keinen Anspruch hat. Wird mit dem Entzug rechtmäßig bestehender Positionen oder Ansprüche gedroht, so liegt nicht §299 StGB, sondern §240 StGB vor.[1084] Materielle Vorteile, ad exemplum:

- Provision, Rückvergütungsrabatt, Honorar, Vermittlung oder Gewährung von Nebeneinnahmen, Zuwendung von Gebrauchsgütern, Einladung zu Urlaubsreisen, Preisnachlässe beim Bezug von Praxisbedarf, Freizeitangebote, Büromaschinen, elektronische Geräte, Vergünstigungen beim Erwerb von Luxusgütern, Honorare für erkennbar wertlose „Studien“.

Immaterielle Vorteile, ad exemplum:

- Förderung beruflichen Fortkommens, Schein-Tagungen, Einladung zu Spaß-Tagungen.

cc. Tathandlung: fordern, sich versprechen lassen oder annehmen

Das „Sich-versprechen-lassen“ oder Fordern setzen einen konkretisierten Vorteil voraus, eine bestimmte Form ist nicht erforderlich. Annehmen ist die tatsächliche Entgegennahme des Vorteils mit dem nach außen bekundeten Willen, über diesen zu eigenen Zwecken oder zugunsten eines Dritten zu verfügen.[1085]

dd. Bezugsverhalten

Das Verhalten muss sich auf den Bezug von Waren oder gewerblichen Leistungen beziehen. Die Handlung muss in einem Zusammenhang mit den Kontakten erfolgen, die sich auf den geschäftlichen Betrieb beziehen.[1086] Die intendierte Bevorzugung muss im Wettbewerb des Vorteilsgewährenden mit seinem Konkurrenten erfolgen.

Eine **Bevorzugung** ist die Gewährung von Vorteilen im Wettbewerb gegenüber den Mitbewerbern. Es muss also eine Entscheidung zwischen mindestens zwei (nicht notwendig sämtlich bekannten) Mitbewerbern erfolgen.[1087] **Unlauter** ist die Bevorzugung, wenn sie geeignet ist, Mitbewerber durch Umgehung der Regeln des Wettbewerbs und durch Ausschaltung der Konkurrenz zu schädigen. Hier werden sachwidrige von sachgerechten Motiven der Bevorzugung abgegrenzt.

ee. Vorteil und Bezugsverhalten stehen in einem Gegenleistungsverhältnis

Das ist dann der Fall, wenn eine Übereinkunft zwischen dem Vorteilsnehmer und dem Vorteilsgeber vorliegt. Ein „Gegenleistungsverhältnis“ im engeren Sinne oder eine vertragsähnliche Vereinbarung werden nicht vorausgesetzt. Es reicht aus, wenn eine auf beiden Seiten bewusste Verknüpfung zwischen Vorteil und Bezugsverhalten besteht. Die Zuwendung erfolgt also unter Bezugnahme zu einer bestimmten Zuwendung.[1088]

ff. Vorsatz

Der Vorsatz muss sich zum Zeitpunkt der Bevorzugung auf einen Kreis von Mitbewerbern beziehen, auf deren Ausschaltung die Zuwendung abzielt.[1089]

III. Zivilrecht

Ein Anspruch auf Rückzahlung des Kickback-Betrags des Vorteilsgebers gegen den Vorteilsnehmer kann sich aus §812 Abs. 1 S. 1 Alt. 1 BGB ergeben.[1090]

1. §817 S. 1 BGB ist nicht anwendbar, denn hier verstößt nicht nur die Annahme, sondern auch der schuldrechtliche Vertrag über Kickback-Beträge gegen §138 BGB bzw. 134 BGB. Dann greift aber bereits die Kondiktion auf §812 Abs. 1 S. 1 Alt. 1 BGB.
2. Die Nichtigkeit der Kickback-Vereinbarung kann sich aus §134 BGB ergeben wegen Verstoßes gegen §263 StGB oder aus §138 Abs. 1 BGB. Der Makel der Sittenwidrigkeit bleibt auch dann erhalten und geht nicht verloren, wenn sich bestimmte Geschäftspraktiken einer allgemeinen Beliebtheit erfreuen.
   Wird die Vergabe eines Auftrags von Schmiergeldzahlungen abhängig gemacht, dann kommt auch §138 Abs. 2 BGB in Betracht.
3. Die Rückforderung ist nach §817 S. 2 BGB ausgeschlossen, wenn z. B. das **Labor** den Zweck der Wahrungszahlungen erkennt und demnach an dem verbotenen Tun des Arztes mitwirkt.
   Ein Ausschluss scheidet aber dann aus, wenn sich das Labor auf die Vereinbarung **auf Druck des Zahnarztes einlässt**, um eine Bedrohung seiner wirtschaftlichen Existenz abzuwenden. Dann sind die dem Zahnarzt zugeflossenen Vorteile durch einen Bereicherungsausgleich im Verhältnis zwischen den Vertragsparteien rückgängig zu machen.
   Ansonsten ist eine Abwägung anhand von §§817 S. 2, 242 BGB zu treffen, ob der Anspruch ausgeschlossen sein soll und die Vorteile an die betroffenen Patienten bzw. gesetzlichen Krankenkassen weiter zu reichen sind.

IV. Sozialrecht[1094]

1. Disziplinarmaßnahmen

Die Satzungen (i.V.m. der Disziplinarordnung) der kassen(zahn)ärztlichen Vereinigungen sehen für Verfehlungen als zu verhängende Maßnahmen Verwarnung, Verweis, Geldbuße oder die Anordnung des Ruhens der Zulassung oder der vertrags(zahn)ärztlichen Beteiligung bis zu zwei Jahren vor (vgl. §81 Abs. 5 SGB V).

Verfahrens- oder Formmängel in Bezug auf die Disziplinarordnung können nach §41 SGB X geheilt werden. Ein Verfahrensmangel (z.B. zu kurze Ladung) ist im Rahmen der Anforderungen von §295 ZPO i.V.m. §202 SGG zu rügen. Ansonsten kann er unbeachtlich sein.

Materiell-rechtlich wird eine **schuldhafte** Verletzung vertrags(zahn)ärztlicher Pflichten vorausgesetzt. Die Qualität der Pflichtenverletzung muss bei einem Zulassungsentzug „gröblich" sein (vgl. §95 Abs. 6 SGB V). Eine Grund**pflicht** eines Vertrags(zahn)arztes ist es, erbrachte Leistungen „peinlich genau" abzurechnen. Eine **gröbliche** Verletzung vertragsärztlicher Pflichten liegt in der Regel vor, wenn **gegen Vorschriften des Strafrechts verstoßen** wird. Dieses ist vor allem bei der Begehung von Vermögensdelikten zum Nachteil gesetzlichen Krankenkassen und Versicherten der Fall. Namentlich sind Retrozessionen zu erwähnen.

Die Auswahl der zu ergreifenden Maßnahmen steht im **Ermessen** der Disziplinarorgane, wobei der Ermessensspielraum nur beschränkt überprüfbar ist. Ein Ermessensfehler liegt vor allem dann vor, wenn nicht von einem vollständig ermittelten Sachverhalt ausgegangen wird und/oder nicht sachgerechte Erwägungen für die Entscheidung leitend waren. Dabei ist die Prüfung auf die Erwägungen beschränkt, die im Bescheid mitgeteilt wurden.

Sinn und Zweck des Disziplinarrechts ist es, nur geeigneten (Zahn)Ärzten die Teilnahme an der vertragszahnärztlichen Versorgung zu ermöglichen. Es ist nicht zu beanstanden, wenn ein Vertrags(zahn)arzt zur Einhaltung dieser Pflichten per Disziplinarmaßnahme angemahnt wird. Dem steht auch nicht entgegen, dass dieses Verhalten bereits strafrechtlich sanktioniert wurde.

Ob die Disziplinarmaßnahme rechtmäßig ist, beurteilt sich nach der **Sach- und Rechtslage** im Zeitpunkt der letzten Verwaltungsentscheidung. Maßgeblicher Zeitpunkt ist dagegen nicht für die Beurteilung der Sachlage die letzte mündliche Verhandlung in der Tatsacheninstanz und für die Beurteilung der Rechtslage der Zeitpunkt der Entscheidung in der Revisionsinstanz.[1092] Das Gericht berücksichtigt bei seiner Entscheidung bezüglich der Rechtmäßigkeit einer Disziplinarmaßnahme nicht ein Wohlverhalten a posteriori.

2. Entzug der Zulassung/Widerruf der Approbation[1093]

Für die Beurteilung der Rechtmäßigkeit der Entziehung der Zulassung zur vertragsärztlichen Versorgung ist sowohl bei **vollzogenen** wie bei **nichtvollzogenen** Entziehungsentscheidungen **grundsätzlich** die Sach- und Rechtslage im Zeitpunkt der letzten Verwaltungsentscheidung maßgeblich. Wenn sich bei einer **nicht vollzogenen** Zulassungsentziehung die Sach- und Rechtslage während des gerichtlichen Verfahrens zugunsten des Arztes in einer Weise geändert hat, die eine Entziehung nicht mehr als angemessen erscheinen lässt, musste im Hinblick auf die Bedeutung des Grundrechts aus Art. 12 Abs. 1 GG eine solche Änderung bis zur letzten mündlichen Verhandlung vor dem Tatsachengericht berücksichtigt werden.[1094] Maßgeblicher Zeitpunkt für die Beurteilung der Sachlage konnte also die letzte mündliche Verhandlung in der Tatsacheninstanz sein. Dies wurde jetzt aufgegeben. Für die Beurteilung der Rechtslage ist der Zeitpunkt der Entscheidung in der Revisionsinstanz entscheidend.

3. Regressansprüche der KZV

Die KZV kann gegenüber dem Zahnarzt ungerechtfertigte Honorarvorteile im Wege der sachlich-rechnerischen Berichtigung beanspruchen.[1095] Der Zahnarzt kann zwar wie ein Beauftragter (vgl. §670 BGB) **Aufwendung**sersatz verlangen, namentlich gilt dies für zahntechnische Laborkosten. Diese müssen aber **notwendig** sein. Dies ergibt sich einerseits aus dem Rechtsgedanken des Wirtschaftlichkeitsgebots, zum anderen aus §670 BGB. Daher sind zufließende Vermögensvorteile in der Abrechnung deutlich zu machen, konkret beziffert offenzulegen und vom Erstattungsbegehren zu subtrahieren. Zahntechnische Laborkosten stellen nach BEMA-Z nur durchlaufende Posten dar, die dem Zahnarzt nicht einen zusätzlichen Gewinn vermitteln sollen. Einsparpotenzial ist zu nutzen, höhere Preise sind nur dann zu präferieren, wenn sachliche Gründe (z.B. Qualitätsvorteile) für einen Konkurrentenzuschlag sprechen. Dem Zahnarzt steht diesbzgl. ein Entscheidungsspielraum zu. Sachfremd wäre z.B. ein Freundschaftsdienst, der für eine Laborbeauftragung spricht.[1096] Waren die Aufwendungen nicht notwendig, so können diese zurückgefordert werden, namentlich die geflossenen Kickback-Zahlungen.

B. Die Entscheidung: Kickback[1097]

I. Sachverhalt

Ein kassenärztlich zugelassener Zahnarzt bezog für seine Praxis von der Firma G. Dentalhandelsgesellschaft GmbH (im Folgenden: Firma G.) Zahnersatz. Er vereinbarte mit dem Außendienstmitarbeiter K. der Firma G. ein Rabattsystem. Er sollte die Rechnungen der Firma G. in voller Höhe bezahlen. Die Rechnungen wiesen die vereinbarten Rabatte nicht aus. Nachträglich erhielt er umsatzbezogene Rückvergütungen i.H.v. 30% bzw. 25% der Nettobeträge bzw. sollte sie absprachegemäß erhalten. An jedem Monatsende oder Anfang des Folgemonats ließ der Zahnarzt die Abrechnung von seinen Angestellten vornehmen. Im Hinblick auf die gesetzlich Versicherten rechnete er die Behandlungskosten mit der zuständigen kassenzahnärztlichen Vereinigung Nordrhein ab, legte dabei die Rechnungen der Dentalhandelsgesellschaft zur Erstattung vor. Bei Privatleistungen oder Eigenanteilen von gesetzlich Versicherten rechnete er mit dem Patienten unmittelbar ab unter Vorlage der zu erstattenden Rechnungen der Dentalhandelsgesellschaft. Die mit der Dentalhandelsgesellschaft vereinbarten Rückvergütungen verschwieg er. Die Sachbearbeiter der Kassenzahnärztlichen Vereinigung und die Patienten, welche die Rechnungen beglichen, gingen davon aus, dass der Zahnarzt die in den Rechnungen angegebenen Preise für den Zahnersatz tatsächlich verauslagt hatte (was in der angegebenen Höhe eben nicht der Fall war) und er deshalb Erstattung verlangen konnte. Sie beglichen die geforderten Beträge. Der Zahnarzt wollte sich damit eine dauernde zusätzliche Einnahmequelle von erheblichem Umfang verschaffen. Der Zahnarzt erhielt Rückvergütungen von mindestens ca. 180.000 Euro, auf die er keinen Anspruch hatte. Teilweise wurde die Rückvergütung in bar ausgezahlt.

II. Entscheidungsgründe

Indem der angeklagte Zahnarzt (A) bei der Abrechnung der Behandlungskosten den vollen an die Firma G. gezahlten Preis ohne Abzug der von A erhaltenen Rückvergütung einsetzte und sich erstatten ließ, verübte er einen Betrug (§263 StGB) zum Nachteil der betroffenen gesetzlichen Krankenkassen.

1. Durch die Abrechnung des vollen Preises hat A gegenüber den jeweiligen Sachbearbeitern der kassenzahnärztlichen Vereinigung und der Krankenkassen stillschweigend erklärt, dass diese Kosten tatsächlich und endgültig angefallen sein. Da diese Erklärung die „Klickback"-Zahlungen unberücksichtigt ließ, hat A im Sinne von §263 Abs. 1 StGB falsche Tatsachen **vorgespiegelt.**[1098]
2. A hat dadurch bei dem jeweiligen Sachbearbeiter einen entsprechenden **Irrtum** erregt und ihn dazu veranlasst, ihm – A – überhöhte Auslagen zu erstatten.
3. In Höhe der nicht geschuldeten Zahlung entstand den Krankenkassen ein Vermögensschaden, da sich dadurch die von ihnen gemäß §85 Abs. 1 SGB V an die kassen(zahn)ärztliche Vereinigung zu entrichtende Gesamtvergütung erhöhte.
   Der Aufbau des gesetzlichen Krankenversicherungssystems sieht vor, dass die Krankenkasse an die jeweilige Kassenzahnärztliche Vereinigung eine Gesamtvergütung für die gesamte vertrags(zahn) ärztliche Versorgung der Versicherten des Bezirks zu entrichten hat (§85 Abs. 1 SGB V). Diese Gesamtvergütung würde durch die Kassen(zahn)ärztliche Vereinigung an die kassen(zahn)ärztlich zugelassenen Vertrags(zahn)ärzte nach den vereinbarten Maßstäben (nach Einzelleistungen, nach einer Kopfpauschale oder nach einer Fallpauschale, vgl. §85 Abs. 2 SGB V) verteilt.
4. Der A handelte **vorsätzlich** und in der **Absicht**, sich auf Kosten der Krankenkassen zu Unrecht zu bereichern.
5. Er beging den (Abrechnungs)Betrug auch als besonders schweren Fall nach §263 Abs. 3 S. 2 Nr. 1 StGB. **Gewerbsmäßig** handelt, wer sich aus wiederholter Tatbegehung eine nicht nur vorübergehende Einnahmequelle von einigem Umfang verschaffen möchte.[1099]
   Der A verschaffte sich unter Zuhilfenahme des oben bezeichneten Vorgehens regelmäßige Retrozessionseinnahmen in einem nicht unerheblichen Volumen, was er auch wollte.
6. Darüber hinaus beging der A die Betrugsstraftaten auch unter Verwirklichung des Regelbeispiels der **bandenmäßigen** Begehung.
   „Der Begriff der Bande setzt den Zusammenschluss von mindestens drei Personen voraus, die sich mit dem Willen verbunden haben, künftig für eine gewisse Dauer mehrere selbständige, im Einzelnen noch ungewisse Straftaten des im Gesetz genannten Delikttyps zu begehen. Danach unterscheidet sich die Bande von der Mittäterschaft durch das Element der auf eine gewisse Dauer angelegten Verbindung zu zukünftiger gemeinsamer Deliktsbegehung. Ein „gefestigter Bandenwille" oder ein „Tätigwerden in einem übergeordneten Bandeninteresse" ist nicht erforderlich. Es steht der Annahme einer Bande deshalb nicht entgegen, wenn ihre Mitglieder bei der Tatbegehung ihre eigenen Interessen an einer risikolosen und effektiven Tatausführung sowie Beute- und Gewinnerzielung verfolgen."
   Vor Beginn der Tatserie traf der A mit den Verantwortlichen der Firma G. die Abreden, er solle für eine gewisse Dauer und in einer Vielzahl im Einzelnen noch unbestimmter selbstständiger Fälle Betrugstaten zum Nachteil der Kassen(zahn)ärztlichen Vereinigung und von Patienten begehen, indem er Rechnungen der Dentalhandelsgesellschaft vorlegt, die die vereinbarte „Retrozession" nicht ausweisen. Der Begehung als Mitglied einer Bande steht auch nicht entgegen, dass der A lediglich Geschäftspartner der Firma G. war.
   „Die für die Annahme bandenmäßiger Begehung gegenüber der Mittäterschaft gesteigerte, über die aktuelle Tat tendenziell hinausreichende deliktische Zusammenarbeit kann…beim Handeltreiben mit Betäu-

bungsmitteln nicht schon darin gesehen werden, dass der Verkäufer mit einem Erwerber zusammenwirkt. Dieser Grundgedanke...lässt sich auf die hier zu beurteilende Konstellation nicht übertragen. Der Angeklagte und die Verantwortlichen der Firma G. standen sich nämlich, soweit es um die Betrugstaten zum Nachteil der Kassenzahnärztlichen Vereinigung und der Patienten ging, nicht als selbstständige Täter mit gegenläufigen Interessen gegenüber.
...Dies ist lediglich in Bezug auf die zwischen ihnen abgeschlossenen Verträge über die Lieferung von Zahnersatz der Fall. Mit Blick auf die betrügerische Schädigung der Kassenzahnärztlichen Vereinigung und der Patienten ziehen sie aber am selben Strang.“

III. Schlussfolgerung

Der Etikettenschwindel, indem Leistungen zu höheren Preisen abgerechnet werden, als sie es tatsächlich waren, kann den Vertrags(zahn)arzt teuer zu stehen kommen. Er wird dies spüren:

- Strafrechtlich droht eine empfindliche Geldstrafe oder Freiheitsstrafe wegen Betrugs oder Untreue.
- Sozialrechtlich ist mit Rückforderungen im Wege der sachlich-rechnerischen Berichtigung und einem Zulassungsentzug hinsichtlich der Vertrags(zahn)arztzulassung zu rechnen.
- Standesrechtlich können Sanktionen ausgesprochen werden.
- Auch wenn ein Strafgericht von einem Berufsverbot nach § 70 StGB oder einem dem Berufsverbot gleichkommenden Eingriff in die Berufsfreiheit abgesehen hat, hindert dies nicht die Verwaltungsbehörde daran, die Approbation zu entziehen und somit ein Berufsverbot zu verhängen. Die Rechtsanwendungsgleichheit steht dem nicht entgegen.[1100]
- Zivilrechtlich sind die geschlossenen Verträge zwischen dem Delinquenten unwirksam. Der Kickback-Profit unterliegt der Kondiktion (Rückgabe).

Auf den neuen § 9 Abs. 2 GOZ ist hinzuweisen. Dieser sieht die Angabe des Herstellungsorts für zahntechnische Leistungen vor.

R Rückforderung von Vergütung durch Privatpatienten

A. Hintergrund

I. Überblick

Zum einen ist der Aspekt der „Vergütung trotz Patientenkündigung" denkbar. Der Patient honorierte den Zahnarzt nicht, erklärt gleichsam die Kündigung und weigert sich zu zahlen. Der Zahnarzt ist dann Anspruchssteller (vgl. Kapitel „Vergütung trotz Patientenkündigung"; „Nachbesserung"). Für die rechtswissenschaftliche Analyse geht es dagegen hier um einen Sachverhalt, in dem der Patient die Zahnarztrechnung schon saldierte, im Nachgang die Kündigung erklärt und Restitution einfordert. Gezahltes (Zahn)Arzthonorar ist nicht allein deshalb zurückzuzahlen, weil ein Behandlungsfehler vorliegt, der qualitativ einer Nichterfüllung des Behandlungsvertrags gleichkommt, wobei der dogmatische Ansatz, die Rechtskonstruktion und damit die Anspruchsgrundlage dahinstehen können.[1101] Ein Rückzahlungsanspruch kommt nur in Betracht, wenn die Voraussetzungen einer gesetzlichen Anspruchsgrundlage vorliegen, die auf diese Rechtsfolge der Rückzahlung gerichtet ist.

II. Diagnosefehler

Die Eingehung einer Honorarverpflichtung durch die Stellung einer falschen Diagnose kann einen zurechenbaren Schaden darstellen. Dabei ist strittig, ob dann ein entsprechender Schadensersatzanspruch auf Honorarrückzahlung ausgelöst wird.[1102]

III. Steigerungssatz > 2,3

Ein Zahnarzt kann für eine zahnärztliche Behandlung Gebühren mit einem Steigerungssatz über 2,3 nur dann in Ansatz bringen, wenn er den Patienten im Rahmen seiner Nebenpflichten aus dem Behandlungsvertrag vor der Behandlung ausdrücklich darauf hingewiesen hat. Der Patient muss also im Vorfeld auf nicht zu erwartende Kostensteigerungen hingewiesen werden. Andernfalls gilt der Ansatz eines Faktors über dem Regelhöchstsatz als **stillschweigend ausgeschlossen.**[1103]

B. Die Entscheidung: Payback-Erstattung oder mind. Ersatz bei Patientenkündigung?[1104]

I. Sachverhalt

Die privat versicherte Patientin (K) ließ sich bei dem Zahnarzt (B) gegen ein Pauschalhonorar i.H.v. 12.000 Euro Brücken und Kronen erstellen. Auch sollte die Bisshöhe korrigiert werden. Die Kronen und Brücken wurden zunächst einmal provisorisch eingesetzt. Damit war die K nicht einverstanden. In einem späteren Behandlungstermin und in einem Schreiben äußerte sie ihre Unzufriedenheit. Den Restbetrag zahlte sie auf das vereinbarte Honorar noch ein. Die Brücken und Kronen ließ sie durch einen anderen Zahnarzt später neu erstellen, wobei sie einen Eigenanteil von 8500 Euro aufwendete. Die Patientin machte primär die Rückerstattung der gezahlten 12.000 Euro geltend, hilfsweise verlangte sie, dass ihr die 8500 Euro Eigenanteil zu ersetzen sein.

II. Entscheidungsgründe

A. Hauptantrag: Rückzahlung der gesamten Vergütung

I. Einen **vertraglichen Schadensersatzanspruch** gemäß §§280 ff. BGB (Sekundäranspruch) lehnte das Oberlandesgericht ab.

1. Der auf der Rechtsfolgenseite vorausgesetzte zurechenbare **Schaden** läge schon nicht nach dem Schadensbegriff des BGB vor.
   Ausgehend von der Differenzhypothese ist im Falle eines Behandlungsfehlers der Patient hinsichtlich des materiellen Schadensersatzes vermögensmäßig so zu stellen, wie er ohne den Behandlungsfehler gestanden hätte.
   *„In diesem Falle wäre jedoch das (zahn)ärztliche Honorar ebenfalls zu zahlen gewesen, sodass der Behandlungsfehler für die Honorarzahlung **nicht ursächlich** geworden ist. **Anders wäre dies, wenn eine Verletzung der Pflicht zur Selbstbestimmungsaufklärung oder die Stellung einer falschen Diagnose gerade die Eingehung der Honorarverpflichtung verursacht hätte,** darum geht es vorliegend aber gerade nicht."*
2. Etwaig verbliebene Gesundheitsbeeinträchtigungen erfüllen auch **nicht** den vorausgesetzten **immateriellen Schaden.**
3. Ein Schaden könne auch nicht im Sinne „frustrierter Aufwendungen" angenommen werden.

Frustrierte Aufwendungen, auch fehlgeschlagene Aufwendungen genannt, sind Aufwendungen, die infolge des schädigenden Ereignisses nutzlos geworden sind.[1105] Beim Schadensersatzanspruch statt der Leistung kann der Gläubiger als Mindestschaden die Leistungen und Aufwendungen ersetzt verlangen, die er im Hinblick auf den Vertrag gemacht hat. Dabei handelt es sich aber um eine widerlegbare Rentabilitätsvermutung, also eine Beweiserleichterung, nicht um eine Erweiterung des Schadensbegriffs.[1106]
Eine **Aufwendung** ist die freiwillige Aufopferung von Vermögenswerten. Durch das Merkmal der Freiwilligkeit unterscheidet sich die Aufwendung vom Schaden.[1107]
Freiwilligkeit setzt dabei nur die willentliche Selbstvornahme des Vermögensopfers voraus, liegt also etwa auch bei solchen Opfern vor, zu denen der betreffende rechtlich verpflichtet ist.[1108]
Gleichwohl lehnte das OLG hier die Annahme frustrierter Aufwendungen ab, weil die Bezahlung der Honorarrechnung der Erfüllung einer Vertragsschuld gedient habe und daher kein freiwilliges Vermögensopfer sei.

II. Der K könnte aber möglicherweise ein Anspruch auf Rückgewähr der im Voraus entrichteten Vergütung gemäß §§628 Abs. 1 S.3 1.HS, 346 BGB zustehen.

1. Zwischen der K und dem B wurde ein **Dienstvertrag über Dienste höherer Art** abgeschlossen.
2. Die **Kündigungsmöglichkeit** stand der K gemäß §627 BGB zu.
3. Die **Kündigungserklärung** ergibt sich daraus, dass die K im Schreiben vom 29. Juni 2004 ankündigte, sie wolle das restliche Honorar überweisen und die Neufertigung anderweitig durchführen lassen.
4. Der Vertrag war auch **kündbar** gewesen, weil die definitiven Kronen und Brücken nur provisorisch eingesetzt worden waren.
5. Die Vergütung war auch „**für eine spätere Zeit im Voraus**" entrichtet worden.
   Vom **Wortlaut** her handelt es sich um eine Vergütung, die vor der Kündigungserklärung entrichtet wurde, aber für einen Zeitpunkt bestimmt ist, der nach der Kündigung liegt.
   In **entsprechender** Anwendung wird auch der Fall erfasst, dass anteilige Leistungen bereits erbracht wurden, eine Kündigung danach erklärt wird und nach der Kündigungserklärung das Pauschalhonorar gezahlt wird, sodass (zukünftige) anteilige Leistungen infolge der Kündigung nicht mehr erbracht werden.
   „Sie ist deshalb jedenfalls dann entsprechend anzuwenden, wenn es – wie im Streitfall – bei der fraglichen Vergütung um ein kaum sachgerecht aufteilbares Pauschalhonorar für eine zahnärztliche Behandlung geht und anteilige Leistungen wie die endgültige Eingliederung des Zahnersatzes infolge der Kündigung nicht mehr erbracht werden....Die Vorschrift ist daher auch auf diese, den Vorleistungen vergleichbaren Leistungen entsprechend anzuwenden."[1109]
6. Ob ein vertragswidriges Verhalten vorliegt, ist Tatfrage.
   „Ein vertragswidriges Verhalten im Sinne dieser Vorschrift setzt, obwohl nach dem Wortlaut ein objektiv vertragswidriges Verhalten genügen würde, ***schuldhaftes Verhalten*** *im Sinne der §§276, 278 BGB voraus.*
   ...Entgegen der Ansicht des Berufungsgerichts ist es nicht erforderlich, dass das vertragswidrige Verhalten als schwerwiegend.
   ...Dies bedeutet allerdings nicht, dass jeder geringfügige Vertragsverstoß des Dienstverpflichteten den Entgeltanspruch entfallen lässt.
   ...Nach diesen Grundsätzen rügt die Revision mit Recht, dass das Berufungsgericht keine Feststellungen dazu getroffen hat, ob der Beklagte durch ein schuldhaftes und ***nicht nur geringfügiges vertragswidriges*** *Verhalten die Kündigung der Klägerin veranlasst hat."*[1110]
7. Sollte dies der Fall sein, wäre damit weitere Tatfrage, ob die bisherige Leistung „nutzlos" ist.
   Das ist dann der Fall, wenn die Patientin die Arbeiten des Zahnarztes nicht mehr wirtschaftlich verwerten konnte. Verwertbarkeit liegt aber vor, wenn im Rahmen der Nachbehandlung auf Leistungen der Vorbehandlung aufgebaut werden kann oder durch eine Nachbesserung des gefertigten Zahnersatzes im Rahmen der Nachbehandlung Arbeit gegenüber einer Neuherstellung erspart wird.

III. Einen **bereicherungsrechtlichen Anspruch** gemäß §812 Abs. 1 S. 2 Alt. 1 BGB lehnte das Gericht ab.

1. Zwar habe der B mit dem Honorar **etwas erlangt**, was ihm durch die K **geleistet** wurde.
2. Dies sei aber nicht **rechtsgrundlos** erfolgt.
   Grundsätzlich sind bei vorzeitiger Beendigung von Dauerschuldverhältnissen **nicht verbrauchte Vorausleistungen eines Vertragsteils zurückzuerstatten.**[1111]
   Der geschlossene Dienstvertrag als causa sei aber nicht weggefallen aufgrund eines möglichen Behandlungsfehlers. Denn der Arztvertrag bleibt als Rechtsgrund für die Zahlung unabhängig vom Behandlungsfehler wirksam bestehen.[1112]

IV. Ein **bereicherungsrechtlicher Anspruch** aufgrund einer Zweckverfehlungskondiktion nach §812 Abs. 1 S. 2 Alt. 2 BGB bestand nicht. Dafür wäre Voraussetzung gewesen, dass ein nach dem Inhalt des Rechtsgeschäfts bezweckter Erfolg nicht eingetreten wäre. Dieser „**Zweck**" darf nicht Gegenstand der vertraglichen Bindung sein, insbesondere nicht die Gegenleistung eines Austauschvertrages, da das Vertragsrecht Vorrang hat.[1113] Demnach wurde hier nicht ein besonderer „Zweck" vereinbart, der über die Erfüllung der vertraglichen Verbindlichkeiten hinausgeht. *„Der (Zahn)Arzt* ***kann und will in der Regel für den Behandlungserfolg nicht einstehen****, weshalb auch eine Zweckvereinbarung über einen über die Gegenleistung hinausgehenden Erfolg – und damit eine Zweckverfehlungskondiktion nach §812 Abs. 1 Satz 2 Alt. 2 BGB – ausscheidet."*[1114]

V. Einen **bereicherungsrechtlicher Anspruch** gemäß §§812, 813 BGB wegen unzulässiger Rechtsausübung (§242 BGB) sah das Gericht ebenso nicht als gegeben an. Eine Einrede aus §242 BGB wegen Verwirkung (genauer: Fallgruppe „unredlicher Rechtserwerb") lehnte das Gericht desgleichen ab. Die strengen Voraussetzungen einer Vergütungsverwirkung lägen nicht vor. Ob besonders grobe vorsätzliche und strafbare Pflichtverletzungen wie bei einem Rechtsanwalt[1115] oder Sachverständigen[1116] auch bei einem Arzt[1117] zu einem Honorarverlust durch Verwirkung (§242 BGB) führen, ist eine Einzelfallbeurteilung. *„Solche Umstände liegen hier jedoch nicht vor. Vielmehr sind die Folgen der Schlechterfüllung beim Dienstvertrag als einem Vertrag ohne gesetzliche Gewährleistungsvorschriften nach allgemeinen Schadensersatzgrundsätzen zu beurteilen."*

B. Hilfsantrag: Kosten für Neuherstellung des Zahnersatzes

I. Nicht fachgerechte (zahn)ärztliche Behandlung

1. Ein vertraglicher Schadensersatzanspruch gemäß §§280 Abs. 1, Abs. 3, 281 BGB steht der Klägerin nicht zu.

a. Zwar ist §281 BGB bei selbstständigen Dienstverträgen anwendbar.[1118]

b. Auch macht die Klägerin die normierte Rechtsfolge, Schadensersatz statt der Leistung, geltend.
„Die Klägerin begehrt damit, wirtschaftlich so gestellt zu werden, wie sie gestanden hätte, wenn der Beklagte den Vertrag ordnungsgemäß erfüllt hätte."

c. Auf der Voraussetzungsseite fehlt es aber schon an der tatbestandlichen Anforderung „Fristbestimmung".
- aa. Es besteht keine Veranlassung, die **Bestimmung einer angemessenen Nacherfüllungsfrist** nicht zu verlangen.[1119]
- bb. Eine Nacherfüllung war hier **möglich**.
- cc. Es war auch nicht **entbehrlich**, den B zur Nachbearbeitung oder Neuherstellung aufzufordern.
  - (i) Der B war zu dieser **Leistung im Stande**, sodass sich daraus keine Entbehrlichkeit herleiten ließ.
    „Die jetzt im Mund der Klägerin vorhandene Situation hätte auch der Beklagte herstellen können."
  - (ii) Der B verweigerte auch nicht **ernsthaft und endgültig die Leistung**, wobei an eine derartige Leistungsverweigerung strenge Anforderungen zu stellen sind.[1120]
    Selbst verweigerte er nicht die Leistung.
    Eine **zurechenbare** Leistungsverweigerung ergibt sich auch nicht aus den Erklärungen des Zahntechnikers zu den Kosten.
    „Etwas anderes ergibt sich auch nicht aus den Erklärungen des Zahntechnikers D am 25. Juni 2004, weitere Änderungswünsche der Klägerin erforderten eine kostenaufwendige Neuanfertigung des Gerüstes. Hierin lag keine Ablehnung durch den nicht anwesenden Beklagten. Ob er ein hierauf gerichtetes Nacherfüllungsverlangen akzeptieren wollte oder nicht, hatte der Beklagte selbst zu entscheiden, nicht sein Zahntechniker,..."
  - (iii) Die sofortige Geltendmachung des Schadensersatzanspruchs war auch nicht aufgrund einer **Abwägung der Interessen berechtigt**, weil es an entsprechenden besonderen Umständen fehlt.
  - **(iv) Etwas anderes** ergab sich auch nicht aus dem Kriterium der **Zumutbarkeit**. Denn die K war lediglich unzufrieden und enttäuscht, um einen persönlichen Konflikt handelt es sich daher aber noch nicht.

d. Auf eine etwaige Pflichtverletzung selbst musste das erkennende Gericht nicht eingehen.
- aa. Nach der spektakulären Entscheidung des BGH ist der Begriff der Pflichtverletzung bei §281 BGB **verhaltensbezogen** zu interpretieren.
  „Es zieht den Kreis der Verkäuferpflichten einerseits zu weit, wenn es davon ausgeht, dass die Beklagte ihre Pflicht zur Eigentumsübertragung schon deshalb verletzt hat, weil es nicht zur Umschreibung im Grundbuch gekommen ist. Das ist deshalb rechtsfehlerhaft, ***weil damit zwar die Nichterfüllung des Vertrags****, jedoch nicht die* ***Pflichtverletzung des Verkäufers*** *festgestellt ist.*
  ...Der Verkäufer eines Grundstücks schuldet vielmehr nur die ***Handlungen****, die für die Umschreibung des Eigentums erforderlich sind, jedoch* ***nicht den Erfolg*** *selbst."*[1121]
- bb. Dagegen ist nach der in der Literatur nahezu unstreitigen Ansicht allein der **Nichteintritt des Leistungserfolgs** die Pflichtverletzung im Sinne der Tatbestände, die wie §281 BGB auf die Verletzung von Leistungspflichten abstellen.[1122]

2. Einen vertraglichen Anspruch der K auf **Rückgewähr der Vergütung** wegen von B ersparter Aufwendungen (ersparte Mängelbeseitigungskosten wegen nicht durchgeführter Nachbehandlung) gemäß §§346, 326 Abs. 4, Abs.2 S.2 BGB lehnte das OLG ebenfalls ab.

a. Im Kaufrecht lehnt die Rechtsprechung[1123] im Falle einer unberechtigten Selbstvornahme des Käufers bezüglich der Mängelbeseitigung einen Anspruch auf Ersatz ersparter Nacherfüllungsaufwendungen aus § 326 Abs. 2 S. 2 analog i.V.m. §§ 346 Abs. 4, 346 BGB ab. Ein solcher Anspruch unterlaufe das Recht des Verkäufers zur zweiten Andienung, welches selbst dann bestehe, wenn der Verkäufer schuldhaft mangelhaft geliefert habe. Im Übrigen nehme die Selbstvornahme des Käufers dem Verkäufer die Möglichkeit der Untersuchung und der Beweissicherung.

b. Diese Auffassung der Rechtsprechung gilt auch für das Dienstvertragsrecht.
„Dieser vom Bundesgerichtshof für den Kaufvertrag ausgesprochene Grundsatz gilt auch für den zahnärztlichen Dienstvertrag.“[1124]

II. Beanstandung der Form der Frontzähne

Ein vertraglicher Schadensersatzanspruch aus werkvertraglichen Gewährleistungsrecht nach §§ 634 Nr. 4, 280, 281 BGB stand der Klägerin unabhängig von der Frage der Anwendbarkeit der §§ 631 ff. BGB nicht zu. Zwar wird hinsichtlich der **Pflichtverletzung** auf den Nichteintritt des Erfolgs, nämlich die Form der Frontzähne, abgestellt. Die vorausgesetzte „**Fristsetzung zur Nacherfüllung**“ erfolgte – wie bereits ausgeführt – aber nicht.

III. Schlussfolgerung

1. Pro Kurand

Für einen Honorarrückzahlungsanspruch ist ein vertragswidriges Verhalten erforderlich, das nicht aus jeder Geringfügigkeit hergeleitet werden kann. Um die Anforderungen nicht zu überspannen, ist aber auch nicht ein gravierender Vertragsverstoß erforderlich.

2. Pro Medicus

In einem Honorarrückforderungsstreit sollte der Zahnarzt versuchen, ein "Fremdbild“ von der von ihm bisher erbrachten Leistung zu gewinnen. Bei der Leistungsqualifikation als vertragswidriges Verhalten kommt es auch ganz entscheidend darauf an, ob dem Zahnarzt eine Nachbesserungsgelegenheit zusteht und ob er diese (ggf. auch mehrere) schon hat ungenutzt verstreichen lassen. Weiterhin spielt es eine Rolle, ob der Negativerfolg auch verschuldet ist oder ob es sich um eine schicksalhafte Patientengeschichte handelt.

R Rückstellungen für ungewisse Verbindlichkeiten

A. Hintergrund

I. Überblick

1. Passivposten

Auf der Passivseite der Bilanz werden
- das Eigenkapital (einschließlich Rücklagen),
- das Fremdkapital (Verbindlichkeiten und Rückstellungen)
- und die passiven Rechnungsabgrenzungsposten ausgewiesen.[1125]

2. Rückstellungen

Rückstellungen sind Passivposten des Jahresabschlusses, die dem Grunde und/oder der Höhe nach ungewisse, aber bereits verursachte Verbindlichkeiten ausweisen. Nach den handelsrechtlichen Grundsätzen ordnungsgemäßer Buchführung sind Rückstellungen zu bilden für:
- ungewisse Verbindlichkeiten und für drohende Verluste aus schwebenden Geschäften (§249 Abs. 1 S. 1 HGB),
- im Geschäftsjahr unterlassene Aufwendungen für Instandhaltung, die im folgenden Geschäftsjahr innerhalb von drei Monaten oder für Abraumbeseitigung, die im folgenden Geschäftsjahr nachgeholt werden (§249 Abs. 1 S. 2 Nr. 1 HGB),
- Gewährleistungen, die (mit Bezug auf den vorangegangenen Vertrag) ohne rechtliche Verpflichtung erbracht werden (§249 Abs. 1 S. 2 Nr. 2 HGB),

soweit steuerrechtliche Sonderregelungen, wie z.B. §5 Abs. 3, 4, 4a, 4b und 6, §6 Abs. 1 Nr. 3a, §6a EStG nicht entgegenstehen.[1126] Handelsrechtliche Wahlrechte führten bzw. führen zu einem steuerlichen Rückstellungsverbot.[1127]

II. Voraussetzungen

1. Verbindlichkeit gegenüber einem Dritten

Grundsätzlich muss die Verbindlichkeit **gegenüber einem Dritten** bestehen. Die rechtliche Verpflichtung muss nicht einklagbar sein. Eine tatsächliche Verpflichtung gegenüber einem anderen, der sich der Kaufmann nicht entziehen kann oder will [z.B. Gewährleistung oder Rechtspflicht (§249 Abs. 1 S. 2 Nr. 2 HGB)], steht einer rechtlichen Verpflichtung gleich.[1128]

Verbindlichkeiten des Kaufmanns **gegen sich selbst** (Verbindlichkeiten „betriebswirtschaftlicher Art", z.B. die Verpflichtung zur Substanzerhaltung) genügen nach heutiger Auffassung nicht (d.h. keine sog. Aufwandsrückstellung, da aus dynamischer Bilanzauffassung). Eine **Ausnahme** von diesem Grundsatz enthält §249 Abs. 1 S. 2 Nr. 1 HGB, der bei unterlassenen Instandhaltungs- und Abraumbeseitigungsaufwendungen in bestimmten Grenzen zur Rückstellungsbildung zwingt („bilanzrechtlicher Rückschritt"). Rückstellbar sind zivilrechtliche und auch öffentlich-rechtliche (egal, ob Geld- oder Sachleistungsverpflichtung; z.B. Rückstellungen für sachlich-rechnerische Berichtigungen)[1129], unmittelbar aus dem Gesetz oder einem besonderen Verwaltungsakt beruhende Verbindlichkeiten (z.B. Steuerschulden; Verpflichtung zur Aufstellung des Jahresabschlusses; Verpflichtung zur Rekultivierung).[1130]

2. Ungewissheit der Verbindlichkeit

Eine Verbindlichkeit ist **ungewiss**, wenn ihr Bestehen oder Entstehen dem Grunde und/oder der Höhe nach nicht endgültig beurteilt werden kann, jedoch wahrscheinlich ist.[1131] Das ist der Fall, wenn mehr Gründe für als gegen das Be- oder Entstehen der Verbindlichkeit und eine bestimmte Höhe sprechen. Diese Voraussetzung ist nicht nach den subjektiven Erwartungen des Steuerpflichtigen, sondern auf der Grundlage objektiver, am Bilanzstichtag vorliegender und spätestens bei Aufstellung der Bilanz erkennbarer Tatsachen aus der Sicht eines sorgfältigen und gewissenhaften Kaufmanns zu beurteilen.[1132] Im Rahmen der Zulässigkeit von Rückstellungen eines Hörgeräteakustikers für Nachbetreuungsleistungen erfolgte ein kritischer und kontrafaktischer Hinweis des Gerichts: Bei einem Akustiker solle, anders als bei einem Zahnarzt, eine wesentlich längere Betreuung und Überprüfung des angepassten Gerätes erforderlich sein. Während nach der Anpassung einer Zahnprothese die konkrete Behandlung in der Regel abgeschlossen sei, erfordere die Überlassung einer Hörhilfe eine ständige, mehrjährige Überwachung und Wartung sowie Einstellungsarbeiten.[1133] Zur Gewährleistung bzgl. Zahnersatz und Füllungen siehe §137 Abs. 4 SGB V. Die ständige Rspr. konzediert Nachbesserungsversuche bei der Eingliederung von Zahnersatz. Passt der Zahnersatz von vornherein nicht, handelt es sich nicht um eine Pflichtverletzung. Es ist also gerichtspublik, dass der Anpassungsvorgang durchaus langwierig sein kann. Das Eingliederungsdatum des Heil- und Kostenplans kann daher nicht als Finale der Integration genommen werden. Denn die diesbzgl. Relevanz ist eine andere.

Auch folgende Ausführungen des FG Hessen[1134] dürften inaktuell sei: „*...ist ein rechtlich nur mögliches Rückforderungsbegehren im Hinblick auf eine Rückstellungsbildung nicht ausreichend konkretisiert. Bereits diese Voraussetzung war vorliegend im Zeitpunkt der Bilanzerstellung nicht gegeben. Daher kann offen bleiben, ob es zur weiteren Konkretisierung notwendig ist, dass die KVH ihre* ***Mitglieder auf entsprechende Urteile hinweist oder sogar individuell anschreibt.***" Die Entscheidung erging vor dem

Termin der jetzigen Praxis der Stichprobenprüfung und dürfte daher nicht zeitlos sein.

Ist eine Verbindlichkeit dem Grunde nach gewiss oder zumindest wahrscheinlich, besteht im Allgemeinen auch die **Gefahr der Inanspruchnahme**. Dies ist ausnahmsweise dann anders, wenn eine Inanspruchnahme nicht mehr zu erwarten ist, z.B. wenn angenommen werden kann, dass sich der Schuldner auf Verjährung berufen wird.[1135]

Ungewisse **öffentlich-rechtliche** Verpflichtungen müssen hinreichend konkretisiert sein, z.B.

- durch eine Verfügung der zuständigen Behörde, die ein bestimmtes Handeln vorsieht,
- unmittelbar durch das Gesetz selbst, wenn dieses in sachlicher Hinsicht ein inhaltlich genau bestimmtes Handeln vorsieht.

Diese hinreichend sachliche bzw. auch zeitliche Konkretisierung orientiere sich der Sache nach final daran, was der jeweilige Gläubiger der öffentlich-rechtlichen Forderung über seine Forderung „weiß". Bei öffentlich-rechtlichen Verpflichtungen müssten die verpflichtungsbegründenden Tatsachen der Fachbehörde bekannt sein bzw. deren Aufdeckung unmittelbar bevorstehen (sog. **aufdeckungsorientierte Maßnahmen**). Rückforderungsansprüche nach Vertrags(zahn)arztrecht, die ausschließlich von Trägern öffentlicher Gewalt (KZV, KÄV) in verwaltungsverfahrensrechtlich relevanter Weise durch Verwaltungsakte realisiert werden, sind öffentlich-rechtlicher Natur.[1136]

In Betreff auf die **Gefahr, in Anspruch genommen** zu werden, darf nicht die pessimistischste Alternative gewählt werden. Auch für die Inanspruchnahme müssen mehr Gründe dafür als dagegen sprechen. Erst wenn gewisse Anhaltspunkte für den Steuerpflichtigen bestanden hätten, dass er persönlich mit seiner Inanspruchnahme rechnen muss, wäre er zum Rückstellungsausweis verpflichtet. Der Hinweis auf den **Vorläufigkeitscharakter** von **Honorarbescheiden**, die einer besonderen Überwachung unterlägen, ändere an den Anforderungen für Rückstellungen nichts. Auch in diesem Fall müssten – wie auch bei vertraglichen Verpflichtungen – gewisse objektiv greifbare Anhaltspunkte für das Bestehen der Rückzahlungspflicht vorliegen. Allein die Möglichkeit des Bestehens einer Rückzahlungspflicht (eine „latente Rückforderungssituation") genüge für sich allein ebenso wenig wie ein gegen eine dritte Person in einer vergleichbaren Sache ergangenes erstinstanzliches Urteil (z.B. Urteil im Rahmen einer sachlich-rechnerischen Berichtigung), um überwiegende Gründe für das Bestehen einer entsprechenden Verbindlichkeit annehmen zu können. Anders wäre der Fall möglicherweise zu beurteilen, wenn die Kassen(zahn)ärztliche Vereinigung den Steuerpflichtigen **bereits persönlich in Anspruch genommen** hätte oder wenn aufgrund eines **ergangenen Urteils** eines **Sozialgerichts** der Steuerpflichtige den Eindruck hätte gewinnen können, dass die Kassen(zahn)ärztliche Vereinigung dieses Urteil zum **Anlass einer generellen Rückforderung** nehmen würde oder wenn andere konkrete Umstände dafür gesprochen hätten, dass auch der Steuerpflichtige mit einer Rückforderung rechnen musste. Dafür müssten gewisse Anzeichen sprechen, dass die zuständige Kassen(zahn)ärztliche Vereinigung die Absicht hätte, den Steuerpflichtigen aufgrund eines ergangenen Urteils in Anspruch zu nehmen.[1137] In diesem Zusammenhang ist die Entscheidung des BFH[1138] über Rückstellungen eines Facharztes für Labormedizin, die dieser für sachlich-rechnerische Berichtigungen vorgenommen hatte, zu diskutieren: In einer komparablen Entscheidung erging ggü. einem Zahnarzt eine sachlich-rechnerische Berichtigung durch die KV Hessen, was den Kläger veranlasste Rückstellungen zu bilden. Diese wurden ihm rechtlich verweigert. Der Entscheidung liegt ein Sachverhalt vor der Zeit 2004 zugrunde. Zu beachten ist die nunmehr praktizierte Qualität der Stichprobenprüfung. Die Probabilität einer Prüfung und Inanspruchnahme ist dadurch signifikant erhöht und kann auch mathematisch kalkuliert werden. Ob die Ausführungen jetzt noch uneingeschränkte Geltung beanspruchen können, erscheint zweifelhaft.

3. Wirtschaftliche Verursachung/ Belastung in der Vergangenheit

Die rechtlich bereits entstandene oder rechtlich erst künftig entstehende Verbindlichkeit muss im **abgelaufenen Wirtschaftsjahr wirtschaftlich verursacht** sein.[1139] An dem Bilanzstichtag muss die Verbindlichkeit bereits eine wirtschaftliche Belastung darstellen.[1140] Wertaufhellende Tatsachen können noch in einem bestimmten zeitlichen Rahmen berücksichtigt werden, nicht aber neue Tatsachen. Als „**wertaufhellend**" sind nur die Umstände zu berücksichtigen, die zum Bilanzstichtag bereits objektiv vorlagen und nach dem Bilanzstichtag, aber vor dem Tag der Bilanzerstellung lediglich bekannt oder erkennbar wurden. Der zu beurteilende Kenntnisstand zum Zeitpunkt der Bilanzerstellung ist daher auf die am Bilanzstichtag – objektiv – bestehenden Verhältnisse zu beziehen.[1141]

a. Abgrenzung: Realisierte Aufwendungen versus künftige Aufwendungen

Zu unterscheiden sind realisierte Aufwendungen und künftige Aufwendungen und ihr Bezug zu realisierten Erträgen und künftigen Erträgen. Realisierte Aufwendungen sind – von Sonderfällen abgesehen – stets wirtschaftlich verursacht, künftige Aufwendungen hingegen nur, sofern sie mit realisierten Erträgen in Zusammenhang stehen.[1142]

b. Realisierter Aufwand

Realisierter Aufwand, bei dem sich die Verpflichtung zu einer wirtschaftlichen Belastung verdichtet hat, ist gegeben, wenn sich die rechtliche Verpflichtung zu einer konkreten Leistungspflicht verdichtet hat (also der Aufwand, der bereits im abgelaufenen Jahr geleistet werden musste und damit zu einer Belastung des Betriebs im abgelaufenen Jahr geführt hat; z. B. Kaufpreisverpflichtung nach Erhalt der Sache; Schadensersatzverpflichtung). Realisierter Aufwand ist grundsätzlich im abgelaufenen Geschäftsjahr absetzbar; das gilt auch, wenn der realisierte Aufwand (erst) künftige Erträge alimentiert (z. B. Forschungskosten). Er ist im abgelaufenen Geschäftsjahr abzusetzen, ohne dass es eines Rückgriffs auf dessen rechtliche Entstehung bedarf und ohne dass es darauf ankommt, ob er realisierten oder künftigen Ertrag alimentiert. Nur ausnahmsweise ist realisierter Aufwand zu stornieren (neutralisieren), soweit das gesetzlich vorgeschrieben ist, z. B. in Gestalt der Aktivierung von Wirtschaftsgütern (§ 7 EStG) und in Gestalt der Aktivierung von Herstellungskosten, z. B. bei fertigen Erzeugnissen (§ 266 HGB).[1143]

c. Künftiger Aufwand

Hinsichtlich künftigen Aufwands ist zu differenzieren: Künftiger Aufwand ist **nicht zu erfassen**, soweit er künftigen Erträgen zuzuordnen ist (rückstellungbegrenzende Wirkung des Realisationsprinzips). Künftiger Aufwand ist hingegen zu erfassen, sofern er bereits realisierten Erträgen (oder dem betrieblichen Geschehen der Vergangenheit) zuzuordnen ist (rückstellungerweiternde Wirkung des Realisationsprinzips – Gedanke der Nettorealisation). Gewinne, die mit künftigen Aufwendungen belastet sind, sollen nicht brutto ausgewiesen werden (Bedeutung des Realisationsprinzips für die Passivseite).[1144]

d. Rechtliche Entstehung

Die rechtliche Entstehung einer Verbindlichkeit ist prinzipiell unerheblich.[1145] Erst wenn die Verpflichtung erfüllt werden muss (z. B. wenn die Gegenleistung erbracht ist, die Einrede des § 320 BGB entfallen ist und sich die Zahlungspflicht realisiert hat), ist die Verbindlichkeit auszuweisen (z. B. bei einer Schadensersatzverpflichtung mit Erfüllung des schadensverursachenden Ereignisses). **Rechtlich entstandene** Verbindlichkeiten sind nicht auszuweisen, sofern sie im Rahmen eines noch nicht erfüllten, also schwebenden Geschäfts entstanden sind. Die rechtliche Entstehung (z. B. eine Kaufpreisverbindlichkeit) wird erst dann relevant, wenn die Gegenleistung erbracht wird, z. B. wenn der Käufer geliefert hat. Ebenso sind rechtlich bereits entstandene Verbindlichkeiten (z. B. die zur Entsorgung eines Reaktors oder Rekultivierungsverpflichtungen) trotz ihrer rechtlichen Entstehung erst im Laufe der Zeit zu passivieren (Erfüllung erst in der Zukunft).[1146]

e. Zuordnungskriterien

Die Zuordnung von künftigen Aufwendungen zu realisierten Erträgen (oder – hilfsweise – zum vergangenen betrieblichen Geschehen) nimmt die Rechtsprechung anhand folgender Kriterien vor:[1147]

- Verwirklichung des wesentlichen Tatbestands der Verbindlichkeit,
- Verknüpfung mit dem betrieblichen Geschehen des abgelaufenen Geschäftsjahres,
- Zusammenhang von Verbindlichkeit und Anspruch, Aufwand und Ertrag,
- Bezugspunkt der Verbindlichkeit in der Vergangenheit, Abgeltung von Vergangenem,
- zukunftsorientierte Verpflichtungen; Verbindung mit künftigen Gewinnchancen,
- öffentlich-rechtliche Verpflichtungen,
- Beurteilung der Verbindlichkeiten bei Veräußerung.

B. Die Entscheidung: Rückstellungen wg. imminenter Honorarrückforderungen[1148]

I. Sachverhalt

Der Kläger erzielt als Zahnarzt Einkünfte aus selbstständiger Tätigkeit. Er ging zur Gewinnermittlung gemäß § 4 Abs. 1 EStG über. Anlässlich einer Außenprüfung wurde festgestellt, dass der Kläger Rückstellungen für

- Honorarrückforderungsansprüche,
  - etwaige Änderungen des Honorarverteilungsmaßstabes (58.100 Euro),
  - Wirtschaftlichkeitsprüfung (40.400 Euro),
- Garantieleistungen (15.800 Euro und 9600 Euro),
- erbrachte, aber nicht bezahlte privatärztliche Leistungen (11.100 Euro)

gebildet hatte i.H.v. 135.000 Euro. Die Rückstellungen wurden durch das Finanzamt nicht anerkannt und demgemäß der Gewinn erhöht.

II. Entscheidungsgründe

Das niedersächsische Finanzgericht hielt die Klage im Wesentlichen für nicht begründet. Der klagende Zahnarzt war **nicht berechtigt**, für zu erwartende Honorarrückforderungsansprüche **Rückstellungen zu bilden**.

A. Rückstellungen für Honorarrückforderungen wegen Änderungen des Verteilungsmaßstabes

Die vorausgesetzte **Ungewissheit der Verbindlichkeit** sah das Gericht nicht als gegeben an.

1. Zum einen bestand nicht eine Verbindlichkeit.
„Allein die Möglichkeit des Bestehens einer Rückzahlungspflicht (eine „latente Rückforderungssituation“) genügt für sich allein nicht, um überwiegende Gründe für das Bestehen einer entsprechenden Verbindlichkeit annehmen zu können. Anders wäre der Fall u. U. zu beurteilen, wenn die KZVN den Kläger persönlich in Anspruch genommen hätte oder wenn aufgrund anderer Umstände überwiegend wahrscheinlich war, dass die KZVN einer generelle Rückforderung vornehmen würde. Dafür bestanden aber keine konkreten Anhaltspunkte, sodass ein Bestehen dieser Verbindlichkeit am Bilanzstichtag nicht wahrscheinlich war. Zwar wurde der Kläger für die Jahre 1996 und 1997 auf Rückzahlung eines Teils des Honorars in Anspruch genommen. Dabei handelte es sich indes lediglich um Beträge von 2434 DM (1997) bzw. 3041 DM (1996). Vor allem war am Bilanzstichtag nicht ausreichend konkret, dass der Kläger überhaupt mit einer Rückzahlung rechnen musste. Gerade der vorliegende Fall zeigt, dass ohne hinzutretende Umstände die abstrakte Möglichkeit der Inanspruchnahme nicht ausreichend dafür ist, dass im Hinblick auf diese abstrakte Möglichkeit bereits eine Rückstellung gebildet werden kann.“
2. Zum anderen verhielt es sich auch **nicht** so, dass die Verbindlichkeit **gewiss war oder zumindest wahrscheinlich.**
„Unabhängig vom Bestehen einer Verbindlichkeit hat der Kläger jedenfalls ***nicht nachgewiesen, dass er ernstlich damit rechnen musste, aus einer Verbindlichkeit in Anspruch genommen zu werden.***“
Der Steuerpflichtige darf im Hinblick auf seine Inanspruchnahme nicht die pessimistischste Alternative wählen; auch für die Inanspruchnahme müssen mehr Gründe dafür als dagegen sprechen.
Der BFH hat die Möglichkeit einer Pauschalrückstellung für Gewährleistungsverpflichtungen seit jeher anerkannt. Diese richtet sich nach der Wahrscheinlichkeit der künftigen Inanspruchnahme; das Wahrscheinlichkeitsurteil ist auf die betriebsindividuellen oder branchenüblichen Erfahrungen der Vergangenheit – bis zur Aufstellung der Bilanz des jeweiligen Streitjahres – zu stützen; die bloße Möglichkeit der Inanspruchnahme genügt nicht.[1149]
„Erst wenn gewisse Anhaltspunkte für den Kläger bestanden hätten, dass er persönlich mit seiner Inanspruchnahme hätte rechnen müssen, wäre er zum Rückstellungsausweis verpflichtet gewesen. Es hätten also zumindest gewisse Anzeichen dafür sprechen müssen, dass die zuständige KZVN die Absicht hatte, den Kläger in Anspruch zu nehmen. Davon bestanden aber keine ausreichenden Anhaltspunkte. Tatsächlich ist überdies bis zum Tag der Entscheidung eine Inanspruchnahme durch die KZVN nicht erfolgt.“
3. Zu guter Letzt war es auch nicht nach Ansicht des Gerichtes erfüllt, dass die Wahrscheinlichkeit der Inanspruchnahme objektiv **zum Bilanzstichtag** gegeben war, so dass eine **wirtschaftliche Belastung** nicht anzunehmen war.
„Wertaufhellende Tatsachen können noch in einem bestimmten zeitlichen Rahmen berücksichtigt werden, nicht aber neue Tatsachen. Als ***„wertaufhellend“*** *sind nur die Umstände zu berücksichtigen, die zum Bilanzstichtag bereits objektiv vorlagen und nach dem Bilanzstichtag, aber* ***vor dem Tag der Bilanzerstellung lediglich bekannt oder erkennbar wurden****. Der zu beurteilende Kenntnisstand zum Zeitpunkt der Bilanzerstellung ist daher auf die am Bilanzstichtag – objektiv – bestehenden Verhältnisse zu beziehen.*
...Zum Bilanzstichtag (31.12.2003) konnte der Kläger somit objektiv nicht davon ausgehen, dass der Honorarverteilungsmaßstab sich ändern würde.“

B. Rückstellungen wegen Honorarrückforderungen aufgrund Wirtschaftlichkeitsprüfungen

Die Rückstellungen wegen Honorarrückforderungen wurden aus den gleichen Erwägungen heraus als unberechtigt abgelehnt.

C. Garantieleistungen

Die Berechtigung, Garantierückstellungen für Garantieleistungen vorzunehmen, sah das Gericht auch nur zu einem minimalen Anteil als gerechtfertigt an. *„Garantierückstellungen bei einem Zahnarzt kommen nur insoweit in Betracht, als er tatsächlich mit einem eigenen Aufwand rechnen muss.“* Der klagende Zahnarzt konnte die konkret bestehende Gefahr einer Inanspruchnahme aus den Garantieleistungen nur ansatzweise nachweisen, sodass überwiegend die Verbindlichkeiten nicht zumindest wahrscheinlich waren.

III. Schlussfolgerung

Die Entscheidung ist aus folgenden Gründen kritisch:
1. Die **höchstrichterliche Rspr.** zieht für die Gefahr der Inanspruchnahme heran, ob **zuvor** eine Wirtschaftlichkeitsprüfung stattfand. Das entspricht den Beobachtungen in der Praxis: Agierte ein (Zahn) Arzt unwirtschaftlich, wird sichergestellt, dass dies zukünftig unterbleibt. Dies kann aber nur durch weitere Wirtschaftlichkeitsprüfungen geschehen.
Ferner gibt es **latente Fehler**, die sich am Ende einer Wirtschaftlichkeitsprüfung herauskristallisieren und dann notwendigerweise weitere Prüfungen für andere Quartale nach sich ziehen. Eine vorhergehende Wirtschaftlichkeitsprüfung indiziert indessen weitere.
Problematisch ist aus diesem Grunde auch das Herabwürdigen der Rückzahlungsbeträge. Es kann

durchaus sein, dass für ein Quartal nur ein „Bagatellbetrag" als Ergebnis einer Wirtschaftlichkeitsprüfung resultiert. Bei einem Regress wegen eines latenten Fehlers kommt dann aber als Rückforderungsbetrag eine Summe hervor, die sich aus allen (wegen des latenten Fehlers) revidierten Quartalen zusammensetzen wird. Die zeitliche Grenze der Revision bildet nur die Ausschlussfrist. Ist also wegen eines latenten Fehlers mit weiteren Rückforderungen zu rechnen, dann kann sich ein prinzipieller „Bagatellbetrag" in Zukunft zu einem ganz erheblichen Regress summieren.

2. Der Vorläufigkeitscharakter des Honorarbescheids ist zu akzentuieren. Der Anspruch des Begünstigten hängt davon ab, welcher abschließende Bewilligungsbescheid erlassen wird.[1150] Der vorläufige Bescheid hat also „in petto" noch eine Änderung zu erfahren. Diese **Disposition** ist für die Frage der Probabilität relevant.

3. Das **Sozialgericht** Marburg[1151] warnt davor, Honorarzahlungen in die private Vermögensplanung einzubeziehen.
   „Die Einbeziehung der Honorarzahlungen, die grundsätzlich unter dem Vorbehalt einer nachträglich sachlich-rechnerischen Berichtigung und Wirtschaftlichkeitsprüfung stehen, in die private Vermögensplanung, ist ein ***Risiko*** *des Vertragsarztes.*
   ...Insofern ist es auch ein Risiko des Antragsstellers, die Honorarzahlungen, die ***grundsätzlich unter dem Vorbehalt*** *einer nachträglich sachlich-rechnerischen Berichtigung und Wirtschaftlichkeitsprüfung stehen, bereits als* ***endgültige Einnahme****, auch soweit sie erst noch zu erwarten sind, in seine private Vermögensplanung einzubeziehen.*"
   Ein Disponieren kann daher erst erfolgen, wenn die Ausschlussfrist für Rückforderungen (4 Jahre) verstrichen ist. In der Konsequenz muss es dann legitim sein, auf der Passivseite der Bilanz entsprechende Rückstellungen für Honorarrückforderungen einzustellen.

S Sachlich-rechnerische Richtigstellung

A. Hintergrund

Die sachlich-rechnerische Richtigstellung ist ein Verfahren, mit dem die Honorarforderungen des Vertrags(zahn)arztes rechnerisch und gebührenordnungsmäßig geprüft und allfällig berichtigt werden. Geprüft wird u.a., ob die Vorschriften des einheitlichen Bewertungsmaßstabs für den vertrags(zahn)ärztlichen Bereich und deren Leistungslegenden beachtet wurden. Es dient dazu, die vorgelegten Honorarabrechnungen zu überprüfen und im Fall ihrer Fehlerhaftigkeit richtig zu stellen.[1152] Eine **Richtigstellung** enthält im Umfang der vorgenommenen Korrekturen zugleich eine **teilweise Rücknahme** des ursprünglich erteilten Honorarbescheids sowie die **Festsetzung** eines dementsprechenden Rückforderungsbetrags (m.a.W.: Erlass eines Leistungsbescheids, der zur Zahlung verpflichtet).[1153] Im Rahmen einer sachlich-rechnerischen Berichtigung werden regelmäßig folgende Regelungen getroffen:

- (Teil)Aufhebung eines vorläufigen Honorarbescheids,
  - Die ausgewerteten Entscheidungen haben nachgehende Richtigstellungen assoziiert mit einer (Teil) Aufhebung zum Sujet. Der folgenden Darstellungsstruktur liegt dies zugrunde. Eine Richtigstellung kann auch ohne bereits vorliegenden vorläufigen Honorarbescheid erfolgen. Streitgegenstand ist dann (nur) die regelnde Richtigstellung. Aufhebung und Rückforderung erübrigen sich.
- (Neu)Festsetzung,[1154]
- Rückforderung/Erstattung von zu viel ausgezahltem Honorar,
  - Anstatt einer Payback-Regulierung kann die KZV alternativ mit Ansprüchen des Zahnarztes aus einer späteren Honorarabrechnung aufrechnen.[1155]
- (Sicherungs)Einbehalt.

I. (Teil)Aufhebung

1. Zulässigkeit

Hinsichtlich der Rechtsbehelfe (reine Anfechtungsklage, kombinierte Anfechtungs- und Verpflichtungsklage[1156]) sei auf die Darstellung im Kapital „Wirtschaftlichkeitsprüfung“ verwiesen.

2. Begründetheit

a. Ermächtigungsgrundlage

Rechtsgrundlage zur Befugnis der sachlich-rechnerischen Richtigstellung ist § 106 a Abs. 2 SGB V.[1157] Die Bestimmungen über die Befugnis der Kassenärztlichen Vereinigung, ärztliche Honoraranforderung und Honorarbescheide wegen sachlich-rechnerischer Fehler nachträglich zu korrigieren, verdrängen in ihrem Anwendungsbereich die Regelungen des § 45 SGB X. Sie stellen von den Vorschriften des SGB X abweichende Regelungen im Sinne des §§ 37 S. 1 SGB I dar, die auf gesetzlicher Grundlage, nämlich auf Normen des SGB V, erlassen worden sind.[1158]

b. Formelle Rechtmäßigkeit

aa. Zuständigkeit

Es obliegt der **KZÄV**, die vom Vertragszahnarzt vorgelegten Honorarabrechnungen rechnerisch und gebührenordnungsmäßig zu überprüfen und im Falle ihrer Fehlerhaftigkeit richtig zu stellen. Die Rechtsprechung hält auch ausnahmsweise die **Gremien der Wirtschaftlichkeitsprüfung** für berechtigt, Richtigstellungen vorzunehmen, wenn sich die Notwendigkeit dazu im Rahmen einer Wirtschaftlichkeitsprüfung nachträglich ergibt und der Frage der Abrechnungsfähigkeit einzelner Leistungen nach den Vorschriften des Bewertungsmaßstabs im Verhältnis zur Wirtschaftlichkeit **keine** derart überragende Bedeutung zukommt, dass eine Abgabe des Verfahrens an die K(Z)ÄV geboten ist (sog. **Randzuständigkeit** der Gremien der Wirtschaftlichkeitsprüfung).[1159] Bei der Prüfung der Einhaltung der Parodontose-Richtlinien handelt es sich nicht um eine sachlich-rechnerische Berichtigung, sondern um eine Wirtschaftlichkeitsprüfung, für die die Prüfgremien zuständig sind.[1160]

bb. Verfahren

Gemäß § 24 Abs. 1 SGB X ist eine **Anhörung** erforderlich. Die Notwendigkeit einer Anhörung besteht auch für die Änderung und Ersetzungen eines Bescheids, der – wie die ursprünglichen Honorarbescheide – seiner Natur nach lediglich vorläufig ist. Die mangelnde Anhörung kann gem. § 41 Abs. 1 Nr. 3, Abs. 2 SGB X dadurch geheilt werden, dass dem Betroffenen durch die in dem angefochtenen Bescheid enthaltenen Hinweise auf die wesentlichen entscheidungserheblichen Gesichtspunkte Gelegenheit gegeben wird, sich bis zum Abschluss der letzten gerichtlichen Tatsacheninstanz sachgerecht zu äußern.[1161] Wird eine entsprechende Begründungsfrist im Hinblick auf die Ausfertigung eines Widerspruchsbescheids nicht eingehalten, dann kann dies nach § 42 S. 1 SGB X folgenlos sein. Der nicht fristgerecht abgesetzte Widerspruchsbescheid beeinflusst bei sachlich-rechnerischen Richtigstellungen regelmäßig die Entscheidung in der Sache nicht, da die sachlich-rechnerische Richtigstellung nicht im Ermessen steht, sondern eine gebundene Entscheidung darstellt.[1162]

cc. Form

Ein Bescheid kann zwar gegen die Pflicht, einen schriftlichen Verwaltungsakt gem. § 35 Abs. 1 SGB X zu begründen, verstoßen. Darauf kommt es aber nicht an, wenn die Begründung gem. §41 Abs. 2 SGB X noch bis zur letzten Tatsacheninstanz eines sozialgerichtlichen Verfahrens nachgeholt wird.[1163]

c. Materielle Rechtmäßigkeit

aa. Honorarbescheid im Sinne der Honorarberichtigung

Eo ipso muss ein Honorarbescheid im Falle einer **nachträglichen** sachlich-rechnerischen Berichtigung vorliegen.

bb. Sachlich-rechnerische Unrichtigkeit der vorgelegten Honorarrechnungen oder eines bereits erlassenen Honorarbescheids (sog. nachgehende Richtigstellung)[1164]

Einzige tatbestandliche Voraussetzung für das Berichtigungsrecht der Kassenzahnärztlichen Vereinigung ist die sachlich-rechnerische Unrichtigkeit des Honorarbescheids.[1165] Unrichtigkeit liegt vor, wenn nicht ordnungsgemäß[1166] bzw. nicht vertragsgemäß abgerechnet wurde.[1167] Verstöße können namentlich darin liegen, dass die Leistungen überhaupt nicht, nicht in vollem Umfang, ohne die zur Leistungserbringung erforderliche spezielle Genehmigung oder unter Überschreitung des Fachgebiets erbracht worden sind.[1168] In dieser Beziehung ist damit zu konfrontieren, dass (zahn)ärztliche Leistungen auch dann nicht honoriert werden, wenn der Vertrags(zahn)arzt sie nicht erbringen durfte, weil sie nicht Gegenstand der Leistungspflicht der GKV sind. Eine Leistungspflicht der gesetzlichen Krankenversicherung besteht nicht bei solchen Leistungen, die sich im konkreten Behandlungszusammenhang in offenkundigem Widerspruch zum Stand der medizinischen Wissenschaft befinden oder erkennbar ohne jeden Nutzen erbracht worden sind. Aus kompetenzrechtlichen Gründen kommt dagegen nur die Untersuchung der Wirtschaftlichkeit der Behandlungsweise durch die zuständigen Prüfgremien in Betracht, wenn bei vertrags(zahn)arztrechtlich an sich zulässigen Leistungen diese Evidenzschwelle nicht erreicht wird.[1169]

(i). Prüfungsgegenstand

▸ (1). **In sachlicher Hinsicht.** Geprüft wird, ob die Leistungen rechtmäßig, also im Einklang mit den **gesetzlichen** und **vertraglichen** Bestimmungen – **mit Ausnahme des Wirtschaftlichkeitsgebots** – abgerechnet worden sind. Es besteht für die KZV keine „Zuständigkeit" Honorarkürzungen wegen unwirtschaftlicher Behandlungsweise vorzunehmen. Die Prüfung der Honoraranforderung wegen Unwirtschaftlichkeit und die Festsetzung von Honorarkürzungen (aus diesem Grund eben) fallen in die ausschließliche Zuständigkeit der Wirtschaftlichkeitsprüfungsgremien.[1170]

Es wird festgestellt, ob die Abrechnungen mit den Abrechnungsvorgaben des Regelwerks, also mit den **einheitlichen Bewertungsmaßstäben**, den **Honorarverteilungsverträgen** sowie **weiteren Abrechnungsbestimmungen** übereinstimmen oder ob zu Unrecht Honorare angefordert werden. Es geht vor allem um die Auslegung und Anwendung der **Gebührenordnungen**. Eine **nachgehende** Richtigstellung kann erfolgen.[1171] Auch wird geprüft, ob Abweichungen von einer bewilligten bzw. bezuschussten Planung bestehen.[1172] Verstöße können sich auch daraus ergeben, dass Leistungen überhaupt nicht, nicht in vollem Umfang, ohne die zur Leistungserbringung erforderliche spezielle Genehmigung oder unter Überschreitung des Fachgebietes erbracht worden sind.[1173]

▸ (2). **In zeitlicher Hinsicht.** Eine Berichtigung der Honorarabrechnung eines Vertragszahnarztes kann auch dann noch erfolgen, wenn aufgrund der eingereichten Honorarabrechnung bereits eine Auszahlung an den Vertragszahnarzt erfolgte. Der Vertragszahnarzt hat dann das zu viel erhaltene Honorar zurückzuzahlen bzw. die KZV ist berechtigt, mit der Überzahlung gegen eine spätere Honorarforderung des Vertragszahnarztes aufzurechnen.[1174]

(ii). Sphären und Ursachen

Die Vorschriften differenzieren nicht danach, in wessen Verantwortungsbereich die sachlich-rechnerische Unrichtigkeit fällt. Sie erfassen alle Unrichtigkeiten der Honorarbescheide und berechtigen zur Rücknahme von Honorarbescheiden, soweit diese dadurch rechtswidrig waren. Ein Fehler der sachlich-rechnerischen Richtigkeit des Honorarbescheids und damit seine Unrichtigkeit im Sinne der Vorschriften ist daher auch gegeben, wenn diese auf Gründen beruht, die nicht dem Verantwortungsbereich des Vertragsarztes zuzurechnen sind.[1175]

▸ (1). **(Zahn)Arzt-Sphäre.** Vorrangiges Anwendungsfeld sollen Fallkonstellationen sein, in denen die Rechtswidrigkeit der Bescheide auf Fehlern aus der Sphäre des Vertrags(zahn)arztes beruht, wenn sich also nachträglich herausstellt, dass der Vertrags(zahn)arzt die Gebührenordnung falsch angewandt hat oder er Leistungen gegenüber der Kassen(zahn)ärztlichen Vereinigungen abgerechnet hat, die von einem Vertrags(zahn)arzt erbracht worden sind, dessen Einsatz in der Praxis von der kassen(zahn)ärztlichen Vereinigung zuvor nicht genehmigt worden war.[1176]

▸ (2). **Andere Sphäre.** Die Befugnis zur sachlich-rechnerischen Richtigstellung ist nicht auf die Fallkonstellationen beschränkt, bei denen die Rechtswidrigkeit/der Fehler aus der Sphäre des (Zahn)Arztes (ad exemplum: Dem Zahnarzt ist die unrichtige Handhabung der Gebührenordnung anzulasten) herrührt. Die Vorschriften berechtigen die Kassenärztliche Vereinigung vielmehr generell zur Rücknahme unrichtiger und rechtswidriger Honorarbescheide.[1177] Ad exemplum:

- das zu verteilende Gesamtvergütungsvolumen wurde noch nicht abschließend festgelegt.[1178]

(iii). Gebührenordnung

▶ (1). **Auslegungsgrundsätze.** Für die Auslegung ist in erster Linie der **Wortlaut** der Regelungen maßgeblich. Der Bewertungsmaßstab soll eine abschließende Regelung sein, die keine Ergänzung oder Lückenfüllung durch Rückgriff auf andere Leistungsverzeichnisse bzw. Gebührenordnungen oder durch analoge Anwendung zulasse.[1179] Daher hat eine Auslegung der Bestimmungen eng am Wortlaut orientiert zu erfolgen.[1180] Bei einer über den Wortlaut hinausgehenden Auslegung sei größte Zurückhaltung geboten.[1181] Ist der Wortlaut eines Leistungstatbestands zweifelhaft und dient es seiner Klarstellung, ist Raum für eine **systematische Interpretation** im Sinne einer Gesamtschau der in innerem Zusammenhang stehenden vergleichbaren oder ähnlichen Leistungstatbestände. Eine **entstehungsgeschichtliche Auslegung** kommt bei unklaren oder mehrdeutigen Regelungen ebenfalls in Betracht. Sie kann allerdings nur anhand von Dokumenten erfolgen, in denen die Urheber der Bestimmungen diese in der Zeit ihrer Entstehung selbst erläutert haben. Leistungsbeschreibungen dürfen **weder ausdehnend (extensiv) ausgelegt noch analog angewendet** werden.[1182] Die eine Leistung ist durch die Vergütung der anderen Leistung mit abgegolten in folgenden Konstellationen:[1183]

- Spezialie: Ein Leistungstatbestand wird notwendigerweise zugleich mit einem anderen Leistungstatbestand erfüllt.
- Eine Leistung wird im Zuge einer anderen Leistung typischerweise mit erbracht und der für sie erforderliche Aufwand tritt im Regelfall hinter dem für die andere Leistung zurück.

▶ (2). **Ad Exemplum aus der Rechtsprechung.** Die Entscheidungen beanspruchen nur Geltung für die Fassung der Abrechnungsvorschrift(en), die zum entscheidungserheblichen Zeitpunkt anzuwenden war(en). Daher sollte ein Abgleich zwischen der Vorschriftsfassung, die für die Entscheidung maßgeblich war, und der (nunmehr) veränderten Variante erfolgen.

- Im Rahmen eines Besuchs erbrachte Untersuchungsleistungen nach der Nr. 01 Bema-Z sind nicht neben der Besuchsgebühr nach Nr. 50 GOÄ (bzw. Nr. 7500 Bema-Z) berechnungsfähig.[1184]
  - Unter „Exzision von Schleimhaut“ (i.S. der Nr. 49 Bema-Z) ist dabei die Glättung, Ausdünnung oder auch gänzliche Entfernung störender Gewebestückchen der Schleimhaut zu verstehen; sie kann mithilfe eines scharfen Löffels oder eines Skalpells, unter Verwendung von Küretten oder ggf. auch mittels eines elektrochirurgischen Gingivektomiegeräts durch Kauterisation erfolgen.
  - Probeexzisionen unterscheiden sich von einer Exzision nicht nach der Art der durchzuführenden Behandlungsschritte, sondern nur nach dem Zweck der Maßnahme. Bei Probeexzisionen werden Gewebestücke nicht entfernt, weil sie stören, sondern weil zunächst Anlass für eine histologische Untersuchung des wuchernden Gewebes besteht und deshalb ein hiervon ausgeschnittenes Gewebestückchen als Probe dem Labor zugeführt werden soll.
- Die Gebühren-Ziffer 54b im Gebührentarif A der Anlage 1 zum EKV-Z ist bei der Wurzelspitzenresektion an einem Seitenzahn auch dann nur einmal abrechenbar, wenn mehrere Wurzelspitzen reseziert werden[1185]
- Ein Vertrags(zahn)arzt erbrachte mithilfe von Weiterbildungsassistenten Leistungen in einem Umfang, der nicht mit § 32 Abs 3 Ärzte-ZV vereinbar ist; dabei ist es ohne Bedeutung, dass die Beschäftigung des Weiterbildungsassistenten genehmigt war.[1186]
- Typische Formulierungen für die Abrechenbarkeit (nur) ärztlicher Tätigkeit sind: „Beratung“, „Aufklärung“, „Erörterung“, Angabe einer festen Zeitdauer im Rahmen einer ärztlichen Gebührenvorschrift usw.; wurden diese Leistungen durch nichtärztliche Mitarbeiter erbracht, so ist eine sachlich-rechnerische Berichtigung nicht zu beanstanden.[1187]

(iv). Prüfungsinstrument; Darlegungs- und Beweislast

Die Mitwirkungspflichten gem. §§ 294 und 298 SGB V sind problematisch. Der (Zahn)Arzt hat Behandlungsunterlagen zu übermitteln.[1188] Kommt der Zahnarzt dem nicht nach, kann dies zu Disziplinarmaßnahmen führen. Die Pflicht zur Herausgabe von Behandlungsunterlagen besteht auch im Rahmen eines Verfahrens um die Festsetzung eines sonstigen Schadens.[1189] Die Vereinbarkeit mit dem Recht auf ein faires Verfahren (Art. 6 Abs. 1 S. 1 EMRK) ist nicht offensichtlich gegeben. Der EGMR bejaht die Anwendbarkeit von Art. 6 Abs. 1 S. 1 EMRK auf Wirtschaftlichkeitsprüfungen.[1190] Dies wird dann auch für Verfahren der sachlich-rechnerischen Berichtigung gelten.

Es besteht das Recht zu schweigen und sich nicht selbst zu bezichtigen. Die Erzwingung von Angaben in einem Verwaltungsverfahren ist unzulässig und verletzt Art. 6 EMRK, wenn die Gefahr eines Strafverfahrens und der Benutzung der erzwungenen Angaben besteht.[1191] Die Gefahr eines Strafverfahrens ergibt sich aus § 81 a SGB V. Danach sollen die KZV/KÄV (z.B. über den Antikorruptionsbeauftragten) die Staatsanwaltschaft bei einem Anfangsverdacht auf strafbare Handlung unterrichten. Schon wenn es an einer ordnungsgemäßen Dokumentation fehlt, kann dies in ein Ermittlungsverfahren wegen Abrechnungsbetrugs münden. Was nicht dokumentiert ist, gilt auch als nicht durchgeführt. Was aber nicht ausgeführt wurde, darf nicht abgerechnet werden.

Bislang ist auch die Frage nicht geklärt, inwiefern diese Mitwirkungspflichten mit dem verfassungsrechtlich verankerten Gebot der Selbstbelastungsfreiheit zu vereinbaren sind („nemo tenetur se ipsum accusare-Grundsatz"). Dieses Recht auf ein faires Verfahren wird unter anderem auf Art. 20 Abs. 3 GG i.V.m. Art. 2 Abs. 1 GG gestützt. Es besteht keine Einigkeit über Inhalt und Reichweite des Nemo-tenetur-Grundsatzes. Es ist durchaus die Tendenz auszumachen, von der bisherigen restriktiven Handhabung Abstand zu nehmen.[1192] Zunächst einmal umfasst das Recht auf ein faires Verfahren das Recht jedes Angeklagten auf Wahrung der Aussage- und Entschließungsfreiheit innerhalb des Strafverfahrens. Das Verbot des Zwangs zur Selbstbelastung bedeutet, dass im Rahmen des Strafverfahrens niemand gezwungen werden darf, sich durch seine eigene Aussage einer Straftat zu bezichtigen oder zu einer Überführung aktiv beizutragen.[1193] Nach Ansicht des Europäischen Gerichtshofs für Menschenrechte dienen das Recht zu schweigen und der Schutz vor Selbstbelastung dazu, den Beschuldigten gegen unzulässigen Zwang und gegen die Erlangung von Beweisen durch Methoden des Druckes zu schützen.[1194] Sollen aber Beweise nicht aufgrund von Methoden erlangt werden, die eine psychologische Belastung auslösen, so erscheint es doch fraglich, inwiefern es damit zu vereinbaren ist, jemanden zu seiner Mitwirkungspflicht bezüglich der Herausgabe von Unterlagen anzuhalten, indem man ihm bei Weigerung ein Disziplinarverfahren in Aussicht stellt.

Cave

Exkurs: Bisher gelten nur Ärzte-Tagesprofile

Zur Feststellung, ob abgerechnete Leistungen **vollständig erbracht** worden sind, sei es u. a. zulässig, **Tagesprofile** zu verwenden. Tagesprofile seien ein geeignetes Beweismittel, um einem Arzt unkorrekte Abrechnungen nachweisen zu können. Die Beweisführung mit Tagesprofilen ist dem **Indizienbeweis** zuzuordnen. Für ihre Erstellung sind bestimmte Anforderungen erforderlich. Für die Ermittlung der Gesamtbehandlungszeit des (Zahn)Arztes an einem Tag dürften nur solche Leistungen in die Untersuchung einbezogen werden, die ein Tätigwerden des Arztes selbst voraussetzen. Delegationsfähige Leistungen hätten außer Betracht zu bleiben. Zu berücksichtigen sei weiter, dass die für die einzelnen ärztlichen Leistungen zugrunde zu legenden Durchschnittszeiten so bemessen sein müssen, dass ein erfahrener, geübter und zügig arbeitender Arzt die Leistungen im Durchschnitt in kürzerer Zeit schlechterdings nicht ordnungsgemäß und vollständig erbringen kann. Der **Qualifizierung als Durchschnittszeit** entspreche es, dass es sich hierbei nicht um die Festlegung absoluter Mindestzeiten handele, sondern um eine Zeitvorgabe, die im Einzelfall **durchaus unterschritten** werden könne. Die Durchschnittszeit stelle sich aber bei einer ordnungsgemäßen und vollständigen Leistungserbringung als der statistische Mittelwert dar.[1195]

Als Nachweis für eine Falschabrechnung des Quartals genüge bereits ein beliebiger falsch abgerechneter Tag. Bei implausiblen Abrechnungen aufgrund von Zeitprofilen kann die Implausibilität nicht einer Einzelleistung oder einzelnen Leistungen oder Leistungsbereichen zugeordnet werden. Die Implausibilität folgt vielmehr aus dem Gesamtumfang der abgerechneten Leistungen.[1196]

Sind von einem (Zahn)Arzt abgerechnete Leistungen aus der Dokumentation (z.B. den Krankenblättern) nicht ersichtlich, so ist zunächst davon auszugehen, dass er diese Leistungen tatsächlich nicht erbracht hat. Es obliegt dann dem (Zahn)Arzt, die Erbringung der von ihm abgerechneten Leistungen nachzuweisen.[1197] Auch aufgrund dieser Rechtsprechung ist eine sorgfältige und vollständige Behandlungsdokumentation unabdingbar.

cc. [Variante zur Unrichtigkeit] Missbräuchliche Nutzung der Gestaltungsform „Praxisgemeinschaft"[1198]

Das BSG **fordert** allgemein, dass die nach außen gewählte Rechtsform von Vertrags(zahn)ärzten im Praxisalltag transparent realisiert werden muss. Ein **Gestaltungsmissbrauch** liegt vor, wenn die Partner einer Praxisgemeinschaft zu einem hohen Anteil Patienten gemeinschaftlich behandeln, wobei das BSG offen gelassen hat, ab welchem Vom-Hundert-Satz gemeinsam behandelter Patienten in einer fachgebietsgleichen Praxisgemeinschaft ein Missbrauch der Rechtsform anzunehmen ist. Mit anderen Worten: Die konkrete Gestaltung der Behandlungsabläufe hat nicht der nach außen gewählten Form einer Praxisgemeinschaft entsprochen, sondern die Partner führen die Praxis tatsächlich eher wie eine Gemeinschaftspraxis. **„Verdünnerfälle"** sind Fälle eines anderen Praxisgemeinschaftlers, die der eigenen Fallzahl durch Mitbehandlung von Patienten hinzugefügt werden, um die Möglichkeit zu erhalten, ein nicht ausgeschöpftes Punktzahlvolumen/Eurobeträge in einzelnen Fällen auf andere Fälle zu übertragen.[1199] **Um die „tatsächlichen"** Fallzahlen zu ermitteln, wird die Doppelabrechnungsquote um eine Toleranz bereinigt (z.B. 10% sind nicht zu beanstanden). Verbleibende Doppelabrechnungen können eventuell durch Besonderheiten eines Quartals **erklärt** werden. Als Gründe kommen in Betracht:

- Medizinische Gründe (ad exemplum: Notfälle[1200]),
- sachliche Gründe (ad exemplum: Vertretungsfälle[1201]).

Ein Gestaltungsmissbrauch liegt z. B. vor, wenn eine Doppelbehandlung von Patienten durch zwei Ärzte einer Praxisgemeinschaft bei einer Überschneidungsquote von mehr als 15–40% erfolgt. Lange Öffnungszeiten, in deren Natur es liegt, dass nicht immer der gleiche Stammbehandler angetroffen wird, und der in diesem Zusammenhang erfolgende lediglich einfache Verweis auf den zur Verfügung stehenden Praxisgemeinschaftspartner schaffen die Voraussetzungen dafür, dass in außergewöhnlichem Maße Patienten innerhalb desselben Quartals von beiden Partnern der Gemeinschaft behandelt werden und hieraus unzulässig kontingentbildende Fallzahlen generiert werden.

dd. Verschulden

Auf ein Verschulden – gleich welcher Seite – kommt es nicht an, da einzige Voraussetzung für eine Berichtigung ist, dass eine Abrechnung nicht vertragsgemäß vorgenommen wurde.[1202]

ee. Aufhebung erfolgt gegenüber richtigem Adressaten

Im Verwaltungsrecht ist ungeschriebene Tatbestandsvoraussetzung für die Aufhebung von Verwaltungsakten, dass die Aufhebung gegenüber dem richtigen Adressaten erfolgt. Ein begünstigender Verwaltungsakt kann auch gegenüber einem Dritten zurückgenommen werden, wenn dieser als „Begünstigter" anzusehen ist.[1203] Dies gilt auch im Sozialrecht (vgl. §37 Abs. 1 S.1 SGB X). Ein einzelner Gesellschafter einer Gemeinschaftspraxis kann Adressat einer Vergütungsberichtigung sein, da er für die Gesamthandverbindlichkeiten neben der Gesamthand als Gesamtschuldner auf den vollen Betrag haftet.[1204]

ff. Kein Ausschluss

(i). Grundsätzlich: kein Vertrauensschutz

Honorarbescheide sind stets zunächst nur als vorläufig anzusehen sind und Vertrauensschutz auf deren Bestand kann nur in besonderen Konstellationen anerkannt werden.[1205] Sie stehen grundsätzlich unter dem Vorbehalt der späteren Überprüfung auf ihre Rechtmäßigkeit.[1206] Art. 20 GG steht der Vorläufigkeit eines Honorarbescheids nicht entgegen, weil der Vertrags(zahn)arzt nach der rechtlichen Situation die Vorläufigkeit seiner Position kannte bzw. kennen musste. Aus dem Rechtsstaatsgebot und dem ihm folgenden Prinzip der Beachtung des Vertrauensschutzes folgt nicht in jedem Fall, dass jegliche einmal – durch einen begünstigenden Verwaltungsakt – erworbene Position ungeachtet der wirklichen Rechtslage Bestand haben muss.[1207] Vertrauensschutz mit der Folge, dass Honorarbescheide wegen anfänglicher Fehlerhaftigkeit nur noch unter den Voraussetzungen des §45 SGB X zurückgenommen werden können, besteht dann, wenn Honorarforderungen umfassend auf sachlich-rechnerische Richtigkeit oder auf die Wirtschaftlichkeit der Leistungserbringung überprüft worden sind oder die Honorarforderungen wegen Ablaufs der gesetzlichen bzw. bundesmantelvertraglichen oder gesamtvertraglichen Frist nicht mehr überprüft werden dürfen.[1208]

(ii). Ausnahme: Fallgruppen des Vertrauensschutzes

Voraussetzung ist ein Sachverhalt, der konkreten Vertrauensschutz begründet. Es reicht nicht aus, dass die Kassen(zahn)ärztliche Vereinigung dem Zahnarzt zunächst Honorarbescheide ohne Honorarkürzungen erteilte und entsprechende Honorarzahlungen gewährte.[1209]

▸ **(1). Ausschlussfrist.**[1210] Eine **Ausschlussfrist** (**Verfallfrist, Präklusivfrist**) meint einen Zeitablauf, der zum Untergang eines nicht rechtzeitig wahrgenommenen Rechts führt. **Zweck** der Ausschlussfrist, als Ausprägung des Rechtsstaatsprinzips (Art. 20 Abs. 3 GG), ist es Rechtssicherheit und -klarheit zu schaffen.[1211] Der „ahnungslose" Vertrags(zahn)arzt soll davor geschützt werden, einer überraschenden Honorarberichtigung nach mehr als vier Jahren ausgesetzt zu sein. Der Gefahr eines „ewigen Prüfungsverfahrens" soll begegnet werden.[1212] Die **Herleitung** wird zum Teil mit dem allgemeinen Rechtsgedanken des §45 SGB I begründet.[1213] Andere verweisen auf eine Gesamtanalogie zu §§45 Abs. 1 SGB I, 25 Abs. 1 Satz 1, 27 Abs. 2 Satz 1 SGB IV, 50 Abs. 4 Satz 1, 113 Abs. 1 Satz 1 SGB X.[1214]

Die **Fristlänge** für die Wahrnehmung des Rechts auf sachlich-rechnerische Richtigstellung beträgt vier Jahre.[1215] Die Frist **beginnt** mit Wirksamwerden (Bekanntgabe) des Honorarbescheids, des Quartalsabrechnungsbescheids[1216] (bzw. der Quartalsabrechnung[1217]) gemäß §§37 Abs. 2 S. 1, 39 Abs. 1 S. 1 SGB X. Der Ansicht, dass das Ende des entsprechenden Kalenderjahres (§45 SGB I)[1218] den Fristbeginn markiert, ist dagegen nicht zu folgen. Die Frist wird durch einen Verwaltungsakt (§31 SGB X) **gewahrt**. Inzidenter ist zu überprüfen, ob ein Akt entsprechende Verwaltungsaktqualitäten hat.[1219] Ad exemplum:

- Ein Verwaltungsakt, mit dem ein Bescheid, der eine sachlich-rechnerische Richtigstellung ursprünglich ablehnte, wird wieder aufgehoben.

In Betracht kommt auch eine **Unterbrechung** der Ausschlussfrist aufgrund einer analogen Anwendbarkeit des BGB. §204 Abs. 1 Nr. 1 BGB ist erfüllt, wenn eine Krankenkasse, die einen Antrag auf sachlich-rechnerische Überprüfung stellte, Untätigkeitsklage auf Erteilung einer Prüfentscheidung erhoben hat. In diesem Fall tritt die Unterbrechung mit Zustellung des Beschlusses über die notwendige Beiladung des Vertrags(zahn)arztes ein.[1220] Auch die Bekanntgabe eines Bescheids ggü. einem Vertrags(zahn)arzt über das Ergebnis der Honorarprüfung führt zur Unterbrechung der Ausschlussfrist.[1221]

Von Amts wegen ist weiterhin zu berücksichtigen, ob die **Berufung auf die Ausschlussfrist rechtsmissbräuch-**

lich (§242 BGB analog) ist. Ein rechtsmissbräuchliches Verhalten kann vorliegen, wenn der Vertrags(zahn)arzt:[1222]

- selbst auf die Verhinderung oder Verschleppung des Prüfverfahrens hinwirkte,
- (wissentlich) Falschabrechnungen vornahm,
- nicht ein schutzwürdiges Eigeninteresse hat.
    - Die Schutzwürdigkeit entfällt nicht dadurch, dass der Vertragszahnarzt bloße Kenntnis von einer möglichen nachträglichen sachlich-rechnerischen Berichtigung vor Ablauf der Ausschlussfrist erhielt.
    - Der Schutz der Ausschlussfrist entfällt, wenn ein Verfahrensakt vorliegt, dessen Zugangszeitpunkt aufgrund gesetzlicher Vorschriften (z. B. §37 Abs. 2 SGB X, §63 Abs. 2 SGG) eindeutig festgestellt werden kann, und dieser dem Betroffenen Kenntnis von der sachlich-rechnerischen Berichtigung verschaffte.
        - Dieser Formalakt liegt u. a. dann vor, wenn die Kenntnisgabe des Prüfungs- bzw. Berichtigungsverfahrens in einem förmlichem Verfahren (z. B. Bescheid oder Beiladung im Rahmen einer Untätigkeitsklage) an den Vertrags(zahn)arzt erfolgte.
        - Der Vertragszahnarzt hat durch bloße formlose Mitteilungen der KZV oder Dritter Kenntnis über ein laufendes Prüfverfahren erhalten, das über viele Jahre nicht abgeschlossen wird (z. B. bloße Sachstandsmitteilung wie etwa eine Vorabinformation).

Die Ausschlussfrist greift dann nicht durch, wenn sich der Vertrags(zahn)arzt des schutzwürdigen Vertrauens begeben hat, weil ein Vertrauensausschlusstatbestand (§45 Abs. 2 S. 3 i.V.m. Abs. 4 S. 1 SGB X) eingreift.[1223]

Das präklusiv befristete Recht der sachlich rechnerischen Berichtigung erlischt automatisch mit Zeitablauf, wenn die zuvor skizzierten Voraussetzungen vorliegen. Dies ist von Amts wegen zu berücksichtigen und nicht erst auf Einrede des (Zahn)Arztes hin.

▸ (2). **Vertrauensbildendes Verhalten nach Erlass des vorläufigen Honorarbescheids (Kredit).** Nicht jede Überprüfung vor Ablauf der vierjährigen Ausschlussfrist kann zur absoluten Bestandskraft eines Honorarbescheids führen. Es muss sich vielmehr um ein aus dem Handeln der KZV auf den individuellen Fall bezogenes Vertrauen handeln.[1224] Der Vertrags(zahn)arzt kann sich erst auf Vertrauen berufen, bis eine umfassende – nicht bloß auf einzelne, wirtschaftlich unbedeutende Positionen bezogene – Prüfung auf Rechtmäßigkeit und Wirtschaftlichkeit stattgefunden hatte oder die Quartalshonorarbescheide wegen Ablaufs der gesetzlichen, bundesmanteltariflichen oder gesamtvertraglichen Fristen nicht mehr überprüft werden konnten.[1225] Wendet sich jemand mit in einem Rechtsbehelf vorgetragenen Argumenten gegen einen belastenden Verwaltungsakt und ergeht daraufhin ein Abhilfebescheid, dann löst dieser Abhilfebescheid regelmäßig eine besonders ausgeprägte und daher gerechtfertigte Erwartungshaltung bezüglich der materiellen Rechtmäßigkeit dieses Verwaltungshandelns aus. Es geht also um eine Erwartungshaltung im Rahmen eines Abhilfeverfahrens, die auf **vorgebrachten** Einwendungen des Betroffenen beruht, auf die **individuell** reagiert wurde. Da es die Behörde durch entsprechend klare Abfassung ihrer schriftlichen Äußerungen stets in der Hand habe, ihre eigenen Vorstellungen unmissverständlich zum Ausdruck zu bringen, gehen verbleibende Unklarheiten eines Bescheids regelmäßig zu ihren Lasten. Dieses gelte auch, soweit es Inhalt und Umfang der Vorläufigkeit des Bescheides anbelangt.[1226] Ein **Verbrauch** der weiteren Richtigstellungsbefugnis liegt in folgenden Situationen vor:[1227]

- Die KZ(Ä)V prüfte die Honorarforderungen des Vertrags(zahn)arztes bereits in einem Verfahren, das der ursprünglichen Honorarverteilung nachfolgte, auf ihre sachlich-rechnerische Richtigkeit und bestätigte diese Honorarforderungen vorbehaltlos.[1228]
    - Eine vorbehaltlose Bestätigung liegt vor, wenn auf den Rechtsbehelf des Vertrags(zahn)arztes die KZÄV die ursprünglich von ihr verfügten Richtigstellungen (z. B. eines bestimmten Gebührensatzes) nach erneuter Prüfung ohne jede Einschränkung wieder rückgängig machte.[1229] Es müssen also entsprechende Abhilfebescheide erteilt worden sein, durch die bei dem Betroffenen Vertrags(zahn)arzt ein entsprechender Vertrauensschutz begründet wird.[1230]
    - Ein Vorbehalt ist dagegen weiterhin gegeben, wenn ein Hinweis erfolgt, dass zu einem späteren Zeitpunkt mit einer Rückforderung zu rechnen ist.

Besteht ein solcher Vertrauensschutz, dann ist der rechtswidrig begünstigende Honorarbescheid insoweit nur noch nach den Vertrauensausschlusstatbeständen des §45 Abs. 2 S. 3 i.V.m. Abs. 4 S. 1 SGB X rücknehmbar.[1231]

▸ **(3). Angaben ins "Blaue hinein".** Der Vertrauensschutz beruht in dieser Fallgruppe darauf, dass einer „Rechtspflicht zum Handeln", die aus §242 BGB analog folgt, zuwider gehandelt wurde. Das Vertrauen ist demnach schutzwürdig, wenn Zweifel an der Richtigkeit der Honorarberechnung bekannt waren oder ohne Weiteres hätten bekannt sein müssen und es trotzdem unterlassen wurde, die davon betroffenen Vertrags(zahn)ärzte in hinreichendem Umfang auf diese Ungewissheiten (z. B. bzgl. der Grundlagen der Honorarverteilung) hinzuweisen.[1232] Bestehen nämlich derartige Ungewissheiten, dann müssen die ergehenden Honorarbescheide mit entsprechenden Vorläufigkeitshinweisen versehen werden oder in anderer gleichwertiger Weise auf die bloße Vorläufigkeit der Honorarbescheide hingewiesen werden.[1233] Unrichtigkeiten beim Ansatz **einzelner Gebühren** sollen zum typischen Risiko des Vertragszahnarztes gehören. Denn es soll ihm zugemutet werden können, den Wegfall einzelner – wirtschaftlich nicht existenzgefährdender – Honorarposten ins Kalkül zu ziehen.[1234] Die ursprünglichen Honorarbescheide müssen nicht mit einem Vorbehalt der späteren Berichtigung und Kürzung versehen werden, weil die Streitbefangenheit der Abrechnungspraxis zu einer bestimmten Bema-Nr. bekannt gewesen ist. Ein Hinweis auf einen anhängigen Rechtsstreit muss nicht erfolgen.[1235] Bei einer Schwebelage, die aus **noch nicht abgeschlossenen Gesamtvergütungsvereinbarungen** herrührt, reicht für die Mitteilung der Ungewissheit nicht ein Hinweis in den Honorarbescheiden, dass nachträgliche Berichtigungen, z.B. aufgrund sachlicher und rechnerischer Richtigstellungen sowie aufgrund rückwirkender Änderungen des HVM „und Ähnlichem" vorbehalten seien.[1236] Wenn der Kassen(zahn)ärztlichen Vereinigung bekannt ist, dass gegen die Rechtmäßigkeit des angewandten Regelwerkes über die Honorarverteilung Bedenken angemeldet worden sind, so hat sie zusammen mit dem Honorarbescheid ausdrücklich deutlich zu machen, inwieweit diese Bescheide im Hinblick auf bestehende Unklarheiten über die generellen Grundlagen der Honorarverteilung als vorläufige Regelungen erlassen wurden.[1237]

▸ (4). **Vorläufigkeitsumfang.** Da sich die Vorläufigkeit von Honorarbescheiden jeweils nur auf **begrenzte Teile des Honorarbescheides** bzw. – wirtschaftlich betrachtet – kleinere Anteile der Honoraranforderung des Vertragsarztes beziehen darf, muss sich die Größenordnung der Rückforderung korrespondierend auch in diesem Rahmen halten.[1238] Damit soll dem Vertrauensschutz des gutgläubigen (Zahn)Arztes vor gravierenden nachträglichen Honoraränderungen Rechnung getragen werden. Diese Begrenzung **gelte aber nicht** in den Fällen, in denen die Neuberechnung und Rückforderung auf der erst nachträglichen Kenntnis einer Kassen(zahn)ärztlichen Vereinigung von Fehlvergütungen beruhe, die von den abrechnenden Vertragsärzten aber schon früher, nämlich bei Erhalt der Honorarabrechnung, unschwer hätten erkannt werden können. Je höher der überzahlte Anteil, desto eher müsse die Überzahlung auffallen. Schutzwürdiges Vertrauen besteht nicht, wenn die Gründe für die nachträgliche Honorarkürzung **innerhalb des Einflussbereichs** des einzelnen Arztes liegen (z.B. erhebliche Budgetüberschreitungen). Außerhalb der Sphäre des Vertrags(zahn)arztes liegt z.B. eine nachträgliche Verringerung des Gesamthonorarvolumens.[1239]

▸ (5). **Allgemeine Grundsätze zur Berücksichtigung von Vertrauensschutz.** Im Hinblick auf schutzwürdiges Vertrauen gilt, dass die Bestimmungen über die Befugnisse der Kassen(zahn)ärztlichen Vereinigungen, vertrags(zahn)ärztliche Honoraranforderungen und Honorarbescheide wegen sachlich-rechnerischer Fehler nachträglich zu korrigieren, in ihrem Anwendungsbereich die Regelung des §45 SGB X **grundsätzlich verdrängen.**[1240] Vertrauensschutz ist zu gewähren, wenn diejenigen Besonderheiten der Honorierung vertrags(zahn)ärztlicher Leistungen, die für die Verdrängung der Regelung des §45 SGB X durch die Vorschriften über die sachlich-rechnerische Richtigstellung angeführt werden, **konkret nicht tangiert sind**, weil die Fehlerhaftigkeit des Bescheids aus Umständen herrührt, die außerhalb des eigentlichen Bereichs einer sachlich und rechnerisch korrekten Honorarabrechnung und Verteilung liegen.[1241] Nur dann, wenn ausnahmsweise im Rechtsverhältnis zwischen der K(Z)ÄV und einem Vertrags(zahn)arzt keine relevanten Unterschiede zu den für das Verwaltungsverfahrensrecht typischen Situationen bestehen, sind die für solche Konstellationen bestehenden allgemeinen Grundsätze über die Berücksichtigung von Vertrauensschutz gegenüber der Korrektur fehlerhafter, begünstigender Verwaltungsakte entsprechend anzuwenden.[1242] Darunter fällt die **Erbringung einer fachfremden Leistung.** Vertrauensschutz besteht dann, wenn die KZ(Ä)V über einen längeren Zeitraum eine systematisch fachfremde oder eine ohne ausreichende Qualifikation ausgeübte Tätigkeit wissentlich duldete (bewusstes Dulden) und der Vertrags(zahn)arzt im Vertrauen auf die weitere Vergütung solcher Leistungen diese weiterhin erbrachte.[1243] Anhaltspunkte für einen Vertrauenstatbestand können allfällig hergeleitet werden aus Informationshinweisen, Rundschreiben, Besprechungsprotokollen...Dies müsste in einem Prozess auch dargetan werden.[1244]

Die besonderen Funktionsbedingungen vertrags(zahn)ärztlicher Honorierung sind nicht konkret tangiert, wenn es um den **Vollzug der Vorschriften zum degressiven Punktwert** in der vertrags(zahn)ärztlichen Versorgung geht.[1245] Ein besonderer Vertrauenstatbestand wird durch eine **Abrechnungsempfehlung** für den Zahnarzt grundsätzlich nicht geschaffen. Von einem solchen schutzwürdigen Vertrauen könne nur dann ausgegangen werden, wenn die KZV durch eine besondere Handlung – z.B. zeitlich nach der jeweiligen Quartalsabrechnung und speziell auf den klagenden Vertrags(zahn)arzt bezogen – diesen in seiner Meinung bestärkt hätte, dass die konkret vorgenommene Abrechnung (z.B. Mehrfachabrechnung) rechtens sei.[1246]

Ein **Abrechnungshinweis** kann ein entsprechendes schutzwürdiges Vertrauen hervorrufen, wenn es sich um eine Allgemeinverfügung (§31 S. 2 SGB X) handelt. In rechtlich relevanter Weise muss unter Berücksichtigung der Gesamtumstände der Wille kundgetan worden sein, sich bei der Abrechnung und – ggf. späteren – Überprüfung der Honoraranforderungen der Vertragszahnärzte an die Darstellung in ihren ergänzenden Erläuterungen zu binden. Für den Adressaten muss deutlich werden, dass der Erklärende an seiner Auffassung auch zukünftig uneingeschränkt festhalten wird. Das ist nicht der Fall, wenn es sich lediglich um die **Wiedergabe** der im jeweiligen Zeitpunkt bekannten **Rechtslage** handelt. Insoweit soll es sich lediglich um eine sachliche Information im Sinne einer Dienstleistung handeln. Bei der Verwendung des Wortes „Ratgeber" werde schon deutlich, dass letztlich kein verbindlicher Hinweis erteilt werde. Das LSG

NRW weist zu Recht aus Transparenzgründen darauf hin, dass bei Abrechnungsempfehlungen deutlich dargestellt werden sollte, dass es sich um Empfehlungen im eigentlichen Sinne handele, die den zur Zeit ihrer Veröffentlichung entsprechenden Stand der Rechtsprechung darstellen, jedoch nicht uneingeschränkte Gültigkeit haben müssten.[1247] Hinweise in Bezug auf die Abrechnung können auch dann einen entsprechenden Vertrauensschutz hervorrufen, wenn es sich um eine **Zusicherung** im Sinne von § 34 SGB X handelt.[1248] Eine **bestimmte Abrechnung** ist schutzwürdig, wenn bei mehreren **Behandlungsalternativen** eine dieser möglichen Leistungen gewählt wird und im Hinblick darauf die entsprechende Honorierung abgerechnet wird.[1249]

gg. Allgemeine Rechtmäßigkeitsvoraussetzungen

(i). Bestimmtheit[1250]

Ein Verwaltungsakt muss inhaltlich hinreichend bestimmt sein (§ 33 Abs. 1 SGB X). Dies ist dann der Fall, wenn für den verständigen Beteiligten der Wille der Behörde unzweideutig erkennbar wird und eine unterschiedliche subjektive Bewertung nicht möglich ist. Maßgebender Zeitpunkt der Bestimmtheit ist der Zeitpunkt des Zugangs des Verwaltungsaktes und, wenn ein Widerspruchsbescheid ergangen ist, dessen Zugang. Ist der Widerspruchsbescheid hinreichend begründet, wirkt dies auf den Ausgangsbescheid zurück. Zweifel am Inhalt der Berichtigung sollen dann nicht bestehen, wenn dem Betroffenen ein Protokoll über die Sitzung des Widerspruchsausschusses übermittelt wurde, in dem die Anträge der Beigeladenen detailliert aufgeführt und sämtliche Unterlagen, die der Entscheidung zugrunde gelegt wurden, aufgeführt wurden.

(ii). Verhältnismäßigkeit

Der Grundsatz der Verhältnismäßigkeit hatte nach der früheren Rechtsprechung keine Bedeutung bei gebundenen Entscheidungen. Diese Auffassung erfuhr eine Änderung durch die neuere Rechtsprechung. Zunehmend wird vertreten, dass auch bei gebundenen Verwaltungsentscheidungen zu überprüfen ist, ob die normierte Rechtsfolge dem Grundsatz der Verhältnismäßigkeit entspricht.[1251]

hh. Bundesmantelvertragliche oder gesamtvertraglichen Präklusivfristen

Die Nichteinhaltung des in den gesamtvertraglichen Vereinbarungen vorgesehene Verfahrens, insbesondere der dortigen Fristen, ist unschädlich. Die gesamtvertraglichen Bestimmungen regeln ein Verfahren zwischen den gesetzlichen Krankenkassen und der KZV und begründeten keine darüber hinaus gehenden Rechte des Zahnarztes, auch **nicht** i. S. einer **analogen** Anwendung.[1252] Der Ablauf bundesmanteltariflichen oder gesamtvertraglichen Fristen, nach der ein Honorarbescheid danach nicht mehr überprüft werden kann, hat nur für den Vertrauensschutz Bedeutung. Von diesem Zeitpunkt an können Honorarbescheide wegen anfänglicher Fehlerhaftigkeit nur noch unter der Voraussetzung des § 45 SGB X zurückgenommen werden.[1253]

d. Rechtsfolge

a. Ermessen ist nicht auszuüben, weil die Regelungen über sachlich-rechnerische Richtigstellungen – anders als § 45 SGB X – keine Ermessensausübung vorsehen.[1254]
   Bei der Feststellung einer sachlich-rechnerischen Berichtigung durch eine Kassen(zahn)ärztliche Vereinigung handelt es sich um eine rechtsverbindliche Regelung in Gestalt eines Verwaltungsaktes nicht nur gegenüber dem Vertrags(zahn)arzt, sondern auch gegenüber der beteiligten Krankenkasse.[1255]
   Ein Verstoß gegen das Verbot der Mehrfachbestrafung (Art. 103 Abs. 3 GG) liegt nicht vor, wenn ein Vertragszahnarzt wegen der gleichen Frage von zwei verschiedenen Gremien überprüft wird.
   Ein Eingriff in den Schutzbereich des Art. 103 Abs. 3 GG liegt nicht vor. Eine Bestrafung aufgrund allgemeiner Strafgesetze erfolgt nicht, denn sachlich-rechnerische Richtigstellungen sollen nicht solche Strafen enthalten.[1256]
b. Bei Vorliegen der Voraussetzungen wird dazu befugt, den – vorläufigen – Honorarbescheid (teilweise) aufzuheben (Verwaltungsakt). Einer (Teil)Aufhebung als actus contrarius bedarf es nur dann, wenn man sich nicht der Ansicht anschließt, der Rechtsgrund für das vorläufige Behaltendürfen entfalle durch den Erlass des endgültigen Bescheids.
c. Eine K(Z)V darf im Wege der sachlich-rechnerischen Richtigstellung vom (Zahn)Arzt in Ansatz gebrachte Leistungen in vollem Umfang canceln, wenn deren Voraussetzungen erweislich nicht vorliegen oder ihr Vorliegen sich im Einzelfall nicht nachweisen lässt.
   Es kommt nicht darauf an, ob die Nichterfüllung der Leistungslegende nur in Einzelfällen oder in vielen Fällen im Streit ist.[1257]
   Bei der Doppelbehandlung von Patienten durch zwei Zahnärzte einer Praxisgemeinschaft, die aufgrund der Überschneidungsquote rechtswidrig ist, verbleibt nur das Honorar (in dem Umfang), das die echten Behandlungsfälle betrifft, also diejenigen ohne die künstlich produzierte Fallzahlvermehrung.[1258] Im Umfang des restlichen Honorars erfolgt eine (Teil)Aufhebung des Honorarbescheids.

e. Entscheidungserheblicher Zeitpunkt

Bei einer erhobenen Anfechtungs- und Leistungsklage wirkt sich eine Neuregelung von Bema-Nrn. während eines sozialgerichtlichen Verfahrens nicht zugunsten eines

Zahnarztes aus, da es bei dieser Klageart auf die Rechtslage zum Zeitpunkt des Erlasses der angefochtenen Verwaltungsakte ankommt. Die von einem Gericht festgestellte Rechtswidrigkeit einer bestimmten Abrechnungsweise hat zur Folge, dass diese Auslegung für die gesamte Geltungsdauer der entsprechenden Bema-Nr. gilt.[1259] Zur Imaginierung: Die Mehrfachabrechnungen von Leistungen nach der BEMA-Nr. 54 b und c waren im Zeitpunkt des Erlasses des Bescheids unzulässig und blieben es auch während des Prozesses, obwohl es während des gerichtlichen Verfahrens zu einer Neuregelung der BEMA-Nrn. 54 b und c kam.[1260]

II. Rückforderung

Zur Vermeidung von Wiederholungen soll auf die Darstellung im Rahmen der Wirtschaftlichkeitsprüfung im Wesentlichen verwiesen werden. Eine nach den Bestimmungen zur sachlich-rechnerischen Richtigstellung rechtmäßige (Teil)Aufhebung des Honorarbescheids mit Wirkung für die Vergangenheit (ex tunc) löst nach §50 Abs. 1 S. 1 SGB X, der Grundnorm des öffentlich-rechtlichen Erstattungsanspruchs für den gesamten Bereich des Sozialrechts, eine entsprechende Rückzahlungsverpflichtung des Empfängers der Leistung aus.[1261] Die Höhe des Rückforderungsbetrages darf nicht durch konkrete Beanstandungen infrage gestellt werden dürfen. Eine konkrete Beanstandung liegt nicht vor, wenn die Aufhebung der ursprünglichen Honorarbescheide insgesamt für rechtswidrig gehalten wird. Einzelheiten einer rechnerischen Umsetzung werden dann nicht gerügt.[1262]

III. (Un)selbstständiger Sicherungseinbehalt u. tatsächlicher Einbehalt

1. Begriffe

a. Selbstständiger Sicherungseinbehalt[1263]

Der Sicherungseinbehalt ist ein Einbehalt von fälligen Honoraren durch die KZV, wobei der Einbehalt einem vorläufigen Sicherungszweck dient. Einbehalte können der Sicherung von z. B. folgender Ansprüche[1264] dienen:

- Rückforderungsansprüche,
- mögliche Regressforderungen (vermögensrechtlichen Ansprüchen) durch die gesetzliche Krankenkasse,
- Ansprüche aus Wirtschaftlichkeitsprüfungen (insbesondere Verordnungsregresse oder „sonstige Schäden“, die keinen Bezug zum Honoraranspruch des Vertragszahnarztes aufweisen).

Von seiner Rechtsnatur aus ist der Sicherungseinbehalt ein **eigenständiges Regelungsinstrument** (und insbesondere kein Institut des Vollstreckungsrechts, das akzessorisch das Schicksal der jeweiligen Grundforderung teilt). Daher **kommt es nicht darauf an, welche Art von Forderung dem Sicherungseinbehalt zugrunde liegt** und ob es sich dabei um eine im Wege der Honorarfestsetzung konkretisierte oder konkretisierbare Forderung handelt.[1265] Folge ist, dass das Honorar in der festgesetzten Höhe nicht zur Auszahlung kommt.[1266]

Bescheide über die **Honorarfestsetzung** sind Entscheidungen, die eine Regelung über die Honorierung von Art und Umfang der vertrags(zahn)ärztlichen Leistungen (im Rahmen der Verteilung der Gesamtvergütung) treffen, also namentlich folgende Bescheide:

- Vorläufige Honorarfestsetzung,
- endgültige Honorarfestsetzung,
- sachlich-rechnerische Richtigstellung,
- die Honorarrückforderung, die auf einer sachlich-rechnerischen Richtigstellung beruht,
- die Verrechnung von Honorarrückforderungen, die auf einer sachlich-rechnerischen Richtigstellung beruhen, mit einem Honoraranspruch.

Bei einem selbstständigen Sicherheitseinbehalt handelt es sich gerade:

- nicht um eine Honorarfestsetzung,[1267]
  - Bescheide über die **Honorarfestsetzung** sind Entscheidungen, die eine Regelung über die Honorierung von Art und Umfang der vertrags(zahn)ärztlichen Leistungen (im Rahmen der Verteilung der Gesamtvergütung) treffen, also namentlich folgende Bescheide:
    - vorläufige Honorarfestsetzung,
    - endgültige Honorarfestsetzung,
    - sachlich-rechnerische Richtigstellung,
    - die Honorarrückforderung, die auf einer sachlich-rechnerischen Richtigstellung beruht,
    - die Verrechnung von Honorarrückforderungen, die auf einer sachlich-rechnerischen Richtigstellung beruhen, mit einem Honoraranspruch.
- nicht um eine Änderung der Honorarfestsetzung,
  - Ein Unterfall der **Änderung der Honorarfestsetzung** liegt vor bei einem Honorarrückforderungsbescheid. Ein Honorarrückforderungsbescheid ist ein Bescheid, der bereits in der Vergangenheit erteilte Honorarbescheide ändert und Überzahlungen an den (Zahn) Arzt zurückfordert.[1268]
- und auch um keine Aufhebung der Honorarfestsetzung (i.S.d. §85 Abs.4 S.9 SGB V).[1269]

Zu einer Honorarfestsetzung wird der Sicherungseinbehalt nicht aufgrund seiner **Wirkung**, dass das Honorar in der festgesetzten Höhe nicht erst zur Auszahlung gelangt. Denn die Wirkung ist von der Rechtsnatur zu unterscheiden. Deutlich wird dies daran, dass der Sicherungseinbehalt zum Teil Zwecken dient, die mit den Honorarforderungen nichts zu tun haben. Die aufschiebende Wirkung von Rechtsbehelfen entfällt gemäß §86a Abs. 1 S. 1 SGG daher nicht:

- nach § 86a Abs. 1 Nr. 4 SGG i.V.m. § 85 Abs. 4 S. 9 SGB V (in unmittelbarer Anwendung), da es sich bei dem selbstständigen Sicherungseinbehalt nicht um eine Honorarfestsetzung, Änderung der Honorarfestsetzung oder Aufhebung der Honorarfestsetzung handelt.
- nach § 86a Abs. 1 Nr. 4 SGG i.V.m. § 85 Abs. 4 S. 9 SGB V (in analoger Anwendung), da es an den Voraussetzungen für eine Analogie fehlt.
- aufgrund einer Gesamtanalogie (§§ 85 Abs. 4 Satz 9, 89 Abs. 1a Satz 3, 106 Abs. 5 Satz 7, § 266 Abs. 6 Satz 8 SGB V), da auch hier die Voraussetzungen nicht gegeben sind.[1270]

Ad Exemplum:

- Typische Beispiele für selbstständige Sicherungseinbehalte sind Bescheide, die nichts anderes anordnen als:
  - „Zur Sicherung gegen Regressforderungen der Krankenkassen wird ein Sicherungseinbehalt von…% der jeweils fälligen Honorare (einschließlich Material- und Laboratoriumskosten) angeordnet."[1271]
  - „Der Sicherungseinbehalt wird auf…**Euro** festgesetzt."[1272]

b. Unselbstständiger Sicherungseinbehalt

Beim unselbstständigen Sicherungseinbehalt werden dagegen in der Regel zuvor erteilte Honorarbescheide geändert. Die Korrektur erfolgt dadurch, dass eine Forderung des Vertrags(zahn)arztes an die KZV mit Forderungen der KZV an den Vertrags(zahn)arzt verrechnet wird. Letztlich handelt es sich lediglich um eine (nachträgliche) Änderung des Honorarbescheids.[1273] Dies kann z.B. ein Honorarrückforderungsbescheid (Anm.: Honorarrückforderung ist Unterfall der Änderung des Honorarbescheids[1274]) sein, der darauf beruht, dass zuvor erteilte Honorarbescheide geändert (nachträgliche Änderung eines Honorarbescheides) und Überzahlungen zurückgefordert werden.[1275]

c. Tatsächlicher Einbehalt

Ein tatsächlicher Einbehalt liegt vor, wenn geltend gemachte Zahlungen nicht zur Auszahlung gelangen, ohne dass ein Verwaltungsakt ergangen ist. Die Zulässigkeit eines derartigen tatsächlichen Einbehalts beurteilt sich dann nach §§ 387 ff. BGB analog. In der Sache geht es dann um Ansprüche auf Gewährung monatlicher Abschlagszahlungen auf die zu erwartenden Honoraransprüche aus vertragszahnärztlicher Tätigkeit.[1276]

2. Rechtsschutz

Liegt **kein Verwaltungsakt** vor (die Fälle tatsächlichen Einbehalts), dann ist § 86 b Abs. 2 SGG im einstweiligen Rechtsschutz einschlägig (die Verpflichtungsklage in der Hauptsache).[1277] Wurde dagegen ein **Verwaltungsakt** erlassen, dann steht beim Sicherungseinbehalt regelmäßig der einstweilige Rechtsschutz im Vordergrund aufgrund der enormen Summen, die einbehalten werden. Aus diesem Grunde werden im Folgenden die diesbezüglich korrespondierenden Anträge dargestellt, beschränkt allerdings auf die Besonderheiten, die sich in der Rspr. herauskristallisierten.

Anträge, um die es geht, sind folgende:

- Feststellung der aufschiebenden Wirkung (§ 86 b I 1 Nr. 2 SGG analog) des Widerspruchs,
- Anordnung der aufschiebenden Wirkung (§ 86 b I 1 Nr. 2 SGG),
- Antrag auf Vollzugsfolgenbeseitigung (§ 86 b I 2 SGG) [grds.[1278] nicht isoliert mögl., sondern nur als Annex],

Letztere sollen im Folgenden dargestellt werden.

a. Antrag auf Feststellung der aufschiebenden Wirkung (§ 86 b I 1 Nr. 2 SGG analog) des Widerspruchs[1279]

aa. Zulässigkeit

Ein Antrag auf Feststellung der aufschiebenden Wirkung ist für den Fall anerkannt, dass die aufschiebende Wirkung missachtet wird.

(i). Statthaftigkeit

Im Hinblick auf die **Statthaftigkeit** müssen allerdings die **Analogievoraussetzungen**, nämlich eine planwidrige Regelungslücke, vorliegen. Eine Regelungslücke besteht nicht, wenn Rechtsschutz dem Grundsatz nach in unmittelbarer Anwendung von § 86 b SGG gewährt werden kann, insbesondere weil die Behörde nach § 86 a Abs. 2 Nr. 5 SGG eine Anordnung der sofortigen Vollziehung getroffen hat.[1280] Wurden also Sicherungseinbehalt und eine diesbezügliche sofortige Vollziehbarkeit (Anordnung der sofortigen Vollziehung) angeordnet, dann scheidet ein Antrag auf Feststellung der aufschiebenden Wirkung aus. § 86 b Abs. 1 S. 1 Nr. 2 SGG kommt dann unmittelbar zur Anwendung.

Darüber hinaus muss es um die Vollziehung eines (**belastenden**) **Verwaltungsakts** gehen. Ein Verwaltungsakt im Sinne von § 31 S. 1 SGB X setzt u. a. voraus, dass eine **Regelung** vorliegt. Eine Regelung liegt vor, wenn die Behörde eine potenziell verbindliche Rechtsfolge gesetzt hat, also durch eine Maßnahme werden ohne weitere Umsetzungsakte Rechte begründet, geändert, aufgehoben oder festgestellt. Die Erklärung der Behörde muss von einem Regelungswillen getragen sein, die auf die Setzung einer Rechtsfolge gerichtet ist. Für die **Auslegung** der Behördenerklärung ist der objektive Sinngehalt der Erklärung maßgeblich, d.h. wie der Empfänger sie bei verständiger Würdigung nach den Umständen des Einzelfalls objektiv verstehen konnte. Abzustellen ist auf den Empfängerhorizont eines verständigen Beteiligten, der in Kenntnis der tatsächlichen Zusammenhänge den wirklichen Willen der Behörde erkennen kann. Hierzu ist auch die äußere Form der Maßnahme mit zu berücksichtigen. Im Rahmen der Überprüfung, ob eine regelnde Entscheidung bezüglich einer Bewilligung getroffen wurde, wird auch auf die Bindungswirkung abgestellt. Die Bindungswirkung von Bewilligungsentscheidungen beschränkt sich auf den Verfügungssatz, d. h. die Entscheidung über Art, Dauer (Beginn und Ende) und Höhe der Leistung. Hingegen erwachsen die einzelnen Begründungselemente (z. B. Mietzinsen, Nebenkosten, Heizkosten) nicht in Bestandskraft.[1281] Für die Annahme einer Regelung werden folgende Indikatoren herangezogen:

- Ein Schreiben wird als „Bescheid" oder „Verwaltungsakt" bezeichnet.
- Eine Rechtsbehelfsbelehrung wurde beigefügt.
- Der Inhalt des Schreibens ergibt, dass die Maßnahme von einem Regelungswillen getragen ist.

► **Ad exemplum.**

- Rückforderung.
- Die KZV „bittet um Mitteilung, wie Sie den Betrag von x Euro zurückzuführen gedenken".
  - Eine Regelung und daher ein Verwaltungsakt liegen vor, auch wenn eine Rechtsbehelfsbelehrung fehlt; irrelevant ist es, ob es sich um eine Nebenbestimmung im Sinne von § 32 SGB X handelt.[1282]

► **Gegenbeispiele.**[1283]

- Bei **schlichten Begründungselementen** i.S.v. § 35 Abs. 1 SGB X, die nicht der Bestandskraft fähig sind, handelt es sich nicht um eine Regelung. Zum Beispiel stellen einzelne Rechnungsposten im Rahmen eines Quartalsabrechnungsbescheids nicht eine Teilentscheidung dar, die selbstständig anfechtbar und isolierter Bindung fähig ist.
- Der Vorschlag der K(Z)ÄV, für die Rückführung zu Unrecht gezahlter Honorare einen bestimmten Anteil von der Quartalsabrechnung für die Schadenswiedergutmachung einzubehalten, ist nicht eine Regelung.

Ein **Rechtsbehelf** (Widerspruch oder Anfechtungsklage) muss **bereits erhoben** worden sein. Richtige Klageart in der Hauptsache ist nicht etwa die Verpflichtungsklage auf ungekürzte Honorarauszahlung. Denn der Antragsteller kann sein dahingehendes Rechtsschutzziel am einfachsten dadurch erreichen, dass der auf eine unbestimmte Vielzahl künftiger Honorarberechnungen gerichtete Bescheid über den Sicherungseinbehalt aufgehoben wird.[1284]

Ferner verlangt das Gesetz, dass die **Vollziehung** des belastenden Verwaltungsakts Gegenstand ist. Als „Vollziehung" ist nicht nur die zwangsweise Durchsetzung, sondern jedes Gebrauchmachen vom Regelungsinhalt eines Verwaltungsakts anzusehen. Die Aufrechnung/der Einbehalt ist ein Vollstreckungssurrogat und wird daher ebenfalls vom Suspensiveffekt erfasst. Vom materiellen Regelungsinhalt des Verwaltungsakts wird Gebrauch gemacht, weil der materielle Regelungsgehalt die gemäß § 387 BGB analog notwendigen Voraussetzungen für eine Aufrechnung (u. a. Fälligkeit) schafft bzw. herbeiführt. Das LSG NRW stellt ausführlich den (verwaltungsrechtl., finanzgerichtl. u. sozialgerichtl.) Streitstand dar, ob die Aufrechnung mit einer Gegenforderung eine Vollziehung darstellt. Das Vorliegen einer faktischen Vollziehung wird überwiegend als Zulässigkeitsvoraussetzung, nämlich der Statthaftigkeit des Antrags, aufgefasst.[1285]

Schlussendlich muss auch die **aufschiebende Wirkung bestehen.** Nach § 86 a Abs. 1 S. 1 SGG besteht für Widerspruch und Anfechtungsklage **grundsätzlich** aufschiebende Wirkung. Diese kann u. a. nach § 86 a Abs. 2 Nr. 4 SGG in Verbindung mit § 85 IV S.9 SGB X **entfallen.** § 85 Abs. 4 S. 9 SGB X setzt eine Honorarfestsetzung, Änderung der Honorarfestsetzung oder Aufhebung der Honorarfestsetzung voraus. Ein Bescheid über die **Honorarfestsetzung** ist die vorläufige Honorarfestsetzung, die endgültige Honorarfestsetzung, die sachlich-rechnerische Richtigstellung und die Honorarrückforderung (einschließlich der Verrechnung solcher Forderungen mit dem Honoraranspruch), die auf einer sachlich-rechnerischen Richtigstellung beruht. Es wird also eine Entscheidung über die Vergütung der vertragszahnärztlichen Leistung nach Art und Umfang getroffen. Eine Regelung in einem Bescheid ist als eine Honorarfestsetzung einzuordnen, wenn sie der Verwirklichung eines bescheidmäßig festgestellten Anspruchs auf Honorarrückforderung dient. Gegenbeispiel: Ansprüche aus Wirtschaftlichkeitsprüfungen, insbesondere Verordnung von Regressen oder „sonstigen Schäden" haben keinen Bezug zum Honoraranspruch des Vertrags(zahn)arztes; § 85 Abs. 4 S. 9 SGB X gilt in letzteren Fällen nicht.[1286] Eine aufschiebende Wirkung kann auch deswegen nicht gegeben sein, weil eine Anordnung der sofortigen Vollziehung getroffen wurde.

(ii). Antrag

Der Antrag muss dahingehend lauten, dass festgestellt wird, dass der **Widerspruch** des Antragstellers vom... gegen...(Bescheid) der KZV...vom...(Az.) aufschiebende Wirkung hat. Dies gilt auch dann, wenn bereits Klage erhoben worden ist. Denn der Suspensiveffekt wird von dem ersten mit aufschiebender Wirkung ausgestatteten Rechtsbehelf ausgelöst. Nur wenn der Klage kein Widerspruchsverfahren vorausgeht, wird die „aufschiebende Wirkung der Klage" angeordnet oder wiederhergestellt. Wird der Antrag falsch gestellt, kann dies Auswirkungen auf die Zulässigkeit des Annex-Antrags nach § 86 b Abs. 1 S. 2 SGG haben (s. u.).

bb. Begründetheit

Der Antrag ist beim faktischen Vollzug allein wegen der Missachtung der aufschiebenden Wirkung begründet. Eine Interessenabwägung findet nicht statt.[1287] Das Sozialgericht stellt fest, dass der Widerspruch aufschiebende Wirkung hat.

b. Antrag auf Anordnung der aufschiebenden Wirkung (§ 86 b I 1 Nr. 2 SGG)

aa. Zulässigkeit

Der Antrag auf Anordnung der aufschiebenden Wirkung wird häufig hilfsweise zu dem Antrag auf „Feststellung der aufschiebenden Wirkung" gestellt. Da eben a priori aufschiebende Wirkung besteht, wird dieser Antrag für den Fall gestellt, dass der Antrag auf „Feststellung der aufschiebenden Wirkung" nicht durchgreift.

bb. Begründetheit

(i). Prüfungsmaßstab

Gegenstand der Beurteilung ist der Bescheid in der Gestalt des Widerspruchsbescheids (entsprechende Anwendung von § 95 SGG). Die Bescheide (Ausgangsbescheid und Widerspruchsbescheid) sind insoweit einheitlich zu beurteilen.[1288] Überwiegend wird davon ausgegangen, dass der Antrag begründet ist, wenn eine (allfällige) Anordnung der sofortigen Vollziehung nicht formell ordnungsgemäß erfolgte oder eine Interessenabwägung ergibt, dass das Aussetzungsinteresse des Antragstellers das Vollzugsinteresse des Antragsgegners überwiegt. Bei offenen Erfolgsaussichten im Hinblick auf die Interessenabwägung erfolgt eine umfassende Abwägung der beteiligten Interessen (die unabhängig von den Erfolgsaussichten in der Hauptsache erfolgt).

▸ **(1). Formell ordnungsgemäße Anordnung der sofortigen Vollziehung.** Die zuständige Stelle muss das sofortige Vollzugsinteresse schriftlich begründet haben (§ 86 a Abs. 2 Nr. 5 SGG). **Zweck** der Begründungspflicht ist es, dem Betroffenen in die Lage zu versetzen, seine Rechte wirksam wahrzunehmen. Gleichzeitig soll sie die Behörde zu besonders sorgfältiger Prüfung ihrer Anordnung veranlassen. Daraus folgt, dass formelhafte, allgemein gehaltene Wendungen den Begründungserfordernissen nicht genügen. Der Verweis auf die Rechtmäßigkeit des Bescheids und darauf, dass die Umsetzung des Bescheids keinen Aufschub duldet, genügt, wenn sich die Eilbedürftigkeit einer Regelung bereits aus ihrer Eigenart ergibt. Bei der Anordnung der sofortigen Vollziehung eines selbstständigen Sicherungseinbehalts genügt die kassen(zahn) ärztliche Vereinigung ihrer Begründungspflicht im Rahmen von § 86 a Abs. 2 Nr. 5 SGG regelmäßig dann, wenn sie auf die Rechtmäßigkeit des Einbehalts und den Sicherungszweck des Einbehalts verweist.[1289] Fehlt eine (ordnungsgemäße) Begründung des besonderen Vollzugsinteresses im Ausgangsbescheid, so kann diese **nicht** mit heilender Wirkung für die Vergangenheit **nachgeholt** werden.[1290] Sinn und Zweck der Begründungspflicht ist es, zu veranlassen, dass die notwendigen Überlegungen und Abwägungen vor Erlass der Anordnung der sofortigen Vollziehung vorgenommen werden. Wenn diese Überlegungen vorher angestellt werden müssen, dann kann dieser Zweck nachträglich nicht mehr erreicht werden. Eine gegenteilige Ansicht ist auch vor dem Hintergrund abzulehnen, dass die aufschiebende Wirkung der Normalfall ist und die Anordnung der sofortigen Vollziehung der Ausnahmefall. Dass es sich um einen Ausnahmefall handeln soll, ist in Bezug auf die betroffenen Grundrechte zu verstehen. In der Verfolgung des Ziels Grundrechtsschutz muss man daher „rigoros in der Sache" bleiben und darf eine nachträgliche Heilung mit Wirkung für die Vergangenheit nicht zulassen.

Enthält der Tenor des **Widerspruchsbescheids** nicht eine **ausdrückliche** Anordnung der sofortigen Vollziehung, dann liegt aber eine **konkludente** Anordnung der sofortigen Vollziehung im Widerspruchsbescheid vor, wenn im Ausgangsbescheid eine Anordnung der sofortigen Vollziehung getroffen wurde, diese aber nicht ausreichend begründet wurde, jetzt aber im Widerspruchsbescheid die fehlende Begründung nachgeholt wird.[1291]

▸ **(2). Interessenabwägung.**

a. Erfolgsaussichten in der Hauptsache.
   - aa. **Wirksame Ermächtigungsgrundlage.**
     Eine Ermächtigungsgrundlage findet sich etwa in den Satzungen der jeweiligen Kassenzahnärztlichen Vereinigungen oder in dem HVM wieder. Das Landessozialgericht Niedersachsen-Bremen akzentuierte Zweifel daran, inwieweit eine kassen(zahn)ärztliche Vereinigung überhaupt berechtigt sei, in einem HVM eine Rechtsgrundlage zur Anordnung von Sicherheitseinbehalten zu schaffen, mit denen sie sich von der gesetzlichen – sich aus dem Regelungsgehalt der Honorarbescheide ergebenden (§§ 31, 39 Abs. 1 S. 2 SGB X) – Verpflichtung zur Auszahlung zuerkannter Honorarbeträge vorläufig befreien wolle. Soweit auch ohne ausdrückliche gesetzliche Grundlage überhaupt Raum für eine entsprechende Regelung im Honorarverteilungsmaßstab sei, dürfe von dieser jedenfalls nur unter strikter Beachtung des Grundsatzes der Verhältnismäßigkeit Gebrauch gemacht werden.[1292]
   - bb. **Formelle Rechtmäßigkeit.**
     Diesbezüglich sei nur die erforderliche **Anhörung** vor Erteilung des Bescheids über den Sicherungseinbehalt hervorgehoben, die sich gesondert aus der entsprechenden Rechtsgrundlage ergeben kann. Es ist zu beanstanden, wenn sich die Ermächtigungsgrundlage, auf die sich der Sicherungseinbehalt stützt, von einem zum anderen Bescheid ändert, ohne dass dem Zahnarzt zuvor Gelegenheit gegeben wurde, Stellung zu nehmen.[1293] Bei einer Gemeinschaftspraxis, die zum Zeitpunkt der Bescheiderteilung über den Sicherungseinbehalt bereits beendet war, reicht es, wenn dem Betroffenen Vertrags(zahn)arzt vor Erteilung des Bescheids das erforderliche rechtli-

che Gehör gewährt wurde. Das rechtliche Gehör muss nicht schon vor Einstellung der Tätigkeit der Gemeinschaftspraxis bzw. vor einem Wechsel im Bestand der Mitglieder gewährt werden.[1294]

cc. **Materielle Rechtmäßigkeit.**
Die Voraussetzungen für einen Sicherungseinbehalt ergeben sich aus der Ermächtigungsgrundlage. Zum Beispiel kann eine Rückforderung aufgrund eines Honorarrückzahlungsanspruchs oder eines Schadensersatzanspruchs gem. §§ 280 Abs. 1, 241 Abs. 2 BGB (analog) vorausgesetzt werden.[1295]
Der Sicherungseinbehalt muss gegenüber dem **richtigen Betroffenen** erfolgen. Ein Sicherungseinbehalt kann gegenüber einer **Gemeinschaftspraxis** erfolgen, die zum Zeitpunkt der Bescheiderteilung über den Sicherungseinbehalt bereits beendet war. Dabei kann die KV als Adressaten des Sicherungseinbehalts die Gemeinschaftspraxis in der Zusammensetzung benennen, die sie im betroffenen Quartal hatte.[1296]
Dies wird wie folgt begründet:
- Eine Gemeinschaftspraxis gilt in vertrags(zahn)arztrechtlicher Hinsicht so lange als fortbestehend, solange sie noch Pflichten aus ihrem Status zu erfüllen hat oder ihr hieraus noch Rechte zustehen. Für noch nicht erfüllte Pflichten und Forderungen wird die Fiktion des Fortbestehens der Gemeinschaftspraxis aus § 730 Abs. 2 S. 1 BGB hergeleitet.
- Die Sachbefugnis einer GbR, eine Gesellschaftsverpflichtung im Prozess abzuwehren, bleibt unabhängig von Veränderungen im Mitgliederbestand erhalten.

Die vorherigen Erwägungen lassen die entsprechende Adressierung zu.[1297]
Allgemeine Rechtmäßigkeitsvoraussetzungen wie Bestimmtheit und Möglichkeit müssen ebenso erfüllt sein. Die Bindungswirkung früher vorausgegangener Honorarbescheide (vgl. § 39 Abs. 2 SGB X) darf der Rückforderung nicht entgegenstehen.[1298] Eine Rückforderung kann zwar konkludent eine Aufhebung beinhalten. Hier sind allerdings Bedenken im Hinblick auf die Bestimmtheit anzumelden.

dd. **Rechtsfolge.**
Ein etwaig eingeräumter Entscheidungsspielraum muss ordnungsgemäß ausgeübt worden sein. Im Rahmen dieses Opportunitätsprinzips ist zu entscheiden, ob ein Sicherungseinbehalt überhaupt („Entschließungsermessen") angebracht ist. Das **Entschließungsermessen** wurde nicht gebraucht, wenn der Sicherungseinbehalt im Nachhinein auf eine vollständig andere Rechtsgrundlage gestützt wird und das Ermessen nur im Hinblick auf die erste Ermächtigungsgrundlage, nicht aber im Hinblick auf die nachgeschobene Ermächtigungsgrundlage ausgeübt wurde.[1299]
Aus dem **Verhältnismäßigkeitsgrundsatz** folgt, dass das Gebot der Verfahrensbeschleunigung zu beachten ist.
Sicherheitseinbehalte dürfen nur für eine **Übergangszeit** angeordnet werden, die auch eine um die gebotene Verfahrensbeschleunigung bemühte Behörde benötigt, um die Berechtigung des dem Einbehalt zugrunde liegenden Verdachts einer Regressforderung im Verwaltungsverfahren zu prüfen und ggf. daraus die Konsequenzen im Sinne der Festsetzung einer solchen Regressforderung zu ziehen. Nur wenn sich die Behörde ihrerseits nachhaltig um eine zeitnahe Klärung bemüht, kann dem betroffenen Vertrags(zahn)arzt die vorübergehende Hinnahme eines Sicherheitseinbehalts ggf. zugemutet werden. Eine Korrektur des Verfahrensbeschleunigungsgrundsatzes folge nicht aus § 242 BGB analog. Der „dolo agit, qui petit, quod statim redditurus est"-Einwand stehe nicht entgegen. Eine unzulässige Rechtsausübung liege von Seiten des Zahnarztes nicht schon deswegen vor, weil die Regressforderung berechtigt sei. Verwaltungsentscheidungen [wie das Versäumnis, entsprechende Aufhebungsentscheidungen bzgl. früherer Honorarbescheide bzw. Regressbescheide zu erlassen (die eine konkludente Aufhebung enthalten sollen)] könnten nicht nachträglich durch das Gericht korrigiert werden.[1300]
Das **Auswahlermessen** wurde ordnungsgemäß ausgeübt, wenn als Adressat eines Honorarbescheids und eines Sicherungseinbehalts die Gemeinschaftspraxis in der Zusammensetzung benannt wurde, die sie in dem betroffenen Quartal hatte. Denn nur die Fiktion des Fortbestandes werde der erforderlichen Klarheit und Transparenz bei der Abwicklung vertrags(zahn)arztrechtlicher Massenverfahren (z. B. der Erlass quartalsbezogener Honorarbescheide, Prüfbescheide und Richtigstellungsbescheide) gerecht.[1301]

b. Allgemeine, von den Erfolgsaussichten in der Hauptsache unabhängige Interessenabwägung.
Droht dem Zahnarzt ein Zulassungsentzug, dann kann in die Abwägung einzustellen sein, dass allfällig nur ein begrenzter Rückgriff auf das Honorar des Zahnarztes möglich ist.[1302]

aa. **Entscheidungserheblicher Zeitpunkt.**
Maßgeblicher Beurteilungszeitpunkt ist insoweit die Sach- und Rechtslage zum Zeitpunkt der gerichtlichen Entscheidung.[1303]

c. Antrag auf (Vollzugs)Folgenbeseitigung (§ 86b Abs. 1 S. 2 SGG)

aa. Zulässigkeit

Ein Antrag auf Rückgängigmachung der Vollziehung kann bereits mit dem Antrag auf „Feststellung der aufschiebenden Wirkung" bzw. „Anordnung der aufschiebenden Wirkung" verbunden werden, wenn der Verwaltungsakt im Zeitpunkt des Urteils bereits vollzogen ist (Annexantrag gemäß § 86 b Abs. 1 S. 2 SGG). Der Annexantrag ist unter den Voraussetzungen des § 86b Abs. 1 S. 2 SGG zulässig. Weitergehende besondere Sachurteilsvoraussetzungen bestehen nicht.

Das **Rechtsschutzbedürfnis** ist gegeben, wenn gleichzeitig ein Antrag nach § 86 b Abs. 1 S. 2 SGG gestellt wurde. Problematisch ist das legitime Interesse an einer Gerichtsentscheidung allerdings, wenn der Antrag auf Anordnung der aufschiebenden Wirkung der „Klage", nicht aber auf Anordnung der aufschiebenden Wirkung des „Widerspruchs" lautet. Das Rechtsschutzbedürfnis liegt vor und eines Antrags nach § 86 b Abs. 1 S. 1 Nr. 2 SGG bedarf es nicht, wenn der Widerspruch bereits kraft Gesetzes aufschiebende Wirkung hat oder daher allenfalls die Feststellung der aufschiebenden Wirkung in Betracht käme.[1304]

bb. Begründetheit

Ein Folgenbeseitigungsanspruch wird für ausgeschlossen gehalten, wenn eine unzulässige Rechtsausübung stattfindet. Dies soll vor dem Hintergrund des Dolo-agit-Einwandes dann der Fall sein, wenn berechtigte Erstattungsforderungen im Raume stehen, sodass der selbstständige Sicherungseinbehalt ohnehin berechtigt wäre.[1305] Als Folge sind alle Vollzugsfolgen rückgängig zu machen, die bis zu dem Zeitpunkt eingetreten sind, in dem der Rechtsbehelf noch aufschiebende Wirkung hatte.

B. Die Entscheidung: Konsolidation eines Schadensersatzanspruchs durch Selbstjustiz der KZV[1306]

I. Sachverhalt

Der Zahnarzt besaß zunächst keine Vertragszahnarztzulassung (mehr). Trotzdem erbrachte er Leistungen ggü. gesetzlich Versicherten, die er dann über einen anderen Vertragszahnarzt in seiner Praxis als „Strohmann" abrechnete. Zu Unrecht gezahlte Vergütungen i.H.v. 517. 041,11 Euro wurden seitens der KZV mit einem Bescheid festgesetzt und zurückgefordert. Später erlangte der Zahnarzt seine Vertragszahnarztzulassung wieder. In einem Schreiben zum 20.6.2008 wurde dann seitens der KZV vorgeschlagen, durch Einbehalte die restlichen 496.359,75 Euro zu realisieren. Ein anderes Schreiben 30.7.2008 bat dann um Mitteilung, „wie ihr Mandant den Betrag von 500.000 Euro zurückzuführen gedenkt." Mit Schreiben vom 20.10.2008 wurde dann angekündigt, dass von künftigen Zahlungsansprüchen Einbehalte i.H.v. 10 % vorgenommen würden. Ein weiteres Schreiben vom 22.10.2008 teilte mit, dass das auszuzahlende Honorar III/2008 um den Einbehalt von 337,84 Euro reduziert würde. Am 17.11.2008 legte der Zahnarzt Widerspruch ein gegen die angekündigten und durchgeführten Einbehalte. Mit Bescheid vom 27.8.2009 wurde der Widerspruch vom 17.11.2008 zurückgewiesen. In dem später ergehenden Quartalsabrechnungsbescheid III/2008 vom 18.1.2009 wurde dann in der Rubrik „Lastschriften" unter „Einbehalt für Rückforderung im Sinne Schadenswiedergutmachung" ein Betrag von 337,84 Euro zugeordnet. In der Hauptsache erhob der Zahnarzt am 7.9.2009 gegen den Widerspruchsbescheid Klage. Am 25.8.2009 beantragte der antragstellende Zahnarzt die Feststellung, dass die Klage vom 7.9.2009 gegen den Widerspruchsbescheid der Antragstellerin vom 27.8.2009 aufschiebende Wirkung hat.

II. Entscheidungsgründe

A. Zulässigkeit

I. Der Antrag ist nach § 86b Abs. 1 S. 1 Nr. 2 SGG **statthaft.**

1. Wird die aufschiebende Wirkung missachtet, so ergibt sich aus § 86 b SGG **unmittelbar** kein Rechtsschutz. Denn eine aufschiebende Wirkung, die bereits präsent ist, kann nicht angeordnet oder wiederhergestellt werden.
   Diese Rechtsschutzlücke wird vorwiegend durch eine **analoge** Anwendung des § 86 b SGG geschlossen.
2. Ein belastender Verwaltungsakt (§ 31 S. 1 SGB X) liegt vor.
   a. Der Quartalsabrechnungsbescheid vom 18.1.2009 stellt einen Verwaltungsakt dar.
      aa. Der Bescheid *setzt* das Honorar *fest*, das an den Antragsteller auszukehren ist.
      Zwar enthält der Quartalsabrechnungsbescheid nicht einen Bescheidtenor (Verfügungssatz) der lautet, „das Ihnen zustehende Honorar wird auf 2720,47 Euro festgesetzt".
      Die Honorarfestsetzung **„Restguthaben 2720,47 Euro"** ist aber eine Regelung, die bei einem auf Hochglanz gebrachten Bescheid folgenden Tenor verdient hätte:
      „Der eigentliche Bescheidtenor (Verfügungssatz) müsste mithin lauten: „Das Ihnen zustehende Honorar wird auf 2720,47 Euro festgesetzt."
      bb. Rechnungsposten „Einbehalt für Rückforderung i.S. S".

Der Rechnungsposten „Einbehalt für Rückforderung i.S. S“ stellt nicht eine Regelung dar. Der Quartalsabrechnungsbescheid strukturiert sich in eine Honorarfestsetzung und andere Positionen. In diesen anderen Positionen finden sich die Rubriken wie „Guthaben“ und „Lastschriften“ wieder. Unter den Lastschriften befinden sich die „Einbehalte“.

Ein „Einbehalt für eine Rückforderung“ bedeutet in diesem Kontext:

„*...schon dem Grunde nach keine Honorarrückforderung. Vielmehr* ***realisiert*** *die Antragsgegnerin mittels des Einbehalts* ***unmittelbar*** *und* ***sich selbst vollziehend*** *einen Anspruch, dessen sie sich berühmt.*“[1307]

Cave

Konzentrat

- Der **Quartalsabrechnungsbescheid selbst** stellt einen Verwaltungsakt im Sinne von § 31 SGB X dar und ist auch als Honorarfestsetzung (im Sinne von § 85 Abs. 4 S. 9 SGB V) einzuordnen.[1308]
- Die **einzelne Position** „Einbehalt für eine Rückforderung“ in einem Quartalsabrechnungsbescheid stellt dagegen nicht eine Änderung der Honorarfestsetzung (§ 85 Abs. 4 S. 9 SGB V) in Gestalt des Unterfalls „Honorarrückforderung“ dar, denn es handelt sich nicht um eine Regelung, sondern um eine unmittelbare, sich selbst vollziehende Anspruchsrealisierung.[1309]

In diesem Zusammenhang stellt sich der Einbehalt nur als einzelner Rechnungsposten dar, der allfällig **fehlerhaft ist.**

„*Es handelt sich nicht um selbstständig anfechtbare, isolierter Bindung fähige Teilentscheidungen, vielmehr um spezifizierte Rechnungsposten mittels derer der Verfügungssatz begründet wird. Sind einzelne Rechnungsposten fehlerhaft, ist deswegen* ***nicht isoliert deren Ansatz anzugreifen.*** *Widerspruch und/oder Klage haben sich gegen den Bescheid als solchen zu richten, da die Fehlerhaftigkeit eines* ***unselbstständigen,*** *aber den Tenor rechnerisch tragenden Begründungselements immer auch den Tenor fehlerhaft macht.*“

Cave

Anmerkung

Der Hinweis des Gerichts auf die Unselbstständigkeit des Begründungselements soll nur erklären, warum hier eine Teilanfechtung nicht in Betracht kommt. Vorweggenommen wird aber nicht die Beantwortung der davon zu differenzierenden Frage, ob es sich um einen selbstständigen oder unselbstständigen Sicherungseinbehalt handelt.

b. Schreiben vom 20.06.2008.
   Das Schreiben vom 20.06.2008 ist nicht als Verwaltungsakt mangels Regelung zu qualifizieren.
   „*Darin schlägt die Antragsgegnerin vor, für die Rückführung des Betrags von 496.359,75 Euro pro Quartal 25 % des durchschnittlichen Umsatzes des letzten Jahres von den Quartalsabrechnungen für die Schadenswiedergutmachung einzubehalten. Ein Vorschlag ist indessen schon denknotwendig keine von einem Regelungswillen getragene Maßnahme.*“
c. Schreiben vom 30.07.2008.
   Die Formulierung im Schreiben lautet:
   „*Wir bitten um Mitteilung, wie Ihr Mandant den Betrag von 496.359,75 Euro zurückzuführen gedenkt. Sollten wir von Ihnen bis zum 22.08.2008 hierzu keine Mitteilung erhalten haben, werden wir mit den von uns angekündigten Honorareinbehalten bei Ihrem Mandanten beginnen.*“
   Es handelt sich um eine Regelung:
   „*...enthält eine von einem Regelungswillen getragene Regelung. Mittels dieser Erklärung löst sich die Antragsgegnerin von ihren bisherigen Versuchen, die Schadenswiedergutmachung einvernehmlich zu gestalten. Zwar enthält der Text eine Ankündigung und stellt insoweit noch nicht die eigentliche Maßnahme dar. Indessen wird deren Realisierung nur an einen Umstand geknüpft, nämlich einen Rückführungsvorschlag des Antragstellers.* ***Ohne seine Rückäußerung will die Antragsgegnerin unmittelbar und ohne weiterer Zwischenschritte mit dem Einbehalt beginnen.****...Zwar fehlt wiederum die Bezeichnung dieses Schreibens als Verwaltungsakt oder als Bescheid, zudem ist keine Rechtsbehelfsbelehrung beigefügt. Dies ist jedoch angesichts des inhaltlich unmissverständlichen Regelungswillens unschädlich.*“

3. Gegen das Schreiben vom 30.7.2008 **erhob** der Zahnarzt **Widerspruch.**
4. **Aufschiebende Wirkung.**
   a. **Grundsätzlich** haben Widerspruch und Anfechtungsklage gemäß § 86 a Abs. 1 S. 1 SGG aufschiebende Wirkung.
   b. Die aufschiebende Wirkung ist auch nicht **ausgeschlossen.**

c. Über den Widerspruch wurde bislang **noch nicht entschieden**.

d. Die aufschiebende Wirkung ist auch nicht nach **§86a Abs. 2 Nr. 4 i.V.m. §85 Abs. 4 S. 9 SGB V** ausgeschlossen.
Das Schreiben vom 30.7.2008 stellt nicht einen Honorarrückforderungsbescheid als Unterfall einer „Änderung einer Honorarfestsetzung" dar. Daran ändert auch nichts, dass in dem Quartalsabrechnungsbescheid vom 18.1.2009 das Honorar festgesetzt wurde.
*„...Dieser Bescheid beruht nicht auf einer Änderung zuvor erteilte Honorarbescheide. Nach Aktenlage versucht die Antragsgegnerin **vielmehr**, wie das SG zutreffend dargelegt hat, mittels dieses Bescheides **zivilrechtliche Schadensersatzansprüche aus §§823 Abs. 2, 840 Bürgerliches Gesetzbuch (BGB) i.V.m. §263 Strafgesetzbuch (StGB) durchzusetzen.***
*...**Hinsichtlich der rechtlichen Beurteilung** ist nicht bei dem Bescheid vom 18.01.2009, sondern **bei jenem vom 30.07.2008 anzusetzen.** Anderenfalls bliebe unberücksichtigt, dass der Bescheid vom 30.07.2008 keinen Honorarrückforderungsbescheid darstellt, mithin §85 Abs. 4 Satz 9 SGB V nicht greift und der Widerspruch demzufolge aufschiebende Wirkung hat.*
*...Ob und inwieweit der gegen den Quartalsabrechnungsbescheid vom 18.01.2009 gerichtete Widerspruch aufschiebende Wirkung bewirkt, kann dahinstehen. Denn **schon infolge der aufschiebenden Wirkung des Widerspruchs gegen den Bescheid vom 30.07.2008** darf die Antragsgegnerin von dessen Regelungsgehalt keinen Gebrauch machen."*

e. Der Widerspruch ist auch nicht vor dem Hintergrund des Beschlusses des Landessozialgerichts NRW vom 6.1.2004 – L 11 B 17/04 KA ER ausgeschlossen.
Dort heißt es zwar, dass Widerspruch und Klage gegen die Anordnung eines *selbstständigen* Sicherungseinbehalts von vertrags(zahn)ärztlichem Honorar durch die Kassen(zahn)ärztliche Vereinigung keine aufschiebende Wirkung haben.
Zu beachten sind aber die dortigen Entscheidungsgründe:
- Der Antrag auf Feststellung der aufschiebenden Wirkung des antragstellenden Zahnarztes war dort unzulässig, weil die Analogievoraussetzungen nicht vorlagen. Denn aufgrund der Anordnung der sofortigen Vollziehung kam §86 b SGG zur unmittelbaren Anwendung.
- Der Antrag auf Anordnung der aufschiebenden Wirkung war zulässig, aber unbegründet. Die Anordnung der sofortigen Vollziehung war im Nachhinein formell ordnungsgemäß erfolgt. Die Erfolgsaussichten im Hinblick auf eine Interessenabwägung blieben offen. Kernpunkt war schlussendlich, dass die aufschiebende Wirkung aufgrund der getroffenen „Anordnung der sofortigen Vollziehung" ausschied.[1310]
- Der Vollzugsfolgenbeseitigungsanspruch des Zahnarztes war deswegen (nur) teilweise begründet, weil die nicht nachträglich heilbare rechtswidrige Anordnung der sofortigen Vollziehung ordnungsgemäß neu angeordnet wurde.

5. **Faktische Vollziehung.**
Das LSG hat sich im Hinblick auf den Sicherungseinbehalt der Ansicht angeschlossen, dass sich dieser auch als faktischer Vollzug darstellt und ebenso wie eine Aufrechnung daher ausgeschlossen ist.
*„Vollziehbarkeitshemmung bedeutet, dass der Behörde nunmehr **jegliches Gebrauchmachen von den Wirkungen des Verwaltungsakts einstweilen untersagt** ist. Dann aber ist auch die Aufrechnung als Vollziehung anzusehen. Denn eine Aufrechnung ist ohne Gebrauchmachen von dem materiellen Regelungsinhalt des Verwaltungsakts nicht möglich, weil erst der materielle Regelungsgehalt die entsprechend §387 BGB notwendigen Voraussetzungen für eine Aufrechnung – u. a. Fälligkeit der Forderung – schafft bzw....Dass die von der Antragsgegnerin **erklärte Aufrechung** keine hoheitliche Maßnahme, sondern die rechtsgeschäftliche Ausübung eines Gestaltungsrechts darstellt, steht dem nicht entgegen. Insoweit verkennt die verwaltungsgerichtliche Rechtsprechung, dass als „Vollziehung" nicht nur die zwangsweise Durchsetzung, sondern jedes Gebrauchmachen vom Regelungsinhalt eines Verwaltungsakts anzusehen ist.*
*...Daher kann die durch Bescheid vom 30.07.2008 geltend gemachte Schadensersatzforderung infolge des hiergegen gerichteten Widerspruchs einstweilen **weder durch einen Einbehalt noch durch eine Aufrechnung** vollzogen werden."*

Cave

Pointierung

Sicherungseinbehalt und Aufrechnung sind voneinander zu unterscheiden. Der Sicherungseinbehalt dient der (vorläufigen) Absicherung einer allfälligen Forderung. Demgegenüber soll bei der Aufrechnung eine (Passiv)Forderung getilgt werden.
Bei einer zivilrechtlichen Sicherungsübereignung ergibt sich aus der Treuhandnatur des Sicherungsvertrags ein Freigabeanspruch auf Rückgabe nicht mehr benötigter Sicherheiten für den Fall, dass eine nachträgliche Übersicherung eintritt. Insofern besteht eine Parallele zum Sicherungseinbehalt, als dass entschieden wurde,

dass ein Sicherungseinbehalt nur für eine Übergangszeit zulässig ist, nämlich solange, wie für die Prüfung der Forderung benötigt wird. In beiden Fällen hat also eine Freigabe in dem Moment stattzufinden, in dem die Sicherheiten nicht mehr benötigt werden. Beim Sicherungseinbehalt wird fingiert, dass dieser nicht mehr nach Ablauf einer angemessenen Prüfungszeit benötigt wird. In puncto Prüfungsintensität findet also ein „Repressuring" statt, damit die Prüfung nicht ungebührlich hinausgezögert wird.

II. Rechtsschutzbedürfnis. Der Antragsteller hat auch ein Rechtsschutzbedürfnis daran, dass die aufschiebende Wirkung durch deklaratorischen Beschluss festgestellt wird. Das erforderliche Rechtsschutzinteresse ist gegeben, wenn die Verwaltung die aufschiebende Wirkung nicht beachtet oder zu erkennen gegeben hat, dass sie den Eintritt der aufschiebenden Wirkung als gegeben ansieht.

B. Begründetheit

Der Antrag ist allein wegen der Missachtung der aufschiebenden Wirkung begründet. Die Interessen werden nicht abgewogen.[1311]

III. Schlussfolgerung

Die Entscheidung des Landessozialgerichts hat es in sich. Sie seziert den Quartalsabrechnungsbescheid in getroffene Regelungen und schlichte Begründungselemente.

1. Es geht zum einen um die Grundsatzfrage, ob einzelne **Positionen** einer **Teilanfechtung** unterliegen. Dies ist zu negieren. Die Rechtsbehelfe Widerspruch und Klage haben sich gegen den Quartalsabrechnungsbescheid als Ganzes zu richten. Denn nur die Position „Restguthaben…Euro" stellt eine Regelung und somit einen Verwaltungsakt dar. Es handelt sich bei dieser um eine Honorarfestsetzung.[1312]
2. Zum anderen geht es um den in der Praxis häufig anzutreffenden „**Sicherungseinbehalt**". Zwar unterliegt diese Position in einem Quartalsabrechnungsbescheid **nicht** einer **Teilanfechtung**. Diese Position stellt nicht eine Änderung der Honorarfestsetzung (§85 Abs. 4 S. 9 SGB V) in Gestalt des Unterfalls „Honorarrückforderung" dar[1313], denn es handelt sich nicht um eine Regelung und somit nicht um einen Verwaltungsakt.
   Aber diese Position kann sich als eine unmittelbare, sich selbst vollziehende Anspruchsrealisierung und somit als faktischer **Vollzug** entpuppen, der hier angesichts des eingelegten Rechtsbehelfs unzulässig war. Dies kann – wie geschehen – auch im vorläufigen Rechtsschutz geltend gemacht werden.

S Sachverständigengutachten

A. Hintergrund

I. Beweisantritt

Der Beweis durch einen Sachverständigen wird im Zivilprozess durch **Antrag** angetreten, in dem summarisch die Angabe der zu begutachtenden Punkte, die Angabe des Ergebnisses, zu dem der Sachverständige kommen soll, erfolgt; die Angabe des Weges dazu und wissenschaftliche (sachverständige) Substantiierung sind nicht verlangt.[1314] Das Gericht kann und muss, falls es nicht selbst die nötige, in einem Hinweis an die Parteien und im Urteil im Einzelnen darzulegenden Sachkunde für die Beurteilung von Spezialfragen besitzt[1315], Sachverständigenbeweis auch **ohne Antrag** anordnen oder Hinweis nach § 139 ZPO geben; andernfalls handelt es sich um einen Verfahrensverstoß.[1316]

Andererseits muss der Richter trotz Antrags das fehlende Sachwissen nicht von einem Sachverständigen beziehen, sondern kann es sich auch selbst verschaffen durch privates Studium der Fachliteratur, soweit sich daraus das gesuchte Ergebnis unmittelbar ohne Auswertung, die ihrerseits wieder Fachkenntnis voraussetzt, entnehmen lässt.[1317] Andernfalls muss er im Urteil darlegen, dass er die für die Auswertung der Fachliteratur erforderliche Sachkunde besitzt, was in (Zahn)Arzthaftungsprozessen in der Regel nicht der Fall ist.[1318] Das Gericht muss seine Erkenntnisquelle den Parteien zur Stellungnahme zugänglich machen[1319] und die Einholung eines Sachverständigengutachtens anordnen, wenn im **(Zahn)Arzthaftungsprozess**

- eine Partei die mangelnde Sachkunde der früher tätig gewordenen Gutachter oder Schlichtungsstelle **konkret gerügt**

> **Cave**
>
> Der Tatrichter darf im Arzthaftungsprozess eine ihm vorliegende Begutachtung durch eine Gutachterstelle und Schlichtungsstelle im Wege des **Urkundsbeweises** würdigen. Rügt eine Partei die mangelnde Sachkunde der dieser Stelle angehörenden Ärzte, so hat der Richter eine sachverständige Begutachtung durch einen auf dem einschlägigen Fachgebiet erfahrenen Sachverständigen zu veranlassen.[1320]

- oder das Gutachten im Verfahren der Schlichtungsstelle nicht alle Fragen beantwortet.[1321]

Privatgutachten sind urkundlich belegter substantiierter Parteivortrag[1322]; als Sachverständigenbeweis sind Privatgutachten nur mit Zustimmung beider Parteien verwertbar.[1323] **Einem Widerspruch zum gerichtlichen Sachverständigen muss das Gericht nachgehen, indem es diesen noch einmal anhört oder ein weiteres Gutachten eingeholt.** Hat eine Partei das Recht zur Anhörung des gerichtlichen Sachverständigen durch grobe Nachlässigkeit im ersten Rechtszug verloren, so kann das Berufungsgericht gleichwohl verpflichtet sein, substantiierten Einwänden gegen das Gutachten durch eine Anhörung des gerichtlichen Sachverständigen von Amts wegen nachzugehen.[1324] Bei sich widersprechenden Parteigutachten muss das Gericht, wenn es keine eigene Sachkunde besitzt, einen gerichtlichen Sachverständigen zuziehen.[1325]

II. Sachverständigenauswahl

Die Auswahl des Sachverständigen trifft das Gericht (§ 404 ZPO). Die Auskunft eines Berufs- oder Fachverbands ist das geeignete Beweismittel, wenn es um das Verstandnis der angesprochenen Fachkreise geht. Eine Klinik ist keine Fachbehörde.[1326] Es ist zulässig, sie als solche zu bestellen und ihrer Leitung die Beauftragung des Spezialisten zu überlassen.[1327]

III. Rolle des Sachverständigen

Nach § 404 a Abs. 2 ZPO wird das Gericht gezwungen, die zu begutachtenden Punkte richtig zu formulieren. Dies bereitet dem Gericht, das mit dem Fachgebiet nicht oder wenig vertraut ist, manchmal Schwierigkeiten. Der Sachverständige und häufig auch die Parteien (**§ 404 a Abs. 5 ZPO**), die den Dingen näher stehen, können dabei wertvolle Hilfe leisten und **sollen** deshalb im Bedarfsfall vor Abfassung des Beweisbeschlusses dazu **gehört** werden, z. B. im **(Zahn)Arzthaftungsprozess**.[1328]

IV. Tatsächliche Grundlage des Gutachtens (vgl. § 404 a Abs. 3 ZPO)

Ist eine **Prothese**, die angeblich zu Spannungsschmerz und Zahnfleischentzündungen geführt hat, infolge von weiteren Behandlungen durch einen anderen Zahnarzt nicht mehr in der ursprünglichen Form vorhanden, so ist dieser Zahnersatz für die Beantwortung der Beweisfragen nur sehr eingeschränkt verwertbar, um eine Kausalität zwischen Behandlungsfehler und Beschwerden des Patienten festzustellen.[1329]

V. Ablehnung eines Sachverständigen

Es ist nicht ein Ablehnungsgrund, wenn der medizinische Sachverständige die Krankenunterlagen beizieht.[1330]

VI. Gutachtenerstattung

Ob das Gutachten mündlich oder schriftlich erstattet wird, liegt im Ermessen des Gerichts (§411 ZPO). Die mündliche Erstattung des Gutachtens hat durch Vernehmung des Sachverständigen gemäß §§402, 395 ff. ZPO zu erfolgen. Handelt es sich um schwierige, insbesondere **medizinische** Fragen, zu denen die Partei nicht sachkundig ist, muss sie Gelegenheit haben, nach Vorliegen des Vernehmungsprotokolls nochmals nach Einholung sachverständiger Beratung Stellung zu nehmen. Hat im (Zahn) Arzthaftungsprozess der medizinisch Sachverständige in seinem mündlich erstatteten Gutachten neue und ausführliche Beurteilungen gegenüber dem bisherigen Gutachten abgegeben, muss auch der sachkundigen Partei Gelegenheit zur Stellungnahme gegeben werden. Dabei sind auch Ausführungen in einem nicht nachgelassenen Schriftsatz zur Kenntnis zu nehmen und muss, sofern sie Anlass zu weiterer tatsächlicher Aufklärung geben, die mündliche Verhandlung wiedereröffnet werden.[1331] Es gehört zu den Pflichten eines Sachverständigen seine bisherigen Ausführungen vor dem Hintergrund der Fragen und Vorhalte der Parteien kritisch zu prüfen. Es ist zulässig, dass er in der mündlichen Verhandlung seine ursprüngliche Auffassung, z.B. die Tiefe der Implantate sei wegen der Kontrastschwäche der vorliegenden Abdrucke der Bildgebung nicht hinreichend sicher feststellbar, noch einmal prüft und insbesondere auf der Grundlage einer besseren bzw. erstmals zugänglichen Bildgebung revidiert.[1332]

VII. Würdigung

Ein **medizinisches Gutachten** über ärztliche Behandlungsfehler und Aufklärung des Patienten einschließlich mündlicher Erläuterung hat der Richter **mit besonders kritischer Sorgfalt auf Vollständigkeit und Widerspruchsfreiheit** zu überprüfen.

1. Unsicherheiten

Zweifel und Unklarheiten aufgrund unterschiedlicher Bekundungen im Laufe des Prozesses hat der Richter durch gezielte Befragung des Sachverständigen zu klären. Wenn bei widersprüchlichen und ergänzungsbedürftigen Ausführungen auch eine Anhörung des Sachverständigen keine Klarheit bringt, muss das Gericht einen **anderen Sachverständigen** beauftragen.[1333] Dass einer Partei das Ergebnis einer Begutachtung nicht „gefällt", rechtfertigt für sich nicht die Einholung weiterer Gutachten.[1334]

2. Glaubwürdigkeit

Er muss dabei auch klären, ob der Sachverständige in zurückhaltenden, vorsichtigen Formulierungen zur Vorgehensweise des (Zahn)Arztes Behandlungsfehler anspricht und ob er sich von einer gewissen **Voreingenommenheit**, beruhend auf überholten Standesregeln, freigemacht hat (Entlastungseifer[1335]).[1336]

3. Divergenz der Beweismittel

Bei **Widersprüchen** zwischen den **Gutachten des gerichtlichen Sachverständigen** und einem **Privatgutachten** darf das Gericht nicht ohne einleuchtende und logisch nachvollziehbare Begründung einem von ihnen den Vorzug geben.[1337]

4. Keine richterliche Rezeption des Gutachtens

Eine abweichende Meinung aufgrund **Studiums medizinischer Fachliteratur** kann sich das Gericht erst bilden, wenn es sie mit dem Sachverständigen erörtert oder er sonst dazu Stellung genommen hat. Außerdem ist sie im Urteil zu begründen. Ansonsten ist ein Verfahren des Gerichts, mit einem aus notwendigerweise generalisierenden Lehrbüchern erworbenen Wissen ein von sachverständigen Fachärzten abweichendes medizinisches Urteil zu fällen, nicht mit dem Grundsatz der freien Beweiswürdigung vereinbar.[1338] Will das Gericht der **Aussage** eines sachverständigen Zeugen über sachkundig getroffene Feststellungen (zu Befundtatsachen oder zur Haupttatsache des Beweises) **nicht folgen**, muss es entsprechende eigene bessere Sachkunde darlegen.[1339]

5. Qualifizierung als grob

Die Beurteilung eines Behandlungsfehlers als **grob** ist eine auf tatsächlichen Anhaltspunkten beruhende Wertung, die ohne ausreichende Grundlage in den medizinischen Darlegungen des Sachverständigen nicht getroffen bzw. bejaht werden kann.[1340]

6. Gerichtliche Zustimmung zum Gutachten

Das Gericht muss sich, will es dem Gutachten folgen, das Gutachten zu eigen machen. Dazu muss es prüfen und in der Beweiswürdigung darstellen, dass:
- der Sachverständige von zutreffenden Anknüpfungstatsachen ausgeht,[1341]
- die Schlussfolgerungen des Sachverständigen aufgrund dessen Sachkunde schlüssig und überzeugend sind.[1342]

Das Fehlen ausreichender Anknüpfungstatsachen macht Gutachten nicht „per se" unverwertbar. Aufgrund dürftiger Anknüpfungstatsachen kann es sein, dass gerade zu Leistungen, deren Erbringung bestritten wurde, genauere Angaben nicht zu erwarten waren.[1343]

7. Einwendungen gegen das Gutachten

Nur in diesem zuvor benannten Umfang können Einwendungen der Parteien erfolgreich sein (vgl. §§411 Abs. 3, 412 ZPO). Einwendungen gegen ein Sachverständigengutachten müssen konkret sein. Andere angeblich mögliche Ursachen müssen konkret bezeichnet werden.[1344] Der Einwand, dass die negative Bewertung eines Sachverständigen nur vor dem Hintergrund einer bestimmten, von diesem vertretenen Lehrmeinung zu verstehen ist, dass also ein anderer Gutachter auf der Grundlage einer anderen Lehrmeinung zu einer anderen Beurteilung gelangen könnte, ist nur substantiiert genug, wenn konkret angegeben wird, um welche andere Lehrmeinung es sich handelt.[1345]

B. Die Entscheidung: Sachverständigenbeweis statt ungeeignetem Zeugenbeweis im (Zahn)Arzthaftungsprozess[1346]

I. Sachverhalt

Der beklagte Zahnarzt setzte der klagenden Patientin im Rahmen einer Behandlung zunächst im Oberkiefer vier Implantate ein. Ein halbes Jahr später setzte der Beklagte der Klägerin die Prothetik ein. Zunächst einmal wandte sich die Klägerin im Folgenden an den Zahntechniker, der Veränderungen an der Zahnprothese vornahm. Wochen später teilte die Klägerin dann dem Beklagten mit, dass ihr das rechte Implantat von Zeit zu Zeit Schwierigkeiten mache und dass das Zahnfleisch angeschwollen sei. Sie beendete die Behandlung auf Anraten der Krankenversicherung bei dem Beklagten und stellte sich bei einem anderen Kollegen Dr. J. vor. Die Klägerin stellte sich dann bei einem weiteren Kollegen (Dr. S.) vor. Dieser sollte die Behandlung des Beklagten begutachten. Im Rahmen dieses *Privatgutachtens* stellte dieser Kollege fest, dass der Beklagte den Bereich der Zahntechnik hätte überprüfen und anpassen müssen. Die Spannungsgefühle der Klägerin hätten zu so etwas Anlass gegeben. Die Krankenversicherung der Klägerin reichte Klage gegen den Beklagten ein, mit der sie die Rückzahlung von Honoraren i.H.v. 4687,99 Euro begehrt.

Cave

In diesem Parallelverfahren stellte der Sachverständige Dr. P. fest, dass dem Beklagten mindestens drei Behandlungsfehler unterlaufen sein:

- **Erstens** sei die verwendete Konstruktion (Primärverblockung der implantatgetragenen zwei Teleskope durch einen Ministeg) nicht medizinisch indiziert gewesen. Diese Konstruktion habe die Mundhygiene der Klägerin enorm erschwert. Sie sei ursächlich für die Zahnfleischprobleme der Klägerin.
- **Zweitens** sei die Position des Implantates in regio 25 kritisch. An diesem Implantat habe sich eine Periimplantitis mit trichterförmigem Knochenabbau ausgebildet.
- **Drittens** sei der Druckschmerz der Klägerin auf einen Ausführungsfehler des Beklagten zurückzuführen. Ursächlich für das Spannungsgefühl sei gewesen, dass der zahntechnischen Grundforderung einer völligen parallelen Fräsung aller Teleskope nicht Rechnung getragen worden sei oder dass ein Eingliederungsfehler stattgefunden habe. Bei einer fachgerechten Kontrolle hätte dem Beklagten zwingend auffallen müssen, dass der Zahn 11 nicht völlig parallel zu den anderen Teleskopen gestanden habe. Dieser Fehler habe den Spannungsschmerz der Klägerin hervorgerufen.

Wenig später nahm die Klägerin den Beklagten gerichtlich in Anspruch und beantragte, den Beklagten zu verurteilen, an die Klägerin 4841,03 Euro nebst Zinsen und einem Schmerzensgeld zu zahlen. Viel später, nämlich ab dem 1.10.2008, nahm die Klägerin dann die Nachbehandlung bei Dr. R. auf. Dieser attestierte eine fehlende Okklusionskontrolle.

II. Entscheidungsgründe

A. Die Klägerin hat gegen den Beklagten nicht einen Anspruch auf Schadensersatz gemäß §§280 Abs. 1, 249 ff., 253 BGB.

I. Es bestand ein wirksames Schuldverhältnis.

II. Dem Beklagten ist nicht eine Pflichtverletzung unterlaufen.

1. **Medizinische Indikation: (Un)Geeignetheit der Primärverblockungen „per se".**
   Die Primärverblockungen stellten sich nicht als behandlungsfehlerhaft heraus.
   Die **Anknüpfungstatsachen** des Sachverständigen Professor Dr. W. waren nicht zu beanstanden. *„Insbesondere ist auch zu berücksichtigen, dass Dr. J. in der Stellungnahme vom 8. Juli 2008* ***lediglich Vermutungen*** *äußert, die er nicht weiter begründet und die sich im Übrigen in der zeitnah erstellten Behandlungsdokumentation so nicht wiederfinden. Weiter wird die* ***Stellungnahme*** *dadurch entwertet, dass sie eine Reaktion auf einen der vielen gerichtlichen Vergleichsvorschläge war und die Stellung der Patientin bzw. der ehemaligen Patientin durch diese Stellungnahme ersichtlich in*

dem Rechtsstreit ***unterstützt werden*** *sollte.* ***Es ist daher nicht zu beanstanden, dass der gerichtliche Sachverständige Prof. Dr. W. bei der Bewertung der Behandlung in erster Linie auf die Originaldokumentation abstellt.***
Der Vorwurf der Klägerin, dass der Sachverständige zur Beurteilung der streitgegenständlichen Fragen lediglich die Patientenkartei des Beklagten sowie die Zeugenaussagen des Zahntechnikers bewertet hat, ist unzutreffend…"
Der Sachverständige Professor Dr. W. führte aus, dass Primärverblockungen gerade im Bereich der Implantatprothetik eine durchaus übliche Form der Versorgung seien.
Ferner seien die Ausführungen des Sachverständigen im Parallelverfahren (Dr. P.) nicht richtig.
„*…Herr Dr. P. außer Acht lasse, dass bei einer primären Verblockung eine größere Oberfläche als bei einzelnen Primärteleskopen bei Sekundärverblockung für den Prothesenhalt zur Verfügung stehe.*"

2. **Mangelnde Hygienefähigkeit der Stege.**
„*Der Sachverständige [Prof.] Dr. W. konnte nicht feststellen, ob die Ministege im originalen Zustand hygienefähig waren oder nicht. Auf den nachträglich objektivierbaren Befunden konnte er* ***keine überhängenden Ränder der Teleskope erkennen, die eine mangelnde Reinigungsfähigkeit begründen könnten.***"
3. **Ausführungsfehlerfreiheit der Prothese.**
„*Der Sachverständige Prof. Dr. W. führt überzeugend aus, dass er aufgrund derartiger Befundsituationen nicht in der Lage ist, objektiv nachzuvollziehen, ob überhaupt Spannungen vorgelegen haben beziehungsweise wodurch sie verursacht worden sind.*
Insbesondere ist auch zu berücksichtigen, dass Dr. J. in der Stellungnahme vom 8. Juli 2008 ***lediglich Vermutungen*** *äußert, die er nicht weiter begründet und die sich im Übrigen in der* ***zeitnah erstellten Behandlungsdokumentation so nicht wiederfinden.*** *Weiter wird die Stellungnahme dadurch entwertet, dass sie eine Reaktion auf einen der vielen gerichtlichen Vergleichsvorschläge war und die Stellung der Patientin bzw. der ehemaligen* ***Patientin durch diese Stellungnahme ersichtlich in dem Rechtsstreit unterstützt werden sollte.*** *Es ist daher nicht zu beanstanden, dass der gerichtliche Sachverständige Prof. Dr. W. bei der Bewertung der Behandlung* ***in erster Linie auf die Originaldokumentation*** *abstellt. Die Anmerkung des Sachverständigen Prof. Dr. W., dass* ***nur schwer nachvollzogen werden kann, dass, wenn Zementreste die Spannungsgefühle ausgelöst haben sollen, nicht die Zementreste, sondern das Primärteleskop entfernt worden ist,*** *leuchtet dem Senat ein.*
Der Sachverständige Prof. Dr. W. erklärt weiter, dass die Entstehung von Spannungen durch das Teleskop auf den natürlichen Zahn 11 vom Pathomechanismus her nicht nachvollzogen werden kann. Zur Begründung führte er an, dass es Tatsache ist, dass ***natürliche Zähne, wenn sie unter Spannung stehen, dieser durch orthodontische Zahnbewegung folgen und dadurch derartige Spannungen auf natürlichen Zähnen nach einigen Tagen verschwinden.*** *Es sei daher kaum nachzuvollziehen, weshalb solche Spannungen nicht im Rahmen einer orthodontischen Zahnbewegung verschwunden sind.*
Aus diesen Ausführungen ergibt sich für den Senat, dass der Sachverständige Prof. Dr. W. nicht nur aufgrund der Dokumentationen, sondern auch aufgrund des Pathomechanismus von Zähnen die geklagten Spannungen und deren behauptete Ursache nicht nachvollziehen konnte."
4. **Therapiefehler: Kontrolluntersuchungen.**
Bezüglich einer allfällig fehlenden Okklusionskontrolle durch den Beklagten lehnte das Gericht die Annahme eines Behandlungsfehlers ab. Denn die Prothese war in ihrer ursprünglichen Form nicht mehr erhalten angesichts der Veränderungen durch den Zahntechniker, den die Klägerin mehrfach aufgesucht hatte.

III. Als Mehrfachbegründung für die Klageabweisung verneinte das Gericht auch die Zurechnung.

1. Es bestand keine Kausalität zwischen einer hypothetisch angenommenen mangelnden Hygienefähigkeit der Stege und den Zahnfleischentzündungen.
Für die Zahnfleischentzündungen kam auch eine Non-Compliance der Klägerin in Betracht, die sich in mangelhafter Mundhygiene manifestierte.
„*Er konnte jedoch eine mangelnde Hygienefähigkeit als alleinige Ursache für die vorhandenen Beläge ausschließen, da er anlässlich seiner gutachterlichen Untersuchungen auch an gut zugänglichen Stellen deutliche weiche Beläge festgestellt hat. Zusammenfassend stellt der Sachverständige [Prof.] Dr. W. fest, dass neben der Form der Stege eine* ***dokumentierte mangelhafte Mundhygiene sowie dokumentierte allgemeinmedizinische Probleme als weitere Einzel- oder Kofaktoren für die Zahnfleischentzündungen infrage kommen.*** *Es sei nicht differenzierbar, welche Faktoren bei den Entzündungen des Zahnfleisches eine Rolle gespielt haben.*"
Es ließ sich also einwenden, dass die Gesundheitsschäden trotz rechtmäßigen (Alternativ) Verhaltens eingetreten wären. Auch bei behandlungsfehlerfreiem Verhalten hätte es an der erforderlichen Mitwirkung gefehlt. Es ist nicht auszuschließen, dass die Zahnfleischentzündungen (auch allein) dadurch eingeleitet wurden.

2. Ferner konnte der Zurechnungszusammenhang zwischen **Krone 11 und den Spannungsschmerzen** nicht belegt werden. Ein Beleg konnte auch nicht darin gesehen werden, dass der Spannungsschmerz verschwand, nachdem die Krone am Zahn 11 beseitigt wurde.
   a. Das Gutachten des Sachverständigen Dr. P. (im Parallelverfahren) war insofern nach Einschätzung des Gutachtens des Sachverständigen Professor Dr. W. unbehelflich. Letzterer teilte auch die Ansicht des vorherigen Sachverständigen Dr. P. nicht.
   *„Er wendet dagegen ein, dass er einen **objektiven Befund**, der Basis dieser Annahme sein könnte, in den gesamten verfügbaren Unterlagen **nicht** habe **auffinden** können. Er verweist darauf, dass selbst in dem Attest des nachbehandelnden Zahnarztes Dr. J. vom 20.1.2006 **lediglich von einer deutlichen Verbesserung**, jedoch **nicht** von einer **Beschwerdefreiheit** die Rede sei und dass die Klägerin auch nach Entfernung des Primärteleskop 11 über Beschwerden geklagt habe, wie aus dem ärztlichen Befundbericht des nachbehandelnden Zahnarztes Dr. R. hervorgehe.“*
   b. Eine Vernehmung des Nachbehandlers Dr. J. schied aus, da dieser als Beweismittel ungeeignet war (§ 244 Abs. 3 StPO analog).
   *„Der von der Klägerin beantragten Einvernahme von Dr. J. als Zeugen war nicht zu folgen, da **die Bewertung, ob die Prothese die Spannungsschmerzen verursacht hat, dem Sachverständigen obliegt und nicht dem Zeugenbeweis zugänglich ist**.“*
3. Darüber hinaus bestand auch keine Kausalität zwischen den **Beschwerden und etwaig unzureichenden Okklusionskontrollen**.
   a. Zum einen konnte der Sachverständige Professor Dr. W. dies nicht bestätigen.
   b. Der als Zeuge benannte Nachbehandler Dr. R. kam ebenfalls als Zeuge nicht in Betracht, da er als Beweismittel ungeeignet war.
   *„Dem Beweisantrag, Dr. R. als Zeugen **zu der behaupteten Kausalität zwischen den Beschwerden und der fehlenden Okklusionskontrolle** einzuvernehmen, konnte keine Folge geleistet werden, **da diese Frage nicht dem Zeugenbeweis zugänglich ist, sondern der Beurteilung durch den Sachverständigen unterliegt**.“*

B. Da die Voraussetzungen der Rechtswidrigkeit der Behandlung (mangels Behandlungsfehlers) und der Kausalität nicht gegeben waren, stand der Klägerin auch kein Schadensersatzanspruch aus **§ 823 Abs. 1 BGB bzw. § 823 Abs. 2, § 223 respektive § 229 StGB** zu.

C. Die Klägerin hat gegen den Beklagten auch keinen Anspruch auf Rückgewähr der gezahlten Vergütung gemäß §§ 346, 634 Nr. 3, 323 BGB.

I. Auf die Einordnung, ob es sich hinsichtlich der Zahnprothetik um einen Dienst- oder Werkvertrag handelt, kam es nicht an.
II. Auf jeden Fall lag kein **Sachmangel** im Sinne von § 633 BGB vor.
Die Prothetik war brauchbar und funktionstüchtig.

D. Die von der Klägerin an den Beklagten gezahlte Vergütung konnte diese auch nicht im Wege der Minderung gemäß §§ 346 Abs. 1, 638 Abs. 4, 634 Nr. 3 Alt. 2 BGB zurückgewährt verlangen. Abermals fehlte es an dem erforderlichen **Sachmangel**.

E. Auch stand der Klägerin gegen den Beklagten kein Schadensersatzanspruch gemäß §§ 634 Nr. 4, 281 Abs. 2 BGB zu. Die vorausgesetzte Pflichtverletzung in Gestalt eines **Sachmangels** fehlt auch hier.

III. Schlussfolgerung

1. Pro Kurand

Auch wenn es allfällig hier keinen Anlass gab, einen **Feststellungsantrag** bezüglich des Ersatzes zukünftiger materieller und immaterieller Schäden zu stellen, ist an diesen toujours zu denken. Der Beweis der **Kausalität** ist dem Sachverständigenbeweis vorbehalten. Ein Beweisantritt unter Benennung eines sachverständigen Zeugen ist ungeeignet. Ihm wird das Gericht nicht folgen. Ein **nachbehandelnder Arzt** ist als **Zeuge** und nicht als Sachverständiger zu befragen, wenn es nicht um die fachliche Beurteilung der zuvor eingebrachten Prothetik, sondern darum geht, welchen objektiven Ausgangsbefund er bei Behandlungsbeginn vorgefunden hat (vorgefundene Situation).[1347] Ein Beweisantritt unter Benennung eines sachverständigen Zeugen, der nicht Tatsachen in das Wissen eines Zeugen, sondern eine sachverständige Beurteilung des Behandlungsgeschehens einstellt, ist unzulässig.[1348]

2. Pro Medicus

a. Non-Compliance des Patienten ist zu dokumentieren. In einem späteren (Zahn)Arzthaftungsprozess kann diesem Umstand die dezisive Bedeutung zukommen.
b. Eine Stellungnahme eines Kollegen kann von dem Gedanken getragen sein, einer ehemaligen Patientin zur Erstattung zu verhelfen (sog. Sympathie-Stellungnahme). Dahingehend ist der Kommentar des Kollegen zu analysieren und dieses allfällig ggü. dem Gericht zu explizieren.
c. Ein Sachverständigengutachten aus einem Parallelprozess ist nicht präjudiziell. Es nimmt also nicht eine Haftung vorweg. Vielmehr kann sich die Beweissituation revidieren.

d. Die Bewertung (z. B. eines Nachbehandlers) bzgl. der Behandlungsqualität eines Vorbehandlers kann zu diskutieren sein, wenn die erfolgte Nachbehandlung den Vorwurf (z. B. des Nachbehandlers) nicht stützt. Geprüft wird dies wie folgt:
   - Arbeitshypothese: Unterstellung der Richtigkeit der Bewertung.
   - Ist die erfolgte Nachbehandlung konform oder polar mit der Behandlungsfehlerbeschuldigung?
     Baut die Nachbehandlung nicht auf dem Vorwurf auf bzw. nimmt diesen nicht auf, dann spricht vieles dafür, dass der Vorwurf des Sachverständigen nicht legitim ist.

S Schweigepflicht

A. Hintergrund

Die Schweigepflicht schützt das persönliche Vertrauensverhältnis zwischen dem (Zahn)Arzt und dem Patienten. Ihr kommt daher nicht nur exponierte Bedeutung für den individuellen Heilerfolg, sondern auch für die Volksgesundheit als Ganzes insofern zu, als dadurch eine ungestörte Inanspruchnahme der (zahn)ärztlichen Behandlung abgesichert wird.[1349] Sie ist nicht nur strafrechtlich, sondern auch zivilrechtlich von Bedeutung. Es geht vor allem um Informationen, die im Vertrauen auf die (zahn)ärztliche Schweigepflicht gemacht werden und damit dem Berufsgeheimnis unterliegen. In strafrechtlicher Hinsicht ist die Verletzung von Privatgeheimnissen (§§ 203 ff. StGB) hervorzuheben. Zivilrechtlich würde diese Verletzung von Privatgeheimnissen über § 134 BGB aufgenommen.

I. Verletzung von Privatgeheimnissen (§ 203 StGB)

1. Gemäß § 203 Abs. 1 Nr. 1 StGB und Abs. 3 S. 2 StGB gehören der Zahnarzt und sein Hilfspersonal (z. B. Zahnarzthelferin) zu den **Schweigepflichtigen**. Die ärztliche Schweigepflicht ist nicht „horizontal beschränkt" zwischen Zahnarzt und Dentallabor auf Seiten des Zahnarztes dadurch, dass prothetische Behandlungen und die hierzu erforderlichen zahntechnischen Leistungen die Persönlichkeit und den Intimbereich des Patienten nicht in besonderer Weise betreffen. Zahnlabore und ihre Inhaber sind nicht in den Kreis der zur Wahrung von Privatgeheimnissen verpflichteten Berufsgruppen einbezogen.[1350] Will der Zahnarzt wegen angeblicher Mängel erbrachter zahntechnischer Leistungen die Zahlung der Vergütung verweigern und mit Schadensersatzansprüchen aufrechnen, kann er sich nicht im Hinblick auf seine Verschwiegenheitspflicht auf eine erleichterte Darlegungslast berufen.[1351]

2. Geheimnisse sind Tatsachen, die nur einem beschränkten Personenkreis bekannt sind und an deren Geheimhaltung derjenige, den sie betreffen, ein von seinem Standpunkt aus sachlich begründetes Interesse hat.[1352] Geschützt sind hierbei nicht nur die vom Patienten preiszugebenden gesundheitlichen Daten. Zu den durch das Grundrecht auf informationelle Selbstbestimmung (Art. 2 Abs. 1, Art. 1 Abs. 1 GG) und durch § 203 StGB gegen eine Preisgabe und unbefugte Verwendung geschützten persönlichen Daten und Lebenssachverhalten gehören auch die wirtschaftlichen Verhältnisse des Einzelnen.[1353]

3. Fremd ist das Geheimnis, wenn es irgendeine andere natürliche oder juristische Person betrifft. Es ist irrelevant, welchen Lebenskreis das Geheimnis betrifft. Aus der Begrifflichkeit „namentlich" folgt, dass die gesetzliche Aufzählung nicht abschließend ist, sondern sich nur mit Regelbeispielen befasst.[1354]

4. Dem Schweigepflichtigen muss das Geheimnis in seiner beruflichen Eigenschaft anvertraut oder sonst bekannt geworden sein.

a. Anvertraut ist ein Geheimnis dem Täter „als" (Zahn) Arzt, wenn es ihm in innerem Zusammenhang mit der Ausübung seines Berufs mündlich, schriftlich oder auf sonstige Weise (z. B. Vorzeigen eines Gegenstands, einer Verletzung...) unter Umständen mitgeteilt worden ist, aus denen sich die Anforderung des Geheimhaltens ergibt. Ist der fragliche Zusammenhang gegeben, dann ist es irrelevant, ob der Anvertrauende der Patient des Schweigepflichtigen oder ein Dritter ist (z. B. ein Angehöriger des Patienten, ein ratsuchender Kollege).[1355]
   Unerheblich ist, ob die dem Täter gegebenen Informationen in unmittelbarem Zusammenhang mit der erbetenen (zahn)ärztlichen Behandlung...stehen. Die Schweigepflicht besteht auch insoweit, als der Patient den Besuch beim (Zahn)Arzt zu einer allgemeinen Aussprache über sonstige Sorgen und Nöte ausweitet, die vielfach erst das notwendige Vertrauensverhältnis zu diesem schafft. Dass die Mitteilung während der Sprech- oder Dienststunden gemacht wird, ist nicht erforderlich; auch wer den (Zahn)Arzt bei anderer Gelegenheit (z. B. auf der Straße oder bei gesellschaftlichen Anlässen) – sei es auch gegen dessen Willen – in seiner beruflichen Eigenschaft in Anspruch nimmt, vertraut ihm an.
   Andererseits steht nicht alles, was z. B. dem (Zahn) Arzt in seiner Sprechstunde mitgeteilt wird, schon deshalb in dem seine Schweigepflicht begründenden inneren Zusammenhang mit seiner ärztlichen Tätigkeit. Ausnahmen werden vor allem dann in Betracht kommen, wenn (Zahn)Arzt und Patient auch sonst in engem gesellschaftlichem Kontakt stehen. Ohne Bedeutung ist, ob der Täter für den Anvertrauenden oder Geheimnisträger tatsächlich tätig geworden ist. Auch die vom Arzt sofort abgelehnte Bitte um ein falsches Gesundheitszeugnis unterliegt der Schweigepflicht.[1356]
   Bei einem gegenständlich fixierten Geheimnis (z. B. Röntgenaufnahmen, Untersuchungsbefunde, Laborbefunde, Fotos von Patienten) reicht es für das Anvertrauen, dass der Gegenstand im Zusammenhang mit der beruflichen Tätigkeit in den Besitz gelangt ist. Nicht erforderlich ist, dass vom Inhalt Kenntnis genommen wurde.[1357]

b. Sonst bekannt geworden ist das Geheimnis dem Täter „als" (Zahn)Arzt, wenn er es auf andere Weise, jedoch gleichfalls in innerem Zusammenhang mit der Ausübung seines Berufs erfahren hat. Dies kann z. B. eine (zahn)ärztliche Untersuchung sein.[1358]

Schweigepflichtig sind Tatsachen,
- deren Feststellung zu seiner beruflichen Tätigkeit gehört (z. B. Feststellung einer dem Patienten unbekannten Krankheit),
- deren ungehinderte Kenntnisnahme gerade durch die Berufsausübung möglich ist (z. B. mitgehörte Gespräche von Familienangehörigen),
- die der Schweigepflichtige bereits bei Anbahnung des Behandlungsverhältnisses beobachtet (auch die, die sich lediglich auf eine Begleitperson beziehen).

c. Der (Zahn)Arzt erfuhr das Geheimnis ausschließlich in beruflicher Eigenschaft, wenn er bereits vorher auf andere Weise oder später noch einmal außerhalb seiner Berufstätigkeit davon Kenntnis erlangt.[1359]

5. **Offenbarung** ist jede Mitteilung des Geheimnisses an einen Dritten (auch sogar an einen anderen nach § 203 StGB Schweigepflichtigen)[1360], der das Geheimnis noch nicht oder nicht sicher kannte. Ein Offenbaren ist auch durch Unterlassen möglich, so z. B. wenn der (Zahn)Arzt die Einsichtnahme in seine Krankenblätter oder gar deren Mitnahme nicht verhindert. Auch das „Herumliegenlassen“ von geschützten Schriftstücken (Akten; Briefe; Patientenkartei) kann Offenbaren durch Unterlassen sein.[1361] Die Weitergabe der Daten zum Zwecke der Abrechnung ohne Zustimmung des Patienten beinhaltet bereits einen Verstoß gegen die Schweigepflicht.[1362]

6. In subjektiver Hinsicht verlangt § 203 StGB **Vorsatz**.

7. Bei dem Merkmal **„unbefugt“** handelt es sich um einen Hinweis auf das allgemeine Verbrechensmerkmal der Rechtswidrigkeit.

a. Als Rechtfertigungsgrund kommen zunächst einmal spezielle Offenbarungspflichten in Betracht. Beispiele:
- Insolvenz eines niedergelassenen Zahnarztes.
  - Erfüllt der niedergelassene Zahnarzt die Verpflichtung aus § 22 Abs. 3 S. 2 InsO, indem er dem vorläufigen Insolvenzverwalter Einsicht in Bücher und Geschäftspapiere gewährt, dann rechtfertigt sich die Offenbarung aus § 20 Abs. 3 InsO. Denn § 22 Abs. 3 InsO gibt einen Anspruch auf Auskunft oder Einsicht. Daraus folgt die Verpflichtung zur Offenbarung aufgrund eines besonderen Gesetzes.[1363]
  - Zeugenzwang.
    - Der **Zeugenzwang** verpflichtet zur vollständigen Aussage, wenn eine Aussage als Zeuge im Prozess gemacht wird. Diese Pflicht rechtfertigt auch die Preisgabe von Geheimnissen.
    - Besteht aber ein **Zeugnisverweigerungsrecht**, ist der Zeuge nicht mehr zur Aussage verpflichtet. Ein Zeugnisverweigerungsrecht des (Zahn)Arztes und der (Zahn)Arzthelferinnen folgt aus:
      - Im Zivilprozess § 383 Abs. 1 Nr. 6 ZPO: Der Geheimnisverrat kann dann nur noch erlaubt sein durch eine **Entbindung von der Schweigepflicht** nach § 385 Abs. 2 ZPO oder durch allgemeine Rechtfertigungsgründe.
      - Im Strafprozess: § 53 Abs. 1 S. 1 Nr. 3 StPO (Zahnarzt); § 53 a Abs. 1 S. 1 StPO (Zahnarzthelferinnen)
- Erziehungsrecht der Eltern.
  - Eine Offenbarungspflicht kann auch aus dem **Erziehungsrecht** der Eltern §§ 1626, 1631 BGB folgen. Diese Offenbarungspflicht ist aber durch das Selbstbestimmungsrecht des Kindes begrenzt.
- Sozialrecht.
  - Übermittlung von Leistungsdaten an Krankenkassen durch Vertrags(zahn)ärzte usw. (§§ 294 ff. SGB V).
  - Grundsätzlich besteht eine (zahn)ärztliche Schweigepflicht auch im Verhältnis zwischen den Vertragszahnärzten und den Krankenkassen sowie den von den Krankenkassen eingeschalteten Gutachtern; eine Offenbarungsbefugnis kann sich auch aus einem gesetzlichen Gebot ergeben, wie z. B. den Vorlagepflichten im BMV-Z.[1364]
  - Wirtschaftlichkeitsprüfung.
    Im Rahmen von Wirtschaftlichkeitsprüfungen soll der Vertrags(zahn)arzt verpflichtet sein, den Prüfgremien die für die Durchführung der Wirtschaftlichkeitsprüfung benötigten Unterlagen zur Verfügung zu stellen, ohne sich hierbei auf seine (zahn)ärztliche Schweigepflicht berufen zu können.[1365] Die Pflicht zur Auskunftserteilung und Vorlage von Unterlagen ergebe sich aus § 75 Abs. 1 S. 1 SGB V und § 75 Abs. 2 S. 2 SGB V, wobei diese Pflicht nicht mit der (zahn)ärztlichen Schweigepflicht kollidieren soll.[1366] Nicht geklärt ist die Frage, ob sich der (Zahn)Arzt die Rspr. zu Regressen gegenüber Krankenhäusern nutzbar machen kann. Danach würde es keine Rechtsvorschrift geben, die die Krankenhäuser als Leistungserbringer im Bereich des SGB V berechtigen und verpflichten würde, Daten über den Gesundheitszustand der Versicherten, die dem Sozialgeheimnis unterliegen, ohne Schweigepflichtentbindungserklärung für Zwecke eines Verfahrens zu übermitteln, an dem der Versicherte in keiner Weise beteiligt ist.[1367] Der erste Eindruck vermittelt einen Widerspruch zwischen dem Umgang mit den Daten über den Gesundheitszustand eines Krankenhauspatienten und den Daten eines Patienten eines Vertrags(zahn)arztes. Aus Patientensicht stellt dies eine Ungleichbehandlung dar. Für einen Patienten kann es ein Inzentiv sein, die Behandlung im Krankenhaus vorzuziehen. Letzteres dürfte gerade für HIV-Patienten von Interesse sein, die bedacht sind, den Kreis der Eingeweihten hinsichtlich dieser höchst sensiblen Daten so klein wie möglich zu halten.

- ◦ Ebenfalls soll der Vertrags(zahn)arzt im Rahmen eines Schadensersatzanspruches wegen fehlender Vorbehandlung einer prothetischen Versorgung, der vom Schadensbeschwerdeausschuss zu prüfen ist, zur Vorlage der Behandlungsunterlagen (insbesondere Röntgenaufnahmen) des Patienten zur Prüfung des Vorliegens eines Schadens verpflichtet sein[1368]; werde die Mitwirkung verweigert, müsse der Vertrags(zahn)arzt damit rechnen, dass die Verletzung dieser nicht erzwingbaren Mitwirkungspflicht disziplinarisch geahndet werde.[1369]

b. Ferner kann die Offenbarung aufgrund einer Zustimmung des Verfügungsberechtigten erfolgen. Verfügungsberechtigt hinsichtlich der Geheimnisse, die den Patienten selbst betreffen, ist dieser stets allein. Dies gilt auch dann, wenn ein Dritter den Schweigepflichtigen informiert hat und dies in innerem Zusammenhang mit der Inanspruchnahme (zahn)ärztlicher Hilfe durch den Geheimnisträger geschah.
Die Verfügungsbefugnis des Patienten erstreckt sich auch auf die Geheimnisse Dritter, die er dem Schweigepflichtigen anvertraut hat oder die diesem im Zusammenhang mit der Behandlung bekannt geworden sind. Verfügungsbefugt daneben ist auch der betroffene Dritte selbst. Die Tatsache, dass der Patient den Schweigepflichtigen über den Dritten informiert hat, kann auch ein nur der Verfügung des Patienten unterliegendes Geheimnis sein.[1370]
Ein **konkludentes** Einverständnis kann in folgenden Fällen vorliegen:
- Mitteilungen, die der (Zahn)Arzt üblicherweise seinem Hilfspersonal macht,
- Inanspruchnahme einer Versicherung für einen Unfall: stillschweigende Zustimmung des Patienten zu diesbezüglichen Auskünften des (Zahn)Arztes an den Versicherungsträger.

Folgende **Einschränkungen** können für das Einverständnis vorgesehen sein:[1371]
- **Ausdrückliche** Einschränkungen:
  - ◦ Gegenständliche Einschränkung des Einverständnisses (z. B. Weitergabe nur eines bestimmten Befundes),
  - ◦ Einschränkung bezüglich des Adressaten (z. B. Weitergabe nur an eine bestimmte Person).
- **Stillschweigende** Einschränkungen:
  - ◦ Keine Offenbarung solcher Geheimnisse, die dem Verfügungsberechtigten selbst noch unbekannt sind, z. B. ein vom (Zahn)Arzt verschwiegener Befund,
  - ◦ Geheimnisse, hinsichtlich derer der Verfügungsbefugte annimmt, dass sie dem Schweigepflichtigen unbekannt sind.[1372]

Ob die Zustimmung der **Schriftform** nach §4 a Abs. 1 S. 3 BDSG bedarf, ist noch nicht geklärt. Der BGH und die obergerichtliche Rechtsprechung haben dies bisher offen gelassen bzw. noch keine Gelegenheit zur Stellungnahme gehabt.[1373]
Gemäß §4a Abs. 1 S. 4 BDSG ist die Einwilligung **besonders hervorzuheben**, wenn sie zusammen mit anderen Erklärungen schriftlich erteilt werden soll. Der **Zweck** des §4 a Abs. 1 S. 4 BDSG besteht darin, ein Überlesen der Einwilligungserklärung zu vermeiden. Der Patient soll bei Abgabe weiterer Erklärungen auf die Einwilligung in die Erhebung und Verarbeitung seiner Daten besonders hingewiesen werden.[1374]

Cave

Exkurs

Die Schriftformfrage inspiriert zu einem Exkurs zu den Allgemeinen Vertragsbedingungen, die vorformuliert sein müssen. Regelmäßig handelt es sich daher um eine schriftliche Erklärung: Eine formularmäßige Einverständniserklärung ist weder wegen Intransparenz noch wegen unangemessener Benachteiligung (§ 307 Abs. 1 BGB) unwirksam, wenn sich aus der Erklärung für einen durchschnittlichen Patienten klar und eindeutig ergibt, dass er sich für die bevorstehende Behandlung und künftige Behandlungen mit der Weitergabe der Behandlungsdaten und der Abtretung der Honorarforderungen an den Zessionar einverstanden erklärt sowie dass der Zessionar die ärztlichen Leistungen in Rechnung stellt und für eigene Rechnung einzieht. Eine derartig getroffene Regelung stimmt mit einer bei (zahn)ärztlichen Behandlungen vielfach vorkommenden Gestaltung überein, mit der ein Patient rechnet.[1375]

Bei Geheimnissen, die nicht einen wirtschaftlichen Wert (positiv ausgedrückt: die Privat- und Intimsphäre) betreffen, **erlischt** die Verfügungsbefugnis mit dem Tod des Berechtigten. Die Erben und nächsten Angehörigen können den Schweigepflichtigen dann nicht von seiner Pflicht entbinden.

c. Die mutmaßliche Einwilligung bekommt vor allem dann Bedeutung, wenn der Geheimnisgeschützte nicht oder nicht mehr befragt werden kann. Es muss gefragt werden, ob der Betroffene auf die Wahrung des konkreten Geheimnisses verzichtet hätte.
Mitteilungen unter (Zahn)Ärzten, z. B. Auskünfte des früher behandelnden Arztes, Zuziehung eines weiteren (Zahn)Arztes als konsiliarisch, sind nur mit Zustimmung des Patienten zulässig. Dies gilt auch für die Überlassung der Patientenkartei beim Verkauf einer (Zahn)Arztpraxis. Eine Rückfrage beim Patienten kann entbehrlich sein, wenn ein (Zahn)Arzt ergänzende Fragen einer Versicherung zu einem Bericht beantwortet, den er der Versicherung mit Zustimmung des Patienten erstattet hat.[1376] Dasselbe gilt in aller Regel für die Informationen, die ein Schweigepflichtiger

im Rahmen des Erforderlichen üblicherweise seinem Hilfspersonal gibt.[1377]

d. Der rechtfertigende Notstand gemäß §34 StGB rechtfertigt die Geheimnisoffenbarung:[1378]
   - zum Zwecke der Einklagung eines (Zahn)Arzthonorars,[1379]
   - wenn und soweit sie erforderlich ist zur Abwendung der Gefahr einer unbegründeten strafrechtlichen Verfolgung oder einer unberechtigten Zivilklage, z. B. (Zahn)Arzthaftungsprozess.

II. §7 MBO (Verschwiegenheit)

Auch in die Musterberufsordnung wurde die Verschwiegenheitspflicht aufgenommen. Ein Verstoß stellt sich als berufswidriges Verhalten dar. Hervorgehoben wird dort auch noch einmal, entsprechende Instruktionen ggü. in der Praxis tätigen Personen zu erteilen.

B. Die Entscheidung: Bereicherungsrechtliche Rückabwicklung eines nichtigen (Zahnarzt)Praxisübergabevertrags[1380]

I. Sachverhalt

Der Kläger begehrt von dem Beklagten die Rückzahlung des Kaufpreises i.H.v. 340.000 Euro aus dem Kaufvertrag über eine Zahnarztpraxis. In dem Kaufvertrag ist unter anderem Folgendes geregelt: *„Der Verkäufer übernimmt die Praxis gegen ein Entgelt von 345.200 Euro. Der materielle Wert des Praxisinventars beträgt 180.000 Euro, der immaterielle Wert beträgt 102.500 Euro, der Laborwert beträgt 25.000 Euro zuzüglich 14% Mehrwertsteuer auf die Laboreinrichtung, d. h. 7700 Euro. Der Praxisübergeber hat dem Praxisübernehmer die Patientenkartei zu übergeben. Diese ist wesentlicher Bestandteil dieses Vertrags. Der Praxisübergeber ermächtigt den Praxisübernehmer, die Praxisübernahme den Patienten in einer entsprechenden der Berufsordnung zulässigen Form mitzuteilen. Sollte eine Bestimmung dieses Vertrags aus irgendeinem Grund rechtsunwirksam sein, so wird dadurch die Gültigkeit der übrigen Bestimmungen nicht berührt. Beide Vertragspartner verpflichten sich, eine neue Bestimmung auszuhandeln, die dem beabsichtigten Zweck der ungültigen Bestimmung am nächsten kommt.“* Der Kläger erklärte den Rücktritt vom Kaufvertrag und vorsorglich die Anfechtung wegen arglistiger Täuschung. Am 8. Juli 1991 wurde dem Beklagten ein Mahnbescheid zugestellt. Der Kläger beantragte,

- den Beklagten zu verurteilen, an den Kläger 340.000 Euro nebst 4% Zinsen seit dem 8. Juli 1991 Zug um Zug gegen Rückgabe der in der…Straße,…im Vorderhaus, 1. Obergeschoss, gelegenen Zahnarztpraxis zu verurteilen.

Der Beklagte beantragte,

- die Klage abzuweisen.

  Mit seiner Widerklage beantragte der Beklagte,

- den Kläger zu verurteilen, an den Beklagten 5508 Euro nebst 4% Zinsen seit dem 21.7.1991 zu zahlen.

  Mit der Eventualwiderklage beantragte der Beklagte,

- den Kläger zu verurteilen, an den Beklagten die von diesem zum 1. Januar 1991 erhaltene Patientenkartei der Zahnarztpraxis in M straße...,...B W, herauszugeben.

II. Entscheidungsgründe

A. Klage

Eine bereicherungsrechtliche Rückabwicklung hat nach den Regeln der Leistungskondiktion zu erfolgen. Dabei sind die den Parteien aus ungerechtfertigter Bereicherung gegenseitig zustehenden Ansprüche nach den Grundsätzen der Saldotheorie von Amts wegen zu verrechnen.

- Bei gleichartigen Bereicherungsansprüchen werden beide Ansprüche saldiert. Diejenige Partei, zu deren Gunsten ein Saldo besteht, ist zur Herausgabe verpflichtet.
- Bei gleichartigen Bereicherungsansprüchen bestehen in sich beschränkte Bereicherungsansprüche Zug um Zug.
- Die Saldotheorie hat Einwendungscharakter, ist also von Amts wegen zu berücksichtigen.

I. Der **Kläger hat gegen den Beklagten** einen bereicherungsrechtlichen Anspruch aus §812 Abs. 1 S. 1 1.Var. BGB.

1. Der Beklagte erlangte als **bereicherungsrechtlichen Gegenstand** den gezahlten Kaufpreis in Höhe von 340.000 Euro.
2. Eine **„Leistung“** des Beklagten im Sinne einer bewussten und zweckgerichteten Vermögensvermehrung liegt vor, denn der Kläger wendete dem Beklagten den Kaufpreis in Erfüllung des – nichtigen – Zahnarztpraxis-Übergabevertrags zu.
3. Die Leistung erfolgte auch **„ohne Rechtsgrund“**, da der Praxisübergabevertrag nichtig war und somit der Leistungszweck der Erfüllung der Verbindlichkeit verfehlt worden ist.
   a. Die Nichtigkeit folgt aus §134 BGB i.V.m. §203 Abs. 1 S. 1 StGB.
      aa. Bei §203 Abs. 1 Nr. 1 StGB handelt es sich um ein **gesetzliches Verbot**.
      bb. Gegen dieses wurde **verstoßen**.
      Eine Weitergabe der Behandlungsunterlagen an den Käufer ist auch ohne ausdrückliche Einwilligung des jeweiligen Patienten ohne

Verstoß gegen die ärztliche Schweigepflicht möglich, wenn der **Käufer** nach Unterzeichnung des Praxiskaufvertrages als **Assistent** in der zunächst vom Verkäufer geführten Praxis **weiterarbeitet**.[1381]
Dies war vorliegend nicht der Fall.
*„Die Weitergabe von Patientendaten ohne ausdrückliche oder durch Inanspruchnahme der Behandlung des Praxisnachfolgers schlüssig erteilte Zustimmung ist ein unbefugtes **Offenbaren** von **Geheimnissen** im Sinne des § 203 Abs. 1 Nr. 1 StGB."*
Eine wirksame Vereinbarung betreffend die Übergabe der Patientenkartei würde voraussetzen, dass die Verpflichtung zur Übergabe auf zustimmende Patienten beschränkt wird.[1382]
*„Denn die Vertragsklausel enthält keine Beschränkung auf zuvor zustimmende Patienten. Die Parteien haben auch vor Abschluss des Praxisübernahmevertrages am 31. August 1990 nicht die Einwilligung aller Patienten eingeholt, die in der Kartei des Beklagten erfasst waren. ...denn der Beklagte legt weder die Art der Zustimmung im einzelnen dar – **ein stillschweigendes oder schlüssig erklärtes Einverständnis reicht im Regelfall nicht** – und er macht auch **nicht geltend**, dass alle in der Kartei erfassten Patienten ihre Zustimmung vor Vertragsschluss am 31. August 1990 **erklärt** hätten.*
*Ferner ist nicht feststellbar, dass alle in der Kartei erfassten Patienten sich auch **dem Kläger als Praxisübernehmer zur ärztlichen Behandlung anvertraut hätten** und damit durch schlüssiges Verhalten eindeutig ihre Zustimmung zum Ausdruck gebracht hätten.*
*...denn dort wurde die Praxis nicht – wie hier – an einen **außenstehenden Dritten** verkauft, sondern an einen Mitarbeiter des Verkäufers, der schon **vor** Vertragsschluss längere Zeit in der Praxis **gearbeitet** und **Zugang zu den personenbezogenen Unterlagen** hatte, was den **Betroffenen bekannt** war."*

cc. § 134 BGB hat die Sanktion der Nichtigkeit zur Folge.
*„Der Verstoß hat zivilrechtlich nach § 134 BGB die Sanktion der Nichtigkeit sowohl des Erfüllungsgeschäfts (Übergabe der Kartei) als auch des **zugrundeliegenden Verpflichtungsgeschäfts (Praxisübernahmevertrag)** zur Folge."*

dd. Nach § 139 BGB war anzunehmen, dass der gesamte Praxisübernahmevertrag nichtig ist.
(i). § 139 BGB konnte als dispositives Recht[1383] abgeändert werden.
(ii). § 12 des Praxisübernahmevertrages steht als salvatorische Klausel aber nicht entgegen.

1. Grundsätzlich kann zwar eine salvatorische Klausel einen teilnichtigen Kaufvertrag aufrechterhalten.
   Eine Vereinbarung, mit der ein Zahnarzt sich in einem Praxiskaufvertrag zur Übergabe einer Patientenkartei verpflichtet, ist jedenfalls dann weder für die Wirksamkeit des Vertrags im Übrigen noch für die Höhe oder Fälligkeit des vereinbarten Kaufpreises von Bedeutung, wenn im Vertrag abweichend von der Regel des § 139 BGB vereinbart ist, dass die Unwirksamkeit einer Vertragsbestimmung nicht die Gültigkeit des Vertrags im Übrigen berühren sollte.[1384]
2. Die Aufrechterhaltung des Restgeschäftes ist trotz einer Erhaltungsklausel unter Umständen nicht mehr durch den Parteiwillen gedeckt, wenn Bestimmungen von **grundlegender** Bedeutung sittenwidrig oder sonst nichtig sind.[1385]
   *„Der Bestimmung des § 7 Satz 1 des Vertrags der Parteien, in der die Verpflichtung des Beklagten zur **Übergabe der Patientenkartei an den Kläger enthalten ist, kommt eine derartige schwerwiegende und grundlegende Bedeutung** für den gesamten Vertrag zu.*
   *Dies folgt aus Wortlaut und Auslegung (§§ 133, 157 BGB) des § 7 Satz 2 des Vertrags, welcher lautet: „Diese" (d. h. die Patientenkartei) „ist **wesentlicher** Bestandteil dieses Vertrags". Damit haben die Parteien übereinstimmend vertraglich erklärt, dass der Patientenkartei und der Verpflichtung der Weitergabe an den Praxiserwerber eine ganz entscheidende Bedeutung für den Vertrag zukam.*
   Dies ist auch deshalb nachvollziehbar, weil bei Übernahme einer Arztpraxis das Vorhandensein und die Übernahme der Patientenkartei generell von ganz entscheidender Bedeutung ist."[1386]

ee. Die Berufung auf § 139 BGB ist auch nicht treuwidrig im Sinne von § 242 BGB.
Nach einer anderen Entscheidung des Kammergerichts Berlin kann dies der Fall sein, wenn
- eine lange Zeit verstrichen ist,
- sodass davon ausgegangen werden, dass jedenfalls alle Patienten, die sich durch den Käufer haben weiterbehandeln lassen, konkludent ihr Einverständnis zur Überlassung der Daten an ihn erteilt haben.

Angesichts der einvernehmlichen, nachhaltigen Fortführung der Behandlung der Patienten durch den Käufer wäre es auch treuwidrig, wenn der Käufer nunmehr noch Rechte aus einer etwaigen Nichtigkeit der fraglichen Klausel bezüglich der Übertragung der Patientenkartei herleiten wollte.[1387]

Diese Voraussetzungen waren hier aber nicht gegeben.

4. Fraglich ist der **Umfang** des Anspruchs.
   a. Nach §812 Abs. 1 S. 1 1. Fall BGB hat der Beklagte den **Kaufpreis** i.H.v. 680.000 Euro **herauszugeben** bzw. zu **ersetzen** (§818 Abs. 2 BGB).
   b. Zudem hat der Beklagte gemäß §818 Abs. 1 BGB die **Nutzungen** herauszugeben, die er aus diesem Betrag (bis zum Eintritt der Unmöglichkeit[1388]) gezogen hat.
   Danach hat der Beklagte die **tatsächlich** gezogenen Nutzungen herauszugeben.
   *„...nach seinem **eigenen Vorbringen** den Kaufpreis zu Zwecken verwandt, für die er sonst andere Geldmittel hätte aufwenden müssen (**Rückzahlung von Darlehen und anderen Schulden; Finanzierung der neuen Praxis**). Schon daraus ist ihm ein **geldwerter Vorteil** erwachsen, den er als Nutzung schuldet."*
   c. Seit Zustellung des Mahnbescheides am 8. Juli 1991 unterliegt der Beklagte hinsichtlich seiner Pflicht, den erhaltenen Kaufpreis von 340.000 Euro herauszugeben (§818 Abs. 1, 2 BGB) der **verschärften Haftung** nach §818 Abs. 4 BGB.
   Danach sind auch die **schuldhaft nicht gezogenen** Nutzungen (§§292 Abs. 2, 987 BGB) herauszugeben.
   „Jedenfalls aber hätte er – wie der Kläger unwidersprochen vorträgt – den Kaufpreis seit 8. Juli 1991 zu einem Zinssatz von 6% pro Jahr anlegen können."
   Der Beklagte schuldet dem Kläger also 6% Zinsen pro Jahr auf den erhaltenen Kaufpreis seit 8. Juli 1991.

II. Dem Beklagten steht seinerseits einen Bereicherungsanspruch aus §812 Abs. 1 S. 1 1. Fall BGB zu.

1. Als **Bereicherungsgegenstand** kommt die „Zahnarztpraxis" in Betracht. Im Rahmen einer Praxisübertragung wird als **Zahnarztpraxis** und allgemein als freiberufliche Praxis regelmäßig der **Inbegriff der materiellen und immateriellen Vermögenswerte** bezeichnet, der die Praxis als betriebsfähige Wirtschaftseinheit ausmacht und der gebildet wird aus dem der selbstständigen Arbeit dienenden Betriebsvermögen wie Praxisräumen und -ausstattung, den bestehenden Arbeitsverhältnissen sowie dem Mandanten-, Klienten- oder Patientenstamm und der Summe von Möglichkeiten, Beziehungen und Chancen, um die Tätigkeit des früheren Inhabers in der bisherigen Form erfolgreich fortsetzen zu können.
   In diesem Sinne ist die Zahnarztpraxis des Beklagten auf den Kläger übergegangen.
2. Eine **„Leistung"** im Sinne einer bewussten und zweckgerichteten Vermögensvermehrung liegt vor, denn der Kläger hat dem Beklagten die Zahnarztpraxis in Erfüllung des – nichtigen – Praxisübergabevertrags zugewendet.
3. Die Leistung erfolgte auch **„ohne Rechtsgrund"**, da der Zahnarztpraxisübergabevertrag nichtig war und somit der Leistungszweck der Erfüllung der Verbindlichkeit verfehlt worden ist.
4. Hinsichtlich des **Umfangs** des Bereicherungsanspruchs sind folgende Ausführungen zu machen:
   a. Grundsätzlich ist der Bereicherte verpflichtet, das **Erlangte in Natur** herauszugeben (§812 Abs. 1 S. 1 1. Fall BGB).
   Bei der Rückabwicklung eines Praxiskaufvertrags bedeutet dies ebenso wie bei der Rückabwicklung eines fehlgeschlagenen Unternehmenskaufs, dass der Verpflichtete die Praxis bzw. das Unternehmen als betriebswirtschaftliche Einheit in der Gestalt auf den Bereicherungsgläubiger zurück zu übertragen hat, in der es sich zur Zeit der Herausgabe befindet, jedenfalls solange die Praxis oder das Unternehmen noch in seiner ursprünglichen Identität vorhanden ist.
   Die bei der Erfüllung des Vertrags gewollte einheitliche Behandlung des die Praxis ausmachenden Inbegriffs an materiellen und immateriellen Vermögenswerten muss auch bei der Rückabwicklung gewahrt bleiben. Veränderungen in der Zusammensetzung der Vermögenswerte, die im Rahmen des gewöhnlichen Betriebsablaufs erfolgen, wie z. B. durch die Erneuerung oder Ergänzung von Gegenständen des Inventars, einen Wechsel oder eine Veränderung der Praxisräume, Änderungen im Personalbestand sowie dadurch, dass einerseits Mandanten abwandern und andererseits neue hinzugewonnen werden, berühren die Identität der Praxis als solche im Regelfall nicht. Die Rückgabepflicht des Bereicherungsschuldners beschränkt sich nicht z. B. auf die Vermögensstücke, die er von dem Bereicherungsgläubiger erhalten hat und die noch vorhanden sind.[1389]
   Eine freiberufliche Praxis ist ebenso wie ein gewerbliches Unternehmen eine tätige Einheit, die ständigen Veränderungen unterliegt und nicht „wie eine Raritätensammlung" im Urzustand zurückgewährt werden kann.[1390]
   b. Weiterhin sind die **Nutzungen** herauszugeben.
      aa. **Praxisgebrauch.**
      (i) *„Unstreitig hat der Kläger die Zahnarztpraxis seit dem 1. Januar 1991 genutzt, also die Vorteile des Gebrauchs der Sache (Praxiseinrichtung, Patientenkartei und Goodwill) gezogen."*

(ii) Die Herausgabe des Praxisgebrauchs ist jedoch unmöglich, sodass eine Verpflichtung zum Wertersatz nach §818 Abs. 2 BGB besteht.

(iii) Wird die Erfüllung der Verpflichtung zur Herausgabe in Natur zeitlich erst nach der Entstehung des Bereicherungsanspruchs unmöglich und wandelt sich diese Verpflichtung in eine Wertersatzpflicht um, dann ist für die Bestimmung des Umfangs der Wertersatzpflicht der Zeitpunkt des Eintritts der Unmöglichkeit zugrunde zu legen.[1391]

Der gemäß §818 Abs. 2 BGB zu leistende Wertersatz richtet sich nach dem **objektiven Verkehrswert** des Erlangten.

*„Der Vorteil, der bei der Überlassung einer Zahnarztpraxis an einen Zahnarzt gewährt wird, liegt darin, dass Besitz/Eigentum an den Einrichtungsgegenständen sowie der Patientenkartei und die Möglichkeit deren Nutzung sowie der Nutzung des Goodwills erworben werden; entscheidend ist hierbei die **objektive Möglichkeit der Nutzung**, d. h., dass dem Zahnarzt eine eingeführte Praxis zur Verfügung gestellt wird und er daher in der Lage ist, sich als praktizierender Zahnarzt zu betätigen; **nicht entscheidend** für den objektiven Wert der Nutzung ist die Frage, **ob und inwieweit seine Tätigkeit tatsächlich zur Erzielung von Gewinn führt; selbst wenn er keinen Gewinn erzielt oder sogar mit Verlust arbeitet, nutzt er trotzdem die überlassene Praxis.**“*

Der Verkehrswert entspricht dem Betrag, den ein Dritter am Markt für das in Rede stehende Rechtsgut zu zahlen bereit wäre.

*„Die Bestimmung des objektiven Wertes der Nutzung der Zahnarztpraxis hat vielmehr in der Weise zu erfolgen, dass der **durchschnittliche Überschuss eines durchschnittlichen Zahnarztes in der Praxis ermittelt wird und dieser Überschuss aufgeteilt wird in auf persönliche Leistung des Zahnarztes beruhendem Gewinn, der nicht herauszugeben ist und in den Wert der – durch Leistung des Bereicherungsschuldners ermöglichten – Sachnutzung;** denn ohne die Nutzung der überlassenen Praxis wäre ein auf persönliche Leistung des Zahnarztes beruhender Gewinn nicht zu erzielen.*

...Sind sonach Betriebseinnahmen sowohl auf den gegenständlichen Bereich des Betriebs als auch auf die persönlichen Leistungen und Fähigkeiten des Betriebsinhabers zurückzuführen, so ist – unter Anwendung von §287 ZPO – der Anteil beider Faktoren zu ermitteln.

***Anders als bei der Bestimmung des immateriellen Wertes einer Praxis** erscheint für die Bestimmung des Wertes der Sachnutzung die Berücksichtigung eines festen kalkulatorischen Arztlohnes (z. B. Bruttogehalt eines Oberarztes von 60.000 Euro pro Jahr) nicht angemessen,... sondern es müssen die **durchschnittlichen Gewinne eines durchschnittlichen Zahnarztes in vergleichbarer Praxis zugrunde gelegt** werden. Da bei der Erzielung von Gewinnen aus einer Arztpraxis zweifellos der persönlichen Leistung des Arztes ein hoher Wert zukommt..., **muss der Anteil der persönlichen Leistung des Zahnarztes weit überwiegen.**“*

Das Gericht schätzte daher den objektiven Wert der Sachnutzung der Praxis (Einrichtung, Patientenkartei, Goodwill) auf 20% des durchschnittlich erzielten Überschusses.

bb. **Eigenlabor.**

(i) **Zeit bis 31.12.1992.**

„Die vorgenannten Überschüsse des durchschnittlichen Zahnarztes sind zum Zwecke der Ermittlung des objektiven Wertes der Nutzung der Praxis um jeweils ⅓ zu erhöhen wegen in dieser Höhe zu erzielender Überschüsse aus Eigenlabor, und zwar für die Jahre 1991 und 1992.

Danach muss sich der Kläger für 1991 weitere 8235 Euro (98.820 Euro: 3 = 32.940 Euro, davon ¼) und für 1992 weitere 8597,08 Euro (103.165 Euro: 3 = 34.388,33 Euro, davon ¼), insgesamt also 16.832,08 Euro als objektiven Wert der Nutzung des Eigenlabors anrechnen lassen.

*Dies ergibt sich daraus, dass nach den Ausführungen des gerichtlichen Sachverständigen ein **durchschnittlicher Zahnarzt** Überschüsse aus dem Eigenlabor erwirtschaftet hätte, die ⅓ des Gewinns ohne Eigenlabor erreichen.“*[1392]

(ii) **Zeit ab 1.1.1993.**

Es konnte nicht festgestellt werden, dass ein durchschnittlicher Zahnarzt ab dem 1. Januar 1993 zusätzlich diese Gewinne aus Eigenlabor hätte erwirtschaften können.

„Der Sachverständige hat in der mündlichen Verhandlung...ferner erläutert, dass ein Eigenlabor nur dann mit einem Gewinnanteil von etwa ⅓ des Gewinnes der Praxis betrieben werden kann, wenn mehrere Behandler zur Verfügung stehen.“[1393]

Die Gesetzesänderung vom 1. Januar 1993 führte dazu, dass ein extremer Rückgang der Prothetiknachfrage verursacht wurde.

cc. Der objektive Verkehrswert war auch nicht wegen **verschärfter Haftung** zu erhöhen.

Der Kläger hatte es nicht schuldhaft versäumt, über den objektiven Verkehrswert hinaus Nutzungen zu ziehen.

„Jedenfalls kann es ihm nicht als ***Verschulden*** *vorgeworfen werden, nicht höhere Gewinne erzielt zu haben als ein durchschnittlicher Zahnarzt, welche der Sachverständige ermittelt hat und die der Berechnung des objektiven Wertes der Sachnutzung zugrunde liegen."*[1394]

dd. Es waren auch nicht **weitere Bereicherungswerte** (gem. §812 Abs. 1 S. 1, 818 BGB) in Rechnung zu stellen für die Abnutzung des materiellen Wertes
- des Praxisinventars,
- des Laborwertes,
- des ideellen Wertes.

Der Beklagte hatte diesbezüglich **keinen** nachvollziehbaren **Vortrag** vorgenommen.
Ferner ist darauf hinzuweisen, dass dann, wenn der Empfänger die zurück zu gewährende Sache verbraucht hat, eine Bereicherung nur insoweit fortbesteht, als der Empfänger sich damit noch vorhandene Vermögensvorteile geschaffen hat, wie z.B. anderweitige Ersparnisse, Anschaffungen oder die Tilgung eigener Schulden.[1395]

III. Saldierung. Die Saldierung der gleichartigen Ansprüche ergibt somit einen Betrag von 213.098,54 Euro nebst 6% Zinsen aus 340.000 Euro seit dem 8. Juli 1991 zugunsten des Klägers. Dieser Betrag kann nur Zug um Zug gegen Rückübertragung der in...Straße, Vorderhaus, erstes Obergeschoss, gelegenen Zahnarztpraxis erfolgen.

B. Eventualwiderklage

I. Der Bereicherungsanspruch des Beklagten gegen den Kläger auf Herausgabe der Patientenkartei folgt aus §812 Abs. 1 S. 1 Alt.1 BGB.

II. Dem Kläger steht der zuvor skizzierte Bereicherungsanspruch gegen den Beklagten gemäß §812 Abs. 1 S. 1 Alt.1 BGB zu.

III. Saldierung. Die Saldierung der ungleichartigen Ansprüche ergibt, dass dem Beklagten ein Anspruch auf Herausgabe der Patientenkartei Zug um Zug gegen Zahlung von 213.098,54 Euro nebst 6% Zinsen aus 340.000 Euro seit dem 8. Juli 1991 zusteht.

III. Schlussfolgerung

1. Antragseinschränkung

Ein Bereicherungsanspruch auf Herausgabe bzw. Ersatz eines rechtsgrundlos geleisteten Kaufpreises muss zur Verhinderung einer Teilabweisung der Klage eingeschränkt werden. Als Einschränkungen sind (Zug um Zug) aufzunehmen die Rückübertragungen der:
- Zahnarztpraxis,
- Patientenkartei.

Diese Antragseinschränkung hatte der Kläger in der Entscheidung des Kammergerichts Berlin nur bezüglich der Zahnarztpraxis, nicht bezüglich der Patientenkartei vorgenommen.[1396]

2. Bereicherung

Eine durch rechtsgrundlose Leistung erlangte Zahnarztpraxis ist gemäß §812 Abs. 1 S. 1 Alt. 1 BGB – spiegelbildlich zur ursprünglichen Übertragung – als Einheit und in der Gestalt an den Bereicherungsgläubiger (Verkäufer) herauszugeben, in der sie sich zur Zeit der Herausgabe befindet. Zu der Frage, ob der Wettbewerb zu unterlassen ist, werden unterschiedliche Ansichten vertreten. Nach Ansicht des **BGH** umfasst diese Herausgabepflicht nicht die Verpflichtung des Bereicherungsschuldners zur Unterlassung von Wettbewerb.[1397] Anders sieht es die **Literatur**. Der Bereicherungsschuldner, der eine freiberufliche Praxis oder ein Unternehmen herauszugeben hat, unterliegt einem Wettbewerbsverbot ebenso wie derjenige, der eine Praxis oder ein Unternehmen überträgt, auch ohne ausdrückliche Vereinbarung im Übergabevertrag. Dieser ist zur Unterlassung von Wettbewerb zeitlich und räumlich begrenzt verpflichtet, um den Eintritt des Erwerbers in den Markt und einen Übergang des Kundenstamms auf diesen zu fördern und zu begleiten.[1398]

3. Entreicherung

Ein Schutz des Käufers einer Zahnarztpraxis ist im Rahmen einer bereicherungsrechtlichen Rückabwicklung auch über §818 Abs. 3 BGB zu erreichen, wonach getätigte Aufwendungen, die zur Wertsteigerung geführt haben, dem Wertersatzanspruch entgegenhalten werden können.

4. Zustimmung der Patienten zur Abtretung einer zahnärztlichen Honorarforderung

Mangels Klärung der Frage, ob die Abtretung der Schriftform des §4 a BDSG bedarf, ist (schon aus Beweisgründen auf jeden Fall) dazu zu raten.

S Selbstständiges Beweisverfahren

A. Hintergrund

Das selbstständige Beweisverfahren ist in den §§485 ff. ZPO normiert.

I. Funktion

Folgende Zwecke werden verfolgt:
- Sicherung von Beweismitteln, deren Verlust droht,
- Tatsachenfeststellung durch Sachverständigengutachten.

II. Ad exemplum

- Bau-/Mietprozesse:
  - Feststellung von Baumängeln (z.B. einer Zahnarztpraxis), die behoben werden sollen,
  - Feststellung des Zustands einer Wohnung, die weitervermietet werden soll.
- Medizin:
  - (Zahn)Arzthaftung:
    - Beweissicherung wg. (zahn)ärztlicher Behandlungsfehler:
      Zulässigkeit ist beschränkt auf Feststellung der Ursache des Personenschadens und des Aufwands für die Beseitigung des Personenschadens (derzeitiger Zustand der Zähne bzw. des Gebisses, erforderliche Behandlungsmaßnahmen und ihre Kosten[1399]); soweit die Ursache des Personenschadens allein in einem (schuldhaften) Behandlungsfehler liegt, können die hierfür maßgeblichen Gründe der haftungsbegründenden Kausalität nicht im Beweissicherungsverfahren geklärt werden.[1400]
  - Medizinische Notwendigkeit (str., siehe Belegstellen):
    - ad exemplum: Modelle, Röntgenbilder, Parodontalstatus und textliche Dokumentationen können nach Auffassung eines gerichtlichen Sachverständigen nicht ausreichen, um die medizinische Notwendigkeit einer aufwandreichen prothetischen Behandlung im Nachhinein zu beurteilen, und das Gericht kann die Vernehmung des Behandlers wegen möglicher Voreingenommenheit als unzulässig ansehen.[1401]

III. Zulässigkeit

1. Antrag (§487 ZPO).
2. Zuständigkeit (§486 ZPO).
3. Statthaftigkeit:
   - Gegnerzustimmung (§485 Abs. 1 Alt. 1 ZPO)
   - oder Besorgnis von Beweisverlust oder -erschwerung (§485 Abs. 1 Alt. 2 ZPO)
   - oder Tatsachenfeststellung durch Sachverständigen (§485 Abs. 2 ZPO).
     a. Beweiserhebungsgegenstand soll eine der Feststellungen der Nr. 1 bis 3 sein:
     - ad exemplum: Schäden, Beseitigungsaufwand.[1402]
     b. Rechtliches Interesse:
     - ad exemplum: Rechtsstreitvermeidung (§485 Abs. 2 S.2 ZPO); das rechtliche Interesse an der Durchführung des selbstständigen Beweisverfahrens ist auch in Zahnarzthaftungsstreitigkeiten nicht ausgeschlossen.[1403]

IV. Durchführung

Die Befangenheit eines (zahn)ärztlichen Sachverständigen kann sich ergeben, wenn er bei der Untersuchung des Patienten ohne dessen wirksame Einwilligung die Anwesenheit des in die Behandlung eingebundenen Praxismitinhabers des Antragsgegners gestattet, sich während des Untersuchungstermins mit dem (Zahn)Arzt über den Fall austauscht und Feststellungen trifft, die der Patient nach Aktenlage mit einer einseitigen Information durch die Gegenseite in Zusammenhang bringen kann.[1404]

B. Die Entscheidung: Back-up von Beweismitteln für Behandlungsfehler[1405]

I. Sachverhalt

Der Patient (Antragssteller) begehrte gegen den Zahnarzt (Antragsgegner) Beweissicherung wegen zahnärztlicher Behandlungsfehler. Der Zahnarzt negierte im Vorfeld die Möglichkeit einer Beilegung bono modo.

II. Entscheidungsgründe

Das OLG hob den Beschluss des LG auf und stellte klar, dass entsprechende Anordnungen zu erlassen seien. Das selbstständige Beweisverfahren war statthaft. Das supponierte **rechtliche Interesse** war anzunehmen. *„Nach Auffassung des Senats ist eine* ***Schlichtungsmöglichkeit im weitesten Sinne*** *ausreichend für eine Beweisanordnung. Der allgemein gefasste Wortlaut des Gesetzes mit der Zielrichtung, einen Rechtsstreit möglicherweise zu vermeiden, spricht dafür, nicht nur nahe liegende, sondern* ***auch entfernte Schlichtungschancen*** *zur Durchführung des selbstständigen Beweisverfahrens ausreichen zu lassen. Der Gesetzgeber hat bewusst davon abgesehen, die Wahrscheinlichkeit der Streitschlichtung als Tatbestandsmerkmal in den Gesetzeswortlaut aufzunehmen. …* ***Der Umstand, dass*** *der Antragsgegner jede gütliche Einigung strikt ablehnt,* *ist* ***kein Grund****, dem Beweisverfahren seine Schlichtungseignung* ***abzusprechen.*** *Kommt der Sachverständige hingegen zu einem dem Antragsteller günstigen Ergebnis,… . In dieser Situation wird ein* ***besonnener Arzt seinen ablehnenden Standpunkt überdenken und auf der Grundlage des Gutachtens eine einvernehmliche Regelung mit dem Patienten suchen.***"

III. Schlussfolgerung

Die an den Sachverständigen gestellten Fragen, über die Beweis erheben werden sollen, sind korrekt zu formulieren:
- in extenso
- exakt.

Ansonsten besteht die Gefahr, dass über Fragen Beweis erhoben wird, die nicht entscheidungserheblich sind. Als Patient sollte in Haftungsfällen die Hilfe eines (zahn)medizinischen Fachmanns, nicht nur die eines Juristen, in Anspruch genommen werden.

S Steuerberatung

A. Hintergrund[1406]

I. Steuerberater

Steuerberater und Steuerbevollmächtigte sind die berufenen Berater und Vertreter in allen Steuerangelegenheiten einschließlich Steuerstrafsachen und Steuerfahndungsgeldsachen (§ 33 StBerG).

II. Vergütung

Die Gebührenordnung für Steuerberater, Steuerbevollmächtigte und Steuerberatungsgesellschaften (StBGebV) regelt die Vergütung für die Tätigkeit der Steuerberater, Steuerberatungsgesellschaften und Steuerbevollmächtigten. Die Vergütung wird erst mit Erledigung oder Beendigung des Auftrags fällig. Der Steuerberater kann jedoch einen angemessenen Vorschuss fordern.

III. Besteuerung von betrieblichen Veräußerungsvorgängen (§§ 16, 34 Einkommenssteuergesetz)

Die Veräußerung von Wirtschaftsgütern des Betriebsvermögens führt zu Gewinn bzw. Verlust, wenn der Veräußerungserlös abzüglich der Veräußerungskosten den Buchwert des Wirtschaftsguts übersteigt bzw. unterschreitet. Steigt der Verkehrswert der Wirtschaftsgüter oder sind die steuerlichen Abschreibungen höher als der wirtschaftliche Wertverzehr, entstehen stille Reserven, die erst bei der Veräußerung „realisiert" werden (sog. **Realisationsprinzip**).

Bei der Veräußerung von betrieblichen Wirtschaftsgütern sind zwei Gruppen zu unterscheiden:

- Gewinne, die bei der Veräußerung einzelner Wirtschaftsgüter entstehen, gehören zum **laufenden Gewinn** und sind deshalb grundsätzlich nicht steuerlich begünstigt. Nur ausnahmsweise ist keine Gewinnrealisierung erforderlich, z. B. wenn die Voraussetzungen des § 6 b EStG (Übertragung der stillen Reserven auf die Investitionen bzw. Bildung einer entsprechenden Rücklage) vorliegen.
- Gewinne, die bei der Veräußerung „geschlossener Komplexe" von Wirtschaftsgütern entstehen, sind grundsätzlich gesondert zum Veräußerungszeitpunkt zu berechnen. Solche Gewinne werden durch die Freibetragsregelung des § 16 Abs. 4 EStG und die Tarifermäßigung nach § 34 Abs. 1, Abs. 2 Nr. 1 EStG begünstigt. Geschlossene Komplexe in diesem Sinne sind der ganze Betrieb, ein Teilbetrieb, der Mitunternehmeranteil, Teile eines Mitunternehmeranteils und der Anteil eines Komplementärs einer KG auf Aktien.[1407]

IV. Ausgewählte zahnarztspezifische, steuerrechtliche Probleme

Im Folgenden werden selektierte steuerrechtliche Fragestellungen referiert:

- Bei einem Zahnarzt, der zur Sicherstellung der Erreichbarkeit während des Bereitschaftsdienstes an einigen Wochenenden im Jahr ein **Mobiltelefon** benötigt, sind die Anschaffungskosten für ein Luxushandy in Höhe von 5200 Euro unangemessen i. S. des § 4 Abs. 5 Satz 1 Nr. 7 EStG anzusehen; als angemessene Betriebsausgaben anzusetzen sind die Aufwendungen für ein „normales" Handy in Höhe von 300 Euro.[1408]
- Aufwendungen für die **Hin- und Rückreise** (z. B. **Zahnarztkongresse; Facharztkongresse**) bei gemischt beruflich (betrieblich) und privat veranlassten Reisen können grundsätzlich in abziehbare Werbungskosten oder Betriebsausgaben und nichtabziehbare Aufwendungen für die private Lebensführung nach Maßgabe der beruflich und privat veranlassten Zeitanteile der Reise aufgeteilt werden, wenn die beruflich veranlassten Zeitanteile feststehen und nicht von untergeordneter Bedeutung sind.[1409]
- Bei der **Veräußerung eines Teilanteils an einer Praxis** im Rahmen des sog. Zwei-Stufen-Modells kommt ein Missbrauch rechtlicher Gestaltungsmöglichkeiten in Betracht, wenn entweder die Zeit zwischen dem Vertrag über die Aufnahme des Sozius und dem über die Erhöhung des Anteils nicht mindestens ein Jahr beträgt oder wenn bereits bei Gründung der Sozietät festgestanden hat, dass es zu einer Aufstockung der Beteiligung kommen wird.[1410]
- Kann ein selbstständig tätiger Arzt seine schriftlichen Arbeiten außerhalb der Praxisöffnungszeiten ungestört an seinem Schreibtisch in der Praxis durchführen, entfällt ein Abzug für ein geltend gemachtes **häusliches Arbeitszimmer**; ein Schreibtischarbeitsplatz in der eigenen Praxis indiziert, dass er dem Selbstständigen für alle Bereiche seiner Erwerbstätigkeit zur Verfügung steht; dem Selbstständigen ist es grundsätzlich zumutbar, Unterlagen, Geschäftspapiere und Literatur jeweils aus dem häuslichen Arbeitszimmer in die Praxis zu schaffen.[1411]
- Eine **Dental-Hygienikerin** kann nach § 4 Nr. 14 UStG steuerfreie Umsätze im Auftrag eines Zahnarztes ausführen.[1412]
- Der Beitrag, den ein **Eigenlabor** zum Geschäftswert einer Zahnarztpraxis leistet, gehört zu den wesentlichen Betriebsgrundlagen der Praxis.[1413]
- **Überlässt** ein Zahnarzt seine **Praxiseinrichtung** einem anderen Zahnarzt zur Mitbenutzung gegen Entgelt, sind die Tatbestandsvoraussetzungen der Befreiungs-

vorschrift des §4 Nr. 14 Satz 2 UStG nicht erfüllt. Die Überlassung ist nicht steuerfrei.[1414]

- **Zahntechniker**, die lediglich für Zahnärzte zahntechnische Arbeiten ausführen, üben grundsätzlich eine gewerbliche Tätigkeit aus; eine Laborgemeinschaft kann regelmäßig nur dann angenommen werden, wenn deren Leistungen ohne Gewinnerzielungsabsicht und nur kostendeckend ausschließlich für ihre freiberuflich tätigen Gesellschafter angeboten werden.[1415]

B. Die Entscheidung: Keine Steuerberaterhaftung wg. Beratung auf wackligen Literaturfüßen[1416]

I. Sachverhalt

Der Kläger (Zahnarzt) begehrte Schadensersatz wegen pflichtwidriger steuerlicher Beratung. 1997 gründete der Kläger mit vier weiteren Zahnärzten eine Partnergesellschaft. Dieser stellte er sämtliche in seinem Eigentum und Sonderbetriebsvermögen verbliebenen Wirtschaftsgüter seiner früheren Einzelpraxis zur Verfügung. Unter anderem wegen dieser Gesellschaftsgründung ließ sich der Kläger steuerlich beraten. Einen entsprechenden Vertragsentwurf legte der Kläger seinen Steuerberatern vor. Dieser wurde – wie im Folgenden noch dargestellt wird – realisiert. Er übertrug aus seinem Sonderbetriebsvermögen medizinische Geräte, Laboreinrichtung, sonstige Praxisausstattung, geringwertige Wirtschaftsgüter, Finanzanlagen und EDV-Software sowie einen ideellen Praxisanteil zu je ⅓ auf zwei seiner Partner. Die Praxisimmobilie als wesentlicher Teil seines Sonderbetriebsvermögens verblieb in seinem Eigentum. Der Kläger behauptete später, ihm sei eine positive bis neutrale Prognose bezüglich der steuerlichen Begünstigung gemäß §§16, 34 EStG im Hinblick auf die Veräußerung mitgeteilt worden. Diese steuerliche Begünstigung hatte das Finanzamt abgelehnt.

II. Entscheidungsgründe

Das Berufungsgericht bestätigte das klageabweisende Urteil des Landgerichts.

Der Kläger hat keinen Anspruch auf Schadensersatz gemäß §280 Abs. 1 BGB (wegen pVV) aufgrund fehlerhafter Steuerberatung. Die zusätzlich zum bestehenden Schuldverhältnis vorausgesetzte **Pflichtverletzung** lag nicht vor.

I. Den **Pflichtenkatalog** des Steuerberaters skizzierte das Oberlandesgericht wie folgt:
„Im Rahmen seines Auftrags hat der Steuerberater seinen Mandanten ***umfassend*** *zu beraten und* ***ungefragt*** *über alle bedeutsamen steuerlichen* ***Einzelheiten*** *und deren Folgen zu unterrichten. Insbesondere muss der Steuerberater den* ***sichersten*** *Weg zu dem erstrebten steuerlichen Ziel aufzeigen und sachgerechte Vorschläge zu dessen Verwirklichung unterbreiten. Er hat den Mandanten* ***in die Lage zu versetzen, eigenverantwortlich seine Rechte und Interessen wahren und eine Fehlentscheidung vermeiden zu können.*** *Welche konkreten Pflichten aus diesen allgemeinen Grundsätzen abzuleiten sind, richtet sich nach dem erteilten Mandat und den Umständen des Falles. Die* ***Hinweise und Belehrungen des Beraters*** *haben sich an der jeweils* ***aktuellen höchstrichterlichen Rechtsprechung*** *auszurichten, dies sogar dann, wenn er selbst deren Ansicht nicht teilt.*
Fehlt, wie es hier im Beratungszeitraum Dezember 1998 der Fall war, eine höchstrichterliche Rspr., so ist ein Steuerberater verpflichtet, weitere Quellen für die Rechtsprüfung auszuschöpfen, wie vor allem die **Rechtsprechung der Untergerichte** *und das einschlägige* **Schrifttum.** *Darüber hinaus hat der Steuerberater auch eine* ***feste Verwaltungsübung*** *der zuständigen Finanzbehörden zu berücksichtigen. Die Intensität der gebotenen Prüfung der Rechtslage und der Beratung wird einerseits durch die Bedeutung der Angelegenheit für den Mandanten, andererseits aber auch durch die Zeit, die für die Prüfung und Belehrung zur Verfügung steht, bestimmt."*

II. Eine **Verletzung** dieser Pflichten gegenüber dem klagenden Zahnarztes sah das Oberlandesgericht nicht.
„Die Anforderungen an einen in der Praxis tätigen Steuerberater dürfen nicht überspannt werden. Insbesondere können von ihm nicht schwierige Analysen erwartet werden".
   1. Eine höchstrichterliche Rechtsprechung existierte nicht. Die Beratung konnte also nicht daran ausgerichtet werden.
   2. Eine verbindliche Auskunft konnte der Steuerberater nicht einholen angesichts des kleinen Zeitfensters.
   3. Es war nicht zu beanstanden, dass der Steuerberater seine Auskunft „lediglich" auf der Literatur fußen ließ.
   4. Eine bestimmte Empfehlung musste der Steuerberater auch nicht erteilen.
   5. Eine Pflichtverletzung konnte auch nicht aus einer fehlenden Beratung hergeleitet werden.
   Die nicht erfolgte Beratung konnte zwar zunächst einmal abstrakt **behauptet** werden.
   Im Rahmen der **sekundären Darlegungslast** hatte dann der beklagte Steuerberater entsprechend Stellung zu nehmen und qualifiziert zu bestreiten.
   „Diese Annahme steht im Einklang mit der Rspr. des BGH, wonach die Beweisschwierigkeiten des Mandanten dadurch ausgeglichen werden, ***dass der Steuerberater zunächst im Einzelnen darzulegen hat, in welcher Weise er die Belehrung vorgenommen haben will.****"*

Dass es an einem Beratungsgespräch fehlte, konnte der Kläger nicht beweisen.
Die Beweislast trifft den Kläger.
„Zutreffend ist das Landgericht davon ausgegangen, dass der Mandant die Pflichtverletzung des steuerlichen Beraters ***auch dann uneingeschränkt beweisen muss, wenn er behauptet, das gebotene Beratungsgespräch habe nicht stattgefunden.***"

III. Jedenfalls lehnte das Gericht auch die Annahme eines **Schadens** ab.
„Ob und in welchem Umfang ein nach §249 BGB zu ersetzender Schaden vorliegt, beurteilt sich nach einem rechnerischen Vergleich der durch das schädigende Ereignis bewirkten Vermögenslage mit derjenigen, die ohne diesen Umstand eingetreten wäre; der haftpflichtige Berater hat den Mandanten vermögensmäßig so zu stellen, wie dieser bei pflichtgemäßem Verhalten stünde. Die hierzu erforderliche Differenzrechnung setzt einen Gesamtvermögensvergleich voraus, bei der alle Folgen des schädigenden Ereignisses zu berücksichtigen sind, die bis zum Zeitpunkt der letzten mündlichen Verhandlung eingetreten oder mit Wahrscheinlichkeit zu erwarten sind. Der Auftraggeber genügt seiner Obliegenheit zur ***Darlegung*** *eines Schadens deshalb nicht bereits dadurch, dass er einen einzelnen ihm entstandenen Vermögensnachteil herausgreift und hieraus seinen Schaden ableitet;* ***er hat vielmehr in die von ihm vorzunehmende Vergleichsrechnung alle – auch ihm günstige – Umstände einzustellen, die auf der Pflichtverletzung des Beraters beruhen.***"

IV. Rein vorsorglich führte das Gericht noch aus, dass **haftungsausfüllend** der Pflichtverletzung nicht der Schaden **zugerechnet** werden könne.
„Zur Beantwortung der sich gemäß §249 Satz 1 BGB zunächst stellenden Frage, ob zwischen der Verletzung der Vertragspflicht des Steuerberaters und dem vom Mandanten geltend gemachten Schaden der notwendige adäquate Ursachenzusammenhang (haftungsausfüllende Kausalität) besteht, ist zu prüfen, welchen Verlauf die Dinge bei pflichtgemäßem Verhalten des Beraters genommen hätten; insbesondere wie der Auftraggeber darauf reagiert hätte und wie dessen Vermögenslage dann wäre. Der hypothetische Zusammenhang ist vom Mandanten als Anspruchsteller darzulegen und zu beweisen und im Regressprozess vom Tatrichter gemäß §287 ZPO zu beurteilen. Das Beweismaß des §287 ZPO ist geringer als das des §286 ZPO, es genügt eine deutlich überwiegende, auf gesicherter Grundlage beruhende Wahrscheinlichkeit. ***Die Regeln des Beweises des ersten Anscheins sind nur dann anwendbar, wenn bei verständiger Betrachtung nur eine Entscheidung des Mandanten sinnvoll gewesen wäre****, etwa weil diese ihm den größten Vorteil gebracht hätte. Der Anscheinsbeweis entfällt, wenn bei pflichtgemäßem Verhalten des Beraters verschiedene vernünftige Handlungsweisen in Betracht gekommen wären.*"

Nach den Ausführungen des Gerichtes streitet der **Beweis des ersten Anscheins** nicht für die haftungsausfüllende Kausalität, weil dem Kläger nicht nur eine Handlungsalternative zur Verfügung stand. Vielmehr sah sich der Kläger **mehreren Handlungsvarianten** gegenüber, von denen er mindestens zwei nicht ausschließen konnte:
Bei Kenntnis der Unsicherheit der steuerlichen Beurteilung hätte der Kläger
- den ausgehandelten Vertrag abschließen können mit der Hoffnung auf Gewähr des ermäßigten Steuersatzes
- oder vom Vertrag Abstand nehmen können.

Die letzte Alternative war für den Kläger nicht einzig und allein sinnvoll, weil er mit dem eingeschlagenen Weg unter anderem den vereinbarten hohen Kaufpreis vereinnahmen konnte. Der danach weiterhin erforderliche **Vortrag** war nicht **ausreichend. Es wäre zu erwarten gewesen**, dass mit hinreichender Klarheit dargelegt wird, was der Kläger getan hätte, wenn er vor Abschluss der Verträge den Hinweis erhalten hätte, dass die ausgehandelten Verträge nicht den Anforderungen entsprächen, die §4 d EStG an den Betriebskostenabzug stellt. Einen entsprechenden Vortrag ist der Kläger trotz gerichtlichen Hinweises schuldig geblieben.

III. Schlussfolgerung

1. Steuerrechtliche Entscheidungsfindung

Für den Zahnarzt empfiehlt es sich, Unklarheiten nach einer Steuerberatung durch ein klärendes Nachgespräch mit dem Steuerberater zu beseitigen. Sollte eine Steuerberatung nicht auf höchstrichterlicher Rechtsprechung, sondern auf Instanzenrechtsprechung beruhen, dann ist besondere Vorsicht geboten. Denn es besteht immer das Risiko der Revision dieser Instanzenjudikatur. Patienten wird geraten, beim (Zahn)Arzttermin den Behandler nicht danach zu fragen, „Was empfehlen Sie mir?", sondern die Frage an den Arzt zu stellen „Was würden Sie denn machen?". Dies kann ohne Weiteres übertragen und als Tipp rekommandiert werden, v. a. wenn es um die Frage des Prozessierens geht.

2. Kausalität und Zurechnung

Die Vermutung beratungsgerechten Verhaltens gilt nicht nur im steuerrechtlichen Bereich, sondern auch im anwaltlichen und (zahn)ärztlichen Sektor. Die diesbezüglichen Erkenntnisse können auch auf die zahnärztliche Behandlungssituation projeziert werden. Es ist demnach am Steuerberater, Rechtsanwalt oder (Zahn)Arzt die Vermutung beratungskonformen Verhaltens zu **erschüttern**. Eine Erschütterung wäre z. B. dann möglich, wenn der Patient schon zuvor gegen den Rat des (Zahn)Arztes verstoßen hätte. Ferner bestehen **Beweisschwierigkeiten**, denn in der Regel ist meistens allein die Vernehmung von Kläger (z. B. Patient) oder Beklagtem (z. B. Zahnarzt) denkbar.

T Terminabsage

A. Hintergrund

I. Behandlungsvertrag

Da es sich bei einem Behandlungsvertrag zwischen Zahnarzt und Patient grundsätzlich nicht um einen Werkvertrag, sondern um einen Dienstvertrag handelt, stellt sich in der zahnärztlichen Praxis häufig die Frage, wann der Zahnarzt eine Vergütung verdient hat. An sich meritiert der Zahnarzt eine Vergütung, wenn er sich um den Erfolg bemüht hat. In der Zahnarztpraxisrealität kommt es häufig zu Terminabsagen, wobei dann Zweifel aufkommen, ob der Patient die Vergütung noch schuldet.

II. Behandlungshonorar nach §615 BGB

1. Annahmeverzug/Gläubigerverzug

Nach §615 S. 1 BGB kann der Dienstverpflichtete (hier: Zahnarzt) die vereinbarte Vergütung verlangen, ohne zur Nachleistung verpflichtet zu sein, wenn der Dienstberechtigte (hier: Patient) mit der Annahme der Dienste gemäß §§293 ff. BGB in Verzug kommt. Dieser Annahmeverzug, auch Gläubigerverzug genannt, setzt voraus, dass der Dienstberechtigte ein ihm vom leistungsfähigen und -bereiten Dienstverpflichteten gemachtes Angebot nicht annimmt oder eine Mitwirkungshandlung unterlässt. Ein Angebot kann nach §296 BGB auch dann entbehrlich sein, wenn dem Gläubiger eine Mitwirkungshandlung obliegt, die zur kalendermäßig bestimmten Zeiten vorgenommen werden muss.

2. Privatpatient

Ein Teil der Rechtsprechung[1417] hält §615 BGB bei der Absage eines fest vereinbarten Behandlungstermins nicht für anwendbar. Allfällig fehle schon das vorausgesetzte bestehende **Vertragsverhältnis**, in dessen Rahmen ein vertraglich festgelegter Termin vom Dienstberechtigten nicht wahrgenommen wird. Denn es könne sein, dass lediglich ein Termin für den Abschluss und die Durchführung eines Behandlungsvertrages vereinbart wird. Terminsabsprachen hätten für sich genommen einen bloß organisatorischen und nicht rechtsverbindlichen Inhalt.[1418] Dass es sich um eine organisatorische Maßnahme handle, wird durch das AG Bremen damit begründet, dass sich (Zahn)Ärzte nicht schadensersatzpflichtig machen wollten, wenn sie vereinbarte Termine nicht zeitgenau einhalten würden. Die Haftung ist aber gerade nach der bisherigen Rspr. der Fall. Denn (Zahn)Ärzte müssen Patienten auf Zeitverschiebungen aufmerksam machen.[1419] Haften aber (Zahn)Ärzte, dann spricht dies im Gegenzug auch für eine Patientenhaftung. Zum anderen liege nicht eine nach dem Kalender **bestimmte Zeit** im Sinne des §296 BGB vor. Vielmehr handele es sich um eine Sicherung des Behandlungsablaufs. Ferner habe der Zahnarzt das Risiko, die Vergütung zu verdienen. Selbst bei einer reinen Bestellpraxis käme ein vertraglicher Vergütungsanspruch nicht in Betracht. Auch wird auf das jederzeitige Kündigungsrecht gem. §627 BGB verwiesen. Eine Terminstornierung sei im Zweifel als außerordentliche Kündigung auszulegen (§133 BGB).[1420] Ein Schadensersatzanspruch käme allenfalls nach §628 BGB in Betracht.[1421] Die Gegenansicht[1422] erachtet §615 BGB für anwendbar. Wegen der Exklusivität seiner Termine bei Terminvereinbarungen trifft der Zahnarzt einer reinen Bestellpraxis eine kalendermäßige Bestimmung der Leistungszeit i.S.v. §296 BGB.

3. Kassenpatient

Der zum Termin säumige Kassenpatient haftet dem Zahnarzt nicht aus **§615 BGB**, weil zwischen ihm und dem Arzt jedenfalls hinsichtlich des Vergütungsanspruches kein privatrechtlicher Behandlungsvertrag zustande komme. Das AG Mannheim befasste sich in einer Entscheidung mit einem säumigen Kassenpatienten und konkretisierte: *„Soweit sich der Kläger in der Stellungnahme zum gerichtlichen Hinweis auf §76 Abs. 4 SGB V beruft, ist darauf zu verweisen, dass diese Vorschrift lediglich den behandelnden Arzt zur Sorgfalt nach den Vorschriften des bürgerlichen Vertragsrechts verpflichtet, aber nicht umgekehrt den Kassenpatienten ihm gegenüber"*.[1423]

Aber auch gegenüber dem Kassenpatienten kommt möglicherweise ein Schadensersatzanspruch auf entgangenen Gewinn aus pVV (**§280 BGB**) in Betracht. Einen Patienten, der mit seinem behandelnden Arzt oder Zahnarzt einen festen Termin vereinbart hat, trifft die Verpflichtung, den Termin rechtzeitig abzusagen, sofern er den Termin – aus welchen Gründen auch immer – nicht wahrnehmen kann oder will. Insoweit handelt es sich um eine vertragliche Nebenverpflichtung des Patienten, die ihm im Hinblick auf die bei ihm vorgesehene Behandlung auch durchaus zumutbar ist.[1424]

B. Die Entscheidung: „No-Show"-Patienten[1425]

I. Sachverhalt

Der Kläger (K) betreibt als niedergelassener Zahnarzt eine ausschließliche Bestellpraxis. Der beklagte Patient (B) erschien erstmalig am 21.12.2004 in der Zahnarztpraxis. Der Kläger legte dem Beklagten einen Anamnesebogen vor, der u.a. den vorgedruckten Hinweis enthielt: „Wir bitten darum, Terminänderungen bzw. Terminabsagen uns mindestens 24h vorher mitzuteilen. Andernfalls sind wir berechtigt, Ihnen Ausfallzeitgebühr zu berechnen."

Für den Beklagten als Patient war eine Behandlung am 5.7.2005 von 13:00 bis 15:00 Uhr vorgesehen. 4 Stunden vor dem Termin sagte der Beklagte die Behandlung ab. Er war wegen eines Gerichtstermins verhindert. Bei seinem Anruf um 9:00 Uhr verlegte der Beklagte einvernehmlich den Termin auf den 5.9.2005. Der Kläger machte den vertraglichen Honoraranspruch geltend. Mindestens verlangte er aber von dem Beklagten Schadensersatz, weil er wegen der Kurzfristigkeit der Absage die nunmehr freigewordene Zeit nicht mehr anderweitig gewinnbringend nutzen konnte.

II. Entscheidungsgründe

Das OLG Stuttgart wies die Klage ab.

A. Ein vertraglicher Anspruch aus Dienstvertrag gemäß **§611 BGB** stand dem klagenden Zahnarzt nicht zu. Die Voraussetzungen eines Annahmeverzuges waren nicht gegeben. Für die Mitwirkungshandlung war der 5.9.2005 maßgeblich. *„Im vorliegenden Fall steht einem Anspruch nach §615 BGB bereits der Umstand entgegen, dass die Parteien den für den 5.7.2005, 13:00 Uhr vereinbarten Termin im Einvernehmen auf einen späteren Zeitpunkt verlegt haben. Durch diese Terminänderung war für die Mitwirkungshandlung des B nicht mehr der 5. Juli, sondern der 5.9.2005 maßgeblich. Daher konnte am 5.7.2005 kein Annahmeverzug mehr eintreten. Steht einem Annahmeverzug entgegen, dass ein vereinbarter Termin im Einvernehmen auf einen späteren Zeitpunkt verlegt wurde, ist es ohne Bedeutung, wenn der Arzt zu der Terminsänderung nur bereit gewesen ist, weil der Patient sich durch ein Beharren auf dem Termin nicht hätte umstimmen lassen."*

B. Auch einen vertraglichen Schadensersatzanspruch gemäß **§280 Abs. 1 BGB** pVV sah das Gericht nicht als erfüllt an.

I. Der B [Patient, eigene Anm.] verletzte zwar schuldhaft eine vertragliche Nebenpflicht, als er lediglich 4h vor der geplanten Behandlung über seine Verhinderung informierte.
*„Es lag auf der Hand, dass der K, der immerhin 2h für die umfangreiche Behandlung reserviert hatte, aus Gründen der zeitlichen Planung ein erhebliches und berechtigtes Interesse daran hatte, möglichst frühzeitig über Veränderungen informiert zu werden...Da eine rechtzeitige Abfrage unschwer möglich war, hatte B nach Treu und Glauben – der Bitte des K entsprechend – die **Pflicht, dem K die Verhinderung spätestens 24h vorher mitzuteilen.**"*

II. Einen ersatzfähigen **Schaden** hatte der K nicht vorgetragen.
Ein konkreter Vermögensschaden kann sich im Verlust zu erwartender Gewinne zeigen. Der Geschädigte kann sich der Beweiserleichterungen des §252 BGB oder §287 ZPO bedienen. Da eine abstrakte Berechnung nicht legitim ist, muss der Schaden konkret dargetan werden. Die vorherigen Ausführungen spiegeln sich in folgender Belegstelle des BGH zu entgangenen Einnahmen wegen deliktischen Eingriffs in das Eigentum wider:
*„In dieses Konzept ordnet sich auch §252 Satz 2 BGB ein, den die Rechtsprechung bisher durchweg nur in der Bedeutung einer **Beweiserleichterung** betrachtet hat mit seinem auch von §287 ZPO verfolgten **Ziel**, den Geschädigten wegen dieser oft schwer nachzuweisenden Schäden **nicht nur auf einen Mindestersatz zu verweisen**...Der Große Senat verkennt nicht die Vorteile der Differenzrechnung für die Berechenbarkeit des Vermögensschadens und für die notwendige Beschränkung des Schadensersatzes auf die **konkreten Einbußen** des jeweils betroffenen Vermögens."*[1426]

Entgangener Gewinn ist ein mittelbarer Schaden, der vom Schädiger gemäß §§249 S. 1, 252 S. 1 BGB zu ersetzen ist. Er umfasst alle Vermögensvorteile, die dem Geschädigten im Zeitpunkt des schädigenden Ereignisses zwar noch nicht zustanden, ohne dieses Ereignis aber angefallen wären. Entgangener Gewinn ist daher stets anzunehmen, wenn der Geschädigte (z.B. infolge Verletzung seiner Gesundheit oder Beeinträchtigung seines Eigentums) seine Arbeitskraft oder etwaige Produktionsmittel nicht gewinnbringend nutzen kann. Ein entgangener Gewinn kann somit nur dann bejaht werden, wenn der Geschädigte durch das schädigende Ereignis einen Ausfall bei der Verwertung seiner Arbeitskraft oder beim Einsatz seiner Produktionsmittel erleidet, insbesondere der Nutzungswert einer erwerbswirtschaftlich eingesetzten Sache verkürzt wird.[1427] Im Rahmen der nach §252 BGB anzustellenden hypothetischen Betrachtung, was der Anspruchssteller bei normalem Vertragsablauf jedenfalls hätte beanspruchen können, müssen diejenigen Beträge ausgeschlossen werden, die dem Anspruchssteller aus Rechtsgründen nicht zustehen würden.[1428] Hypothetische Kosten sind in der Eröffnung der Gewinnkalkulation mitzuteilen.[1429]

Für einen **entgangenen Gewinn** hätte der K behaupten und beweisen müssen, dass

- andere Patienten bei ihm mit der Bitte um einen kurzfristigen Termin vorstellig geworden waren, die er wegen der anstehenden Behandlung des B abweisen musste
- oder dass eine kurzfristige Vergabe von Terminen (innerhalb von 24 h) bei Wegfall einer geplanten Behandlung dem gewöhnlichen Verlauf der Dinge entspricht.
- Die Voraussetzungen bezüglich eines **konkreten anderen Patienten** hat der K nicht schlüssig vorgetragen.
„Er hat aber nicht behauptet, dass sich andere Patienten bei ihm mit der Bitte um einen kurzfristigen Termin gemeldet hatten, die er wegen der anstehenden Behandlung des Beklagten abweisen musste oder dass eine kurzfristige Vergabe von Terminen (innerhalb von 24 Stunden) bei Wegfall einer geplanten Behandlung dem gewöhnlichen Verlauf der Dinge entspricht.

Dass im zeitlichen Zusammenhang die Behandlung eines anderen Patienten überhaupt nicht übernommen werden konnte, hat die Zeugin nicht ausgeführt."

Dass das grundsätzliche Einschieben von Patienten dem **„gewöhnlichen Verlauf der Dinge"** entspricht, hat der K ebenfalls nicht vorgetragen. Vielmehr handelt es sich um eine reine Bestellpraxis.

„So hat der Kläger selbst mehrfach darauf hingewiesen, dass er seine Praxis als reine ***Bestellpraxis*** *in der Weise organisiert habe, dass er Termine großräumig vergebe und daher auf kurzfristige Absagen in der Regel nicht reagieren könne. Dann aber entspricht es gerade nicht dem gewöhnlichen Verlauf, dass bei Wegfall von Behandlungen andere Patienten kurzfristig „eingeschoben" werden können, die andernfalls abgewiesen werden müssten. Soweit – was aber nicht vorgetragen ist – in medizinischen Notfällen Ausnahmen in Betracht stehen mögen, ist dies im Rahmen des §252 BGB nicht zu berücksichtigen…"*

III. Schlussfolgerung

1. Voraussetzungen entgangenen Gewinns

Einem Zahnarzt steht ein Schadensersatzanspruch wegen entgangenen Gewinns nur dann zu, wenn

- ein Patient einen vereinbarten Behandlungstermin kurzfristig abgesagt hat; es ist nicht klar, ab wann eine Terminabsage als verspätet gilt:[1430]
  „Es ist deshalb im Rahmen der Schadensschätzung gemäß §§252 BGB, 287 ZPO zu prüfen, wie sich die Vermögenslage des Klägers entwickelt hätte, wenn der Beklagte rechtzeitig, also zumindest ***24 bzw. 48*** *Stunden zuvor abgesagt hätte"*
- und der Zahnarzt bei rechtzeitiger Absage die konkrete Möglichkeit gehabt hätte, einen anderen Patienten zu behandeln, den er wegen der kurzfristigen Absage nicht behandeln konnte
- und dem Zahnarzt daher in Folge des Nichterscheinens überhaupt ein Verdienstausfall entstanden ist.

Die Darlegungs- und Beweispflicht liegt beim Zahnarzt. Der Hinweis auf das Fehlen von Substantiierung und Beweisangeboten wird regelmäßig in Urteilen, die den Vergütungsanspruch nicht schützen, mit erledigt.[1431] Wenn Patienten einen konkreten Behandlungstermin anvisieren, der bereits vergeben ist, dann sollten die Zahnarzthelfer angehalten werden, diesen Patienten mit Personalien zu textieren, vor allem, wenn es sich um **kurzfristige** Termine der anfragenden Patienten handelt.

2. Vereinbarung über ausgefallenes Honorar

Es sollte ausdrücklich eine Vereinbarung mit dem Patienten vor dem Beginn einer Behandlung getroffen werden (dies kann auch unter Verwendung von AGB geschehen), dass dieser im Falle:

- einer kurzfristigen Absage (weniger als 48 h vor dem geplanten Termin)
- oder gar eines unentschuldigten Nichterscheinens

das Honorar dennoch zu tragen hat. Eine derartige Vereinbarung ist legitim.[1432]

U Unlauterer Wettbewerb

A. Hintergrund

I. Überblick

Unter den „**Gewerblichen Rechtsschutz**" fallen die Rechtsgebiete Patent-, Gebrauchsmuster-, Geschmacksmuster-, Markenrecht und das UWG (= Gesetz gegen den unlauteren Wettbewerb). Zum Teil wird auch zusätzlich das Urheberrecht darunter verstanden. Zur Erleichterung des Verständnisses trägt das **Verhältnis zwischen GWB** (= Gesetz gegen Wettbewerbsbeschränkungen) **und UWG** bei. Das GWB sichert ab, dass es überhaupt Wettbewerb gibt („ob"), während das UWG dafür sorgt, dass der Wettbewerb nicht den „anständigen Gepflogenheiten" zuwiderläuft, eben lauter ist. Um die Abläufe im Wettbewerbsrecht nachvollziehen zu können und zu begreifen, worauf bestimmte Situationen hinauslaufen, soll gleich das typische Prozedere skizziert werden. Es schließt sich die Darstellung des UWG an, allerdings beschränkt auf die Vorschriften, die sich in der Vergangenheit in der gerichtlichen Spruchpraxis in Bezug auf Zahnärzte hervorgetan haben.

Die **ständige Verfahrensart** im Bereich des Gewerblichen Rechtsschutzes sieht wie folgt aus: Steht einem Anspruchsinhaber ein Anspruch wegen unlauteren Wettbewerbs zu, dann kann er diesen Anspruch bei Bedarf gerichtlich durchsetzen. Das ist aber schon wegen der Kosten (u.a. §93 ZPO) häufig kaum lukrativ. Daher wird man den Anspruchsgegner **abmahnen** (Rechtsinstitut sui generis, siehe allerdings §12 Abs. 1 UWG) und ihn auffordern, eine Unterlassungsverpflichtungserklärung abzugeben. Das wird der Anspruchsgegner tun, da er auf diese Weise die **Wiederholungsgefahr** beseitigen kann, sofern die Unterlassungsverpflichtung strafbewehrt, d.h. mit einer Vertragsstrafe im Sinne des §339 BGB für den Fall der Zuwiderhandlung versehen ist.[1433] Kommt die Abmahnung mit dem Angebot auf Abschluss eines derartigen Unterlassungs-/Verpflichtungsvertrags, bedarf es übrigens **keines Vollmachtsnachweises** des Anwalts, da §174 BGB für Anträge im Sinne des §145 BGB nicht gilt. Der Anwalt kann dem Störer zudem sogleich die bei ihm angefallene Geschäftsgebühr von 1,3 (siehe Nr. 2300 der Anl. 1 zum RVG) auf den Gegenstandswert (im gewerblichen Rechtsschutz §12 Abs. 4 UWG) der Abmahnung nebst Auslagenpauschale (Nr. 7002) und Umsatzsteuer (Nr. 7008) in Rechnung stellen, und zwar unter dem Gesichtspunkt des Aufwendungsersatzes aus §§683 S. 1, 670 BGB bzw. §12 Abs. 1 S. 2 UWG (beachte im Gewerblichen Rechtsschutz allerdings §8 Abs. 4 UWG). Überdies wird man einen Termin zur Abgabe der Erklärung setzen, nach dessen Ablauf im Wege des **vorläufigen Rechtsschutzes** (vgl. §12 Abs. 2 UWG) eine einstweilige Verfügung (§§935 ff. ZPO) beantragt und sodann erlassen wird. Daran würde sich gegebenenfalls das Hauptsacheverfahren anschließen (siehe etwa §§936, 926 Abs. 1 ZPO).

II. Wettbewerbsrecht

1. Voraussetzungen wettbewerbsrechtlicher Ansprüche in genere

a. Vorab ist die Anwendung des UWG einer eingehenden Prüfung zu unterziehen. Die Vorschrift des §69 SGB V schließt es aus, Handlungen der Krankenkassen und der von ihnen eingeschalteten Leistungserbringer, die der Erfüllung des öffentlich-rechtlichen Versorgungsauftrags gegenüber den Versicherten dienen sollen, nach dem Gesetz gegen den unlauteren Wettbewerb zu beurteilen. Diese Regelung ist nicht auf die Beurteilung der internen, insbesondere vertraglichen Rechtsbeziehungen der Krankenkassen zu den Leistungserbringern untereinander und – im Hinblick auf §69 Satz 4 SGB V – auf die Auswirkungen dieser Rechtsbeziehungen auf Dritte beschränkt. Hiermit soll vielmehr gerade auch sichergestellt werden, dass Handlungen der gesetzlichen Krankenkassen und der für sie tätigen Leistungserbringer zur Erfüllung des Versorgungsauftrags gegenüber dem Versicherten nur nach dem öffentlichen Recht beurteilt werden.[1434] Innerhalb des Spielraums von §73 c SGB V können die Krankenkassen für die besonderen Versorgungsformen spezielle Vorgaben für Behandlung und Behandlungsmodalitäten ihrer Versicherten vorsehen.[1435]
b. Das UWG soll nach dem Zweck des Gesetzes (§1 UWG) unlautere Wettbewerbshandlungen verhindern.
Anspruchsberechtigt (aktivlegitimiert) ist der Mitbewerber (§8 UWG, §9 UWG): Der Begriff Mitbewerber ist legal definiert in §2 Abs. 1 Nr. 3 UWG
 - als unmittelbar von einer zu Wettbewerbszwecken begangenen Handlung betroffen sind grundsätzlich diejenigen Mitbewerber anzusehen, die zu dem Verletzer (oder dem von diesem Geförderten) in einem konkreten Wettbewerbsverhältnis stehen.
 - Ein **konkretes Wettbewerbsverhältnis** ist dann gegeben, wenn beide Parteien bzw. der Verletzte und der vom Verletzer geförderte Dritte gleichartige Waren oder Dienstleistungen innerhalb desselben Endverbraucherkreises abzusetzen versuchen mit der Folge, dass das konkret beanstandete Wettbewerbsverhalten den anderen beeinträchtigen, das heißt im Absatz behindern oder stören kann.[1436] Dabei ist es unbeachtlich, wenn die Unternehmen auf verschiedenen Wirtschaftsstufen tätig sind, wenn z.B. ein Unternehmen mit Zahnersatz handelt, den es über Zahnärzte an Patienten absetzt, und das an-

dere Unternehmen den Abschluss von Verträgen mit Zahnärzten vermittelt, die wiederum ihrerseits den infrage stehenden Zahnersatz von Dentallaboren beziehen.[1437]

- ad exemplum: Das ist dann der Fall, wenn die Parteien bundesweit Leistungen auf dem Gebiet der Zahnheilkunde erbringen und somit Patienten angesprochen werden, die sich im sachlichen und räumlichen Wirkungskreis beider Seiten aufhalten.[1438]
- Gegenbeispiel: Es besteht kein konkretes Wettbewerbsverhältnis zwischen einer Zahnärzte-GmbH, deren Geschäftsführer ein approbierter Zahnarzt ist und die Zahnersatzleistungen erbringt, einerseits und einer Krankenversicherung andererseits, weil sich Zahnersatzleistungen und Krankenversicherungen nicht gegenseitig substituieren.[1439]

Legitimiert sind aber auch **Verbände, Einrichtungen und Kammern** im Sinne von § 8 UWG (nur bei Beseitigung und Unterlassungsansprüchen im Sinne von § 8 UWG), namentlich die Zahnärztekammer.[1440]

c. Der Anspruchsinhalt differiert nach dem Begehren wie folgt:

aa. **Der Verletzungsunterlassungsanspruch** setzt eine konkrete Verletzungshandlung und Wiederholungsgefahr voraus.
Die Wiederholungsgefahr ist nicht eine wettbewerbsrechtliche Spezialie. Auch andere Unterlassungsansprüche (z. B. § 1004 BGB) haben die Wiederholungsgefahr als Anspruchsvoraussetzung.
Die **Wiederholungsgefahr** verlangt, dass künftig dieselbe oder eine im Kern gleichartige Verletzungshandlung objektiv möglich und ernsthaft greifbar zu besorgen ist.[1441] Bei Handlungen im geschäftlichen Verkehr besteht nach einem erfolgten Wettbewerbsverstoß für die Wiederholungsgefahr eine widerlegliche Vermutung.
Die Wiederholungsgefahr – und damit die Anspruchsvoraussetzung des Unterlassungsanspruchs – entfällt, wenn der Anspruchsverpflichtete eine **strafbewehrte Unterlassungserklärung** abgegeben hat.
Eine solche Erklärung muss den für die Ausräumung der Wiederholungsgefahr maßgeblichen Schuldnerwillen zur künftigen Unterlassung des infrage stehenden wettbewerbswidrigen Verhaltens prononciert (unzweideutig) und grundsätzlich ohne zeitliche oder bedingte Einschränkungen zum Ausdruck bringen. Vorbehalte in der Erklärung sind allenfalls ausnahmsweise und jedenfalls nur insoweit unschädlich, als sie mit Sinn und Zweck einer Unterwerfungserklärung vereinbar sind, also eine abschließende (außergerichtliche) Unterbindung rechtswidrigen Wettbewerbsverhaltens nicht ausschließen. Ein zulässiger Vorbehalt ist eine auflösende Bedingung, wenn diese in einer Änderung der Rechtslage oder in deren verbindlicher Klärung in entsprechendem Sinne besteht, durch die das zu unterlassende Wettbewerbsverhalten rechtmäßig bzw. seine Zulässigkeit verbindlich geklärt wird.[1442]
Zu Recht gab ein Zahnarzt, der den von ihm an einer österreichischen Universität erworbenen Titel „Master of Science (Kieferorthopädie)" führt, keine Unterlassungserklärung ab. Denn dies ist weder berufsordnungswidrig noch verstößt es gegen das Irreführungsverbot.[1443]

bb. Ein **vorbeugender Unterlassungsanspruch** kann bestehen, wenn noch kein konkreter Wettbewerbsverstoß erfolgt ist.
Voraussetzung ist eine **Erstbegehungsgefahr**. Eine Erstbegehungsgefahr **liegt vor**, wenn ernsthafte und greifbare (konkrete) Anhaltspunkte dafür vorhanden sind, der Wettbewerber werde sich in naher Zukunft der näher bezeichneten wettbewerbswidrigen Maßnahmen bedienen.[1444] Es begründet eine Erstbegehungsgefahr, wenn sich jemand eines **Rechtes berühmt**, bestimmte Handlungen vornehmen zu dürfen. Das gilt grundsätzlich auch dann, wenn eine solche Berühmung im Rahmen der Rechtsverteidigung in einem Prozess erfolgt, da die Lebenserfahrung dafür spricht, dass die Verteidigung einer bestimmten Handlungsweise jedenfalls auch den Weg zu ihrer (beabsichtigten) künftigen Fortsetzung eröffnen soll. Besteht eine solche Absicht nicht und soll die Verteidigung des vergangenen Verhaltens als rechtmäßig ausschließlich zum Zwecke des Obsiegens im laufenden Prozess dienen, so ist es Sache des Verletzers, diese ausschließliche Zielsetzung zweifelsfrei deutlich zu machen.[1445]
Eine Erstbegehungsgefahr liegt z. B. vor, wenn eine KZV auf ihr Vorhaben, Abrechnungs-Software für Zahnärzte eines bestimmten Herstellers an ihre Mitglieder ohne gesonderte Rechnung abzugeben und zu warten, nicht nur hinweist, sondern auch den Abgabebeginn für interessierte Zahnärzte für ein bestimmtes Quartal ankündigt.[1446]
Die Erstbegehungsgefahr wird **ausgeräumt** durch die Erklärung, dass die beanstandete Handlung in Zukunft nicht vorgenommen werden wird. Es ist nicht erforderlich, eine strafbewehrte Unterlassungserklärung abzugeben.[1447]

cc. Der **Beseitigungsanspruch** ist mittlerweile in § 8 UWG geregelt. Er ist gerichtet auf die Beseitigung einer Störung, die durch einen Wettbewerbsverstoß eingetreten ist und fortdauert.

dd. § 9 UWG regelt nunmehr den **Schadensersatzanspruch.** Für die Kalkulation des Schadens gelten die §§ 249 ff. BGB aufgrund des Verbalverweises. Bei der Verletzung von **Immaterialgüterrechten** und **vergleichbaren Rechtspositionen** sind drei

verschiedene Wege der Schadensberechnung denkbar:
- Konkrete Schadensberechnung,
- fiktive Lizenzgebühr,
- Herausgabe des Verletzergewinns (vgl. auch § 10 UWG).

d. Spezielle Einwendungen.

(i) Der **Abwehreinwand** wird aus dem Rechtsgedanken des § 227 BGB (Notwehr) **hergeleitet. Folge** dieses Einwands ist, dass die Tatbestandsmäßigkeit bereits entfällt und nicht erst die Rechtswidrigkeit. Dieser Einwand **setzt voraus**, dass die beanstandete Handlung der Verteidigung gegenüber einem wettbewerbswidrigen Angriff diente und sich im Rahmen des Erforderlichen hält.

(ii) Die **Verwirkung** beruht auf dem in genere geltenden Grundsatz des § 242 BGB. Der Verstoß gegen Treu und Glauben liegt in der illoyalen Verspätung der Rechtsausübung.
Ein Recht ist verwirkt, wenn der Berechtigte es längere Zeit hindurch nicht geltend gemacht hat (Zeitmoment) und der Verpflichtete sich darauf eingerichtet hat und sich nach dem gesamten Verhalten des Berechtigten auch darauf einrichten durfte, dass dieser das Recht nicht mehr geltend machen werde (Umstandsmoment).[1448]
Eine Verwirkung liegt nicht vor, wenn ein Unterlassungsanspruch nicht zunächst weiterverfolgt wird. Denn dies berechtigt nicht zu der Erwartung, die wettbewerbswidrige Werbung unbeanstandet fortsetzen zu dürfen.[1449]

(iii) Im Rahmen der unzulässigen Rechtsausübung geht es um die regulären Einwendungen „unclean hands", „missbräuchliche Ausnutzung einer formalen Rechtsstellung" und die „Wettbewerbsverstoß-Provokation".
Den **Einwand „unclean hands" („tu quoque"[1450])** kann der Betroffene dem Anspruchssteller entgegensetzen, wenn folgende Voraussetzungen gegeben sind:[1451]
- Der Anspruchsteller hat selbst den gleichen Wettbewerbsverstoß begangen.
- Der Anspruchsteller macht ausschließlich Individualinteressen geltend.
- Die verletzte Norm dient nicht auch den Interessen der Allgemeinheit.

Klassisches Beispiel ist der Fall „Gelonida". Zwei Pharmafirmen stellten den Ärzten silberne oder versilberte Tablettenbehälter mit dem Schriftzug des beworbenen Arztes zur Verfügung. Die Klägerin beanspruchte Urheberin des Einfalls zu sein und nahm das konkurrierende Unternehmen auf Unterlassung in Anspruch. Letztere rechtfertigte sich mit dem Argument, die Klägerin handele ihrerseits wettbewerbswidrig, da auch ihr Verhalten den Versuch darstelle, den bedachten Arzt an die Erzeugnisse der Herstellerin zu binden und widerspreche damit dem ärztlichen Standesrecht.[1452]
Das selektive Vorgehen eines Verbandes gegen bestimmte Wettbewerber erlaubt es nicht, einen generellen "uncelan hands"-Einwand vorzubringen.[1453]

Der Einwand „Missbräuchliche Ausnutzung einer formalen Rechtsstellung" wird vor dem Hintergrund verständlich, dass nicht nur der **Rechtserwerb** (z. B. eines Markenrechts) rechtsmissbräuchlich, bösgläubig oder sittenwidrig (§ 138 BGB) sein kann, sondern auch die **Rechtsausübung** (vgl. auch § 8 Abs. 4 UWG).
Bei dem Verbot der unzulässigen Rechtsausübung handelt es sich um ein allgemeines Rechtsprinzip, das auch im Markenrecht gilt. Die Berufung auf eine nur formale Rechtsstellung als Inhaber eines Kennzeichenrechts kann den Grundsätzen von Treu und Glauben widersprechen und daher rechtsmissbräuchlich sein, sofern **extra Umstände** hinzutreten. Darüber hinaus hat der BGH ein wettbewerbsrechtlich verwerfliches Verhalten auch darin gesehen, dass ein Anmelder die mit der Eintragung einer Marke entstehende und wettbewerbsrechtlich an sich unbedenkliche **Sperrwirkung zweckfremd als Fundus des Wettbewerbskampfs** einsetzt. Von einer missbräuchlichen Ausnutzung einer formalen Rechtsstellung ist u. a. auszugehen, wenn ein Markeninhaber
- eine Vielzahl von Marken für unterschiedliche Waren oder Dienstleistungen anmeldet,
- hinsichtlich der in Rede stehenden Marken keinen ernsthaften Benutzungswillen hat – vor allem zur Benutzung in einem eigenen Geschäftsbetrieb oder für dritte Unternehmen aufgrund eines bestehenden oder potenziellen konkreten Beratungskonzepts –
- und die Marken im Wesentlichen zu dem Zweck gehortet werden, Dritte, die identische oder ähnliche Bezeichnungen verwenden, mit Unterlassungs- und Schadensersatzansprüchen zu überziehen.[1454]

Liegen ausreichend Umstände für ein überwiegend von sachwidrigen Erwägungen bestimmtes Vorgehen vor, dann sind vom Kläger Umstände vorzutragen, die sein Verhalten rechtfertigen.[1455]

(iv) Der Einwand der **Wettbewerbsverstoß-Provokation**[1456] hat folgende Voraussetzungen:
- Der Anspruchsteller verfolgt ein an sich wettbewerbswidriges Verhalten.
- In unlauterer Weise provozierte der Anspruchssteller dieses Verhalten.
- Der Anspruchsteller macht nicht auch zugleich Interessen der Allgemeinheit geltend.

Die Bitte eines Patienten um die Benennung einer bestimmten Apotheke, eines Geschäftes oder eines

Anbieters und damit ein **sachlicher Grund für eine Verweisung** an eine bestimmte Apotheke, ein bestimmtes Geschäft usw. liegt nicht vor, wenn der Patient lediglich die Frage des (Zahn)Arztes, ob er einen Anbieter (Apotheke, Geschäft,...) kenne, verneint.[1457]

Die für die Zulässigkeit von Testkäufen und sonstigen Testgeschäften entwickelten Grundsätze gelten auch, wenn ein **Testpatient** mit einem (Zahn)Arzt ein Beratungsgespräch zur Feststellung von Wettbewerbsverstößen führt.[1458] Demnach sind Testpatienten (z. B. eines Mitbewerbers) grundsätzlich zulässig, um Wettbewerbsverstöße festzustellen. Dies ist nur dann anders, wenn die Testpatienten als sittenwidrig anzusehen sind, namentlich, weil mit ihnen die Absicht verfolgt wird, den Mitbewerber „hineinzulegen" oder wenn besondere Mittel angewendet werden, um ein unzulässiges Geschäft herbeizuführen.[1459]

2. Unlauterer Wettbewerb

Die Regelungen des Gesetzes gegen den unlauteren Wettbewerb schließen die Anwendung des §823 Abs. 1 BGB unter dem Gesichtspunkt eines Eingriffs in den eingerichteten und ausgeübten Gewerbebetrieb aus.[1460] Die anderen Vorschriften, z. B. §824 und §826 BGB, sind neben dem Gesetz gegen den unlauteren Wettbewerb anwendbar.

a. Die große Generalklausel (§3 UWG) enthält ein allgemeines Verbot unlauteren Wettbewerbs. Die sprachliche Verbesserung im Vergleich zu §1 UWG (a. F.) zielt nach den Motiven des Gesetzgebers darauf ab, lediglich die Verfolgung von Bagatellfällen auszuschließen.[1461]

   Im Anhang zu §3 Abs. 3 UWG befindet sich eine sog. „schwarze Liste". Dort sind 30 Einzeltatbestände aufgeführt, die ungeachtet der Erheblichkeit und teilweise ungeachtet einer Irreführung im Einzelfall, als unlautere geschäftliche Handlungen gelten.

   §3 Abs. 1 UWG bietet die Basis eines wesentlichen Teils privatrechtlicher UWG-Verstöße, denn in den §§4 bis 6 UWG wird auf §3 Abs. 1 UWG verwiesen. Die vorausgesetzte geschäftliche Handlung liegt im Besonderen vor, wenn ein Verhalten gegeben ist, das in objektiver Hinsicht geeignet ist, den Absatz einer Person zum Nachteil eines anderen Subjekts zu begünstigen. Es wird also eine konkrete Wechselbeziehung dergestalt verlangt, dass der eigene Wettbewerb gefördert, während der fremde Wettbewerb beeinträchtigt werden kann.[1462] Ad exemplum seien genannt:

   - Werbung:
     Werbung ist ein Verhalten, das planvoll darauf angelegt ist, andere dafür zu gewinnen, die eigenen Leistungen in Anspruch zu nehmen:
     - Abgabe einer Kostenschätzung auf einem „virtuellen Marktplatz" zur Preisvergleichung[1463],
     - Führung des Werbezusatzes „Umwelt-Zahn-Medizin",[1464]

> **Cave**
>
> Die Werbung des Zahnarztes war in concreto zulässig, weil er die Qualifikation tatsächlich inne hatte (er hatte einen Fortbildungskurs mitentwickelt), nicht dies als besondere Qualifikation herausstellte und er nicht damit als Tätigkeitsschwerpunkt werbend auftrat (, sondern als Interessenschwerpunkt)

     - Bewerben der selbstständigen Ausführung des Zahnreinigens und Zahnweißens (Bleaching) durch Angehörige zahnärztlicher Heilberufe.[1465]
   - Maßnahmen der Verkaufsförderung:
     z. B. Abgabe von Diabetesstreifen durch den behandelnden Arzt.[1466]

> **Cave**
>
> Unterhält ein Sanitätshaus in der Praxis eines Arztes ein Depot an Blutzuckerteststreifen und händigt der Arzt daraus seinen Patienten Streifen aus, ist dies unzulässig. Denn die Teststreifen dienen der Selbstkontrolle des Patienten und sind damit nicht notwendiger Bestandteil der ärztlichen Therapie.

   - Verbraucherinformationen.
     Unlauter ist eine Handlung, wenn die Handlung den anständigen Gepflogenheiten in Handel, Gewerbe, Handwerk oder selbstständiger beruflicher Tätigkeit zuwiderläuft.[1467]
     Die **Eignung zur spürbaren Interessenbeeinträchtigung von Marktteilnehmern** liegt vor, wenn infolge des Wettbewerbsverstoßes eine spürbare Marktbeeinflussung vorliegt. Als Kriterien werden u. a. Art, Schwere, Häufigkeit des Verstoßes, Grad der Wiederholungsgefahr, Verschuldensgrad und die von dem Verstoß ausgehende Nachahmungsgefahr herangezogen.[1468] Als Beispiel sei der fehlerhafte Hinweis auf die „Gebietsbezeichnung" „Fachzahnarzt für Kieferorthopädie" (wesentliches positives Leistungsmerkmal eines Zahnarztes) genannt.[1469]

b. §4 UWG enthält einen ganzen Katalog an normierten Regelbeispielen, deren Besonderheit es ist, dass eben noch weitere Handlungen als unlauter qualifiziert werden können. Die Darstellung beschränkt sich auf die in praxi thematisierten Handlungen.

   aa. §4 Nr. 11 UWG (Rechtsbruch) hat folgende Voraussetzungen:
   Eine **gesetzliche Vorschrift** ist jede inländische Rechtsnorm (z. B. GOZ[1470]). Das ist nicht bei privatautonomen Regelungen, Rechtsprechung, Verwaltungsvorschriften DIN-Normen und Standesrecht der Fall.[1471]

Eine **Zuwiderhandlung** liegt vor, wenn die Voraussetzungen der gesetzlichen Vorschrift (also der objektive Tatbestand und ein allfällig vorausgesetzter subjektiver Tatbestand) erfüllt sind.
Die **Regelung des Marktverhaltens** kann in Marktverhalten und Regelung geteilt werden.
Der Begriff **Marktverhalten** ist im Sinne des Begriffes „geschäftliche Handlung" (§2 Nr. 1 UWG) zu verstehen. Insofern sei auf die obigen Ausführungen verwiesen.
Um eine (Marktverhaltens)**Regelung** handelt es sich, wenn die Schutzfunktion der einzige oder primäre Zweck ist, aber auch der sekundäre.[1472] Diese Voraussetzung ist nicht erfüllt, wenn es sich um eine Vorschrift handelt, die ausschließlich den Marktzutritt („ob") regelt. Regelt die Vorschrift dagegen sowohl das Marktverhalten („wie") als auch den Marktzutritt, dann ist die Voraussetzung erfüllt.
Namentlich sind die Bestimmungen des Heilberufsgesetzes NRW über die Führung der Gebietsbezeichnungen, Teilgebietsbezeichnungen oder Zusatzbezeichnungen durch Kammerangehörige Marktverhaltensregeln.[1473]
Die Regelung muss **im Interesse der Marktteilnehmer** getroffen worden sein. Zu dem Interesse der Marktteilnehmer gehören dem Wortlaut des §3 UWG gemäß die Interessen der Mitbewerber, der Verbraucher oder der sonstigen Marktteilnehmer an. Diese müssen geregelt werden.[1474] Konkret sind hier neben den Interessen der Patienten[1475] auch die der mitstreitenden (Zahn)Ärzte zu erwähnen.
Die **Sanktionenregelung darf nicht abschließend** sein. Ist sie das, liegt keine Unlauterkeit vor.

bb. Im Folgenden werden von der Rechtsprechung entschiedene Litigationen aus dem (zahn)medizinischen Bereich bzgl. §4 Nr. 11 UWG als **Beispiele** referiert:
Die Verletzung von Standesrichtlinien ist nur ein Indiz für die Wettbewerbswidrigkeit. Diesen Richtlinien können eine besonders strenge Auffassung der beteiligten Berufskreise und ein Bemühen um vorbeugenden Schutz des Wettbewerbs zu Grunde liegen, der durch §3 UWG nicht gefordert ist. Dass eine Standesrichtlinie ein bestimmtes Verhalten als wettbewerbswidrig bezeichnet, enthebt nicht von der Prüfung, ob es auch als unlauter im Sinne des §§3 UWG zu qualifizieren ist.

Cave

Hintergrund

Unter **Standesrecht verstand** man Elemente des Berufsrechts der freien Berufe, z.B. (Zahn)Arzt, aus dem Grenzbereich von Rechtspflichten und Anstandspflichten. Infolge einer fortschreitenden Verrechtlichung soll man für Deutschland kaum noch von Standesrecht sprechen können. Der Begriff soll aber **weiterhin** – nicht unbedingt passend – für das Berufsrecht der freien Berufe, z.B. MBO, GOÄ, GOZ, verwendet werden.[1476]

- **Musterberufsordnung**.
  - Die Berufsordnungen der Landesärztekammern sind Gesetze im materiellen Sinne.[1477] Der Musterberufsordnung wurde ein Extra-Kapitel gewidmet. Die Details (insbes. zum zahnärztlichen Werbeverbot) können dort entnommen werden.
  Im Folgenden sollen nur die wettbewerbsrechtlich relevanten Vorschriften referiert werden:
  - §2 MBO-Zahnärzte,
  - §8 MBO-Zahnärzte,
  - §21 MBO-Zahnärzte (Information und Werbung),
  - §27 MBO-Ärzte (Erlaubte Information und berufswidrige Werbung),
  - §30 GewO (Konzessionserfordernis für Privatkrankenanstalten).

Cave

Die Bezeichnung einer Arztpraxis als Klinik ist irreführend. Denn der Verbraucher versteht unter einer Klinik eine für die stationäre Betreuung erforderliche personelle und apparative Mindestausstattung. Gegen eine solche Ausstattung spricht das Fehlen einer Konzession nach §30 Abs. 1 GewO für die Arztpraxis.[1478]

Ohne die nach §30 Abs. 1 GewO geforderte Konzession darf ein Privatkrankenhaus mit stationärer Behandlung (hier: beworbene Zahnklinik) nicht betrieben werden.[1479]

Ein Verstoß gegen die **(zahn)ärztlichen Werbeverbote** ist grundsätzlich zugleich wettbewerbswidrig.[1480] **Berufsordnungen** der Landesärztekammern mit den betreffenden Werbeverboten und Werbebeschränkungen und **Berufsausübungsregelungen** sind grundsätzlich Marktverhaltensregelungen i.S.v. §4 Nr. 11 UWG.[1481]

- Auch die Vorschriften der **Gebührenordnung** für Zahnärzte (GOZ), insbes. §5 i.V.m. §1 VIII BO NW, weisen grundsätzlich eine wettbewerbsbezogene Schutzfunktion auf und zwar dahingehend, dass ein unlauterer Wettbewerb um Patienten im Interesse eines funktionierenden Gesundheitswesens verhindert und gleiche rechtliche Voraussetzungen für die auf diesem Markt tätigen Wettbewerber geschaffen werden sollen.

- § 1 Abs. 8 GOZ NRW: Nach der Rspr. ist die vertragliche **Unterschreitung** der sich in Anwendung der GOZ in der jeweils gültigen Fassung ergebenden Vergütungen unzulässig.
- Die Werbemaßnahme eines Zahnarztes, Patienten einer professionellen Zahnreinigung zu einem **symbolischen Preis von 99 Cent** anzubieten, stellt eine unlautere geschäftliche Handlung gemäß §§ 3, 4 Nr. 11, 8 UWG i.V.m. §§ 15 ZHG, 1 Abs. 1, 4 Abs. 1, 5 GOZ (a. F.) dar.

Cave

Mit dem Angebot von 99 Cent wird der Gebührenmindestsatz der GOZ unterschritten. Dieser beläuft sich nach der Gebührenziffer Nr. 405 (i.d.F., die zum Zeitpunkt der Entscheidung gültig ist) auf 0,61 Euro je Zahn. Die entsprechend der Vorgabe des § 15 ZHG in der GOZ enthaltene Mindestsatzregelung für zahnärztliche Leistungen stelle eine Marktverhaltensregelung im Sinne des § 4 Nr. 11 UWG dar, da sie darauf abziele, einen Preiswettbewerb um Patienten im Interesse eines funktionierenden Gesundheitswesens zu verhindern und gleiche rechtliche Voraussetzungen für die auf diesem Gebiet tätigen Wettbewerber zu schaffen.[1482]

- Vergütungsanspruch eines Internetplattform-Betreibers (Zahnarztteilnahme an Preisvergleich-Internetportal)[1483], der Heil- und Kostenpläne von Patienten einstellt, gegen einen Zahnarzt, der ein Gegenangebot abgeben konnte und dies auch tat.
  Der Klägerin steht ggü. dem Zahnarzt der vereinbarte Vergütungsanspruch zu.
  (1). Die Vereinbarung ist nicht gem. § 134 BGB unwirksam wg. Verstoßes gg. das berufsrechtliche Kollegialitätsgebot oder das Verbot berufswidriger Werbung.
  Fehlende Seriosität ergibt sich nicht aus der fehlenden Untersuchung.
  „Dass der die Behandlung schließlich durchführende Zahnarzt seine Leistungen ***gewissenhaft und nach den Geboten der ärztlichen Ethik und Menschlichkeit erbringt, die Regeln der zahnärztlichen Wissenschaft beachtet und dem ihm im Zusammenhang mit dem Beruf entgegengebrachten Vertrauen entspricht,*** *ist eine selbstverständliche Erwartung des Patienten, die sich notwendigerweise auch auf die Seriosität und Sorgfalt des Gegenangebots bezieht.*
  …Dem Zahnarzt unter Hinweis darauf, dass er keine persönliche Untersuchung des Patienten vorgenommen habe, die Abgabe eines Gegenangebots allgemein zu versagen, worauf die Rechtsauffassung des Berufungsgerichts hinausläuft, ist auch mit seinen Rechten aus Art. 12 Abs. 1 GG nicht zu vereinbaren."
  Die Behandlung geht auch **nicht auf Kosten der Qualität**.
  „Sollte eine Untersuchung des Patienten ergeben haben, ***dass die Kostenschätzung fachlich nicht haltbar ist und keine kunstgerechte Behandlung ermöglicht, wäre der Beklagte freilich verpflichtet gewesen, den Patienten hierüber zu informieren und je nach dessen Entscheidung die Behandlung zu geänderten Bedingungen durchzuführen oder sie abzulehnen.*** *Die Revision weist mit Recht darauf hin, dass der Beklagte* ***bei einer fachlich begründeten Veränderung seines Heil- und Kostenplans eine negative Bewertung im Bewertungssystem der Klägerin, das nicht auf die Einhaltung des Preises beschränkt ist, nicht zu erwarten hatte."***
  Es liegt auch **nicht ein Verstoß gegen die Berufsordnung** insofern vor, als dass der teilnehmende Zahnarzt ein Entgelt für die Vermittlung von Patienten verspricht oder gewährt.
  „Die Klägerin erhält das Entgelt von den Zahnärzten nicht als Provision für die Vermittlung von Patienten, sondern für die Nutzung der Internetplattform als „virtueller Marktplatz".
  (2). Die Vereinbarung zwischen Zahnarzt und Internetplattform-Betreiber ist auch nicht sittenwidrig.
  Entgeltzusagen für die Vermittlung von Patienten werden als nichtig angesehen oder eine Maklerprovision begründet einen Sittenverstoß, wenn die Kommerzialisierung in dem betreffenden Lebensbereich anstößig ist.[1484]
  Denn es geht um die berechtigten Patientenbelange, sich Informationen über einen „Markt" zu holen, dessen Zugang sonst massiv erschwert ist.
- Werbung mit einem Pauschalpreis.
  § 15 ZHG i.V.m. § 1 Abs. 1, § 2, §, 4, § 5 GOZ zielen darauf ab, einen (ruinösen) Preiswettbewerb um Patienten im Interesse eines funktionierenden Gesundheitswesens zu verhindern und gleiche rechtliche Voraussetzungen für die auf diesem Markt tätigen Wettbewerber zu schaffen.
  Die Werbung mit einem Pauschalpreis verstößt daher gegen § 2 Abs. 1 GOZ. Denn die

Dispositionsfreiheit ist auf die „abweichende Höhe der Vergütung" beschränkt. Nur insoweit können die in den Vorschriften der GOZ enthaltenen Berechnungsregelungen grundsätzlich abbedungen werden. Die Zahlung eines pauschalen Honorars genügt den Anforderungen nicht.[1485]

- **Gesetz über die Ausübung der Zahnheilkunde.** Approbationsvorbehalt ist Marktzutritts- und Marktverhaltensregelung.[1486]

c. §4 UWG gibt in elf Ziffern Beispiele für unlautere geschäftliche Handlungen. §5 UWG befasst sich mit der Irreführung und hat im Überblick folgende Voraussetzungen:
   - Geschäftliche Handlung,
   - Angaben, welche irreführend sind (unwahre oder sonstige zur Täuschung geeignete Angaben),
   - Eignung zur spürbaren Interessenbeeinträchtigung.

   aa. Eine **negative Vorprüfung** von §3 Abs. 3 UWG i.V.m. Anhangsverboten ist vorrangig. Dies meint, dass die 24 Tatbestände in den Anhangsverboten zum UWG (betreffend irreführende geschäftliche Handlungen) vorrangig zu prüfen sind.

   bb. Eine Legaldefinition des Begriffs „**geschäftliche Handlung**" findet sich in §2 Abs. 1 Nr. 1 UWG. Insofern kann auf die zuvor gemachten Ausführungen verwiesen werden.

   cc. Die allgemeine **Irreführung** wird vom Gesetzgeber in **§5 Abs. 1 S. 2 und Abs. 2 UWG** beschrieben.
   Angaben sind objektiv nachprüfbare Aussagen. Dazu gehören:
   - reine Tatsachenbehauptungen,
   - Werturteile, wenn sie im Kern eine Tatsachenbehauptung enthalten, die nachprüfbar ist.

   Verschiedene Verständnismöglichkeiten (Mehrdeutigkeiten) schließen jedoch die Möglichkeit einer Irreführung nicht aus.[1487] Reine Werturteile und bloße Anpreisungen sind keine Angaben.
   Ein Unterlassen ist dann relevant, wenn eine Aufklärungspflicht besteht.
   Eine solche Pflicht besteht, sofern sie nicht schon aus Gesetz, Vertrag oder vorangegangenem Tun begründet ist, im Wettbewerb nicht schlechthin. Die Pflicht zur Aufklärung besteht jedoch in den Fällen, in denen das Publikum bei Unterbleiben des Hinweises in einem wesentlichen Punkt (der den Kaufentschluss zu beeinflussen geeignet ist), getäuscht würde.
   Die wettbewerbsrechtliche Aufklärungspflicht bezieht sich nicht auf jede Einzelheit. Vielmehr besteht eine Verpflichtung, negative Eigenschaften des eigenen Angebots in der Werbung offenzulegen, nur insoweit, als dies zum Schutz des Verbrauchers auch unter Berücksichtigung der berechtigten Interessen des Werbenden unerlässlich ist.[1488] Es ist nicht zu beanstanden, dass eine Facharztqualifikation (hier: MKG-Chirurg) nicht genannt wird, um eine allfällige abschreckende Reaktion von Interessenten zu vermeiden, die nicht nur einen auf Gesichtsoperationen spezialisierten Fachmann für plastische Chirurgie suchen. Ein Vorenthalten war aber ohnehin nicht gegeben, denn in der Werbung wurde auf einen tatsächlich vorhandenen Tätigkeitsschwerpunkt hingewiesen.[1489]
   Zur **Irreführung geeignet** sind Angaben, wenn die Gefahr besteht, dass sie (von einer nicht unerheblichen Zahl der angesprochenen Verkehrskreise) falsch verstanden werden bzw. dem angesprochenen Verkehrskreis einen falschen Eindruck vermitteln.[1490] Dies kann der Fall sein, wenn die Angaben objektiv falsch sind oder wenn sie objektiv richtig sind, aber die Gefahr besteht, dass sie falsch verstanden werden.[1491] Auf eine tatsächliche Irreführung kommt es nicht an.[1492] Maßstab dabei ist, ob der durchschnittlich informierte und verständige Verbraucher, der der Werbung die der Situation angemessene Aufmerksamkeit entgegenbringt, irregeführt wird.[1493] Es muss im Einzelfall bestimmt werden, wann eine „nicht unerhebliche Zahl der angesprochenen Verkehrskreise" erreicht ist. Einer Quotenbestimmung bedarf es dann nicht, wenn es nach der Lebenserfahrung nahe liegt, dass die beanstandete Werbeaussage für die Entscheidung eines nicht unbeachtlichen Teils des Verkehrs von Bedeutung ist.[1494] Eine Eignung zur Irreführung im Sinne einer Verwechselung besteht nicht, wenn sich der angesprochene Verkehrskreis keine Gedanken macht.[1495]
   Unter einem **Pauschalpreis** oder einem **Festpreis** verstehen die angesprochenen Verkehrskreise den Preis, der sämtliche Leistungen zur Nutzung der Dienstleistung und/oder zum Erwerb der beworbenen Ware umfasst.[1496]
   Die Werbung eines Zahnarztes für Zahnimplantate, die mit Sternchenhinweis positiv die Leistungen beschreibt, die in einem Pauschalhonorar von 888 Euro enthalten sind, ist unlauter.[1497] Denn der Verbraucher weiß nicht, dass:
   - der Knochenaufbau und die Prothetik beim Hauszahnarzt liegen und dadurch weitere Aufwendungen entstehen,
   - die Vereinbarung eines Pauschalhonorars unwirksam sein kann wg. Verstoßes gegen §2 Abs. 1 GOZ und es deshalb auch Schwierigkeiten mit der Erstattung durch die Krankenkassen geben kann, weil deren Leistungspflicht nicht weiter geht als die Zahlungsverpflich-

tung des Versicherten, sodass selbst durch die Begleichung der Rechnung durch den Versicherten kein Erstattungsanspruch ausgelöst wird. Der Versicherte würde auf seinen Kosten „sitzen bleiben".

Zur Vermeidung sonstiger Wiederholungen wird bzgl. der Exemplifikation auf die Rechtsprechung im Kapitel Musterberufsordnung hingewiesen.

3. Durchsetzung der Ansprüche aus dem UWG

Steht jemandem ein Anspruch aus dem UWG zu, dann kann die Geltendmachung außergerichtlich und/oder gerichtlich erfolgen.

a. Im Rahmen der außergerichtlichen Geltendmachung ist für den Unterlassungsanspruch § 12 UWG zu beachten. Der Gläubiger „soll" den Schuldner abmahnen und ihm Gelegenheit geben, den Streit beizulegen durch Abgabe einer Unterlassungsverpflichtungserklärung, die mit einer angemessenen Strafe bewehrt ist. Es besteht keine echte Rechtspflicht zur Abmahnung.[1498] Der Gläubiger macht also den Anspruch mit einer Abmahnung geltend, mit der er die Abgabe einer strafbewehrten Unterlassungserklärung verlangt. Damit entgeht der Gläubiger der Gefahr, dass bei einer sofortigen Klage der Gegner den Anspruch anerkennt und gemäß § 93 ZPO die Kosten dem Klager auferlegt werden.

Erst wenn die außergerichtliche Erfüllung scheitert, ist Klage zu erheben.

Dieses Vorgehen empfiehlt sich auch für die **anderen Ansprüche**, indem der Schuldner zur außergerichtlichen Erfüllung aufgefordert wird.

aa. Die Abmahnung ist die Mitteilung eines Anspruchsberechtigten an einen Verletzer, dass er sich durch eine exakt bezeichnete Handlung wettbewerbswidrig verhalten habe, verbunden mit der Aufforderung, dieses Verhalten in Zukunft zu unterlassen und binnen einer bestimmten Frist eine strafbewehrte Unterlassungserklärung abzugeben.[1499] Es soll expliziert werden, für den Fall einer erstmaligen oder erneuten wettbewerbsrechtlichen Verletzungshandlung eine angemessene Vertragsstrafe zu zahlen.

Kommt der Abgemahnte diese Aufforderung **nach**, ist der Streit außergerichtlich erledigt:

- Der abmahnende Teil ist durch die Unterlassungserklärung hinreichend geschützt (er erhält einen vertraglichen Unterlassungsanspruch).
- Der gesetzliche Unterlassungsanspruch ist zunächst einmal erloschen, weil die tatbestandlich vorausgesetzte Wiederholungsgefahr entfallen ist.

Lehnt der Abgemahnte die Unterlassungserklärung ab, dann ergeben sich als Konsequenzen für den Anspruchsinhaber:

- Er kann den Anspruch gerichtlich geltend machen durch einstweilige Verfügung oder ein Klageverfahren.
- Der Kläger hat das Kostenrisiko gemäß § 93 ZPO vermieden.

In der Rechtsprechung ist die die **Rechtsnatur** der wettbewerbsrechtlichen **Abmahnung** umstritten. Der Streit ist entscheidend für die Frage, ob einer Abmahnung ein Vollmachtsnachweis gemäß § 174 BGB beizulegen ist.

Das OLG Dresden[1500] sieht in der Abmahnung eine geschäftsähnliche Handlung, similär wie die Mahnung gemäß § 286 Abs. 1 BGB. Danach muss der Vertreter (Anwalt) mit der Abmahnung zugleich eine Vollmachtsurkunde übersenden, um eine Zurückweisung gemäß § 174 BGB und die daraus folgende Unwirksamkeit der Abmahnung zu vermeiden.

Nach der Rechtsprechung des OLG Frankfurt[1501] ist die wettbewerbsrechtliche Abmahnung lediglich ein Realakt, auf den § 174 BGB unanwendbar ist. § 174 BGB ist laut BGB nicht anwendbar, wenn die Abmahnung mit einem Angebot zum Abschluss eines Unterwerfungsvertrags verbunden ist.[1502]

bb. Die **strafbewehrte Unterlassungsverpflichtungserklärung (Unterwerfung) hat** als **Rechtsfolge**, dass die Wiederholungsgefahr beseitigt ist und der Unterlassungsanspruch erlischt. Die Rechtsfolge tritt gegenüber allen Gläubigern des Unterlassungsanspruchs ein (sog. Dritt-Unterwerfung). Der Abgemahnte muss allerdings dem Zweitabmahner, Drittabmahner...referieren, wem gegenüber und mit welchem Inhalt er eine Unterlassungserklärung abgegeben hat.[1503] Die **Unterwerfungserklärung** muss den Willen zur künftigen Unterlassung des infrage stehenden wettbewerbswidrigen Verhaltens prononciert und grundsätzlich auch ohne zeitliche oder bedingte Restriktionen zum Ausdruck bringen. Eine bedingte Unterwerfung ist nur dergestalt zulässig, wenn die Erklärung unter der auflösenden Bedingung steht, dass die Rechtmäßigkeit des Verhaltens allgemein verbindlich und zweifelsfrei durch ein Gesetz oder höchstrichterliche Rechtsprechung geklärt wird.[1504] Eine aufschiebende Befristung macht eine Unterlassungserklärung nur dann unwirksam, wenn die Angabe des Anfangstermins – allein oder zusammen mit anderen Umständen – geeignet ist, Zweifel an der Ernsthaftigkeit des Unterlassungsversprechens zu begründen.[1505] Mit der Unterlassungserklärung kommt ein Unterlassungs**vertrag** zustande, der in der Regel mit einem Vertragsstrafeversprechen (§ 339 ff. BGB) verbunden ist. Der Unterlassungsvertrag erstreckt sich grundsätzlich auf alle Verletzungsformen, die im Kern gleichartig sind (z. B. kerngleiche Werbeaussagen).[1506]

b. Folgende prozessuale Spezialien sind bei der gerichtlichen Geltendmachung zu beachten:
In Bezug auf den Gerichtsstand ist § 13 UWG zu beachten. Danach sind die Landgerichte sachlich zuständig. Die örtliche Zuständigkeit ergibt sich aus § 14 UWG. Danach ist der Niederlassungsort oder Wohnsitz des Beklagten maßgeblich bzw. der Handlungsort.
Für die Bestimmtheit des Klageantrags (Verfügungsantrags) gilt, dass ein Unterlassungsantrag so zu formulieren ist, dass er identische Verletzungsformen und alle im Kern gleichartigen Verletzungsformen erfasst, ohne Verletzungsformen aufzunehmen, die nicht gleichartig sind und ohne die Grenze zur Unbestimmtheit zu überschreiten. Bei der Formulierung des Unterlassungsantrags sind gewisse Verallgemeinerungen zulässig. Denn die durch eine Verletzungshandlung begründete Vermutung der Wiederholungsgefahr beschränkt sich nicht allein auf die genau identische Verletzungsform, sondern umfasst auch alle im Kern gleichartigen Verletzungshandlungen.[1507] Es sind diejenigen Merkmale in den Antrag aufzunehmen, die die Verletzungshandlung gesetzeswidrig und damit unzulässig machen.[1508]
Wird zunächst ein unbestimmter und damit unzulässiger Verbotsantrag gestellt, führt dies nicht zur Zurückweisung des Verbotsantrags, wenn es dem Antragsteller in der mündlichen Verhandlung gelingt, seinen Verbotsantrag so zu fassen, dass nunmehr das für die konkrete Verletzungsform Charakteristische mitgeteilt ist.[1509]
Gemäß § 12 Abs. 2 UWG wird bei **einstweiligen Verfügungen** der Verfügungsgrund in Wettbewerbssachen vermutet. Bei Zuwarten (zögerliches Verhalten bei der Geltendmachung)[1510] im Rahmen eines Zeitfensters von einem Monat bis zu sechs Monaten (unterschiedliche Spruchpraxis der Oberlandesgerichte) ist die Vermutung erschüttert.
Das **Hauptsacheverfahren** bleibt auch dann zulässig, wenn eine einstweilige Verfügung ergangen ist. Gibt der Schuldner jedoch eine **Abschlusserklärung** ab, dann wird die einstweilige Verfügung endgültig und damit entfällt auch das Rechtsschutzbedürfnis für eine Hauptsacheklage.[1511] Eine Abschlusserklärung liegt vor, wenn der ernsthafte Wille zum Ausdruck kommt, den beanstandeten Wettbewerbsverstoß zu unterlassen. Eine gegenüber einem Dritten abgegebene inhaltlich ausreichende und ernsthafte Abschlusserklärung (wie auch ein von einem Dritten erstrittener abschließender Unterlassungstitel) ist in gleicher Weise zur Ausräumung der Wiederholungsgefahr geeignet wie die sog. Drittunterwerfung, d. h. das gegenüber einem Dritten abgegebene Vertragsstrafeversprechen.[1512]

B. Die Entscheidung: Wettbewerbswidrige Kooperationsvereinbarung zwecks Budgetregulierung[1513]

I. Sachverhalt

Der Kläger (K) ist ein Verein zur Bekämpfung unlauteren Wettbewerbs. Die Beklagte (B) ist ein Zusammenschluss von ca. 50 Arztpraxen im Raum V. Um die Budgets für Arzneimittelkosten nicht zu überschreiten und Regressforderungen im Rahmen von Wirtschaftlichkeitsprüfungen zu vermeiden, schloss B mit der Versandapotheke (Z. R.) eine Vereinbarung. Diese hat folgenden Inhalt:

- Den Ärzten werden Freiumschläge der Versandapotheke überlassen, die durch eine Codierung dem jeweiligen Arzt zugewiesen werden können.
- Die Freiumschläge werden in den Arztpraxen ausgelegt, es wird auf diese Freiumschläge hingewiesen und diese werden den Patienten gratis zur Verfügung gestellt.
- Die Freiumschläge enthalten den Tipp, dass bei Einreichung eines Rezepts bei der Apotheke (Z. R.) ein Gutschein über 5 Euro erteilt werde.
- Die Versandapotheke (Z. R.) verpflichtet sich gegenüber den Ärzten, dass sich der Abgabepreis des verordneten Medikaments am Preis des günstigsten Anbieters orientiert, sofern nicht ausdrücklich auf dem Rezept angeordnet wurde, ein bestimmtes Medikament abzugeben.
- Über die Preise der verschriebenen und abgegebenen Medikamente werden Daten erhoben und den Ärzten zur Kontrolle ihres Budgets zur Verfügung gestellt.

II. Entscheidungsgründe

Der Unterlassungsanspruch ergibt sich aus §§ 3, 4 Nr. 11 UWG.

I. Das Gesetz gegen den unlauteren Wettbewerb ist **anwendbar**.

1. § 69 SGB V steht nicht entgegen.
   Die Vereinbarung dient nicht der Erfüllung des öffentlich-rechtlichen Versorgungsauftrags, denn es soll die Überschreitung des Arzneimittelbudgets verhindert werden. Damit diente die Vereinbarung primär dem (wirtschaftlichen) Interesse der Ärzte.
   „Mit der Neuregelung des § 69 SGB V wurde das Ziel verfolgt, die Tätigkeiten der Krankenkassen, die im Zusammenhang mit der Erfüllung ihres öffentlich-rechtlichen Versorgungsauftrags stehen, dem Privatrecht und insbesondere dem Wettbewerbs- und Kartellrecht vollständig zu entziehen…
   *Im Hinblick auf diesen **Zweck** kann § 69 SGB V zwar auch die Beziehungen von Leistungserbringern – zu*

denen die Ärzte im Raum V. und die Apotheke „Z. R." gehören – untereinander erfassen. ***Dies ist jedoch nur der Fall, soweit es um Handlungen in Erfüllung des öffentlich-rechtlichen Versorgungsauftrags der Krankenkassen geht.***"

2. Das Vorhaben entspricht auch nicht den Anforderungen an ein Modellvorhaben nach §§ 63, 64 SGB V. Denn die zwingend erforderliche Beteiligung der Krankenkassen ist nicht gegeben.

II. Die Vereinbarung stellt eine **unlautere Handlung** dar. Sie verstößt gegen die Regelungen in §§ 34 Abs. 5, 3 Abs. 2 der BerufsO für Ärzte.

1. Die §§ 34 Abs. 5, 3 Abs. 2 der BerufsO für Ärzte stellen **gesetzliche Vorschriften** im Sinne von § 4 Nr. 11 UWG dar.
2. Eine **verbotene „Verweisung"** im Sinne von § 34 Abs. 5 BerufsO für Ärzte liegt vor, wenn dem Patienten empfohlen wird, ihre Verordnung mittels des Freiumschlags unter Zusage eines Gutscheins zu versenden.
3. Weiterhin liegt auch ein Verstoß gegen § 3 Abs. 2 BerufsO für Ärzte vor. Denn es werden Gegenstände unter Mitwirkung der Ärzte abgegeben.
4. Ein sachlicher Grund lag nicht vor.
   „Im Einzelfall können zwar auch ***wirtschaftliche Gründe*** *die Empfehlung einer bestimmten Apotheke rechtfertigen....*
   Dass wirtschaftliche Gründe, die allein im wirtschaftlichen Interesse der Ärzteschaft liegen, nicht als Rechtfertigung dienen können, um das freie Apothekenwahlrecht der Patienten einzuschränken, ist offensichtlich und bedarf keiner näheren Ausführungen."
   Die Vereinbarung ist auch nicht von § 129 SGB V in Verbindung mit dem ergänzenden Rahmenvertrag zwischen Apothekern und den Krankenkassen (§ 4 Abs. 4 Rahmenvertrag) gedeckt.
   Danach sind die Apotheken zur Abgabe des preisgünstigsten Präparats mit den entsprechenden Inhaltsstoffen bzw. Wirkstoffkombinationen verpflichtet.
   „Die angegriffene Vereinbarung, das jeweils günstigste Medikament abzugeben, geht über diese Vorgabe hinaus und diente allein dem wirtschaftlichen Interesse der Ärzte, Regresszahlungen aufgrund überhöhter Verschreibungen zu vermeiden."
5. Der Verstoß war auch **erheblich**, denn der Wettbewerb wurde zulasten der übrigen im Umfeld der Ärzte und Patienten ansässigen Apotheken erheblich eingeschränkt.
6. Die erforderliche **Wiederholungsgefahr** besteht auch.
   Hat ein Verstoß bereits stattgefunden, streitet eine tatsächliche Vermutung für eine Wiederholungsgefahr. An deren Widerlegung sind hohe Anforderungen zu stellen. Sie gelingt in der Regel nur durch eine strafbewehrte Unterlassungserklärung.

III. Schlussfolgerung

1. Die Beeinflussung des Patienten gehört zum Wesen des Wettbewerbs unter den (Zahn)Ärzten und ist als solche zunächst einmal nicht wettbewerbswidrig.
   Zu beachten ist aber, dass es erst recht nicht zulässig ist, die Patienten zu „fangen". Ein **Patientenfang** liegt vor, wenn die Entscheidungsfreiheit des Patienten beeinträchtigt wird. Auch sind Abstriche hinsichtlich der in der Wirtschaft üblichen Werbemethoden zu machen. Es muss sich stets die Frage gestellt werden, ob eine Beeinträchtigung
   - des Rechtsguts Bevölkerungsgesundheit
   - oder des (zahn)ärztlichen Berufsbilds

   vorliegt. Berufsbezogenheit und Sachangemessenheit sind die relevanten Kriterien.
   Ökonomische Erwägungen, die allein im Interesse des (Zahn)Arztes sind, können nach Ansicht des OLG eine Rechtfertigung nicht tragen und dürfen daher nicht Priorität haben.
2. Die Entscheidung zeigt gerade hinsichtlich dieser Prioritätsfrage das Spannungsfeld, in dem sich (Zahn)Ärzte bewegen. Der politischen und in Gesetze gegossenen rigiden Kostenlimitation steht der steigende Bedarf nach Gesundheitsleistungen gegenüber. Dieser Druck ventilierte sich bisher in wochen- oder monatelangen Wartezeiten, übervollen Wartezimmern und sanierungsbedürftigen (Zahn)Arztpraxen. Hinzu kommen nun die Anstrengungen, der Budgetregulierung gerecht zu werden, um empfindliche Kürzungen und weitere Folgen zu verhindern.
   Diese Anstrengungen sind – wie das OLG darlegt – prima vista von wirtschaftlichen Motiven getragen, die allein im Interesse der (Zahn)Ärzte liegen. Es gilt, Regresse zu verhindern. Das Verhindern von Regressen ist aber nicht Selbstzweck. Der Vertrags(zahn)arzt will eben dieser Stellung und damit auch dem Wirtschaftlichkeitsgebot (§ 12 SGB V) gerecht werden. Dieses dient aber völlig klar der Allgemeinheit, nämlich der Beitragsstabilität. Die finanziellen Ressourcen sind nämlich nicht unbegrenzt.
   Die Behandlung des Wirtschaftlichkeitsgebots (§ 12 SGB V) ist daher nicht offensichtlich homogen. Die sozialgerichtliche Rspr. gibt vor, dass die gesamte Tätigkeit des Vertrags(zahn)arztes wirtschaftlich sein muss.[1514] Dagegen können im Wettbewerbsrecht überhaupt nicht oder nur vereinzelt wirtschaftliche Motive (i.S.v. § 12 SGB V) Priorität haben und einen Rechtfertigungsgrund bilden, da die Handlungen wegen vermeintlicher ausschließlicher finanzieller Eigeninteressen der (Zahn)Ärzte in gerichtliche Kritik geraten.

V Vergütung trotz Patientenkündigung

A. Hintergrund[1515]

I. Behandlungsvertrag

Zwischen einem Zahnarzt und einem Patienten wird ein Behandlungsvertrag geschlossen. Deshalb folgt der Vergütungsanspruch eines Zahnarztes zunächst aus den §§630a, b, 612 BGB. Die Vergütungshöhe richtet sich nach den zur Zeit des Vertragsabschlusses gültigen Tarifen der GOZ. Denn die wesentliche Arbeit eines Zahnarztes stellt trotz des in ihr liegenden technischen Elements eine medizinische Heilbehandlung dar.[1516]

II. Entfallen der Vergütungspflicht

Die Vergütungspflicht des Patienten entfällt bei dem vorzeitigen Abbruch einer zahnärztlichen Behandlung nur unter den Voraussetzungen des §628 Abs. 1 S. 2 BGB.[1517]

- Ausdrückliche oder schlüssige Kündigungserklärung.
- Vertragswidriges Verhalten:
  - Abweichung vom Fach(zahn)arztstandard,
  - Nachbesserungsfähigkeit,[1518]
  - eingeräumte, aber fehlgeschlagene Nachbesserungsmöglichkeit oder Unzumutbarkeit der Nachbesserungsmöglichkeit oder ernsthaft und endgültig verweigerte Nachbesserung durch den Zahnarzt,[1519]
- Völlige Wertlosigkeit und Unbrauchbarkeit der Leistung.
  - **Begriff**: Das Interesse des Kündigenden an der Leistung ist allerdings nur dann weggefallen, soweit der Kündigende die Arbeiten nicht mehr wirtschaftlich verwerten konnte, sie also für ihn nutzlos geworden waren.[1520]

    Es genügt demnach zum einen nicht, dass die Leistung objektiv wertlos ist, wenn der Dienstberechtigte sie gleichwohl nutzt[1521], zum anderen aber auch nicht, dass der Dienstberechtigte sie nicht nutzt, obwohl er sie wirtschaftlich verwerten könnte.
    Nützlich ist eine Leistung, wenn ein Nachbehandler auf Leistungen des Vorbehandlers aufbauen kann oder der Nachbehandler durch eine Nachbesserung des gefertigten Zahnersatzes Arbeit gegenüber einer Neuherstellung ersparen kann.[1522]
  - Beispiel: Prothese:

    „Wenn eine Prothese über einen längeren Zeitraum getragen wird, dann steht dies einer Unbrauchbarkeit entgegen."[1523]

B. Die Entscheidung: Legitimes Beharren auf Honorar[1524]

I. Sachverhalt

Der Kläger (K) begehrte als behandelnder Zahnarzt von dem Beklagten (B) als Patient Honorarforderungen in Höhe von ca. 14.500 Euro. Der K inserierte bei dem B Implantate im Ober- und Unterkiefer und nachfolgend versorgte er den B mit festsitzendem Zahnersatz. Später meldete sich der B und gab an, dass sich der Zahnersatz im Unterkiefer gelockert habe und er selbst an den Schrauben habe drehen müssen. Daraufhin kam es dann zu einer Nachbehandlung, wobei die Unterkieferbrücke erneut provisorisch zementiert und verschraubt wurde. Mit dieser Nachbehandlung war der B nicht einverstanden, weil die Zähne anschließend wieder locker waren und er sie sogar herausnehmen konnte. Weitere angebotene Nachbesserungsversuche lehnte er ab.

II. Entscheidungsgründe

Das Landgericht gab der Klage im Wesentlichen auf der Grundlage eines Anspruchs gemäß §628 Abs. 1 S. 1 BGB statt.

I. Bei dem Behandlungsvertrag handelt es sich um einen **Dienstvertrag** im Sinne des §611 BGB.

II. Zwar liegt nicht eine ausdrückliche, aber eine **schlüssige** Kündigungserklärung vor. *„...dass er nach der ersten Nachbehandlung durch den Zedenten am 12.12.2005 die Praxis des...**nicht weiter aufgesucht** hat, um dem...nochmals die Gelegenheit zu geben, die erforderlichen Korrekturen zur Befestigung des Zahnersatzes vorzunehmen."*

III. Die Vergütungspflicht war auch nicht nach §628 Abs. 1 S. 2 BGB **entfallen**, denn die Voraussetzungen lagen nicht vor.

1. Ein vertragswidriges Verhalten in Bezug auf den chirurgischen Teil lag nicht vor.

   „Ein vertragswidriges Verhalten im Sinne dieser Vorschrift setzt, obwohl nach dem Wortlaut ein objektiv vertragswidriges Verhalten genügen würde, schuldhaftes Verhalten im Sinne der §§276, §278 BGB voraus."[1525]

   Es ist nicht erforderlich, dass das vertragswidrige Verhalten als schwerwiegend oder als wichtiger Grund im Sinne des §626 Abs. 1 BGB anzusehen ist.[1526] Eine solche Beschränkung auf vertragswidriges Verhalten, das dem Kündigenden unter Berücksichtigung aller Umstände des Einzelfalls und unter Abwägung der Interessen beider Vertragsteile die Fortsetzung des Dienstverhältnisses unzumutbar macht, ist für Kündigungen eines (zahn)ärztlichen Behandlungsvertrages, der im Regelfall durch ein besonderes Vertrauensverhältnis geprägt wird, nicht gerechtfertigt.[1527]

Dies bedeutet allerdings nicht, dass jeder **geringfügige** Vertragsverstoß des Dienstverpflichteten den Entgeltanspruch entfallen lässt. Für die Vergütung gekündigter Dienste höherer Art (§§ 627, 628 BGB) ist eine entsprechende Einschränkung vorzunehmen. Sie ergibt sich aus dem § 242 BGB zu entnehmenden **Übermaßverbot**, wonach bestimmte schwerwiegende Rechtsfolgen bei geringfügigen Vertragsverletzungen nicht eintreten.[1528]

Für die Beurteilung, ob der ebenfalls auf Treu und Glauben beruhende **Verhältnismäßigkeitsgrundsatz** gewahrt ist, ist grundsätzlich eine Mittel-Zweck-Relation maßgeblich. Die Ausübung eines Rechts ist unter diesem Gesichtspunkt dann unzulässig, wenn sie der Gegenseite unverhältnismäßig große Nachteil zufügt und andere, **weniger schwer wiegende Maßnahmen** möglich gewesen wären, die den Interessen des Berechtigten ebenso gut Rechnung getragen hätten oder ihm zumindest zumutbar gewesen wären.[1529]

Ein vertragswidriges Verhalten setzt demnach voraus, dass

„...ein schuldhaftes und nicht nur geringfügiges vertragswidriges Verhalten die Kündigung...veranlasst hat.[1530]

Abzustellen ist dabei auf das Verhalten, auf das die Kündigung gestützt wurde.“[1531]

2. Ein **vertragswidriges Verhalten** konnte auch nicht aus der **prothetischen Versorgung** hergeleitet werden, obwohl diese mangelhaft war.
   Das Gericht sah nicht einen zurechenbaren Pflichtverletzungserfolg.
   *„Denn ein haftungsbegründender Behandlungsfehler kann – z. B. bei anfänglicher geringfügiger Beweglichkeit der Zahnprothese – nur angenommen werden, wenn dem Zahnarzt im Rahmen der Weiterbehandlung **Gelegenheit zur Vornahme von Korrekturen** gegeben worden ist und ihm dabei **eine Korrektur vorwerfbar nicht gelingt**. Die Einordnung der zahnärztlichen Versorgung eines Patienten mit Zahnersatz als Dienstvertrag schließt ein **Recht des Zahnarztes auf Nachbesserung zur Vermeidung von Schadenersatzansprüchen grundsätzlich aus**. Da die Eingliederung von Zahnersatz aber regelmäßig ein mehrstufiger Prozess ist, dem das Risiko anfänglicher Passungenauigkeiten und Beweglichkeiten immanent ist, ist der Patient grundsätzlich gehalten, bei weiteren Eingliederungsmaßnahmen einer Prothese **mitzuwirken**. Dies umfasst vor allem die **Anzeige von Druckstellen, Lockerungserscheinungen oder Beweglichkeiten sowie die Wiedervorstellung**, um Gelegenheit zur Fortsetzung der Behandlung zu geben. Denn die Pflicht des Zahnarztes im Behandlungsverhältnis besteht in einem Hinwirken auf eine final dem Facharztstandard entsprechende prothetische Versorgung. **Es verstößt noch nicht gegen den Facharztstandard, dass eine befriedigende prothetische Lösung nicht beim ersten Versuch gelingt. Selbst das Misslingen eines Korrekturversuchs muss nicht behandlungsfehlerhaft sein.** Die prothetische Behandlung besteht zum Teil auch in einem „Vortasten“ zu einer befriedigenden Lösung des bestehenden Problems. Dabei ist es regelmäßig sowohl **von der Einwilligung des Patienten als auch vom Inhalt des konkreten Behandlungsvertrags gedeckt, dass der Zahnarzt Gelegenheit zur Behandlungsfortführung über den ersten Eingliederungstermin hinaus erhält**. Beendet der **Patient** die Behandlung durch **Kündigung** vorzeitig, wozu er berechtigt ist, so hat er – außer in den Fällen der Unzumutbarkeit der Fortsetzung der Behandlung – das Nichterreichen einer befriedigenden Eingliederung von Zahnersatz **ganz überwiegend selbst zu vertreten.**“*[1532]

   Eine Wiedervorstellung des Beklagten in der Praxis des K war auch **zumutbar**, so dass dem K die Nachbesserungsmöglichkeit hätte eingeräumt werden müssen.
3. Die erbrachten Leistungen waren für den B auch nicht wertlos oder ohne wesentlichen Vorteil.
   Der Anspruch des K wurde minim um ca. 1000 Euro gekürzt.

III. Schlussfolgerung

1. Pro Medicus

Der Patient verbalisiert die Kündigungserklärung nicht immer expressis verbis. Interessiert sollte verfolgt werden, ob ein Patient grundlos den vereinbarten Terminen nicht nachkommt und keine Anstalten trifft, die Behandlung zum Finale zu bringen. Ist das der Fall, kann der Zahnarzt die verdiente (Teil)Vergütung geltend machen. Sollte sich die Patientenkündigung als wirksam herausstellen, dann kann dem Patienten ein Rückforderungsanspruch nach § 628 Abs. 1 S. 3 BGB zustehen.

2. Pro Kurand

Eine Kündigungserklärung ist gut zu überdenken. Der Verhältnismäßigkeitsgrundsatz hat in das Zivilrecht Einzug gehalten über § 242 BGB. Zwanglos formuliert bedeutet dieser, dass nicht mit „Kanonen auf Spatzen geschossen werden darf“. Daher bedarf es intensiver Abwägung, ob tatsächlich ein Kündigungsgrund vorliegt.

V Vertragszahnarzt

A. Hintergrund

I. Abgrenzung zur Approbation

Die **Approbation** gibt die allgemein öffentlich-rechtliche Erlaubnis zur Ausübung des (zahn)ärztlichen Heilberufs. Neben den zugelassenen Vertrags(zahn)ärzten sind auch die (Zahn)Ärzte approbiert, die ausschließlich Privatpatienten außerhalb der gesetzlichen Krankenversicherung behandeln und Ihre Leistung individuell beim jeweiligen Patienten liquidieren. Die zahnärztliche Approbation berechtigt zur Ausübung. Die Voraussetzungen für die Erteilung der Approbation als Zahnarzt sind unter anderem in §§ 59 ff. AppO für Zahnärzte (ZÄPrO) geregelt.

II. Vertragszahnarzt: Zulassung, Entzug, Wiederzulassung

1. Zulassung

Von der Approbation ist die **Zulassung** nach dem SGB V **als Vertrags(zahn)arzt** zu unterscheiden. Die Eigenschaft als Vertrags(zahn)arzt beruht auf der Zulassung zur Kassen(zahn)ärztlichen Vereinigung nach Maßgabe der §§ 95–98 SGB V. Der Vertragszahnarzt ist berechtigt, Versicherte der gesetzlichen Krankenversicherung zu behandeln und die erbrachten Leistungen über die kassenzahnärztliche Vereinigung abzurechnen. Die Tätigkeit des Vertragszahnarztes wird durch folgende Rechtsgrundlagen bestimmt:

- Sozialgesetzbuch V,
- Zulassungsverordnung für Vertragszahnärzte,
- Satzungen, Richtlinien und Verträge der Kassenzahnärztlichen Bundesvereinigung und der jeweiligen Kassenzahnärztlichen Vereinigung.

Die Anforderungen an die Zulassung eines Vertrags(zahn)arztes ergeben sich aus § 21 Zahnärzte-ZV. Voraussetzung für eine Zulassung ist die „Eignung" des Antragstellers bzw. der Ausschluss der Nichteignung. Dabei meint „Eignung" die Fähigkeit und Bereitschaft des (Zahn)Arztes, an der Sicherstellung der vertrags(zahn)ärztlichen Versorgung mitzuwirken. „Sonstige (Ungeeignetheits)Gründe" sind alle denkbaren Mängel, sofern dadurch eine reibungslose vertrags(zahn)ärztliche Versorgung gefährdet werden kann.[1533]

2. Entzug

a. Die Zulassung als Vertrags(zahn)arzt kann nach der Rechtsgrundlage § 95 Abs. 6 i.V.m. § 72 Abs. 1 S. 2 SGB V entzogen werden. Sie kommt u. a. dann in Betracht, wenn der Vertrags(zahn)arzt seine Pflichten gröblich verletzt.

Zunächst einmal muss der Vertrags(zahn)arzt seine vertrags(zahn)ärztlichen Pflichten verletzen, also durch sein Verhalten die gesetzliche Ordnung der vertrags(zahn)ärztlichen Versorgung verletzen. Dem Sinn und Zweck von § 21 Zulassungs-VO nach müssen die Mängel so geartet sein, dass dadurch eine reibungslose vertrags(zahn)ärztliche Versorgung der Versicherten gefährdet werden kann.[1534]
Eine Pflichtverletzung ist gröblich, wenn sie so schwer wiegt, dass ihretwegen die Entziehung zur Sicherung der vertrags(zahn)ärztlichen Versorgung notwendig ist. Davon ist auszugehen, wenn aufgrund der Pflichtverletzungen das Vertrauen der vertrags(zahn) ärztlichen Institutionen in die ordnungsgemäße Behandlung der Versicherten und in die Rechtmäßigkeit des Abrechnungsverhaltens des Vertragszahnarztes so gestört ist, dass ihnen eine weitere Zusammenarbeit mit dem Vertragszahnarzt nicht mehr zugemutet werden kann.[1535] Wer wiederholt in gravierendem Maß gegen die ihm obliegenden vertrags(zahn)ärztlichen Pflichten verstößt, erweist sich damit als ungeeignet für die vertrags(zahn)ärztliche Tätigkeit.[1536]
Namentlich seien folgende Verstöße genannt, die eine Zulassungsentziehung rechtfertigen können:

- Nachhaltige Verstöße gegen das Wirtschaftlichkeitsgebot,

> **Cave**
>
> Eine über Jahre fortgesetzte unwirtschaftliche Behandlungs- und Verordnungsweise stellt eine gröbliche Verletzung vertrags(zahn)ärztlicher Pflichten dar. Dies gilt unter Beachtung des Verhältnismäßigkeitsgrundsatzes erst recht dann, wenn zuvor versucht worden ist, den Vertrags(zahn)arzt durch Disziplinarmaßnahmen zur Erfüllung seiner vertrags(zahn)ärztlichen Pflichten anzuhalten. Eine über Jahre fortgesetzte und im Ausmaß immer mehr gesteigerte Verletzung des Wirtschaftlichkeitsgebots zerstört das Vertrauensverhältnis und bewirkt die Nichteignung des Kassenarztes für die Teilnahme an der kassenärztlichen Versorgung.[1537]

- wiederholt nicht korrekte Abrechnungen gegenüber der KZÄV oder gegenüber anderen Beteiligten (z. B. Zahntechniker, die gleichfalls in das vertragszahnärztliche System zur Erbringung von (Sach-)Leistungen gegenüber den Versicherten einbezogen sind),
- ein Vertrags(zahn)arzt, der in einer als Gemeinschaftspraxis geführten Praxis tätig ist, behandelt die übrigen Vertrags(zahn)ärzte wie abhängig Beschäftigte, denen er keinerlei Entscheidungsspielraum einräumt,[1538]
- wiederholt betrügerische Handlungen und Diebstähle können auch dann für die Zulassung zur

vertragsärztlichen Versorgung ungeeignet machen, wenn diese dem privaten Lebensbereich zuzuordnen sind,[1539]

- Verfehlungen außerhalb der eigentlichen vertrags(zahn)ärztlichen Tätigkeit:
  - versuchte Vergewaltigung einer Praxishelferin bzw. sexuelle Übergriffe ggü. Auszubildenden,[1540]
  - grob beleidigende und diffamierende Äußerungen gegenüber Mitarbeitern der KZÄV,
  - Betrug und Urkundenfälschung zulasten der KZÄV durch unberechtigte Abzweigung von Geldern von deren Konten,[1541]
  - wettbewerbliche Verstöße.[1542]

In Zulassungsentziehungsverfahren, die auf ständig wiederkehrendes unwirtschaftliches Behandlungs- oder Verordnungsverhalten gestützt werden, können bestandskräftige Entscheidungen über Honorarkürzungen wegen Unwirtschaftlichkeit verwertet werden. Ein „permanenter Verstoß gegen das Gebot einer wirtschaftlichen Behandlungsweise" deutet also darauf hin, dass der Betroffene (zahn)medizinisch nicht notwendige Maßnahmen durchführt, was den Entzug der Vertragszahnarztzulassung rechtfertigt. Betont wird stets die erwartete „peinlich genaue Leistungsabrechnung". Bei nachhaltigen und erheblich schädigenden Abrechnungsmanipulationen weist die Rspr. darauf hin, dass eine Disziplinarmaßnahme nicht ausreichen wird, selbst wenn diese möglicherweise geeignet ist, den Vertragszahnarzt (z. B. in Verbindung mit strafrechtlichen Maßnahmen) zur Erfüllung seiner Pflichten anzuhalten.[1543]

In **zeitlicher** Hinsicht[1544] (und somit auch für die **sachlichen Feststellungen**) werden alle Pflichtverletzungen durch den betroffenen (Zahn)Arzt z. B. durch das Berufungsgericht berücksichtigt, die vor der Entscheidung des Berufungsausschusses liegen. Dies soll auch dann gelten, wenn solche Sachverhalte in der Entscheidung des Berufungsausschusses nicht verwertet wurden – etwa weil sie ihm zum Zeitpunkt seiner Entscheidung noch nicht bekannt waren. **Mangels „Verjährungsfrist"** bezüglich der Berücksichtigung gröblicher Pflichtverletzungen folge aber aus dem Verhältnismäßigkeitsgrundsatz, dass Pflichtverletzungen, die zum Zeitpunkt der Entscheidung der Zulassungsgremien bereits länger als die übliche Bewährungszeit von fünf Jahren lägen, nur dann noch zur Grundlage einer Zulassungsentziehung gemacht werden dürften, wenn sie besonders gravierend seien (z. B. Fälle systematischen Fehlverhaltens im Behandlungs- oder Abrechnungsbereich) oder aus anderen Gründen – etwa bei fortgesetzter Unwirtschaftlichkeit – bis in die Gegenwart hinein fortwirken würden.[1545]

Für den Tatbestand einer gröblichen Pflichtverletzung ist nicht erforderlich, dass den Vertragsarzt ein **Verschulden** trifft. Auch nicht verschuldete Pflichtverletzungen können zur Zulassungsentziehung führen.[1546]

Wegen Vertrauensschutzes wird die ehemalige Wohlverhaltensrechtsprechung dargestellt: Die tatsächlichen Feststellungen müssen während eines gerichtlichen Verfahrens auch darauf abzielen, die Frage zu beantworten, ob der betroffene (Zahn)Arzt während des Rechtsstreits die durch seine gröblichen Pflichtverletzungen verlorene Eignung zur weiteren Teilnahme an der vertrags(zahn)ärztlichen Versorgung infolge eines Wohlverhaltens möglicherweise **wiedererlangt hat.**[1547] Gerade bei nicht im Wege des Sofortvollzugs tatsächlich umgesetzten Zulassungsentziehungen sei zur Wahrung der Verhältnismäßigkeit stets zu prüfen, ob sich die Sachlage während des Prozesses zugunsten des (Zahn)Arztes in einer Weise geändert hat, die eine Entziehung der Zulassung nicht mehr als angemessen erscheinen lasse.[1548]

Eine gerichtliche Entscheidung muss von einer qualifizierten Äußerung getragen sein, ob der betroffene (Zahn)Arzt Wohlverhalten (insbesondere bezüglich Art und Umfang der Praxisführung) an den Tag legte, was die Entscheidung über die Zulassungsentziehung zu Gunsten des Betroffenen verändere. Es müssen also Feststellungen getroffen werden, aus denen sich ergibt, ob der Betroffene während des gerichtlichen Verfahrens die Grundprinzipien der vertragszahnärztlichen Versorgung mit seinem Verhalten achtet.

Gröbliche Pflichtverletzungen in der Vergangenheit, die eine Ungeeignetheit des Vertrags(zahn)arztes indizierten, würden nur dann infolge veränderter Umstände während des sozialgerichtlichen Verfahrens relativiert, wenn die Prognose künftig ordnungsgemäßen Verhaltens des betreffenden (Zahn)Arztes **zweifelsfrei** zur Überzeugung des Gerichts **feststünden.** Jeder durch Tatsachen belegte ernstliche Zweifel (dass bei dem betroffenen Vertrags(zahn)arzt wirklich eine nachhaltige Verhaltensänderung eingetreten ist, die eine positive Prognose rechtfertigt) führt dazu, dass ein rechtlich relevantes „Wohlverhalten" nicht vorliegt.[1549]

b. Unter den Voraussetzungen des § 95 d Abs. 3 SGB V kann die Zulassung auch bei mangelnder Fortbildung entzogen werden. Die Fortbildungsverpflichtung nach § 95d SGB 5 gilt auch für Zahnärzte. Allein mit dem Nachweis von ärztlichen Fortbildungspunkten kann nicht der Nachweis für die vertragszahnärztliche Fortbildung geführt werden, soweit es keine zwingende gesetzliche Vorschrift gibt.[1550] Beim Vorspielen einer Videoaufzeichnung eines in der Vergangenheit abgehaltenen Kongresses handelt es sich weder um einen „Vortrag und Diskussion" noch um eine „Fortbildung mit konzeptionell vorgesehener Beteiligung jedes einzelnen Teilnehmers" oder eine „strukturierte interaktive Fortbildung über...audiovisuelle Medien mit nachgewiesener Qualifizierung und Auswertung des Lernerfolgs in Schriftform".[1551]
Bei der Stichtagsregelung in § 95d Abs. 3 S.3 SGB V handelt es sich um eine gesetzliche Ausschlussfrist.[1552]

3. Wiederzulassung

Ein **bloßer Zeitablauf** ist nicht geeignet, (erneut) eine Eignung des (Zahn)Arztes zu begründen. Kein (Zahn) Arzt hat Anspruch darauf, ungeachtet seiner nicht wieder gewonnenen Eignung innerhalb eines bestimmten Zeitraums nach Entziehung der Zulassung erneut zugelassen zu werden. Vielmehr sind angesichts der positiv festzustellenden Eignung des (Zahn)Arztes Konstellationen denkbar, in denen wegen fortbestehender Ungeeignetheit **überhaupt keine** (Wieder)Zulassung in Betracht kommt. Ebenso wenig ist die Dauer des Ausschlusses von der vertrags(zahn)ärztlichen Versorgung von Relevanz für die Frage, welche Anforderungen an die Eignungsprognose zu stellen sind und von wem etwaige Zweifel auszuräumen sind.[1553]

Hat sich ein (Zahn)Arzt in der Vergangenheit als ungeeignet für die vertragsärztliche Versorgung erwiesen, so lässt dies in der **Regel** auch auf seine **fehlende Eignung** in der **Zukunft** schließen. Dass bedeute **nicht**, dass eine Wiederzulassung in derartigen Fällen **generell ausgeschlossen** sei. Vorausgesetzt wird aber, dass das Vertrauensverhältnis im Zeitpunkt der Zulassungsentscheidung wieder hergestellt ist. Dies erfordert eine entsprechende Prognose hinsichtlich einer vertrauensvollen Kooperation, bei der grundsätzlich alle Umstände des Einzelfalls in Betracht zu ziehen und zu würdigen sind. Hierbei sei zu beachten, dass eine an sich aufgrund gröblicher Pflichtverletzungen in der Vergangenheit indizierte Ungeeignetheit des Vertrags(zahn)arztes, die eine Zulassungsentziehung rechtfertigt, nur dann infolge veränderter Umstände relativiert werden kann, wenn die Prognose künftig ordnungsgemäßen Verhaltens des betreffenden (Zahn)Arztes **zweifelsfrei** zur Überzeugung des Gerichts feststeht. Ein für die Wiederherstellung des Vertrauens wie auch für eine positive Prognose wesentlicher Umstand ist dabei typischerweise die Frage der **Einsicht** des Betroffenen in den Unrechtsgehalt seines Verhaltens und einer hieraus ggf. resultierenden Einstellungs- und Verhaltensänderung für die Zukunft. Ungeachtet der Rechte des betroffenen (Zahn)Arztes in einem etwaigen Strafverfahren ist ein Vertrags(zahn)arzt, der an der **Aufklärung** der gegen ihn erhobenen Vorwürfe **kooperativ** mitwirkt und glaubhaft machen kann, sich in Zukunft korrekt zu verhalten, anders zu behandeln als ein (Zahn)Arzt, der auch nach bestands- bzw. rechtskräftiger Feststellung der Pflichtwidrigkeit seines Verhaltens keine **geänderte Einstellung erkennen** lässt.[1554]

Das BSG differenziert

- einerseits zwischen dem **„Wohlverhalten"** während der Dauer des die Rechtmäßigkeit der Zulassungsentziehung betreffenden Streitverfahrens
- und andererseits der **„Bewährung"** nach dessen rechtskräftigem Abschluss (Bewährungszeit als „Wohlverhalten nach der Entziehung der Zulassung").[1555]

Zunächst soll bereits das **Wohlverhalten** des (Zahn)Arztes **während eines Entziehungsverfahrens** kaum zuverlässige Schlüsse auf eine wiedererlangte Eignung auf Dauer zulassen, da es unter Umständen zweckgerichtet auf den Erfolg des Verfahrens nur der besonderen Situation Rechnung trägt.[1556] Vorausgesetzt wird es aber trotzdem. Das BSG bemisst die **„Bewährungszeit"** mit fünf Jahren, nach deren Verstreichen der (Zahn)Arzt wieder als für die Ausübung der vertrags(zahn)ärztlichen Tätigkeit geeignet angesehen werden könne. Diese soll nur in besonders gravierenden Fällen überschritten werden. Um eine absolute Grenze handelt es sich nicht. Als Beispiel ist die nach neun Jahren verwehrte Wiederzulassung zu liefern, da u.a während der Wohlverhaltensperiode weitere Pflichtverstöße begangen wurden.[1557] Auch soweit die **Bewährung** betroffen ist, führt also **bloßer Zeitablauf** allein nicht zu einer Wiedererlangung der Eignung. Eine an sich indizierte Ungeeignetheit kann nur dann durch eine bloße lange Zeitdauer relativiert werden, wenn ein künftig rechtmäßiges Verhalten prognostiziert werden kann. Dies muss zweifelsfrei feststehen; jeder **ernstliche Zweifel**, dass eine Verhaltensbesserung eingetreten ist, führt zur Verneinung von Wohlverhalten. Die Gesichtspunkte, die bei der Prüfung des sog. Wohlverhaltens von Bedeutung sind, können nach der Art der dem Vertrags(zahn) arzt vorgeworfenen Pflichtverletzung differieren und sind auch einer generalisierenden Prüfung nicht zugänglich. Die Bewährungszeit ersetzt also nicht die Eignungsprüfung, sondern ist Teil der Eignungsprüfung. Das Durchlaufen einer „Bewährungszeit" stellt keine rechtliche Voraussetzung für die (Wieder)Zulassung dar, sondern vielmehr ein „faktisches" Moment im Sinne einer Erkenntnisphase, die erst die erforderliche Prognose ermöglichen soll.[1558] Eine Bewährung liegt nicht vor, wenn der Vertrags(zahn) arzt mangelnde Einsichtsfähigkeit und Bereitschaft an den Tag legt, sich von seinen Pflichtverstößen in der Vergangenheit zu distanzieren.[1559]

III. Niederlassung

Die Niederlassung beinhaltet die Einrichtung von Praxisräumen zur Ausübung (zahn)ärztlicher Tätigkeit. Die Praxis ist räumlicher Mittelpunkt der Tätigkeit des frei praktizierenden (Zahn)Arztes. Mit der Niederlassung ist zunächst nur die Berechtigung zur Behandlung von Privatpatienten, nicht auch die Erlaubnis zur Behandlung von Kassenpatienten und der Ersatzkassenpatienten verbunden.[1560]

IV. Grundfreiheiten des EG-Vertrages

Die **Grundfreiheiten des EG-Vertrages** aus Art. 28–66 AEUV sind von den Grundrechten der EU/EG zu unterscheiden wegen verschiedener Besonderheiten („bereichsspezifische Gleichheitsrechte bei grenzüberschreitenden Sachverhalt"). Originär handelt es sich um wirtschaftliche Diskriminierungsverbote. Sie verbieten den EU/EG-Mitgliedsstaaten, Angehörige anderer EU-Staaten schlechter zu stellen als die eigenen Staatsangehörigen. Voraussetzung ist aber immer, dass ein **sog. grenzüberschreitender Sachverhalt** vorliegt. Insofern relativiert sich die Relevanz der Grundfreiheiten des EG-Vertrags in Bezug auf den Status als Vertrags(zahn)arzt.

V. Grundrecht der Berufsfreiheit (Art. 12 GG)

Substanziell ist das **Grundrecht der Berufsfreiheit** gemäß Art. 12 GG. Art. 12 Abs. 1 S. **1** GG gewährleistet jedem das Recht, Beruf, Arbeitsplatz und Ausbildungsstätte frei zu **wählen**. Art. 12 Abs. 1 S. **2** GG gewährleistet die Freiheit der Berufs**ausübung** und unterstellt sie der Regelungsbefugnis des Gesetzgebers. Wahl und Ausübung eines Berufes lassen sich jedoch nicht hinreichend scharf trennen, sondern erfassen den einheitlichen Komplex „beruflicher Betätigung" aus verschiedenen Richtungen. Art. 12 Abs. 1 GG ist ein einheitliches Grundrecht der Berufsfreiheit.[1561]

1. **Grundrechtsträger** sind gemäß Art. 12 Abs. 1 GG nur Deutsche und (str.) EG-Ausländer.
   Art. 12 GG schützt nicht die berufliche Betätigung der Ausländer, diese wird durch Art. 2 Abs. 1 GG geschützt.
2. **Der Schutzbereich eines Grundrechts** ist der Lebensbereich, in dem ein Individuum bezogen auf seine Handlungen bzw. Sachen geschützt ist. Referiert auf Art. 12 Abs. 1 GG wird dieser nunmehr eingehend erörtert.
   a. **Berufsfreiheit**: Ein **Beruf** ist „jede auf Dauer angelegte Tätigkeit zur Schaffung und Erhaltung einer Lebensgrundlage."[1562] Gewährleistet wird jede Tätigkeit, die mit der beruflichen Betätigung als Zahnarzt zusammenhängt und dieser dient.[1563]
      Geschützt wird auch die wirtschaftliche Verwertung der beruflich erbrachten Leistung bzw. das Recht, eine angemessene Vergütung zu fordern[1564] sowie das Recht auf angemessene Werbung für die Inanspruchnahme der Dienste (zulässige Untersagungsverfügung ggü. Zahnarzt, der nicht mit „Master of Science" für Implantologie, sondern mit „Zahnarzt für Implantologie" wirbt)[1565] und die Vertrags-/Dispositionsfreiheit.[1566]
      Kardinalmerkmal eines Berufes ist die **Tätigkeit zur Schaffung oder Erhaltung einer Lebensgrundlage.**[1567] Es ist irrelevant, ob es sich um eine selbstständig oder unselbstständig ausgeübte Tätigkeit handelt.[1568]
      „Auf Dauer" ist objektiv zu verstehen. Es kommt nur darauf an, dass die Tätigkeit grundsätzlich möglich ist, nicht dass der Einzelne die Tätigkeit über einen gewissen Zeitraum ausübt. Somit fallen auch Gelegenheitsjobs oder das Probearbeitsverhältnis in den Schutzbereich.
      Die Berufsfreiheit (im engeren Sinne) schützt die Wahl eines bestimmten Berufs und die Entscheidung darüber, ob die berufliche Tätigkeit partiell oder generell beendet werden soll. Als negative Berufsfreiheit (im engeren Sinne) wird auch das Recht garantiert, keinen Beruf ausüben.
      Auch die **Wettbewerbsfreiheit**[1569] und **werbende Tätigkeiten**, die mit der zahnärztlichen Betätigung eng zusammenhängen und dieser dienen, zählen zur Freiheit der Berufsausübung.[1570] Als werbende Tätigkeiten sind zu nennen: Werbung unter Verwendung des Begriffs „Zahnärztehaus"[1571], Werbung mit der Berufsbezeichnung „Zahnarzt für Implantologie", Verlosungskationen[1572], Internetwerbung[1573], Zeitungsanzeige eines Zahnarztes mit „eyecatcher" in der Zeitschrift „Super-Sonntag"[1574], Werbung einer Zahnärzte GmbH in einer Publikumszeitschrift (hier: „auto, motor und sport")[1575], Werbung von Zahnärzten in den „Gelben Seiten"[1576], Faltblatt mit Informationen über Technik und Ablauf von Implantatbehandlungen[1577], Zentrum für Zahnmedizin[1578] usw.
      Umfasst wird auch das Recht, die Öffentlichkeit über erworbene Qualifikationen wahrheitsgemäß und in sachgemessener Form zu informieren. Ärzte mit der Gebietsbezeichnung Allgemeinmedizin, die sich in weiteren Gebieten spezialisieren und betätigen, sind berechtigt, dies öffentlich bekannt zu geben.[1579]
   b. **„Arbeitsplatz"** ist der Ort, an dem eine berufliche Tätigkeit ausgeübt wird. Ähnlich wie die bei der Berufsfreiheit (im engeren Sinne) werden die freien Entscheidungen über Wahl, Wechsel, Beibehaltung und Aufgabe garantiert.[1580] Bezüglich unselbstständig Beschäftigter schützt das Grundrecht auch den Zutritt zum Arbeitsmarkt und die Wahl des Vertragspartners.[1581] Es wird auch vor staatlichen Maßnahmen, mit denen der Bürger gezwungen werden soll, einen bestimmten Arbeitsplatz anzunehmen, geschützt.[1582]
      Art. 12 GG gewährt keinen Schutz gegen den Verlust eines Arbeitsplatzes (hier: als Chefärztin) aufgrund privater Disposition. Es besteht aber eine Schutzpflicht des Staates, die aus den Grundrechten folgt und der durch die Kündigungsschutzvorschriften Rechnung zu tragen ist.[1583]
   c. **„Ausbildung"** ist auf eine berufsbezogene Qualifikation gerichtet, wie z. B. Hochschulen, Referendardienst, Lehrstellen, weiterführende Schulen, nicht aber Grund- und Hauptschulen (schulische Bildung ohne Berufsbezug) oder grundsätzlich Kultureinrichtungen (nur allgemeine Bildung).[1584]
      Im Speziellen wird auch die hochschulmedizinische Ausbildung erfasst.[1585] Es geht bei Kontrover-

sen in der (Zahn)Medizinausbildung regelmäßig um die Nutzung von Ausbildungskapazitäten bzw. Ausbildungsverpflichtungen auf Seiten der Universitäten.[1586]

3. **Eingriff.**
   Bei der Frage eines allfälligen **Eingriffs in den Schutzbereich** wird thematisiert, ob eine Beeinträchtigung vorliegt, die als Verletzung qualifiziert werden kann.
   a. Ein Eingriff in die Berufsfreiheit liegt bei Gesetzen oder behördlichen Einzelakten, die imperativ die berufliche Tätigkeit des Einzelnen berühren oder einschränken („**subjektiv berufsregelnde Tendenz**") vor.[1587]
      ad exemplum:
      - Sanktionierung eines Verhaltens, das der zahnärztlichen Berufsausübung zuzurechnen ist:
        - Abgabe eines Kostenvoranschlags auf einem „virtuellen Marktplatz" wird mit Verweis sanktioniert,[1588]
        - gegen einen Zahnarzt wird wegen Werbung, mit der Patienten gewonnen werden sollen, ein Verweis erteilt und/oder eine Geldbuße verhängt (m.a.W. werbende Tätigkeiten, die mit der zahnärztlichen Tätigkeit zusammenhängen und dieser dienen, werden pönalisiert),[1589]
      - staatliche Maßnahmen, die geschäftliche oder berufliche Werbung beschränken, sind Eingriffe in die Freiheit der Berufsausübung,[1590]
      - Einschränkung der freien Honorarvereinbarung durch die Anwendung der GOZ,[1591]
      - Versagung bzw. Entziehung der Zulassung als Vertrags(zahn)arzt,[1592]
      - Abweisung eines Antrags auf Zulassung eines vorhandenen Studienplatzes,[1593]
      - Altersgrenze für die Teilnahme an der vertrags(zahn)ärztlichen Versorgung,[1594]
      - Anordnung des Ruhens der (zahn)ärztlichen Approbation,

> **Cave**
>
> **Exkurs zum Rechtsschutz**
> Erlass einer **einstweiligen Anordnung durch das BVerfG**, durch die die sofortige Vollziehbarkeit von Verfügungen einstweilen ausgesetzt wird, mit denen das Ruhen der Approbation eines Zahnarztes (und Arztes) sowie die Einziehung der Approbationsurkunden angeordnet wird.[1595]

      - Fortbildungsverpflichtung [gilt im SGB V auch für Zahnärzte].[1596]
   b. Ein Eingriff kann auch dann vorliegen, wenn staatliche Maßnahmen, die
      - primär andere Zielsetzungen verfolgen (unmittelbar also auf andere Rechtsfolgen gerichtet sind),
      - tatsächliche (mittelbare) Auswirkungen auf die Freiheit der Berufsausübung bzw. die Wettbewerbsfreiheit haben.
      Ob die Beeinträchtigung dem Staat zurechenbar ist und damit Eingriffsqualität hat, wird regelmäßig nach der „**objektiv berufsregelnden Tendenz**" des hoheitlichen Aktes beurteilt sowie danach, ob die Regelungen infolge ihrer Gestaltung in einem engen Zusammenhang mit der Ausübung der Berufsfreiheitsrechte stehen.[1597]
      Ein derartiger Eingriff liegt namentlich vor, wenn der Staat durch einseitige Subventionierung eines Konkurrenten die Wettbewerbslage verzerrt und die wirtschaftliche Stellung des nichtbegünstigten Unternehmens in unerträglichem Maße und unzumutbar schädigt[1598] (z. B. Gefährdung der vertrags(zahn)ärztlichen Tätigkeit bei der Zulassung eines Krankenhauses zur ambulanten Erbringung von Krankenhausleistungen[1599], wobei § 116 b Abs. 2 SGB V drittschützende Funktion hat).
4. **Rechtfertigung.**
   Ein Eingriff in die Berufsausübungsfreiheit bedarf nach Art. 12 Abs. 1 S. 2 GG einer gesetzlichen Grundlage, die ihrerseits den verfassungsrechtlichen Anforderungen an grundrechtseinschränkende Gesetze genügt. Darüber hinaus sind Beschränkungen der Berufsausübungsfreiheit nur dann mit Art. 12 Abs. 1 GG vereinbar, wenn „sie – relativ – vernünftigen Zwecken des Gemeinwohls, einem wichtigen bzw. überragend wichtigen Gemeinschaftsgut dienen" und den Berufstätigen nicht übermäßig oder unzumutbar treffen, also dem Grundsatz der Verhältnismäßigkeit genügen[1600] (sog. **verfassungsrechtliche Rechtfertigung**).
   a. Nach der „**Einheitstheorie**" kann nicht nur die Berufsausübung, sondern auch die Berufswahl und die Wahl von Ausbildungsstätte und Arbeitsplatz „durch oder aufgrund eines Gesetzes" eingeschränkt werden.[1601]
   b. „**Gesetze**" in diesem Sinne sind formelle Gesetze und alle Regelungen mit Rechtsnormqualität (z. B. „Rechtsverordnungen, soweit diese auf einer wirksamen gesetzlichen Ermächtigung beruhen", oder „Satzungen, die von einer mit Autonomie ausgestatteten Körperschaft auf der Grundlage einer entsprechenden Ermächtigung erlassen werden").
      Bei der Verleihung von **Satzungsgewalt** an Berufsverbände des öffentlichen Rechts muss der (parlamentarische) Gesetzgeber die statusbildenden Regelungen der Berufswahl selbst treffen (insofern Parlamentsvorbehalt) und darf nur die Regelung der Berufsausübung der Satzungsermächtigung an

die Berufsverbände delegieren (insofern einfacher Gesetzesvorbehalt).[1602] Abweichungen von den jeweiligen Prozessordnungen (z.B. §§331 f. ZPO – Versäumnisurteil) durch die Satzung der Kammer sind unzulässig.[1603]

Nicht ausreichend sind Verwaltungsvorschriften wie z.B. Standesrichtlinien. Nach Auffassung des Bundesverfassungsgerichts dürfen sie nicht einmal zur Auslegung von gesetzlichen Generalklauseln herangezogen werden.[1604]

c. **Verhältnismäßigkeitskontrolle einer gesetzlichen Vorschrift.**

Das Bundesverfassungsgericht misst seit dem sog. „Apothekenurteil" die Verhältnismäßigkeit eines Eingriffs in Art. 12 Abs. 1 GG an der **Drei-Stufen-Theorie.**

Prämisse ist, dass eine Regelungsbefugnis sowohl für die Berufsausübung als auch für die Berufswahl, aber die Befugnis nicht gleich intensiv besteht.

Die Befugnis ist inhaltlich umso freier, je mehr eine reine **Ausübung**sregelung getroffen wird, umso enger, je mehr die Berufs**wahl** betroffen ist.[1605]

aa. Die Drei-Stufen-Theorie wird auf Eingriffe in die Berufsfreiheit, Ausbildungsfreiheit und Freiheit der Wahl des Arbeitsplatzes **angewandt.**[1606]

bb. Die Eingriffsintensität wird evaluiert, indem der Eingriff einem bestimmtem "Level" zugeordnet wird. Folgende Stufen sind auszudifferenzieren.

Berufsausübungsregelungen haben das „Wie", die Art und Weise der beruflichen Tätigkeit, zum Gegenstand (**I. Stufe**). Sie gelten den Bedingungen und Modalitäten, unter denen sich die Berufstätigkeit vollzieht.[1607]

Von der Stufe I. sind die Stufen II. und III. abzugrenzen. Auf den Stufen II. und III. geht es um Berufswahlregelungen. Sie betreffen das „Ob" der Berufstätigkeit. Dabei ist zwischen objektiven und subjektiven Zulassungsgrenzen zu unterscheiden.

Unter **Stufe II.** fallen **subjektive Zulassungsgrenzen.** Sie sind in Vorschriften enthalten, welche die Aufnahme der Berufstätigkeit an von der Person des Berufsanwärters abhängige und für diesen grundsätzlich erfüllbare Voraussetzungen, wie z.B. persönliche Eigenschaften und Fähigkeiten oder sonst nachgewiesene Leistungen, binden.

ad exemplum:

- Bestimmung von Altersgrenzen für die Ausübung eines Berufes (Kassenarzt[1608]),
- Widerruf der Approbation,
- Prüfung der Zuverlässigkeit für die Aufnahme oder Beibehaltung der beruflichen Tätigkeit,[1609]
- Entzug der Zulassung als Vertragsarzt, Berufsverbot.[1610]

cc. **Objektive Zulassungsgrenzen** werden als **Stufe III.** klassifiziert. Sie werden durch Berufszugangsbedingungen geschaffen, die von der persönlichen Qualifikation des Berufsanwärters unabhängig sind und von diesem nicht beeinflusst werden können, wie insbesondere Bedürfnisklauseln.

ad exemplum: Bedürfnisklausel: § 102 SGB V ist als Berufsausübungsregelung zu qualifizieren (die verhältnismäßig im Sinne von Art. 12 Abs. 1 GG ist[1611]).

dd. Die **Verhältnismäßigkeit** wird nunmehr in mehreren Etappen kontrolliert.

(i) Die gesetzliche Vorschrift muss einen **legitimen Zweck** verfolgen. An den Zweck werden ausdifferenzierte Anforderungen gestellt. Die Erwartungen werden abgesteckt nach dem Inhalt der Regelung. Je nachdem, welche Substanz die Regelung hat, wird diese einer der Stufen zugeordnet. Mit zunehmender Regulierungsintensität muss auch der Beweggrund extremeren Anforderungen genügen.

Eingriffe auf der **Stufe I.** sind zulässig, soweit **vernünftige Erwägungen des Gemeinwohls** diese zweckmäßig erscheinen lassen. Eine allgemeingültige Definition des Begriffs „Gemeinwohl" gibt es nicht, da die Gemeinwohlinteressen zu vielfältig sind, um sie einer allgemeingültigen Definition zuzuführen. Lediglich die „antiständische" Komponente des Gemeinwohlbegriffs ist hervorzuheben, d.h., Standesinteressen einzelner Berufsgruppen können einen Eingriff in die Berufsausübungsfreiheit nicht rechtfertigen[1612], wohl aber arbeits-, sozial- und wirtschaftspolitische Ziele.

Für Eingriffe auf der **Stufe II.** wird als Motiv verlangt, dass sie ein **wichtiges Gemeinschaftsgut**, das der Freiheit des Einzelnen vorgeht, schützen wollen (insbes. Werte mit Verfassungsrang). Ähnlich wie bei der Frage des Gemeinwohls können auch die wichtigen Gemeinschaftsgüter nicht klar umgrenzt werden. Überwiegend wird dem Gesetzgeber ein weiter Beurteilungsspielraum auch für politisch umstrittene, also nicht allgemein akzeptierte, Gemeinschaftsgüter zugestanden.

Eingriffe auf der **Stufe III.** dürfen nur

ausnahmsweise erfolgen. Sie müssen von dem Leitgedanken getragen sein, zur Abwehr nachweisbarer oder höchst wahrscheinlicher schwerer Gefahren für ein **überragend wichtiges Gemeinschaftsgut** geschaffen worden zu sein.
Als überragend wichtige Gemeinschaftsgüter können nach überwiegender Meinung nur solche Gemeinwohlinteressen verstanden werden, die sich aus verfassungsrechtlichen Grundentscheidungen ergeben.
Ein besonders wichtiges Gemeinschaftsgut ist in der Gesundheitsversorgung zu sehen. Auch die Stabilität der gesetzlichen Krankenversicherung und die Finanzierbarkeit des Sozialversicherungssystems stellen einen überragend wichtigen Gemeinwohlbelang dar.[1613]

Cave

Ad exemplum

Zahnarztwerbung im Internet[1614]

Es sind keine Gründe des Gemeinwohls zu erkennen, wonach eine persönliche Untersuchung des Patienten vor der Abgabe einer Kostenschätzung auf einer Internetplattform erforderlich ist.

Der Gemeinwohlbelang zur Untersagung berufswidriger Werbung besteht darin, dass den Patienten, nur die Informationen durch Zahnärzte „zugemutet“ werden sollen, die ihnen eine mögliche Hilfe bei deren Auswahl sein können, und dass dementsprechend Informationen, die diesbezüglich statt Klarheit eine Verunsicherung bewirken, unterbleiben sollen.[1615]

1. Die persönliche Beziehung zwischen Zahnarzt und Patient dient dazu, für den Patienten eine sachgerechte, seine Interessen wahrende Behandlung sicherzustellen. Sie dient nicht dazu, den Zahnarzt vor Konkurrenz durch Kollegen zu schützen. Ein derartiges Vertrauensverhältnis kann sich auch auf einer Internetplattform entwickeln.
2. Eine Beeinträchtigung von Gemeinwohlbelangen folgt nicht allein schon aus der Wahl des Mediums Internet.
   Der Zwang zur Abgabe einer niedrigen Kostenschätzung, um überhaupt eine Chance zu haben, rechtfertigt nicht die Annahme der Beeinträchtigung von Gemeinwohlbelangen.
   „*...muss zunächst davon ausgegangen werden, dass ein Zahnarzt schon aus Eigeninteresse Leistungen nur zu Preisen anbietet, die für ihn gewinnbringend sind. Soweit in den angefochtenen Entscheidungen die Gefahr von so genannten „Lockvogelangeboten“ – also der Methode, einen Patienten mit einem besonders günstigen, nichtkostendeckenden Angebot mit dem Ziel in die Praxis zu locken, ihm gegenüber weitere lukrativere Leistungen zu erbringen und abzurechnen – erörtert wird, mag ein solches Vorgehen von Plattformteilnehmern nicht auszuschließen sein, es kann aber auch nicht als Regelfall unterstellt werden. Es erscheint schon zweifelhaft, dass sich gerade bei den Nutzern einer dem Preisvergleich dienenden Internetplattform, die besonders preisbewusst sein dürften, solche „Lockvogelangebote“ zur Generierung weiterer Einnahmen eignen.*
   ...könnte allenfalls ein Vorgehen gegenüber dem Zahnarzt, der das konkrete Angebot abgegeben hat, rechtfertigen.“
3. Eine Kostenschätzung als Werbemaßnahme ist nicht geeignet, das Vertrauen in die Zahnärzte zu erschüttern bzw. eine Verunsicherung der Patienten herbeizuführen.
   „*Eine Verunsicherung, die auch einen Vertrauensverlust gegenüber den Zahnärzten im Allgemeinen nach sich ziehen mag, setzt zunächst voraus, dass aufseiten der Patienten fehlerhafte Vorstellungen über die Kostenschätzung und deren Funktion bestehen. Bereits hierfür gibt es aber keine Anhaltspunkte.*“

Punktwertdegression[1616]

Die Punktwertdegression dient zum einen der Sicherung der finanziellen Stabilität der gesetzlichen Krankenversicherung und damit einem Gemeinwohlbelang von anerkannt hoher Bedeutung, welches Berufsausübungsregelungen zu rechtfertigen vermag. Zum anderen soll sie beobachteten Fehlentwicklungen bei der Qualität der zahnärztlichen Versorgung entgegensteuern, was ebenfalls einen ausreichenden Grund des Gemeinwohls darstelle.

GOZ-Anwendung

Die durch die Anwendung der GOZ bewirkte Einschränkung der freien Honorarvereinbarung ist mit Art. 12 Abs. 1 GG vereinbar. Sie erhöht im Interesse der zahlungspflichtigen Patienten die Transparenz der Liquidation und zielt auf eine angemessene, leistungsgerechte Vergütung, dient damit dem Verbraucherschutz und einem vernünftigen Gemeinwohlgrund in geeigneter Weise.[1617]

(ii) Die **Geeignetheit** der Regelung ist gegeben, wenn mit ihrer Hilfe das angestrebte Ziel erreicht oder die Zielerreichung jedenfalls gefördert werden kann.[1618]

(iii) Eine Regelung auf der II. oder III. Stufe ist nur dann **erforderlich**, wenn Regelungen auf der/den niedrigeren Stufen nicht genauso effektiv das Schutzgut schützen bzw. fördern können.[1619] Dem Gesetzgeber steht im Hinblick auf die Effektivität mehrerer Mittel ein gewisser, gerichtlich nicht überprüfbarer Einschätzungsspielraum zu.

(iv) Es ist noch zu prüfen, ob die Regelung nach Abwägung mit dem öffentlichen Interesse überhaupt **angemessen** für den/die Normadressaten ist (Verhältnismäßigkeit im engeren Sinne).

VI. Allgemeiner Gleichheitsgrundsatz (Art. 3 GG)

Gelegentlich wird auch der **allgemeine Gleichheitsgrundsatz (Art. 3 GG)** im Rahmen gerichtlicher Kontroversen bemüht, v.a., wenn es um Degressionsregelungen der Vergütung geht. Daher schließt sich eine entsprechende Darstellung an.[1620] Rechtssetzungsgleichheit bedeutet, dass der Gesetzgeber an den Gleichheitssatz gebunden ist.

1. Eine **Ungleichbehandlung** liegt vor, wenn wesentlich gleiche (überhaupt vergleichbare) Lebenssachverhalte oder Personen(gruppen) in einer unterschiedlichen Art und Weise gesetzlich geregelt werden.
   Zum Teil wird Art. 3 Abs. 1 GG vorrangig für die Verletzung des Rechts auf gleichberechtigte Teilnahme am Wettbewerb herangezogen.[1621]
   Eine Ungleichbehandlung kann sich in Bezug auf die Beitragsgestaltung bei Betreiben einer weiteren Niederlassung eines Zahnarztes ergeben. Daher muss sich auch die Beitragsheranziehung an Art. 3 GG messen lassen: Eine Staffelung nach der Leistungsfähigkeit ist zwar zulässig. Die Grenze ist aber erreicht, wenn gegen das Prinzip der gleichmäßigen Heranziehung verstoßen wird.[1622] Eine Ungleichbehandlung ist abzulehnen, wenn vertragsärztlich tätige Vorstandsmitglieder auf Antrag vom ärztlichen Notfalldienst befreit werden können.[1623]
2. Ob eine Ungleichbehandlung **verfassungsrechtlich gerechtfertigt** ist, wird vom Bundesverfassungsgericht mit unterschiedlichen Ansätzen geprüft.
   a. Der Gleichheitssatz verbietet es dem Gesetzgeber wesentlich Gleiches einfach nach Belieben ungleich und wesentlich Ungleiches willkürlich gleich zu behandeln (**Willkürverbot, Willkürformel**).[1624]
      Vertragszahnärzte sind eine in sich einheitliche Gruppe. Eine Differenzierung nach den einzelnen Fachgruppen innerhalb der Zahnärzteschaft ist daher nicht erforderlich.[1625]
   b. Art. 3 Abs. 1 GG ist dann verletzt, wenn zwischen den Vergleichsgruppen „keine Unterschiede von solcher Art und solchem Gewicht bestehen, dass sie die ungleiche Behandlung rechtfertigen könnten" (**Verbot der Ungleichbehandlung ohne sachlichen Grund, neue Formel**).[1626]
   c. Partiell erwähnt das Bundesverfassungsgericht auch beide Formeln und differenziert dann wie folgt (**vereinheitlichende Gesamtformel**):
      - Bei Ungleichbehandlungen geringerer Intensität (insbesondere bei sachbezogener Ungleichbehandlung) liegt ein Verstoß gegen Art. 3 Abs. 1 GG vor, wenn ein Differenzierungsgrund völlig fehlt oder er offensichtlich (evident) unter keinem erdenklichen Gesichtspunkt geeignet ist, eine Ungleichbehandlung zu rechtfertigen.[1627]
      - Bei Ungleichbehandlungen größerer Intensität wird gegen Art. 3 Abs. 1 GG verstoßen, wenn ein Differenzierungsgrund fehlt oder wenn der Grund für die Ungleichbehandlung (der öffentliche Zweck) geringer zu gewichten ist als das Interesse der ungleich behandelten Gruppe.[1628]
3. **Ad exemplum**:
   a. Die Regelung über den degressiven Punktwert in der vertragszahnärztlichen Versorgung ist mit dem allgemeinen Gleichheitsgrundsatz des Art. 3 Abs. 1 GG vereinbar. Die von einer Honorarabstaffelungsregelung bei zunehmender Leistungsmenge bewirkte ungleiche Vergütung identischer Behandlungsleistungen eines Vertragszahnarztes ist nicht als willkürlich zu beanstanden. Zum einen spiegelten die Vergütungsabschläge die Kostenvorteile und Rationalisierungsmöglichkeiten im Gefolge der Erbringung größerer Leistungsmengen wider, welche in Form von Vergütungsabschlägen an die Krankenkassen weitergegeben werden. Zum anderen rechtfertige das Ziel der Zurückdrängung qualitativ problematischer Leistungen insbesondere auch den Abschlag um 40 v.H. in der dritten Degressionsstufe.[1629]
   b. Die mehrfache Wiederholbarkeit der Vorprüfungen in anderen heilkundlichen Studiengängen begründet keinen Gleichheitsverstoß zulasten der Zahnmedizinstudenten, weil diese Studiengänge nach Ausbildungsgegenständen, -aufbau und Ausgestaltung der Vorprüfungen nicht vergleichbar sind.[1630]
   c. Die Wiederzulassungssperre aus § 95 b Abs. 2 SGB V im Hinblick auf die Teilnahme an der vertragszahnärztlichen Tätigkeit verstößt nicht gegen Art. 3 Abs. 1 GG.[1631]

B. Die Entscheidung: Die richtige Jobrotation für die Vorbereitungszeit[1632]

I. Sachverhalt

Der antragstellende Zahnarzt begehrte die Eintragung in das Zahnarztregister. Er erhielt im Juli 2006 eine Approbation als Zahnarzt. Im Oktober 2006 war der Antragsteller einen Monat in der Vertragszahnarzt Praxis von Dr. Z. tätig. Ansonsten war der Antragsteller seit dem 1. August

2006 in der Zahnarztpraxis seines Vaters tätig. Dieser verfügte erst seit dem 1. Juli 2007 über die Berechtigung als Vertragszahnarzt tätig zu sein.

Am 20. Mai 2008 beantragte der Antragsteller die Eintragung in das Zahnarztregister zum 1. August 2008. Die Antragsgegnerin lehnte die Eintragung in das Zahnarztregister ab. Wegen der fehlenden Eintragung wurde auch die Zulassung des Antragstellers als Vertragszahnarzt abgelehnt.

II. Entscheidungsgründe

Das Landessozialgericht lehnte aufgrund fehlender Begründetheit den Antrag auf Erlass einer einstweiligen Anordnung ab. Der Antrag war zwar zulässig, aber nicht begründet.

A. Zulässigkeit

I. Statthaftigkeit. Der Antrag auf Erlass einer einstweiligen Anordnung richtet sich nach §86 b Abs. 2 S. 2 SGG. „§86b Abs. 2 Satz 2 SGG entspricht im Wesentlichen der Regelung in §123 Abs. 1 Satz 2 Verwaltungsgerichtsordnung (VwGO), sodass die zu dieser Vorschrift in Rechtsprechung und Literatur entwickelten Grundsätze entsprechend herangezogen werden können."[1633]

II. Im Fazit war der Antrag zulässig.

B. Begründetheit

Erforderlich ist danach für den Erlass einer einstweiligen Anordnung das Vorliegen von Anordnungsanspruch und Anordnungsgrund.

I. Anordnungsanspruch. Ein Anordnungsanspruch ist gegeben, wenn der geltend gemachte materielle Anspruch mit überwiegender Wahrscheinlichkeit besteht.[1634]

1. **Rechtsgrundlage** für die Eintragung ist §95 Abs. 2 S. 3 Nr. 3 SGB V.
2. Erforderlich ist danach die Ableistung einer zweijährigen Vorbereitungszeit für Vertragszahnärzte. Diese wird im Einzelnen geregelt nach §95 Abs. 2 S. 4 SGB V, §3 Abs. 3 S. 1, 2, 3 Zahnärzte-ZV.
   Die Tätigkeit des Antragstellers bei seinem Vater in der Zeit vor dem 1. Juli 2007 kann nicht auf die erforderliche zweijährige Vorbereitungszeit angerechnet werden.
   *„Entgegen der Auffassung des Antragstellers ist die **Tätigkeit bei einem privatärztlich tätigen Zahnarzt** einer Tätigkeit als Vertragszahnarzt im vorliegenden Zusammenhang **nicht gleichzustellen**."*
   a. Dagegen sprach der aus Sicht des Senats eindeutige **Wortlaut** der Vorschrift.
   b. Eine erweiternde Auslegung kommt auch nicht nach der **Rechtsprechung des Bundessozialgerichtes**[1635] in Betracht.
   Zwar hat Bundessozialgericht §3 Abs. 3 Satz 1 Zahnärzte-ZV insofern erweiternd ausgelegt, als es eine mindestens 2-jährige Tätigkeit als ermächtigter Zahnarzt einer dreimonatigen Tätigkeit als Assistent eines zugelassenen Vertragszahnarztes gleichgestellt hat. Das Bundessozialgericht hat in dem Urteil eine um das **achtfache längere Dauer** der Ermächtigung im Vergleich zu der geforderten Dauer der Tätigkeit als Assistent verlangt, um eine Umgehung der in §3 Abs. 3 Satz 1 Zahnärzte-ZV genannten Anforderungen auszuschließen. Ferner hat das Bundessozialgericht bei der Gleichstellung maßgeblich darauf abgestellt, dass der **ermächtigte Zahnarzt ebenso wie ein zugelassener Zahnarzt eine Tätigkeit innerhalb des vertragszahnärztlichen Versorgungssystems ausübt** und gem. §95 Abs. 4 SGB V den gleichen rechtlichen Bindungen wie dieser unterliegt.
   „Abweichend davon begehrt der Antragsteller nicht nur eine anteilige, sondern die volle Berücksichtigung einer Tätigkeit, die darüber hinaus weder innerhalb des Systems der vertragsärztlichen Versorgung noch in einer der in §3 Abs. 3 Satz 2 Zahnärzte-ZV aufgezählten Institutionen verrichtet worden ist."
   c. Etwas anderes ergibt sich auch nicht unter Berücksichtigung europarechtlicher Vorschriften, da es an dem vorausgesetzten grenzüberschreitenden Sachverhalt für einen Verstoß gegen das Diskriminierungsverbot aus Gründen der Staatsangehörigkeit fehlt.
   d. Auch aus dem allgemeinen Gleichbehandlungsgesetz (AGG) konnte der Antragssteller nichts herleiten, da dies
      - zum einen von der Rechtsfolge her nicht die Unwirksamkeit bzw. Unanwendbarkeit diskriminierender nationaler Gesetze vorsieht
      - und zum anderen nicht anderen Bundesgesetzen im Range vorgeht.[1636]
   e. §3 Abs. 3 Zahnärzte-ZV verstößt nicht gegen Art. 12 Abs. 1 GG.
   „Von der Zweckmäßigkeit und Zumutbarkeit und damit von der grundsätzlichen Vereinbarkeit der zweijährigen Vorbereitungszeit nach §95 Abs. 2 Satz 3 Nr. 2 SGB V i.V.m. §3 Abs. 3 Zahnärzte-ZV mit Art. 12 Abs. 1 GG geht auch das Bundessozialgericht aus."
   f. Dass sich eine anrechenbare Vorbereitungszeit nur aus Tätigkeiten
      - als Assistent
      - oder als Vertreter bei Vertragszahnärzten
      - oder durch Tätigkeiten in unselbstständiger Stellung bei einer der in §3 Abs. 3 S. 2 Zahnärzte-ZV genannten Institutionen ergibt,

      ist nicht grundrechtswidrig, verletzt also nicht Art. 12 und Art. 3 GG.

> *„Gerade wenn auf den erfolgreichen Abschluss einer Weiterbildung und auf das Erfordernis einer besonderen Zulassung der Vorbereitungsstätte für den Bereich der Kassenzahnärzte verzichtet wird, liegt es nach Auffassung des Senats im Rahmen der Gestaltungsfreiheit des Gesetz- und des Verordnungsgebers wenigstens an den Zulassungsstatus des Zahnarztes anzuknüpfen, bei dem die Vorbereitungszeit absolviert werden soll. Die Berücksichtigung einer Hospitation ist dagegen nicht vorgesehen."*

II. Anordnungsgrund. Zwischen Anordnungsanspruch und Anordnungsgrund besteht dabei insoweit eine Beziehung, als in Fällen, in denen ein Anordnungsanspruch offensichtlich gegeben ist, nur geringere Anforderungen an das Vorliegen eines Anordnungsgrundes zu stellen sind. Lässt sich das Vorliegen eines Anordnungsanspruchs im Rahmen einer summarischen Prüfung nicht mit Wahrscheinlichkeit klären, sondern ist das Hauptsacheverfahren offen, schließt dies eine vorläufige Anordnung nicht von vornherein aus; allerdings sind dann strengere Anforderungen an das Vorliegen eines Anordnungsgrundes zu stellen. Ob ein Anordnungsgrund vorliegt, konnte dahinstehen, weil schon der Anordnungsanspruch nicht gegeben war.

III. Schlussfolgerung

Es ist auszudifferenzieren:

- die Erteilung der Approbation als Zahnarzt (Approbationsordnung für Zahnärzte, ZÄPro),
- die Eintragung in das Zahnarztregister (Zulassungsverordnung für Zahnärzte, Zahnärzte-ZV),
- die Zulassung als Vertragszahnarzt (§§ 95 ff. SGB V; von Interesse: § 95 Abs. 5 bis 7 SGB V: Beendigungsgründe bzgl. Vertragszahnarztzulassung).

W Wirtschaftlichkeitsprüfungen

A. Hintergrund

I. Rechtsbeziehungen

Grundsätzlich bestehen unmittelbare **Rechtsbeziehungen** zwischen:

- den Vertragsärzten einschließlich der Zahnärzte einerseits und der Kassen(zahn)ärztlichen Vereinigung (KÄV/KZÄV) als öffentlich-rechtliche Körperschaft andererseits,
- den Krankenkassen und deren Landes- und Bundesspitzenverbänden bzw. ab 2009 der neue „Bund der Krankenkassen" einerseits und der Kassen(zahn)ärztlichen Vereinigung (KÄV/KZÄV) andererseits.

Die Rechtsbeziehungen zwischen KÄV/KZÄV und Bund der Krankenkassen werden durch **Verträge** geregelt. Gegenstand dieser Verträge sind Vergütungsregelungen. Es wird u. a. eine Gesamtvergütung geregelt, nach der sämtliche ärztliche und zahnärztliche Leistungen abgegolten sein sollen, wenn diese Gesamtvergütung gezahlt wurde. In einem späteren Schritt folgt dann die Verteilung dieser Gesamtvergütung nach einem sog. einheitlichen Bewertungsmaßstab (sog. EBM).

II. Verbot der „Überzahnarztung" (Wirtschaftlichkeitsgebot)

Im System der gesetzlichen Krankenversicherung nimmt der an der vertrags(zahn)ärztlichen Versorgung teilnehmende (Zahn)Arzt (Vertrags(zahn)arzt) die Stellung eines Leistungserbringers ein. Er versorgt die Mitglieder der Krankenkassen mit (zahn)ärztlichen Behandlungsleistungen, unterfällt damit auch und gerade dem Gebot, sämtliche Leistungen im Rahmen des Wirtschaftlichen zu erbringen. **Leistungen, die für die Erzielung des Heilerfolgs nicht notwendig**[1637] **oder unwirtschaftlich**[1638] **sind,** darf er nach dem SGB V nicht abrechnen. Die abgerechneten Leistungen sollen den zahnärztlichen Regeln entsprechend ausreichend, zweckmäßig, notwendig und wirtschaftlich gewesen sein (§ 8 Abs. 1 PV), sog. Verbot der „Überzahnarztung". Das Wirtschaftlichkeitsgebot ist u. a. in §§ 2, 12, 106 SGB V geregelt. Eine spezifische Ausprägung erfolgt für die vertragsärztliche Versorgung in §§ 70 Abs. 1 S 2, 72 Abs. 2, 75 Abs. 1 SGB V.

Die Elemente des Wirtschaftlichkeitsgebots des § 12 SGB V sollen erläutert werden.[1639] Die **„Notwendigkeit"** wird vornehmlich durch den medizinischen Zweck der Leistung bestimmt[1640], der Indikation (§ 106 Abs. 2 a Nr. 1 SGB V). Die Leistung muss zwangsläufig, unvermeidlich oder unentbehrlich sein und zu einer wesentlichen Verbesserung des Ereignisses führen, das den Versicherungsfall auslöste.[1641] **„Zweckmäßigkeit"** meint die Effektivität (Wirksamkeit).[1642] Die Leistung muss ex ante betrachtet objektiv medizinisch geeignet sein, das diagnostische oder therapeutische Ziel zu erreichen (§ 106 Abs. 2 a Nr. 2 SGB V). **„Ausreichend"** ist eine Leistung, wenn sie nach Umfang und Qualität die Chance für einen Heilerfolg hinreichend bietet, den Grad des Genügenden nicht unterschreitet und nicht überschreitet und nicht qualitativ mangelhaft ist.[1643]

„Wirtschaftlich im engeren Sinne" meint nicht die kostengünstigste Leistung, sondern die Leistung, die die beste Relation zwischen Kosten (Aufwendung) und Heilerfolg (Nutzen) aufweist.[1644] Der Nutzen richtet sich nach dem Behandlungsziel (§ 106 Abs. 2 a Nr. 4 SGB V), wobei die Nachhaltigkeit der bewirkten Besserung[1645], die Lebensqualität (§ 70 Abs. 2 SGB V: humane Krankenbehandlung) und die Kosten zu berücksichtigen sind, die in anderen sozialrechtlichen Leistungszweigen und Zweigen der Sozialversicherung vermieden oder bewirkt werden. Die Wirtschaftlichkeit im engeren Sinne ist zu verneinen, wenn es an einem (hohen) therapeutischen Nutzen fehlt, weil das Ausmaß der Verbesserungen beim Patienten ungewiss und nicht nachgewiesen ist (z. B. mit allgemeinen klinischen Studien oder im konkreten Fall) und die Kosten einer Therapie unverhältnismäßig hoch sind.

Daraus folgt nicht, dass dann, wenn nur eine einzige Behandlungsmöglichkeit zur Verfügung steht, diese ohne Notiz der Aufwendungen als wirtschaftlich zu erachten ist. Kosten sind nicht deswegen nach Gutdünken (ad bene placitum) gerechtfertigt, weil eine hohe therapeutische Wirksamkeit besteht. Vielmehr sind therapeutischer Nutzen und Wirtschaftlichkeit nicht separat zu erörtern, sondern in einem Zusammenspiel. Es geht um die Relation von Preis und Nutzen für die Leistung. Dies ließe sich zunächst einmal damit begründen, dass keine unermesslichen Finanzen bereitstehen. Was an Leistungen für den einen zur Verfügung gestellt wird, fehlt allfällig für die Leistungserbringung gegenüber einem anderen gesetzlich Versicherten. Daher muss der anvisierte (Behandlungs)Weg im Hinblick auf das Ziel gemessen werden an den Kosten (für den Weg) einerseits und dem Nutzen bzw. der Wirksamkeit auf der Seite des Ziels andererseits. Nicht jede potenzielle Behandlung kann zulasten der gesetzlichen Krankenversicherung praktiziert werden. Es kommen nur solche in Betracht, die sich innerhalb des zuvor skizzierten Abwägungsfensters befinden bzw. vom GABA als sinnvoll und wirtschaftlich angesehen werden. Faktisch führt dies dann zu einer versteckten Leistungsrationierung. Andererseits ist zu bedenken, dass die Wirtschaftlichkeitsvorschriften kein Selbstzweck sind. Wenn gesetzliche Krankenkassen einen enormen Überschuss (wie z. B. 2011) ausweisen, dann stellt sich die Frage nach der Existenzberechtigung dieser Vorschriften. In der Praxis stellt sich häufig die Frage, wonach sich die Verhältnismäßigkeit einer Behandlung bemisst. Unverhältnismäßig dürfte z. B. eine Behandlung sein, die kostenintensiv, mit (großen) Risiken verbunden ist und medizinisch anspruchsvoll, aber der Nutzen beim Patienten unbedeutend ist.

Für den Leistungsanspruch des gesetzlich Versicherten bedeutet dies, dass die zuvor genannten Kriterien im Rahmen einer Gesamtbilanz einzustellen sind. Danach richtet sich dann, ob und in welchem Umfang der Leistungsanspruch besteht.[1646]

Auch im Rahmen kassenwirtschaftlicher Überlegungen ist zu allererst die Beachtung der am Erhaltungsgrundsatz orientierten wissenschaftlichen Zahnheilkunde zu fordern. Auf Dauer am betriebswirtschaftlichsten ist stets eine Versorgung, bei der die natürliche Zahnsubstanz möglichst langfristig erhalten bleibt und alle unumgänglichen prothetischen Maßnahmen sorgfältig und, um das Verlustrisiko gering zu halten, eingebettet in ein Präventions- und Prophylaxekonzept ausgeführt werden. Nur bei mehreren gleichermaßen indizierten kunstgerechten Behandlungsverfahren, die als Kassenbehandlung durchgeführt werden können, fordert das Wirtschaftlichkeitsgebot die Wahl des kostengünstigeren.[1647]

III. Wirtschaftlichkeitsprüfung

1. Revue: Konsequenzen und Abgrenzung

Die Krankenkassen und die Kassen(zahn)ärztlichen Vereinigungen überwachen die Wirtschaftlichkeit der vertrags(zahn)ärztlichen Versorgung. Über die Frage, ob der Vertrags(zahn)arzt gegen das sozialrechtliche Wirtschaftlichkeitsgebot verstoßen hat und welche Maßnahmen zu treffen sind, entscheiden die Prüfgremien (§ 106 Abs. 1 und Abs. 5 Satz 1 SGB V).[1648] Nicht nur die Korrektheit der Verteilungsmaßstäbe, sondern auch die eigens konkret-individuelle Abrechnung wird vor dem Hintergrund der Wirtschaftlichkeitsprüfungen einzelner ärztlicher Maßnahmen im Sinne des §§ 106 SGB V zum Sujet gerichtlicher Auseinandersetzungen gemacht. Ergebnis einer Wirtschaftlichkeitsprüfung kann sein, dass Vergütungsansprüche eines Vertragszahnarztes zu schmälern sind. Deutlich unwirtschaftliches Verhalten und darauffolgend weitere Verstöße, in einer Wohlverhaltensperiode, können singulär sogar die Entziehung der kassenzahnärztlichen Zulassung rechtfertigen (§§ 95, 72 SGB V).[1649] Von der Wirtschaftlichkeitsprüfung sind die sachlich-rechnerische Richtigstellung und die Plausibilitätsprüfung abzugrenzen. Eine Prüfung auf sachlich-rechnerische Richtigkeit der Abrechnung hat zum Sujet, ob die abgerechneten Leistungen ordnungsgemäß (ohne Verstoß gegen gesetzliche oder vertragliche Bestimmungen mit Ausnahme des Wirtschaftlichkeitsgebotes) erbracht worden sind. Ein derartiger Verstoß kann namentlich darin liegen, dass die Leistungen überhaupt nicht, nicht in vollem Umfang, ohne die zur Leistungserbringung erforderliche spezielle Genehmigung oder unter Überschreitung des Fachgebiets erbracht worden sind.[1650] Dagegen setzt die Wirtschaftlichkeitsprüfung gemäß § 106 SGB V allein bei der Menge der (zahn)ärztlich veranlassten, erbrachten Leistungen an, die in grundsätzlicher Übereinstimmung mit den gesetzlichen und/oder vertraglichen Bestimmungen erbracht worden sind.[1651]

2. Verfahrensablauf

Das Prozedere gestaltet sich bei Diskussion der Wirtschaftlichkeitsprüfung regulär (mit Nuancen im Einzelfall) wie folgt:

- Anhörung des Zahnarztes zu den beabsichtigten Verwaltungsakten; ein Schreiben kann dann z. B. lauten:
  „Sehr geehrte(r) Frau /Herr Dr. Zahnarzt…,
  …der Auswahlausschuss gemäß §…der Vereinbarung vom…hat in seiner Sitzung am…entschieden, die Wirtschaftlichkeit ihrer Behandlungsweise zu prüfen. Gegenstand der Prüfung ist Ihre ***gesamte*** *Abrechnung, insbesondere die Gebührennummern:…Wir bitten Sie, Ihre Stellungnahme dazu bis zum…einzureichen. Danach werden wir gegebenenfalls von Ihnen die für die Prüfung notwendigen Unterlagen, wie z. B. Karteikarten und Röntgenbilder anfordern.“*
  Anm. vom Autor: Auch wenn nur eine Stellungnahme bzgl. einzelner frappanter Positionen erwartet wird, ist doch die gesamte Abrechnung Prüfungsgegenstand; werden Karteikarten und Röntgenbilder angefordert, können sich allfällig weitere Inkorrektheiten ergeben, z. B. keine Indikation für eine Behandlung…Ein derartiges Schreiben macht eben nur den Anfang.
- Stellungnahme des Zahnarztes und/oder Prüfungssitzung.
- Prüfbescheid.
- Widerspruch(sverfahren).
- Einstweiliger Rechtsschutz.
- Klage.

3. Widerspruch

a. Vorbereitung

Im Rahmen von statistischen Wirtschaftlichkeitsprüfungen werden den Zahnärzten nicht immer die Statistiken ausgehändigt. Dies dürfte aber wegen Art. 6 EMRK geboten sein. Der EGMR bejaht die Anwendbarkeit von Art. 6 Abs. 1 S. 1 EMRK auf Wirtschaftlichkeitsprüfungen.[1652] Waffen- und Chancengleichheit folgen aus dem Grundsatz des fairen Verfahrens. Alle Beteiligten müssen u. a. unter denselben Bedingungen die Möglichkeiten haben vorzutragen.[1653] Im Rahmen von Wirtschaftlichkeitsprüfungen besteht die Besonderheit, dass alle Argumente im Vorverfahren vorgetragen sein müssen. Mit späteren Argumenten im Gerichtsverfahren ist der (Zahn)Arzt ausgeschlossen. Ist der (Zahn)Arzt aber mit neuen Argumenten im Gerichtsverfahren ausgeschlossen, dann muss er im Vorverfahren auch die Gelegenheit gehabt haben sich umfassend zu verteidigen, u. a. gegen die Statistiken oder auf deren Grundlage. Dies hat er aber nicht, wenn die Statistiken geheim gehalten werden. Vorenthaltenes Zahlenmaterial führt dazu, dass er nicht unter den gleichen Bedingungen vortragen kann wie die Gegenseite. Das Vorenthalten der zugrundeliegenden und zugrunde gelegten Statistiken verstößt gegen den Grundsatz des fairen Verfahrens.

b. Prozessvoraussetzung

Grundsätzlich ist bei Anfechtungs- und Verpflichtungsklagen ein Widerspruchsverfahren als Vorverfahren (**Prozessvoraussetzung**) bis zum Ende des Widerspruchsverfahrens vorgeschrieben (§ 78 SGG). Nach § 114 Abs. 2 SGG analog erfolgt eine Aussetzung bis zum Erlass des Widerspruchsbescheids, falls das Widerspruchsverfahren fehlt.[1654] Nebenbei soll auf die Widerspruchsfrist eingegangen werden, die grundsätzlich gemäß § 84 Abs. 1 S. 1 SGG einen Monat beträgt.[1655] Etwas anderes kann gelten, wenn die Rechtsbehelfsbelehrung nicht ordnungsgemäß erfolgt ist (vgl. § 66 Abs. 1 SGG). Eine Rechtsmittelbelehrung ist auch ohne einen Hinweis auf die Möglichkeit, das Rechtsmittel mittels elektronischen Dokuments einzulegen, vollständig und richtig. Die Einlegung eines Rechtsmittels mittels elektronischen Dokuments unterliegt besonderen Voraussetzungen und Umständen auf die nicht gesondert hingewiesen werden muss.[1656] Sollte ein Widerspruch verfristet sein, kommt ein Antrag auf Wiedereinsetzung in den vorigen Stand (§ 27 SGB X) in Betracht.

c. Begründetheit des Widerspruchs

Über den Widerspruch ist durch die **zuständige** Behörde zu entscheiden (vgl. § 106 Abs. 4, 4 a SGB V und § 85 SGG). Hat eine nicht zuständige Stelle über den Widerspruch entschieden, dann ist dies für die Zulässigkeit der Klage irrelevant. Der Widerspruchsbescheid ist dann aber rechtswidrig und es besteht die Berechtigung des Klägers, diesen isoliert aufheben zu lassen und anzufechten. En bloc werden die Rechtmäßigkeitsvoraussetzungen einer Wirtschaftlichkeitsprüfung gesondert dargestellt, hinsichtlich derer Kommunalität zwischen den einzelnen Rechtsbehelfen besteht.

d. Effekt

aa. Nach § 86 a Abs. 1 S. 1 SGG haben Widerspruch und Anfechtungsklage grundsätzlich aufschiebende Wirkung. Die aufschiebende Wirkung verbietet, dass ein Verwaltungsakt zwangsweise durchgesetzt wird (sog. Vollstreckungshemmung, Vollziehbarkeitshemmung, Vollzugshemmung). Diese Wirkung kann jedoch nur bei vollstreckbaren Verwaltungsakten zum Tragen kommen, nicht hingegen bei feststellenden oder rechtsgestaltenden Verwaltungsakten, da bei diesen eine Vollstreckung nicht erfolgt.
Der Begriff der Vollziehung ist im Sinne eines umfassenden Verwirklichungs- und Ausnutzungsverbotes zu verstehen.[1657] Die aufschiebende Wirkung verbietet alle Maßnahmen, die in tatsächlicher oder rechtlicher Hinsicht auf die Verwirklichung des Verwaltungsakts gerichtet sind (deshalb auch als Verwirklichungshemmung bezeichnet). Während des Bestehens der aufschiebenden Wirkung darf daher insbesondere:
- der Verwaltungsakt nicht im Wege des Verwaltungszwangs durchgesetzt werden,
- kein Verwaltungsakt erlassen werden, der auf dem angefochtenen Verwaltungsakt aufbaut,
- keine Aufrechnung vorgenommen werden.[1658]

Cave

- **Verwaltungsrecht.**
  - Ein Teil der Literatur geht davon aus, dass die aufschiebende Wirkung auch der Aufrechnung mit der streitbefangenen Forderung entgegensteht.
  - Dieser Auffassung tritt das Bundesverwaltungsgericht entgegen:
    - Die aufschiebende Wirkung von Rechtsbehelfen hindere nicht, die Aufrechnung mit der in einem Bescheid festgesetzten Forderung vorzunehmen.
    - Die von dem Gegenseitigkeitsverhältnis vorausgesetzte **Gegenforderung** wird **weder** durch eine aufschiebende Wirkung eines Rechtsbehelfs gegenüber einem **Rückforderungsbescheid** berührt **noch** durch die aufschiebende Wirkung eines Rechtsbehelfs gegenüber einem **Verwaltungsakt**, der gerade **Voraussetzung** für den Rückforderungsbescheid ist.
    - Die Gegenforderung ist aber nicht durchsetzbar (weil nicht fällig), wenn der vom Rückforderungsbescheid **vorausgesetzte Verwaltungsakt** nicht vollziehbar ist, weil ein **Rechtsbehelf** gegen diesen **aufschiebende Wirkung** hat.[1659]
- **Sozialrecht.**
  - Aufrechnung und Verrechnung wurden für den Bereich des Sozialrechts der Handlungsform "Verwaltungsakt" unterstellt.[1660]

bb. Ausnahmen: Honorarfestsetzung (Honoraränderung, Honoraraufhebung), Honorarkürzung.
Nach § 85 Abs. 4 S. 9 SGB V entfällt die aufschiebende Wirkung bei Widerspruch und Klage gegen die Honorarfestsetzung sowie ihre Änderung oder Aufhebung.
Widerspruch und Klage haben auch gegen eine Honorarkürzung im Rahmen einer quartalsgleichen Wirtschaftlichkeitsprüfung keine aufschiebende

Wirkung. Anders ist dies bei einer quartalsversetzten Wirtschaftlichkeitsprüfung (vgl. § 106 Abs. 5 S. 4 SGB V).[1661] Die aufschiebende Wirkung entfällt auch nach § 106 Abs. 5 S. 7 SGB V. Danach hat die Klage gegen eine vom Beschwerdeausschuss festgesetzte Honorarkürzung keine aufschiebende Wirkung.
§ 106 Abs. 5 S. 7 SGB V und § 85 Abs. 4 S. 9 SGB V korrelieren insofern, als auf unwirtschaftliche Leistungen kein Honoraranspruch besteht und ein Honoraranspruch zunächst allein auf Angaben des Vertrags(zahn)arztes beruht.
Zweck des § 85 Abs. 4 S. 9 SGB V: Der Gesetzgeber wollte die finanzielle Funktionsfähigkeit der vertrags(zahn)ärztlichen Leistungserbringung gewährleisten, indem er den Rechtsbehelfen gegen die zuvor genannten Entscheidungen die aufschiebende Wirkung versagt. Insbesondere im Fall massenhaft erhobener Widersprüche gegen Regelungen in Bewertungs- oder Honorarverteilungsmaßstäben könnte es andernfalls zu Liquiditätsengpässen kommen.[1662]
Unter "**Honorarfestsetzung**" ist nur die Festsetzung des Honorars, insbesondere aber auch ihre Änderung oder Aufhebung zu verstehen. Bescheide über die Honorarfestsetzung sind:

- vorläufige Honorarfestsetzung,
- endgültige Honorarfestsetzung,
- sachlich-rechnerische Richtigstellung,
- Honorarrückforderung, die auf sachlich-rechnerischer Richtigstellung basiert,
- Verrechnung von Honorarrückforderungen, die auf sachlich-rechnerischer Berichtigung beruhen, gegenüber einem Honoraranspruch.[1663]

Der Sicherungseinbehalt selbst stellt keine Honorarfestsetzung dar.
Die „**Honorarkürzung**“ erfasst nur Honorarberichtigungen aufgrund einer Wirtschaftlichkeitsprüfung der vertrags(zahn)ärztlichen Leistungen, nicht aber Bescheide über Arzneimittelregresse oder Regresse wegen eines sonstigen Schadens.[1664] Regressbescheide, bei denen ein Schadensersatz durch Verwaltungsakt geltend gemacht wird, werden also nicht erfasst.[1665]

4. Einstweiliger Rechtsschutz

Die Bedeutung des vorläufigen Rechtsschutzes wird vor allem dann evident, wenn ein Bescheid extreme Rückforderungsbeträge zum Gegenstand hat. Ist der Bescheid rechtswidrig, darf aber trotzdem vollstreckt werden, kann sich der Rückforderungsbetrag als etwaiger privatwirtschaftlicher Ruin entpuppen. Die Beträge aus dem Bescheid sind solange zurückzuzahlen, bis das Gericht in der Hauptsache den Bescheid aufhebt oder im Rahmen vorläufigen Rechtsschutzes die aufschiebende Wirkung des Widerspruchs/der Klage anordnet.

a. Statthaftigkeit

In den Fällen, in denen **Widerspruch oder Anfechtungsklage keine aufschiebende Wirkung**[1666] haben, kann nach § 86 b Abs. 1 S. 1 Nr. 2 SGG das Gericht der Hauptsache auf Antrag:

- die aufschiebende Wirkung ganz oder teilweise anordnen,
- die Aufhebung eines bereits vollzogenen oder verfolgten Verwaltungsaktes anordnen (§ 86 b Abs. 1 S. 2 SGG).

§ 86 b Abs. 1 S. 2 SGG ermöglicht es, zu beantragen, dass die Aufhebung der Vollziehung angeordnet wird (z. B. befristet bis zur Neubescheidung). Hat ein **Rechtsbehelf aufschiebende Wirkung**, wird diese aber missachtet, dann kann das Gericht der Hauptsache auch feststellen, dass der Rechtsbehelf aufschiebende Wirkung hat.[1667]

b. Antragsfrist/Rechtsschutzbedürfnis

Eine Antragsfrist gibt es nicht. Hat der Antragssteller die Widerspruchs- bzw. Klagefrist nicht eingehalten, ist der Rechtsbehelf offensichtlich unzulässig und für den Aussetzungsantrag fehlt es am Rechtsschutzbedürfnis. Ein längeres Zuwarten nach Erlass der Verwaltungsakte stellt das Rechtschutzbedürfnis nicht infrage.

c. Notwendige Beiladung

Bei Entscheidungen gegen Beschwerdeausschüsse sind i.S.v. § 75 Abs. 2 SGG die Krankenkassenverbände und die Kassen(zahn)ärztlichen Vereinigungen notwendig beizuladen.[1668] Eine **unterlassene** notwendige Beiladung wirkt dann nicht als Verfahrensfehler in der Revisionsinstanz fort, wenn aufgrund der tatsächlichen Feststellungen des Instanzengerichts eine Entscheidung in der Sache möglich ist, die für den Beizuladenden materiell nicht nachteilig ist, insbesondere keine Leistungspflicht konstituiert, und ihn verfahrensrechtlich insoweit nicht benachteiligt, als ihm durch die Verpflichtung zur Neubescheidung eine Wahrnehmung seiner Rechte im Verwaltungsverfahren jederzeit noch möglich ist. Unter diesen Voraussetzungen bedarf es dann auch nicht einer Nachholung der notwendigen Beiladung in der Revisionsinstanz.[1669]

d. Begründetheit

aa. Erfolgsaussichten in der Hauptsache

Bei der Entscheidung, ob die aufschiebende Wirkung des Widerspruchs oder der Klage anzuordnen ist, sind in einem **ersten Prüfungsschritt** die **Erfolgsaussichten** der Klage einer summarischen Prüfung zu unterziehen. Das Gericht hat in Ausübung pflichtgemäßen richterlichen Ermessens eine Interessenabwägung vorzunehmen, wobei das öffentliche Vollzugsinteresse des Antragsgegners und das private Aussetzungsinteresse der Antragstellerin gegeneinander abzuwägen sind.[1670] Je größer die Erfolgsaussichten der Klage sind, umso geringere Anforderungen sind an das Aussetzungsinteresse zu stellen. Je geringer umgekehrt die Erfolgsaussichten der Klage zu bewerten sind, umso schwerwiegender muss das Interesse des Adressaten des Verwaltungsakts an der aufschiebenden Wirkung sein, um eine Aussetzung rechtfertigen zu können. Offensichtlich **rechtmäßige** Verwaltungsakte können in der Regel sofort vollzogen werden, während an der Vollziehung offensichtlich **rechtswidriger** Verwaltungsakte grundsätzlich kein legitimes Interesse besteht. Kann eine endgültige **Prognose** bezüglich der Erfolgsaussichten (noch) **nicht** gestellt werden, müssen die für und wider die sofortige Vollziehung sprechenden Interessen gegeneinander abgewogen werden.

bb. Allgemeine Interessenabwägung

(i). Revue

Die von den Erfolgsaussichten in der Hauptsache unabhängige Interessenabwägung spielt vor allem dann zur Begründung einer „unbilligen Härte" eine Rolle, wenn
- der Verwaltungsakt offensichtlich rechtmäßig ist,[1671]
- die Erfolgsaussichten offen sind.

In der Regel kann in den zuvor skizzierten Fällen nur dann noch ein Erfolg im vorläufigen Rechtsschutz verbucht werden.

(ii). Offene/nicht absehbare Erfolgsaussichten

Insbesondere dann, wenn die Prüfung der Rechtmäßigkeit eines belastenden Verwaltungsaktes in einem vorläufigen Rechtsschutzverfahren
- **besonders schwierig**
- **oder ohne weitere Ermittlungen nicht möglich ist**, weil sie von der Klärung komplizierter Rechtsprobleme (z. B. von einer Entscheidung über die Verfassungsmäßigkeit einer Rechtsnorm abhängt), die Entscheidung nur auf der Grundlage einer weiteren Sachaufklärung möglich ist (insbesondere die Anhörung der Beteiligten, von Zeugen oder die Beiziehung von Akten oder weiterer Unterlagen erfordert) oder der Erörterung des Falles in der mündlichen Verhandlung unter Beteiligung der sachkundigen ehrenamtlichen (zahn)ärztlichen Beisitzer bedarf,

können die Sozialgerichte auf die **summarische Prüfung der Rechtmäßigkeit des angefochtenen Verwaltungsaktes verzichten**. In einem solchen Fall ist der Erfolg eines Widerspruchs oder einer Klage regelmäßig ebenso wahrscheinlich wie ihr Misserfolg, sodass es für ein Obsiegen in einem Verfahren des vorläufigen Rechtsschutzes darauf ankommt, ob
- **Widerspruch und Klage nach der Entscheidung des Gesetzgebers kraft Gesetzes aufschiebende Wirkung zukommen soll oder nicht**,
- die Vollziehung für den Antragsteller eine unbillige, nicht durch überwiegende öffentliche Interessen gebotene Härte zur Folge hätte (ist die aufschiebende Wirkung kraft Gesetzes ausgeschlossen, kann ein Antrag auf Gewährung vorläufigen Rechtsschutzes in Anlehnung an § 86a Abs. 3 Satz 2 SGB V nur eben bei unakzeptabler Härte Erfolg haben).

(iii). Abwägungsgesichtspunkte

Zu berücksichtigen sind sondergesetzlich geregelte Prüfungsmaßstäbe, wie z. B.
- das Erfordernis ernstlicher Zweifel an der Rechtmäßigkeit des angefochtenen Bescheids bei der Anforderung von Beiträgen und sonstigen öffentlichen Abgaben (§ 86 a Abs. 3 S. 2, Abs. 2 Nr. 1 SGG)
- oder gesetzliche Wertungen, die dem öffentlichen Vollziehungsinteresse im Einzelfall generell den Vorrang einräumen. Letzteres ist vor allem dann anzunehmen, wenn Widerspruch und Anfechtungsklage (schon) kraft Gesetzes keine aufschiebende Wirkung haben, der Aufschub der Vollziehung also entgegen § 86a Abs. 1 SGG nicht den Regel-, sondern den Ausnahmefall darstellt.

Schließlich muss das Gericht immer bedenken,
- welche **nachteiligen Folgen** dem Antragsteller aus der sofortigen Vollziehung des Verwaltungsakts, vor allem für seine grundrechtlich geschützten Rechtspositionen erwachsen
- und ob bzw. wie diese ggf. **rückgängig** gemacht werden können.

Eingriffe in das Grundrecht der Berufsfreiheit (Art 12 Abs. 2 GG) im Besonderen sind vor Rechtskraft der Entscheidung im Hauptsacheverfahren als Präventivmaßnahme nur unter strengen Voraussetzungen zur Abwehr konkreter Gefahren für wichtige Gemeinschaftsgüter und unter strikter Beachtung des Grundsatzes der Verhältnismäßigkeit zulässig; die hohe Wahrscheinlichkeit, dass das Hauptsacheverfahren zum Nachteil des Betroffenen ausgehen wird, reicht nicht aus. Einzustellen sind namentlich die Einkommens- und Vermögensverhältnisse[1672], zu denen substantiiert vorgetragen werden muss.

Erfolgte eine vollzogene Honorarberichtigung und musste daher ein Darlehen aufgenommen werden, dann ist der daraus resultierende **drohende Zinsschaden** kein Abwägungsgesichtspunkt. Ferner ist auch die **Wertung** zu berücksichtigen, dass es das **Risiko** des Zahnarztes ist, die Honorarzahlungen, die grundsätzlich unter dem Vorbehalt einer nachträglichen sachlichen-rechnerischen Berichtigung und Wirtschaftlichkeitsprüfung stehen, bereits als endgültige Einnahme, auch soweit sie erst noch zu erwarten sind, in seine private Vermögensplanung einzubeziehen.[1673] Außerdem darf der **Rechtsschutzanspruch** (Art. 19 Abs. 4 GG) gegenüber dem öffentlichen Interesse am Sofortvollzug einer Maßnahme umso weniger zurückstehen, je schwerwiegender die auferlegte Belastung ist und je mehr die Maßnahmen der Verwaltung Unabänderliches bewirken.

5. Klage

a. Statthaftigkeit

Als zunächst einmal interessierende (nicht exklusiv) Klagearten kommen ihrer Art nach in Betracht:

- Anfechtungsklage (Aufhebung eines Verwaltungsakts),
- Verpflichtungsklage:
  - als Untätigkeitsklage: Über einen Widerspruch wurde in angemessener Frist (in der Regel drei Monate) sachlich nicht entschieden,
- kombinierte Anfechtungs- und Verpflichtungsklage.

Prima Vista kommt bzgl. einer Wirtschaftlichkeitsprüfung die reine Anfechtungsklage in Betracht.

Nach der Rechtsprechung des BSG ist ein Antrag bzgl. eines angefochtenen Bescheides der Kürzungen enthält und der lautet, den Beklagten zu verpflichten, über den Widerspruch des Klägers unter Beachtung der Rechtsauffassung des Gerichts erneut zu entscheiden, nicht als kombinierte Anfechtungs- und Verpflichtungsklage auszulegen. Eine solche beantragte Verpflichtung ergebe sich im Falle eines Erfolgs schon als notwendige Folge der (teilweisen) Aufhebung des angefochtenen Bescheids und daraus, dass dadurch der Widerspruch (partiell) unbeschieden sei und neu beschieden werden müsse. Die notwendige Folge sei jedoch nicht bestimmend für die Klageart in dem Sinne, dass der Kläger eine kombinierte Anfechtungs- und Verpflichtungsklage erhoben hätte. Vielmehr sei seinem sachlichen Begehren allein schon durch die Erhebung einer Anfechtungsklage genügt.[1674] Zu beachten ist, dass eine gerichtliche Anfechtung der im Verfahren der Wirtschaftlichkeitsprüfung vom **Prüfungsausschuss** erlassenen Bescheide – von bestimmten Ausnahmen abgesehen – aus Rechtsgründen ausscheidet. Eine darauf gerichtete Klage ist grundsätzlich unzulässig.[1675] **Etwas anderes** gilt aber, wenn geltend gemacht wird, dass der Beschwerdeausschuss rechtlich gehalten wäre, den ersten Prüfbescheid aufzuheben; in einem derartigen Fall kann die Aufhebung der Bescheide sowohl des Prüfungs- als auch des Beschwerdeausschusses geltend gemacht werden.[1676]

Die Ansicht, die richtige Klageart gegen Honorarkürzungen im Rahmen von Wirtschaftlichkeitsprüfungen sei die **reine Verpflichtungsklage**, ist abzulehnen.[1677] Denn sie berücksichtigt nicht die sozialgerichtliche Besonderheit, dass durch die Verpflichtungsklage nicht der ablehnende Bescheid beseitigt wird. Favorisiert wird die **kombinierte Anfechtungs- und Verpflichtungsklage** (sog. Teilanfechtung[1678]). Ein solcher Bescheidungsantrag ist **zulässig** analog nach § 131 Abs. 3 SGG und § 113 Abs. 5 S. 2 VwGO.[1679] Mit ihr wird der Beschluss nicht vollumfänglich angefochten bzw. dieser soll nicht ersatzlos aufgehoben werden, sondern es wird die Neubescheidung des Widerspruchs beantragt. Denn häufig sind nur Einzelfragen (z. B. Praxisbesonderheiten, kompensatorische Einsparungen, bei denen den Prüfgremien ein Ermessensspielraum zusteht, die Abrechnung einzelner Gebührenziffern, die gewählte Prüfmethode oder Verfahrensfragen) streitig, die (selbst bei einer Neubescheidung) auch aus der Sicht des klagenden (Zahn)Arztes nur in einem geringen Umfang zur Reduzierung einer Honorarkürzung oder eines Regresses führen können. Allerdings "fährt" der Kläger sich bei diesem Antrag den **psychologischen Nachteil** ein, dass er auch nach dem Horizont der Gerichte zu erkennen gebe, dass er teilweise mit einer Rechtmäßigkeit der Festsetzung von Regressen rechnet oder jedenfalls eine reine Anfechtungsklage nicht für aussichtsreich hält.[1680] **Positivistischer Vorteil** einer Bescheidungsklage ist, dass das Gericht im Rahmen des ihm eingeräumten Ermessens bei fehlenden Anhaltspunkten den Streitwert auf die Hälfte der Honorarkürzung bzw. die Hälfte des Regressbetrages festsetzen kann.[1681] Dies muss aber nicht so sein. Wurde zwar formal eine Bescheidungsklage erhoben, ergibt sich aber aus der Begründung, dass eine Kürzung wegen Unwirtschaftlichkeit nicht nur in der festgesetzten Höhe, sondern gänzlich für rechtswidrig erachtet werde, entspreche die volle Kürzungssumme dem Wert der Klage. Entscheidend für die Höhe des Gegenstandswertes sei nämlich nicht die Klageart, sondern vielmehr das **Klageziel**.[1682] Eine Klagebeschränkung kann daher nur angenommen werden, sofern dies eindeutig im Klageantrag, aber auf jeden Fall in der **Begründung** zum Ausdruck kommt. Exemplarisch hat das BSG bezüglich der Teilanfechtung eines vertragsärztlichen Honorarbescheides ausgeführt, dass eine Teilanfechtung bzw. Teilrücknahme in Betracht kommen kann, wenn z. B. ausdrücklich die Klage nur „insoweit" erhoben wird, als dass die Honoraranforderung wegen bestimmter Umstände (z. B. wegen des Praxisbudgets, aufgrund der sachlich-rechnerischen Richtigstellung bestimmter Gebührenordnungsnummern, wegen einer Fallzahlbegrenzung...) reduziert worden ist.[1683]

b. Begründetheit

Für die Beurteilung der Begründetheit der Anfechtungsklage ist die Sach- und Rechtslage bei Erlass des Verwaltungsakts bzw., sofern ergangen, des Widerspruchsbescheids maßgeblich. Zwar wird hiervon in der Rechtsprechung eine Reihe von Ausnahmen gemacht, so insbesondere bei der Anfechtung von Verwaltungsakten mit Dauerwirkung (Anfechtung einer nicht für sofortvollziehbar erklärten Entziehung der Zulassung zur kassen- bzw. vertrags(zahn)ärztlichen Tätigkeit). Indes ist einer dieser Ausnahmefälle bei der Anfechtung von im Verfahren der Wirtschaftlichkeitsprüfung erlassenen Honorarkürzungsbescheiden nicht gegeben.[1684] In der Regel ist die letzte Entscheidung die, die der Beschwerdeausschuss getroffen hat.

6. Rechtmäßigkeit der Bescheide

Mit einer Wirtschaftlichkeitsprüfung gehen folgende Verwaltungsakte einher:

- (Teil)Aufhebung bisheriger vorläufiger Honorarbescheide,
- Honorar(neu)festsetzung, die in der Korrektur enthalten ist,
- Rückforderung überbezahlten Honorars.

a. (Teil)Aufhebung

Der Ansatz einer „(Teil)Aufhebung" ist nicht zwingend. In ständiger Rspr. wird die Vorläufigkeit des Honorarbescheids akzentuiert. Bei einem vorläufigen Verwaltungsakt wird eine vorläufige Regelung unter den Vorbehalt der späteren endgültigen Entscheidung gestellt.[1685] Einigkeit besteht dahingehend, dass der vorläufige Verwaltungsakt einschränkungslose Verwaltungsaktqualität besitzen soll. Unklar ist allerdings, wie der vorläufige Verwaltungsakt einzuordnen ist:

- als Verwaltungsakt sui generis[1686],
- als spezielle, zulässige Nebenbestimmung, die in § 36 VwVfG bzw. § 32 SGB X nicht designiert ist,
- als Inhaltsbestimmung eines Verwaltungsakts.[1687]

Straight ist es dann, dass sich der vorläufige Verwaltungsakt mit dem Erlass eines endgültigen Verwaltungsakts erledigt (§ 43 Abs. 2 VwVfG bzw. § 39 Abs. 2 SGB X). Er ist gegenstandslos und begünstigt bzw. beschwert den Betroffenen dann nicht mehr, sobald der endgültige Verwaltungsakt vorliegt.[1688] Nur folgerichtig bedarf es und kommt es auch nicht mehr zu einer Aufhebung des vorläufigen Verwaltungsakts.[1689]

aa. Rechtsgrundlage

Rechtsgrundlage der Teilaufhebung von vorläufigen Honorarbescheiden ist nicht § 45 SGB X. Dieses Ergebnis versteht sich vor dem Hintergrund von § 37 SGB I, der abweichende Regelungen zulässt.[1690] Die Ermächtigungsgrundlage findet sich vielmehr in § 106 Abs. 2 S. 1 SGB V i.V.m. § 72 Abs. 1 S.2 SGB V.[1691]

bb. Formelle Rechtmäßigkeit

(i). Im Rahmen der **formellen Rechtmäßigkeit** muss die **Zuständigkeit** gewahrt worden sein. Maßgeblich ist § 106 Abs. 4 und Abs. 4 a SGB V.[1692] Im Fokus sollte behalten werden, dass es hier um die Rechtmäßigkeit einer Wirtschaftlichkeitsprüfung geht. Eine Vermengung mit einer sachlich-rechnerischen Berichtigung ist grundsätzlich unzulässig. Ausnahmsweise kann eine sog. **Randzuständigkeit** dazu befugen im Rahmen einer Wirtschaftlichkeitsprüfung sachlich-rechnerische Berichtigungen vorzunehmen, wenn sich dies aus einer Prüfvereinbarung ergibt und sachlich-rechnerische Berichtigungen nicht den Schwerpunkt der Beanstandungen darstellen.[1693] Prüfgremien sind also dazu berechtigt, auch außerhalb des Rechtszwecks der Gewährleistung einer wirtschaftlichen Versorgung liegende sachlich-rechnerische Berichtigungen der Honorarabrechnungen und Verordnungen eines Vertragszahnarztes im Rahmen einer Randzuständigkeit dann vorzunehmen, wenn sich die Notwendigkeit dazu im Rahmen einer Wirtschaftlichkeitsprüfung nachträglich ergibt und der Frage der Berechnungs- bzw. Verordnungsfähigkeit im Verhältnis zur Wirtschaftlichkeit keine derart überragende Bedeutung zukommt, dass eine Abgabe an die Kassenzahnärztliche Vereinigung geboten ist. Hingegen scheidet eine solche Randzuständigkeit dann aus, wenn sich die Notwendigkeit einer sachlich-rechnerischen Richtigstellung nicht nachträglich im Rahmen einer Wirtschaftlichkeitsprüfung ergibt, sondern ihr gegenüber eine vollständig eigene Bedeutung besitzt.[1694]

(ii). Der Erlass eines Bescheids setzt ein **ordnungsgemäßes Verfahren** voraus. Das gilt sowohl für den Ausgangsbescheid als auch für den Widerspruchsbescheid. Dem Geprüften muss regelmäßig Gelegenheit zur Stellungnahme gewährt werden, was als **Anhörung** (§ 24 Abs. 1 SGB X) bezeichnet wird. Das gilt im Verwaltungsverfahren vor dem Erlass des Prüfbescheides durch die Prüfungsstelle als auch im Widerspruchsverfahren vor dem Erlass des Widerspruchsbescheids durch den Beschwerdeausschuss.[1695] Im Verwaltungsverfahren und im Widerspruchsverfahren kann es zu Verfehlungen in Bezug auf das rechtliche Gehör kommen.[1696] Der Anhörung in Bezug auf das Verfahren vor dem Beschwerdeausschuss wird genügt, wenn die Bescheide des Prüfungsausschusses übersandt werden und der geprüfte (Zahn)Arzt aufgefordert wird, eine Stellungnahme abzugeben.[1697] Die Verfahrensdetails ergeben sich aus der Verfahrensordnung für Wirtschaftlichkeitsprüfungen (sog. VoWi) bzw. den Prüfvereinbarungen. Regelmäßig wird dort geregelt, wer zur Einleitung einer Wirtschaftlichkeitsprüfung antragsbefugt ist, welchen Inhalt dieser Antrag hat und bis wann ein derartiger Antrag gestellt sein muss.

Befangenheit (vgl. § 17 SGB X) der Beschwerdeausschussmitglieder ergibt sich nicht schon daraus, dass die Atmosphäre in der Sitzung hitzig ist oder Ausschussmitglieder über laienhafte und unprofessionelle Ermittlungstätigkeiten des Geprüften bezüglich der Liquidierung von Position 39 BEMA-Z (Kasse oder privat) durch Kollegen verärgert sind.[1698]

Auch wenn die Anhörung letztendlich Ausfluss des rechtlichen Gehörs ist (vgl. Art. 103 Abs. 1 GG) muss in der Sitzung nicht ein Röntgenbildbetrachter zur Verfügung stehen, wenn an der Sitzung Vertragszahnärzte teilnehmen, die die erforderliche Sachkenntnis zur Auswertung der Röntgenaufnahmen besitzen.[1699]

Bei der **Besetzung** des Beschwerdeausschusses ist zwischen der Besetzung im Rahmen der **Beratung** einerseits und der im Rahmen der **Beschlussfassung** zu differenzieren. Die bei der Beschlussfassung mitwirkenden Ausschussmitglieder müssen nicht auch an allen vorherigen

Sitzungen zur Feststellung des entscheidungserheblichen Sachverhalts teilgenommen haben, wenn sich dies nicht gerade aus Vereinbarungen oder dem SGB ergibt.[1700] Ein Verfahrensfehler soll unbeachtlich sein, wenn der Betroffene sehenden Auges das Zustandekommen des Verfahrensfehlers nicht verhindert, um diesen Verfahrensfehler dann später für sich auszunutzen.[1701] Das ist nur dann anders, wenn der Beschwerdeausschuss bei der Beschlussfassung nicht mit den Mitgliedern besetzt ist, die an den einzelnen Sitzungen teilgenommen haben, aber in früheren Sitzungen Zeugen gehört wurden und es für die Entscheidung des Gremiums wesentlich auf die Glaubwürdigkeit der Zeugen ankommt.[1702]

(iii). Ein (schriftlicher oder schriftlich bestätigter) Verwaltungsakt ist schriftlich zu **begründen**. In der Begründung sind die wesentlichen tatsächlichen und rechtlichen Gründe mitzuteilen, die die Behörde zu ihrer Entscheidung bewogen haben (§35 SGB X).[1703] Unter anderem sind mitzuteilen:

- Wie wurde das (Behandlungs)Verhalten bewertet und welche Gründe waren für die Kürzung ausschlaggebend[1704] bzw. auf welche Erwägungen wurde die getroffene Kürzungsmaßnahme gestützt,[1705]
- Angabe der notwendigen statistischen Daten bzgl. Fallkosten und Fallzahlen.[1706]

Im Übrigen gehört zur Begründungspflicht einer Entscheidung, die vor dem Hintergrund einer **Einzelfallprüfung** getroffen wurde, dass sich (auch) die Begründung auf jeden einzelnen Fall erstreckt. Die insgesamt abgerechneten Fälle müssen im Einzelnen aufgeführt und die jeweils hierzu getroffenen Feststellungen und Erwägungen müssen mitgeteilt werden, um erkennbar und nachvollziehbar zu machen, aufgrund welcher Umstände die Wirtschaftlichkeit in jedem einzelnen Falle bejaht bzw. verneint wurde. Im Falle einer bloß auf einer Verwertung der ärztlichen Unterlagen beruhenden Prüfung ist auch zu begründen, wieso aus den vorliegenden Unterlagen für die Vergegenwärtigung der zum Zeitpunkt der Leistungserbringung gegebenen Indikation sich der objektive Befund nicht weniger erschlossen hat als dies bei der Heranziehung des Patienten der Fall gewesen wäre.[1707]

cc. Materielle Rechtmäßigkeit

(i). Angewandte Prüfung(smethode).

Als Prüfmethoden kommen insbesondere in Betracht:

- Einzelfallprüfung,
- repräsentative Einzelfallprüfung,
- statistisch vergleichende Prüfung nach Durchschnittswerten.

Im Folgenden werden nur die Prüfungsarten intensiv beleuchtet, die sich in praxi hervorgetan haben. Prävalenter Streitgegenstand in Litigationen ist die statistische Vergleichsprüfung, sporadisch ist die Einzelfallprüfung in Gerichtsentscheidungen thematisiert worden. Dies ist insofern überraschend, als dass die genetische Auslegung nahelegt, nunmehr der Einzelfallprüfung den (praktischen) Vorrang einzuräumen.

Die Anwendbarkeit anderer Prüfarten als der statistischen Vergleichsprüfung wird häufig davon abhängig gemacht, dass die Prüfung nach Durchschnittswerten nicht aussagekräftig oder nicht durchführbar ist.[1708] Die rechtlichen Anwendungsvoraussetzungen für die Prüfarten ergeben sich aus der jeweiligen Prüfvereinbarung.

Einzelfallprüfung und statistische Vergleichsprüfung sind als gleichwertig anzusehen.[1709] Die Prüfmethodenauswahl obliegt dem Prüfungsausschuss, der dabei auch einen Beurteilungsspielraum hat.[1710] Von diesem Beurteilungsspielraum ist grundsätzlich auch die Entscheidung umfasst, ob der Vergleichsprüfung die Gesamtfallwerte oder nur der Aufwand in einzelnen Leistungssparten oder bei bestimmten Einzelleistungen zugrunde gelegt werden.[1711]

Hinsichtlich der erforderlichen Subsumtionserwägungen bei der **Auswahl einer Prüfart** werden von den Prüfgremien Ausführungen erwartet, die erkennen lassen, dass sich diese den Grenzen ihres Beurteilungsspielraums bewusst gewesen sind. Ferner wird der Entscheidungsspielraum im Hinblick auf die Prüfmethode dadurch eingeschränkt, dass dem Gebot „**effektive**" Wirtschaftlichkeitsprüfungen Rechnung zu tragen ist. Mit effektiv ist die Verpflichtung der Prüfgremien gemeint, auf festgestellte bzw. vorliegende Unwirtschaftlichkeiten zu reagieren. Die Frage der Unwirtschaftlichkeit ist mit allen dazu geeigneten und zulässigen Beweismitteln aufzuklären. Eine Wirtschaftlichkeitsprüfung ist **nicht effektiv**, wenn:

- die Wirtschaftlichkeitsprüfung in der gewählten Form zu überhaupt keinen Ergebnissen führt (z. B. die Prüfung kann mangels ausreichender Datengrundlagen überhaupt nicht durchgeführt werden),
- die Voraussetzungen für die Durchführung einer Prüfung zwar vorliegen, der gewählte Prüfungsansatz aber strukturell den Zugriff auf festgestellte Unwirtschaftlichkeiten (z. B. es bestehen Unwirtschaftlichkeiten in einzelnen Leistungssparten oder bei bestimmten Leistungspositionen, aber der Gesamtfallwert überschreitet nicht die Grenze zum offensichtlichen Missverhältnis) verstellt.

Bei Ineffektivität sei ein Wechsel der Prüfart vorzunehmen.[1712] Aus einem Bescheid muss sich ergeben, dass alle in Betracht kommenden Prüfarten berücksichtigt wurden und deren Anwendbarkeit aus durchgreifenden Sachgründen allfällig verneint wurde.[1713] Wenn das BSG kritisiert, dass die Prüfungen zu keinen Ergebnissen führen, dann könnte in diesem Kontext der Hinweis auf das Effektivitätsprinzip bei unbefangener Lesart den Eindruck vermitteln, dass mit Effektivität der Prüfart eine Relation zur Regresshöhe gemeint ist. Der Effektivitätsgrad würde dann mit zunehmender Regresshöhe steigen. Dies würde zu einer voreingenommenen Prüfung führen, bei der es nicht mehr um das „Ob" eines Regresses, sondern nur noch um die „Höhe" geht. Dies kann aber nicht gemeint sein. Zumal der Ausgangspunkt „festgestellte" Unwirtschaftlichkeiten im Rahmen des statistischen Vergleichs der Leistungspositionen nicht von allen geteilt wird. Denn eine repräsentative Aussage über die Unwirtschaftlichkeit kann nach versicherungsmathematischer Ansicht nicht getroffen werden. Eine statistische Auffälligkeit kann doch allenfalls eine vorläufige Triage sein.

Geprüft wird auch, ob gegen Behandlungsrichtlinien verstoßen wird.[1714] Bei der Prüfung der Einhaltung der Parodontose-Richtlinien handelt es sich um eine Wirtschaftlichkeitsprüfung.[1715]

(ii). Vergleichsprüfung.

(1). Die statistische Vergleichsprüfung wird als **verfassungsgemäß** angesehen.[1716] Im Hinblick auf den Verhältnismäßigkeitsgrundsatz sind Bedenken anzumelden. Denn es scheint fraglich, ob die statistische Vergleichsprüfung überhaupt geeignet ist, unwirtschaftliches Verhalten nachzuweisen. Die Statistiken geben keine Auskunft darüber, in wie vielen statistisch erfassten Behandlungsfällen eine Verletzung des Gebots der Wirtschaftlichkeit, der Sorgfaltspflichten (Behandlungsfehler) usw. vorliegt. Als effektive alternative Kontrolle besteht auch die Möglichkeit, in einem ersten Schritt die standardmäßig erbrachten Leistungen herauszufiltern, um in einem weiteren Schritt zu prüfen, ob jemand bei besonderen Leistungen herausragt.

(2). Die **Anwendbarkeit** richtet sich nach den getroffenen Vereinbarungen. Erforderlich ist daher, dass eine entsprechende **Vereinbarung** überhaupt getroffen wurde, die eine statistische Vergleichsprüfung vorsieht.[1717] Ferner müssen die **Voraussetzungen** der Vereinbarung insofern vorliegen, als dass die statistische Vergleichsprüfung zum Zuge kommen kann. Allfällig wird vereinbart, dass die Einzelfallprüfung mit unverhältnismäßigen Schwierigkeiten und Aufwendungen verbunden sein muss.[1718] Die repräsentative Einzelfallprüfung kann unmöglich sein wegen z.B. fehlender Mitwirkung des Vertrags(zahn)arztes.[1719] In einem späteren gerichtlichen Verfahren unterliegen die getroffenen Feststellungen (z.B. ob die Einzelfallprüfung mit unverhältnismäßigen Schwierigkeiten und Aufwendungen verbunden ist) einer eingeschränkten Überprüfbarkeit. Es besteht z.B. bezüglich der Annahme der Unverhältnismäßigkeit ein Spielraum. Die getroffene Vereinbarung muss auch **wirksam** sein.

(3). Bei der statistischen Vergleichsprüfung werden die Abrechnungswerte des (Zahn)Arztes mit denjenigen der Fachgruppe oder mit denen einer nach verfeinerten Kriterien gebildeten engeren Vergleichsgruppe im selben Quartal verglichen. Ergänzt werden soll diese Methode, durch eine sog. intellektuelle Betrachtung, bei der medizinisch-ärztliche Gesichtspunkte berücksichtigt werden.[1720]

Es werden also rein quantitativ, nämlich nach durchschnittlichen Kosten pro Patient, die Leistungen des (Zahn)Arztes mit denen seiner Fachkollegen (Fallkostendifferenz) verglichen. Bei einer Grenzüberschreitung – dem sog. offensichtlichen Missverhältnis – wird auf die Unwirtschaftlichkeit der Behandlungs- bzw. Verordnungsweise geschlossen[1721], deren Nichtvorliegen der Zahnarzt zu beweisen hat. Bei der Methode des statistischen Nachweises kann zur Stützung eines bestimmten Ergebnisses auf beispielhafte Einzelfalluntersuchungen zurückgegriffen werden.

(4). Es muss also eine **geeignete Vergleichsgruppe**[1722] gebildet werden, wobei dann ein Abgleich des Abrechnungsverhaltens des geprüften Zahnarztes mit dem der Vergleichsgruppe stattfindet bezüglich einer fachgruppentypischen Leistung aus demselben Quartal (sog. **Horizontalvergleich**[1723]). Eine fachgruppentypische Leistung ist eine typische Leistung, die in nennenswerter Zahl, also einem größeren Teil, von den Fachgruppenmitgliedern erbracht wird (Synonym: (zahn)ärztliche **Standardleistung**[1724]). Erforderlich ist also eine bedeutende Häufigkeit einschlägiger Behandlungsfälle bei einer Vielzahl von Praxen.[1725] Eine fachgruppentypische Leistung liegt (insbesondere) dann vor, wenn sie von über 50% der Mitglieder der Vergleichsgruppe erbracht werden.[1726]

Abstrakt gesehen setzt die Vergleichsgruppenbildung voraus, dass die Teilidentitäten zwischen Betroffenem und Einzelmitgliedern der Vergleichsgruppe vergrößert werden. Es werden identische Praxisumstände verlangt.[1727] Damit bei Zahnärzten die Vergleichsgruppe ordnungsgemäß gebildet wurde, muss diese aus Zahnärzten bestehen, die ein annähernd gleiches Patientengut versorgen und im Wesentlichen dieselben Erkrankungen behandeln.[1728] Die Vergleichbarkeit der herangezogenen Fachgruppen ist gegeben, wenn der Bildung dieser Fachgruppen die **Fachgebiete der ärztlichen Weiterbildungsordnung** zugrunde liegen. Die ausreichende Homogenität statistischer Vergleichsgruppen wird durch die in der Weiterbildungsordnung enthaltene gegenseitige Abgrenzung der Fachgebiete gewährleistet. Ein **Rechtsanspruch** des (Zahn)Arztes auf Bildung von Untergruppen bzw. engerer Vergleichsgruppen besteht **nicht**.[1729]

In der Regel sind keine Untergruppen mit Behandlungsschwerpunkten bei Zahnärzten zu bilden.[1730] Dies kann aber auch fundiert anders gesehen werden. Die Methode des statistischen Vergleichs basierend auf dem Gesetz der großen Zahlen sei rein ökonomischer Art und niemals medizinisch qualitativ. Der Bildung von Vergleichsgruppen sei daher große Aufmerksamkeit zu widmen. Dabei gelte es, den individuellen Besonderheiten wie Einzugsgebiet der Patienten, Spezialität und Subspezialität, sowie Ausbildung, Alter und Einrichtung der Praxis des zur Prüfung ausgewählten Rechnungsstellers durch eine eher kleine, individuell zusammengesetzte Vergleichsgruppe angemessen Rechnung zu tragen.[1731]

Eine verfeinerte Vergleichsgruppe ist für Zahnärzte mit der Gebietsbezeichnung „Oralchirurgie" nicht zu bilden (strittig)[1732], jedoch für MKG-Chirurgen.[1733] Eine Ungeeignetheit der Vergleichsgruppe kann nicht hergeleitet werden, weil:[1734]

- Es besteht kein Erfahrungssatz, dass Patienten in der **Stadt** gesünder leben und weniger zahnärztlicher Behandlungen bedürfen als Patienten auf dem Land. Vor diesem Hintergrund besteht kein Unterschied zwischen Zahnärzten in der Stadt einerseits und auf dem **Land** andererseits.[1735]
- Es besteht kein Erfahrungssatz, dass Patienten sich in der Regel nicht in (zahn)ärztliche Behandlung begeben, weil ihr sie **bisher** behandelnder (Zahn)Arzt seine Praxis **aufgegeben** hat, sie deshalb eine Verschlechterung ihres Gesundheitszustands in Kauf nehmen würden und dass infolgedessen bei Aufnahme der Behandlung durch einen anderen (Zahn)Arzt ein erhöhter Behandlungsbedarf besteht.[1736]
- Nicht jede **abweichende Behandlungsausrichtung** oder **sonstige individuelle Besonderheit** einer (Zahn)Arztpraxis gebietet die Bildung einer engeren Vergleichsgruppe; eine Aufteilung in Untergruppen mit bestimmten Behandlungsschwerpunkten ist bei Zahnärzten nicht erforderlich aufgrund der Homogenität.[1737]
- Eine Vergleichsgruppe, die „**Spätaussiedler**" behandelt, kann nicht gebildet werden, da die Lebensumstände der Patienten zu ermitteln wären.[1738]
- Hohe Fallzahlen von Patienten aus dem Kreis der **Sozialhilfeempfänger** liegen im Streuungsbereich der statistisch erfassten Fälle des Fallgruppendurchschnitts.[1739]

Es werden unterschiedliche Ansichten hinsichtlich des Problems vertreten, ob ein **hoher Anteil an ausländischen Patienten zu einer Bildung einer engeren Vergleichsgruppe** zwinge. Nach Ansicht des BSG muss dann, wenn ein (Zahn)Arzt im Verfahren der vertrags(zahn)ärztlichen Wirtschaftlichkeitsprüfung geltend macht, der Anteil ausländischer Patienten in seiner Praxis sei signifikant höher als bei anderen (Zahn)Ärzten, dem nicht generell durch die Bildung einer engeren Vergleichsgruppe (Vergleichsgruppe bestehend aus (Zahn)Ärzten mit überdurchschnittlich hohem Ausländeranteil) Rechnung getragen werden.[1740] Danach kann aber zumindest in einem speziellen Fall die Bildung einer engeren Vergleichsgruppe vorzunehmen sein. Andere Teile der Rechtsprechung gehen noch weiter, indem sie sich nicht nur dem BSG anschließen, sondern auch insgesamt keinen Spezialfall zulassen, der zur Bildung einer engeren Vergleichsgruppe zwingen könne.[1741] Als Argument für diese Richtschnur wird vorgebracht, dass die Bildung einer engeren Vergleichsgruppe nur dann angezeigt sei, wenn sich aus dem Umstand der ausländischen Staatsangehörigkeit bzw. der ausländischen Herkunft eines Patienten von vornherein ein im Vergleich zur Behandlung von Patienten inländischer Herkunft deutlich erhöhter Leistungsbedarf (vor allem wegen schwerwiegenderer Gesundheitsstörungen) ergeben würde, ohne dass die jeweils zu behandelnden Gesundheitsstörungen und die zum Einsatz kommenden Behandlungsmethoden berücksichtigt werden müssten.[1742] Die **gegensätzliche Position** legt dar, dass eine Praxis mit einem Anteil von 90% Ausländern im Rahmen der Wirtschaftlichkeitsprüfung mit einer Vergleichsgruppe von Praxen mit „normalem hohem Ausländeranteil" nicht vergleichbar sei. Denn insbesondere ausländische Patienten könnten in bestimmten Situationen einen höheren (zahn)ärztlichen Betreuungs- und Behandlungsaufwand als andere Patienten benötigen.[1743] Eine kritische Auseinandersetzung zu dieser Problematik findet im Rahmen der „Praxisbesonderheiten" statt, sodass dorthin verwiesen wird. Denn der Einfluss eines Patientenklientels mit Migrationshintergrund wird dort entsprechend diskutiert.

Die Leistung muss durch die Vergleichsgruppe **tatsächlich erbracht** worden sein (mindestens 50%, str.). Verlangt wird auch, dass die Leistung **tatsächlich** durch die Vergleichsgruppe **abgerechnet** bzw. in Ansatz gebracht wurde. Als Prozentzahlen werden hier mindestens 5–6% genannt. Es können aber auch weniger sein, denn die Umstände einer Gesamtschau können ergeben, dass von einer zuverlässigen Vergleichsbasis gesprochen werden kann (z. B. typische Leistungen einer großen Vergleichsgruppe, wie z. B. Zahnextraktionen).[1744]

Nötig ist weiterhin ein hinreichend sicheres Zahlenmaterial bzgl. der Vergleichsgruppe bzw. des Abrechnungsverhaltens. Vom Betroffenen selbst gestartete Umfragen unter Kollegen und Berufsschülerinnen können wegen der damit verbundenen Unzulänglichkeiten (geringe Zahl der befragten Praxen, fehlende gesicherte Erkenntnisse über die Befragten und deren Kompetenz sowie fehlende Erfassung der Ergebnisse der Umfrage) die Wirtschaftlichkeitsprüfung nicht infrage stellen.[1745]

Eine geeignete Vergleichsgruppe unterliegt nur einer eingeschränkten gerichtlichen Überprüfungsmöglichkeit, da insofern Beurteilungsspielraum zugestanden wurde.[1746]

(5). Im Hinblick auf den **geprüften Zahnarzt** muss beachtet werden, dass die Anzahl seiner behandelten Patienten im Fallgruppendurchschnitt liegen muss. Die statistische Vergleichsprüfung kann also deshalb ausgeschlossen sein, weil der Betroffene zu niedrige Fallzahlen in dem/den geprüften Quartal/en aufweist.[1747] Ein statistischer Kostenvergleich kann nicht durchgeführt werden, wenn die Fallzahl des zu prüfenden Arztes so gering ist, als sie (Fall)Zahlenbereiche unterschreitet, unterhalb derer ein statistischer Vergleich nicht mehr aussagekräftig ist. Die absoluten Fallzahlenuntergrenzen sind bei einer die gesamte vertragsärztliche Tätigkeit erfassenden Prüfung jetzt höher anzusetzen.[1748]

(6). Zum **Prüfungsgegenstand** wird die „Wirtschaftlichkeit der gesamten ärztlichen Tätigkeit gemacht."[1749] Wenn bei der Prüfung der vertrags(zahn)ärztlichen Behandlungs- und Verordnungsweise „die Wirtschaftlichkeit der gesamten Tätigkeit des Vertrags(zahn)arztes" zu berücksichtigen ist, **bedeutet dies nicht**, dass die Prüfung der Behandlungsweise nur einheitlich und gemeinsam für die Versicherten aller Primärkassen vorgenommen werden darf. Das Gebot einer Berücksichtigung der Gesamtheit der Tätigkeit des Vertrags(zahn)arztes besagt zum einen, dass die Pflicht des Vertrags(zahn)arztes zur wirtschaftlichen Erbringung seiner Leistungen nicht auf **Behandlungs- und Versorgungsleistungen** im engeren Sinne begrenzt ist, sondern auch **weitere Leistungen** einschließt, wenn sie vom Versicherten als gesetzlich zu erbringende (zahn)ärztliche Maßnahmen verlangt werden können und dem Versicherungsträger **typischerweise Kosten verursachen**. Zum anderen folgt aus dem Gebot der Berücksichtigung der gesamten Tätigkeit des Vertrags(zahn)arztes speziell für die Prüfung der Wirtschaftlichkeit seiner Behandlungsweise, dass bei einer Überprüfung einzelner Leistungssparten, -arten oder Gebührenordnungspositionen **stets** auch der **Gesamtfallwert** „mitzureflektieren" ist. Hingegen kann aus dem Gebot der Berücksichtigung der gesamten Tätigkeit des Vertragsarztes **nicht** das zwingende **Erfordernis** hergeleitet werden, die Wirtschaftlichkeit der Behandlung von **Versicherten aller Primärkassen zusammengefasst** zu prüfen. Allerdings kann wirksam in einer Prüfvereinbarung vereinbart werden, dass eine getrennte Prüfung nach Kassen ausgeschlossen ist.[1750]

Behandlungsfehler, Verstöße gegen Zahnbehandlungsrichtlinien[1751] und Verstöße gegen andere einschlägige Richtlinien (z. B. Arzneimittelrichtlinie) unterliegen ebenfalls der Prüfung.[1752]

Es ist zulässig, auf den **Gesamtfallwert** (die gesamte ärztliche Tätigkeit) abzustellen. Es besteht nicht ein Vorrang der **Spartenprüfung** oder **Einzelleistungsprüfung**.[1753] Die Prüfgremien unterliegen keiner Einschränkung bei der Frage, wie viele Quartale sie in die Prüfung einbeziehen. Die Prüfung der Wirtschaftlichkeit kann sich nur dann auf die Gesamtfallkosten als einzigen Parameter beschränken, wenn auch die übrigen statistischen Werte größtenteils unauffällig sind.[1754] **Einzelne Leistungspositionen** können zum Sujet gemacht werden, wenn es sich jeweils um eine Standardleistung der Vergleichsgruppe handelt, da es einer Vergleichsgruppe bedarf.[1755] Einsparungen in einem Leistungsbereich geben dem (Zahn)Arzt keine Art Freibrief, in anderen Leistungsbereichen mehr Aufwendungen haben zu dürfen. Der (Zahn)Arzt muss vielmehr umfassend wirtschaftlich handeln. Die Wirtschaftlichkeit muss grundsätzlich sowohl **insgesamt** als auch **in jedem Teilbereich** gegeben sein, sowohl beim Gesamtfallwert, in jeder einzelnen Sparte, bei jeder Einzelleistung sowie auch bei den Arzneiverordnungen, Überweisungen, Krankenhauseinweisungen und bei den Arbeitsunfähigkeitsfällen.[1756]

Bei einem Zahnarzt müssen **kieferorthopädische Leistungen mit Multibehandlungen** nicht in die Wirtschaftlichkeitsprüfung bezüglich konservierend-chirurgischer Leistungen einbezogen werden, denn diese werden von einer gesonderten Statistik erfasst.

Die Wirtschaftlichkeitsprüfung kann auf **konservierend/chirurgische Leistungen** als Standardleistungen beschränkt werden; eine Erweiterung auf PAR-Maßnahmen und Zahnersatz(ZE-)Maßnahmen ist nicht erforderlich, da diese vor ihrer Durchführung der Genehmigung durch die Krankenkassen bedürfen. Begleitleistungen für PAR-Maßnahmen und ZE-Maßnahmen sind dagegen einer Wirtschaftlichkeitsprüfung zugänglich.[1757]

(7). Der **Grenzwert**, ab dem die Kostenüberschreitung des geprüften Arztes die Annahme eines offensichtlichen Missverhältnisses zu den Durchschnittswerten der Vergleichsgruppe erlaubt und damit die Vermutung der Unwirtschaftlichkeit begründet, muss in **beanstandungsfreier** Weise **gezogen** worden sein.[1758] Zunächst einmal ist bei der Überschreitung des Fachgruppendurchschnitts zwischen folgenden Gruppen zu unterscheiden:[1759]

- normale Streuung (Überschreitungen bis zu ca. 20% werden erfasst),[1760]
- Übergangszone (Bereich über normaler Streuung und unter der Grenze zum offensichtlichen Missverhältnis),
- offensichtliches Missverhältnis.

Der Grenzwert kann **nicht allgemein** festgelegt werden. Aus diesem Grunde werden unterschiedliche Grenzwerte, ab denen angenommen wird, dass die geprüfte Leistung des Betroffenen über den entsprechenden Durchschnittswerten der Fachgruppe liegt, als zulässig erachtet. Die Grenze zum sog. offensichtlichen Missverhältnis hat das BSG früher bei einer Überschreitung um ca. 50% angenommen. Seit längerem hat es – unter bestimmten Voraussetzungen – niedrigere Werte um ca. 40% ausreichen lassen. Überschreitungen um 42%, 38%, 33% und 31% können möglicherweise dem Bereich des sog. offensichtlichen Missverhältnisses zugeordnet werden. Bei einer Arztgruppe mit einem engen Leistungsspektrum (das gegen größere Unterschiede bei den durchschnittlichen Fallkosten der einzelnen Praxen spricht) ist es unter Umständen zu vertreten, die Grenze zum offensichtlichen Missverhältnis bereits bei einer Überschreitung des Fachgruppendurchschnitts um 40% oder ggf. weniger festzusetzen.[1761]

Bei der statistischen Vergleichsprüfung, die einzelne Leistungspositionen (**Einzelleistungsprüfung**) zum Gegenstand hat, wird die Grenze zum offensichtlichen Missverhältnis typisierend beim Doppelten des Fachgruppendurchschnitts gezogen, was aber keine absolute Untergrenze darstellt.[1762] Grenzwerte von unter 40% sollen keinen Bedenken unterliegen, wenn die Prüfgremien Besonderheiten der Praxis von vornherein mitberücksichtigt haben, es also um eine Grenzwertfestlegung geht, die erfolgt, nachdem die statistische Vergleichsprüfung der Wirtschaftlichkeit bereits um anerkennenswerte individuelle Umstände des Arztes bereinigt wurde. Sind Praxisbesonderheiten und/oder kompensatorische Einsparungen nicht anzuerkennen und liegen keine Anhaltspunkte gegen die Aussagekraft eines statistischen Einzelvergleichs vor, so ist die zur Erfassung der individuellen Behandlungseigenheiten und sonstigen Unwägbarkeiten angenommene Grenze von 50% hinzunehmen.[1763]

Auf dieser tatbestandlichen Voraussetzungsseite besteht hier nur ein beschränkt überprüfbarer Entscheidungsspielraum (sog. **Beurteilungsspielraum**[1764]). Hintergrund ist, dass es sich um einen Fall handelt, bei dem der Gesetzgeber keine so eindeutige Regelung vornehmen konnte bzw. vorgenommen hat, dass sich mit hinreichender Sicherheit feststellen lässt, welche Entscheidung richtig ist. Soweit also ein Beurteilungsspielraum vorliegt, ist die sozialgerichtliche Prüfung auf das Vorliegen von Beurteilungsfehlern beschränkt. Die Überprüfung erfolgt ähnlich wie bei Ermessensentscheidungen, jedoch ist der Spielraum, der eingeräumt wurde, in der Regel enger. Es besteht hier also ein Beurteilungsspielraum[1765], die Grenze zum offensichtlichen Missverhältnis höher oder niedriger festzulegen.[1766] Als **Beurteilungsfehler** kommen z. B. in Betracht:

- Überschreitung des Beurteilungsspielraums (z. B. eingehalten, wenn der Prozentsatz des offensichtlichen Missverhältnisses – und damit die Grenze – bei 40% angesetzt wird[1767]).
- Die Prüfgremien legten den Grenzwert zum offensichtlichen Missverhältnis nicht unter Berücksichtigung der Regeln sowie der Denk- und Erfahrungssätze der statistischen Wissenschaft fest. Hierzu gehört auch die Berücksichtigung von sog. Grenzwahrscheinlichkeiten.[1768]
- Eine nicht nachvollziehbare Begründung für die Grenzziehung:
  - Es stellt nicht eine nachvollziehbare Begründung dar, wenn dargelegt wird, die hohen Fallzahlen der geprüften Praxis hätten Bedeutung für die Grenzziehung gehabt.[1769]
  - Die Begründung ist dagegen nachvollziehbar, wenn der Grenzwert mit eklatanten Abweichungen zwischen den tatsächlich abgerechneten Leistungen und an sich nur erheblich weniger erforderlichen Leistungen begründet wird.[1770]

Das BSG deutete an, entschied aber nicht abschließend, dass bei einer Vorabberücksichtigung von Praxisbesonderheiten im Gegenzug der Grenzwert (verpflichtend) zulasten des Zahnarztes niedriger anzusetzen sei.[1771]

(8). Die **Einschätzung**, dass das Wirtschaftlichkeitsgebot nicht beachtet wurde, muss **rechtsfehlerfrei** erfolgt sein. Der diesbezügliche Vortrag wird insofern erleichtert, als dass ein **Anscheinsbeweis** als zulässig erachtet und in praxi auch bestätigt wird.

Ergibt die Prüfung, dass der Behandlungsaufwand des Arztes in offensichtlichem Missverhältnis zum durchschnittlichen Aufwand der Vergleichsgruppe steht, d. h. dessen Aufwand überschreitet den Aufwand der Vergleichsgruppe in einem Ausmaß, dass sich nicht mehr durch Unterschiede in der Praxisstruktur oder den Behandlungsnotwendigkeiten erklären lässt, hat dies die Wirkung eines Anscheinsbeweises der Unwirtschaftlichkeit.[1772] Die sich aufgrund der statistischen Vergleichsprüfung ergebende Unwirtschaftlichkeit kann eine allfällige **Bestätigung** durch nachfolgend durchgeführte stichprobenartige Einzelfallprüfungen erfahren.[1773] Eine derartige Ergänzung der statistischen Vergleichsprüfung ist angesichts der Volatilitäten in Statistiken sinnvoll, wird aber von der Rspr. nicht als erforderlich erachtet. Die **Bewertung** als unwirtschaftlich unterliegt ebenfalls nur einer eingeschränkten Überprüfung aufgrund des adjudizierten Beurteilungsspielraums.[1774] Als Beurteilungsfehler kommen namentlich in Betracht:

- Die Schlussfolgerung der Unwirtschaftlichkeit war unzulässig, weil die Datenbasis zu bereinigen war.[1775]
- Die Subsumtion(serwägungen) wurde/n nicht so verdeutlicht und begründet, sodass im Rahmen des Möglichen die zutreffende Anwendung der Beurteilungsmaßstäbe nicht erkennbar und nicht nachvollziehbar war.[1776]

(9). Der Anscheinsbeweis kann **erschüttert** werden, indem der (Zahn)Arzt den Gegenbeweis wirtschaftlicher Behandlungsweisen wegen des Vorliegens von Praxisbesonderheiten (Unterschiede in der Praxisstruktur oder in den Behandlungsnotwendigkeiten[1777]) bzw. kompensatorischer Einsparungen führt (sog. **intellektuelle Prüfung**)[1778], die für den Gesamtfallwert bedeutsam sind.[1779] Es kommt also auf die Darlegung und den Beweis von Umständen an, die einen besonderen, höheren Behandlungsaufwand rechtfertigen und im Vergleich zu den herangezogenen (Zahn)Ärzten untypisch sind.[1780] Diese Gesichtspunkte sind nicht erst in einem späteren Verfahrensstadium oder nur auf entsprechende Einwendungen des Arztes, sondern **von Amts wegen** zu berücksichtigen.[1781] Die **Belegfallprüfung** ist ein Teil der sog. intellektuellen Prüfung. Vor dem Beschwerdeausschuss werden von dem Beschwerdeausschuss benannte Fälle im Einzelnen besprochen, um den sich aus den Abrechnungswerten aufdrängenden Anschein einer unwirtschaftlichen Behandlungsweise zu bestätigen oder zu widerlegen.[1782]

Der Begriff **Praxisbesonderheiten** meint Umstände, die sich auf das Behandlungs- oder Verordnungsverhalten des (Zahn)Arztes auswirken und in den Praxen der Vergleichsgruppe typischerweise nicht oder nicht in derselben Häufigkeit anzutreffen sind.[1783] Die betroffene Praxis muss sich nach der Zusammensetzung ihrer Patienten und hinsichtlich der schwerpunktmäßig zu behandelnden Gesundheitsstörungen vom typischen Zuschnitt einer Praxis der Vergleichsgruppe unterscheiden und diese Abweichung muss sich gerade auf die überdurchschnittlich häufig erbrachten Leistungen auswirken. Effekt ist die daraus resultierende Kostenerhöhung.[1784] In der Rspr. werden vor allem folgende Fallgruppen diskutiert:

- Untypische Praxisausrichtung im Rahmen der **therapeutischen Freiheit**,[1785]
- Praxis ist im Prüfzeitraum als **Anfängerpraxis** bzw. neu gegründete Praxis anzusehen (Berücksichtigung einer Praxisneugründung als Praxisbesonderheit über vier Quartale nur unter besonderen Umständen),[1786]
- Betroffener behandelt Patientenklientel, das von Vergleichsgruppe signifikant abweicht.[1787]

Zur Einschätzung der Kardinal-Fallgruppe des untypischen Patientenklientels werden im Folgenden durchgreifende Beispiele einerseits und nicht berücksichtigungsfähige Einwendungen andererseits aus der Judikatur angeführt. Hinweis: Hinsichtlich von Abrechnungsziffern usw. ist ein Abgleich zwischen der Fassung der Abrechnungsziffer, die in der Entscheidung maßgeblich war, und einer nunmehr allfällig geänderten Fassung vorzunehmen.

Folgende Praxisbesonderheiten werden u. a. anerkannt:

- **Behandlungsweise**:
  - Überdurchschnittliche Erbringung von Parodontoseleistungen führt zu erhöhten Begleitleistungen im konservierenden-chirurgischen Bereich, wobei der Geprüfte darlegt, dass es sich um typische Mehraufwendungen handelt.[1788]
  - Strenge Indikationsstellung bei der Diagnostik bezüglich der Ziffern 43, 48 und 62 BEMA-Z.[1789]
- **Eigene Fallzahlen**:
  - Schwere Behandlungsfälle und unterdurchschnittliche Fallzahl,[1790]
  - ggü. dem Landesdurchschnitt erhöhter Rentneranteil und unterdurchschnittliche Fallzahl,[1791]
  - erhöhter Behandlungsbedarf macht bes. Behandlungskonzept nötig,[1792]
  - niedrige Scheinzahl und Zahnarzt kann zügiger durchsanieren und mehr Leistungen je Quartal und Patient erbringen.[1793]
- **Patienten**:
  - Vorliegen eines erhöhten Sanierungsbedarfs,[1794]
  - hoher Anteil von Jugendlichen bei Gebühren-Nr. 25-Cp,[1795]
  - substantiierte Darlegung, dass hoher Anteil von Neupatienten und dadurch erhöhter Sanierungsbedarf bei Neupatienten,[1796]
  - Umfang der Notdienstbehandlungen,[1797]
  - PAR-Behandlungen:
    - wenn der Betroffene die Anzahl der tatsächlich behandelten laufenden Fälle angibt und die Zahl der laufenden PAR-Behandlungen in den von der Honorarkürzung betroffenen Quartalen über der Zahl in den Vorquartalen liegt,[1798]
    - systematische PAR-Behandlungen bedürfen vor ihrer Durchführung der Genehmigung durch die Krankenkasse und die beantragten Leistungen sind daher einer Wirtschaftlichkeitsprüfung durch die Prüfgremien nicht zugänglich.[1799]
- **Qualifikation**:
  - Spezifische Qualifikation (z. B. aufgrund einer Zusatzbezeichnung) bedingt einen spezifischen Zuschnitt der Patientenschaft, der im Regelfall in Wechselbeziehung zu einer besonderen Qualifikation des (Zahn)Arztes steht.[1800]

Folgenden Argumenten wurde die Einordnung als Praxisbesonderheit aberkannt:[1801]

- **Behandlungsweise**:
  - Betroffener behandelt besser, sorgfältiger, gründlicher u. wirtschaftlicher als eine Durchschnittspraxis,[1802]
  - Behauptung zahnerhaltender Arbeitsweise,[1803]
  - allgemeine Darlegung, die eigene Behandlungsweise sei wirtschaftlich, was mit allg. (zahn)medizinischen Ausführungen begründet wird.[1804]
- **Eigene Fallzahlen**:
  - Unterdurchschnittliche Fallzahlen können nicht Ursache für eine Überschreitung sein.[1805]
  - Niedrige Fallzahlen sind keine Praxisbesonderheit (für erhöhte Fallkosten in den geprüften Quartalen), wenn die Fallzahlen in den Vorquartalen in gleicher Weise unterdurchschnittlich sind wie die Fallzahlen in den geprüften Quartalen.[1806]
- **Patienten**:
  - Asylbewerber,[1807]
  - ausländische Versicherte[1808] (str., siehe Meinungsstand und Stellungnahme nach der Aufzählung),
  - Ostpatienten,[1809]
  - bei Spätaussiedlern/Aussiedlern kann nicht ein erhöhter Behandlungsbedarf angenommen werden,[1810]
  - kein Erfahrungssatz, dass Patienten in der Stadt gesünder u. weniger in zahnärztlicher Behandlung als die Patienten vom Land,[1811]
  - das Vorhandensein hoher Fallzahlen von Patienten aus dem Kreis der Sozialhilfeempfänger kann ohne Zugrundelegung eines nicht ersichtlich erhöhten Leistungsbedarfs als Praxisbesonderheit gewertet werden,[1812]
  - das Vorhandensein schwerer Fälle kann für sich allein nicht als Praxisbesonderheit gewertet werden,[1813]
  - Schließung einer anderen Praxis in geografischer Nähe,[1814]
  - unsubstantiierte Darlegung bzgl. Kinderbehandlungen bzgl. Nr. 38,[1815]
  - Nachbehandlungen nach chirurgischen Eingriffen durch einen Kieferchirurgen.[1816]
- **Qualifikation**:
  - Tätigkeitsschwerpunkt allein,[1817]
  - Umstände, die sich ausschließlich auf den Arzt, seine Ausbildung oder seine Praxisstruktur beziehen.[1818]
- **Vergleichsgruppe**:
  - Mitglieder der herangezogenen Vergleichsgruppe rechnen falsch ab.[1819]

- **Sonstige Argumente**:
  - Überbewertung von Gebührenpositionen[1820](führt zu sachlich-rechnerischer Berichtigung),
  - Tätigkeit eines Ausbildungsassistenten[1821], Weiterbildungsassistenten[1822], angestellten Zahnarztes[1823] in der geprüften Praxis,
  - Anwendung einer Färbelösung, mit der kariöses Dentin eingefärbt wird,[1824]
  - Wahlmöglichkeiten, die gesetzlich Versicherten beim Zahnersatz eingeräumt werden.[1825]

Hinsichtlich der Frage, ob ein (hoher) **Ausländeranteil** eine **berücksichtigenswerte Praxisbesonderheit** darstellt, gehen die Meinungen auseinander. Nach **teilweise** vertretener Ansicht ist es durchaus plausibel, dass ein (hoher) Ausländeranteil zu entsprechend erhöhten Leistungen führt.[1826] **Andere** nehmen dies zumindest dann an, wenn zum Patientenkreis Ausländer gehören, die erst seit kurzem in der Bundesrepublik leben.[1827] In **völligem Gegensatz** dazu stehen die Vertreter, nach denen ein erhöhter Ausländeranteil keine Praxisbesonderheit darstelle. Es gebe keinen Erfahrungssatz, dass bei Ausländern generell ein erhöhter Behandlungsbedarf gegeben sei.[1828] Dies gelte insbesondere dann, wenn sich die Ausländer bereits seit mehreren Jahren in der Bundesrepublik aufhielten, weil in diesen Fällen regelmäßig eine Gebisssanierung stattgefunden habe.[1829] Auch bei erst seit kürzerer Zeit in der Bundesrepublik lebenden Ausländern sei nicht ersichtlich, warum pro Patient ein höherer Behandlungsbedarf bestehen solle als bei deutschen Kranken.[1830] Begründet wird dies unter anderem damit, dass Ausländer nicht häufiger schwer erkrankten als Deutsche. Es gebe auch keinen allgemeinen Grundsatz, wonach Ausländer gehäuft psychisch krank sein.[1831] Insgesamt lägen keine hinreichenden Anhaltspunkte dafür vor, dass bei ausländischen Patienten typischerweise ein medizinisch indizierter Mehrbedarf (hier: Beratungsbedarf) gegenüber deutschen Patienten derselben Arztgruppe bestehe.[1832] Ein hoher Ausländeranteil sage eben nichts über die Morbidität des Patientenguts aus, erfordere daher nicht ein besonderes (zahn)ärztliches Vorgehen.[1833] Angeführt wird ebenfalls das Argument der Manipulation. Die Gremien der Wirtschaftlichkeitsprüfung wären vollständig auf die Angaben des (Zahn)Arztes angewiesen, da sie nicht die Berechtigung und nicht die Möglichkeit hätten, Sprachvermögen und Lebensumstände der Patienten eines Vertrags(zahn)arztes zu überprüfen. Aufgrund dieser Abhängigkeit könnte der Vertrags(zahn)arzt die Daten verfälschen.[1834]

Der Einwand, die behandelten Patienten hätten eine von Deutschland verschiedene „Heimat", beinhaltet nicht nur das Vorbringen, die geografischen Koordinaten der behandelten Patienten würden sich von denen der durchschnittlichen Vergleichsgruppe unterscheiden, sondern auch den Ansatz, eine andere „Heimat" bedinge auch eine andere Zahnpflegekultur. Aus diesem Grunde kann dieser Einwand nicht so apodiktisch[1835] von der Hand gewiesen werden. Vielmehr muss zukünftig eine vertiefte soziokulturelle Aufarbeitung und Auseinandersetzung in dieser Sache erfolgen. Da unterschiedliche Hygienestandards in anderen Kulturen bzw. Ländern bekannt sind, ist es daher nicht auszuschließen, dass allfällig eine andere Zahnpflegehygiene an den Tag gelegt wird. Für einen erhöhten Beratungsbedarf spricht, dass **Sprachbarrieren** die Inanspruchnahme von Leistungen der Gesundheitsversorgung durchaus erschweren.[1836] Es ist aber auch plausibel, dass mit festgestellten höheren Gesundheitsrisiken bei der Bevölkerung mit Migrationshintergrund[1837] auch eine entsprechende Morbidität einhergeht. Darüber hinaus besteht bei **Jugendlichen** mit Migrationshintergrund eine höhere Erkrankungsrate an Tuberkulose, eine stärkere Betroffenheit von Übergewicht und Adipositas und eine seltenere Inanspruchnahme von Früherkennungsuntersuchungen.[1838] Zudem wurde festgestellt, dass insgesamt gesundheitliche **Präventionsleistungen** in **geringerem** Maße in Anspruch genommen werden als durch die Bevölkerungsteile ohne Migrationshintergrund.[1839] Maßnahmen zur Vorbeugung dienen dazu, eine spätere medizinische Intervention weniger intensiv ausfallen zu lassen. Fehlt es aber an solchen Vorbeugungsmaßnahmen, dann ist es auch verständlich, dass ein – zu spätes – medizinisches Eingreifen einen erhöhten Behandlungsbedarf erfordert, weil sich die Krankheit eben in einem Stadium befindet, welches kostenintensivere Maßnahmen erfordert im Vergleich zu der Situation, in der die Krankheit frühzeitig behandelt worden wäre. Es wurde auch ein erhöhtes Gesundheitsrisiko im Zusammenhang mit der Migration bei **psychosozialen** Belastungen festgestellt.[1840] Dies macht es begreiflich, wenn in der Praxis bei Patienten mit Migrationshintergrund gehäuft psychosomatische Erkrankungen festgestellt werden, weil ein erhöhtes Risiko eben mit einer entsprechend erhöhten Realisierung durchaus Hand in Hand gehen kann.[1841] Bei Migrantinnen in der **Altersgruppe ab 40 Jahren** wurde eine **höhere Krankenquote** festgestellt.[1842] Insgesamt ist die Krankenquote für Menschen **mittleren und höheren Alters** mit Migrationshintergrund **höher**.[1843] Ist aber jemand häufiger krank, dann kann es durchaus sein, dass in einem Quartal auch vermehrt Leistungen aufzubringen sind. Hingewiesen wird auch darauf, dass die **Ausprägung** von Erkrankungen abhängig ist vom Zugang zur Gesundheitsversorgung. Da aber ein schwierigerer Zugang zur Gesundheitsversorgung im Hinblick auf Patienten mit Migrationshintergrund konstatiert wird[1844], bietet dies auch einen Erklärungsansatz für eine (ausgeführte) umfangreichere Behandlung. Darüber hinaus ist es auch **im Interesse der Patienten** mit Migrationshintergrund, dass nicht nur ihr erhöhtes Krankheitsrisiko anerkannt wird, sondern auch ihre allfällig intensivere Behandlungsbedürftigkeit. Wird dies nämlich nicht gemacht, dann werden diese Patienten von einer Praxis zur nächsten verwiesen. (Zahn)Ärzte, die einem erhöhten Behandlungsbedarf bei Patienten mit Migrationshintergrund ausgesetzt waren, ihre tatsächlich erbrachten Leistungen aber nicht vergütet bekommen haben (weil diese in späteren Wirtschaftlichkeitsprüfungen gekürzt wurden), werden derartige Leistungen später nicht mehr erbringen. Sie werden diese Patienten vielmehr an eine andere Praxis verweisen. Diese Weiterverweisung kann dazu führen, dass sich das Krankheitsbild bei den Patienten vertieft. Faktisch wird diesen Patienten eine entsprechende Behandlung vorenthalten, auf die sie einen Anspruch haben. Darüber hinaus ist mit einem erhöhten Handlungsbedarf zu rechnen. Weder eine Behandlungsdiskriminierung noch eine unangemessene Behandlung und eine damit einhergehende Verschlechterung des Gesundheitszustands der Ausländer können beabsichtigt sein. Denn es ist gerade im Sinne des Wirtschaftlichkeitsgebots (§ 12 SGB V) bei Erkrankungen möglichst früh zu intervenieren, um Kostenexplosionen aufgrund verspäteter Behandlungen zu vermeiden.

Unter **kompensatorischen Einsparungen** ist zu verstehen, dass ein Mehraufwand, der bestimmte, ungewöhnlich häufig erbrachte Leistungen des Vertragszahnarztes verursacht hat, durch einen Minderaufwand an anderen eigenen oder an Fremdleistungen ausgeglichen (kompensiert) wird, wobei der Minderaufwand durch den Mehraufwand bedingt ist.[1845] Hinzutreten muss ferner, dass diese Behandlungsart medizinisch gleichwertig sowie auch insgesamt kostensparend und damit wirtschaftlich ist.[1846] Erforderlich ist also, dass ein Kausalzusammenhang zwischen Mehraufwand (einerseits) und Kostenüberschreitungen (andererseits) besteht. Dafür muss ersichtlich sein, durch welche Leistungen der (Zahn)Arzt in welcher Art von Behandlungsfällen Einsparungen erzielte.[1847] Ein Verzicht auf das Erfordernis des Nachweises eines kausalen Zusammenhangs oder die Einschränkung der Anforderungen an den Nachweis könne nicht daraus hergeleitet werden, dass es nur auf eine Art Gesamtwirtschaftlichkeit ankomme und die (zahn)ärztliche Tätigkeit als einheitlicher Kostenkomplex zu begreifen sei und Durchschnittsüberschreitungen in Teilbereichen ganz oder weitgehend hinzunehmen seien, wenn der Aufwand in anderen Bereichen unter dem Durchschnitt der Vergleichsgruppe liege.[1848] Kompensatorische Einsparungen liegen nicht vor, wenn der Geprüfte darlegt, dass die Behandlungsweise den Regeln (zahn)ärztlichen Kunst entspreche.[1849] Es reicht auch nicht, sich lediglich auf einen Minderaufwand an Extraktionen oder Zahnersatzbehandlungen zugunsten einer Vielzahl an Parodontosebehandlungen zu beziehen und nicht die Kausalität darzulegen. Es streitet keine Vermutung für die Kausalität dahingehend, dass der auf eine bestimmte Behandlungsweise zurückzuführende Mehraufwand ursächlich für den Minderaufwand bei anderen Leistungsarten ist.[1850] Für kompensatorische Einsparungen ergibt sich folgendes Prüfschema:

- Mehraufwendungen beruhen nicht auf anzuerkennenden Praxisbesonderheiten (s. o.), die notwendigerweise Einsparungen in anderen Bereichen nach sich ziehen.
- Unabhängig von den Praxisbesonderheiten liegen Einsparungen vor, die sich anhand der Abrechnungsstatistik eindeutig belegen lassen oder aus anderen Gründen auf der Hand liegen.
- Der methodische Zusammenhang, durch welche vermehrten Leistungen der Arzt in welcher Art von Behandlungsfällen aus welchem Grund welche Einsparungen erzielt hat, wird aufgezeigt.
- Die erbrachten Leistungen sind medizinisch gleichwertig.
- Der Kostenvergleich (Kostenberechnung oder plausible Kostenschätzung) ergibt, dass der Mehraufwand insgesamt nicht höher ist als anderweitig erzielte Einsparungen.[1851]

Den **Gegenbeweis** wirtschaftlicher Behandlungsweise wegen des Vorliegens von Praxisbesonderheiten bzw. kompensationsfähigen Einsparungen hat der Vertrags(zahn)arzt zu führen.[1852] Die zumutbaren Ermittlungsmöglichkeiten der Prüfungsorgane im Rahmen der **Amtsermittlungspflicht** sollen dort enden, wo Tatsachen beurteilungsrelevant werden, die mit den nicht von außen erkennbaren individuellen Praxisgegebenheiten des (Zahn)Arztes zusammenhängen. Die Prüforgane müssen nicht in die Praxis hinein ermitteln. Alle bedeutsamen Umstände des Praxisbetriebs und die Zusammensetzung der Patientenschaft müssen vom (Zahn)Arzt vorgetragen werden. Behauptungen reichen dafür nicht aus.[1853] Im Ergebnis begrenzen die Mitwirkungspflichten des Zahnarztes die Verpflichtung der Prüfgremien, Ermittlungen durchzuführen. Voraussetzung für weitergehende Ermittlungen sind entweder entsprechende substantiierte Darlegungen des geprüften Zahnarztes oder das Vorliegen offenkundiger Anhaltspunkte, die von den Prüfgremien aufzugreifen sind. Der **Amtsermittlungsgrundsatz** (§ 20 Abs. 1 SGB X) greift also bei bekannten Tatsachen. Dazu gehören auch erkennbare Tatsachen anhand der Abrechnungsunterlagen oder Angaben des Arztes.[1854]

Die **Mitwirkungspflicht** des Vertragszahnarztes ist gerichtet auf die umfassende Darlegung aller internen Umstände nebst deren vollständiger Verifizierung.[1855] Sie geht also über die allgemeine Mitwirkungspflicht (§ 21 Abs. 2 SGB X) hinaus.[1856] Die Tatsachen sind so genau wie möglich anzugeben und zu belegen, sodass der Mitwirkungspflicht unter anderem aber dann genügt ist, wenn Patientenlisten mit Name, Befund, Behandlungskosten und Entwicklung in Folgequartalen vorgelegt werden.[1857]

Die **Substantiierung** erfordert in Bezug auf **Praxisbesonderheiten** die Darlegung, warum die behaupteten Praxisbesonderheiten dazu führen, dass die genannten Leistungen in erhöhtem Umfang erforderlich wurden.[1858] Für die Anerkennung einer Praxisbesonderheit sei es deshalb **nicht ausreichend**, dass bestimmte Leistungen in der Praxis eines (Zahn)Arztes erbracht werden. Vielmehr müsse substantiiert dargetan werden, inwiefern sich die Praxis gerade in Bezug auf diese Merkmale von den anderen Praxen der Fachgruppe unterscheide.[1859] Geht es um die Praxisausrichtung, muss der Vortrag bezogen sein auf Besonderheiten in der Praxisausrichtung gegenüber den Patienten, inwiefern ein gegenüber der Vergleichsgruppe atypisches Leistungsspektrum vorliegt, und eine entsprechende substantiierte Darlegung durch den (Zahn)Arzt mitbringen.[1860] Z.B. reicht allein die pauschale Behauptung eines hohen Anteils an RPP-Patienten nicht aus, den Mehraufwand im vollen Umfang zu rechtfertigen. Eine Schätzung ist aber zulässig.[1861] Bei **kompensatorischen Einsparungen** muss der (Zahn)Arzt **substantiiert** darlegen, durch welche vermehrten Leistungen der (Zahn) Arzt in welcher Art von Behandlungsfällen aus welchem Grund welche Einsparungen erzielte.[1862] Das bedeutet nicht, dass der (Zahn)Arzt alle Einzelfälle – nach Art einer Einzelfallprüfung – anführen und medizinisch erläutern müsste; entscheidend ist vielmehr die strukturelle Darlegung der methodischen Zusammenhänge und der medizinischen Gleichwertigkeit.[1863] In **zeitlicher Hinsicht** ist für die Substantiierung bedeutsam, dass diese nur im Verwaltungsverfahren bis zur letzten Verwaltungsentscheidung (Entscheidung des Beschwerdeausschusses) erfolgen kann.[1864] Ursache ist der Ermessensspielraum, der den Prüfgremien zusteht und die spezielle Struktur des Verfahrens zur Überprüfung der Wirtschaftlichkeit.[1865] Aus diesem Grunde sollte daher, wenn der rechtzeitige Vortrag versäumt wurde, eine Wiedereröffnung des Widerspruchsverfahrens beantragt werden. Denn ansonsten ist der Vortrag später rechtlich unerheblich. Die (letzte) mündliche Verhandlung kann daher nicht für berücksichtigungsfähigen erstmaligen bzw. nachzuholenden Vortrag genutzt werden.[1866]

Im Hinblick auf den **Umfang der (Nicht)Berücksichtigung** der Praxisbesonderheiten bzw. kompensatorischen Einsparungen muss eine **Begründung** durch die Ausschüsse mitgeteilt werden. Zum einen müssen grundsätzlich zur Nachvollziehbarkeit die **Schätzungsgrundlagen** angegeben werden. Dies erfordert z.B. eine Auseinandersetzung mit den vorgelegten Patientenlisten (Einzelfallprüfung oder beispielhafte Einzelfallprüfung nicht erforderlich). Eine derartige Begründung ist entbehrlich, wenn der Vertrags(zahn)arzt nicht die Grundlagen für die Schätzung mitteilte.[1867] Zum anderen muss eine nachvollziehbare **Würdigung** der (der Schätzung) zugrunde gelegten Faktoren erfolgt sein.[1868] Bei jeder anerkannten Praxisbesonderheit muss die Zuerkennung eines eigenständigen Mehraufwands jeweils in überprüfbarer Art und Weise erfolgen.[1869]

Die **Höhe** kann konkret berechnet oder geschätzt werden. Ist kein Zahlenmaterial vorhanden, ist das Ergebnis zu **schätzen.**[1870] Dies ist zulässig, z.B.:

- bei schweren Fällen, die nicht genau berechenbar sind,[1871]
- bei einer allein pauschalen Behauptung eines hohen Anteils an RPP-Patienten; denn die Behauptung reiche nicht aus, den Mehraufwand im vollen Umfang zu rechtfertigen.[1872]

Im Ergebnis kann der auf die festgestellte Praxisbesonderheit entfallende Kostenanteil von dem Gesamtfallwert des Geprüften abgezogen werden und – ausgehend von dem danach verbleibenden Fallwert – die allfällig jeweilige (verbliebene) Überschreitung im Verhältnis zum Fachgruppendurchschnitt ermittelt werden.[1873] Alternativ kann der geprüften Praxis eine Toleranz eingeräumt werden, die die Grenze zum offensichtlichen Missverhältnis erhöht.[1874]

Die **gerichtliche Überprüfung** der Berücksichtigung erfolgt vor allem im Hinblick auf folgende Fehler:[1875]

- Keine Begründung zur Schätzung abgegeben,
- offenkundige Fehlerhaftigkeit,
- Verstoß gegen Denk- und Erfahrungssätze,
- Praxisbesonderheiten wurden nicht berücksichtigt:
  - Praxisbesonderheiten, die erst nach dem Widerspruchsverfahren (z.B. erstmals im Berufungsverfahren) behauptet werden, sind zwar nicht präkludiert im Sinne eines verspäteten Vorbringens; da der Vortrag aber nicht bis zum Abschluss des Widerspruchsverfahrens erfolgte, konnte er auch nicht in die Ermessensentscheidung mit einbezogen werden, sodass sich daraus kein Ermessensfehler herleiten lässt.[1876]

(iii). Einzelfallprüfung.

(1). Bei der **„strengen Einzelfallprüfung"** erfolgt nicht eine Überprüfung der (zahn)ärztlichen Leistungen in vollem Umfange. Dies bedingt allfällig eine unvermeidbare Einbeziehung der betroffenen Patienten.[1877] Anhand einzelner Behandlungsfälle wird die Wirtschaftlichkeit der vertragszahnärztlichen Tätigkeit quartalsweise überprüft.[1878] Eine solche Einzelfallprüfung ist anhand des objektiven Krankheitszustands durchzuführen.[1879] Die **„permissive (weniger strenge/eingeschränkte) Einzelfallprüfung"** kann auch Argumente aus einer parallel dazu vorgenommenen (vollen oder partiellen) statistischen Überprüfung heranziehen.[1880] Eine Kontrolle der (zahn)ärztlichen Leistungen erfolgt daher nicht in vollem Umfang, sondern auf der Grundlage der Behandlungsangaben und Behandlungsunterlagen des Zahnarztes, sodass die Indikationsbeurteilung nicht mehr überprüft, sondern der Wirtschaftlichkeitsprüfung unbesehen zugrunde gelegt wird. Die Prüfung der Behandlungsweise legt also die Indikationsbeurteilung des geprüften (Zahn) Arztes zugrunde. Es handele sich nicht um eine „wirkliche" Einzelfallprüfung, sondern im Kern um eine bloße Schlüssigkeitsprüfung.[1881] Bei der **„repräsentativen Einzelfallprüfung"** kann anhand repräsentativer Einzelfälle geprüft werden, ob der Zahnarzt die abgerechneten Leistungen erbrachte.[1882] Für die repräsentative Einzelfallprüfung wird in den Prüfvereinbarungen (PV) allfällig vorausgesetzt, dass die Überprüfung der Vielzahl der Einzelfälle unzumutbar ist.

(2). Bei der Einzelfallprüfung ist der Übergang zwischen Wirtschaftlichkeitsprüfung und sachlich-rechnerischer Berichtigung fließend, was zu **Abgrenzung**sschwierigkeiten führt. Die Beurteilung der **Indikation**sstellung unterliegt der Wirtschaftlichkeitsprüfung.[1883]

(3). Die **Anwendbarkeit** wird regelmäßig unter den Vorbehalt (u.a. Prüfvereinbarungen) gestellt, dass nicht eine **besser geeignete Prüfart** zur Verfügung stand. Die Einzelfallmethode ist ungeeignet, wenn dann anschließend eine *pauschale* Honorarkürzung vor dem Hintergrund *einiger weniger* Behandlungsfälle ausgesprochen wird.[1884] Als weiteres Kriterium wird häufig vorgegeben, dass **nicht unverhältnismäßige Schwierigkeiten** bei der Durchführbarkeit der Einzelfallprüfung bestehen dürfen.[1885] Diese Schwierigkeiten bestehen darin, dass die Prüfungseinrichtungen für jede abgerechnete Leistung ihre Notwendigkeit und Wirtschaftlichkeit nach dem objektiven Krankheitszustand des einzelnen Patienten feststellen müssen. Ob im zahnärztlichen Bereich die Schwierigkeiten der Einzelfallprüfung das gleiche Gewicht haben wie im ärztlichen Bereich, konnte nach Ansicht des BSG in einer Entscheidung dahingestellt bleiben.[1886] Den Ausführungen des BSG ist tendenziell zu entnehmen, dass eine derartige Annahme bestenfalls an „einem (juristischen) Haar hängt". Schließlich wird meistens vorausgesetzt, dass keine **unverhältnismäßigen Aufwendungen** erforderlich sind. Die **gerichtliche Überprüfbarkeit** der rechtmäßigen (= rechtsfehlerfreien) Wahl der Einzelfallprüfungsmethode ist zwar gegeben, dennoch besteht diesbezüglich ein **Spielraum**. Die gerichtliche Kontrolle ist demgemäß **eingeschränkt**. Das Gericht prüft unter anderem, ob ein fehlerhafter Gebrauch der Prüfart erfolgte: die Anforderungen an die Wahl der Prüfart dürfen nicht verkannt werden.[1887]

(4). Zur Ermittlung der Wirtschaftlichkeit der Leistungen des (Zahn)Arztes für die Erzielung des Erfolgs müssen die relevanten **Tatsachen** im Vorfeld **festgestellt** werden. Die Feststellung der (rechtserheblichen) Tatsachen (z.B. für die Frage der Indikation) hat durch Mittel zu erfolgen, die in größtmöglicher Nähe zu den infrage stehenden Tatsachen, also in möglichst direkter Beziehung zu ihnen stehen (sog. **direkte Tatsachenfeststellung**). Nur ausnahmsweise dürften solche rechtserheblichen Umstände trotz (an und für sich) bestehender unmittelbarer Aufklärungsmöglichkeiten mittels mittelbarer Umstände erschlossen werden, wenn die direkte Feststellung mit unverhältnismäßigen Schwierigkeiten verbunden wäre, sog. **indirekte Tatsachenfeststellung**.[1888] Es ist den kurzen Exkurs wert, darauf hinzuweisen, dass die statistische Vergleichsprüfung also ein Unterfall der indirekten Tatsachenfeststellungen ist. Die Annäherung an die Frage der Wirtschaftlichkeit der Behandlungen erfolgt bei der Vergleichsprüfung über das statistische Indiz.

Dabei könne sich das Prüfungsgremium jedenfalls nicht generell auf die **Verwertung von Unterlagen** mit der Begründung beschränken, dass auch bei der **Heranziehung des Patienten** der frühere Erkrankungszustand nicht mehr hätte festgestellt werden können. Dies käme einer (globalen) Vorwegnahme der konkreten Beweiswürdigung gleich und würde die hier zu stellenden Anforderungen umgehen. Soweit die konkrete und direkte Einzelfallprüfung den Beweis der Unwirtschaftlichkeit deshalb nicht zu erbringen vermag, weil die objektive Indikationslage nicht mehr vergegenwärtigt werden kann, im Ergebnis also offenbleibt („non liquet"), ob die Leistung wirtschaftlich war oder nicht, müsse das Prüforgan ohnehin auf die Methode des statistischen Vergleichs zurückgreifen (falls vergleichbare Ärzte in ausreichender Zahl vorhanden seien). Das ergebe sich aus dem rechtlichen Gebot der umfassenden Aufklärung des Sachverhalts.[1889] Das bedeutet also, dass eine solche Tatsachenfeststellung **jeden einzelnen** Fall als **gesonderte** und **individuelle** Gegebenheit zu erfassen und darzulegen hat und dass dabei **primär** eine **Heranziehung des Patienten** zu erwägen ist. Einer **unmittelbaren Untersuchung des Patienten** bedarf es jedenfalls dann nicht, wenn die festzustellende Indikationslage sich ebenso direkt und unmittelbar aus einer (objektiven) **Befundunterlage oder einem sonstigen Beweismittel** ergibt.[1890] Jedenfalls ist klarzustellen, dass es für die Feststellung des Krankheitszustands nicht notwendig in jedem Fall einer Untersuchung des Patienten bedarf. Auf welche Weise die Prüfungseinrichtungen und die Gerichte die Krankheitszustände feststellen, ist eine Beweisfrage und unterliegt ihrer freien Überzeugungsbildung. Ad exemplum kann eine Krankenscheinanalyse und Rekonstruktion des Behandlungsablaufs anhand der Sorgfalt der Eintragungen auf den Krankenscheinen erfolgen.[1891] Die Tatsachenfeststellung ist zu **beanstanden**, wenn die Überprüfung bloß überschlägig erfolgte. Dies ist u.a. dann der Fall, wenn die **Heranziehung des Patienten nicht erwogen oder generell unterlassen wurde**. Über die fehlerhafte Nichthinzuziehung können auch die verwerteten Unterlagen des Vertrags(zahn)arztes wie Behandlungsausweise, Aufzeichnungen, Verordnungen, Bescheinigungen sowie das entsprechende Zahlenmaterial der KZV nicht hinweghelfen.[1892]

(5). Das Ergebnis einer eingeschränkten Einzelfallprüfung wird in seiner Aussagefähigkeit als begrenzt angesehen. Mit ihr könne nicht der Nachweis der Wirtschaftlichkeit geführt werden. Die Ergebnisse können aber geeignete Grundlage einer wertenden Entscheidung der Prüfgremien sein, dass die Behandlung eines (Zahn)Arztes unwirtschaftlich sei.

(6). Das angerufene Gericht muss für jeden Einzelfall feststellen, dass die Behandlung im Hinblick auf den Krankheitszustand wirtschaftlich war[1893] (**gerichtliche Kontrolle**). Die Abrechnungsfähigkeit einer Leistung sei nicht gegeben, wenn im Rahmen einer Einzelfallprüfung ihre Notwendigkeit nicht erweisbar sei. Raum für eine Ermessensausübung durch den Prüfenden sei im Hinblick auf die verbleibende reine Rechtsanwendung nicht mehr vorhanden.[1894]

(7). Eo ipso muss der Bescheid ggü. dem **richtigen Adressaten** ergehen. Bei einer Gemeinschaftspraxis muss das unwirtschaftliche Verhalten nicht einem bestimmten Mitglied der Gemeinschaftspraxis zugeordnet werden. Vielmehr muss sich ein beteiligter Vertrags(zahn)arzt das Abrechnungsverhalten eines anderen Vertrags(zahn)arztes zurechnen lassen. Eine (zahn)arztbezogene Prüfung liegt dann auch noch vor. Begründet wird die Möglichkeit der Zurechnung, dass die Wirtschaftlichkeitsprüfung keinen Strafcharakter habe.[1895]

(iv). Verletzung von (Behandlungs)Richtlinien.

Eine Wirtschaftlichkeitsprüfung kann auch (Prüfvereinbarung sehen dies z. T. expressis verbis vor) darauf gestützt werden, dass gegen **relevante Richtlinien verstoßen** wird. Denn auch dann wird das Wirtschaftlichkeitsgebot verletzt. Auf den Behandlungserfolg im Einzelfall oder die konkrete Durchführung der Behandlung durch den Vertragszahnarzt kommt es nicht an. Die Annahme eines Verstoßes gegen relevante Richtlinien unterliegt einem **Beurteilungsspielraum**. In Bezug auf den **Beurteilungsfehler** eines unzutreffenden oder unvollständig ermittelten Sachverhalts gilt auch hier: Ein Sachverhalt ist dann richtig und vollständig ermittelt, wenn der prüfende Ausschuss zum Zeitpunkt seiner Entscheidung unter Beachtung des Amtsermittlungsgrundsatzes alle entscheidungsrelevanten Gesichtspunkte ermittelt und diese in seine Entscheidung eingestellt hat. Versäumt es der (Zahn)Arzt, den Prüfenden auf nur ihm – dem (Zahn)Arzt – bekannte, ihm günstige Gesichtspunkte hinzuweisen, wird die Entscheidung des Prüfenden, die diese Gesichtspunkte nicht berücksichtigt, schon deshalb nicht unvollständig und fehlerhaft, weil der Prüfende diese Gesichtspunkte nicht berücksichtigen konnte. Daraus folgt, dass der Zahnarzt mit dem Vortrag der ausschließlich ihm schon im Verwaltungsverfahren bekannten Umstände im Klageverfahren ausgeschlossen ist. Es ist nämlich Sache des geprüften Zahnarztes, im **Verwaltungsverfahren** einen Sachverhalt zu unterbreiten und zu belegen, der den Schluss zulässt, dass die jeweilige Behandlung entgegen dem bestehenden Anschein eines Verstoßes gegen Richtlinien sachgerecht und richtlinienkonform erfolgte. Denn nur er kann die dafür erforderlichen Tatsachen vortragen und entsprechende Nachweise vorlegen. Insofern hat der Zahnarzt seiner Mitwirkungsobliegenheit im Verwaltungsverfahren zu genügen. Die erstmalige Angabe von Gründen zur Behandlung einzelner Patienten im Laufe des **Gerichtsverfahrens** zur Beseitigung des Anscheins eines Verstoßes gegen Behandlungsrichtlinien ist ausgeschlossen.[1896]

(v). Verschulden oder irgendeine sonstige Vorwerfbarkeit ist nicht Voraussetzung.[1897]

(vi). **Similär** wie bei der sachlich-rechnerischen Richtigstellung dürfen der Wirtschaftlichkeitsprüfung nicht **„Ausschlussgründe“** entgegenstehen.

(1). Grundsätzlich dürfen verschiedene **Honorarkorrekturmaßnahmen**, wie die Degression nach § 85 Abs. 4 b SGB V, die Wirtschaftlichkeitsprüfung nach § 106 Abs. 2 SGB V und die Honorarverteilung nach dem Honorarverteilungsmaßstab (HVM) der jeweiligen KZV **nebeneinander und unabhängig voneinander** durchgeführt werden und stellen keine unzumutbare Belastung des Vertragszahnarztes dar. Allein § 85 Abs. 4 Satz 3 SGB V i. V. m. dem Grundsatz der Honorarverteilungsgerechtigkeit fordert, dass bei HVM-Honorarbegrenzungsmaßnahmen die Verringerung des Honoraranspruchs aufgrund der Punktwertdegression berücksichtigt wird. Im Rahmen der Wirtschaftlichkeitsprüfung scheidet somit die Berücksichtigung einer bereits erfolgten **Punktwertdegression** aus.[1898] Die Wirtschaftlichkeitsprüfung ist nicht aufgrund der **Budgetierung** durch den Honorarverteilungsmaßstab (HVM) ausgeschlossen. Denn Budgetierung durch den HVM und Wirtschaftlichkeitsprüfung stehen nebeneinander.[1899] Die Budgetierung hat das Ziel, den Anreiz zu einer vermehrten Erbringung von Leistungen zu verringern und angesichts der „gedeckelten“ Gesamtvergütung einem Punktwertverfall entgegenzuwirken.[1900] Die Wirtschaftlichkeitsprüfung soll den Arzt zur Einhaltung des Wirtschaftlichkeitsgebots (§ 12 Abs. 1 SGB V) anhalten.[1901]

Nebenher soll auf das Verhältnis respektive die Trennung von **sachlich-rechnerischer Berichtung** und Wirtschaftlichkeitsprüfung eingegangen werden. Eine der Wirtschaftlichkeitsprüfung vorausgehende sachlich-rechnerische Berichtigung der Honorarabrechnung komme nur in Bezug auf solche Abrechnungsunrichtigkeiten in Betracht, die offenkundig und aus den Behandlungsunterlagen ohne Weiteres zu ersehen seien. Eine scharfe Trennung zwischen Wirtschaftlichkeitsprüfung und Abrechnungskontrolle sei ansonsten weder praktisch durchführbar noch rechtlich geboten. Die Prüfungseinrichtungen dürften deshalb im Zweifel davon ausgehen, dass der Arzt die abgerechneten Leistungen tatsächlich erbracht hat, und diese Leistungen ihrer Beurteilung zugrunde legen. Dies gelte auch für implausible Abrechnungen aufgrund von Zeitprofilen[1902], was aber nur für Ärzte gilt.

(2). In genere können vorhergehende **Erklärungen** einer Wirtschaftlichkeitskontrolle entgegenstehen. Die Rechtswidrigkeit einer (Teil)Aufhebung eines Honorarbescheids kann sich daraus ergeben, dass in einem Heil- und Kostenplan **Planungs**maßnahmen genehmigt wurden bzw. ein genehmigter Heil- und Kostenplan **ausgeführt** wurde. Grundsätzlich gilt, dass nach der Genehmigung des Heil- und Kostenplans, die eine Wirtschaftlichkeitsprüfung einschließt, eine (weitere, nachträgliche) Wirtschaftlichkeitsprüfung in Gestalt eines Schadensfeststellungsverfahrens ausgeschlossen ist. Zu dieser Generallinie wurde klargestellt, dass der Ausschluss der Überprüfung von

Planung und Ausführung nur nach Maßgabe der Reichweite der Genehmigung bzw. der darin enthaltenen vorherigen Prüfung gilt. Der Ausschluss reicht nur so weit, wie Planungsfehler anhand des vorgelegten Plans bereits erkennbar waren. Daraus folge z.B., dass die Auswahl eines Zahns als Pfeilerzahn für eine Brücke nur insoweit nach der Genehmigung des Heil- und Kostenplans nicht mehr überprüft werden könne, als etwaige Fehler anhand dieses Plans und der dazu eingereichten weiteren Unterlagen bereits erkennbar waren. Waren allerdings – wie es in der Regel der Fall ist – dem Genehmigungsantrag keine Röntgenaufnahmen beigefügt, so ist noch die spätere Überprüfung zulässig, ob der Zahnarzt als Pfeiler für die Brücke einen Zahn auswählte, der sich von seiner Standfestigkeit und Tragkraft her dafür nicht eignete. Die Ausschließung reicht nur so weit, wie die Ausführung tatsächlich entsprechend dem Heil- und Kostenplan und sachgerecht – gemäß dem Stand der medizinischen Erkenntnisse – erfolgte. Wurde dagegen vom Heil- und Kostenplan abgewichen oder dieser nicht sachgerecht ausgeführt, greift der Ausschluss nicht ein; insoweit ist also Raum für eine Wirtschaftlichkeitsprüfung respektive eine Schadensfeststellung. Auch dann, wenn überhaupt erst festgestellt werden muss, ob vom Heil- und Kostenplan abgewichen oder ob dieser mangelhaft ausgeführt wurde, darf ein **Schadensregressverfahren** eingeleitet werden. Die Genehmigung z.B. einer Parodontosebehandlung steht nicht einer Wirtschaftlichkeitsprüfung entgegen, die die Verletzung von Behandlungsrichtlinien zum Gegenstand hat.[1903] In Rekapitulation bedeutet dies:

- die Genehmigung eines Heil- und Kostenplans führt nur in bestimmtem Umfang zum Ausschluss der Wirtschaftlichkeitsprüfung, und zwar
  - für Maßnahmen der Planung, soweit die eingereichten Unterlagen die Überprüfung der Planung ermöglichten,
  - für Ausführungsmaßnahmen, soweit diese:
    - sowohl entsprechend dem genehmigten Heil- und Kostenplan
    - als auch gemäß dem Stand der medizinischen Erkenntnisse durchgeführt wurden.[1904]

Eine **frühere Entscheidung** entfaltet allenfalls Bindungswirkung für Nachfolgequartale dann, wenn die Prüfgremien Kürzungen für frühere Quartale nicht für erforderlich hielten und die Abrechnungswerte sich nicht geändert haben.[1905]

(3). Eine nicht zeitgerechte Entscheidung (**Verfahrensverzögerung**) des Beschwerdeausschusses über den Widerspruch, der den Prüfbescheid zum Gegenstand hat, soll unschädlich sein.[1906] Eine Pflicht zur Einstellung des Verwaltungsverfahrens wegen **übermäßig langer Verfahrensdauer** besteht nicht, denn es ist gesetzlich nicht normiert, wie lange ein Verwaltungsverfahren dauern darf.[1907]

(4). Ein Unterlassen seitens des Prüfenden kommt einer Sachentscheidung im Sinne einer Endgültigkeitsstellung des Geprüften im Hinblick auf das Honorar des (Zahn) Arztes gleich und nicht einer bloßen Verfahrensverzögerung, wenn die **Ausschlussfrist** als Folge des Art. 20 Abs. 3 GG nicht gewahrt wurde.[1908] Das rechtsstaatliche Gebot der Rechtssicherheit (Art. 20 Abs. 3 GG) postuliert, dass der betroffene Vertrags(zahn)arzt nicht einem fortwährenden, zeitlich nicht begrenzten Prüfverfahren ausgesetzt ist, sondern nach Ablauf einer angemessenen Zeit sicher sein kann, dass ihm die für ein bestimmtes Quartal zuerkannte Vergütung endgültig zusteht. Der Einwand der Ausschlussfrist ist von Amts wegen sowohl von den Prüfgremien als auch von den Gerichten zu **berücksichtigen.**[1909] Der Bescheid des Prüfungsausschusses muss dem Vertrags(zahn)arzt innerhalb einer Ausschlussfrist von vier Jahren zugegangen sein (**Fristlänge**).[1910] Der Lauf der **Frist beginnt** nach der Rechtsprechung des BSG mit der **Bekanntgabe**[1911], Zustellung oder dem Zugang und dem sich daraus ergebenden Wirksamwerden (vgl. § 39 Abs. 1 S. 1 SGB X) des vorläufigen **Honorarbescheids** (für das einzelne Quartal, also: Quartalsabrechnungsbescheid) in Anlehnung an § 45 Abs. 3 SGB X. In § 45 Abs. 3 SGB X wurde als Zeitpunkt die Bekanntgabe zugrunde gelegt für die Korrektur von Bescheiden, in denen eine Regelung getroffen wurde.[1912] Demgegenüber vertreten einige Berufungsgerichte[1913] die Auffassung, in entsprechender Anwendung des § 45 Abs. 1 SGB I sei das Ende des Kalenderjahres maßgeblich, in dem der Abrechnungsbescheid erlassen worden ist. Nach Ansicht des SG Marburg beginnt bei kieferorthopädischen Behandlungen die Frist erst mit Abschluss der Behandlung.[1914]

Die Bekanntgabe richtet sich nach § 37 SGB X. Der § 37 Abs. 2 S. 1 SGB X normiert eine unwiderlegbare Vermutung, die auch dann eingreift, wenn die tatsächliche Bekanntgabe nachweislich früher stattgefunden hat, nicht aber, wenn sie später erfolgte (z.B. Bescheid am 30.03. zur Post aufgegeben, Bekanntgabe am 02.04.). Nachvollziehbare Angaben über Zugang bzw. Aufgabe zur Post (die Aufgabe der Bescheide zur Post) sind durch einen Absendervermerk aktenkundig zu machen. Es streitet **kein Anscheinsbeweis** für behördeninterne (organisatorische) Vorgänge. Ad exemplum spricht für die Aufgabe des (Prüf) Bescheids zur Post kein Anscheinsbeweis dergestalt, dass es einen Vermutungstatbestand Honorarauszahlung mit der Vermutungsfolge Bescheidabsendung (und Honorarauszahlung fallen zusammen) gebe. Denn eine (angebliche) Verbindung zwischen Honorarauszahlung und Bescheidabsendung insofern, als dass beide Vorgänge stets zusammenfallen, gibt es nicht. Angaben zur regelmäßigen Abendepraxis bzw. zu den Daten einzelner Quartalsabrechnungen reichen also nicht aus. Die **Darlegungs- und Beweislast** liegt bei der Behörde (§ 37 Abs. 2 2. Halbs. SGB X). Der Zeitpunkt der Bekanntgabe des Honorarbescheids ist zu ermitteln; gelingt es nicht Absendung oder Zugang des Honorarbescheids zu ermitteln, trägt der Beschwerdeausschuss insoweit die objektive Feststellungslast (dies ist also dem Beschwerdeausschuss zuzurechnen).[1915] Die **Frist** wurde **gewahrt**, wenn der Bescheid über die Honorarkürzung (bzw. der Prüfbescheid[1916]) innerhalb von vier Jahren nach vorläufiger Honorarabrechnung bekannt gegeben wurde.[1917] Abzustellen ist also einerseits auf die Zustellung des **vorläufigen Honorarbescheids** und andererseits auf die **Zustellung des Prüfbescheids**. Der die Wirtschaftlichkeitsprüfung abschließende Bescheid (also der Prüfbescheid) ist spätestens vier Jahre nach der vorläufigen Honorarabrechnung zuzustellen.[1918] **Andere Akte**, mit denen der (Zahn)Arzt über die Durchführung eines Prüfverfahrens informiert wird, sind möglich. Diese müssen aber immer in einem förmlichen Verfahren ergehen, etwa in Gestalt der Beiladung innerhalb einer Untätigkeitsklage der Krankenkassen. Formlose Mitteilungen über Beginn und Durchführung des Prüfverfahrens wahren die Frist deshalb nicht.[1919] Der Geprüfte kann dem Prüfenden nicht den Ablauf der Vier-Jahres-Frist entgegenhalten, wenn eine Neubescheidung aufgrund eines gerichtlichen Urteils erforderlich wird. Die Neubescheidung stellt dann nur eine Nachbesserung der bisherigen Maßnahme in modifizierter Form dar.[1920]

(5). **Sonstige Ausschlussgründe:** Unauffällige Fallkostenwerte des Betroffenen schließen eine Wirtschaftlichkeitsprüfung nicht aus, denn diese unauffälligen Fallkostenwerte rechtfertigen allein nicht zwingend die Annahme, dass auch bei einzelnen Gebührenziffern wirtschaftlich behandelt und abgerechnet wurde.[1921]

(vii). Auf der **Rechtsfolgen**seite gibt es keinen Automatismus zwischen Überschreitung und Kürzung, also keine dahingehend gebundene Entscheidung.

(1). „Ob" gekürzt wird und in „welcher Höhe" ist eine Ermessensentscheidung (**Ermessensspielraum**). Das Unterlassen von Kürzungen oder die Zubilligung einer Toleranz im Bereich der Übergangszone ist ebenso möglich wie eine Kürzung bis auf Null (Kürzung des gesamten unwirtschaftlichen Mehraufwandes).[1922]

(2). Da von dem Ermessen pflichtgemäß Gebrauch zu machen ist, findet eine Kontrolle auf **Ermessensfehler** hin statt (vgl. §54 Abs. 2 S.2 SGG).[1923]

a. Eine Ermessensüberschreitung liegt vor, wenn eine im Gesetz – abstrakt – nicht zugelassene Rechtsfolge gewählt wird. Die gesetzlichen Grenzen des Ermessens können sich ergeben aus:
   - §106 SGB V,
   - anderen Rechtsvorschriften (vor allem Grundrechte, sonstiges Verfassungsrecht, Gemeinschaftsrecht),
   - insbesondere aus dem Verhältnismäßigkeitsgrundsatz.

   Im Hinblick auf den **Verhältnismäßigkeitsgrundsatz**[1924] wird diskutiert, ob einer Kürzung gezielte Beratungen vorausgehen müssen. Dies wird zum Teil bejaht, von anderen dagegen generell abgelehnt, sodass eine unterlassene Beratung nicht Honorarkürzungen entgegenstehe.[1925] Auf jeden Fall bedürfe es bei offensichtlichen Überschreitungen nicht vorher einer gezielten Beratung.[1926] Dies gelte auch dann, wenn[1927]:
   - der Zahnarzt noch nicht auf das Ergebnis einer für das Vorquartal durchgeführten Wirtschaftlichkeitsprüfung reagieren konnte,
   - bisher noch keine Mahnung erfolgte,
   - früher Praxisbesonderheiten anerkannt wurden.
   - Härten oder eine Gefährdung der beruflichen Existenz des Betroffenen stellen keinen Hinderungsgrund für scharfe Reaktionen mit den Mitteln des Vertrags(zahn)arztrechts dar. Vor diesem Hintergrund können eine Wirtschaftlichkeitsprüfung und damit einhergehende Kürzungen nicht unverhältnismäßig sein.[1928]

b. Ein Ermessensfehlgebrauch liegt vor, wenn von dem Ermessen in einer dem Zweck der Ermächtigung nicht entsprechenden Weise Gebrauch gemacht wird. Zweck der Wirtschaftlichkeitsprüfung ist es, §12 Abs. 1 S. 2 SGB V Ausdruck zu verleihen.

   Es muss in die Erwägungen einbezogen werden, dass der Umfang der Honorarkürzungen in angemessener Weise mit dem festgestellten Ausmaß der Unwirtschaftlichkeit korrespondieren muss.[1929] Ob also ein Ermessensfehler bezüglich der Kürzungshöhe vorliegt, ergibt sich aus einem Zusammenspiel zwischen
   - der Überschreitungstoleranz (der Prozentsatz, der zugestanden wird, wonach noch nicht Unwirtschaftlichkeit vorliegt),
   - dem Prozentsatz, mit dem der Geprüfte die Wirtschaftlichkeitsgrenze überschritt,
   - den absoluten Überschreitungsbeträgen
   - und allfälligen statistischen Zufälligkeiten für die Überschreitung.[1930]

   Je höher die Überschreitungstoleranz ist und je höher sich die Überschreitung darstellt, desto höher muss der Rückforderungsbetrag auch ausfallen.

   Es ist auch die **Tatsache** zu berücksichtigen, dass es sich allfällig um einen **Berufsanfänger** handelt, bei dem in einigen Anfangsquartalen Abstriche zu machen sind.

   Unterdurchschnittliche Fallzahlen sind bei der Kürzungsentscheidung zu berücksichtigen, wenn die Fallzahlen des geprüften Vertrags(zahn)arztes nur knapp oberhalb der maßgeblichen Grenze von 20% des Durchschnittswerts gelegen haben.[1931]

   Auswirkungen der Honorarkürzung auf **Fallkostenwerte** sind ebenso in die Überlegungen einzubeziehen[1932] wie die **Abrechnungsbestimmungen** zu einer streitgegenständlicher Ziffer.[1933]

   Ein Verstoß gegen Art. 3 GG[1934] vor dem Hintergrund einer Selbstbindung durch die Prüfgremien besteht nicht, wenn diese ermessensfehlerhaft das Ausmaß der Honorarkürzungen zu niedrig ansetzten. Denn aus einer rechtswidrigen Verwaltungsentscheidung kann ein Betroffener indessen wegen der vorrangigen Bindung der Verwaltung an Gesetz und Recht (Rechtsstaatsprinzip des Art. 20 Abs. 3 GG) kein schutzwürdiges Vertrauen mit Wirkung für die Zukunft in dem Sinne herleiten, dass bei gleicher Sachlage wiederum in gleicher Weise entschieden werden müsste. Es gibt keinen Anspruch auf Gleichbehandlung im Unrecht. Daraus folgt, dass nicht gegen Art. 3 GG verstoßen wurde, wenn zuvor zu wenig zurückgefordert wurde.[1935]

c. Eine gerichtliche Ermessensprüfung ist entbehrlich im Hinblick auf die Ermittlungen bzgl. des unwirtschaftlichen Mehraufwands, wenn dem Betroffenem bei einzelnen Leistungen Restüberschreitungen im Bereich des offensichtlichen Missverhältnisses (also: ≥ 50 %) belassen werden.[1936]
Fehler in Betreff auf die ausgesprochene Kürzungshöhe müssen substantiiert gerügt werden.

b. Rückforderung

Der Rückforderungsanspruch basiert respektive setzt eine (Teil)Aufhebung als elementaren Akt voraus (str.). Dementsprechend komprimiert folgt die Darstellung.

aa. Der Erstattungsanspruch richtet sich nach § 50 Abs. 1 S. 1, Abs. 3 SGB X als **Ermächtigungsgrundlage**.

bb. Die **formellen Anforderungen** an den Verwaltungsakt ergeben sich aus § 33 SGB X. § 35 SGB X schreibt schließlich eine **Begründung** vor. Grundsätzlich wird ein inhaltlicher Bezug zum konkreten Einzelfall verlangt. Ausnahmen ergeben sich aus § 35 Abs. 2, Abs. 3 SGB X. Die tragenden Ermessenskriterien sind bei Ermessensentscheidungen (vergl. § 39 SGB I) anzugeben (§ 35 Abs. 1 S. 3 SGB X). Aus § 50 Abs. 3 S. 1 SGB X resultiert die **Schriftform**pflicht.

cc. § 50 Abs. 1 S. 1 SGB X setzt für die materielle Rechtmäßigkeit voraus, dass der Honorarbescheid aufgehoben worden ist. Bezüglich der (nicht vorhandenen) aufschiebenden Wirkung von Rechtsbehelfen gegen die (Teil)Aufhebung sei auf die obigen Ausführungen verwiesen.

dd. Auf der **Rechtsfolgenseite** ist Folgendes zu pointieren: Die Geltendmachung des Erstattungsanspruchs steht **nicht** im **Ermessen** der Behörde (vergl. § 50 Abs. 1 S. 1 SGB X). § 50 Abs. 3 S. 1 SGB X sieht die Festsetzung der zu erstattenden Leistung durch **Verwaltungsakt** vor. Damit ist (anders als sonst) die Rückforderung durch eine Leistungsklage ausgeschlossen. § 50 Abs. 2a SGB X schreibt die Verzinsung des zu erstattenden Betrages vor. Von der Zinspflicht kann abgesehen werden, wenn es an Verschulden mangelt und der Betrag innerhalb der gesetzten Frist erstattet wird. Aus § 50 Abs. 3 S. 2 SGB X ist ersichtlich, dass (Teil)Aufhebung und Rückforderung in einem Akt erfolgen sollen. Es handelt sich zwar um getrennt voneinander zu betrachtende Regelungen, diese ergehen aber in einem Bescheid.

B. Die Entscheidung: Menschenrechte in der Wirtschaftlichkeitsprüfung[1937]

I. Sachverhalt

Der Kläger (K) und die Beklagte (B) als Kassenzahnärztliche Vereinigung Hessen stritten um eine Honorarkürzung wegen unwirtschaftlicher Behandlungsweise in 15 Parodontose-Behandlungsfällen in Höhe von ca. 2800 Euro. Die B setzte am 24.9.2003 die Honorarberichtigung fest. Dagegen legte der K am 7.2.2004 Widerspruch ein. Diesen begründete er auch. Die B lud den K mit Schreiben vom 16.6.2009 für eine Prüfsitzung am 12.8.2009 ein. Der K nahm nicht teil. Die Honorarberichtigung wurde neu festgesetzt auf ca. 2500 Euro. Am 15.1.2010 erhob der K Klage.

II. Entscheidungsgründe

Das Sozialgericht wies die **zulässige** Klage als **unbegründet** ab.

I. Der Bescheid erging **formell rechtmäßig**, weil dem K die Möglichkeit zur Anhörung gegeben wurde.

II. Auch in **materiell-rechtlicher** Hinsicht war der Bescheid nicht zu beanstanden.

1. Der Durchführung der Wirtschaftlichkeitsprüfung stand nicht entgegen, dass die jeweilige Krankenkasse die Parodontose-Behandlung vorher **genehmigt** hatte.[1938]
2. Zwar verstieß die Dauer des Verfahrens gegen das **Gebot der „angemessenen Frist"** aus Art. 6 Abs. 1 der EMRK.
   Schon der Europäische Gerichtshof für Menschenrechte hatte in seiner Entscheidung vom 3.11.2010 darüber zu befinden, ob ein sozialgerichtliches Verfahren (inklusive Widerspruchsverfahren) eines Zahnarztes im Rahmen einer Wirtschaftlichkeitsprüfung mit einer Verfahrensdauer von insgesamt sieben Jahren und zwei Monaten überlang ist. In der Sache sah der Europäische Gerichtshof die Rüge des Zahnarztes als begründet an.
   „Da die von dem Beschwerdeführer nach Artikel 6 Abs. 1 der Konvention erhobenen Rügen der Verfahrensdauer nicht offensichtlich unbegründet sind…"[1939]
   Auch in diesem Fall sah es das Sozialgericht Marburg als Verstoß gegen Art. 6 EMRK an, dass über fünfeinhalb Jahre keine Tätigkeit entfaltet wurde. Eine Rechtswidrigkeit der angefochtenen Bescheide vermochte das Gericht aber daraus nicht herzuleiten.
3. Auch wurde die vierjährige **Ausschlussfrist** eingehalten, weil der Prüfbescheid am 24.9.2003 erging und daher die Ausschlussfrist unterbrach.
4. Auch den Tatbestand der **Verwirkung** sah das Gericht nicht als erfüllt an.

Gemäß §242 BGB analog ist ein Recht verwirkt, wenn der Berechtigte es längere Zeit hindurch nicht geltend gemacht hat und der Verpflichtete sich darauf eingerichtet hat und sich nach dem gesamten Verhalten des Berechtigten auch darauf einrichten durfte, dass dieser das Recht nicht mehr geltend machen werde.[1940]
Diese Voraussetzungen lagen hier nicht vor, denn das Umstandsmoment konnte aus bloßer Untätigkeit nicht hergeleitet werden. Nichtstun schafft kein Vertrauen.

III. Schlussfolgerung

1. Die KZV wird einer Honorarkürzung nicht wegen überlanger Verfahrensdauer und eines Verstoßes gegen **Art. 6 EMRK** verlustig. M.E. handelt es sich um eine neuralgische Konsequenz, die die Sozialgerichte ziehen.[1941] Sie stellen einen Verstoß gegen die EMRK fest, unmittelbare Auswirkungen bleiben aber aus. Vor diesem Hintergrund erscheint die „überlange Verfahrensdauer" als rein akademisches Problem.
   In die Reflexion kann aber ein allfälliger Schadensersatzanspruch einbezogen werden, der auf einer Verletzung von Art. 6 EMRK und damit nach sich ziehend einer Verletzung von Art. 13 EMRK aufbaut, weil kein Rechtsbehelf zur Verfügung steht, der das Verfahren beschleunigen könnte oder angemessene Wiedergutmachung für die Folgen der Verzögerungen leisten könnte. Diesen Anspruch sollte man bei überlangen Verfahrensdauern z.B. in (Vergleichs-) Verhandlungen bei Vorliegen der Voraussetzungen mit einfließen lassen bzw. vor dem EGMR geltend machen.[1942]
2. Unabhängig von der Frage der grundsätzlichen Möglichkeit einer **Verwirkung**, kommt es zu dieser nicht aufgrund einer bloßen Untätigkeit. Vielmehr muss durch positives Tun der Eindruck erweckt werden, nicht oder nicht mehr einschreiten zu wollen.
3. Unwirtschaftliches Verhalten kann neben einer Wirtschaftlichkeitsprüfung Weiterungen mit sich bringen, wie z.B. ein Disziplinarverfahren wegen fortgesetzter Unwirtschaftlichkeit (§81 Abs. 5 S. 2 SGB V) und allfällig zur Zulassungsentziehung (§95 Abs. 6 SGB V) führen.[1943]
   a. Eine **Zulassungsentziehung** kann auf Unwirtschaftlichkeit als **Pflichtverletzung** fußen. Unwirtschaftliches Arbeiten wird in der Wirtschaftlichkeitsprüfung ermittelt. Dies wird in dem Zulassungsentzugsverfahren irreversibel zugrunde gelegt. Latente Verteidigungsfehler in der Wirtschaftlichkeitsprüfung sind nicht umkehrbar im Verfahren bzgl. der Zulassung. Die Unwirtschaftlichkeit kann sich simpel dadurch **wiederholen**, indem man dasselbe Manko in mehreren Quartalen praktiziert.
   b. Frequent ist festzustellen, dass nicht ein entsprechendes Problembewusstsein für die **strafrechtliche** Komponente vorhanden ist.
   Stellt sich im Rahmen von Wirtschaftlichkeitsprüfungen heraus, dass Abrechnungen erfolgten, die so nicht legitim waren, dann kann der Gedanke „**Abrechnungsbetrug**" aufkommen. Die „**Gewerbsmäßigkeit**" für qualifizierten Abrechnungsbetrug kann häufig bejaht werden, da sich der (Zahn)Arzt aus der wiederholten Falschabrechnung eine Einnahmequelle von gewisser Dauer und Bedeutung verschaffen will.
   In Wirtschaftlichkeitsprüfungen darf die medizinische Indikation kontrolliert werden. Ist diese nicht gegeben und wurde der Patient über die fehlende Indikation nicht aufgeklärt, dann liegt eine nicht gerechtfertigte **Körperverletzung** vor. Denn die Einwilligung ist nicht intakt zustande gekommen. Eine derartige Körperverletzung ist eo ipso strafbar.
   c. Zusammenfassung: Vordergründig geht es um Erstattungen. Im Off geht es um die Zulassung als Vertrags(zahn)arzt und allfällige Strafverfahren. Wirtschaftliche Arbeitsweise und sich gegen **rechtswidrige** Wirtschaftlichkeitsprüfungen in der nötigen Radikalität zu wehren, sind unabdingbare Voraussetzungen, um die Vertragszahnarzt**zulassung** nicht zu **riskieren**.
4. Die **Erstattung von Anwaltskosten** gemäß §63 SGB X ist möglich. Voraussetzung ist, dass:
   - diese beantragt wird,
   - eine positive Kostengrundentscheidung ergeht,
   - in der Kostenentscheidung ausgesprochen wird, dass die Zuziehung eines Rechtsanwalts oder sonstigen Bevollmächtigten notwendig war,
   - die Festsetzung der konkreten zu erstattenden Aufwendungen erfolgte.
5. Ferner besteht ein **Akteneinsichtsrecht** (§25 SGB X). Zwar besteht keine allgemeine Pflicht Akteneinsicht durch Übersendung zu gewähren. Das diesbezügliche Ermessen ist aber pflichtgemäß auszuüben, wobei u.a. die geografische Distanz zum Aufbewahrungsort eine ermessensleitende Rolle spielen soll.[1944]

Z Zahnarzthaftung

A. Hintergrund

I. Auskunftsanspruch

Für den vertraglichen Bereich gilt §630c BGB (Informationspflicht bzgl. Behandlungsfehler) und §630g BGB (Einsichtnahme in die Patientenakte). Die Relevanz der Ausführungen bzgl. des Auskunftanspruchs beschränkt sich daher auf den deliktischen Bereich, der keine entsprechenden Normierungen kennt.

Wenn ein Patient zur inhaltlich bestimmten Einklagung eines Anspruchs zunächst eine Auskunft des (Zahn)Arztes benötigt, so kann er zunächst **vorprozessual** diesen zur Auskunft auffordern. Der **Anspruchsinhalt** sieht hinsichtlich (zahn)ärztlicher Auskunftsbegehren nur Auskunft über die (zahn)ärztliche **Dokumentation** vor. Darüber hinaus besteht grundsätzlich kein Auskunftsanspruch, der den Haftungsgrund klären und Ersatzansprüche gegen den (Zahn)Arzt vorbereiten soll. Der vorprozessuale Auskunftsanspruch **geht daher grundsätzlich nicht über ein Einsichtsrecht hinaus.** Im Prozess gilt die Erklärungspflicht des §138 ZPO.[1945] Wird die Auskunft nicht erteilt, kann der Patient eine **Klage** lediglich auf Auskunft und anschließend eine neue selbstständige (also eine weitere) Klage auf die Leistung erheben, die aufgrund der Auskunft geschuldet wird. Allerdings besteht nicht eine allgemeine Auskunftspflicht, sondern nur eine, die aus besonderen Rechtsgründen abgeleitet wird. Der Anspruch geht grundsätzlich nicht weiter als der zuvor skizzierte Umfang.

Das Auskunftsrecht wird gerne im Vorfeld von (Zahn) Arzthaftungsklagen bemüht. Hinzuweisen ist aber auf die strenge Rspr. Im Zuge einer Auskunftsklage ggü. einem Zahnarzt führte das OLG Koblenz durchaus repräsentativ aus, dass ein Leistungsanspruch aus unerlaubter Handlung gemäß §823 Abs. 1 BGB nicht dem Grunde nach besteht, wenn der Auskunftsanspruch zur Vorbereitung von Ersatzansprüchen gerade darauf abzielt, den Anspruchsgrund, nämlich eine vom (Zahn)Arzt zu vertretende Pflichtverletzung zu klären.[1946]

II. Vertraglicher Schadensersatzanspruch: §280 Abs. 1 BGB

Der Patient kann gegen den Zahnarzt einen vertraglichen Sekundäranspruch auf Schadensersatz aus §280 Abs. 1 BGB wegen positiver Vertragsverletzung (p.V.V.) haben.

1. Schuldverhältnis

Voraussetzung ist, dass das Schuldverhältnis zwischen dem Patienten und dem Anspruchsgegner besteht. Zu beachten ist, dass der Behandlungsvertrag allein mit dem Praxisinhaber zustande kommt. Der Praxisvertreter ist lediglich sein Erfüllungsgehilfe (§278 BGB) ohne eigene vertragliche Haftung.[1947] Ein Anästhesist, der von einem Zahnarzt im Hinblick auf einen zahnärztlichen Eingriff für eine Vollnarkose hinzugezogen wird, ist ebenso nicht Vertragspartner des Patienten, sondern Erfüllungsgehilfe.[1948] Zur Vervollständigung: in speziellen Konstellationen wird zwischen einem Dritten und einem Arzt ein Schuldverhältnis über den sog. Vertrag mit Schutzwirkung zugunsten Dritter angenommen.

2. Pflichtverletzung

a. Pflichten

aa. Überblick.

Zu den primären Pflichten in einem Schuldverhältnis gehören

- die Leistungspflichten
- und Verhaltenspflichten.

Im Hinblick auf die Verhaltenspflichten sind die **Rücksichtnahmepflichten** aus §241 Abs. 2 BGB von Bedeutung. Danach muss sich jede Partei aufgrund des Schuldverhältnisses so verhalten, dass die andere in der Verwendung des geleisteten Gegenstands nicht beeinträchtigt wird, und keine Partei darf der anderen Schaden zufügen. Die Rücksichtnahmepflichten müssen beachtet werden, damit dem Anderen keine Nachteile entstehen. Auf die Einhaltung dieser Pflichten besteht kein Erfüllungsanspruch. Werden sie schuldhaft verletzt, kann die benachteiligte Partei Schadensersatz verlangen (§280 Abs. 1; §§280 Abs. 1 und Abs. 3, 282).[1949]

bb. Die **Leistungstreuepflichten** sind aus §241 Abs. 2 BGB folgende leistungsbezogene Pflichten der Parteien eines Schuldverhältnisses, mit dem Inhalt, alles zu unterlassen, was den Vertragszweck oder den Leistungserfolg gefährden oder beeinträchtigen könnte, sowie alles Zumutbare zu tun, um den Erfolg zu ermöglichen oder zu sichern.

cc. Aufklärungspflichten bestehen nicht schlechthin, sondern nur dann, wenn der andere Teil nach den im Geschäftsverkehr herrschenden Anschauungen redlicherweise eine Aufklärung erwarten darf, denn die Aufklärungspflichten können nicht dazu dienen, der einen Vertragspartei zulasten der anderen das Geschäftsrisiko abzunehmen. Die Annahme einer Aufklärungspflicht setzte daher eine Aufklärungsbedürftigkeit auf der einen und Zumutbarkeit der Aufklärung auf der anderen Seite voraus.[1950]

dd. Aus jedem Schuldverhältnis folgen für alle Beteiligten umfassende Schutz-, Fürsorge-, Sorgfalts- und Obhuts**pflichten** hinsichtlich der Person und des Vermögens der anderen Partei des Schuldverhältnisses. Die Parteien müssen sich danach bei der Anbahnung und Abwicklung des Schuldverhältnisses so verhalten, dass die Person, das Eigentum oder sonstige Rechtsgüter des anderen Teils nicht verletzt werden. Die Parteien eines Schuldverhältnisses haben also eine umfassende allgemeine Nichtschädigungspflicht.[1951]

b. Verletzung

aa. Der **Schuldner** kann die Pflichten **selbst** verletzen.

bb. Bei der **Haftung für den Erfüllungsgehilfen** ist §278 BGB zu beachten. §278 BGB enthält keine selbstständige Anspruchsgrundlage, sondern regelt die Zurechnung des Verhaltens von Hilfspersonen (z. B. Praxisvertreter). Zugerechnet werden entgegen dem Wortlaut schon die Pflichtverletzung und daneben das Verschulden. Die Zurechnung des Verhaltens des Erfüllungsgehilfen gemäß §278 BGB setzt Folgendes voraus:

- Schuldverhältnis: Erforderlich ist, dass eine pflichtenbegründende Sonderbeziehung (vertraglich, gesetzlich, vorvertraglich, nachvertraglich) im Zeitpunkt der Schädigung schon besteht.
- Erfüllungsgehilfe ist, wer rein tatsächlich mit dem Willen des Schuldners bei der Erfüllung einer diesem obliegenden Verbindlichkeit tätig wird/handelt.[1952]
  - Ad exemplum: Zieht ein Zahnarzt im Hinblick auf einen zahnärztlichen Eingriff einen Anästhesisten für eine Vollnarkose hinzu, dann ist der Anästhesist Erfüllungsgehilfe des Zahnarztes (nicht aber Vertragspartner des Patienten).[1953]
  - Gegenbeispiel: Ein Patient ist bei einer Klage gegen zwei hintereinander behandelnde Zahnärzte, von denen keiner Erfüllungs- oder Verrichtungsgehilfe des anderen ist, gehalten darzulegen, dass die vom jeweiligen Zahnarzt vorgenommene Behandlung falsch war und den behaupteten Schaden verursacht hat.[1954]
- Pflichtverletzung des Erfüllungsgehilfen: Der Schuldner hat nur für solche Pflichtverletzungen des Erfüllungsgehilfen einzustehen, die aus der Sicht eines Außenstehenden im inneren sachlichen Zusammenhang mit dem Wirkungskreis stehen, der dem Gehilfen zugewiesen ist.[1955]
- Verschulden.

c. Vertretenmüssen

aa. Überblick.

§280 Abs. 1 S. 2 BGB regelt, dass der Schuldner dann nicht Schadensersatz zu leisten hat, wenn er die Pflichtverletzung „nicht zu vertreten hat". Da also hier der Begriff des Vertretenmüssens verwendet wird, kommen die §§276-178 BGB zur Anwendung. Sie bestimmen, was der Schuldner zu vertreten hat.

bb. Die §§276 BGB und 277 BGB regeln das **Vertretenmüssen** des Schuldners für **eigenes Verhalten.**

(i). Das Vertretenmüssen setzt die **Zurechnungsfähigkeit** voraus. §276 Abs. 1 S. 2 BGB verweist diesbezüglich auf die §§827, 828 BGB.

(ii). Der Oberbegriff des **Verschuldens** umfasst Vorsatz und Fahrlässigkeit.

Die Begriffe Kunstfehler und Verschulden decken sich nicht.[1956]

1. **Vorsatz** ist das Wissen und Wollen des Erfolgs und Bewusstsein der Rechtswidrigkeit.
   Nach der Vorsatztheorie, die im Zivilrecht nach herrschender Meinung gilt, gehört das Bewusstsein der Rechtswidrigkeit/Pflichtwidrigkeit zum Vorsatz.[1957] Ein Irrtum über die Rechtswidrigkeit – auch ein Verbotsirrtum – **schließt den Vorsatz** aus.[1958] Ist allerdings der Irrtum bei Anwendung der im Verkehr erforderlichen Sorgfalt vermeidbar, bleibt eine Haftung wegen **Fahrlässigkeit** bestehen. Wer sich auf einen den Vorsatz ausschließenden Rechtsirrtum beruft, trägt insoweit die Beweislast.[1959]
2. Nach der Legaldefinition des §276 Abs. 2 BGB handelt **fahrlässig**, wer die im Verkehr erforderliche Sorgfalt außer Acht lässt. Die Fahrlässigkeit wird im Zivilrecht nicht anhand eines individuellen, sondern nach einem im konkreten Fall verallgemeinerungsfähigen objektiven Sorgfaltsmaßstab beurteilt. Dabei ist die Frage der Verzeihlichkeit einer Fehlverrichtung einerseits von der juristischen Bewertung als fahrlässig, die auf der Grundlage medizinischer Erfahrungssätze zu treffen ist, andererseits zu trennen.[1960] Nach den Graden der Fahrlässigkeit wird zwischen grober Fahrlässigkeit und einfacher (normaler, gewöhnlicher) Fahrlässigkeit unterschieden.
3. **Grobe Fahrlässigkeit** liegt vor, wenn die im Verkehr erforderliche Sorgfalt in besonders schwerem Maße verletzt worden ist, schon einfachste, ganz nahe liegende Überlegungen nicht angestellt werden und das nicht beachtet wird, was im gegebenen Fall jedem einleuchten musste.
   Bei der groben Fahrlässigkeit sind objektive und subjektive, in der Individualität des Handelnden begründete Umstände zu berücksichtigen. Den Handelnden muss auch in subjektiver Hinsicht ein schweres Verschulden treffen.[1961] Grobe Fahrlässigkeit verlangt objektiv ein grob fehlerhaftes und subjektiv ein erheblich gesteigertes Verschulden.
4. Einfache (normale, gewöhnliche) Fahrlässigkeit ist gegeben, wenn die besonderen Merkmale grober Fahrlässigkeit nicht erfüllt sind.
   a. Der **Maßstab (erforderliche Sorgfalt)** der einfachen Fahrlässigkeit ist ausschließlich ein objektiv-abstrakter Sorgfaltsmaßstab. Der objektive zivilrechtliche Fahrlässigkeitsbegriff gilt auch im (Zahn)Arzthaftungsrecht.[1962] Der

Fahrlässigkeitsmaßstab ist nach Verkehrskreisen typisiert, deren speziellen Anschauungen und Bedürfnissen Rechnung zu tragen ist. So wird beispielsweise bei der Beurteilung von Sorgfaltspflichtverletzungen von Ärzten davon ausgegangen, dass ein Facharzt ein anderes Maß an Sorgfalt und Können schuldet als ein Arzt für Allgemeinmedizin.[1963]

b. Die **Vorhersehbarkeit der Gefahr** ist Voraussetzung der Fahrlässigkeit. Sie bezieht sich nur auf den Haftungstatbestand, dagegen nicht auf die weitere Schadensentwicklung. Es genügt die allgemeine Vorhersehbarkeit eines schädigenden Erfolges, der konkrete Ablauf braucht in seinen Einzelheiten nicht vorhersehbar zu sein.[1964]

c. Fahrlässigkeit setzt weiterhin voraus, dass der Eintritt des schädigenden Erfolgs **vermieden** werden konnte und musste.[1965]

Nicht nur dann, wenn ein (Zahn)Arzt von den anerkannten Regeln der Wissenschaft abweicht, sondern auch dann, wenn kein (zahn)ärztlicher Kunstfehler vorliegt, kann ein fahrlässiges Verschulden vorliegen. Das gilt v.a. dann, wenn die Ansichten der Fachkreise auseinandergehen und die Regeln, gegen die verstoßen worden ist, bisher noch keine allgemeine Anerkennung in der Wissenschaft gefunden haben. Gehen die Meinungen der (zahn)ärztlichen Wissenschaft und der Praxis über die ordnungsgemäße Vorgehensweise auseinander, dürfen die Anforderungen an die Sorgfaltspflicht nicht überspannt werden. Herrscht aber Streit darüber, welches Maß an Vorsicht zur Verhütung von Schäden bei der Behandlung notwendig ist, so hat der Arzt im Allgemeinen die größere Vorsicht zu beobachten, wenn er nicht fahrlässig handeln will.[1966] Der behandelnde (Zahn)Arzt hat grds. für sein dem (zahn)medizinischen Standard zuwiderlaufendes Vorgehen auch dann haftungsrechtlich einzustehen, wenn dieses aus seiner persönlichen Lage heraus subjektiv entschuldbar ist.[1967] Ein Zahnarzt, der bei Benutzung eines Kleininstruments die von der Wissenschaft für erforderlich gehaltenen Sicherungsmaßnahmen unterlässt, handelt auch dann fahrlässig, wenn diese Maßnahmen mit gewissen Unbequemlichkeiten oder Zeitverlust verbunden sind und deshalb in der Praxis üblicherweise nicht angewendet werden. Die erforderliche Sorgfalt verlangt es, dass der Zahnbehandler die nach Lage des Falles gebotenen Sicherungsmaßnahmen ergreift, um die Gefahr des Verschluckens oder Einatmens von den Fingern des Behandlers entglittenen Kleininstrumenten tunlichst zu vermeiden. Die von der zahnärztlichen Wissenschaft entwickelten und von den Universitäten gelehrten Sicherheitsmaßnahmen sind anzuwenden.[1968]

Im Hinblick auf verschuldete Behandlungsfehler ist der in Einzelfällen von der Rspr. herausgearbeitete Anscheinsbeweis zu beachten:

- **Fehlerhafte Kraftentfaltung bei Zahnextraktion.** Wird bei wiederholtem Versuch der Extraktion des Zahnes 48 mittels eines Hebelinstruments, bei der ein erheblicher knöcherner Widerstand zu erwarten war, der Nachbarzahn 47 zerstört, so spricht dies prima facie für eine zu große und damit fehlerhafte Kraftentfaltung des Zahnarztes.[1969]
- **Durchtrennung des N. lingualis.** Allein die Tatsache der Schädigung des N. lingualis rechtfertigt nicht den Schluss auf ein kunstfehlerhaftes Verhalten des behandelnden (Zahn)Arztes.
  Wird bei einer Weisheitszahnextraktion der N. lingualis versehentlich durch ein rotierendes Instrument durchtrennt, so erlaubt dies aber nach dem prima facie Beweis den Schluss auf einen schuldhaften Behandlungsfehler des operierenden (Zahn)Arztes. Verlässt der Operateur mit seinem Instrument unbeabsichtigt das eigentliche Operationsgebiet im Knochen und dringt in das linguale Weichgewebe im Mundboden ein, dann ist eine auf solche Weise herbeigeführte Verletzung des N. lingualis nicht unvermeidbar. Sie spricht vielmehr regelmäßig für ein Verschulden des Operateurs im Sinne einer Vernachlässigung der besonderen Sorgfalt, die nach den zahnmedizinischen Grundsätzen gerade im Hinblick auf die Gefahr einer Nervschädigung zu fordern ist. Für ein Verschulden zumindest im Sinne leichter Fahrlässigkeit spricht daher der Umstand, dass ein Operateur bei dem Einsatz der Instrumente das eigentliche Operationsgebiet im Knochen verlässt und in das benachbarte Weichgewebe eindringt.[1970]

cc. Gemäß § 278 BGB hat der Schuldner ein **Verschulden seines gesetzlichen Vertreters oder seiner Erfüllungsgehilfen** in gleichem Umfang zu vertreten wie eigenes Verschulden.

dd. Für (Zahn)Ärzte gelten **Spezialien**. Für das Verschulden gilt die Beweislastregel des § 280 Abs. 1 S. 2 BGB **nicht entsprechend**, soweit es um Diagnose und Heilbehandlung geht, weil der (Zahn)Arzt nur kunstgerechtes Bemühen, nicht aber einen Heilerfolg schuldet. Dagegen gilt § 280 Abs. 1 S. 2 BGB entsprechend, soweit es um Risiken geht, die vom Inhaber der (Zahn)Arztpraxis oder Träger der Klinik und dem dort tätigen Personal voll beherrscht werden können (z. B. die Organisation des Behandlungsgeschehens, der Zustand der dazu benötigten Geräte und Materialien und die Einhaltung der Hygienegebote).[1971]

ee. Das Gesetz kennt normierte **Haftungsmilderungen**. Grundsätzlich sind aber auch vertragliche Haftungsmilderungen zulässig. Die Haftung wegen **Vorsatzes** kann nach § 276 Abs. 2 BGB nicht im Voraus erlassen werden. Ein Haftungsausschluss für grobe Fahrlässigkeit in Allgemeinen Geschäftsbedingungen ist unwirksam:

- soweit § 309 BGB anwendbar ist, nach § 309 Nr. 7 b BGB,
- wenn § 309 BGB nicht anwendbar ist, nach § 307 Abs. 1 BGB.[1972]

Im Hinblick auf Haftungsausschlussklauseln in AGB ist darauf hinzuweisen, dass diese grundsätzlich dem Leitbild des Behandlungsvertrags widersprechen, der gerade auf den Schutz der Gesundheit des Patienten angelegt ist. Derartige Haftungsausschlussklauseln verschieben die Risikolasten in unzulässiger Weise.[1973] Die Frage der Haftungsmilderung in AGB soll um den Exkurs zur BGH-Entscheidung[1974] betreff Inhaltskontrolle „Allgemeiner Vertragsbedingungen für Krankenhausbehandlungsverträge" angereichert werden. Diese ist für Krankenhäuser bzw. Kliniken, die über eine Zahn-, Mund- und/oder Kieferabteilung verfügen, wissenswert. Laut BGH ist eine Klausel unbedenklich,

- die dem Krankenhaus das Recht einräumt, Wahlleistungen zu versagen,
- nach der zurückgelassene Sachen in das Eigentum des Krankenhauses übergehen, wenn sie nicht innerhalb von zwölf Wochen nach Aufforderung abgeholt werden,[1975]
- die eine Einbeziehungsvereinbarung als solche („...und erkläre mich damit einverstanden") vorsieht.[1976]

Zu beanstanden ist dagegen eine Klausel:

- die eine vorformulierte Bestätigung enthält, dass der Patient über die Entgelte und die Berechnung der beantragten Wahlleistungen unterrichtet wurde,[1977]
- nach der Haftungsansprüche wegen Verlustes oder der Beschädigung von Geld und Wertsachen, die durch die Verwaltung verwahrt werden, innerhalb einer Frist von drei Monaten nach Erlangen der Kenntnis von dem Verlust oder der Beschädigung schriftlich geltend zu machen sind.[1978]

ff. Neben gesetzlichen Haftungsverschärfungen sind auch vertragliche Haftungsverschärfungen möglich, ad exemplum in:

- Individualvereinbarungen bis zur Grenze des § 138 BGB (Sittenwidrigkeit) wirksam,[1979]
- AGB grundsätzlich gemäß § 307 Abs. 1 i.V.m. § 307 Abs. 2 Nr. 2 unwirksam, wenn die verschuldensunabhängige Haftung des Vertragspartners begründet werden soll.[1980]

Ein anderer Haftungsmaßstab kann sich gemäß § 276 Abs. 1 S. 1 BGB auch „aus dem sonstigen Inhalt des Schuldverhältnisses, insbesondere aus der Übernahme einer Garantie oder eines Beschaffungsrisikos" ergeben. Die Übernahme einer Garantie oder eines Beschaffungsrisikos kann nur durch eine vertragliche Vereinbarung erfolgen. Inhalt einer Garantieerklärung kann (muss aber nicht) sein, dass der Schuldner verschuldensunabhängig einstehen will. Die Übernahme einer Garantie setzt voraus, dass aus der Sicht des Gläubigers der Wille des Schuldners erkennbar wird, unabhängig vom Verschulden für die in der Garantie bestimmten Umstände haften zu wollen.[1981] An die **konkludente** Übernahme einer Garantie sind hohe Anforderungen zu stellen.[1982]

d. Schaden im natürlichen Sinn

Schaden im **natürlichen** Sinn ist jede Einbuße, die jemand infolge eines bestimmten Ereignisses an seinen Lebensgütern (Gesundheit, Ehre, Eigentum oder Vermögen) erleidet.[1983] Nach dem **Schadensbegriff des BGB** ist der Schaden die Differenz zwischen

- der Güterlage (Vermögenswert), die ohne das zur Ersatzpflicht begründende Ereignis bestanden hätte,
- und der tatsächlichen Güterlage (Vermögenswert).[1984]

Einem Schaden kann der Einwand des rechtmäßigen Alternativverhaltens entgegenzuhalten sein. Ein Zahnarzt im Bereitschaftsdienst, der einem Patienten möglicherweise rechtswidrig einen Zahn extrahiert, haftet nicht, wenn feststeht, dass wenig später derselbe Erfolg eingetreten wäre, indem der Hauszahnarzt denselben Rat erteilt und der umfassend informierte Patient ihn befolgt hätte. Der alternative Kausalverlauf[1985] ist in einem derartigen Fall zu berücksichtigen, ohne dass der beklagte (Zahn)Arzt sich darauf berufen muss.[1986] Ferner ist es nach dem **normativen Schadensbegriff** denkbar, dass auch dann, wenn sich durch eine Differenzrechnung keine Vermögensminderung feststellen lässt, der Schädiger Schadensersatz zu leisten hat. Es liegt dann ein Schaden vor, wenn eine wertende Korrektur dies ergibt.[1987]

Exemplarische Schadenspositionen können sein:

- Kosten für eine Nachbehandlung (ggf. zusätzlich Feststellungsantrag für die Zukunft),
- Kosten für Privatgutachten,
- Schmerzensgeld (ggf. zusätzlicher Feststellungsantrag für die Zukunft),
- Rechtsanwaltskosten.

Vorteilsausgleichung erfasst die Frage, ob und inwieweit Vorteile, die der Geschädigte (z. B. Patient) aufgrund einer Schädigung erlangt hat, auf seinen Schadensersatzanspruch anzurechnen sind. Unter die Vorteilsausgleichung fallen auch **„Ohnehinkosten"**. Diese können verdeutlicht werden anhand einer Entscheidung des OLG Köln[1988]. Dort sollte der Zahn 48 extrahiert werden mittels eines Hebelinstruments. Dies gelang nicht, vielmehr wurde der Nachbarzahn zerstört. Der Patient begab sich daher in einen stationären Krankenhausaufenthalt, wobei der Zahn 48 operativ freigelegt wurde. Bei diesen Kosten handelt es sich um „Ohnehinkosten", die auch dann angefallen wären, wenn von vornherein versucht worden wäre, den Zahn 48 operativ freizulegen.

e. Haftungsausfüllende Kausalität

Die **haftungsausfüllende Kausalität** betrifft den Zusammenhang zwischen Haftungsgrund [Rechts(gut)verletzung] und dem eingetretenen Schaden.[1989]

Die Zurechenbarkeit liegt vor, wenn dieser Zusammenhang nach

- Adäquanztheorie und
- Äquivalenztheorie und
- Schutzzweck der jeweiligen Haftungsnorm

festgestellt werden kann. Die haftungsausfüllende Kausalität ist eine Diffizilität, an der (Zahn)Arzthaftungsprozesse prävalent scheitern. Das LG Duisburg sah keinen Kausalzusammenhang zwischen dem Auftreten von Karies und Parodontose einerseits und

- dem Unterlassen des Hinweises auf mangelnde Mundhygiene
- bzw. einer allfällig nicht bis unter das Zahnfleisch erfolgten Reinigung (die also nicht den Regeln der zahnärztlichen Kunst entsprochen haben soll),

weil die unterlassene ordnungsgemäße Mundhygiene der Patientin in einem so überwiegenden Maße selbst verursacht wurde, dass der Verursachungsanteil des Zahnarztes vollständig zurücktrat.[1990]

f. Art, Inhalt und Umfang des Schadensersatzes

Die §§249-254 BGB sowie einige Sonderregeln beantworten die Frage, **wie** der zurechenbare Schaden ersetzt wird.

aa. Als **Grundsatz** geht das Gesetz von der **Naturalrestitution** aus. Die Naturalrestitution findet bei materiellen und immateriellen Schäden statt. §253 Abs. 1 BGB findet keine Anwendung. Im Hinblick auf das geschädigte Rechtsgut oder Recht ist der **tatsächliche Zustand herzustellen**, der (wirtschaftlich gesehen) der Lage entspricht, die ohne das Schadensereignis bestehen würde. Im Falle der Sachbeschädigung oder Körperverletzung muss der Geschädigte sich eine Naturalrestitution durch den Schädiger nicht gefallen lassen. Stattdessen kann er den zur Wiederherstellung erforderlichen **Geldbetrag** verlangen (§249 Abs. 2 S. 1 BGB). Er ist grundsätzlich nicht gehalten, diesen Geldbetrag für die Schadensbeseitigung einzusetzen. Dann allerdings kann er keine Umsatzsteuer verlangen, weil diese nicht anfällt (§249 Abs. 2 S. 2 BGB).

Ein Schaden, der einem Patienten durch die Erstellung einer mangelhaften und deswegen unbrauchbaren Zahnprothese entstanden ist, ist in der Weise zu ersetzen, dass der Zahnarzt keine Vergütung verlangt.[1991]

bb. Eine **Entschädigung in** Geld ist – per Definition – nur für **Vermögensschäden** möglich.

- §253 Abs. 1 BGB bestimmt, dass Nichtvermögensschäden in Geld nur erstattet werden können, wenn dies im Gesetz ausdrücklich erlaubt wird.
- Die Abgrenzung zwischen Vermögensschäden und Nichtvermögensschäden ist zum Teil eine reine Wertungsfrage.

Ist eine Naturalrestitution

- nicht möglich (§251 Abs. 1 BGB) oder
- nicht genügend (§251 Abs. 1 BGB) oder
- unverhältnismäßig teuer (§251 Abs. 2 BGB),

kann der Schädiger den Geschädigten „in Geld entschädigen".

cc. (Ausnahme)Regeln, die eine **Geldentschädigung** für **immaterielle Schäden** (Nichtvermögensschaden) bestimmen, sind ad exemplum: §253 Abs. 2 BGB, §15 Abs. 2 AGG.

g. Kürzung des Schadensersatzes

Der so ermittelte Schadensersatz wird gemäß §254 Abs. 1 und Abs. 2 BGB **gekürzt**, soweit

- den Geschädigten oder seinen gesetzlichen Vertreter oder Erfüllungsgehilfen (§254 Abs. 2 S. 2 BGB)
- ein Mitverschulden[1992]
  - bei der Schadensentstehung (§254 Abs. 1 BGB)
  - oder im Rahmen der Schadenswarnung bzw. Schadensgeringhaltung (§254 Abs. 2 S. 1 BGB)

trifft. Für das Verschulden gelten die §§827, 828 BGB entsprechend. Eine Haftung z.B. für die Erkrankung eines Patienten an Karies und/oder Parodontose kann wegen überwiegenden Mitverschuldens (§254 Abs. 1 BGB) in Gestalt mangelhafter Mundhygiene ausgeschlossen sein.[1993]

III. Deliktischer Schadensersatzanspruch: §823 Abs. 1 BGB

1. In Bezug auf die **Rechtsgut-/Rechtsverletzung** soll wg. der Relevanz das Augenmerk ausschließlich auf die Körper- und Gesundheitsverletzung gelegt werden.

Eine **Körperverletzung** ist ein äußerer Eingriff in die körperliche Unversehrtheit.[1994] Auch der (zahn)ärztliche Heileingriff, selbst wenn er zu Heilzwecken lege artis und mit Erfolg durchgeführt wird, stellt eine tatbestandsmäßige Körperverletzung dar. Lediglich die Rechtswidrigkeit entfällt, wenn der Eingriff von einer wirksamen Einwilligung gedeckt ist.[1995] Damit ist bei einem Eingriff auch dessen Rechtswidrigkeit indiziert. Sie entfällt insbesondere bei Einwilligung des Patienten, die sich in der Regel aber nur auf eine Behandlung lege artis, d.h. entsprechend den (zahn)ärztlichen Berufspflichten, bezieht und zu ihrer Wirksamkeit eine wirksame Aufklärung durch den Arzt voraussetzt.[1996] Eine Körperverletzung kann auch durch pflichtwidriges Unterlassen (z.B. einer ordnungsgemäßen Untersuchung oder Beratung) begangen werden. Die überflüssige Überkronung gesunder Zähne ohne zahnmedizinisch anerkannte Gründe durch einen Zahnarzt stellt eine schuldhafte rechtswidrige Körperverletzung dar.[1997] Dies gilt auch für die schuldhafte fehlerhafte Eingliederung von Zahnersatz.[1998]

Eine **Gesundheitsverletzung** ist die medizinisch erhebliche – also aus ärztlicher Sicht behandlungsbedürftige – Störung der körperlichen, geistigen oder seelischen Lebensvorgänge, jedes Hervorrufen oder Steigern eines von den normalen körperlichen Funktionen nachteilig abweichenden Zustandes unabhängig davon, ob Schmerzen oder eine tiefgreifende Veränderung der Befindlichkeit auftreten.[1999] Auch bei Zahnärzten besteht die Gefahr, dass sich Patienten (z. B. wegen unzureichender Hygienestandards) mit dem HI-Virus anstecken. Die Übertragung des Human-Immundefizienz-Virus (HIV) stellt eine Gesundheitsbeeinträchtigung dar. Es kommt nicht darauf an, ob es zum Ausbruch der Immunschwächekrankheit Aids gekommen ist.[2000]

> **Cave**
>
> **Exkurs zur HIV-Prävention**
>
> Schutzhandschuhe sind konsequent zu tragen, sobald es zum Kontakt mit Körperflüssigkeiten oder der Schleimhaut des Patienten kommt. Nach jedem Patienten sind die Handschuhe zu wechseln, die Hände zu desinfizieren bzw. zu waschen. Zum Schutz vor Blut- oder Speichelspritzern sollen Mundschutz und Schutzbrille getragen werden. Alle genutzten Instrumente und Oberflächen sind ebenso zu desinfizieren wie die Hand- und Winkelstücke. Abdrücke, Prothesen und Wachsbisse sind vor dem Transport ins Dentallabor zu reinigen und zu desinfizieren.[2001]

2. Eine **zurechenbare Verletzungshandlung** ist ein Verhalten, das eine nachteilige Beeinträchtigung eines der in § 823 Abs. 1 genannten Rechte oder Rechtsgüter verursacht.

a. Handlung ist ein der Bewusstseinskontrolle und Willenslenkung unterliegendes beherrschbares Verhalten unter Ausschluss physischen Zwangs oder unwillkürlicher Reflexe durch fremde Einwirkung. Sie kann in einem positiven Tun oder in einem Unterlassen bestehen.[2002]
   Ein Unterlassen stellt ein tatbestandsmäßiges Verhalten dar, wenn für den Anspruchsgegner eine Rechtspflicht zum Handeln ggü. dem Verletzten bestanden hat und er diese durch sein Unterlassen verletzt hat.[2003] Eine Rechtspflicht zum Handeln besteht für denjenigen, der eine Garantenstellung für die Erfolgsabwendung hat. Garantenstellungen unterscheidet die neuere Lehre nach Funktionen der Handlungspflichten, also:
   - **Beschützergaranten** sind solche, denen eine umfassende Obhutspflicht für ein bestimmtes Rechtsgut zukommt:[2004]
     - **Schuldrechtliche** Übernahme von Schutzpflichten.
     - **Tatsächliche** Übernahme von Schutzpflichten, sofern sich ein anderer im Vertrauen auf die übernommene Schutzposition einer bestimmten Gefahr aussetzt oder wenn durch die Übernahme andere Rettungsmöglichkeiten unterbleiben oder Gefahren vergrößert werden, z. B.:
       - Bereitschaftsärzte zur Hilfe bei dringenden Erkrankungsfällen,
       - Garantenstellung eines Zahnarztes für seinen Patienten, der sich in die Behandlung begab (tatsächliche Gewährübernahme); auf das Zustandekommen eines Behandlungsvertrages kommt es daher nicht mehr an.[2005]
   - **Überwachungsgaranten** sind solche, denen Sicherungs- oder Beherrschungspflichten in Bezug auf eine bestimmte Gefahrenquelle obliegen.[2006]
     - **Verkehrssicherungspflichten**: Jedermann, der in seinem Verantwortungsbereich Gefahren schafft oder andauern lässt, muss die notwendigen Vorkehrungen treffen, die im Rahmen des wirtschaftlich Zumutbaren geeignet sind, Gefahren von Dritten abzuwenden.[2007]
       - **Organisationspflichten**: Den Geschäftsherrn trifft die Pflicht, den Ablauf der Betriebsvorgänge und die Tätigkeit des Personals durch geeignete organisatorische Vorkehrungen so einzurichten und zu überwachen, wie es zur Vermeidung von Schädigungen Dritter nach der Sachlage geboten ist.[2008]

b. Zwischen der Verletzungshandlung und der Rechts(gut)verletzung muss ein ursächlicher Zusammenhang bestehen (sog. haftungsbegründende Kausalität). Die haftungsbegründende Kausalität (§ 286 ZPO) betrifft stets, aber auch nur die Frage der ursächlichen Verknüpfung zwischen dem Behandlungsfehler und dem Eintritt des ersten Schadens an Körper oder Gesundheit.[2009]
   aa. Ob ein Zusammenhang zwischen Erfolg und Handlung besteht, wird primär anhand der **Äquivalenztheorie** kontrolliert. Dieser Ansatz besagt für das **positive Tun**, dass alle Bedingungen gleichwertig sind. Kausal ist jedes Ereignis, das nicht hinweggedacht werden kann, ohne dass der Erfolg entfiele (condicio sine qua non).[2010] Die Frage einer möglichen Gesundheitsverletzung in Form von Unfruchtbarkeit und multipler Sklerose durch Amalgam lehnte das OLG Frankfurt ab. Die Klägerin konnte nicht beweisen, dass die Gesundheitsschäden auf der Anwendung des Amalgams beruhten, dass der Beklagte in Verkehr gebracht hatte. Denn die Klägerin besaß schon vorher andere Amalgamfüllungen.[2011]
   Das **Unterlassen** ist für den eingetretenen Verletzungserfolg kausal, wenn die unterbliebene Handlung hinzugedacht und festgestellt wird, dass der Schaden dann nicht eingetreten wäre. Bloße Wahrscheinlichkeit des Nichteintritts genügt nicht.[2012]
   Die haftungsbegründende Kausalität liegt vor, wenn der primäre Schaden auf die festgestellte Fehlbehandlung zurückzuführen ist und wenn die nach dem medizinischen Soll-Standard richtige Behandlung den Eintritt des Primärschadens verhindert hätte; die bloße Wahrscheinlichkeit des Nichteintritts genügt nicht.[2013]
   Für die Verletzung von Aufklärungspflichten gilt unter Umständen eine Umkehr der Beweislast. Außerdem können die Grundsätze des Prima-facie-Beweises anwendbar sein.[2014]

Bei Existenz eines **Anscheinsbeweises** (Synonyme: Beweis des ersten Anscheins, Prima-facie-Beweis) wird mit diesem bei Vorliegen der Voraussetzungen operiert.

Der Beweis des ersten Anscheins aufgrund einer tatsächlichen Vermutung meint, dass bei

- **typischen Geschehensabläufen** aufgrund der allgemeinen Lebenserfahrung – Erfahrungssätze –
- auf das Vorliegen **bestimmter Umstände** (z. B. Ursache, Verschulden) **geschlossen** werden kann.[2015]
  Dies wirkt sich auch insofern auf die Darlegungslast auf, als dass dann, wenn für eine Anspruchsvoraussetzung eine solche tatsächliche Vermutung spricht, es ausreicht, die Voraussetzungen dieser tatsächlichen Vermutung (also für das Eingreifen des Erfahrungssatzes) vorzutragen.
  Die tatsächliche Vermutung greift jedoch bereits dann nicht mehr ein, wenn der Gegner die Vermutung (nur) **erschüttert**, indem dieser
- die ernsthafte Möglichkeit eines anderen, atypischen Ursachen- und Geschehensablaufs darlegt und beweist.[2016]
  Beispiele für den Anscheinsbeweis:
- **Aufklärungsfehler.**
  Es besteht die Vermutung, dass sich der Geschädigte „aufklärungsrichtig" verhalten hätte, wenn jemand vertragliche oder vorvertragliche Beratungs- oder Aufklärungspflichten verletzt hat. Der Aufklärungspflichtige ist beweispflichtig dafür, dass der Schaden auch bei pflichtgemäßem Verhalten entstanden wäre. Der Anscheinsbeweis gilt auch für **Aufklärungsfehler** des (Zahn)Arztes.[2017]
- **Komplikation.**
  Es entspricht ständiger Rechtsprechung, dass grundsätzlich auch der Ursachenzusammenhang zwischen einem ärztlichen Eingriff und dem Eintritt einer Komplikation im Wege des Anscheinsbeweises festgestellt werden kann. Dieser Anscheinsbeweis besteht dann, wenn es sich um eine typische Komplikation des (zahn)ärztlichen Eingriffs handelt und eine andere Ursache fehlt.[2018]
  Es besteht dagegen kein Anscheinsbeweis für die Annahme eines Ursachenzusammenhangs bei viereinhalbmonatigem Abstand zwischen Behandlung und Defekt. Daher besteht u. a. auch kein Erfahrungssatz, dass auf einen Kausalzusammenhang zwischen iatrogenener Schädigung und Knochendefekt im Unterkiefer, der rund viereinhalb Monate nach der Eingliederung einer Unterkieferbrücke auftritt, geschlossen werden kann. Der Knochendefekt begründet nur den Verdacht eines Kausalzusammenhangs zwischen der Arbeit des Zahnarztes und dem Knochendefekt sowie den Verdacht eines Behandlungsfehlers.[2019]

bb. In einem weiteren Schritt wird zur Prüfung des Zusammenhangs zwischen Handlung und Erfolg die Adäquanztheorie herangezogen. **Adäquat** kausal ist jeder Umstand, der aufgrund einer objektiven nachträglichen Prognose vom Standpunkt des optimalen Beobachters und nach den dem Handelnden bekannten Umständen generell geeignet ist, einen solchen Erfolg allein oder im Zusammenhang mit anderen Umständen herbeizuführen.[2020]

cc. Eine Schadensersatzpflicht besteht schlussendlich nur, wenn der geltend gemachte Schaden nach Art und Entstehungsweise unter den **Schutzzweck der verletzten** Norm fällt. Es muss sich um Nachteile handeln, die aus dem Bereich der Gefahren stammen, zu deren Abwendung die verletzte Norm erlassen oder die verletzte vertragliche oder vorvertragliche Pflicht übernommen worden ist.[2021]

Cave

Ad Exemplum

Zurechnungszusammenhang zwischen Körper-/Gesundheitsverletzung und unzureichender Eingriffsaufklärung bei Verwirklichung eines nicht aufklärungspflichtigen Risikos

Fehlt es an einer ausreichenden Eingriffsaufklärung des Patienten, verwirklicht sich aber nur ein Risiko des Eingriffs, über das nicht hätte aufgeklärt werden müssen, kann der Zurechnungszusammenhang zwischen dem Körper- und Gesundheitsschaden des Patienten und dem Aufklärungsmangel bei **wertender Betrachtung** der Umstände des Einzelfalles nur dann entfallen, wenn das nicht aufklärungspflichtige Risiko nach Bedeutung und Auswirkung für den Patienten mit den mitzuteilenden Risiken nicht vergleichbar ist und wenn der Patient wenigstens über den allgemeinen Schweregrad des Eingriffs informiert war. Der Zurechnungszusammenhang besteht jedenfalls immer dann, wenn sich gerade das aufklärungspflichtige Risiko verwirklicht, selbst wenn es zu weiteren schweren Folgen geführt hat, mit denen nicht ernsthaft gerechnet werden konnte und die dem Patienten deshalb vorher nicht darzustellen waren.[2022]

3. Grundsätzlich ist auch ein kunstgerecht ausgeführter operativer Eingriff eine Körperverletzung. Die **Rechtswidrigkeit** entfällt, wenn der Patient zuvor eingewilligt hat. Auch der (zahn)ärztliche Heileingriff, selbst wenn er zu Heilzwecken lege artis und mit Erfolg durchgeführt wird, stellt eine tatbestandsmäßige Körperverletzung dar. Lediglich die Rechtswidrigkeit entfällt, wenn der Eingriff von einer wirksamen Einwilligung gedeckt ist.[2023] Damit ist bei einem Eingriff auch dessen Rechtswidrigkeit indiziert. Sie entfällt insbesondere bei Einwilligung des Patienten, die

- sich in der Regel aber nur auf eine Behandlung lege artis, d. h. entsprechend den ärztlichen Berufspflichten, bezieht

- und zu ihrer Wirksamkeit eine wirksame Aufklärung durch den Arzt voraussetzt.[2024]

Cave

Der Arzt haftet deshalb zum einen bei einem Behandlungsfehler, d. h. wenn er gegen seine Pflicht zur ordnungsgemäßen Behandlung des Patienten (einschließlich der therapeutischen Aufklärung) verstoßen hat.

Der (Zahn)Arzt kann auch bei einem bloßen Aufklärungsfehler zum Schadensersatz aus §823 Abs. 1 BGB verpflichtet sein, d. h., wenn er bei im Übrigen ordnungsgemäßer Behandlung den Patienten nicht hinreichend aufgeklärt hat und deshalb der mit der Behandlung verbundene Eingriff in Körper und/oder Gesundheit des Patienten nicht gerechtfertigt ist.

4. **Verschulden** setzt Verschuldensfähigkeit (Deliktsfähigkeit) (§§827, 828) und eine der in §823 Abs. 1 BGB genannten Schuldformen (Vorsatz oder Fahrlässigkeit) voraus.

IV. Deliktischer Schadensersatzanspruch: §823 Abs. 2 i.V.m. §§223 ff. StGB

Der Anspruch setzt zunächst voraus, dass die **Bezugsnorm Gesetzesqualität** hat. Das ist dann der Fall, wenn es sich um eine Rechtsnorm handelt (vgl. Art. 2 EGBGB), z.B. Gesetz im formellen Sinne, Verordnungen, öffentlich-rechtliche Satzungen, Gewohnheitsrecht. Das Gesetz muss als nächstes ein **Verbot oder Gebot** aussprechen. Auch muss es persönlichen und sachlichen Individualschutz vermitteln.

- Das Gesetz bezweckt Individualschutz, wenn es auch auf den Schutz des Einzelnen oder eines bestimmten Personenkreises abzielt.
- Der weiterhin vorausgesetzte sachliche Individualschutz besteht, wenn die Bezugsnorm das vom Geschädigten geltend gemachte Interesse schützt.

Das Schutzgesetz ist **verletzt**, wenn der objektive und subjektive Tatbestand des Schutzgesetzes vollständig erfüllt sind. Im Falle eines Strafgesetzes wird auf alle Merkmale des Straftatbestands verwiesen, die objektiven Bedingungen der Strafbarkeit müssen auch erfüllt sein. Als **Rechtfertigungsgrund** kommt vor allem die Einwilligung in Betracht.[2025] Die **Verschuldensfähigkeit** bestimmt sich nach den §§827 f. BGB, nicht nach der strafrechtlichen Schuldfähigkeit. Das Verschulden **bezieht** sich nur auf den Verstoß gegen das Schutzgesetz selbst.[2026] Verlangt das Schutzgesetz selbst Verschulden (z.B. Strafgesetze), so muss das vom Schutzgesetz vorausgesetzte Verschulden vorliegen. Setzt das Schutzgesetz kein Verschulden voraus, muss der Täter mindestens fahrlässig handeln.[2027]

- Vorsatz im strafrechtlichen Sinne ist erforderlich, wenn das Schutzgesetz ein Strafgesetz ist und Vorsatz verlangt.
- Der objektive Fahrlässigkeitsbegriff des Zivilrechts gilt bei Fahrlässigkeitstaten immer. Er gilt auch im Arzthaftungsrecht. Auch im Rahmen des §823 Abs. 2 BGB wird dieser Begriff angewandt, auch wenn das Schutzgesetz eine strafrechtliche Norm ist.[2028]

Der aus der Schutzgesetzverletzung entstandene **Schaden** ist gemäß §§249 ff. BGB zu ersetzen.

V. Deliktischer Schadensersatzanspruch: §831 BGB

Ein weiterer Anspruch, der zur (Zahn)Arzthaftung führen kann, ist §831 BGB. Er hat folgende Voraussetzungen: **Geschäftsherr** ist derjenige, der einen anderen zu einer Verrichtung bestellt, also derjenige, der einen sog. Verrichtungsgehilfen einsetzt. Neben dem Geschäftsherrn muss ein **Verrichtungsgehilfe** gegeben sein. Verrichtung ist jede entgeltliche oder unentgeltliche Tätigkeit (tatsächliche Handlung oder Rechtsgeschäft), die in Abhängigkeit von einem anderen zu leisten ist. Die Abhängigkeit vom anderen setzt Weisungsrechte des anderen voraus. Die Tätigkeit muss lediglich in einer organisatorisch abhängigen Stellung vorgenommen werden, Verrichtungsgehilfe kann daher auch jemand sein, der aufgrund eigener Sachkunde und Erfahrung zu handeln hat. **Mitgesellschafter** einer (Zahn)Arztpraxis sind grundsätzlich nicht Verrichtungsgehilfe, denn regelmäßig steht den Gesellschaftern untereinander kein Weisungsrecht zu.[2029] Das gelte mindestens für die Fälle einer gemeinschaftlichen Zusammenarbeit von (Zahn)Ärzten, die über gleiche berufliche Erfahrungen und Qualifikationen verfügen.[2030] Jedoch kann ein **„an sich" selbstständiger (Zahn)Arzt** in einen fremden Organisationsbereich so eingebunden sein, dass er als Verrichtungsgehilfe einzustufen ist. Zum Beispiel wird eine Stellung als Verrichtungsgehilfe des vertretenen (Zahn)Arztes angenommen, wenn der abwesende Arzt einen Arzt während der vorübergehenden Abwesenheit mit der **Verwaltung** der Praxis beauftragt.[2031] Für schuldhaftes Verhalten einer **Assistenzärztin**, die von ihrem Chefarzt beauftragt wird, eine Klinikpatientin zum Zweck der Zahnbehandlung in eine Zahnarztpraxis zu begleiten, und dort eine Narkotisierung der Patientin vornimmt, haftet ggf. nicht der Zahnarzt, sondern der Chefarzt.[2032] Ein **Fremdlabor** ist nicht Verrichtungsgehilfe eines Zahnarztes i.S.d. §831 BGB, selbst wenn der Zahnarzt es in eigenem Namen und auf eigene Rechnung beauftragt hat. Denn es fehlt an einem Abhängigkeitsverhältnis des Fremdlabors ggü. dem Zahnarzt.[2033]

Der Verrichtungsgehilfe muss

- den **objektiven Tatbestand** einer unerlaubten Handlung (§§823-826, 832 ff.) erfüllt haben, und zwar
- **rechtswidrig**.

Auf ein **Verschulden** kommt es grundsätzlich nicht an. Soweit aber über das allgemeine Verschulden hinaus subjektive Elemente Voraussetzung der unerlaubten Handlung sind (Beispiel: Vorsatz gemäß §826 BGB oder bei vorsätzlicher Straftat im Rahmen von 823 Abs. 2 BGB), müssen diese auch beim Verrichtungsgehilfen gegeben sein.[2034]

Der Verrichtungsgehilfe **handelte in Ausführung der Verrichtung**, wenn ein unmittelbarer innerer Zusammenhang zwischen der dem Gehilfen aufgetragenen Verrichtung nach ihrer Art und ihrem Zweck und der schädigenden Handlung besteht, das Verhalten des Gehilfen also nicht aus dem Kreis oder allgemeinen Rahmen der ihm anvertrauten Aufgaben herausfällt.[2035]

Das **Verschulden** des Geschäftsherrn wird doppelt vermutet:

- Verschuldensvermutung (§831 Abs. 1 S. 2 1.HS BGB). Der Geschäftsherr kann sich entlasten, wenn er nachweist den Verrichtungsgehilfen sorgfältig ausgewählt und überwacht zu haben. In Großunternehmen ist die Haftung ausgeschlossen, wenn sich der Geschäftsherr hinsichtlich der Auswahl und Überwachung des von ihm eingesetzten höheren Angestellten exkulpiert im Falle der Schädigung eines Dritten durch einen Verrichtungsgehilfen, der dem höheren Angestellten (Zwischenperson) nachgeordnet ist.[2036]
  - Der Praxisinhaber muss sich nur hinsichtlich des Praxisvertreters (als Zwischenperson) exkulpieren, wenn eine Zahnarzthelferin einen Dritten schädigte.
  - Der Vortrag, der Verrichtungsgehilfe sei fachlich qualifiziert und fortlaufend überwacht worden, reicht in seiner Allgemeinheit nicht aus.[2037]
- Kausalitätsvermutung (§831 Abs. 1 S.2 2. HS BGB). Der Geschäftsherr kann sich exkulpieren, wenn er nachweist, dass der Schaden auch bei Anwendung einer sorgfältigen Auswahl und Überwachung trotzdem entstanden wäre.

Der Geschäftsführer ist verpflichtet den **Schaden** zu ersetzen, den der Verrichtungsgehilfe dem Anspruchssteller zurechenbar zugefügt hat.

VI. Revue der Anspruchsgrundlagen gegen eine BGB-Gesellschaft

Bei der Wahl einer Gesellschaftsform (z.B. Einzelzahnarzt oder Gemeinschaftspraxis) und dem Außenauftritt sind im Vorfeld Haftungskonsequenzen zu bedenken. Im Folgenden wird von der Gesellschaftsform BGB-Gesellschaft ausgegangen. Die relevanten Anspruchsgrundlagen, die eine Haftung der BGB-Gesellschaft selbst (Gemeinschaftspraxis) bzw. der Gesellschafter (z.B. Zahnärzte) erlauben, werden kurz – um eine Vertiefung zu ermöglichen – referiert. Zwanglos formuliert geht es bei Gesellschaftern um die Rechenschaftspflicht eines Gesellschafters für die Haftung eines anderen Gesellschafters.

1. Vertraglicher Schadensersatzanspruch gegen eine BGB-Gesellschaft: §280 Abs. 1 BGB, §124 HGB analog

Bei einer bestehenden GbR (z.B. Gemeinschaftspraxis), deren Haftungsfähigkeit mittlerweile bejaht wird, wird das Fehl**verhalten** und **Verschulden** eines **Gesellschafters** der GbR gemäß §31 BGB analog zugerechnet.[2038] Zumindest ist bei einer von (Zahn)Ärzten betriebenen Gemeinschaftspraxis eine Zurechnung zumindest dann vorzunehmen, wenn der Schaden in Ausübung einer dem (Zahn)Arzt typischerweise zustehenden Verrichtung verursacht wurde.[2039] Das Fehl**verhalten** und Verschulden einer eingeschalteten **Hilfsperson** (z.B. eines Arbeitnehmers) wird gemäß §278 BGB zugerechnet.

2. Deliktischer Schadensersatzanspruch gegen eine BGB- Gesellschaft: §§823 ff. BGB, §124 HGB analog

Auch im Deliktsrecht, wird das Fehl**verhalten** und **Verschulden** eines **Gesellschafters** der GbR gemäß §31 BGB analog zugerechnet im Rahmen von §823 BGB.[2040] Für das Fehlverhalten einer eingeschalteten **Hilfsperson** steht im Rahmen der unerlaubten Handlungen die selbstständige Anspruchsgrundlage §831 BGB zur Verfügung.

3. Vertraglicher Schadensersatzanspruch gegen BGB-Gesellschafter: §280 Abs. 1 BGB, §128 HGB analog

Für vertragliche Schadensersatzansprüche haften die Gesellschafter der GbR gesamtschuldnerisch gemäß §128 HGB analog. Angehörige freier Berufe, die in einer Sozietät verbunden sind, haften also nach der Rspr. analog §128 HGB.[2041]

Cave

Exkurs

Der Terminus **Sozietät** ist nicht im engen Sinne als Zusammenschluss von Rechtsanwälten mit anderen Rechtsanwälten, aber auch Patentanwälten, Steuerberatern, Steuerbevollmächtigten, Wirtschaftsprüfern oder vereidigten Buchprüfern zur gemeinschaftlichen Berufsausübung zu verstehen. Vielmehr wird dieser Begriff umfassend als Zusammenschluss bes. von Angehörigen freier Berufe wie Ärzte, Rechtsanwälte u.Ä. zu gemeinsamer Arbeit verstanden.[2042]

4. Deliktischer Schadensersatzanspruch gegen BGB-Gesellschafter: §§823 ff. BGB, §128 HGB analog

Die h. M. bejaht eine Haftung der Gesellschafter einer GbR für Verbindlichkeiten der Gesellschaft, die durch eine unerlaubte Handlung eines Mitgesellschafters entstanden sind.[2043] Für deliktische Schadensersatzansprüche haften also die Gesellschafter der GbR gesamtschuldnerisch gemäß §128 HGB analog. Das Privatvermögen der Gesellschafter einer Zahnarztpraxis steht also als Haftungsmasse zur Verfügung. Da eine Abhängigkeit bzgl. des Anspruchs gegen die BGB-Gesellschaft besteht, sei auf die vorherigen Ausführungen verwiesen.

VII. Gesamtschuldnerische Haftung (§128 HGB, §840 BGB)

1. **Im Außenverhältnis** resultiert die Haftung als Gesamtschuldner bezüglich der §§823 ff. BGB aus §840 BGB. In §128 HGB wird angeordnet, dass alle Gesellschafter als Gesamtschuldner (jeder auf die gesamte Summe) haften.
2. **Im Innenverhältnis** sind die Gesamtschuldner nach §426 Abs. 1 BGB ausgleichspflichtig. Ein Gesellschafter kann seine Mitgesellschafter nur in Höhe der jeweiligen Verlustbeteiligung (pro rata) in Anspruch nehmen. Den eigenen Verlustanteil muss der Gesellschafter selbst tragen. Es kann aber im Innenverhältnis zu einer Alleinhaftung eines Gesellschafters kommen, wenn ein Gesellschafter die der Haftung zugrunde liegende Verbindlichkeit der Gesellschaft allein verschuldete.[2044]

B. Die Entscheidung: Zahnextraktion bei Zahnarztphobie[2045]

I. Sachverhalt

Die Patientin als Klägerin machte Schmerzensgeldansprüche wegen allfällig nicht indizierter und nicht eingewilligter Extraktionen von zwölf Zähnen geltend. Der Hauszahnarzt der Klägerin überwies diese an die Beklagte zu 1. wegen konservierend-chirurgischer Sanierung in Narkose. Auf der Überweisung war vermerkt, dass die Klägerin eine „extreme Angstpatientin" sei und psychologische Betreuung erfordere. Am 17.7.2008 fanden Voruntersuchungen in der Poliklinik für Zahnerhaltungskunde statt. Am 24.10.2008 wurden u. a. die Zähne 43, 42, 31, 16, 14, 11, 21 und 26 durch den Beklagten zu 2. in der chirurgischen Abteilung gezogen. Die Klägerin behauptete, dass erhaltungswürdige und vitale Zähne gezogen worden seien. Daher benötige sie jetzt umfangreichen Zahnersatz. Darüber hinaus habe die Klägerin nicht in eine Extraktion eingewilligt, sondern nur in eine konservierend-chirurgische Sanierung. Die Klägerin beantragte:

1. die Beklagten werden gesamtschuldnerisch verurteilt, an die Klägerin ein Schmerzensgeld, das in das Ermessen des Gerichts gestellt wird, mindestens jedoch 20.000 Euro nebst Zinsen i.H.v. 5% über dem jeweiligen Basiszinssatz seit dem 01.03.2009 betragen sollte, zu zahlen.
2. festzustellen, dass die Beklagten verpflichtet sind, der Klägerin alle materiellen und immateriellen Schäden zu ersetzen, letzterer soweit er nach Schluss der mündlichen Verhandlung entsteht, die der Klägerin aus der Behandlung vom 24.10.2008 entstanden sind bzw. noch entstehen werden, sofern der Anspruch nicht auf einen Sozialversicherungsträger oder Dritten übergegangen ist.
3. Die Beklagten zahlen an die Klägerin 1023,16 Euro außergerichtlich entstandene Anwaltskosten zzgl. Zinsen in Höhe von 5%-Punkten über dem Basiszinssatz seit Rechtshängigkeit der Klage.

II. Entscheidungsgründe

Die zulässige Klage war weit überwiegend unbegründet.

A. Leistungsklage

I. Beklagte zu 2.

1. Ein vertraglicher Schadensersatzanspruch aus §§280 Abs. 1,241 Abs. 2 BGB, 249 ff., 253 BGB besteht gegen den Beklagten zu 2. nicht. Ein wirksames Schuldverhältnis bestand zu dem Beklagten zu 2. nicht. Denn ein Behandlungsvertrag kommt allein mit dem Praxisinhaber zustande.

2. Gegen den Beklagten zu 2. besteht ein deliktischer Schadensersatzanspruch aus §823 Abs. 1 BGB.

a. Mit der Extraktion der Zähne 44, 43, 42, 31, 16, 14, 11, 21, 26 und 28 liegt jeweils eine Körperverletzung vor, die als Rechtsgutverletzung zu qualifizieren ist.
b. Diese geschah auch zurechenbar durch positives Tun.
c. Allein fraglich ist die Rechtswidrigkeit:
   aa. Zähne 43, 42, 31, 16, 14, 11, 21, 26.
   Die Extraktion der Zähne könnte von einer Einwilligung gedeckt sein.
   (i) Es besteht Einigkeit darüber, dass der Eingriff **lege artis** erfolgt sein muss. Allerdings gehen die Auffassungen auseinander bzw. deuten nur an, wo der rechtliche Aufhänger dafür ist.
      1. Der BGH in Strafsachen[2046] führte in einem frühen Urteil aus:
      *„Nach der **Vorstellung** der Zeugin handelte es sich um einen therapeutischen Eingriff, der zwar keine sicheren, aber immerhin nicht völlig fernliegende Heilungsaussichten bot.*
      Die Einwilligung war somit für einen Heilein-

griff erteilt. Das ***Vorgehen*** *des Angeklagten* ***stellte*** *sich hingegen nicht als solcher dar."*
Da es sich bei der Abweichung zwischen Vorstellung und Wirklichkeit um einen Irrtum handelt, lässt dies den Schluss zu, dass es sich dann um einen rechtsgutbezogenen Willensmangel handeln muss, wenn der Eingriff nicht lege artis erfolgt, obwohl die Patientin davon ausgeht.

2. Etwas deutlicher signalisiert die Literatur, diese Problematik bei der Frage der Reichweite einer Einwilligung einzusortieren. In sachlicher Hinsicht sind alle Eingriffe abgedeckt, in die aufgrund entsprechender Aufklärung eingewilligt wurde.[2047] Noch deutlicher ist es zu sagen, die Einwilligung (oder mutmaßliche Einwilligung) beziehe sich /betreffe stets nur einen lege artis durchgeführten Eingriffs; Sorgfaltspflichtverletzungen seien nicht schon durch eine Einwilligung in die Maßnahme selbst gerechtfertigt.[2048]
Die Einwilligung müsste frei von rechtsgutbezogenen Willensmängeln erteilt worden sein. Da die Klägerin von einem Heileingriff ausging, unterlag sie keinem Irrtum, wenn sich die durchgeführte Behandlung auch als Heileingriff darstellte (Inzidenter-Prüfung der Vor. eines Heileingriffs).

(ii) **Kein Diagnosefehler: zutreffende Indikation.**
„Die Indikation zur Extraktion dieser Zähne sei bis auf den Zahn 44 medizinisch nachvollziehbar. Bei der Überprüfung der von den Beklagten intraoperativ gestellten Indikation zur Extraktion der Zähne ***müsse unbedingt die Zahnarztphobie*** *der Klägerin,* ***welche eine reguläre zahnärztliche Behandlung praktisch ausgeschlossen habe,*** *mit* ***berücksichtigt*** *werden. Die Einschätzung der Erhaltungsfähigkeit von Zähnen müsse in solchen Fällen daher auch unter dem Gesichtspunkt gefällt werden, ob der Versuch der Zahnerhaltung eine angemessen Prognose habe und eine adäquate Nachsorge gewährleistet sei. Es könne durchaus sein, dass einzelne Zähne per se grundsätzlich erhaltungsfähig seien, jedoch unter den individuell bei einem Patienten vorliegenden Bedingungen keine Indikation für den Erhalt gestellt werden könne.* ***Bei Patienten mit Zahnarztphobien sei das Ziel jeder Sanierung unter Vollnarkose, dass möglichst keine Nachbehandlungen erforderlich seien, die eine erneute Narkose bedingen würden. Behandlungen, die eine unsichere Prognose hätten, seien daher bei solchen Patienten kontraindiziert, da eine Narkose, welche eigene Risiken und Belastungen für den Patienten bedeuten würden, nicht beliebig ausgedehnt oder zeitnah wiederholt werden könnte."***

(iii) **Ordnungsgemäßer Eingriff.**
Die Extraktion der Zähne war nicht zu beanstanden.

bb. Zahn 44.
Die Extraktion des Zahnes 44 war nicht indiziert und nicht erforderlich.
Die Ausführung eines überflüssigen, medizinisch nicht indizierten Eingriffs ist ein Behandlungsfehler.[2049]
„Weder lassen sich aus den präoperativen Röntgenbildern noch aus dem intraoperativ von der konservierend tätigen Kollegin Dr. W. geschilderten Einschätzung Gründe für die Indikation nachvollziehen. Auch der Beklagte zu 2. war mangels ausreichender Erinnerung nicht mehr in der Lage, die Umstände, die nach seiner damaligen Einschätzung die Extraktion des Zahnes 44 rechtfertigten, näher darzulegen."

d. Das Verschulden war auch gegeben.
e. Demnach lagen die Voraussetzungen des § 253 Abs. 2 BGB für einen Schmerzensgeldanspruch vor. Es bestand eine Schadensersatzpflicht wegen einer Verletzung des Körpers bzw. der Gesundheit.
Zu den Bemessungsfaktoren führte das Gericht unter anderem aus:
„Die Kammer hat sich bei ihrer Würdigung einerseits davon leiten lassen, dass die Klägerin durch den Behandlungsfehler ***dauerhaft ihren Zahn 44 verloren*** *hat. Andererseits war* ***dieser nicht „kerngesund", sondern wie das restliche Gebiss der Klägerin bereits für ihr Alter weit überdurchschnittlich vorgeschädigt.*** *Unter Berücksichtigung dieser Umstände erscheint es der Kammer notwendig, aber auch ausreichend, der Klägerin ein Schmerzensgeld in Höhe von 1000,00 Euro zuzusprechen."*

3. Zugleich besteht gegen den Beklagten zu 2. ein deliktischer Schadensersatzanspruch aus § 823 Abs. 2 BGB (§ 223 StGB respektive § 229 StGB).

II. Beklagte zu 1.

1. Gegen die Beklagte zu 1. besteht ein vertraglicher Schadensersatzanspruch aus §§ 280 Abs. 1, 241 Abs. 2 BGB, 249 ff., 253 BGB i.V.m. § 124 HGB analog. Es bestand ein wirksames Schuldverhältnis, in dessen Rahmen sich die Beklagte zu 1. die Pflichtverletzung und das Verschulden des Beklagten zu 2. nach § 278 BGB zurechnen lassen muss.

2. Da die zugrunde liegende Entscheidung selbst aufgrund der komprimierten Darstellung zu Fehlannahmen am Ende verleiten kann, sollen der Vollständigkeit und Übersicht halber die ausdifferenzierten Anspruchsgrundlagen im „Telegramm" nur noch einmal zusammengefasst werden:

- Wenn der behandelnde Zahnarzt ein Gesellschafter war:
  - §§ 823 Abs. 1, 31 BGB analog, § 124 HGB analog,
  - §§ 823 Abs. 2, 31 BGB analog, § 124 HGB analog.

- Wenn der behandelnde Zahnarzt nicht ein Gesellschafter, sondern eine Hilfsperson war.
  - nicht aus §823 BGB, da eine Zurechnung über §278 BGB nicht möglich ist,
  - aus §831 BGB, §124 HGB analog.

Feststellungsklage

Die Feststellungsklage ist bezüglich des Zahnes 44 ebenfalls begründet. Die Klägerin konnte den Entstehungstatbestand darlegen und beweisen.

III. Schlussfolgerung

1. Die Anforderungen an die **Sorgfaltspflicht**, die einem (Zahn)Arzt zuzumuten ist, lassen sich nicht ein für alle Mal festlegen. Sie richten sich vielmehr nach den Umständen des Einzelfalls, namentlich:
   - nach der Art des Eingriffs oder der Behandlung
   - den damit verbundenen Risiken,
   - dem Ermessensspielraum,
   - den Mitteln
   - und der Zeit, die dem Arzt in concreto zur Verfügung stehen,
   - sowie nach dessen Ausbildung und Leistungsfähigkeit.

   Je schwieriger der **Eingriff**, je weniger der (Zahn)Arzt **spezialisiert** ist und je weniger **Mittel** und **Zeit** ihm zur Verfügung stehen, desto näher liegt es im Fall einer Schädigung, die Ersatzpflicht zu ermäßigen oder überhaupt zu verneinen und umgekehrt.
   In **Notfällen** und bei **heiklen Diagnosen** ergibt sich schon aus der Natur des Auftrags, dass der Haftung eher enge Grenzen gesetzt sind, es folglich nicht angeht, aus einer Behandlung oder Operation, die sich nachträglich als unangemessen oder sogar als verfehlt erweist, leichthin auf eine haftungsbegründende Vertragsverletzung zu schließen.
   Anders verhält es sich dagegen, wenn ein (Zahn)Arzt z. B. eine schwere Krankheit trotz typischer Symptome nicht erkennt, eine nicht unbedingt notwendige Operation ungenügend vorbereitet usw.
2. Für die **Rechtsverteidigung** gilt folgende Generallinie (nicht abschließend):
   - Pflichtverletzung(en) ausräumen (z. B. Privatgutachten einholen, bevor das Gericht ein Gutachten in Auftrag gibt; so kann Einfluss auf die Fragestellung des Gerichts genommen werden),
   - Einwand hypothetischer Einwilligung ggü. dem „Hilfs-Haftungsgrund" fehlerhafte Aufklärung,
   - Einwand rechtmäßigen Alternativverhaltens ggü. dem Schaden, z. B. wg.
     - Vorerkrankungen des Patienten,
     - fehlender Compliance,
       - Vortrag fehlender Compliance des Patienten (Mitverschulden usw.).
3. Wie die Experten betonten, ist heute unbestritten, dass eine gute Kommunikationskultur[2050] die Arzt-Patient-Beziehung verbessert. Dies wirkt sich nicht nur günstig auf die Zufriedenheit der beiden Parteien aus, sondern **reduziert auch das „(Zahn) Ärzte-Shopping"** und führt **nachweislich zu weniger Haftpflichtfällen.** Des Weiteren sei inzwischen ebenfalls anerkannt, dass eine gute Kommunikation zu einem gewissen Grad erlernbar sei. Die Universität Bern stellte dazu eine Übersichtsstudie vor, in der die neusten wissenschaftlichen Arbeiten zur subjektiven und objektiven Wirksamkeit von Kommunikationstrainings in der Onkologie analysiert wurden.
   Laut dieser Meta-Analyse führen die zu einer messbaren Verbesserung der ärztlichen Kommunikationsfähigkeit und zu einer besseren Versorgungsqualität. Das Universitätsspital Basel gibt exemplarisch folgende Kommunikationstechniken an, die internalisiert werden müssen:
   - Elemente des „aktiven Zuhörens", etwa das Spiegeln („Sie haben erzählt, dass es Ihnen gestern schlecht ging") oder das Zusammenfassen von wichtigen Informationen (sog. hearback),
   - eine Pause machen, wenn der Patient mit Emotionen wie Trauer, Wut oder Ärger reagiere.
     - Dann kann man sehen, was der Patient als Nächstes sagt. Damit überlasse man dem Patienten für eine bestimmte Zeit die Führung des Gesprächs. Das ist wichtig, weil dann möglicherweise Informationen auf den Tisch kommen, die der Patient sonst verschweigen würde.
     - Ausgesucht kontraproduktiv ist es, wenn der Arzt die Emotionen seines Patienten aktiv blockiert, etwa mit einem Satz wie: „Dann wollen wir mal den Blutdruck messen."
4. Zur Einhaltung des Sorgfaltsstandards empfiehlt sich die Verwendung von „Checklisten". Checklisten wurden in der Luftfahrt eingeführt, um Versäumnisse mit katastrophalen Folgen zu verhindern.
   In der Luftfahrt regelt §27 LuftBO Folgendes:
   „Der Luftfahrzeugführer hat vor, bei und nach dem Flug sowie in Notfällen anhand von Klarlisten die Kontrollen vorzunehmen, die für den sicheren Betrieb des Luftfahrzeuges erforderlich sind."
   Wer diesen Standard nicht einhält, dürfte grob fahrlässig (§277 BGB) handeln.[2051] Eine Ausführung aus dem Gedächtnis heraus ist als Verstoß anzusehen. Dies kann sich die (Zahn)Medizin nützlich machen. Der (Zahn)Arzt sollte sich vor diffizilen Behandlungen eine Checkliste in Anlehnung an die zahnmedizinische Literatur anlegen.[2052] Das Behandlungsprozedere kann dann anhand dieser Checkliste abgearbeitet werden. Ob eine Regelung wie §27 LuftBO für (Zahn)Ärzte eingeführt wird, bleibt abzuwarten. Zumindest ist die Basis vergleichbar, da beide Bereiche dem Ultra-Safety-Segment zugeordnet werden.

Dass Checklisten teilweise und vermehrt zum Standard gehören, ist auch in (Zahn)Arzthaftungsfällen auszumachen (z. B. Checkliste vor Lysetherapie zu prüfen).[2053] Auch in der Rspr. werden bei abgearbeiteten Checklisten, die den vorgeworfenen Behandlungsfehler als abgehakt ausweisen, die behaupteten Behandlungsfehler als nicht dargetan angesehen.[2054]

Literaturverzeichnis

Alpmann. Brockhaus Studienlexikon Recht, 3. Auflage München 2010

Altmeppen. Deliktshaftung in der Personengesellschaft, NJW 2003, 1553

Amelung. Über die Einwilligungsfähigkeit (Teil I und II), ZStW 104 (1992), 525 ff., 821 ff.

Anders/Gehle. Das Assessorexamen im Zivilrecht, 10. Auflage, München 2005

Ballhausen. Der Vorrang der Nacherfüllung beim Behandlungsvertrag, NJW 2011, 2694

Bauer. Gegenwart und Zukunft der Delegation und Substitution ärztlicher Leistungen, GewArch 2012, 13

Baumfalk. Die zivilgerichtliche Assessorklausur, 13. Auflage, Münster 2006

Bichlmeier. Die Wirksamkeit der Einwilligung in einen medizinisch nicht indizierten ärztlichen Eingriff, JZ 1980, 53

Brandts/Schlehofer. Die täuschungsbedingte Selbsttötung im Lichte der Einwilligungslehre, JZ 1987, 442

Bundesregierung. 8. Bericht der Beauftragten der Bundesregierung für Migration, Flüchtlinge und Integration über die Lage der Ausländerinnen und Ausländer in Deutschland (Juni 2010)

Catchpole/Giddings/Wilkinson/Hirst/Dale/de Leval. Improving patient safety by identifying latent failures in successful operations, Surgery 2007, 102

Charbonnier/Dörner/Simon. Medizinische Indikation und Patientenwille: Behandlungsentscheidungen in der Intensivmedizin und am Lebensende, Stuttgart 2008

Creifelds. Rechtswörterbuch, 20.Auflage, München 2011

Dauner-Lieb. Ein neues Fundament für die BGB-Gesellschaft, DStR 2001, 356

Deter/Markovski. BT-An u. GA 68/10, Ärztemangel in Deutschland?

Deter/Markovski. BT-An u. GA 15/11, Telemedizin

Deutsch. Allgemeines Haftungsrecht, 2. Auflage, Köln 1996

Deutsch/Spickhoff. Medizinrecht: Arztrecht, Arzneimittelrecht, Medizinproduktrecht und Transfusionsrecht, 6. Auflage, Berlin Heidelberg 2008

DGMR. Organisationsverschulden in Klinik und Praxis, MedR 2006, 127

Eibl. Ärztliche Qualifikationsbezeichnungen aus wettbewerbsrechtlicher Sicht und Hinweise zur prozessualen Vorgehensweise, ZMGR 2011, 9

Erman. Bürgerliches Gesetzbuch: Handkommentar mit AGG, EGBGB Auszug, ErbbauRG, HausratsVO, LPartG, UKlaG, VAHRG und WEG, 12. Auflage, Köln 2008

Eschenbach. Der vorläufige Verwaltungsakt – Eine praxistaugliche Neuschöpfung oder Fortbildung praeter legem?, DVBl. 2002, 1247

Fabis. Das Gesetz zur Beschleunigung fälliger Zahlungen – Inhalt und Auswirkungen, ZIP 2000, 865

Flume. Die persönliche Haftung der Gesellschafter einer BGB-Gesellschaft für deliktisches Handeln der geschäftsführenden Gesellschafter, DB 2003, 1775

Gaisbauer. Zahnärztliche-chirurgische Eingriffe (Extraktionen) aus haftungsrechtlicher Sicht, VersR 1997, 274

Goetze/Teyssen. Kassenärztliches Wirtschaftlichkeitsgebot und Abrechnungsbetrug, DMW 1987, 1184

Hadding. Zur Rechtsfähigkeit und Parteifähigkeit der (Außen-)Gesellschaft bürgerlichen Rechts sowie zur Haftung ihrer Gesellschafter für Gesellschaftsverbindlichkeiten, ZGR 2001, 712

Hauck/Noftz. SGB V: Gesetzliche Krankenversicherung, Stand 2011

Hermann. Soll ein Krebspatient über seine Diagnose aufgeklärt werden?, MedR 1988, 1

Hütt. Anm. zu OLG Köln, Urteil vom 8.10.2010 – 20 U 191/09, VersR 2011, 252

Jaspersen. Ärztlicher Behandlungsfehler und Vergütungsanspruch, VersR 1992,1431

jurisPraxiskommentar. Band 2.2: §§433-630, 4. Auflage 2008, Saarbrücken

Katzenmeier. Arzthaftung, Tübingen 2002

Katzenmeier. Arzthaftpflicht in der Krise – Entwicklungen, Perspektiven, Alternativen, Medizinrecht 2011, 201

Kerber. Grenzen der Delegation auf nichtärztliches Personal, JurisPR MedR 3/2009 Anm. 2

Kleine/Scholle. Das Konkurrenzverhältnis primärer und sekundärer Gläubigerrechte bei Pflichtverletzungen im allgemeinen Schuldrecht, NJW 2006, 3462

Koutanji/McCulloch/Undre/Gautama/Cunniffe/Sevdalis/Davis/Thomas/Vincent/Darzi. Is team training in briefings for surgical teams feasible in simulation?, Cogn Tech Work 2008, 275

Kreft. Einkommensteuerrecht, 12. Auflage, Münster 2011

Langkeit. Umfang und Grenzen der ärztlichen Schweigepflicht gemäß §203 Abs. 1 Nr. 1 StGB, NStZ 1994, 6

Laufs/Kern. Handbuch des Arztrechts, 4. Auflage, München 2010

Krasney/Udsching. Handbuch des sozialgerichtlichen Verfahrens, 4. Auflage, Berlin 2005

Meyer-Ladewig. Europäische Menschenrechtskonvention, 3. Auflage, Baden-Baden 2011

Meyer zu Heringdorf/Goldbecker. BT-An u. GA 21/11, Gesundheitstourismus

Mishra/Catchpole/Dale/McCulloch. The influence of non-technical performance on technical outcome in laparoscopic cholecystectomy, Surgical Endoscopy 2008, 68

Münchener Kommentar zum Bürgerlichen Gesetzbuch. Bd. 2: Schuldrecht Allgemeiner Teil (§§241-432 BGB), 5. Auflage, München 2006

Münchener Kommentar zum Bürgerlichen Gesetzbuch. Band 4: Schuldrecht, Besonderer Teil II (§§611-704), 5. Auflage, München 2006

Müller-Dietz. Mutmaßliche Einwilligung und Operationserweiterung, JuS 1989, 280

Neuefeind. Arzthaftungsrecht: Ein Überblick für Rechtsanwender, Ärzte und Patienten, 3. Auflage, Marburg 2001

Neumann-Wedekindt. Zum Begriff "delegieren" im Zahnheilkundegesetz, MedR 1997, 397

Neumann-Wedekindt. Delegation in der Zahnarztpraxis, MedR 2005, 81

Oehler. "Not too big to fail" – Risiken von Wirtschaftlichkeitsprüfungen für die Vertrags(zahn)arztzulassung, DZW 2012, Ausgabe 5, 8

Otto. Strafrechtliche Konsequenzen aus der Ermöglichung der Kenntnisnahme von Bankgeheimnissen in einem öffentlich-rechtlichen Kreditinstitut durch Wartungs- und Servicepersonal eines Computer-Netzwerkes, wistra 1999, 201

Palandt. Bürgerliches Gesetzbuch, 70. Auflage

Panne/Spickhoff. Medizinrecht, GOZ, 1. Auflage (beck-online)

Pflüger. Haftungsfragen der Telemedizin, VersR 1999, 1070

Pierre/Hofinger/Buerschaper. Notfallmanagement: Human Factors in der Akutmedizin, 2. Auflage, Berlin Heidelberg 2011

Poelzig. Ansprüche des Arztes gegen säumige Patienten, VersR 2007, 1608

Pragal. Das Pharma-Marketing um die niedergelassenen Kassenärzte: Beauftragtenbestechung gemäß §299 StGB

Ratajczak/Schwarz-Schilling. Medizinische Notwendigkeit und Ethik: Gesundheitschancen in Zeiten der Resourcenknappheit, 1. Auflage

Reinkenkopf. Arztverträge mit Minderjährigen, Jura 2006, 454

Reitemeier/Schwenzer/Ehrenfeld. Zahn-Mund-Kiefer-Heilkunde: Einführung in die Zahnmedizin, 1. Auflage

Rinke/Balser. Extraktion erhaltungswürdiger Zähne, Perforation unbeteiligter Kronen, Schnellprothetik statt konservierender und prophylaktischer Therapie -ein neuer Sorgfaltsmaßstab in der kassenzahnärztlichen Versorgung? VersR 2001, 423

Rinke/Balser. Selbstständiges Beweisverfahren bei Streit über die medizinische Notwendigkeit einer vorgesehenen Heilbehandlung – zulässig? VersR 2009, 188

Rohlfing/Thiele. Überschreitung des Kostenvoranschlags durch den Werkunternehmer, MDR 1998, 632

Roßner. Verzicht des Patienten auf eine Aufklärung durch den Arzt, NJW 1990, 2291

Schäfer. Offene Fragen der Haftung des BGB-Gesellschafters, ZIP 2003, 1225

Schaffhauser/Kieser/Eugster. Wirtschaftlichkeitskontrolle in der Krankenversicherung, 2001

Schaub. Arbeitsrechtshandbuch, 12. Auflage, München 2007

Schellenberg. Non-Compliance und Arzthaftung, VersR 2005, 1620

Schellenberg. Die Zumutbarkeit der Behandlungsfortsetzung – Kriterium für die Rechtsfolgen einer fehlerhaften zahn-prothetischen Behandlung? VersR 2007, 1343

Scheppokat/Neu. Zur ärztlichen Begutachtung in Arzthaftpflichtsachen, VersR 2001, 23

Schinnenburg. Ansprüche des niedergelassenen Arztes gegen den Patienten bei Versäumung des Behandlungstermins, MDR 2008, 837

Schimmel/Buhlmann. Gesetz zur Beschleunigung fälliger Zahlungen – Auswirkungen auf das allgemeine Schuldrecht, MDR 2000, 737

Schiwy. Deutsches Arztrecht: Kommentar der Bundesärzteordnung und Sammlung des Medizinalrechts, Stand: 04/2011

Schmidt. Handelsrecht, 5. Auflage, Köln 1999

Schmidt. Kommentar zum EStG, 30. Auflage, München 2011

Schönke/Schröder. Strafgesetzbuch: StGB, Kommentar, 28. Auflage, München 2010

Schulze/Dörner/Hoeren. Bürgerliches Gesetzbuch, Handkommentar, 5. Auflage, München 2007

Schütz / Dopheide. Fehlerhafte medizinische Behandlung und ärztlicher Honoraranspruch, VersR 2006,1440

Sieg. Auswirkungen der neuen Rechtsprechung zur BGB-Gesellschaft auf die persönliche Haftung der Mitglieder von Rechtsanwalts-, Steuerberater- und Wirtschaftsprüfersozietäten, WM 2002, 1432

Steinhilper. Aufschiebende Wirkung von Widerspruch und Klage im Vertragsarztrecht – Zu einigen Auswirkungen des 6.SGG-ÄndG, MedR 2003, 433

Stober. Die Berufsfreiheit der freien Berufe, NJW 1981, 1529

Tiedemann. Die mutmaßliche Einwilligung, insbesondere bei Unterschlagung amtlicher Gelder, JuS 1970, 108

Thomas Fischer. Thomas Fischer, Strafgesetzbuch und Nebengesetze, 58. Auflage, München 2011

Thomas/Putzo. Zivilprozeßordnung: ZPO, Kommentar, 32. Auflage, München 2011

Ulmer. Die Haftungsverfassung der BGB-Gesellschaft, ZIP 2003, 1113

Ulsenheimer. Zur zivil- und strafrechtlichen Verantwortlichkeit des Arztes unter besonderer Berücksichtigung der neuerer Judikatur und ihre Folgen für eine defensive Medizin, MedR 1992, 127

Undre/Koutanji/Sevdalis/Gautama/Selvapatt/Williams/Sains/McCulloch/Darzi/Vincent. Mulitdisciplinary Crisis Simulations: The Way Forward for Training Surgical Teams, World Journal of Surgery, 2007, 1843

Vetter. Die Wogen sind noch nicht geglättet, zm 3/2000, 32

Weber-Grellet. Bilanzsteuerrecht, 10. Auflage, 2010

Widder/Gaidzik. Begutachtung in der Neurologie, 2007

WRP (ohne Autor). „unclean hands" und unlauterer Wettbewerb, WRP 1987, 439

Yule/Flin/Maran/Rowley/Youngson/Paterson-Brown. Surgeons` Non-technical Skills in the Operating Room: Reliability Testing of the NOTSS Behavior Rating System, World Journal of Surgery 2008, 548

Endnoten

1 Die Political Correctness würde es gebieten, auch die weibliche Form zu erwähnen. Um den Lesefluss nicht zu bremsen, hat der Autor darauf verzichtet. Selbstverständlich sind an den entsprechenden Stellen auch die weiblichen Leserinnen angesprochen.
2 vgl. Mishra et al. Surg Endosc 2006, 68; Yule et al. World J Surg 2008, 548
3 OVG Nordrhein-Westfalen, Beschluss vom 19.3.2007 – 13 A 4204/06
4 in extenso: Kapitel „Vertragszahnarzt"
5 BVerwG, Urteil vom 26.2.1987 – 3 C 51.85
6 OVG Nordrhein-Westfalen, Beschluss vom 19.3.2007 – 13 A 4204/06
7 VGH Bayern, Urteil vom 25.09.2012 – BV 11.340
8 BVerwG, Urteil vom 07.12.1995 – 3 C 23/94
9 BVerfG, Beschluss vom 27.01.1998 – 1 BvL 15/87
10 OVG Nordrhein-Westfalen, Beschluss vom 19.3.2007 – 13 A 4204/06
11 VG Hannover, Urteil vom 24.11.2010 – 5 A 1975/09
12 vgl. OVG Nordrhein-Westfalen, Beschluss vom 2.4.2009 – 13 A 9/08
13 VG Hannover, Urteil vom 24.11.2010 – 5 A 1975/09
14 vgl. BVerwG, Beschluss vom 27.1.2011 – 3 B 63.10; OVG Lüneburg, Beschluss vom 18.4.2012 – 8 LA 6/11
15 BVerwG, Beschluss vom 28.01.2003 – 3 B 149.02: Insofern konnte auf die Auslegung zu den entsprechenden Tatbestandsmerkmalen der Bundesärzteordnung (§5 Abs. 2 BÄO i.V.m. §3 Abs. 1 S. 1 Nr. 2 BÄO) zurückgegriffen werden. Generell kann bei Entsprechungen zwischen der Bundesärzteordnung und dem Zahnheilkundegesetz auf die jeweilige Kommentierung zur Erläuterung Rückgriff genommen werden (unter Berücksichtigung der jeweiligen Besonderheiten); VGH Bayern, Urteil vom 25.09.2012 – 21 BV 11.340
16 OVG NRW, Beschluss vom 2.4.2009 – 13 A 9/08
17 VGH Bayern, Urteil vom 25.09.2012 – 21 BV 11.340 mwN
18 VGH Bayern, Urteil vom 25.09.2012 – 21 BV 11.340
19 OVG Lüneburg, Beschluss vom 18.4.2012 – 8 LA 6/11; OVG Lüneburg, Beschluss vom 21.9.2009 – 8 LA 99/09
20 VGH Bayern, Urteil vom 25.09.2012 – 21 BV 11.340
21 VG Hannover, Urteil vom 24.11.2010 – 5 A 1975/09
22 vgl. BVerwG, Beschluss vom 18.8.2011 – 3 B 6.11; BVerwG, Beschluss vom 6.3.2003 – 3 B 10.03; BVerwG, Urteil vom 26.9.2002 – 3 C 37.01; BVerwG, Beschluss vom 13.1.2009 – 8 LA 88/08; OVG Lüneburg, Beschluss vom 18.4.2012 – 8 LA 6/11
23 VG Hannover, Urteil vom 24.11.2010 – 5 A 1975/09
24 vgl. BVerwG, Beschluss vom 18.8.2011 – 3 B 6.11; BVerwG, Beschluss vom 6.3.2003 – 3 B 10.03; OVG Lüneburg, Beschluss vom 18.4.2012 – 8 LA 6/11
25 OVG, Beschluss vom 21.9.2009 – 8 LA 99/09
26 VG Hannover, Urteil vom 24.11.2010 – 5 A 1975/09
27 VGH Bayern, Urteil vom 25.09.2012 – 21 BV 11.340; OVG NRW, Beschluss vom 2.4.2009 – 13 A 9/08; VG Hannover, Urteil vom 24.11.2010 – 5 A 1975/09
28 vgl. Bay. VGH, Urteil vom 31.07.2007 – 8 B 06.953 (Erneuerung/Verlängerung einer Erlaubnis für Privathubschrauberfuhrer); OVG NRW, Beschluss vom 2.4.2009 – 13 A 9/08
29 OVG NRW, Beschluss vom 2.4.2009 – 13 A 9/08
30 VGH Bayern, Urteil vom 25.09.2012 – 21 BV 11.340; OVG NRW, Beschluss vom 18.06.2008 – 19 B 870/08; BVerwG, Urteil vom 28.05.2009 – 7 C 13.08; OVG NRW, Beschluss vom 26.05.2009 – 18 E 1230/08; OVG Hamburg, Urteil vom 24.03.2009 – 3 Bf 166/04
31 VGH Bayern, Urteil vom 25.09.2012 – 21 BV 11.340
32 vgl. BVerwG, Beschluss vom 14.4.1998 – 3 B 95.97; BVerwG, Urteil vom 14.2.1963 – I C 98.62 –, BVerwG, Urteil vom 14.2.1963 – I C 98.62: zur Frage, inwieweit eine von einem Strafgericht gegen einen Zahnarzt verhängte berufliche Beschränkung unter Berücksichtigung des in dem Grundsatz „ne bis in idem" enthaltenen Prinzips der Rechtskraft die Verwaltungsbehörde bindet und sie an weiteren darüber hinausgehenden berufsrechtlichen Maßnahmen hindert; OVG Lüneburg, Urteil vom 18.4.2012 – 8 LA 6/11
33 VGH Bayern, Urteil vom 25.09.2012 – 21 BV 11.340
34 vgl. OVG NRW, Beschluss vom 2.4.2009 – 13 A 9/08
35 vgl. BVerwG, Beschluss vom 27.1.2011 – 3 B 63.10; OVG Lüneburg, Urteil vom 18.4.2012 – 8 LA 6/11
36 VGH Bayern, Urteil vom 25.09.2012 – 21 BV 11.340
37 VGH Bayern, Urteil vom 25.09.2012 – 21 BV 11.340
38 VGH Bayern, Urteil vom 25.09.2012 – 21 BV 11.340
39 vgl. BVerfG Beschluss vom 16.01.1991 – 1 BvR 1326/90; BVerwG, Beschluss vom 06.03.2003 – 3 B 10.03; BVerwG, Urteil vom 26.09.2002 – 3 C 37/01; VGH Bayern, Urteil vom 25.09.2012 – 21 BV 11.340; VGH Bayern, Beschluss vom 10.05.2012 – 21 ZB 11.1883
40 vgl. VGH Bayern, Urteil vom 28.04.2010 – 21 BV 09.1993, Rn. 9; BGH Bayern, Urteil vom 28.3.2007 – 21 B 04.3153
41 VGH Bayern, Urteil vom 25.09.2012 – 21 BV 11.340
42 vgl. BAG, Urteil vom 03.11.2004 – 5 AZR 592/03
43 BGH, Urteil vom 13.10.2005 – 3 StR 385/04
44 EuGH, Urteil vom 30.11.1995 – C -55/94
45 BGH, Urteil vom 29.6.1995 – 4 StR 760/94
46 vgl. KG Berlin, Urteil vom 27.01.2003 – 20 U 285/01
47 OLG Frankfurt, Urteil vom 22.4.2010 – 22 U 153/08
48 Herrmann, MedR 1988, 1
49 BGH, Urteil vom 20.01.2004 – 1 StR 319/03
50 OLG Stuttgart, Urteil vom 20.5.2008 – 1 U 122/07; Alpmann, Brockhaus Studienlexikon Recht: Aufklärungspflicht, Selbstbestimmungsaufklärung
51 OLG Stuttgart, Urteil vom 20.5.2008 – 1 U 122/07: spricht von Selbstbestimmungsaufklärung, die aber die Risikoaufklärung meint
52 BGH, Urteil vom 22.10.2010 – 3 StR 239/10: Aufklärung über sicher oder regelmäßig auftretenden postoperativen Zustand; BGH, Urteil vom 06.11.1990 – VI ZR 8/90
53 OLG Stuttgart, Urteil vom 20.5.2008 – 1 U 122/07
54 BGH, Urteil vom 16.06.2009 – VI ZR 157/08
55 OLG Stuttgart, Urteil vom 20.5.2008 – 1 U 123/07
56 LG Duisburg, Urteil vom 25.7.2006 – 6 O 24/06
57 OLG Stuttgart, Urteil vom 20.5.2008 – 1 U 123/07
58 OLG Stuttgart, Urteil vom 20.5.2008 – 1 U 122/07
59 OLG Bremen, Urteil vom 13.2.2001 – 3 U 28/00: Es handelt sich dabei um eine therapeutische Aufklärungspflicht und nicht (wie das Landgericht angenommen hat) um eine Aufklärungspflicht im Rahmen einer Risikobelehrung.
60 OLG Koblenz, Beschluss vom 19.06.2012 – 5 U 1242/11
61 OLG München, Beschluss vom 26.04.2006 – 1 U 2449/06
62 OLG München, Beschluss vom 26.04.2006 – 1 U 2449/06
63 Alpmann, Brockhaus Studienlexikon Recht: Selbstbestimmungsaufklärung
64 OLG Oldenburg, Urteil vom 14.11.2007 – 5 U 61/07
65 vgl. BGH, Urteil vom 16.01.1959 – VI ZR 179/57

66 BT DrS 312/12, S. 34; Referentenentwurf des BMJ und BMG: Entwurf eines Gesetzes zur Verbesserung der Rechte von Patientinnen und Patienten (Patientenrechtegesetz) vom 16.01.2012, S. 29
67 Rinke/Balser, VersR 2001, 423
68 BT-Drs 17/10488, S. 24; BT-Drs 312/12, S. 34
69 OLG Koblenz, Beschluss vom 19.06.2012 – 5 U 1242/11
70 OLG Köln, Urteil vom 30.09.1998 – 5 U 122/97
71 OLG München, Urteil vom 28.11.2002 – 1 U 1972/00: fehlerhafte Wurzelkanalbehandlung; Verwendung von Palladiumlegierungen
72 BGH, Urteil vom 23.10.2007 – 1 StR 238/07
73 OLG Stuttgart, Urteil vom 20.5.2008 – 1 U 122/07
74 BGH, Urteil vom 22.05.2007 – VI ZR 35/06
75 BGH, Urteil vom 13.6.2006 – VI ZR 323/04
76 BGH, Urteil vom 22.05.2007 – VI ZR 35/06
77 BGH, Urteil vom 19.10.2010 – VI ZR 241/09
78 BGH, Urteil vom 14.3.2006 – VI ZR 279/04; OLG Köln, Beschluss vom 06.10.2008 – 5 U 84/08
79 OLG Köln, Beschluss vom 06.10.2008 – 5 U 84/08: Für die Extraktion als Therapie der Wahl sprach, dass die Wurzelspitzenresektion eine deutlich schlechtere Erfolgschance hatte und der Zahnarzt mangelnde Erhaltungswürdigkeit behauptete, was auch nicht bestritten wurde; vgl. auch OLG Stuttgart, Urteil vom 17.11.1998 – 14 U 69/97 u. OLG Zweibrücken, Urteil vom 22.02.2000, Az: 5 U 25/99: Aufklärungspflicht nur dann, wenn die Leitungsanästhesie einhergeht mit einer operativen Entfernung von Weisheitszähnen, weil dann das Risiko einer dauerhaften Nervschädigung erheblich höher liegt.
80 OLG Koblenz, Urteil vom 13.05.2004 – 5 U 41/03: stets Aufklärungspflicht über das Risiko einer dauerhaften Schädigung des N. lingualis durch Leitungsanästhesie zur Schmerzausschaltung
81 OLG Koblenz, Beschluss vom 22.8.2012 – 5 U 496/12
82 BGH, Urteil vom 22.04.1980 – VI ZR 37/79; BGH, Urteil vom 07.02.1984 – VI ZR 188/92
83 OLG Stuttgart, Urteil vom 20.5.2008 – 1 U 122/07; vgl. OLG München, Beschluss vom 26.04.2006 – 1 U 2449/06; vgl. OLG München, Beschluss vom 26.04.2006 – 1 U 2449/06
84 OLG Koblenz, Beschluss vom 19.06.2012 – 5 U 1242/11
85 OLG Stuttgart, Urteil vom 20.5.2008 – 1 U 122/07
86 BT DrS 312/12, S. 30 f.; Referentenentwurf des BMJ und BMG: Entwurf eines Gesetzes zur Verbesserung der Rechte von Patientinnen und Patienten (Patientenrechtegesetz) vom 16.01.2012, S. 26
87 Rinke/Balser, VersR 2001, 423
88 Rinke/Balser, VersR 2001, 423
89 Rinke/Balser, VersR 2001, 423; OLG Oldenburg, Urteil vom 14.11.2007 – 5 U 61/07; zu a. A. siehe die Nachweise bei Rinke/Balser
90 OLG Oldenburg, Urteil vom 14.11.2007 – 5 U 61/07
91 OLG Oldenburg, Urteil vom 14.11.2007 – 5 U 61/07
92 siehe auch Kapitel „medizinische Notwendigkeit“
93 BT DrS 312/12, S. 31; Referentenentwurf des BMJ und BMG: Entwurf eines Gesetzes zur Verbesserung der Rechte von Patientinnen und Patienten (Patientenrechtegesetz) vom 16.01.2012, S. 27
94 OLG Karlsruhe, Urteil vom 6.1.2003 – 12 U 173/02; OLG Bremen, Urteil vom 30.04.1991 – 3 U 114/90; siehe auch oben unter „Folgen fehlerhafter Aufklärung“ und Methodenaufklärung
95 vgl. LG Heidelberg, Urteil vom 25.1.2008 – 7 U 303/05
96 vgl. OLG Karlsruhe, Urteil vom 6.1.2003 – 12 U 173/02
97 OLG Karlsruhe, Urteil vom 16.01.2003 – 12 U 173/02; LG Heidelberg, Urteil vom 25.1.2008 – 7 O 303/05
98 LG Heidelberg, Urteil vom 25.1.2008 – 7 O 303/05; siehe auch Kapitel „Medizinische Notwendigkeit“
99 OLG Köln, Urteil vom 21.10.1985 – 7 U 50/85
100 AG Bremen, Urteil vom 26.04.2007 – 21 C 223/05, 21 C 0223/05; OLG Köln, Urteil vom 01.07.1996 – 5 U 196/95
101 AG Bremen, Urteil vom 26.04.2007 – 21 C 223/05, 21 C 0223/05
102 BGH, Urteil vom 13.10.2005 – 3 StR 385/04
103 BGH, Urteil vom 15.02.2000 – VI ZR 48/99
104 vgl. OLG München, Urteil vom 21.09.2006 – 1 U 2175/06; OLG Karlsruhe, Urteil vom 18.12.2002 – 7 U 143/01
105 vgl. OLG Stuttgart, Urteil vom 19.09.2000 – 14 U 4/00
106 BGH, Urteil vom 15.02.2000 – VI ZR 48/99
107 BGH, Urteil vom 03.02.1999 – VIII ZR 14/98; BGH, Urteil vom 11.06.1990 – II ZR 159/89: Es bleibt aber bei dem Grundsatz, dass keine Partei gehalten ist, dem Gegner für den Prozesssieg das Material zu verschaffen, über das er nicht schon von sich aus verfügt.
108 OLG Hamm, Urteil vom 30.5.2011 – I-3 U 205/10
109 BGH, Urteil vom 22.12.2010 – 3 StR 239/10
110 BGH, Urteil vom 22.12.2010 – 3 StR 239/10
111 BGH, Urteil vom 12.03.1991 – VI ZR 232/90: Arzthaftung für nicht aufklärungspflichtiges Risiko bei unterlassener Grundaufklärung über Art und Schwere des Eingriffs; BGH, Urteil vom 30.01.2001 – VI ZR 353/99: zur Frage der Haftung, wenn sich bei einem Eingriff mehrere Risiken verwirklichen, aber nicht über alle aufgeklärt worden ist
112 OLG Frankfurt, Urteil vom 06.01.2009 – 8 U 31/07: Ersatz notwendiger Aufwendungen im Rahmen der Nachbehandlung, hier 45 Fahrten zur Uni-Klinik
113 BAG, Urteil vom 14.12.2006 – 8 AZR 628/05
114 BGH, Urteil vom 16.06.1977 – III ZR 179/75
115 Palandt, Bürgerliches Gesetzbuch: BGB, § 253 Rn. 17 ff.
116 OLG Frankfurt, Urteil vom 06.01.2009 – 8 U 31/07: Untaugliche Anpassungsversuche des beklagten Zahnarztes und Notwendigkeit sich erneut einer prothetischen Behandlung zu unterziehen.
117 OLG Düsseldorf, Urteil vom 26.5.1986 – 7 U 77/84
118 LG Heidelberg, Urteil vom 16.2.2011 – 4 O 133/09
119 BGH, Urteil vom 06.07.1955 – GSZ 1/55
120 BGH, Urteil vom 7.6.2001 – I ZR 21/99
121 BAG, Urteil vom 21.09.1993 – 9 AZR 580/90
122 LAG Schleswig-Holstein, Urteil vom 10.01.2012 – 1 Sa 183 b/11
123 Thomas/Putzo, Zivilprozessordnung: ZPO, Kommentar, § 256 Rn. 17
124 BGH, Urteil vom 22.06.1977 – VIII ZR 5/76
125 BGH, Urteil vom 25.02.2010 – VII ZR 187/08
126 BGH, Urteil vom 20.03.2001 – VI ZR 325/99
127 BGH, Urteil vom 16.1.2001 – VI ZR 381/99: Ob für die Begründetheit der Feststellungsklage eine gewisse Wahrscheinlichkeit eines Schadenseintritts zu verlangen ist, hat der Bundesgerichtshof nunmehr offen gelassen, weil eine solche Wahrscheinlichkeit bei Fällen dieser Art ohnehin in der Regel besteht.
128 siehe die Ausführungen im Kapitel „Indikation“, dass die fehlende Indikation nicht ersetzt werden kann
129 vgl. BGH, Urteil vom 30.09.1955 – 2 StR 206/55: zu den Pflichten eines Arztes; BGH, Urteil vom 28.04.1959 – VI ZR 51/58: Bewahrung vor Schädigungen an Leben und Gesundheit
130 OLG Köln, Urteil vom 9.11.1988 – 27 U 77/88:
131 BGH, Urteil vom 24.6.1975 – VI ZR 72/74, Hamm
132 Rinke/Balser, VersR 2001, 423: „Aus dem Entlastungsvorbringen des Zahnarztes wird deutlich, dass es bei der Berufung auf das Wirtschaftlichkeitsgebot häufig darum gehen wird, Verstöße gegen anerkannte Regeln der Zahnheilkunde zu beschönigen und als den vermeintlich niedrigeren Standard des Kassenarztwe-

sens darzustellen. Dabei gibt das Wirtschaftlichkeitsgebot für die maßgebliche Frage, ob diese Regeln eingehalten wurden, inhaltlich nichts her."

133 Rinke/Balser, VersR 2001, 423
134 BGH, Urteil vom 10.03.1992 – VI ZR 64/91
135 OLG Koblenz, Urteil vom 14.06.2007 – 5 U 1370/06; BGH, Urteil vom 08.07.2003 – VI ZR 304/02: zu den Voraussetzungen einer Bewertung einer unrichtigen Diagnose als Behandlungsfehler; OLG Hamm, Urteil vom 02.04.2001 – 3 U 160/00
136 OLG Köln, Beschluss vom 2.5.2011 – 5 U 481/11
137 Schellenberg VersR 2005, 1620
138 OLG Koblenz, Beschluss vom 31.08.2011 – 5 U 400/11: Notdienst sei auf Schmerzausschaltung und Weiterbehandlung durch den Hausarzt ausgerichtet; daher kein Diagnoseirrtum des Zahnarztes, der die Befundung ordnungsgemäß vornahm und das Röntgenbild war scheinbar eindeutig.
139 OLG Koblenz, Urteil vom 04.10.2001 – 5 U 220/11: neurologische Ausfälle und Anzeichen für eine Depression bei einem Zahnarzt
140 OLG Köln, Beschluss vom 2.5.2011 – 5 U 481/11
141 BGH, Urteil vom 16.11.2004 – VI ZR 328/03: Aufklärungspflicht über notwendige Kontrolluntersuchungen; BGH, Urteil vom 27.11.1990 – VI ZR 30/90: Pflicht zur erneuten Einbestellung; OLG Stuttgart, Urteil vom 01.12.1994 – 14 U 48/93; in extenso: Kapitel „Aufklärungsfehler" und „Einwilligung"
142 Schellenberg VersR 2005, 1620
143 BGH, Urteil vom 16.06.2009 – VI ZR 157/08
144 BGH, Urteil vom 06.05.2003 – VI ZR 259/02; OLG Oldenburg, Urteil vom 06.02.2008 – 5 U 30/07
145 OLG München, Urteil vom 24.10.1996 – 24 U 124/96: Übelkeit
146 OLG Düsseldorf, Urteil vom 26.5.1986 – 7 U 77/84: Bei der Überkronung von Zähnen gilt allgemein als Grundsatz, dass die beschliffene Zahnsubstanz von der künstlichen Krone wieder abgedeckt werden muss. Damit dies erreicht wird, muss mit einer erkennbaren Präparationsgrenze gearbeitet werden. Der Kronenrand muss dann exakt mit der Präparationsgrenze abschließen. Exakt heißt in diesem Zusammenhang, dass die unvermeidbare Fuge zwischen Kronenrand und Präparationsgrenze möglichst nicht breiter als 0,05 mm ist; 0,02–0,03 mm sind ideal, 0,08 mm sollten nicht überschritten werden.
147 BGH, Urteil vom 16.11.2004 – VI ZR 328/03
148 OLG Koblenz, Urteil vom 04.10.2001 – 5 U 220/11
149 OLG Düsseldorf, Urteil vom 26.5.1986 – 7 U 77/84; OLG Düsseldorf, Urteil vom 02.02.1984 – 8 U 71/83
150 siehe ausführlich das Kapitel „Organisation"
151 BGH, Urteil vom 21.11.1995 – VI ZR 341/94
152 vgl. OLG Oldenburg, Urteil vom 14.05.1991 – 5 U 22/91
153 OLG Oldenburg, Urteil vom 16.03.1999 – 5 U 194/98
154 Rinke/Balser, VersR 2001, 423
155 OLG Hamm, Urteil vom 24.01.2001 – 3 U 107/00: Für die Indikation von Zahnextraktionen ist zwischen Erhaltungsfähigkeit und Erhaltungswürdigkeit auszudifferenzieren.
156 Rinke/Balser, VersR 2001, 423
157 Rinke/Balser, VersR 2001, 423
158 OLG Oldenburg, Urteil vom 02.03.1999 – 5 U 176/98
159 OLG Köln, Urteil vom 9.3.1992 – 27 U 144/91
160 OLG Düsseldorf, Urteil vom 25.07.1991 – 8 U 254/89
161 OLG Oldenburg, Urteil vom 14.10.1997 – 5 U 45/97
162 OLG Thüringen, Urteil vom 26.04.2006 – 4 U 416/05: hier offen gelassen, ob grober Behandlungsfehler
163 Rinke/Balser, VersR 2001, 423
164 OLG Oldenburg, Urteil vom 28.02.2007 – 5 U 147/05
165 OLG Brandenburg, Urteil vom 08.11.2000 – 1 U 6/99
166 OLG Köln, Urteil vom 26.05.1986 – 7 U 77/84
167 OLG Köln, Urteil vom 18.04.1994 – 5 U 48/94
168 OLG Köln, Urteil vom 26.05.1986 – 7 U 77/84
169 OLG Köln, Urteil vom 26.05.1986 – 7 U 77/84
170 OLG München, Urteil vom 28.4.2010 – 1 U 4579/07
171 OLG Düsseldorf, Urteil vom 26.5.1986 – 7 U 77/84; OLG Düsseldorf, Urteil vom 2.2.1984 – 8 U 71/83
172 OLG Düsseldorf, Urteil vom 26.5.1986 – 7 U 77/84
173 OLG Bremen, Urteil vom 13.2.2001 – 3 U 28/00
174 LG Magdeburg, Urteil vom 29.10.2008 – 9 O 1716/07-405
175 LG München I, 27.10.1960 – 6 O 400/58: Narkotisierung der Patientin durch eine Assistenzärztin zum Zweck der Zahnbehandlung in einer Zahnarztpraxis
176 OLG Frankfurt, Urteil vom 10.04.2003 – 3 U 30/00
177 OLG München, Urteil vom 28.4.2010 – 1 U 4579/07
178 OLG Koblenz, Beschluss vom 31.08.2011 – 5 U 400/11
179 OLG Koblenz, Beschluss vom 31.08.2011 – 5 U 400/11
180 AG Frankfurt, Urteil vom 30.04.2003 – 30 C 2386/02 – 25, 30 C 2386/02
181 OLG Koblenz, Beschluss vom 19.06.2012 – 5 U 1242/11
182 OLG München, Beschluss vom 26.04.2006 – 1 U 2449/06; Palandt, Bürgerliches Gesetzbuch: BGB, § 823 Rn. 162
183 BGH, Urteil vom 27.04.2004 – VI ZR 34/03: Arzthaftungsklage – Beweislastumkehr bei grobem Behandlungsfehler; OLG Köln, Urteil vom 9.11.1988 – 27 U 77/88
184 OLG Thüringen, Urteil vom 26.04.2006 – 4 U 416/05
185 BGH, Urteil vom 19.06.2001 – VI ZR 286/00; OLG Thüringen, Urteil vom 26.04.2006 – 4 U 416/05
186 BGH, Urteil vom 16.11.2004 – VI ZR 328/03; BGH, Urteil vom 06.10.1998 – VI ZR 239/97; OLG Zweibrücken, Urteil vom 20.11.2007 – 5 U 16/05
187 BGH, Urteil vom 13.02.1996 – VI ZR 402/94
188 OLG Brandenburg, Urteil vom 14.11.2001 – 1 U 12/01
189 OLG Frankfurt, Urteil vom 28.03.2000 – 8 U 166/99: Verwendung derselben Spritze und nur Auswechselung der Nadel ist ein grober Behandlungsfehler („Syringe-Sharing-Methode").
190 BGH, Urteil vom 09.01.1996 – VI ZR 94/95
191 BGH, Urteil vom 13.11.1998 – V ZR 386/97; OLG Köln, Urteil vom 06.11.1995 – 2 U 177/94 (Mitverschulden); BGH, Urteil vom 19.10.2004 – X ZR 142/03 (Einwilligung)
192 BGH, Urteil vom 27.09.2002 – V ZR 98/01
193 BGH, Urteil vom 10.02.2011 – III ZR 37/10: Amtshaftungsanspruch wegen verzögerter Zulassung als Vertragsarzt: Beweislast für Abstimmungsverhalten der Zulassungsgremien
194 BGH, Urteil vom 08.01.1985 – VI ZR 15/83: zum Beweis für die Erfüllung der ärztlichen Aufklärungspflicht: Ist einiger Beweis für ein gewissenhaftes Aufklärungsgespräch gebracht, sollte dem Arzt im Zweifel geglaubt werden, dass die Aufklärung auch im Einzelfall in der gebotenen Weise geschehen ist.
195 BGH, Urteil vom 29.03.1988 – VI ZR 185/87: Beweiserleichterungen im Arzthaftungsprozess
196 Anders/Gehle, Das Assessorexamen im Zivilrecht, Rn. 377
197 Thomas/Putzo, Zivilprozeßordnung: ZPO, Vorbemerkung § 284 Rn. 39
198 BGH, Urteil vom 23.11.2005 – VIII ZR 43/05; BGH, Urteil vom 23.10.2008 – VII ZR 64/07
199 BGH, Urteil vom 24.6.1975 – VI ZR 72/74, Hamm: Beweisvereitelung bezüglich eines Tubus
200 BGH, Urteil vom 24.6.1975 – VI ZR 72/74, Hamm
201 OLG München, Urteil vom 28.04.2010 – 1 U 4579/07: Leitsatz 1
202 OLG München, Urteil vom 28.04.2010 – 1 U 4579/07: Leitsatz 2

203 OLG München, Beschluss vom 26.04.2006 – 1 U 2449/06
204 BT DrS 312/12, S. 40; Referentenentwurf des BMJ und BMG: Entwurf eines Gesetzes zur Verbesserung der Rechte von Patientinnen und Patienten (Patientenrechtegesetz) vom 16.01.2012, S. 35
205 BGH, Urteil vom 24.01.1995 – VI ZR 60/94
206 BGH, Urteil vom 20.03.2007 – VI ZR 158/06
207 BGH, Urteil vom 13.02.2007 – VI ZR 174/06
208 BGH, Urteil vom 17.01.2012 – VI ZR 336/10; BGH, Urteil vom 20.03.2007 – VI ZR 158/06
209 BGH, Urteil vom 24.01.1995 – VI ZR 60/94: Bei dem Patienten lag eine ärztlicherseits nicht im Voraus erkennbare, extrem seltene körperliche Anomalie vor, die für den eingetretenen Schaden anfällig machte.
210 BGH, Urteil vom 18.12.1990 – VI ZR 169/90
211 BGH, Urteil vom11.10.1997 – VI ZR 110/75; vgl. BGH, Beschluss vom 27.03.2007 – VI ZR 142/06: keine Anwendung der Grundsätze, da es schon an Gerätefehler mangelte
212 BGH, Urteil vom 18.12.1990 – VI ZR 169/90
213 BGH, Urteil vom 28.02.1984 – VI ZR 70/82; vgl. BGH, Urteil vom 08.01.1985 – VI ZR 15/83: Arzt obliegt Beweis der Aufklärung
214 BT DrS 312/12, S. 41 f.; Referentenentwurf des BMJ und BMG: Entwurf eines Gesetzes zur Verbesserung der Rechte von Patientinnen und Patienten (Patientenrechtegesetz) vom 16.01.2012, S. 37
215 BGH, Urteil vom 15.02.2000 – VI ZR 48/99
216 BGH, Urteil vom 22.01.1980 – VI ZR 263/78
217 BGH, Urteil vom 05.02.1991 – VI ZR 108/90
218 BGH, Urteil vom 22.01.1980 – VI ZR 263/78
219 Schellenberg, VersR 2005, 1620
220 Alpmann, Brockhaus Studienlexikon Recht: Arzthaftungsrecht
221 vgl. BGH, Urteil vom 18.03.1986 – VI ZR 215/84
222 BGH, Urteil vom 16.06.2009 – VI ZR 157/08; BGH, Urteil vom 09.05.1989 – VI ZR 268/88; OLG Sachsen-Anhalt, Urteil vom 13.12.2007 – 1 U 10/07: Die fehlende Dokumentation einer aus fachärztlicher Sicht erforderlichen Befunderhebung indiziert nach den besonderen Beweisregeln im Arzthaftungsprozess deren Unterlassung; BGH, Urteil vom 29.09.1998 – VI ZR 268/97
223 BGH, Urteil vom 29.09.1998 – VI ZR 268/97
224 BGH, Urteil vom 16.06.2009 – VI ZR 157/08; BGH, Urteil vom 09.05.1989 – VI ZR 268/88: „Dies ergibt daher Beweiserleichterungen für den geschädigten Patienten bzw. seine Erben, die bis zur Beweislastumkehr reichen können. Letzteres hängt u. a. von dem Ausmaß der Möglichkeit ab, dass der Behandlungsfehler zum Misserfolg beigetragen hat und von dem Maß der pflichtwidrigen Handlung."
225 BGH, Urteil vom 16.06.2009 – VI ZR 157/08
226 BGH, Urteil vom 21.11.95 – VI ZR 341/94
227 BGH, Urteil vom 28.06.1988 – VI ZR 217/
228 BGH, Urteil vom 7.5.1985 – VI ZR 224/83
229 OLG München, Beschluss vom 26.04.2006 – 1 U 2449/06
230 OLG Hamm, Urteil vom 29.1.2003 – 3 U 91/02, BT-Drs 17/10488, S.30
231 BGH, Urteil vom 15.6.1993 – VI ZR 175/92: mwN zur „Anfängeroperation"
232 BT DrS 312/12, S. 43; Referentenentwurf des BMJ und BMG: Entwurf eines Gesetzes zur Verbesserung der Rechte von Patientinnen und Patienten (Patientenrechtegesetz) vom 16.01.2012, S. 38
233 BGH, Urteil vom 03.02.1998 – VI ZR 356/96; BGH, Urteil vom 27.09.1983 – VI ZR 230/81; BGH, Urteil vom 27.09.1983 – VI ZR 230/81; zu einzelnen Anscheinsbeweisen in Zahnarzthaftungsfällen siehe das Kapitel Zahnarzthaftung, z. B. kein Anscheinsbeweis für ein Ursachenzusammenhang zwischen Defekt und Behandlung allein aufgrund von Zeitablauf
234 BGH, Urteil vom 10.03.1992 – VI ZR 64/91: „In einem etwaigen Schadensersatzprozess tragen sowohl der Krankenhausträger als auch der für die Übertragung der Operationsaufsicht auf den Nichtfacharzt verantwortliche Arzt und der aufsichtsführende Arzt selbst die Darlegungs- und Beweislast dafür, dass die eingetretene Komplikation nicht auf der geringen Erfahrung und Übung des noch nicht ausreichend qualifizierten Operateurs bzw. der mangelnden Erfahrung des Aufsichtsführenden beruht."
235 BGH, Urteil vom 01.10.1996 – VI ZR 10/96; BGH, Urteil vom 27.04.2004 – VI ZR 34/03; OLG Bremen, Urteil vom 13.2.2001 – 3 U 28/00: Ein grober Behandlungsfehler kann zu Beweiserleichterungen bezüglich der Kausalität für einen Kläger bis hin zur Beweislastumkehr führen, und zwar auch dann, wenn die grob fehlerhafte Behandlung nur mitursächlich für den Gesundheitsschaden sein kann. Diese Beweiserleichterung besteht aber nur dann, wenn der grobe (zahn)ärztliche Kunstfehler den Umständen nach geeignet ist, den konkreten Gesundheitsschaden hervorzurufen.
236 BGH, Urteil vom 16.11.2004 – VI ZR 328/03; KG Berlin, Urteil vom 14.04.2008 – 20 U 183/06
237 OLG München, Beschluss vom 26.04.2006 – 1 U 2449/06; Alpmann, Brockhaus Studienlexikon Recht: Arzthaftungsrecht
238 BGH, Urteil vom 16.11.2004 – VI ZR 328/03
239 BGH, Urteil vom 28.05.2002 – VI ZR 42/01: Feststellung eines groben Behandlungsfehlers ohne ausreichende Grundlage in den Darlegungen des Sachverständigen
240 BGH, Urteil vom 21.12.2010 – VI ZR 284/09
241 BGH, Urteil vom 13.02.1996 – VI ZR 402/94; BGH, Urteil vom 14.07.1981 – VI ZR 35/79
242 BGH, Urteil vom 15.03.2005 – VI ZR 289/03
243 BGH, Urteil vom 16.11.2004 – VI ZR 328/03
244 BGH, Urteil vom 15.03.2005 – VI ZR 313/03; BGH, Urteil vom 16.11.2004 – VI ZR 328/03; OLG Braunschweig, Urteil vom 18.01.2007 – 1 U 24/06
245 BGH, Urteil vom 21.12.2010 – VI ZR 284/09
246 BGH, Urteil vom 07.06.2011 – VI ZR 87/10; BGH, Urteil vom 12.02.2008 – VI ZR 221/06; BGH, Urteil vom 13.1.1998 – VI ZR 242/96: Im Einzelfall muss auf einen groben Behandlungsfehler wegen fundamental fehlerhafter Verkennung des Befundes zu schließen sein.
247 BGH, Urteil vom 29.09.2009 – VI ZR 251/08
248 BGH, Urteil vom 21.11.1995 – VI ZR 341/94: Beweiserleichterungen für Patienten im Arzthaftungsprozess bei Verlust der Behandlungsunterlagen im Krankenhaus; BGH, Urteil vom 14.11.1995 – VI ZR 359/94: Grundaufklärung vor Myelographie
249 BGH, Urteil vom 07.06.2011 – VI ZR 87/10; BGH, Urteil vom 13.09.2011 – VI ZR 144/10; BGH, Urteil vom 28.06.1988 – VI ZR 217/88: Der (Zahn)Arzt hat die Erhebung und Sicherung medizinisch zweifelsfrei gebotener Befunde zum Aufschluss über den Behandlungsverlauf unterlassen und dadurch die Aufklärung eines immerhin wahrscheinlichen Ursachenzusammenhangs zwischen Behandlungsfehler und Schaden erschwert; Alpmann, Brockhaus Studienlexikon Recht: Arzthaftungsrecht
250 BGH, Urteil vom 23.03.2004 – VI ZR 428/02: Beweislastumkehr bei fehlerhaft unterlassener Befunderhebung
251 OLG Koblenz, Beschluss vom 29.08.2011 – 5 U 481/11
252 LG Dortmund, Urteil vom 6.4.2011 – 4 O 90/09
253 OLG Koblenz, Urteil vom 14.06.2007 – 5 U 1370/06; BGH, Urteil vom 08.07.2003 – VI ZR 304/02: Vor. einer Bewertung einer unrichtigen Diagnose als Behandlungsfehler; OLG Hamm, Urteil vom 02.04.2001 – 3 U 160/00
254 BGH, Urteil vom 13.02.1996 – VI ZR 402/94; OLG Koblenz, Urteil vom 17.04.2001 – 3 U 1158/96

255 BGH, Urteil vom 18.04.1989 - VI ZR 221/88
256 OLG Düsseldorf, Urteil vom 15.11.1984 - 8 U 189/83; siehe auch das Kapitel „Indikation"
257 LG Dortmund, Urteil vom 6.4.2011 - 4 O 90/09
258 LG Dortmund, Urteil vom 6.4.2011 - 4 O 90/09
259 siehe auch Kapitel „Vergütung trotz Patientenkündigung"
260 OLG Sachsen-Anhalt, Urteil vom 13.12.2007 - 1 U 10/07: „Ohne erneute Aufnahme der Behandlung ist ein Rechtsgrund für den begehrten Urteilsausspruch nicht ersichtlich."
261 weitere Ausführungen zur Crux „Röntgenuntersuchungen" u. a. im Kapitel „Qualitätssicherung"
262 OVG Lüneburg, Beschluss vom 12.2.2009 - 8 LB 7/08
263 OVG Lüneburg, Urteil vom 26.3.1999 - 8 L 3080/96
264 OVG Luneburg, Urteil vom 20.4.1995 8 L 6642/93
265 OVG Lüneburg, Urteil vom 20.4.1995 8 L 6642/93
266 OVG Lüneburg, Beschluss vom 9.11.2005 - 8 LA 91/05
267 OVG Sachsen-Anhalt, Beschluss vom 19.1.2009 - 2 L 246/08
268 OVG Sachsen-Anhalt, Beschluss vom 19.1.2009 - 2 L 246/08
269 OVG Sachsen-Anhalt, Beschluss vom 19.1.2009 - 2 L 246/08
270 OVG Lüneburg, Beschluss vom 12.2.2009 - 8 LB 7/08
271 VG A-Stadt, Urteil vom 28.2.2007 - 5 A 1432/05
272 vgl. OVG Lüneburg, Urteil vom 20.4.1995 8 L 6642/93
273 OVG Lüneburg, Urteil vom 26.4.2007 - 8 L B 212/05: Die bisherige Auslegung und Rechtsanwendung zu § 43 SGB VI a. F. kann also transferiert werden. Kommentierung und Rechtsprechung diesbezüglich können also herangezogen werden.
274 OVG Lüneburg, Urteil vom 20.4.1995 8 L 6642/93
275 OVG Lüneburg, Urteil vom 26.3.1999 - 8 L 3080/96
276 OVG Lüneburg, Urteil vom 25.1.1991 - 8 L 7/89; OVG Lüneburg, Urteil vom 20.4.1995 - 8 L 6642/93; OVG Lüneburg, Beschluss vom 6.9.2002 - 8 LA 105/02
277 OVG Lüneburg, Urteil vom 20.4.1995 - 8 L 6642/93
278 OVG Lüneburg, Urteil vom 26.3.1999 - 8 L 3080/96
279 OVG Lüneburg, Beschluss vom 6.9.2002 - 8 LA 105/02
280 OVG Lüneburg, Urteil vom 26.3.1999 - 8 L 3080/96
281 OVG Lüneburg, Beschluss vom 9.11.2005 - 8 LA 91/05
282 OVG Lüneburg, Urteil vom 26. 4.2007 - 8 LB 21 2/05
283 VG Köln, Urteil vom 29.11.2011 - 7 5 K 5419/10
284 OVG Lüneburg, Beschluss vom 6.9.2002 - 8 LA 105/02
285 vgl. BGH, Urteil vom 17.09.1998 - III ZR 174/97; BGH, Urteil vom 04.10.1995 - IV ZR 163/94
286 BGH, Urteil vom 22.02.1967 - VIII ZR 215/64
287 BGH, Urteil vom 17.11.1960 - VII ZR 236/59: u. a. zum Begriff des Alleinauftrags
288 Handkommentar zum BGB, Kommentar zum BGB, § 652 Rn. 17
289 Palandt, Bürgerliches Gesetzbuch: BGB, § 652 Rn. 12
290 OLG Zweibrücken, Urteil vom 15.12.1998 - 8 U 95/98
291 Palandt, Bürgerliches Gesetzbuch: BGB, § 652 Rn. 12, 76 und § 314 Rn. 2
292 LG Heidelberg, Urteil vom 18.10.2011 - 2 O 201/09: Unzulässige Zahlungsweigerung einer Berufsunfähigkeitsversicherung eines Arztes; ausführliche Antragsstellung des Arztes
293 OLG Hamm, Urteil vom 3.9.2007 - 18 U 179/06: hier minimalisierter Sachverhalt
294 BGH, Urteil vom 13.10.1994 - IX ZR 25/94
295 BGH, Urteil vom 4.4.2000 - XI ZR 152/99
296 BGH, Urteil vom 6.4.1995 - III ZR 52/94
297 OLG Karlsruhe, Urteil vom 1.7.2004 - 12 U 85/04
298 OLG Koblenz, Urteil vom 20.10.2006 - 10 U 1615/05
299 OLG Hamm, Urteil vom 21.12.2006 - 21 U 120/06
300 BGH, Urteil vom 6.3.2007 - VI ZR 36/06
301 sieh auch die dargestellte Entscheidung unter Kapitel „Sachverständigengutachten"
302 Katzenmaier, Arzthaftung, S. 60
303 Palandt/Heinrichs, § 242 Rn. 32
304 Schellenberg VersR 2005, 1620 ff.
305 OLG Düsseldorf, Urteil vom 20.10.2005 - I-8 U 109/03
306 Schellenberg VersR 2005, 1620 ff.
307 Schellenberg VersR 2005, 1620 ff.
308 BGH, Urteil vom 16.06.2009 - VI ZR 157/08
309 Laufs/Kern, Handbuch des Arztrechts, § 74 II.1, § 78 II.
310 Schellenberg VersR 2005, 1620 ff.; Laufs/Kern, Handbuch des Arztrechts, § 74 II.1, § 78 II.
311 Die wechselseitigen Einwendungen haben gemeinsam, dass sie mit hypothetischen Annahmen arbeiten:
Der (Zahn)Arzt wendet fehlende(n) Schaden(szurechnung) ein: Der Schaden wäre auch bei rechtmäßigem Alternativverhalten seinerseits eingetreten, denn auch bei ordnungsgemäßer Aufklärung hätte es an einer Mitwirkung gefehlt.
Der Patient setzt patientenkonformes Verhalten entgegen: Er hätte ein mitwirkungsgetreues Verhalten an den Tag gelegt (sog. hypothetische Compliance); der Einwand des Patienten neutralisiert den des (Zahn)Arztes und hält den Anspruch zunächst einmal aufrecht.
312 BGH, Urteil vom 16.6.2009 - VI ZR 157/08
313 BGH, Urteil vom 16.6.2009 - VI ZR 157/08
314 BGH, Urteil vom 16.6.2009 - VI ZR 157/08
315 OLG Koblenz, Urteil vom 11.12.2008 - 5 U 685/08
316 BGH, Urteil vom 16.6.2009 - VI ZR 157/08
317 Laufs/Kern, Handbuch des Arztrechts , § 74 II.1., § 78 II.
318 LG Magdeburg, Urteil vom 29.10.2008 - 9 O 1716/07-405
319 vgl. OLG München, Urteil vom 28.4.2010 - 1 U 4579/07; OLG Stuttgart, Urteil vom 20.5.2008 - 1 U 122/07: Mundhygiene bei einer festen Zahnspange
320 Laufs/Kern, Handbuch des Arztrechts , § 74 II., § 78 II.
321 vgl. OLG München 1. Zivilsenat, Beschluss vom 26.04.2006 - 1 U 2449/06: Das OLG nahm überwiegend Bezug auf die vorherige Entscheidung des LG, die so nicht veröffentlicht ist; ein solcher Sachverhalt kann allfällig auf Anfrage bei Landgericht eingeholt werden; der Autor hat daher die Anstrengungen unternommen, den Sachverhalt aus den Entscheidungsgründen des OLG zu rekonstruieren und hier wiederaufbereitet zu präsentieren.
322 Anders/Gehle, Das Assessorexamen im Zivilrecht, Rn. 445
323 Thomas/Putzo, Zivilprozessordnung: ZPO, Kommentar, § 138 Rn. 6
324 OLG Stuttgart, Urteil vom 15.02.1995 - 9 U 185/94; OLG Köln, Urteil vom 01.07.1994 - 19 U 149/93: Die tatsächliche Vermutung ist widerlegt, wenn der Geschädigte entsprechende frühere Belehrungen unbeachtet gelassen hat oder das schädigende Verhalten trotz Aufklärung fortsetzt.
325 siehe Kapitel „Sachverständigengutachten"
326 OLG Köln, Urteil vom 9.3.1992 - 27 U 144/91: Kosten einer stationären operativen Freilegung des Zahnes 48 stellen nach der missglückten Zahnextraktion des Zahnes 48 mittels eines Hebelinstruments „Ohnehinkosten" dar.
327 OLG Frankfurt, Urteil vom 06.01.2009 - 8 U 31/07: Nachbehandlung u. a. in Gestalt einer Wurzelbehandlung war strittig, weil beklagter Zahnarzt behauptete, diesbzgl. ordnungsgemäße Versorgung schon vorgenommen zu haben, sodass Nachbehandlung allfällig überflüssig wäre.
328 OLG Köln, Urteil vom 9.11.1988 - 27 U 77/88
329 OLG Frankfurt, Urteil vom 06.01.2009 - 8 U 31/07; OLG Köln, Urteil vom 26.05.1986 - 7 U 77/84; OLG Düsseldorf, Urteil vom 2.2.1984 - 8 U 71/83; vgl.

OLG Koblenz, Urteil vom 22.2.2012 – 5 U 707/10
330 OLG Koblenz, Urteil vom 22.2.2012 – 5 U 707/10
331 OLG Koblenz, Urteil vom 05.05.1994 – 5 U 1114/93: zum Vertrauensverlust bei mangelhafter zahnprothetischer Arbeit des Labors; OLG Frankfurt, Urteil vom 17.02.2005 – 26 U 56/04: grds. Abnahme mit Eingliederung des Zahnersatzes durch den Zahnarzt
332 AG Leipzig, Urteil vom 10.05.2007 – 114 C 837/06
333 OLG Frankfurt, Urteil vom 22.04.2010 – 22 U 153/08; OLG Nürnberg, Urteil vom 16.07.2004 – 5 U 2383/03; OLG Nürnberg, Urteil vom 8.2.2008 – 5 U 1795/05; Jaspersen VersR 1992, 1431, 1432
334 AG Mannheim, Urteil vom 15.12.2006 – 12 C 40/06
335 OLG Sachsen-Anhalt, Urteil vom 13.12.2007 – 1 U 10/07; OLG Oldenburg, Urteil vom 27.02.2008 – 5 U 22/07: bei privatversicherten Patienten grds. kein Mängelgewährleistungsrecht des Werkvertragsrechts; ggf. Zumutbarkeit des Patienten, ein Mängelbeseitigungsangebot des Zahnarztes anzunehmen; **differenzierend** OLG Karlsruhe, Urteil vom 28.02.2007 – 7 U 224/06: Grundsätzlich gelten die allgemeinen Regelungen zum Dienst- und Werkvertragsrecht, je nachdem, welcher Bereich der zahnärztlichen Tätigkeit durch den Mangel betroffen ist. Die Gestaltung der Interdentalzwischenräume ist dem werkvertraglichen Element der Prothetik zuzuordnen.
336 Schellenberg, VersR 2007, 1343
337 BGH, Urteil vom 9.12.1974 – VII ZR 182/73; OLG Frankfurt, Urteil vom 06.01.2009 – 8 U 31/07; OLG Düsseldorf, Urteil vom 2.2.1984 – 8 U 71/83
338 BGH Urteil vom 9.12.1974 – VII
339 OLG Nürnberg, Urteil vom 16.7.2004 – 5 U 2383/03
340 OLG Koblenz, Urteil vom 15.1.2004 – 5 U 1145/03; BT-Drs 17/10488, S. 25
341 BT-Drs 17/10488, S. 26; BT-Drs 312/12, S. 36 f.
342 OLG Koblenz, Urteil vom 15.1.2004 – 5 U 1145/03
343 OLG Koblenz, Urteil vom 15.1.2004 – 5 U 1145/03
344 OLG Hamm, Urteil vom 29.01.2003 – 3 U 91/02
345 OLG Koblenz, Urteil vom 15.1.2004 – 5 U 1145/03 m.w.N. bzgl. Beweiserleichterungen bei Dokumentationsversäumnissen (Nachweis von Behandlungsfehlern, Kausalitätsfrage)
346 BT-Drs 17/10488, S. 11
347 BT-Drs 17/10488, S. 26
348 BT-Drs 17/11710 (el. Vorab-F. v. 28.11.2012), S. 39
349 BT-Drs 17/10488, S. 26
350 BT-Drs 17/10488, S. 29
351 BVerfG, Beschluss vom 9.1.2006 – 2 BvR 443/02; BVerfG, Beschluss vom 16.9.1998 – 1 BvR 1130/98
352 BVerfG, Beschluss vom 9.1.2006 – 2 BvR 443/02
353 BGH, Urteil vom 18.03.1986 – VI ZR 215/84: Dokumentationspflicht; Beweiserleichterung
354 BGH, Urteil vom 6.12.1988 – VI ZR 76/88
355 BT-Drs 17/10488, S. 42
356 BT-Drs 17/11710 (el. Vorab-F. v. 28.11.2012), S. 39
357 BT-Drs 17/10488, S. 26
358 BT-Drs 17/10488, S. 27; BT-Drs 312/12, S. 38
359 BVerfG, Beschluss vom 9.1.2006 – 2 BvR 443/02: Von der Einsicht ausgeschlossen sein sollen diejenigen Dokumentationen, die bewertungsabhängige und insofern subjektive Beurteilungen des Krankheitsbilds durch die behandelnden Ärzte betreffen. Das Einsichtsrecht wird dann nicht ganz ausgeschlossen, sondern auf objektive Befunde beschränkt. Objektive Befunde sind die naturwissenschaftlich objektivierbaren Befunde sowie die Aufzeichnungen über Behandlungsmaßnahmen, insbesondere Angaben über Medikation und Operationsberichte.
360 BT-Drs 17/11710 (el. Vorab-F. v. 28.11.2012), S. 39; BT-Drs 17/10488, S. 27; BT-Drs 312/12, S. 38
361 BT-Drs 17/10488, S. 27
362 BT-Drs 17/11710 (el. Vorab-F. v. 28.11.2012), S. 40
363 BT-Drs 17/10488, S. 26; BT-Drs 312/12, S. 38
364 BT-Drs 17/11710 (el. Vorab-F. v. 28.11.2012), S. 39
365 BT-Drs 17/11710 (el. Vorab-F. v. 28.11.2012), S. 40
366 OLG München, Urteil vom 19.04.2001 – 1 U 6107/00
367 BGH, Urteil vom 10.7.1962 – 1 StR 194/62
368 vgl. BGH, Urteil vom 10.7.1962 – 1 StR 194/62
369 BGH, Urteil vom 22.01.1953 – 4 StR 373/52
370 vgl. OLG Bayern, Beschluss vom 7.9.1998 – 5 St RR 153-98
371 vgl. OLG Frankfurt, Urteil vom 30.11.1990 – 1 Ss 466/89
372 BT-Drs 17/10488, S. 23; BT-Drs 312/12, S. 33
373 BT-Drs 17/11710 (el. Vorab-F. v. 28.11.2012), S. 39
374 Schönke/Schröder, Strafgesetzbuch: Kommentar, Vorbemerkung § 32 ff. Rn. 49, 50
375 BGH, Urteil vom 13.12.1963 – 4 StR 379/63: Einwilligung muss freiwillig sein; BGH, Urteil vom 17.02.1988 – VI ZR 42/97: massive Einschüchterung einer Patientin durch Ärzte auf dem Weg zum Operationssaal („man könne die OP auch unterlassen"); OLG Frankfurt, Urteil vom 30.11.1990 – 1 Ss 466/89
376 Brandts/Schlehofer, JZ 1987, 442 ff.; Schönke/Schröder, Strafgesetzbuch, Kommentar, Vorbemerkung §§ 32 ff. Rn. 46
377 vgl. BGHSt, Urteil vom 1.2.1961 – 2 StR 457/60
378 BGH, Urteil vom 23.12.1986 – 1 StR 598/86; Schönke/Schröder, Strafgesetzbuch, Vorbemerkung §§ 32 ff. Rn. 46
379 BGH, Urteil vom 29.6.1995 – 4 StR 760/94
380 BGH, Beschluss vom 15.10.2003 – 1 St R 300/03
381 OLG Thüringen, Urteil vom 26.04.2006 – 4 U 416/05
382 BGH, Urteil vom 12.10.1999 – 1 StR 417/99; Thomas Fischer, StGB: Strafgesetzbuch und Nebengesetze, § 228 Rn. 8
383 BGH, Urteil vom 26.05.2004 – 2 StR 505/03
384 BGH, Urteil vom 11.12.2003 – 3 StR 120/03; Schönke/Schröder, Strafgesetzbuch, Kommentar, § 228 Rn. 17 f.
385 Schönke/Schröder, Strafgesetzbuch: Kommentar, Vorbemerkung § 32 ff. Rn. 51
386 Schönke/Schröder, Strafgesetzbuch, Kommentar, Vorbemerkung § 32 ff. Rn. 33
387 BGH, Urteil vom 25.03.1988 – 2 stR 93/88: ärztlicher Heileingriff und mutmaßliche Einwilligung als Rechtfertigungsgrund
388 Schönke/Schröder, Strafgesetzbuch, Kommentar, Vorbemerkung § 32 ff. Rn. 54
389 Müller-Dietz, JuS 1989, 280
390 BGH, Urteil vom 4.10.1999 – 5 StR 712/98
391 Tiedemann, JuS 1970, 108 ff.
392 BGH, Urteil vom 25.3.1988 – 2 StR 93/88
393 BGH, Urteil vom 25.3.1988 – 2 StR 93/88
394 BGH, Urteil vom 25.3.1988 – 2 StR 93/88
395 Schönke/Schröder, Strafgesetzbuch, Kommentar, Vorbemerkung § 32 ff. Rn. 58
396 BGH, Urteil vom 25.3.1998 – 2 StR 93/88
397 BGH, Urteil vom 22.02.1978 – 2 StR 372/77; siehe auch OLG Hamm, OLG Hamm, Urteil vom 24.1.2001 – 3 U 107/00: nicht indizierte Zahnextraktion bei einem Jugendlichen
398 BGH, Beschluss vom 22.11.2006 – 2 StR 382/06
399 Thomas Fischer, StGB: Strafgesetzbuch und Nebengesetze, § 223 Rn. 4
400 BGH, Urteil vom 19.11.1997 – 3 StR 271/97; BGH, Urteil vom 03.12.1997 – 2 StR 397/97: Strafbarkeit eines niedergelassenen Arztes wegen Herstellung nicht erforderlicher bzw. verwertbarer Röntgenaufnahmen und Vorlage der Röntgenbilder bei einer Sachverständigenstelle zur Qualitätssicherung
401 OLG Düsseldorf, Beschluss vom 29.05.1991 – 5 Ss 168/91; OLG München, Beschluss vom 14.02.2008 – 5 St RR 143/07: sexuell motivierte gynäkologische Untersuchung als Körperverletzung
402 BGH, Urteil vom 23.12.1986 – 1 StR 598/86
403 Laufs/Kern, Handbuch des Arztrechts, § 49 I.

404 Schönke/Schröder, Strafgesetzbuch, Kommentar, § 223 Rn. 30 ff., 50; Thomas Fischer, StGB: Strafgesetzbuch und Nebengesetze, Vorbemerkung § 223 Rn. 11
405 BGH, Urteil vom 3.12.1997 – 2 StR 397/97: Strafbarkeit eines niedergelassenen Arztes wegen der Herstellung nichterforderlicher Röntgenbilder bzw. exzessiven Röntgens
406 BGH, Urteil vom 3.12.1997 – 2 StR 397/97
407 Amelung, ZStW 104 (1992), 525 ff., 821 ff.
408 Bichlmeier, JZ 1980, 53; Schönke/Schröder, Strafgesetzbuch, Kommentar, § 223 Rn. 39; Vorbemerkung § 32 ff. Rn. 46
409 Vgl. BGH, Urteil vom 02.04.2008 – 5 StR 354/07; Thomas Fischer, StGB: Strafgesetzbuch und Nebengesetze, § 17 Rn. 3
410 OLG Köln, Urteil vom 25.07.1995 – Ss 340/95
411 BGH, Urteil vom 28.09.2010 – 3 StR 338/10
412 BGH, Urteil vom 23.12.1986 – 1 StR 598/86
413 BGH, Urteil vom 08.11.1966 – 1 StR 450/66
414 BGH, Urteil vom 29.02.1972 – 5 StR 400/71
415 OLG Hamm, Urteil vom 24.1.2001 – 3 U 107/00
416 LG Magdeburg, Urteil vom 29.10.2008 – 9 O 1716/07 – 405
417 OLG Düsseldorf, Urteil vom 8.7.2005 – I-23 U 17/0 5, 23 U 17/05
418 BGH, Urteil vom 26.6.2003 – I ZR 269/00; BGH, Urteil vom 19.11.2003 – VII ZR 60/03
419 OLG München, Urteil vom 25.1.2012 – 3 U 27 10/11
420 OLG München, Urteil vom 25.1.2012 – 3 U 27 10/11
421 BGH-Urteil vom 28.6.2005 – VI ZR 108/04
422 BGH, Urteil vom 17.03.1995 – V ZR 178/93
423 BGH, Urteil vom 17.03.1995 – V ZR 178/93
424 BGH Urteil vom 28.6.2005 -VI ZR 108/04
425 z. B. OLG Sachsen – Anhalt, Urteil vom 13.12.2007 – 1 U 10/07
426 BGH, Urteil vom 13.12.2004 – II ZR 17/03; BGH, Urteil vom 24.11.1975 – II ZR 53/74
427 BGH, Urteil vom 13.01.2004 – XI ZR 355/02
428 OLG Sachsen-Anhalt, Urteil vom 13.12.2007 – 1 U 10/07; OLG Düsseldorf, Urteil vom 01.08.2002 – I 8 U 195/01; LG Magdeburg, Urteil vom 29.10.2008 – 9 O 1716/07-405: Aufrechnung mit allfälligen Kosten für Nachbehandlung bzw. Neuerstellung der Prothetik greift nicht durch, weil Nachbehandlung und Neuerstellung noch nicht durchgeführt wurden. Ein Feststellungsantrag wäre daher richtig gewesen.
429 OLG Frankfurt, Urteil vom 27.06.1989 – 3 UF 274/88
430 OLG Karlsruhe, Urteil vom 28.02.2007 – 7 U 224/06
431 OLG Oldenburg, Urteil vom 20.4.1993 – 5 U 140/92: Wird die äußere Form der Kronen beanstandet, dann handelt es sich nicht um einen technischen Mangel bei der Anfertigung, sondern um eine falsche Gestaltung, die entweder auf die zahnärztlichen Vorgaben oder (bei Anfertigung durch den Zahnarzt) auf die zahnärztliche Leistung selbst zurückzuführen ist.
432 Palandt, Bürgerliches Gesetzbuch: BGB, § 443 Rn. 3 f., § 634 Rn. 23 ff.
433 vgl. OLG München, Urteil vom 24.11.1993 – 7 U 4180/93: Zur Haftung eines Lizenzgebers für ein Therapieverfahren für dessen Anerkennung als „verordnungsfähiges Heilmittel"
434 Palandt, Bürgerliches Gesetzbuch: BGB, § 443 Rn. 8
435 BGH, Urteil vom 12.12.2007 – VIII ZR 197/06
436 BGH, Urteil vom 14.10.2009 – VIII ZR 354/08: der Hinweis auf diese Entscheidung erfolgt, um OLG Oldenburg, Urteil vom 10.3.2010 – 5 U 141/09 einordnen zu können. Denn dort wurde eine 7-jährige Gewährleistung bei einem Zahnarzt von der Wahrnehmung der Recall-Termine abhängig gemacht.
437 Palandt, Bürgerliches Gesetzbuch: BGB, § 443 Rn. 11, § 634 Rn. 23 ff.
438 Palandt, Bürgerliches Gesetzbuch: BGB, § 443 Rn. 19, § 634 Rn. 23 ff.
439 OLG Thüringen, Urteil vom 3.12.1997 – 4 U 687/97
440 OLG Karlsruhe, Urteil vom 8.10.2003 – 7 U 6/02
441 OLG Bremen, Urteil vom 30.4.1991 – 3 U 114/90
442 OLG Brandenburg, Urteil vom 1.9.1999 – 1 U 3/99
443 Nur der Vollständigkeit halber soll der verfassungsrechtlich garantierte Schutz der Familie erwähnt werden. Dieses Grundrecht wurde in der Vergangenheit im Rahmen von fehlgeschlagenen Sterilisationen bemüht.
444 OLG Thüringen, Urteil vom 12.1.2000 – 4 U 646/99; OLG Thüringen, Urteil vom 3.12.1997 – 4 U 687/97
445 OLG Saarbrücken, Urteil vom 4.11.1998 – 1 U 72/98-13, 1 U 72/98: Aufklärungspflichtverletzung vor einer prothetischen Versorgung durch Überkronung
446 OLG Koblenz, Beschluss vom 24.8.2011 – 5 U 370/01
447 OLG München, Urteil vom 19.1.2012 – 1 U 2532/11
448 vgl. OLG Frankfurt, Urteil vom 22.04.2010 – 22 U 153/08
449 OLG Bremen, Urteil vom 13.1.2006 – 4 U 23/05
450 OLG Karlsruhe, Urteil vom 8.10.2003 – 7 U 6/02
451 OLG Hamm, Urteil vom 22.6.2010 – I-4 U 28/10, 4 U 28/10
452 vgl. OLG Koblenz, Urteil vom 12.9.2005 – 12 U 1047/04
453 BSG, Urteil vom 17.9.1997 – 6 RKa 86/95; LSG Niedersachsen-Bremen, Beschluss vom 11.8.2004 – L 3 KA 25/04 ER: Verpflichtung eines Zahnarztes Einsparungsmöglichkeiten bei Laborleistungen zu nutzen
454 BSG, Urteil vom 9.12.2004 – B 6 KA 4/04 R; BSG, Urteil vom 9.12.2004 – B 6 KA 84/03 R
455 SG Marburg, Urteil vom 2.7.2008 – S 12 KA 445/07, S 12 KA 933/05
456 BSG, Urteil vom 9.12.2004 – B 6 KA 84/03 R
457 BSG, Urteil vom 9.12.2004 – B 6 KA 84/03 R
458 SG Marburg, Urteil vom 25.11.2009 – S 12 KA 73/09
459 LSG Niedersachsen-Bremen, Urteil vom 12.7.2006 – L 3 KA 76/01
460 BSG, Urteil vom 16.01.1991 – 6 RKa 25/89
461 LSG NRW, Beschluss vom 6.1.2004 – L 11 B 17/03 KA ER Rn. 31
462 SG Marburg, Urteil vom 5.12.2007 – S 12 KA 114/07: auch zu den unterschiedlichen Ansichten hinsichtlich der Verjährung; LSG Niedersachsen, Urteil vom 27.9.2000 – L 3/5 KA 64/97: zum „sonstigen Schaden" in Betreff auf eine kieferorthopädische Behandlung
463 LSG Schleswig-Holstein, 20.06.2006 – L 4 KA 9/04
464 BSG, Urteil vom 20.05.1992 – 14a/6 RKa 6/90
465 BSG, Urteil vom 20.05.1992 – 14a/6 RKa 6/90; LSG NRW, Urteil vom 30.07.2003 – L 11 KA 149/01
466 LSG Niedersachsen, Urteil vom 27.9.2000 – L 3/5 KA 64/97
467 SG Marburg, Urteil vom 5.12.2007 – S 12 KA 114/07
468 LSG Niedersachsen, Urteil vom 27.9.2000 – L 3/5 KA 64/97: generelle Ablehnung, dass der Anspruch erst mit Kenntnis des Ersatzberechtigten von dem Schaden und der Person des Ersatzpflichtigen beginnt
469 LSG Niedersachsen-Bremen, Urteil vom 12.7.2006 – L 3 KA 76/01
470 BSG, Urteil vom 16.01.1991 – 6 R Ka 25/89
471 SG Marburg, Urteil vom 25.11.2009 – S 12 KA 73/09
472 BGH, Urteil vom 19.10.2007 – V ZR 211/06
473 LSG Schleswig-Holstein, 20.06.2006 – L 4 KA 9/04
474 BSG, Urteil vom 20.05.1992 – 14a/6 RKa 6/90
475 OLG Oldenburg, Urteil vom 10.3.2010 – 5 U 141/09
476 LG Koblenz, Urteil vom 17.12.2004 – 8 O 86/04 KfH
477 Pannke/Spickhoff, Medizinrecht, GOZ, § 1 Rn. 13
478 Aufgrund mehrerer Angleichungen zwischen GOZ und GOÄ kann auf Rspr. und Lit. zur GOÄ rekurriert werden.

479 BT-Drs 566/11, S. 42; im Hinblick auf unterlassene Hilfeleistung sei auf die Strafnorm § 323c StGB verwiesen
480 BT-Drs 566/11, S. 42
481 Verlangensleistungen sind Leistungen, die über das Maß einer zahnmedizinisch notwendigen zahnärztlichen Versorgung hinausgehen und auf Verlangen des Zahlungspflichtigen erbracht werden (§ 1 Abs. 2 S. 2 GOZ).
482 BT-Drs 566/11, S. 42 f.
483 BT-Drs 566/11, S. 43
484 BGH, Urteil vom 27.5.2004 – III ZR 264/03
485 Alpmann, Brockhaus Studienlexikon Recht: Auslegung
486 BT-Drs 566/11, S. 37, 54: explizit für die Leistungen nach den Nummern 2150 bis 2170; S. 60: explizit für die Leistungen nach den Nrn. 5000-5040; Anlage S. 2
487 BT-Drs 566/11, S. 45
488 Es soll z. B. für das Aufbereiten eines Wurzelkanals (GOZ Nr.2410) nicht möglich sein, die in dem Gebührenverzeichnis der GOÄ enthaltenen Leistungen nach den Nummern 321 (Untersuchung von natürlichen Gängen oder Fisteln), 370 (Einbringung eines Kontrastmittels zur Darstellung natürlicher oder künstlicher Gänge) oder 5260 (Röntgenuntersuchung natürlicher künstlicher oder krankhaft entstandener Gänge) zu berechnen, da der Gebührentatbestand durch die o. g. GOZ-Nummer 2410 als speziellere Regelung wiedergegeben werde.
489 BT-Drs 566/11, S. 39
490 BT-Drs 566/11, S. 34
491 BT-Drs 566/11, S. 39, 48
492 OLG Frankfurt, Urteil vom 11.01.1984 – 17 U 255/82: Hätte der Besteller gekündigt, hat der Unternehmer, nur einen Anspruch bezogen auf den fiktiven Zeitpunkt der Kündigung, und zwar ohne Rücksicht auf bereicherungsrechtliche Grundsätze auch bezüglich eingebauten Materials; Rohlfing/Thiele, MDR 1998, 632: Behält der Besteller das fertige Werk, hat er es in Höhe des Anschlags zuzüglich dessen zulässiger Überschreitung zu vergüten. Etwaige weitere Schäden wegen der unterlassenen Anzeige sind ihm zu ersetzen. Diese Folgen entfallen, wenn der Besteller die Überschreitung des Vorschlags kannte, oder wenn sie auf seinen Weisungen oder Wünschen beruht, § 254 BGB ist anwendbar.
493 BT-Drs 566/11, S. 40
494 BR-Drs 566/11 (Beschluss), S. 1, 5
495 BT-Drs 566/11, S. 49
496 Insofern sei auf die noch folgende Darstellung verwiesen
497 BT-Drs 566/11, S. 49
498 vgl. OLG Nürnberg, Urteil vom 21.12.2007 – 5 U 2308/09: Rechtsstreit über (zahn)ärztliches Honorar eines MKG mit Hinweis auf die Applikabilität der Standard-Beweislastregeln; OLG Hamm, Urteil vom 6.2.2006 – 3 U 26/00
499 Palandt, Bürgerliches Gesetzbuch: BGB, § 612 Rn. 7
500 LG Bonn, Urteil vom 21.04.2011 – 14 O 184/10: Pauschalpreis-Werbung
501 Münchener Kommentar zum Bürgerlichen Gesetzbuch, Bd. 2: Schuldrecht allgemeiner Teil (§§ 241-492 BGB), § 315 Rn. 28 ff.
502 Münchener Kommentar zum Bürgerlichen Gesetzbuch, Bd. 2: Schuldrecht allgemeiner Teil (§§ 241-492 BGB), §315 Rn.31
503 Münchener Kommentar zum Bürgerlichen Gesetzbuch, Bd. 2: Schuldrecht allgemeiner Teil (§§ 241-492 BGB), §315 Rn.32
504 AG Bremen, Urteil vom 26.04.2007 – 21 C 223/05, 21 C 0223/05; OLG Köln, Urteil vom 01.07.1996 – 5 U 196/95
505 AG Bremen, Urteil vom 26.04.2007 – 21 C 223/05, 21 C 0223/05
506 BVerwG, Urteil vom 17.2.1994 – 2 C 10/92
507 VG Hannover, Gerichtsbescheid vom 7.12.2009 – 13 A 2981/09: Ein Zahnarzt stellte einem beihilfeberechtigten Patienten 7000 Euro in Rechnung. Die Beihilfestelle beglich die Rechnung nur teilweise unter Hinweis auf die nicht gerechtfertigte Schwellenwertüberschreitung. Das Gericht cancelte die Schwellenwertüberschreitung.
508 BGH, Urteil vom 8.11.2007 – III ZR 54/07: zur Parallelregelung § 5 Abs. 2 GOÄ (für Ärzte), der im Wesentlichen mit § 5 Abs. 2 GOZ übereinstimmt
509 BGH, Urteil vom 29.07.2009 – 2 StR 91/09: Die Forderung eines überhöhten Preises enthält für sich in der Regel keine konkludente Erklärung seiner Angemessenheit oder Üblichkeit. Anders ist es bei Geltendmachung von Listenpreisen oder Entgelten nach Gebühren- oder Preisordnungen.
510 VG Hannover, Gerichtsbescheid vom 7.12.2009 – 13 A 2981/09
511 BGH, Urteil vom 13.10.2011 – III ZR 231/10
512 BGH, Urteil vom 13.10.2011 – III ZR 231/10
513 BGH, Urteil vom 13.10.2011 – III ZR 231/10
514 BGH, Urteil vom 13.10.2011 – III ZR 231/10
515 OLG Celle, Urteil vom 11.9.2008 – 11 U 88/08 Rn. 8
516 insofern sei auf die obige Explanation zu der Änderung der GOZ verwiesen
517 LG Heidelberg, Urteil vom 25.1.2008 – 7 O 303/05
518 Pannke/Spickhoff, Medizinrecht, GOZ, § 1 Rn. 18
519 LG Düsseldorf, Urteil vom 26.10.2011 – 23 S 325/09
520 siehe dazu auch die folgende Entscheidung
521 BGH, Urteil vom 27.01.1977 – VII ZR 399/74
522 LG Düsseldorf, Urteil vom 26.10.2011 – 23 S 325/09: Wirksamkeit einer Honorarvereinbarung zwischen Zahnarzt und Patient; siehe auch das Kapitel „medizinische Notwendigkeit“
523 BGH, Urteil vom 24.05.1985 – V ZR 47/84; BGH, Urteil vom 08.07.1982 – III ZR 1/81
524 OLG Koblenz, Beschluss vom 29.08.2011 – 5 U 481/11: Es geht um den Verlust des Vergütungsanspruchs, ohne dass eine Kündigung im Raume steht!
525 vgl. BGH, Urteil vom 16.07.2009 – III ZR 299/08; Fabis, ZIP 2000, 865
526 Schimmel/Buhlmann, MDR 2000, 737
527 Palandt, Bürgerliches Gesetzbuch: BGB § 286 Rn. 28; Palandt, Bürgerliches Gesetzbuch: BGB, § 271 Rn. 7
528 BGH, Urteil vom 8.11.2007 – III ZR 54/07
529 LG Bonn, Urteil vom 21.04.2011 – 14 O 184/10
530 OVG Lüneburg, Beschluss vom 12.8.2009 – 5 LA 368/08
531 VG Hannover, Gerichtsbescheid vom 7.12.2009 – 13 A 2981/09
532 BGH, Urteil vom 8.11.2007 – III ZR 54/07; OVG Lüneburg, Beschluss vom 12.8.2009 – 5 LA 368/08
533 OVG Lüneburg, Beschluss vom 12.8.2009 – 5 LA 368/08
534 BGH, Urteil vom 8.11.2007 – III ZR 54/07
535 vgl. BGH, Urteil vom 21.12.2006 – III ZR 117/06; AG Bremen, Urteil vom 26.4.2007 – 21 C 223/05, 21 C 0223/05
536 OLG Nürnberg, Urteil vom 21.12.2007 – 5 U 2308/05 Rn. 26
537 vgl. LG Heidelberg, Urteil vom 25.1.2008 – 7 U 303/05; vgl. OLG Karlsruhe Urteil vom 16.01.2003 – 12 U 173/02
538 siehe Kapitel „medizinische Notwendigkeit“
539 Pannke/Spickhoff, Medizinrecht, GOZ, § 1 Rn. 18
540 OLG Köln, Urteil vom 30.9.1998 – 5 U 122/97: Schmerzensgeld von 1000 Euro für eine überflüssige und durch keine Einwilligung gedeckte prothetische Versorgung
541 OLG Koblenz, Urteil vom 22.2.2012 – 5 U 707/10
542 OLG Köln, Urteil vom 30.9.1991 – 5 U 168/96; LG Heidelberg, Urteil vom 25.1.2008 – 7 O 303/05; LG Aachen, Urteil vom 23.2.2011 – 11 O 367/10 mwN auch bzgl. der Gegenauffassung (z. B. OLG Düsseldorf)
543 OLG Hamm, Urteil vom 6.2.2006 – 3 U 26/00
544 BGH, Urteil vom 9.12.1974 – VII ZR 182/73; OLG Sachsen – Anhalt, Urteil vom 13.12.2007 – 1 U 10/07; Palandt, Vorbemerkung § 631 Rn. 32
545 LG Aachen, Urteil vom 23.2.2011 – 11 O 367/10: Abrechnung eines Zahnarztes nach BEB-Liste statt nach BEL-Liste: „Durch die erfolgten Mahnungen ist der Beklagte nicht in Verzug gesetzt worden, da jeweils eine weit übersetzte Forde-

rung geltend gemacht wurde." OLG Düsseldorf, Urteil vom 07.04.2005 - I-10 U 191/04, 10 U 191/04
546 OLG Nürnberg, Urteil vom 21.12.2007 - 5 U 2308/05 Rn. 28
547 OLG Nürnberg, Urteil vom 21.12.2007 - 5 U 2308/05: Orientierungssatz, Rn. 27, 28
548 OLG Nürnberg, Urteil vom 21.12.2007 - 5 U 2308/05 Rn.30
549 vgl. OLG Nürnberg, Urteil vom 21.12.2007 - 5 U 2308/05 Rn.29
550 OLG Sachsen-Anhalt, Urteil vom 13.12.2007 - 1 U 10/07
551 OLG Hamm, Urteil vom 6.2.2006 - 3 U 26/00: simplifizierter Sachverhalt
552 OLG Düsseldorf, Urteil vom 21.03.2002 - 8 U 118/01: Auch hier wollte eine Patientin im Rahmen einer Honorarklage, die gegen sie gerichtet war, Abzüge bzgl. der Laborkosten vornehmen.
553 LG Düsseldorf, Urteil vom 26.10.2011 - 23 S 325/09
554 OLG Hamm, Urteil vom 6.2.2006 - 3 U 26/00
555 BGH, Urteil vom 30.10.1991 - VIII ZR 51/91
556 BGH, Urteil vom 19.02.1998 - III ZR 106/97: Zahnarzthonorar
557 LG Düsseldorf, Urteil vom 22.12.1998 - 22 S 436/95: Honorarvereinbarung mit einem Zahnarzt
558 BGH, Urteil vom 03.11.1999 - VIII ZR 269/98
559 BGH, Urteil vom 26.02.1992 - XII ZR 129/90; BGH, Urteil vom 6.12.2002 - V ZR 220/02
560 OLG Dresden, Urteil vom 14.05.1998 - 21 U 3679/97
561 OLG Hamm, Urteil vom 6.2.2006 - 3 U 26/00
562 OLG Düsseldorf, Urteil vom 21.03.2002 - 8 U 118/01: Leitsatz 3., Rn. 32
563 OLG Düsseldorf, Urteil vom 21.03.2002 - 8 U 118/01 Rn. 29
564 BGH, Urteil vom 09.03.2000 - III ZR 356/98; OLG Düsseldorf, Urteil vom 21.03.2002 - 8 U 118/01
565 OLG Celle, Urteil vom 11.09.2008 - 11 U 88/08: teleologische Einschränkung
566 OLG Düsseldorf, Urteil vom 21.03.2002 - 8 U 118/01: Leitsatz 2
567 BGH, Urteil vom 19.02.1998 - III ZR 106/97
568 OLG Celle, Urteil vom 11.09.2008 - 11 U 88/08: Der ebenfalls in dem Urteil behandelte §4 a Abs. 1 S. 1 BDSG kann als Erkenntnisquelle dienen (§4 a Abs. 1 S.1 BDSG: Die Einwilligung ist nur wirksam, wenn sie auf der freien Entscheidung des Betroffenen beruht).
569 OLG Celle, Urteil vom 11.09.2008 - 11 U 88/08
570 OLG Celle, Urteil vom 11.09.2008 - 11 U 88/08, 2. Leitsatz
571 vgl. AG München, Urteil vom 28.4.2010 - 163 C 34297/09
572 OLG Schleswig-Holstein, Urteil vom 10.9.2002 - 3 U 10/01: Kooperationsvereinbarung zwischen Zahnärzten: Abgrenzung zwischen Praxisgemeinschaft und Gemeinschaftspraxis
573 Palandt, Bürgerliches Gesetzbuch: BGB, §705 Rn. 40; Alpmann, Brockhaus Studienlexikon Recht: „Gemeinschaftspraxis"; LSG Bayern, Beschluss vom 3.3.2005 - L 3 B 467/03 KA ER: *„Eine Gemeinschaftspraxis ist der Zusammenschluss mehrerer Ärzte des gleichen oder ähnlichen Fachgebiets zur gemeinsamen Ausübung des ärztlichen Berufs in einer Praxis, wobei über die gemeinsame Nutzung der Praxisräume und der Praxiseinrichtungen sowie der gemeinsamen Beschäftigung von Personal hinaus die gemeinschaftliche Behandlung der Patienten und die gemeinschaftliche Karteiführung und Abrechnung in den Vordergrund treten."*
574 OLG Schleswig-Holstein, Urteil vom 10.9.2002 - 3 U 10/01; siehe auch unten zur BGB-Innengesellschaft
575 Palandt, Bürgerliches Gesetzbuch: BGB, §705 Rn. 40; Alpmann, Brockhaus Studienlexikon Recht: „Gemeinschaftspraxis"
576 ArbG Düsseldorf, Urteil vom 19.5.2008 - 3 Ca 1127/08
577 OLG Koblenz, Urteil vom 17.02.2005 - 5 U 349/04: Bezüglich der Haftung der Gesellschafter führte das OLG aus, dass die anderen (Zahn)Ärzte, die an der Gemeinschaftspraxis beteiligt sind, für diese Verbindlichkeit persönlich und als Gesamtschuldner einzustehen haben, auch wenn sie selbst kein Verschuldensvorwurf trifft.
578 vgl. BGH, Urteil vom 24.02.2003 - II ZR 385/99; OLG Koblenz, Urteil vom 17.02.2005 - 5 U 349/04; Dauner-Lieb DStR 2001, 356; Ulmer ZIP 2003, 1113 ff.; Flume DB 2003, 1775; Hadding ZGR 2001, 712; nach der Akzessorietätstheorie entsteht in erster Linie eine Schuld der Gesellschaft. Die Gesellschaft haftet für diese Schuld mit ihrem Gesellschaftsvermögen. Für diese Schuld der Gesellschaft haften die Gesellschafter analog §128 HGB akzessorisch mit ihrem Privatvermögen.
579 Eine derartige Gesamtschuld kann aber auch kraft vertraglicher Vereinbarung oder unter den Voraussetzungen des §421 S. 1 BGB entstehen.
580 OLG Köln, Urteil vom 30.9.1998 - 5 U 122/97
581 Palandt, Bürgerliches Gesetzbuch: BGB, Vorbemerkung §§723–735, Rn. 2
582 Palandt, Bürgerliches Gesetzbuch: BGB, §723 Rn. 2
583 OLG Oldenburg, Urteil vom 6.12.2007 - 14 U 91/07, zahnärztliche Gemeinschaftspraxis: Wirksamkeitsvoraussetzungen für eine fristlose Kündigung aus wichtigem Grund
584 BGH, Urteil vom 27.6.2007 - VIII ZR 271/06
585 OLG Oldenburg, Urteil vom 6.12.2007 - 14 U 91/07: 3. Leitsatz, Rn. 17
586 Palandt, Bürgerliches Gesetzbuch: BGB, §723 Rn. 2
587 OLG Bamberg, Urteil vom 15.04.1998 - 3 U 74/9; OLG Schleswig-Holstein, Urteil vom 10.9.2002 - 3 U 10/01: §723 Abs. 3 BGB gilt auch für die BGB-Innengesellschaft
588 vgl. BGH, Urteil vom 12.07.1982 - II ZR 157/81; BGH, Urteil vom 30.11.1951 - II ZR 109/51
589 Palandt, Bürgerliches Gesetzbuch: BGB, §738
590 BGH, Urteil vom 06.03.1995 - II ZR 97/94
591 LG Dortmund, Urteil vom 30.5.2008 - 3 U 50/07: Auflösung einer Gemeinschaftspraxis, Zahlungsanspruch des ausscheidenden Gesellschafters auf Goodwill-Ersatz
592 OLG Köln, Urteil vom 4.5.2006 - 15 U 182/05
593 OLG Bamberg, Urteil vom 15.04.1998 - 3 U 74/95: Gesellschaftsvertrag über zahnärztliche Gemeinschaftspraxis; OLG Schleswig-Holstein, Urteil vom 10.9.2002 - 3 U 10/01: Es ist substantiiert vorzutragen, welchen „Goodwill" der Anspruchsgegner erlangt haben will; es ist also konkret vorzutragen, ob und ggf. wie viele Patienten jemand aus dem Patientenstamm in die neue Praxis mitgenommen hat; es handelt sich um einen unzulässigen Ausforschungsbeweis, wenn die Auswertung der EDV-Anlage hinsichtlich der „Wanderung" der Patienten vom Anspruchsteller zum Anspruchsgegner unter Sachverständigenbeweis gestellt wird; in dieser Entscheidung schied ein Anspruch aus ungerechtfertigter Bereicherung aus, da wegen des Vertrags mit Rechtsgrund geleistet wurde.
594 OLG Celle, Urteil vom 29.5.2002 - 9 U 310/01: Ausscheiden eines Gesellschafters aus einer Zwei-Personen Gemeinschaftspraxis
595 BGH, Urteil vom 21.04.1993 - XII ZR 126/91; LG Dortmund, Urteil vom 30.5.2008 - 3 U 50/07
596 LG Dortmund, Urteil vom 30.5.2008 - 3 U 50/07
597 OLG Bamberg, Urteil vom 15.04.1998 - 3 U 74/95
598 OLG Koblenz, Urteil vom 22.02.2012 - 5 U 1233/11
599 BGH, Urteil vom 18.7.2005 - II ZR 159/03 LG Dortmund, Urteil vom 30.5.2008 - 3 U 50/07
600 OLG Celle, Urteil vom 29.5.2002 - 9 U 310/01: Unwirksamkeit einer vertraglichen Abfindungsregelung als Folge der Nichtigkeit einer Konkurrentenschutzregelung, wobei dann auf die gesetzliche Regelung zurückgegriffen wurde.
601 OLG Köln, Urteil vom 4.5.2006 - 15 U 182/05
602 Das Einsichtsrecht steht nicht nach §716 BGB als gesellschaftsrechtliches Kontroll- und Einsichtsrecht zu.

603 In der Entscheidung des OLG Karlsruhe, Urteil vom 16.11.2000 – 19 U 34/99 über eine Auseinandersetzung im Rahmen einer zahnärztlichen Gemeinschaftspraxis ging es noch um ein Streamerband, auf dem die Daten gespeichert waren. Ein Streamerband ist ein Magnetband als Speicher für die kontinuierliche Aufnahme von großen Datenmengen.

604 OLG Karlsruhe, Urteil vom 16.11.2000 – 19 U 34/99: instruktiv auch zu den Antragsformulierungen, u. a. dem Feststellungsantrag, wenn der Leistungsantrag auf Erstattung des Goodwill noch nicht begründet ist

605 BGH, Urteil vom 22.10.1973 – II ZR 37/72; OLG Schleswig-Holstein, Urteil vom 29.01.2004 – 5 U 46/97: Auseinandersetzung einer ärztlichen Gemeinschaftspraxis, Bewertung des Goodwill; OLG Celle, Urteil vom 29.05.2002 – 9 U 310/01: Auch bei der Auseinandersetzung einer aus Freiberuflern (hier: Zahnärzte) bestehenden GbR sind – sofern keine vertraglichen Sonderregelungen getroffen sind – Abfindungen ausscheidender Gesellschafter nach dem Verkehrswert der gesellschaftsrechtlichen Unternehmensbeteiligung zu bemessen, der die stillen Reserven und das Goodwill des lebenden Unternehmens umfasst.

606 OLG Düsseldorf, Urteil vom 05.04.2001 – 6 U 12/00: zur Auseinandersetzung einer zahnärztlichen BGB-Gesellschaft

607 OLG Celle, Urteil vom 29.5.2002 – 9 U 310/01; einschränkend OLG Schleswig-Holstein, Urteil vom 29.01.2004 – 5 U 46/97: Die Möglichkeit einer Mitnahme des jeweils eigenen Patientenstammes bei Ausscheiden eines von zwei Partnern einer Gemeinschaftsarztpraxis stellt nur dann einen angemessenen Ausgleich des hälftigen „Goodwill" der Praxis dar, wenn die Möglichkeit der Weiterbehandlung für den Ausscheidenden realistisch ist und die medizinische, wirtschaftliche und soziale Kompetenz der Partner annähernd vergleichbar ist.

608 OLG Karlsruhe, Urteil vom 16.11.2000 – 19 U 34/99

609 OLG Köln, Urteil vom 4.5.2006 – 15 U 182/05: Ausscheiden eines Gesellschafters aus einer 2-Personen-Gemeinschaftspraxis

610 OLG Karlsruhe, Urteil vom 16.11.2000 – 19 U 34/99

611 OLG Karlsruhe, Urteil vom 16.11.2000 – 19 U 34/99

612 OLG Schleswig-Holstein, Urteil vom 29.01.2004 – 5 U 46/97

613 OLG Oldenburg, Urteil vom 6.12.2007 – 14 U 91/07

614 OLG Oldenburg, Urteil vom 6.12.2007 – 14 U 91/07; OLG Oldenburg, Urteil vom 4.7.2005 – 13 U 16/05

615 OLG Oldenburg, Urteil vom 6.12.2007 – 14 U 91/07

616 OLG Oldenburg, Urteil vom 6.12.2007 – 14 U 91/07

617 siehe auch oben die Praxisgemeinschaft (in Abgrenzung zur Gemeinschaftspraxis)

618 BGH vom 23.06.1960 – II ZR 172/59: zur Abgrenzung des Rechtsbegriffs Innengesellschaft und Außengesellschaft; BGH, Urteil vom 26.06.1989 – II ZR 128/88: Abgrenzung der Innengesellschaft zum partiarischen Rechtsgeschäft; OLG Bremen, Urteil vom 13.07.2001 – 4 U 6/01: Entstehen einer Innengesellschaft bei einer (zahn)ärztlichen Gemeinschaftspraxis

619 BGH, Urteil vom 26.06.1989 – II ZR 128/88; OLG Schleswig-Holstein, Urteil vom 10.9.2002 – 3 U 10/01: Ein „der Gesellschaft" zuzuordnendes Gesamthandsvermögen ist häufig, wenn auch nicht zwingend, gewollt.

620 OLG Bremen, Urteil vom 13.07.2001 – 4 U 6/01

621 OLG Schleswig-Holstein, Urteil vom 10.9.2002 – 3 U 10/01

622 OLG Schleswig-Holstein, Urteil vom 10.09.2002 – 3 U 10/01

623 BGH, Urteil vom 26.06.1989 – II ZR 128/88; OLG Schleswig-Holstein, Urteil vom 10.09.2002 – 3 U 10/01

624 OLG Bremen, Urteil vom 13.7.2001 – 4 U 6/01

625 OLG Bremen, Urteil vom 13.7.2001 – 4 U 6/01

626 LSG Bayern, Beschluss vom 3.3.2005 – L 3 B 467/03 KA ER

627 BSG, Urteil vom 7.2.2007 – B 6 KA 6/06 R; LSG NRW, Urteil vom 13.2.2008 – L 11 KA 35/06:
Eine Gemeinschaftspraxis gilt in vertrags(zahn)arztrechtlicher Hinsicht so lange als fortbestehend, solange sie noch Pflichten aus ihrem Status zu erfüllen hat oder ihr hieraus noch Rechte zustehen. Für noch nicht erfüllte Pflichten und Forderungen wird die Fiktion des Fortbestehens der Gemeinschaftspraxis aus §730 Abs. 2 S. 1 BGB hergeleitet.
Die Sachbefugnis einer GbR, eine Gesellschaftsverpflichtung im Prozess abzuwehren, bleibt unabhängig von Veränderungen im Mitgliederbestand erhalten

628 BSG, Urteil vom 7.2.2007 – B 6 KA 6/06 R

629 BSG, Urteil vom 7.2.2007 – B 6 KA 6/06 R

630 BGH, Urteil vom 22.01.2004 – IX ZR 65/01; bestätigt durch BGH, Urteil vom 17.11.2011 – IX ZR 161/09: keine Haftung der GbR für Verbindlichkeiten eines Einzelanwalts nach Einbringung seiner Einzelkanzlei in die Gesellschaft wegen Setzung des Anscheins einer Sozietät

631 BGH, Urteil vom 07.04.2003 – II ZR 321/02: zur Haftung für Altschulden in einer Anwaltssozietät

632 LSG NRW, Urteil vom 13.2.2008 – L 11 KA 35/06

633 LSG Bayern, Beschluss vom 3.3.2005 – 3 B 467/03 KA ER: Ein Mitglied einer Gemeinschaftspraxis haftet für die Gesamthandsverbindlichkeiten neben der Gesamthand als Gesamtschuldner auf den vollen Betrag.

634 OLG Oldenburg, Urteil vom 4.7.2005-13 U 16/05: Sachverhalt wurde hier simplifiziert.

635 Palandt, Bürgerliches Gesetzbuch: BGB, §407 Rn. 1

636 OLG Düsseldorf, Urteil vom 21.03.2002 – 8 U 118/01 Rn. 27

637 OLG Koblenz, Urteil vom 05.05.1994 – 5 U 1114/93

638 vgl. BGH, Urteil vom 22.1.2004 – IX ZR 65/01

639 Charbonnier/Dörner/Simon, Medizinische Indikation und Patientenwille: Behandlungsentscheidungen in der Intensivmedizin und am Lebensende, S. 53 ff.

640 siehe auch Kapitel „Einwilligung" (vitale Indikation, akute Indikation)

641 Charbonnier/Dörner/Simon, Medizinische Indikation und Patientenwille: Behandlungsentscheidungen in der Intensivmedizin und am Lebensende, S. 56

642 Katzenmaier, Arzthaftung, S. 272

643 Neuefeind, Arzthaftungsrecht: Ein Überblick für Rechtsanwender, Ärzte und Patienten, S. 21

644 Neuefeind, Arzthaftungsrecht: Ein Überblick für Rechtsanwender, Ärzte und Patienten, S. 21

645 Katzenmaier, Arzthaftung, S.110

646 Ratajczak/Schwarz-Schilling, Medizinische Notwendigkeit und Ethik: Gesundheitschancen in Zeiten der Resourcenknappheit, S. 13, 16 Fn. 56

647 BSG, Urteil vom 19.03.2002 – B 1 KR 37/00

648 BSG, Urteil vom 13.10.2010 – B 6 KA 48/09 R; BSG, Beschluss vom 18.08.2010 – B 6 KA 21/10 B; BSG, Urteil vom 05.05.2010 – B 6 KA 24/09 R; BSG, Beschluss vom 31.05.2006 – B 6 KA 53/05

649 SG Berlin, Urteil vom 14.12.2011 – S 71 KA 161/11

650 SG Berlin, Urteil vom 14.12.2011 – S 71 KA 161/11

651 OLG Stuttgart, Urteil vom 26.07.2011 – 1 U 163/10: zu Ultracin, das (zumindest bis zur Urteilsverkündung) in der Zahnmedizin zugelassen ist

652 OLG Stuttgart, Urteil vom 26.07.2011 – 1 U 163/10

653 BGH, Urteil vom 22.02.1978 – 2 StR 372/77

654 OLG Hamm, Urteil vom 24.1.2001 – 3 U 107/00

655 OLG Stuttgart, Urteil vom 26.07.2011 – 1 U 163/10

656 siehe auch die Entscheidung des BGH in Strafsachen in dem Kapitel „Einwilligung" und das Kapitel „Behandlungsfehler"

657 OLG Hamm, Urteil vom 24.1.2001 – 3 U 107/00: Schmerzensgeld von 15.000 Euro für nichtindizierte Zahnextraktion bei Jugendlichem

658 OLG Düsseldorf, Urteil vom 20.10.2005 – I-8 U 109/03

659 OLG Hamm, Urteil vom 24.1.2001 – 3 U 107/00
660 OLG Hamm, Urteil vom 24.1.2001 – 3 U 107/00
661 OLG Köln, Beschluss vom 06.10.2008 – 5 U 84/08
662 OLG Köln, Beschluss vom 06.10.2008 – 5 U 84/08; AG Köln, Urteil vom 08.06.1982 – 131 C 83/81
663 LSG Sachsen, Urteil vom 25.01.2012 – L 1 KR 87/10
664 Gaisbauer, VersR 2007, 1997, 274
665 SG Aachen, Urteil vom 14.05.2008 – S 21 KR 28/07; Widerspruch aber zum Zivilrecht: OLG Hamm, Urteil vom 24.01.2001 – 3 U 107/00: Geht davon aus, dass eine Extraktion erst möglich ist, wenn keine Erhaltungsfähigkeit gegeben; ebenso Gaisbauer, VersR 1997, 274: Auch hier zeigt sich wieder das Spannungsverhältnis zwischen Zivil- und Sozialrecht, wo unterschiedliche Anforderungen gestellt werden.
666 vgl. BGH, Urteil vom 22.02.1978 – 2 StR 372/77
667 BVerfG, Beschluss vom 01.06.2011 – 1 BVR 233/10, 1 BvR 235/10: Sachunangemessenheit und/oder Nicht-Berufsbezogenheit müssen hinzutreten; a. A. OLG Hamm, Urteil vom 7.6.2005 – 4 U 34/05
668 OLG Köln, Urteil vom 26.5.1986 – 7 U 77/84; ebenso OLG Düsseldorf, Urteil vom 2.2.1984 – 8 U 71/83; OLG Köln, Urteil vom 30.9.1998 – 5 U 122/97: Vergütungsanspruch des Zahnarztes steht § 242 BGB i.V.m. § 280 Abs. 1 BGB wg. p.V.V. entgegen wegen überflüssiger prothetischer Versorgung; OLG Hamm, Urteil vom 24.1.2001 – 3 U 107/00: nicht indizierte Zahnextraktion bei Jugendlichen
669 Dogmatisch wird der „Vorrang der Nacherfüllung" partiell vorgezogen und im Rahmen der Anwendbarkeit der Anspruchsgrundlage bzw. im Rahmen der Prüfung der Pflichtverletzung (die nicht spezialgesetzlich geregelt sein darf) sorgfältig erwogen.
670 BGH, Urteil vom 6.3.2007 – VI ZR 36/06
671 BGH, Urteil vom 18.05.1979 – V ZR 70/78; BGH, Urteil vom 19.03.1971 – V ZR 166/68; Palandt, Bürgerliches Gesetzbuch: BGB, § 242 Rn. 52
672 OLG Nürnberg, Urteil vom 03.08.1994 – 4 U 752/94 (= VersR 1996, 233): kein Honorarverlust bei unzureichender Aufklärung; BGH, Urteil vom 15.01.1981 – III ZR 19/80; Palandt, Bürgerliches Gesetzbuch: BGB, § 242 Rn. 46
673 OLG Düsseldorf, Urteil vom 02.02.1984 – 8 U 71/81 und OLG Köln, Urteil vom 26.05.1986 – 7 U 77/84: nehmen nicht eine Aufrechnung (§§ 389 ff. BGB) an, akzentuieren aber die Geltendmachung des Anspruchs. Dogmatisch ist daher der Einwand als unzulässige Rechtsausübung festzulegen. Die Berücksichtigung von § 242 BGB von Amts wegen führt dazu, dass die Ausführungen des Gerichts anzeigen, dass der Patient die entsprechenden Tatsachen vollständig vorzutragen hat, vor deren Hintergrund er dem Vergütungsanspruch seinen Schadensersatzanspruch entgegen hält.
674 LG Magdeburg, Urteil vom 29.10.2008 – 9 O 1716/07 – 405: Ansonsten müsste der Patient die Feststellung beantragen, dass dem Patienten alle als Folge der fehlerhaften Behandlung in Zukunft entstehenden materiellen Schäden zu ersetzen sind.
675 OLG Köln, Urteil vom 26.05.1986 – 7 U 77/84
676 so auch OLG Köln, Urteil vom 26.05.1986 – 7 U 77/84: „Einer solchen nach Dienstvertragsrecht zu beurteilenden Honorarforderung (§§ 611, 612 BGB) steht nämlich ein Schadensersatzanspruch des Bekl. wegen positiver Vertragsverletzung gegenüber, **dessen Geltendmachung bewirkt**, dass die Vergütung des Dienstleistungsverpflichteten **von vornherein begrenzt wird und im vorliegenden Fall gänzlich entfällt.**"; ebenso OLG Düsseldorf, Urteil vom 2.2.1984 – 8 U 71/83
677 OLG Köln, Urteil vom 26.05.1986 – 7 U 77/84
678 LG Aachen, Urteil vom 26.04.2005 – 12 O 493/04
679 Thomas/Putzo, Zivilprozessordnung: ZPO, Kommentar, § 524 Rn. 1, 17
680 vgl. BGH, Urteil vom 04.07.2002 – IX ZR 153/01 zum Rechtsanwalt
681 Palandt, Bürgerliches Gesetzbuch: BGB, § 627 Rn. 6
682 OLG München, Beschluss vom 15.11.2007 – 1 U 3395/07
683 KG Berlin, Urteil vom 4.6.2009 – 20 U 49/07
684 BGH, Urteil vom 05.11.1998 – III ZR 226/97
685 siehe auch Kapitel „Garantie" und die dort besprochene Entscheidung bzgl. riskanten Gehalts einer Werbung
686 ArbG Düsseldorf, Urteil vom 19.5.2008 – 3 Ca 1127/08
687 BAG, Urteil vom 26.09.2002 - 2 AZR 392/01: zum Mutterschutz einer Zahnarzthelferin
688 LAG Schleswig-Holstein, Urteil vom 17.11.1997 – 5 Sa 184/97
689 BAG, Urteil vom 31.07.1996 – 5 AZR 474/95: zum Beweiswert eines mutterschutzrechtlichen ärztlichen Beschäftigungsverbots im Rahmen einer Klage einer Zahnarzthelferin gegen Zahnärzte auf Weiterzahlung von Arbeitsentgelt gem. § 11 Abs. 1 S. 1 MuSchG
690 BAG, Urteil vom 31.01.1991 – 2 AZR 356/90: verhaltensbedingte Kündigung gegenüber einer Zahnarzthelferin und Ermittlung der regelmäßigen Beschäftigtenzahl in der Zahnarztpraxis
691 BAG, Urteil vom 11.12.2003 – 2 AZR 667/02
692 BAG, Urteil vom 23.4.2008 – 2 AZR 1012/06
693 BAG, Urteil vom 12.7.2007 – 2 AZR 716/06
694 BAG, Urteil vom 19.4.2007 – 2 AZR 239/06
695 Schaub, Arbeitsrechtshandbuch, § 129 Rn. 32,45 ff.
696 BAG, Urteil vom 13.3.2008 – 2 AZR 88/07
697 BAG, Urteil vom 11.12.2003 – 2 AZR 667/02
698 Vgl. dazu BAG, Urteil vom 27.11.2003 – 2 AZR 692/02
699 BAG, Urteil vom 31.5.2007 – 2 AZR 200/06
700 BAG, Urteil vom 20.1.2000 – 2 ABR 59/07; Schaub, Arbeitsrechtshandbuch, § 130 Rn. 32
701 LAG Berlin, Urteil vom 10.09.1999 – 19 Sa 737/99: Es war zulässig, dass der Zahnarzt aus Kostengründen die bisherigen drei Arbeitsplätze auf zwei Arbeitsplätze verringern wollte.
702 LAG Schleswig-Holstein, Urteil vom 17.11.1997 – 5 Sa 184/97: auch nicht in entsprechender Anwendung von § 9 MuSchG unwirksam
703 ArbG Frankfurt, Urteil vom 18.05.2011 – 7 Ca 8266/10
704 ArbG Frankfurt, Urteil vom 18.05.2011 – 7 Ca 8266/10 (noch nicht rechtskräftig)
705 BAG, Urteil vom 31.01.1991 – 2 AZR 356/90
706 LAG Hessen, Urteil vom 30.06.2011 – 14 Sa 29/11: Überstundenvergutung für eine Zahnarzthelferin
707 BAG, Urteil vom 30.9.2010 – 2 AZR 456/09
708 LAG Hamm, Urteil 19.12.2002 – 8 Sa 746/02
709 siehe ferner Kapitel „Wirtschaftlichkeitsprüfung"
710 vgl. BSG, Urteil vom 26.10.1982 – 3 RK 16/81; BSG, Urteil vom 22.5.1984 – 8 RK 45/83
711 BSG, Urteil vom 9.6.1998 – B 1 KR 18/96 R
712 BSG, Urteil vom 26.10.1982 – 3 RK 16/81: „....weil er ferner als notwendig i.S. des § 182 Abs. 2 RVO anzusehen ist, **nicht aber zugleich einen allgemeinen Gebrauchsgegenstand des täglichen Lebens** darstellt"; BSG, Urteil vom 22.5.1984 – 8 RK 45/83
713 Vgl. BGH, Urteil vom 13.9.2006 – IV ZR 133/05
714 BGH, Urteil vom 21.9.2005 – IV ZR 113/04
715 BGH, Urteil vom 10.7.1996 – IV ZR 133/95 Rn. 11
716 BGH, Urteil vom 29.11.1978 – IV ZR 175/77: Adipositas (Fettleibigkeit) ist eine Krankheit; BGH, Urteil vom 21.9.2005 – IV ZR 113/04
717 BGH, Urteil vom 10.7.1996 – IV ZR 133/95: 1. Leitsatz, Rn. 12
718 BGH, Urteil vom 10.7.1996 – IV ZR 133/95 Rn. 13
719 AG Erfurt, Urteil vom 6.4.2011 – 11 C 1666/09: zur Frage, wann der Versiche-

rungsfall im Falle einer kieferorthopädischen Behandlung eintritt

720 LG Düsseldorf, Urteil vom 26.10.2011 – 23 S 325/09: Streit zwischen Zahnarzt und Patient um Wirksamkeit einer Honorarvereinbarung

721 AG Hamburg-Barmbek, Urteil vom 12.01.2012 – 814 C 78/11: im Rahmen einer Klage gegen eine private Krankenversicherung wg. Übernahme der Kosten der Zahnbehandlung: entscheidendes Kriterium ist die medizinisch notwendige Heilbehandlung der Krankheit, nicht die Krankheit selbst

722 BGH, Urteil vom 29.11.1978 – IV ZR 175/77 Rn. 20; BGH, Urteil vom 10.7.1996 – IV ZR 133/95 Rn. 16; BGH, Urteil vom 12.3.2003 – IV ZR 278/01 Rn. 32; BGH, Urteil vom 21.9.2005 – IV ZR 113/04 Rn. 17; AG Erfurt, Urteil vom 6.4.2011 – 11 C 1666/09 Rn. 16

723 BGH, Urteil vom 29.11.1978 – IV ZR 175/77: Leitsatz 1.; BGH, Urteil vom 10.7.1996 – IV ZR 133/95:2. Leitsatz, Rn. 9; BGH, Urteil vom 21.9.2005 – IV ZR 113/04 Rn. 17

724 BGH, Urteil vom 10.7.1996 – IV ZR 133/95 Rn. 17, 23

725 Ratajczak/Schwarz-Schilling, Medizinische Notwendigkeit und Ethik: Gesundheitschancen in Zeiten der Resourcenknappheit, S.7; zur medizinischen Notwendigkeit sieh die folgenden Akte

726 Rinke/Balser VersR 2009, 188, 189

727 BGH, Urteil vom 21.9.2005 – IV ZR 113/04 Rn. 17; BGH, Urteil vom 10.7.1996 – IV ZR 133/95 Rn. 18

728 BGH, Urteil vom 10.7.1996 – IV ZR 133/95 Rn. 33

729 BGH, Urteil vom 12.3.2003 – IV ZR 278/01; BGH, Urteil vom 21.9.2005 – IV ZR 113/04 Rn. 17

730 BGH, Urteil vom 10.7.1996 – IV ZR 133/95 Rn. 23: „Dabei kann es allerdings nicht darauf ankommen, ob die gewählte Behandlungsmethode und die sie tragenden medizinischen Erwägungen von schulmedizinischen Erkenntnissen bestimmt werden, oder ob sie auf Erkenntnissen aufbauen, die in der sog. alternativen Medizin entwickelt worden sind. Der Annahme einer medizinisch notwendigen Heilbehandlung steht auch nicht entgegen, dass eine Behandlungsmethode noch nicht in der wissenschaftlichen Literatur nach wissenschaftlichem Standard dokumentiert und bewertet worden ist. Liegen solche Veröffentlichungen vor, können sie zwar für die Beurteilung der medizinischen Notwendigkeit der Heilbehandlung von Bedeutung sein; andererseits wird auf eine bisher fehlende Veröffentlichung die Verneinung der medizinischen Notwendigkeit der Behandlung nicht gestützt werden können."

731 BGH, Urteil vom 10.7.1996 – IV ZR 133/95 Rn. 20; BGH, Urteil vom 21.9.2005 – IV ZR 113/04

732 BGH, Urteil vom 10.7.1996 – IV ZR 133/95 Rn. 21

733 Rinke/Balser VersR 2009, 188, 189

734 BGH, Urteil vom 10.7.1996 – IV ZR 133/95 Rn. 27; BGH, Urteil vom 21.9.2005 – IV ZR 113/04 Rn. 17, 23 bb): nicht mehr ausreichende Erfolgsaussicht einer IVF/ICSI- Behandlung, wenn eine Erfolgswahrscheinlichkeit von 15% nicht mehr erreicht wird

735 BGH, Urteil vom 21.9.2005 – IV ZR 113/04 Rn. 27, 29

736 BGH, Urteil vom 21.9.2005 – IV ZR 113/04 Rn. 20; BGH, Urteil vom 10.7.1996 – IV ZR 133/95 Rn. 22

737 BGH, Urteil vom 21.9.2005 – IV ZR 113/04 Rn. 22, 34; BGH, Urteil vom 10.7.1996 – IV ZR 133/95 Rn. 24

738 LG Heidelberg, Urteil vom 25.1.2008 – 7 U 303/05

739 Hütt, VersR 2011, 252 mit Anm. zu OLG Köln, Urteil vom 8.10.2010 – 20 U 191/09

740 BGH, Urteil vom 29.11.1978 – IV ZR 175/77

741 Die Ausführungen der Rechtsprechung werden also doppelt herangezogen.

742 BGH, Urteil vom 12.3.2003 – IV ZR 278/01 Leitsatz 1., Rn. 30 ff.

743 Pannke/Spickhoff, Medizinrecht, GOZ, §1 Rn. 14

744 Rinke/Balser VersR 2009, 188, 189; Widder/Gaidzik, Begutachtung in der Neurologie, 2007, S. 77

745 BGH, Urteil vom 21.9.2005 – IV ZR 113/04 Rn. 30; in extenso: Palandt, Bürgerliches Gesetzbuch: BGB, §242: Rn. 27 ff. (Leistungstreuepflicht, Unterfall: Rücksichtnahme), Rn. 46 ff. (Verletzung eigener Pflichten, missbräuchliche Ausnutzung einer formalen Rechtsstellung)

746 BGH, Urteil vom 21.9.2005 – IV ZR 113/04 Rn. 32, 36; BGH, Urteil vom 12.3.2003 – IV ZR 278/01 Rn. 37

747 Ratajczak/Schwarz-Schilling, Medizinische Notwendigkeit und Ethik: Gesundheitschancen in Zeiten der Resourcenknappheit, S. 7 f.; zur Klarstellung: es ist zwischen sozialrechtl. Notwendigkeit und „med. Notwendigkeit" im versicherungsrechtlichen Sinne zu unterscheiden

748 vgl. LG Heidelberg, Urteil vom 25.1.2008 – 7 U 303/05

749 vgl. LG Heidelberg, Urteil vom 25.1.2008 – 7 U 303/05

750 vgl. LG Heidelberg, Urteil vom 25.1.2008 – 7 U 303/05

751 vgl. OLG Karlsruhe, Urteil vom 6.1.2003 – 12 U 173/02

752 AG Erfurt, Urteil vom 6.4.2011 – 11 C 1666/09 Rn. 16

753 AG Erfurt, Urteil vom 6.4.2011 – 11 C 1666/09: Leitsatz 1

754 LG Hannover, 04.04.2001 – 3 OH 36/01-057; a.A. Rinke/Balser VersR 2009, 188, 190

755 Rinke/Balser VersR 2009, 188, 188; ad exemplum: BGH, Urteil vom 13.9.2006 – IV ZR 133/05: Erstattung der Kosten einer künstlichen Befruchtung bei körperlich bedingten Fertilitätseinschränkungen von Eheleuten; BGH, Urteil vom 21.9.2005 – IV ZR 113/04 Rn. 15

756 LG Konstanz, Urteil vom 29.02.2008 – 4 O 106/07 H, 4 O 106/07: Feststellungsklage vor einer medizinisch notwendigen Zahnbehandlung

757 LG Konstanz, Urteil vom 29.02.2008 – 4 O 106/07 H, 4 O 106/07 Rn. 27

758 LG Konstanz, Urteil vom 29.02.2008 – 4 O 106/07 H, 4 O 106/07 Rn. 26, 28

759 LG Konstanz, Urteil vom 29.02.2008 – 4 O 106/07 H, 4 O 106/07: Leitsatz

760 OLG Köln, Urteil vom 8.10.2010 – 20 U 191/09

761 BGH, Urteil vom 12.3.2003 – IV ZR 278/01

762 öffentlich-rechtlich: Beiladung als Pendant zur Streitverkündung: Die Bindungswirkung des Urteils erstreckt sich auf den Beigeladenen. In einem weiteren Prozess kann er nicht mehr geltend machen, die Entscheidung im Erstprozess sei unrichtig.

763 vgl. BGH, Urteil vom 16.07.2008 – VIII ZR 282/07

764 OLG Köln, Urteil vom 21.06.2001 – 3 U 172/00: Mischmietverhältnis eines Zahnarztes (gewerblich und privat genutzte Praxisräume)

765 zur Bedingung siehe auch die im Anschluss dargestellte Entscheidung

766 BGH, Urteil vom 29.10.1986 – VIII ZR 144/85

767 OLG Karlsruhe, Urteil vom 27.04.1990 – 10 U 187/89: Verdienstausfallschaden eines Zahnarztes aufgrund von rostverschmutztem Wasser, das zu Schäden an Behandlungsgeräten führte

768 KG Berlin, Beschluss vom 5.7.2010 – 12 U 172/09: Gewerbemietvertrag eines Zahnarztes

769 BGH, Urteil vom 11.12.1991 – XII ZR 63/90

770 KG Berlin, Urteil vom 15.01.1996 – 8 U 6509/94: Ausgleichsabgabe für Zweckentfremdung von Wohnraum im Zusammenhang mit der Errichtung einer Arztpraxis

771 BGH, Urteil vom 30.06.2004 – XII ZR 251/02

772 Palandt, Bürgerliches Gesetzbuch: BGB, §536 Rn. 24

773 BGH, Urteil vom 15.12.2010 – XII ZR 132/09

774 KG Berlin, Beschluss vom 5.7.2010 – 12 U 172/09: instruktiv zur Kalkulation der überzahlten Miete eines Zahnarztes

775 BGH, Urteil vom 3.11.2010 – VIII ZR 330/09

776 BGH, Urteil vom 15.12.2010 – XII ZR 132/09

777 BGH, Urteil vom 3.11.2010 – VIII ZR 330/09

778 BGH, Urteil vom 27.6.2007 – XII ZR 54/05

779 BGH, Urteil vom 15.12.2010 – XII ZR 132/09

780 KG Berlin, Urteil vom 6.2.2006 – 22 U 13 4/05: Gewerberaummietverhältnis im Zusammenhang mit einer Zahnarztpraxis, das ordentlich gekündigt wurde wegen unwirksamer Optionsausübung
781 KG Berlin, Urteil vom 6.2.2006 – 22 U 134/05 Rn. 59, 62
782 BGH, Urteil vom 18.01.2006 – VIII ZR 71/05: zur Mietkaution; BGH, Urteil vom 02.05.1984 – VIII ZR 344/82: Rechtsnatur eines Mietkautionskontos; AG Erfurt, Urteil vom 11.01.2012 – 5 C 3497/10
783 KG Berlin, Beschluss vom 01.10.1998 – 20 W 6592/98; Palandt, Bürgerliches Gesetzbuch: BGB, Einführung vor §535 Rn. 122
784 KG Berlin, Urteil vom 21.01.2008 – 12 W 90/07
785 BGH, Urteil vom 18.01.2006 – VIII ZR 71/05; AG Hamburg-Bergedorf, Urteil vom 03.08.2004 – 409 C 189/04: Rückforderung einer Mietkaution durch eine Ärztin
786 BGH, Urteil vom 18.01.2006 – VIII ZR 71/05
787 vgl. Palandt, Bürgerliches Gesetzbuch: BGB, §930 Rn. 15 ff.: Sicherungsübereignung
788 BVerwG, Beschluss vom 24.9.2007 – 5 B 192/07 Rn. 5
789 BVerwG, Beschluss vom 24.9.2007 – 5 B 192/07 Rn. 24
790 BVerwG, Urteil vom 14.12.1990 – 8 C 38/89, Antrag auf Genehmigung der Zweckentfremdung von Wohnraum für die Nutzung als Zahnarztpraxis: zum „Wohnraum"-Begriff, zur Zumutbarkeit von Instandsetzungsaufwendungen
791 BVerwG, Beschluss vom 24.9.2007 – 5 B 192/07 Rn. 14, 2. Leitsatz, m.w.N. betreffend die Frage der Genehmigungspflichtigkeit der Erweiterung einer (zahn) ärztlichen Praxis
792 OVG NRW, Beschluss vom 1.7.2008 – 14 A 4716/05 Rn. 4, Leitsatz
793 BVerwG, Beschluss vom 24.9.2007 – 5 B 192/07 Rn. 9, 1. Leitsatz ; KG Berlin, Urteil vom 15.1.1996 – 8 U 6509/94 Rn. 11: in Verbindung mit der landesspezifischen Verordnung über das Verbot der Zweckentfremdung von Wohnraum (in Berlin: Zweckentfremdungsverbotsverordnung, ZwVbVO)
794 KG Berlin, Urteil vom 15.1.1996 – 8 U 6509/94 Rn. 13
795 KG Berlin, Urteil vom 15.1.1996 – 8 U 6509/94 Rn. 11
796 KG Berlin, Urteil vom 15.1.1996 – 8 U 6509/94
797 KG Berlin, Urteil vom 15.1.1996 – 8 U 6509/94: Ausgleichsabgabe für die Zweckentfremdung von Wohnraum im Zusammenhang mit der Errichtung einer Arztpraxis
798 KG Berlin, Urteil vom 15.1.1996 – 8 U 6509/94 Rn. 12
799 BVerwG, Beschluss vom 24.9.2007 – 5 B 192/07 Rn. 21, 4. Leitsatz
800 KG Berlin, Urteil vom 15.1.1996 – 8 U 6509/94 Rn. 13
801 exemplarisch: BVerwG, Urteil vom 14.12.1990 – 8 C 38/89
802 BVerwG, Beschluss vom 24.9.2007 – 5 B 192/07 Rn. 5
803 KG Berlin, Urteil vom 15.1.1996 – 8 U 6509/94 Leitsatz 1.
804 KG Berlin, Urteil vom 15.1.1996 – 8 U 6509/94 Rn. 10, Leitsatz 2.
805 KG Berlin, Urteil vom 15.1.1996 – 8 U 6509/94 Rn. 16
806 OLG Köln, Urteil vom 21.06.2001 – 3 U 172/00: Mischmietverhältnis eines Zahnarztes; §23 Nr. 2 a) GVG ist daher nicht anwendbar
807 OLG Brandenburg, Urteil vom 16.2.2011 – 3 U 84/10: Sachverhalt wurde hier simplifiziert
808 Brandenburgisches Oberlandesgericht, Urteil vom 16.2.2011 – 3 U 84/10
809 BGH, Urteil vom 13.6.2007 – VIII ZR 236/06
810 BGH, Urteil vom 01.02.2007 – III ZR 159/06
811 Palandt, Bürgerliches Gesetzbuch: BGB, §556b Rn. 2, 4
812 BAG, Urteil vom 12.01.1978 – 3 AZR 57/76
813 Kleine/Scholle, NJW 2006, 3462
814 Palandt, Bürgerliches Gesetzbuch: BGB, §1629 Rn. 5 ff.
815 Palandt, Bürgerliches Gesetzbuch: BGB, §1629 Rn. 10
816 BGH, Urteil vom 28.06.1988 – VI ZR 288/87
817 siehe auch Reinkenkopf, Jura 2006, 454: Arztverträge mit Minderjährigen
818 Palandt, Bürgerliches Gesetzbuch: BGB, §1629a Rn. 11
819 AG Leipzig, Urteil vom 10.05.2007 – 114 C 837/06
820 AG Norderstedt, Urteil vom 11.01.2001 – 44 C 132/00
821 AG Leipzig, Urteil vom 10.05.2007 – 114 C 837/06: hier minimalisierter Sachverhalt
822 einsehbar unter: http://www.bzaek.de/fileadmin/PDFs/recht/mbo050216.pdf
823 OLG Hamm, Urteil vom 09.06.2009 – 4 U 70/09
824 BGH, Urteil vom 1.12.2010 – 1 ZR 55/08
825 BVerfG, Beschluss vom 8.12.2010 – 1 BvR 1287/08; BGH, Urteil vom 1.12.2010 – 1 ZR 55/08
826 OLG Hamm, Urteil vom 09.06.2009 – 4 U 70/09
827 BGH, Urteil vom 1.12.2010 – 1 ZR 55/08
828 OLG Hamm, Urteil vom 09.06.2009 – 4 U 70/09
829 OLG Hamm, Urteil vom 09.06.2009 – 4 U 70/09; OLG Hamm, Urteil vom 7.6.2005 – 4 U 34/05
830 BVerfG, Beschluss vom 01.06.2011 – 1 BVR 233/10, 1 BvR 235/10: Sachunangemessenheit und/oder Nicht-Berufsbezogenheit müssen hinzutreten; a. A. OLG Hamm, Urteil vom 7.6.2005 – 4 U 34/05
831 BVerfG, Beschluss vom 01.06.2011 – 1 BVR 233/10, 1 BvR 235/10
832 BVerfG, Beschluss vom 01.06.2011 – 1 BVR 233/10, 1 BvR 235/10
833 OLG Hamm, Urteil vom 7.6.2005 – 4 U 34/05
834 OLG Hamm, Urteil vom 3.6.2008 – I-4 U 59/08, 4 U 59/08
835 BVerwG, Urteil vom 24.9.2009 – 3 C 4/09
836 OLG Hamm, Urteil vom 7.6.2005 – 4 U 34/05
837 BVerfG, Beschluss vom 01.06.2011 – 1 BVR 233/10, 1 BvR 235/10
838 OVG Berlin-Brandenburg, Urteil vom 9.12.2008 – OVG 90 H 5.07; OVG Münster, Beschluss vom 14.06.2005 – 13 B 667/05; OVG Münster, Beschluss vom 20.8.2007 – 13 B 503/07
839 BVerfG, Nichtannahmebeschluss vom 29.04.2004 – 1 BvR 849/04; OLG Hamm, Urteil vom 7.6.2005 – 4 U 34/05; BVerfG, Beschluss vom 14.07.2011 1 BvR 407/11
840 vgl. BVerfG, Beschluss vom 26.09.2003 – 1 BvR 1608/02: zulässige Werbung einer Zahnärzteklinik
841 OLG Hamm, Urteil vom 7.6.2005 – 4 U 34/05; BVerfG, Beschluss vom 01.06.2011 – 1 BVR 233/10, 1 BvR 235/10: „Das Sachlichkeitsgebot verlangt aber nicht, sich auf die Mitteilung nüchterner Fakten zu beschränken."; BVerfG, Beschluss vom 14.07.2011 – 1 BvR 407/11
842 OVG Münster, Beschluss vom 14.06.2005 – 13 B 667/05
843 BVerwG, Urteil vom 24.09.2009 – 3 C 4/09
844 vgl. BGH, Urteil vom 21.2.2002 – I ZR 281/99 zur Rechtsanwaltswerbung
845 BVerfG, Beschluss vom 1.6.2011 – 1 BvR 233/10, 1 BvR 235/10
846 vgl. zur Rechtsanwaltswerbung §43 b BRAO und BGH, Urteil vom 21.2.2002 I ZR 281/99
847 OVG Münster, Beschluss vom 26.9.2008 – 13 B 1165/08
848 BGH, Urteil vom 1.12.2010 – 1 ZR 55/08
849 vgl. zur Rechtsanwaltswerbung §43 b BRAO und BGH, Urteil vom 21.2.2002 – I ZR 281/99: „Demgegenüber ist die Werbung um einzelne Mandanten, die darauf gerichtet ist, die Umworbenen dafür zu gewinnen, die Leistungen des Werbenden in Anspruch zu nehmen, grundsätzlich erlaubt. Insbesondere ist eine Anwaltswerbung nicht deshalb unzulässig, weil sie sich an Personen richtet, zu denen kein mandantschaftliches Verhältnis besteht oder bestanden hat."
850 vgl. BVerfG, Nichtannahmebeschluss vom 29.04.2004 – 1 BvR 849/04: "Eyecatcher" in Form eines halb geöffneten Mundes in einer Zeitungsanzeige eines Zahnarztes ist zulässig; OLG Hamm, Urteil vom 7.6.2005 – 4 U 34/05
851 VG Gelsenkirchen, Beschluss vom 12.6.2008 – 7L 566/08; OVG Münster, Beschluss vom 14.06.2005 – 13 B 667/05;

OVG Münster, Beschluss vom 26.9.2008 - 13 B 1165/08
852 OVG Münster, Beschluss vom 26.9.2008 - 13 B 1165/08
853 OLG Hamm, Urteil vom 3.6.2008 - I-4 U 59/08, 4 U 59/08
854 OVG Münster, Beschluss vom 26.9.2008 - 13 B 1165/08
855 OLG Hamm, Urteil vom 24.03.2009 - 4 U 195/08
856 LG Frankenthal, Urteil vom 19.06.2007 - 1 HK O 11/07, 1 HKO 11/07; bestätigt durch OLG Zweibrücken, Beschluss vom 20.12.2007 - 4 U 105/07
857 LG Bochum, Urteil vom 30.12.2008 - 13 O 126/08
858 VG Gelsenkirchen, Beschluss vom 12.6.2008 - 7L 566/08
859 OLG Hamm, Urteil vom 03.06.2008 - I-4 U 59/08, 4 U 59/0
860 KG Berlin, Urteil vom 22.03.2002 - 5 U 8811/00
861 OVG Berlin-Brandenburg, Urteil vom 9.12.2008 - OVG 90 H 5.07: Anzumerken ist, dass der Entscheidung ein Branchenfernsprechbuch zu Grunde lag, dessen Rubriken nicht mit der Weiterbildungsordnung 1:1 übereinstimmten.
862 KG Berlin, Urteil vom 22.03.2002 - 5 U 8811/00
863 OVG Münster, Beschluss vom 20.8.2007 - 13 B 503/07
864 OVG Münster, Beschluss vom 14.06.2005 - 13 B 667/05; bestätigt durch: BVerfG, Beschluss vom 01.06.2011 - 1 BVR 233/10, 1 BvR 235/10
865 OVG Münster, Beschluss vom 26.9.2008 - 13 B 1165/08; bestätigt durch: BVerfG, Beschluss vom 01.06.2011 - 1 BVR 233/10, 1 BvR 235/10
866 OVG Münster, Beschluss vom 14.06.2005 - 13 B 667/05
867 OVG Münster, Beschluss vom 26.9.2008 - 13 B 1165/08
868 OLG Hamm, Urteil vom 09.06.2009 - 4 U 70/09
869 OLG Hamm, Urteil vom 09.06.2009 - 4 U 70/09
870 LG Bielefeld, Urteil vom 20.10.2006 - 17 O 100/06; OLG Düsseldorf, Urteil vom 10.10.1991 - 2 U 15/91: zur wettbewerbsrechtlichen Zulässigkeit einer Zahnheilkunde GmbH
871 LG Bielefeld, Urteil vom 20.10.2006 - 17 O 100/06
872 VG Gelsenkirchen, Beschluss vom 12.6.2008 - 7L 566/08; OLG Hamm, Urteil vom 09.06.2009 - 4 U 70/09
873 VG Gelsenkirchen, Beschluss vom 12.6.2008 - 7L 566/08
874 VG Gelsenkirchen, Beschluss vom 12.6.2008 - 7L 566/08
875 LG Bochum, Urteil vom 30.12.2008 - 13 O 126/08
876 BVerwG, Urteil vom 24.9.2009 - 3 C 4/09
877 BVerwG, Urteil vom 24.9.2009 - 3 C 4/09
878 BVerfG, Beschluss vom 14.07.2011 - 1 BvR 407/11 Rn. 31, 33
879 http://www.bundesaerztekammer.de/page.asp?his=1.100.1143#B42
880 OLG Hamm, Urteil vom 3.6.2008 - I-4 U 59/08, 4 U 59/08
881 BVerfG, Beschluss vom 01.06.2011 - 1 BVR 233/10, 1 BvR 235/10
882 siehe auch Kapitel: „Rückforderung von Vergütung durch Privatpatienten", „Vergütung trotz Patientenkündigung"
883 OLG Frankfurt, Urteil vom 06.01.2009 - 8 U 31/07: Lediglich im engen Bereich der Herstellung einer Prothese kommt die Anwendung von Werkvertragsrecht in Betracht; OLG Sachsen-Anhalt, Urteil vom 13.12.2007 - 1 U 10/07; OLG Oldenburg, Urteil vom 27.02.2008 - 5 U 22/07; differenzierend OLG Karlsruhe, Urteil vom 28.02.2007 - 7 U 224/06
884 BGH, Urteil vom 9.12.1974 - VII ZR 182/73; siehe auch Kapitel „Dienstleistung"
885 vgl. auch OLG Düsseldorf, Beschluss vom 18.10.2010 - 24 U 50/10
886 LG Magdeburg, Urteil vom 29.10.2008 - 9 O 1716/07-405
887 OLG München, Beschluss vom 15.11.2007 - 1 U 3395/07; LG Magdeburg, Urteil vom 29.10.2008 - 9 O 1716/07-405
888 OLG Karlsruhe, Urteil vom 28.02.2007 - 7 U 224/06
889 OLG Frankfurt, Urteil vom 06.01.2009 - 8 U 31/07
890 OLG Sachsen-Anhalt, Urteil vom 13.12.2007 - 1 U 10/07
891 OLG Sachsen-Anhalt, Urteil vom 13.12.2007 - 1 U 10/07
892 vgl. OLG Karlsruhe, Urteil vom 28.02.2007 - 7 U 224/06
893 vgl. auch OLG Frankfurt, Urteil vom 17.10.2003 - 2 U 210/00
894 OLG München, Urteil vom 6.2.1997 - 1 U 4802/95
895 Duden, Das Bedeutungswörterbuch: Organisation/organisieren
896 BT-Drs 312/12, S. 27 f.; Referentenentwurf des BMJ und BMG: Entwurf eines Gesetzes zur Verbesserung der Rechte von Patientinnen und Patienten (Patientenrechtegesetz), S. 23 f.
897 BT-Drs 312/12, S. 27; Referentenentwurf des BMJ und BMG: Entwurf eines Gesetzes zur Verbesserung der Rechte von Patientinnen und Patienten (Patientenrechtegesetz), S. 24
898 vgl. BGH, Urteil vom 17.10.1967 - VI ZR 70/66
899 BGH, Urteil vom 17.01.1989 - VI ZR 186/88; BGH, Urteil vom17.10.1967 - VI ZR 70/66
900 LG Koblenz, Urteil vom 10.9.1987 - 3 S 476/86; OLG Köln, Urteil vom 21.6.1989 - 27 U 156/88
901 BGH, Urteil vom 08.07.1980 - VI ZR 158/78; BGH, Urteil vom 13.07.1965 - VI ZR 73/64 (= VersR 1965, 1055); BGH, Urteil vom 10.05.1957 - I ZR 234/55
902 BGH, Urteil vom 16.04.1996 - VI ZR 190/95: Pflicht zum Einschreiten gegen eine Handhabung, durch welche der Belegarzt dem Pflegepersonal Aufgaben überlässt, die die pflegerische Kompetenz übersteigen
903 BGH, Urteil vom 24.6.1975 - VI ZR 72/74, Hamm
904 BGH, Urteil vom 17.01.1989 - VI ZR 186/88; vgl. Katzenmaier Medizinrecht 2011, 201, 213; weiterführende Hinweise auch Palandt, Bürgerliches Gesetzbuch: BGB, §823 Rn. 146
905 Palandt, Bürgerliches Gesetzbuch: BGB, §823 Rn. 50, 146, §31 Rn. 7, §89 Rn. 4 ff., §831 Rn. 11, 12; vgl. Katzenmaier Medizinrecht 2011, 201, 213
906 BGH, Urteil vom 08.10.2002 - VI ZR 182/01
907 OLG Köln, Urteil vom 21.06.1996 - 19 U 2/96; BGH, Urteil vom 08.10.2002 - VI ZR 182/01
908 Neumann-Wedekindt, Medizinrecht 2005, S. 81: empfiehlt: Die jeweils konkret vereinbarte Delegationsregelung sollte zur Beschreibung der Tätigkeitsinhalte von vornherein oder ergänzend in den Arbeitsvertrag aufgenommen werden.
909 BGH, Urteil vom 08.10.2002 - VI ZR 182/02; OLG Köln, Urteil vom 21.06.1996 - 19 U 2/96
910 BGH, Urteil vom 11.04.1991 - II ZR 68/50: Chefarzt respektive Krankenschwester erfüllten ihre Pflichten lange Jahre beanstandungsfrei, sodass ein weiterer Entlastungsbeweis nicht nötig war.
911 BGH, Urteil vom 24.6.1975 - VI ZR 72/74, Hamm; Palandt, Bürgerliches Gesetzbuch: BGB, §831 Rn. 13
912 BGH, Urteil vom 26.02.1991 - VI ZR 344/89
913 BGH, Urteil vom 26.01.1999 - VI ZR 376/97
914 vgl. BGH, Urteil vom 07.11.2006 - VI ZR 206/05
915 Infolge dieses rechtlichen Zusammenhangs soll auf die Telemedizin als Spezialproblem in einem Exkurs kurz eingegangen werden.
916 Pflüger, VersR 1999, 1070; vgl. auch BGH, Urteil vom 27.11.1952 - VI ZR 25/52
917 Pierre/Hofinger/Buerschaper: Notfallmanagement - Human Factors und Patientensicherheit in der Akutmedizin, 2. Auflage, S. 238
918 Undre et al. World Journal of Surgery 2007, 1843; Koutanji et al. Cogn Tech Work 2008, 275
919 Catchpole et al. Surgery 2007, 102
920 BGH, Urteil vom 27.11.1952 - VI ZR 25/52
921 Pierre/Hofinger/Buerschaper: Notfallmanagement - Human Factors und Patientensicherheit in der Akutmedizin, 2. Auflage, S. 202
922 Pierre/Hofinger/Buerschaper: Notfallmanagement - Human Factors und Patientensicherheit in der Akutmedizin, 2. Auflage, S. 221

923 Pierre/Hofinger/Buerschaper: Notfallmanagement – Human Factors und Patientensicherheit in der Akutmedizin, 2. Auflage, S. 219, s. S. 201 ff., 252 zu readback (Empfänger wiederholt das von ihm Gehörte) und Rückmeldung bei Beendigung der Durchführung
924 Pierre/Hofinger/Buerschaper: Notfallmanagement – Human Factors und Patientensicherheit in der Akutmedizin, 2. Auflage, S. 203
925 Palandt, Bürgerliches Gesetzbuch: BGB, § 831 Rn. 15
926 vgl. OLG Koblenz, Urteil vom 18.05.2006 – 5 U 330/06
927 LG Berlin, Urteil vom 05.12.1990 – 67 S 193/90
928 OLG Bremen, Urteil vom 13.01.2006 – 4 U 23/06: grober Organisationsmangel in einer Kinderklinik
929 Palandt, Bürgerliches Gesetzbuch: BGB, § 823 Rn. 146
930 OLG Frankfurt, Urteil vom 02.10.1986 – 1 U 211/85
931 Instruktiv zu ärztlichen Standards: DGMR, MedR 2006, 127
932 AG Burgdorf, Urteil vom 15.10.1984 – 3 C 204/84
933 Spickhoff, Medizinrecht, S. 77
934 Uhlenbruck MedR 1991, 167: Fahrtkosten als vergebliche Aufwendungen i.S.v. § 286 BGB
935 BT-Drs 312/12, S. 29; Referentenentwurf des BMJ und BMG: Entwurf eines Gesetzes zur Verbesserung der Rechte von Patientinnen und Patienten (Patientenrechtegesetz) vom 16.01.2012, S. 24
936 BGH, Urteil vom 24.6.1975 – VI ZR 72/74, Hamm
937 OLG München, Urteil vom 16.05.2002 – 1 U 5906/01
938 BGH, Urteil vom 24.6.1975 – VI ZR 72/74, Hamm
939 BGH, Urteil vom 6.7.1990 – 2 StR 549/89
940 BGH, Urteil vom 20.11.2008 – 4 StR 328/08
941 vgl. z. B. BGH, Urteil vom 20.11.2008 – 4 StR 328/08
942 BGH, Urteil vom 06.07.1990 – 2 StR 549/89
943 OLG Hamm, Urteil vom 08.06.2005 – 3 Ws 473 – 476/04, 3 Ws 473/04, 3 Ws 474/04, 3 Ws 475/04, 3 Ws 476/04: ärztliche Sorgfaltspflichten bei Durchführung einer Operation
944 BGH, Urteil vom 25.09.1990 – 5 StR 187/90
945 BGH, Urteil vom 25.09.1990 – 5 StR 187/90
946 Instruktionspflichten: Erteilung erforderlicher Weisungen
947 BGH, Urteil vom 2.3.1994 – 2 StR 620/93
948 BGH, Urteil vom 29.10.1985 – VI ZR 85/84, Thomas Fischer, StGB: Strafgesetzbuch und Nebengesetze, § 222 Rn. 9
949 BGH, Urteil vom 10.07.1952 – 5 StR 324/52: zu den Berufspflichten eines Krankenhausarztes und einer Krankenschwester
950 BGH, Urteil vom 29.10.1985 – VI ZR 85/84
951 Schönke/Schröder, Strafgesetzbuch, Kommentar, § 15 Rn. 152
952 BGH, Urteil vom 10.07.1952 – 5 StR 324/52: Berufspflichten eines Krankenhausarztes und einer Krankenschwester; BGH, Urteil vom 10.06.1955 – 1 StR 632/54: Arztverschulden bei Kaiserschnittentbindung
953 BGH, Urteil vom 10.07.1952 – 5 StR 324/52
954 BGH, Urteil vom 10.07.1952 – 5 StR 324/52
955 AG Limburg, Urteil vom 25.03.2011 – 3 Js 7075/08: Verurteilung eines Zahnarztes und eines Anästhesisten wegen fahrlässiger Tötung eines Patienten: Anforderungen an die Praxisorganisation und die Sorgfaltspflichten bei der postnarkotischen Überwachung
956 OLG Bayern, Urteil vom 28.10.1997 – 4 St RR 221-97; Thomas Fischer, StGB: Strafgesetzbuch und Nebengesetze, § 15 Rn. 17 ff.
957 BGH, Urteil vom 02.08.1995 – 2 StR 221/94
958 vgl. BGH, Beschluss vom 05.03.2008 – 2 StR 50/08
959 BGH, Urteil vom 9.11.1984 – 2 StR 257/84; BGH, Urteil vom 11.05.1953 – IV ZR 170/52
960 Kerber, Grenzen der Delegation auf nichtärztliches Personal, in: JurisPR MedR 3/2009 Anm. 2
961 siehe auch BSG, Urteil vom 18.12.1996 – 6 r Ka 66/95: Es ist mit dem Grundsatz der unmittelbaren Leistungserbringung unvereinbar, wenn der Vertragszahnarzt die gesamte kieferorthopädische Behandlung und Teile der zahnprothetischen und der konservierenden Versorgung nicht selbst durchführt, sondern seinen dafür nicht qualifizierten Zahnarzthelferinnen und einem Laboranten bzw. hinsichtlich der Befundauswertung und Behandlungsplanung einer auswärtigen Kieferorthopädin zur eigenverantwortlichen Ausführung überlassen hat.
962 siehe auch Bauer, GewArch 2012, 315: noch keine offizielle Liste ärztlicher Leistungen, die delegationsfähig sind
963 Neumann-Wedekindt, MedR 1997, 397
964 Deter/Markovski, BT-An u. GA 68/10
965 LSG Berlin-Brandenburg, Beschluss vom 9.9.2009 – L 7 KA 61/09 B ER
966 LSG Baden-Württemberg, Urteil vom 1.9.2004 – L 5 KA 3947/03 Rn. 36
967 LSG Baden-Württemberg, Urteil vom 1.9.2004 – L 5 KA 3947/03 Rn. 37
968 Neumann-Wedekindt, MedR 1997, 397
969 LSG Berlin-Brandenburg, Beschluss vom 9.9.2009 – L 7 KA 61/09 B ER
970 http://www.bzaek.de/fileadmin/PDFs/recht/mbo050216.pdf
971 LSG Baden-Württemberg, Urteil vom 1.9.2004 – L 5 KA 3947/03 Rn. 41
972 VG Düsseldorf, Urteil vom 02.09.2009 – 16 K 823/08
973 Instruktiv: Delegationsrahmen der Bundeszahnärztekammer für Zahnmedizinische Fachangestellte, Stand: 16.09.2009: www.bzaek.de/fileadmin/PDFs/grafiken/Delegationsrahmen.pdf
974 Der Praxis(anteil)wert spielt eine kardinale Rolle beim Verkauf einer Praxis; im Kapitel „Schweigepflicht" hat die dort dargestellte Entscheidung einen Praxisverkauf zum Gegenstand; es geht es um die Rückabwicklung eines unwirksamen Praxisübergabevertrages; insofern sei auf die instruktive Darstellung verwiesen. Im Kapitel „Steuerberatung" befasst sich die rapportierte Entscheidung mit dem Transfer einer Einzelpraxis in eine Partnergesellschaft.
975 Roth NJW 2004, 330
976 Schulze/Dörner/Hoeren, Bürgerliches Gesetzbuch, Handkommentar, § 434 Rn. 9
977 Erman/Grunewald, Handkommentar zum Bürgerlichen Gesetzbuch, § 434 Rn. 10
978 BGH, Urteil vom 5.10.2004 – V ZR 295/00
979 siehe auch das Kapitel „Gemeinschaftspraxis"
980 LG Dortmund, Urteil vom 30.5.2008 – 3 U 50/07
981 BGH, Urteil vom 18.7.2005 – II ZR 159/03; LG Dortmund, Urteil vom 30.5.2008 – 3 U 50/07; zur Vermeidung von Verwirrungen wird explizit darauf hingewiesen, dass die Entscheidung im Zusammenhang mit einem Zugewinnausgleichsanspruch erging.
982 BGH, Urteil vom 9.2.2011 – XII ZR 40/09; OLG Hamm, Urteil vom 15.1.2009 – 1 UF 119/07: simplifizierter Sachverhalt; die Zitate entstammen BGH-Urteil vom 9.2.2011, sofern nicht explizit anderweitig zitiert wird.
983 BGH, Urteil vom 25.11.1998 – XII ZR 84/97; BGH, Urteil vom 24.10.1990 – XII ZR 101/89
984 BGH, Urteil vom 7.5.1986 – IVb ZR 42/85
985 BGH, Urteil vom 25.11.1998 – XII ZR 84/97; BGH, Urteil vom 24.10.1990 – XII ZR 101/89
986 weiterführende Literaturhinweise aus dem Urteil: Schröder, Bewertung im Zugewinnausgleich; Haußleiter/Schulz, Vermögensauseinandersetzung bei Trennung und Scheidung; Büte, Zugewinnausgleich bei Ehescheidung: Bewertung – Berechnung – Sicherung – Verjährung
987 BGH, Urteil vom 13.10.1976 – IV ZR 104/74
988 BGH, Urteil vom 25.11.1998 – XII ZR 84/97
989 BGH, Urteil vom 9.2.2011 – XII ZR 40/09
990 BGH, Urteil vom 25.11.1998 – XII ZR 84/97; BGH, Urteil vom 24.10.1990 – XII ZR 101/89
991 OLG Hamm, Urteil vom 15.1.2009 – 1 UF 119/07

992 OLG Hamm, Urteil vom 15.1.2009 – 1 UF 119/07
993 BGH, Urteil vom 9.2.2011 – XII ZR 40/09: 3. Leitsatz
994 BGH, Urteil vom 9.2.2011 – XII ZR 40/09
995 BGH, Urteil vom 9.2.2011 – XII ZR 40/09
996 BGH, Urteil vom 25.11.1998 – XII ZR 84/97
997 Meyer zu Heringdorf/Goldbecker, BT-An u. GA 21/11
998 Rinke/Balser, VersR 2001, 423
999 Deter/Markovski, BT-An u. GA 15/11
1000 Rinke/Balser, VersR 2001, 423
1001 Laufs/Kern, Handbuch des Arztrechts, § 101 I.
1002 BGH, Urteil vom 19.11.1997 – 3 StR 271/97; Laufs/Kern, Handbuch des Arztrechts, § 97 Rn. 11 ff.
1003 Hauck/Noftz, Gesetzliche Krankenversicherung: SGB V, § 135 a Rn. 1, 4
1004 BVerwG, Urteil vom 24.9.2009 – 3 C 4 /09
1005 vgl. OVG Münster, Beschluss vom 20.8.2007 – 13 B 503/07
1006 Neumann-Wedekindt, Medizinrecht 2005, S. 81
1007 SG Marburg, Urteil vom 22.02.2012 – S 12 KA 100/11
1008 BSG, Urteil vom 21.5.2003 – B 6 KA 25/02 R
1009 BSG, Urteil vom 14.05.1997 – 6 RKa 25/96
1010 BSG, Urteil vom 14.05.1997 – 6 RKa 25/96: ausführliche Stellungnahme des BSG, die oben zitiert wurde
1011 SG Marburg, Urteil vom 07.07.2010 – S 12 KA 633/09, sachlich-rechnerische Berichtigung
1012 SG Marburg, Urteil vom 06.04.2011 – S 12 KA 831/10
1013 BGH, Urteil vom 03.12.1997 – 2 StR 397/97: Strafbarkeit eines niedergelassenen Arztes wegen der Herstellung nicht erforderlicher Röntgenaufnahmen und Vorlage der Röntgenbilder bei einer Sachverständigenstelle zur Qualitätssicherung
1014 vgl. Spickhoff, Medizinrecht, § 82 SGB V Grundsätze Rn. 12 ff. für Bundesmantelverträge: Unabdingbare Voraussetzung ist, dass diese rechtliche Betroffenheit der Versicherten nur „bei Gelegenheit" der eigentlich intendierten Regelung, quasi als unvermeidlicher Annex, erfolgt. Zudem darf die rechtliche Betroffenheit der Dritten nicht intensiv sein…Bedenklich wären dagegen Regelungen, die vorrangig die Rechtsstellung der Versicherten und erst in zweiter Linie die Vertragsärzte betreffen würden…Solche wären von einem insoweit nicht demokratisch legitimierten Organ erlassen.
1015 Schellenberg, VersR 2005, 1620
1016 z. B. zur nicht indizierten Überkronung von Zähnen: OLG Düsseldorf, Urteil vom 26.5.1986 – 7 U 77/84; OLG Düsseldorf, Urteil vom 02.02.1984 – 8 U 71/83
1017 SG Marburg, Urteil vom 07.07.2010 – S 12 KA 633/09
1018 Gaisbauer, VersR 2007, 1997, 274
1019 OVG Münster, Beschluss vom 14.6.2005 – 13 B 667/05
1020 vgl. OVG Berlin-Brandenburg, Urteil vom 9.12.2008 – OVG 90 H 5.07: Die Regelungsdichte in der Weiterbildungsordnung ist für die Facharztbezeichnungen „plastische Chirurgie" und die Zusatzbezeichnung „plastische Operationen" erforderlich, denn es handelt sich um deutlich von anderen Gebieten abgrenzbare Bereiche der ärztlichen Tätigkeit, die besondere Kenntnisse, Erfahrungen und Fertigkeiten erfordern und in denen das Bedürfnis für eine besondere Regelung der Qualifikation offensichtlich ist.
1021 BVerwG, Urteil vom 24.9.2009 – 3 C 4 /09: simplifizierter Sachverhalt
1022 § 58 HeilBG normiert das Rügerecht
1023 AG Bernau, Urteil vom 23.10.2008 – 10 C 1193/08
1024 AG Bernau, Urteil vom 23.10.2008 – 10 C 1193/08: Der Begriff „Kickback" ist als eine verkappte Korruptionszahlung im Sinne von „Schmiergeld" zu werten.
1025 Version der Ersten Verordnung zur Änderung der Gebührenordnung (Stand: September 2011)
1026 BGH, Urteil vom 26.4.2001 – 4 StR 439/00
1027 BGH, Urteil vom 15.12.2006 – 5 StR 181/06
1028 BGH, Urteil vom 15.12.2006 – 5 StR 181/06
1029 BGH, Urteil vom 15.12.2006 – 5 StR 181/06
1030 BGH, Urteil vom 10.3.1993 – 3 StR 461/92
1031 BGH, Urteil vom 25.01.2012 – 1 StR 45/11
1032 Goetze/Teyssen, DMW 1987, 1184
1033 BSG, Urteil vom 17.09.1997 – 6 RKa 86/95
1034 Schönke/Schröder, Strafgesetzbuch: Kommentar, § 263 Rn. 33 ff.
1035 BGH, Urteil vom 18.4.2007 – 5 StR 506/06: „Zwar beschränkte sich der Prüfungsumfang (des K) auf die erforderlichen Abweichungen der Angestellten der GBH, die die Werklohnrechnungen in sachlicher Hinsicht zu prüfen hatten. Beide gingen jedoch – zumindest in der Form des **sachgedanklichen Mitbewusstseins** – davon aus, dass es sich um Rechnungen mit einem realen Hintergrund, mithin also **nicht** um bloße **Scheinrechnungen** handelte."
1036 BGH, Urteil vom 5.12.2002 – 3 StR 161/02: Abrechnungsbetrug eines Zahnarztes, der nicht Vertragszahnarzt ist, durch Einsetzung eines „Strohmanns" in Gestalt eines angestellten Vertragszahnarztes
1037 BGH, Urteil vom 22.8.2006 – 1 StR 547/05
1038 BGH, Beschluss vom 29.7.2009 – 2 StR 91/09
1039 BGH, Urteil vom 11.03.1960 – 4 StR 588/59
1040 BGH, Beschluss vom 21.10.2008 – 3 StR 420/08
1041 BGH, Urteil vom 5.12.2002 – 3 StS 161/02
1042 BGH, Beschluss vom 28.07.2011 – 4 StR 409/10: intuitu § 266 StGB; BGH, Beschluss vom 11.12.2008 – 5 StR 536/08; der 4. Strafsenat spricht von „schadensgleicher Vermögensgefährdung", während der 2. Strafsenat die Bezeichnung „Gefährdungsschaden" wählt
1043 BGH, Urteil vom 15.12.2006 – 5 StR 181/06
1044 BGH, Beschluss vom 18.2.2009 – 1 StR 731/08
1045 BGH, Beschluss vom 16.4.2008 – 5 StR 615/07
1046 BGH, Beschluss vom 23.2.1961 – 4 StR 7/61
1047 BGH, Urteil vom 29.05.1987 – 3 StR 242/86; vgl. BGH, Beschluss vom 02.12.1987 – 3 StR 375/87
1048 BGH, Urteil vom 17.10.1996 g. S. – 4 StR 389/96
1049 BGH, Urteil vom 7.10.2003 – 1 StR 212/03
1050 BGH, 12.7.2000 – 2 StR 43/99: unmittelbares Ansetzen bei unmittelbar, mittelbar und gemeinschaftlich begangenem Abrechnungsbetrug (hier: „Kickback-Zahlungen")
1051 BGH, Urteil vom 17.10.1996 g. S. – 4 StR 389/96
1052 BGH, Urteil vom 12.7.2000 – 2 StR 43/99
1053 BGH, Urteil vom 20.4.2004 – 5 StR 165/03; BGH, Urteil vom 22.8.2006 – 1 StR 547/05
1054 BGH, Urteil vom 31.10.1951 – 3 StR 663/51; OLG Hamm, Urteil vom 18.11.1971 – 2 Ss 685/71
1055 OLG Frankfurt, Beschluss vom 05.07.1994 – 3 Ss 97/94
1056 BGH, Urteil vom 27.11.2003 – 4 StR 239/03; BGH, Urteil vom 27.4.2004 – 5 StR 165/03
1057 BGH, Urteil vom 27.4.2004 – 5 StR 165/03
1058 LG Dresden, Urteil vom 21.6.2005 – 10 Ns 202 Js 45 549/03
1059 BGH, Urteil vom 27.11.2003 – 4 StR 239/03
1060 BGH, Urteil vom 27.4.2004 – 5 StR 165/03
1061 BVerfG, Beschluss vom 23.6.2010 – 2 BvR 2559/08, 2 BvR 105/09, 2 BvR 491/09: Vermögensbetreuungspflicht und Gefährdungsschaden verstoßen nicht gegen das Analogieverbot
1062 vgl. BGH, 22.8.2006 – 1 StR 547/05; BGH, Urteil vom 27.4.2004 – 5 StR 165/03; VG Hannover, Urteil vom 24.11.2010 – 5 A 1975/09
1063 BVerfG, Beschluss vom 23.6.2010 – 2 BvR 2559/08, 2 BvR 105/09, 2 BvR 491/09
1064 BGH, Beschluss vom 7.4.2010 – 2 StR 153/09: Untreue eines Notars, der schon vor der Beurkundung Kenntnis von einem von den Kaufvertragsparteien zum Nachteil des finanzierenden Geldinstituts geplanten Betrugs („Kickback") erlangt hat und trotzdem das hinterlegte Geld auszahlt.
1065 BVerfG, Beschluss vom 23.6.2010 – 2 BvR 2559/08, 2 BvR 105/09, 2 BvR 491/09

1066 BGH, Beschluss vom 7.4.2010 - 2 StR 153/09; BGH
1067 BGH, Urteil vom 18.10.2006 - 2 StR 499/05
1068 BGH, Beschluss vom 7.4.2010 - 2 StR 153/09: Vergleiche die Ausführungen des 1. Strafsenats zu der Rechtsauffassung des 2. Strafsenats und die dortigen Tipps bzgl. Fundstellen
1069 BVerfG, Beschluss vom 29.3.2007 - 2 BvR 932/06
1070 vgl. BGH, Beschluss vom 13.1.1983 - 1 StR 737/81; OLG Stuttgart, Vorlagebeschluss vom 09.10.1981 - 1 Ss (25) 493/81; kritisch Horn, NStZ 1983, 497
1071 vgl. OLG Oldenburg, Beschluss vom 17.07.2008 - 1 Ws 371/08; BGH, Beschluss vom 13.01.1983 - 1 StR 737/81
1072 BGH, Urteil vom 11.11.1998 - 5 StR 325/98; kritisch: Thomas Fischer, StGB: Strafgesetzbuch und Nebengesetze, §253 Rn. 8 ff.
1073 BGH, Urteil vom 11.11.1998 - 5 StR 325/98
1074 BGH, Urteil vom 28.10.2010 - 4 StR 402/10
1075 BGH, Beschluss vom 13.1.1983 - 1 StR 737/81
1076 vgl. BGH, Urteil vom 11.11.1998 - 5 StR 325/98
1077 BGH, Urteil vom 10.07.1957 - 4 StR 5/57; BGH, Urteil vom 13.05.1952 - 1 StR 670/51
1078 OLG Braunschweig, Beschluss vom 23.02.2010 - Ws 17/10: Hinsichtlich der Frage, ob ein Kassenarzt als Beauftragter des geschäftlichen Betriebes einer Krankenkasse anzusehen ist, gehen die Meinungen auseinander.
1079 BGH, Urteil vom 13.05.1952 - 1 StR 670/51
1080 Pragal, NStZ 2005, 133; Thomas Fischer, StGB: Strafgesetzbuch und Nebengesetze, §299 m.w.N.
1081 z.B. LSG Hessen, Urteil vom 03.05.1972 - L 7 Ka 545/71
1082 SG Marburg, Urteil vom 29.04.2009 - S 12 KA 835/08; SG Marburg, Urteil vom 13.12.2006 - S 12 KA 797/06; OLG Hamm, Urteil vom 24.01.2001 - 3 U 107/00
1083 Gaisbauer, VersR 1997, 274
1084 vgl. BGH, Urteil vom 18.06.2003 - 5 StR 489/02; Thomas Fischer, StGB: Strafgesetzbuch und Nebengesetze, §299 m.w.N. und Schönke/Schröder, Strafgesetzbuch: Kommentar, §299 m.w.N.
1085 Schönke/Schröder, Strafgesetzbuch: Kommentar, §299 Rn. 14 m.w.N. und Verweis auf §331 StGB
1086 Schönke/Schröder, Strafgesetzbuch: Kommentar, §299 Rn. 9 m.w.N.
1087 BGH, Beschluss vom 14.07.2010 - 2 StR 200/10; BGH, Urteil vom 18.06.2003 - 5 StR 489/02
1088 BGH, Urteil vom 27.10.1960 - 2 StR 177/60
1089 Thomas Fischer, StGB: Strafgesetzbuch und Nebengesetze, §299 Rn. 15
1090 OLG Köln, Beschluss vom 3.6.2002 - 11 W 13/02
1091 LSG Hamburg, Urteil vom 17.3.2010 - L 2 KA 37/07: Disziplinarmaßnahme wegen Retrozessionen
1092 BSG, Urteil vom 20.10.2004 - B 6 KA 67/03
1093 siehe auch Kapitel „Vertragszahnarzt" bzgl. Zulassungsentzug
1094 BSG, Urteil vom 20.10.2004 - B 6 KA 67/03
1095 LSG Niedersachsen-Bremen, Urteil vom 11.08.2004 - L 3 KA 25/04 ER: Rn. 101
1096 LSG Niedersachsen-Bremen, Urteil vom 11.08.2004 - L 3 KA 25/04 ER
1097 BGH, Urteil vom 16.11.2006 - 3 StR 204/06
1098 vgl. BGH, Urteil vom 27.4.2004 - 5 StR 165/03 27.04.2004 - 5 StR 165/03
1099 BGH, Beschluss vom 07.09.2011 - 1 StR 343/11
1100 OVG Lüneburg, Beschluss vom 18.4.2012 - 8 LA 6/11: kein signifikanter Unterschied des Streitsujets hier zum Abrechnungsbetrug beim Kickback
1101 OLG Saarland, Urteil vom 21.04.1999 - 1 U 615/98; OLG Zweibrücken, Urteil vom 20.11.2001 - 5 U 20/01; OLG München, Urteil vom 01.02.2006 - 1 U 4756/05
1102 OLG Frankfurt, Urteil vom 22.4.2010 - 22 U 153/08
1103 AG Bremen, Urteil vom 26.04.2007 - 21 C 223/05, 21 C 0223/05; OLG Köln, Urteil vom 01.07.1996 - 5 U 196/95
1104 OLG Frankfurt, Urteil vom 22.4.2010 - 22 U 153/08; BGH, Urteil vom 29.3.2011 - VI ZR 133/10
1105 BGH, Urteil vom 20.07.2005 - VIII ZR 275/04
1106 Palandt, Bürgerliches Gesetzbuch: BGB, Vorbemerkung vor §249 Rn. 32, §281 Rn. 23
1107 Palandt, Bürgerliches Gesetzbuch: BGB, §256 Rn. 1
1108 Alpmann, Brockhaus Studienlexikon Recht: Aufwendung
1109 BGH, Urteil vom 29.3.2011 - VI ZR 133/10
1110 BGH, Urteil vom 29.3.2011 - VI ZR 133/10
1111 Palandt, Bürgerliches Gesetzbuch: BGB, §812 Rn. 26
1112 Schütz/Dopheide, VersR 2006, 1440
1113 BGH, Urteil vom 17.06.1992 - XII ZR 253/90; vgl. BGH, Urteil vom 17.01.1975 - V ZR 105/73
1114 Schütz/Dopheide, VersR 2006, 1440; OLG Frankfurt, Urteil vom 22.4.2010 - 22 U 153/08
1115 BGH, Urteil vom 15.01.1981 - III ZR 19/80
1116 BGH, Beschluss vom 15.12.1975 - X ZR 52/73
1117 OLG Nürnberg, Urteil vom 16.7.2004 - 5 U 2383/03
1118 Palandt, Bürgerliches Gesetzbuch: BGB §281 Rn. 44
1119 OLG Koblenz, Beschluss vom 18.6.2009 - 5 U 319/09
1120 BGH, Urteil vom 21.12.2005-VIII ZR 49/05
1121 BGH, Urteil vom 19.10.2007 - V ZR 211/06
1122 Münchener Kommentar zum Bürgerlichen Gesetzbuch, Bd. 2a: Schuldrecht Allgemeiner Teil (§§241-432 BGB), §280 Rn. 12 ff.
1123 BGH, Urteil vom 23.2.2005 - VIII ZR 100/04
1124 OLG Koblenz, Beschluss vom 18.6.2009 - 5U 319/09
1125 Weber-Grellet, Bilanzsteuerrecht, Rn. 182
1126 Weber-Grellet, Bilanzsteuerrecht, Rn. 188
1127 Weber-Grellet, Bilanzsteuerrecht, Rn. 187
1128 Schmidt, Kommentar zum EStG, §5 EStG Rn. 362
1129 FG Hessen, Urteil vom 25.02.2003 - 11 K 1474-1475/02, 11 K 1474/02, 11 K 1475/02, Rückstellungen für sachlich-rechnerische Berichtigungen: Diese Grundsätze gelten auch für Verpflichtungen, die sich aus dem öffentlichen Recht ergeben, und zwar unabhängig davon, ob es sich um eine Geld- oder Sachleistungsverpflichtung handelt.
1130 Weber-Grellet, Bilanzsteuerrecht, Rn. 188
1131 BFH, Urteil vom 23.10.1996 - I R 71/95
1132 BFH, Urteil vom 1.8.1984 - IR 88/80; FG Thüringen, Urteil vom 8.11.2000 - III 163/99; FG München, Urteil vom 29.01.1999 - 7 K 439/97; FG Hessen, Urteile vom 25.02.2003 - 11 K 1474-1475/02, 11 K 1474/02, 11 K 1475/02
1133 BFH, Urteil vom 1.8.1984 - IR 88/80; FG Thüringen, Urteil vom 8.11.2000 - III 163/99; ebenso FG München, Urteil vom 29.01.1999 - 7 K 439/97: zu Rückstellungen eines Hörgeräteakustikers
1134 FG Hessen, Urteile vom 25.02.2003 - 11 K 1474-1475/02, 11 K 1474/02, 11 K 1475/02
1135 BFH, Urteil vom 9.2.1993 - VIII R 21/92
1136 FG Hessen, Urteile vom 25.02.2003 - 11 K 1474-1475/02, 11 K 1474/02, 11 K 1475/02
1137 BFH, Urteil vom 19.10.2005 - XI R 64/04
1138 BFH, Urteil vom 19.10.2005 - XI R 64/04
1139 BFH, Urteil vom 19.8.1998 - X R 8/96
1140 Nds. Finanzgericht, Urteil vom 14.12.2007 - 2 K 224/07
1141 BFH, Urteil vom 19.10.2005 - XI R 64/04
1142 Weber-Grellet, Bilanzsteuerrecht, Rn. 189
1143 Weber-Grellet, Bilanzsteuerrecht, Rn. 189
1144 Weber-Grellet, Bilanzsteuerrecht, Rn. 189
1145 BFH, Urteil vom 19.8.1998 - X R 8/96
1146 Weber-Grellet, Bilanzsteuerrecht, Rn. 190
1147 Schmidt, Kommentar zum EStG, §5 EStG Rn. 386
1148 Nds. FG, Urteil vom 14.12.2007 - 2 K 224/07: simplifizierter Sachverhalt; Zitate entstammen im Folg. dem Urteil des Nds. Finanzgerichts; Belegstellen anderen Ursprungs werden explizit als solche gekennzeichnet.

1149 BFH, Beschluss vom 6.5.2003 – VIII B 163/02
1150 BVerwG, Urteil vom 14.4.1983 – 3 C 8/82; OVG Berlin-Brandenburg, Beschluss vom 6.10.2008 – 2 N 129.07
1151 SG Marburg, Urteil vom 10.3.2011 – S 12 KA 26/11 ER
1152 BSG, Urteil vom 14.12.2005 – B 6 KA 17/05 R
1153 BSG, Urteil vom 29.11.2006 – B 6 KA 39/05 R; LSG Baden-Württemberg, Urteil vom 29.4.2009 – L 5 KA 3455/08; LSG NRW, Urteil vom 13.12.2006 – L 11 KA 59/06
1154 LSG NRW, Beschluss vom 17.3.2010 – L 11 B 25/09 KA ER: dezidierte Auseinandersetzung mit einem Quartalsabrechnungsbescheid, wobei auf die laxe Tenorierung bezüglich der Festsetzung eingegangen wird
1155 LSG Bayern, Urteil vom 29.9.2004 – L 3 KA 504/02
1156 LSG Bayern, Urteil vom 29.09.2004 – L 3 KA 522/01 Rn. 29: Zahnarzt erhob kombinierte Anfechtungs- und Verpflichtungsklage ggü. sachlich-rechnerischer Berichtigung
1157 BSG, Urteil vom 5.11.2008 – B 6 KA 1/08 R; SG Marburg, Urteil vom 7.7.2010 – S 12 KA 633/09; LSG Bayern, Urteil vom 29.9.2004 – L 3 KA 515/01 Rn. 29; siehe auch § 19 BMV-Z bzw. § 17 EKV-Z, die auch die Befugnis zur Berichtigung, also Aufhebung, gaben. **Für die Ärzte**: § 45 Abs. 2 S. 1 BMV-Ä, § 34 Abs. 4 S. 1, 2 EKV-Ä. Einzelne Verordnungen und Verträge finden sich unter: http://www.kzbv.de/vertraege-abkommen.70.de.html
1158 BSG, Urteil vom 29.11.2006 – B 6 KA 39/05 R; LSG Baden-Württemberg, Urteil vom 29.4.2009 – L 5 KA 3455/08
1159 BSG, Urteil vom 29.11.2006 – B 6 KA 39/05 R
1160 SG Marburg, Urteil vom 22.02.2012 – S 12 KA 9/11
1161 LSG Baden-Württemberg, Urteil vom 29.4.2009 – L 5 KA 3455/08
1162 LSG NRW, Urteil vom 8.10.2003 – L 11 KA 14/03 Rn. 33 f.
1163 LSG Bayern, Urteil vom 29.09.2004 – L 3 KA 522/01: Nachholung ordnungsgemäßer Begründung einer sachlich-rechnerischen Berichtigung (ggü. Zahnarzt) in Widerspruchsbescheid; LSG Bayern, Urteil vom 29.9.2004 – L 3 KA 515/01
1164 BSG, Urteil vom 8.2.2006 – B 6 KA 12/05 R; LSG Bayern, Urteil vom 29.04.2004 – L 3 KA 504/02; LSG Bayern, Urteil vom 29.09.2004 – L 3 KA 522/01 Rn. 21
1165 LSG Baden-Württemberg, Urteil vom 29.4.2009 – L 5 KA 3455/08
1166 LSG Bayern, Urteil vom 29.04.2004 – L 3 KA 504/02
1167 LSG Bayern, Urteil vom 29.09.2004 – L 3 KA 515/01
1168 SG Marburg, Urteil vom 22.2.2012 – S 12 KA 9/11
1169 SG Marburg, Urteil vom 22.2.2012 – S 12 KA 9/11
1170 LSG Bayern, Urteil vom 7.7.2004 – L 3 KA 510/02 Rn. 23
1171 LSG Hessen, Urteil vom 11.8.2010 – L 4 KA 94/09; BSG, Urteil vom 5.11.2008 – B 6 KA 1/08 R; LSG Baden-Württemberg, Urteil vom 29.4.2009 – L 5 KA 3455/08
1172 LSG Bayern, Urteil vom 7.7.2004 – L 3 KA 510/02 Rn. 25
1173 SG Marburg, Urteil vom 7.9.2011 – S 10 KA 913/09
1174 LSG Bayern, Urteil vom 29.09.2004 – L 3 KA 522/01; LSG Bayern, Urteil vom 29.9.2004 – L 3 KA 515/01
1175 LSG Baden-Württemberg, Urteil vom 29.4.2009 – L 5 KA 3455/08
1176 LSG Baden-Württemberg, Urteil vom 29.4.2009 – L 5 KA 3455/08
1177 LSG Bayern, Urteil vom 29.9.2004 – L 3 KA 515/01 Rn. 29; LSG Baden-Württemberg, Urteil vom 29.4.2009 – L 5 KA 3455/08
1178 LSG Baden-Württemberg, Urteil vom 29.4.2009 – L 5 KA 3455/08
1179 BSG, Urteil vom 5.11.2008 – B 6 KA 1/08 R
1180 LSG NRW, Urteil vom 26.01.2005 – L 11 KA 172/03
1181 LSG Bayern, Urteil vom 7.7.2004 – L 3 KA 506/01
1182 BSG, Urteil vom 5.11.2008 – B 6 KA 1/08 R; LSG NRW, Urteil vom 26.01.2005 – L 11 KA 172/03
1183 BSG, Urteil vom 5.11.2008 – B 6 KA 1/08 R
1184 BSG, Urteil vom 5.11.2008 – B 6 KA 1/08 R
1185 LSG Niedersachsen-Bremen, Urteil vom 23.3.2005 – L 3 KA 160/03; siehe auch LSG Bayern, Urteil vom 29.09.2004 – L 3 KA 522/01 Rn. 29: unzulässige Mehrfachabrechnung von Leistungen nach der BEMA- Nr. 54 b und c, die während des verwaltungsgerichtlichen Verfahrens eine Neufassung erfuhren, was dem klagenden Zahnarzt nicht mehr zugute kam; LSG Bayern, Urteil vom 29.9.2004 – L 3 KA 515/01 Rn. 28
1186 BSG, Urteil vom 17.03.2010 – B 6 KA 13/09 R
1187 LSG Berlin-Brandenburg, Beschluss vom 9.9.2009 – L 7 KA 61/09 B ER: Auf gleicher Augenhöhe befindet sich diese Parallel-Entscheidung, die allerdings für Ärzte ergangen ist. Danach erfordert die Abrechnung der Nr. 03120 EBM-Ä 2005 („Beratung, Erörterung und/oder Abklärung, Dauer mindestens 10 Minuten") die höchstpersönliche Leistungserbringung durch einen Arzt.
1188 LSG Bayern, Urteil vom 09.11.2005 – L 3 KA 5012/04
1189 LSG Bayern, Urteil vom 23.09.1998 – L 12 KA 518/97: ansonsten muss der Zahnarzt mit Disziplinarmaßnahmen rechnen; zu den Vor. eines sonstigen Schadens
1190 EGMR, Urteil vom 11.06.2009 – 17878/04
1191 Meyer-Ladewig, Europäische Menschenrechtskonvention, Art. 6 Rn. 131, 137
1192 vgl. BGH, Urteil vom 26.7.2007 – 3 StR 104/07
1193 BGH, Urteil vom 29.4.2009 – 1 StR 701/08
1194 EGMR, Urteil vom 5.11.2002 – 48539/99
1195 SG Marburg, Urteil vom 7.9.2011 – S 10 KA 913/09
1196 SG Marburg, Urteil vom 7.9.2011 – S 10 KA 913/09
1197 LSG Bayern, Urteil vom 7.7.2004 – L 3 KA 510/02 Rn. 25
1198 LSG NRW, Urteil vom 13.12.2006 – L 11 KA 59/06
1199 LSG NRW, Urteil vom 13.12.2006 – L 11 KA 59/06
1200 LSG NRW, Urteil vom 13.12.2006 – L 11 KA 59/06
1201 LSG NRW, Urteil vom 13.12.2006 – L 11 KA 59/06
1202 LSG Bayern, Urteil vom 29.9.2004 – L 3 KA 504/02; LSG Bayern, Urteil vom 29.9.2004 – L 3 KA 515/01; LSG Bayern, Urteil vom 7.7.2004 – L 3 KA 506/01
1203 BVerwG, Urteil vom 26.08.1999 – 3 C 17.98
1204 LSG Bayern, Beschluss vom 3.3.2005 – L 3 B 467/03 KA ER
1205 BSG, Urteil vom 14.12.2005 – B 6 KA 17/05 R
1206 LSG Bayern, Urteil vom 7.7.2004 – L 3 KA 506/01
1207 LSG Bayern, Urteil vom 29.9.2004 – L 3 KA 515/01 Rn. 32, 33
1208 LSG Baden-Württemberg, Urteil vom 29.4.2009 – L 5 KA 3455/08
1209 LSG Baden-Württemberg, Urteil vom 29.4.2009 – L 5 KA 3455/08
1210 BSG, Urteil vom 29.11.2006 – B 6 KA 39/05R
1211 LSG Niedersachsen-Bremen, Urteil vom 23.03.2005 – L 3 KA 160/03
1212 LSG Niedersachsen-Bremen, Urteil vom 23.03.2005 – L 3 KA 160/03
1213 LSG Bayern, Urteil vom 29.04.2004 – L 3 KA 504/02; LSG Bayern, Urteil vom 29.09.2004 – L 3 KA 522/01 Rn. 22
1214 LSG NRW, Urteil vom 28.04.2004 – L 11 KA 150/03; LSG NRW, Urteil vom 28.04.2004 – L 11 KA 165/03
1215 BSG, Urteil vom 14.12.2005 – B 6 KA 17/05 R; LSG Baden-Württemberg, Urteil vom 29.4.2009 – L 5 KA 3455/08; LSG Niedersachsen-Bremen, Urteil vom 23.3.2005 – L 3 KA 160/03; LSG Bayern, Urteil vom 29.09.2004 – L 3 KA 522/01 Rn. 22; LSG Bayern, Urteil vom 7.7.2004 – L 3 KA 506/01
1216 LSG Bayern, Urteil vom 29.04.2004 – L 3 KA 504/02; LSG Bayern, Urteil vom 29.09.2004 – L 3 KA 522/01 Rn. 22: Fristbeginn ist nicht an Ablauf des Kalenderjahres gebunden, in dem der Anspruch entstanden ist. Die Frist beginnt mit Bekanntgabe des Quartalsabrechnungsbescheides.
1217 LSG Bayern, Urteil vom 29.09.2004 – L 3 KA 515/01

1218 LSG Niedersachsen-Bremen, Urteil vom 23.03.2005 – L 3 KA 160/03: Das LSG Niedersachsen-Bremen stellt in dieser Entscheidung die Alternativüberlegung an, ob sich an dem zu entscheidenden Sachverhalt etwas ändern würde, wenn man die Ansicht zugrunde legt, dass die Frist erst mit Ablauf des Kalenderjahres beginnt. In diesem Fall kommen aber beide Ansichten zum gleichen Ergebnis; LSG Bayern, Urteil vom 29.09.2004 – L 3 KA 522/01 Rn 23: *„Diese Auffassung* [Fristbeginn an Ablauf des Kalenderjahres gebunden, Anm. des Autors] *vertrat der erkennende Senat in seinem Urteil vom 06.08.2003; daran hält er nicht mehr fest“*; LSG NRW, Urteil vom 28.04.2004 – L 11 KA 150/03: Fristbeginn erst mit Ablauf des Kalenderjahres

1219 LSG Bayern, Urteil vom 29.09.2004 – L 3 KA 522/01 Rn. 24; LSG Niedersachsen-Bremen, Urteil vom 23.03.2005 – L 3 KA 160/03

1220 LSG Niedersachsen-Bremen, Urteil vom 23.03.2005 – L 3 KA 160/03

1221 LSG Bayern, Urteil vom 29.04.2004 – L 3 KA 504/02; LSG Bayern, Urteil vom 29.09.2004 – L 3 KA 522/01 Rn. 32

1222 LSG Niedersachsen-Bremen, Urteil vom 23.03.2005 – L 3 KA 160/03

1223 BSG, Urteil vom 28.03.2007 – B 6 KA 28/06 R; BSG, Urteil vom 14.12.2005 – B 6 KA 17/05 R

1224 LSG Bayern, Urteil vom 29.9.2004 – L 3 KA 504/02

1225 LSG Bayern, Urteil vom 7.7.2004 – L 3 KA 506/01; LSG Bayern, Urteil vom 29.9.2004 – L 3 KA 522/01 Rn. 32

1226 LSG Baden-Württemberg, Urteil vom 29.4.2009 – L 5 KA 3455/08

1227 BSG, Urteil vom 29.11.2006 – B 6 KA 39/05 R; BSG, Urteil vom 14.12.2005 – B 6 KA 17/05 R; LSG Baden-Württemberg, Urteil vom 29.4.2009 – L 5 KA 3455/08; LSG Bayern, Urteil vom 29.9.2004 – L 3 KA 504/02

1228 BSG, Urteil vom 14.12.2005 – B 6 KA 17/05 R

1229 LSG Baden-Württemberg, Urteil vom 29.4.2009 – L 5 KA 3455/08; LSG Bayern, Urteil vom 29.9.2004 – L 3 KA 522/01 Rn. 31; LSG Bayern, Urteil vom 7.7.2004 – L 3 KA 506/01

1230 LSG NRW, Urteil vom 8.10.2003 – L 11 KA 14/03 Rn. 29

1231 LSG Bayern, Urteil vom 29.9.2004 – L 3 KA 522/01 Rn. 32; LSG Baden-Württemberg, Urteil vom 29.4.2009 – L 5 KA 3455/08

1232 BSG, Urteil vom 14.12.2005 – B 6 KA 17/05 R; LSG Baden-Württemberg, Urteil vom 29.4.2009 – L 5 KA 3455/08: Die Kassenärztliche Vereinigung unterlässt es, bei der Erteilung des Honorarbescheids auf ihr bekannte Ungewissheiten hinsichtlich der Grundlagen der Honorarverteilung hinzuweisen und ruft dadurch schützenswertes Vertrauen bei den Vertragsärzten hervor.

1233 BSG, Urteil vom 14.12.2005 – B 6 KA 17/05 R

1234 LSG Bayern, Urteil vom 29.9.2004 – L 3 KA 522/01 Rn 34; LSG Bayern, Urteil vom 29.9.2004 – L 3 KA 504/02

1235 LSG Bayern, Urteil vom 29.9.2004 – L 3 KA 515/01 Rn. 33

1236 vgl. auch LSG Bayern, Urteil vom 29.9.2004 – L 3 KA 504/02 Rn. 30

1237 LSG Bayern, Urteil vom 7.7.2004 – L 3 KA 506/01

1238 BSG, Urteil vom 14.12.2005 – B 6 KA 17/05 R

1239 LSG Baden-Württemberg, Urteil vom 29.4.2009 – L 5 KA 3455/08

1240 LSG Bayern, Urteil vom 29.9.2004 – L 3 KA 522/01 Rn. 30

1241 LSG Baden-Württemberg, Urteil vom 29.4.2009 – L 5 KA 3455/08

1242 BSG, Urteil vom 14.12.2005 – B 6 KA 17/05 R

1243 Hauck/Noftz, Gesetzliche Krankenversicherung: SGB V, § 106a Rn. 33

1244 LSG Baden-Württemberg, Urteil vom 29.4.2009 – L 5 KA 3455/08

1245 LSG Baden-Württemberg, Urteil vom 29.4.2009 – L 5 KA 3455/08

1246 LSG Bayern, Urteil vom 29.9.2004 – L 3 KA 522/01 Rn. 30

1247 LSG NRW, Urteil vom 8.10.2003 – L 11 KA 14/03 Rn. 19, 31

1248 LSG NRW, Urteil vom 8.10.2003 – L 11 KA 14/03 Rn. 19

1249 LSG NRW, Urteil vom 8.10.2003 – L 11 KA 14/03 Rn. 32

1250 LSG Bayern, Urteil vom 29.9.2004 – L 3 KA 515/01; LSG Bayern, Urteil vom 29.09.2004 – L 3 KA 522/01 Rn. 26

1251 BVerwG, Urteil vom 28.05.2009 – 7 C 13.08; OVG NRW, Beschluss vom 18.06.2008 – 19 B 870/08; OVG NRW, Beschluss vom 26.05.2009 – 18 E 1230/08; OVG Hamburg, Urteil vom24.03.2009 – 3 Bf 166/04

1252 LSG Bayern, Urteil vom 29.9.2004 – L 3 KA 515/01 Rn. 26; LSG Bayern, Urteil vom 29.09.2004 – L 3 KA 522/01 Rn. 28

1253 LSG NRW, Urteil vom 8.10.2003 – L 11 KA 14/03; LSG Bayern, Urteil vom 29.9.2004 – L 3 KA 522/01 Rn. 32

1254 BSG, Urteil vom 14.12.2005 – B 6 KA 17/05 R; LSG NRW, Urteil vom 8.10.2003 – L 11 KA 14/03 Rn. 33

1255 LG Hessen, Urteil vom 11.8.2010 – L 4 KA 94/09

1256 BSG, Urteil vom 29.11.2006 – B 6 KA 39/05 R; LSG Bayern, Beschluss vom 3.3.2005 – 3 B 467/03 KA ER

1257 SG Marburg, Urteil vom 22.02.2012 – S 12 KA 9/11

1258 LSG NRW, Urteil vom 13.12.2006 – L 11 KA 59/06

1259 LSG Bayern, Urteil vom 29.09.2004 – L 3 KA 522/01; LSG Bayern, Urteil vom 29.9.2004 – L 3 KA 515/01 Rn. 28

1260 LSG Bayern, Urteil vom 29.09.2004 – L 3 KA 522/01

1261 BSG, Urteil vom 14.12.2005 – B 6 KA 17/05 R; BSG, Urteil vom 29.11.2006 – B 6 KA 39/05 R; BSG, Urteil vom 14.12.2005 – B 6 KA 17/05 R; LSG Baden-Württemberg, Urteil vom 29.4.2009 – L 5 KA 3455/08

1262 LSG Baden-Württemberg, Urteil vom 29.4.2009 – L 5 KA 3455/08

1263 Steinhilper MedR 2003, 433 ff.: spricht vom sog. „echten“ Sicherungseinbehalt

1264 LSG NRW, Beschluss vom 6.1.2004 – L 11 B 17/03 KA ER Rn. 41

1265 LSG NRW, Beschluss vom 6.1.2004 – L 11 B 17/03 KA ER Rn. 42

1266 LSG NRW, Beschluss vom 6.1.2004 – L 11 B 17/03 KA ER Rn. 41

1267 LSG NRW, Beschluss vom 17.3.2010 – L 11 B 25/09 KA ER Rn. 20; LSG NRW, Beschluss vom 6.1.2004 – L 11 B 17/03 KA ER Rn. 40

1268 LSG NRW, Beschluss vom 17.3.2010 – L 11 B 25/09 KA ER Rn. 12

1269 LSG NRW, Beschluss vom 6.1.2004 – L 11 B 17/03 KA ER Rn. 39; a. A.: LSG Berlin-Brandenburg, Beschluss vom 21.1.2009 – L 7 B 47/08 KA ER Rn. 2

1270 LSG NRW, Beschluss vom 6.1.2004 – L 11 B 17/03 KA ER Rn. 44

1271 LSG NRW, Beschluss vom 6.1.2004 – L 11 B 17/03 KA ER

1272 LSG Niedersachsen-Bremen, Urteil vom 11.08.2004 – L 3 KA 25/04

1273 Steinhilper MedR 2003, 437; LSG NRW, Beschluss vom 17.3.2010 – L 11 B 25/09 KA ER Rn. 35

1274 Steinhilper MedR 2003, 437

1275 Steinhilper MedR 2003, 437; LSG NRW, Beschluss vom 17.3.2010 – L 11 B 25/09 KA ER Rn. 35; vgl. auch LSG Berlin-Brandenburg, Beschluss vom 21.01.2009 – L 7 B 47/08 KA ER

1276 LSG Niedersachsen-Bremen, Beschluss vom 8.10.2009 – L 3 KA 60/09 B ER

1277 LSG Niedersachsen-Bremen, Beschluss vom 8.10.2009 – L 3 KA 60/09 B ER

1278 siehe bzgl. der Ausnahme die positive Entscheidung des LSG

1279 Nur wenn der Klage kein Widerspruchsverfahren vorausgeht, wird „die aufschiebende Wirkung der Klage“ angeordnet oder wiederhergestellt; wird der Antrag falsch gestellt, kann dies Auswirkungen auf die Zulässigkeit des Annex-Antrags nach § 86 b Abs. 1 S. 2 SGG haben (s. u.)

1280 LSG NRW, Beschluss vom 6.1.2004 – L 11 B 17/03 KA ER: Entscheidung über einstweiligen Rechtsschutz bzgl. Sicherungseinbehalt; LSG Bayern, Urteil vom 29.9.2004 – L 3 KA 515/01

1281 LSG NRW, Beschluss vom 17.3.2010 – L 11 B 25/09 KA ER

1282 LSG NRW, Beschluss vom 17.3.2010 – L 11 B 25/09 KA ER

1283 LSG NRW, Beschluss vom 17.3.2010 – L 11 B 25/09 KA ER

1284 LSG NRW, Beschluss vom 6.1.2004 – L 11 B 17/03 KA ER Rn. 37
1285 LSG NRW, Beschluss vom 17.3.2010 – L 11 B 25/09 KA ER
1286 LSG NRW, Beschluss vom 17.3.2010 – L 11 B 25/09 KA ER Rn. 41
1287 vgl. VGH Mannheim, Beschluss vom 22.02.2010 – 10 S 2702/09
1288 LSG NRW, Beschluss vom 6.1.2004 – L 11 B 17/03 KA ER
1289 LSG NRW, Beschluss vom 6.1.2004 – L 11 B 17/03 KA ER: 3. Leitsatz, Rn. 26
1290 LSG NRW, Beschluss vom 6.1.2004 – L 11 B 17/03 KA ER
1291 LSG NRW, Beschluss vom 6.1.2004 – L 11 B 17/03 KA ER
1292 LSG Niedersachsen-Bremen, Beschluss vom 11.8.2004 – L 3 KA 25/04 ER: vorläufiger Sicherungseinbehalt gegenüber einem Zahnarzt, Retrozessionen
1293 LSG Berlin-Brandenburg, Beschluss vom 21.01.2009 – L 7 B 47/08 KA ER: zum Ausschluss eines Vollzugsfolgenbeseitigungsanspruchs eines Zahnarztes, der gegenüber einem selbstständigen Sicherungseinbehalt erhoben wurde
1294 LSG NRW, Urteil vom 13.2.2008 – L 11 KA 35/06
1295 LSG NRW, Beschluss vom 6.1.2004 – L 11 B 17/03 KA ER
1296 LSG NRW, Urteil vom 13.2.2008 – L 11 KA 35/06
1297 LSG NRW, Urteil vom 13.2.2008 – L 11 KA 35/06
1298 LSG Niedersachsen-Bremen, Urteil vom 11.08.2004 – L 3 KA 25/04 ER
1299 LSG Berlin-Brandenburg, Beschluss vom 21.01.2009 – L 7 B 47/08 KA ER
1300 LSG Niedersachsen-Bremen, Urteil vom 11.08.2004 – L 3 KA 25/04 ER
1301 LSG NRW, Urteil vom 13.2.2008 – L 11 KA 35/06
1302 LSG NRW, Beschluss vom 6.1.2004 – L 11 B 17/03 KA ER
1303 LSG NRW, Beschluss vom 6.1.2004 – L 11 B 17/03 KA ER
1304 LSG NRW, Beschluss vom 6.1.2004 – L 11 B 17/03 KA ER: In diesem Rechtsstreit bezüglich eines Sicherungseinbehalts wurde der Antrag „auf Anordnung der aufschiebenden Wirkung der Klage" gestellt und nicht – wie üblich – „des Widerspruchs".
1305 LSG Berlin-Brandenburg, Beschluss vom 21.01.2009 – L 7 B 47/08 KA ER: Ausschluss eines Beseitigungsanspruchs bezüglich eines vollzogenen Sicherungseinbehalts wegen unzulässiger Rechtsausübung
1306 LSG NRW, Beschluss vom 17.3.2010 – L 11 B 25/09 KA ER
1307 LSG NRW, Beschluss vom 17.3.2010 – L 11 B 25/09 KA ER Rn. 24
1308 LSG NRW, Beschluss vom 17.3.2010 – L 11 B 25/09 KA ER Rn. 21,22
1309 LSG NRW, Beschluss vom 17.3.2010 – L 11 B 25/09 KA ER Rn. 24; Steinhilper MedR 2003, 437: Honorarrückforderung ist ein Unterfall der „Änderung des Honorarbescheids"
1310 Die aufschiebende Wirkung von Widerspruch oder Anfechtungsklage einerseits und die Erfolgsaussichten in der Hauptsache gegenüber einem Sicherungseinbehalt andererseits gleichen sich nicht wie „ein Ei dem anderen". Auch in der Entscheidung des LSG NRW vom 6.1.2004 – L 11 B 17/04 KA ER entfiel die aufschiebende Wirkung nicht nach § 86a Abs. 1 Nr. 4 SGG i.V.m. § 85 Abs. 4 S. 9 SGB V, siehe die dortigen Rn. 38 ff.
1311 vgl. VGH Mannheim, Beschluss vom 22.02.2010 – 10 S 2702/09
1312 bedeutsam für § 85 Abs. 4 S. 9 SGB V
1313 LSG NRW, Beschluss vom 17.3.2010 – L 11 B 25/09 KA ER Rn. 24; Steinhilper MedR 2003, 437 ff.
1314 BGH, Urteil vom 10.10.1994 – II ZR 95/03
1315 BGH, Urteil vom 21.03.2000 – VI ZR 158/99
1316 BGH, Urteil vom 18.03.1993 – IX ZR 198/92: Grundlagen der Sachkunde des Gerichts
1317 BGH, Urteil vom 07.06.1977 – VI ZR 77/76: zur Frage, inwieweit sich der Richter seine Überzeugung unter Verzicht auf Sachverständigenbeweis bei einem ihm nicht von Haus aus vertrauten Sachgebiet durch Benutzung der Fachliteratur bilden darf: Das Recht des Richters, sich Kenntnisse auf einem ihm von Haus aus fremden Fachgebiet aus einschlägiger Fachliteratur zu verschaffen und auf einen Sachverständigenbeweis zu verzichten, findet dort seine Grenze, wo sich das gesuchte Ergebnis nicht unmittelbar aus der Literatur entnehmen lässt, sondern einer Auswertung bedarf, die ihrerseits wieder fachliche Kenntnisse bedarf.
1318 BGH, Urteil vom 02.03.1993 – VI ZR 104/92: Nachweis der richterlichen Sachkunde für die Auswertung medizinischen Schrifttums; BGH, Urteil vom 23.09.1993 – III ZR 107/92: sachverständige Beratung des Gerichts bei der Frage der Suizidgefahr; BGH, Urteil vom 10.05.1994 – VI ZR 192/93: Der Tatrichter muss auf die **Aufklärung von Widersprüchen** zwischen mehreren Sachverständigen wie auch innerhalb eines einzelnen Sachverständigengutachtens hinwirken.
1319 BGH, Urteil vom 11.05.1993 – VI ZR 243/92: Beweiswürdigung widersprüchlicher medizinischer Sachverständigengutachten
1320 BGH, Urteil vom 19.05.1987 – VI ZR 147/86
1321 BGH, Beschluss vom 06.05.2008 – VI ZR 250/07: Einholung eines gerichtlichen Gutachtens trotz Verwertung eines Schlichtungsgutachtens im Wege des **Urkundsbeweises**
1322 BGH, Urteil vom 08.07.2009 – VIII ZR 314/07: zur Erforderlichkeit der Beweiserhebung bei Vorliegen eines vom Gegner bestrittenen Privatgutachtens über die unter Beweis gestellte Tatsache
1323 BGH, Urteil vom 11.05.1993 – VI ZR 243/92: Beweiswürdigung widersprüchlicher medizinischer Sachverständigengutachten
1324 BGH, Urteil vom 10.12.1991 – VI ZR 234/90
1325 BGH, Urteil vom 21.05.2007 – II ZR 266/04
1326 Thomas/Putzo, Zivilprozessordnung: ZPO, Vorbemerkung § 404 Rn. 8
1327 BVerwG, Beschluss vom 06.12.1968 – V B 52.68: Betrauung einer Uni-Klinik mit Erstattung eines ärztlichen Gutachtens; zur Bedeutung des Vermerks „mit Befund und Beurteilung einverstanden"
1328 Scheppokat/Neu VersR 2001, 23
1329 OLG München, Urteil vom 28.04.2010 – 1 U 4579/07
1330 OLG Brandenburg, Beschluss vom 08.01.2003 – 1 W 18/02; Thomas/Putzo, Zivilprozessordnung: ZPO, Vorbemerkung § 406 Rn. 3 m.w..N. bzgl. Ablehnungsgründen
1331 BGH, Beschluss vom 12.01.1982 – VI ZR 41/81; BGH, Urteil vom 13.02.2001 – VI ZR 272/99: Anspruch der sachkundigen Partei auf rechtliches Gehör
1332 OLG Koblenz, Beschluss vom 19.06.2012 – 5 U 1242/11
1333 BGH, Urteil vom 16.01.2001 – VI ZR 408/99
1334 OLG Koblenz, Beschluss vom 31.08.2011 – 5 U 400/11: zur ausreichenden Befunderhebung eines Zahnarztes im Notdienst bei scheinbarer Eindeutigkeit des Röntgenbildes
1335 OLG Koblenz, Beschluss vom 19.06.2012 – 5 U 1242/11
1336 Thomas/Putzo, Zivilprozessordnung: ZPO, Vorbemerkung § 286 Rn. 4
1337 BGH, Urteil vom 28.04.1998 – VI ZR 403/96: Berücksichtigung eines vorliegenden Privatgutachtens bei Widerspruch zum Gerichtsgutachten
1338 BGH, Urteil vom 10.01.1984 – VI ZR 122/82
1339 BGH, Urteil vom 25.10.2002 – V ZR 293/01
1340 BGH, Urteil vom 03.07.2001 – VI ZR 418/99; BGH, Urteil vom 28.05.2002 – VI ZR 42/01
1341 vgl. OLG Nürnberg, Urteil vom 21.12.2007 – 5 U 2308/05 Rn.88: Honorarklage eines Zahnarztes
1342 vgl. OLG Nürnberg, Urteil vom 21.12.2007 – 5 U 2308/05 Rn.88
1343 vgl. OLG Nürnberg, Urteil vom 21.12.2007 – 5 U 2308/05 Rn.88
1344 BGH, Urteil vom 24.6.1975 – VI ZR 72/74, Hamm
1345 OLG Köln, Urteil vom 26.05.1986 – 7 U 77/84
1346 OLG München, Urteil vom 28.04.2010 – 1 U 4579/07
1347 OLG Koblenz, Beschluss vom 29.08.2011 – 5 U 481/11

1348 OLG München, Urteil vom 10.11.2011 – 1 U 306/11

1349 BSG, Urteil vom 22.6.1983 – 6 RKa 10/82

1350 OLG Köln, Beschluss vom 19.09.2011 – 5 U 42/11: „Dass die Beklagte nicht in strafbarer Weise gegen ihre Verschwiegenheitspflicht verstoßen hat, um sich substantiiert gegen die vorliegende Klage zu verteidigen,…; nichts hindert die Beklagte daran, ohne Nennung der Patientennamen, aber in der Sache, insbesondere in Bezug auf die behaupteten Mängel, konkret vorzutragen und, soweit sie Behandlungsunterlagen einreicht, diese etwa durch Schwärzungen zu anonymisieren."

1351 OLG Köln, Beschluss vom 19.09.2011 – 5 U 42/11 (amtlicher Leitsatz)

1352 OLG Hamm, Beschluss vom 22.02.2001 – 2 Ws 9/01

1353 BGH, Urteil vom 10.2.2010 – VIII ZR 53/09

1354 Schönke/Schröder, Strafgesetzbuch, Kommentar, § 203 Rn. 8

1355 OLG Köln, Beschluss vom 30.11.1982 – 3 Ss 126/82: zum Begriff des Anvertrauens; Schönke/Schröder, Strafgesetzbuch, Kommentar, § 203 Rn. 13

1356 Schönke/Schröder, Strafgesetzbuch, Kommentar, § 203 Rn. 14

1357 Otto, wistra 1999, 201; Schönke/Schröder, Strafgesetzbuch, Kommentar, § 203 Rn. 17

1358 OLG Köln, Urteil vom 04.07.2000 – Ss 254/00

1359 Schönke/Schröder, Strafgesetzbuch, Kommentar, § 203 Rn. 18

1360 OLG Köln, Beschluss vom 21.08.2009 – 81 Ss52-53/09; BGH, Urteil vom 11.12.1991 – VIII ZR 4/91

1361 Langkeit, NStZ 1994, 6; Schönke/Schröder, Strafgesetzbuch, Kommentar, § 203 Rn. 20: Kenntnisnahme oder Ingewahrsamnahme des Dokuments erforderlich

1362 OLG Celle, Urteil vom 11.09.2008 – 11 U 88/08

1363 LG Berlin, Beschluss vom 16.6.2004 – 86 T 524/04

1364 BSG, Urteil vom 22.6.1983 6 RKa 10/82

1365 LSG Hessen, Urteil vom 26.9.2007 – L 4 KA 23/05

1366 LSG Saarland, Urteil vom 1.4.1998 – L 3 Ka 19/96; BSG, Urteil vom 22.06.1983 – 6 RKa 10/82: In der Auskunftspflicht des § 368 Abs. 2 S. 2 RVO (aufgehoben) wurde die Offenbarungsbefugnis gesehen. Die Auskunftspflicht bringe zwar nicht ausdrücklich, aber typischerweise die Offenbarung(sbefugnis) mit sich; ebenso BSG, Urteil vom 19.11.1985 – 6 RKa 14/83; LSG Baden-Württemberg, Urteil vom 07.03.2007: zur Disziplinarmaßnahme bei unberechtigter Weigerung zur Vorlage von angeforderten Patientendokumentationen

1367 LSG Berlin-Brandenburg, Urteil vom 23.2.2011 – L 7 KA 19/09 WA

1368 LSG Bayern, Urteil vom 23.9.1998 – L 12 KA 518/97

1369 LSG Saarland, Urteil vom 1.4.1998 – L 3 Ka 19/96

1370 Schönke/Schröder, Strafgesetzbuch, Kommentar, § 203 Rn. 23

1371 BGH, Urteil vom 28.10.1992 – 3 StR 367/92: Zeugnisverweigerungsrecht im Strafverfahren des als Gutachter in einem Zivilverfahren tätig gewesenen Arztes

1372 Schönke/Schröder, Strafgesetzbuch, Kommentar, § 203 Rn. 24 d

1373 OLG Celle, Urteil vom 11.09.2008 – 11 U 88/08

1374 OLG Celle, Urteil vom 11.09.2008 – 11 U 88/08

1375 OLG Köln, Urteil vom 19.12.2011 – 5 U 2/11

1376 vgl. LG Itzehoe, Urteil vom 6.10.1992 – 1 S 81/92: Wirksamkeit einer Honorarabtretung des Krankenhausarztes an den Krankenhausträger

1377 Schönke/Schröder, Strafgesetzbuch, Kommentar, § 203 Rn. 27

1378 Schönke/Schröder, Strafgesetzbuch, Kommentar, § 203 Rn. 33

1379 BGH, Urteil vom 09.10.1951 – 1 StR 159/51

1380 KG Berlin, Urteil vom 9.10.1995 – 12 U 1926/92; die Belegstellen entstammen dieser Entscheidung mangels expliziten anderweitigen Hinweises.

1381 vgl. KG Berlin, Urteil vom 24.2.1998 – 7 U 2476/97

1382 BGH, Urteil vom 17.5.1995 – VIII ZR 94/94

1383 BGH, Urteil vom 06.04.2005 – XII ZR 132/03

1384 KG Berlin, Urteil vom 24.2.1998 – 7 U 2476/97

1385 BGH, Urteil vom 11.10.1995 – VIII ZR 25/94

1386 KG Berlin, Urteil vom 9.10.1995 – 12 U 1926/92

1387 KG Berlin, Urteil vom 24.2.1998 – 7 U 2476/97

1388 BGH, Urteil vom 5.7.2006 – VI ZR 172/05, Änderung der Rechtsprechung: Für den Zeitpunkt der Wertberechnung nach § 818 Abs. 2 BGB ist der Eintritt der Unmöglichkeit maßgeblich.

1389 BGH, Urteil vom 5.7.2006 – VI ZR 172/05

1390 Karsten Schmidt, Handelsrecht, § 6 IV 1

1391 BGH, Urteil vom 5.7.2006 – VI ZR 172/05: Änderung der Rechtsprechung

1392 KG Berlin, Urteil vom 9.10.1995 – 12 U 1926/92

1393 KG Berlin, Urteil vom 9.10.1995 – 12 U 1926/92

1394 KG Berlin, Urteil vom 9.10.1995 – 12 U 1926/92

1395 BGH, Urteil vom 7.1.2003 – V ZR 235/02

1396 Nur so lässt sich die Eventualwiderklage des Beklagten erklären.

1397 vgl. BGH, Urteil vom 5.7.2006 – VIII ZR 172/05: 1. Leitsatz

1398 siehe die Literaturnachweise in den Urteilen

1399 OLG Koblenz, Beschluss vom 15.04.2002 – 10 W 181/02; OLG Köln, Beschluss vom 07.08.2002 – 5 W 98/02: Zulässigkeit in Zahnarzthaftungssachen; OLG Saarland, Beschluss vom 21.02.2011 – 1 W 8/11; OLG Köln, Beschluss vom 28.10.2010 – 5 W 31/10; OLG Köln, Beschluss vom 29.04.2009 – 5 W 3/09: zur Einholung eines zahnmedizinischen-oralchirurgischen Sachverständigengutachtens

1400 OLG Thüringen, Beschluss vom 23.01.2012 – 4 W 32/12

1401 Rinke/Balser, VersR 2009, 188, 188: Dies gilt nur dann, wenn man der Ansicht von Rinke/Balser folgt und ein selbstständiges Beweisverfahren bei Streit über die medizinische Notwendigkeit einer vorgesehenen Heilbehandlung für zulässig hält

1402 Thomas/Putzo, Zivilprozeßordnung: ZPO, § 485 m.w.N.

1403 OLG Karlsruhe, Beschluss vom 11.01.2002 – 13 W 178/01

1404 OLG Frankfurt, Beschluss vom 15.02.2010 – 8 W 7/10: Ablehnung eines zahnärztlichen Sachverständigen

1405 OLG Koblenz, Beschluss vom 04.04.2005 – 5 W 159/05

1406 siehe auch Kapitel „Rückstellungen"

1407 Volker Kreft, Einkommensteuerrecht, S. 128 f.

1408 FG Rheinland-Pfalz, Urteil vom 14.07.2011 – 6 K 2137/10

1409 BFH, Beschluss vom 21.09.2009 – GrS 1/06

1410 BFH, Beschluss vom 24.04.2007 – XI B 35/06

1411 BFH, Urteil vom 7.4.2005 – IV R 43/03

1412 BFH, Urteil vom 12.10.2004 – V R 54/03

1413 BFH, Urteil vom 16.12.2004 – IV R 3/03: Gründung einer Gemeinschaftspraxis, wobei der klagende Zahnarzt seine Einzelpraxis ohne Labor in die Gemeinschaftspraxis einbrachte; Vergünstigung nach § 34 Abs. 1 EStG (in der im Streitjahr geltenden Fassung) war nicht zu gewähren

1414 BFH, Urteil vom 24.09.2004 – V B 177/02: Kläger führte zunächst eine Einzelpraxis und schloss sich dann mit Kollegen zusammen. Praxisräume und Praxiseinrichtungen sollten gemeinsam genutzt werden und Betriebskosten geteilt werden.

1415 BFH, Urteil vom 29.07.2004 – IV B 232/02

1416 OLG Düsseldorf, Urteil vom 8.7.2005 – I-23 U 17/0 5, 23 U 17/05

1417 LG München II, Urteil vom 08.11.1983 – 2 S 1327/83; LG Osnabrück, Urteil vom 2.4.2008 – 2 S 446/07

1418 AG Bremen, Urteil vom 09.02.2012 - 9 C 0566/11, 9 C 566/11

1419 AG Burgdorf, Urteil vom 15.10.1984 – 3 C 204/84

1420 AG Bremen, Urteil vom 09.02.2012 – 9 C 0566/11, 9 C 566/11

1421 AG Bremen, Urteil vom 09.02.2012 – 9 C 0566/11, 9 C 566/11

1422 LG Konstanz, Urteil vom 27.05.1994 – 1 S 237/93: Vergütungsanspruch des

Kieferorthopäden; AG Nettetal, Urteil vom 12.09.2006 – 17 C 71/03; Poelzig, VersR 2007, 1608; Schinnenburg, MDR 2008, 837

1423 AG Mannheim, Urteil vom 15.12.2006 – 12 C 40/06

1424 AG Mannheim, Urteil vom 15.12.2006 – 12 C 40/06

1425 OLG Stuttgart, Urteil vom 17.4.2007 – 1 U 154/06

1426 BGH-GSZ, Beschluss vom 9.7.1986 – GSZ 1/86

1427 BGH, Urteil vom 11.05.1989 – VII ZR 39/88: zur Auslegung einer Klausel, die im Gewährleistungsfall u. a. „entgangenen Gewinn" ausschließt

1428 BGH, Urteil vom 10.10.1990 – VIII ZR 296/89: zum Anspruch des Klägers auf entgangenen Gewinn, weil ein Zahlungsverzug des Beklagten den Kläger zur fristlosen Kündigung veranlasste

1429 vgl. BGH, Urteil vom 22.10.1999 – V ZR 401/98

1430 LG Osnabrück, Urteil vom 2.4.2008 – 2 S 446/07

1431 AG Bremen, Urteil vom 09.02.2012 – 9 C 0566/11, 9 C 566/11

1432 AG Nettetal, Urteil vom 12.9.2006 – 17 C 71/03

1433 OLG Karlsruhe, Urteil vom 04.08.1997 – 6 W 64/97; OLG Karlsruhe, Urteil vom 12.04.1989 – 6 U 198/88

1434 OLG Hamm, Urteil vom 09.06.2009 – 4 U 70/09

1435 OLG Hamm, Urteil vom 09.06.2009 – 4 U 70/09

1436 BGH, Urteil vom 21.2.2002 – I ZR 281/99

1437 OLG Düsseldorf, Urteil vom 07.09.2010 – I-20 U 52/10

1438 OLG Hamm, Urteil vom 09.06.2009 – 4 U 70/09

1439 OLG Düsseldorf, Urteil vom 22.10.2002 – 20 U 89/02, I-20 U 89/02

1440 vgl. OLG Hamm, Urteil vom 24.03.2009 – 4 U 195/08, irreführende Werbung: Bezeichnung einer Zahnarztpraxis als Ärztegemeinschaft in den „Gelben Seiten" im Internet; OLG Hamm, Urteil vom 7.6.2005 – 4 U 34/05: „Die Klägerin ist nach § 13 Abs. 2 Nr. 2 UWG a. F. und damit auch nach § 8 Abs. 3 Nr. 2 UWG als berufsständische Vertretung der Zahnärzte berechtigt, Wettbewerbsverstöße zu verfolgen, die von ihren Mitgliedern oder von deren Wettbewerbern begangen werden. Der Beklagte ist Mitglied der Klägerin."

1441 BGH, Urteil vom 16.1.1992 – I ZR 84/90

1442 BGH, Urteil vom 1.4.1993 – I ZR 136/91: bedingte Unterwerfung

1443 LG Ingolstadt, Urteil vom 04.12.2007 – 1 HK O 507/07

1444 BGH, Urteil vom 15.4.1999 – I ZR 83/97

1445 BGH, Urteil vom 15.4.1999 – I ZR 83/97

1446 BGH, Urteil vom 08.07.1993 – I ZR 174/91

1447 BGH, Urteil vom 31.5.2001 - 1 ZR 106/99: Aufgabe der Berühmung

1448 BGH, Urteil vom 14.11.2002 – VII ZR 23/02; BGH, Urteil vom 27.06.1957 – II ZR 15/56

1449 OLG Frankfurt, Urteil vom 14.04.2005 – 6 U 111/04: Durchführung einer gewerblichen Diät- und Ernährungsberatung in einer Arztpraxis in Hessen; Mitstörerhaftung des Produkteanbieters

1450 LG Karlsruhe, Urteil vom 23.09.2003 – 2 O 384/02: wettbewerbswidriges Anbieten von Preisen für Laboruntersuchungen unterhalb der EBM-Sätze durch den ärztlichen Betreuer einer Laborgemeinschaft niedergelassener Ärzte

1451 OLG München, Urteil vom 14.5.1992 – 29 U 6372/91: § 3 UWG (a. F.) [jetzt: § 5 UWG] schützt nämlich nicht nur den Wettbewerber, sondern auch die Allgemeinheit. Die Einrede der „unclean-hands" greift schon deshalb nicht durch.

1452 WRP 1987, 439

1453 OLG Hamm, Urteil vom 13.07.2010 – I-4 U 21/10;

1454 BGH, Urteil vom 23.11.2000 – I ZR 93/98: rechtsmissbräuchliche Geltendmachung des markenrechtlichen Ausschließlichkeitsrechts

1455 BGH, Urteil vom 17.11.2005 – I ZR 300/02: rechtsmissbräuchliche Anspruchsverfolgung gegen mehrere durch denselben Anwalt vertretene Unterlassungsschuldner in getrennten Verfügungsverfahren; BGH, Urteil vom 06.4.2000 – I ZR 294/97: Impfstoffversand an Ärzte

1456 BGH, Urteil vom 25.2.1992 – X ZR 41/90

1457 LG Osnabrück, Urteil vom 24.06.2011 – 15 O 548/10: wettbewerbswidrige Verweisung eines Patienten durch einen Arzt an einen Hörgeräteakustiker

1458 OLG Karlsruhe, Urteil vom 23.06.1993 – 6 U 184/92

1459 BGH, Urteil vom 03.11.1988 – I ZR 231/86

1460 BGH, Urteil vom 22.12.1961 – I ZR 152/59

1461 BT- Drs 15/2795, Begr. zu § 3, S. 43

1462 Eisenmann/Jautz, Grundriss Gewerblicher Rechtsschutz und Urheberrecht, S. 156 f.: Es handelt sich um eine Konkretisierung der Legaldefinition in § 2 Abs. 1 Ziff. 1 UWG.

1463 BVerfG, Beschluss vom 8.12.2010 - 1 BvR 1287/08

1464 LG Bochum, Urteil vom 03.05.2007 – 14 O 21/07

1465 LG Frankfurt, Urteil vom 29.09.2006 – 3-12 O 205/06: Bewerben ist zulässig.

1466 OLG Köln, Urteil vom 22.11.2002 – 6 U 77/02

1467 Eisenmann/Jautz, Grundriss Gewerblicher Rechtsschutz und Urheberrecht, S. 167

1468 Eisenmann/Jautz, Grundriss Gewerblicher Rechtsschutz und Urheberrecht, S. 169

1469 OLG Karlsruhe, Urteil vom 09.07.2009 – 4 U 169/07

1470 LG Bonn, Urteil vom 21.04.2011 – 14 O 184/10: unzulässige Bewerbung von Zahnimplantaten zum Pauschalpreis

1471 Eisenmann/Jautz, Grundriss Gewerblicher Rechtsschutz und Urheberrecht, S. 209

1472 Eisenmann/Jautz, Grundriss Gewerblicher Rechtsschutz und Urheberrecht, S. 210: Die Norm muss mindestens eine sekundär wettbewerbsbezogene Schutzfunktion aufweisen.

1473 BGH, Urteil vom 18.03.2010 – I ZR 172/08: die Führung des von einer österreichischen Universität verliehenen Grades „Master of Science Kieferorthopädie" verstößt nicht gegen §§ 33, 35 Abs. 1 HeilberufsG NRW; vgl. auch LG Ingolstadt, Urteil vom 07.12.2007 – 1 HK O 507/07

1474 LG Bielefeld, Urteil vom 20.10.2006 – 17 O 100/06

1475 LG Bonn, Urteil vom 21.04.2011 – 14 O 184/10

1476 Creifelds, Rechtswörterbuch, Standesrecht

1477 BVerfG, Beschluss vom 09.05.1972 – 1 BvR 518/62

1478 LG Düsseldorf, Urteil vom 15.06.2005 – 12 O 366/04

1479 LG Bielefeld, Urteil vom 20.10.2006 – 17 O 100/06

1480 BGH, Urteil vom 9.7.1998 – I ZR 72/96

1481 OLG Hamm, Urteil vom 09.06.2009 – 4 U 70/09

1482 LG Flensburg Kammer für Handelssachen, Beschluss vom 4.3.2009 – 6 O 30/09

1483 BGH, Urteil vom 24.03.2011 – III ZR 69/10; vgl. auch BVerfG, Beschluss vom 8.12.2010 – 1 BvR 1287/08: Berufsgerichtlicher Verweis wg. Teilnahme an einem dem Preisvergleich dienenden Internetportal ist Eingriff in Art. 12 GG, der verfassungsrechtlich nicht gerechtfertigt ist.

1484 BGH, Urteil vom 22.01.1986 – VIII ZR 10/85: Ein zwischen 2 Ärzten geschlossener Vertrag, in dem sich die eine Vertragspartei als Gegenleistung für die Überlassung einer Patientenkartei dazu verpflichtet, die in seiner Praxis anfallenden zytologischen Abstriche durch den andern Vertragspartner bearbeiten zu lassen, verstößt gegen § 18 BerufsO für die nordrheinischen Ärzte und damit gegen ein gesetzliches Verbot i.S.d. § 134 BGB. Der auf Vertragserfüllung gerichteten Klage konnte auch nicht mit der Erwägung zum Erfolg verholfen werden, dass der Beklagte den Vorteil des nichtigen Geschäfts in Anspruch genommen hat und sich treuwidrig verhielte, wenn er nunmehr die von ihm übernommene Leistung verweigert. Das kann jedenfalls nicht dazu führen, dass der Gegner des treuwidrig Handelnden die verbotene Vornahme der Leistungshandlung verlangen kann.

1485 LG Bonn, Urteil vom 21.04.2011 – 14 O 184/10
1486 OLG Frankfurt, Urteil vom 01.03.2012 – 6 U 264/10: zum Zahnbleaching und zur Zahnreinigung mit Wasserpulverstrahlgerät durch Zahnärzte, zahnmedizinische Fachassistenten bzw. Dentalhygieniker
1487 BGH, Urteil vom 21.2.1991 – I ZR 106/89
1488 BGH, Urteil vom 15.7.1999 – I ZR 44/97
1489 OLG Köln, Urteil vom 15.08.2008 – 6 U 20/08
1490 OLG Hamm, Urteil vom 3.6.2008 – I-4 U 59/08, 4 U 59/08; Eisenmann/Jautz, Grundriss Gewerblicher Rechtsschutz und Urheberrecht, S. 215 f.
1491 vgl. BGH, Urteil vom 2.10.2003 – I ZR 150/01: Irreführung einer Werbung mit dem Begriff „Markführerschaft"
1492 OLG Hamm, Urteil vom 3.6.2008 – I-4 U 59/08, 4 U 59/08
1493 OLG Hamm, Urteil vom 3.6.2008 – I-4 U 59/08, 4 U 59/08
1494 BGH, Urteil vom 29.5.1991 – I ZR 204/89
1495 LG Bochum, Urteil vom 30.12.2008 – 13 O 126/08
1496 LG Bonn, Urteil vom 21.04.2011 – 14 O 184/10, §5 Abs. 1 S. 2 Nr. 1 UWG: Pauschalpreis-Werbung eines Zahnarztes
1497 LG Bonn, Urteil vom 21.04.2011 – 14 O 184/10
1498 weiterführend: Eibl, ZMGR 2011, 9
1499 BT-Drs 15/1487, S. 25
1500 OLG Dresden, Beschluss vom 26.8.1998 – 14 W 1697/97
1501 OLG Frankfurt, Beschluss vom 26.7.2001 – 6W 132/01
1502 BGH, Urteil vom 19.05.2010 – I ZR 140/08
1503 BGH, Urteil vom 19.10.1989 – I ZR 63/88
1504 BGH, Urteil vom 1.4.1993 – I ZR 136/91: bedingte Unterwerfung
1505 BGH, Urteil vom 31.05.2001 – I ZR 82/99
1506 BGH, Urteil vom 17.09.2009 – I ZR 217/07: Bei einer auf Abschluss eines Unterlassungsvertrages gerichteten Unterwerfungserklärung ist in der Regel davon auszugehen, dass der Schuldner sein Angebot unbefristet abgegeben hat mit der Folge, dass es vom Gläubiger jederzeit angenommen werden kann; BGH, Urteil vom 17.7.1997 – I ZR 40/95.
1507 BGH, Urteil vom 9.5.1996 – I ZR 107/94
1508 BGH, Urteil vom 1.12.2010 – I ZR 55/08
1509 LG Frankenthal, Urteil vom 19.6.2007 – 1 HK O 11/07, 1 HK O 11/07
1510 OLG Hamm, Urteil vom 09.06.2009 – 4 U 70/09
1511 BGH, Urteil vom 5.7.1990 – I ZR 148/88
1512 OLG Zweibrücken, Urteil vom 20.11.1998 – 2 U 10/98
1513 OLG Düsseldorf, Urteil vom 17.12.2008 – VI U (Kart) 7/08, U (Kart) 7/08: simplifizierter Sachverhalt
1514 BSG, Urteil vom 19.10.2011 – B 6 KA 38/01 R; LSG-Berlin Brandenburg, Urteil vom 21.11.2007 – L / KA 30/04; LSG Rheinland – Pfalz, Urteil vom 4.3.2010 – L 5 KA 15/08
1515 siehe auch Kapitel „Rückforderung von Vergütung durch Privatpatienten" wg. Kündigung des Patienten; hier geht es dagegen um die Frage des Fortbestehens und Einforderns trotz Kündigung des Patienten; von ähnlich grundlegender Bedeutung ist die umgekehrte Konstellation: Folgen der Kündigung eines Behandlungsvertrags durch den (Zahn)Arzt; aufgrund gewisser Parallelen zum Anwaltsvertrag ist auf das BGH, Urteil vom 29.09.2011 – IX ZR 170/10 zu verweisen
1516 LG Osnabrück, Urteil vom 2.4.2008 – 2 S 446/07
1517 OLG Sachsen-Anhalt, Urteil vom 13.12.2007 – 1U 10/07
1518 OLG München, Beschluss vom 15.11.2007 – 1 U 3395/07
1519 OLG Karlsruhe, Urteil vom 28.02.2007 – 7 U 224/06
1520 BGH, Urteil vom 29.09.2011 – IX ZR 170/10; BGH, Urteil vom 17.10.1996 – IX ZR 37/96; BGH, Urteil vom 7.6.1984 – III ZR 37/83
1521 OLG Sachsen-Anhalt, Urteil vom 13.12.2007 – 1U 10/07
1522 BGH, Urteil vom 29.3.2011 – VI ZR 133/10
1523 BGH, Urteil vom 14.01.1986 – 5U ZR 48/85; OLG Düsseldorf, Urteil vom 8.4.2004 – I-8 U 96/03
1524 LG Magdeburg, Urteil vom 29.10.2008 – 9 O 1716/07-405: simplifizierter Sachverhalt
1525 BGH, Urteil vom 8.10.1981 – III ZR 190/79; BGH, Urteil vom 30.3.1995 – IX ZR 182/94
1526 BGH, Urteil vom 29.3.2011 – VI ZR 133/10 m.w.N.; a.A. Schellenberg, VersR 2007, 1343
1527 BGH, Urteil vom 29.3.2011 – VI ZR 133/10
1528 BGH, Urteil vom 15.2.1985 – V ZR 131/83; BGH, Urteil vom 3.10.1984 – VIII ZR 118/83; BGH, Urteil vom 8.7.1983 – V ZR 53/82
1529 BGH, Urteil vom 5.6.2009 – V ZR 144/08
1530 BGH, Urteil vom 29.3.2011 – VI ZR 133/10
1531 vgl. BGH, Urteil vom 30.3.1995 – IX ZR 182/94
1532 OLG Naumburg, Urteil vom 13.12.2007 – 1U 10/07
1533 BSG, Urteil vom 9.2.2011 – B 6 KA 49/10 B; LSG NRW, Urteil vom 26.05.2010 – L 11 KA 24/09
1534 LSG NRW, Urteil vom 26.05.2010 – L 11 KA 24/09
1535 BSG, Urteil vom 9.2.2011 – B 6 KA 49/10 B; BSG, Urteil vom 20.10.2004 – B 6 KA 67/03 R; BSG, Urteil vom 19.7.2006 – B 6 KA 1/06 R
1536 LSG NRW, Urteil vom 26.05.2010 – L 11 KA 24/09
1537 BSG, Urteil vom 19.7.2006 – B 6 KA 1/06 R m.w.N. (auch bzgl. der folgenden Fallgruppen); BSG, Beschluss vom 27.6.2007 – B 6 KA 20/07; LSG Saarland, Urteil vom 11.02.2005 – L 3 KA 5/01, Entzug der Zulassung als Vertragszahnärztin; weiterführende Ausführungen: Oehler, DZW 2012, Ausgabe 5, S. 8
1538 LSG NRW, Urteil vom 28.02.2007 – L 11 KA 32/06
1539 SG Düsseldorf, Urteil vom 4.09.2002 – S 2 KA 10/02
1540 BSG, Beschluss vom 27.06.2007 – B 6 KA 20/07 B
1541 BSG, Beschluss vom 31.03.2006 – B 6 KA69/05 B
1542 BSG, Urteil vom 5.5.2010 – S 39 KA 626/08
1543 BSG, Beschluss vom 27.6.2007 – B 6 KA 20/07 B; BSG, Beschluss vom 19.07.2006 – B 6 KA 1/06 R; BSG, Beschluss vom 27.06.2001 – B 6 KA 7/01 B; LSG Baden-Württemberg, Urteil vom 25.8.1999 – L 5 KA 2046/98: Entzug der Zulassung einer Vertragszahnärztin wg. fehlender „peinlich genauer Leistungsabrechnung", fehlender ordnungsgemäßer Dokumentation und Verstößen gegen das Wirtschaftlichkeitsgebot; LSG NRW, Urteil vom 28.05.2008 – L 11 KA 16/08
1544 siehe auch Kapitel „Retrozessionen" u.a. bzgl. Zulassungsentziehung
1545 BSG, Urteil vom 19.7.2006 – B 6 KA 1/06 R
1546 BSG, Urteil vom 20.10.2004 – B 6 KA 67/03 R; SG Marburg, Urteil vom 31.5.2006 – S 12 KA 42/06
1547 BSG, Urteil vom 24.11.1993 – 6 RKa 70/91: Entziehung der Vertragsarztzulassung wg. Falschabrechnung
1548 BSG, Urteil vom 20. 10. 2004 – B 6 KA 67/03 R
1549 BSG, Urteil vom 19.7.2006 – B 6 KA 1/06 R
1550 SG Marburg, Urteil vom 22.02.2012 – S 12 KA 100/11
1551 OVG NRW, Beschluss vom 23.09.2011 – 13 B 1161/11
1552 SG Marburg, Urteil vom 22.02.2012 – S 12 KA 100/11
1553 Instruktiv: BSG, Urteil vom 9.2.2011 – B 6 KA 49/10 B: Entzug der Vertragszahnarztzulassung und keine Wiederzulassung
1554 BSG, Urteil vom 9.2.2011 – B 6 KA 49/10 B
1555 BSG, Urteil vom 9.2.2011 – B 6 KA 49/10 B; LSG NRW, Urteil vom 26.05.2010 – L 11 KA 24/09
1556 LSG NRW, Urteil vom 26.05.2010 – L 11 KA 24/09
1557 BSG, Urteil vom 9.2.2011 – B 6 KA 49/10 B; LSG NRW, Urteil vom 26.05.2010 – L 11 KA 24/09
1558 BSG, Urteil vom 9.2.2011 – B 6 KA 49/10 B
1559 LSG NRW, Urteil vom 26.05.2010 – L 11 KA 24/09
1560 OVG Sachsen-Anhalt, Beschluss vom 19.1.2009 – 2 L 246/08
1561 BVerfG, Urteil vom 11.06.1958 – 1 BvR 596/56

1562 BVerfG, Urteil vom 11.06.1958 – 1 BvR 596/56; BVerwG, Urteil vom 04.11.1965 – I C 6.63
1563 BVerfG, Beschluss vom 01.06.2011 – 1 BVR 233/10, 1 BvR 235/10
1564 BVerfG, Beschluss vom 12.12.2006 – 1 BvR 2576/04
1565 BVerfG, Beschluss vom 26.08.2003 – 1 BvR 1003/02; OVG Münster, Beschluss vom 14.06.2005 – 13 B 667/05
1566 BVerfG, Urteil vom 10.06.2009 – 1 BvR 706/08
1567 BVerfG, Urteil vom 11.06.1958 – 1 BvR 596/56
1568 BVerfG, Beschluss vom 03.08.2004 – 1 BvR 135/00
1569 BVerfG, Beschluss vom 26.06.2002 – 1 BvR 558/91
1570 BVerfG, Beschluss vom 07.03.2012 – 1 BvR 1209/11, „Zentrum für Zahnmedizin": Verhalten, das die berufliche Tätigkeit nach außen darstellt und mit dem für Inanspruchnahme der Dienste geworben wird, gehört zur Berufsausübungsfreiheit
1571 BVerfG, Beschluss vom 14.07.2011 – 1 BvR 407/11: unzureichend begründete berufsrechtliche Sanktionierung der Werbung unter Verwendung des Begriffs „Zahnärztehaus"
1572 BVerfG, Beschluss vom 01.06.2011 – 1 BvR 233/10
1573 BVerfG, Nichtannahmebeschluss vom 30.04.2004 – 1 BvR 2334/03
1574 BVerfG, Nichtannahmebeschluss vom 29.04.2004 – 1 BvR 649/04
1575 BVerfG, Beschluss vom 26.09.2003 – 1 BvR 1608/09
1576 BVerfG, Beschluss vom 26.08.2003 – 1 BvR 1004/02
1577 BVerfG, Beschluss vom 04.07.2000 – 1 BvR 547/99
1578 BVerfG, Beschluss vom 07.03.2012 – 1 BvR 1209/11
1579 BVerfG, Beschluss vom 29.10.2002 – 1 BvR 525/99
1580 BVerfG, Urteil vom 24.04.1991 – 1 BvR 1341/90
1581 BVerfG, Urteil vom 24.04.1991 – 1 BvR 1341/90
1582 BVerfG, Beschluss vom 27.01.1998 – 1 BvL 15/87
1583 BVerfG, Nichtannahmebeschluss vom 21.06.2006 – 1 BvR 1659/04
1584 BVerfG, Beschluss vom 27.01.1976 – 1 BvR 2325/73
1585 BVerfG, Beschluss vom 10.03.1999 – 1 BvL 27/97: Abbau von Lehrkapazitäten und Ausbildungsplätzen (Medizinstudienplätze)
1586 vgl. BVerfG, Beschluss vom 03.06.1980 – 1 BvR 967/78, 1 BvR 973/78 et al.
1587 BVerfG, Beschluss vom 30.10.1961 – 1 BvR 833/59
1588 BVerfG, Beschluss vom 8.12.2010 – 1 BvR 1287/08
1589 BVerfG, Beschluss vom 01.06.2011 – 1 BVR 233/10, 1 BvR 235/10
1590 BVerwG, Urteil vom 24.9.2009 – 3 C 4/09
1591 LG Bonn, Urteil vom 21.04.2011 – 14 O 184/10
1592 LSG NRW, Urteil vom 26.05.2010 – L 11 KA 24/09
1593 BVerfG, Beschluss vom 21.10.1981 – 1 BvR 802/78
1594 BVerfG, Nichtannahmebeschluss vom 07.08.2007 – 1 BvR 1941/07
1595 BVerfG, Beschluss vom 29.12.2004 – 1 BvR 2820/04, 1 BvR 2851/04
1596 SG Marburg, Urteil vom 22.02.2012 – S 12 KA 100/11: Die Fortbildungsverpflichtung gilt auch für Zahnärzte und ist verfassungsgemäß.
1597 BVerfG, Beschluss vom 31.08.2009 – 1 BvR 3275/07; vgl. BVerfG, Urteil vom 17.02.1998 – 1 BvF 1/91
1598 BVerwG, Urteil vom 30.08.1968 – VII C 122.66
1599 vgl. LSG NRW, Beschluss vom 30.03.2011 – L 11 KA 98/10 B ER; LSG NRW, Beschluss vom 23.03.2011 – L 11 KA 97/10 B ER: drittschützende Funktion des § 116 b Abs. 2 SGB V
1600 BVerfG, Beschluss vom 01.06.2011 – 1 BVR 233/10, 1 BvR 235/10
1601 BVerfG, Urteil vom 11.06.1958 – 1 BvR 596/56
1602 vgl. BVerfG, Beschluss vom 09.06.1972 – 1 BvR 518/62; BVerfG, Beschluss vom 07.03.2012 – 1 BvR 1209/11, „Zentrum für Zahnmedizin": grds. keine verfassungsrechtlichen Bedenken gegen werbebeschränkende Berufsausübungsregelungen in Gestalt von Satzungen
1603 BVerfG, Urteil vom 14.12.1999 – 1 BvR 1327/98
1604 BVerfG, Beschluss vom 14.07.1987 – 1 BvR 537/81, 1 BvR 195/87; andere Ansicht wohl BSG, Urteil vom 18.03.1998 – B 6 KA 37/96 R: betreffend Richtlinien des Bundesausschusses der Ärzte und Krankenkassen
1605 BVerfG, Urteil vom 11.06.1958 – 1 BvR 596/56
1606 BVerfG, Beschluss vom 17.07.1961 – 1 BvL 44/55; BVerfG Urteil vom 11.06.1958 – 1 BvR 596/56
1607 BVerfG, Beschluss vom 16.03.1971 – 1 BvR 52/66, 1 BvR 665/66, 1 BvR 667/66, 1 BvR 754/66
1608 BVerfG, Beschluss vom 31.03.1998 – 1 BvR 2167/93: keine Verletzung von Grundrechten durch Erlöschen der Zulassung eines Vertragsarztes bei Erreichen der Altersgrenze von 68 Jahren
1609 BVerwG, Urteil vom 15.12.1993 – 6 C 20/92: Nichtzulassung zur ärztlichen Vorprüfung wegen Unwürdigkeit und Unzuverlässigkeit; verfassungskonforme Auslegung
1610 BVerfG, Beschluss vom 15.12.2005-2 BvR 673/05
1611 BVerfG, Nichtannahmebeschluss vom 27.04.2001 – 1 BvR 1282/99: Regelungen vertragsärztlicher Zulassungsbeschränkungen bei Überversorgung mit Art. 12 Abs. 1 GG und Art. 3 Abs. 1 GG vereinbar
1612 Stober, NJW 1981, 1529
1613 BVerfG, Nichtannahmebeschluss vom 27.04.2001 – 1 BvR 1282/99: vertragsärztliche Zulassungsbeschränkungen bei Überversorgung
1614 BVerfG, Beschluss vom 8.12.2010 – 1 BvR 1287/08
1615 OVG Münster, Beschluss vom 26.9.2008 – 13 B 1165/08
1616 BSG, Urteil vom 14.05.1997 – 6 RKa 25/96
1617 LG Bonn, Urteil vom 21.04.2011 – 14 O 184/10: Werbung mit Pauschalpreis
1618 BVerfG, Beschluss vom 03.06.2004 – 2 BvR 1802/02
1619 vgl. BVerfG, Urteil vom 11.06.1958 – 1 bvR 596/56
1620 zu Art. 3 GG siehe auch im Kapitel „Wirtschaftlichkeitsprüfung" unter Ermessensfehler
1621 LSG NRW, Beschluss vom 28.12.2010 – L 11 KA 60/10 B ER
1622 VG Arnsberg, Urteil vom 21.08.2009 – 13 K 98/09
1623 LSG NRW, Beschluss vom 25.08.2011 – L 11 KA 13/11 B ER: Die vertragsärztliche Tätigkeit eines Vorstandsmitglieds ist als Nebentätigkeit zu werten.
1624 BVerfG, Urteil vom 23.10.1951 – 2 BvG 1/51
1625 BSG, Urteil vom 14.5.1997 – 6 RKa 25/96
1626 BVerfG, Beschluss vom 7.7.2009 – 1 BvR 1164/07
1627 BVerfG, Beschluss vom 22.6.1995 – 2 BvL 37/91: *„Ein sachlicher Grund, den bereits versteuerten Sollertrag nur deshalb noch einmal zu besteuern, weil er auch als Istertrag erwirtschaftet worden ist, ist* ***nicht mehr ersichtlich.***"
1628 BVerfG, Beschluss vom 26.1.1993 – 1 BvL 38, 40,43/92
1629 BSG, Urteil vom 14.5.1997 – 6 RKa 25/96
1630 BVerfG, Beschluss vom 06.12.1994 – 1 BvR 1123/91: Begrenzung der Einzelfachwiederholung in der zahnärztlichen Vorprüfung
1631 BSG, Urteil vom 17.06.2009 – B 6 KA 16/08 R; LSG Niedersachsen-Bremen, Urteil vom 09.04.2008 – L 3 KA 139/06
1632 LSG Schleswig Holstein, Beschluss vom 6.10.2008 – L 4 B 400 9708 KA ER: simplifizierter Sachverhalt
1633 LSG Schleswig Holstein, Beschluss vom 6.10.2008 – L 4 B 400 9708 KA ER
1634 vgl. BVerwG, Urteil vom 25.03.2009 – 6 C 3/08; BVerwG, Beschluss vom 01.04.1998 – 11 VR 13/97
1635 BSG, Urteil vom 8.5.1996 – 6 RKa 29/05
1636 BVerfG, Beschluss vom 7.8.2007 – 1 BvR 1941/07; BSG, Urteil vom 6.2.2008 – B 6 KA 40/06
1637 Auf die Versorgung mit dem gerade Notwendigen wird verwiesen in z. B. 55 Abs. 1, § 106 Abs. 2a Nr. 5 SGB **V**; zum Begriff „notwendig" im Sinne des Sozialrechts siehe auch Kapitel „medizinisch notwen-

dig"; die Notwendigkeit im Sozialrecht hebt sich aber von dem Begriff der medizinischen Notwendigkeit , der für privat Versicherte gilt, ab.

1638 Die Zentralität des Wirtschaftlichkeitsgebots ergibt sich aus der regelmäßigen Erwähnung des Terminus „wirtschaftlich", z. B. § 12, § 106 SGB V.

1639 weiterführende Literatur: Rolfs/Giessen/Kreikebohm/Udsching, Beck'scher Online-Kommentar Sozialrecht, § 12 SGB V Rn. 1 ff.; Spickhoff, Medizinrecht, § 12 SGB V

1640 BSG, Urteil vom 24.11.1983 - 8 RK 6/82

1641 BSG, Urteil vom 26.10.1982 - 3 RK 28/82

1642 BSG, Urteil vom 22.07.1981 - 3 RK 50/79

1643 BSG, Urteil vom 28.06.1983 - 8 RK 22/81

1644 BSG, Urteil vom 22.07.1981 - 3 RK 50/79

1645 BSG, Urteil vom 22.07.1981 - 3 RK 50/79

1646 BSG, Urteil vom 22.09.1981 - 11 RK 10/79

1647 Rinke/Balser, VersR 2001, 423

1648 vgl. BSG, Urteil vom 31.7.1991 - 6 RKa 20/90

1649 vgl. BSG, Urteil vom 19.7.2006 - B 6 KA 1/06 R.

1650 SG Marburg, Urteil vom 22.2.2012 - F 12 KA 9/11: Die Abrechnung wird auf Rechenfehler und die Einhaltung der tatbestandlich umschriebenen Voraussetzungen einer Position der Gebührenordnung und der sie flankierenden Regelungen geprüft.

1651 SG Marburg, Urteil vom 22.2.2012 - F 12 KA 9/11

1652 EGMR, Urteil vom 11.06.2009 - 17878/04

1653 Meyer-Ladewig, Europäische Menschenrechtskonvention, Art. 6 Rn. 112

1654 Krasney/Udsching, Handbuch des sozialgerichtlichen Verfahrens, S. 135

1655 SG Marburg, Urteil vom 7.9.2011 - S 10 KA 913/09: verspäteter Widerspruch im Rahmen einer Wirtschaftlichkeitsprüfung

1656 SG Marburg, Urteil vom 7.9.2011 - S 10 KA 913/09

1657 siehe dazu VG Hamburg, Beschluss vom 29.01.1998 - 2 BG 5535/97; VG Hamburg, Beschluss vom 18.10.1995 - 3052/95

1658 in extenso: Kapitel „sachlich-rechnerische Berichtigung"

1659 BVerwG, Urteil vom 25.11.2008 - 3 C 13.08

1660 BSG, Beschluss vom 25.2.2.2010 - B 13 R 76/09; LSG Niedersachsen-Bremen, Beschluss vom 8.10.2009 - L 3 KA 60/09 B ER

1661 Steinhilper MedR 2003, 433: detaillierte Übersichten zur aufschiebenden Wirkung von Widerspruch und Klage im Vertragsarztrecht

1662 LSG Nordrhein - Westfalen, Beschluss vom 6.1.2004 - L 11 B 17/03 KA ER

1663 SG Marburg, Beschluss vom 23. 8. 2007-S 12 KA 316/07 ER; LSG NRW, Beschluss vom 6.1.2004 - L 11 B 17/03 KA ER

1664 Hauck/Noftz, SGB V: Gesetzliche Krankenversicherung, § 106 Rn. 631; LSG Berlin, Beschluss vom 13.02.2004 - L / B 55/03 KA ER

1665 SG Marburg, Beschluss vom 23. 8. 2007-S 12 KA 316/07 ER

1666 s. o. bzgl. der Rechtsbehelf, die keine aufschiebende Wirkung haben; exemplarisch sei noch einmal auf § 106 Abs. 5 S. 7 SGB V hingewiesen, wobei Honorarkürzung aber nur eine solche ist, die im Wege der Wirtschaftlichkeitsprüfung erfolgt (LSG Berlin, Beschluss vom 13.02.2004 - L / B 55/03 KA ER).

1667 LSG Nordrhein - Westfalen, Beschluss vom 6.1.2004 - L 11 B 17/03 KA ER

1668 BSG, Urteil vom 28.04.2004 - B 6 KA 8/03 R

1669 BSG, Urteil vom 24.11.1993 - 6 R Ka 20/91

1670 LSG Berlin, Beschluss vom 13.02.2004 - L / B 55/03 KA ER

1671 Die Rechtmäßigkeit bzw. Rechtswidrigkeit des Verwaltungsaktes ist nicht unmittelbar Entscheidungsgrundlage. Es handelt sich vielmehr um einen von möglicherweise mehreren Gesichtspunkten, die in die Abwägung einzustellen sind. Instruktiv: OVG Schleswig, Beschluss vom 13.9.1991 - 4 M 43/91; LSG Berlin, Beschluss vom 13.02.2004 - L / B 55/03 KA ER: Obwohl sich bei summarischer Prüfung der an einen Zahnarzt adressierte Bescheid im Rahmen einer Wirtschaftlichkeitsprüfung als rechtmäßig erwies, prüfte das Gericht, ob sich nicht doch noch vor dem Hintergrund einer allgemeinen Interessenabwägung Erfolgsaussichten ergaben.

1672 LSG Berlin, Beschluss vom 13.02.2004 - L / B 55/03 KA ER Rn. 11

1673 SG Marburg, Urteil vom 10.3.2011 - S 12 KA 26/11 ER

1674 BSG, Urteil 24.11.1993 - 6 RKa 20/91; SG Stuttgart, Urteil vom 25.03.1992 - S 15 Ka 3065/90

1675 BSG, Urteil vom 9.3.1994 - 6 RKa 17/92

1676 LSG Niedersachsen - Bremen, Urteil vom 12.7.2006 - L 3 KA 76/01

1677 LSG Baden-Württemberg, Beschluss vom 5.6.1991 - L 1 Ka 2048/89

1678 BSG, Urteil vom 23.2.2005 - B 6 KA 77/03 R

1679 BSG, Urteil vom 23.2.2005 - B 6 KA 77/03 R

1680 LSG Hessen, Beschluss vom 27.6.2007 - L 4 B 152/07

1681 SG Stuttgart, Beschluss vom 30.12.1999 - S KA 6840/99 W-A; LSG Hessen, Beschluss vom 27.6.2007 - L 4 B 152/07; BSG, Urteil vom 23.2.2005 - B 6 KA 77/03 R mit dem Hinweis, dass Streitigkeiten über die Rechtmäßigkeit vertragsärztlicher Honorarbescheide nicht mit der Freistellung unterliegen, sondern streitwertabhängige Gebühren und Auslagen zu entrichten sind nach dem Gerichtskostengesetz.

1682 SG Stuttgart, Beschluss vom 30.12.1999 - S KA 6840/99 W-A

1683 BSG, Urteil vom 23.2.2005 - B 6 KA 77/03 R

1684 BSG, Urteil vom 24.11.1993 - 6 R Ka 20/91

1685 OVG Berlin-Brandenburg, Beschluss vom 6.10.2008 - 2 N 129.07

1686 vgl. BVerwG, Urteil vom 14.04.1983 - 3 C 8/82

1687 in extenso: Eschenbach, DVBl. 2002, 1247

1688 OVG Berlin-Brandenburg, Beschluss vom 6.10.2008 - 2 N 129.07

1689 BVerwG, Urteil vom 14.4.1983 - 3 C 8/82; OVG Berlin-Brandenburg, Beschluss vom 6.10.2008 - 2 N 129.07

1690 vgl. LSG Bayern, Urteil vom 29.04.2004 - L 3 KA 504/02: dort aber zur sachlich-rechnerischen Richtigstellung

1691 LSG Niedersachsen-Bremen, Urteil vom 29.04.2009 - L 3 KA 84/05; LSG NRW, Urteil vom 13.10.2004 - L 11 KA 37/03; LSG Bayern, Urteil vom 22.10.2003 - L 3 KA 535/02

1692 BSG, Urteil vom 28.04.2009 - B 6 KA 8/03 R

1693 LSG Berlin, Beschluss vom 13.02.2004 - L / B 55/03 KA ER Rn. 9

1694 SG Marburg, Urteil vom 7.9.2011 - S 10 KA 913/09 Rn. 68: zur Trennung von Wirtschaftlichkeitsprüfung und sachlich-rechnerischer Berichtigung; LSG Berlin, Beschluss vom 13.02.2004 - L / B 55/03 KA ER

1695 in extenso: Hauck/Noftz, Gesetzliche Krankenversicherung: Sozialgesetzbuch V, § 106 Rn. 594 ff.: Gemäß § 106 Abs. 5 S.6 SGB V gilt das Verfahren vor dem Beschwerdeausschuss als Vorverfahren gem. §§ 78 ff SGG. Im Rahmen des Vorverfahrens ist ein Abhilfeverfahren gem. § 85 SGG nicht zulässig aufgrund seiner Besonderheiten.

1696 Mankos (z. B. bzgl. des rechtlichen Gehörs) im Verwaltungsverfahren können grds. nur im durchgeführten Widerspruchsverfahren geltend gemacht werden, da in Verfahren der Wirtschaftlichkeitsprüfung allfällig späterer Gegenstand eines gerichtlichen Verfahrens grds. nur der Widerspruchsbescheid ist. Der **Bescheid des Beschwerdeausschusses ersetzt den ursprünglichen Verwaltungsakt** des Prüfungsausschusses, **der abweichend von § 95 SGG im Fall der Klageerhebung nicht Gegenstand des Gerichtsverfahrens wird.** (Hauck/Noftz, Gesetzliche Krankenversicherung: Sozialgesetzbuch V, § 106 Rn. 626 ff.; SG Marburg, Urteil vom 7.9.2011 - S 10 KA 913/09). Ist aber nur der Widerspruchsbescheid Klagegenstand, dann kommt es in Bezug auf die Rechtmäßigkeit des Widerspruchsbescheids nur auf das rechtliche Gehör an, das im Widerspruchsverfahren zu gewähren war (vor Erlass des Widerspruchsbescheids). Daher beschäftigen sich die gerichtlichen Entscheidungen eben auch regulär nur mit Fehlern im Rahmen des Widerspruchsverfahrens. Eo ipso könnten die Mängel in Bezug auf das Widerspruchsverfahren (z. B. Anhörung) dogmatisch exakter auch schon im Rahmen der Zulässigkeit der Klage unter „ordnungsgemäße Durchführung des Vorverfahrens" (§§ 78 ff. SGG) partiell erörtert werden bzgl. der Auswirkungen. Die Entscheidungen bzgl. der Fehler im Widerspruchsverfahren haben aber auch Bedeutung für das Verwaltungsverfahren. Je nach Prüfvereinbarung können diese Fehler dort similär vor einem Prüfungsausschuss passieren. Will ein (Zahn)Arzt erst noch seinen Widerspruch begründen, dann kann die Rspr. (bzgl. der Unzulänglichkeiten im Rahmen des Vorverfahrens) auf die Fehler im Verwaltungsverfahren allfällig übertragen werden. Daher findet hier eine integrierte Erörterung statt.

1697 SG Marburg, Urteil vom 7.9.2011 – S 10 KA 913/09

1698 LSG NRW, Urteil vom 7.3.2007 – L 11 KA 43/05

1699 LSG NRW, Urteil vom 7.3.2007 – L 11 KA 25/05

1700 LSG NRW, Urteil vom 15.09.2004 – L 11 KA 62/02

1701 LSG NRW, Urteil vom 7.3.2007 – L 11 KA 43/05

1702 LSG NRW, Urteil vom 15.09.2004 – L 11 KA 62/02

1703 vgl. auch BSG, Urteil vom 2.6.1987 – 6 RKa 19/86: Einzelfallprüfung

1704 BSG, Urteil vom 16.07.2003 – B 6 KA 45/02 R: Prüfung der Wirtschaftlichkeit von Einzelleistungen

1705 LSG NRW, Urteil vom 7.3.2007 – L 11 KA 43/05: siehe Tatbestand (Sachverhalt) des Urteils des LSG bezüglich der Entscheidungsgründe des SG

1706 LSG NRW, Urteil vom 7.3.2007 – L 11 KA 33/05; LSG NRW, Urteil vom 7.3.2007 – L 11 KA 25/05

1707 BSG, Urteil vom 2.6.1987 – 6 RKa 19/86; die Einzelfallprüfung ist von der statistischen Vergleichsprüfung, die einzelne Leistungspositionen zum Gegenstand hat (Synonym: Einzelleistungsprüfung) zu unterscheiden (LSG NRW 12.08.2009 – L 11 KA 52/07 u. LSG Rheinland-Pfalz, Urteil vom 4.08.2010 – L 5 KA 15/08)

1708 LSG NRW, Urteil vom 12.08.2009 – L 11 KA 52/07

1709 LSG Bayern, Urteil vom 22.10.2003 – L 3 KA 535/02

1710 BSG, Urteil vom 19.10.2011 – B 6 KA 38/01 R: nicht Ermessen, sondern Beurteilungsspielraum; Anm. des Autors: Sofern der Begriff Entscheidungsspielraum gebraucht wird, erfasst dieser sowohl Ermessensentscheidungen als auch Beurteilungsspielräume; LSG Saarland, Urteil vom 11.02.2005 – L 3 KA 5/01: Das Gericht spricht insofern von einem Handlungs- und Entscheidungsspielraum bezüglich der Auswahl der Prüfmethode, wobei die Wirtschaftlichkeitsprüfungen hier Aufhänger für eine Zulassungsentziehung sind; LSG Bayern, Urteil vom 22.10.2003 – L 3 KA 535/02

1711 BSG, Urteil vom 19.10.2011 – B 6 KA 38/01 R

1712 BSG, Urteil vom 19.10.2011 – B 6 KA 38/01 R

1713 BSG, Urteil vom 19.10.2011 – B 6 KA 38/01 R

1714 LSG Berlin-Brandenburg, Urteil vom 31.08.2011 – L / KA 157/07: Verstoß gegen Behandlungsrichtlinien in Bezug auf eine Parodontosebehandlung

1715 SG Marburg, Urteil vom 22.02.2012 – S 12 KA 9/11

1716 LSG Niedersachsen-Bremen, Urteil vom 29.04.2009 – L 3 KA 84/05

1717 BSG, Urteil vom 19.10.2011 – B 6 KA 38/01 R: Darauf soll es nach Ansicht des BSG jedenfalls dann nicht ankommen, wenn der Grundsatz der „Effektivität" der Wirtschaftlichkeitsprüfung andernfalls riskiert würde

1718 vgl. BSG, Urteil vom 2.6.1987 – 6 RKa 19/86

1719 SG Marburg, Urteil vom 25.11.2009 – S 12 KA 137/09

1720 SG Marburg, Urteil vom 7.9.2011 – S 10 KA 913/09; LSG Rheinland – Pfalz, Urteil vom 4.3.2010 –L 5 KA 15/08

1721 BSG, Urteil vom 2.6.1987 – 6 RKa 19/86; LSG NRW, Urteil vom 25.04.2007 – L 11 KA 6/05

1722 BSG, Urteil vom 21.05.2003 – B 6 KA 32/02; BSG, Urteil vom 14.12.2005 – B 6 KA 4/05 R

1723 LSG Hessen, Urteil vom 13.07.2005 – L 6/7 KA 56502

1724 BSG, Urteil vom 16.07.2003 – B 6 KA 45/02 R; BSG, Urteil vom 21.05.2003 – B 6 KA 32/02

1725 BSG, Urteil vom 19.10.2011 – B 6 KA 38/01 R; LSG Niedersachsen-Bremen, Urteil vom 29.04.2009 – L 3 KA 84/05

1726 BSG, Urteil vom 19.10.2011 – B 6 KA 38/01 R

1727 BSG, Urteil vom 2.6.1987 – 6 RKa 19/86

1728 LSG NRW, Urteil vom 13.10.2004 – L 11 KA 37/03

1729 LSG NRW, Urteil vom 7.3.2007 – L 11 KA 43/05

1730 LSG NRW, Urteil vom 12.08.2009 – L 11 KA 52/07; LSG NRW, Urteil vom 13.10.2004 – L 11 KA 37/03

1731 Schaffhauser/Kieser/Eugster, Wirtschaftlichkeitskontrolle in der Krankenversicherung, S. 156, 162: Die Belegstellen stammen von einem eidgenössischen Versicherungsmathematiker bzw. Statistiker Schmidt; derartige Analysen stehen hier noch aus und werden unglücklicherweise nicht von den Gerichten veranlasst; ein sachverständiges, mathematisches Gutachten bzgl. des Datenmaterials dürfte opportun sein.

1732 BSG, Urteil vom 14.12.2005 – B 6 KA 4/05 R; a. A. LSG NRW, Urteil vom 13.10.2004 – L 11 KA 37/03

1733 LSG NRW, Urteil vom 13.10.2004 – L 11 KA 37/03

1734 In den im Folgenden zitierten Entscheidungen erfolgt nicht ein humanwissenschaftlicher Diskurs; nicht zur Verfügung stehende bzw. mangelnde Studien können nicht Grund sein, da solche Analysen vorliegen; Literaturnachweise dazu bei Oehler, Der Zahnarzt in der Wirtschaftlichkeitsprüfung: unter Praxisbesonderheiten.

1735 LSG NRW, Urteil vom 12.03.2008 – L 11 KA 88/06

1736 LSG NRW, Urteil vom 12.03.2008 – L 11 KA 88/06

1737 LSG NRW, Urteil vom 7.3.2007 – L 11 KA 43/05

1738 LSG Thüringen, Urteil vom 5.7.2006 – L 4 KA 1034/03

1739 LSG Thüringen, Urteil vom 5.7.2006 – L 4 KA 1034/03

1740 BSG, Urteil vom 10.5.2000 – B 6 KA 25/99 R

1741 SG Dortmund, Urteil vom 24.4.2001 – S 26 KA 182/99

1742 BSG, Urteil vom 10.5.2000 – B 6 KA 25/99 R; SG Dortmund, Urteil vom 24.4.2001 – S 26 KA 182/99

1743 LSG Hessen, Urteil vom 3.2.1999 – L 7 KA 458/98 (nachgehend: BSG, Urteil vom 10.5.2000 – B 6 KA 25/99 R)

1744 LSG Niedersachsen-Bremen, Urteil vom 29.04.2009 – L 3 KA 84/05

1745 LSG NRW, Urteil vom 7.3.2007 – L 11 KA 43/05

1746 LSG-Berlin Brandenburg, Urteil vom 21.11.2007 – L / KA 30/04

1747 LSG Hessen, Urteil vom 13.07.2005 – L 6/7 KA 56502: hier private Liquidation von Ziffer 39 BEMA-Z

1748 SG Marburg, Urteil vom 7.9.2011 – S 10 KA 913/09

1749 BSG, Urteil vom 19.10.2011 – B 6 KA 38/01 R; LSG-Berlin Brandenburg, Urteil vom 21.11.2007 – L / KA 30/04; LSG Rheinland – Pfalz, Urteil vom 4.3.2010 – L 5 KA 15/08

1750 BSG, Urteil vom 24.11.1993 – 6 R Ka 20/91

1751 LSG Berlin-Brandenburg, Urteil vom 31.08.2011 – L / KA 157/07: Wirtschaftlichkeitsprüfung wg. Verstoßes gegen Behandlungsrichtlinien im Zusammenhang mit Parodontosebehandlungen; Extraausführungen folgen

1752 LSG Bayern, Urteil vom 22.10.2003 – L 3 KA 535/02

1753 LSG Rheinland – Pfalz, Urteil vom 4.3.2010 – L 5 KA 15/08

1754 LSG NRW, Urteil vom 7.3.2007 – L 11 KA 43/05

1755 LSG NRW, Urteil vom 7.3.2007 – L 11 KA 43/05

1756 SG Marburg, Urteil vom 7.9.2011 – S 10 KA 913/09

1757 LSG NRW, Urteil vom 7.3.2007 - L 11 KA 43/05:
1758 LSG Saarland, Urteil vom 11.02.2005 - L 3 KA 5/01; LSG Hessen, Urteil vom 13.07.2005 - L 6/7 KA 56502; BSG, Urteil vom 16.07.2003 - B 6 KA 45/02 R
1759 LSG NRW, Urteil vom 7.3.2007 - L 11 KA 43/05
1760 SG Marburg, Urteil vom 7.9.2011 - S 10 KA 913/09
1761 SG Marburg, Urteil vom 7.9.2011 - S 10 KA 913/09; LSG Saarland, Urteil vom 11.02.2005 - L 3 KA 5/01: 40% bis 60%; BSG, Urteil vom 21.05.2003 - B 6 KA 32/02: 100%. Die Entscheidungen verdeutlichen, dass das tolerierte Missverhältnis unterschiedlich ausfallen kann.
1762 LSG NRW, Urteil vom 7.3.2007 - L 11 KA 43/05; LSG NRW, Urteil vom 25.04.2007 - L 11 KA 6/05
1763 LSG NRW, Urteil vom 25.04.2007 - L 11 KA 6/05
1764 BSG, Urteil vom 19.10.2011 - B 6 KA 38/01 R; SG Marburg, Urteil vom 7.9.2011 - S 10 KA 913/09: Die Prüfgremien haben einen Beurteilungsspielraum, die Grenze zum offensichtlichen Missverhältnis höher oder niedriger festzulegen.
1765 LSG Rheinland-Pfalz, Urteil vom 4.08.2010 - L 5 KA 15/08; LSG-Berlin Brandenburg, Urteil vom 21.11.2007 - L / KA 30/04; LSG NRW, Urteil vom 25.04.2007 - L 11 KA 6/05
1766 LSG NRW, Urteil vom 25.04.2007 - L 11 KA 6/05
1767 LSG Rheinland - Pfalz, Urteil vom 4.3.2010 - L 5 KA 15/08
1768 SG Stuttgart, Urteil vom 25.03.1992 - S 15 Ka 3065/90
1769 LSG Berlin-Brandenburg, Urteil vom 31.08.2011 - L / KA 157/07: zu den Anforderungen aufgrund des unbestimmten Begriffs „Wirtschaftlichkeit der Behandlungsweise"; LSG NRW, Urteil vom 25.04.2007 - L 11 KA 6/05
1770 LSG NRW, Urteil vom 25.04.2007 - L 11 KA 6/05
1771 BSG, Urteil vom 19.10.2011 - B 6 KA 38/01 R
1772 SG Marburg, Urteil vom 7.9.2011 - S 10 KA 913/09; LSG Rheinland-Pfalz, Urteil vom 4.3.2010 - L 5 KA 15/08
1773 LSG Thüringen, Urteil vom 5.7.2006 - L 4 KA 1034/03
1774 LSG Niedersachsen-Bremen, Urteil vom 29.04.2009 - L 3 KA 84/05
1775 vgl. BSG, Urteil vom 19.10.2011 - B 6 KA 38/10 R; LSG NRW, Urteil vom 12.08.2009 - L 11 KA 52/07
1776 BSG, Urteil vom 19.10.2011 - B 6 KA 38/10 R; LSG Berlin-Brandenburg, Urteil vom 31.08.2011 - L / KA 157/07
1777 LSG Rheinland - Pfalz, Urteil vom 4.3.2010 - L 5 KA 15/08; LSG Niedersachsen, Urteil vom 12.7.2006 - L 3 KA 76/01
1778 LSG Niedersachsen - Bremen, Urteil vom 12.7.2006 - L 3 KA 76/01
1779 BSG, Urteil vom 16.07.2003 - B 6 KA 45/02 R
1780 LSG Hessen, Urteil vom 7.7.2010 - L 4 KA 99/09
1781 BSG, Urteil vom 9.3.1994 - 6 RKa 17/92
1782 LSG Hessen, Urteil vom 7.7.2010 - L 4 KA 99/09
1783 SG Marburg, Urteil vom 7.9.2011 - S 10 KA 913/09
1784 LSG Niedersachsen-Bremen, Urteil vom 29.04.2009 - L 3 KA 84/05; LSG NRW 12.08.2009 - L 11 KA 52/07; LSG NRW, Urteil vom 7.3.2007 - L 11 KA 33/05
1785 LSG Hessen, Urteil vom 7.7.2010 - L 4 KA 99/09
1786 LSG NRW, Urteil vom 12.03.2008 - L 11 KA 88/06
1787 LSG NRW, Urteil vom 12.08.2009 - L 11 KA 52/07
1788 LSG Thüringen, Urteil vom 5.7.2006 - L 4 KA 1034/03
1789 LSG NRW, Urteil vom 7.3.2007 - L 11 KA 33/05
1790 LSG Bayern, Urteil vom 29.07.2009 - L 12 KA 5009/07, L 12 KA 5012/07, L 12 KA 5013/07, L 12 KA 5014/07, L 12 KA 5015/07
1791 LSG Bayern, Urteil vom 29.07.2009 - L 12 KA 5009/07, L 12 KA 5012/07, L 12 KA 5013/07, L 12 KA 5014/07, L 12 KA 5015/07; LSG Baden-Württemberg, Urteil vom 5.6.1991 - L 1 KA 2048/89: erhöhter Rentenanteil
1792 LSG NRW, Urteil vom 12.03.2008 - L 11 KA 88/06
1793 LSG Niedersachsen-Bremen, Urteil vom 29.04.2009 - L 3 KA 84/05
1794 LSG Hessen, Urteil vom 13.07.2005 - L 6/7 KA 56502
1795 LSG Niedersachsen-Bremen, Urteil vom 29.04.2009 - L 3 KA 84/05: Wenn Praxisbesonderheiten bzgl. best. Gebührennummern geltend gemacht werden, dann kann im Klageverfahren nicht eine Weiterung dergestalt erfolgen, als dass nunmehr Erstreckung auf weiteres/ges. Patientenklientel.
1796 LSG NRW, Urteil vom 12.03.2008 - L 11 KA 88/06
1797 LSG NRW, Urteil vom 12.03.2008 - L 11 KA 88/06
1798 LSG NRW, Urteil vom 7.3.2007 - L 11 KA 33/05
1799 LSG NRW, Urteil vom 7.3.2007 - L 11 KA 33/05
1800 SG Marburg, Urteil vom 7.9.2011 - S 10 KA 913/09
1801 Es ist zu unterscheiden zwischen Einwendungen, die gegen die Vergleichsgruppenbildung erhoben werden, und solchen, die als Praxisbesonderheiten geltend gemacht werden; da manche identische Bedenken sowohl gegen die Vergleichsgruppenbildung als auch als Praxisbesonderheiten (sog. Dual-Use) vorgetragen wurden, wird hier jeweils darauf eingegangen.
1802 LSG NRW, Urteil vom 12.08.2009 - L 11 KA 52/07
1803 LSG NRW, Urteil vom 12.08.2009 - L 11 KA 52/07
1804 LSG Niedersachsen-Bremen, Urteil vom 29.04.2009 - L 3 KA 84/05
1805 LSG NRW, Urteil vom 7.3.2007 - L 11 KA 33/05; LSG NRW, Urteil vom 12.03.2008 - L 11 KA 88/06
1806 LSG NRW, Urteil vom 7.3.2007 - L 11 KA 33/05
1807 LSG Berlin-Brandenburg, Urteil vom 21.11.2007 - L 7 KA 30/04
1808 SG Marburg, Urteil vom 7.9.2011 - S 10 KA 913/09: LSG Berlin-Brandenburg, Urteil vom 21.11.2007 - L 7 KA 30/04; zur Kritik siehe Anm. in vorhergehender Fußnote
1809 LSG Berlin-Brandenburg, Urteil vom 21.11.2007 - L 7 KA 30/04
1810 LSG NRW, Urteil vom 7.3.2007 - L 11 KA 25/05
1811 LSG NRW, Urteil vom 12.03.2008 - L 11 KA 88/06
1812 LSG Thüringen, Urteil vom 5.7.2006 - L 4 KA 1034/03
1813 LSG Thüringen, Urteil vom 5.7.2006 - L 4 KA 1034/03
1814 LSG NRW, Urteil vom 12.03.2008 - L 11 KA 88/06
1815 LSG NRW, Urteil vom 12.03.2008 - L 11 KA 88/06
1816 LSG NRW, Urteil vom 12.03.2008 L 11 KA 88/06
1817 SG Marburg, Urteil vom 7.9.2011 - S 10 KA 913/09
1818 LSG NRW, Urteil vom 12.08.2009 - L 11 KA 52/07
1819 LSG NRW, Urteil vom 7.3.2007 - L 11 KA 43/05
1820 LSG Hessen, Urteil vom 13.07.2005 - L 6/7 KA 56502
1821 LSG NRW, Urteil vom 12.03.2008 - L 11 KA 88/06
1822 LSG Berlin-Brandenburg, Urteil vom 21.11.2007 - L 7 KA 30/04
1823 LSG Berlin-Brandenburg, Urteil vom 21.11.2007 - L 7 KA 30/04
1824 LSG NRW, Urteil vom 12.03.2008 - L 11 KA 88/06
1825 LSG NRW, Urteil vom 7.3.2007 - L 11 KA 33/05
1826 LSG Baden-Württemberg, Urteil vom 1.10.1997 - L 5 Ka 2588/96: siehe dort die entsprechenden Ausführungen des SG
1827 vgl. BSG, Urteil vom 10.5.1995 - 6 RKa 2/94; LSG Baden-Württemberg, Urteil vom 1.10.1997 - L 5 Ka 2588/96: Dies muss entsprechend dargelegt werden.
1828 BSG, Urteil vom 10.5.1995 - 6 RKa 2/94; LSG Nordrhein-Westfalen, Beschluss vom 13.4.2010 - L 11 KA 62/08; LSG Baden-Württemberg, Beschluss vom 20.8.1998 - L 5 KA 1464/98; SG Marburg, Urteil vom 7.9.2011 - S 10 KA 913/09: Dem Vorbringen des Klägers, Immigrantinnen litten öfters an psychosomatischen Er-

krankungen, hielt das Sozialgericht entgegen, dass allein aus der Herkunft nicht auf einen erhöhten Behandlungsbedarf geschlossen werden könne.

1829 BSG, Urteil vom 10.5.1995 – 6 RKa 2/94

1830 BSG, Urteil vom 10.5.2000 – B 6 KA 25/99 R; LSG Baden-Württemberg, Beschluss vom 20.8.1998 – L 5 KA 1464/98

1831 LSG Baden-Württemberg, Beschluss vom 20.8.1998 – L 5 KA 1464/98

1832 BSG, Urteil vom 10.5.2000 – B 6 KA 25/99 R

1833 LSG Nordrhein-Westfalen, Beschluss vom 13.4.2010 – L 11 KA 62/08

1834 BSG, Urteil vom 10.5.2000 – B 6 KA 25/99 R

1835 so aber LSG Berlin-Brandenburg, Urteil vom 21.11.2007 – L 7 KA 30/04

1836 8. Bericht der Beauftragten der Bundesregierung für Migration, Flüchtlinge und Integration über die Lage der Ausländerinnen und Ausländer in Deutschland (Juni 2010), S. 337/338

1837 8. Bericht der Beauftragten der Bundesregierung für Migration, Flüchtlinge und Integration über die Lage der Ausländerinnen und Ausländer in Deutschland (Juni 2010), S. 338

1838 8. Bericht der Beauftragten der Bundesregierung für Migration, Flüchtlinge und Integration über die Lage der Ausländerinnen und Ausländer in Deutschland (Juni 2010), S. 339

1839 8. Bericht der Beauftragten der Bundesregierung für Migration, Flüchtlinge und Integration über die Lage der Ausländerinnen und Ausländer in Deutschland (Juni 2010), S. 338

1840 8. Bericht der Beauftragten der Bundesregierung für Migration, Flüchtlinge und Integration über die Lage der Ausländerinnen und Ausländer in Deutschland (Juni 2010), S. 338

1841 anders SG Marburg, Urteil vom 7.9.2011 – S 10 KA 913/09: Das Vorbringen hinsichtlich eines erhöhten Anteils an psychosomatischen Erkrankungen bei Migrantinnen wurde abgelehnt.

1842 8. Bericht der Beauftragten der Bundesregierung für Migration, Flüchtlinge und Integration über die Lage der Ausländerinnen und Ausländer in Deutschland (Juni 2010), S. 339

1843 8. Bericht der Beauftragten der Bundesregierung für Migration, Flüchtlinge und Integration über die Lage der Ausländerinnen und Ausländer in Deutschland (Juni 2010), S. 340

1844 8. Bericht der Beauftragten der Bundesregierung für Migration, Flüchtlinge und Integration über die Lage der Ausländerinnen und Ausländer in Deutschland (Juni 2010), S. 343 f.

1845 LSG Niedersachsen-Bremen, Urteil vom 29.04.2009 – L 3 KA 84/05; LSG Thüringen, Urteil vom 5.7.2006 – L 4 KA 1034/03

1846 SG Marburg, Urteil vom 7.9.2011 – S 10 KA 913/09

1847 LSG NRW, Urteil vom 12.08.2009 – L 11 KA 52/07; LSG-Berlin Brandenburg, Urteil vom 21.11.2007 – L / KA 30/04

1848 SG Marburg, Urteil vom 7.9.2011 – S 10 KA 913/09

1849 LSG Niedersachsen-Bremen, Urteil vom 29.04.2009 – L 3 KA 84/05

1850 LSG Thüringen, Urteil vom 5.7.2006 – L 4 KA 1034/03

1851 SG Marburg, Urteil vom 7.9.2011 – S 10 KA 913/09

1852 LSG NRW, Urteil vom 12.08.2009 – L 11 KA 52/07

1853 SG Marburg, Urteil vom 7.9.2011 – S 10 KA 913/09; LSG Hessen, Urteil vom 7.7.2010 – L 4 KA 99/09

1854 LSG Bayern, Urteil vom 29.07.2009 - L 12 KA 5009/07, L 12 KA 5012/07, L 12 KA 5013/07, L 12 KA 5014/07, L 12 KA 5015/07

1855 SG Marburg, Urteil vom 7.9.2011 – S 10 KA 913/09; SG Hessen, Urteil vom 7.7.2010 – L 4 KA 99/09

1856 LSG Bayern, Urteil vom 29.07.2009 - L 12 KA 5009/07, L 12 KA 5012/07, L 12 KA 5013/07, L 12 KA 5014/07, L 12 KA 5015/07

1857 LSG Bayern, Urteil vom 29.07.2009 – L 12 KA 5009/07, L 12 KA 5012/07, L 12 KA 5013/07, L 12 KA 5014/07, L 12 KA 5015/07

1858 LSG Niedersachsen-Bremen, Urteil vom 29.04.2009 – L 3 KA 84/05

1859 SG Marburg, Urteil vom 7.9.2011 – S 10 KA 913/09

1860 LSG NRW, Urteil vom 7.3.2007 – L 11 KA 43/05

1861 LSG Thüringen, Urteil vom 5.7.2006 – L 4 KA 1034/03: „Die Klägerin hätte bezüglich des Behandlungsmehrbedarfs **im Verwaltungsverfahren** substantiiert und patientenbezogen darlegen müssen.“; LSG NRW, Urteil vom 7.3.2007 – L 11 KA 43/05

1862 LSG Niedersachsen-Bremen, Urteil vom 29.04.2009 – L 3 KA 84/05

1863 SG Marburg, Urteil vom 7.9.2011 – S 10 KA 913/09

1864 LSG Hessen, Urteil vom 7.7.2010 – L 4 KA 99/09

1865 SG Marburg, Urteil vom 7.9.2011 – S 10 KA 913/09

1866 LSG Hessen, Urteil vom 7.7.2010 – L 4 KA 99/09

1867 LSG NRW, Urteil vom 12.08.2009 – L 11 KA 52/07

1868 LSG NRW, Urteil vom 12.08.2009 – L 11 KA 52/07

1869 LSG Bayern, Urteil vom 29.07.2009 – L 12 KA 5009/07, L 12 KA 5012/07, L 12 KA 5013/07, L 12 KA 5014/07, L 12 KA 5015/07

1870 LSG Baden-Württemberg, Urteil vom 5.6.1991 – L 1 Ka 2048/89

1871 LSG Bayern, Urteil vom 29.07.2009 – L 12 KA 5009/07, L 12 KA 5012/07, L 12 KA 5013/07, L 12 KA 5014/07, L 12 KA 5015/07

1872 LSG NRW, Urteil vom 7.3.2007 – L 11 KA 43/05

1873 LSG Niedersachsen-Bremen, Urteil vom 29.04.2009 – L 3 KA 84/05

1874 LSG NRW, Urteil vom 7.3.2007 – L 11 KA 25/05

1875 LSG Bayern, Urteil vom 29.07.2009 – L 12 KA 5009/07, L 12 KA 5012/07, L 12 KA 5013/07, L 12 KA 5014/07, L 12 KA 5015/07

1876 LSG Thüringen, Urteil vom 5.7.2006 – L 4 KA 1034/03

1877 LSG Bayern, Urteil vom 22.10.2003 – L 3 KA 535/02

1878 SG Marburg, Urteil vom 25.11.2009 – S 12 KA 137/09

1879 BSG, Urteil vom 26.09.1984 – 6 RKa 4/83

1880 BSG, Urteil vom 2.6.1987 – 6 RKa 19/86

1881 SG Marburg, Urteil vom 7.9.2011 – S 10 KA 913/09; LSG Bayern, Urteil vom 22.10.2003 – L 3 KA 535/02

1882 SG Marburg, Urteil vom 25.11.2009 – S 12 KA 137/09

1883 LSG NRW, Urteil vom 15.09.2004 – L 11 KA 62/02

1884 LSG Berlin, Beschluss vom 13.02.2004 – L 7 B 55/03 KA ER

1885 BSG, Urteil vom 26.09.1984 – 6 RKa 4/83

1886 BSG, Urteil vom 26.09.1984 – 6 RKa 4/83

1887 BSG, Urteil vom 26.09.1984 – 6 RKa 4/83

1888 BSG, Urteil vom 2.6.1987 – 6 RKa 19/86

1889 BSG, Urteil vom 2.6.1987 – 6 RKa 19/86

1890 BSG, Urteil vom 2.6.1987 – 6 RKa 19/86

1891 BSG, Urteil vom 26.09.1984 – 6 RKa 4/83

1892 BSG, Urteil vom 2.6.1987 – 6 RKa 19/86

1893 BSG, Urteil vom 26.09.1984 – 6 RKa 4/83

1894 BSG, Urteil vom 26.09.1984 – 6 RKa 4/83

1895 LSG Bayern, Beschluss vom 3.3.2005 – L 3 B 467/03 KA ER

1896 LSG Berlin-Brandenburg, Urteil vom 31.08.2011 – L / KA 157/07: Wirtschaftlichkeitsprüfung wg. Verstoßes gegen Behandlungsrichtlinien im Rahmen einer Paradontosebehandlung (u. a. mangelhafte Dokumentation); SG Marburg, Urteil vom 22.02.2012 – S 12 KA 9/11: Bei der Prüfung der Einhaltung der Parodontose-Richtlinien handelt es sich um eine Wirtschaftlichkeitsprüfung.

1897 BSG, Urteil vom 21.05.2003 – B 6 KA 32/02; LSG NRW, Urteil vom 7.3.2007 – L 11 KA 43/05

1898 LSG Berlin-Brandenburg, Urteil vom 21.11.2007 – L / KA 30/04; LSG Berlin, Beschluss vom 13.02.2004 – L / B 55/03 KA ER: Mehrere Honorarbegrenzungsmaßnahmen können nebeneinander stehen.

1899 LSG NRW, Urteil vom 12.03.2008 – L 11 KA 88/06

1900 LSG NRW, Beschluss vom 3.9.2007 – L 11 KA 105/06

1901 LSG NRW, Beschluss vom 3.9.2007 – L 11 KA 105/06

1902 SG Marburg, Urteil vom 7.9.2011 – S 10 KA 913/09

1903 LSG Berlin-Brandenburg, Urteil vom 31.08.2011 – L 7 KA 157/07
1904 BSG, Urteil vom 19.07.2006 – B 6 KA 5/06 B
1905 LSG NRW, Urteil vom 7.3.2007 – L 11 KA 33/05
1906 LSG NRW, Urteil vom 12.08.2009 – L 11 KA 52/07
1907 LSG NRW, Urteil vom 7.3.2007 – L 11 KA 43/05
1908 LSG Niedersachsen-Bremen, Urteil vom 12.07.2006 – L 3 KA 76/01
1909 LSG Niedersachsen, Urteil vom 12.7.2006 – L 3 KA 76/01
1910 LSG Thüringen, Urteil vom 5.7.2006 – L 4 KA 1034/03; LSG Niedersachsen – Bremen, Urteil vom 12.7.2006 – L 3 KA 76/01
1911 LSG Niedersachsen-Bremen, Urteil vom 12.7.2006 – L 3 KA 76/01
1912 vgl. BSG, Beschluss vom 27.4.2005-B 6 KA 46/04 B; vgl. BSG Urteil vom 8.12.1993 – 14 a RKa 10/92; LSG Niedersachsen-Bremen, Urteil vom 12.07.2006 – L 3 KA 76/01
1913 LSG Bayern, Urteil vom 6.8.2003 - L 3 KA 516/01; LSG Nordrhein – Westfalen, Urteil vom 28.4.2004 – L 11 KA 150/03; LSG Thüringen, Urteil vom 5.7.2006 – L 4 KA 1034/03: Ende des Kalenderjahres, in dem der Abrechnungsbescheid erlassen worden ist (in Anlehnung an §45 Abs. 1 SGB I); siehe auch: LSG Niedersachsen-Bremen, Urteil vom 12.07.2006 – L 3 KA 76/01; m.w.N. bzgl. des Streitstandes (zur Klarstellung: das LSG Niedersachsen folgt dem BSG)
1914 SG Marburg, Urteil vom 25.11.2009 – S 12 KA 73/09
1915 LSG Niedersachsen-Bremen, Urteil vom 12.07.2006 – L 3 KA 76/01
1916 LSG Thüringen, Urteil vom 5.7.2006 – L 4 KA 1034/03
1917 LSG Nordrhein-Westfalen, Urteil vom 12.08.2009 – L 11 KA 52/07
1918 LSG Thüringen, Urteil vom 5.7.2006 – L 4 KA 1034/03
1919 LSG Niedersachsen-Bremen, Urteil vom 12.07.2006 – L 3 KA 76/01
1920 BSG, Urteil vom 17.03.2010 – B 6 KA 13/09 R
1921 LSG NRW, Urteil vom 7.3.2007 – L 11 KA 43/05
1922 BSG, Urteil vom 16.07.2003 – B 6 KA 45/02 R; LSG-Berlin Brandenburg, Urteil vom 21.11.2007 – L / KA 30/04; LSG Berlin, Beschluss vom 13.02.2004 – L / B 55/03 KA ER: Beurteilungsspielraum bzgl. Ermittlung wirtschaftlichen Mehraufwands und Ermessenspielraum bzgl. Kürzungshöhe
1923 LSG Berlin-Brandenburg, Urteil vom 31.08.2011 – L 7 KA 157/07
1924 BSG, Urteil vom 21.05.2003 – B 6 KA 32/02
1925 LSG Niedersachsen-Bremen, Urteil vom 29.04.2009 – L 3 KA 84/05; LSG NRW, Urteil vom 7.3.2007 – L 11 KA 43/05; BSG, Urteil vom 9.3.1994 – 6 RKa 17/92: § 106 Abs. 5 S. 2 SGB V kann jedenfalls nicht entnommen werden, dass bei Überschreitungen des Fachgruppendurchschnitts im Bereich des offensichtlichen Missverhältnisses Honorarkürzungen erst nach vorherigen gezielten Beratungen erfolgen dürften.
1926 BSG, Urteil vom 21.05.2003 – B 6 KA 32/02; LSG NRW 12.08.2009 – L 11 KA 52/07
1927 LSG Nordrhein-Westfalen, Urteil vom 12.08.2009 – L 11 KA 52/07
1928 BSG, Urteil vom 21.05.2003 – B 6 KA 32/02
1929 LSG-Berlin Brandenburg, Urteil vom 21.11.2007 – L / KA 30/04
1930 BSG, Urteil vom 21.05.2003 – B 6 KA 32/02
1931 LSG NRW, Urteil vom 7.3.2007 – L 11 KA 33/05; LSG NRW, Urteil vom 7.3.2007 – L 11 KA 25/05
1932 LSG NRW, Urteil vom 7.3.2007 – L 11 KA 43/05
1933 LSG NRW, Urteil vom 7.3.2007 – L 11 KA 43/05
1934 Explanation von Art. 3 GG im Kapitel „Vertrags(zahn)arzt"
1935 BSG, Urteil vom 21.05.2003 – B 6 KA 32/02
1936 LSG Niedersachsen-Bremen, Urteil vom 29.04.2009 – L 3 KA 84/05
1937 SG Marburg, Urteil vom 16.6.2010 – S 12 KA 60/10: simplifizierter Sachverhalt
1938 siehe oben in extenso unter dem Ausschlussgrund „Erklärungen"
1939 EGMR, Entscheidung vom 3.11.2010 – 12977/0 9,15856/0 9,15890/0 9,15892/0 9,16119/09
1940 BGH, Urteil vom 19.10.2005 – XII ZR 224/03
1941 LSG Berlin-Brandenburg, Urteil vom 23.2.2011 – L 7 KA 19/09 WA: Überlange Verfahrensdauer bleibt auch hier ohne Konsequenz.
1942 Auf der Seite des Bundesministeriums für Justiz finden sich Entscheidungs-Zusammenfassungen des EGMR wieder, die die überlange Verfahrensdauer und daraus resultierende Schadensersatzansprüche zum Gegenstand haben; mittlerweile gibt es ein neues Gesetz zum Rechtsschutz bei überlangen **Gerichts**verfahren.
1943 vgl. BSG, Urteil vom 31.05.2006 – B 6 KA 78/04 R: **„Die Klägerin,...die...mit Weiterungen – Disziplinarverfahren wegen fortgesetzter Unwirtschaftlichkeit, gegebenenfalls sogar Zulassungsentziehung – über das konkrete Verfahren [Wirtschaftlichkeitsprüfung, Anm. des Autors] rechnen musste..."; LSG Saarland, Urteil vom 11.02.2005 – L 3 KA 5/01: Entzug der Zulassung einer Vertrags(zahn)ärztin wg. fortgesetzter Unwirtschaftlichkeit**
1944 LSG Sachsen-Anhalt, Beschluss vom 18.01.2010 – L 8 B 6/07 SO
1945 OLG Koblenz, Urteil vom 15.1.2004 – 5 U 1145/03
1946 OLG Koblenz, Urteil vom 15.1.2004 – 5 U 1145/03
1947 BGH, Urteil vom 16.5.2000 – VI ZR 321/98; BGH, Urteil vom 13.1.1998 – VI ZR 242/96; BGH, Urteil vom 16.10.1956 – VI ZR 308/55
1948 OLG Koblenz, Urteil vom 15.1.2004 – 5 U 1145/03
1949 Münchener Kommentar zum Bürgerlichen Gesetzbuch, Bd. 2: Schuldrecht Allgemeiner Teil (§§ 241-432 BGB), § 241 Rn. 18
1950 vgl. BGH, Urteil vom 13.07.1988 – VIII ZR 224/87: zur Aufklärungspflicht über die Honorarstruktur unter den Gesichtspunkten Ordnungsmäßigkeit der Patientenkartei und Anzahl der Krankenscheine beim Verkauf einer (Zahn)Arztpraxis; siehe ferner das Kapitel „Aufklärungsfehler"
1951 Münchener Kommentar zum Bürgerlichen Gesetzbuch, Bd. 2: Schuldrecht Allgemeiner Teil (§§ 241-432 BGB), § 241 Rn. 90 ff.
1952 BGH, Urteil vom 09.10.1986 – I ZR 138/84;
1953 OLG Koblenz, Urteil vom 15.1.2004 – 5 U 1145/03
1954 OLG München, Urteil vom 12.12.1991 – 1 U 2784/91
1955 BGH, Urteil vom 19.07.2001 – IX ZR 62/00; BGH, Urteil vom 19.09.1966 – VII ZR 186/64
1956 BGH, Urteil vom 27.11.1952 – VI ZR 25/52: Sorgfaltspflicht eines Dentisten
1957 BGH, Urteil vom 08.02.1965 – III ZR 170/63
1958 BGH, Urteil vom 16.07.2002 – X ZR 250/00
1959 BGH, Urteil vom 16.06.1977 – III ZR 179/75
1960 OLG Stuttgart, Urteil vom 10.11.1998 – 14 U 34/98 m.w.N.: Schädigung eines N. lingualis
1961 BGH, Urteil vom 11.07.2007 – XII ZR 197/05
1962 BGH, Urteil vom 27.03.2003 – IX ZR 399/99; BGH, Urteil vom 13.02.2001 – VI ZR 34/00: Anders dagegen bei grober Fahrlässigkeit, bei der auch subjektive, in der Individualität des Handelnden begründete Umstände zu berücksichtigen sind (BGH, Urteil vom 08.07.1992 – IV ZR 223/91).
1963 vgl. BGH, Urteil vom 31.5.1994 – VI ZR 233/93
1964 BGH, Urteil vom 10.11.1992 – VI ZR 45/92
1965 vgl. BGH, Urteil vom 27.11.1952 – VI ZR 25/52
1966 BGH, Urteil vom 27.11.1952 – VI ZR 25/52
1967 BGH, Urteil vom 13.02.2001 – VI ZR 34/00
1968 BGH, Urteil vom 27.11.1952 – VI ZR 25/92

1969 OLG Köln, Urteil vom 09.03.1992 – 27 U 144/91
1970 OLG Stuttgart, Urteil vom 10.11.1998 – 14 U 34/98; zur Aufklärung bzgl. des „N. lingualis" siehe das Kapitel „Aufklärungsfehler"
1971 BGH, Urteil vom 20.03.2007 – VI ZR 158/06 mit weiteren Einzelfällen; Thomas/Putzo, Zivilprozessordnung: ZPO, Vorbemerkung § 284 Rn. 34; Palandt, Bürgerliches Gesetzbuch: BGB, § 823 Rn.160 ff. mit zahlreichen Einzelfällen
1972 BGH, Urteil vom 19.09.2007 – VIII ZR 141/06
1973 OLG Köln, Urteil vom 9.11.1988 – 27 U 77/88: Haftungsausschlussklauseln in den Aufnahmebedingungen eines Krankenhauses, heute nach § 307 Abs. 2 Nr. 2 BGB zu beurteilen
1974 BGH, Urteil vom 9.11.1989 – IX ZR 269/87: Die Entscheidung ist zwar zum alten AGB-Gesetz ergangen, kann aber übernommen werden vorbehaltlich einer Übereinstimmung mit den §§ 305 ff. BGB.
1975 früher § 10 Nr. 5 AGB-Gesetz, jetzt § 308 Nr. 5 BGB; früher § 9 AGB-Gesetz, jetzt § 307 BGB
1976 früher § 2 AGB-Gesetz, jetzt § 305 Abs. 2 BGB
1977 früher § 11 Nr. 15b AGB-Gesetz, jetzt § 309 Nr. 12 BGB
1978 früher § 9 AGB-Gesetz, jetzt § 307 BGB
1979 BGH, Urteil vom 25.06.1991 – XI ZR 257/90
1980 BGH, Urteil vom 05.10.2005 – VIII ZR 16/05
1981 Palandt, Bürgerliches Gesetzbuch: BGB, § 276 Rn. 29
1982 siehe auch das Kapitel „Garantie"
1983 Palandt, Bürgerliches Gesetzbuch: BGB, Vorbemerkung vor § 249 Rn. 8
1984 BGH, Urteil vom 31.05.1994 – VI ZR 12/94
1985 zur unterschiedlichen dogmatischen Einordnung (entfällt der Schaden oder erst die Kausalität) s. o.
1986 OLG Koblenz, Urteil vom 21.06.2001 – 5 U 1788/00
1987 BGH, Beschluss vom 09.07.1968 – GSZ 2/67
1988 OLG Köln, Urteil vom 9.3.1992 – 27 U 144/91
1989 BGH, Urteil vom 5.11.1992 – IX ZR 12/92
1990 LG Duisburg, Urteil vom 25.7.2006 – 6 O 24/06
1991 OLG Düsseldorf, Urteil vom 2.2.1984 – 8 U 71/83
1992 siehe Kapitel „Compliance"
1993 LG Duisburg, Urteil vom 25.7.2006 – 6 O 24/06
1994 OLG München, Urteil vom 25.07.1997 – 14 U 125/96
1995 BGH, Urteil vom 14.2.1989 – VI ZR 65/88
1996 vgl. BGH, Urteil vom 19.11.1997 – 3 StR 271/97
1997 OLG Düsseldorf, Urteil vom 2.2.1984 – 8 U 71/83
1998 OLG Oldenburg, Urteil 14.02.1986 – 6 U 144/85: Daneben liegt eine p.V.V. des Behandlungsvertrags vor.
1999 BGH, Urteil vom 30.04.1991 – VI ZR 178/90; BGH, Urteil vom 14.06.2005 – VI ZR 179/04: Arzthaftung bei transfusionsassoziierter HIV-Infektion
2000 BGH, Urteil vom 30.4.1991 – VI ZR 178/90: HIV-Infektion durch Blutspenden
2001 vgl. Vetter, zm 3/2000, 32 ff.
2002 BGH, Urteil vom 12.02.1963 – VI ZR 70/62
2003 OLG Nürnberg, Urteil vom 17.12.2003 – 4 U 2129/03
2004 vgl. OLG Stuttgart, Beschluss vom 28.05.1998 – 1 Ws 78/98; Schönke/Schröder, Strafgesetzbuch: Kommentar: § 13 Rn. 7 ff.
2005 BGH, Urteil vom 22.06.1993 – 1 StR 264/93: Entstehen einer Garantenpflicht nach begonnener Hilfeleistung; OLG Koblenz, Urteil vom 4.10.2001 – 5 U 220/01
2006 BGH, Urteil vom 06.11.2002 – 5 StR 281/01
2007 BGH, Urteil vom 12.11.1996 – VI ZR 270/95
2008 siehe auch das Kapitel „Organisation"
2009 OLG Thüringen, Urteil vom 26.04.2006 – 4 U 416/05
2010 BGH, Urteil vom 11.05.1991 – I ZR 106/50
2011 OLG Frankfurt, Urteil vom 10.04.2003 – 3 U 30/00: Schadensersatzanspruch gegen einen Hersteller des Zahnfüllstoffs Amalgam
2012 BGH, Urteil vom 13.10.1966 – II ZR 173/64
2013 OLG Thüringen, Urteil vom 26.04.2006 – 4 U 416/05
2014 BGH, Urteil vom 22.11.1983 – VI ZR 85/82, Arzthaftung: Beweislast des Arztes, dass sich der Patient nach umfassender und richtiger Beratung nicht für Untersuchung und allfällig anschließende Behandlung entschieden hätte
2015 BGH, Urteil vom 5.10.2004 – XI ZR 210/01
2016 BGH, Urteil vom 5.10.2004 – XI ZR 210/01; OLG Stuttgart, Urteil vom 10.11.1998 – 14 U 34/98: Anscheinsbeweis im Zusammenhang mit N.-lingualis-Schädigung
2017 BGH, Urteil vom 16.11.1993 – XI ZR 214/92; BGH, Urteil vom 22.11.1983 – VI ZR 85/92
2018 BGH, Urteil vom 14.2.1989 – VI ZR 65/88
2019 OLG Köln, Urteil vom 25.06.1988 – 7 U 212/87
2020 BGH, Urteil vom 23.10.1951 – I ZR 31/51
2021 BGH, Urteil vom 11.01.2005 – X ZR 163/02
2022 BGH, Urteil vom 14.2.1989 – VI ZR 65/88
2023 BGH, Urteil vom 14.2.1989 – VI ZR 65/88
2024 BGH, Urteil vom 19.11.1997 – 3 StR 271/97
2025 siehe die Kapitel „Einwilligung" und „Aufklärungsfehler"
2026 BGH, Urteil vom 10.03.1961 – III ZR 9/60
2027 vgl. BGH, Urteil vom 26.02.1962 – II ZR 22/61
2028 BGH, Urteil vom 13.02.2001 – VI ZR 34/00
2029 OLG Koblenz, Urteil vom 17.02.2005 – 5 U 349/04: Zurechnung eines Versäumnisses eines Arztes einer Gemeinschaftspraxis
2030 OLG Düsseldorf, Urteil vom 25.07.1991 – 8 U 254/89: zahnärztlicher Behandlungsfehler bei Ziehung eines Weisheitszahnes in toto
2031 BGH, Urteil vom 10.3.2009 – VI ZR 39/08: Ein Notfallarzt kann Verrichtungsgehilfe des niedergelassenen Arztes sein; OLG Oldenburg, Urteil vom 14.08.2001 – 5 U 36/01: zahnärztlicher Praxisvertreter als Verrichtungsgehilfe
2032 LG München I, 27.10.1960 – 6 O 400/58
2033 AG Frankfurt, Urteil vom 30.04.2003 – 30 C 2386/02 – 25, 30 C 2386/02
2034 BGH, Urteil vom 29.06.1956 – I ZR 129/54
2035 BGH, Urteil vom 14.02.1989 – VI ZR 121/88
2036 BGH, Urteil vom 04.11.1953 – VI ZR 64/52
2037 OLG Köln, Urteil vom 9.3.1992 – 27 U 144/91: fehlerhafte Kraftentfaltung bei Zahnextraktion
2038 BGH, Urteil vom 24.2.2003 – II ZR 385/99; OLG Koblenz, Urteil vom 17.02.2005 – 5 U 349/04
2039 OLG Koblenz, Urteil vom 17.02.2005 – 5 U 349/04: Hinausschieben einer dringlich gebotenen Operation
2040 BGH, Urteil vom 24.2.2003 – II ZR 385/99; OLG Koblenz, Urteil vom 17.02.2005 – 5 U 349/04
2041 BGH, Urteil vom 7.4.2003 – II ZR 46/02; a. A. Ulmer ZIP 2003, 1113 ff.; Sieg WM 2002, 1432 ff.; Dauner-Lieb DStR 2001, 356 ff.: sprechen sich für Ausnahmen von der akzessorischen, persönlichen und unbeschränkten Haftung analog § 128 HGB aus
2042 z. B. OLG Karlsruhe, Urteil vom 16.11.2000 – 19 U 34/99: Auseinandersetzung einer zahnärztlichen Gemeinschaftspraxis, die dort auch als Sozietät bezeichnet wird
2043 BGH, Urteil vom 24.02.2003 – II ZR 385/99; Dauner-Lieb DStR 2001, 356; Ulmer ZIP 2003, 1113 ff.; Flume DB 2003, 1775; Hadding ZGR 2001, 712; a. A. Altmeppen NJW 2003, 1553; Schäfer ZIP 2003, 1113
2044 BGH, Urteil vom 09.06.2008 – II ZR 268/07
2045 LG Heidelberg, Urteil vom 16.2.2011 – 4 O 133/09
2046 BGH, Urteil vom 22.02.1978 – 2 StR 372/77
2047 Schönke/Schröder Strafgesetzbuch, Kommentar, § 223 Rn. 44,43
2048 BGH, Urteil vom 19.11.1997 – 3 StR 271/97
2049 OLG Hamm, Urteil vom 14.06.2000 – 3 U 244/99

2050 NZZ, 13.05.2009, Wie sag ich´s meinem Patienten?

2051 vgl. LG München I, Urteil vom 23.06.1990 – 12 O 15550/79

2052 instruktiv: Pierre/Hofinger/Buerschaper: Notfallmanagement – Human Factors und Patientensicherheit in der Akutmedizin, 2. Auflage, S. 258 ff.: Checklistenmüdigkeit ist aber auch zu vermeiden.

2053 OLG München, Urteil vom 03.05.2007 – 1 U 4284/06: Laut dem Sachverständigen gebe es praktisch eine vor der Lysetherapie zu prüfende Checkliste.

2054 OLG Oldenburg, Urteil vom 25.03.1997 – 5 U 184/96; LG Heidelberg, Urteil vom 16.02.2011 – 4 O 133/09: Eine Checkliste „Narkoseplanung" mit dem Unterpunkt „Aufklärung" bzgl. Extraktionen wurde benutzt und dies wurde auch angekreuzt. Da die Eintragungen bzgl. des Checks nur vorgenommen würden, wenn auch eine entsprechende Aufklärung erfolgt sei, konnte von einer entsprechenden Aufklärung ausgegangen werden. Dies reichte also als Beleg für eine ordnungsgemäße Aufklärung aus. Mit diesem Vorwurf konnte die Patientin daher nicht mehr durchdringen.

Sachverzeichnis

A

B

H

I

J

K

W

Z